									最外殻
				14	15	16	17	18	

典型元素

							₂He ヘリウム 4.003	K
		₅B ホウ素 10.81	₆C 炭素 12.01	₇N 窒素 14.01	₈O 酸素 16.00	₉F フッ素 19.00	₁₀Ne ネオン 20.18	L
液体	気体	₁₃Al アルミニウム 26.98	₁₄Si ケイ素 28.09	₁₅P リン 30.97	₁₆S 硫黄 32.07	₁₇Cl 塩素 35.45	₁₈Ar アルゴン 39.95	M
非金属 / 金属								
₂₈Ni ₂.₆₉	₂₉Cu 銅 63.55	₃₀Zn 亜鉛 65.38	₃₁Ga ガリウム 69.72	₃₂Ge ゲルマニウム 72.63	₃₃As ヒ素 74.92	₃₄Se セレン 78.97	₃₅Br 臭素 79.90	₃₆Kr クリプトン 83.80	N
₄₆Pd 106.4	₄₇Ag 銀 107.9	₄₈Cd カドミウム 112.4	₄₉In インジウム 114.8	₅₀Sn スズ 118.7	₅₁Sb アンチモン 121.8	₅₂Te テルル 127.6	₅₃I ヨウ素 126.9	₅₄Xe キセノン 131.3	O
₇₈Pt 白金 195.1	₇₉Au 金 197.0	₈₀Hg 水銀 200.6	₈₁Tl タリウム 204.4	₈₂Pb 鉛 207.2	₈₃Bi ビスマス 209.0	₈₄Po ポロニウム (210)	₈₅At アスタチン (210)	₈₆Rn ラドン (222)	P
₁₁₀Ds ダームスタチウム (281)	₁₁₁Rg レントゲニウム (280)	₁₁₂Cn コペルニシウム (285)	₁₁₃Nh ニホニウム (278)	₁₁₄Fl フレロビウム (289)	₁₁₅Mc モスコビウム (289)	₁₁₆Lv リバモリウム (293)	₁₁₇Ts テネシン (293)	₁₁₈Og オガネソン (294)	Q

3	4	5	6	7	0
				ハロゲン	貴ガス (希ガス)

遷移元素

₆₃Eu 152.0	₆₄Gd ガドリニウム 157.3	₆₅Tb テルビウム 158.9	₆₆Dy ジスプロシウム 162.5	₆₇Ho ホルミウム 164.9	₆₈Er エルビウム 167.3	₆₉Tm ツリウム 168.9	₇₀Yb イッテルビウム 173.0	₇₁Lu ルテチウム 175.0
₉₅Am アメリシウム (243)	₉₆Cm キュリウム (247)	₉₇Bk バークリウム (247)	₉₈Cf カリホルニウム (252)	₉₉Es アインスタイニウム (252)	₁₀₀Fm フェルミウム (257)	₁₀₁Md メンデレビウム (258)	₁₀₂No ノーベリウム (259)	₁₀₃Lr ローレンシウム (262)

本書の特徴と利用法

本書は，高校化学「化学基礎」と「化学」の学習内容の定着をはかり，理解を深める目的で編修された問題集です。基礎から応用まで段階をおった構成になっており，授業・教科書との併用により，学習効果を高めることができます。

基礎力の定着

まとめ　図や表を用いて，学習内容をわかりやすく整理しています。重要な実験については，入試によく出るポイントをまとめました。

ウォーミングアップ　問題を解くうえでの基礎知識を確認します。解けない場合は「まとめ」の学習事項を確認しましょう。

エクササイズ　重要な計算問題や各種反応式などを確認します。繰り返しチャレンジしてみてください。

基本

基本例題・問題　教科書を理解するための基本問題で構成しています。例題には，解答・解説と，問題を解く上で重要なポイントを「エクセル」で示しました。

応用

応用例題・問題　大学入試を解くための典型的な問題で構成しています。例題には，解答・解説と，問題を解く上で重要なポイントを「エクセル」で示しました。

発展

発展問題(level1，level2)　難関大学の入試問題です。応用問題が解けたらチャレンジしてみてください。level1は問題の条件や計算が複雑なもの，level2は発展的な知識を用いて解く問題で構成しました。

実験，論述および思考力・判断力・表現力を要する問題については，問題文頭に 実験 論 思 を示した。また，新傾向の問題については， New をつけた。「化学基礎」での学習指導要領の範囲外の内容(発展的な学習内容)については， 化学 をつけた。

・問題番号の左にある□マークはチェック欄です。チェックシートと合わせて活用し，解けなかった問題は繰り返しチャレンジしてみましょう。
・問題に出てくる原子量は，このページの概数値の表か，各ページの下部の表を用いて解くことができます。

別冊解答　2色刷りの詳しい解答・解説です。「エクセル」を設けて，図解と解法のポイントを多く掲載しています。

重要な問題では，QRより解説動画を見ることができます。
https://www.jikkyo.co.jp/d1/02/ri/exkagaku/

《原子量概数値》

元素	概数
H	1.0
He	4.0
Li	7.0
C	12
N	14
O	16
F	19
Na	23
Mg	24
Al	27
Si	28
P	31
S	32
Cl	35.5
K	39
Ca	40
Cr	52
Mn	55
Fe	56
Ni	59
Cu	63.5
Zn	65.4
Br	80
Ag	108
I	127
Ba	137
Pb	207

《重要数値》

アボガドロ定数
6.0×10^{23}/mol
気体1molの体積
22.4L (標準状態)
ファラデー定数
9.65×10^4 C/mol

エクセル化学［総合版］ contents 目次

◆ 答案を作成するにあたって ・・・・・・・・ 002　　◆ チェックシート ・・・・・・・・・・・・・ 010

第1章　物質の構成

1　物質の探究 ・・・・・・・・・・・・・ 016　　3　物質と化学結合 ・・・・・・・・・・ 042
2　物質の構成粒子 ・・・・・・・・・・ 028　　○発展問題 ・・・・・・・・・・・・・・・・・ 060

第2章　物質の変化

4　物質量 ・・・・・・・・・・・・・・・・・ 068　　7　酸化還元反応 ・・・・・・・・・・・ 122
5　化学反応式と量的関係 ・・・・・ 088　　8　電池・電気分解 ・・・・・・・・・・ 134
6　酸・塩基 ・・・・・・・・・・・・・・・ 100　　○発展問題 ・・・・・・・・・・・・・・・・・ 146

第3章　物質の状態と平衡

9　状態変化 ・・・・・・・・・・・・・・・ 152　　12　溶液の性質 ・・・・・・・・・・・・ 182
10　固体の構造 ・・・・・・・・・・・・・ 160　　○発展問題 ・・・・・・・・・・・・・・・・・ 196
11　気体の性質 ・・・・・・・・・・・・・ 168

第4章　物質の変化と平衡

13　化学反応と熱エネルギー ・・・ 206　　16　化学平衡 ・・・・・・・・・・・・・・ 240
14　化学反応と光エネルギー ・・・ 222　　○発展問題 ・・・・・・・・・・・・・・・・・ 262
15　反応の速さとしくみ ・・・・・・ 230

第5章　無機物質

17　非金属元素 ・・・・・・・・・・・・・ 274　　20　金属イオンの分離と推定 ・・・ 322
18　典型金属元素 ・・・・・・・・・・・ 298　　21　無機物質と人間生活 ・・・・・・ 334
19　遷移元素 ・・・・・・・・・・・・・・・ 310　　○発展問題 ・・・・・・・・・・・・・・・・・ 338

第6章　有機化合物

22　有機化合物の特徴と分類 ・・・ 342　　25　芳香族化合物 ・・・・・・・・・・・ 382
23　脂肪族炭化水素 ・・・・・・・・・・ 352　　○発展問題 ・・・・・・・・・・・・・・・・・ 404
24　酸素を含む脂肪族化合物 ・・・ 362

第7章　高分子化合物

26　糖 ・・・・・・・・・・・・・・・・・・・・ 414　　29　有機化合物と人間生活 ・・・・・ 444
27　アミノ酸とタンパク質・核酸 ・・・ 422　　○発展問題 ・・・・・・・・・・・・・・・・・ 452
28　合成高分子化合物 ・・・・・・・・ 432

答案を作成するにあたって

1 物理量と量記号

物理量とは，「アルミニウムの質量」，「ナトリウムイオンの半径」などのように，測定器を用いて客観的に測定できる量，その量を用いて算出できる量のことをいう。物理量は数値と単位の積で表される。

$$物理量＝数値×単位$$

たとえば，あるナトリウムの質量を測定したところ，2.29 kg であったとする。そのうち，2.29 が数値で kg が単位である。次に，ナトリウムの質量 $m＝2.29$ kg の記号 m について考える。m のような数値と単位を含んだ物理量を表す記号を，JIS[*1] では量記号という。一般に量記号は，ラテン文字またはギリシア文字の1文字（大文字と小文字のどちらを用いてもよい）を用いて表す。**量記号はイタリック体（斜体）で示される**。ただし，pH という記号は，量記号に関する例外となる。これは，2文字の記号であり，必ずローマン体（立体）で示される。

2 単位の表記

$m＝2.29$ kg $＝2.29×10^3$ g であり，**量記号は単位を含み，特定の単位にしばられない**。ある定められた単位を含む m を記す場合，m〔kg〕のように，その単位記号を〔 〕で強調している。数値に単位記号をつけて量を表す場合は，2.29 kg と記せばよく，2.29〔kg〕のように〔 〕をつける必要はない。なお，単位記号は，ローマン体（立体）で示す。人名に由来する場合には頭文字を大文字とし（**例** J（ジュール），Pa（パスカル）），それ以外のときにはすべて小文字で示す。ただし，体積を表すリットルの単位記号は，人名に由来しないので，l（小文字のエルのローマン体）を使うことになるが，数字の1（イチ）と区別しにくいので，例外的に L（大文字のエルのローマン体）を使用する。ただし，L は非 SI[*2] 単位であり，正式な SI 単位で表すと，dm^3（立方デシメートル）となる。

表1 基本単位

物理量	名称	記号
長さ	メートル	m
質量	キログラム	kg
時間	秒	s
電流	アンペア	A
温度	ケルビン	K
物質量	モル	mol
光度	カンデラ	cd

表2 固有の名称をもつ組立単位の例

物理量	名称	記号	定義
力	ニュートン	N	kg·m/s^2
圧力	パスカル	Pa	kg/(m·s^2)＝N/m^2
エネルギー	ジュール	J	kg·m^2/s^2＝N·m
仕事率	ワット	W	kg·m^2/s^3＝J/s
電気量	クーロン	C	A·s
電位差	ボルト	V	kg·m^2/(s^3·A)＝J/(A·s)
周波数	ヘルツ	Hz	1/s

[*1] JIS とは日本産業規格（JIS＝Japanese Industrial Standards）の略称のこと。
[*2] SI とは国際単位系（フランス語：Système International d'Unités）の略称のこと。

3 単位の変換

単位をもつ数値の計算においては，**同じ単位を持つ数値どうし**で計算を行う。単位の異なる数値を計算する場合は，単位の変換を行わなければならない。たとえば，75.2 cm と 1.29 m の足し算を考えてみよう。m 単位を cm 単位に変換する場合，次の関係式が成り立つ。

$$1\,\text{m} = 100\,\text{cm} \quad (1)$$

(1)式に含まれる数値は厳密な数値であり，式の両辺にある数値の有効数字の桁数は考慮しなくてよい。(1)式の両辺を 1 m で割ると次のようになる。

$$1 = \frac{100\,\text{cm}}{1\,\text{m}} \quad (2)$$

したがって，m 単位で表された数値に(2)式を掛けると，cm 単位になる。

$$(1.29\,\text{m})\left(\frac{100\,\text{cm}}{1\,\text{m}}\right) = 129\,\text{cm}$$

これより，1.29 m と 75.2 cm の和は，75.2 cm + 129 cm ≒ 204 cm

結果は有効数字 3 桁となることに注意する。

10進法の接頭語

k	h	d	c	m	μ	n
キロ	ヘクト	デシ	センチ	ミリ	マイクロ	ナノ
(kilo)	(hecto)	(deci)	(centi)	(milli)	(micro)	(nano)
1000倍	100倍	1/10倍	1/100倍	1/1000倍	1/1000000倍	1/1000000000倍

単位

- **長さ** $1\,\text{m} = 100\,\text{cm} = 1000\,\text{mm}$
  $0.000000001\,\text{m} = 10^{-9}\,\text{m} = 1\,\text{nm}$（ナノメートル）
- **質量** $1\,\text{kg} = 1000\,\text{g}$, $1\,\text{g} = 1000\,\text{mg}$, $1000\,\text{kg} = 1\,\text{t}$（トン）
- **体積** $1\,\text{L} = 1000\,\text{mL} = 1000\,\text{cm}^3$
- **圧力** $1\,\text{hPa} = 100\,\text{Pa}$

指数表示

- **表記法** $\underbrace{10 \times 10 \times \cdots \times 10}_{n\,\text{個}} = 10^n$, $1/\underbrace{1\,000\cdots0}_{n\,\text{個}} = 1/10^n = 10^{-n}$

- **計算** $10^a \times 10^b = 10^{a+b}$, $10^a \div 10^b = 10^a/10^b = 10^{a-b}$

  例1 縦 $3.0 \times 10^2\,\text{mm}$, 横 $4.0 \times 10^3\,\text{mm}$ の四角形の面積〔mm²〕

  $(3.0 \times 10^2) \times (4.0 \times 10^3) = 12 \times 10^5 = 1.2 \times 10 \times 10^5 = 1.2 \times 10^6$

  例2 質量 $1.0 \times 10^3\,\text{g}$, 体積 $4.0 \times 10^6\,\text{cm}^3$ の物質の密度〔g/cm³〕

  $\dfrac{1.0 \times 10^3\,\text{g}}{4.0 \times 10^6\,\text{cm}^3} = 0.25 \times 10^{-3}\,\text{g/cm}^3 = 2.5 \times 0.1 \times 10^{-3}\,\text{g/cm}^3 = 2.5 \times 10^{-4}\,\text{g/cm}^3$

答案を作成するにあたって

対数計算

$10^x = y$ のとき，$x = \log_{10} y$（底が 10 の対数を常用対数といい，10 は省略することが多い）

$\log 10^a = a$ 　　　**例** $\log 10 = 1$，$\log 10^2 = 2$，$\log 10^{-3} = -3$

$\log(a \times b) = \log a + \log b$ 　　　**例** $\log 6 = \log(2 \times 3) = \log 2 + \log 3$

$\log \dfrac{a}{b} = \log a - \log b$ 　　　**例** $\log 5 = \log \dfrac{10}{2} = \log 10 - \log 2 = 1 - \log 2$

比の計算

$a : b = c : d$ のとき，$a \times d = b \times c$

例 酸素の質量が 32 g あったときに体積が 22.4 L だったとすると，16 g では何 L になるか。　　　$32 \text{ g} : 22.4 \text{ L} = 16 \text{ g} : x \text{ (L)}$

$$x = \dfrac{22.4 \text{ L} \times 16 \text{ g}}{32 \text{ g}} = 11.2 \text{ L}$$

有効数字

● 測定値と有効数字という考え方

メスシリンダーの目盛の読みは，通常最小目盛の 1/10 まで目分量で読むことになっている。右のような場合，その読みは「12.3」になる。この測定値は本当の値（「真の値」とよぶ）に近い数値であり，「有効数字」とよばれる。このとき有効数字は 3 桁である。しかし，この数値には誤差が含まれているため，正確な体積は，$12.3 - 0.05 (12.25) \leqq$ 真の値 $< 12.3 + 0.05 (12.35)$ になる。

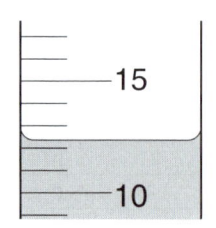

● 有効数字の表記法

・12.3 と 12.30 の違い

上の例の測定値は有効数字 3 桁であった。これがもし 12.30 と書かれると，有効数字 4 桁になり，$12.295 \leqq$ 真の値 < 12.305 ということを意味する（精度が 10 倍高くなる）。したがって，有効数字の桁数を考えることは大切なことである。

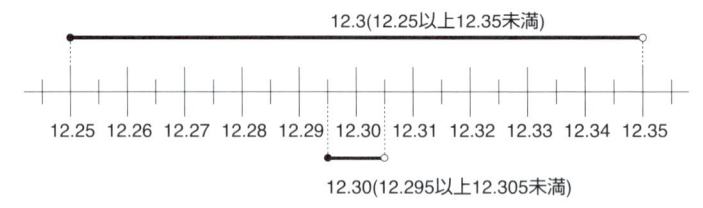

・小数表記と有効数字

小さな値を小数で表すとき，位取りを表す前の 0 は有効数字の桁数に含めない。ただし，後ろに続く 0 は有効数字の桁数に含める。

　0.027 → 有効数字は 2 と 7 の 2 桁　　　0.160 → 有効数字は 1 と 6 と右端の 0 の 3 桁

・とても大きな値や小さな値の科学的な表記法

一般に,有効数字の科学的な表記法として,$a \times 10^n (1 \leq a < 10)$の形で表す。また,「有効数字が○桁である」というときは,末尾の位の一つ下の位を四捨五入して○桁にする。

整数 340 (有効数字3桁) → 3.40×10^2
小数 0.082 (有効数字2桁) → 8.2×10^{-2}

例 有効数字の科学的な表記法を使って,53519050を次の有効数字で表せ。
(1) 有効数字5桁…5.3519×10^7 (6桁目を四捨五入)
(2) 有効数字4桁…5.352×10^7 (5桁目を四捨五入)
(3) 有効数字3桁…5.35×10^7 (4桁目を四捨五入)

● 問題の解答を作成するにあたって

測定値を使った計算結果の精度は,いくつか与えられた測定値(問題文では与えられた数値)の中で最も精度の低い(有効数字の桁数の少ない)値で決められてしまう。

なぜ有効数字にこだわるのかは,かけ算や割り算などの計算によって,実際の測定値よりも精度の高い結果が出てくることなどありえないということを考えればわかるだろう。

・足し算,引き算のとき **例** $17.6 + 0.29 = 17.89 ≒ 17.9$
位取りの最も高い値よりも1桁多く計算し,最後に四捨五入して最も高い位取りにしたものを答えにする。
小数第2位を四捨五入
17.6は小数第1位までで0.29の第2位よりも高い。したがって,小数第1位まで求める。

・かけ算,割り算のとき **例** $4.38 \times 0.72 = 3.15… ≒ 3.2$
有効数字の桁数が最も少ない値よりも1桁多く計算し,その結果を四捨五入して桁数の最も少ない値の桁数に合わせて答えにする。
有効数字3桁目を四捨五入
0.72は有効数字2桁で4.38の3桁より少ない。したがって,答えは有効数字2桁まで求めればよい。その場合,有効数字3桁まで計算し,3桁目を四捨五入して2桁まで求める。

* 連続してかけ算,割り算をする場合は,大きな分数をつくってできるだけ約分しながら計算する。

例 解答を有効数字2桁で指定されていた場合

$$\frac{2.47 \times \cancel{1.50}^{1.50} \times \cancel{4.42}^{2.21}}{\cancel{3.00} \times \cancel{14.0}^{7.00}}$$ 約分して残った計算を進める場合,本書では途中の計算結果は「切り捨て」て次の計算に続ける。

切り捨て 次の式へ
$2.47 \times 1.50 = 3.705$ $3.70 \times 2.21 = 8.177$
切り捨て
$\frac{8.17}{7.00} = 1.167… ≒ 1.2$
四捨五入

* 前問の答えを次の問いに使用する場合は,最後の四捨五入の前の値を使う。
* 計算順序の違いなどにより,計算結果が多少異なる場合がある。正しいやり方で計算していれば1番下の位の値が±1程度違ってもそこに意味のある違いはない。

答案を作成するにあたって

実際の問題では……

・有効数字の桁数が指定されていた場合
　その指定された桁数の1桁多く計算し，最後に四捨五入して指定された桁数に合わせる。

・有効数字の桁数が指定されていない場合
　問題文中の測定値の桁数のうちで，最も桁数の少ない値に，最後の結果を合わせる。

※問題文に個数などが1桁の数値で与えられた場合は，一般に有効数字1桁とは考えず，有効数字の考慮に入れない。

※測定値でない値(誤差を含まない数値)は有効数字の考慮に入れない。
　(本書では，例えば次のような数値は問題文中にあっても，有効数字の考慮に入れない。反応式の係数，原子量，アボガドロ定数，気体定数，水のイオン積，標準状態での1molの体積など)

練習問題

1 次の数値の有効数字の桁数を答えよ。
　(1)　22.4　　(2)　0.025　　(3)　6.02×10^{23}

2 次の数値を[　]の中の単位に変えよ。
　(1)　22.4 L[mL]　　(2)　0.24 g[mg]　　(3)　1013 hPa[Pa]

3 次の数値を $a \times 10^n$ の形で表せ。
　(1)　0.0073　　(2)　0.230　　(3)　96500[有効数字3桁]

4 次の計算結果を有効数字2桁で答えよ。
　(1)　$3.0 \times 10^2 \times 4.2 \times 10^{-5}$　　(2)　$162 \times 55 \div 20$　　(3)　$(0.164 + 1.36) \times 2.46$

5 次の計算を有効数字を考えて答えよ。
　(1)　$45.27 + 66.8$　　(2)　$4.264 - 1.8$
　(3)　$6.24 \div 0.21$　　(4)　$1.254 \times 10^3 \times 2.5 \times 10^2$

6 5.5 cm^3 で 7.095 g の液体がある。
　(1)　この液体の密度を求めよ。
　(2)　この液体が 2.05 cm^3 で何gになるかを求めよ。
　　　(ⅰ)　(1)の結果を使って求めよ。
　　　(ⅱ)　5.5 cm^3 で 7.095 g になる事実をもとに比例式を立てて，分数にしてから分子分母を約分して求めよ。

7 直径 12.0 cm の円周に1回巻きつけたひもを15等分にしたい。ただし，円周率は3.141592…である。
　(1)　円周率はどこまで使えばよいか。
　(2)　1本は何cmになるか。有効数字2桁で答えよ。

論述問題を解くにあたって

① 注意すること

論述問題を解くときは次の①〜⑤に注意する。

① 丁寧に読みやすく書く。

- 続けて文字を書いたりせず，できれば楷書で書く。
- 文章は長くならないように，簡潔に書くようにする。
- 1文のめやすとしては40字程度。

② 字数の制限を守る。

- 「〜字以内」ならば，指定された字数の8〜9割以上は書き字数はオーバーしない。通常，句読点は1文字と考える。
- 〜字程度ならば，8割以上から指定字数をわずかに超える程度までにまとめる。

③ 化学式と数値の扱い。

- 化学式は誤りのないように正確に書く。
- 指定がなければ，アルファベット2文字を1文字に，2つの数値を1字と考える。

④ キーワードを入れるようにする。

- キーワードとなる化学用語は，できるだけ入れて書くようにする。
- キーワードを中心に文章を構成するとよい。

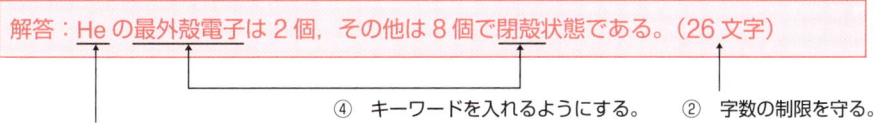

⑤ 誤字脱字に注意する。

- 化学用語などはとくに注意する。
- 化学用語などは，普段から漢字で書くようにする。
  〈注意が必要な漢字〉
  沈殿，元素，原子，電子殻，周期律，沸騰，還元，電池，遷移元素，製法，精錬，凝縮，緩衝液

例題：イオン化エネルギーが最も大きくなる元素を含む貴ガス原子の電子配置の特徴を30字以内で書け。

① 丁寧に読みやすく書く。

解答：Heの最外殻電子は2個，その他は8個で閉殻状態である。（26文字）

③ 化学式と数値の扱い。　④ キーワードを入れるようにする。　② 字数の制限を守る。
⑤ 誤字脱字に注意する。

論述問題を解くにあたって

② 問題の傾向

1 化学用語の説明

ポイント
①意味や定義を書く。
②具体例をあげる。
③共通することや異なることを書く(性質や構造など)。

> 例題：プラスチックのリサイクルには，製品をそのまま再利用する「製品リサイクル」のほか，「マテリアルリサイクル」，「ケミカルリサイクル」といった方法がとられる。それぞれのリサイクル方法を説明せよ。

考え方
言葉の定義を示す。それぞれのリサイクルの共通点や違いがわかるようにまとめる。

> 解答：「マテリアルリサイクル」は，回収した使用済みの製品を粉砕・洗浄・分別などのあとに溶融させて再び成形し，新しい製品として再利用する方法。
> 「ケミカルリサイクル」は，使用済み製品を化学的に分解し，化学工業の原料として再利用する方法。

2 化学現象の説明

ポイント
①どの内容に対応しているか考える。
②キーワードを入れて，文章をまとめる。
③ある原因があるから結果が引き起こされるという，「原因→結果」を意識する。

> 例題：元素を原子番号の小さい順に並べると，20番目までは性質のよく似た元素が周期的に現れる。この理由を30字〜50字で説明せよ。

考え方
電子配置と周期表の内容に対応。キーワードの「価電子」を入れてまとめる。

> 解答：元素の性質は原子の価電子数によって決まり，価電子数は原子番号の増加にともない周期的に変化するから。(49字)

3 実験に関しての説明

3-1 化学変化の説明

ポイント
①どの内容に対応しているか考える。
②化学反応式を書いて考える。

> 例題：石灰水に二酸化炭素を通じ続けるとどのような変化が観察されるか。化学反応式を用いてその変化を説明せよ。

考え方
カルシウムの化合物の内容の問題。化学反応式と変化のようすを対応させてまとめる。

> 解答：$Ca(OH)_2 + CO_2 \longrightarrow CaCO_3 + H_2O$ ……①
> $CaCO_3 + H_2O + CO_2 \longrightarrow Ca(HCO_3)_2$ ……②
> ①の反応により，水に不溶の炭酸カルシウム $CaCO_3$ ができ白色沈殿を生じるが，さらに二酸化炭素 CO_2 を通じると，②で示すように水に可溶な炭酸水素カルシウム $Ca(HCO_3)_2$ を生じるので無色透明の溶液になる。

3-2 実験操作の説明

ポイント
①操作の流れを考え，使用する実験器具を決める。
②器具の使い方，試薬の性質を含め，操作で注意することをまとめる。

> 例題：過酸化水素水に酸化マンガン(Ⅳ)を加えて発生する気体を捕集したい。次の実験器具を用い，適切な実験装置を図示せよ。メスシリンダー，水浴，二また試験管，ガラス管，ゴム管，ゴム栓

考え方
過酸化水素水と酸化マンガン(Ⅳ)を反応させると酸素が発生する。
$2H_2O_2 \longrightarrow O_2 + 2H_2O$
酸素は水に溶けにくく，空気より重い気体であるため，水上置換で捕集する装置を考える。
二また試験管は，くぼんでいる方に固体を入れるのがポイント。

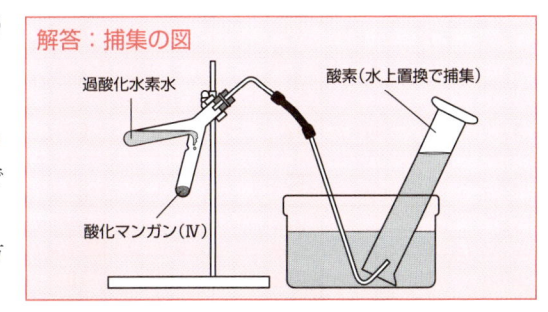

解答：捕集の図
（過酸化水素水，酸化マンガン(Ⅳ)，酸素(水上置換で捕集)）

チェックシート

チェックシートを活用して，解けなかった問題は解けるまでチャレンジしてみましょう。
活用例▶ ○：何も見ずに解けた　△：一部解説を見て解けた　×：解けなかった

問題番号										
例	△	○		21			46			71		
	○			22			47			72		
	×	△	○	23			48			73		
				24			49			74		
				25			50			75		
1				26			51			76		
2				27			52			77		
3				28			53			78		
4				29			54			79		
5				30			55			80		
6				31			56			81		
7				32			57			82		
8				33			58			83		
9				34			59			84		
10				35			60			85		
11				36			61			86		
12				37			62			87		
13				38			63			88		
14				39			64			89		
15				40			65			90		
16				41			66			91		
17				42			67			92		
18				43			68			93		
19				44			69			94		
20				45			70			95		

1 物質の構成
2 物質の変化

2 物質の変化

96			124			152			180		
97			125			153			181		
98			126			154			182		
99			127			155			183		
100			128			156			184		
101			129			157			185		
102			130			158			186		
103			131			159			187		
104			132			160			188		
105			133			161			189		
106			134			162			190		
107			135			163			191		
108			136			164			192		
109			137			165			193		
110			138			166			194		
111			139			167			195		
112			140			168			196		
113			141			169			197		
114			142			170			198		
115			143			171			199		
116			144			172			200		
117			145			173			201		
118			146			174			202		
119			147			175			203		
120			148			176			204		
121			149			177			205		
122			150			178			206		
123			151			179			207		

208			236			264			292		
209			237			265			293		
210			238			266			294		
211			239			267			295		
212			240			268			296		
213			241			269			297		
214			242			270			298		
215			243			271			299		
216			244			272			300		
217			245			273			301		
218			246			274			302		
219			247			275			303		
220			248			276			304		
221			249			277			305		
222			250			278			306		
223			251			279			307		
224			252			280			308		
225			253			281			309		
226			254			282			310		
227			255			283			311		
228			256			284			312		
229			257			285			313		
230			258			286			314		
231			259			287			315		
232			260			288			316		
233			261			289			317		
234			262			290			318		
235			263			291			319		

2 物質の変化

3 物質の状態と平衡

4 物質の変化と平衡

320				348				376				404			
321				349				377				405			
322				350				378				406			
323				351				379				407			
324				352				380				408			
325				353				381				409			
326				354				382				410			
327				355				383				411			
328				356				384				412			
329				357				385				413			
330				358				386				414			
331				359				387				415			
332				360				388				416			
333				361				389				417			
334				362				390				418			
335				363				391				419			
336				364				392				420			
337				365				393				421			
338				366				394				422			
339				367				395				423			
340				368				396				424			
341				369				397				425			
342				370				398				426			
343				371				399				427			
344				372				400				428			
345				373				401				429			
346				374				402				430			
347				375				403				431			

4 物質の変化と平衡

5 無機物質

432			460			488			516		
433			461			489			517		
434			462			490			518		
435			463			491			519		
436			464			492			520		
437			465			493			521		
438			466			494			522		
439			467			495			523		
440			468			496			524		
441			469			497			525		
442			470			498			526		
443			471			499			527		
444			472			500			528		
445			473			501			529		
446			474			502			530		
447			475			503			531		
448			476			504			532		
449			477			505			533		
450			478			506			534		
451			479			507			535		
452			480			508			536		
453			481			509			537		
454			482			510			538		
455			483			511			539		
456			484			512			540		
457			485			513			541		
458			486			514			542		
459			487			515			543		

5 無機物質

6 有機化合物

544				565				586				607			
545				566				587				608			
546				567				588				609			
547				568				589				610			
548				569				590				611			
549				570				591				612			
550				571				592				613			
551				572				593				614			
552				573				594				615			
553				574				595				616			
554				575				596				617			
555				576				597				618			
556				577				598				619			
557				578				599				620			
558				579				600				621			
559				580				601				622			
560				581				602				623			
561				582				603				624			
562				583				604							
563				584				605							
564				585				606							

6 有機化合物

7 高分子化合物

1 物質の探究

1 物質の種類と性質

◆1 物質

物質
- 純物質 他の物質が混じっていない単一の物質。融点・沸点・密度は一定。
  - 例：酸素，窒素，水，塩化ナトリウム，エタノール，二酸化炭素
- 混合物 2種類以上の物質が混じった物質。融点・沸点・密度は一定でない。
  - 例：空気，海水，石油，牛乳，土，岩石，天然ガス

◆2 混合物の分離方法　ろ過，再結晶，蒸留，分留，抽出，昇華法などがある。

①ろ過
液体に溶けずに混じっている固体をろ紙などで分離する。

- ガラス棒
- ろうと
- 溶けない固体を含んだ溶液
- ろ紙

・ガラス棒を伝わせて入れる。
・ろ紙をぬらして密着させる。
・ろうとの先を壁につける。

②再結晶
不純物が混じった結晶を熱水などに溶解後，冷却し結晶にする。

高温 → 冷却 → 低温
結晶の析出

・温度による溶解度(▶p.71)の違いを利用している。

③抽出
混合物から溶媒を用いて目的の物質を分離する。

ヨウ素ヨウ化カリウム水溶液からヨウ素をヘキサンで抽出
- 分液ろうと
- 水溶液から移ってきたヨウ素を溶かしたヘキサン溶液
- 水溶液
- コックを開けて上と下の液体を分離

・栓の溝と空気孔が合わないようにする。
・振る際はガス抜きをする。

④蒸留
溶液を加熱し，揮発しやすい液体を蒸発させた後，冷却することで液体に戻して分離する。溶液が2種類以上の液体が混合している混合物の場合は分留という。

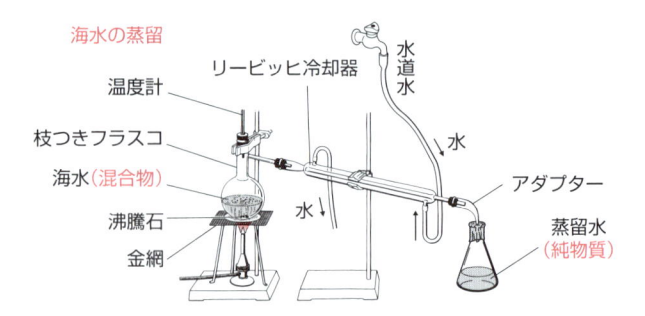

海水の蒸留
- 温度計
- リービッヒ冷却器
- 水道水
- 枝つきフラスコ
- 海水(混合物)
- 水
- アダプター
- 沸騰石
- 金網
- 蒸留水(純物質)

・温度は冷却器に送る気体の温度を測るので，温度計の球部の位置が枝付きフラスコの枝の部分にくるようにする。
・冷却水は下から入れる。リービッヒ冷却器に水を上から入れると水が溜まらず冷却効果があがらなくなる。
・突然の沸騰(突沸)を防ぐため沸騰石を入れる。
・加熱する溶液の量はフラスコの半分より少なめがよい。
・沸点が100℃以下の液体には水浴を用いる。

⑤昇華法
昇華しやすい物質を含む固体の物質を加熱し，気体になった物質を冷却することで分離する。

混合物よりヨウ素を分離
冷水
砂
ヨウ素
不純物を含むヨウ素

・分子結晶(▶p.45)の物質は昇華しやすい。

⑥クロマトグラフィー
物質による吸着力の違いで，移動速度が異なる。この違いを利用して分離する。

ろ紙
インク
展開液
展開液の流れ

・使用する吸着剤により，ペーパークロマトグラフィーやカラムクロマトグラフィーなどがある。

2 物質と元素

◆1 元素・単体・化合物
　①元素　物質を構成する基本的な成分で約120種類あることが知られている。
　　例：水は水素と酸素からできている。このときの水素と酸素は元素の意味。
　②元素記号　元素を表す記号：英語やラテン語の元素名からとった大文字1文字，または，大文字と小文字の2文字で表す。
　　例：水素 H，ヘリウム He，窒素 N，ナトリウム Na
　③単体と化合物　純物質は単体と化合物に分けられる。

純物質
- 単体　1種類の元素からできた物質
　例：酸素 O_2，窒素 N_2，炭素 C，ナトリウム Na，鉄 Fe など
- 化合物　2種類以上の元素からできた物質
　例：水 H_2O，二酸化炭素 CO_2，塩化ナトリウム NaCl，エタノール C_2H_6O など

◆2 同素体　同じ元素の単体で性質の異なる物質。

元素名	元素記号	同素体の例
硫黄	S	斜方硫黄 S_8，単斜硫黄 S_8，ゴム状硫黄 S_x
炭素	C	黒鉛，ダイヤモンド，フラーレン C_{60}・C_{70}，グラフェンなど
酸素	O	酸素 O_2，オゾン O_3
リン	P	黄リン P_4，赤リン P

◆3 成分元素の検出　単体や化合物を構成する元素を知る。
　①炎色反応　化合物を外炎に入れると元素によっては特有の炎の色を示す。

元素	色	元素	色
リチウム Li	赤	カルシウム Ca	橙赤
ナトリウム Na	黄	ストロンチウム Sr	深赤
カリウム K	赤紫	バリウム Ba	黄緑
ルビジウム Rb	紅紫	銅 Cu	青緑

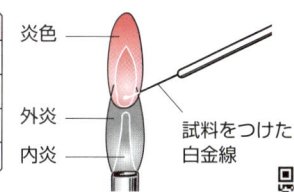

炎色
外炎
内炎
試料をつけた白金線

②**沈殿反応** 水溶液中に不溶な固体物質(沈殿)を生成させる。

例: 塩素が含まれる水溶液 ⟶ 硝酸銀水溶液を加えると白色沈殿 (AgCl)
炭素を含む化合物である二酸化炭素
⟶ 石灰水に吹き込むと白色沈殿 ($CaCO_3$)

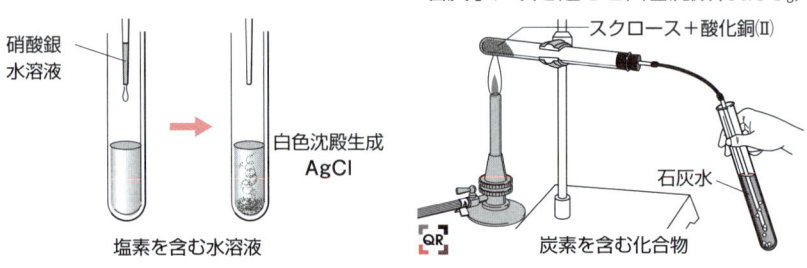

3 物質の三態と熱運動

◆1 化学変化と物理変化
化学変化 物質そのものが変化する。
例: 炭素 C ⟶ 二酸化炭素 CO_2
物理変化 物質の状態が変化する。
例: 固体の水(氷) ⟶ 液体の水
⟶ 水蒸気

氷(固体)　水(液体)　水蒸気(気体)

◆2 粒子の熱運動
①**熱運動** 物質を構成する粒子はつねに運動している。
②**拡散** 粒子が熱運動により散らばって広がる現象を拡散という。

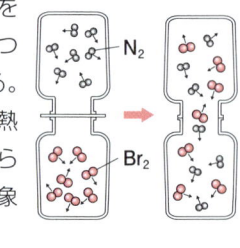

例: 臭素が熱運動により拡散して、集気びん全体に均一に広がる。

◆3 物質の三態と状態変化
固体・液体・気体を物質の三態といい、三態間の変化を状態変化という。

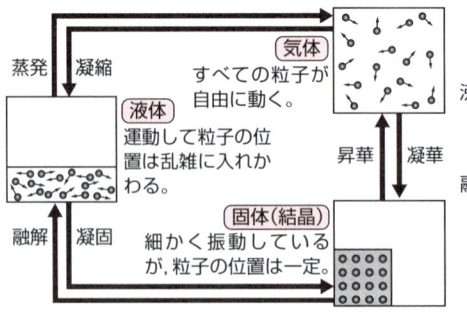

蒸発　凝縮
【気体】すべての粒子が自由に動く。
【液体】運動して粒子の位置は乱雑に入れかわる。
昇華　凝華
融解　凝固
【固体(結晶)】細かく振動しているが、粒子の位置は一定。

◆4 状態変化と温度
固体から液体になる温度を融点(凝固点)、液体が沸騰する温度を沸点という。

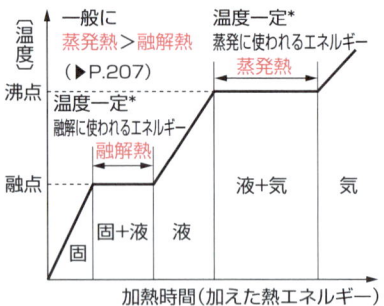

一般に
蒸発熱 > 融解熱
(▶P.207)

温度一定* 蒸発に使われるエネルギー
蒸発熱
温度一定* 融解に使われるエネルギー
融解熱

沸点　融点
固　固+液　液　液+気　気
加熱時間(加えた熱エネルギー)

*加えた熱エネルギーが状態変化に使われるため、温度は変化しない。

WARMING UP／ウォーミングアップ

次の文中の（　）に適当な語句を入れよ。

1 物質の種類と分離
　1種類だけの物質を(ア)，2種類以上の物質が混じりあったものを(イ)という。(イ)はさまざまな方法で分離できる。混じりあった固体物質を熱水に溶かした後，冷却して純度の高い結晶を分離する操作を(ウ)，2種類以上の物質を含む液体を加熱して生じた蒸気を冷却し，蒸発のしやすい物質を取り出す操作を(エ)，水溶液中の不溶物を(オ)を用いて分離する操作を(カ)という。

2 単体と化合物
　物質を構成する基本的な成分を(ア)といい，アルファベットを使った(イ)で表される。1種類の(ア)からなる物質を(ウ)，2種類以上の(ア)からなる物質を(エ)という。同じ(ア)の(ウ)で性質の異なる物質は(オ)といい，炭素では(カ)や(キ)などがある。

3 成分元素の検出
　物質の構成元素はさまざまな方法でわかる。(ア)を含む水溶液に硝酸銀水溶液を加えると白色沈殿が生成する。バーナーの(イ)に化合物を入れて加熱すると炎が元素に特有な色を示すことがある。これは(ウ)とよばれ炎が橙赤色のときは(エ)を含む。

4 粒子の熱運動
　物質を構成している粒子は，静止しているのではなく，つねに運動している。このような粒子の運動を(ア)という。粒子が(ア)によって散らばる現象を(イ)という。

5 物質の状態と状態変化
　物質の状態において，構成粒子が自由に動き一定の形や体積をもたない状態が(ア)，その位置を変えずに一定の形や体積をもつ状態が(イ)，位置が入れかわる程度に動き一定の形をもたないが一定の体積をもつ状態が(ウ)である。(イ)→(ウ)の変化を(エ)，(ウ)→(ア)の変化を(オ)という。

1
- (ア) 純物質
- (イ) 混合物
- (ウ) 再結晶
- (エ) 蒸留
- (オ) ろ紙
- (カ) ろ過

2
- (ア) 元素
- (イ) 元素記号
- (ウ) 単体
- (エ) 化合物
- (オ) 同素体
- (カ)・(キ) 黒鉛・ダイヤモンドなど

3
- (ア) 塩素
- (イ) 外炎
- (ウ) 炎色反応
- (エ) カルシウム

4
- (ア) 熱運動
- (イ) 拡散

5
- (ア) 気体
- (イ) 固体
- (ウ) 液体
- (エ) 融解
- (オ) 蒸発

エクササイズ

1 元素記号を覚えよう

元素記号	名称	元素記号	名称
Li	(1)	Be	(2)
N	(3)	S	(4)
Al	(5)	K	(6)
(7)	ネオン	(8)	ヘリウム
(9)	フッ素	(10)	リン
(11)	ホウ素	(12)	ケイ素

2 金属元素

元素記号	名称
Zn	(1)
Fe	(2)
Au	(3)
Pt	(4)
Cr	(5)
(6)	アルミニウム
(7)	鉛
(8)	マンガン
(9)	銅

3 非金属元素

元素記号	名称
H	(1)
He	(2)
Ne	(3)
Ar	(4)
Kr	(5)
(6)	塩素
(7)	ヨウ素
(8)	臭素
(9)	フッ素

4 周期表

元素の周期表の空欄に，原子番号1～20の元素の元素記号と名称を記せ。

周期＼族	1	2	13	14	15	16	17	18
1	元素記号 H 名称 水素							(1) (a)
2	(2) (b)	(3) (c)	(4) (d)	(5) 炭素	(6) (e)	O (f)	(7) (g)	(8) ネオン
3	(9) ナトリウム	Mg (h)	(10) (i)	(11) (j)	(12) リン	(13) (k)	Cl (l)	(14) (m)
4	(15) (n)	Ca (o)						

基本例題 1　純物質と混合物

基本 → 1, 6

(ア)～(ク)の物質について，次の(1)～(3)に答えよ。
　　(ア)　水　　(イ)　食塩水　　(ウ)　ダイヤモンド　　(エ)　ドライアイス
　　(オ)　石油　　(カ)　塩酸　　(キ)　フラーレン　　(ク)　ヨウ素
(1)　純物質と混合物に分類せよ。
(2)　化合物と単体に分類せよ。
(3)　同素体の関係にある物質を選び，記号で答えよ。

●エクセル　純物質は単一物質よりなり[1]，融点・沸点・密度は一定である。

解説
(イ)　食塩水は，水に食塩が混じっている混合物である。
(オ)　石油はナフサ，軽油，重油などの液体の混合物である。
(カ)　塩酸は塩化水素が水に溶けた混合物である。混合物以外が純物質となる。
(キ)　ダイヤモンドとフラーレンは炭素 C の同素体である。同じ炭素 C でできているが，構造が異なる[2]。

[1] 純物質は水 H_2O，ダイヤモンド C，二酸化炭素 CO_2 と化学式で表せる。

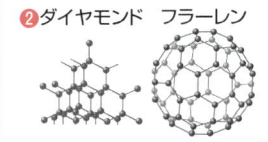

[2] ダイヤモンド　フラーレン

解答
(1)　**純物質**　(ア), (ウ), (エ), (キ), (ク)　　**混合物**　(イ), (オ), (カ)
(2)　**化合物**　(ア), (エ)　　**単体**　(ウ), (キ), (ク)　　(3)　(ウ), (キ)

基本例題 2　元素と単体

基本 → 7

次の文中の下線部は元素と単体のどちらの意味か。
(1)　空気の約 20% は酸素である。
(2)　温度計には水銀が使われている。
(3)　人間のからだにはカルシウムが必要である。
(4)　水を電気分解すると水素と酸素になる。
(5)　地殻の質量の約 46% は酸素である。

●エクセル　元素は成分，単体は物質である。

解説
(1)　空気は，酸素とさまざまな気体の混合気体。
(2)　温度は水銀(液体)の体積の増減で測定する。
(3)　人間のからだをつくる成分としてカルシウムは必要である。
(4)　気体の水素と酸素が生じる。
(5)　地殻は酸素の化合物を多く含む。

▶物質と考えて文章の意味が通るかどうかを基準にして判断する。

解答　(1)　単体　　(2)　単体　　(3)　元素　　(4)　両方とも単体　　(5)　元素

基本例題 3　構成元素の確認　　　　　　　　　　　　　　　　　　　基本 → 8, 9

スクロース $C_{12}H_{22}O_{11}$ を図のように酸化銅(Ⅱ)を入れて完全燃焼し，生じた気体を(ア)石灰水に通じると白濁した。また試験管の管口付近の液体を(イ)塩化コバルト紙につけると赤色に変化した。次の各問いに答えよ。

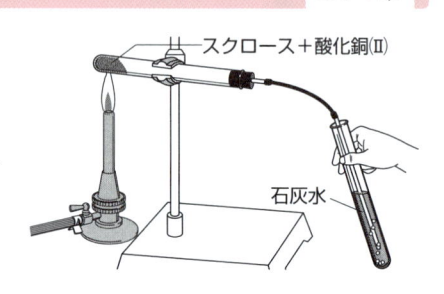

(1) 下線部(ア)・(イ)の結果から確認できる元素はそれぞれ何か。元素記号で記せ。
(2) 熱している試験管口を水平より下側に位置させている理由を答えよ。

● エクセル　石灰水に二酸化炭素を吹き込むと白濁する。塩化コバルト紙は水に触れると青から赤に変化する。

解説
(1) (ア)では二酸化炭素に含まれる炭素 C が確認できる。
　　(イ)では水に含まれる水素 H が確認できる。
(2) 試験管口を水平よりも上にすると，試験管口付近に生じた水が加熱している試験管の底部分に移動し，試験管が水による温度変化により破損する恐れがある。

◆火を消す前の注意点
石灰水の入った試験管からガラス管を必ず抜く。石灰水が試験管の加熱部に逆流する恐れがある。

解答
(1) (ア) C　(イ) H
(2) 生じた水が試験管の底部に移動するのを防ぐため。

基本問題

□□□ **1 ▶ 純物質と混合物**　次にあげた物質を純物質と混合物に分類せよ。
海水，黒鉛，牛乳，砂，塩化ナトリウム，土，銅，ヘキサン

□□□ **2 ▶ 物質の分離**　次の(1)〜(6)について，適当な分離操作を(ア)〜(カ)より選べ。
(1) 少量の硫酸銅(Ⅱ)の青色結晶を含む硝酸カリウムの結晶を純粋にする。
(2) 塩化銀の沈殿を水溶液から分離する。
(3) 砂に混じったヨウ素を取り出す。
(4) 水にわずかに溶けているヨウ素を，ヨウ素をよく溶かす灯油に溶かして取り出す。
(5) 海水から純水を得る。
(6) 葉緑体中に含まれる色素を分離する。
　(ア) ろ過　　(イ) 蒸留　　(ウ) 再結晶　　(エ) 抽出　　(オ) 昇華法
　(カ) クロマトグラフィー

1 物質の探究 — 23

□□□ **3 ▶ 蒸留** 右図の実験装置について，次の問いに答えよ。
(1) (ア)〜(ウ)の器具名を答えよ。
(2) (ア)に海水を入れて実験すると器具(ウ)に留出してくる物質名を答えよ。
(3) 冷却水は A, B のどちら側から流し入れるか。A, B の記号で答えよ。
(4) 器具(ア)の枝のつけ根の高さに温度計を位置させる理由を答えよ。

□□□ **4 ▶ 昇華** 右図に示したように，ビーカーに少量のヨウ素の固体を入れ，これに氷水の入った丸底フラスコを乗せ，ビーカーを 90℃ の温水につけた。このあとヨウ素にどのような変化が観察されるか，結果を図示せよ。　　　　(08 東大 改)

□□□ **5 ▶ 抽出** 下図の器具 A に，ヨウ素を含むヨウ化カリウム水溶液と（ ア ）を入れ，よく振り混ぜた後に静置した。この操作によって，ヨウ化カリウム水溶液からヨウ素を取り出すことができる。このような操作を（ イ ）という。
(1) 器具 A の名称を答えよ。
(2) 文中の(ア)・(イ)にあてはまる語句の組み合わせとして適切なものを a〜f より選べ。

	ア	イ		ア	イ
a	純水	クロマトグラフィー	d	ヘキサン	クロマトグラフィー
b	純水	分留	e	ヘキサン	分留
c	純水	抽出	f	ヘキサン	抽出

(3) 静置した液体は 2 層に分離した。この結果を表している正しい図は①〜③のうちどれか。ただし，図の色のついた部分は紫色の溶液であることを示す。

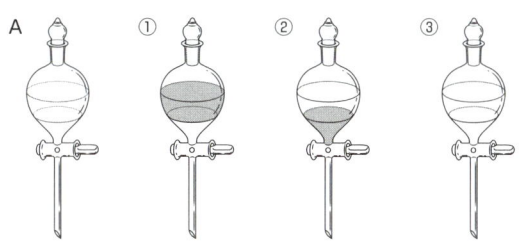

□□□ **6 ▶ 単体と化合物** 次にあげた物質を単体と化合物に分類せよ。
酸素 O_2，水 H_2O，塩化ナトリウム $NaCl$，水素 H_2，オゾン O_3，過酸化水素 H_2O_2

7 ▶ 元素と単体
次の文章の中で使われている下線部の語句が，元素の意味で使われているときはA，単体の意味で使われているときはBを記せ。
(1) 釘は鉄でできている。
(2) サファイアはアルミニウムを含んだ鉱物である。
(3) 牛乳にはカルシウムが多く含まれている。
(4) 100円硬貨は銅にニッケルを添加した合金でできている。
(5) 制汗剤には殺菌作用のある銀が含まれている。

8 ▶ 炎色反応
次の化合物をバーナーの外炎に入れたときの炎の色を(ア)～(カ)より選べ。
(1) 塩化カリウム   (2) 塩化ナトリウム   (3) 塩化バリウム
(4) 塩化リチウム   (5) 塩化カルシウム
(ア) 赤   (イ) 黄   (ウ) 赤紫   (エ) 橙赤   (オ) 黄緑   (カ) 青緑

9 ▶ 成分元素の検出
次の文中の化合物A，Bに含まれる元素を下記より選べ。
(1) 化合物Aをバーナーの外炎に入れたところ，炎の色が黄色になった。次に，化合物Aを水に溶かした水溶液に硝酸銀水溶液を加えたら，白色の沈殿物を生じた。
(2) 化合物Bに塩酸を加えると無色の気体が発生した。この気体を石灰水に通じると白色の沈殿物(化合物B)が生成した。

(元素)　K　Na　Li　Ba　C　Cl　Cu　S

10 ▶ 粒子の熱運動
次の文中の(ア)～(エ)に適当な語句を入れよ。
　身のまわりの物質は非常に小さな粒子からできている。この粒子は静止することなく，つねに運動している。このような粒子の運動を(ア)という。(イ)を形成している粒子でも，その位置は変化しないが，その位置を中心として振動による運動をしている。また，物質の状態が(ウ)のときは，粒子は自由に空間を飛び回って運動している。これにより粒子が運動しながら，自然に散らばっていく現象を(エ)という。(ア)が大きいほど，温度は高くなる。

11 ▶ 状態変化
右図はある物質の状態変化を示している。
(1) (ア)～(カ)の変化はそれぞれ何とよばれるか。その名称を記せ。
(2) −200℃の液体窒素の中に酸素の気体を入れると酸素は液体，気体，固体のいずれの状態になるか。ただし，酸素の融点は−218℃，沸点は−183℃とする。

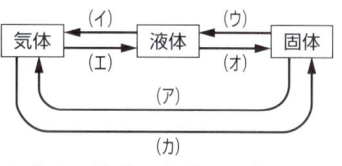

12 ▶ 三態間の変化 次の現象に関連の深い状態変化の名称を下の(ア)～(オ)より選べ。
(1) 冬場，池の水が凍った。
(2) 上空の雪が，降ってくる途中で雨に変わった。
(3) 早朝，庭の草の葉に水滴がついていた。
(4) 朝，外に干した洗濯物が夕方には乾いていた。
(5) 冷凍庫の氷がだんだん小さくなっていった。
　　(ア) 蒸発　　(イ) 融解　　(ウ) 昇華　　(エ) 凝固　　(オ) 凝縮

13 ▶ 状態変化と温度 次の記述について，正誤を答えよ。
(1) 一定圧力のもとでは，氷が融解しはじめてからすべて水になるまでの温度は一定に保たれる。
(2) 一般に，物質が液体から固体になる温度と固体から液体になる温度は異なる。
(3) 液体は，沸騰しながらも温度は上昇していく。
(4) 標準大気圧(1.013×10^5 Pa)のもとでは，水の沸点は 100℃ である。

応用例題 4　状態変化

右図は，水の加熱時間と温度との関係を示したものである。次の問いに答えよ。
(1) 図中の B，D，E では，水はどのような状態で存在しているか。次の(ア)～(オ)より選べ。
　(ア) 氷　　(イ) 液体の水　　(ウ) 水蒸気
　(エ) 氷と液体の水が混在
　(オ) 水蒸気と液体の水が混在
(2) 温度 T_1，T_2 はそれぞれ何とよばれるか。

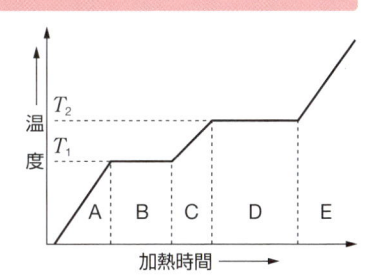

●エクセル　状態変化が起きているとき，物質の状態は混在し，温度上昇は見られない。

解説
(1) 図から，A，C，E の状態では温度上昇が見られるので，単一の状態である。B，D は温度上昇が見られないので，状態変化が起きており，状態が混在している。❶
(2) 融解をしているときの温度は融点，沸騰しているときの温度は沸点である。❷

❶加熱により温度上昇が見られれば単一の状態，見られなければ 2 つの状態が混在。
❷B では融解，D では沸騰の現象が見られる。

解答
(1) B (エ)　D (オ)　E (ウ)
(2) T_1 融点　T_2 沸点

応用問題

14 ▶ クロマトグラフィー クロマトグラフィーには，用いる吸着剤によって，ペーパークロマトグラフィー，カラムクロマトグラフィー，薄層クロマトグラフィーなどの種類がある。薄層クロマトグラフィーではまず，分離したい物質の混合物の溶液を薄層板（シリカゲルを塗布したガラス板）につけて乾燥させる。その後，図のように薄層板の一端を有機溶媒に浸すと，混合物を分離できる。

右図には，3種類の化合物 A ～ C を同じ物質量ずつ含む混合物の溶液をつけ，溶媒を蒸発させて取り除いた薄層板を2枚用意し，分離実験を行った結果を示している。

それぞれ，薄層板1にはヘキサンを，薄層板2にはヘキサンと酢酸エチルを体積比9：1で混合した溶媒（酢酸エチルを含むヘキサン）を用いた。

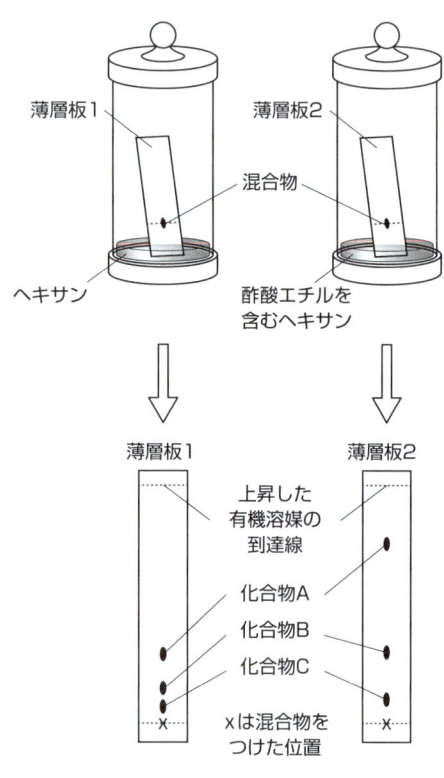

図の実験結果とその考察に関する記述について，正誤の組み合わせとして最も適当なものを下の(ア)～(エ)から選べ。

(1) A の方が B よりもシリカゲルに吸着しやすい。
(2) B と C を分離するための有機溶媒としては，2種類の有機溶媒を用いた方が，1種類のものよりも適している。

	(1)	(2)
(ア)	正	正
(イ)	正	誤
(ウ)	誤	正
(エ)	誤	誤

(21 共通テスト 改)

1 物質の探究 — 27

□□□ **15 ▶ 混合物の分離** 砂1g，硝酸カリウム10g，水20gを混合した混合物がある。混合物中の各物質を分離して取り出すためにⅠ～Ⅲの操作をした。次の問いに答えよ。
　Ⅰ　混合物を加熱しながらガラス棒を使ってよくかき混ぜたら，沈殿物を含んだ水溶液ができた。
　Ⅱ　Ⅰの沈殿物を除いた後，水溶液を冷却していくと白い結晶が析出した。
　Ⅲ　Ⅱでできた白い結晶を取り除いた後の水溶液を加熱して，生じる気体を冷却した。
(1) Ⅰで生じた沈殿は何か。また，この沈殿物を取り除くにはどのような分離方法が考えられるか。
(2) Ⅱで生じた白い結晶は何か。また，このような分離方法を何というか。
(3) Ⅲで生じた気体を冷却して得られる物質は何か。また，このような分離方法を何というか。

□□□ **16 ▶ 元素の確認** 卵の殻の主成分は炭酸カルシウムである。含まれる元素を確認する実験方法と，その結果を答えよ。

□□□ **17 ▶ 元素の確認** 名前がわからない白色粉末状の試薬がある。以下の実験を行ったところ，その白色粉末の試薬名が明らかとなった。
実験Ⅰ：粉末状の試薬は水に溶け，その水溶液の①炎色反応を調べた結果，黄色に発色した。また，試薬は塩酸と反応して二酸化炭素を発生し，塩化ナトリウムが生成した。
実験Ⅱ：この粉末を加熱すると，別の化合物に変化するとともに気体が発生した。この気体を石灰水に通じると白く濁った。
実験Ⅲ：実験Ⅱでは液体も生成しているので，その液体を無水硫酸銅(Ⅱ)の粉末につけると，その粉末は青色に変わった。
(1) 下線部①について，正しい調べ方は(ア)，(イ)のいずれか。
　(ア) 試料をつけた白金線を外炎に入れる。
　(イ) 試料をつけた白金線を内炎に入れる。
(2) これらの実験からこの試薬は何か。試薬名を答えよ。

(08 大阪電通大 改)

□□□ **18 ▶ 拡散** 右図のように赤褐色の二酸化窒素が入ったびんの上に無色の空気の入ったびんを乗せ，ふたをはずすとどうなるか。「熱運動」「拡散」という語句を用いて説明せよ。

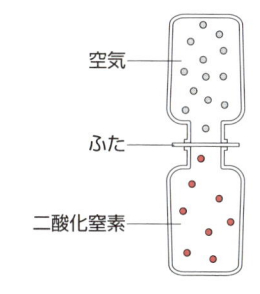

2 物質の構成粒子

1 原子の構造

◆1 原子の構造

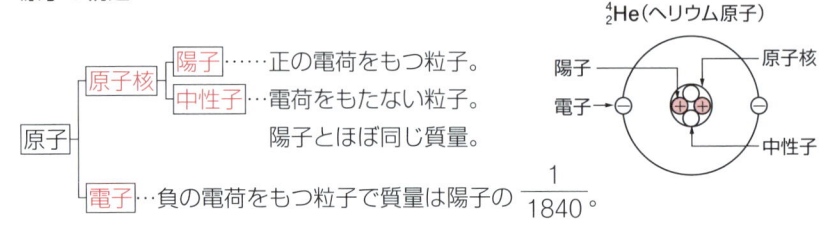

- 原子
  - 原子核
    - 陽子……正の電荷をもつ粒子。
    - 中性子…電荷をもたない粒子。陽子とほぼ同じ質量。
  - 電子…負の電荷をもつ粒子で質量は陽子の $\frac{1}{1840}$。

$^{4}_{2}\text{He}$(ヘリウム原子): 陽子, 原子核, 電子, 中性子

◆2 原子番号と質量数

質量数＝陽子の数＋中性子の数 → $^{4}_{2}\text{He}$ ← 元素記号 (中性子＝4－2＝2)
原子番号＝陽子の数＝電子の数

原子番号と質量数がわかると陽子, 中性子, 電子の数がわかる。

◆3 同位体（アイソトープ）

原子番号が同じ（同じ元素）で, 質量数が異なる（中性子数が異なる）原子を互いに同位体という。

$^{1}_{1}\text{H}$(水素), $^{2}_{1}\text{H}$(重水素), $^{3}_{1}\text{H}$(三重水素)

同位体の存在比 天然では, 数種類の同位体が一定の割合で存在。

同位体	^{1}H	^{2}H	^{3}H	^{12}C	^{13}C	^{14}C
原子番号	1	1	1	6	6	6
質量数	1	2	3	12	13	14
中性子数	0	1	2	6	7	8
存在比%	99.9885	0.0115	ごく微量	98.93	1.07	ごく微量

◆4 放射性同位体（ラジオアイソトープ）

放射線を放出して他の原子に変わる同位体。　**例** $^{3}\text{H}, ^{14}\text{C}$

放射性同位体の原子核は不安定なため放射線を出して他の元素に変化する。（壊変, 崩壊）

- 放射線
  - α線…$^{4}_{2}\text{He}$の原子核
  - β線…原子核から出る電子 e^{-}
  - γ線…電磁波

例 $^{235}_{92}\text{U} \rightarrow ^{231}_{90}\text{Th} + ^{4}_{2}\text{He}$
$^{14}_{6}\text{C} \rightarrow ^{14}_{7}\text{N} + e^{-}$

半減期 放射性同位体が壊変してその数が半分になるまでの時間。^{14}Cの量が半分になるまでに約5730年かかる。

利用 年代測定, 医療関係（画像診断やがん治療など）など。

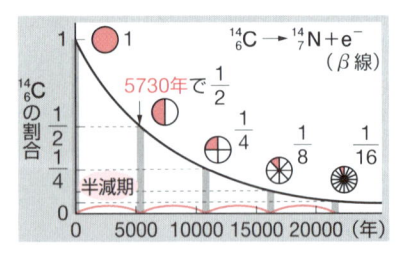

$^{14}_{6}\text{C} \rightarrow ^{14}_{7}\text{N} + e^{-}$（β線）

5730年で $\frac{1}{2}$

2 電子配置

◆1 **電子殻** 原子中の電子は電子殻中を運動している。電子殻は原子核から近い順に，K殻，L殻，M殻，N殻，…という。内側から n 番目の電子殻には，最大 $2n^2$ 個の電子まで入る。

$$\begin{pmatrix} \text{K殻} & 2\times 1^2=2\text{個}, & \text{L殻} & 2\times 2^2=8\text{個} \\ \text{M殻} & 2\times 3^2=18\text{個}, & \text{N殻} & 2\times 4^2=32\text{個}, \cdots \end{pmatrix}$$

- 電子殻のよび方
- それぞれの電子殻に入ることができる電子の最大数 32, 18, 8, 2
- 電子殻
- 原子核

◆2 **電子配置** 電子は K 殻から順に入る。最も外側の電子殻の電子を最外殻電子(価電子)という。

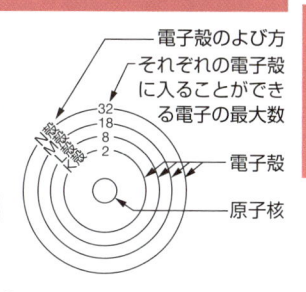

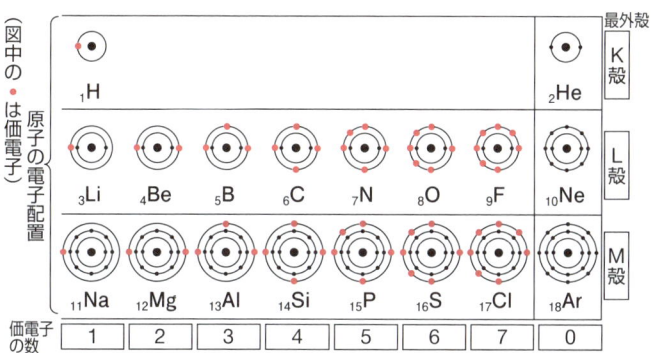

(図中の●は価電子)

原子の電子配置：
- K殻: ₁H, ₂He
- L殻: ₃Li, ₄Be, ₅B, ₆C, ₇N, ₈O, ₉F, ₁₀Ne
- M殻: ₁₁Na, ₁₂Mg, ₁₃Al, ₁₄Si, ₁₅P, ₁₆S, ₁₇Cl, ₁₈Ar

価電子の数: 1, 2, 3, 4, 5, 6, 7, 0

貴ガスの電子配置

最外殻	最外殻電子数
K殻	2個
K殻以外	8個

↓

安定な電子配置
(他の原子と結合しにくい)

↓

価電子数 0 とみなす

◆3 **イオン** 電荷をもつ粒子。正電荷をもつ陽イオンと負電荷をもつ陰イオンがある。

①イオンの生成

原子が原子番号の近い貴ガスと同じ安定な電子配置になり生成。

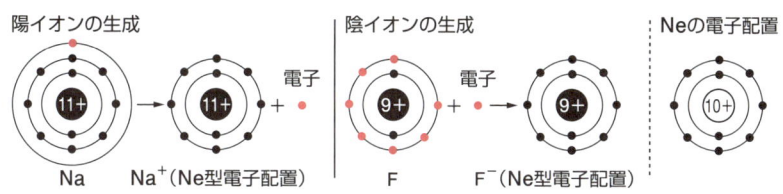

陽イオンの生成: Na (11+) → Na⁺ (11+) + 電子 ● (Ne型電子配置)

陰イオンの生成: F (9+) + 電子 ● → F⁻ (9+) (Ne型電子配置)

Neの電子配置: (10+)

②イオンの化学式
電子が陽子より n 個少ない。 n 価陽イオン A^{n+}
電子が陽子より n 個多い。 n 価陰イオン B^{n-}

	1価	2価	3価
陽イオン	水素イオン H⁺ ナトリウムイオン Na⁺ アンモニウムイオン NH₄⁺	カルシウムイオン Ca²⁺ 鉄(Ⅱ)イオン Fe²⁺ 亜鉛イオン Zn²⁺	アルミニウムイオン Al³⁺ 鉄(Ⅲ)イオン Fe³⁺
陰イオン	塩化物イオン Cl⁻ 水酸化物イオン OH⁻ 硝酸イオン NO₃⁻	酸化物イオン O²⁻ 硫酸イオン SO₄²⁻ 炭酸イオン CO₃²⁻	リン酸イオン PO₄³⁻

＊赤字は多原子イオンを表す。

3 元素の周期律・周期表

◆1 **周期律** 元素を原子番号順に並べると，性質のよく似た元素が周期的に現れる。この元素の周期的な性質の変化を周期律という。

◆2 **周期表** 元素を原子番号の順に並べ，性質の似た元素が同じ縦の列に並ぶように配列した表。1869年にロシアの科学者メンデレーエフが，元素を原子量の小さいものから並べた周期表の原型を発表した。

◆3 **周期** 横の行，1行目から順に第1周期から第7周期まで。

◆4 **族** 縦の列，左から順に1族から18族まで。

◆5 **同族元素** 同じ族の元素。
アルカリ金属元素（Hを除く1族の元素，価電子数1）
アルカリ土類金属元素[*1]（2族の元素，価電子数2）
ハロゲン（17族の元素，価電子数7）
貴ガス（希ガス）（18族の元素，価電子数0）

[*1] Be，Mgを除く場合がある。

族 周期	1	2	3	4	5	6	7	8	9	10	11	12	13	14	15	16	17	18
1	1H																	2He
2	3Li	4Be											5B	6C	7N	8O	9F	10Ne
3	11Na	12Mg											13Al	14Si	15P	16S	17Cl	18Ar
4	19K	20Ca	21Sc	22Ti	23V	24Cr	25Mn	26Fe	27Co	28Ni	29Cu	30Zn	31Ga	32Ge	33As	34Se	35Br	36Kr
5	37Rb	38Sr	39Y	40Zr	41Nb	42Mo	43Tc	44Ru	45Rh	46Pd	47Ag	48Cd	49In	50Sn	51Sb	52Te	53I	54Xe
6	55Cs	56Ba	ランタノイド	72Hf	73Ta	74W	75Re	76Os	77Ir	78Pt	79Au	80Hg	81Tl	82Pb	83Bi	84Po	85At	86Rn
7	87Fr	88Ra	アクチノイド	104Rf	105Db	106Sg	107Bh	108Hs	109Mt	110Ds	111Rg	112Cn	113Nh	114Fl	115Mc	116Lv	117Ts	118Og

□ 典型元素　□ 金属元素
□ 遷移元素　□ 非金属元素

金属元素と非金属元素の境界にある元素は，両方の性質をあわせもっている。

アルカリ土類金属（Be，Mgを除く場合がある）
アルカリ金属（Hを除く）
ハロゲン
貴ガス（希ガス）

4 元素の分類

◆1 **典型元素** 1族，2族および13族から18族までの元素。同族元素は，価電子の数が同じであるため，化学的性質が似ている。

◆2 **遷移元素** 3族から12族までの元素。周期表で隣りあった元素どうしの性質が似ている場合が多い。価電子の数は周期的に変化せず，1または2のものが多い。

◆3 **金属元素** 単体は金属の性質（金属光沢がある・熱伝導性・電気伝導性・展性・延性）をもち，一般的に陽イオンになりやすい。

◆4 **非金属元素** 金属元素以外の元素。18族以外の非金属元素は陰イオンになりやすいものが多い。

5 元素の性質

◆1 **金属元素と非金属元素の分布**

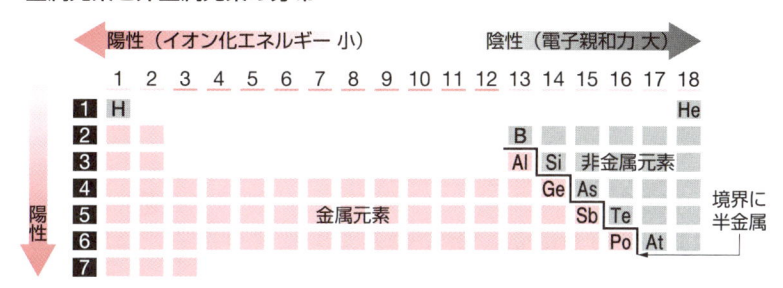

陽性（イオン化エネルギー 小）　←　　　→　陰性（電子親和力 大）

	1	2	3	4	5	6	7	8	9	10	11	12	13	14	15	16	17	18
1	H																	He
2													B					
3													Al	Si	非金属元素			
4														Ge	As			
5					金属元素										Sb	Te		
6																Po	At	
7																		

境界に半金属

陽性 ↓

◆2 **陽性** 原子核が電子を引きつける力が小さく、陽イオンになりやすい性質。

◆3 **陰性** 原子核が電子を引きつける力が大きく、陰イオンになりやすい性質。

◆4 **イオン化エネルギー** 原子から電子1個を取り去って1価の陽イオンにするために必要なエネルギー（Heが最大）。小さいほど陽イオンになりやすい。

◆5 **電子親和力** 原子が電子1個を受け取って、1価の陰イオンになるときに放出するエネルギー。大きいほど陰イオンになりやすい。

◆6 **元素の性質と周期律**

①価電子の数と原子番号

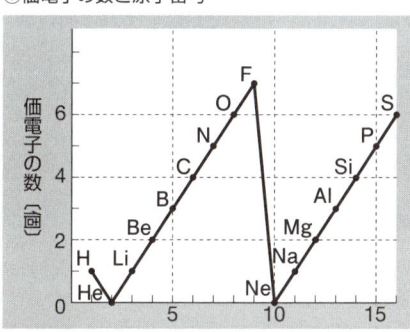

②イオン化エネルギーと原子番号

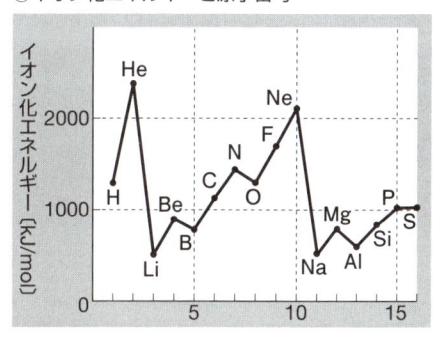

③電子親和力と原子番号

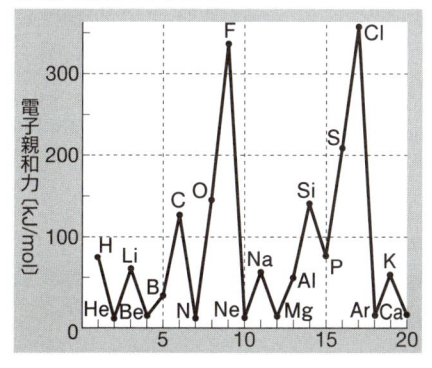

④原子半径と原子番号

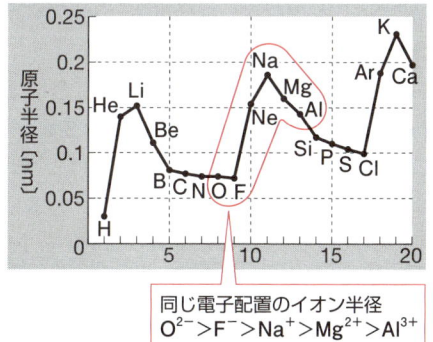

同じ電子配置のイオン半径
$O^{2-} > F^- > Na^+ > Mg^{2+} > Al^{3+}$

WARMING UP／ウォーミングアップ

次の文中の(　)に適当な語句・数値・記号を入れよ。

1 原子構造
原子はその中心に正の電荷をもつ(ア)があり，そのまわりを負の電荷をもつ(イ)が回っている。(ア)は正電荷をもつ(ウ)と電荷をもたない(エ)からなる。

2 原子番号・質量数
原子核に含まれる陽子数は元素ごとに決まっており，その数を(ア)という。陽子がもつ電気量は電子と同じで符号が逆であり，原子では陽子の数は(イ)の数と同じである。また，原子核には，陽子と中性子があり，陽子数＋中性子数を(ウ)という。原子を $^{12}_{6}C$ と表すと，(ア)は(エ)であり，(ウ)は(オ)である。

3 同位体
原子には原子番号が同じ，つまり同じ(ア)の原子であるが(イ)の数が違うために質量数が異なる原子が存在する。これらを互いに(ウ)という。(ウ)のうち放射線とよばれる粒子やエネルギーを出して，他の原子に変わるものを(エ)という。
　放射性同位体が壊変してその数が半分になるまでの時間を(オ)という。

4 電子殻と電子配置
電子殻は原子核に近い方から，(ア)，(イ)，(ウ)とよばれる。電子はエネルギーの低い，原子核に近い電子殻から順に収容されるが，各電子殻に収容される最大数は決まっている。(ア)では(エ)個，(イ)では(オ)個が最大である。電子は(ア)→(イ)→(ウ)の順に収容される。最も外側の電子殻の電子を(カ)または(キ)とよぶ。ただし，貴ガスの(キ)の数は0とする。

5 イオン
電子配置は最外殻の電子が8個(K殻では2個)が安定である。そのため原子は価電子が1個または2個のとき，これを放出して(ア)の電荷をもつ(イ)になりやすい。価電子が6個または7個のときは，原子は電子を2個または1個受け取って(ウ)の電荷をもつ(エ)になろうとする。価電子を1個放出すれば(オ)価，2個放出すれば(カ)価の(イ)に，電子を1個受け取れば(キ)価の(エ)になる。

1
- (ア) 原子核
- (イ) 電子　(ウ) 陽子
- (エ) 中性子

2
- (ア) 原子番号
- (イ) 電子
- (ウ) 質量数
- (エ) 6
- (オ) 12

3
- (ア) 元素
- (イ) 中性子
- (ウ) 同位体
- (エ) 放射性同位体
- (オ) 半減期

4
- (ア) K殻
- (イ) L殻
- (ウ) M殻
- (エ) 2　(オ) 8
- (カ) 最外殻電子
- (キ) 価電子

5
- (ア) 正または＋
- (イ) 陽イオン
- (ウ) 負または－
- (エ) 陰イオン
- (オ) 1
- (カ) 2
- (キ) 1

6 元素の周期律と周期表

元素を(ア)の順番に並べて，性質のよく似た元素を同じ縦の列に並ぶようにした表を(イ)という。この原型になる表は1869年にロシアの科学者(ウ)が発表した。この表に並んだ縦の列は(エ)，横の行は(オ)とよばれている。

7 元素の分類

次の元素を同族元素ごとに3つのグループに分け，その族の名称を答えよ。

Na　Cl　Ne　F　Li　Ar
Br　He　K

8 元素の性質

第3周期の元素の中で，次の記述にあてはまるものをすべて選び，元素記号で答えよ。

(1) 金属元素に属する元素
(2) イオン化エネルギーが最大な元素
(3) 最も陽性が強い元素

9 イオン化エネルギー

元素の陽性の強弱は，原子から電子を1個取り去るのに必要なエネルギーの大きさで比較する。エネルギーが大きい元素は取り去られる電子が原子核と電気的引力で強く引きつけられており，原子半径の小さい原子ほどそのエネルギーは(ア)くなる。したがって周期表の(イ)にいくほどエネルギーが大きくなる。このエネルギーを(ウ)とよび(エ)が最大を示す。

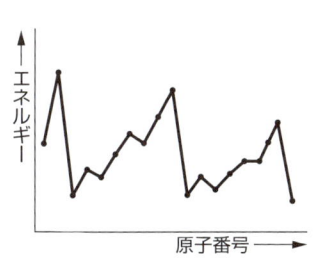

10 電子親和力

原子が電子1個を受け取って陰イオンになるとき，放出するエネルギーを(ア)という。原子は，このエネルギーを放出してより安定な陰イオンになるので，(ア)の大きい原子はより陰イオンになり(イ)い。F，Cl，Brなど(ウ)個の価電子をもつ原子は(ア)が(エ)い。

6
(ア) 原子番号
(イ) 周期表
(ウ) メンデレーエフ
(エ) 族
(オ) 周期

7
Na, Li, K
……アルカリ金属
Cl, F, Br
……ハロゲン
Ne, Ar, He
……貴ガス

8
(1) Na, Mg, Al
(2) Ar
(3) Na

9
(ア) 大き
(イ) 右上
(ウ) イオン化エネルギー
(エ) He

10
(ア) 電子親和力
(イ) やす
(ウ) 7
(エ) 大き

エクササイズ

1 電子配置

原子番号20までの原子の電子配置を水素の例にならって示せ。

周期＼族	1	2	13	14	15	16	17	18
1	⊙ 水素	●原子核 ●電子						⊙
2	⊙	⊙	⊙	⊙	⊙	⊙	⊙	⊙
3	⊙	⊙	⊙	⊙	⊙	⊙	⊙	⊙
4	⊙	⊙						
最外殻電子数	1	2	3	4	5	6	7	2または8
価電子数	1	2	3	4	5	6	7	0

2 イオンの化学式

陽イオン	化学式
水素イオン	
	Na^+
アンモニウムイオン	
	Ag^+
マグネシウムイオン	
亜鉛イオン	
	Fe^{2+}
	Cu^{2+}
カルシウムイオン	
アルミニウムイオン	

陰イオン	化学式
フッ化物イオン	
	Cl^-
水酸化物イオン	
炭酸水素イオン	
	O^{2-}
硫化物イオン	
硫酸イオン	
	SO_3^{2-}
炭酸イオン	
リン酸イオン	

基本例題 5　原子の構造　　基本 → 19, 20

次の各原子について，次の問いに答えよ。

(ア) $^{17}_{8}O$　　(イ) $^{31}_{15}P$　　(ウ) $^{37}_{17}Cl$

(1) (ア)の原子番号，(イ)の質量数，(ウ)の中性子数はそれぞれいくらか。
(2) (ア)の最外殻電子数，(イ)の陽子数，(ウ)の価電子数はそれぞれいくらか。
(3) (ア)，(イ)，(ウ)の原子のそれぞれの最も外側の電子殻は何殻か。
(4) (ア)の原子と同位体の関係にある質量数16の原子を元素記号を使って示せ。

●エクセル　原子番号＝陽子数　　質量数＝陽子数＋中性子数
　　　　　　最外殻電子数＝価電子数（貴ガス以外）

解説

(1), (2)　陽子数＝原子番号，中性子数＝質量数－陽子数で求められる。原子番号は元素記号の左下，質量数は左上に書く❶。

$^{17}_{8}O$　　$^{31}_{15}P$　　$^{37}_{17}Cl$

(ア)の原子番号　(イ)の質量数　(ウ)の中性子数
　　　　　　　　　　　　　　37 － 17 ＝ 20

(ア)は16族元素，(ウ)は17族元素なので，最外殻電子数（価電子数）はそれぞれ6，7。

(3)　K殻（2個まで），L殻（8個まで），M殻（18個まで）…電子の収容個数は，内側から n 番目の電子殻では $2n^2$ 個と決まっている❷。

(4)　原子番号が同じで，質量数の異なる原子を互いに同位体という❸。

❶ 質量数……17　　O
　原子番号…　8

❷ 電子の収容個数

❸ 同位体
　$^{12}_{6}C$　　$^{13}_{6}C$

解答
(1) (ア) 8　(イ) 31　(ウ) 20　(2) (ア) 6　(イ) 15　(ウ) 7
(3) (ア) L殻　(イ) M殻　(ウ) M殻　(4) $^{16}_{8}O$

基本例題 6　原子の電子配置　　基本 → 25, 27

下図は原子の電子配置が示してある。これについて，次の問いに答えよ。

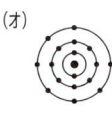

(ア)　(イ)　(ウ)　(エ)　(オ)

(1) $_{4}Be$ は(ア)～(オ)のどれか。
(2) 価電子の数が等しいものを答えよ。
(3) L殻に電子を6個もつ原子はどれか。記号と元素名を答えよ。
(4) 1族，第3周期に属する原子について，その電子配置を図にならって示せ。

●エクセル　原子では陽子数＝電子数　　価電子は最外殻の電子（貴ガスは0とみなす）

解説
(1) 電子の数が4の電子配置を選ぶ。
(2) 原子核から最も外側の電子殻(最外殻)の電子数が等しいものを選ぶ。
(3) L殻に電子を6個もつ原子はK殻に2個電子があり，合計8個の電子をもつ。それは原子番号と一致する。
(4) 1族の原子の最外殻電子の数は1，第2周期までにK殻(2)+L殻(8)=10
合計1+10=11個の電子をもつ原子を考える。

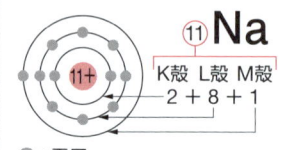

Na原子の電子配置図
K殻 L殻 M殻
2 + 8 + 1
● : 電子
11+ : 原子核中の陽子の数が11個であることを示す。

解答 (1) (ア)　(2) (ア), (エ)　(3) (ウ) 酸素　(4)

基本例題 7　元素の周期表

基本 → 31, 32

下図は，周期表における元素を分類したものである。次の問いに答えよ。

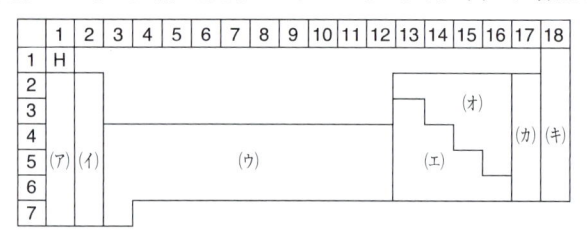

次の性質をもっている元素のグループを(ア)〜(キ)から選び，その名称を答えよ。
(1) 最外殻に電子が1個しかなく，イオン化エネルギーの小さな元素のグループ。
(2) 最外殻が安定な型になっており，化合物をつくりにくい元素のグループ。
(3) 最外殻に電子が7個あり，陰性の大きい元素のグループ。
(4) 最外殻に電子が2個ある元素のグループ。

●エクセル　典型元素の性質を覚える。

解説
(1) 1族の原子は，最外殻電子が1個である。
(2) 安定な電子配置をとるのは18族である。
(3) 最外殻電子が7個で，陰性の大きな原子は17族である。
(4) 2族の原子は，最外殻電子が2個である。

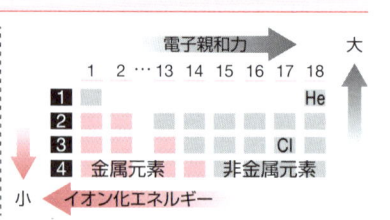

解答　(1) (ア) アルカリ金属　(2) (キ) 貴ガス
(3) (カ) ハロゲン　(4) (イ) アルカリ土類金属

基本問題

19 ▶ 原子の構造 1 次の記述について,誤っているものを選べ。
(1) 電気的に中性な原子中の陽子の数と電子の数は等しい。
(2) 原子中の陽子の数と中性子の数の和を質量数という。
(3) 陽子の数と中性子の数は等しい。
(4) 原子の形は球状で,その大きさは直径がおよそ 10^{-10} m である。
(5) 炭素原子の陽子の数はすべて 6 である。

20 ▶ 原子の構造 2 次の(ア)〜(シ)に適当な数値・記号を入れよ。ただし,(ケ)〜(シ)は文字 y, z を用いて答えよ。

原子の記号	原子番号	質量数	陽子の数	中性子の数	電子の数
(ア)	7	(イ)	(ウ)	8	(エ)
$_{16}$S	(オ)	33	(カ)	(キ)	(ク)
$_y$M	(ケ)	z	(コ)	(サ)	(シ)

21 ▶ 原子の構成 アンモニア分子 NH_3 1個に含まれる陽子の数 a,中性子の数 b,電子の数 c の大小関係を正しく表しているものを次の(1)〜(5)のうちから1つ選べ。ただし,このアンモニア分子は ^1H と ^{14}N からなるものとする。
(1) $a=b=c$ (2) $a=b>c$ (3) $a=b<c$ (4) $a=c<b$ (5) $a=c>b$

22 ▶ 同位体 次の文中の(ア)〜(キ)に適当な語句・数値・記号を入れよ。
　酸素の原子では,陽子の数はすべて(ア)個である。しかし,中性子の数はすべて同じではなく,8個,9個,10個のものがあり,質量数はそれぞれ(イ),(ウ),(エ)である。質量数(イ)の原子は ^{16}O と表され,質量数(ウ)の原子は(オ)と表される。
　これらの原子は互いに(カ)の関係にあるという。天然では,酸素原子 10000 個あたり,^{16}O が 9976 個ある。したがって,^{16}O の存在比は(キ)%である。

23 ▶ 放射性同位体 放射性同位体は不安定で,原子核が放射線を放出して別の原子に変化する。この変化を(ア)とよぶ。放射線には,α 線や β 線,γ 線などがある。放射性同位体がこわれてその量が半分になる時間を(イ)という。年代測定などに使われる放射性同位体 ^{14}C の(イ)は約 5730 年である。
(1) (ア),(イ)に適当な語句を入れよ。
(2) $^{14}_{6}C$ が β 線を放出して変化したあとの原子の原子番号と質量数はいくらか。
(3) 地中から発見されたある植物のもつ ^{14}C の濃度が大気中の濃度の $\frac{1}{16}$ であった。この植物は枯れてからおよそ何年たっていると推定されるか。

□□□ **24 ▶ 同素体・同位体** 同素体と同位体の違いを簡潔に述べよ。

□□□ **25 ▶ 価電子** 次の(1)～(5)の記述について，正しいものを2つ選べ。
(1) 原子番号8の酸素原子と原子番号16の硫黄原子の価電子数は等しい。
(2) 原子番号10のネオン原子の価電子数は8である。
(3) 原子番号9のフッ素原子の価電子数は9である。
(4) 価電子は原子どうしが結合するとき，重要な役割を果たす。
(5) 価電子はエネルギー的に安定で，原子から放出されることはない。

□□□ **26 ▶ イオンの化学式**
(1) Al^{3+}と同じ電子配置の貴ガスの元素記号を記せ。
(2) S^{2-}と同じ電子配置の貴ガスの元素記号を記せ。
(3) 原子番号8の酸素原子のイオンの化学式を記せ。
(4) 原子番号20のカルシウム原子のイオンの化学式を記せ。
(5) 窒素原子1個と酸素原子3個からなる原子団で1価の陰イオンの化学式を記せ。

□□□ **27 ▶ イオンと電子数** 次の(1)，(2)に答えよ。
(1) 次の組み合わせの中で，電子数の等しいものを選べ。
　(ア) Na^+　O^{2-}　(イ) K^+　Mg^{2+}　(ウ) Cl^-　Ne　(エ) Li^+　F^-
(2) 次のイオンの電子の総数はそれぞれいくつか。
　(ア) OH^-　(イ) NH_4^+　(ウ) SO_4^{2-}

□□□ **28 ▶ イオン化エネルギーと原子半径** 次の図のうち，縦軸が原子の第1イオン化エネルギー，原子半径を示すものはそれぞれどれか。ただし，横軸は原子番号を示す。

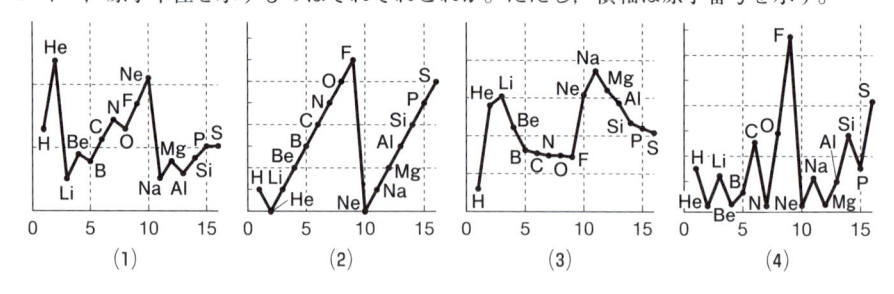

29 ▶ イオン化エネルギーとグラフ

右図は，横軸が原子番号，縦軸がイオン化エネルギーを示したグラフである。
(1) (ア)～(カ)で貴ガスに属するものをすべて選べ。
(2) (ア)～(カ)で最も陽イオンになりやすいものを選べ。
論 (3) 同族の元素では原子番号が増大するにつれイオン化エネルギーは少しずつ減少する。その理由を説明せよ。

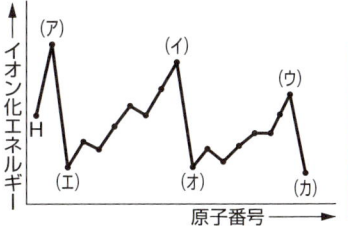

30 ▶ イオンの大きさ
イオン半径が大きい順に並べられている組み合わせとして，最も適切なものはどれか。また，そのような順になると考えた理由を述べよ。
(1) $Li^+ > Na^+ > K^+$
(2) $Al^{3+} > Mg^{2+} > Na^+$
(3) $Ca^{2+} > K^+ > Cl^-$
(4) $Na^+ > F^- > O^{2-}$
(5) $O^{2-} > F^- > Na^+$
(6) $K^+ > Cl^- > S^{2-}$
(7) $O^{2-} > S^{2-} > Se^{2-}$
(8) $F^- > Cl^- > Br^-$
(9) $I^- > Cl^- > Br^-$ (北里大 改)

31 ▶ 元素の性質
次の記述について，誤っているものを1つ選べ。
(1) 2族の元素は，典型元素である。
(2) ハロゲンは陰イオンになりやすい。
(3) 遷移元素の単体は，すべて金属である。
(4) 貴ガスの単体は，すべて単原子分子である。
(5) 14族に属する元素の単体は，すべて非金属である。
(6) 常温で液体の金属は水銀のみである。

32 ▶ 周期表
次の文中の(ア)～(エ)に適当な語句を入れ，(1)～(6)は正しいものを選べ。

元素は周期表という表により，18のグループに分けられている。このグループは，周期表では縦の列に並んでおり族とよばれ，同じ縦の列にある元素は(ア)とよばれる。1族，2族と13族から18族の元素は(イ)とよばれており，中でも17族は(ウ)とよばれて1価の陰イオンになりやすい性質をもつ。3族から12族までの元素は(エ)とよばれており，隣りあった元素どうしの性質が似ていて，明確な周期性がみられない。

同じ族の元素は，原子番号が大きくなるほど原子半径は(1)(大きく・小さく)なる。そしてイオン化エネルギーは(2)(大きく・小さく)なり，(3)(陰性・陽性)は大きくなる。

同じ周期の元素は，18族を除いて原子番号が大きくなるほど原子半径は(4)(大きく・小さく)なる。そしてイオン化エネルギーは(5)(大きく・小さく)なり，(6)(陰性・陽性)は大きくなる。

応用例題 8　原子の電子配置　　　応用 ⇒ 35, 36

下記に原子の電子配置を示してある。K, L, M は電子殻で，(　)内の数字は電子数である。次の(1)～(3)に答えよ。

　(ア)　K(2)L(5)　　(イ)　K(2)L(6)　　(ウ)　K(2)L(8)M(1)　　(エ)　K(2)L(8)M(3)
　(オ)　K(2)L(8)M(4)　　(カ)　K(2)L(8)M(7)　　(キ)　K(2)L(8)M(8)

(1) 3価の陽イオンになりやすいものはどれか。
(2) 価電子数の最も多いものはどれか。
(3) 安定した電子配置をとるものはどれか。

●エクセル　貴ガスの価電子数は 0

解説
(1) 価電子が 3 個であればよい。
(2) 最外殻電子の多いものを選ぶ。ただし，8 個のとき，価電子数は 0 である。
(3) 価電子数が 0 のものを選ぶ。

▶貴ガス以外の最外殻電子は価電子という。最外殻電子が 8 個の貴ガス原子(He は 2 個)は安定で価電子数は 0 となり，他の原子と結合しない。

解答　(1) (エ)　(2) (カ)　(3) (キ)

応用問題

33 ▶ 原子の構造　右図は原子番号が 1 から 19 の各元素について，天然の同位体存在比が最も大きい同位体の原子番号と，その原子の陽子・中性子・価電子の数の関係を示す。図のア～ウに対応する語の組み合わせとして正しいものを，次の(1)～(6)のうちから 1 つ選べ。

	ア	イ	ウ
(1)	陽　子	中性子	価電子
(2)	陽　子	価電子	中性子
(3)	中性子	陽　子	価電子
(4)	中性子	価電子	陽　子
(5)	価電子	陽　子	中性子
(6)	価電子	中性子	陽　子

(21 共通テスト 改)

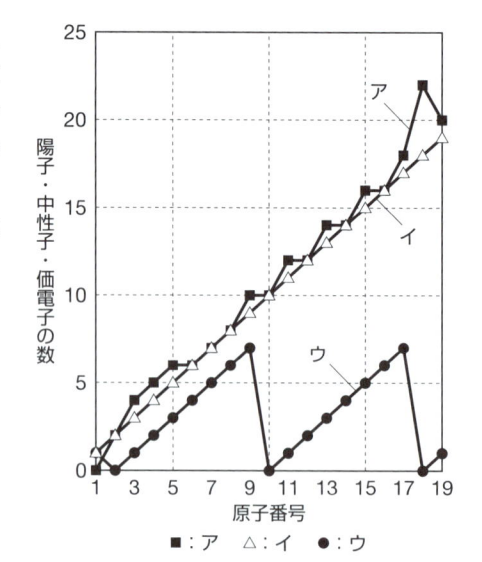

2 物質の構成粒子 — 41

□□□34 ▶ 同位体 天然に存在する水素原子には ^1H と ^2H の2種類, 酸素原子には ^{16}O, ^{17}O, ^{18}O の3種類の同位体が知られているので, 天然の水は異なる種類の水分子の混合物ということができる。これらの原子の組み合わせでできる水分子は, 何種類存在するか。

□□□35 ▶ 原子とイオンの電子配置 次の電子配置をもつ原子およびイオンの元素記号を記せ。
(1) 中性原子のとき最外殻M殻に3個の電子をもつ。
(2) 2価の陽イオンのとき最外殻M殻に8個の電子をもつ。
(3) 1価の陰イオンのとき最外殻N殻に8個の電子をもつ。　　　　　　　　（早大 改）

□□□36 ▶ 周期表と電子配置 右表は第3周期までの元素を族ごとに元素記号とカタカナで示した周期表である。また, 下図は周期表の中の(ア)～(カ)の元素の電子配置を模式的に示したものである。次の(1)～(3)に答えよ。

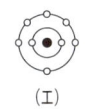

周期表

周期＼族	1	2	13	14	15	16	17	18
1	(ア)							He
2	Li	Be	B	(イ)	(ウ)	(エ)	F	(オ)
3	Na	Mg	Al	Si	P	S	(カ)	Ar

● 原子核 　○ 電子

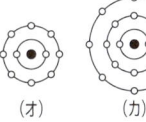

(1) (イ), (ウ), (エ), (カ)の電子配置に相当する元素は何か, 元素記号で答えよ。
(2) 第3周期に属する元素の中で, 同素体をもつ2つの元素の元素記号とそれぞれの元素について同素体の物質名を書け。
(3) 次の各原子の組み合わせでできる化合物の名称と化学式を書け。
　　(i) (ア)3個と(ウ)1個　　(ii) (イ)1個と(エ)2個

□□□37 ▶ 周期表 表は元素の周期表の一部である。表中の①～⑩の元素について次の問いに答えよ。

1族	2族		12族	13族	14族	15族	16族	17族	18族
H									He
Li	Be			B	C	N	O	F	Ne
Na	Mg			Al	Si	P	S	Cl	Ar
K	Ca		Zn	①	②	③	④	⑤	⑥
⑦	⑧		Cd	⑨	⑩				

(1) 金属元素の数を答えよ。
(2) 2価の陰イオンになりやすいものを選び, 元素記号で答えよ。
(3) 化学的に反応性を示さないものを選び, 名称を答えよ。
(4) 陽性が最も強いものを選び, ①～⑩の数字で答えよ。
(5) 2価の陽イオンになりやすく, 炎色反応が深赤色(紅色)を示すものを選び, 元素記号で答えよ。

3 物質と化学結合

1 イオンとイオン結合

◆1 **イオン結合** 陽イオンの正電荷と陰イオンの負電荷間の静電気的引力による結合。

静電気的な引力で引き合う

◆2 **イオン結晶** 陽イオンと陰イオンのみからできており，**陽イオンと陰イオンの数の比で表した組成式で表す**。

陽イオンの正電荷と陰イオンの負電荷が打ち消されるような個数の割合で存在。
(陽イオンの価数)×(陽イオンの個数)＝(陰イオンの価数)×(陰イオンの個数)

化合物名	組成式	個数比	電荷
塩化ナトリウム	NaCl	$Na^+ : Cl^- = 1:1$	$(+1)\times1+(-1)\times1=0$
塩化カルシウム	$CaCl_2$	$Ca^{2+} : Cl^- = 1:2$	$(+2)\times1+(-1)\times2=0$
硫酸アンモニウム	$(NH_4)_2SO_4$	$NH_4^+ : SO_4^{2-} = 2:1$	$(+1)\times2+(-2)\times1=0$

組成式は陽イオン→陰イオンの順に書く。化合物名は陰イオン→陽イオンの順に読む。

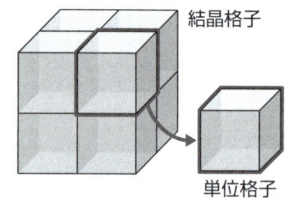

結晶の並び方を表したものを**結晶格子**という。結晶格子のくり返しの最小単位を**単位格子**とよぶ。
1個の粒子に隣りあって接している粒子の数を**配位数**という。

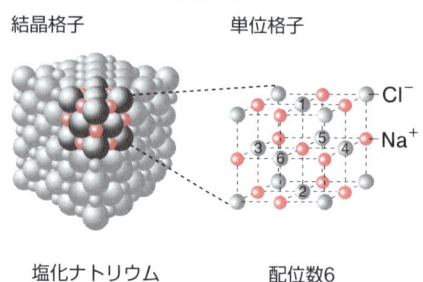

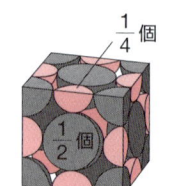

塩化ナトリウム（NaCl型）　配位数6

$Na^+ : \dfrac{1}{4}\times12+1=4$

$Cl^- : \dfrac{1}{8}\times8+\dfrac{1}{2}\times6=4$

2 分子と共有結合

◆1 **共有結合**
①**分子** いくつかの原子が結合し，ひとまとまりになった粒子。
②**共有結合** 原子が互いに価電子を共有する結合。

3 物質と化学結合 — 43

◆2 **電子式** 最外殻電子（下表中・または・）を用いて表した式。

最外殻電子の数	1	2	3	4	5	6	7	8
電子式	Li・	Be	・B・	・C・	・N:	:O:	:F:	:Ne:

・不対電子
・電子対

:Ö と表してもよい

HがK殻に電子2個
OがL殻に電子8個

共有電子対
非共有電子対

◆3 **構造式と分子の形**

①**構造式** 1組の共有電子対からなる結合を1本の線（価標）で表したもの。
原子が不対電子を1個ずつ出しあい共有電子対を1組（単結合）つくる。
2個ずつ出しあえば2組（二重結合），3個ずつなら3組（三重結合）つくる。

分子式	HCl	H_2O	NH_3	CH_4	CO_2	N_2
電子式	H:Cl:	H:O:H	H:N:H H	H:C:H H H	:O::C::O:	:N:::N:
構造式	H–Cl	H–O–H	H–N–H H	H–C–H (H,H)	O=C=O	N≡N
立体形	直線形	折れ線形	三角錐形	正四面体形	直線形	直線形

②**原子価** 構造式で1つの原子から出る線の数。原子の不対電子数に一致。

原子	H	Cl	O	N	C
不対電子数	1	1	2	3	4
原子価	1 H–	1 Cl–	2 –O–	3 –N–	4 –C–

③**結合距離と結合角**
　　結合距離 結合している原子の中心間を結ぶ距離。
　　結合角 分子中の隣りあう2つの結合のなす角。

④**分子の形** 電子対どうしの反発から予想できる。非共有電子対は，共有電子対よりも，他の電子対と強く反発する。

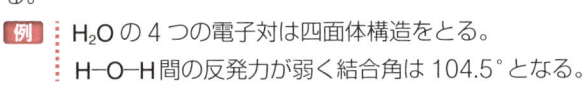

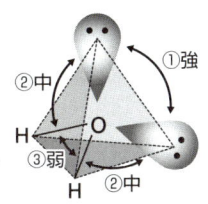

　例　H_2O の4つの電子対は四面体構造をとる。
　　　H–O–H間の反発力が弱く結合角は104.5°となる。

①強　②中　③弱　②中

4 配位結合

①**配位結合** 一方の原子の非共有電子対が他の原子に与えられて生じる共有結合。

$$H:\overset{H}{\underset{H}{N}}: + H^+ \longrightarrow \left[H:\overset{H}{\underset{H}{N}}:H\right]^+ \qquad H:\overset{..}{\underset{H}{O}}: + H^+ \longrightarrow \left[H:\overset{..}{\underset{H}{O}}:H\right]^+$$

アンモニウムイオン　　　　　　　　　オキソニウムイオン

②**錯イオン** 中心の金属イオンに非共有電子対をもつ分子または陰イオンが配位結合してできたイオン。

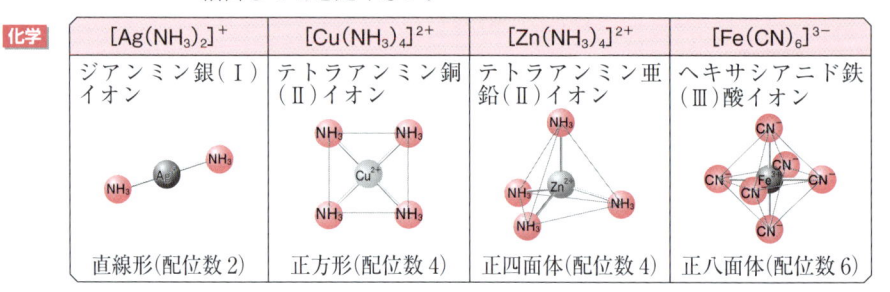

[Ag(NH₃)₂]⁺	[Cu(NH₃)₄]²⁺	[Zn(NH₃)₄]²⁺	[Fe(CN)₆]³⁻
ジアンミン銀(Ⅰ)イオン	テトラアンミン銅(Ⅱ)イオン	テトラアンミン亜鉛(Ⅱ)イオン	ヘキサシアニド鉄(Ⅲ)酸イオン
直線形(配位数2)	正方形(配位数4)	正四面体(配位数4)	正八面体(配位数6)

配位子 結合している分子またはイオン　[Ag(NH₃)₂]⁺
配位数 結合している配位子の数

配位子の読み方　NH₃：アンミン　　CN⁻：シアニド
　　　　　　　　H₂O：アクア　　　OH⁻：ヒドロキシド

3 分子間に働く力

1 電気陰性度と極性

①**電気陰性度** 原子が共有電子対を引き寄せる度合いの数値。貴ガスは除く。
②**極性** 原子の電気陰性度の違いによって生じる，共有結合における電荷のかたより。

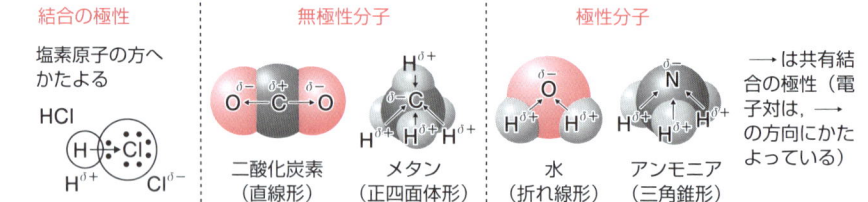

結合の極性　塩素原子の方へかたよる　HCl　H^{δ+}　Cl^{δ−}

無極性分子
二酸化炭素(直線形)　O^{δ−}=C^{δ+}=O^{δ−}
メタン(正四面体形)　H^{δ+} C H^{δ+}

極性分子
水(折れ線形)　O H^{δ+} H^{δ+}
アンモニア(三角錐形)　N H^{δ+} H^{δ+} H^{δ+}

→は共有結合の極性(電子対は，→の方向にかたよっている)

2 分子間力　分子間に働く弱い力。

分子間力 ─┬─ ファンデルワールス力 ─┬─ 全分子間に働く引力(分散力という)
　　　　　│　　　　　　　　　　　　└─ 極性による静電気的引力
　　　　　└─ 水素結合

3 物質と化学結合

化学 ◆3 水素結合 電気陰性度の大きい原子(F, O, N)に結合した水素原子と他の分子中の電気陰性度の大きい原子との結合。極性分子のファンデルワールス力より強い。

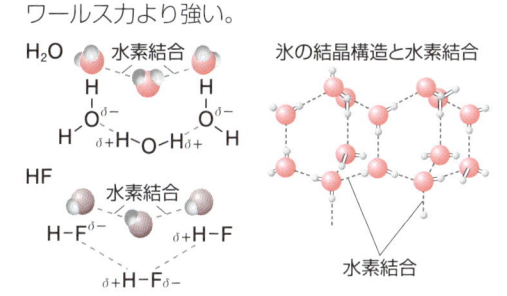

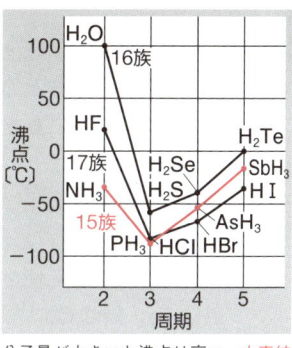

H₂O 水素結合

HF 水素結合

氷の結晶構造と水素結合

分子量が大きいと沸点は高い。水素結合があると沸点は異常に高い。

4 共有結合でできた物質

◆1 高分子化合物 分子が共有結合によりくり返しつながり、分子量がおよそ1万以上になった物質。

① **単量体と重合体** くり返しの最小単位を単量体(モノマー)、単量体がくり返し結合(重合)することで生成した高分子化合物を重合体(ポリマー)という。

② **付加重合** 炭素間の二重結合や三重結合を切って次々と重合する。

モノマー → 付加重合 → ポリマー
同じ向きに順序よく連なる

例：[モノマー] エチレン → [ポリマー] ポリエチレン

③ **縮合重合** 分子間で水などの簡単な分子がとれて次々と重合する。

モノマー → 縮合重合 → ポリマー
縮合で除かれる小さな分子

例：[モノマー] エチレングリコール + テレフタル酸 → [ポリマー] ポリエチレンテレフタラート(PET)

④ **共有結合の結晶**
多数の原子が共有結合により規則的に結合してできた結晶。

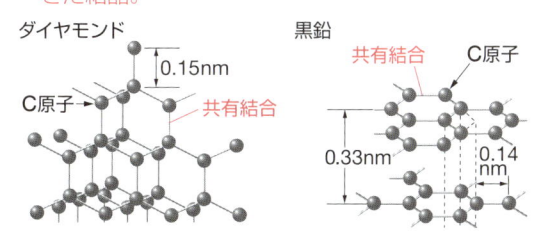

ダイヤモンド　0.15nm　C原子　共有結合

黒鉛　共有結合　C原子　0.33nm　0.14nm

⑤ **分子結晶**
原子が共有結合してできた分子が分子間力により配列した結晶。

ドライアイス(CO₂の結晶)
分子間力　共有結合
C
O
二酸化炭素分子CO₂

5 金属と金属結合

◆1 **自由電子** 原子核との間の引力から離れ，金属全体を自由に動き回る金属原子の価電子。

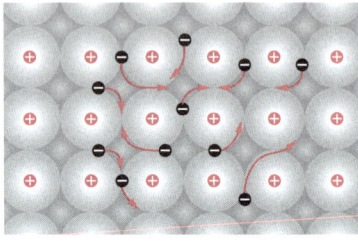

◆2 **金属結合** 金属原子が自由電子を共有してできる結合。
金属は元素記号を使った組成式で表される。
鉄は Fe，銅は Cu，銀は Ag など。

⊕は金属原子の原子核を，⊖は自由電子を表す。自由電子は電子殻の重なりを伝って金属全体を移動する。

◆3 **金属の特徴**
①金属光沢がある。
②電気伝導性や熱伝導性が大きい。
③薄く広がる性質（展性），線状に延びる性質（延性）がある。

◆4 **金属の結晶格子**
金属原子の規則的な配列（結晶格子）には次の3つの型がある。

	体心立方格子	面心立方格子	六方最密構造
単位格子の構造	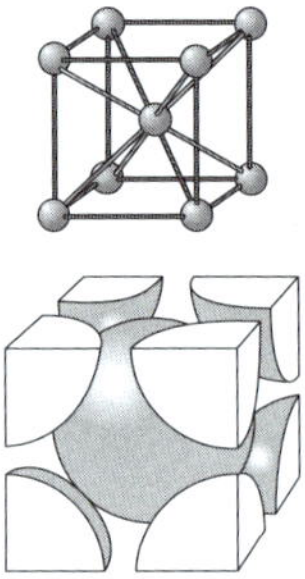	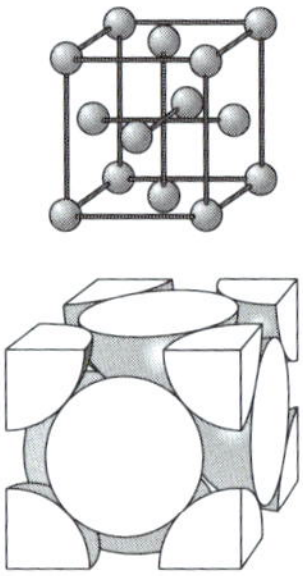	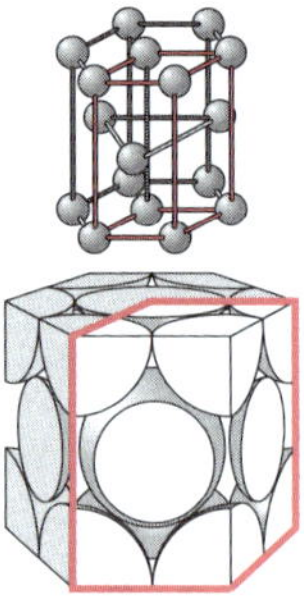
単位格子中に含まれる原子の数	$1(中心) + \dfrac{1}{8}(頂点) \times 8$ $= 1 + 1 = 2$	$\dfrac{1}{2}(面) \times 6 + \dfrac{1}{8}(頂点) \times 8$ $= 3 + 1 = 4$	$1(中心付近) + \left(\dfrac{1}{12} + \dfrac{1}{6}\right)(頂点) \times 4$ $= 1 + 1 = 2$
結晶の例	Na, Fe	Al, Cu, Ag	Mg, Zn
原子半径 r と単位格子の一辺の長さ a の関係	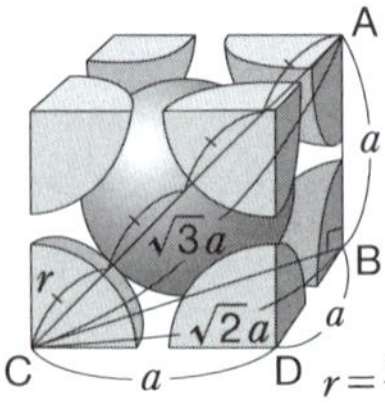 $r = \dfrac{\sqrt{3}}{4}a$	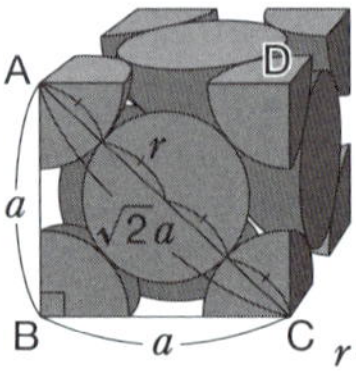 $r = \dfrac{\sqrt{2}}{4}a$	

6 物質の分類

◆1 結晶の種類とその性質

	イオン結晶	共有結合の結晶	金属結晶	分子結晶
モデル	塩化物イオン／ナトリウムイオン	C原子／共有結合	金属原子	分子間力／C原子／O原子／CO_2分子
構成粒子	陽イオンと陰イオン	原子	金属原子（自由電子を含む）	分子
結合の種類	イオン結合	共有結合	金属結合	分子間力
融点・沸点	高い	きわめて高い	種々の値	低い・昇華性
機械的性質	かたくてもろい	非常にかたい	展性・延性がある	やわらかい
電気の伝導性	通さない[*1]	通さない[*2]	通す	通さない
例	NaCl, $Al_2(SO_4)_3$	SiO_2, ダイヤモンド	Fe, Na	CO_2, N_2, Ar

[*1] 融解したり水溶液にすると通す。　　[*2] 黒鉛は例外として通す。

◆2 身のまわりの物質

①イオン結合からなる物質

名称	化学式	用途
塩化ナトリウム	NaCl	食塩
炭酸水素ナトリウム	$NaHCO_3$	ベーキングパウダー
水酸化ナトリウム	NaOH	パイプ用洗剤
塩化マグネシウム	$MgCl_2$	にがり
塩化カルシウム	$CaCl_2$	乾燥剤
炭酸カルシウム	$CaCO_3$	チョーク
硫酸カルシウム	$CaSO_4$	焼きセッコウ
硫酸バリウム	$BaSO_4$	X線造影剤

②共有結合からなる物質（無機物質）

名称	化学式	用途
水素	H_2	燃料
酸素	O_2	酸化剤
窒素	N_2	菓子袋への封入
二酸化炭素	CO_2	炭酸飲料
水	H_2O	飲料水
アンモニア	NH_3	虫さされ薬
塩化水素	HCl	トイレ用洗剤
硫酸	H_2SO_4	
硝酸	HNO_3	火薬・医薬品

③共有結合からなる物質（共有結合の結晶）

名称	化学式	用途
黒鉛	C	鉛筆
ダイヤモンド	C	宝石
ケイ素	Si	半導体材料
二酸化ケイ素	SiO_2	水晶

④共有結合からなる物質（有機化合物）

名称	化学式	用途
メタン	CH_4	都市ガス
エチレン	C_2H_4	エチレンガス
エタノール	C_2H_5OH	消毒薬
酢酸	CH_3COOH	食酢
ベンゼン	C_6H_6	工業製品の原料
アセトン	CH_3COCH_3	除光液

⑤金属結合からなる物質

名称	化学式	用途
鉄	Fe	化学カイロ
アルミニウム	Al	アルミニウム箔
銅	Cu	銅線
水銀	Hg	蛍光灯

WARMING UP／ウォーミングアップ

次の文中の（　）に適当な語句・数値・化学式を入れよ。

1 イオン結合とイオン結晶
塩化ナトリウムでは，ナトリウム原子は最外殻電子を放出して(ア)電荷をもった(イ)に，放出された電子は塩素原子が受け取り，(ウ)電荷をもった(エ)になる。(イ)と(エ)は静電気的に引きあい結合する。この結合を(オ)という。塩化ナトリウムでは分子は存在せず，(カ)[化学式]と(キ)[化学式]が規則的に配列している。このように(オ)でできた結晶を(ク)結晶という。
(ク)結晶は，一般に沸点や融点が(ケ)く，かたいが(コ)性質がある。固体のままでは電気を(サ)，融解したり水に溶かしたりすると電気を(シ)。

2 組成式
イオンからなる物質は陽イオンと陰イオンのイオン数の比で表される。このようにして表した式を(ア)とよぶ。結晶(a)〜(d)の(ア)を記せ。

結晶	陽イオンと陰イオンの数の比
(a)	$Ca^{2+} : Cl^- = 1 : (イ)$
(b)	$Na^+ : S^{2-} = (ウ) : (エ)$
(c)	$Ca^{2+} : CO_3^{2-} = 1 : 1$
(d)	$NH_4^+ : SO_4^{2-} = (オ) : (カ)$

3 共有結合
分子では構成原子が互いに電子を出しあい，それを共有して結合する。この結合が(ア)である。2つの水素原子がK殻の電子を互いに共有し，それぞれK殻に(イ)個の電子をもった状態で分子をつくる。分子式は(ウ)で表される。

4 電子式
元素記号のまわりに最外殻電子を点で表した式を電子式という。たとえば，電子式で原子と分子を表すと次のようになる。(ア)，(イ)，(ウ)はそれぞれ何とよばれるか。

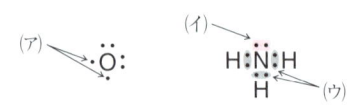

1
- (ア) 正
- (イ) 陽イオン
- (ウ) 負
- (エ) 陰イオン
- (オ) イオン結合
- (カ)・(キ) $Na^+ \cdot Cl^-$
- (ク) イオン
- (ケ) 高
- (コ) もろい
- (サ) 通さず
- (シ) 通す

2
- (ア) 組成式　(イ) 2
- (ウ) 2　(エ) 1
- (オ) 2　(カ) 1
- (a) $CaCl_2$
- (b) Na_2S
- (c) $CaCO_3$
- (d) $(NH_4)_2SO_4$

3
- (ア) 共有結合
- (イ) 2　(ウ) H_2

4
- (ア) 不対電子
- (イ) 非共有電子対
- (ウ) 共有電子対

5 構造式

原子間で共有した電子2個を1本の線で表した式を(ア)という。電子を4個共有したとき二重線，6個共有したとき三重線で表し，前者を(イ)結合，後者を(ウ)結合という。

6 配位結合

分子内の原子の(ア)が他方の原子やイオンに提供されてできる(イ)を配位結合という。アンモニア分子 NH_3 には(ウ)組の(ア)があり，それが水素イオン H^+ に提供されて配位結合をつくると(エ)[化学式]で表されるアンモニウムイオンが生じる。

7 錯イオン

中心の金属イオンに(ア)で分子やイオンが結合してできるイオンを(イ)という。また，金属イオンに結合した分子やイオンを(ウ)といい，結合した(ウ)の数を(エ)という。

8 電気陰性度と極性

共有結合している原子間で，共有電子対を引き寄せる程度を数値で表したものを(ア)という。2原子間の共有結合では，結合する原子の(ア)が異なると結合に電荷のかたよりが生じる。これを結合の(イ)といい，このため分子に電荷のかたよりがある(ウ)と，電荷のかたよりがない，あるいはあっても分子全体として電荷のかたよりが打ち消される(エ)がある。

9 分子結晶

(ア)力により，分子が規則正しく配列してできた結晶を(イ)という。(イ)は，やわらかく，融点が(ウ)ものが多い。また，結晶，水溶液，液体のいずれの状態でも電気伝導性は(エ)。

10 金属結合と金属の性質

金属中の原子では，その価電子が原子を離れて，結晶全体を動き回るため(ア)とよばれ，(ア)により金属原子が結びつけられる。この結合を(イ)という。金属にはたたくと薄く広がる(ウ)という性質と，延ばすと長く延びる(エ)という性質がある。

化学 11 金属結晶

金属原子は金属結合によって規則的に配列し結晶格子をつくっている。また，結晶のくり返し単位を(ア)という。金属の結晶格子は六方最密構造，(イ)，(ウ)のいずれかに分類される。

5
- (ア) 構造式
- (イ) 二重
- (ウ) 三重

6
- (ア) 非共有電子対
- (イ) 共有結合
- (ウ) 1
- (エ) NH_4^+

7
- (ア) 配位結合
- (イ) 錯イオン
- (ウ) 配位子
- (エ) 配位数

8
- (ア) 電気陰性度
- (イ) 極性
- (ウ) 極性分子
- (エ) 無極性分子

9
- (ア) 分子間
- (イ) 分子結晶
- (ウ) 低い (エ) ない

10
- (ア) 自由電子
- (イ) 金属結合
- (ウ) 展性 (エ) 延性

11
- (ア) 単位格子
- (イ)・(ウ) 体心立方格子・面心立方格子

基本例題 9　組成式　　　　　　　　　　　　　　　　　　　　　　　基本 → 40

次の陽イオンと陰イオンの組み合わせでできる化合物の組成式と名称を答えよ。

	Cl⁻	O²⁻	SO₄²⁻
Na⁺	(ア)	(イ)	(ウ)
Ca²⁺	(エ)	(オ)	(カ)
Al³⁺	(キ)	(ク)	(ケ)

● エクセル　陽イオンの価数×陽イオンの数＝陰イオンの価数×陰イオンの数

解説　組成式の名称は，「～イオン」や「～物イオン」は省略する。多原子イオンが複数必要になったら（　）でくくり，右下に多原子イオンの個数を数字で書く。

組成式：陽イオン→陰イオン　読み方：陰イオン→陽イオン

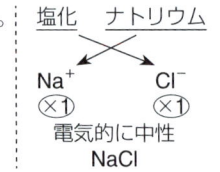

塩化　　ナトリウム
Na⁺　　Cl⁻
×1　　×1
電気的に中性
NaCl

解答
(ア) NaCl　塩化ナトリウム　　(イ) Na₂O　酸化ナトリウム
(ウ) Na₂SO₄　硫酸ナトリウム　(エ) CaCl₂　塩化カルシウム
(オ) CaO　酸化カルシウム　　(カ) CaSO₄　硫酸カルシウム
(キ) AlCl₃　塩化アルミニウム　(ク) Al₂O₃　酸化アルミニウム
(ケ) Al₂(SO₄)₃　硫酸アルミニウム

基本例題 10　電子式と構造式　　　　　　　　　　　　　　　　　基本 → 41, 42

二酸化炭素 CO_2，窒素 N_2，水 H_2O，メタン CH_4 の電子式を下に示す。

　二酸化炭素 CO_2　　窒素 N_2　　水 H_2O　　メタン CH_4

　　Ö::C::Ö　　　　　N⋮⋮N　　　H:Ö:H　　　　H
　　　　　　　　　　　　　　　　　　　　　　H:C:H
　　　　　　　　　　　　　　　　　　　　　　　H

(1) 水分子中の酸素原子は，どの貴ガス原子の電子配置と同じとみなせるか。その貴ガスを元素記号で示せ。
(2) 二酸化炭素分子中に非共有電子対は何組あるか。
(3) 窒素分子，メタン分子の構造式を記せ。

● エクセル　構造式は，共有電子対 1 組を 1 本の線で示した化学式

解説
(1) 水分子中の O は K2，L8 に似た電子配置となる。
(2) 二酸化炭素の電子式を見て，O のまわりの C と共有していない電子対の数を数える。
(3) 分子中の共有電子対を線で表す❶。

❶ 共有電子対が何組あるのか数える。

解答
(1) Ne　(2) 4 組　(3) N₂　　　　CH₄　H
　　　　　　　　　　　N≡N　　　　H−C−H
　　　　　　　　　　　　　　　　　　H

基本問題

38 ▶ イオン結合の生成 次の文中の（　）には語句・化学式・数値を入れ，①，②では適当なものを選べ。

原子番号12のマグネシウム Mg は価電子の数が（ ア ）個の①（金属原子・非金属原子）である。また，原子番号17の塩素 Cl は価電子の数が（ イ ）個の②（金属原子・非金属原子）である。マグネシウムと塩素の結合を考えてみる。マグネシウムはその価電子を放出して，化学式（ ウ ）で表される陽イオンになり，塩素はその放出された電子を受け取って，化学式（ エ ）で表される陰イオンになる。生じたイオンの正電荷と負電荷の間に，静電気的な引力が生じ，これによって結合をつくる。ここで生じた生成物の化学式は（ オ ）で，名称は（ カ ）とよばれる。

39 ▶ イオン結合 価電子の少ない金属原子と価電子の多い非金属原子の結合はイオン結合と考えられる。次にあげる原子の組み合わせで，その原子間の結合がイオン結合となるものを選べ。
(1) C と H　(2) S と O　(3) Zn と Cu　(4) C と O　(5) Na と S

40 ▶ 組成式 次の陽イオンと陰イオンの組み合わせによってできる化合物の組成式と名称を答えよ。
(1) Al^{3+} と O^{2-}　(2) K^+ と SO_4^{2-}　(3) Cu^{2+} と NO_3^-
(4) NH_4^+ と NO_3^-　(5) NH_4^+ と SO_4^{2-}

41 ▶ 構造式 エタン C_2H_6 とシアン化水素 HCN の電子式を右に示す。
(1) それぞれ構造式を記せ。
(2) 1分子中に含まれる共有電子対，非共有電子対の数をそれぞれ求めよ。ただし，非共有電子対がない場合は0と記せ。

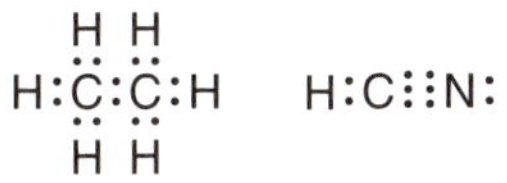

エタン
H H
H:C:C:H
H H

シアン化水素
H:C⋮⋮N:

42 ▶ 電子式と構造式 次の分子式で表される物質の電子式と構造式を記せ。また，それぞれの分子中に含まれる電子の総数を答えよ。
(1) Cl_2　(2) H_2S　(3) CO_2　(4) C_2H_4　(5) N_2

43 ▶ 原子価 原子価は，Hは1，Oは2，Nは3，Cは4である。このことを参考に，次の化学式で表される物質の構造式を記せ。
(1) メタン CH_4　(2) アンモニア NH_3　(3) 二酸化炭素 CO_2

□□□**44 ▶ 配位結合と電子式** アンモニア NH_3 がフッ化ホウ素 BF_3 に配位結合して，1つの分子 A をつくる。フッ化ホウ素と A の電子式を記せ。

□□□**45 ▶ 錯イオンの構造と名称** 次の化学式で表される錯イオンについて，下の問いに答えよ。
【化学】

　　　　(ア) $[Ag(NH_3)_2]^+$　　(イ) $[Zn(NH_3)_4]^{2+}$　　(ウ) $[Fe(CN)_6]^{3-}$

(1) (ア)〜(ウ)の錯イオンの配位子の化学式とその配位数を記せ。
(2) (ア)〜(ウ)の名称を記せ。
(3) (ア)〜(ウ)の構造はそれぞれ下のどれに相当するか。

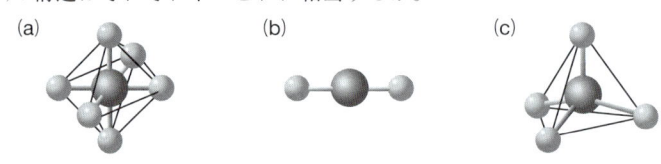

　　(a)　　　　　　　(b)　　　　　　　(c)

□□□**46 ▶ 電気陰性度** 各原子の電気陰性度を次に示す。下の問いに答えよ。

　　　　H 2.2　　C 2.6　　N 3.0　　O 3.4　　F 4.0　　Cl 3.2

【論】(1) 電気陰性度とはどのようなことを表す数値か説明せよ。
(2) 次の原子間で共有結合を生じるとき，負電荷を帯びる原子はどちらの原子か。
　　(ア) C と O　　(イ) N と H　　(ウ) Cl と O　　(エ) H と F
(3) (2)の(ア)〜(エ)の中で，結合の極性が最も大きいものはどれか。

□□□**47 ▶ 立体構造** 次に分子の立体模型を示してある。これについて，下の問いに答えよ。

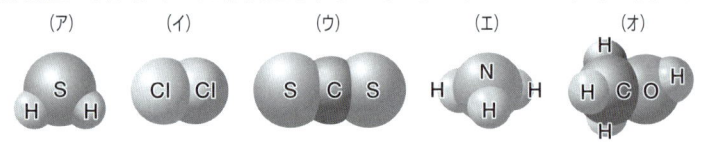

　　(ア)　　　(イ)　　　(ウ)　　　(エ)　　　(オ)

(1) (ア)〜(オ)の構造式を示せ。
(2) (ア)〜(オ)を極性分子と無極性分子に分けよ。
(3) (ア)〜(エ)の分子の形を答えよ。

□□□**48 ▶ 分子結晶の性質** 分子結晶に関する次の記述のうち，間違っているものを2つ選べ。
(1) 融点が比較的低いものが多く，昇華しやすいものがある。
(2) 電気を通さないものが多く，融解しても電気を通さない。
(3) 非常にかたいものが多い。
(4) ドライアイスは分子結晶である。
(5) 分子結晶では次々と多数の原子が共有結合で結びつき，規則正しく配列した構造をしている。

49 ▶ 極性
次の文章を読み，下の問いに答えよ。

共有結合をしている原子が共有電子対を引き寄せる強さの尺度を（ ア ）という。典型元素では，貴ガスを除き，周期表を右にいくほど，また，上にいくほど（ ア ）は（ イ ）なる。異なる種類の原子が共有結合をつくるとき，（ ア ）の差が大きいほど原子間の電荷のかたよりが大きくなる。このとき，結合は（ ウ ）をもつという。結合に（ ウ ）があるため，分子全体に電荷のかたよりができる分子を（ エ ）という。一方，結合に（ ウ ）があるが分子全体では電荷のかたよりが打ち消された分子を（ オ ）という。

また，（ エ ）は水に溶解しやすいものが多い。たとえば，メタノール CH_3OH やエタノール C_2H_5OH の分子には（ ウ ）が大きい（ カ ）基があり，同じく（ エ ）の水分子と引きあい，互いによく混じる。

(1) 文中の(ア)〜(カ)に適当な語句を入れよ。

(2) 次の分子を文中の(エ)，(オ)に分類せよ。また，それぞれの分子の形状も答えよ。
  (a) 硫化水素 H_2S (b) メタン CH_4 (c) フッ化水素 HF
  (d) 二酸化炭素 CO_2 (e) アンモニア NH_3

50 ▶ 共有結合
次の文中の空欄に適語を入れよ。ただし，(ア)〜(ウ)は電子式で答えよ。

窒素原子 N と水素原子 H が結合するとアンモニア分子 NH_3 が形成する。この様子をそれぞれ電子式で表すと，窒素原子は（ ア ），水素原子は（ イ ），アンモニア分子は（ ウ ）となる。このとき，アンモニア分子中の水素原子と窒素原子は（ エ ）を出しあって結びついている。このような結合を（ オ ）結合といい，アンモニア分子 NH_3 の N の電子配置は，貴ガスの（ カ ）の電子配置と同じになり，アンモニア分子中に含まれる電子の総数は（ キ ）個になる。

原子どうしが（ オ ）結合のみで結びつき，規則正しく配列した固体を（ オ ）結合の結晶という。この結晶の特徴はかたく，電気を（ ク ）。また，融点は極めて（ ケ ）い。

51 ▶ 高分子化合物
次の文中の(ア)〜(オ)に適当な語句を入れよ。

分子が共有結合によってくり返しつながることで，とても大きな分子になった物質を（ ア ）化合物という。（ ア ）化合物はくり返し単位に相当する低分子の化合物である（ イ ）からできており，その生成する過程を（ ウ ）という。（ ウ ）の種類には分子内の二重結合が次々に開いて結合する（ エ ）と，分子間で水などの分子がとれて次々に結合ができる（ オ ）がある。

52 ▶ 黒鉛の構造
炭素の価電子の状態を考慮して，黒鉛の構造から黒鉛が電気の良導体である理由を50字以内で説明せよ。

（10 東北大 改）

53 ▶ 金属結合
次の文中の(ア)～(キ)に適当な語句を入れよ。

金属では電子殻の一部が重なりあい，価電子は金属全体を自由に移動できる。このような電子を(ア)といい，すべての金属原子に(ア)が共有されてできる結合を(イ)という。金属が(ウ)とよばれる特有の輝きをもつのも，(エ)や延性に富んでいるのも，電気や(オ)をよく通すのも，この(ア)によるものである。融点は水銀のように(カ)いものから，タングステンのように(キ)いものまでさまざまである。

54 ▶ 物質とその結合
次の(1)～(6)の物質の原子間の結合が，イオン結合であるものはA，共有結合であるものはB，金属結合であるものはCを記入せよ。
(1) ナトリウム Na　(2) 塩化カルシウム $CaCl_2$　(3) 酸化ナトリウム Na_2O
(4) 塩化水素 HCl　(5) 青銅（銅とスズの合金）　(6) 酸素 O_2

55 ▶ 原子の結合と結合の種類
下の図は5種類の原子の電子配置を示している。これらの原子からなる物質について次の問いに答えよ。

(ア)　(イ)　(ウ)　(エ)　(オ)

(1) (エ)原子からなる二原子分子中に共有電子対は何組あるか。
(2) 組成比が1：2で分子内に二重結合を複数もつ分子をつくる原子の組み合わせを記号で答えよ。
(3) 2種類の原子から組成比が1：1でイオン結合をつくる原子の組み合わせを記号で答えよ。

56 ▶ 物質の性質
次の(1)～(8)の物質が結晶状態にあるとき，ふさわしい結晶の分類をA群から，性質をB群からそれぞれ1つずつ選べ。
(1) 鉄　(2) ダイヤモンド　(3) 塩化カリウム　(4) 二酸化ケイ素
(5) 金　(6) ヨウ素　(7) 硝酸カリウム　(8) ナフタレン
〔A群〕ア．分子結晶　イ．金属結晶　ウ．共有結合の結晶　エ．イオン結晶
〔B群〕オ．非常にかたく，融点が著しく高い。
　　　 カ．固体状態では電気を通さないが，液体状態ではよく通す。
　　　 キ．昇華性をもつ。
　　　 ク．熱伝導性が大きい。

3 物質と化学結合

□□□ **57 ▶ 身のまわりのイオン結合からなる物質** 次の(1)〜(6)の記述が塩化ナトリウムの説明になっているものにはA，炭酸カルシウムの説明になっているものにはB，塩化カルシウムの説明になっているものにはCを記せ。
(1) 自然界では，海水に多く含まれている。
(2) サンゴや貝殻のおもな成分である。
(3) 吸湿性が高く，乾燥剤に用いられる。
(4) 水に溶けにくく，セメントの原料になる。
(5) 消費量の多くは，ソーダ工業や調味料として使われている。
(6) 潮解性をもち，道路の凍結防止剤に使われている。

□□□ **58 ▶ 身のまわりの共有結合からなる物質** 次の(1)〜(5)の記述は，下の選択肢のいずれかを説明したものである。それぞれ最も適当なものを選べ。
(1) 同一の原子が共有結合により正四面体形の立体構造になった結晶で，非常にかたくて電気を通さない。
(2) 自然界では石英として存在し，デジタル機器の電子部品として使われている。
(3) 一般には液体だが，気温が低いと固体になっている。弱酸性の化合物で，医薬品や合成繊維などの原料になるほか，食品としても利用されている。
(4) 6個の炭素原子が環状の六角形の構造をしており，有機化合物をよく溶かし，引火しやすく大量のすすを出して燃える。
(5) エチレングリコールとテレフタル酸からつくられる，ペットボトルなどに使われる高分子化合物である。
　　［選択肢］
　　ダイヤモンド，ポリエチレンテレフタラート，ベンゼン，二酸化ケイ素，酢酸

□□□ **59 ▶ 身のまわりの金属** 次の(1)〜(4)の記述は，下の選択肢のいずれかを説明したものである。それぞれ最も適当なものを選べ。
(1) 銀白色の軽金属で，展性・延性に優れ，空気中に放置すると金属表面に無色透明な酸化物が被膜になって，金属内部を保護するため，食品の包装に用いられる。
(2) 電気伝導性が高いため，導線などに使われるほか，熱伝導性も高く，調理器具などにも用いられる。
(3) 常温で唯一液体の金属で，蒸気は蛍光灯などに封入されている。
(4) 最も生産量の多い金属で，純度を高めたものは強度も高く弾性もあるため，鉄道レールや建築材に利用されている。
　　［選択肢］　鉄，アルミニウム，水銀，銅

応用例題 11　結晶の分類と性質

下表は物質(A)〜(F)の性質を示している。この表を見て，次の問いに答えよ。

物質	融点〔℃〕	沸点〔℃〕	固体状態での電気伝導性	液体状態での電気伝導性	水溶液での電気伝導性	その他の特徴
(A)	660	2470	良	良		
(B)	801	1413	不良	良	良	
(C)	114	184	不良	不良		加熱すると容易に気体となる。
(D)	1540	2750	良	良		室温で磁石につく。
(E)	0	100	不良	不良		
(F)	1550	2950	不良	不良		

(1) (A)〜(F)は次の6種類の物質のいずれかである。それぞれの物質を化学式で答えよ。
 〔物質〕　アルミニウム，鉄，塩化ナトリウム，水，ヨウ素，石英(二酸化ケイ素)
(2) (A)〜(F)が結晶になったとき，以下のどれに分類されるか。
 (ア)　イオン結晶　　(イ)　分子結晶　　(ウ)　共有結合の結晶　　(エ)　金属結晶

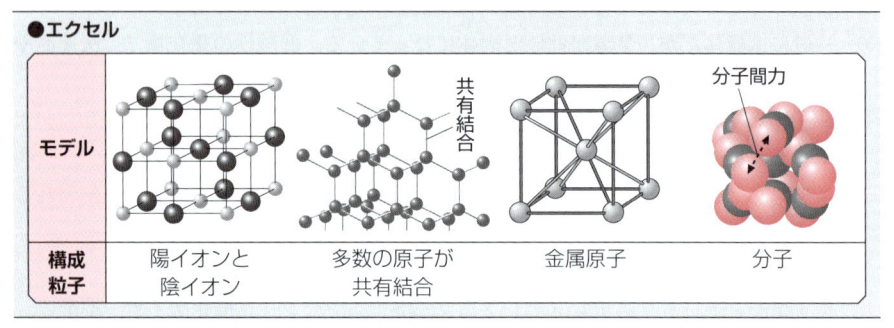

●エクセル

モデル				
構成粒子	陽イオンと陰イオン	多数の原子が共有結合	金属原子	分子

解説　固体で電気を通すのは，金属と黒鉛である。(A)と(D)は金属であり，磁性があることから(D)は鉄。また，固体では電気を通さないが，液体や水溶液では電気を通すのはイオン結晶であり，(B)は塩化ナトリウム。融点・沸点が低く，固体でも液体でも電気を通さないのは分子結晶であり，容易に気体になるため，蒸発や昇華しやすい(C)はヨウ素。融点が0℃，沸点が100℃であることより，(E)は水と考えられる。多数の原子が共有結合している共有結合の結晶は，かたく，融点・沸点も非常に高く，黒鉛以外の固体では電気を通さないので，石英(二酸化ケイ素)がこれらの性質に相当する。

固体で電気を通す。
→金属結晶と黒鉛
固体では電気を通さず，液体では電気を通す。
→イオン結晶
固体・液体で電気を通さない。
→分子結晶
→共有結合の結晶

解答　(1) (A) Al　(B) NaCl　(C) I_2　(D) Fe　(E) H_2O　(F) SiO_2
　　　　(2) (A) (エ)　(B) (ア)　(C) (イ)　(D) (エ)　(E) (イ)　(F) (ウ)

応用例題 12　金属の結晶格子

応用 ➡ 63, 64

右に2種類の金属の結晶の単位格子を示す。
(1) 結晶格子(A), (B)はそれぞれ何というか。
(2) 図の(ア), (イ), (ウ)の金属原子はそれぞれ原子の何個が単位格子中に存在しているか。分数で表せ。
(3) (A), (B)にはそれぞれ金属原子が何個存在しているか。

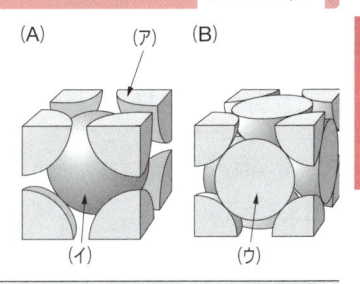

●エクセル　立方体の頂点の原子は$\frac{1}{8}$個，面の中心は$\frac{1}{2}$個

解説
(1) 立方体の中心に金属原子がくれば体心立方格子，立方体の各面の中心に金属原子がくれば面心立方格子。
(2) 立方体の中心…1個，頂点…$\frac{1}{8}$個，面…$\frac{1}{2}$個
(3) A：$1(中心) + \frac{1}{8}(頂点) \times 8 = 2$
　　B：$\frac{1}{2}(面) \times 6 + \frac{1}{8}(頂点) \times 8 = 4$

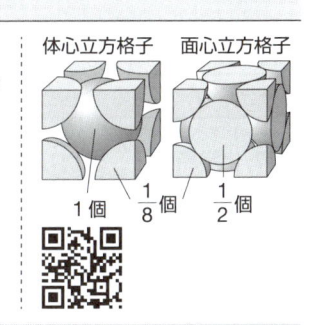

解答
(1) (A) 体心立方格子　　(B) 面心立方格子
(2) (ア) $\frac{1}{8}$個　(イ) 1個　(ウ) $\frac{1}{2}$個　(3) (A) 2個　(B) 4個

応用例題 13　水素化合物の沸点

周期表の14, 16, 17族の各元素の水素化合物について，沸点と分子量の関係をグラフに示した。次の文中の(ア)～(オ)に適語を，(A), (B)には物質名を入れよ。

一般に分子構造が似ている物質では，分子量が大きいものほど分子間力が（ア）く，沸点は（イ）い。しかし，16族元素の水素化合物である（A）と17族元素の水素化合物である（B）は分子量が小さいにもかかわらず異常に高い沸点を示す。これは，水素原子と水素原子に結合している原子との（ウ）の差が大きく，分子間に（エ）結合が形成されるためである。したがって，HFとHClでHFの方が沸点が高いのは，ClとFでは（ウ）の大きさが（オ）の方が大きいため，結合の極性が大きくなるからといえる。

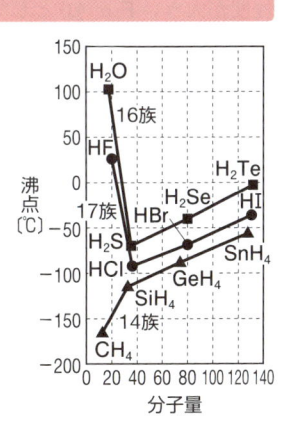

●エクセル　分子間に働く力が大きいほど沸点は高い

| 解説 | 分子量が大きいものほど分子間力は大きくなるため，沸点が高くなる。　Oは16族の元素，Fは17族の元素である。16族の水素化合物はH₂O，17族の水素化合物はHFとなる。　HFでは4.0－2.2＝1.8　　HClでは3.2－2.2＝1.0となりHFの方が電気陰性度の差が大きくなる。 | ▶各原子の電気陰性度
H 2.2　　C 2.6
O 3.4　　F 4.0
Cl 3.2 |

| 解答 | (ア) 大き　(イ) 高　(ウ) 電気陰性度　(エ) 水素
(オ) F(フッ素)　(A) 水　(B) フッ化水素 |

応用問題

□□□60 ▶化学結合1 次の(1)～(5)の記述について，誤っているものを選べ。
(1) 分子内に極性をもつ共有結合がある場合，その分子は極性分子である。
(2) 塩化カリウムはイオン結晶であり，K⁺とCl⁻が静電気的な引力で結びついている。
(3) 黒鉛は価電子4個のうち3個を用いて隣接する3個の炭素原子と次々と共有結合し，電気伝導性はない。
(4) NH₃にH⁺が配位したNH₄⁺では，4つのN―H結合の性質はすべて等しい。
(5) 銀が特有の光沢をもつのは自由電子の働きによる。

□□□61 ▶化学結合2 ポーリングは，最も電気陰性度が大きいFを4.0として，各原子の値を求めた。右図はポーリングの電気陰性度と原子番号の関係を示したグラフである。
　このグラフを参考にして次の問いに答えよ。
思(1) 次に示す分子(ア)～(オ)のうち，最も極性の大きい結合を含むものを選べ。
　(ア) CH₄　(イ) HCl　(ウ) H₂O
　(エ) HF　(オ) NH₃
論(2) 原子番号6と8の原子では電気陰性度に差があるが，原子番号6の原子1個と，原子番号8の原子2個からなる分子は無極性分子である。その理由を50字程度で記せ。
(3) 原子番号1の原子は原子番号11の原子と結合し，イオン結晶をつくる。このイオン結晶を構成する陽イオンと陰イオンの化学式をそれぞれ答えよ。

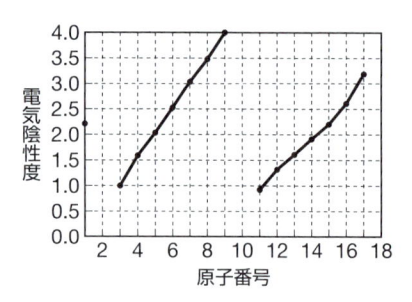

3 物質と化学結合 — 59

□□□ **62 ▶ 電子対反発則** 次の文章を読み，(ア)～(オ)に適当な数値・語句を入れよ。また，（ a ）（ b ）は適当な分子の形を①～④より選べ。

　分子の立体構造について，価電子の数から推定する方法がある。これは，価電子が2個で1つの対（電子対）をつくり，電子対どうしの反発を最小にするように分子の構造が決まるという考え方である。メタン分子の場合，炭素原子の価電子の数は（ ア ）個であり，4個の水素原子から，それぞれ1個の電子を受け取って共有結合を形成する。等価な共有電子対が，炭素原子と水素原子の間におもに分布し，これらの電子対が互いに最も遠くなるように配置される。そのためメタン分子は，（ イ ）形構造であり，分子の形は（ a ）となる。

　アンモニア分子の場合，窒素原子の価電子の数は（ ウ ）個であり，このうち3個は，水素原子からそれぞれ1個の電子を受け取って共有電子対をつくる。残りの電子は，水素原子との結合には関与しておらず，非共有電子対をつくる。よって，アンモニア分子は，合計（ エ ）組の電子対をもち（ オ ）形構造となり，分子の形は（ b ）となる。

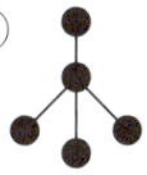

□□□ **63 ▶ 金属結晶1** 同じ大きさの球を用いて，右図に示される面心立方格子や体心立方格子を作成した。これらに関する次の記述(1)～(5)のうちから，適切なものを1つ選べ。
(1) 面心立方格子と体心立方格子は，ともに単位格子の中心にすき間がない。
(2) 面心立方格子よりも体心立方格子の方が，同じ体積で比べると球が密に詰め込まれている。
(3) 面心立方格子の方が，体心立方格子よりも一つの球に接する球の数が多い。
(4) 面心立方格子と体心立方格子では，単位格子の一辺の長さが等しい。
(5) 面心立方格子の方が，体心立方格子よりも単位格子内に含まれる球の数が少ない。

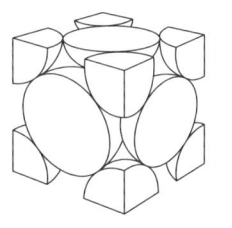

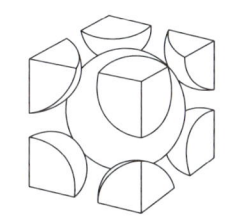

□□□ **64 ▶ 金属結晶2** 金属結合によって金属原子が規則正しく配列してできた結晶を金属結晶という。図は，金属結晶中の金属原子の配列の面心立方格子の単位格子を示している。面心立方格子の頂点a, b, c, dを含む面（グレーの部分）に存在する原子の配置を示す図を図示せよ。
(16 センター 改)

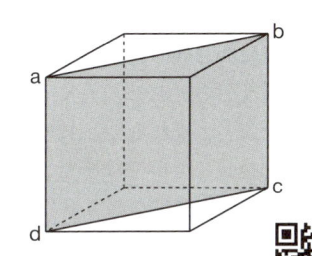

1章 発展問題 level 1

65 ▶ 原子核の発見 次の文章を読み、問いに答えよ。

1909年、ガイガーとマースデンは放射性元素から出てくる α 線の粒子を原子約 1000 個分の厚さしかない非常に薄い金箔に打ち込み、金原子との衝突により、α 線の粒子の向きが変わる角度の分布を調べた。その結果、ほとんどの α 線の粒子の進路は 1°以内の角度しか曲がらないが、およそ 20000 個に 1 個の割合で 90°以上も曲がることがわかった。1911 年、ラザフォードはこれらの実験事実を説明するために、原子の構造を次のように推定した。

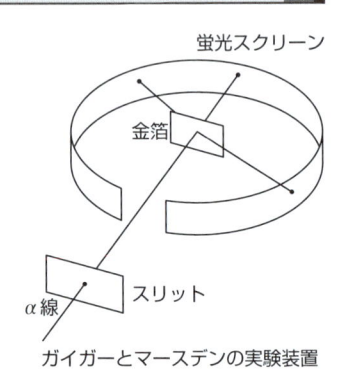

(ア) 原子の大部分は、空の空間である。
(イ) 原子の質量のほとんどと正電荷は、原子の中心の核にある。

(1) ラザフォードはなぜ(ア)のように考えたか。
(2) ラザフォードはなぜ(イ)のように考えたか。

(静岡大 改)

66 ▶ 周期表 次の文章を読み、問いに答えよ。

原子番号 113 の元素を発見した日本の研究グループは、この新元素をニホニウム(元素記号 Nh)と命名した。Nh は元素の周期表の第 7 周期の元素で(a)族元素とされ、第 2 周期の B、第 3 周期の(ア)、第 4 周期の Ga を含む列の一番下に位置する。かつて(b)族元素の Mn の下に位置する 43 番元素を発見したとしてニッポニウムと命名した歴史がある。しかし、再確認することができず、その名前は現在では残っていない。今では 43 番元素は Nh と同じく、天然には存在しない(イ)同位体のみの元素であることがわかっている。また Nh は典型元素であるが、43 番元素は(ウ)元素である。ニッポニウム発見の時代は天然物からの化学分離による化学的手法が主体であったので、化学的性質が新元素発見の手がかりであったが、現代の新元素発見では、たとえば日本の研究グループの長年の実験でもわずか 3 個の Nh 原子が確認されたのみであり、放射線、寿命、質量などを測定する(エ)的手法が使われる。

(a)族元素の(ア)は酸の水溶液にも強塩基の水溶液にも反応しそれぞれ塩をつくるので(オ)金属とよばれ、また Ga は窒素と結びついて(カ)の材料として使われている。一般に同じ族の元素は周期表の下にいくにつれて金属性が(キ)する。新元素 Nh はウランなどのアクチノイド元素よりも重い元素であるため超アクチノイド元素、または超重元素とよばれることがある。これらの元素は(イ)で寿命が短い人工元素であるため化学的性質についてはまだよくわかっていない。Nh についても(ア)や Ga などの同族元素との類似性については今後の解明が期待される。

(1) 文中の(ア)〜(キ)にあてはまる語句と(a), (b)にあてはまる数字を記せ。

論(2) 典型元素の金属と(ウ)元素の金属の一般的な最外殻電子数の特徴の違いについて50字以内で説明せよ。

(3) 下線部の記述と，元素の周期表で貴ガス元素の列の下に位置する118番元素の，下に示した電子配置を参考にし，Nhの電子配置を推定して記せ。またNhの価電子数はいくつかを答えよ。

| 118番元素の電子配置 |
K	L	M	N	O	P	Q
2	8	18	32	32	18	8

(4) 日本で発見されたNh同位体の質量数は278であった。この原子核にある中性子数を答えよ。

(17 金沢大 改)

67 ▶ 結晶格子と組成式
次の(1)〜(5)の図は，A原子(●)とB原子(○)からなる結晶の構造を示したものである。それぞれの結晶の組成式をA_2B_3のように示せ。

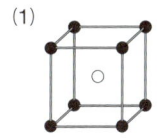

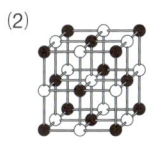

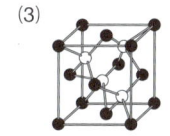

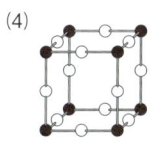

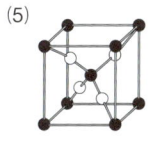

(1) (2) (3) (4) (5)

68 ▶ 電子配置
(ア)多くの分子やイオンの立体構造は，電子対間の静電気的な反発を考えると理解できる。たとえば，CH_4分子は，炭素原子のまわりにある4つの共有電子対間の反発が最小になるように，正四面体形となる。同様に，H_2O分子は，酸素原子のまわりにある4つの電子対(2つの共有電子対と2つの非共有電子対)間の反発によって，折れ線形となる。電子対間の反発を考えるときは，二重結合や三重結合を形成する電子対を1つの組として取り扱う。たとえば，CO_2分子は，炭素原子のまわりにある2組の共有電子対(2つのC=O結合)間の反発によって，直線形となる。

(1) いずれも鎖状のHCN分子および亜硝酸イオンNO_2^-について，最も安定な電子配置(各原子が貴ガス原子と同じ電子配置)をとるときの電子式を以下の例にならって示せ。等価な電子式が複数存在する場合は，いずれか1つ答えよ。

(例) Ö::C::Ö [H:Ö:H]⁺
              H

(2) 下線部(ア)の考え方に基づいて，以下にあげる鎖状の分子およびイオンから，最も安定な電子配置における立体構造が直線形となるものをすべて選べ。

HCN NO_2^- NO_2^+ O_3 N_3^-

(20 東大 改)

1章 発展問題 level 2

1 電子軌道

電子はK殻，L殻，M殻…とよばれる電子殻に収容されることが知られている。K殻には1s軌道とよばれる電子軌道が存在し，L殻には1s軌道よりもエネルギーの高い2s軌道と3種類の2p軌道(p_x, p_y, p_z)が存在することが確かめられている。そして，M殻には，さらにエネルギーの高い3s軌道と3種類の3p軌道(p_x, p_y, p_z)と5種類の3d軌道($d_{x^2-y^2}$, d_{z^2}, d_{xy}, d_{xz}, d_{yz})が存在することが確かめられている(図1)。ここでは，図2のような順序に従って，エネルギー準位の低い軌道から電子が順番に収容されていく。各原子の電子配置は図3に示したように，1つの軌道につきスピンの方向が異なる電子が2個まで収容される。

s軌道
球対称性

p_x軌道
x軸で対称

p_y軌道
y軸で対称

p_z軌道
z軸で対称

s軌道およびp軌道(3種類)

$d_{x^2-y^2}$ d_{z^2} d_{xy} d_{xz} d_{yz}

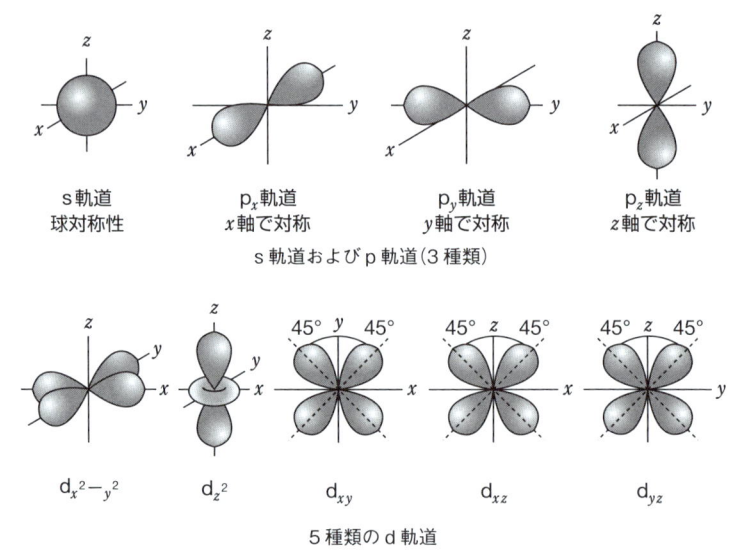

5種類のd軌道

図1 電子軌道のモデル

図2 電子軌道のエネルギー

原子	原子番号 (電子数)	電子配置		
		1s	2s	2p
He	2	↑↓		
Li	3	↑↓	↑	
Be	4	↑↓	↑↓	
B	5	↑↓	↑↓	↑
C	6	↑↓	↑↓	↑ ↑
N	7	↑↓	↑↓	↑ ↑ ↑
O	8	↑↓	↑↓	↑↓ ↑ ↑
F	9	↑↓	↑↓	↑↓ ↑↓ ↑
Ne	10	↑↓	↑↓	↑↓ ↑↓ ↑↓
		K殻	L殻	

図3 電子配置の例

69 ▶ 副殻

原子の電子殻は原子核に近いものからK殻，L殻，M殻などがある。それぞれの電子殻には，さらにエネルギーの異なる電子軌道(副殻)があり，1つのs軌道，3つのp軌道，5つのd軌道，7つのf軌道などがある。1つの電子軌道には最大で2個の電子が入る。M殻にはs軌道，p軌道，d軌道があり，N殻にはs軌道，p軌道，d軌道，f軌道がある。これらのことから，それぞれの電子殻に入る電子の最大数が定まっていることがわかる。内側からn番目の電子殻(K殻は$n=1$，L殻は$n=2$)に入る電子の最大数をnを用いて表すと$2n^2$となる。

一般に電子は内側の電子殻から順に配置されていくが，(ア)元素によってはM殻のd軌道よりも先にN殻のs軌道に入るものがある。(イ)第4周期の遷移元素の原子の場合，N殻に1個または2個の電子があり，M殻には，5つのd軌道をひとまとめにして数えると，1個以上10個以下の電子がある。

(1) 第4周期1族の元素の原子は下線部(ア)の性質をもつ。この原子のM殻とN殻にある電子数を書け。

(2) 下線部(イ)の性質をもつ第4周期の遷移元素の原子で，N殻に2個，M殻のd軌道に2個の電子をもつ遷移元素は何か。元素記号で書け。

(3) 第4周期10族の元素の原子(N殻の電子は2個)は，K殻，L殻，M殻にそれぞれ何個の電子をもつか。また，この元素を元素記号で書け。

(早大 改)

70 ▶ エネルギー準位

右の図はN殻までの電子軌道のエネルギー準位を示したものである。これに関する次の問いに答えよ。

(1) 基底状態において，3s軌道がエネルギー準位の最も高い電子軌道となっている原子をすべてあげ，その元素記号を記せ。

(2) マンガン(原子番号25)の最大酸化数は+7である。どの電子軌道から何個の電子がとれて+7になるのかを記せ。

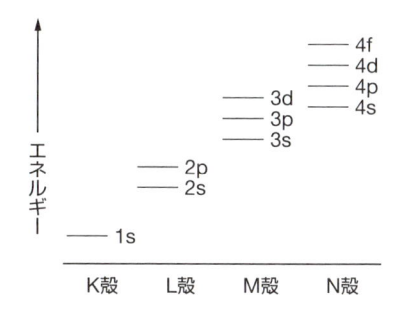

(3) 亜鉛(原子番号30)は遷移元素としての性質が弱く，典型元素に近い性質を示す。その理由を3d軌道の電子の数を考慮して述べよ。

(4) カリウムイオンから，1個の電子を取り出す場合と，原子番号18の原子から1個の電子を取り出す場合にはどちらが容易であるか。取り出しやすい方のイオンまたは原子を元素記号で記せ。また，その理由も述べよ。

2 電気双極子モーメント

①**電気双極子モーメント** 結合の極性には向きと大きさがある。これをベクトルを用いて表したものを<u>電気双極子モーメント</u>(以下，双極子モーメントと略す)とよぶ。

向き	$\delta-$ から $\delta+$ の向き
大きさ	電荷の絶対値 × 距離 qr

②**双極子モーメントと極性** 例
分子全体の双極子モーメントはそれぞれの双極子モーメントの和で与えられる。分子の双極子モーメントの大きさが 0 のとき，その分子は無極性分子である。

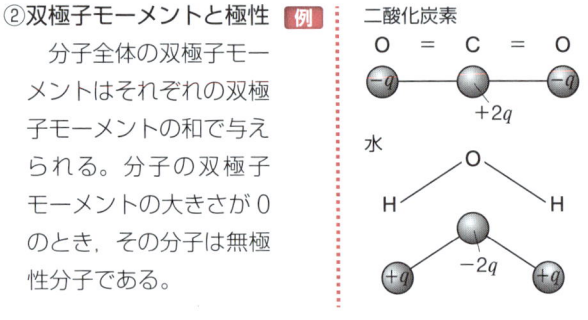

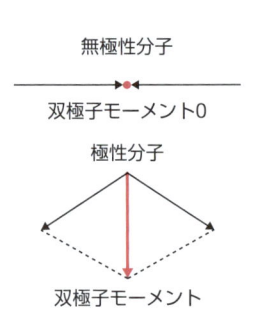

二酸化炭素

水

無極性分子 双極子モーメント 0

極性分子 双極子モーメント

□□□ **71** ▶ **電気双極子モーメント** 構成する原子の電気陰性度の違いから，分子が極性をもつことがある。極性の大きさは，電気双極子モーメントの大きさによって記述される。たとえば二原子分子であれば，2つの原子間の距離を L，それぞれの原子の電荷を $+\delta$，$-\delta$ とすると，電気双極子モーメントの大きさは $L\delta$ である。電気双極子モーメントの大きさが 0 の分子を無極性分子という。HF 分子の電気双極子モーメントの大きさは 6.1×10^{-30} C·m である。HF の原子間距離を 9.2×10^{-11} m とすると，分子の中ではどちらの原子からどちらの原子に電子が何個分移動したとみなすことができるか。ただし，電子のもつ電荷の絶対値は 1.6×10^{-19} C とする。有効数字 2 桁で答えよ。

(11 東大 改)

3 電気陰性度と化学結合

◆**ポーリングの電気陰性度** ポーリングは，極性のある結合では共有結合に加えて静電気的相互作用が結合に寄与していると考え，異なる 2 元素の組み合わせの原子間 (A—B) の共有結合のエネルギー $\overline{D}$(A—B) を，同じ原子間の結合エネルギー (D(A—A) と D(B—B)) を用い，以下のように推定した。

$$\overline{D}(\text{A—B}) = \frac{D(\text{A—A}) + D(\text{B—B})}{2} \quad \langle 1 \rangle$$

この推定値と実際の結合エネルギー D(A—B) の差 Δ は静電気的相互作用の寄与によるエネルギーである。Δ が，2 つの元素の電気陰性度の差 $(x_A - x_B)$ の絶対値 ($|x_A - x_B|$) と関係づけられると考え，次の式が提案された。

$$\Delta = D(\text{A—B}) - \overline{D}(\text{A—B}) \quad \langle 2 \rangle \qquad |x_A - x_B| = C\sqrt{\Delta} \quad (C \text{ は定数}) \quad \langle 3 \rangle$$

x_A と x_B の絶対値は式〈3〉では求められないので，最大値のフッ素の電気陰性度を 4.0 として各原子の値を求めた。

◆**マリケンの電気陰性度** マリケンは，イオン化エネルギー I と電子親和力 E の平均値がポーリングの値によく似た大小関係を示すことから，次式で電気陰性度を定義した。

$$\frac{I+E}{2} \qquad \langle 4 \rangle$$

この定義では，イオン化エネルギーが大きいほど原子が自らの電子を引きつけやすく，電子親和力が大きいほど相手の電子を受け取りやすいと理解できる。

□□□ **72 ▶ 電気陰性度 1** 電気陰性度を最初に提案したポーリングによれば，結合している 2 つの原子 A および B に対して，結合 A—A，B—B，A—B の結合エネルギーをそれぞれ，$E(A—A)$，$E(B—B)$，$E(A—B)$ とおくと，原子 A と B の電気陰性度の差の絶対値は

$$\Delta E = E(A—B) - \frac{1}{2}\{E(A—A) + E(B—B)\}$$

の平方根 $\sqrt{\Delta E}$ に比例する。表 1 にいくつかの結合の結合エネルギーを示す。表に与えられた元素のうち，電気陰性度が最も小さい元素は H である。このことから，表 1 の元素のうち電気陰性度の最も大きい元素は（ア）であることがわかる。このとき，H 原子と（ア）原子とからなる結合に対して，$\Delta E = (\ a\ )$ kJ/mol である。

表 1

結合	結合エネルギー〔kJ/mol〕	結合	結合エネルギー〔kJ/mol〕
H—H	4.3×10^2	……	……
F—F	1.5×10^2	H—F	5.7×10^2
Cl—Cl	2.4×10^2	H—Cl	4.3×10^2
Br—Br	1.9×10^2	H—Br	3.6×10^2
I—I	1.5×10^2	H—I	2.9×10^2

電気陰性度はイオン化エネルギーならびに電子親和力とも関係している。原子のイオン化エネルギーは，原子が電子を（イ：①得て，②失って）イオンに変わる反応の際に（ウ：①必要な，②放出する）エネルギーである。電子親和力は，原子が電子を（エ：①得て，②失って）イオンに変わる反応の際に（オ：①必要な，②放出する）エネルギーである。よって，イオン化エネルギーが（カ：①大きく，②小さく），電子親和力が（キ：①大きい，②小さい）元素ほど電気陰性度は大きくなる傾向がある。

(1) (ア)に適切な元素記号を答えよ。
(2) (イ)〜(キ)について，①か②の適切な語句を選び，その番号を記せ。
(3) (a)に適切な数値を有効数字 2 桁で答えよ。　　　　　　　　　　　（13 京大 改）

73 ▶ 電気陰性度 2

共有結合している原子間で，原子が結合に関わる電子を引き寄せる度合いを表したものを，電気陰性度という。アメリカのマリケンは，電気陰性度を以下の式で定義した。

$$\text{電気陰性度} = \frac{(\text{ア}) + (\text{イ})}{2}$$

（ア）は，原子から電子を1個取り去って，一価の陽イオンにするために必要なエネルギーである。一方，（イ）は，原子が1個の電子を受け取って，一価の陰イオンになるときに放出するエネルギーである。同一周期では，（エ）族の元素の（ア）が最も大きい。また，（ア）が小さな原子ほど（ a ）になりやすく，（イ）が大きな原子ほど，（ b ）になりやすい。さらに，（エ）族の元素を除くと，一般に，電気陰性度は周期表の（ c ）にある元素ほど大きい。

2原子間の共有結合において，電子がかたよって存在することを結合の極性という。N_2 や I_2 は，結合に極性がない無極性分子である。このような無極性分子にも，弱い分子間力が働き，分子結晶を形成する。この弱い分子間力を（ ウ ）という。

(1) (ア)～(ウ)にあてはまる適切な語句を記せ。
(2) (a)～(c)に適当な語句を①～⑩から1つ選べ。
　① 左上　② 左下　③ 中央
　④ 右上　⑤ 右下　⑥ 気体
　⑦ 液体　⑧ 固体　⑨ 陽イオン
　⑩ 陰イオン
(3) (エ)にあてはまる適切な数字を記せ。

(15 筑波大 改)

4 電気陰性度からみた化学結合

◆ケテラーの三角形

電気陰性度の差から2つの原子間の結合は，2つの元素の電気陰性度 x_A, x_B の平均値 $\bar{x}$ と差 Δx を用いて整理できることに気づく。

$$\bar{x} = \frac{x_A + x_B}{2}$$

$$\Delta x = |x_A - x_B|$$

そこで，横軸を $\bar{x}$，縦軸を Δx として，元素の組み合わせをプロットしてみると，三角形の中におさまる。この三角形を**ケテラーの三角形**といい，同じ種類の化学結合を形成する組み合わせが領域を形成することがわかる。

イオン結合：電気陰性度の大きな元素と小さな元素の組み合わせ

金属結合：電気陰性度の小さな元素どうしの組み合わせ

共有結合：電気陰性度の大きな元素どうしの組み合わせ

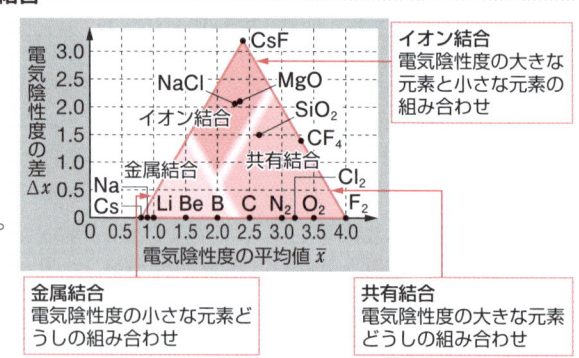

□□□ 74 ▶ ケテラーの三角形

化学結合の種類の判別には，元素間の電気陰性度の差を縦軸に，その平均値を横軸にプロットした図1を用いて考えることができる。たとえば，NaCl は図1に描かれた三角形の上側にプロットされ，一酸化窒素は三角形の右下側にプロットされる。イオン結合と共有結合との領域の境界を破線で示した。またこの三角形を右から左へたどると，物質中の化学結合をつかさどる電子に対してその物質中の原子が束縛する強度が徐々に弱まり，その電子は自由電子とよばれるようになる。つまり図1の点線で境界を示した三角形の左下側に位置する物質内の結合は金属結合の特徴をもつ。ただし，金属結合と共有結合との境界に位置する化学結合をもつ物質は両方の特徴をあわせもつことも多い。たとえば金属ゲルマニウムの電気陰性度の差と平均値はそれぞれ 0.0 と 1.99 であり，境界付近に位置しており，伝導体と絶縁体の中間的な電気伝導性を示す半導体となる。

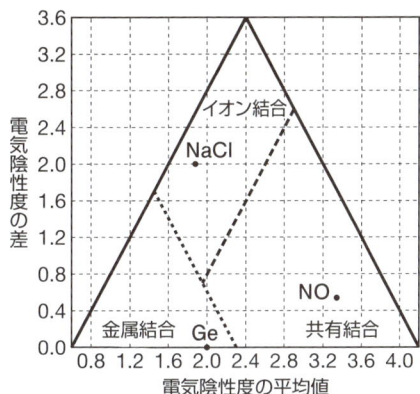

図1 元素の電気陰性度の差と平均による結合タイプ三角形

表　元素とその電気陰性度

H	2.30	O	3.61	Si	1.92	Fe	1.67	Zn	1.59	Br	2.69
B	2.05	F	4.19	S	2.59	Co	1.76	Ga	1.76	Sn	1.82
C	2.54	Na	0.87	Cl	2.87	Ni	1.86	Ge	1.99		
N	3.07	Mg	1.29	Mn	1.55	Cu	1.84	As	2.21		

(1) 半導体に属すると図1から考えられる物質を次の(ア)～(オ)の中から1つ選べ。
　(ア) Mg_3N_2　(イ) $SnBr_4$　(ウ) $GaAs$　(エ) CS_2　(オ) SiC

(2) 窒化ホウ素 BN という物質の種類について，適切なものを次の(ア)～(エ)の中から1つ選べ。なお窒化ホウ素の融点は 2700℃ である。
　(ア) イオン結晶　(イ) 分子結晶　(ウ) 金属結晶　(エ) 共有結合の結晶

(3) 最近，医療現場で利用するためのマグネシウムと鉄のみからできた新素材が開発された。図1から考えられるこの素材の性質について，次のa～dの記述で正しい組み合わせを下の(ア)～(オ)の中から1つ選べ。
　a　展性や延性を示し，熱の伝導性が高い。
　b　固体状態でも融解状態でも電気を通す。
　c　融点も沸点も高く，水に可溶である。
　d　融点が 1000℃ よりも高く，融解状態でも電気を通さない。
　(ア) a・b　(イ) a・c　(ウ) b・c　(エ) b・d　(オ) c・d

(19 札幌医科大 改)

4 物質量

1 原子量・分子量・式量

◆1 原子の相対質量
^{12}C の質量を 12 とし，これを基準に各原子の質量を相対的に求めた値。

	1 個の質量〔g〕	相対質量
^{12}C	1.9926×10^{-23}	12
^{1}H	1.6735×10^{-24}	1.0078

^{1}H の相対質量の求め方
$1.9926 \times 10^{-23} : 1.6735 \times 10^{-24} = 12 : x$
$x = 1.0078$

◆2 原子量
多くの元素は天然で，相対質量の異なる同位体が混合して存在している。
各元素の原子量は，同位体の相対質量を存在比から平均して求めた数値。

同位体	相対質量	存在比〔%〕	原子量
^{12}C	12	98.93	12.01
^{13}C	13.0034	1.07	

炭素の原子量
$= 12 \times \dfrac{98.93}{100} + 13.003 \times \dfrac{1.07}{100}$
$= 12.01$

◆3 分子量
原子量と同様 ^{12}C を基準とした分子の相対質量が分子量である。

◆4 分子量と式量
分子式や組成式から，次のようにして求められる。

分子量 = 構成原子の原子量の総和

式量 = 組成式やイオンの化学式に含まれる原子の原子量の総和

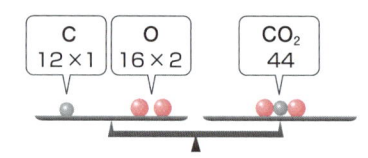

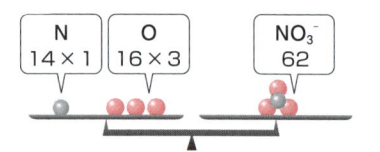

C 12×1   O 16×2 CO_2 44

N 14×1   O 16×3 NO_3^- 62

2 物質量

◆1 物質量
① **1 mol** 原子・分子・イオンなどの粒子が 6.02×10^{23} 個集まった集団。
② **アボガドロ定数** 1 mol あたりの粒子の数。単位は〔/mol〕となる。

$$N_A = 6.02 \times 10^{23} /\text{mol}$$

粒子の数より，物質量は次のようにして求められる*。

$$\text{物質量〔mol〕} = \dfrac{\text{粒子の数}}{6.02 \times 10^{23}/\text{mol}}$$

＊本書の計算問題では，簡便化のために指定がない限りアボガドロ定数を 6.0×10^{23}/mol として計算する。

◆2 物質量と質量・体積

①**物質量と質量** 原子・分子・イオンなどの粒子1molの質量は、それぞれ原子量・分子量・式量に単位gをつけた量となる。

②**モル質量〔g/mol〕** 1molあたりの原子・分子・イオンなどの質量。

	炭素原子 C	水分子 H_2O	ナトリウム Na	塩化ナトリウム NaCl
原子量・分子量・式量	12	$1.0 \times 2 + 16 = 18$	23	$23 + 35.5 = 58.5$
1molの粒子の数と質量	●が6.02×10^{23}個  12 g	●が6.02×10^{23}個 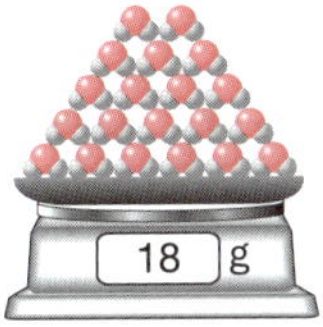 18 g	●が6.02×10^{23}個  23 g	●○が6.02×10^{23}個 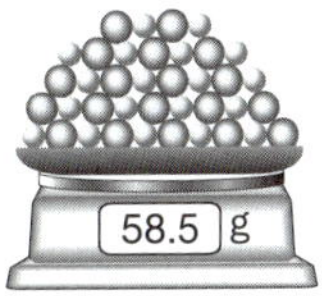 58.5 g
モル質量	12 g/mol	18 g/mol	23 g/mol	58.5 g/mol

質量より、物質量は次のようにして求められる。

$$\text{物質量〔mol〕} = \frac{\text{質量〔g〕}}{\text{モル質量〔g/mol〕}}$$

③**物質量と気体の体積** 気体の体積は温度と圧力で変わる。「同温・同圧のもとでは、気体はその種類によらず、同体積中に同数の分子を含む(アボガドロの法則)」によると、気体の種類によらず、0℃、1.013×10^5 Pa(標準状態*)で気体1molは22.4Lの体積を占める。

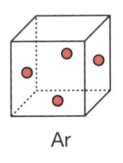

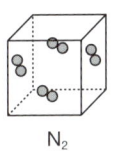

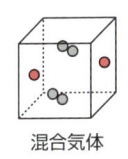

Ar　　N_2　　混合気体

標準状態における気体の体積より、物質量は次のようにして求められる。

$$\text{物質量〔mol〕} = \frac{\text{標準状態の気体の体積〔L〕}}{22.4 \text{L/mol}}$$

＊本書では、0℃、1.013×10^5 Pa を標準状態と示す。

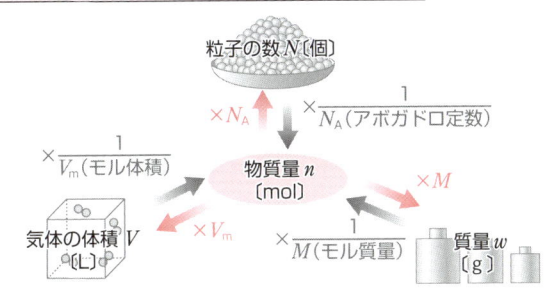

粒子の数 N〔個〕

$\times N_A$ ↑ ↓ $\times \frac{1}{N_A}$(アボガドロ定数)

$\times \frac{1}{V_m(\text{モル体積})}$ ← 物質量 n〔mol〕 → $\times M$

気体の体積 V〔L〕　$\times V_m$　$\times \frac{1}{M(\text{モル質量})}$　質量 w〔g〕

・アボガドロ定数 $N_A = 6.02 \times 10^{23}$/mol
・標準状態では、モル体積 $V_m = 22.4$ L/mol

3 溶液の濃度

◆1 **溶液**
　①**溶解**　液体に他の物質が溶けて均一に混じりあうこと。
　②**溶媒**　物質を溶かしている液体。
　③**溶質**　溶けている物質。
　④**溶液**　溶解によってできた液体。溶媒が水の場合を水溶液という。

◆2 **物質の溶解**　極性の大きな物質どうし，極性の小さな物質どうしは溶解しやすい。一方，極性の大きな物質と極性の小さな物質とは溶解しにくい。

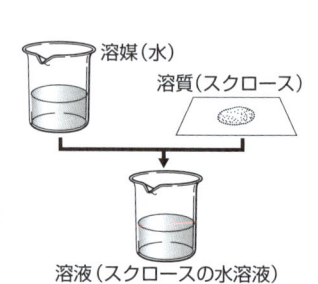

物質の種類		物質の例	溶かすことのできる溶媒	電解質・非電解質
イオン結晶		塩化カリウム　KCl	水（極性溶媒）	電解質
分子からなる物質	極性分子	アンモニア　NH_3 グルコース　$C_6H_{12}O_6$	水（極性溶媒） 水（極性溶媒）	電解質 非電解質
	無極性分子	ヨウ素　I_2	ベンゼン（無極性溶媒）	非電解質

◆3 **質量パーセント濃度**　溶液の質量に対する溶質の質量の割合を百分率で表す。記号%をつける。

$$質量パーセント濃度〔\%〕 = \frac{溶質の質量〔g〕}{溶液の質量〔g〕} \times 100$$

例 スクロース 20g を水 100g に溶かした溶液では，

$$\frac{20g}{(100+20)g} \times 100 ≒ 17 \quad よって 17\%$$

◆4 **モル濃度**　溶液 1L 中に含まれる溶質の物質量で表す。単位は mol/L。

$$モル濃度〔mol/L〕 = \frac{溶質の物質量〔mol〕}{溶液の体積〔L〕}$$

例 塩化ナトリウム 0.2mol を溶かした 0.5L の溶液では，$\frac{0.2\,mol}{0.5\,L} = 0.4\,mol/L$

①**モル濃度と溶質の物質量**　溶液の体積より，溶質の物質量は次のようにして求められる。

$$溶質の物質量〔mol〕 = モル濃度〔mol/L〕 \times 溶液の体積〔L〕$$

例 0.1mol/L 水酸化ナトリウム水溶液 200mL では，$0.1\,mol/L \times \frac{200}{1000}L = 0.02\,mol$

②**溶液の調製方法の例** 0.1 mol/L 水酸化ナトリウム水溶液 200 mL のつくり方

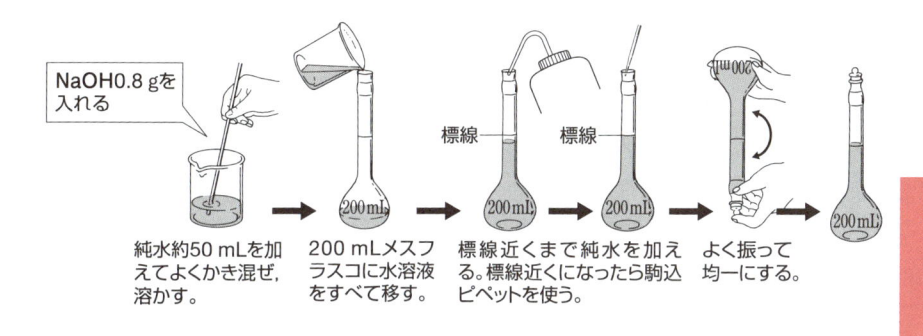

NaOH 0.8 g を入れる → 純水約50 mLを加えてよくかき混ぜ，溶かす。 → 200 mLメスフラスコに水溶液をすべて移す。 → 標線近くまで純水を加える。標線近くになったら駒込ピペットを使う。 → よく振って均一にする。

4 固体の溶解度

◆1 **固体の溶解度** 溶媒 100 g に溶かすことができる溶質の最大質量〔g〕の数値。

◆2 **飽和溶液** ある温度で溶けることができる最大量の溶質を溶かした溶液を飽和溶液という。

◆3 **溶解度曲線** 温度と溶解度の関係を示す曲線。

◆4 **溶解度と温度** 一般に固体では，温度が高いほど溶解度も大きい。
（$Ca(OH)_2$ は温度が高いほど溶解度は減少）

◆5 **水和物の溶解度** 結晶水をもった結晶では，水 100 g に溶ける無水物（結晶水をもたない結晶）の g 単位の質量の数値で表す。

例：$CuSO_4 \cdot 5H_2O$ の結晶では，$5H_2O$ が結晶水，$CuSO_4$ が無水物である。

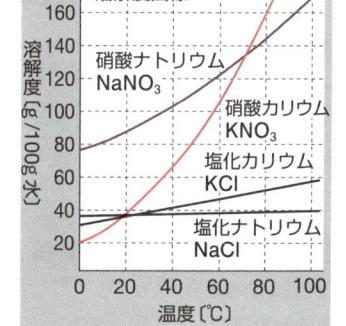

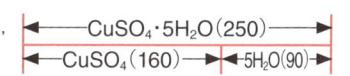

$CuSO_4 \cdot 5H_2O$ (250)
$CuSO_4$ (160) ＋ $5H_2O$ (90)

◆6 **結晶の析出** (▶ p.16 再結晶)

例：KNO_3 64 g と NaCl 10 g の混合物を熱水 100 g に溶かして冷却する。KNO_3 64 g は，40℃で結晶が析出しはじめ，10℃まで冷却すると，42 g 析出する。NaCl は，溶けたままである。この原理により，純粋な KNO_3 の結晶 42 g が得られる。

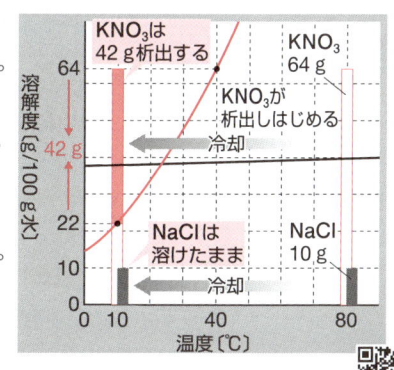

WARMING UP／ウォーミングアップ

次の文中の(　)に適当な語句・数値・記号を入れよ。

1 原子の相対質量・原子量
^{12}C の質量を(ア)とし，これを基準として表した質量を原子の(イ)という。(イ)は，質量そのものではなく質量の比なので，単位は(ウ)。ほとんどの元素に同位体があり，天然ではその存在比はほぼ一定である。各同位体の(イ)とその存在比から求められる平均値を元素の(エ)という。

2 分子量・式量
原子量と同じように，^{12}C の相対質量 12 を基準として求めた分子の相対質量を(ア)という。(ア)は分子を構成する原子の(イ)の総和になる。金属やイオンでできた物質では組成式に含まれる元素の(イ)の総和を同様に扱い，これを(ウ)という。

3 物質量
化学では，6.02×10^{23} 個の粒子を 1 まとまりとして扱い，それを 1(ア)という。(ア)を単位として表した物質の量を(イ)という。1 mol あたりの粒子数を(ウ)といい，その単位は(エ)である。

4 物質量と質量・気体の体積
原子 1 mol の質量は(ア)に単位 g をつけた量になり，分子 1 mol の質量は(イ)に単位 g をつけた量になる。この 1 mol あたりの質量を(ウ)といい，その単位は(エ)である。0 ℃，1.013×10^5 Pa(標準状態)のとき，気体 1 mol の体積は，気体の種類によらず，(オ)L を占める。標準状態の気体(オ)L には，分子が(カ)個含まれる。

5 溶液
液体中に他の物質が溶けて均一に混じりあうことを(ア)という。他の物質を溶かしている液体を(イ)，溶け込んだ物質を(ウ)という。また，(ア)によってできた液体を(エ)といい，水が溶媒の場合は特に(オ)という。

1
- (ア) 12
- (イ) 相対質量
- (ウ) ない
- (エ) 原子量

2
- (ア) 分子量
- (イ) 原子量
- (ウ) 式量

3
- (ア) mol
- (イ) 物質量
- (ウ) アボガドロ定数
- (エ) /mol

4
- (ア) 原子量
- (イ) 分子量
- (ウ) モル質量
- (エ) g/mol
- (オ) 22.4
- (カ) 6.0×10^{23}

5
- (ア) 溶解
- (イ) 溶媒
- (ウ) 溶質
- (エ) 溶液
- (オ) 水溶液

6 濃度

質量パーセント濃度は，(ア)の質量に対する(イ)の質量の割合を百分率で表した濃度で，単位はなく，記号(ウ)を使う。粒子の数に着目したモル濃度では，(ア)の(エ)L あたりに含まれる(イ)の(オ)で表し，その単位は(カ)である。

7 溶解度

溶媒(ア)g に溶かすことができる溶質の g 単位の質量の数値を(イ)という。また，温度と(イ)の関係を示す曲線を(ウ)という。一般に，固体の(イ)は温度が高くなるほど，(エ)くなる。ある温度で溶けることができる最大量の溶質を溶かした溶液を(オ)という。温度による溶解度の違いを利用して，混合物を精製する方法を(カ)という。

8 水和物

硫酸銅(Ⅱ) $CuSO_4$ は硫酸銅(Ⅱ)五水和物 $CuSO_4 \cdot 5H_2O$ のようにある一定の割合で水分子を含んだ結晶となる。この水分子のことを(ア)，水分子を含んだ結晶を(イ)とよぶ。

6
(ア) 溶液　(イ) 溶質
(ウ) ％　　(エ) 1
(オ) 物質量
(カ) mol/L

7
(ア) 100
(イ) 溶解度
(ウ) 溶解度曲線
(エ) 大き
(オ) 飽和溶液
(カ) 再結晶

8
(ア) 結晶水（水和水）
(イ) 水和物

基本例題 14　相対質量と原子量　　基本 ⇒ 76

自然界の臭素には，相対質量が 78.9 の ^{79}Br と 80.9 の ^{81}Br の同位体があり，原子量は 79.9 である。次の問いに答えよ。

(1) ^{79}Br の存在比は何％か。
(2) 質量の異なる臭素分子は何種類あるか。

●エクセル　原子量＝同位体の相対質量と存在比から求めた，原子の相対質量の平均値

解説

(1) ^{79}Br の存在比を x ％とすると

$$78.9 \times \frac{x}{100} + 80.9 \times \frac{100-x}{100} = 79.9 \qquad x = 50.0$$ ❶

^{79}Br	^{81}Br
$78.9 \times \dfrac{x}{100}$	$80.9 \times \dfrac{100-x}{100}$
$79.9 \times \dfrac{100}{100}$	
Br	

(2) 考えられる臭素分子 Br_2 は，$^{79}Br^{79}Br$，$^{79}Br^{81}Br$，$^{81}Br^{81}Br$ の 3 種類である❷。

▶同位体組成の異なる分子を互いにアイソトポマーという。
元素の原子量は，同位体の相対質量の組成平均である。

❶ x と 100 でそれぞれ整理すると計算しやすい。

❷ $^{79}Br^{81}Br$ と $^{81}Br^{79}Br$ はアイソトポマーではない。

解答　(1) 50.0 ％　　(2) 3 種類

基本例題 15 分子量・式量　　基本 → 77

次の分子量・式量を求めよ。ただし，Cu = 64 とする。

(1) 酸素 O_2
(2) 水 H_2O
(3) 塩化カルシウム $CaCl_2$
(4) 炭酸イオン CO_3^{2-}
(5) 硫酸銅(Ⅱ)五水和物 $CuSO_4 \cdot 5H_2O$

●エクセル　分子量 = 分子式に含まれる元素の原子量の総和
　　　　　　式　量 = 組成式に含まれる元素の原子量の総和

解説
(1) $16 \times 2 = 32$
(2) $1.0 \times 2 + 16 = 18$
(3) $40 + 35.5 \times 2 = 111$
(4) $12 + 16 \times 3 = 60$ ❶
(5) $64 + 32 + 16 \times 4 + 5 \times (1.0 \times 2 + 16) = 250$ ❷

❶ 電子の質量は原子に比べて非常に小さく無視できる。
❷ 結晶水も式量に加える。

解答 (1) 32　(2) 18　(3) 111　(4) 60　(5) 250

エクササイズ

◆分子量と式量

1 次の分子量を計算せよ。
(1) 窒素 N_2
(2) オゾン O_3
(3) 塩化水素 HCl
(4) 二酸化炭素 CO_2
(5) エタン C_2H_6
(6) メタノール CH_3OH

(1) ＿＿＿＿
(2) ＿＿＿＿
(3) ＿＿＿＿
(4) ＿＿＿＿
(5) ＿＿＿＿
(6) ＿＿＿＿

2 次の式量を計算せよ。
(1) 塩化ナトリウム $NaCl$
(2) 水酸化ナトリウム $NaOH$
(3) 水酸化カルシウム $Ca(OH)_2$
(4) 硫酸アンモニウム $(NH_4)_2SO_4$
(5) アルミニウム Al
(6) 硝酸イオン NO_3^-

(1) ＿＿＿＿
(2) ＿＿＿＿
(3) ＿＿＿＿
(4) ＿＿＿＿
(5) ＿＿＿＿
(6) ＿＿＿＿

基本例題 16　物質量と粒子数・質量・体積　　基本 → 78, 80, 82

(1) アンモニア NH_3 3.0×10^{23} 個の物質量は何 mol か。
(2) 水 H_2O 0.20 mol の質量は何 g か。
(3) 窒素 N_2 0.50 mol は，標準状態で何 L の体積を占めるか。
(4) メタン CH_4 が標準状態で 5.6 L のとき，物質量は何 mol か。

●エクセル
① 分子 1 mol の質量〔g〕＝分子量に単位 g をつけた量：M〔g/mol〕
② 1 mol の粒子数〔個〕＝6.0×10^{23} 個：N_A〔/mol〕
③ 気体 1 mol の体積〔L〕＝標準状態で 22.4 L：V_m〔L/mol〕

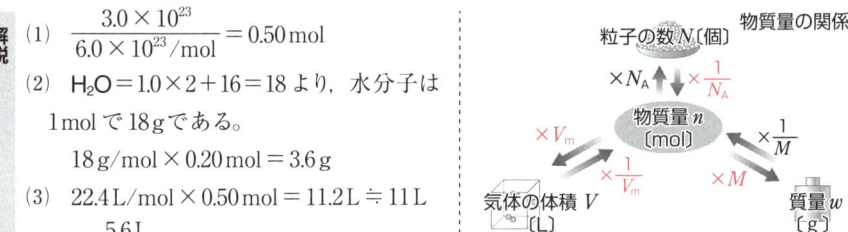

解説
(1) $\dfrac{3.0 \times 10^{23}}{6.0 \times 10^{23}/\text{mol}} = 0.50\,\text{mol}$

(2) $H_2O = 1.0 \times 2 + 16 = 18$ より，水分子は 1 mol で 18 g である。
　　$18\,\text{g/mol} \times 0.20\,\text{mol} = 3.6\,\text{g}$

(3) $22.4\,\text{L/mol} \times 0.50\,\text{mol} = 11.2\,\text{L} \fallingdotseq 11\,\text{L}$

(4) $\dfrac{5.6\,\text{L}}{22.4\,\text{L/mol}} = 0.25\,\text{mol}$

物質量の関係

解答　(1) 0.50 mol　(2) 3.6 g　(3) 11 L　(4) 0.25 mol

エクササイズ

◆物質量と構成粒子・物質量と質量

1 物質量と構成粒子数の関係について，次の計算をせよ。
(1) 酸素原子 O 1.5×10^{23} 個は何 mol か。
(2) アンモニア分子 NH_3 6.0×10^{25} 個は何 mol か。
(3) 銅(Ⅱ)イオン Cu^{2+} 3.0×10^{24} 個は何 mol か。
(4) 銀 Ag 2.0 mol に含まれる銀原子は何個か。
(5) 水素 H_2 4.0 mol に含まれる水素分子は何個か。
(6) バリウムイオン Ba^{2+} 0.80 mol に含まれるバリウムイオンは何個か。
(7) 二酸化炭素 CO_2 0.30 mol に含まれる酸素原子は何個か。

2 物質量と質量の関係について，次の計算をせよ。
(1) メタン CH_4 2.0 mol は何 g か。
(2) グルコース $C_6H_{12}O_6$ 0.30 mol は何 g か。
(3) 酸化ナトリウム Na_2O 93 g は何 mol か。

原子量の概数値	H	C	N	O	Na	Mg	Al	Si	S	Cl	K	Ca	Fe	Cu	Zn	Ag	I	Pb
	1.0	12	14	16	23	24	27	28	32	35.5	39	40	56	63.5	65	108	127	207

基本例題 17　物質量と質量・体積・粒子数　　基本 ⇒ 78,80,82

(1) アンモニア NH_3 5.1 g の体積は，標準状態で何 L か。
(2) 0.40 mol の硝酸 HNO_3 分子は何個か。また，この中に含まれる酸素原子 O は何個か。
(3) 5.6 g の窒素 N_2 と，9.6 g の酸素 O_2 の混合気体の分子数は何個か。
(4) 標準状態で密度が d 〔g/L〕の気体のモル質量はいくらか。d を用いて表せ。

●エクセル　まず物質量〔mol〕を求めて，その物質量から粒子の数や質量，体積を計算する。

解説
(1) NH_3 は $\dfrac{5.1\,g}{17\,g/mol} = 0.30\,mol$，求める NH_3 の体積は，
$22.4\,L/mol \times 0.30\,mol = 6.72\,L ≒ 6.7\,L$
(2) 硝酸分子の個数は，
$6.0 \times 10^{23}/mol \times 0.40\,mol = 2.4 \times 10^{23}$
また，硝酸 0.40 mol には酸素原子 O が 0.40×3 mol 分含まれるので，その個数は
$0.40 \times 3\,mol \times 6.0 \times 10^{23}/mol = 7.2 \times 10^{23}$
(3) 混合気体の総物質量❶
$= \dfrac{5.6\,g}{28\,g/mol} + \dfrac{9.6\,g}{32\,g/mol} = 0.50\,mol$
混合気体の分子数 $= 6.0 \times 10^{23}/mol \times 0.50\,mol = 3.0 \times 10^{23}$
(4) 気体のモル体積は 22.4 L/mol より，求めるモル質量は
$d\,〔g/L〕 \times 22.4\,L/mol = 22.4\,d\,〔g/mol〕$ ❷

❶ 混合気体の総物質量
窒素の物質量＋酸素の物質量

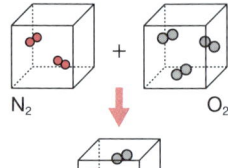

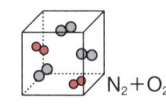

❷ 標準状態の気体の密度 d〔g/L〕
d〔g/L〕$= \dfrac{モル質量〔g/mol〕}{22.4\,L/mol}$

解答
(1) 6.7 L　　(2) 2.4×10^{23} 個，7.2×10^{23} 個
(3) 3.0×10^{23} 個　　(4) $22.4d$〔g/mol〕

エクササイズ

◆物質量と体積

次の計算をせよ。ただし，気体は 0℃，1.013×10^5 Pa（標準状態）での体積とする。

(1) 水素 33.6 L は何 mol か。
(2) 二酸化炭素 5.60 L は何 mol か。
(3) メタン 3.00 mol は何 L か。
(4) 酸素 0.150 mol は何 L か。
(5) 11.2 L のアンモニアに含まれる水素原子は何 mol か。

基本例題 18　濃度　　　　　　　　　　　　　　　　　　　　基本 ➡ 85, 86

(1) 水酸化ナトリウム 4.0 g を水に溶かして 200 mL の溶液にした。この水溶液のモル濃度を求めよ。
(2) 0.10 mol/L の塩化ナトリウム水溶液 400 mL 中に含まれる塩化ナトリウムは何 g か。
(3) 10 mol/L の塩酸を水でうすめて 2.0 mol/L の塩酸 200 mL に調製したい。10 mol/L の塩酸は何 mL 必要か。

●エクセル　c〔mol/L〕の溶液 v〔L〕中に含まれる溶質の物質量 n〔mol〕は $n = c \times v$
　　　　　溶質のモル質量が M〔g/mol〕のとき，その質量 w〔g〕は $w = n \times M$

解説
(1) NaOH のモル質量は 40 g/mol なので，水酸化ナトリウムの物質量は $\dfrac{4.0\,\text{g}}{40\,\text{g/mol}} = 0.10\,\text{mol}$

よって，求める濃度❶は，$\dfrac{0.10\,\text{mol}}{\dfrac{200}{1000}\,\text{L}} = 0.50\,\text{mol/L}$

❶ モル濃度〔mol/L〕
　$= \dfrac{\text{溶質の物質量〔mol〕}}{\text{溶液の体積〔L〕}}$

(2) 0.10 mol/L の NaCl 水溶液 400 mL 中に含まれる NaCl の物質量❷は，$0.10\,\text{mol/L} \times \dfrac{400}{1000}\,\text{L} = 0.040\,\text{mol}$

NaCl のモル質量は 58.5 g/mol なので，求める質量は，
$58.5\,\text{g/mol} \times 0.040\,\text{mol} = 2.34\,\text{g} ≒ 2.3\,\text{g}$

❷ 溶質の物質量〔mol〕
　$=$ モル濃度〔mol/L〕
　　$\times$ 溶液の体積〔L〕

(3) 求める塩酸の体積を a mL とすると，水でうすめる前後の塩酸の物質量は等しいので，
$10\,\text{mol/L} \times \dfrac{a}{1000}\,\text{L} = 2.0\,\text{mol/L} \times \dfrac{200}{1000}\,\text{L}$　　$a = 40$

解答　(1) 0.50 mol/L　　(2) 2.3 g　　(3) 40 mL

エクササイズ

◆**濃度の計算**　次の問いに答えよ。

(1) 20 g の塩化ナトリウムを水 80 g に溶かしてできる水溶液の質量パーセント濃度は何 % か。
(2) 8.0 % の塩酸 150 g に溶けている塩化水素の質量は何 g か。
(3) 1.5 mol の硫酸を水に溶かして 500 mL にした水溶液の濃度は何 mol/L か。
(4) 0.20 mol/L の酢酸水溶液 200 mL に溶けている酢酸の物質量は何 mol か。

(1) ＿＿＿＿＿＿＿
(2) ＿＿＿＿＿＿＿
(3) ＿＿＿＿＿＿＿
(4) ＿＿＿＿＿＿＿

原子量の概数値	H	C	N	O	Na	Mg	Al	Si	S	Cl	K	Ca	Fe	Cu	Zn	Ag	I	Pb
	1.0	12	14	16	23	24	27	28	32	35.5	39	40	56	63.5	65	108	127	207

基本例題 19 再結晶　　　　　　　　　　　　　　　　　　　　　基本 ➡ 89, 90

60℃ の硝酸ナトリウム NaNO₃ の飽和水溶液が 100 g ある。NaNO₃ の溶解度を 60℃ で 124, 20℃ で 88 として, 次の問いに答えよ。
(1) この水溶液 100 g 中に溶けている溶質の質量は何 g か。
(2) この水溶液 100 g を 20℃ に冷却すると, 析出する結晶は何 g か。

●エクセル　水 100 g に溶質を溶かした飽和水溶液と比較する。

解説
(1) 60℃ で NaNO₃ の飽和水溶液 100 g + 124 g = 224 g に, 溶質の NaNO₃ が 124 g 溶けている。飽和水溶液 100 g に溶ける NaNO₃ は,
$$100\,\text{g} \times \frac{124\,\text{g}}{224\,\text{g}} = 55.35\cdots\text{g} \fallingdotseq 55.4\,\text{g}\ ❶$$

(2) 飽和水溶液 224 g を 60℃ から 20℃ まで冷却すると, 析出する NaNO₃ の質量は, 124 g − 88 g = 36 g
飽和水溶液 100 g では,
$$100\,\text{g} \times \frac{36\,\text{g}}{224\,\text{g}} = 16.0\cdots\text{g} \fallingdotseq 16\,\text{g}\ ❷$$

❶ $\dfrac{溶質〔g〕}{溶液〔g〕} = \dfrac{124}{224} = \dfrac{(1)}{100}$

❷ $\dfrac{析出〔g〕}{溶液〔g〕} = \dfrac{36}{224} = \dfrac{(2)}{100}$

解答 (1) 55.4 g　(2) 16 g

基本問題

□□□ 75 ▶ 原子・分子・イオンの相対質量　下図において, 質量がつり合っているとき, (ア)〜(ウ)に入る数値はいくつか。ただし, ¹²C = 12 とする。

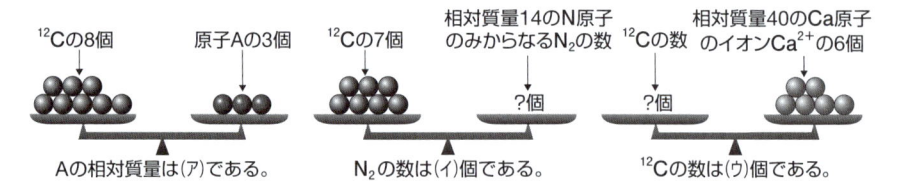

- ¹²C の 8 個 ／ 原子 A の 3 個 → A の相対質量は(ア)である。
- ¹²C の 7 個 ／ 相対質量 14 の N 原子のみからなる N₂ の数 ? 個 → N₂ の数は(イ)である。
- 相対質量 40 の Ca 原子のイオン Ca²⁺ の 6 個 ／ ¹²C の数 ? 個 → ¹²C の数は(ウ)個である。

□□□ 76 ▶ 同位体と原子量　次の問いに答えよ。
(1) 天然のホウ素には, 相対質量 10.0 の ¹⁰B が 19.9 %, 相対質量 11.0 の ¹¹B が 80.1 % 含まれている。ホウ素の原子量を求めよ。
(2) 天然のリチウムには, 相対質量が 6.0 の ⁶Li と 7.0 の ⁷Li の同位体があり, 原子量は 6.9 である。⁶Li と ⁷Li の存在比はそれぞれ何 % か。

□□□**77 ▶ 分子量・式量**　次の分子量・式量を求めよ。ただし，Pの原子量は31とする。
(1) Cl_2　(2) C_2H_5OH　(3) NH_3　(4) H_2SO_4
(5) CH_3COO^-　(6) PO_4^{3-}　(7) Mg　(8) $Na_2CO_3 \cdot 10H_2O$

□□□**78 ▶ 質量・粒子の個数と物質量**　次の問いに答えよ。ただし，アボガドロ定数は6.0×10^{23}/molとする。
(1) 0.50 mol の硫酸 H_2SO_4 は何 g か。また，含まれる酸素原子 O は何 mol か。
(2) 8.8 g のプロパン C_3H_8 は何 mol か。また，含まれる炭素原子 C は何 g か。
(3) 9.5 g の塩化マグネシウム $MgCl_2$ は何 mol か。また，含まれる塩化物イオン Cl^- は何個か。
(4) 0.40 mol の硫酸アルミニウム $Al_2(SO_4)_3$ に含まれるすべてのイオンは何 mol か。また，硫酸イオン SO_4^{2-} は何 g か。

□□□**79 ▶ 気体の密度**　次の問いに答えよ。
次の気体をそれぞれ 10 g ずつとったとき，標準状態において体積が最も大きいものはどれか。
(1) 水素　(2) アンモニア　(3) 窒素　(4) 塩化水素　(5) 二酸化炭素

□□□**80 ▶ 気体の体積と物質量**　次の問いに答えよ。ただし，気体の体積はすべて標準状態で考えるものとする。
(1) 0.30 mol のアンモニア分子 NH_3 の質量〔g〕と体積〔L〕を，それぞれ求めよ。
(2) 標準状態の体積が 2.8 L で 3.5 g の気体の分子量を求めよ。
(3) 分子量が 44 である気体の密度は何 g/L か。
(4) 体積比が窒素：ヘリウム＝3：1 の混合気体がある。この混合気体の平均分子量を求めよ。

□□□**81 ▶ 元素の含有量と原子量**　次の問いに答えよ。
(1) 次の(ア)，(イ)について，（　）内の元素の質量パーセント〔%〕を求めよ。
　(ア) 硝酸 HNO_3(N)　(イ) 炭酸カルシウム $CaCO_3$(Ca)
(2) ある金属 M 2.6 g を完全に酸化したところ，組成式が M_2O_3 で表される金属の酸化物が 3.8 g 得られた。この金属元素の原子量として最も適当なものはどれか。
　(a) 26　(b) 38　(c) 40　(d) 52　(e) 76

(東邦大 改)

原子量の概数値	H	He	C	N	O	Na	Mg	Al	Si	S	Cl	K	Ca	Fe	Cu	Zn	Ag	Pb
	1.0	4.0	12	14	16	23	24	27	28	32	35.5	39	40	56	63.5	65	108	207

82 ▶ 物質量と単位の換算
下表の(1)～(15)に適当な化学式や数値を入れよ。

物質	化学式	物質量〔mol〕	粒子数	質量〔g〕	標準状態での体積〔L〕
ヘリウム	(1)	2.0	(2)	(3)	(4)
窒素	(5)	(6)	(7)	7.0	(8)
ナトリウムイオン	(9)	(10)	2.4×10^{23}	(11)	—
二酸化炭素	(12)	(13)	(14)	(15)	4.48

83 ▶ 単位の換算
次に定義された記号を用いて，下の(1)～(3)を示す式を表せ。
m〔g〕：気体の質量，M〔g/mol〕：気体分子のモル質量，A〔g/mol〕：原子のモル質量
N_A〔/mol〕：アボガドロ定数，V〔L/mol〕：標準状態における1 molの気体の体積
(1) 原子1個の質量
(2) 気体 m〔g〕中の分子数
(3) 標準状態における体積が v〔L〕の気体の質量

84 ▶ 質量パーセント濃度
(1) 塩化ナトリウム NaCl 10 g を水 90 g に溶かした溶液の質量パーセント濃度は何%か。
(2) 3.0%の塩化ナトリウム水溶液 150 g に含まれる NaCl は何 g か。
(3) 10%塩化ナトリウム水溶液 150 g と，15%塩化ナトリウム水溶液 100 g を混合するときにできる塩化ナトリウム水溶液の質量パーセント濃度を求めよ。

85 ▶ 溶液の調製 1
1.0 mol/L の水酸化ナトリウム NaOH 水溶液をつくりたい。次のどの方法が正しいか。(1)～(4)より1つ選べ。ただし，NaOH の式量は 40 とする。
(1) 水 1000 mL をとり，NaOH 40 g を加える。
(2) 水 1000 g をとり，NaOH 40 g を加える。
(3) 水 960 g をとり，NaOH 40 g を加える。
(4) NaOH 40 g を水に溶かし，さらに水を加えて体積を 1000 mL にする。

86 ▶ 溶液の調製 2
(1) 水酸化ナトリウム NaOH 4.0 g を水に溶かして 500 mL にした水溶液は何 mol/L か。
(2) 0.20 mol/L のアンモニア NH_3 水 300 mL 中に，NH_3 は何 mol 含まれるか。また，含まれる NH_3 の質量は何 g か。
(3) 10 mol/L の硫酸に水を加えて 2.0 mol/L の硫酸を 250 mL つくりたい。10 mol/L の硫酸は何 mL 必要か。
(4) 0.30 mol/L の塩酸 100 mL と 0.50 mol/L の塩酸 200 mL を混合し，さらに水を加えて 500 mL の溶液にした。この溶液のモル濃度は何 mol/L か。

87 ▶ 質量パーセント濃度とモル濃度
28％のアンモニア水（密度0.90 g/cm³）のモル濃度を求めるための手順を次に示した。文中の（ア）〜（エ）に入る適当な数値を記せ。

アンモニア水が1.00 L あるとすると，その質量は密度〔g/cm³〕×体積〔cm³〕から，（ ア ）g と求めることができる。（ア）g のアンモニア水のうち，28％がアンモニアの質量であるため，含まれるアンモニア（モル質量17 g/mol）は（ イ ）g となり，その物質量は（ ウ ）mol と求めることができる。アンモニア水 1.00 L にアンモニアが（ウ）mol 含まれるため，そのモル濃度は（ エ ）mol/L となる。

88 ▶ 濃度の変換
濃度 98.0％の濃硫酸 H_2SO_4（密度 1.85 g/cm³）がある。
(1) 濃度 98.0％の濃硫酸 H_2SO_4（密度 1.85 g/cm³）のモル濃度を求めよ。
(2) この濃硫酸を用いて，1.20 mol/L の希硫酸 90.0 mL をつくった。必要とした濃硫酸は何 mL か。

89 ▶ 溶解度と温度 1
右図は固体の溶解度と温度の関係を表すグラフである。次の問いに答えよ。
(1) 右図のグラフは何とよばれるか。
(2) 温度 70℃ では水 1.0 kg に硝酸カリウム KNO_3 は何 kg 溶けるか。
(3) 70℃ で水 200 g に KNO_3 を最大限溶かした水溶液を 40℃ に冷却するとき，析出する KNO_3 の結晶は何 g か。
(4) グラフの中で，再結晶による精製が最も適する物質と最も適さない物質を答えよ。

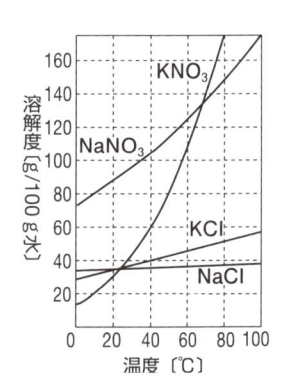

90 ▶ 溶解度と温度 2
硝酸ナトリウムの溶解度を表に示す。次の問いに答えよ。

硝酸ナトリウムの溶解度〔g/100 g 水〕

温度〔℃〕	20	40	60
溶解度	88	105	124

(1) 20℃ の硝酸ナトリウム飽和水溶液の質量パーセント濃度は何％になるか。
(2) 60℃ の硝酸ナトリウム飽和水溶液 100 g を 20℃ に冷却すると，何 g の結晶が析出するか。
(3) 40℃ における硝酸ナトリウム飽和水溶液 250 g から水 50 g を蒸発させ，再度 40℃ にすると，何 g の結晶が析出するか。

91 ▶ 物質の溶解性 1
次の組み合わせのうち，溶けあわないものをすべて選べ。
(1) ベンゼンとヨウ素　(2) 水とアンモニア　(3) ヘキサンと塩化ナトリウム
(4) 水とエタノール　(5) 四塩化炭素と水　(6) グルコースと水

原子量の概数値	H	C	N	O	Na	Mg	Al	Si	S	Cl	K	Ca	Fe	Cu	Zn	Ag	I	Pb
	1.0	12	14	16	23	24	27	28	32	35.5	39	40	56	63.5	65	108	127	207

92 ▶ 物質の溶解性2
次の(1)〜(5)の記述のうち，誤っているものを2つ選べ。

(1) 塩化水素HClは分子からなる物質だが，その水溶液は電解質水溶液である。
(2) メタノールが水に溶けるのは電離するからである。
(3) 塩化カリウムを水に溶かすと，カリウムイオンと塩化物イオンが生じ，それらイオンは水分子と水和する。
(4) エタノールは極性分子だが，ヘキサンに溶かすことができる。
(5) スクロースは無極性分子であり，ベンゼンによく溶ける。

応用例題 20　溶液の調製　　　　　　　　　　　　　　　　　応用 ➡ 101

0.30 mol/L の硫酸銅(Ⅱ)水溶液を 200 mL 調製したい。次の文章を読み，問いに答えよ。

硫酸銅(Ⅱ)五水和物 $CuSO_4·5H_2O$（式量 250）を正確に（ ア ）g 測りとり，ビーカー内で少量の水に溶かす。この溶液を 200 mL（ イ ）に移し，溶質を残さないようビーカー内を少量の水ですすぎ，この洗液もすべて（ イ ）に移す。標線まで水を加えて栓をし，よく振り混ぜる。

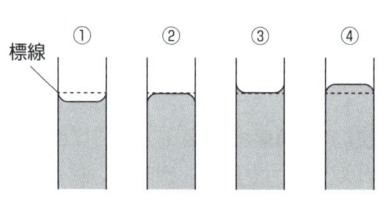

(1) 文中の(ア)には数値を，(イ)には適当な語句を入れよ。
(2) 調製した水溶液を水で希釈して $\frac{1}{10}$ の濃度の溶液を 100 mL つくりたい。このとき使用する器具の組み合わせとして最も適当なものを1つ選び，記号で答えよ。
　① 10 mL メスシリンダーと 100 mL メスシリンダー
　② 10 mL ホールピペットと 100 mL メスシリンダー
　③ 10 mL 駒込ピペットと 100 mL メスフラスコ
　④ 10 mL ホールピペットと 100 mL メスフラスコ
　⑤ 10 mL 駒込ピペットと 100 mL メスシリンダー
　⑥ 該当する組み合わせはない。
(3) 下線部の操作を行ったとき，器具の標線付近のようすを正しく表しているものを図中の①〜④から1つ選び，記号で答えよ。

●エクセル　水和物の結晶水は，溶媒の一部となる。

解説 (1) 0.30 mol/L の硫酸銅(Ⅱ)水溶液 200 mL 中には，
$CuSO_4$ が $0.30 \text{ mol/L} \times \frac{200}{1000} \text{L} = 0.060 \text{ mol}$ 含まれる。
硫酸銅(Ⅱ)五水和物のモル質量は 250 g/mol なので，
$250 \text{ g/mol} \times 0.060 \text{ mol} = 15 \text{ g}$ の $CuSO_4·5H_2O$ が必要❶。
(2) 溶液の調製は正確性が求められる。

解答 (1) (ア)：15　(イ)：メスフラスコ　(2) ④　(3) ③

応用例題 21　結晶格子と原子量

応用 ➡ 106

　ナトリウムの結晶は，右図のような体心立方格子をとっている。ただし，隣接する（最も近くにある）原子は互いに接しているものとし，単位格子の一辺の長さを 0.43 nm，ナトリウムの結晶の密度を 0.97 g/cm³，$\sqrt{3} = 1.73$，$4.3^3 = 80$ とする。

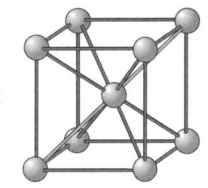

(1) 1個のナトリウム原子に隣接するナトリウム原子は何個か。
(2) この単位格子中に何個の原子が含まれているか。
(3) ナトリウム原子の半径を求めよ。
(4) ナトリウム原子1個の質量は何 g か。
(5) ナトリウムの原子量を求めよ。

●**エクセル**　体心立方格子では，各頂点に $\frac{1}{8} \times 8$ 個，中心に1個の計2個の原子を含む。

解説

(1) 単位格子の中心にある原子は，8頂点にある原子と接している。

(2) 8頂点の原子は，それぞれ3つの面で切断されているので，$\left(\frac{1}{2}\right)^3 = \frac{1}{8}$ 個である。そのほかに中心に1個ある。
　よって，単位格子全体では，$\frac{1}{8} \times 8 + 1 = 2$

(3) ナトリウム原子の半径を r とする。
　　$4r = \sqrt{3} \times 0.43$ nm❶　　$r = 0.185\cdots$ nm ≒ 0.19 nm

❶ AB：BC：AC
　= $\sqrt{2}$: 1 : $\sqrt{3}$

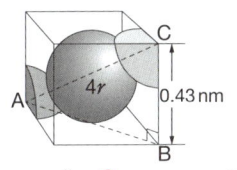

(4) 0.43 nm = 4.3×10^{-8} cm❷。よって，単位格子の体積は，
　$(4.3 \times 10^{-8})^3$ cm³ = 8.0×10^{-23} cm³
　したがって，単位格子の質量は，
　0.97 g/cm³ × 8.0×10^{-23} cm³ = 7.76×10^{-23} g
　この単位格子には2個の Na 原子が含まれているので，
　$\frac{7.76 \times 10^{-23} \text{ g}}{2} = 3.88 \times 10^{-23}$ g ≒ 3.9×10^{-23} g

❷ 1 nm = 10^{-9} m
　　　= 10^{-7} cm

(5) Na 原子 6.0×10^{23} 個，つまり，Na 原子 1 mol の質量は，
　3.88×10^{-23} g/個 × 6.0×10^{23} 個 = 23.28 g ≒ 23 g

解答　(1) 8個　(2) 2個　(3) 0.19 nm　(4) 3.9×10^{-23} g　(5) 23

原子量の概数値	H	C	N	O	Na	Mg	Al	Si	S	Cl	K	Ca	Fe	Cu	Zn	Ag	I	Pb
	1.0	12	14	16	23	24	27	28	32	35.5	39	40	56	63.5	65	108	127	207

応用問題

93 ▶ アボガドロ定数 モル質量 M〔g/mol〕のステアリン酸 W〔g〕をベンゼンに溶かして体積 V_1〔L〕にした溶液を，図1のように水槽の水面に滴下していった。ベンゼン溶液を V_2〔L〕滴下したとき，ベンゼン溶液が水面を完全に覆った。その後，ベンゼンを蒸発させ，水面全体に単分子膜をつくった。水面全体の面積は S_1〔cm²〕であった。

図1 ステアリン酸のベンゼン溶液を水面に滴下する

ステアリン酸分子

水面

ステアリン酸単分子膜の模式図
図2

次の問いに，文字式を使って答えよ。
(1) 単分子膜を形成したステアリン酸の物質量は何 mol か。
(2) 分子間のすき間を無視すると，ステアリン酸1分子の水面の占有面積を S_2〔cm²〕とするとき，単分子膜中の分子数は何個か。
(3) この実験から得られるアボガドロ定数の値はいくつになるか。

94 ▶ アボガドロ定数の定義 2019年5月に国際単位系(SI)である質量と物質量の基本単位(それぞれキログラムとモル)などが再定義された。キログラム(kg)の従来の定義では，「国際キログラム原器(イリジウムIrと白金Ptからなる合金)の分銅の重さを1kgとする」とされていた。また，モル(mol)の従来の定義では，「質量数12の炭素 ^{12}C 0.012kgの中に含まれる原子の数を1molとする」とされていた。これに対し，新しいモルの定義では「1molは正確に $6.02214076 \times 10^{23}$ 個の構成粒子を含み，この値がアボガドロ定数(N_A)〔/mol〕となる」となった。この N_A の値は，質量数28のケイ素 ^{28}Si の結晶を用いた実験により算出された。このような基本単位の再定義には，日本の産業技術総合研究所が大きく貢献した。

質量数，原子量，相対質量などに関連する記述(1)〜(4)のうちから誤っているものを1つ選べ。
(1) 新しい定義の導入によって，水素の原子量は，^1H の相対質量と同じとなった。
(2) 従来の定義や新しい定義において，質量数1の水素 ^1H の相対質量は1よりもわずかに大きい値である。
(3) 新しい定義の導入によって，^{12}C のモル質量は g/mol の単位で12(整数値)とならなくなった。
(4) 従来の定義では，国際キログラム原器の重さが変化すると，アボガドロ定数も変化してしまう恐れがあった。

(20 名大 改)

原子量の概数値	H	C	N	O	Na	Mg	Al	Si	S	Cl	K	Ca	Fe	Cu	Zn	Ag	I	Pb
	1.0	12	14	16	23	24	27	28	32	35.5	39	40	56	63.5	65	108	127	207

□□□ **95 ▶ 同位体** 構成する元素に安定な同位体が含まれるとき,化学式が同じでも質量が異なる複数の種類の分子がある。二酸化炭素を考えたとき,炭素の同位体には ^{12}C, ^{13}C の2種類が,酸素の同位体には ^{16}O, ^{17}O, ^{18}O の3種類ある。CO_2 の質量が異なる分子は全部で何種類あるか。

□□□ **96 ▶ 気体の密度と平均分子量** 次の文章を読み,下の問いに有効数字2桁で答えよ。ただし,N の原子量は 14.0,Ar の原子量は 39.9,空気中の N_2 の体積百分率は 78.0% とする。

空気は N_2 と O_2 を主成分とし,微量の貴ガスや H_2O(水蒸気),CO_2 などを含んでいる。レイリーとラムゼーは,(ア)空気から O_2,H_2O,CO_2 を除去して得た気体の密度が化学反応で得た純粋な N_2 の密度より大きいことに着目し,Ar を発見した。

下線部(ア)の実験で得た気体は,同じ温度と圧力の純粋な N_2 よりも密度が 0.476% 大きかった。

(1) この実験で得た気体中の Ar の体積百分率は何%か。
(2) この実験に用いた空気中の Ar の体積百分率は何%か。　　（20 東大 改）

□□□ **97 ▶ 質量パーセント** 右の表はある「にがり」の成分表示(質量パーセント)を示したものである。このにがり 150 g に含まれるマグネシウムイオンの質量〔g〕を表す式を示せ。ただし,マグネシウムの原子量を X,塩素の原子量を Y とする。

＜にがりの成分表示＞	
塩化マグネシウム	14.9%
塩化カリウム	4.46%
塩化ナトリウム	5.91%
塩化カルシウム	5.10%
その他	0.830%
水	68.8%

□□□ **98 ▶ 金属の原子量**
(1) ある金属 M(M は仮の元素記号)x〔g〕を酸化して,M_2O_3 の組成式をもつ化合物を y〔g〕得た。x と y を用いて金属 M の原子量を表した式を,(ア)～(オ)から選べ。

(ア) $\dfrac{24x}{y-x}$　(イ) $\dfrac{24x}{y-2x}$　(ウ) $\dfrac{48x}{y-2x}$　(エ) $\dfrac{48x}{2y-x}$　(オ) $\dfrac{48x}{y-x}$

(2) 金属 M の炭酸塩は水和物 $M_2CO_3 \cdot 10H_2O$ を形成する。この水和物 5.72 g を加熱して無水物 M_2CO_3 にすると,質量は 2.12 g に減少した。この金属 M の原子量を求めよ。
　　（東京薬科大 改）

□□□ **99 ▶ 原子番号と原子量** 原子番号 27 のコバルトの原子量は 58.93 である。原子番号 28 のニッケルの原子量は 58.69 である。原子番号が増加しているのに,原子量が小さくなるのはなぜか,簡潔に説明せよ。

100 ▶ 原子の数
元素 A の酸化物には，組成式が AO，A_2O_3 で表される物質がある。それぞれが 2.0 g ずつあるとき，A_2O_3 に含まれる原子の総数は，AO に含まれる原子の総数の何倍になるか。最も近い値であるものを，次の(1)～(6)から1つ選び番号で答えよ。ただし，元素 A の原子量は A，O の原子量は 16 とする。

(1) $\dfrac{1.3(A+24)}{A+16}$ (2) $\dfrac{2.5(A+24)}{A+16}$ (3) $\dfrac{5.0(A+24)}{A+16}$

(4) $\dfrac{1.3(A+16)}{A+24}$ (5) $\dfrac{2.5(A+16)}{A+24}$ (6) $\dfrac{5.0(A+16)}{A+24}$

101 ▶ 水和物の溶液調製
1.0 mol/L のシュウ酸 $(COOH)_2$ 水溶液をつくりたい。次のどの方法が正しいか。(1)～(6)より1つ選べ。ただし，シュウ酸の結晶は二水和物 $(COOH)_2 \cdot 2H_2O$ を用いるものとする。

(1) 水 1000 g にシュウ酸の結晶 90 g を溶かす。
(2) 水 910 g にシュウ酸の結晶 90 g を溶かす。
(3) シュウ酸の結晶 90 g を水に溶かし，さらに水を加えて体積を 1000 mL にする。
(4) 水 1000 g にシュウ酸の結晶 126 g を溶かす。
(5) 水 874 g にシュウ酸の結晶 126 g を溶かす。
(6) シュウ酸の結晶 126 g を水に溶かし，さらに水を加えて体積を 1000 mL にする。

102 ▶ 溶液の濃度
塩化ナトリウム NaCl の濃度がそれぞれ a [mol/L] と b [mol/L] である水溶液 A と B がある。水溶液 A と B を混ぜて NaCl の濃度が c [mol/L] の水溶液を V [L] つくるのに必要な水溶液 A の体積は何 L か。この体積 [L] を表す式として正しいものを，次の(1)～(6)のうちから選べ。ただし，混合後の水溶液の体積は，混合前の2つの水溶液の体積の和に等しいとする。また $a<c<b$ とする。

(1) $\dfrac{V(b+c)}{a+c}$ (2) $\dfrac{V(b-c)}{a+b}$ (3) $\dfrac{V(b-c)}{b-a}$

(4) $\dfrac{V(b-a)}{b+c}$ (5) $\dfrac{V(b-a)}{b-c}$ (6) $\dfrac{V(b+c)}{b-c}$

(センター 改)

103 ▶ 水和物の析出
100 g の硫酸銅(II)五水和物を 60℃ の水 200 g に溶かした。この水溶液を 20℃ に冷却したときに析出する硫酸銅(II)五水和物の質量 [g] はいくらか。最も近い数値を(1)～(6)から選べ。ただし，Cu の原子量は 64，硫酸銅(II)の溶解度 [g/100 g 水] は 60℃ で 40，20℃ で 20 とする。

(1) 30 g (2) 35 g (3) 40 g
(4) 45 g (5) 50 g (6) 55 g

(20 東京薬科大 改)

□□□ **104 ▶ 結晶格子と密度** 金属の結晶格子について，次の問いに答えよ。ただし，アボガドロ定数は，6.02×10^{23}/mol とする。
(1) 図の結晶格子は何という構造か。また，1個の金属原子に接している他の金属原子の数（配位数）はいくつか。
(2) ある金属 A は面心立方格子の結晶構造をとり，単位格子一辺の長さは 4.0×10^{-8} cm，結晶の密度は 6.6 g/cm³ である。金属 A の原子量はいくらか。　　　　（19 神戸薬科大 改）

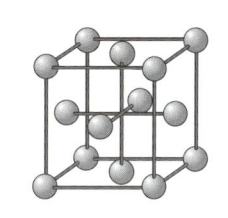

□□□ **105 ▶ NaCl 型イオン結晶** 塩化ナトリウムは，右図のような単位格子をとる。次の(1)～(3)に答えよ。
(1) 単位格子に含まれるナトリウムイオン Na⁺ と塩化物イオン Cl⁻ はそれぞれ何個か。
(2) ナトリウムイオンのイオン半径を r^+〔cm〕，塩化物イオンのイオン半径を r^-〔cm〕として，単位格子の一辺の長さ a〔cm〕を r^+，r^- を用いて表せ。
(3) 塩化ナトリウムのモル質量を M〔g/mol〕，アボガドロ定数を N_A〔/mol〕，ナトリウムイオンと塩化物イオンのイオン半径を(2)と同じとして，密度 d〔g/cm³〕を M，N_A，r^+，r^- を用いて表せ。

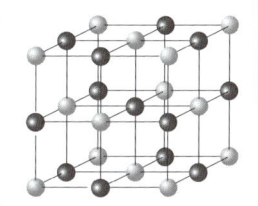

● Na⁺　　○ Cl⁻

□□□ **106 ▶ 結晶格子と原子量** 右図は，ケイ素 Si の結晶の単位格子である。
(1) 図のような Si の結晶の単位格子中には何個の原子が含まれているか。
(2) アボガドロ定数 N_A を実験的に求めるために以下の実験Ⅰ～Ⅲを順に行った。本実験で計算される N_A〔/mol〕を有効数字 3 桁で求めよ。
²⁸Si の原子量 = 28.1　$5.43^3 = 1.60 \times 10^2$
　実験Ⅰ：²⁸Si の純粋な結晶を作製し，質量 1.00 kg の真球に成形加工した。
　実験Ⅱ：この ²⁸Si の真球の体積を測定し，429 cm³ と決定した。
　実験Ⅲ：続いて，X 線を使った結晶構造解析により，²⁸Si の結晶の単位格子の一辺の長さ a を 5.43×10^{-8} cm と決定した。　　　　（20 名大 改）

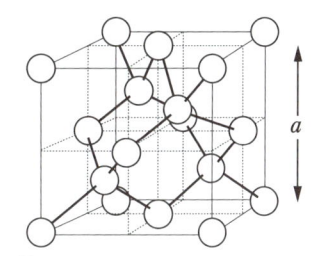

○は Si 原子。黒線で結ばれた原子は接しているとする。

原子量の概数値	H	C	N	O	Na	Mg	Al	Si	S	Cl	K	Ca	Fe	Cu	Zn	Ag	I	Pb
	1.0	12	14	16	23	24	27	28	32	35.5	39	40	56	63.5	65	108	127	207

5 化学反応式と量的関係

1 化学反応式

◆1 **化学反応式** 化学変化を化学式を使って表した式

> ・反応物を左辺，生成物を右辺にし，⟶で結ぶ。　反応物 ⟶ 生成物
> ・⟶の両辺の各原子の数を一致させるため，化学式の前に係数をつける。
>   係数は最も簡単な整数比にし，1は書かない。
>
> $H_2 + O_2 \longrightarrow H_2O$　誤（⟶の左辺と右辺でOの数が一致しない。）
>
> $H_2 + \frac{1}{2} O_2 \longrightarrow H_2O$　誤（係数が分数）
>
> $2H_2 + O_2 \longrightarrow 2H_2O$　正
>
> ・触媒は書かない。
>   過酸化水素 H_2O_2 と酸化マンガン(Ⅳ) MnO_2 より，酸素を発生。
> $2H_2O_2 \longrightarrow 2H_2O + O_2$　（触媒として働く MnO_2 は書かない）

◆2 **イオン反応式** 化学反応をイオンに着目してイオンの化学式を用いて表した式

例：
$Ag^+ + Cl^- \longrightarrow AgCl$
$Ca(OH)_2 \longrightarrow Ca^{2+} + 2OH^-$

2 化学反応式と量的関係

化学反応式の係数は，反応に関係する粒子の数の関係を示す。

反応式	CH_4	+	$2O_2$	→	CO_2	+	$2H_2O$
係数	1		2		1		2
分子の数	$1 \times 6.0 \times 10^{23}$ 個		$2 \times 6.0 \times 10^{23}$ 個		$1 \times 6.0 \times 10^{23}$ 個		$2 \times 6.0 \times 10^{23}$ 個
物質量	1 mol		2 mol		1 mol		2 mol
質量	16 g	+	2×32 g	=	44 g	+	2×18 g
			質量保存の法則				
標準状態での体積	22.4 L		2×22.4 L		22.4 L		気体ではない

3 化学の基本法則

◆1 **質量保存の法則**(ラボアジエ) 化学反応の前後において，**反応物の質量の総和＝生成物の質量の総和**

例：炭酸カルシウムと塩酸の反応

◆2 **定比例の法則**[1]（プルースト） 化合物の成分元素の質量の比はつねに一定。

例：2.0 g の銅は 0.5 g の酸素と反応して酸化銅(Ⅱ)が 2.5 g できる。酸化銅(Ⅱ)を構成する銅と酸素の質量比はつねに一定である。

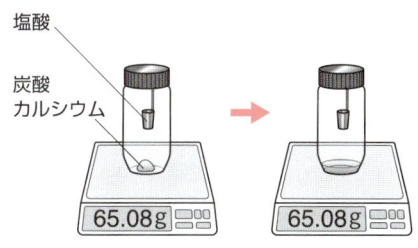

気体が出入りしないよう密閉容器に入れる。
反応後も質量は変化しない。

◆3 **ドルトンの原子説**（ドルトン）
・物質は，それ以上分割できない小さな粒子からなる。この粒子を原子とよぶ。
・各元素には，それぞれ固有な質量と性質をもつ原子が存在する。
・化学変化では，原子の組み合わせが変わり，原子は新しく生成・消滅しない。
・化合物は，成分元素の原子が一定の割合で結びついてできている。

◆4 **倍数比例の法則**[2]（ドルトン）
元素 A，B からなる 2 種類以上の化合物で，A の一定量と結合する B の質量は簡単な整数比になる。

例：一酸化炭素 CO と二酸化炭素 CO_2 では O の質量の比は 1：2 となる。

◆5 **気体反応の法則**[3]（ゲーリュサック）
反応に関係する気体の体積は同温・同圧で簡単な整数比になる。

例：水素 1 体積と塩素 1 体積が反応し，塩化水素 2 体積が生成する。
$H_2：Cl_2：HCl = 1：1：2$

◆6 **アボガドロの法則**（アボガドロ） 同温・同圧・同体積の気体には，気体の種類に関係なく，同数の分子が含まれる。

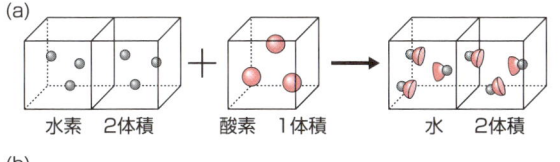

(a) 水素 2体積 ＋ 酸素 1体積 → 水 2体積

(a)のように，同体積中に同数の原子が含まれると考えると，酸素原子が分割される必要があり，気体反応の法則と原子説が矛盾する。

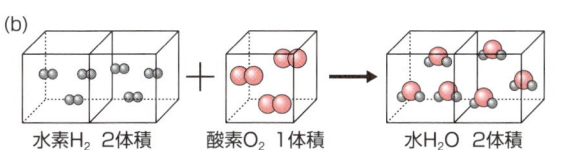

(b) 水素H_2 2体積 ＋ 酸素O_2 1体積 → 水H_2O 2体積

(b)のように，同体積中に同数の分子が含まれ，原子の組み合わせが変わると考えると，気体反応の法則と矛盾しない。

[1] 一定組成の法則ともいう。　[2] 倍数組成の法則ともいう。　[3] 反応体積比の法則ともいう。

WARMING UP／ウォーミングアップ

次の文中の( )に適当な語句・数値を入れよ。

1 化学反応式
化学反応式は，(ア)変化を物質の(イ)で表したものである。炭素を燃焼させると二酸化炭素になる反応では，炭素と酸素を(ウ)といい，二酸化炭素を(エ)という。(ウ)は化学反応式の(オ)に書き，(エ)は(カ)に書く。

2 化学反応式の係数
アセチレンを完全燃焼させると，二酸化炭素と水が生じる。

□C_2H_2 + □O_2 ⟶ □CO_2 + □H_2O

この反応式の□に入る係数は，次のように決める。

C_2H_2 の係数を 1 とおき，C 原子に着目すると，CO_2 の係数は(ア)となる。H 原子に着目すると，H_2O の係数は(イ)となる。両辺の O 原子の数に着目すれば，O_2 の係数は(ウ)となる。分母を払うため，両辺を(エ)倍すると，反応式が完成する。

(オ)C_2H_2 + (カ)O_2 ⟶ (キ)CO_2 + (ク)H_2O

3 化学反応式と量的関係
メタン CH_4 を燃焼させるときの反応は次式のようになる。

CH_4 + 2O_2 ⟶ CO_2 + 2H_2O

(1) CH_4 1 mol を完全に反応させるには酸素が(ア)mol 必要であり，また，反応によって生じる二酸化炭素は(イ)mol，水は(ウ)mol である。

(2) CH_4 32 g を完全に燃焼させるとき，必要な酸素は(ア)g である。このとき生じる二酸化炭素は(イ)g で，水は(ウ)g である。このとき，燃焼前のメタンと酸素の質量の和は(エ)g であり，燃焼によって生じた二酸化炭素と水の質量の和は(オ)g である。これは，反応の前後で物質の質量の総和は変わらないことを示している。これを(カ)の法則という。

4 化学反応式と気体の体積
次の反応において，CH_4 1 mol と反応する酸素の体積は標準状態で(ア)L，また，生じる二酸化炭素は(イ)L である。

CH_4 + 2O_2 ⟶ CO_2 + 2H_2O

反応に関係する気体の体積は同温・同圧で簡単な整数比になる。これを，(ウ)の法則という。

1
- (ア) 化学
- (イ) 化学式
- (ウ) 反応物
- (エ) 生成物
- (オ) 左辺　(カ) 右辺

2
- (ア) 2
- (イ) 1
- (ウ) $\dfrac{5}{2}$
- (エ) 2
- (オ) 2
- (カ) 5
- (キ) 4
- (ク) 2

3
- (1)(ア) 2
- (イ) 1
- (ウ) 2
- (2)(ア) 128
- (イ) 88
- (ウ) 72
- (エ) 160
- (オ) 160
- (カ) 質量保存

4
- (ア) 44.8
- (イ) 22.4
- (ウ) 気体反応

基本例題 22　化学反応式のつくり方　　　基本 → 108, 110

銅 Cu に希硝酸 HNO_3 を加えると，硝酸銅(Ⅱ) $Cu(NO_3)_2$ と一酸化窒素 NO と水 H_2O ができる。この化学反応を化学反応式で表せ。

●エクセル　複雑な化学反応式の係数は未定係数法により求める。

解説

$a\mathrm{Cu} + b\mathrm{HNO_3} \longrightarrow c\mathrm{Cu(NO_3)_2} + d\mathrm{NO} + e\mathrm{H_2O}$

Cu 原子：$a = c$ 　　…①　　　H 原子：$b = 2e$ 　　…②
N 原子：$b = 2c + d$ 　　…③　　O 原子：$3b = 6c + d + e$ 　　…④

a を任意の数，たとえば 1 とおくと，①より，$a = c = 1$

②，③，④より，$e = \dfrac{4}{3}$，$b = \dfrac{8}{3}$，$d = \dfrac{2}{3}$

よって，$1\,\mathrm{Cu} + \dfrac{8}{3}\mathrm{HNO_3} \longrightarrow 1\,\mathrm{Cu(NO_3)_2} + \dfrac{2}{3}\mathrm{NO} + \dfrac{4}{3}\mathrm{H_2O}$

両辺を 3 倍して分母を払う。

解答　$3\mathrm{Cu} + 8\mathrm{HNO_3} \longrightarrow 3\mathrm{Cu(NO_3)_2} + 2\mathrm{NO} + 4\mathrm{H_2O}$

基本例題 23　化学反応の量的関係　　　基本 → 111, 113

プロパン C_3H_8 が燃焼するときの反応は，次式で表される。次の問いに答えよ。

$C_3H_8 + 5O_2 \longrightarrow 3CO_2 + 4H_2O$

(1) プロパン 1.5 mol を燃焼させるのに必要な酸素は何 mol か。
(2) プロパン 6.6 g の燃焼によって生じる二酸化炭素は，標準状態で何 L か。
(3) ある量のプロパンを燃焼させたら，水が 7.2 g 生じた。プロパンの質量は何 g か。

●エクセル　係数比＝物質量の比＝体積比（標準状態）

解説

(1) C_3H_8 は 1.5 mol。必要な O_2 は係数比より，
　　$1.5\,\mathrm{mol} \times 5 = 7.5\,\mathrm{mol}$

(2) C_3H_8 6.6 g は，$\dfrac{6.6\,\mathrm{g}}{44\,\mathrm{g/mol}} = 0.15\,\mathrm{mol}$

　　生じる CO_2 は，$0.15\,\mathrm{mol} \times 3 = 0.45\,\mathrm{mol}$ より，
　　$22.4\,\mathrm{L/mol} \times 0.45\,\mathrm{mol} = 10.08\,\mathrm{L} \fallingdotseq 10\,\mathrm{L}$ ❶

(3) H_2O 7.2 g は，$\dfrac{7.2\,\mathrm{g}}{18\,\mathrm{g/mol}} = 0.40\,\mathrm{mol}$

　　必要な C_3H_8 は，$0.40\,\mathrm{mol} \times \dfrac{1}{4} = 0.10\,\mathrm{mol}$ より，
　　$44\,\mathrm{g/mol} \times 0.10\,\mathrm{mol} = 4.4\,\mathrm{g}$

❶　$C_3H_8 + 5O_2 \longrightarrow 3CO_2 + 4H_2O$
　　0.15 mol　　　　→ 0.45 mol
　　　↑　　　　　　　　↓
　　6.6 g　　　　　　　10 L

解答　(1) **7.5 mol**　　(2) **10 L**　　(3) **4.4 g**

原子量の概数値	H	C	N	O	Na	Mg	Al	Si	S	Cl	K	Ca	Fe	Cu	Zn	Ag	I	Pb
	1.0	12	14	16	23	24	27	28	32	35.5	39	40	56	63.5	65	108	127	207

基本例題 24 反応物の過不足　　　　　　　　　　　基本 → 115, 116

メタン CH_4 を燃焼させると二酸化炭素 CO_2 と水 H_2O になる。いま，標準状態で 4.48 L のメタンと 11.2 L の酸素 O_2 の混合気体が容器中にある。この混合気体を反応させてメタンを燃焼させた後，室温になるまで放置した。次の問いに答えよ。

(1) メタンの燃焼の化学反応式を書け。
(2) 燃焼後に容器内に存在する気体とその物質量を答えよ。
(3) 反応後，気体の質量は何 g 減少するか。

● エクセル　未反応の気体があるかどうか，気体以外の生成物は何かを考える。

解説
(2) 燃焼前の CH_4 は 0.200 mol，O_2 は 0.500 mol である。反応式から，0.200 mol の CH_4 をすべて燃焼させるには，O_2 は 0.400 mol 必要であり，O_2 は 0.500 mol ある。よって，CH_4 がすべて反応する。O_2 は 0.400 mol 反応し，0.100 mol 余る。生じる CO_2 は 0.200 mol，生じる H_2O は液体である❶。

	CH_4	+	$2O_2$	⟶	CO_2	+	$2H_2O$
反応前	0.200		0.500		0		0
変化量	−0.200		−0.400		+0.200		+0.400
反応後	0		0.100		0.200		0.400

(3) 反応の前後で総質量は変わらないので，液体の水 H_2O の質量分（0.400 mol × 18 g/mol = 7.20 g）だけ減少する。

❶ 化学反応式の係数は物質量の関係を表し，これから各物質間の量的関係を把握する。

解答
(1) $CH_4 + 2O_2 \longrightarrow CO_2 + 2H_2O$
(2) O_2 が 0.100 mol，CO_2 が 0.200 mol　　(3) 7.20 g

基本問題

107 ▶ 化学反応式の係数　次の(1)〜(4)の化学反応式の係数をつけよ。
(1) $Na + O_2 \longrightarrow Na_2O$
(2) $Al + HCl \longrightarrow AlCl_3 + H_2$
(3) $Ba(OH)_2 + HNO_3 \longrightarrow Ba(NO_3)_2 + H_2O$
(4) $H_2S + SO_2 \longrightarrow S + H_2O$

108 ▶ 未定係数法　未定係数法によって，次の(1)〜(3)の化学反応式を完成させよ。
(1) $Cu + HNO_3 \longrightarrow Cu(NO_3)_2 + NO_2 + H_2O$
(2) $NH_3 + O_2 \longrightarrow NO + H_2O$
(3) $KMnO_4 + KI + H_2SO_4 \longrightarrow MnSO_4 + I_2 + H_2O + K_2SO_4$

5 化学反応式と量的関係

□□□ 109 ▶ イオン反応式 次の(1)~(4)のイオン反応式を完成させよ。
(1) $Cu^{2+} + OH^- \longrightarrow Cu(OH)_2$
(2) $Mg + Ag^+ \longrightarrow Mg^{2+} + Ag$
(3) $Al + H^+ \longrightarrow Al^{3+} + H_2$
(4) $Cu + HNO_3 + H^+ \longrightarrow NO_2 + Cu^{2+} + H_2O$

□□□ 110 ▶ 化学反応式 次の(1)~(5)の化学反応式を書け。
(1) マグネシウム Mg を燃焼させると，酸化マグネシウム MgO ができる。
(2) 亜鉛 Zn に塩酸 HCl を加えると，塩化亜鉛 $ZnCl_2$ ができ，水素 H_2 が発生する。
(3) エタン C_2H_6 を燃焼させると，二酸化炭素 CO_2 と水 H_2O ができる。
(4) 銅 Cu に熱濃硫酸 H_2SO_4 を加えると，硫酸銅(Ⅱ)$CuSO_4$ と二酸化硫黄 SO_2 と水 H_2O ができる。
(5) 炭酸カルシウム $CaCO_3$ を加熱分解すると，酸化カルシウム CaO と二酸化炭素 CO_2 ができる。

□□□ 111 ▶ 化学反応の量的関係 1 次式のように窒素 N_2 と水素 H_2 を反応させるとアンモニア NH_3 が生成する。この反応について次の問いに答えよ。

$N_2 + 3H_2 \longrightarrow 2NH_3$

(1) 0.200 mol の窒素と反応する水素は何 mol か。
(2) 標準状態で窒素 0.560 L と水素 1.68 L が完全に反応するとき，発生するアンモニアの体積は何 L か。

□□□ 112 ▶ 化学反応の量的関係 2 気体のメタン CH_4 の燃焼反応について，表の空欄を埋めよ。また，H_2O の標準状態の体積が計算できないのはなぜか説明せよ。

化学反応式	CH_4	+	$2O_2$	$\longrightarrow$	CO_2	+	$2H_2O$
係数	1		2		1		2
分子数の関係					1.2×10^{23}		
物質量の関係	mol		0.40 mol		mol		mol
質量の関係	3.2 g		g		g		g
標準状態での体積	L		L		L		

□□□ 113 ▶ 反応における質量と体積 次式のように，水素 H_2 と酸素 O_2 が反応すると水 H_2O を生じる。次の問いに答えよ。　　$2H_2 + O_2 \longrightarrow 2H_2O$

(1) 9.0×10^{23} 個の酸素と反応する水素は何 mol か。
(2) 反応で 5.4 g の水が生成したとき，使われた酸素は何 mol か。
(3) 標準状態で 28 L の水素をすべて燃焼させると，水が何 g 生じるか。
(4) 水素 6.0 g を完全に燃焼させるのに必要な酸素は，標準状態で何 L か。また，それは何 g か。

原子量の概数値	H	C	N	O	Na	Mg	Al	Si	S	Cl	K	Ca	Fe	Cu	Zn	Ag	I	Pb
	1.0	12	14	16	23	24	27	28	32	35.5	39	40	56	63.5	65	108	127	207

114 ▶ 体積が増加する気体の反応
オゾン O_3 が分解して酸素 O_2 になる反応について，次の問いに答えよ。　　$2O_3 \longrightarrow 3O_2$
(1) オゾンが分解して酸素になったとき，同温・同圧のもとで気体の体積が 15L 増加していた。分解したオゾンの体積は何 L か。
(2) (1)で最初にオゾンのみが 50L あったとき，生成した酸素は混合気体の何 % か。

115 ▶ 過不足のある反応 1
エタン C_2H_6 を燃焼させたときの反応は次式のように表される。3.00 g のエタンと標準状態で 8.96 L の酸素を反応させたとき，次の問いに答えよ。
$$2C_2H_6 + 7O_2 \longrightarrow 4CO_2 + 6H_2O$$
(1) 反応せずに残った気体は何か。また，その物質量は何 mol か。
(2) 生成した二酸化炭素は何 g か。

116 ▶ 過不足のある反応 2
マグネシウムに塩酸を加えると，水素が発生し，塩化マグネシウムが生じる。この反応について，次の問いに答えよ。
(1) この反応の化学反応式を書け。
(2) 0.40 mol のマグネシウムと 0.60 mol の塩化水素を含む塩酸を反応させたとき，生成する塩化マグネシウムは何 g か。
(3) はじめに用意していたマグネシウムに 0.6 g のマグネシウムを追加し，十分な塩酸を反応させたところ，標準状態で 2.8 L の水素を得ることができた。はじめに用意していたマグネシウムは何 g か。

117 ▶ 過不足のある反応 3
石灰石は炭酸カルシウムを主成分とする物質である。この石灰石を塩酸と反応させると塩化カルシウム，水，二酸化炭素が生じる。
(1) この反応の化学反応式を書け。
(2) 石灰石 5.8 g にある濃度の塩酸 50 mL を加えたところ，塩酸と石灰石に含まれている炭酸カルシウムが過不足なく反応し，二酸化炭素 2.2 g が発生した。このとき，用いた塩酸の濃度は何 mol/L か。有効数字 2 桁で答えよ。
(3) (2)の石灰石中に含まれていた炭酸カルシウムの質量の割合は何 % か。小数第 1 位を四捨五入し，整数値で答えよ。

118 ▶ 沈殿が生じる反応
次式のように，塩化ナトリウム NaCl 水溶液に硝酸銀 $AgNO_3$ 水溶液を加えると，塩化銀 AgCl が沈殿する。この反応について，次の問いに答えよ。
$$NaCl + AgNO_3 \longrightarrow AgCl + NaNO_3$$
(1) 0.10 mol/L の硝酸銀水溶液 20 mL と過不足なく反応するには，0.050 mol/L の塩化ナトリウム水溶液が何 mL 必要か。
(2) (1)のとき，沈殿する塩化銀は何 g か。

119 ▶ 化学の基本法則

A群(1)〜(4)の文中にある(ア)〜(エ)に適当な数値を入れ，これらの記述に最も関係の深い法則名をB群(a)〜(e)から，人名をC群①〜⑤からそれぞれ選べ。

A群 (1) 炭素の燃焼により生じる二酸化炭素も，炭酸カルシウムに塩酸を加えたとき発生する二酸化炭素も，炭素と酸素の質量比は 3：(ア)である。
(2) 炭素 6g と酸素(イ)g が完全に反応すると，二酸化炭素 22g が生じる。
(3) 標準状態で二酸化炭素 1.0L に含まれる分子の数は，標準状態で 50mL を占める二酸化炭素の分子の数の(ウ)倍である。
(4) 標準状態で一酸化炭素 2L と酸素 1L が反応し，二酸化炭素は標準状態で(エ)L 生成する。

B群 (a) 質量保存の法則 (b) 倍数比例の法則 (c) アボガドロの法則
(d) 定比例の法則 (e) 気体反応の法則

C群 ① アボガドロ ② ラボアジエ ③ プルースト
④ ドルトン ⑤ ゲーリュサック

応用例題 25　物質量と気体の体積　　　　　　　　　　　　　　応用 ➡ 121

0.24g のマグネシウムに 1.0mol/L の塩酸を少量ずつ加え，発生した水素を捕集して，その体積を標準状態で測定した。このとき加えた塩酸の体積と発生した水素の体積との関係を表す図として最も適当なものを，次の(1)〜(4)より選べ。

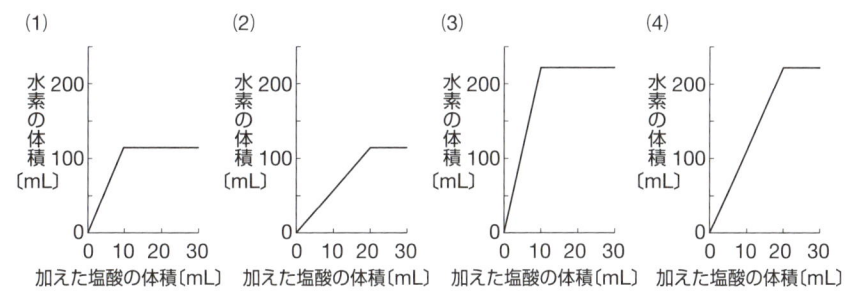

●エクセル　グラフの折れ曲がる点＝Mg と HCl がちょうど反応

解説　反応式は次のようになる。Mg + 2HCl ⟶ MgCl₂ + H₂

Mg 0.24g の物質量は $\frac{0.24\,g}{24\,g/mol} = 0.010\,mol$ であり，Mg を完全に反応させるのに，HCl 0.020mol が必要である。塩酸 20mL で反応が終わる。また発生する H₂ の体積は標準状態で 22400mL/mol × 0.010mol = 224mL である。

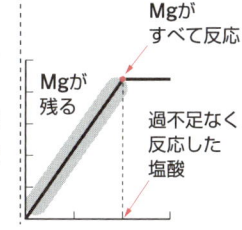

解答　(4)

原子量の概数値	H	C	N	O	Na	Mg	Al	Si	S	Cl	K	Ca	Fe	Cu	Zn	Ag	I	Pb
	1.0	12	14	16	23	24	27	28	32	35.5	39	40	56	63.5	65	108	127	207

応用例題 26　混合気体の反応　　　　　　　　　　　　　　応用 ➡ 122

一酸化炭素とエタン C_2H_6 の混合気体を，触媒の存在下で十分な量の酸素を用いて完全に燃焼させたところ，二酸化炭素 0.045 mol と水 0.030 mol が生成した。反応前の混合気体中の一酸化炭素とエタンの物質量は，それぞれいくらか。

●**エクセル**　炭化水素 C_nH_m の完全燃焼は CO_2 と H_2O を生じる

解説　一酸化炭素とエタンの燃焼の反応式は次式である。
　　$2CO + O_2 \longrightarrow 2CO_2$　　　　…①
　　$2C_2H_6 + 7O_2 \longrightarrow 4CO_2 + 6H_2O$　…②
H_2O 0.030 mol は②の反応でのみ生じる。したがって，C_2H_6 は 0.010 mol あったことになる。これにより，①の反応で生じた CO_2 の物質量は，0.045 mol − 0.010 mol × 2 = 0.025 mol になるから，①から，反応前にあった CO は 0.025 mol である。

別解　CO と C_2H_6 の物質量をそれぞれ x, y [mol]として，連立方程式を立てる方法もある。
　　$2CO + O_2 \longrightarrow 2CO_2$
　　　x　　　　　　　　x
　　$2C_2H_6 + 7O_2 \longrightarrow 4CO_2 + 6H_2O$
　　　y　　　　　　　$2y$　　$3y$
　　CO_2 の方程式　$x + 2y = 0.045$ mol　…①
　　H_2O の方程式　$3y = 0.030$ mol　　　…②
　　①，②より，$x = 0.025$ mol, $y = 0.010$ mol

解答　CO　0.025 mol　　C_2H_6　0.010 mol

応用問題

□□□ **120** ▶ **エタンの燃焼**　エタン C_2H_6 を完全に燃焼させると，二酸化炭素 CO_2 と水 H_2O を生じる。標準状態における体積が 5.6 L である空気と 0.30 g のエタンが入った容器中で，エタンを燃焼させた。空気は窒素と酸素のみが物質量の割合 4 : 1 で含まれる混合気体であるとし，エタンと酸素以外の物質は反応しないものとして，次の問いに答えよ。
(1) エタンを完全に燃焼させたときの化学反応式を書け。
(2) 反応後に生じた二酸化炭素と水は，それぞれ何 g か。
(3) 反応後の容器中に存在する気体の何%が酸素であるか。小数第 1 位まで求めよ。ただし，反応で生じた水はすべて液体になっているものとする。

原子量の概数値	H	C	N	O	Na	Mg	Al	Si	S	Cl	K	Ca	Fe	Cu	Zn	Ag	I	Pb
	1.0	12	14	16	23	24	27	28	32	35.5	39	40	56	63.5	65	108	127	207

121 ▶ 金属混合物の反応
アルミニウムと亜鉛の混合物 5.02 g を完全に塩酸と反応させたところ，標準状態で 2240 mL の水素が発生した。次の問いに答えよ。
(1) アルミニウムと塩酸，亜鉛と塩酸の反応をそれぞれ化学反応式で書け。
(2) この混合物に含まれていたアルミニウムの含有率（質量パーセント）は何 % か。

122 ▶ 混合気体の反応 1
物質量の合計が 0.150 mol であるプロパン C_3H_8 とエチレン C_2H_4 の混合気体を完全に燃焼させたところ，二酸化炭素は 17.6 g，水（液体）は 9.00 g 生成した。次の問いに答えよ。
(1) プロパンの完全な燃焼とエチレンの完全な燃焼の化学反応式をそれぞれ書け。
(2) この反応で消費された酸素の物質量は何 mol か。

123 ▶ 混合気体の反応 2
水素 4.00 mol と窒素 1.50 mol を混合し，触媒を用いて反応させると，アンモニアが生成し，窒素の物質量はもとの量の 80.0 % となっていた。標準状態で反応前後の混合気体の体積を比較したときの文として適当なものを(1)〜(5)から1つ選べ。
(1) 反応後は 16 L 減少する。 (2) 反応後は 13 L 減少する。
(3) 反応後は 11 L 減少する。 (4) 反応後は 9.0 L 減少する。
(5) 反応前後に変化はない。

124 ▶ 混合気体の反応 3
水素と一酸化炭素 CO からなる混合気体 A が 200 mL ある。この混合気体に乾燥空気（窒素と酸素の体積比 4：1 の混合気体）を 600 mL 加え，完全燃焼させた。生成した水を塩化カルシウムで完全に除いたところ，気体は 550 mL の混合気体 B となった。さらに，B からソーダ石灰で二酸化炭素を完全に取り除いたところ，体積 500 mL の混合気体 C となった。体積は同温・同圧のもとで測定した。下の表に示した気体 A，B，C の各成分の体積(ア)〜(ク)はいくらか。ただし，存在しないときは 0 を記せ。

成分	気体A〔mL〕	気体B〔mL〕	気体C〔mL〕
H_2	(ア)	*	*
CO	(イ)	*	*
O_2	*	(ウ)	(カ)
N_2	*	(エ)	(キ)
CO_2	*	(オ)	(ク)
H_2O	*	*	*

□□□**125** ▶ 化学反応と量的関係 1   炭酸水素ナトリウム NaHCO₃ を塩酸に加えると，二酸化炭素 CO₂ が発生する。この反応に関する次の実験について，下の問いに答えよ。

＜実験＞ 7個のビーカーに塩酸を 50 mL ずつ測りとり，それぞれのビーカーに 0.5 g から 3.5 g まで 0.5 g きざみの質量の NaHCO₃ を加えた。発生した CO₂ と加えた NaHCO₃ の質量の間に，図の関係がみられた。

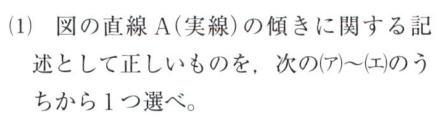

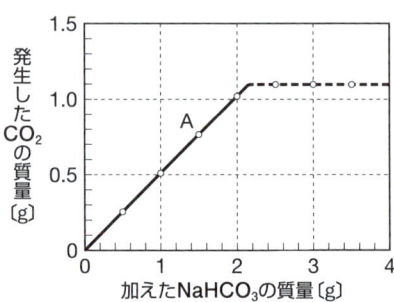

(1) 図の直線 A (実線) の傾きに関する記述として正しいものを，次の(ア)～(エ)のうちから1つ選べ。

　(ア) 直線 A の傾きは，NaHCO₃ の式量に対する CO₂ の分子量の比に等しい。

　(イ) 直線 A の傾きは，未反応の NaHCO₃ の質量に比例する。

　(ウ) 各ビーカー中の塩酸の体積を2倍にすると，直線 A の傾きは $\frac{1}{2}$ 倍になる。

　(エ) 各ビーカー中の塩酸の濃度を2倍にすると，直線 A の傾きは2倍になる。

(2) 実験に用いた塩酸の濃度は何 mol/L か。最も適当な数値を，次の(ア)～(オ)のうちから1つ選べ。

　(ア) 0.25　(イ) 0.50　(ウ) 0.75　(エ) 1.0　(オ) 1.3

(06 センター 改)

□□□**126** ▶ 化学反応と量的関係 2   塩化バリウム BaCl₂ の水溶液 100 mL に，0.250 mol/L の硫酸 H₂SO₄ を加えていくと沈殿が生じた。次の問いに答えよ。ただし，BaCl₂ の式量は 208 とする。

(1) このときの化学反応式を書け。

(2) この反応で，沈殿が最も多く生じる BaCl₂ と H₂SO₄ の組み合わせとして最も適当なものを，表の(ア)～(カ)のうちから1つ選べ。

	BaCl₂ [g]	H₂SO₄ [mL]
(ア)	0.520	5.00
(イ)	0.520	15.0
(ウ)	1.04	2.50
(エ)	1.04	5.00
(オ)	2.08	5.00
(カ)	2.08	9.00

(3) (2)のとき，水溶液中に存在している総イオン数は何 mol か。ただし，水溶液中に存在していると考えられる電解質は，すべて電離しているものとする。

□□□ **127 ▶ 化学反応と量的関係 3** 主成分が炭酸カルシウム $CaCO_3$ の石灰岩 15.0 g に 0.500 mol/L の塩酸を加えたところ,気体が生じなくなるまでに塩酸 0.400 L を要した。次の問いに答えよ。
(1) このときの化学反応式を書け。
(2) 気体がすべて炭酸カルシウムから発生したとして,標準状態で何 L の気体が発生したか。
(3) 上記の石灰岩には何%の炭酸カルシウムが含まれていたか。

□□□ **128 ▶ 化学式の決定** ある有機化合物 0.80 g を完全に燃焼させたところ,1.1 g の二酸化炭素と 0.90 g の水のみが生成した。この化合物の化学式として最も適当なものを,次の(1)〜(6)のうちから 1 つ選べ。
(1) CH_4 (2) CH_3OH (3) $HCHO$
(4) C_2H_4 (5) C_2H_5OH (6) CH_3COOH

(16 センター 改)

□□□ **129 ▶ 原子説と分子説** 次の文章を読み,下の問いに答えよ。
　一酸化窒素の生成反応では,窒素 1 体積と酸素 1 体積から一酸化窒素 2 体積ができる。この変化をドルトンの原子説で考えると図 1 のようになり矛盾が生じてしまう。次に,アボガドロの(ア)で考えると,図 2 のようになる。窒素と酸素をそれぞれ 2 個の(イ)が結びついた(ウ)と考え,一酸化窒素も窒素(イ)と酸素(イ)が 1 個ずつ結びついた(ウ)と考えると,上手く説明できる。

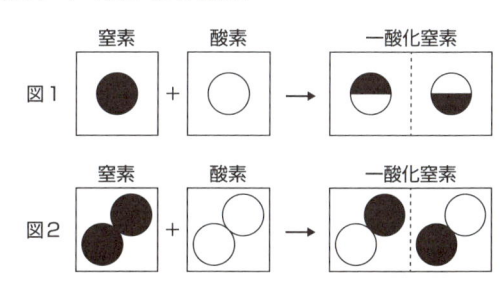

(1) 文中の(ア)〜(ウ)にあてはまる適切な語句を書け。
(2) ドルトンの原子説は次の(a)〜(c)のように表すことができる。
  (a) 原子はそれ以上分割できない最小単位である。
  (b) 原子はなくなったり,新しくできたりしない。
  (c) 同温・同圧のもとで,同体積の気体中には同数の粒子が存在する。
  問題文中の図 1 と図 2 の模式図は,(a)〜(c)のどの説を満たすか。あてはまるものをすべて選び,それぞれ記号で答えよ。

原子量の概数値	H	C	N	O	Na	Mg	Al	Si	S	Cl	K	Ca	Fe	Cu	Zn	Ag	I	Pb
	1.0	12	14	16	23	24	27	28	32	35.5	39	40	56	63.5	65	108	127	207

6 酸・塩基

1 酸・塩基の定義

◆1 アレニウスの定義

	酸	塩基
アレニウスの定義	水に溶けて水素イオン H^+ (H_3O^+)を生じる物質	水に溶けて水酸化物イオン OH^- を生じる物質
	$HCl \longrightarrow H^+ + Cl^-$	$NaOH \longrightarrow Na^+ + OH^-$

◆2 ブレンステッド・ローリーの定義

	酸	塩基
ブレンステッド・ローリーの定義	水素イオン H^+ を与える分子・イオン	水素イオン H^+ を受け取る分子・イオン
	$\underset{酸}{HCl} + \underset{塩基}{H_2O} \longrightarrow Cl^- + H_3O^+$ （H^+ の移動）	

2 酸・塩基の分類

◆1 **酸・塩基の価数** 酸の1化学式あたりから生じる H^+ の数を**酸の価数**、塩基の1化学式あたりから生じる OH^- の数を**塩基の価数**という。

酸	化学式	価数	塩基	化学式
塩化水素 硝酸 酢酸	HCl HNO_3 CH_3COOH	1価	水酸化ナトリウム 水酸化カリウム アンモニア	$NaOH$ KOH NH_3
硫酸 シュウ酸	H_2SO_4 $(COOH)_2$	2価	水酸化カルシウム 水酸化バリウム	$Ca(OH)_2$ $Ba(OH)_2$
リン酸	H_3PO_4	3価	水酸化アルミニウム	$Al(OH)_3$

◆2 **電離度** 水に溶かした酸・塩基などの電解質のうち、電離したものの割合

$$電離度\ \alpha = \frac{電離した電解質の物質量（またはモル濃度）}{溶解した電解質の物質量（またはモル濃度）} \quad 0 < \alpha \leq 1$$

$\alpha \fallingdotseq 1$ …強酸、強塩基　　　　　　　$\alpha \ll 1$ …弱酸、弱塩基

◆3 酸・塩基の強弱

強酸	水溶液中で、ほぼすべてが電離している酸　　HCl, HNO_3, H_2SO_4
弱酸	水溶液中で、ごく一部が電離している酸　　CH_3COOH, H_2CO_3
強塩基	水溶液中で、ほぼすべてが電離している塩基　$NaOH$, KOH, $Ca(OH)_2$
弱塩基	水溶液中で、ごく一部が電離している塩基　　NH_3, $Al(OH)_3$

3 水素イオン濃度と pH

◆1 **水の電離** $H_2O \rightleftarrows H^+ + OH^-$

純水の水素イオン濃度[H^+]は水酸化物イオン濃度[OH^-]と等しく，25℃では次のようになる。

$$[H^+] = [OH^-] = 1.0 \times 10^{-7} \text{mol/L}$$

したがって，これらの濃度の積は次式で示される。

$$[H^+][OH^-] = 1.0 \times 10^{-14} (\text{mol/L})^2$$

◆2 **pH（水素イオン指数）** 水溶液の水素イオン濃度[H^+]は，非常に広い範囲にわたって変化するため，次のように 10^{-n} の形で表される。

$[H^+] = 1.0 \times 10^{-n}$ mol/L のとき，pH $= n$

＊ $[H^+] = a$ mol/L のとき，pH $= -\log_{10} a$

n の値を pH または水素イオン指数といい，酸性・塩基性の強さを表す。

例 ① 0.010 mol/L の塩酸は，
$[H^+] = 0.010$ mol/L $= 1.0 \times 10^{-2}$ mol/L
pH $= 2$

② ①の塩酸を 10 倍にうすめると，
$[H^+] = 0.0010$ mol/L $= 1.0 \times 10^{-3}$ mol/L
pH $= 3$

◆3 **液性と pH**

pH	0	1	2	3	4	5	6	7	8	9	10	11	12	13	14
[H^+]	1	10^{-1}	10^{-2}	10^{-3}	10^{-4}	10^{-5}	10^{-6}	10^{-7}	10^{-8}	10^{-9}	10^{-10}	10^{-11}	10^{-12}	10^{-13}	10^{-14}
[OH^-]	10^{-14}	10^{-13}	10^{-12}	10^{-11}	10^{-10}	10^{-9}	10^{-8}	10^{-7}	10^{-6}	10^{-5}	10^{-4}	10^{-3}	10^{-2}	10^{-1}	1

←酸性　　　中性　　　塩基性→

4 中和反応

◆1 **酸と塩基の中和** 酸から生じた H^+ と塩基から生じた OH^- が結合し，水 H_2O が生成する反応　$H^+ + OH^- \longrightarrow H_2O$

例 塩酸と水酸化ナトリウム水溶液の中和反応　$HCl + NaOH \longrightarrow NaCl + H_2O$
塩酸とアンモニア水の中和反応＊　$HCl + NH_3 \longrightarrow NH_4Cl$
＊水が生じない場合もある。

5 塩

◆1 **塩** 酸の陰イオンと塩基の陽イオンからなる化合物。

例　HCl ＋ $NaOH$ $\longrightarrow$ $NaCl$ ＋ H_2O
　　　酸　　　塩基　　　　塩　　　水

◆2 塩の分類

正塩	酸のHも塩基のOHも残っていない塩	NaCl, FeSO$_4$, NH$_4$Cl
酸性塩	酸としてのHが残っている塩	NaHCO$_3$, NaHSO$_4$
塩基性塩	塩基としてのOHが残っている塩	MgCl(OH), CuCl(OH)

＊この名称は水溶液の液性(酸性, 塩基性, 中性)とは無関係である。NaHSO$_4$水溶液は酸性, NaHCO$_3$水溶液は塩基性を示す。

◆3 正塩の水溶液の性質

弱酸と強塩基からなる正塩は塩基性, 強酸と弱塩基からなる正塩は酸性, 強酸と強塩基からなる正塩は中性を示す。

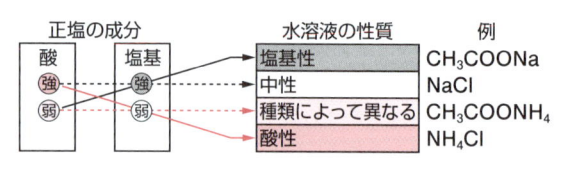

正塩の成分		水溶液の性質	例
酸	塩基		
強	強	中性	NaCl
強	弱	酸性	NH$_4$Cl
弱	強	塩基性	CH$_3$COONa
弱	弱	種類によって異なる	CH$_3$COONH$_4$

◆4 塩の加水分解　

酸と塩基の中和反応によって生じる塩の水溶液は, 中性とは限らず, 酸性または塩基性を示すことがある。これは, 塩の電離によって生じたイオンが水H$_2$Oと反応したためで, これを塩の加水分解という。

①酢酸ナトリウム水溶液

酢酸ナトリウムCH$_3$COONaは水に溶かすと, 次式のように電離する。

$$CH_3COONa \longrightarrow CH_3COO^- + Na^+$$

弱酸由来のCH$_3$COO$^-$は水素イオンと結びつきやすいので, 水の電離によって生じた水素イオンと結合して酢酸CH$_3$COOHを生じる。

$$CH_3COO^- + H_2O \rightleftharpoons CH_3COOH + \underset{\text{塩基性を示す}}{OH^-}$$

その結果, OH$^-$の濃度が増加し, 水溶液は塩基性を示すようになる。

②塩化アンモニウム水溶液

塩化アンモニウムNH$_4$Clは水に溶かすと, 次式のように電離する。

$$NH_4Cl \longrightarrow NH_4^+ + Cl^-$$

弱塩基由来のNH$_4^+$は水素イオンを放出しやすいので, 水に水素イオンを与え, アンモニアNH$_3$を生じる。水素イオンを受け取った水は, オキソニウムイオンH$_3$O$^+$(=H$^+$)となり, 水溶液は酸性を示す。

$$NH_4^+ + H_2O \rightleftharpoons NH_3 + \underset{\text{酸性を示す}}{H_3O^+}$$

◆5 弱酸・弱塩基の遊離　

弱酸の塩に強酸を加えると, 弱酸が遊離する。同様に, 弱塩基の塩に強塩基を加えると, 弱塩基が遊離する。

CH$_3$COONa	+	HCl	⟶	NaCl	+	CH$_3$COOH
弱酸の塩	+	強酸	⟶	強酸の塩	+	弱酸
NH$_4$Cl	+	NaOH	⟶	NaCl	+	NH$_3$ + H$_2$O
弱塩基の塩	+	強塩基	⟶	強塩基の塩	+	弱塩基

6 中和滴定と滴定曲線

◆1 中和反応の量的関係

　　　　酸から生じる H^+ の物質量 ＝ 塩基から生じる OH^- の物質量

①中和反応の量的関係(物質量)

　　　　酸の価数 × 酸の物質量 ＝ 塩基の価数 × 塩基の物質量

②中和反応の量的関係(濃度と体積)

　濃度 c [mol/L] の a 価の酸の水溶液 V [L] と，濃度 c' [mol/L] の b 価の塩基の水溶液 V' [L] がちょうど中和したとき，右の関係がなりたつ。

$$a \times c \times V = b \times c' \times V'$$

◆2 中和滴定
濃度不明の酸(または塩基)の濃度を濃度既知の塩基(または酸)との中和により求める実験操作。

〈酢酸水溶液の濃度決定〉

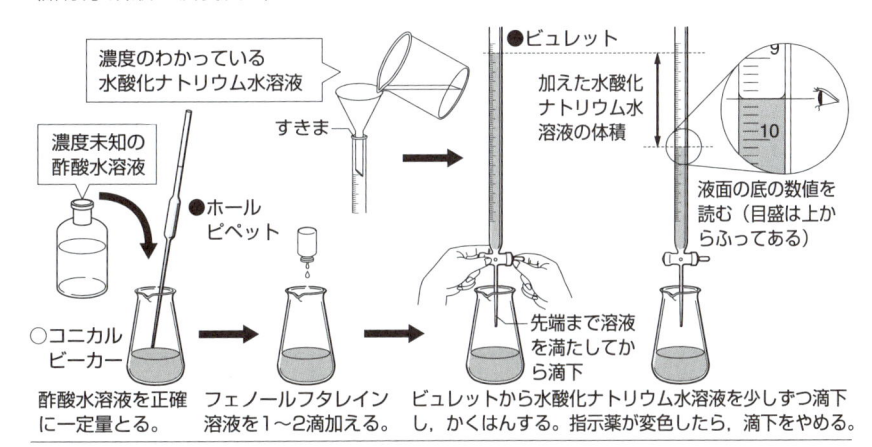

○：純水でぬれたまま使用してよい。　●：水でぬれていた場合共洗い(中に入れる溶液ですすぐ)が必要。

◆3 指示薬と変色域

指示薬 ＼ pH	1	2	3	4	5	6	7	8	9	10	11	12	13
メチルオレンジ			赤(3.1)		(4.4)黄								
メチルレッド				赤(4.2)		(6.2)黄							
ブロモチモールブルー						黄(6.0)		(7.6)青					
フェノールフタレイン								無(8.0)		(9.8)赤			

指示薬の選択 指示薬の変色域が，中和点でpHが急激に変化する領域に入る指示薬を選択する。

◆4 滴定曲線

①中和滴定曲線 中和滴定で加えた酸や塩基の体積とpHの関係を示した図。

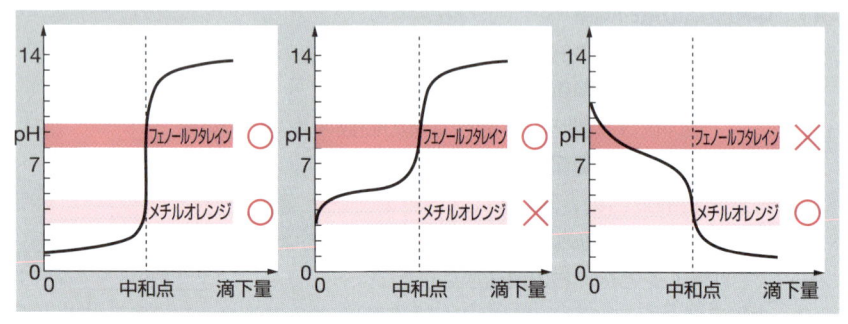

図1. 強酸を強塩基で滴定
例：0.1 mol/L 塩酸を水酸化ナトリウム水溶液で滴定

図2. 弱酸を強塩基で滴定
例：0.1 mol/L 酢酸水溶液を水酸化ナトリウム水溶液で滴定

図3. 弱塩基を強酸で滴定
例：0.1 mol/L アンモニア水を塩酸で滴定

②炭酸ナトリウムの中和滴定曲線

炭酸ナトリウム水溶液は塩酸と反応させると二段階の反応が起こる。

Na_2CO_3の滴定 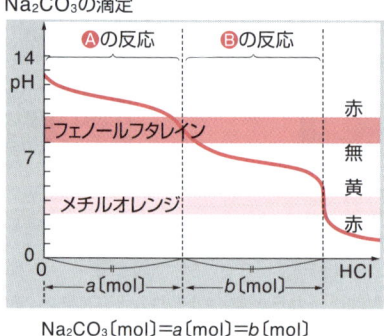
Na_2CO_3(mol) = a(mol) = b(mol)

NaOHとNa_2CO_3の混合溶液の滴定 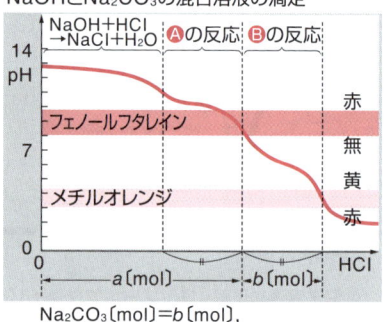
Na_2CO_3(mol) = b(mol), NaOH(mol) = $(a-b)$(mol)

- Ⓐで起こる反応　$Na_2CO_3 + HCl \longrightarrow NaHCO_3 + NaCl$
- Ⓑで起こる反応　$NaHCO_3 + HCl \longrightarrow NaCl + H_2O + CO_2$

∎ WARMING UP／ウォーミングアップ

1 酸・塩基の定義

次の文中の（　）に適するイオンの化学式を答えよ。

アレニウスの定義では、水溶液中で(ア)を生じる物質が酸であり、(イ)を生じる物質が塩基である。

ブレンステッド・ローリーの定義では、相手に(ウ)を与える分子またはイオンが酸であり、相手から(ウ)を受け取る分子またはイオンが塩基である。

1
(ア) H^+
(イ) OH^-
(ウ) H^+

2 酸・塩基の価数
次の酸・塩基の価数を答えよ。
(1) 塩化水素　HCl　　(2) 酢酸　CH₃COOH
(3) 硫酸　H₂SO₄　　(4) 水酸化ナトリウム　NaOH
(5) アンモニア　NH₃　(6) 水酸化カルシウム　Ca(OH)₂

3 電離度
次の文中の(　)に適する語句を答えよ。
　電解質が水溶液中で電離している割合を(ア)という。塩酸のようにほぼすべての溶質が電離していて，(ア)が(イ)く，ほぼ1となる酸を(ウ)という。酢酸のように，(ア)が(エ)い酸を(オ)という。塩酸の方が酢酸よりも，同じモル濃度でも多くの(カ)イオンを生じる。

4 酸と塩基の強弱
次の酸，塩基の強弱を答えよ。
酸　：(1) 塩化水素　HCl　　(2) 酢酸　CH₃COOH
　　　(3) 硫酸　H₂SO₄　　(4) 硝酸　HNO₃
塩基：(5) 水酸化ナトリウム　NaOH　(6) アンモニア　NH₃
　　　(7) 水酸化カルシウム　Ca(OH)₂

5 pH
次の水溶液のpHを整数で求め，この水溶液は酸性，中性，塩基性のいずれか答えよ。[H⁺][OH⁻]＝1×10⁻¹⁴(mol/L)²とする。
(1) [H⁺]＝1×10⁻³ mol/L　(2) [H⁺]＝1×10⁻⁷ mol/L
(3) [OH⁻]＝1×10⁻² mol/L　(4) [OH⁻]＝1×10⁻¹² mol/L

6 塩の分類
次の(1)〜(7)の塩を正塩，酸性塩，塩基性塩に分類せよ。
(1) NaCl　(2) NaHCO₃　(3) NaHSO₄　(4) (NH₄)₂SO₄
(5) CuCl(OH)　(6) CH₃COONa　(7) MgCl(OH)

7 塩の液性
次の酸と塩基の水溶液を混ぜて，酸と塩基が完全に中和したときの水溶液の液性は，酸性，中性，塩基性のいずれか答えよ。
(1) 塩酸　HCl，水酸化ナトリウム水溶液　NaOH
(2) 塩酸　HCl，アンモニア水　NH₃
(3) 酢酸水溶液　CH₃COOH，水酸化ナトリウム水溶液　NaOH
(4) 硫酸水溶液　H₂SO₄，水酸化ナトリウム水溶液　NaOH

2
(1) 1　(2) 1
(3) 2　(4) 1
(5) 1　(6) 2

3
(ア) 電離度
(イ) 大き
(ウ) 強酸
(エ) 小さ
(オ) 弱酸
(カ) 水素

4
(1) 強酸　(2) 弱酸
(3) 強酸　(4) 強酸
(5) 強塩基
(6) 弱塩基
(7) 強塩基

5
(1) 3　酸性
(2) 7　中性
(3) 12　塩基性
(4) 2　酸性

6
正塩：(1)，(4)，(6)
酸性塩：(2)，(3)
塩基性塩：(5)，(7)

7
(1) 中性
(2) 酸性
(3) 塩基性
(4) 中性

8 中和反応の量的関係

濃度 c〔mol/L〕の a 価の酸の水溶液 V〔L〕と，濃度 c'〔mol/L〕の b 価の塩基の水溶液 V'〔L〕がちょうど中和したとき，なりたつ関係式を答えよ。

9 滴定曲線

右図の滴定曲線は，酢酸水溶液を水酸化ナトリウム水溶液で滴定したときのものである。次の問いに答えよ。
(1) 中和点は図中の A ～ E のどれか。
(2) この実験に適した指示薬は次の①～④のうちどれか。ただし，（　）内は変色域である。
　① メチルオレンジ（pH = 3.1 ～ 4.4）
　② メチルレッド（pH = 4.2 ～ 6.2）
　③ ブロモチモールブルー（pH = 6.0 ～ 7.6）
　④ フェノールフタレイン（pH = 8.0 ～ 9.8）

10 中和滴定の流れ

濃度が未知の酢酸水溶液を濃度のわかっている水酸化ナトリウム水溶液で下記の手順で滴定し，酢酸水溶液の濃度を求めた。下記の文章中の（　）内に適当な実験器具名を入れ，その器具の図を下の①～③から選べ。
(1) 濃度未知の酢酸水溶液を(ア)で正確に一定量とり，コニカルビーカーに入れた。
(2) 酢酸水溶液にフェノールフタレイン溶液を1～2滴加えた。
(3) 濃度がわかっている水酸化ナトリウム水溶液を(イ)に入れ，酢酸水溶液に滴下した。

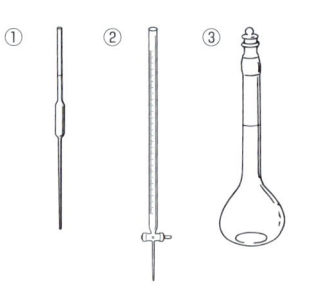

8
$a \times c \times V = b \times c' \times V'$

9
(1) D
(2) ④

10
(ア) ホールピペット
　①
(イ) ビュレット
　②

エクササイズ

◆酸・塩基の電離を表すイオン反応式
次の(　)内に係数，□□□にイオンの化学式を入れ，電離を表すイオン反応式を完成せよ。

(1) $HCl \longrightarrow \boxed{} + \boxed{}$

(2) $H_2SO_4 \longrightarrow (\ \ )\boxed{} + \boxed{}$

(3) $HNO_3 \longrightarrow \boxed{} + \boxed{}$

(4) $H_2CO_3 \rightleftarrows H^+ + \boxed{}$

(5) $CH_3COOH \rightleftarrows \boxed{} + \boxed{}$

(6) $NaOH \longrightarrow \boxed{} + \boxed{}$

(7) $KOH \longrightarrow \boxed{} + \boxed{}$

(8) $Ca(OH)_2 \longrightarrow \boxed{} + (\ \ )\boxed{}$

(9) $Ba(OH)_2 \longrightarrow \boxed{} + (\ \ )\boxed{}$

(10) $NH_3 + H_2O \rightleftarrows \boxed{} + \boxed{}$

◆中和の化学反応式
次の酸と塩基が中和したときの化学反応式を書け。

(1) 塩酸 HCl と水酸化ナトリウム NaOH 水溶液

(2) 硝酸 HNO_3 水溶液と水酸化カルシウム $Ca(OH)_2$ 水溶液

(3) 硫酸 H_2SO_4 水溶液と水酸化ナトリウム NaOH 水溶液

(4) 硫酸 H_2SO_4 水溶液と水酸化カルシウム $Ca(OH)_2$ 水溶液

(5) 塩酸 HCl とアンモニア NH_3 水

(6) 硫酸 H_2SO_4 水溶液とアンモニア NH_3 水

(7) 酢酸 CH_3COOH 水溶液と水酸化ナトリウム NaOH 水溶液

◆ H^+・OH^- の物質量
次の□□□に適切な式・数値を入れよ。ただし，(2)～(4)の物質は完全に電離しているものとする。

(1) モル濃度 c [mol/L] の a 価の強酸 V [L] は水素イオンを □□□ [mol] 放出することができる。

(2) 1.00 mol/L の塩酸 500 mL 中には水素イオンが □□□ mol 存在する。

(3) 0.200 mol/L の水酸化ナトリウム水溶液 □□□ mL 中には水酸化物イオンが 0.100 mol 存在する。

(4) 0.100 mol/L の水酸化バリウム水溶液 500 mL 中には水酸化物イオンが □□□ mol 存在する。

基本例題 27　ブレンステッド・ローリーの定義　　基本 ➡ 131

次の文中の(ア)〜(キ)に適当な語句を入れよ。

ブレンステッドとローリーは，水以外の溶媒中でも適用できるように，酸・塩基を（ア）のやりとりで定義した。すなわち，酸とは（ア）を（イ）物質をいい，塩基とは（ア）を（ウ）物質をいう。

$$NH_3 + H_2O \rightleftarrows NH_4^+ + OH^-$$

この反応では NH_3 は，H_2O から（ア）を受け取っているので（エ）である。H_2O は，NH_3 に（ア）を与えているので（オ）である。逆反応の場合，NH_4^+ は OH^- に（ア）を与えているので（カ），OH^- は（ア）を受け取っているので（キ）となる。

● エクセル　ブレンステッド・ローリーの定義　酸：水素イオン H^+ を与える分子・イオン
　　　　　　　　　　　　　　　　　　　　　　塩基：水素イオン H^+ を受け取る分子・イオン

解答
(ア) 水素イオン　(イ) 与える　(ウ) 受け取る　(エ) 塩基
(オ) 酸　　　　　(カ) 酸　　　(キ) 塩基

基本例題 28　水素イオン濃度と pH　　基本 ➡ 135

次の水溶液の pH を整数で求めよ。ただし，強酸と強塩基の電離度は 1，$[H^+][OH^-] = 1.0 \times 10^{-14} (mol/L)^2$ とする。

(1) 0.10 mol/L の塩酸
(2) 0.010 mol/L の水酸化ナトリウム水溶液
(3) 0.10 mol/L のアンモニア水（電離度 0.010）

● エクセル　1価の酸の $[H^+]$ ＝ 酸のモル濃度 × 電離度
　　　　　　1価の塩基の $[OH^-]$ ＝ 塩基のモル濃度 × 電離度

解説

(1) $[H^+] = 0.10 \text{ mol/L} \times 1 = 1.0 \times 10^{-1} \text{mol/L}$ ❶
よって pH = 1

(2) $[OH^-] = 0.010 \text{ mol/L} \times 1 = 1.0 \times 10^{-2} \text{mol/L}$
$[H^+]$ と $[OH^-]$ の積の関係より❷，
$[H^+] = \dfrac{1.0 \times 10^{-14} (mol/L)^2}{[OH^-]} = \dfrac{1.0 \times 10^{-14} (mol/L)^2}{1.0 \times 10^{-2} \text{mol/L}}$
$= 1.0 \times 10^{-12} \text{mol/L}$　よって pH = 12

(3) $[OH^-] = 0.10 \text{ mol/L} \times 0.010 = 1.0 \times 10^{-3} \text{mol/L}$
$[H^+]$ と $[OH^-]$ の積の関係より，
$[H^+] = \dfrac{1.0 \times 10^{-14} (mol/L)^2}{[OH^-]} = \dfrac{1.0 \times 10^{-14} (mol/L)^2}{1.0 \times 10^{-3} \text{mol/L}}$
$= 1.0 \times 10^{-11} \text{mol/L}$　よって pH = 11

❶ 水素イオン濃度
$0.10 = 1.0 \times 10^{-1}$
小数点を右へ1桁ずらす（小数点を右へ n 桁ずらした場合，$\times 10^{-n}$ とする）
❷ 指数の計算
$\dfrac{10^a}{10^b} = 10^{(a-b)}$

解答　(1) 1　(2) 12　(3) 11

基本例題 29　中和反応の量的関係

基本 → 141, 142

0.10 mol/L の塩酸 40 mL を中和するには，0.10 mol/L の水酸化バリウム水溶液が何 mL 必要か。

●エクセル　酸：c〔mol/L〕，a 価，V〔L〕，塩基：c'〔mol/L〕，b 価，V'〔L〕
$a \times c \times V = b \times c' \times V'$

解説　求める水酸化バリウムの体積を x mL とすると，
$1 \times 0.10\,\text{mol/L} \times \dfrac{40}{1000}\,\text{L} = 2 \times 0.10\,\text{mol/L} \times \dfrac{x}{1000}\,\text{L}$
$x = 20$　よって 20 mL

$2\text{HCl} + \text{Ba(OH)}_2 \longrightarrow \text{BaCl}_2 + 2\text{H}_2\text{O}$

解答　20 mL

基本例題 30　中和滴定曲線

基本 → 148

次の①～③の中和滴定曲線について，下の問いに答えよ。

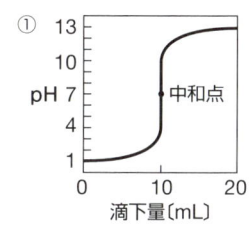

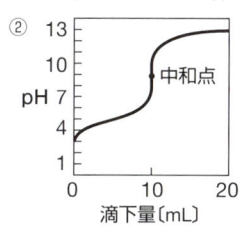

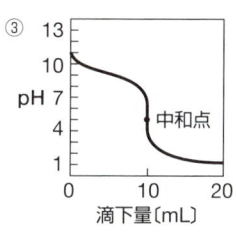

① pH 中和点付近でpHが急変（pH約7で中和点）
② pH 中和点付近でpHが急変（pH約8～9付近で中和点）
③ pH 中和点付近でpHが急変（pH約4～5付近で中和点）

(1) ①～③の中和点での水溶液は，酸性，中性，塩基性のいずれを示すか。
(2) ①～③の滴定に適した指示薬を次の(ア)，(イ)からそれぞれ選べ。
　　(ア) メチルオレンジ　　(イ) フェノールフタレイン

●エクセル　滴定に適した指示薬は，pH が大きく変化する中和点付近に変色域がある。

解説
(1) ① 強酸を強塩基で滴定し，中和点の pH は約 7。
　　② 弱酸を強塩基で滴定し，中和点では pH > 7。
　　③ 弱塩基を強酸で滴定し，中和点では pH < 7。
(2) ① 中和点付近で pH が大きく変化するため，どちらの指示薬も用いることができる。
　　② 変色域が塩基性側にあるフェノールフタレイン❶が適している。
　　③ 変色域が酸性側にあるメチルオレンジ❶が適している。

❶メチルオレンジの変色域は酸性側 (pH = 3.1 ～ 4.4)，フェノールフタレインの変色域は塩基性側 (pH = 8.0 ～ 9.8)。

解答
(1) ① 中性　② 塩基性　③ 酸性
(2) ① (ア), (イ)　② (イ)　③ (ア)

基本問題

130 ▶ アレニウスの定義 アレニウスの定義における塩基とは何か。30字以内で説明せよ。　　　　　　　　　　　　　　　　　　　　　　　　　　（10 長崎大 改）

131 ▶ ブレンステッド・ローリーの定義 次の反応式で，下線を引いた物質はブレンステッド・ローリーの定義によると，酸・塩基のいずれとして働いているか。
(1) HCl + $\underline{H_2O}$ ⟶ Cl$^-$ + H$_3$O$^+$
(2) $\underline{CH_3COO^-}$ + H$_2$O ⇌ CH$_3$COOH + OH$^-$
(3) NH$_3$ + $\underline{H_2O}$ ⇌ NH$_4^+$ + OH$^-$
(4) $\underline{NH_3}$ + HCl ⟶ NH$_4$Cl

132 ▶ 酸，塩基の水溶液の調製 次の問いに答えよ。
(1) 塩化水素 0.20 mol を水に溶かし，500 mL にした塩酸のモル濃度を求めよ。
(2) 水酸化ナトリウム 4.0 g を水に溶かし，200 mL にした水溶液のモル濃度を求めよ。
(3) 0.10 mol/L のアンモニア水を 500 mL つくるのに必要なアンモニアの標準状態における体積は何 L か。
(4) シュウ酸二水和物 (COOH)$_2$・2H$_2$O を用いて 0.100 mol/L のシュウ酸水溶液を 200 mL つくりたい。必要なシュウ酸二水和物の質量は何 g か。

133 ▶ 弱酸の電離度 0.10 mol/L の酢酸水溶液がある。次の問いに答えよ。
(1) 酢酸の電離を表すイオン反応式を答えよ。
(2) この水溶液の水素イオン濃度[H$^+$]は 0.0010 mol/L であった。酢酸の電離度を求めよ。

134 ▶ 水素イオン濃度 次の水溶液の水素イオン濃度[H$^+$]を求めよ。ただし，1価の強酸と強塩基および2価の強酸と強塩基は完全に電離しているものとし，[H$^+$][OH$^-$] = 1.0×10^{-14} (mol/L)^2 とする。
(1) 0.020 mol/L の塩酸
(2) 0.030 mol/L の硫酸
(3) 0.050 mol/L の水酸化カリウム水溶液
(4) 0.050 mol/L の水酸化カルシウム水溶液
(5) 0.020 mol/L の酢酸水溶液（電離度 0.010）
(6) 0.010 mol/L の塩酸を水で100倍にうすめた水溶液

6 酸・塩基

□□□ 135 ▶ 水溶液のpH 次の水溶液のpHを整数で求めよ。ただし強酸と強塩基の電離度は1.0, $[H^+][OH^-] = 1.0 \times 10^{-14} (mol/L)^2$ とする。
(1) 0.010 mol/L の塩酸
(2) 0.10 mol/L の水酸化ナトリウム水溶液
(3) 0.010 mol/L の酢酸水溶液(電離度 0.010)
(4) 0.0050 mol/L の水酸化カルシウム水溶液(完全に電離しているものとする)
(5) pH が3の塩酸を水で100倍にうすめた水溶液
(6) pH が11の水酸化ナトリウム水溶液を水で100倍にうすめた水溶液
(7) pH が5の塩酸を水で1000倍にうすめた水溶液

□□□ 136 ▶ 中和の化学反応式 次の操作で起こる中和反応を化学反応式で表せ。
(1) 硝酸に水酸化ナトリウム水溶液を加える。
(2) 塩酸に水酸化バリウム水溶液を加える。
(3) 硫酸に水酸化アルミニウム水溶液を加える。
(4) 硫酸にアンモニア水を加える。
(5) 酢酸に水酸化カリウム水溶液を加える。

□□□ 137 ▶ 塩 次の(1)〜(5)の塩は，中和によって生じた塩である。もとの酸と塩基の化学式を答えよ。
(1) 硝酸ナトリウム　(2) 塩化アンモニウム
(3) 酢酸カリウム　(4) 炭酸水素ナトリウム
(5) 硫酸水素ナトリウム

□□□ 138 ▶ 塩の分類 次の(1)〜(5)の塩を正塩，酸性塩，塩基性塩に分類せよ。
(1) CH_3COONa　(2) $FeSO_4$　(3) $NaHCO_3$
(4) $CuCl(OH)$　(5) $(NH_4)_2SO_4$

□□□ 139 ▶ 塩の性質 次の(ア)〜(オ)の塩について，下の問いに答えよ。
(ア) 塩化ナトリウム　(イ) 硫酸水素ナトリウム
(ウ) 塩化アンモニウム　(エ) 炭酸水素ナトリウム
(オ) 酢酸ナトリウム
(1) 塩(ア)〜(オ)から酸性塩をすべて選び，化学式で答えよ。
(2) 塩(ア)〜(オ)の水溶液は，酸性，中性，塩基性のいずれを示すか。

原子量の概数値	H	C	N	O	Na	Mg	Al	Si	S	Cl	K	Ca	Fe	Cu	Zn	Ag	I	Pb
	1.0	12	14	16	23	24	27	28	32	35.5	39	40	56	63.5	65	108	127	207

140 ▶ 弱酸・弱塩基の遊離
次の操作を行ったとき，反応する場合はその化学反応式を，反応しない場合は×と答えよ。
(1) 酢酸ナトリウムに塩酸を加える。
(2) 硫酸ナトリウムに酢酸水溶液を加える。
(3) 炭酸水素ナトリウムに塩酸を加える。
(4) 塩化アンモニウムと水酸化カルシウムを混合して加熱する。
(5) 塩化ナトリウムにアンモニア水を加える。
(6) 炭酸カルシウムに塩酸を加える。
(7) 硫化鉄(Ⅱ)に希硫酸を加える。
(8) 炭酸ナトリウムに塩酸を過剰に加える。

141 ▶ 中和反応の量的関係 1
次の問いに答えよ。
(1) 1.5 mol/L の塩酸 100 mL の中和には，水酸化ナトリウムが何 mol 必要か。
(2) 0.20 mol/L の硫酸 200 mL の中和には，アンモニアが何 mol 必要か。
(3) 1.0 mol/L の酢酸 50 mL の中和には，水酸化カルシウムが何 mol 必要か。
(4) 0.10 mol/L の硫酸 100 mL の中和には，水酸化バリウムが何 mol 必要か。

142 ▶ 中和反応の量的関係 2
次の問いに答えよ。
(1) 濃度不明の塩酸 10 mL を中和するのに，0.10 mol/L の水酸化ナトリウム水溶液 8.0 mL を必要とした。この塩酸は何 mol/L か。
(2) 濃度不明の水酸化ナトリウム水溶液 10 mL を中和するのに，0.10 mol/L の塩酸 15 mL を必要とした。この水酸化ナトリウム水溶液は何 mol/L か。
(3) 0.10 mol/L の希硫酸 40 mL を完全に中和するには，0.10 mol/L の水酸化ナトリウム水溶液は何 mL 必要か。
(4) 0.20 mol/L の希硫酸 40 mL を完全に中和するには，0.10 mol/L の水酸化バリウム水溶液は何 mL 必要か。

143 ▶ 中和反応の量的関係 3
次の問いに答えよ。
(1) 水酸化ナトリウム 4.0 g を溶かし，100 mL の水溶液とした。この水溶液を中和するのに，0.10 mol/L の塩酸は何 mL 必要か。
(2) 標準状態において，気体のアンモニア 11.2 L をすべて水に溶かした水溶液を中和するのに，0.10 mol/L の硫酸は何 mL 必要か。
(3) 二酸化炭素 0.50 mol をすべて反応させるのに，0.10 mol/L の水酸化バリウム水溶液は何 mL 必要か。

144 ▶ 中和反応の量的関係 4 濃度のわからない塩酸がある。この塩酸の濃度を求めるために次のような実験をした。塩酸 50.0 mL をとり，0.100 mol/L の水酸化ナトリウム水溶液 15.0 mL を加えたら，中和点を超えてしまった。そこで，この溶液を中和するために，さらに 0.0100 mol/L の硫酸 12.0 mL を要した。塩酸の濃度は何 mol/L か。

145 ▶ 実験器具 次の文章は中和滴定についてのものである。下の問いに答えよ。
中和滴定などで標準溶液を調製する際に，一定体積まで希釈するのに（ ア ）を用いる。また，一定量の溶液を測りとるのに（ イ ），溶液を徐々に滴下するのに（ ウ ）を用いる。滴定前に，（ エ ），コニカルビーカーは純水でぬれていてもよいが，（ オ ），（ カ ）は純水でぬれていた場合，中に入れる溶液で，数回すすぐ必要がある。これを（ キ ）という。

(1) 文中の（　）内に適する語句を入れよ。ただし，(エ)，(オ)，(カ)に入れる語句は，(ア)，(イ)，(ウ)で入れた語句のいずれかである。
(2) 文中の実験器具(ア)，(イ)，(ウ)を図の(a)～(d)から選べ。

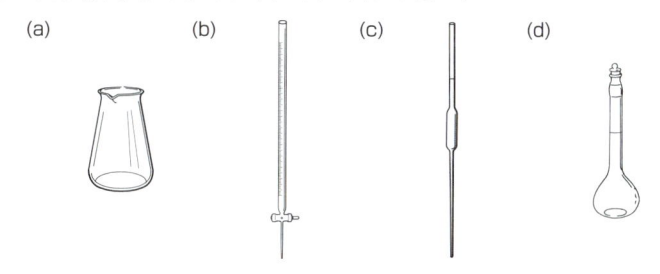

(a)　　(b)　　(c)　　(d)

(3) 図の(a)～(d)の実験器具の中で，乾燥させるとき加熱してはいけないものをすべて選べ。

146 ▶ 標準溶液 水酸化ナトリウム水溶液をつくるとき，その濃度を決定するにはシュウ酸水溶液（標準溶液）で中和滴定の実験をしなければならない。これは水酸化ナトリウムのある性質のためである。どのような性質か簡潔に説明せよ。　　（防衛大 改）

147 ▶ 中和滴定の器具の扱い シュウ酸水溶液を標準溶液として，中和滴定によって水酸化ナトリウム水溶液の濃度を求めたい。このとき水酸化ナトリウム水溶液を入れるビュレットが純水でぬれていると，正確な濃度を求めることができなくなる。
(1) ビュレットが純水でぬれていた場合，ビュレットからの滴下量は増加するか，減少するか，答えよ。
(2) (1)のときに求めた水酸化ナトリウム水溶液の濃度は，実際の値よりも大きくなるか，小さくなるか，答えよ。

原子量の概数値	H	C	N	O	Na	Mg	Al	Si	S	Cl	K	Ca	Fe	Cu	Zn	Ag	I	Pb
	1.0	12	14	16	23	24	27	28	32	35.5	39	40	56	63.5	65	108	127	207

□□□ **148** ▶ **中和滴定曲線** 右の図 A～D は，0.10 mol/L の酸(塩基)10 mL を同じ濃度の塩基(酸)で中和反応させたときの滴定曲線である。図の縦軸は pH，横軸は加えた酸・塩基の滴下量を示している。図 A は(ア)を(イ)で，図 B は(ウ)を(エ)で，図 C は(オ)を(カ)で，図 D は(キ)を(ク)で滴定したものである。指示薬としては，メチルオレンジ(変色域：pH = 3.1～4.4)とフェノールフタレイン(変色域：pH = 8.0～9.8)を用いた。

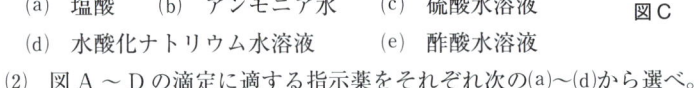

(1) 文中の(ア)～(ク)に適する水溶液を(a)～(e)から選べ。
 (a) 塩酸 (b) アンモニア水 (c) 硫酸水溶液
 (d) 水酸化ナトリウム水溶液 (e) 酢酸水溶液

(2) 図 A～D の滴定に適する指示薬をそれぞれ次の(a)～(d)から選べ。
 (a) メチルオレンジのみが適している。
 (b) フェノールフタレインのみが適している。
 (c) メチルオレンジとフェノールフタレインの両方が適している。
 (d) メチルオレンジとフェノールフタレインのどちらも不適である。

応用例題 31　NaOH と Na₂CO₃ の混合溶液の中和滴定　　応用 ➡ 159

炭酸ナトリウムと水酸化ナトリウムの混合水溶液がある。この溶液 25.0 mL に指示薬としてフェノールフタレイン(変色域：pH = 8.0～9.8)を加え，塩酸標準溶液(濃度 0.100 mol/L)で滴定したところ，滴定値が 13.5 mL で赤色が消えた。次にメチルオレンジ(変色域：pH = 3.1～4.4)を指示薬として加えて滴定したところ，溶液の色が黄色から赤色に変化するのに，さらに 11.5 mL 塩酸標準溶液を必要とした。

(1) フェノールフタレインの変色域までに起こる 2 つの反応の反応式をそれぞれ書け。
(2) フェノールフタレインの赤色が消えてからメチルオレンジの変色域までに起こる反応の反応式を書け。
(3) 溶液中の炭酸ナトリウムと水酸化ナトリウムのモル濃度を有効数字 2 桁で求めよ。

●エクセル　塩酸 HCl と炭酸ナトリウム Na₂CO₃ の中和反応❶
　第 1 中和点　Na₂CO₃ + HCl ⟶ NaHCO₃ + NaCl　　…反応 A
　第 2 中和点　NaHCO₃ + HCl ⟶ NaCl + H₂O + CO₂　…反応 B

解説 (1) フェノールフタレインの変色域までに，
　NaOH + HCl ⟶ NaCl + H₂O
　Na₂CO₃ + HCl ⟶ NaHCO₃ + NaCl
の 2 つの反応が起こる。

❶二段階で中和反応が起こり，反応 A が完了してから反応 B が起こる。

解説

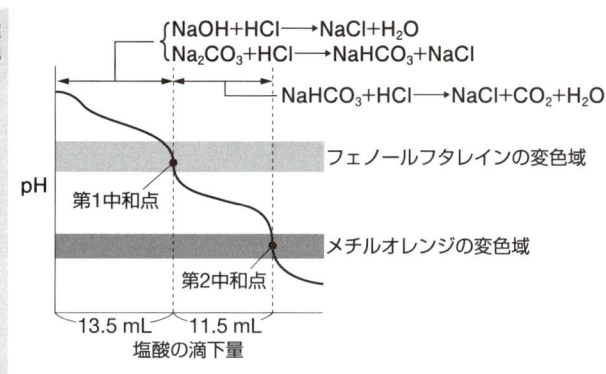

```
 ┌ NaOH+HCl ⟶ NaCl+H₂O
 └ Na₂CO₃+HCl ⟶ NaHCO₃+NaCl
        └ NaHCO₃+HCl ⟶ NaCl+CO₂+H₂O
```

pH

フェノールフタレインの変色域
第1中和点
メチルオレンジの変色域
第2中和点

13.5 mL　11.5 mL
塩酸の滴下量

(2) メチルオレンジの変色域までには，次の反応が起こる。
$$NaHCO_3 + HCl \longrightarrow NaCl + H_2O + CO_2$$

(3) Na_2CO_3 のモル濃度を x [mol/L]，NaOH のモル濃度を y [mol/L] とする。フェノールフタレインを指示薬として用いた第1中和点までに起こる反応は，(1)より，

$$NaOH + HCl \longrightarrow NaCl + H_2O$$
$$Na_2CO_3 + HCl \longrightarrow NaHCO_3 + NaCl$$

HCl は1価の酸，Na_2CO_3 と NaOH は1価の塩基として反応しているので，

$$1 \times 0.100 \text{ mol/L} \times \frac{13.5}{1000} \text{ L} = 1 \times (x+y) \text{[mol/L]} \times \frac{25.0}{1000} \text{ L}$$

よって，$x + y = 0.0540$ mol/L　…①

(1)より，反応した Na_2CO_3 と生成した $NaHCO_3$ の物質量は等しい。メチルオレンジを指示薬とした第2中和点までの反応は，(2)より，

$$NaHCO_3 + HCl \longrightarrow NaCl + H_2O + CO_2$$

HCl は1価の酸，$NaHCO_3$ は1価の塩基として反応しているので，

$$1 \times 0.100 \text{ mol/L} \times \frac{11.5}{1000} \text{ L} = 1 \times x \text{[mol/L]} \times \frac{25.0}{1000} \text{ L}$$

よって，$x = 0.0460$ mol/L　…②

①，②より，$y = 0.0540$ mol/L $- 0.0460$ mol/L $= 0.0080$ mol/L

HClから生じるH^+の物質量
塩基から生じるOH^-の物質量
NaOH　Na_2CO_3　$NaHCO_3$
反応A　反応B
第1中和点までの反応

解答

(1) $NaOH + HCl \longrightarrow NaCl + H_2O$,　$Na_2CO_3 + HCl \longrightarrow NaHCO_3 + NaCl$

(2) $NaHCO_3 + HCl \longrightarrow NaCl + H_2O + CO_2$

(3) $Na_2CO_3 : 4.6 \times 10^{-2}$ mol/L　　NaOH : 8.0×10^{-3} mol/L

応用例題 32 逆滴定

応用 → 160, 161

呼気中の二酸化炭素の量を知るために，標準状態で呼気 1.00 L を水酸化バリウム水溶液 50.0 mL 中に吹き込んで，1.00 L 中の二酸化炭素を完全に吸収させた。反応後の上澄み液 25.0 mL を中和するのに 0.200 mol/L 塩酸を 15.7 mL 要した。また，この実験で使用した水酸化バリウム水溶液 25.0 mL を中和するのに 0.200 mol/L 塩酸を 23.8 mL 要した。次の問いに有効数字2桁で答えよ。

(1) この実験に使用した水酸化バリウム水溶液のモル濃度はいくらか。
(2) 標準状態の呼気 1.00 L 中に，二酸化炭素は何 mL 含まれていたか。

（15 東京医科歯科大 改）

●エクセル （二酸化炭素から生じる H^+ の物質量）＋（塩酸から生じる H^+ の物質量）
＝（水酸化バリウムから生じる OH^- の物質量）

解説

(1) $Ba(OH)_2$ 水溶液のモル濃度を x [mol/L] とすると

$$1 \times 0.200 \, \text{mol/L} \times \frac{23.8}{1000} \text{L} = 2 \times x \, [\text{mol/L}] \times \frac{25.0}{1000} \text{L}$$

よって，$x = 9.52 \times 10^{-2}$ mol/L ≒ 9.5×10^{-2} mol/L

(2) 水酸化バリウムと二酸化炭素の反応は

$$Ba(OH)_2 + CO_2 \longrightarrow BaCO_3 \downarrow + H_2O \; ❶$$

❶ $BaCO_3$ は白色沈殿

はじめの塩基の OH^- の物質量
（$Ba(OH)_2$ の物質量×2）

加えた H^+ の物質量
（CO_2 の物質量×2）

逆滴定した酸の H^+ の物質量
（HCl物質量）

1.00 L の呼気に含まれる CO_2 の物質量を y [mol] とすると，1.00 L の呼気を通じた $Ba(OH)_2$ 水溶液の上澄みに残っている $Ba(OH)_2$ の物質量は

$$9.52 \times 10^{-2} \, \text{mol/L} \times \frac{50.0}{1000} \text{L} - y \, [\text{mol}] \, \text{となる}.$$

上澄み 25.0 mL を塩酸で滴定しているので，

$$1 \times 0.200 \, \text{mol/L} \times \frac{15.7}{1000} \text{L}$$
$$= 2 \times \left(9.52 \times 10^{-2} \, \text{mol/L} \times \frac{50.0}{1000} \text{L} - y\right) \times \frac{25.0 \, \text{mL}}{50.0 \, \text{mL}}$$

よって，$y = 1.62 \times 10^{-3}$ mol
したがって，標準状態における体積は
22400 mL/mol × 1.62×10^{-3} mol = 36.2…mL ≒ 36 mL

解答
(1) 9.5×10^{-2} mol/L (2) 36 mL

応用問題

□□□ **149** ▶ **混合溶液の[H⁺]** 次の問いに有効数字2桁で答えよ。ただし、強酸と強塩基は完全に電離し、$[H^+][OH^-] = 1.0 \times 10^{-14} (mol/L)^2$、溶液の混合や物質の溶解による溶液の体積変化はないものとする。

(1) 0.50 mol/L の塩酸 1.0L と 0.30 mol/L の水酸化ナトリウム水溶液 1.0L の混合溶液の水素イオン濃度[H⁺]を求めよ。

(2) 0.10 mol/L の水酸化ナトリウム水溶液 500mL と、濃度未知の硫酸 500mL の混合液の pH は 2.0 であった。このときの硫酸のモル濃度を求めよ。

(3) 0.100 mol/L の硫酸 500mL に水酸化ナトリウム 0.150mol を溶かした水溶液の水素イオン濃度を求めよ。

□□□ **150** ▶ **電離度** 25℃ の A と B の酢酸水溶液がある。

A溶液：酢酸 12.0g を水に溶かして 1.00L とした。
　　　　この溶液の 25℃ における電離度は 9.35×10^{-3} であった。
B溶液：酢酸 3.00g を水に溶かして 1.00L とした。
　　　　この溶液の 25℃ における電離度は 1.90×10^{-2} であった。

次の文章のうち、誤っているのはどれか。

(1) A 溶液中の電離していない酢酸分子の濃度は 1.98×10^{-1} mol/L である。
(2) B 溶液の酢酸イオンの濃度は 9.50×10^{-4} mol/L である。
(3) A 溶液の電離していない酢酸分子の濃度は B 溶液のそれのほぼ 2 倍である。
(4) A 溶液の水素イオン濃度は B 溶液の水素イオン濃度のほぼ 2 倍である。
(5) B 溶液中のイオンの総数は A 溶液中の水素イオン数にほぼ等しい。

□□□ **151** ▶ **水溶液の pH** pH に関する次の文章の中から正しいものをすべて選び、記号で答えよ。ただし、$[H^+][OH^-] = 1.0 \times 10^{-14} (mol/L)^2$ とする。

(1) 0.2 mol/L の塩酸 100mL を 0.2 mol/L の水酸化ナトリウム水溶液で過不足なく中和させた溶液の pH は 7 である。
(2) 0.2 mol/L の塩酸 100mL を 2.0 mol/L の水酸化ナトリウム水溶液で過不足なく中和させた溶液の pH は 7 より大きい。
(3) 0.2 mol/L の 2 価の酸であるシュウ酸の水溶液 100mL を 0.2 mol/L の水酸化ナトリウム水溶液で過不足なく中和させた溶液の pH は 7 より小さい。
(4) 1.0×10^{-5} mol/L の塩酸を 1000 倍にうすめた水溶液の pH は 8 である。
(5) 1.0×10^{-5} mol/L の水酸化ナトリウム水溶液の pH は 9 である。

(21 関西学院大 改)

原子量の概数値	H	C	N	O	Na	Mg	Al	Si	S	Cl	K	Ca	Fe	Cu	Zn	Ag	I	Pb
	1.0	12	14	16	23	24	27	28	32	35.5	39	40	56	63.5	65	108	127	207

152 ▶ 水溶液の pH
次の水溶液の pH を小数第 1 位まで求めよ。ただし，$\log_{10}2 = 0.30$, $\log_{10}3 = 0.48$, $[H^+][OH^-] = 1.0 \times 10^{-14}\,(\text{mol/L})^2$ とする。
(1) 0.10 mol/L の酢酸水溶液（電離度 0.020）
(2) 0.020 mol/L の硫酸（完全に電離しているものとする）
(3) 0.020 mol/L のアンモニア水（電離度 0.030）

153 ▶ 電離度
右図は，ある温度における酢酸水溶液の濃度と電離度の関係を示したものである。次の問いに答えよ。
(1) 0.050 mol/L の酢酸水溶液の pH を整数で求めよ。
(2) 0.10 mol/L の酢酸水溶液を水で 10 倍に希釈すると，水素イオン濃度は何倍になるか。
（東京海洋大 改）

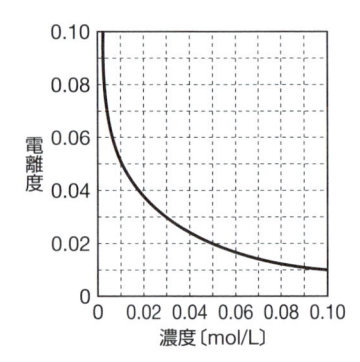

154 ▶ 2 価の酸の電離
硫酸は 2 価の酸であり，水溶液中では次の式①および②のように二段階で電離している。

$$H_2SO_4 \longrightarrow H^+ + HSO_4^- \quad \cdots\cdots ①$$
$$HSO_4^- \rightleftharpoons H^+ + SO_4^{2-} \quad \cdots\cdots ②$$

硫酸中の全水素イオンのモル濃度 $[H^+]$ を，HSO_4^- のモル濃度 $[HSO_4^-]$ と SO_4^{2-} のモル濃度 $[SO_4^{2-}]$ を用いて表せ。ただし，温度にかかわらず式①の電離度は 1.0 とする。
（18 広島大 改）

155 ▶ pH の大小 1
次の(1)〜(4)の水溶液を pH の小さい順に並べよ。ただし，$[H^+][OH^-] = 1.0 \times 10^{-14}\,(\text{mol/L})^2$ とする。
(1) 0.1 mol/L の酢酸水溶液（電離度 0.01）
(2) 0.1 mol/L のアンモニア水（電離度 0.01）
(3) pH = 2 の塩酸を水で 100 倍にうすめた水溶液
(4) pH = 8 の水酸化ナトリウム水溶液を水で 1000 倍にうすめた水溶液

156 ▶ pH の大小 2
次に示す 0.1 mol/L 水溶液ア〜ウを pH の大きい順に並べたものはどれか。最も適当なものを，下の(1)〜(6)から 1 つ選べ。
ア NaCl 水溶液　　イ NaHCO₃ 水溶液　　ウ NaHSO₄ 水溶液
(1) ア＞イ＞ウ　(2) ア＞ウ＞イ　(3) イ＞ア＞ウ
(4) イ＞ウ＞ア　(5) ウ＞ア＞イ　(6) ウ＞イ＞ア　（20 センター 改）

157 ▶ 食酢の中和滴定

市販の食酢中の酸の濃度を中和滴定により求めるために，次のような実験を行った。濃度 0.100 mol/L の(ア)シュウ酸水溶液 500 mL をつくるため，シュウ酸二水和物を正確に(a)〔g〕秤量した。この(イ)シュウ酸水溶液 25.0 mL を正確にコニカルビーカーにとり，(ウ)フェノールフタレインを指示薬として，(エ)水酸化ナトリウム水溶液を 40.0 mL 滴下したところで溶液の色は無色からうすい赤色になった。この中和滴定の実験より水酸化ナトリウム水溶液のモル濃度は(b)〔mol/L〕となる。

次に食酢 8.00 g を別のコニカルビーカーに正確に秤量し，水 30 mL とフェノールフタレインを加えた後，(オ)前の実験で濃度を求めた水酸化ナトリウム水溶液で滴定した。終点(中和点)までに水酸化ナトリウム水溶液 48.0 mL を必要とした。食酢中の酸を酢酸のみとすると，この滴定実験より食酢中の酢酸の質量パーセント濃度は(c)〔%〕となる。

(1) 下線部(ア)，(イ)，(エ)の操作に適したガラス器具名をそれぞれ書け。
(2) 下線部(イ)のコニカルビーカーの内部が水でぬれていても，そのコニカルビーカーを乾燥する必要はない。この理由を説明せよ。
(3) 下線部(ウ)で，メチルオレンジを用いない理由を説明せよ。
(4) 食酢中の酸の濃度を正確に求めるには，水酸化ナトリウムを秤量してつくった水溶液を用いて滴定するのではなく，下線部(オ)のようにシュウ酸水溶液との滴定により濃度を求めた水酸化ナトリウム水溶液を用いて滴定する必要がある。この理由を述べよ。
(5) (a)，(b)，(c)の値を計算せよ。
(6) 実験終了後，下線部(ア)，(イ)，(エ)のガラス器具は，乾燥させるときは加熱せずに自然乾燥させなくてはいけない。自然乾燥させる理由を説明せよ。

158 ▶ 塩の加水分解

塩とは，酸の(ア)イオンと塩基の(イ)イオンとが結合してできた化合物の総称である。塩は，(ウ)塩，(エ)塩，(オ)塩の3つに分類されるが，これらの名称は，塩の組成からつけられたもので，その水溶液の性質とは関係ない。たとえば，酢酸ナトリウムは(ウ)塩であるが，その水溶液は(カ)性を示し，炭酸水素ナトリウムは(エ)塩であるが，その水溶液は(キ)性を示す。

(1) 文中の(ア)～(キ)に適当な語句を入れよ。
(2) 下線部において，酢酸ナトリウムの水溶液が(カ)性を示す理由を説明せよ。
(3) 下に示した塩を水に溶解させたとき，その水溶液が酸性を示す塩，塩基性を示す塩，ほぼ中性を示す塩に分類せよ。
　　NH_4Cl，$NaHSO_4$，Na_2CO_3，$NaNO_3$，Na_2SO_3
(4) (3)で酸性を示すと分類した塩について，塩が酸由来のイオンと塩基由来のイオンに電離する反応式と，電離で生じたイオンによって酸性を示すことがわかる反応式を，それぞれ記せ。

原子量の概数値	H	C	N	O	Na	Mg	Al	Si	S	Cl	K	Ca	Fe	Cu	Zn	Ag	I	Pb
	1.0	12	14	16	23	24	27	28	32	35.5	39	40	56	63.5	65	108	127	207

159 ▶ NaOHとNa₂CO₃の混合溶液の中和滴定　水酸化ナトリウムと炭酸ナトリウムの混合水溶液が200 mLある。溶液中のそれぞれの物質の質量を調べるために，次の実験を行った。

混合水溶液10.0 mLを測りとり，指示薬Aの溶液を2～3滴加え，0.100 mol/Lの塩酸を滴下した。その結果，(a)32.5 mLを加えたところで黄色から赤色への変色が見られた。

次に，同様に混合水溶液を10.0 mL測りとり(b)塩化バリウム水溶液を十分に加えた。さらに，指示薬Bの溶液を2～3滴加え，赤色から無色への変色が見られるまで，0.100 mol/Lの塩酸を滴下した。このときの滴下量は，12.5 mLであった。

(1) 指示薬A，指示薬Bの名称と変色域をそれぞれ下から選び，記号で答えよ。
　指示薬　(ア) ブロモチモールブルー　　(イ) フェノールフタレイン
　　　　　(ウ) メチルオレンジ
　変色域　(ア) pH = 4.5～8.3　　(イ) pH = 6.0～7.6　　(ウ) pH = 3.1～4.4
　　　　　(エ) pH = 8.0～9.8　　(オ) pH = 9.3～10.6

(2) 下線部(a)までに，どのような中和反応が起こったか。反応が起こる順に従って3つの化学反応式を記せ。

(3) 下線部(b)では，どのような反応が起こっているか。化学反応式を記せ。

(4) この混合水溶液200 mL中の水酸化ナトリウムと炭酸ナトリウムの質量はそれぞれ何gか。有効数字3桁で答えよ。

160 ▶ 窒素の定量　ある食品21.0 mgに水，濃硫酸および触媒を加えて加熱し，含まれている窒素をすべて硫酸アンモニウムとした。これに6.00 mol/Lの水酸化ナトリウム水溶液を十分に加えて蒸留し，出てくるアンモニアのすべてを0.0250 mol/Lの希硫酸15.0 mLに吸収させた。この溶液を0.0500 mol/Lの水酸化ナトリウム水溶液で滴定したところ，中和点までに12.0 mLを要した。

(1) 下線部の希硫酸に吸収されたアンモニアは何mgか。

(2) この食品には窒素が何%含まれているか。

161 ▶ 二酸化炭素の定量　濃度0.20 mol/Lの水酸化バリウム水溶液25 mLに，ある量の二酸化炭素を吹き込むと，それはすべて白色沈殿の生成に使われた。この溶液をしばらく置いた後，ろ過を行い，沈殿とろ液を完全に分離させた。このろ液のうち10 mLをビーカーに移した後，0.10 mol/Lの塩酸で中和滴定を行ったところ24 mLを要した。最初に吹き込んだ二酸化炭素の物質量は何molか。

(中央大 改)

162 ▶ 混合物の中和

炭酸カルシウムを熱分解して,酸化カルシウムとの混合物 1.50 g を得た。これを 2.00 mol/L の塩酸 100 mL 中に加えて溶かし,2.00 mol/L の水酸化ナトリウム水溶液で滴定したところ,中和に 74.0 mL を要した。ただし,炭酸カルシウムは加熱によって一部が熱分解し,酸化カルシウムと二酸化炭素が生成する。

(1) 熱分解で得られた混合物と塩酸との反応を化学反応式で記せ。
(2) 熱分解で得られた混合物と反応した塩化水素の物質量を有効数字 2 桁で求めよ。
(3) 混合物中の酸化カルシウムの質量を有効数字 2 桁で求めよ。　　　（17 東洋大 改）

163 ▶ 電気伝導度滴定

0.05 mol/L の水酸化ナトリウム水溶液 100 mL をビーカーに入れ,電気伝導度測定用の電極を浸した。混合溶液を 25 ℃ に保ち,撹拌しながら(ア)または(イ)の酸を徐々に加え,電気伝導度を測定した。

　(ア) 0.1 mol/L の塩酸　　(イ) 0.1 mol/L の酢酸水溶液

(1) (ア)または(イ)を加えたとき,加えた酸の体積に対する電気伝導度の変化は,どのようになるか。それぞれ下の(a)〜(f)の中から最も適当なものを選べ。ただし,イオンの種類によって電気伝導度は大きく異なり,H_3O^+ や OH^- は,Na^+,Cl^- や CH_3COO^- に比べて大きな電気伝導度をもつことが知られている。

(2) (1)のようになる理由を 150 字以内でそれぞれ述べよ。

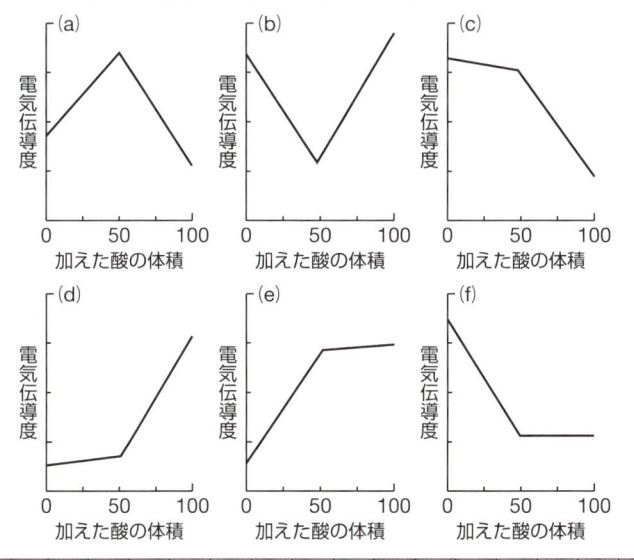

（09 阪大 改）

原子量の概数値	H	C	N	O	Na	Mg	Al	Si	S	Cl	K	Ca	Fe	Cu	Zn	Ag	I	Pb
	1.0	12	14	16	23	24	27	28	32	35.5	39	40	56	63.5	65	108	127	207

7 酸化還元反応

1 酸化・還元と酸化数

◆1 酸化と還元の定義

定義	酸化	還元
酸素の授受	酸素と結びつく変化 $2Cu + O_2 \longrightarrow 2CuO$	酸素を失う変化 $2CuO + C \longrightarrow 2Cu + CO_2$
水素の授受	水素を失う変化 $2H_2S + O_2 \longrightarrow 2S + 2H_2O$	水素と結びつく変化 $N_2 + 3H_2 \longrightarrow 2NH_3$
電子の授受	原子・物質が電子を失う変化 $Fe^{2+} \longrightarrow Fe^{3+} + e^-$	原子・物質が電子を受け取る変化 $Cu^{2+} + 2e^- \longrightarrow Cu$
酸化数の増減	酸化数が増加する変化 $CuO + \underset{0}{H_2} \longrightarrow Cu + \underset{+1}{H_2O}$	酸化数が減少する変化 $\underset{+2}{CuO} + H_2 \longrightarrow \underset{0}{Cu} + H_2O$

◆2 酸化数
原子やイオンが酸化されている程度を表す尺度。酸化数が大きいほど酸化されている程度が高い。酸化数が正の数の場合には＋の符号をつける。

酸化数の決め方	例
(1) 単体中の原子の酸化数は0	H_2(H：0)，Cu(Cu：0)
(2) 化合物中の水素原子の酸化数は＋1 化合物中の酸素原子の酸化数は－2	H_2O(H：+1, O：-2)
(3) 化合物中の各原子の酸化数の総和は0	H_2O　$(+1) \times 2 + (-2) = 0$
(4) 単原子イオンの酸化数はそのイオンの符号を含めた電荷と等しい。	H^+(H：+1)，O^{2-}(O：-2) Na^+(Na：+1)，Cu^{2+}(Cu：+2)
(5) 多原子イオン中の各原子の酸化数の総和は，そのイオンの符号を含めた電荷と等しい。	SO_4^{2-}　Sの酸化数をxとすると $x + (-2) \times 4 = -2$，$x = +6$

＊例外　H_2O_2(H：+1, O：-1)　NaH(Na：+1, H：-1)

2 酸化剤・還元剤と酸化還元反応

◆1 酸化剤と還元剤
酸化還元反応において，相手の物質を酸化する物質を酸化剤，相手の物質を還元する物質を還元剤という。

酸化剤＝酸化数が減少している物質（自身は還元されている物質）
還元剤＝酸化数が増加している物質（自身は酸化されている物質）

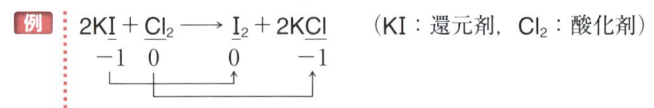

例　$2K\underset{-1}{I} + \underset{0}{Cl_2} \longrightarrow \underset{0}{I_2} + 2K\underset{-1}{Cl}$　（KI：還元剤，Cl_2：酸化剤）

◆2 おもな酸化剤・還元剤の働きを表す反応式（半反応式）

酸化剤		還元剤	
Cl_2, Br_2, I_2	$Cl_2 + 2e^- \to 2Cl^-$	Na, Mg	$Na \to Na^+ + e^-$
O_3（酸性）	$O_3 + 2H^+ + 2e^- \to O_2 + H_2O$	H_2	$H_2 \to 2H^+ + 2e^-$
$KMnO_4$（酸性）	$MnO_4^- + 8H^+ + 5e^- \to Mn^{2+} + 4H_2O$	$FeSO_4$	$Fe^{2+} \to Fe^{3+} + e^-$
$K_2Cr_2O_7$	$Cr_2O_7^{2-} + 14H^+ + 6e^- \to 2Cr^{3+} + 7H_2O$	$SnCl_2$	$Sn^{2+} \to Sn^{4+} + 2e^-$
HNO_3（希）	$HNO_3 + 3H^+ + 3e^- \to NO + 2H_2O$	H_2S	$H_2S \to S + 2H^+ + 2e^-$
HNO_3（濃）	$HNO_3 + H^+ + e^- \to NO_2 + H_2O$	KI	$2I^- \to I_2 + 2e^-$
H_2SO_4（熱濃）	$H_2SO_4 + 2H^+ + 2e^- \to SO_2 + 2H_2O$	$(COOH)_2$	$(COOH)_2 \to 2CO_2 + 2H^+ + 2e^-$
H_2O_2（酸性）	$H_2O_2 + 2H^+ + 2e^- \to 2H_2O$	H_2O_2	$H_2O_2 \to O_2 + 2H^+ + 2e^-$
SO_2	$SO_2 + 4H^+ + 4e^- \to S + 2H_2O$	SO_2	$SO_2 + 2H_2O \to SO_4^{2-} + 4H^+ + 2e^-$

①**過酸化水素の働き** H_2O_2 はふつう，酸化剤として働くが，強い酸化剤である $KMnO_4$ や $K_2Cr_2O_7$ に対しては還元剤として働く。

酸化剤：$H_2O_2 + 2H^+ + 2e^- \longrightarrow 2H_2O$（酸性）
　　　　$H_2O_2 \quad\quad + 2e^- \longrightarrow 2OH^-$（中性・塩基性）
還元剤：$H_2O_2 \longrightarrow O_2 + 2H^+ + 2e^-$

②**二酸化硫黄の働き** SO_2 はふつう，還元剤として働くが，強い還元剤である H_2S に対しては酸化剤として働く。

還元剤：$SO_2 + 2H_2O \longrightarrow SO_4^{2-} + 4H^+ + 2e^-$
酸化剤：$SO_2 + 4H^+ + 4e^- \longrightarrow S + 2H_2O$

③**ハロゲンの反応性** $Cl_2 > Br_2 > I_2$

例： $2KI + Cl_2 \longrightarrow 2KCl + I_2$　　反応する
　　 $2KCl + I_2 \not\longrightarrow 2KI + Cl_2$　　反応しない

◆3 半反応式のつくり方

酸化剤：硫酸で酸性にした $KMnO_4$	還元剤：SO_2
①反応前の物質を左辺，反応後の物質を右辺に示す。	
$MnO_4^- \longrightarrow Mn^{2+}$	$SO_2 \longrightarrow SO_4^{2-}$
②酸化数の変化を調べ，電子 e^- を加える。	
$MnO_4^- + 5e^- \longrightarrow Mn^{2+}$	$SO_2 \longrightarrow SO_4^{2-} + 2e^-$
③両辺の電荷の総和を等しくするため，H^+ を加える。	
$MnO_4^- + 8H^+ + 5e^- \longrightarrow Mn^{2+}$	$SO_2 \longrightarrow SO_4^{2-} + 4H^+ + 2e^-$
④両辺の H，O の数をそろえるため，H_2O を加える。	
$MnO_4^- + 8H^+ + 5e^- \longrightarrow Mn^{2+} + 4H_2O$	$SO_2 + 2H_2O \longrightarrow SO_4^{2-} + 4H^+ + 2e^-$

◆4 酸化還元反応の量的関係

酸化剤が受け取る e⁻ の物質量 = 還元剤が失う e⁻ の物質量

濃度 c [mol/L] で，1個あたり n 個の電子を受け取る酸化剤 V [L] と，濃度 c' [mol/L]，n' 個の電子を失う還元剤 V' [L] が過不足なく反応するとき，上の関係がなりたつ。

$$n \times c \times V = n' \times c' \times V'$$

◆5 酸化還元滴定
中和滴定と同様の方法で，濃度がわかっている酸化剤（または還元剤）の水溶液から，濃度未知の還元剤（または酸化剤）の水溶液の濃度を求める操作。

①過マンガン酸カリウムによる滴定
濃度のわかっている過マンガン酸カリウム $KMnO_4$ 水溶液で，希硫酸を加えた濃度未知の過酸化水素水 H_2O_2 の濃度を決定。

$$2MnO_4^- + 6H^+ + 5H_2O_2 \longrightarrow 2Mn^{2+} + 5O_2 + 8H_2O$$

（図：過マンガン酸カリウム水溶液，褐色のビュレット，濃度未知の過酸化水素水）

- **塩酸，硝酸ではなく硫酸で酸性にする理由**… 過マンガン酸カリウムは酸性条件で酸化力が大きくなる。

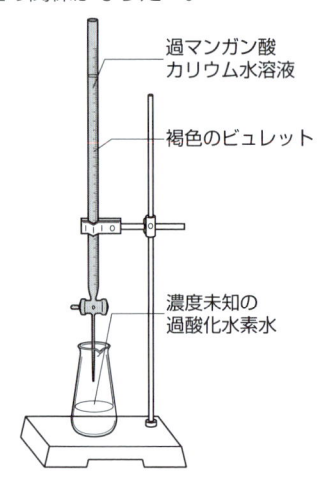

  塩酸は過マンガン酸カリウムに対して，還元剤として働いて塩素が発生し，硝酸は酸化剤として働いて，還元剤を酸化してしまう。

- **終点の判断** この場合，反応中は赤紫色の MnO_4^- がほぼ無色の Mn^{2+} に変化するが，MnO_4^- の色が消えなくなったところを終点とする。

- **過マンガン酸カリウム水溶液を褐色のビュレットに入れる理由**… 過マンガン酸カリウムは光で分解して酸化マンガン（Ⅳ）に変化する性質があるからである。

②ヨウ素滴定

酸化剤	$H_2O_2 + 2H^+ + 2e^- \longrightarrow 2H_2O$
還元剤	$2I^- \longrightarrow I_2 + 2e^-$

濃度未知の H_2O_2 と過剰量の KI の反応

酸化剤	$I_2 + 2e^- \longrightarrow 2I^-$
還元剤	$2S_2O_3^{2-} \longrightarrow S_4O_6^{2-} + 2e^-$

I_2 と濃度未知の $Na_2S_2O_3$ の反応。終点はヨウ素デンプン反応により確認。

③化学的酸素要求量 COD の測定
水中の有機物を酸化分解するのに必要な酸素量 [mg/L] を求める滴定。値が高いほど汚濁が激しい。

④溶存酸素 DO の測定
水中の酸素量 [mg/L] を求める滴定。値が低いほど汚濁が激しい。

⑤生物化学的酸素要求量 BOD
試料水を密閉容器中に一定温度で一定時間保ったときの DO の減少量から求める，微生物による有機物分解にともなう酸素消費量 [mg/L]。値が高いほど汚濁が激しい。

7 酸化還元反応

WARMING UP／ウォーミングアップ

1 酸化・還元の定義

次の（　）に適する語句を入れよ。

ある物質が酸素と結びつく反応を（ア）といい，逆に酸素を失う反応を（イ）という。また，ある物質が水素と結びつく反応を（ウ）といい，逆に水素を失う反応を（エ）という。さらにこのような酸素や水素の授受に限定されない，（オ）の授受による酸化・還元の定義のしかたがある。この場合（オ）を失う反応を（カ）といい，（オ）を受け取る反応を（キ）という。

2 電子の授受

次の文章は銅の酸化反応での電子の授受に関するものである。（　）に適する化学式・語句を入れよ。

銅を加熱すると，銅が空気中の酸素と結びついて，表面に黒色の酸化銅（Ⅱ）が生じる。

$$2Cu + O_2 \longrightarrow 2CuO$$

このとき，銅は電子を失って銅（Ⅱ）イオンになり，酸素は電子を受け取って酸化物イオンになっている。このことを電子 e^- を含む反応式で表すと次のようになる。

$$2Cu \longrightarrow 2(ア) + 4e^-$$
$$O_2 + 4e^- \longrightarrow 2(イ)$$

よって，反応式により，電子を失った銅は（ウ）され，電子を受け取った酸素は（エ）されたことになる。

3 酸化数

次の(1)〜(4)の文章は，物質・イオンを構成する原子の酸化数に関するものである。（　）に適する数値を入れよ。

(1) 水素 H_2 は単体であるので，H の酸化数は（ア）である。

(2) Na^+ は単原子イオンである。単原子イオンの酸化数はそのイオンの符号を含めた電荷と等しいので，Na^+ の酸化数は（イ）である。

(3) 化合物 NaCl は Na^+ と Cl^- から構成されており，単原子イオンの酸化数はそのイオンの符号を含めた電荷と等しいので，NaCl 中の Na^+ の酸化数は（ウ），Cl^- の酸化数は（エ）である。

(4) 化合物 H_2O 中の O の酸化数は（オ），H の酸化数は（カ）である。この化合物の酸化数の総和は（キ）となる。

1
(ア) 酸化
(イ) 還元
(ウ) 還元
(エ) 酸化
(オ) 電子
(カ) 酸化
(キ) 還元

2
(ア) Cu^{2+}
(イ) O^{2-}
(ウ) 酸化
(エ) 還元

3
(ア) 0
(イ) +1
(ウ) +1
(エ) −1
(オ) −2
(カ) +1
(キ) 0

基本例題 33　酸化数と酸化還元反応

次の反応式について，下の問いに答えよ。

$$Cu + 2H_2SO_4 \longrightarrow CuSO_4 + 2H_2O + SO_2$$

(1) 反応前の硫酸中の硫黄原子と，反応後の二酸化硫黄中の硫黄原子の酸化数をそれぞれ求めよ。

(2) この反応によって硫酸中の硫黄原子は酸化されたか還元されたかを答えよ。

●エクセル　化合物中の酸化数：Hは＋1，Oは－2，各原子の酸化数の総和は0

解説
(1) 硫酸中の硫黄原子の酸化数をxとすると，
$H_2\underline{S}O_4$　$(+1) \times 2 + x + (-2) \times 4 = 0$
$x = +6$
二酸化硫黄中の硫黄原子の酸化数をyとすると，
$\underline{S}O_2$　$y + (-2) \times 2 = 0$，$y = +4$

(2) (1)より，硫黄原子の酸化数は反応の前後で＋6→＋4と変化しており，減少している。よって，硫酸は還元されたことになる[1]。

① 酸化数変化なし：酸化も還元もされない
$Cu + 2H_2\underline{S}O_4 \longrightarrow Cu\underline{S}O_4 + 2H_2O + \underline{S}O_2$
　　　　　+6　　　　　　+6　　　　　　+4
酸化数減少：還元された

解答　(1) H_2SO_4　＋6　　SO_2　＋4　　(2) 還元された

エクササイズ

◆酸化数

次の化学反応において，下線部の原子の酸化数の変化を示せ。また，酸化剤として働いている物質の化学式を示せ。

(1) $2K\underline{I} + Cl_2 \longrightarrow 2KCl + \underline{I}_2$
(2) $\underline{S}O_2 + 2H_2\underline{S} \longrightarrow 3\underline{S} + 2H_2O$
(3) $H_2\underline{O}_2 + \underline{S}O_2 \longrightarrow H_2\underline{S}O_4$
(4) $H_2\underline{O}_2 + 2K\underline{I} + H_2SO_4 \longrightarrow K_2SO_4 + 2H_2\underline{O} + \underline{I}_2$
(5) $3\underline{Cu} + 8HNO_3 \longrightarrow 3\underline{Cu}(NO_3)_2 + 4H_2O + 2NO$
(6) $Cu + 2H_2\underline{S}O_4 \longrightarrow CuSO_4 + 2H_2O + \underline{S}O_2$
(7) $MnO_2 + 4H\underline{Cl} \longrightarrow MnCl_2 + 2H_2O + \underline{Cl}_2$
(8) $2FeCl_3 + \underline{Sn}Cl_2 \longrightarrow 2FeCl_2 + \underline{Sn}Cl_4$

基本例題 34 半反応式のつくり方 基本 → 169

硫酸酸性の過マンガン酸カリウムの半反応式の( )に適当な数値，化学式を入れて，完成させよ。

$$MnO_4^- + (\text{ア})H^+ + (\text{イ})e^- \longrightarrow (\text{ウ}) + 4H_2O$$

●エクセル　両辺の酸化数の変化に着目し，電荷と原子数を合わせる。

解説　半反応式のつくり方を以下の(1)〜(4)に示す。

(1) 硫酸酸性中の MnO_4^- は酸化剤として働くと Mn^{2+} になる❶。
$$MnO_4^- \longrightarrow Mn^{2+}$$

(2) 酸化剤の酸化数の変化を調べ，電子 e^- を左辺に加える。
$$\underset{+7}{MnO_4^-} + 5e^- \longrightarrow \underset{+2}{Mn^{2+}}$$

(3) 両辺の電荷をそろえるために，酸化剤では左辺に水素イオン H^+ を加える。
$$MnO_4^- + 8H^+ + 5e^- \longrightarrow Mn^{2+}$$

(4) 両辺の H, O の数をそろえるために，酸化剤では右辺に水 H_2O を加える。
$$MnO_4^- + 8H^+ + 5e^- \longrightarrow Mn^{2+} + 4H_2O$$

❶ $KMnO_4 \xrightarrow{電離} K^+ + MnO_4^-$ （赤紫色）

$\underset{+7}{MnO_4^-} \xrightarrow{還元} \underset{+2}{Mn^{2+}}$
赤紫色　　淡桃色

解答　(ア) 8　(イ) 5　(ウ) Mn^{2+}

エクササイズ

◆酸化剤・還元剤の働き方を表す反応式（半反応式）

( )に係数，□に化学式を入れ，次の酸化剤，還元剤の半反応式を完成せよ。

(1) （酸性）$H_2O_2 + ($　$)$ □ $+ ($　$)e^- \longrightarrow ($　$)H_2O$

(2) （酸性）$MnO_4^- + ($　$)H^+ + ($　$)e^- \longrightarrow$ □ $+ ($　$)H_2O$

(3) $Cr_2O_7^{2-} + ($　$)H^+ + ($　$)e^- \longrightarrow ($　$)$ □ $+ ($　$)H_2O$

(4) $HNO_3 + ($　$)H^+ + ($　$)e^- \longrightarrow NO + ($　$)H_2O$

(5) （熱濃）$H_2SO_4 + ($　$)H^+ + ($　$)e^- \longrightarrow$ □ $+ ($　$)H_2O$

(6) $H_2S \longrightarrow$ □ $+ ($　$)H^+ + ($　$)e^-$

(7) $Fe^{2+} \longrightarrow$ □ $+ e^-$

(8) $($　$)I^- \longrightarrow$ □ $+ ($　$)e^-$

(9) $SO_2 + ($　$)H_2O \longrightarrow$ □ $+ ($　$)H^+ + ($　$)e^-$

基本例題 35　酸化還元反応式のつくり方

基本 → 169, 170

過マンガン酸カリウム $KMnO_4$ の硫酸酸性水溶液と過酸化水素水 H_2O_2 の酸化還元反応式をつくれ。$KMnO_4$ と H_2O_2 の酸化剤、還元剤としての働き方は次のようになる。

（酸化剤）　$MnO_4^- + 8H^+ + 5e^- \longrightarrow Mn^{2+} + 4H_2O$　　…①

（還元剤）　$H_2O_2 \longrightarrow O_2 + 2H^+ + 2e^-$　　…②

●エクセル　酸化剤と還元剤の半反応式における e^- の数をそろえる。

解説

①式、②式から電子 e^- を消去する。①×2＋②×5 ❶

$2MnO_4^- + 16H^+ + 10e^- \longrightarrow 2Mn^{2+} + 8H_2O$

＋)　$5H_2O_2 \longrightarrow 5O_2 + 10H^+ + 10e^-$

$2MnO_4^- + 6H^+ + 5H_2O_2 \longrightarrow 2Mn^{2+} + 5O_2 + 8H_2O$

左辺の MnO_4^- を $KMnO_4$ にするために、両辺に $2K^+$ を加える。

$2KMnO_4 + 6H^+ + 5H_2O_2$
$\longrightarrow 2Mn^{2+} + 2K^+ + 5O_2 + 8H_2O$

左辺の H^+ は硫酸由来なので、両辺に $3SO_4^{2-}$ を加える。

$2KMnO_4 + 3H_2SO_4 + 5H_2O_2$
$\longrightarrow 2MnSO_4 + K_2SO_4 + 5O_2 + 8H_2O$ ❷

❶ 酸化還元反応では電子の授受が過不足なく行われるので、酸化剤と還元剤の半反応式から電子 e^- を消去すれば、イオン反応式が得られる。

❷ 反応によって過マンガン酸カリウムの赤紫色が消える。酸素の発生による発泡も見られる。

解答　$2KMnO_4 + 3H_2SO_4 + 5H_2O_2 \longrightarrow 2MnSO_4 + K_2SO_4 + 5O_2 + 8H_2O$

基本例題 36　酸化還元反応の量的関係

基本 → 171

硫酸酸性の過マンガン酸カリウム水溶液とシュウ酸水溶液は次のように働く。

$MnO_4^- + 8H^+ + 5e^- \longrightarrow Mn^{2+} + 4H_2O$　　…①

$(COOH)_2 \longrightarrow 2CO_2 + 2H^+ + 2e^-$　　…②

0.100 mol/L のシュウ酸水溶液 10.0 mL を酸化するには、0.100 mol/L の過マンガン酸カリウム水溶液を何 mL 加えればよいか。

●エクセル

$n \times c \times V = n' \times c' \times V'$

酸化剤：c [mol/L]，V [L]（酸化剤1個が n 個の電子を受け取るとする）
還元剤：c' [mol/L]，V' [L]（還元剤1個が n' 個の電子を与えるとする）
酸化剤が受け取る e^- の物質量＝還元剤が失う e^- の物質量

解説

1 mol の過マンガン酸カリウムは 5 mol の電子を受け取り、1 mol のシュウ酸は 2 mol の電子を失う。

過マンガン酸カリウム水溶液の体積を x mL とすると、$n \times c \times V = n' \times c' \times V'$ より、

$5 \times 0.100 \text{ mol/L} \times \dfrac{x}{1000} \text{ L} = 2 \times 0.100 \text{ mol/L} \times \dfrac{10.0}{1000} \text{ L}$ ❶

$x = 4.00$　　よって 4.00 mL

❶ $n = 5$，$n' = 2$

別解

酸化還元反応式は，
$$2KMnO_4 + 5(COOH)_2 + 3H_2SO_4 \longrightarrow 2MnSO_4 + K_2SO_4 + 10CO_2 + 8H_2O$$ ❷

$KMnO_4$ と $(COOH)_2$ は $2:5$ の物質量比で反応するから，加える過マンガン酸カリウム水溶液を x mL とすると，

$$0.100\,\text{mol/L} \times \frac{x}{1000}\,\text{L} : 0.100\,\text{mol/L} \times \frac{10.0}{1000}\,\text{L} = 2:5$$

$x = 4.00$　よって 4.00 mL

❷ ①式，②式から e^- を消去し（①×2＋②×5），省略されているイオンを補うと，酸化還元反応式ができる。

解答 4.00 mL

基本問題

164 ▶ 酸化と還元　下線を引いた原子について，酸素原子，水素原子の授受に注目して，酸化されたか還元されたかを答えよ。

(1) 2C<u>u</u>O + C ⟶ 2Cu + CO₂　　(2) Fe₂O₃ + 2<u>Al</u> ⟶ Al₂O₃ + 2Fe

(3) 2H₂ + <u>O</u>₂ ⟶ 2H₂O　　(4) 2H₂<u>S</u> + SO₂ ⟶ 3S + 2H₂O

165 ▶ 酸化数　次の物質について，下線部の原子の酸化数を求めよ。

(1) <u>K</u>　　(2) <u>Cl</u>₂　　(3) H₂<u>O</u>　　(4) H₂<u>O</u>₂　　(5) <u>S</u>O₂　　(6) H₂<u>S</u>O₄

(7) H<u>N</u>O₃　　(8) <u>Na</u>⁺　　(9) <u>O</u>H⁻　　(10) <u>N</u>H₄⁺　　(11) <u>C</u>O₃²⁻　　(12) H<u>Cl</u>O₃

(13) <u>Mn</u>O₂　　(14) K₂<u>Cr</u>₂O₇　　(15) Na<u>H</u>

166 ▶ 酸化数と酸化・還元　次の文中の(ア)～(キ)に適当な語句・数値を入れよ。

　酸化・還元は酸素原子や水素原子のやりとりだけでなく，広く電子の授受という立場で定義することができる。原子やイオンが電子を失って酸化数が(ア)すれば，その原子やイオンは(イ)されたといい，逆に電子を受け取って酸化数が(ウ)すれば，(エ)されたという。たとえば，酸化マンガン(Ⅳ)中のマンガン原子が塩酸と反応してマンガン(Ⅱ)イオンになるとき，マンガンは(オ)されて，その酸化数は(カ)から(キ)に変化する。

167 ▶ 酸化還元反応 1　次の反応式のうちから酸化還元反応をすべて選び，酸化剤および還元剤を化学式で示せ。

(1) NaOH + HCl ⟶ NaCl + H₂O　　(2) NaHCO₃ + HCl ⟶ NaCl + CO₂ + H₂O

(3) SO₂ + H₂O₂ ⟶ H₂SO₄　　(4) AgNO₃ + HCl ⟶ AgCl + HNO₃

(5) 2KMnO₄ + 3H₂SO₄ + 5H₂O₂ ⟶ K₂SO₄ + 2MnSO₄ + 8H₂O + 5O₂

168 ▶ ハロゲンの酸化力
次の文中の( )に適当な語句・数値を入れよ。

$$2KI + Cl_2 \longrightarrow I_2 + 2KCl$$

上の反応では，ヨウ化カリウム KI のヨウ素の酸化数が(ア)から(イ)に増加，つまり，KI 自身は(ウ)されているので，KI は(エ)剤として作用している。また，塩素 Cl_2 の酸化数は(オ)から(カ)に減少，つまり，Cl_2 自身は(キ)されているので，Cl_2 は(ク)剤として作用している。このような反応を(ケ)反応という。

169 ▶ 酸化還元反応 2
硫酸酸性の二クロム酸カリウム $K_2Cr_2O_7$ 水溶液とシュウ酸 $(COOH)_2$ 水溶液との反応を表す化学反応式を，次の手順でつくれ。
(1) 硫酸酸性の二クロム酸カリウムの水溶液中での働きを，e^- を含む反応式で示せ。ただし，二クロム酸イオンは酸化剤として働き，反応後 Cr^{3+} になる。
(2) シュウ酸の水溶液中での働きを，e^- を含む反応式で示せ。ただし，シュウ酸は還元剤として働き，反応後 CO_2 になる。
(3) (1)，(2)の式から，e^- を消去して 1 つのイオン反応式をつくれ。
(4) (3)で省略されているイオンは何か。陽イオン，陰イオンに分けてそれぞれ答えよ。
(5) 省略されているイオンを補い，化学反応式を完成させよ。

170 ▶ 酸化還元反応 3
次の酸化還元反応を化学反応式で示せ。
(1) 過マンガン酸カリウム $KMnO_4$ 水溶液と過酸化水素 H_2O_2 水溶液（硫酸酸性）
(2) 過マンガン酸カリウム $KMnO_4$ 水溶液とシュウ酸 $(COOH)_2$ 水溶液（硫酸酸性）
(3) ヨウ素 I_2 と二酸化硫黄 SO_2
(4) 二酸化硫黄 SO_2 と硫化水素 H_2S
(5) 熱濃硫酸 H_2SO_4 と銅 Cu
(6) 濃硝酸 HNO_3 と銅 Cu

171 ▶ 酸化還元反応の量的関係
過マンガン酸カリウム $KMnO_4$ は，硫酸酸性の水溶液では，過マンガン酸イオンとして，次のように強い酸化力を示す。

$$MnO_4^- + (ア)H^+ + (イ)e^- \longrightarrow Mn^{2+} + (ウ)H_2O$$

一方，過酸化水素の水溶液は，酸化剤としても還元剤としても働くが，過マンガン酸カリウム水溶液に対しては，次のように還元剤として働く。

$$H_2O_2 \longrightarrow O_2 + (エ)H^+ + (オ)e^-$$

(1) 文中の(ア)〜(オ)に入る適当な数字を答えよ。
(2) 過マンガン酸カリウムと過酸化水素が過不足なく反応するとき，物質量の比を求めよ。
(3) $0.100\,mol/L$ の過酸化水素の水溶液 $10.0\,mL$ に希硫酸を加えたものと過不足なく反応する $0.0200\,mol/L$ の過マンガン酸カリウム水溶液は何 mL か。

172 ▶ 水溶液の色
文中の(ア)～(カ)に適する語句を入れよ。

濃度未知の過酸化水素水の濃度を求めるため，この過酸化水素水を(ア)で正確に測りとってコニカルビーカーにとり，硫酸を加えた。また，濃度がわかっている過マンガン酸カリウム水溶液を(イ)に入れ滴定した。

過酸化水素水の色は(ウ)色で，過マンガン酸カリウム水溶液の色は(エ)色である。過酸化水素と過マンガン酸カリウムが過不足なく反応したとき，コニカルビーカーの中の水溶液の色は，(オ)色から(カ)色に変化する。

173 ▶ 生活と酸化還元
快適な生活のために，いろいろな化学物質の酸化作用や還元作用が利用されている。それらに関する記述として下線部が適当でないものを，次の(1)～(4)のうちから1つ選べ。
(1) オゾンは酸化作用を示し，飲料水などの殺菌に利用される。
(2) 二酸化硫黄は還元作用を示し，殺菌消毒に利用される。
(3) 次亜塩素酸の塩は酸化作用を示し，殺菌消毒に利用される。
(4) 鉄粉は酸化作用を示し，使い捨てカイロに利用される。

174 ▶ 身のまわりの酸化還元
次の記述のうち，下線部の物質が酸化を防止する目的で用いられているものはどれか。最も適当なものを次の(1)～(4)の中から選べ。
(1) 鉄板の表面を，亜鉛 Zn でめっきする。
(2) 飲料用の水を，塩素 Cl_2 で処理する。
(3) せんべいの袋に生石灰 CaO を入れた袋を入れる。
(4) パンケーキの生地に，重曹(炭酸水素ナトリウム)$NaHCO_3$ を加える。

(22 共通テスト 改)

応用例題 37　二酸化硫黄の定量（ヨウ素酸化滴定）　　応用 ▶ 179

次の文章を読み，下の問いに答えよ。

0.200 mol/L のヨウ素溶液 25.0 mL に，二酸化硫黄 SO_2 を通じ，完全に反応させた。未反応のヨウ素を，デンプンを指示薬として 0.0500 mol/L のチオ硫酸ナトリウム水溶液で滴定したところ，20.0 mL を加えたときに溶液の色が変化した。

ただし，チオ硫酸ナトリウムとヨウ素は次のように反応する。

$$I_2 + 2Na_2S_2O_3 \longrightarrow 2NaI + Na_2S_4O_6$$

(1) 滴定の終点における溶液の色の変化を示せ。
(2) はじめに吸収した二酸化硫黄の物質量を有効数字2桁で求めよ。

●エクセル　酸化剤が受け取った e^- の物質量 = 還元剤が失った e^- の物質量

解説 (1) 滴定の終点前は，水溶液中にヨウ素が存在し，ヨウ素デンプン反応によって青紫色を示すが，すべてのヨウ素が反応してしまうと，水溶液は無色を示すようになる[❶]。

(2) ヨウ素 I_2 と二酸化硫黄 SO_2 の反応では，I_2 が酸化剤，SO_2 が還元剤として働く[❷]。

$$I_2 + 2e^- \longrightarrow 2I^-$$
$$SO_2 + 2H_2O \longrightarrow SO_4^{2-} + 4H^+ + 2e^-$$

よって，I_2 1mol が e^- 2mol を受け取り SO_2 1mol が e^- 2mol を失っている。

さらに，チオ硫酸ナトリウム $Na_2S_2O_3$ もヨウ素 I_2 に対して還元剤として働いている。

$$2S_2O_3^{2-} \longrightarrow S_4O_6^{2-} + 2e^-$$

よって，$S_2O_3^{2-}$ 1mol が e^- 1mol を失っている。

求める SO_2 の物質量を x [mol] とすると

I_2 が受け取った e^- の物質量
＝SO_2 が失った e^- の物質量＋$S_2O_3^{2-}$ が失った e^- の物質量より[❸]

$$\left(0.200\,\text{mol/L} \times \frac{25.0}{1000}\,\text{L}\right) \times 2 = 2x[\text{mol}] + \left(0.0500\,\text{mol/L} \times \frac{20.0}{1000}\,\text{L}\right) \times 1$$

よって，$x = 4.5 \times 10^{-3}$ mol

❶ 酸化還元反応には指示薬の必要がない反応が多いが，I_2 はデンプンを指示薬として用いる。

❷ I_2 を酸化剤とするヨウ素滴定をヨウ素酸化滴定，KI を還元剤とするヨウ素滴定をヨウ素還元滴定という。

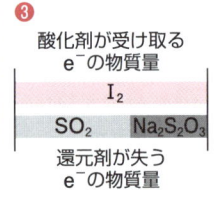

❸
酸化剤が受け取る e^- の物質量	
I_2	
SO_2	$Na_2S_2O_3$
還元剤が失う e^- の物質量	

解答 (1) 青紫色 ⟶ 無色　(2) 4.5×10^{-3} mol

応用問題

□□□ **175 ▶ 酸化還元反応 4**　次の反応式のうちから酸化還元反応をすべて選び，酸化数の変化がある原子と，その酸化数の変化を示せ。

(1) $4HCl + MnO_2 \longrightarrow MnCl_2 + 2H_2O + Cl_2$
(2) $CaCO_3 + 2HCl \longrightarrow CaCl_2 + CO_2 + H_2O$
(3) $2H_2O_2 \longrightarrow 2H_2O + O_2$
(4) $K_2Cr_2O_7 + 2KOH \longrightarrow 2K_2CrO_4 + H_2O$
(5) $3Cu + 8HNO_3 \longrightarrow 3Cu(NO_3)_2 + 4H_2O + 2NO$

□□□ **176 ▶ 酸化還元滴定**　硫酸酸性にした 0.100 mol/L シュウ酸 $(COOH)_2$ 水溶液 10.0 mL に，濃度が未知の二クロム酸カリウム $K_2Cr_2O_7$ 水溶液を加えて，酸化還元滴定を行ったところ，シュウ酸がすべて反応するまでに 15.0 mL を要した。

(1) 二クロム酸イオンとシュウ酸の反応をイオン反応式で表せ。
(2) 反応に用いた二クロム酸カリウム水溶液の濃度を求めよ。
論 (3) 酸性条件にするために，塩酸や硝酸ではなく硫酸を用いる理由を述べよ。

原子量の概数値	H	C	N	O	Na	Mg	Al	Si	S	Cl	K	Ca	Fe	Cu	Zn	Ag	I	Pb
	1.0	12	14	16	23	24	27	28	32	35.5	39	40	56	63.5	65	108	127	207

□□□ **177** ▶ **酸化還元反応5** 緑茶などの飲料の中には、酸化防止剤としてビタミンC(アスコルビン酸)$C_6H_8O_6$ が添加されているものがある。ビタミンCは酸素 O_2 と反応して酸化されることで、緑茶などの飲料の中の成分の酸化を防ぐ。このとき、ビタミンCおよび酸素の反応は、次のように表される。

$$C_6H_8O_6 \longrightarrow C_6H_6O_6 + 2H^+ + 2e^-$$
$$O_2 + 4H^+ + 4e^- \longrightarrow 2H_2O$$

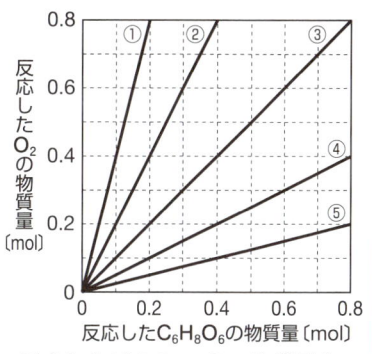

ビタミンCと酸素が過不足なく反応したときの、反応したビタミンCの物質量と、反応した酸素の物質量の関係を表す直線として最も適当なものを、グラフの①～⑤のうちから1つ選べ。

□□□ **178** ▶ **過マンガン酸カリウムによる滴定** 0.020 mol/L の過マンガン酸カリウム水溶液 20.0 mL を三角フラスコにとり、硫酸酸性下で濃度不明の亜硝酸カリウム KNO_2 水溶液 10.0 mL を加えた。このとき、亜硝酸イオンは過マンガン酸カリウムに酸化されて、次式に示すように硝酸イオンとなる。　　$NO_2^- + H_2O \longrightarrow NO_3^- + 2H^+ + 2e^-$

この溶液に、0.20 mol/L の硫酸鉄(Ⅱ) $FeSO_4$ 水溶液を 2.0 mL 加えたところ、この水溶液の色は赤紫色から淡桃色に変化した。濃度不明の亜硝酸カリウム水溶液のモル濃度を求めよ。ただし、有効数字は2桁とする。

□□□ **179** ▶ **ヨウ素滴定** 市販の過酸化水素水 25.0 mL を(ア)を用いて正確にとり、500 mL の(イ)に入れ、蒸留水を加えて正確に20倍に希釈した。この希釈水溶液 20.0 mL を(ウ)を用いて正確にとり、200 mL の(エ)に入れ、蒸留水を加えて全量を 50.0 mL とした後、ヨウ化カリウム 2.00 g と 3.00 mol/L の硫酸 5.00 mL を加え、①式の反応によりヨウ素を遊離させた。その後、(オ)から 0.104 mol/L のチオ硫酸ナトリウム $Na_2S_2O_3$ 水溶液を滴下して②式の反応により遊離したヨウ素を滴定したところ、滴定値の平均は、17.31 mL であった。

$$H_2O_2 + 2I^- + 2H^+ \longrightarrow (a) + I_2 \quad \cdots ① \qquad I_2 + 2S_2O_3^{2-} \longrightarrow 2I^- + S_4O_6^{2-} \quad \cdots ②$$

(1) 文中の(ア)～(オ)にあてはまる器具を次の(A)～(F)の中から選べ。
　　(A) 駒込ピペット　　(B) ホールピペット　　(C) 三角フラスコ
　　(D) メスフラスコ　　(E) メスシリンダー　　(F) ビュレット
(2) 反応式①の(a)に係数と化学式を記入し、化学反応式を完成させよ。
(3) この滴定に用いられる指示薬の名称と終点における溶液の色の変化を書け。
(4) 市販の過酸化水素水(密度 1.00 g/mL)のモル濃度[mol/L]と質量パーセント濃度[%]を求め、有効数字3桁で答えよ。

8 電池・電気分解

1 金属のイオン化傾向

金属	大 ←――――――――― イオン化傾向 ―――――――――→ 小
	Li K Ca Na Mg Al Zn Fe Ni Sn Pb (H₂) Cu Hg Ag Pt Au

反応			
空気	常温で直ちに酸化される	常温で表面に酸化被膜ができる	加熱により酸化される	酸化されない
水	常温で水と反応→水素発生	*	高温で水蒸気と反応→水素発生	反応しない
酸	酸化力の弱い酸(塩酸・希硫酸)と反応して水素を発生して溶ける		硝酸・熱濃硫酸に溶ける	王水に溶ける

*沸騰水と反応→水素発生　　王水は濃硝酸と濃塩酸を1:3の体積比で混合したもの。
注 Pbは，塩酸や希硫酸とは難溶性の被膜を生じるので，溶けにくい。
　　Al, Fe, Niは，濃硝酸とは表面にち密な酸化被膜をつくるので，溶けない(不動態)。

金属の反応性 イオン化傾向が大きいほど酸化されやすい(e^-を失いやすい)
　　　　　　　＝イオン化傾向が大きいほど還元性が強い(e^-を与えやすい)

2 電池

◆1 **イオン化傾向と電池**　一般に，電池の基本的構造は，イオン化傾向の異なる2種類の金属を電極として，電解質の水溶液に浸したものである。酸化還元反応にともなって生じる化学エネルギーを電気エネルギーとして取り出している。

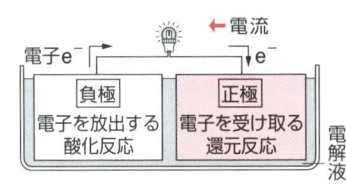

負極：電子を放出する反応(酸化反応)。
正極：電子を受け取る反応(還元反応)。
電解液：電解質の溶液。電解液内ではイオンが移動することができる。

◆2 **電池の種類**

名称／起電力	電池の構成／負極・正極の反応
ボルタ電池* (――)	$(-)Zn \mid H_2SO_4aq \mid Cu(+)$
	$(-)Zn \to Zn^{2+} + 2e^-$　　$(+)2H^+ + 2e^- \to H_2$
ダニエル電池 (1.1V)	$(-)Zn \mid ZnSO_4aq \mid CuSO_4aq \mid Cu(+)$
	$(-)Zn \to Zn^{2+} + 2e^-$　　$(+)Cu^{2+} + 2e^- \to Cu$
鉛蓄電池 (2.0V)	$(-)Pb \mid H_2SO_4aq \mid PbO_2(+)$
	$(-)Pb + SO_4^{2-} \to PbSO_4 + 2e^-$　　$(+)PbO_2 + 4H^+ + SO_4^{2-} + 2e^- \to PbSO_4 + 2H_2O$
燃料電池 (1.2V)	$(-)H_2 \mid H_3PO_4aq \mid O_2(+)$
	$(-)H_2 \to 2H^+ + 2e^-$　　$(+)O_2 + 4H^+ + 4e^- \to 2H_2O$
マンガン乾電池 (1.5V)	$(-)Zn \mid NH_4Claq, ZnCl_2aq \mid MnO_2(+)$
	$(-)Zn \to Zn^{2+} + 2e^-$　　$(+)MnO_2 + NH_4^+ + e^- \to MnO(OH) + NH_3$

*はじめて発明された電池。電流を流すと起電力がすぐに低下してしまう(分極)。

3 電気分解

◆1 電気分解

電気エネルギーを与えて酸化還元反応を強制的に起こすことを電気分解という。

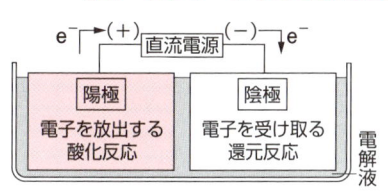

陽極：直流電源の正極に接続した電極。
　　　電子 e^- を放出する反応（酸化反応）。
陰極：直流電源の負極に接続した電極。
　　　電子 e^- を受け取る反応（還元反応）。

◆2 水溶液の電気分解

水溶液の電気分解ではイオンや電極の種類により反応が異なる。

〈電気分解の考え方〉

陽極	陰極
○電極が Pt, C のとき 　①ハロゲン化物イオンを含む 　　　　　　　⟶ハロゲンの単体生成 　　$2Cl^- \longrightarrow Cl_2 + 2e^-$ 　②ハロゲン化物イオンを含まない 　　　　　　　⟶ O_2 発生 　$2H_2O \longrightarrow O_2 + 4H^+ + 4e^-$（中性, 酸性） 　$4OH^- \longrightarrow 2H_2O + O_2 + 4e^-$（塩基性） ○電極が Ag または Ag よりイオン化傾向が大きい金属のとき 　　　　　　　⟶陽極自身が溶解 　$Cu \longrightarrow Cu^{2+} + 2e^-$ 　$Ag \longrightarrow Ag^+ + e^-$	○イオン化傾向が小さい金属（Cu〜Au）のイオンを含む 　　　　　　　⟶金属の単体が析出 　$Cu^{2+} + 2e^- \longrightarrow Cu$ 　$Ag^+ + e^- \longrightarrow Ag$ ○イオン化傾向が大きい金属（Li〜Pb）のイオンを含む 　　　　　　　⟶ H_2 発生 　$2H^+ + 2e^- \longrightarrow H_2$（酸性） 　$2H_2O + 2e^- \longrightarrow H_2 + 2OH^-$ 　　　　　　　　　（中性, 塩基性）

◆3 溶融塩電解　陰極で金属の陽イオンが還元される。

例 アルミニウムの溶融塩電解
陽極：$\begin{cases} O^{2-} + C \longrightarrow CO + 2e^- （酸化） \\ 2O^{2-} + C \longrightarrow CO_2 + 4e^- （酸化） \end{cases}$　　陰極：$Al^{3+} + 3e^- \longrightarrow Al$（還元）

4 電気分解による物質の変化量

◆1 電気量　電気量〔C〕＝電流〔A〕×時間〔s〕

◆2 ファラデー定数　電子 e^- 1mol あたりの電気量。$F = 9.65 \times 10^4$ C/mol
電気量より電子の物質量は次のようにして求める。

$$電子の物質量〔mol〕 = \frac{電気量〔C〕}{9.65 \times 10^4 C/mol}$$

◆3 ファラデーの法則　電気分解において，陽極や陰極で変化したイオンの物質量と，流れた電気量とは比例する。

WARMING UP／ウォーミングアップ

次の文中の( )に適する語句・化学式・数値を入れよ。

1 金属の性質
次の金属について，下の(1)〜(3)に答えよ。
　　Na　Cu　Mg　Zn　Ag
(1) イオン化傾向の大きい順に並べかえると(ア)である。
(2) 常温の水と激しく反応する金属は(イ)である。
(3) 塩酸と反応しない金属は(ウ)である。

2 ダニエル電池
ダニエル電池は，亜鉛板と銅板を，素焼き板で区切った容器に入れた物である。亜鉛板を浸した(ア)水溶液と銅板を浸した(イ)水溶液が，素焼き板で区切ってある。導線で２つの金属板をつなぐと，亜鉛板は溶けて(ウ)になる。このとき，電子が放出されるので，亜鉛板は(エ)極となる。亜鉛板から放出された電子は導線を通って銅板に流れてくる。銅板の表面では，流れてきた電子を溶液中の(オ)が受け取り，単体の銅として析出する。よって銅板は(カ)極となる。

化学 3 電気分解
炭素電極を用いて，塩化銅(Ⅱ)$CuCl_2$水溶液の電気分解を行った。
(1) 次のイオン反応式は陰極での反応である。イオン反応式を完成させよ。　　$Cu^{2+} + 2e^- \longrightarrow$ (ア)　…①
(2) (1)より，陰極では，酸化数が(イ)の銅(Ⅱ)イオンが，酸化数が(ウ)の銅に(エ)されている。
(3) 次のイオン反応式は陽極での反応である。イオン反応式を完成させよ。　　$2Cl^- \longrightarrow$ (オ) $+ 2e^-$　…②
(4) (3)より，陽極では，酸化数が(カ)の塩化物イオンが，酸化数が(キ)の塩素に(ク)されている。
(5) 以上より，全体の反応式は，(①式＋②式より)
　　$CuCl_2 \longrightarrow$ (ケ) $+$ (コ)

化学 4 電気量
(1) 2.0 A の電流を 30 秒間流した。このとき流れた電気量は(ア)C である。
(2) 銀イオンが電子を受け取って，0.100 mol の銀が析出した。このときに流れた電気量は(イ)C である。ただし，このときに起きた反応は，$Ag^+ + e^- \longrightarrow Ag$ である。

1
(ア) Na, Mg, Zn, Cu, Ag
(イ) Na
(ウ) Cu, Ag

2
(ア) 硫酸亜鉛
(イ) 硫酸銅(Ⅱ)
(ウ) 亜鉛イオン
(エ) 負
(オ) 銅(Ⅱ)イオン
(カ) 正

3
(ア) Cu
(イ) $+2$
(ウ) 0
(エ) 還元
(オ) Cl_2
(カ) -1
(キ) 0
(ク) 酸化
(ケ) Cu
(コ) Cl_2

4
(ア) 6.0×10
(イ) 9.65×10^3

基本例題 38　ダニエル電池

基本 → 187

右図のダニエル電池について，次の問いに答えよ。
(1) 両電極で起こる反応について，電子 e^- を含む反応式を記せ。
(2) 負極で起こるのは，酸化反応か還元反応か答えよ。
(3) 電流の向きは，図中の a, b のどちらか。

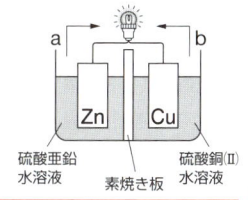

●エクセル　負極：電子を放出する反応（酸化反応），正極：電子を受け取る反応（還元反応）

解説
(2) 亜鉛の酸化数の変化は　$0(Zn) \longrightarrow +2(Zn^{2+})$
酸化数が増加しているので酸化反応。
(3) 電流は銅板（正極）から亜鉛板（負極）に流れる❶。

❶電子は負極から正極に，電流は正極から負極に流れる。

解答
(1) 負極：$Zn \longrightarrow Zn^{2+} + 2e^-$　　正極：$Cu^{2+} + 2e^- \longrightarrow Cu$
(2) 酸化反応　　(3) b

基本例題 39　電気分解の量的関係

基本 → 193, 194

白金電極で，硫酸銅(Ⅱ)水溶液を 1.0 A の電流で 10 分間電気分解した。このとき，次の問いに答えよ。Cu の原子量は 63.5，ファラデー定数は 9.65×10^4 C/mol とする。
(1) 両電極で起こる反応について，電子 e^- を含む反応式を記せ。
(2) 流れた電気量は，電子何 mol に相当するか。有効数字 2 桁で求めよ。
(3) 陰極の質量の変化はどのようになるか。有効数字 2 桁で求めよ。

●エクセル　電子 e^- 1 mol あたりの電気量は 9.65×10^4 C/mol
電気量〔C〕＝電流〔A〕×時間〔s〕

解説
(2) 10 分は (60×10) 秒なので，電気量〔C〕＝電流〔A〕×時間〔s〕より，電気量 ＝ $1.0 A \times (60 \times 10) s = 6.0 \times 10^2$ C
流れた電子の物質量は，
$$\frac{6.0 \times 10^2 C}{9.65 \times 10^4 C/mol} = 6.21 \cdots \times 10^{-3} mol$$❶
$$\fallingdotseq 6.2 \times 10^{-3} mol$$

(3) 陰極では $Cu^{2+} + 2e^- \longrightarrow Cu$ より，電子が 2 mol 流れると銅が 1 mol 析出する❷。析出した銅の物質量は，
$$6.21 \times 10^{-3} mol \times \frac{1}{2} = 3.10 \cdots \times 10^{-3} mol$$
よって，析出した銅の質量は，
$$63.5 g/mol \times 3.10 \times 10^{-3} mol = 0.196 \cdots g \fallingdotseq 0.20 g$$

❶流れた電気量から，電子の物質量を求める。
❷電子の物質量から，電極で変化する物質の物質量を求める。

解答
(1) 陽極：$2H_2O \longrightarrow O_2 + 4H^+ + 4e^-$　　陰極：$Cu^{2+} + 2e^- \longrightarrow Cu$
(2) 6.2×10^{-3} mol　　(3) 0.20 g 増加

基本問題

180 ▶ イオン化傾向 次の文章の（ ）に適する語句を，[ ]には化学式を入れよ。

硫酸銅(Ⅱ)水溶液に亜鉛板を入れると，水溶液中の銅(Ⅱ)イオンが亜鉛から電子を受け取り，亜鉛の表面に（ ア ）の単体が析出し，水溶液中に亜鉛が，亜鉛イオン[イ]となって溶け出す。このときの変化はイオン反応式で次のように表すことができる。

[ウ]+2e⁻ ⟶ Cu …①
Zn ⟶ [エ]+2e⁻ …②

反応全体では，①式，②式から電子 e⁻ を消去すると，①式＋②式より，

[オ]+Zn ⟶ Cu+[カ]

次に，硫酸亜鉛水溶液に銅板を入れると，反応は（ キ ）。

以上の実験から，銅と亜鉛では（ ク ）の方が陽イオンになりやすい，つまり，イオン化傾向が大きいことがわかる。

181 ▶ 金属の推定 次の文章を読み，問いに答えよ。文中のA〜Eは，鉄，カルシウム，亜鉛，銅，白金のいずれかの単体である。

(ア) A〜Eをそれぞれ塩酸に入れたところ，A，B，Eは溶けたが，C，Dは溶けなかった。
(イ) A〜Eをそれぞれ常温の水に入れたところ，Eのみが溶けた。
(ウ) A〜Eをそれぞれ希硝酸に入れたところ，D以外は溶けた。
(エ) A，B，C，Dをそれぞれ水酸化ナトリウム水溶液に入れたところ，Aのみが溶けた。
(オ) Bを希硝酸に溶かした水溶液に，Aの小片を入れると，その表面にBが析出した。

(1) A〜Eを元素記号で記せ。
(2) (イ)の下線部の反応を化学反応式で記せ。
(3) 各金属が水溶液中で陽イオンになりやすい順にA〜Eの記号で記せ。

182 ▶ 鉄と酸の反応 金属鉄に濃硝酸を加えて，鉄イオンを含んだ溶液をつくるのは困難である。その理由を30字以内で答えよ。　　　　　　　　　　　（10 都立大 改）

183 ▶ 金属のイオン化傾向 鉛は常温で塩酸や希硫酸にほとんど溶けない。この理由を答えよ。　　　　　　　　　　　　　　　　　　　　　　　（10 広島市立大 改）

184 ▶ 金属樹 硝酸銀の水溶液に銅板を入れると金属樹が生成する。この反応が起こる理由を簡潔に説明せよ。

185 ▶ 電池のしくみ　3種類の金属 A, B, C の間で電圧を測定した。

(1) 金属板の組み合わせで正極(+)，負極(−)は，(ア)〜(ウ)のようになった。この結果から，イオン化傾向の大きい順に A, B, C を並べよ。
　(ア) 正極：A，負極：B　　(イ) 正極：A，負極：C　　(ウ) 正極：C，負極：B

(2) 3種類の金属がマグネシウム，鉄，銅のどれかであるとき，A, B, C はそれぞれ何か。

(3) (1)の実験結果で，最も大きい電圧を示した組み合わせはどれか。

186 ▶ ボルタ電池　右図のように，亜鉛板と銅板を希硫酸に浸し，ボルタ電池をつくった。この電池について，次の問いに答えよ。

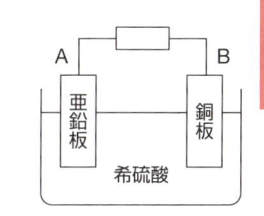

(1) 銅板，亜鉛板のどちらが負極か。
(2) 負極，正極での反応を電子 e^- を含む反応式で表せ。
(3) 電子は導線中を A から B，B から A のどちらに流れるか。

187 ▶ ダニエル電池　右図は，亜鉛板をうすい硫酸亜鉛水溶液に浸し，銅板を濃い硫酸銅(Ⅱ)水溶液に浸し，素焼きの筒で仕切った電池である。

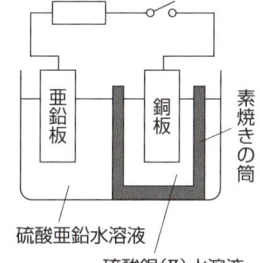

(1) 銅板，亜鉛板のどちらが負極か。
(2) 負極，正極での反応を電子 e^- を含む式で表せ。
(3) 素焼きの筒を通って，硫酸銅(Ⅱ)水溶液から硫酸亜鉛水溶液の方へ移動する主なイオンは何か。化学式で答えよ。
(4) 素焼きの筒のかわりに，ガラスの筒を用いた場合，起電力はどのようになるか。
(5) 硫酸銅(Ⅱ)水溶液の濃度を大きくすると，電流が流れる時間はどのようになるか。次の(ア)〜(ウ)の中から選べ。
　(ア) 長くなる　　(イ) 変化しない　　(ウ) 短くなる
(6) この電池で「亜鉛板を浸した硫酸亜鉛水溶液」を「ニッケル板を浸した硫酸ニッケル水溶液」にすると起電力はどのようになるか。
(7) 素焼きの筒を用いる理由を説明せよ。

(10 新潟大 改)

140 ── 2章 物質の変化

□□□ **188 ▶ 鉛蓄電池** 鉛蓄電池では正極に（ ア ），負極に（ イ ），電解液に（ ウ ）が用いられている。その起電力は約（ エ ）Vで，充電できるので（ オ ）電池とよばれる。
(1) 上の文において，(ア)，(イ)には化学式，(ウ)～(オ)には適する語句または数値を入れよ。
(2) 正極，負極での反応を電子 e^- を含む反応式で表せ。
(3) 充電するときの電池全体の化学反応式を記せ。
(4) 鉛蓄電池の電解液は，放電すると密度は増加するか減少するか。また，その理由を述べよ。

□□□ **189 ▶ 燃料電池** 右図は，水素と酸素を用いたリン酸形燃料電池の模式図である。電極A，Bを導線でつなぐと，電極Aでは，次のような（ ア ）反応が起こり，（ イ ）極となる。

$$H_2 \longrightarrow (\text{i})\boxed{\text{I}} + (\text{ii})e^- \cdots \text{①式}$$

また，電極Bでは，次のような（ ウ ）反応が起こり，（ エ ）極となる。

$$O_2 + (\text{iii})\boxed{\text{II}} + (\text{iv})e^- \longrightarrow (\text{v})\boxed{\text{III}} \cdots \text{②式}$$

(1) 上の文章の(ア)～(エ)に適当な語句を入れよ。
(2) ①式，②式の(i)～(v)には係数を，$\boxed{\text{I}}$～$\boxed{\text{III}}$には適当な化学式を入れよ。
(3) 燃料電池全体の反応の化学反応式を記せ。

□□□ **190 ▶ 実用電池** さまざまな実用電池を下表にまとめた。

名称	負極活物質	電解質	正極活物質	実用例
①マンガン乾電池	（i）	$ZnCl_2$	MnO_2	リモコン，懐中電灯
②アルカリマンガン乾電池	Zn	KOH	（ii）	オーディオプレーヤー，デジカメ
③酸化銀電池	Zn	KOH	（iii）	（ ア ）
④空気電池	Zn	KOH	（iv）	（ イ ）
⑤鉛蓄電池	Pb	H_2SO_4	PbO_2	自動車のバッテリー
⑥ニッケル・カドミウム電池	Cd	KOH	NiO(OH)	電動歯ブラシ
⑦ニッケル・水素電池	水素吸蔵合金	KOH	NiO(OH)	電気自動車
⑧リチウムイオン電池	Li_xC	Li塩	$Li_{(1-x)}CoO_2$	（ ウ ）

(1) (i)～(iv)に適する化学式を書き，(ア)～(ウ)に適する実用例を次の(a)～(d)から選べ。
　(a) スマートフォン　(b) 補聴器　(c) 懐中電灯　(d) 腕時計，電子体温計
(2) ⑤～⑧のように外部電源からの充電によりくり返し使用できる電池を何とよぶか。

□□□ **191 ▶ 電気分解** 以下の文中の(ア)～(オ)に適当な語句を入れよ。
　電解質水溶液に2本の電極を入れ，直流電流を流すと，強制的に酸化還元反応を起こすことができる。これを（ ア ）という。電池などの電源の正極につないだ電極を（ イ ）といい，（ ウ ）反応が起こる。負極につないだ電極を（ エ ）といい，（ オ ）反応が起こる。

8 電池・電気分解

192 ▶ 電気分解の電極 右表の水溶液を電気分解した。陽極、陰極で起こる反応①～⑩をイオン反応式で表せ。ただし、( )内は電極を表す。

水溶液	陽極		陰極	
H_2SO_4 水溶液	(Pt)	[①]	(Pt)	[②]
NaOH 水溶液	(Pt)	[③]	(Pt)	[④]
$CuCl_2$ 水溶液	(C)	[⑤]	(C)	[⑥]
$AgNO_3$ 水溶液	(Pt)	[⑦]	(Pt)	[⑧]
$CuSO_4$ 水溶液	(Cu)	[⑨]	(Cu)	[⑩]

193 ▶ 電気量 次の問いに答えよ。ただし、ファラデー定数は 9.65×10^4 C/mol とする。
(1) 0.30 A の電流を 15 分間流した。流した電気量は何 C か。
(2) 0.50 A の電流を 32 分 10 秒間流した。流れた電子の物質量は何 mol か。
(3) 電流を 1 時間 4 分 20 秒間流したところ、0.020 mol 分の電子が流れた。流れていた電流の大きさは何 A か。

194 ▶ 硫酸銅(Ⅱ)水溶液の電気分解 硫酸銅(Ⅱ)水溶液 100 mL に、白金電極を用いて、1.0 A の電流を通じたところ、すべての銅(Ⅱ)イオンが銅として析出するのに、16 分 5 秒間かかった。次の問いに答えよ。
(1) 陰極で析出した銅の質量を求めよ。
(2) 陽極で発生した気体の化学式を答えよ。また、この発生した気体は標準状態で何 L か。

195 ▶ 硝酸銀水溶液の電気分解 白金電極を用いて、硝酸銀水溶液を 1.0 A の電流を通じて 2 時間 8 分 40 秒間電気分解をした。
(1) 陽極、陰極での反応を電子 e^- を含んだ反応式で表せ。
(2) 流れた電子の物質量は何 mol か。ただし、ファラデー定数は 9.65×10^4 C/mol とする。
(3) 陰極に析出した物質は何 g か。
(4) 陽極で発生した気体は標準状態で何 L か。

196 ▶ 銅の電解精錬 銅の電解精錬では、(ア)極に不純物(Au, Ag, Fe, Ni, Zn など)を多く含む粗銅を、(イ)極には純銅の薄い板を用いて、硫酸酸性の硫酸銅(Ⅱ)水溶液中で電気分解する。このとき電圧は約 0.3 V と低めに設定する。電気分解を行うと、粗銅はイオンとなって溶け出し、薄い純銅の板には、純銅が析出し銅板が厚くなる。
(1) 文中の(ア),(イ)に適当な語句を入れよ。
(2) (イ)極での反応を化学反応式で記せ。
(3) 粗銅中の不純物(Au, Ag, Fe, Ni, Zn)のうち、陽極泥として沈殿すると考えられるものの化学式を記せ。
(4) 下線部のようにする理由を答えよ。

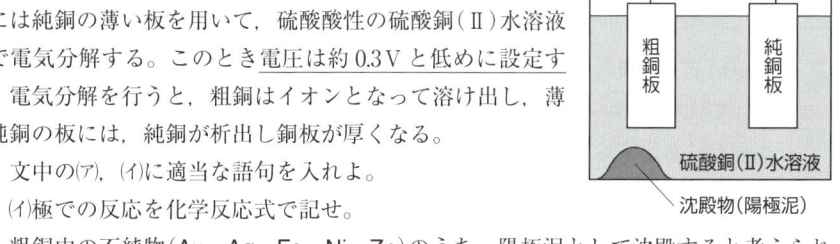

原子量の概数値	H	C	N	O	Na	Mg	Al	Si	S	Cl	K	Ca	Fe	Cu	Zn	Ag	I	Pb
	1.0	12	14	16	23	24	27	28	32	35.5	39	40	56	63.5	65	108	127	207

□□□ **197 ▶ 塩化ナトリウム水溶液の電気分解** 右図のように陽イオン交換膜で仕切られた陽極側に塩化ナトリウムの飽和水溶液を，陰極側に水を入れ電気分解を行う。陽極では気体として（ ア ）が発生する。陰極では気体として（ イ ）と液中には（ ウ ）イオンが発生する。溶液中の陰極付近では（ ウ ）イオンの濃度が高くなり，また，（ エ ）イオンは陽極から陰極へ陽イオン交換膜を透過できる。一方，（ ウ ）イオンや（ オ ）イオンは陽イオン交換膜を透過できない。したがって，陰極付近では（ ウ ）イオンと（ エ ）イオンの濃度が高くなり，この水溶液を濃縮すると（ カ ）が得られる。

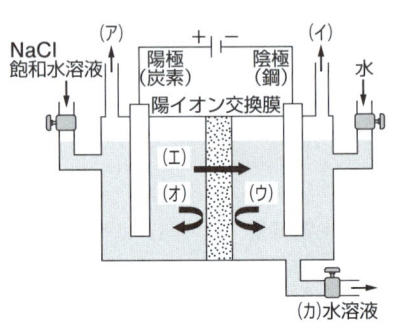

(1) (ア)～(カ)に適当な語句を入れよ。
(2) 1.00 A の電流を 1.93×10^3 秒間流して電気分解したとき，陰極で発生する気体は標準状態では何 L か。有効数字 3 桁で答えよ。　　　　　　　　　　　　（09 鹿児島大 改）

応用例題 40　直列接続の電気分解　　　　　　　　　　　　　　　　応用 ➡ 202

右図のように炭素電極と白金電極を用いた 2 つの電解槽を直列につなぎ，電解槽 A には塩化銅(Ⅱ)水溶液を，電解槽 B には硝酸銀水溶液を入れた。これに電流をある時間通じ電気分解を行うと，電解槽 A の陰極には 1.27 g の銅が析出した。有効数字 3 桁で答えよ。 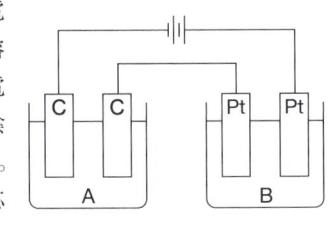
(1) 電解槽 A の陽極での反応を電子 e^- を含んだ反応式で表せ。
(2) 溶液中を流れた電気量は何 C か。
(3) 電解槽 B の陽極，陰極で生成する物質は何か。また，金属の場合はその質量を，気体の場合は標準状態における体積を求めよ。

●**エクセル**　直列接続の場合，どの電解槽も流れる電気量は等しい。

解説
(2) 銅 1.27 g の物質量は，$\dfrac{1.27 \text{ g}}{63.5 \text{ g/mol}} = 0.0200 \text{ mol}$
$Cu^{2+} + 2e^- \longrightarrow Cu$ より，電子 e^- が 2 mol 流れると銅が 1 mol 析出する。よって流れた電子の物質量は，
　　$0.0200 \text{ mol} \times 2 = 0.0400 \text{ mol}$❶
電子 1 mol の電気量は 9.65×10^4 C なので，求める電気量は，
　　$0.0400 \text{ mol} \times 9.65 \times 10^4 \text{ C/mol} = 3.86 \times 10^3 \text{ C}$
(3) 陽極：$2H_2O \longrightarrow O_2 + 4H^+ + 4e^-$　酸素が発生。
陽極では電子 e^- が 4 mol 流れると，酸素が 1 mol 発生する。

❶直列接続なので，電解槽 A, B に流れる電気量は等しい。

(2)より電子は 0.0400 mol 流れたので[1]，発生する酸素は

$0.0400\,\text{mol} \times \dfrac{1}{4} = 0.0100\,\text{mol}$ であり，その体積は[2]

$22.4\,\text{L/mol} \times 0.0100\,\text{mol} = 0.224\,\text{L}$

陰極：$Ag^+ + e^- \longrightarrow Ag$　銀が析出。

陰極では電子 1 mol が流れると，銀が 1 mol 析出する。

(2)より電子は 0.0400 mol 流れたので[1]，銀も 0.0400 mol 析出する。銀の質量は $108\,\text{g/mol} \times 0.0400\,\text{mol} = 4.32\,\text{g}$

[2] 標準状態では 1 mol の気体の体積は 22.4 L

解答 (1) $2Cl^- \longrightarrow Cl_2 + 2e^-$　(2) $3.86 \times 10^3\,\text{C}$
(3) 陽極：酸素が 0.224 L 発生　陰極：銀が 4.32 g 析出

応用問題

198 ▶ めっきと腐食　トタンは鉄板に亜鉛をめっきしたもので，ブリキは鉄板にスズをめっきしたものである。
　トタンとブリキの表面に傷がついて内部の鉄が露出するとどちらが腐食しやすいか。理由とともに簡潔に答えよ。

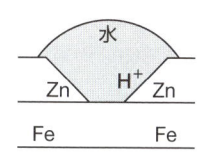

199 ▶ 鉛蓄電池　質量パーセント濃度 35.0 ％の希硫酸 560 g を用いて鉛蓄電池をつくり，$9.65 \times 10^4\,\text{C}$ の電気量を放電させた。次の問いに答えよ。ただし，ファラデー定数は $9.65 \times 10^4\,\text{C/mol}$ とする。
(1) 放電するときの反応式を書け。
(2) 両極の質量は合計何 g 変化するか。質量の増減についても記せ。
(3) 放電後の希硫酸の質量パーセント濃度を有効数字 3 桁で答えよ。

200 ▶ 乾電池　マンガン乾電池は，次のような簡略化した式で表すことができる。

$(-)\text{Zn} \mid \text{NH}_4\text{Cl}(飽和\,aq),\ \text{ZnCl}_2(aq) \mid \text{MnO}_2(+)$

　正極では（ ア ）が還元され，アンモニアを生成する。また，負極における反応は，（ イ ）$\longrightarrow$（ ウ ）＋（ エ ）e^- で表される。マンガン乾電池の電圧は，約（ オ ）V である。一方，アルカリ乾電池は，マンガン乾電池の電解液を（ カ ）の水溶液に変えたもので，より安定な電圧が得られる。
(1) (ア)〜(カ)に適当な化学式，または数値を入れよ。
(2) マンガン乾電池の正極で生じたアンモニアは，負極での反応を促進する。その理由を述べよ。

原子量の概数値	H	C	N	O	Na	Mg	Al	Si	S	Cl	K	Ca	Fe	Cu	Zn	Ag	I	Pb
	1.0	12	14	16	23	24	27	28	32	35.5	39	40	56	63.5	65	108	127	207

201 ▶ ファラデー定数
銅を電極として硫酸銅(Ⅱ)水溶液を電気分解した。その際，1.00 A の電流を 30 分間流した。次の問いに答えよ。ただし，アボガドロ定数は 6.02×10^{23}/mol とし，数値はすべて有効数字 3 桁で答えよ。

(1) 陽極，陰極で起こる反応を電子 e^- を用いた式で示せ。
(2) このとき流れた総電気量は何 C か。
(3) 電子 1 個の電気量の大きさを 1.60×10^{-19} C として，ファラデー定数を求めよ。
(4) 陽極および陰極の質量変化を(3)で求めたファラデー定数を用いて計算し，増減を含めて答えよ。

（福岡教育大 改）

202 ▶ 直列接続の電気分解
右図のような電解装置がある。電解槽Ⅰの電極および電解液には白金および 0.10 mol/L 硝酸銀水溶液 500 mL を用いた。また，電解槽Ⅱの電極および電解液には銅および 0.10 mol/L 硫酸銅(Ⅱ)水溶液 500 mL を用いた。電流効率 100 %，ファラデー定数を 9.65×10^4 C/mol として，次の問いに答えよ。

(1) 965 C の電気量を通電すると，各電極で析出する金属は銀，銅あわせて何 g か。有効数字 2 桁で答えよ。
(2) 965 C の電気量を通電したとき，電極で発生する気体をすべて集めると，標準状態で何 mL になるか。整数値で答えよ。
(3) 965 C の電気量を通電したとき，電解槽Ⅱ中の硫酸銅(Ⅱ)の濃度は何 mol/L になるか。有効数字 2 桁で答えよ。
(4) 通電後の電解槽Ⅰの陽極付近の水溶液は，何性を示すか。

203 ▶ 並列接続の電気分解
少量の亜鉛と銀を含む粗銅を陽極，純銅を陰極とし，硫酸銅(Ⅱ)水溶液を入れた電解槽Ⅰと，両電極を白金とし，硫酸ナトリウム水溶液を入れてふたをつけた電解槽Ⅱを並列につないだあと，鉛蓄電池を電源として 180 分間電気分解したところ，鉛蓄電池の負極の質量が 0.960 g 増加した。また，粗銅の下に銀が沈殿した。この間，電流計 A は一定値 100 mA を示し，電解槽Ⅱには気体が捕集された。

(1) 電解槽Ⅰの両極での反応を電子 e^- を含む式で示せ。
(2) 電解槽Ⅱで発生した気体の体積は，標準状態で何 mL か。ファラデー定数を 9.65×10^4 C/mol とし，有効数字 3 桁で答えよ。

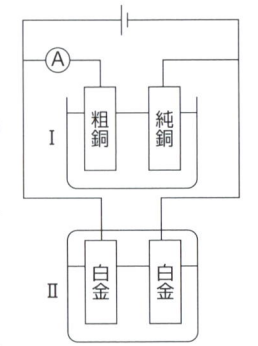

原子量の概数値	H	C	N	O	Na	Mg	Al	Si	S	Cl	K	Ca	Fe	Cu	Zn	Ag	I	Pb
	1.0	12	14	16	23	24	27	28	32	35.5	39	40	56	63.5	65	108	127	207

8 電池・電気分解 — 145

204 ▶ 電池と電気分解 図のように鉛蓄電池の電極 A, B を炭素電極 C, D に接続して, 塩化銅(Ⅱ)水溶液を電気分解した。その結果, 電極 C に銅が析出した。

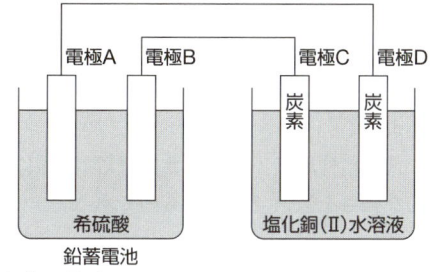

(1) 鉛蓄電池の電極 A, B に用いられている物質を化学式で答えよ。また, 電極での反応を, 電子 e^- を用いた反応式で示せ。
(2) 電極 D での反応を, 電子 e^- を用いた反応式で示せ。
(3) 電気分解の結果, 電極 C で 0.635 g の銅が析出した。このとき鉛蓄電池の電極 B での質量の増減は何 g か, 有効数字 3 桁で求めよ。

205 ▶ 燃料電池の効率 水素-酸素燃料電池(リン酸形)の反応によって液体の水 90 g が生成した。この装置で得られる電気エネルギーは以下の式から計算することができる。

電気エネルギー〔J〕＝ 起電力〔V〕× 電気量〔C〕

ただし, 液体の水 1 mol が生成するときの化学反応にともなって放出される熱エネルギー(反応熱)を 286 kJ, エネルギー効率を 100 %, ファラデー定数を 9.65×10^4 C/mol として計算し, すべて有効数字 2 桁で答えよ。

(1) 得られた電気量は何 C か。
(2) 稼働中の平均の起電力を 0.90 V とするとき, 得られた電気エネルギーは何 kJ か。
(3) この電気エネルギーは, 同じ量の液体の水が生成するときの化学反応で得られる熱エネルギーの何 % に相当するか。
(19 札幌医科大 改)

206 ▶ アルミニウムの溶融塩電解 アルミニウムは鉱石の(ア)からつくられる酸化アルミニウムを(イ)とともに溶融塩電解して得られる。電極には炭素を用いる。陽極では二酸化炭素や一酸化炭素が発生し, 陰極ではアルミニウムが析出する。

(1) 文中の(ア), (イ)に適当な語句を入れよ。
(2) 陽極, 陰極での反応を電子 e^- を含んだ反応式で表せ。
(3) この溶融塩電解で 965 A の電流を 100 時間流すと, 得られるアルミニウムの質量は理論上何 kg か。ファラデー定数を 9.65×10^4 C/mol とし, 有効数字 3 桁で答えよ。

207 ▶ イオン交換膜法 図のように塩化ナトリウム水溶液を入れた槽の両端に電極を入れ, その間に陽イオン交換膜と陰イオン交換膜を交互においで電圧をかけた。塩化ナトリウムのみが濃縮されるのは図中 A 〜 E のどの槽か。記号で示せ。ただし, 各槽はイオン交換膜によって完全に隔離されているものとする。
(愛媛大 改)

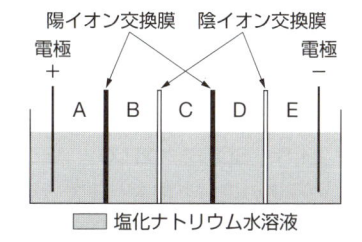

2章 発展問題 level 1

208 ▶ 酸化数の定義 次の文章を読み、問いに答えよ。

表1 ポーリングの電気陰性度

原子	H	C	O
電気陰性度	2.2	2.6	3.4

電気陰性度は、原子が共有電子対を引きつける相対的な強さを数値で表したものである。アメリカの化学者ポーリングの定義によると、表1の値となる。

共有結合している原子の酸化数は、電気陰性度の大きい方の原子が共有電子対を完全に引きつけたと仮定して定められている。

たとえば水分子では、図1のように酸素原子が──→の方向に共有電子対を引きつけるので、酸素原子の酸化数は−2、水素原子の酸化数は+1となる。

同様に考えると、二酸化炭素分子では、図2のようになり、炭素原子の酸化数は+4、酸素原子の酸化数は−2となる。

ところで、過酸化水素分子の酸素原子は、図3のようにO—H結合において共有電子対を引きつけるが、O—O結合においては、どちらの酸素原子も共有電子対を引きつけることができない。したがって、酸素原子の酸化数はいずれも−1となる。

図1　図2　図3

エタノールは酒類に含まれるアルコールで、酸化反応により構造が変化して酢酸となる。

エタノール → 酢酸（炭素原子A、炭素原子B）

エタノール分子中の炭素原子Aの酸化数と、酢酸分子中の炭素原子Bの酸化数は、それぞれいくつか。最も適当なものを次の①〜⑨のうちから1つずつ選べ。ただし、同じものをくり返し選んでもよい。

① +1　② +2　③ +3　④ +4　⑤ 0
⑥ −1　⑦ −2　⑧ −3　⑨ −4

209 ▶ 酸化剤・還元剤 水と二酸化硫黄 SO_2 の反応式は次の通りである。

$H_2O + SO_2 \longrightarrow H_2SO_3$

硫化水素 H_2S と二酸化硫黄 SO_2 の反応式は次の通りである。

$2H_2S + SO_2 \longrightarrow 2H_2O + 3S$

この反応の違いを酸素と硫黄の電気陰性度の違いから説明せよ。　（10 大阪大 改）

210 ▶ COD

ある湖の水質調査のため，化学的酸素要求量(COD)を求める次の実験を行った。COD とは，水中の有機物を一定の酸化条件で反応させたときに必要となる酸化剤の量を，相当する酸素 O_2 の量〔mg/L〕に換算したものである。次の問いに答えよ。

湖水 100 mL に硫酸を加えて酸性にした後，2.00×10^{-3} mol/L 過マンガン酸カリウム水溶液 10.0 mL を加えて穏やかに煮沸し，有機物を酸化させた。煮沸後，直ちに 2.00×10^{-3} mol/L シュウ酸ナトリウム $Na_2C_2O_4$ 水溶液を 30.0 mL 加え，残っている過マンガン酸カリウムと反応させた。次に，溶液中に残っているシュウ酸ナトリウムを 2.00×10^{-3} mol/L 過マンガン酸カリウム水溶液で滴定したところ，終点までに 5.00 mL を要した。

(1) 湖水 1.00 L に含まれる有機物を酸化するのに必要な過マンガン酸カリウムの物質量は何 mol か。
(2) 酸素が酸化剤として働くときの半反応式を示せ。
(3) 湖水の COD は何 mg/L か。 (19 上智大 改)

211 ▶ DO

ある河川より試料水を採取し，すぐに空気が入らないように 100 mL の密閉容器(共栓つき試料びん)に正確に 100 mL 入れ，栓をした。直後に，試料びん中の試料水に 2.0 mol/L 硫酸マンガン $MnSO_4$ 水溶液 0.50 mL と塩基性ヨウ化カリウム溶液(15%ヨウ化カリウムを含む 70%水酸化カリウム水溶液)0.50 mL を静かに注入し，栓をしたところ，溶液中で $Mn(OH)_2$ の白色沈殿が生じた。つづいて，栓を押さえながら試料びんを数回転倒させて，沈殿がびん内の溶液全体に及ぶように混和すると，沈殿の一部が試料水中のすべての溶存酸素と反応して，褐色沈殿のオキシ水酸化マンガン $MnO(OH)_2$ に変化した。

$$2Mn(OH)_2 + O_2 \longrightarrow 2MnO(OH)_2 \quad \cdots\cdots ①$$

その後，試料びん内に 5.0 mol/L 硫酸 1.0 mL をすみやかに注入し，密栓して溶液をよく混ぜると，以下の反応が起こり，褐色沈殿は完全に溶解し，ヨウ素が遊離した。

$$MnO(OH)_2 + 2I^- + 4H^+ \longrightarrow Mn^{2+} + I_2 + 3H_2O \quad \cdots\cdots ②$$

この試料びん中の溶液をすべてコニカルビーカーに移し，ヨウ素を 0.025 mol/L チオ硫酸ナトリウム $Na_2S_2O_3$ 水溶液で滴定したところ，3.65 mL で終点に達した。

$$I_2 + 2Na_2S_2O_3 \longrightarrow 2NaI + Na_2S_4O_6 \quad \cdots\cdots ③$$

(1) チオ硫酸ナトリウム水溶液と反応したヨウ素の物質量を求めよ。
(2) 採取直後の試料びんの試料水 100 mL 中の DO〔mg〕を求めよ。ただし，加えた試薬の液量は無視してよいものとして，計算せよ。DO(溶存酸素)とは，試料水中に溶けている酸素の質量である。 (14 東京医科歯科大 改)

原子量の概数値	H	C	N	O	Na	Mg	Al	Si	S	Cl	K	Ca	Fe	Cu	Zn	Ag	I	Pb
	1.0	12	14	16	23	24	27	28	32	35.5	39	40	56	63.5	65	108	127	207

212 ▶ アスコルビン酸の定量

次の文章を読み，以下の問いに答えよ。なお，アスコルビン酸とデヒドロアスコルビン酸は分子式で表せ。

ビタミンCは水溶性ビタミンの一種で，生体内で種々の酸化還元反応に関与する。ビタミンCの化学名はアスコルビン酸であり，酸化されたものをデヒドロアスコルビン酸という。

濃度未知のヨウ素溶液(ヨウ化カリウムを含む)10.0 mL を測りとりコニカルビーカーに入れ，これに水と溶液Aを加えた。ビュレットから 0.0160 mol/L チオ硫酸ナトリウム水溶液を滴下したところ，①滴定の終点までに 5.80 mL を要した。次に，②濃度未知のアスコルビン酸水溶液を正確に水で5倍に希釈し，その 10.0 mL を測りとりコニカルビーカーに入れ，同様に水と溶液Aを加えた。先に濃度を決めたヨウ素溶液をビュレットに入れ滴定したところ，③終点までに 7.28 mL を要した。

ただし，ヨウ素とチオ硫酸ナトリウムは次のように反応するものとする。

$$I_2 + 2Na_2S_2O_3 \longrightarrow 2NaI + Na_2S_4O_6$$

(1) アスコルビン酸およびヨウ素の還元剤・酸化剤としての働きを，電子の授受で表した反応式(半反応式)でそれぞれ示せ。
(2) 溶液Aは滴定の終点を明確にするために加えた。その名称を記せ。
(3) 下線部①の終点において溶液は何色に変化したか，下の選択肢より選び答えよ。
　　褐色　　赤色　　青紫色　　桃色　　淡緑色　　黄色　　白色　　無色
(4) 下線部③の終点において溶液は何色に変化したか，(3)の選択肢から選べ。また，このときなぜ終点と判定できたか，その理由を簡潔に述べよ。
(5) 下線部②の水溶液にアスコルビン酸はどれだけ含まれるか，有効数字を考慮しモル濃度で求めよ。
(6) 塩化鉄(Ⅲ)水溶液，硫酸鉄(Ⅱ)水溶液，および塩化スズ(Ⅱ)水溶液にアスコルビン酸水溶液を滴下した。これらの溶液のうち，アスコルビン酸の滴下によって溶液の色が変化したものを選び，そのときの化学反応式を書け。

(15 大阪医科大 改)

213 ▶ 酸化銀電池

銀と亜鉛の両方を利用したものに酸化銀電池がある。酸化銀電池は，小型電池として精密機器などに利用されている。この電池では次の反応が起こる。ただし，ファラデー定数は 9.65×10^4 C/mol とする。

$$Zn + (\ a\ )\ \boxed{x}\ \longrightarrow ZnO + H_2O + (\ b\ )e^-$$
$$Ag_2O + H_2O + (\ b\ )e^- \longrightarrow 2Ag + (\ a\ )\ \boxed{x}$$

(1) 反応式中の(a)，(b)に入る数値，$\boxed{x}$ に入る化学式をそれぞれ記せ。
(2) この電池を 4.0 A の電流で放電したとき，銀が 216 mg 生じるのにかかった時間は何秒か。小数第1位を四捨五入して整数で答えよ。

(21 岡山大 改)

発展問題 level 1 —— 149

□□□ **214** ▶ リチウムイオン電池

リチウムイオン電池は図のような構造で，正極活物質として用いられる LiCoO₂ は充電や放電にともない，遷移元素である Co の酸化数が変化することが知られている。

リチウムイオン電池を充電する際，Li⁺ は黒鉛に取り込まれ，電子を受け取って負極活物質となる。ここでは，実用リチウムイオン電池がとりうる最大の x をリチウムイオンの利用率と定義する。x は 0 以上かつ 1 以下の数値をとることができるものとする。

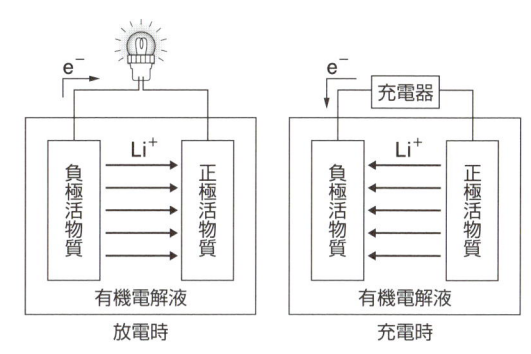

(注) 有機電解液：有機化合物の溶媒に，リチウムの塩を溶解させた溶液。

リチウムイオン電池を充電する際の正極活物質の反応

$$\text{LiCoO}_2 \xrightarrow{充電} x\text{Li}^+ + \text{Li}_{1-x}\text{CoO}_2 + x\text{e}^-$$

(1) $x=0$ と $x=1$ における正極活物質 Li$_{1-x}$CoO₂ の Co の酸化数をそれぞれ答えよ。

(2) 0.15 mol の LiCoO₂ を正極活物質とした，放電容量 1500 mAh の実用リチウムイオン電池を，$x=0$ の状態から (ア) <u>ある程度まで充電し</u>，その後，45 mA の一定電流で 24 時間放電させたところ，(イ) <u>放電容量の残量は 20% になった</u>。

ただし，必要十分な量の負極活物質があり，充電・放電における電極反応はファラデーの電気分解の法則に従うものとし，ファラデー定数は 9.65×10^4 C/mol とする。なお，1 mA は 1×10^{-3} A である。電池から一定の電流を何時間取り出すことができるかを示す量を，放電容量といい，1 mA の電流を 1 時間取り出すことができる放電容量は 1 mAh である。

① この電池のリチウムイオン利用率 x を有効数字 2 桁で答えよ。
② 下線部(ア)の後の放電容量の残量〔%〕を整数で答えよ。1500 mAh を 100% とする。
③ 下線部(イ)の後，そのまま 20 mA の一定電流で放電した場合に放電可能な時間〔h〕を，有効数字 2 桁で答えよ。

(19 北大 改)

□□□ **215** ▶ レドックスフロー電池

次の文章を読み，以下の問いに答えよ。

(1) <u>バナジウムは，周期表の(a)族に属する(b)である</u>。バナジウムを含む陽イオンからなる塩には，VCl₃ や V(CH₃COO)₄ などのほかに，(2) <u>VOSO₄（硫酸バナジル）</u>や，(VO₂)₂SO₄ などのオキシ陽イオンの塩があり，バナジウムはさまざまな酸化数を示す。

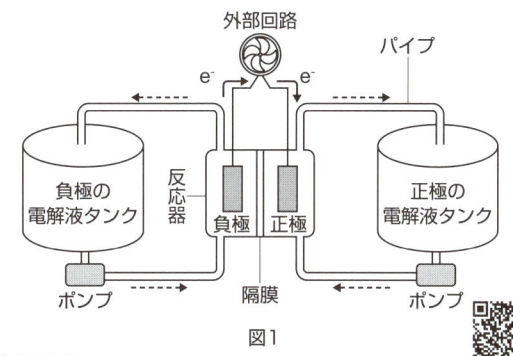

図1

バナジウムを含むイオンの酸化還元反応を利用した二次電池に，レドックスフロー電池がある。レドックスフロー電池では，正極の電解液タンクから$(VO_2)_2SO_4$が，負極の電解液タンクからVSO_4が，それぞれ正極と負極に供給されて電力が取り出される（図1）。(3)電池の反応式は次のように表される。

正極：$(VO_2)_2SO_4 + H_2SO_4 + 2H^+ + 2e^- \underset{充電}{\overset{放電}{\rightleftarrows}} 2VOSO_4 + 2H_2O$

負極：$2VSO_4 + H_2SO_4 \underset{充電}{\overset{放電}{\rightleftarrows}} (\text{ c }) + 2H^+ + 2e^-$

電池の中では，(4)正極液と負極液は混合しないように隔膜によって隔てられている。2.00×10^{-2} mol の$(VO_2)_2SO_4$を硫酸に溶解し，全体の体積を1.00 L として，正極タンクに入れた。また，4.00×10^{-2} mol のVSO_4を硫酸に溶解し，全体の体積を1.00 L として，負極タンクに入れた。(5)この電池を外部回路につなぎ，正極タンクと負極タンクの溶液を送液ポンプによりそれぞれ内径（内側の直径）0.200 cm の円筒形のパイプの中を3.00×10^{-1} cm/s の速さで流して反応器に供給し，放電させた。

(1) (a)と(b)に入る語句として最も適当なものをそれぞれ次の(ア)〜(オ)から1つ選べ。
　　(a)　(ア)　1　(イ)　2　(ウ)　4　(エ)　5　(オ)　17
　　(b)　(ア)　遷移元素　　(イ)　アルカリ金属　　(ウ)　アルカリ土類金属
(2) $(VO_2)_2SO_4$に含まれるバナジウムの酸化数を答えよ。
(3) (c)に入る化合物を化学式で答えよ。
(4) 次のイオンのうち，隔膜を透過しないことが求められるものをすべて選べ。
　　(ア)　H^+　(イ)　V^{2+}　(ウ)　VO_2^+　(エ)　OH^-　(オ)　SO_4^{2-}
(5) この電池を完全に放電させたとき，得られた電気量（単位：C）を有効数字3桁で求めよ。また，放電を始めた直後に流れた電流（単位：mA）を有効数字3桁で求めよ。ただし，ファラデー定数を9.65×10^4 C/mol とする。また，反応器の中の溶液の体積はタンクの中の溶液の体積に比べて十分小さく，反応器に供給された活物質は反応器から出るまでにすべて反応するものとする。

(22 早大 改)

2章 発展問題 level 2

1 標準電極電位

金属のイオン化傾向の大小を数量的に表したものを**標準電極電位**といい$E°$で表される。$E°$が小さい金属ほど電子を出しやすいため，2種類の金属から電池を作製すると，$E°$が小さい金属は負極，大きい金属は正極となる。また，作製される電池の起電力は，それぞれの金属の$E°$から求めることができる。

たとえば，亜鉛 Zn と銅 Cu の$E°$はそれぞれ -0.763 V，$+0.337$ V であるから，これらを組み合わせると，Zn 側が負極の電池になることがわかる。さらに，この電池の起電力は，それぞれの$E°$の差であるから，次のように求められる。

　$+0.337$ V $-(-0.763$ V$) = 1.100$ V

□□□**216** ▶ **標準電極電位** 標準電極電位は表のように，さまざまな還元反応の進行のしやすさを電位として数値で表す。標準電極電位が高いほど，還元反応が進行しやすい。一方，逆反応に対応する酸化反応は標準電極電位が低いほど進行しやすい。つまり，電子を放出しやすい金属ほど，対応する反応の標準電極電位は（　あ　）値をもつ。

<u>自発的に進む酸化還元反応は，高い標準電極電位をもつ物質が酸化剤として，低い標準電極電位をもつ物質が還元剤として働く反応である。さらに，電池の起電力は，電極に使われる活物質の反応の標準電極電位の差に対応する</u>。なお，標準電極電位の値は物質の量によらず一定であり，この計算では反応式中の電子の数は考慮しなくてよい。つまり，正極と負極に使われた活物質の標準電極電位の差が，そのまま電池の起電力に対応する。

表　電極反応と対応する標準電極電位

反応式	標準電極電位
$Ag^+ + e^- \rightarrow Ag$	$+0.80\,V$
$Br_2 + 2e^- \rightarrow 2Br^-$	$+1.09\,V$
$Cd^{2+} + 2e^- \rightarrow Cd$	$-0.40\,V$
$Ce^{4+} + e^- \rightarrow Ce^{3+}$	$+1.61\,V$
$Co^{3+} + e^- \rightarrow Co^{2+}$	$+1.81\,V$
$Cr^{3+} + e^- \rightarrow Cr^{2+}$	$-0.41\,V$
$Cu^{2+} + 2e^- \rightarrow Cu$	$+0.34\,V$
$Fe^{2+} + 2e^- \rightarrow Fe$	$-0.44\,V$
$Fe^{3+} + e^- \rightarrow Fe^{2+}$	$+0.77\,V$
$2H^+ + 2e^- \rightarrow H_2$	$0.00\,V$
$I_2 + 2e^- \rightarrow 2I^-$	$+0.54\,V$
$In^{3+} + e^- \rightarrow In^{2+}$	$-0.49\,V$
$Li^+ + e^- \rightarrow Li$	$-3.05\,V$
$Mn^{3+} + e^- \rightarrow Mn^{2+}$	$+1.51\,V$
$PbSO_4 + 2e^- \rightarrow Pb + SO_4^{2-}$	$-0.36\,V$
$Ti^{4+} + e^- \rightarrow Ti^{3+}$	$0.00\,V$
$Zn^{2+} + 2e^- \rightarrow Zn$	$-0.76\,V$

標準電極電位を見れば，目的とする起電力を得るためには，どのような活物質を用いるべきなのかを予測することができる。（　い　）標準電極電位をもつ物質を負極の活物質に，（　う　）標準電極電位をもつ物質を正極の活物質に用いることで高い起電力をもつ電池を作製できる。

(1) （あ）〜（う）に「高い」，「低い」のいずれかを入れよ。
(2) 下線部では，望みの起電力を示す電池を作製する際の，活物質の選択方法を述べている。表を参考にして，以下の(ア)〜(オ)の反応の中で自発的に進む可能性のある酸化還元反応を2つ選べ。また，その2つの自発的反応を利用した電池の起電力を表の値を用いてそれぞれ計算し，答えよ。

(ア)　$Co^{3+} + Cr^{2+} \longrightarrow Co^{2+} + Cr^{3+}$
(イ)　$Cd + Zn^{2+} \longrightarrow Cd^{2+} + Zn$
(ウ)　$Ti^{4+} + Ce^{3+} \longrightarrow Ti^{3+} + Ce^{4+}$
(エ)　$Br_2 + 2I^- \longrightarrow 2Br^- + I_2$
(オ)　$In^{3+} + Mn^{2+} \longrightarrow In^{2+} + Mn^{3+}$

(3) 鉛蓄電池の起電力が2.05Vであるとき，正極で起こる反応の標準電極電位は何Vになるか。表の値を用いて求めよ。

(17　関西学院大　改)

9 状態変化

1 物質の三態変化とそのエネルギー

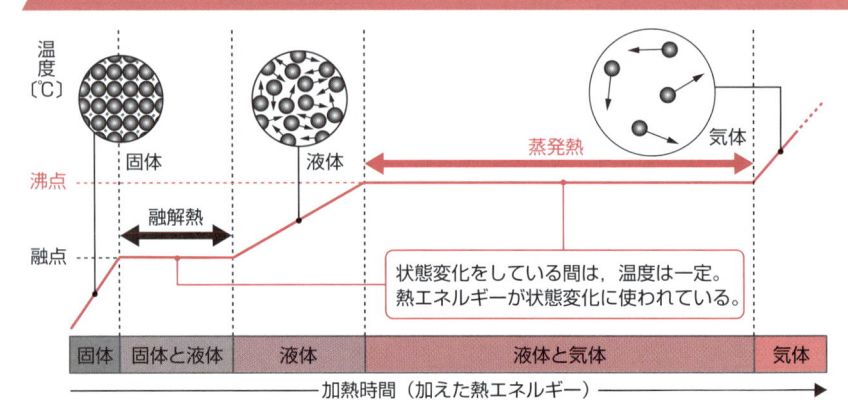

◆ 1 **融解熱** 1 mol の固体が融解して液体になるときに吸収する熱量。
◆ 2 **蒸発熱** 1 mol の液体が蒸発して気体になるときに吸収する熱量。

2 蒸気圧

◆ 1 **気体の圧力** 気体分子が容器の内壁に衝突し，単位面積あたりに及ぼす力。
◆ 2 **気液平衡** 単位時間あたりに液体表面から蒸発する分子数＝液体表面に衝突して凝縮する分子数（見かけ上，蒸発が止まって見える。）
◆ 3 **飽和蒸気圧（蒸気圧）** 気液平衡のとき，蒸気の示す圧力。

蒸気圧は温度一定ならば一定。
体積が変化しても一定。

◆ 4 **蒸気圧曲線** 蒸気圧は温度によって変化する。蒸気圧と温度の関係を表すグラフを蒸気圧曲線という。

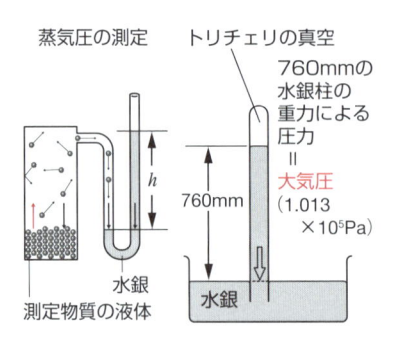

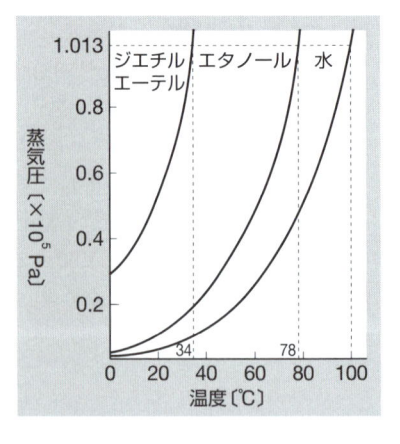

9 状態変化——153

◆5 **沸騰** 液面にかかる圧力(外圧)と液体の蒸気圧が等しいとき，液体の内部からも蒸発が起こり，気泡が発生する現象。
このときの温度が沸点。

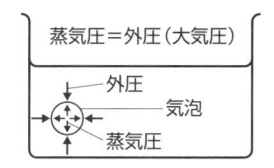

◆6 **状態図** ある温度と圧力において物質がどのような状態にあるかを表した図を状態図という。

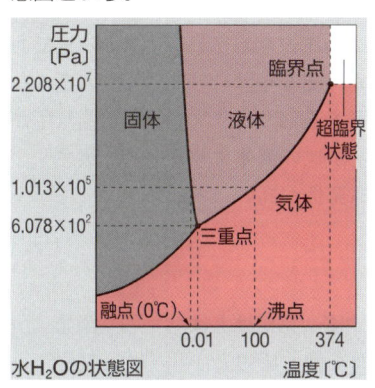

水H_2Oの状態図

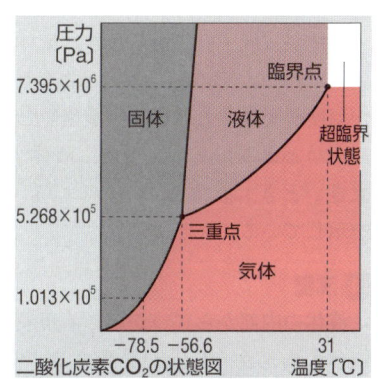

二酸化炭素CO_2の状態図

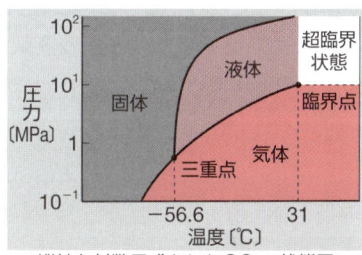

縦軸を対数目盛としたCO_2の状態図

状態図では横軸の温度に対し，縦軸の圧力で扱う数値の幅が広い。このような広い範囲を扱う場合，縦軸の目盛の間隔が等間隔ではなく，1, 10, 10^2, 10^3, …10^nと桁数ごとに区切られる対数目盛を用いる。

WARMING UP／ウォーミングアップ

次の文中の(　)に適当な語句を入れよ。

1 物質の三態

物質の状態には固体，液体，気体の3つの状態が知られている。物質の構成粒子が自由に動き，特定の形や体積をもたない状態が(ア)である。構成粒子がその位置を変えないため，一定の形・体積をもつ状態が(イ)である。また，構成粒子が位置を入れかわる程度に動き，一定の形はもたないが一定の体積をもつ状態が(ウ)である。

1
(ア) 気体
(イ) 固体
(ウ) 液体

2 気液平衡

密閉容器中に液体を入れると，液体の表面から分子が飛び出す(ア)が起こり，気体になる。しばらくすると，単位時間に(ア)する分子数と，気体から凝縮して液体になる分子数が等しくなる。このとき，見かけ上は(ア)が(イ)。この状態を(ウ)という。

2
(ア) 蒸発
(イ) 止まって見える
(ウ) 気液平衡

3 蒸気圧

液体が気液平衡にあるとき，気体の蒸気による圧力を飽和蒸気圧，または，蒸気圧という。蒸気圧は，温度が一定ならば(ア)が温度が上昇すると(イ)。蒸気圧と温度の関係を表したグラフを(ウ)とよぶ。ある温度で，液体Aの蒸気圧が他の液体より大きいとき，液体Aの方が(エ)しやすく，揮発性が高いことを示している。

3
(ア) 一定である
(イ) 大きくなる
(ウ) 蒸気圧曲線
(エ) 蒸発

4 沸騰

液体の内部から(ア)が起こる現象を沸騰とよぶ。見かけ上は液体の内部から(イ)が発生する。沸騰は液面を押す圧力と，(ウ)が等しくなったときに起こる。沸騰が起こる温度を(エ)とよび，大気圧下では，液体の蒸気圧が $1.013\times10^5\,\mathrm{Pa}=1$(オ)のときの温度である。

4
(ア) 蒸発
(イ) 気泡
(ウ) 蒸気圧
(エ) 沸点
(オ) 気圧または atm

基本例題 41　蒸気圧　　　　　　　　　　　　　　　基本 ➡ 219, 220

次の文の(　)に最も適当な語句または式を入れよ。

容器に液体を入れて密閉し，温度を一定に保つと，液体の一部は蒸発して気体(蒸気)となり，同時に気体の一部は凝縮して液体となる。しばらくすると蒸発する速さと凝縮する速さが等しくなり，見かけ上の変化が見られない平衡状態となる。この平衡状態を(ア)とよぶ。このとき気体が示す圧力を飽和蒸気圧といい，その値は温度によって変化する。

液体を大気圧のもとで加熱していくと，ある温度で飽和蒸気圧が大気圧と等しくなり，液体は沸騰する。このときの温度をその大気圧における(イ)という。

ある液体の 100℃ における飽和蒸気圧を測定すると $9.00\times10^4\,\mathrm{Pa}$ であった。$1.01\times10^5\,\mathrm{Pa}$ の大気圧下で，この液体および水が沸騰する温度をそれぞれ t [℃] および 100℃ とすると，不等式で(ウ)という関係がなりたつ。　　　　　　　　(11 関西大 改)

● エクセル　蒸気圧は，温度や液体の種類によって異なる。

解説
(ア) 単位時間に蒸発する分子の数と凝縮する分子の数が等しい。見かけ上，蒸発が止まった状態[1]になる。
(イ) 沸騰が起こる温度を沸点という。
(ウ) 物質の蒸気圧は高温になるほど大きくなる。ある液体の100℃における蒸気圧は9.00×10^4 Pa であり，1.01×10^5 Pa よりも小さいので，蒸気圧が1.01×10^5 Pa に達するには100℃よりも高温になる必要がある。よって，$t > 100$℃ となる。

[1] 正反応の速さ＝逆反応の速さが成立するとき，平衡の状態にある。

解答 (ア) 気液平衡　(イ) 沸点　(ウ) $t > 100$℃

基本問題

217 ▶ 状態変化とエネルギー 右の図は，大気圧で，ある純物質の固体1molに毎分Q[kJ]の熱を加えたときの，加熱時間と物質の温度の関係を示している。 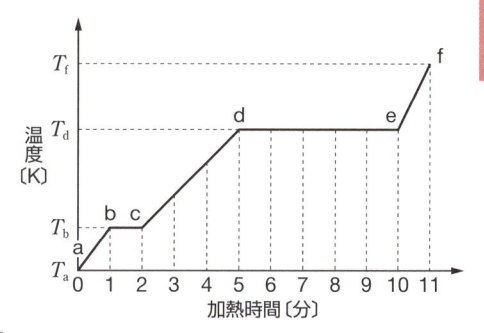
(1) 温度T_b, T_dをそれぞれ何というか答えよ。また，大気圧が高くなると，T_dはどのように変化するか答えよ。
(2) この物質の融解熱と蒸発熱の大きさの比(融解熱：蒸発熱)を整数で答えよ。
(3) この物質の質量はd点とe点ではどちらが大きいか，また体積はd点とe点ではどちらが大きいか，記号で答えよ。d点とe点で同じ場合は，「同じ」と記せ。
(4) この物質の液体1molの温度を1K上げるのに必要な熱量[kJ]を，Q, T_a, T_b, T_d, T_fのうち必要な記号を用いて示せ。　(16 工学院大 改)

218 ▶ 気体の圧力 気体の圧力は，単位面積あたりに衝突する分子の数が多いほど大きい。0℃，1.0×10^5 Pa 下で長さ1mのガラス管に水銀を満たして水銀槽に倒立させた。上部に空間ができ，水銀柱の高さは760mmだった。 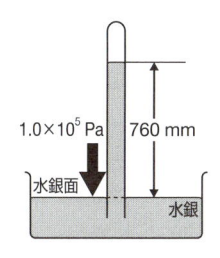
(1) 下線部の空間はどのような状態か。
(2) このときの大気の圧力は，水銀柱の高さにすると何mmに相当するか。
(3) 気体の圧力は，温度が高くなるとどうなるか。また，それはなぜか。

219 ▶ 蒸気圧曲線
右図はジエチルエーテル，エタノール，水の蒸気圧曲線である。次の問いに答えよ。

(1) 1.0×10^5 Pa でのエタノールの沸点は何℃か。
(2) 富士山頂の大気圧は約 6.5×10^4 Pa である。水は何℃で沸騰するか。
(3) 水を 60℃ で沸騰させるためには，外圧を何 Pa にすればよいか。
(4) 3種類の物質を分子間力の大きい順に並べよ。
(5) 20℃，1.0×10^5 Pa から圧力を下げていったとき，最初に沸騰する物質はどれか。
(6) 70℃，6.0×10^4 Pa のときエタノールはどのような状態か。

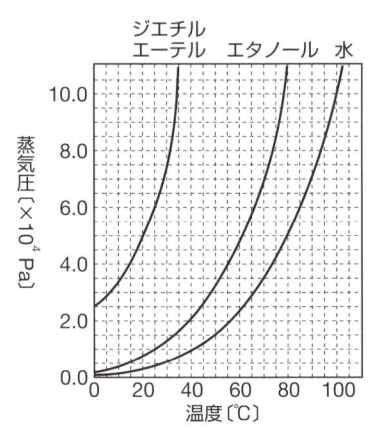

220 ▶ 飽和蒸気圧
水の蒸気圧に関する記述として誤りを含むものを，2つ選べ。

(1) 密閉容器に水を入れておくと，実際には蒸発が起きているにもかかわらず，蒸発が止まって見える状態になる。
(2) 温度が高くなると，熱運動が激しくなり，蒸発する分子の割合が増すために，蒸気圧は高くなる。
(3) 一定温度で，気体と液体が入った容器の体積を減少させると，蒸気圧は大きくなる。
(4) 水の飽和蒸気圧は，他の気体が共存する場合には小さくなる。
(5) 外圧が低いところでは，水の沸点は低くなる。

221 ▶ 蒸気圧曲線
右図は，水の温度と蒸気圧との関係を示したグラフである。外圧（液体に接する気体の圧力）が変化したときの，水の沸点を表すグラフとして最も適当なものを，①〜⑥のうちから1つ選べ。　（18 センター 改）

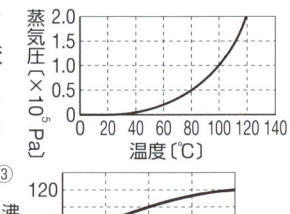

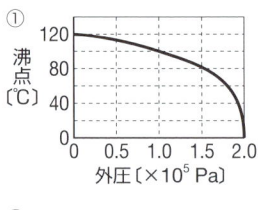

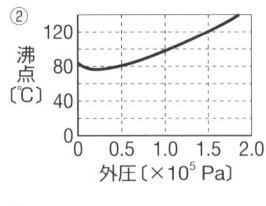

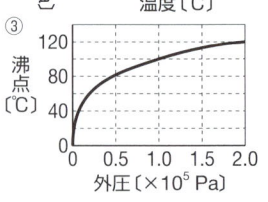

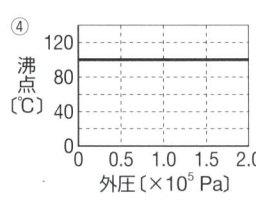

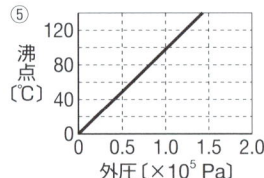

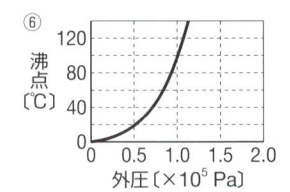

222 ▶ 圧力と蒸気圧 次の文章を読み，下の問いに答えよ。計算問題の答えは有効数字 2 桁で記せ。

熱運動している気体分子が容器の壁に衝突するとき壁を外側に押す力が生まれる。このとき単位面積あたりに働く押す力を圧力という。国際単位系では圧力の単位として(ア)パスカル(記号 Pa)が用いられる。

一端を閉じた長いガラス管を水銀で満たし，水銀溜めの中に倒立させると，管内の(イ)水銀柱は約 760 mm の高さで止まる。この際，大気圧は 1 気圧とする。圧力は水銀柱の高さで表すこともあり，高さ 1mm の水銀柱の示す圧力は(ウ)1mmHg と表し，1 気圧では (エ) mmHg と表す。大気の圧力の平均値は 1.013×10^5 Pa で，これを 1 気圧とよび，1 atm と表記する。

一方，一定温度に保った密閉容器に液体を入れて放置すると，やがて(オ)気液平衡に達する。気液平衡のときに蒸気が示す圧力を蒸気圧という。下図にはジエチルエーテルの蒸気圧と温度との関係を示している。

(1) 下線部(ア)で 1 Pa をニュートン(記号 N)を使って表せ。
(2) 下線部(イ)のように一定の高さで止まる理由を記せ。
(3) 下線部(ウ)の単位のよび名を書け。
(4) (エ)に適切な数値を入れ，文章を完成せよ。
(5) 900 hPa は水銀柱の高さ何 mm に相当するか，計算せよ。
(6) 下線部(オ)の理由を記せ。
(7) 図より，1.000×10^5 Pa でジエチルエーテルが沸騰する温度を求めよ。
(8) 下線部(イ)の水銀柱の下から室温(25℃)でジエチルエーテルを管内に飽和蒸気圧になるように少量入れた場合の水銀柱の高さを求めよ。なお，25℃ でジエチルエーテルの蒸気圧は 700 hPa とする。

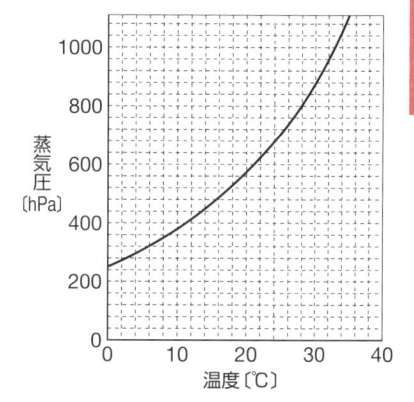

(16 長岡技術科学大 改)

223 ▶ 気液平衡 容積を変えられる密閉容器に入れた水が，気液平衡の状態にある。次の操作Ⅰ・Ⅱにより，水蒸気の圧力はそれぞれ何 Pa になるか。

ただし，水の蒸気圧は 20℃ で 2.3×10^3 Pa であり，100℃ で 1.0×10^5 Pa である。また，密閉容器内には常に液体の水が存在し，その体積は無視できるものとする。操作後はすみやかに気液平衡の状態になるものとする。

操作Ⅰ 容器内の温度を 20℃ に保ち，容器の容積を 1.0 L から 0.50 L に減少させた。
操作Ⅱ 容器の容積を 1.0 L に保ち，容器内の温度を 20℃ から 100℃ に上昇させた。

応用例題 42 状態図

応用 → 225, 226

右図は二酸化炭素の状態図の概略を示したものである。次の文章を読み，(ア)～(カ)に適当な語句・数値を入れよ。

状態図からわかるように，二酸化炭素は(ア)℃以下では液体にならない。二酸化炭素は大気圧($1.0×10^5$Pa)のもとで，低温であれば固体状態で存在する。また，温度一定で液化炭酸ガスの圧力を(イ)することにより，ドライアイスに変えることができる。

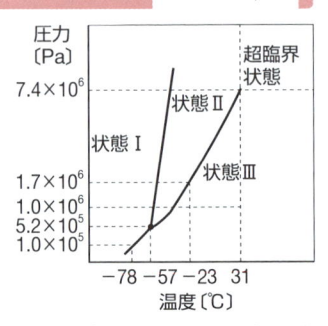

大気圧のもとで，ドライアイスは(ウ)とよばれる状態変化を起こす。そのときの温度は(エ)℃であるが，圧力を上げるとその状態変化の温度は(オ)なる。

状態Ⅱと状態Ⅲの境界になる線を(カ)という。二酸化炭素の状態図において，(カ)は温度31℃，圧力$7.4×10^6$Paのところで途切れる。二酸化炭素は，それ以上の温度と圧力で超臨界状態という液体と気体の両方の特性をもった特殊な状態になる。

● **エクセル** 圧力と温度が決まると，その物質の状態が決まる。

解説

状態Ⅰは固体，状態Ⅱは液体，状態Ⅲは気体である。状態図より，液体の領域(状態Ⅱ)は−57℃以上にしかないので，二酸化炭素は<u>−57℃</u>(ア)以下では液体にならない。液化炭酸ガス(液体)がドライアイス(固体)となる状態変化は凝固である。状態図の固体(状態Ⅰ)と液体(状態Ⅱ)の境界線(融解曲線)が右上がりであるから，温度一定で液化炭酸ガスの圧力を<u>高く</u>(イ)すれば，凝固させることができる。

ドライアイスは大気圧($1.0×10^5$Pa)のもとでは，固体から直接気体に変化する。この状態変化を<u>昇華</u>(ウ)という。状態図より，そのときの温度は<u>−78℃</u>(エ)である。また，固体と気体の境界線(昇華圧曲線)が右上がりであることから，圧力を上げると昇華するときの温度は<u>高く</u>(オ)なる。

液体と気体の境界線を表すのは<u>蒸気圧曲線</u>(カ)である。蒸気圧曲線が途切れる場所を臨界点とよび，これより高い温度・圧力では気体と液体の区別がなくなる超臨界状態となる。

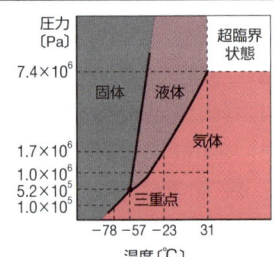

▶ $1.013×10^5$Paのまま温度を上げると固体(ドライアイス)→気体と変化(昇華)する。

▶ 高い圧力で温度を上げると，固体→液体→気体と変化(融解し，続いて沸騰)する。

解答

(ア) −57　(イ) 高く　(ウ) 昇華　(エ) −78
(オ) 高く　(カ) 蒸気圧曲線

応用問題

224 ▶ 蒸気圧と水銀柱　1.0×10^5 Pa のもとで，一方を閉じたガラス管に水銀を満たし，水銀を入れた容器中で倒立させる。

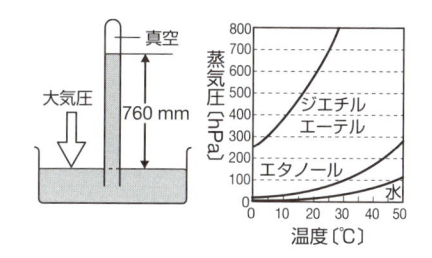

(1) ある液体 A をガラス管の下端に注入し，水銀柱の上にごく少量 A が液体で存在する状態で水銀柱の高さを測定したところ，685 mm であった。この液体 A はジエチルエーテル，エタノール，水のうちどれか。また，このときの温度を求めよ。室温は 0℃ 以上 40℃ 以下とする。

(2) 水銀のかわりに水を用いると，水柱は 1.0×10^5 Pa で何 m か。水銀の密度を 13.6 g/cm^3，水の密度を 1.0 g/cm^3 とし，水蒸気圧は無視できるものとする。　(愛媛大 改)

225 ▶ 状態変化と状態図　次の文章を読み，(A)～(C)にあてはまるものを選べ。
水の状態変化では，以下のような現象があげられる。

(ア) 霜(空気中の水蒸気が，液体になることなく，氷の結晶になってできる)
(イ) 霧(空気中の水蒸気が冷えてできた水滴が浮かんでいるもの)
(ウ) 露(空気中の水蒸気が冷えてできた水滴が表面に付着したもの)
(エ) 霜柱(地中の水分が冷やされつつ地表に出てきたもの)

「水の状態変化(相図)」の概略図において，矢印 Q の状態変化に対応する現象は(A)の発生であり，矢印 U の状態変化に対応する現象は(B)の発生である。冬の夜間には(C)への露の付着に注意が必要である。

① 霜　② 霧　③ 露　④ 霜柱
⑤ 室内側　⑥ 室外側　(22 早大 改)

226 ▶ 状態図　図1は水，図2は二酸化炭素の状態図である。ただし，図の軸の目盛は均等でない。

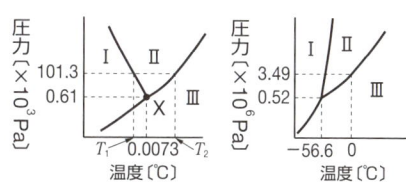

(1) 液体の水が存在するのに必要な圧力は最低何 Pa か。

(2) 固体の水(氷)に圧力を加えていくと融点はどのようになるか。また，固体の二酸化炭素ではどうなるか。

(3) 6.06×10^5 Pa で，温度を上げていくとき，二酸化炭素はどのように状態が変わるか。また，その理由を状態図から説明せよ。

(4) 図1の点 X を何というか。また，水はどのような状態か。　(慶應大 改)

10 固体の構造

1 結晶の構造

結晶の種類	構成粒子	結合の種類	化学式	例
金属結晶	原子と自由電子	金属結合	組成式	Cu, Fe
イオン結晶	陽イオンと陰イオン	イオン結合	組成式	NaCl, $AgNO_3$
分子結晶	分子	分子間力	分子式	CO_2, Ar
共有結合の結晶	原子	共有結合	組成式	C(ダイヤモンド), SiO_2

①**結晶格子** 結晶中の規則的な粒子の配列。 ②**単位格子** 結晶格子のくり返しの最小単位。

◆1 **金属結晶** ①配位数 ある原子に近接する原子の数。
②充填率 結晶構造の体積に占める,原子の体積の割合。

名称	体心立方格子	面心立方格子	六方最密構造
単位格子	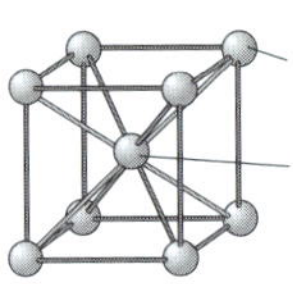 $\frac{1}{8}$個, 1個	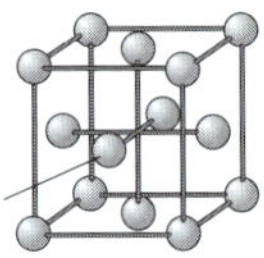 $\frac{1}{2}$個	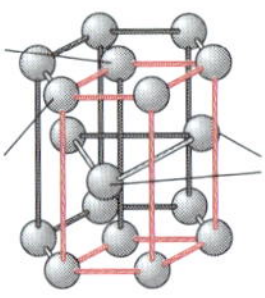 $\frac{1}{6}$個, $\frac{1}{12}$個, 合わせて1個
含まれる原子数	$1+\frac{1}{8}\times 8=2$	$\frac{1}{2}\times 6+\frac{1}{8}\times 8=4$	$1+\frac{1}{12}\times 4+\frac{1}{6}\times 4=2$
配位数	8	12	12
充填率	68%	74%	74%
例	Na	Al, Cu	Mg, Zn

◆2 **イオン結晶** ○陽イオン ●陰イオン 線はイオンの位置関係を示す

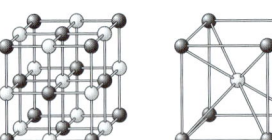

NaCl型（塩化ナトリウム型）　CsCl型（塩化セシウム型）　ZnS型（閃亜鉛鉱型）　CaF_2型（ホタル石型）　Cu_2O型（酸化銅(I)型）

◆3 **分子結晶**　　　　◆4 **共有結合の結晶**

ヨウ素I_2 　　二酸化炭素分子CO_2　　ダイヤモンドC 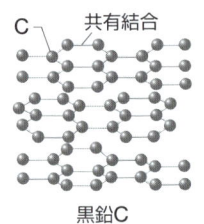　　黒鉛C

◆5 **アモルファス** 固体の原子や分子の配列に規則性のないものをアモルファス（非晶質）という。一定の融点はないが軟化点をもつ。

WARMING UP／ウォーミングアップ

次の文中の（ ）に適当な語句・化学式・数値を入れよ。

1 金属結晶

金属原子は金属結合によって規則的に配列し結晶格子をつくっている。結晶のくり返し単位を(ア)という。金属の結晶格子は六方最密構造，図Aのような(イ)，Bのような(ウ)がある。

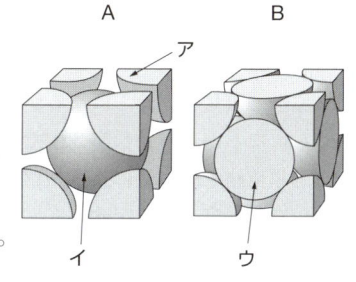

図のア，イ，ウの金属原子はそれぞれ，原子(エ)個分，(オ)個分，(カ)個分が単位格子中に存在している。また，金属原子が単位格子Aには(キ)個，Bには(ク)個存在している。単位格子Aでは1個の金属原子が(ケ)個の金属原子と接し，Bでは(コ)個と接している。

2 イオン結晶

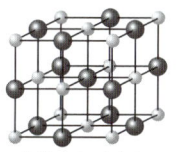

塩化ナトリウムの単位格子中に含まれるナトリウムイオンは(ア)個，塩化物イオンは(イ)個であるから，塩化ナトリウムの組成式は(ウ)と示すことができる。また，1個のナトリウムイオンは(エ)個の塩化物イオンと接している。

3 分子結晶

共有結合をした物質の多くは分子をつくる。分子どうしが弱い(ア)力で互いに結ばれてできた結晶を分子結晶という。(ア)力が弱いため，分子結晶はもろく，融点が低い。分子結晶である氷の結晶は，(イ)結合によってすき間の多い構造をもつ。したがって，0℃の氷の密度は，0℃の水の密度よりも(ウ)い。

4 共有結合の結晶

ダイヤモンドでは，炭素の(ア)個の価電子が共有結合に使われ，(イ)形の立体構造をつくっているため，非常にかたく，電気を(ウ)。黒鉛は，(エ)個の価電子が共有結合に使われ，(オ)形を基本とする層をつくる。残りの1個の価電子は層全体を動くため黒鉛は電気伝導性を(カ)。また，層と層は弱い(キ)力でつながっているため，平面どうしがはがれやすく，もろい。

1
- (ア) 単位格子
- (イ) 体心立方格子
- (ウ) 面心立方格子
- (エ) $\dfrac{1}{8}$
- (オ) 1
- (カ) $\dfrac{1}{2}$
- (キ) 2
- (ク) 4
- (ケ) 8
- (コ) 12

2
- (ア) 4
- (イ) 4
- (ウ) NaCl
- (エ) 6

3
- (ア) 分子間
- (イ) 水素
- (ウ) 小さ

4
- (ア) 4
- (イ) 正四面体
- (ウ) 通さない
- (エ) 3
- (オ) 正六角
- (カ) もつ
- (キ) 分子間

基本例題 43　面心立方格子　　　　　　　　　　　　　　　　　　　　　基本 → 227, 229

金属 Cu は面心立方格子をとる。以下に示す(1)～(5)の手順に従って，銅の原子半径を求めてみる。次の(1)～(5)に答えよ。また，銅の密度は $8.95\,\text{g/cm}^3$ である。（ただし，アボガドロ定数は 6.00×10^{23}/mol，原子量 Cu = 63.6，$\sqrt{2} = 1.41$，$3.62^3 = 47.4$ とする。）

(1) 面心立方格子の単位格子（くり返しの単位となる結晶格子）中に存在する原子数（銅）を求めよ。
(2) 単位格子中に存在する原子の質量はいくらになるか。有効数字 3 桁で記せ。
(3) 単位格子の体積はいくらになるか。有効数字 3 桁で記せ。
(4) この立方体の体積から，単位格子の一辺の長さ(a)を求めよ。有効数字 3 桁で記せ。
(5) 銅原子の半径を求めよ。有効数字 3 桁で記せ。　　　　　　　　　　　（岡山大 改）

●エクセル　単位格子の質量〔g〕= モル質量〔g/mol〕× $\dfrac{\text{単位格子中の粒子数}}{\text{アボガドロ定数〔/mol〕}}$

解説
(1) $\dfrac{1}{8}$ 個（頂点）× 8 + $\dfrac{1}{2}$ 個（面）× 6 = 4 個

(2) 質量〔g〕= $63.6\,\text{g/mol} \times \dfrac{4}{6.00 \times 10^{23}/\text{mol}} = 4.24 \times 10^{-22}\,\text{g}$

(3) 体積〔cm³〕= $\dfrac{4.24 \times 10^{-22}\,\text{g}}{8.95\,\text{g/cm}^3} \fallingdotseq 4.74 \times 10^{-23}\,\text{cm}^3$

(4) $a \fallingdotseq \sqrt[3]{4.74 \times 10^{-23}} = \sqrt[3]{47.4 \times 10^{-24}} = 3.62 \times 10^{-8}\,\text{cm}$

(5) $\sqrt{2}\,a = 4r$ より，
$r = \dfrac{\sqrt{2}}{4}a \fallingdotseq \dfrac{\sqrt{2}}{4} \times 3.62 \times 10^{-8}\,\text{cm} \fallingdotseq 1.28 \times 10^{-8}\,\text{cm}$

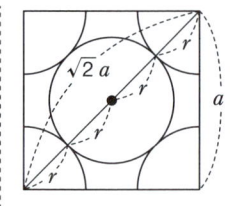

解答
(1) 4 個　(2) $4.24 \times 10^{-22}\,\text{g}$　(3) $4.74 \times 10^{-23}\,\text{cm}^3$
(4) $3.62 \times 10^{-8}\,\text{cm}$　(5) $1.28 \times 10^{-8}\,\text{cm}$

基本問題

227 ▶ ポロニウム　ポロニウムは，その結晶構造が単純立方格子である唯一の元素として知られている。単純立方格子とは，図に示したような構造であり，立方体の各頂点に原子が配列している。原子を半径 r の球とし，それらの球が一辺の長さ a の単位格子内で接触していると仮定する。

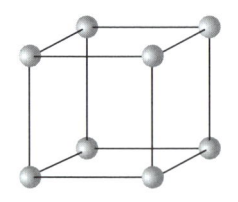

(1) 単純立方格子では，単位格子あたりの原子の数は何個か。
(2) r と a との関係を式で示せ。
(3) 単純立方格子において，原子が結晶中の空間に占める体積の割合（充塡率）は何 % か。有効数字 3 桁で求めよ。ただし，円周率 π は 3.14 とする。　　　　（17 日本女子大 改）

228 ▶ Cu₂O の結晶
図は Cu₂O の結晶の単位格子である。 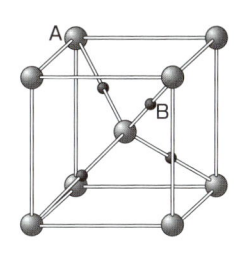
(1) Cu⁺ は A と B のどちらか。
(2) A と B の配位数をそれぞれ答えよ。
(3) A だけをとりあげたときの結晶構造と，B だけをとりあげたときの結晶構造を①～③より選べ。
① 単純立方格子 ② 面心立方格子
③ 体心立方格子

229 ▶ CsCl 型単位格子
右図について，次の問いに答えよ。
(1) 図に示された CsCl 単位格子中において，Cs⁺ および Cl⁻ は，イオン半径がそれぞれ，1.89×10^{-8} cm と 1.67×10^{-8} cm の剛体球として存在すると考えると，CsCl 単位格子の一辺の長さは，何 cm となるか，有効数字 2 桁で求めよ。ただし，Cs⁺ と Cl⁻ は，CsCl 単位格子において，対角線方向に互いに接していると考えよ。また，アボガドロ定数は 6.0×10^{23}/mol とし，必要があれば，$\sqrt{3} = 1.73$ を使用せよ。

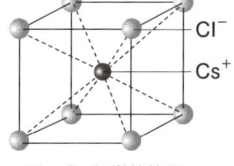

図　CsCl単位格子

(2) この単位格子中に，Cs⁺ と Cl⁻ は，それぞれ何個ずつ存在するか答えよ。
(3) (1)で求めた単位格子の体積中で，Cs⁺ と Cl⁻ が占める体積の割合（充塡率）は何 % であるか，有効数字 2 桁で求めよ。ただし，Cs⁺ と Cl⁻ の体積は，2.83×10^{-23} cm³ および，1.95×10^{-23} cm³ であるとする。
(4) 1 cm³ の体積をもつ CsCl 結晶中には，Cs⁺ と Cl⁻ は，それぞれ何個ずつ存在するか，有効数字 2 桁で求めよ。
(5) 塩化セシウム結晶の密度は，何 g/cm³ であるか，有効数字 2 桁で求めよ。ただし，塩化セシウムの式量 168.5 を用いよ。
(中央大 改)

230 ▶ ヨウ素の結晶
ヨウ素分子 I₂ の結晶では，単位格子は右図のような直方体であり，6 個の面の中央と 8 個の頂点にそれぞれヨウ素分子 I₂ が位置している。面の中央の分子は，隣りあう 2 個の単位格子に属し，1 個の単位格子あたりに $\frac{1}{2}$ 個含まれる。同様に，頂点の分子は 1 個の単位格子に $\frac{1}{8}$ 個含まれる。ヨウ素分子の結晶の単位格子の体積は 3.4×10^{-22} cm³ である。 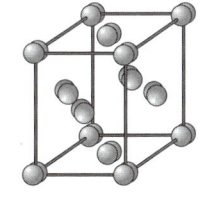
(1) 単位格子中のヨウ素の分子の数は何個か。
(2) ヨウ素分子の結晶の密度は何 g/cm³ か。有効数字 2 桁で答えよ。ただし，アボガドロ定数は 6.0×10^{23}/mol とする。
(大阪市立大 改)

原子量の概数値	H	C	N	O	Na	Mg	Al	Si	S	Cl	K	Ca	Fe	Cu	Zn	Ag	I	Pb
	1.0	12	14	16	23	24	27	28	32	35.5	39	40	56	63.5	65	108	127	207

応用例題 44　六方最密構造　　　　　　　　　　　　　　　　　　応用➡231

ある金属は図1のような六方最密構造の結晶格子をつくる。
(1) この結晶格子の単位格子中に含まれる原子の数および，配位数を答えよ。
(2) この金属原子のモル質量を M〔g/mol〕，原子半径を r〔cm〕，アボガドロ定数を N_A〔/mol〕とする。
　(a) 単位格子の高さ b を，r を用いて表せ。
　(b) この金属の密度を，M, r, N_A を用いて表せ。
(3) 六方最密構造における原子の配列は，原子が最もすき間の少ないように接してできた層が積み重なったものと考えることができる。六方最密構造の1層目，2層目の原子を詰めるようすを図2に示す。3層目の原子位置として最も適切な位置（×印）を(a)～(d)から1つ選べ。　　　（14　東北大　改）

図1

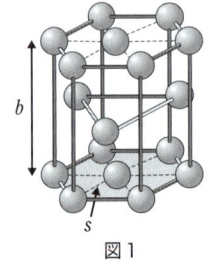

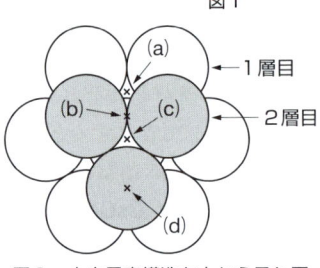

図2　六方最密構造を上から見た図

●エクセル　面心立方格子と六方最密構造はいずれも最密構造であるが，原子の層の重なり方が異なる。

解説
(1) 単位格子中の原子の数は，$1 + \dfrac{1}{12} \times 4 + \dfrac{1}{6} \times 4 = 2$。

配位数は，ある原子に着目すると，同一平面の6個と上下面各3個の計12個の原子と接するから12である。

(2) (a) 右図より　$h^2 + \left(\dfrac{2\sqrt{3}}{3}r\right)^2 = (2r)^2$　　$h = \dfrac{2\sqrt{6}}{3}r$

単位格子の高さ　$2h = \dfrac{4\sqrt{6}}{3}r$

(b) 単位格子の底面積　$2r \times \sqrt{3}r \times \dfrac{1}{2} \times 2 = 2\sqrt{3}r^2$

単位格子の体積　$2\sqrt{3}r^2 \times \dfrac{4\sqrt{6}}{3}r = 8\sqrt{2}r^3$

密度　$\dfrac{2 \times \dfrac{M}{N_A}}{8\sqrt{2}r^3} = \dfrac{M}{4\sqrt{2}r^3 N_A}$

(3) 1層目と3層目の原子が重なり，(c)に原子がのる。

▶六方最密構造の単位格子は，六角柱を3等分したものである。

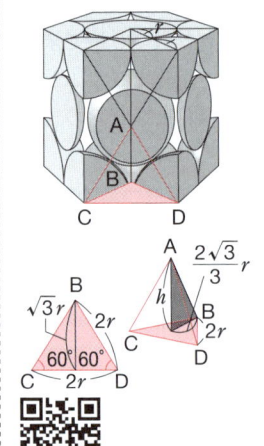

解答
(1) 原子の数　2個　　配位数　12
(2) (a) $\dfrac{4\sqrt{6}}{3}r$　　(b) $\dfrac{M}{4\sqrt{2}r^3 N_A}$　　(3) (c)

応用問題

231 ▶ 鉄の酸化物 次の文章を読み，問いに答えよ。

Fe_2O_3 は酸化物イオン O^{2-} が六方最密構造(図a)と同じ配置をとり，その一部の隙間に鉄イオンが存在する。また，Fe_3O_4，FeO では酸化物イオンは面心立方格子(図b)と同じ配置をとっている。

六方最密構造および面心立方格子に含まれる酸化物イオンの数をそれぞれ答えよ。なお図aの単位格子は図の $\frac{1}{3}$ である。

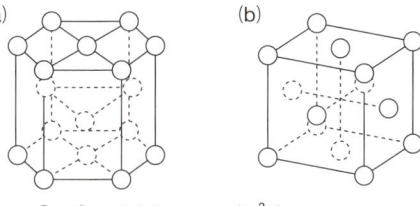

○, ◌：酸化物イオン（O^{2-}）

（22 北大 改）

232 ▶ ペロブスカイト構造 次の文章を読み，下の問いに答えよ。

バリウムとチタンと酸素の化合物であるチタン酸バリウム(式量233.2)は，エレクトロニクスの分野で重要な材料のひとつである。チタン酸バリウムの単位格子を右図に示す。単位格子は，一辺が 4.0×10^{-8} cm の立方体であり，バリウムイオン，チタンイオン，酸化物イオンは，それぞれ立方体の頂点，中心，面の中心に存在する。よって，単位格子中に含まれるバリウムイオン，チタンイオン，酸化物イオンの正味の数は，それぞれ（ ア ）個，（ イ ）個，（ ウ ）個であり，チタン酸バリウムの組成式は（ エ ）となる。

● バリウムイオン（立方体の頂点）
● チタンイオン（立方体の中心）
○ 酸化物イオン（立方体の面の中心）

(1) 文中の(ア)〜(ウ)に適当な数値，(エ)にチタン酸バリウムの組成式を記せ。
(2) チタン酸バリウムにおけるチタンイオンの価数を記せ。
(3) チタン酸バリウムの結晶の密度〔g/cm³〕を求め，有効数字2桁で答えよ。ただし，アボガドロ定数を 6.0×10^{23} /mol とする。

（岡山大 改）

233 ▶ ミョウバン ミョウバン $AlK(SO_4)_2 \cdot 12H_2O$ 結晶中の $[Al(H_2O)_6]^{3+}$ と $[K(H_2O)_6]^+$ の配置は右図のように表され，NaCl の結晶における Na^+ と Cl^- の位置関係と同じである。また，SO_4^{2-} は両イオンを結びつける役割をしている。単位格子中には，SO_4^{2-} が何個含まれているかを求めよ。

● $[Al(H_2O)_6]^{3+}$
○ $[K(H_2O)_6]^+$

（22 岐阜大 改）

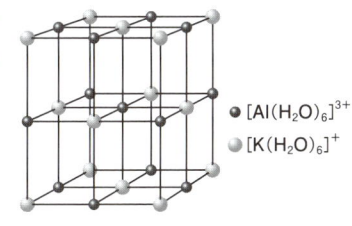

図 ミョウバンの結晶の単位格子におけるイオンの配置図（ただし，SO_4^{2-} イオンは描かれていない）

□□□**234 ▶ 閃亜鉛鉱型・ホタル石型** 次の文章を読み，下の問いに答えよ。ただし，アボガドロ定数は 6.0×10^{23}/mol，$5.4^3 = 1.57 \times 10^2$ とする。

硫化亜鉛の結晶構造は，図1に示すような閃亜鉛鉱型のイオン結晶である。閃亜鉛鉱型の結晶構造では，（ア）イオンが（イ）格子をつくり，そのすき間に（ウ）イオンが配置されている。この単位格子を図の点線により8個の立方体に分割すると，その立方体の中心に1つおきに（ウ）イオンが配置されていることになる。

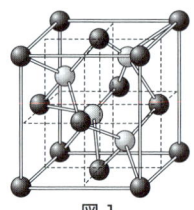

フッ化カルシウムの結晶構造は，図2に示すホタル石型のイオン結晶である。ホタル石型の結晶構造では，（エ）イオンが（イ）格子をつくり，そのすき間に（オ）イオンが配置されている。この単位格子を8個の立方体に分割すると，そのすべての立方体の中心に（オ）イオンが配置されている。

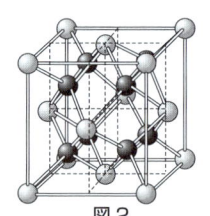

(1) 文中の(ア)～(オ)に適当な語句を答えよ。
(2) これらのイオン結晶について，次のそれぞれの値を答えよ。
  (a) 単位格子あたりに含まれるイオンの数
  (b) 各イオンに接する反対符号のイオンの数
(3) これらのイオン結晶の単位格子の一辺の長さを a とするとき，陽イオンと陰イオンの間の最短距離を a で表せ。
(4) 硫化亜鉛の密度[g/cm^3]を有効数字2桁で求めよ。ただし，単位格子は一辺 5.4×10^{-8} cm，硫化亜鉛の式量は 97.5 とする。
(5) ホタル石に濃硫酸を加え加熱すると，フッ化水素が得られる。この反応を化学反応式で記せ。

図1（閃亜鉛鉱型）
図2（ホタル石型）
○ 陽イオン
● 陰イオン

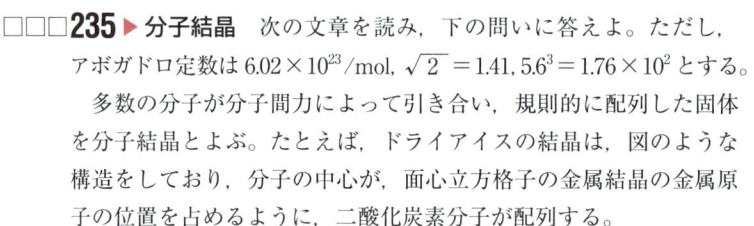

□□□**235 ▶ 分子結晶** 次の文章を読み，下の問いに答えよ。ただし，アボガドロ定数は 6.02×10^{23}/mol，$\sqrt{2} = 1.41$，$5.6^3 = 1.76 \times 10^2$ とする。

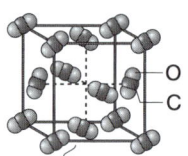

多数の分子が分子間力によって引き合い，規則的に配列した固体を分子結晶とよぶ。たとえば，ドライアイスの結晶は，図のような構造をしており，分子の中心が，面心立方格子の金属結晶の金属原子の位置を占めるように，二酸化炭素分子が配列する。

二酸化炭素分子 CO_2

(1) 単位格子中の炭素原子の数は何個か。
(2) 単位格子の一辺の長さが 5.6×10^{-8} cm だとすると，最も近くにある二酸化炭素の中心間の距離は何 cm か。有効数字2桁で求めよ。
(3) このとき，ドライアイスの結晶の密度は何 g/cm^3 か。有効数字2桁で求めよ。

原子量の概数値	H	C	N	O	Na	Mg	Al	Si	S	Cl	K	Ca	Fe	Cu	Zn	Ag	I	Pb
	1.0	12	14	16	23	24	27	28	32	35.5	39	40	56	63.5	65	108	127	207

236 ▶ ダイヤモンドと黒鉛 ダイヤモンドも黒鉛も炭素原子のみからなる。ダイヤモンドでは，1個の炭素原子のまわりを4個の炭素原子がとり囲み，各炭素原子は共有結合で結びついている。この共有結合は強いため，ダイヤモンドは非常にかたく密度が比較的大きい。そしてダイヤモンドは立方体の結晶格子をもつ。一方，黒鉛は，正六角形の網目状に配列した炭素原子が層状に積み重なった構造をもち，単位格子に4つの炭素原子が含まれる。層中の C－C 間の結合は共有結合であるが，層を結びつけているのは分子間力で，この力が弱いために，各層は互いに滑りあうことができ，黒鉛はやわらかく，密度が比較的小さい。

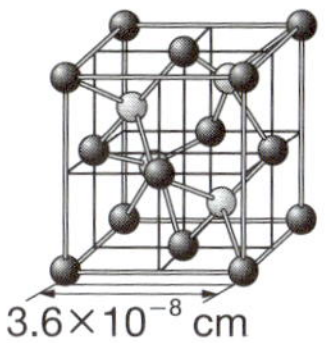

(1) ダイヤモンドの単位格子に含まれる炭素原子は何個か。

(2) ダイヤモンド，黒鉛それぞれの単位格子の体積を有効数字2桁で答えよ。必要があれば，$\sin 60° = 0.87$ を用いよ。

(3) ダイヤモンドと黒鉛の密度を求めよ。有効数字2桁で答えよ。ただし，アボガドロ数は 6.02×10^{23} とする。
(千葉大 改)

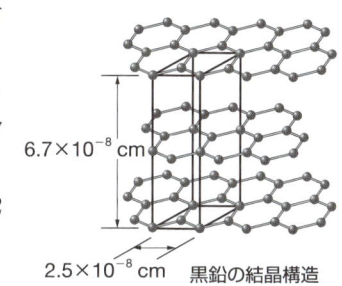

237 ▶ 結晶のすき間 図1は面心立方格子の単位格子を示したものである。この単位格子中には，原子が頂点に位置する正八面体の中心にできるすき間（正八面体間隙，図2）と，正四面体の中心にできるすき間（正四面体間隙，図3）がある。$\sqrt{2} = 1.41$ とする。

(1) 面心立方格子の単位格子中に正八面体間隙，正四面体間隙はそれぞれいくつ存在するかを答えよ。なお，すき間の個数を数えるとき，すき間が隣接する単位格子で共有されるときには，共有する単位格子の数で割ること。この考え方は単位格子に含まれる原子を数えるときと同様である。

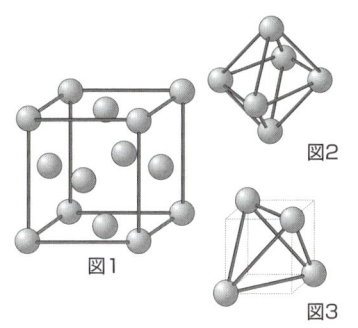

(2) 正八面体間隙と正四面体間隙の中心にそれぞれ原子を配置させた。これらの中心原子に隣接する原子数を，正八面体間隙と正四面体間隙それぞれについて答えよ。

(3) ある金属の結晶は，面心立方格子の構造であることが知られている。この金属の原子は球とみなすことができ，隣接する原子どうしは接触している。この結晶の正八面体間隙に入ることができる球の最大の半径は，単位格子の一辺の長さの何倍になるか。有効数字2桁で答えよ。

11 気体の性質

1 温度と気体分子の熱運動

◆1 **温度** 粒子の熱運動の度合いを表す数値。
　①**絶対零度** 粒子の熱運動が停止する温度。
　　-273℃ $= 0$K(ケルビン)と定める。
　②**絶対温度** 絶対零度を原点とした温度。
　　単位はK(ケルビン)。

絶対温度とセルシウス温度の関係
t℃のときの絶対温度 T〔K〕は，
$$T〔K〕= (273 + t)K$$

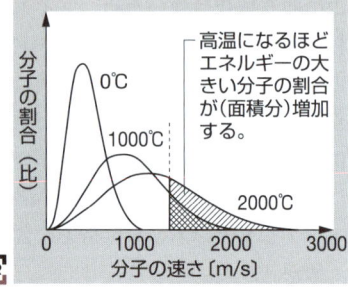

（図：分子の割合（比）と分子の速さ〔m/s〕のグラフ。0℃、1000℃、2000℃の曲線。高温になるほどエネルギーの大きい分子の割合が（面積分）増加する。）

2 ボイル・シャルルの法則

◆1 **ボイルの法則**

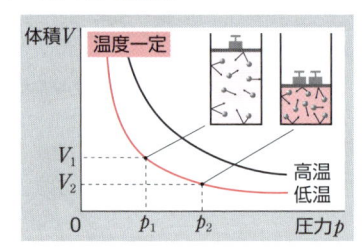

温度一定
$p_1, V_1 \longrightarrow p_2, V_2$
　状態1　　　状態2

$$p_1 V_1 = p_2 V_2$$

圧力 p と体積 V は反比例の関係

◆2 **シャルルの法則**

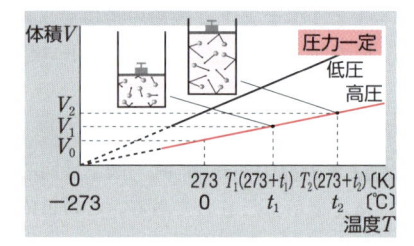

圧力一定
$T_1, V_1 \longrightarrow T_2, V_2$
　状態1　　　状態2

$$\frac{V_1}{T_1} = \frac{V_2}{T_2}$$

温度 T と体積 V は比例の関係

◆3 **ボイル・シャルルの法則**

$p_1, V_1, T_1 \longrightarrow p_2, V_2, T_2$
　状態1　　　状態2

$$\frac{p_1 V_1}{T_1} = \frac{p_2 V_2}{T_2}$$

$\dfrac{p_1 V_1}{T_1} = \dfrac{p_2 V_2}{T_2}$ 　p一定 → $\dfrac{V_1}{T_1} = \dfrac{V_2}{T_2}$
　↓T一定　　↘V一定
$p_1 V_1 = p_2 V_2$　　　$\dfrac{p_1}{T_1} = \dfrac{p_2}{T_2}$

一定量の気体の体積 V は圧力 p に反比例，絶対温度 T に比例する。

＊1　計算は圧力・体積・温度の単位をそろえて行う。
＊2　温度は絶対温度〔K〕を用いる。

3 気体の状態方程式

◆1 **気体の状態方程式** 気体がある1つの状態をとるとき，圧力 p〔Pa〕，体積 V〔L〕，物質量 n〔mol〕，絶対温度 T〔K〕の間に次の関係式がなりたつ。

$$\boxed{pV = nRT}$$ （気体定数 $R = 8.31 \times 10^3$ Pa·L/(K·mol)）

◆2 **気体の分子量(モル質量 M〔g/mol〕)の気体**

①質量 w がわかっているとき

$$n〔\text{mol}〕 = \frac{w〔\text{g}〕}{M〔\text{g/mol}〕} \longrightarrow pV = \frac{w}{M}RT \longrightarrow \boxed{M = \frac{wRT}{pV}}$$

②密度 d がわかっているとき

$$w〔\text{g}〕 = d〔\text{g/L}〕 \times V〔\text{L}〕 \longrightarrow p = \frac{d}{M}RT \longrightarrow \boxed{M = \frac{dRT}{p}}$$

◆3 **混合気体**

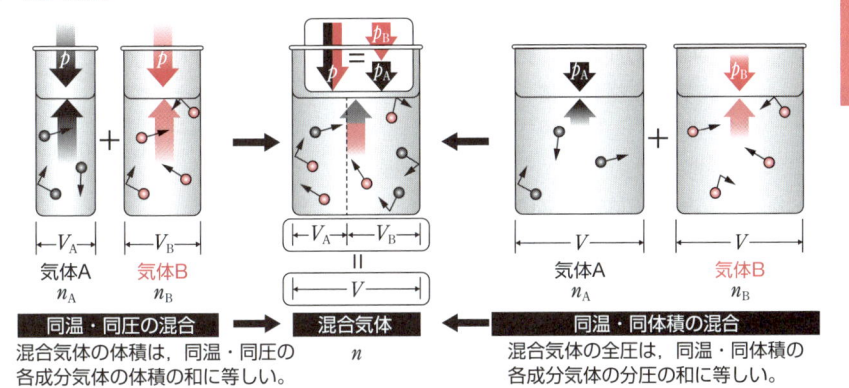

同温・同圧の混合	→ 混合気体 ←	同温・同体積の混合
混合気体の体積は，同温・同圧の各成分気体の体積の和に等しい。	n	混合気体の全圧は，同温・同体積の各成分気体の分圧の和に等しい。

①**ドルトンの分圧の法則**

同温・同体積の混合気体の全圧 p は各成分気体の分圧(p_A, p_B)の和に等しい。　$\boxed{p = p_A + p_B}$

②**分圧と物質量の関係**

各気体の分圧(p_A, p_B)は全圧 p × モル分率に等しい。

$$p_A = \frac{n_A}{n_A + n_B}p \qquad p_B = \frac{n_B}{n_A + n_B}p$$

モル分率 全気体の物質量に対する成分気体の物質量の割合。

分圧比 ＝ 物質量の比　$\boxed{p_A : p_B = n_A : n_B}$

◆4 **水上置換と分圧** 水上置換で捕集した気体は,水蒸気との混合気体になっている。
大気圧〔Pa〕＝
気体の分圧〔Pa〕＋水の蒸気圧〔Pa〕
＊水面を一致させないと,水柱による圧力の補正をしなければならなくなる。

◆5 **混合気体と平均分子量**
混合気体の平均分子量 M は各気体の分子量(M_A, M_B)にモル分率をかけて足したものである。

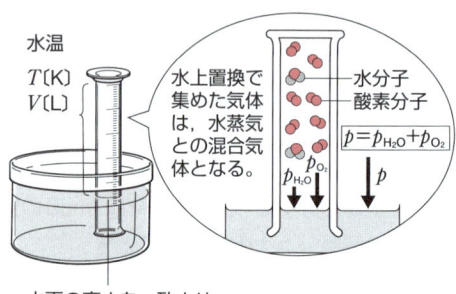

$$M = M_A \times \frac{n_A}{n_A + n_B} + M_B \times \frac{n_B}{n_A + n_B}$$

◆6 **理想気体と実在気体**
①**理想気体**:分子に大きさがなく,分子間の引力がなく,気体の状態方程式に完全に従う気体。
②**実在気体**:分子に大きさがあり,分子間の引力があり,気体の状態方程式に完全には従わない気体。
高温・低圧にするほど実在気体は理想気体に近づく。

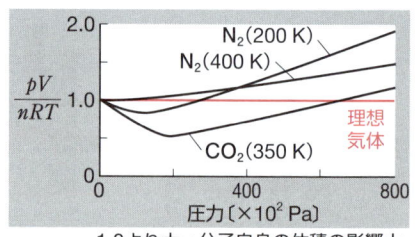

1.0より大→分子自身の体積の影響大
1.0より小→分子間力の影響大

- 高温では,分子間の引力の影響が小さくなりほとんど無視できる。
- 低圧では,分子間の引力や分子自身の大きさの影響が小さくなりほとんど無視できる。

③**状態変化**:実在気体では状態変化が起き,理想気体とはふるまいが異なる。

●温度一定
- 体積は①から②へ減少。
- ②で凝縮し,③まで一定。

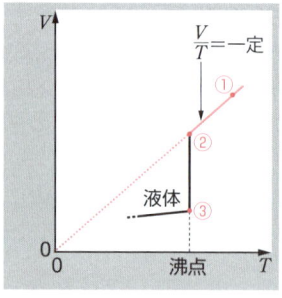

●圧力一定
- 体積は①から②へ減少。
- ②で沸点に達し,③までは体積は一気に減少。

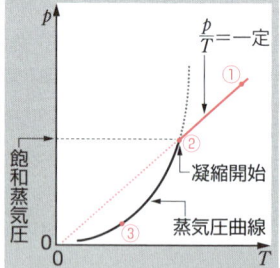

●体積一定
- 圧力は①から②へ低下。
- ②で凝縮し,圧力は蒸気圧曲線に従う。

WARMING UP／ウォーミングアップ

次の文中の（　）に適当な語句・記号・数値を入れよ。

1 熱運動と絶対温度
温度は粒子の熱運動の激しさの度合いを表す。熱運動が停止する温度を（ア）とよび，これを原点とした温度が（イ）である（単位は K）。t℃ =（ウ）K なので，0℃ は（エ）K，100℃ は（オ）K であり，0 K は（カ）℃，300 K は（キ）℃ である。

2 基本法則
(1) 温度一定のとき，一定量の気体の体積 V は，圧力 p に（ア）する。これを（イ）の法則という。定数 a を用いてこの関係を式で表すと，$V =$（ウ）となる。

(2) 圧力一定のとき，一定量の気体の体積 V は，絶対温度 T に（エ）する。これを（オ）の法則という。定数 b を用いてこの関係を式で表すと，$V =$（カ）となる。

(3) 一定量の気体の体積 V は，圧力 p に（キ），絶対温度 T に（ク）する。これを（ケ）の法則という。定数 c を用いてこの関係を式で表すと，$V = c \times$（コ）となる。

3 単位の変換
(1) 1.013×10^5 Pa =（ア）hPa =（イ）mmHg =（ウ）atm
(2) $1 \text{ m}^3 =$（エ）L =（オ）mL

4 気体の状態方程式
標準状態（温度（ア）K，圧力（イ）Pa）での 1 mol の気体の体積は，気体の種類によらず一定の値 22.4 L =（ウ）m^3 になる。よって，1 mol の気体ではボイル・シャルルの法則の定数 c も気体の種類によらず一定の値をとる。これを R とおくと，
$$R = \frac{1.013 \times 10^5 \text{ Pa} \times 22.4 \text{ L/mol}}{273 \text{ K}} = （エ）\text{Pa·L/(K·mol)}$$
$=$（オ）Pa·m³/(K·mol) となり，この定数 R を（カ）という。

5 混合気体
混合気体の全圧は各成分気体の（ア）の総和に等しい。この法則を（イ）の法則という。気体 A，B の混合気体の場合，全圧を p，それぞれの分圧を p_A，p_B とおくと，$p =$（ウ）の関係がなりたつ。

1
(ア) 絶対零度
(イ) 絶対温度
(ウ) $273 + t$
(エ) 273　(オ) 373
(カ) -273　(キ) 27

2
(ア) 反比例
(イ) ボイル
(ウ) $\dfrac{a}{p}$　(エ) 比例
(オ) シャルル
(カ) bT
(キ) 反比例
(ク) 比例
(ケ) ボイル・シャルル
(コ) $\dfrac{T}{p}$

3
(ア) 1.013×10^3 (1013)
(イ) 760　(ウ) 1
(エ) 1000 (10^3)
(オ) 1000000 (10^6)

4
(ア) 273
(イ) 1.013×10^5
(ウ) 2.24×10^{-2}
(エ) 8.31×10^3
(オ) 8.31
(カ) 気体定数

5
(ア) 分圧
(イ) ドルトンの分圧
(ウ) $p_A + p_B$

基本例題 45　ボイル・シャルルの法則

基本 ➡ 242

27℃，3.00×10^4 Pa，10.0 L の気体を，127℃，5.00×10^4 Pa にすると，体積は何 L になるか。

● エクセル

ボイルの法則　$p_1V_1 = p_2V_2$　　シャルルの法則　$\dfrac{V_1}{T_1} = \dfrac{V_2}{T_2}$

ボイル・シャルルの法則　$\dfrac{p_1V_1}{T_1} = \dfrac{p_2V_2}{T_2}$

解説　求める体積を V_2 [L] とし，ボイル・シャルルの法則に次の値を代入して計算する。

$p_1 = 3.00 \times 10^4$ Pa，$T_1 = (27+273)$ K，$V_1 = 10.0$ L
$p_2 = 5.00 \times 10^4$ Pa，$T_2 = (127+273)$ K

$$\dfrac{3.00 \times 10^4 \text{Pa} \times 10.0 \text{L}}{(27+273) \text{K}} = \dfrac{5.00 \times 10^4 \text{Pa} \times V_2 [\text{L}]}{(127+273) \text{K}}$$

$V_2 = 8.00$ L

▶状態 1 から状態 2 への変化の場合，

$$\dfrac{p_1V_1}{T_1} = \dfrac{p_2V_2}{T_2}$$

T 一定 ↙　　↘ p 一定

$p_1V_1 = p_2V_2$　　$\dfrac{V_1}{T_1} = \dfrac{V_2}{T_2}$

ボイルの法則　　シャルルの法則

解答　8.00 L

基本例題 46　気体の状態方程式

基本 ➡ 245, 246

次の問いに答えよ。ただし，気体定数 $R = 8.31 \times 10^3$ Pa・L/(K・mol) とする。

(1) 圧力 1.00×10^5 Pa，温度 127℃，体積 8.31 L の理想気体の物質量を求めよ。

(2) 圧力 1.01×10^5 Pa，温度 100℃，体積 350 mL の気体の質量が 1.76 g のとき，気体の分子量を求めよ。

(3) 0℃，1.00×10^5 Pa における気体の密度が 1.28 g/L の気体の分子量を求めよ。

● エクセル

気体の状態方程式　　$pV = nRT$

$pV = \dfrac{w}{M}RT$　　w：気体の質量 [g]　　M：気体のモル質量 [g/mol]

$p = \dfrac{dRT}{M}$　　d：気体の密度 [g/L] $\left(d = \dfrac{w}{V}\right)$

解説
(1) $p = 1.00 \times 10^5$ Pa，$V = 8.31$ L，$T = (127+273)$ K = 400 K，これらの数値を気体の状態方程式に代入すると，
1.00×10^5 Pa $\times 8.31$ L
$= n$ [mol] $\times 8.31 \times 10^3$ Pa・L/(K・mol) $\times 400$ K ❶
$n = 0.250$ mol

(2) $M = \dfrac{wRT}{pV}$ ❷

$= \dfrac{1.76 \text{g} \times 8.31 \times 10^3 \text{Pa・L/(K・mol)} \times (100+273) \text{K}}{1.01 \times 10^5 \text{Pa} \times 0.350 \text{L}}$

$= 154.3 \cdots$ g/mol ≒ 154 g/mol

❶ 気体定数 R ⇒ そのまま代入

❷ 物質量 $n = \dfrac{w}{M}$ より気体の状態方程式に代入

(3) $M = \dfrac{w}{V} \times \dfrac{RT}{p} = d \times \dfrac{RT}{p}$

$= 1.28\,\text{g/L} \times \dfrac{8.31 \times 10^3\,\text{Pa·L/(K·mol)} \times 273\,\text{K}}{1.00 \times 10^5\,\text{Pa}}$

$= 29.03 \cdots \text{g/mol} \fallingdotseq 29.0\,\text{g/mol}$

解答 (1) 0.250 mol (2) 154 (3) 29.0

基本例題 47 混合気体の圧力

基本 ➡ 249

体積 2.0 L の容器 A に圧力 2.1×10^5 Pa の窒素，体積 5.0 L の容器 B に圧力 3.5×10^5 Pa の酸素が入っている。温度一定で，コックを開いて容器をつないだ。

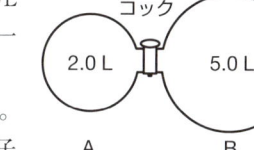

(1) 混合後の窒素，酸素それぞれの分圧と全圧を求めよ。
(2) 混合気体の平均分子量を求めよ。ただし，N の原子量は 14，O の原子量は 16 とする。

● エクセル　気体 A，B，C の分圧と物質量の関係
$p_A : p_B : p_C = n_A : n_B : n_C$

解説

(1) コックを開くと混合気体の体積は
2.0 L + 5.0 L = 7.0 L となる。
窒素についてボイルの法則を適用すると
$2.1 \times 10^5\,\text{Pa} \times 2.0\,\text{L} = p_{N_2}\,[\text{Pa}] \times 7.0\,\text{L}$
$p_{N_2} = 6.0 \times 10^4\,\text{Pa}$

酸素についてボイルの法則を適用すると
$3.5 \times 10^5\,\text{Pa} \times 5.0\,\text{L} = p_{O_2}\,[\text{Pa}] \times 7.0\,\text{L}$
$p_{O_2} = 2.5 \times 10^5\,\text{Pa}$

よって，混合気体の全圧 p は
$p = p_{N_2} + p_{O_2} = 6.0 \times 10^4\,\text{Pa} + 2.5 \times 10^5\,\text{Pa}$
$= 0.60 \times 10^5\,\text{Pa} + 2.5 \times 10^5\,\text{Pa}$
$= 3.1 \times 10^5\,\text{Pa}$

▶ コック開閉前後の関係
窒素：2.0 L, 2.1×10^5 Pa ⇒ 7.0 L, p_{N_2}
酸素：5.0 L, 3.5×10^5 Pa ⇒ 7.0 L, p_{O_2}

(2) 混合気体の平均分子量は
$28 \times \dfrac{n_{N_2}}{n_{N_2} + n_{O_2}} + 32 \times \dfrac{n_{O_2}}{n_{N_2} + n_{O_2}}$

$= 28 \times \dfrac{p_{N_2}}{p} + 32 \times \dfrac{p_{O_2}}{p}$ ❶

$= 28 \times \dfrac{6.0 \times 10^4\,\text{Pa}}{3.1 \times 10^5\,\text{Pa}} + 32 \times \dfrac{2.5 \times 10^5\,\text{Pa}}{3.1 \times 10^5\,\text{Pa}} = 31.2 \cdots \fallingdotseq 31$

❶ 物質量比 = 分圧比

解答 (1) 窒素の分圧　6.0×10^4 Pa　　酸素の分圧　2.5×10^5 Pa　　全圧　3.1×10^5 Pa
(2) 31

基本問題

238 ▶ 熱運動する分子の速さの分布 図は熱運動する一定数の気体分子Aについて，100，300，500Kにおける Aの速さと，その速さをもつ分子の数の割合の関係を示したものである。図から読み取れる内容および考察に関する記述として誤りを含むものはどれか。最も適当なものを，次の①～⑤のうちから1つ選べ。

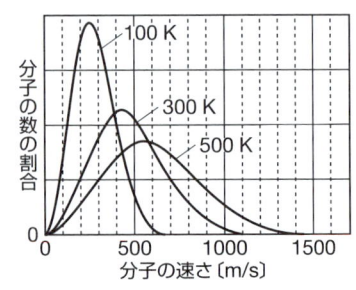

① 100Kでは約240m/sの速さをもつ分子の数の割合が最も多い。
② 100Kから300K，500Kに温度が上昇すると，約240m/sの速さをもつ分子の数の割合が減少する。
③ 100Kから300K，500Kに温度が上昇すると，約800m/sの速さをもつ分子の数の割合が増加する。
④ 500Kから1000Kに温度を上昇させると，分子の速さの分布が幅広くなると予想される。
⑤ 500Kから1000Kに温度を上昇させると，約540m/sの速さをもつ分子の数の割合は増加すると予想される。

(21 共通テスト 改)

239 ▶ セルシウス温度と絶対温度 次の問いに答えよ。
(1) 37℃は絶対温度では何Kになるか。
(2) 絶対零度0Kは何℃になるか。
(3) 水の凝固点と沸点を絶対温度で表すと，それぞれ何Kになるか。

240 ▶ ボイルの法則
(1) 温度一定で圧力 1.0×10^5 Pa，体積5.0Lの気体の体積を10Lにすると，圧力は何kPaとなるか。
(2) 温度一定で圧力 1.0×10^5 Pa，体積10Lの気体の圧力を 2.5×10^5 Paにすると，体積は何Lとなるか。

241 ▶ シャルルの法則
(1) 圧力一定で温度27℃，体積3.0Lの気体の温度を127℃にすると，体積は何Lとなるか。
(2) 圧力一定で温度77℃，体積3.0Lの気体の体積を6.3Lにするには，温度は何℃にすればよいか。

□□□**242** ▶ **ボイル・シャルルの法則**　次の問いに答えよ。760 mmHg = 1.013×10^5 Pa とする。
(1) 圧力 3.00×10^5 Pa，体積 2.00×10^{-2} L，温度 27 ℃ の気体を，圧力 2.00×10^5 Pa，温度 77 ℃ にしたとき体積は何 L となるか。
(2) 圧力 1.20×10^5 Pa，体積 10.0 L，温度 27 ℃ の気体を，体積 25.0 L，温度 127 ℃ にしたとき圧力は何 Pa となるか。
(3) 圧力 1.00×10^5 Pa，体積 20.0 L，温度が 300 K の気体を，圧力 2280 mmHg，体積 15.0 L にしたとき，温度は何 ℃ になるか。

□□□**243** ▶ **気体の法則とグラフ1**　一定量の気体について，次の(1)～(4)の関係を示すグラフを，下の(ア)～(オ)から選べ。
(1) 圧力を一定にしたとき，体積と絶対温度の関係
(2) 体積を一定にしたとき，圧力と絶対温度の関係
(3) 温度を一定にしたとき，圧力と体積の関係
(4) 温度を一定にしたとき，圧力と体積の積と，圧力の関係

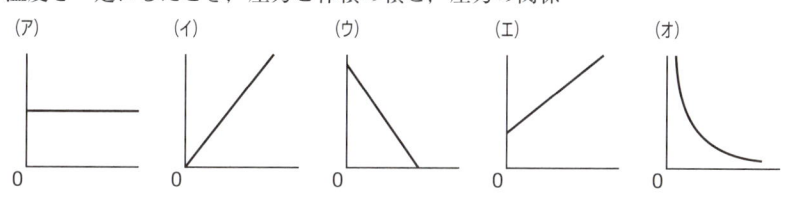

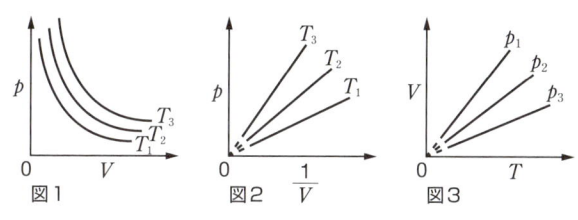

□□□**244** ▶ **気体の法則とグラフ2**　図は，理想気体に関するグラフである。次の問いに答えよ。

(1) 図1の曲線は，ボイルの法則に従って，それぞれ異なる一定の絶対温度 T_1，T_2，T_3 における圧力 p と体積 V の関係を表している。温度の大小を不等号で書け。
(2) 図2の直線は，ボイルの法則に従って，それぞれ異なる一定の絶対温度 T_1，T_2，T_3 における圧力 p と体積 V の逆数 $\dfrac{1}{V}$ の関係を表している。温度の大小を不等号で書け。
(3) 図3の直線は，シャルルの法則に従って，それぞれ異なる一定の圧力 p_1，p_2，p_3 における体積 V と絶対温度 T の関係を表している。圧力の大小を不等号で書け。
(4) (3)の関係を書いた理由を理想気体の状態方程式を使って簡潔に説明せよ。

(16 東京女子大 改)

245 ▶ 気体の状態方程式
次の問いに答えよ。気体定数 $R = 8.30 \times 10^3$ Pa·L/(K·mol) とする。
(1) 圧力が 1.66×10^5 Pa，体積が 10.0 L，物質量 0.500 mol の気体の温度は何 ℃ となるか。
(2) 圧力が 4.15×10^5 Pa，物質量が 2.50 mol，温度が 27 ℃ の気体の体積は何 L となるか。
(3) 圧力が 3.32×10^5 Pa，体積が 20.0 L，温度が 400 K の気体の物質量は何 mol か。

246 ▶ 気体の密度
次の問いに答えよ。
(1) 27 ℃，101 kPa における酸素の密度は何 g/L か。ただし，気体定数 $R = 8.3 \times 10^3$ Pa·L/(K·mol) とする。
(2) ある気体の密度は，同温・同圧の酸素の密度の 0.88 倍であった。この気体のモル質量〔g/mol〕はいくらか。

247 ▶ 気体の分子量
ある純粋な液体を，内容量 500 mL のフラスコに入れ，小さな穴のあいたアルミニウム箔でふたをした。これを，右図のように沸騰した水(100℃)につけて完全に蒸発させた後，室温(27.0℃)に戻して液体にした。この液体の質量を測定すると，1.86 g であった。大気圧を 1.00×10^5 Pa として，この液体の分子量を整数値で求めよ。ただし，気体定数 $R = 8.31 \times 10^3$ Pa·L/(K·mol) とする。

248 ▶ ドルトンの分圧の法則
27 ℃ において，2.0 L の容器の中に 0.10 mol の酸素，0.20 mol の窒素，0.10 mol のアルゴンからなる混合気体が入っている。気体定数 $R = 8.3 \times 10^3$ Pa·L/(K·mol)，Ar = 40 とする。
(1) 次の数値を有効数字 2 桁で求めよ。
　(a) 混合気体の全圧　(b) 酸素のモル分率　(c) 窒素の分圧
(2) この混合気体の平均分子量(見かけの分子量)を有効数字 2 桁で求めよ。
(横浜国立大 改)

249 ▶ 混合気体の圧力
図のように，容積が 0.50 L と 1.0 L の耐圧容器 A と B をコック C で連結した。コック C が閉じた状態で，容器 A にはメタンが 0.10 mol，容器 B には酸素が 0.15 mol 封入され，ともに 27 ℃ に保たれている。
(1) 容器 A，B の温度を 27 ℃ に保ったまま，コック C をあけて，気体を混合し同一組成にした。このときの全圧〔Pa〕を求めよ。ただし，気体定数 $R = 8.3 \times 10^3$ Pa·L/(K·mol) とする。
(2) (1)のときメタンと酸素の分圧〔Pa〕をそれぞれ求めよ。
(17 工学院大 改)

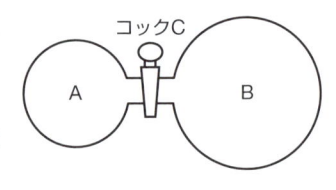

250 ▶ 水上置換した気体の圧力
水素を発生させて，27℃，大気圧 $1.019×10^5$ Pa のもとでメスシリンダーを用いて水上置換で捕集したところ，体積 2.49 L の気体が得られた。27℃における水蒸気圧は $3.56×10^3$ Pa である。

(1) 水上置換で捕集した水素の体積を，容器内の水位と水槽の水位を一致させて測定した。このようにする理由を答えよ。
(2) 捕集した気体中の水素の分圧は何 Pa か。
(3) 得られた水素の物質量は何 mol か。ただし，気体定数 $R = 8.3×10^3$ Pa·L/(K·mol) とする。

251 ▶ 実在気体と理想気体 1
次の文中(ア)～(カ)に適切な語句を入れ，下の問いに答えよ。

ヘリウム，水素，窒素などは常温常圧付近では理想気体に近いふるまいをする。しかし，二酸化炭素やアンモニアなどの気体は，ある条件下では理想気体からのずれが大きくなる。分子間力に注目すると，低温では，分子の熱運動が（ ア ）なり，分子間力の影響が（ イ ）なるので，実在気体の体積は，理想気体の状態方程式による計算値に比べて（ ウ ）なる。一方，分子自身の体積に注目すると，高圧では，単位体積あたりの分子の数が（ エ ）ので，分子自身の体積の影響が（ オ ）なり，実在気体の体積は，理想気体の状態方程式による計算値に比べて（ カ ）なる。実際の気体の体積は，分子間力と分子自身の体積の影響を受ける。

問　実在気体が，気体の状態方程式に従う理想気体に近づく条件は次のうちどれか。
① 高温・高圧　② 低温・高圧
③ 高温・低圧　④ 低温・低圧

（15 富山大 改）

252 ▶ 実在気体と理想気体 2
右図は，3 種類の実在気体 A, B, C それぞれ 1 mol の $\frac{pV}{RT}$ の値が，0℃ のもとで圧力 p とともに変化するようすを示す。ただし，体積 V，気体定数 R，絶対温度 T とする。

(1) 次の(ア)～(エ)から，正しいものを 2 つ選べ。
　(ア) 標準状態における体積が最も大きいものは A である。
　(イ) 分子間に働く力の大きさは，A＜B＜C の順である。
　(ウ) この圧力の範囲で最も圧縮されにくいものは C である。
　(エ) 実在気体は一般に，高温高圧で理想気体に近い挙動を示す。

(2) 実在気体 A, B, C は，メタン，水素，二酸化炭素のいずれかである。正しい気体をそれぞれ選べ。

（14 麻布大 改）

応用例題 48　気体の燃焼

応用 ➡ 253, 255

エタンは酸素と反応して水と二酸化炭素になる。いま，エタン 3.0 g，酸素 12.8 g および窒素 14.0 g を 20.0 L の容器に入れて完全燃焼させた。容器の温度を 227℃ にしたとき，全圧および酸素の分圧は何 Pa となるか。ただし，気体定数 $R = 8.31 \times 10^3$ Pa·L/(K·mol)，227℃ では水は完全に蒸発しているとする。

●エクセル　反応後の全圧は，反応後の総物質量に比例する

解説

$C_2H_6 = 30$, $O_2 = 32$, $N_2 = 28$ より，エタン 3.0 g は 0.10 mol
酸素 12.8 g は 0.400 mol，窒素 14.0 g は 0.500 mol
エタンの燃焼の反応式から

$$2C_2H_6 + 7O_2 \longrightarrow 4CO_2 + 6H_2O$$

反応前　0.10 mol　0.400 mol　　0　　　　0
反応後[1]　0　　　　0.05 mol　　0.20 mol　0.30 mol

窒素は反応に関係しないので，反応後の総物質量は
0.05 mol + 0.20 mol + 0.30 mol + 0.500 mol = 1.05 mol
よって，全圧を p [Pa] とすると

$$p\,[\text{Pa}] \times 20.0\,\text{L} = 1.05\,\text{mol} \times 8.31 \times 10^3\,\text{Pa·L/(K·mol)} \times (227+273)\,\text{K}$$

$$p = 2.181 \cdots \times 10^5\,\text{Pa} \fallingdotseq 2.18 \times 10^5\,\text{Pa}$$

酸素の分圧は，　$2.181 \times 10^5\,\text{Pa} \times \dfrac{0.05\,\text{mol}}{1.05\,\text{mol}} \fallingdotseq 1 \times 10^4\,\text{Pa}$

（別解）$p_{O_2}\,[\text{Pa}] \times 20.0\,\text{L} = 0.05\,\text{mol} \times 8.31 \times 10^3\,\text{Pa·L/(K·mol)} \times 500\,\text{K}$

$$p_{O_2} \fallingdotseq 1 \times 10^4\,\text{Pa}$$

[1] C_2H_6 の変化量 0.10 mol をもとに，各物質の変化量を求める。
O_2 　$-\dfrac{7}{2} \times 0.10 = -0.35$
CO_2 　$\dfrac{4}{2} \times 0.10 = 0.20$
H_2O 　$\dfrac{6}{2} \times 0.10 = 0.30$

解答　全圧　2.18×10^5 Pa　　酸素の分圧　1×10^4 Pa

応用例題 49　蒸気圧と混合気体

応用 ➡ 257

容積 24.9 L の密閉容器に，温度 57℃ で二酸化炭素と水蒸気の混合気体を入れたところ，容器内の気体の圧力は 1.50×10^4 Pa であった。この気体の温度を 27℃ まで徐々に冷却したところ，容器内の気体の圧力が 9.6×10^3 Pa になり，容器内には水滴が生じていた。生成した水滴の体積および二酸化炭素の水への溶解は無視できるものとする。答えは有効数字 2 桁で記せ。
気体定数　$R = 8.3 \times 10^3$ Pa·L/(K·mol)　　27℃ における水の飽和蒸気圧　3.6×10^3 Pa

(1)　冷却後の 27℃ における二酸化炭素の物質量 [mol] を求めよ。
(2)　冷却前の 57℃ における二酸化炭素の分圧 [Pa] を求めよ。
(3)　冷却によって生成した水滴の物質量 [mol] を求めよ。　　（15 名古屋工業大 改）

●エクセル　液体の水が存在するときの水蒸気の分圧は，その温度での飽和蒸気圧となる。

解説

(1) 容器内に水滴が生じているので，容器内の水蒸気が示す圧力(分圧)は 27℃ での飽和蒸気圧である。

$p'_{CO_2} = 9.6 \times 10^3 \text{Pa} - 3.6 \times 10^3 \text{Pa} = 6.0 \times 10^3 \text{Pa}$

$6.0 \times 10^3 \text{Pa} \times 24.9 \text{L} = n[\text{mol}] \times 8.3 \times 10^3 \text{Pa} \cdot \text{L}/(\text{K} \cdot \text{mol}) \times (27+273)\text{K}$

$n = 6.0 \times 10^{-2} \text{mol}$

(2) (1)より二酸化炭素の物質量は 6.0×10^{-2} mol

$p_{CO_2}[\text{Pa}] \times 24.9 \text{L}$
$= 6.0 \times 10^{-2} \text{mol} \times 8.3 \times 10^3 \text{Pa} \cdot \text{L}/(\text{K} \cdot \text{mol}) \times (57+273)\text{K}$
$p_{CO_2} = 6.6 \times 10^3 \text{Pa}$

(3) 57℃ での水蒸気の分圧は

$1.50 \times 10^4 \text{Pa} - 6.6 \times 10^3 \text{Pa} = 8.4 \times 10^3 \text{Pa}$

気体の状態方程式より，生成した水滴の物質量は

$\dfrac{8.4 \times 10^3 \text{Pa} \times 24.9 \text{L}}{8.3 \times 10^3 \text{Pa} \cdot \text{L}/(\text{K} \cdot \text{mol}) \times 330\text{K}} - \dfrac{3.6 \times 10^3 \text{Pa} \times 24.9 \text{L}}{8.3 \times 10^3 \text{Pa} \cdot \text{L}/(\text{K} \cdot \text{mol}) \times 300\text{K}}$

$= 4.03 \cdots \times 10^{-2} \text{mol} \fallingdotseq 4.0 \times 10^{-2} \text{mol}$

▶ 容器内の水をすべて気体としたときの水の分圧を p とすると，
$p \leqq$ 飽和水蒸気圧
　⇒水はすべて気体
$p >$ 飽和水蒸気圧
　⇒液体の水が存在

解答

(1) 6.0×10^{-2} mol 　(2) 6.6×10^3 Pa 　(3) 4.0×10^{-2} mol

応用問題

253 ▶ 気体の圧力と物質量1 容積一定の容器に，等しい物質量の水素と酸素が，27℃ で 5.2×10^4 Pa 入っている。水素を完全に燃焼させた後，容器内の温度を 127℃ に保った。その後，容器を冷却し温度を 57℃ にした。ただし，57℃ における水蒸気圧は 1.7×10^4 Pa である。次のときの容器内の全圧を求めよ。

(1) 完全に燃焼させた後，127℃ のとき　　(2) 容器を冷却した後，57℃ のとき

254 ▶ 気体の圧力と物質量2 温度を 50℃ で一定に保ち，容器の体積を 0mL から V[mL]まで変化させて，体積と水蒸気の圧力との関係をグラフにしたところ，右図が得られた。空欄[a]に適切な分数を記せ。また，(ア)〜(ウ)に適切な記述を下記の 1 〜 6 より選び番号を記せ。

1　気体のみが存在する領域
2　気体が存在しない領域
3　液体と気体が平衡で存在する領域
4　固体のみが存在する領域
5　気体と固体が平衡で存在する領域
6　液体と気体と固体がすべて平衡で存在する領域

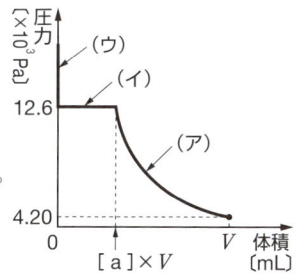

(14 明治薬科大 改)

255 ▶ 混合気体の反応

右図のようにコックに連結された断熱容器A, Bがある。A, Bの内容積はそれぞれ1.66L, 2.49Lであり, それぞれ内部ヒーターによって容器内の温度を調整できる。いま, コックを閉じた状態でAにメタン1.6g, Bに酸素8.0gを封入し, A, Bともに気体の温度は27℃であった。次の問いに答えよ。ただし, 気体定数 $R = 8.3 \times 10^3$ Pa・L/(K・mol) とする。

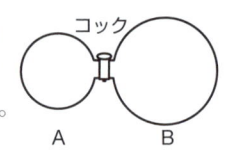

(1) 容器A, B内の圧力をそれぞれ求めよ。

(2) コックを開き, 温度を27℃に保ち, A, B内の混合気体の組成, 圧力が一定になるまで静置した。メタン, 酸素の分圧をそれぞれ求めよ。

(3) A, B内の混合気体の0℃, 1.013×10^5 Pa での密度を求めよ。

(4) コックを開いたまま, メタンを完全燃焼させた。その後, A, B内を227℃とした。混合気体の組成, 圧力が一定になったとき, 混合気体の圧力を求めよ。ただし, 反応後に生成した水はすべて気体になったとする。

256 ▶ 気体の圧力と壁の移動

次の文章を読み, 以下のただし書き(1)から(3)の指示に従って(ア)〜(ク)を埋めよ。

断面積が一定で長さが60cmである円筒容器を考える。図に示すように, 左右に摩擦なく動く壁を中央に設置しA室とB室に二分する。壁を固定した状態で, 体積百分率で窒素80%, 酸素20%の混合気体をA室に2mol, 水素をB室に1mol詰める。円筒容器は密閉され容器からの気体の漏れはなく, 壁からの気体の漏れもないとする。さらに, 壁にともなう体積は無視できるものとし, 気体は理想気体であるとする。円筒容器の温度 T〔K〕は室温程度につねに一定に保たれている。このとき, A室の圧力はB室の圧力の(ア)倍である。円筒容器の体積を V〔cm³〕, A室の混合気体の物質量を n〔mol〕で表し, さらに, 温度 T〔K〕と気体定数 R〔Pa・cm³/(K・mol)〕を用いると, A室の圧力は(イ)〔Pa〕であり, 酸素の分圧は(ウ)〔Pa〕である。固定していた壁を左右に動けるようにすると, 壁は(エ)室から(オ)室に(カ)〔cm〕移動する。このときのA室の圧力は(キ)〔Pa〕である。

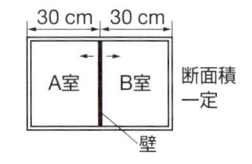

次に, 壁を円筒容器から取り除き, 十分な時間をかけて両室の気体を混合させる。混合後の円筒容器の圧力は(ク)〔Pa〕である。

(1) (イ), (ウ), (キ), (ク)は, 円筒容器の体積 V, 物質量 n, 温度 T および気体定数 R を用いて表せ。

(2) (ア), (カ)には数値を埋めよ。

(3) (エ), (オ)には記号を埋めよ。

(三重大 改)

□□□ **257 ▶ 蒸気圧と混合気体** 気体と蒸気圧に関する問いに答えよ。ただし，気体定数 R は $8.3 \times 10^3 \mathrm{Pa \cdot L/(K \cdot mol)}$，絶対零度は $-273℃$ とする。

(1) 右に示したジエチルエーテルと水の蒸気圧曲線を用いて，大気圧 $1.0 \times 10^5 \mathrm{Pa}$ におけるそれぞれの沸点を整数で答えよ。

(2) 2.5 g の水と 0.20 g の水素の入った容積 5.0 L の密閉容器を 60℃ に保ち平衡状態とした。ただし，水素の水への溶解と水の体積は無視し，気体は理想気体とみなせるものとする。

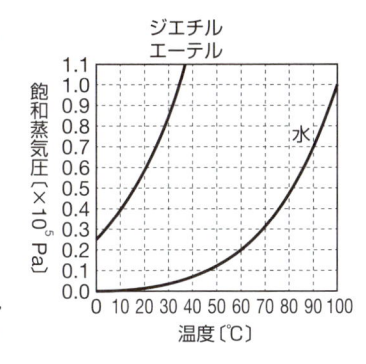

　(a) このときの水素の分圧 p_{H_2} を容積 V，水素の質量 w，水素分子のモル質量 M，気体定数 R，絶対温度 T を用いて表せ。

　(b) 水素の分圧を計算せよ。

　(c) すべての水が水蒸気となった場合の水蒸気の分圧を計算せよ。

　(d) 図を参考にして，容器内に水が残っているかどうかを理由とともに答えよ。

　(e) 容器内の全圧を計算せよ。

(08 佐賀大 改)

□□□ **258 ▶ 理想気体と実在気体** アンモニア，水素，メタンの3種類の気体がある。各気体の 1 mol の $\dfrac{pV}{RT}$ の値が，一定温度 $T(273\mathrm{K})$ のもとで，圧力 p とともに変化するようすは，右図に示したようになる。ここで V は気体の体積，R は気体定数を表す。

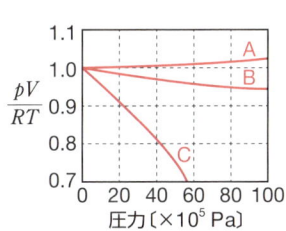

(1) 次の①～③に該当する気体は，図の気体 A～C のうちどれか。

　① これらの実在気体のうちで最も理想気体に近い挙動を示すもの。

　② $40 \times 10^5 \mathrm{Pa}$ において，体積が最も小さいもの。

　③ 最も圧縮されにくいもの。

(2) 図の気体 A～C は，アンモニア（分子量 17），水素（分子量 2），メタン（分子量 16）のうちのいずれかである。気体 A の化学式を答えよ。

(3) 温度が一定の場合，実在気体が理想気体に近づくのは，圧力が低いときか，高いときか。

(4) B と C の曲線が理想気体と異なった挙動を示す原因を 30 字以内で説明せよ。

12 溶液の性質

1 溶解

◆1 **溶解と溶液** 液体(溶媒)中に他の物質(溶質)が溶けて均一に混じりあうことを溶解といい，できた液体を溶液という。特に水が溶媒の場合の溶液を水溶液という。

例：塩化ナトリウム水溶液　溶媒：水，溶質：塩化ナトリウム

溶質	電解質	水に溶けて電離する物質	**例**：塩化ナトリウム
	非電解質	水に溶けても電離しない物質	**例**：スクロース，エタノール

◆2 **水和** 極性の大きい水分子が，水素結合や静電気力により，溶質分子やイオンの周囲に結合している現象。

◆3 **溶解性**

溶媒	極性溶媒	極性分子の溶媒であり，極性分子やイオン結晶を溶かす。
	無極性溶媒	無極性分子の溶媒であり，無極性分子をよく溶かす。

2 固体の溶解度

◆1 **溶解度** 溶媒100gに溶かすことができる溶質のg単位の質量の数値のこと。

◆2 **飽和溶液** ある温度で溶けることができる最大量の溶質を溶かした溶液を飽和溶液という。

　　飽和溶液の質量＝(溶解度＋100)g

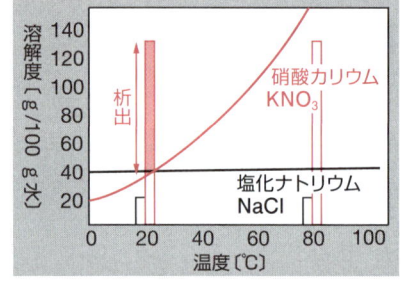

◆3 **溶解度曲線** 温度と溶解度の関係を示したグラフのこと。

◆4 **再結晶** 不純物を少量含む物質を溶媒に溶かして再び結晶させること。不純物の量が飽和に達していなければ，その不純物は析出しないで溶液中に残る。

3 気体の溶解度

◆1 **気体の溶解度** 1.013×10^5 Paで1Lの溶媒に溶ける気体の体積，物質量，質量などで表す。気体の溶解度は温度が高くなるほど減少する。また，圧力が高くなるほど増加する。

◆2 **ヘンリーの法則** 一定温度のもとで一定量の溶媒に溶ける気体の質量(物質量)は，その気体の圧力(混合気体の場合には分圧)に比例する。塩化水素やアンモニアなど，水への溶解度が大きい気体ではあてはまらない。

その圧力下の体積			
一定の圧力下の体積	V	$2V$	$3V$

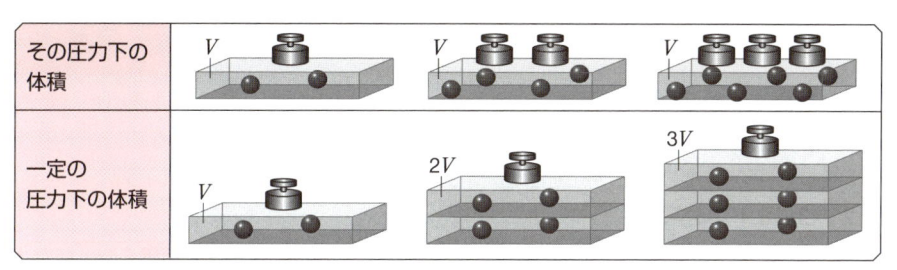

◆3 **質量モル濃度** 溶媒1kg中に溶けている溶質の物質量。単位はmol/kg。

4 溶液の性質

◆1 **沸点上昇と凝固点降下**

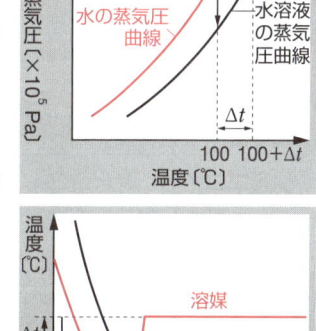

①**蒸気圧降下** 不揮発性物質を溶かした溶液の蒸気圧は，純溶媒の蒸気圧より低くなる。

②**沸点上昇** 溶液の沸点が純粋な溶媒の沸点よりも高くなる現象。沸点上昇度は，濃度の小さい溶液では，溶液の質量モル濃度に比例する。

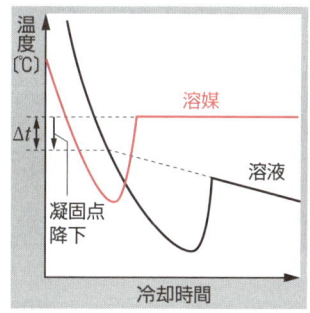

③**凝固点降下** 溶液の凝固点が純溶媒の凝固点よりも低くなる現象。凝固点降下度は，濃度の小さい溶液では，溶液の質量モル濃度に比例する。

④**沸点上昇度・凝固点降下度**

$$\Delta t = K \times m$$

Δt〔K〕：沸点上昇度または凝固点降下度
m〔mol/kg〕：質量モル濃度
K〔K・kg/mol〕：モル沸点上昇
　　　　　　　またはモル凝固点降下

◆2 **浸透圧**

①**浸透** 溶媒分子が，半透膜を通って濃度の大きい溶液側へ移動すること。
半透膜：溶媒などの小さな粒子は通すが，大きな溶質粒子は通さない膜のこと。
例：セロハン，ぼうこう膜，細胞膜など

②**浸透圧** 半透膜を通じて溶媒が浸透しようとする圧力のこと。絶対温度〔K〕と，溶質粒子の物質量〔mol〕に比例し，溶液の体積に反比例する。

ファントホッフの法則　$\Pi V = nRT \longrightarrow \Pi = \dfrac{n}{V} RT \longrightarrow \Pi = CRT$

Π〔Pa〕：浸透圧，V〔L〕：溶液の体積，n〔mol〕：溶質の物質量，
R〔Pa・L/(K・mol)〕：気体定数，T〔K〕：絶対温度，C〔mol/L〕：溶液のモル濃度

5 コロイド

◆ 1 **コロイド粒子** 直径 $10^{-9} \sim 10^{-7}$ m 程度の大きさの粒子。ろ紙は通るが、半透膜などは通らない。コロイド粒子が液体の中に分散しているものをコロイド溶液（ゾル）という。ゾルが流動性を失い、固体になったものをゲルという。

◆ 2 **コロイドの分類**

分散コロイド	金属などの微粒子が水に分散してできたコロイド	例：金，硫黄
ミセルコロイド	多くの分子が集まってできたコロイド	例：セッケン
分子コロイド	1つの分子からできたコロイド	例：デンプン，タンパク質

◆ 3 **疎水コロイドと親水コロイド**

	疎水コロイド	親水コロイド
種類	無機化合物のコロイドに多い。例：水酸化鉄(Ⅲ)，炭素，硫黄	有機化合物のコロイドに多い。例：デンプン，タンパク質，セッケン
水和	水和しにくい。	多数の水分子が水和している。
安定性	同じ符号の電荷の反発によって安定している。	水和によって安定している。
電解質を加える	少量加えると，電気的反発力を失い沈殿する（凝析）。	少量加えても沈殿しないが，多量に加えると水和水を失い沈殿が生じる（塩析）。

・**保護コロイド** 疎水コロイドを凝析させにくくするために加える親水コロイド。

　　例：墨汁中のにかわ，インク中のアラビアゴム

◆ 4 **コロイド溶液の性質**

チンダル現象	コロイド粒子が光を散乱し，光の通路が輝いて見える現象
ブラウン運動	コロイド粒子が，熱運動する分散媒粒子に衝突され，不規則に動く現象
透析	コロイド粒子が半透膜を通過できないことを利用して，コロイド粒子を他のイオンや分子と分離し精製すること
電気泳動	電荷を帯びたコロイド粒子が電極の一方に引かれる現象

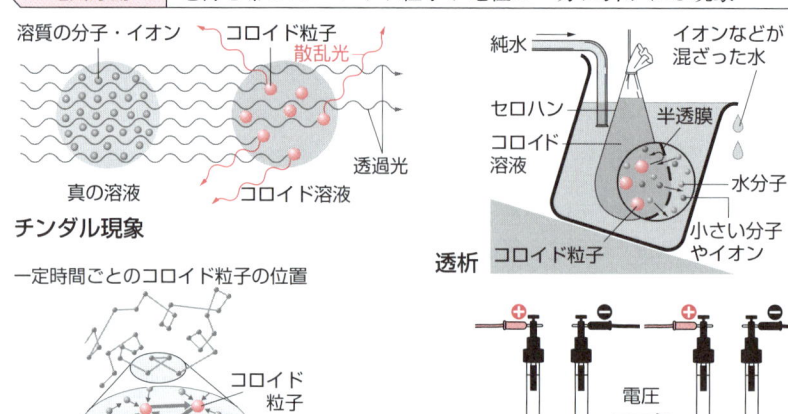

チンダル現象

透析

ブラウン運動

電気泳動

WARMING UP／ウォーミングアップ

次の文中の（　）に適当な語句・数値・記号を入れよ。

1 溶液

(1) 液体中に他の物質が溶けて均一に混じりあうことを(ア)という。他の物質を溶かしている液体を(イ)，溶け込んだ物質を(ウ)という。また，溶解によってできた液体を(エ)といい，水が溶媒の場合は特に(オ)という。水に溶解して電離する物質を(カ)といい，電離しない物質を(キ)という。

(2) (ク)の強い水分子が水素結合や静電気力により，溶質分子やイオンの周囲に結合している現象を(ケ)という。

2 溶解度

(1) 飽和溶液では，固体が溶液に溶け出す速さと溶液から固体が析出する速さが等しくなっている。このように見かけ上，溶解も析出も止まった状態を(ア)という。

(2) 溶媒(イ)gに溶かすことができる溶質のg単位の質量の数値を(ウ)という。一般に，固体の(ウ)は，温度が高くなるほど，(エ)くなるものが多い。

(3) ある温度で溶けることができる最大量の溶質を溶かした溶液を(オ)という。

(4) 温度による溶解度の違いを利用して，混合物を精製する方法を(カ)という。

(5) 気体の水への溶解度は，1.013×10^5 Paで，1Lの溶媒に溶ける気体の体積，物質量，質量などで表す。気体の溶解度は温度が高くなるほど(キ)する。また，圧力が高くなるほど(ク)する。

(6) (ケ)の法則では，一定温度のもとで一定量の溶媒に溶ける気体の体積は，その気体の圧力下で測ると(コ)であり，一定の圧力下で測ると溶かしたときの気体の圧力に(サ)する。

3 溶液の濃度

(1) (ア)の質量に対する(イ)の質量の割合を百分率で表した濃度を(ウ)という。単位は(エ)。

(2) 溶液(オ)L中に溶けている溶質の物質量で表した濃度を(カ)という。単位は(キ)。

(3) 溶媒(ク)kg中に溶けている溶質の物質量で表した濃度を(ケ)という。単位は(コ)。

1
(ア) 溶解　(イ) 溶媒
(ウ) 溶質　(エ) 溶液
(オ) 水溶液
(カ) 電解質
(キ) 非電解質
(ク) 極性　(ケ) 水和

2
(ア) 溶解平衡
(イ) 100
(ウ) 溶解度
(エ) 大き
(オ) 飽和溶液
(カ) 再結晶
(キ) 減少
(ク) 増加
(ケ) ヘンリー
(コ) 一定
(サ) 比例

3
(ア) 溶液　(イ) 溶質
(ウ) 質量パーセント濃度
(エ) ％
(オ) 1　(カ) モル濃度
(キ) mol/L　(ク) 1
(ケ) 質量モル濃度
(コ) mol/kg

4 溶液の性質

(1) 溶液の沸点が溶媒の沸点よりも高くなる現象を(ア)という。
(2) 溶液の凝固点が純溶媒よりも低くなる現象を(イ)という。純溶媒を冷却していくと，液体のまま凝固点よりも温度が低下して(ウ)となり，凝固が始まると温度が上昇し，凝固点で温度が一定となって凝固が進む。
(3) 水のように小さな分子は透過させるが，デンプンやタンパク質のように大きな分子は透過させないような膜を(エ)という。溶媒分子が，(エ)を通って濃度の大きい溶液側へ移動することを(オ)という。(エ)を通じて溶媒が浸透しようとする圧力のことを(カ)という。

5 コロイド

(1) 直径が 10^{-9} 〜 10^{-7} m 程度の大きさの粒子で，気体，液体，または固体に均一に分散している粒子を(ア)粒子という。
(2) 金属などの微粒子が水に分散してできたコロイドを(イ)コロイドという。セッケンなどのように，多くの分子が集まってできたコロイドを(ウ)コロイドという。デンプン，タンパク質などのように，1つの分子からできたコロイドを(エ)コロイドという。
(3) コロイド粒子が光を散乱し，光の通路が輝いて見える現象を(オ)という。
(4) コロイド粒子が，熱運動する分散媒粒子に衝突され，不規則に動く現象を(カ)という。
(5) コロイド粒子が(キ)を通過できないことを利用して，コロイド粒子を他のイオンや分子と分離し精製することを(ク)という。
(6) コロイド溶液に直流電圧をかけると，電荷を帯びたコロイド粒子が反対符号の電極の方に移動する。この現象を(ケ)という。
(7) 疎水コロイドの水溶液に少量の電解質を加えると，コロイド粒子が沈殿した。この現象を(コ)という。
(8) デンプン水溶液のように，少量の電解質を加えても，沈殿を生じないコロイドを(サ)コロイドという。このコロイドに過剰の電解質を加えると沈殿する。この現象を(シ)という。
(9) 疎水コロイドの溶液に親水コロイドの溶液を加えると，疎水コロイドの粒子が親水コロイドの粒子によって囲まれて，凝析しにくくなる。このような親水コロイドを(ス)コロイドという。

4
(ア) 沸点上昇
(イ) 凝固点降下
(ウ) 過冷却
(エ) 半透膜
(オ) 浸透
(カ) 浸透圧

5
(ア) コロイド
(イ) 分散
(ウ) ミセル(会合)
(エ) 分子
(オ) チンダル現象
(カ) ブラウン運動
(キ) 半透膜
(ク) 透析
(ケ) 電気泳動
(コ) 凝析
(サ) 親水
(シ) 塩析
(ス) 保護

基本例題 50 気体の溶解度

メタンは0℃, 1.0×10^5 Pa で, 水1Lに56mL溶ける。次の問いに答えよ。
(1) 0℃, 2.0×10^5 Pa で, 水3.0Lに溶解するメタンは何gか。
(2) 0℃, 5.0×10^5 Pa で水1.0Lに溶解するメタンの体積は, その条件下で何mLか。
(3) メタンとアルゴンが3:1の体積比で混合された気体を1Lの水に接触させて, 0℃, 2.0×10^5 Pa に保ったとき, メタンは何g溶けるか。

●エクセル 気体の溶解は, ヘンリーの法則を考える。

解説
(1) 一定量の溶媒に溶け込む気体の質量は, 圧力に比例する。
$$\frac{56 \times 10^{-3} \text{L}}{22.4 \text{L/mol}} \times 16 \text{g/mol} = 4.0 \times 10^{-2} \text{g}$$
$$4.0 \times 10^{-2} \text{g} \times \frac{2.0 \times 10^5 \text{Pa}}{1.0 \times 10^5 \text{Pa}} \times \frac{3.0 \text{L}}{1.0 \text{L}} = 0.24 \text{g}$$

(2) 一定量の溶媒に溶け込む気体の体積は, 圧力に無関係である。体積に変化がないので, 56mL溶ける。

(3) 分圧は体積比に比例するので❶,
メタンの分圧は, $\frac{3}{3+1} \times 2.0 \times 10^5 \text{Pa} = 1.5 \times 10^5 \text{Pa}$　よって
$$4.0 \times 10^{-2} \text{g} \times \frac{1.5 \times 10^5 \text{Pa}}{1.0 \times 10^5 \text{Pa}} = 6.0 \times 10^{-2} \text{g}$$

❶混合気体の組成
・体積・温度一定では分圧の比＝物質量の比
・圧力・温度一定では体積の比＝物質量の比

解答 (1) 0.24 g　(2) 56 mL　(3) 6.0×10^{-2} g

基本例題 51 希薄溶液の性質

次の問いに有効数字3桁で答えよ。
(1) 水20.0gに尿素 $CO(NH_2)_2$ を0.480g溶かしたときの溶液の凝固点は何℃か。水のモル凝固点降下を 1.85 K·kg/mol, 尿素の分子量を60.0とする。(14 立命館大 改)
(2) 10.6gのグルコース $C_6H_{12}O_6$ を水に溶かして200mLとした。この水溶液の浸透圧は37℃で何Paか。気体定数を 8.3×10^3 Pa·L/(K·mol) とする。(17 星薬科大 改)

●エクセル 凝固点降下 $\Delta t = K_f m$　　浸透圧 $\Pi = CRT$

解説
(1) $\Delta t = K_f m$ より
$$\Delta t = \frac{0.480 \text{g}}{60.0 \text{g/mol}} \times \frac{1000 \text{g/kg}}{20.0 \text{g}} \times 1.85 \text{K·kg/mol} = 0.740 \text{K}❶$$

(2) $\Pi = \frac{10.6 \text{g}}{180 \text{g/mol}} \times \frac{1000 \text{mL/L}}{200 \text{mL}} \times 8.3 \times 10^3 \text{Pa·L/(K·mol)} \times (37+273) \text{K}$
$= 7.576\cdots \times 10^5 \text{Pa} \fallingdotseq 7.58 \times 10^5 \text{Pa}$❷

❶水の凝固点を0℃とする。
❷Cはモル濃度であるので $C = \frac{n}{V}$ と置き換えられる。
$\Pi = CRT = \frac{n}{V}RT$

解答 (1) -0.740 ℃　(2) 7.58×10^5 Pa

原子量の概数値	H	C	N	O	Na	Mg	Al	Si	S	Cl	K	Ca	Fe	Cu	Zn	Ag	I	Pb
	1.0	12	14	16	23	24	27	28	32	35.5	39	40	56	63.5	65	108	127	207

基本問題

259 ▶ 溶液の濃度 塩化ナトリウム90gを水に溶かして500gとした。この水溶液の密度は1.13g/cm³として，次の問いに答えよ。
(1) この水溶液の質量パーセント濃度を求めよ。
(2) この水溶液のモル濃度を求めよ。
(3) この水溶液の質量モル濃度を求めよ。

260 ▶ 気体の溶解度 0℃，1.01×10^5Pa(標準状態)で，水素および酸素は1Lの水にそれぞれ21.0mLおよび49.0mL溶ける。いま，水素と酸素を物質量比2:5で混ぜ，その混合気体を0℃，2.02×10^5Paに保ったまま，0℃の純水700mLに飽和させた。ただし，溶解による気体の組成の変化および0℃における水蒸気圧は，無視できるものとする。
(1) 水中に溶けている酸素は，0℃，1.01×10^5Paの状態に換算した場合，何mLか。
(2) 水中に溶けている水素は，0℃，1.01×10^5Paの状態に換算した場合，何mLか。
(3) 水中に溶けている酸素の質量は何gか。 (岩手大 改)

261 ▶ 沸点上昇 次の問いに答えよ。ただし，水のモル沸点上昇は0.52K·kg/molとする。
(1) 塩化ナトリウム11.7gを水400gに溶かした水溶液の沸点は何℃か。塩化ナトリウムは水溶液中で完全に電離しているものとする。 (16 北里大 改)
(2) ある不揮発性の非電解質を27.0gとり，純水1.50kgにすべて溶かしたとき，この溶液の沸点は純水の沸点より0.103K上昇した。非電解質の分子量を求めよ。
(14 神戸薬科大 改)

262 ▶ 溶液の性質 次の溶液について，(1)蒸気圧の高い順，(2)沸点の高い順にそれぞれ並べよ。
(ア) 0.10mol/kgのグルコース($C_6H_{12}O_6$)水溶液
(イ) 0.12mol/kgの塩化ナトリウム水溶液
(ウ) 0.10mol/kgの塩化カルシウム水溶液

263 ▶ 凝固点降下 次の問いに答えよ。水のモル凝固点降下は1.86K·kg/molとする。
(1) 塩化カルシウム$CaCl_2$ 11.1gを水500gに溶かした溶液の凝固点は何℃か。なお，$CaCl_2$は水溶液中で完全に電離しているものとする。 (16 武庫川女子大 改)
(2) 4.99gの有機化合物Aを100gの純水に溶かした水溶液の大気圧1.01×10^5Paでの凝固点は，凝固点降下により純水より0.270K低くなった。有機化合物Aの分子量を求めよ。 (16 東海大 改)

12 溶液の性質

□□□ 264 ▶ 冷却曲線 右図はスクロース(ショ糖)$C_{12}H_{22}O_{11}$の希薄水溶液を冷却していく場合の，冷却時間と温度の関係を示した冷却曲線である。
(1) 凝固点は，図中のA～Fのどの点の温度か。
(2) Dのように，凝固点よりも温度が下がっても液体の状態を保っていることを何というか。
(3) 水200gにスクロース3.42gを溶かした水溶液の凝固点は何℃か。小数第3位まで求めよ。ただし，$C_{12}H_{22}O_{11}$の分子量は342，水のモル凝固点降下は$1.85\,K\cdot kg/mol$とする。

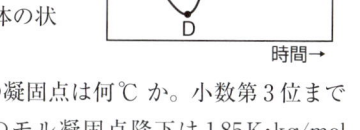

□□□ 265 ▶ 浸透圧 不揮発性物質を溶かした水溶液と純粋な水を，U字管の①膜Aの両側にそれぞれ同じ高さになるように加えた。しばらくすると，図に示すように，②水溶液の液面が純粋な水の液面よりも高くなったところで停止した。
(1) 下線部①の膜Aのような性質を示す膜を何というか。
(2) 下線部②の現象を起こす圧力を何というか。
(3) 次の(a)～(d)の4種類の水溶液について，図にある液面の高さの差を測定した。差の大きいものから順に記号で答えよ。
  (a) グルコース($C_6H_{12}O_6$)225mgを溶かした100mLの水溶液
  (b) NaCl 23.4mgを溶かした100mLの水溶液
  (c) 分子量1.00×10^4のタンパク質500mgを溶かした100mLの水溶液
  (d) $CaCl_2$ 55.5mgを溶かした100mLの水溶液
(4) (3)の(a)のグルコース水溶液の，27℃における浸透圧は何Paか。ただし，気体定数$R=8.31\times10^3\,Pa\cdot L/(K\cdot mol)$とする。　　　　　　(千葉大 改)

□□□ 266 ▶ いろいろなコロイド 次の(1)～(5)に最も関係のある語句を(ア)～(キ)から1つ選べ。
(1) 墨汁は煙のすす(炭素)，にかわ，防腐剤などを混合し，水溶液としたものである。
(2) 霧や雲の中を強い光が通るとき，光の進路が明るく輝いて見える。
(3) 浄水場では，水の浄化にアルミニウムイオンを用いている。
(4) 煙道の一部に直流電圧をかけておくと，ばい煙を除去することができる。
(5) コロイド粒子に水分子などが衝突することで不規則な運動が起こる。
　(ア) 塩析　(イ) 凝析　(ウ) 透析　(エ) チンダル現象　(オ) 保護コロイド
　(カ) ブラウン運動　(キ) 電気泳動

原子量の概数値	H	C	N	O	Na	Mg	Al	Si	S	Cl	K	Ca	Fe	Cu	Zn	Ag	I	Pb
	1.0	12	14	16	23	24	27	28	32	35.5	39	40	56	63.5	65	108	127	207

267 ▶ コロイド溶液の性質　次の文章について，下の問いに答えよ。

沸騰水中に塩化鉄(Ⅲ) $FeCl_3$ 水溶液を入れると，水酸化鉄(Ⅲ)のコロイド溶液が生成した。次に①このコロイド溶液を半透膜のセロハンチューブに入れ，蒸留水中に浸しておくと，前より純度の高いコロイド溶液が得られた。このコロイド溶液に，同じモル濃度の NaCl，Na_2SO_4，$CaCl_2$ の各水溶液を少量ずつ加えたところ，②Na_2SO_4 のときにはっきりした沈殿が観察された。しかし，コロイド溶液にあらかじめ③ゼラチン溶液を加えておくと，少量の Na_2SO_4 水溶液を加えても沈殿は生じなかった。④このコロイド溶液に横から光を当てると，光の通路が輝いて見えた。

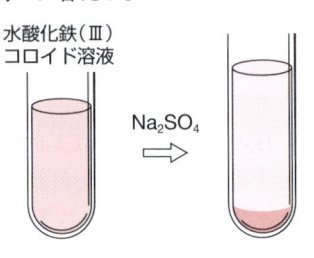

(1) 下線部①の操作を何というか。
(2) 下線部②から，このコロイド粒子は正負どちらに帯電していると考えられるか。
(3) このコロイド溶液に直流電圧を加えると，コロイド粒子は陽極と陰極のどちらに移動するか。
(4) 下線部③のゼラチンのように働くコロイドを何というか。
(5) 下線部④の現象を何というか。また，この現象が起きる理由を説明せよ。

応用例題 52　混合気体の溶解　　　　　　　　　　　　　　　応用 ▶ 268

$1.0 \times 10^5 Pa$ の圧力において酸素，窒素，ヘリウムは，0℃ の水 1.0L にそれぞれ標準状態で 49mL，24mL，9.4mL 溶けるものとする。

(1) $1.0 \times 10^5 Pa$ の圧力において，0℃ の水に対する酸素の溶解度[mol/L]を求めよ。
(2) 空気が $1.0 \times 10^6 Pa$ の圧力で 0℃ の水 10L に接しているとき，水に溶けた窒素は，標準状態で何 L か。ただし，空気は，酸素と窒素からなる混合気体で，酸素：窒素のモル比を 1：4 とする。
(3) 酸素，窒素，ヘリウムからなる混合気体が，$1.0 \times 10^6 Pa$ の圧力で 0℃ の水 10L に接しているとき，水に溶けた酸素と窒素は，標準状態で 490mL と 720mL であった。混合気体に占めるヘリウムのモル分率を求めよ。　　　　　　　　　　(13 麻布大 改)

●エクセル　気体の溶解度を同圧，同温の体積で表すと分圧に比例する。

解説

(1) 0℃，$1.0×10^5$ Pa の水 1.0 L に酸素は標準状態で 49 mL 溶けているので，

$$\frac{49×10^{-3}\text{L}}{22.4\text{L/mol}} = 2.18\cdots×10^{-3}\text{mol/L} ≒ 2.2×10^{-3}\text{mol/L}$$

❶ 気体の種類によらず標準状態の気体の体積は 22.4 L/mol

(2) 窒素の分圧は，全圧×窒素のモル分率より

$$p_{N_2} = \frac{4}{1+4} × 1.0×10^6\text{Pa} = 8.0×10^5\text{Pa}$$

水に溶けた窒素は，ヘンリーの法則より

$$24×10^{-3}\text{L} × \frac{10\text{L}}{1.0\text{L}} × \frac{8.0×10^5\text{Pa}}{1.0×10^5\text{Pa}} = 1.92\text{L} ≒ 1.9\text{L}$$

(3) 水に溶けた酸素，窒素の体積より，酸素と窒素の分圧は

$$49\text{mL} × \frac{10\text{L}}{1.0\text{L}} × \frac{p_{O_2}[\text{Pa}]}{1.0×10^5\text{Pa}} = 490\text{mL} \quad p_{O_2} = 1.0×10^5\text{Pa}$$

$$24\text{mL} × \frac{10\text{L}}{1.0\text{L}} × \frac{p_{N_2}[\text{Pa}]}{1.0×10^5\text{Pa}} = 720\text{mL} \quad p_{N_2} = 3.0×10^5\text{Pa}$$

各成分気体の分圧の和が全圧に等しくなればよいので，

$$1.0×10^5\text{Pa} + 3.0×10^5\text{Pa} + p_{He}[\text{Pa}] = 1.0×10^6\text{Pa}$$ ❷

$$p_{He} = 6.0×10^5\text{Pa}$$

物質量比は分圧の比と等しいので，ヘリウムのモル分率は

$$\frac{6.0×10^5\text{Pa}}{1.0×10^6\text{Pa}} = 0.60$$

❷ 分圧＝全圧×モル分率
ドルトンの分圧の法則より
$p = p_{N_2} + p_{O_2} + p_{He}$

解答 (1) $2.2×10^{-3}$ mol/L　(2) 1.9 L　(3) 0.60

応用例題 53　沸点上昇

図は純水とグルコース水溶液の蒸気圧曲線を示したものである。

(1) 純水の蒸気圧曲線がイであったとすると，グルコース水溶液の蒸気圧曲線はどれか。最も適当なものを，ア～ウのうちから1つ選べ。

(2) 0.10 mol/kg のグルコース水溶液の純水との沸点の差 Δt は 0.052 K であった。0.15 mol/kg の塩化ナトリウム水溶液の Δt は何 K になるか。ただし，塩化ナトリウムは水溶液中で完全に電離しているものとする。

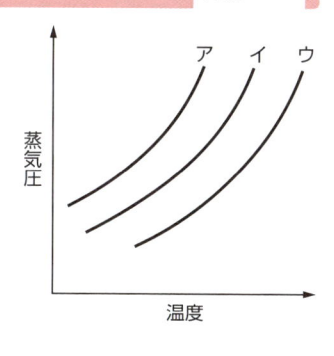

(17 玉川大 改)

● **エクセル** 液体に不揮発性の物質を溶解すると溶液の蒸気圧は降下する。

解説
(1) 純溶媒に不揮発性の溶質を溶かすと，溶液の蒸気圧は降下する。そのため，一定圧力のもとで溶液の沸点は上昇する。
(2) グルコースは非電解質である。
$\Delta t = K_b m$ より❶
$0.052\,\text{K} = K_b \times 0.10\,\text{mol/kg}$
$K_b = 0.52\,\text{K·kg/mol}$
塩化ナトリウムは電解質である。
水溶液中の溶質粒子の濃度は
$m = 0.15\,\text{mol/kg} \times 2 = 0.30\,\text{mol/kg}$
$\Delta t = 0.52\,\text{K·kg/mol} \times 0.30\,\text{mol/kg} = 0.156\,\text{K} \fallingdotseq 0.16\,\text{K}$

❶ Δt：沸点上昇度〔K〕
 m：質量モル濃度〔mol/kg〕
 K_b：モル沸点上昇
  〔K·kg/mol〕
電解質は電離するため，溶液中の粒子数は，溶解前より増加する。

解答 (1) ウ (2) **0.16 K**

応用例題 54　浸透圧　　　　　　　　　　　　　　　応用➡ 273, 274

 $1.00 \times 10^5\,\text{Pa}$，27℃の条件下，以下の実験を行った。スクロース($C_{12}H_{22}O_{11}$)342 mgを水に溶かして1.00 Lとした。このスクロース水溶液を水分子のみが通過する半透膜で仕切ったガラス容器に入れ，図1に示すように，外側の水面とガラス管内のスクロース水溶液の液面の高さを一致させた。しばらく放置したところ，外側の水が半透膜を通ってガラス容器内に浸透し，図2に示すように，ガラス管内の液面(液柱)は高さ h まで上昇した。

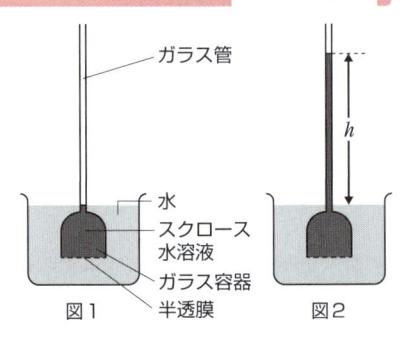

(1) 下線部のスクロース水溶液の27℃における浸透圧を求めよ。ただし，気体定数 $R = 8.31 \times 10^3\,\text{Pa·L/(K·mol)}$ とする。
(2) 液柱の高さ h を求めよ。ただし，$1.00 \times 10^5\,\text{Pa}$，27℃における水銀柱の高さは76 cm，スクロース水溶液および水銀の密度は，それぞれ $1.00\,\text{g/cm}^3$ および $13.6\,\text{g/cm}^3$ とする。
(3) 下線部のスクロース水溶液と同じモル濃度の塩化ナトリウム水溶液を用いて同様の実験を行ったところ，液柱の高さは h' まで上昇した。h と h' の関係を表す式として最も適するものを(ア)〜(ウ)から選べ。
　(ア)　$h = h'$　　(イ)　$h > h'$　　(ウ)　$h < h'$

(14 摂南大 改)

●**エクセル**　浸透圧は，平衡時の溶液の濃度を使ってファントホッフの法則を考える。

解説 (1) スクロースの物質量❶は，
$$n = \frac{w}{M} \text{ より } 1.00 \times 10^{-3} \text{mol}$$
$\Pi V = nRT$ より
$$\Pi = \frac{1.00 \times 10^{-3} \text{mol} \times 8.31 \times 10^3 \text{Pa·L/(K·mol)} \times 300 \text{K}}{1.00 \text{L}}$$
$$= 2.493 \times 10^3 \text{Pa} ≒ 2.49 \times 10^3 \text{Pa}❷$$

(2) 液柱の及ぼす圧力は液柱の高さと液体の密度の積に比例する❷ので，
$$1.00 \times 10^5 \text{Pa} : 2.49 \times 10^3 \text{Pa}$$
$$= (76 \text{cm} \times 13.6 \text{g/cm}^3) : (h \times 1.00 \text{g/cm}^3)$$
$$h = 25.7\cdots \text{cm} ≒ 26 \text{cm}$$

(3) スクロースは非電解質，塩化ナトリウムは電解質である。❸
電離により塩化ナトリウム水溶液の溶質の粒子数がスクロース水溶液の2倍となるため $h < h'$ となる。

❶スクロースの分子量 $M = 342$

❷圧力とは，単位面積あたりに及ぼす力である。液柱の及ぼす力は液柱の重力(=質量×重力加速度)であるので，液柱の高さを h[m]，液柱の断面積を S[m²]，液体の密度を d[kg/m³]，重力加速度を g[m/s²]とおくと，
$$圧力 = \frac{h \times S \times d \times g}{S} = hdg$$
となり，g が一定であれば圧力は液柱の高さと液体の密度の積に比例する。

❸$NaCl \longrightarrow Na^+ + Cl^-$

解答 (1) 2.49×10^3 Pa (2) 26 cm (3) (ウ)

応用問題

268 ▶ 混合気体の溶解 水を 2.00×10^{-1} L 入れた容器に酸素と窒素を加え温度40℃として十分な時間をおいたところ，この混合気体の全圧は 5.60×10^5 Pa であり，水に溶解している窒素の物質量は 2.80×10^{-4} mol であった。このときの混合気体中の酸素の体積割合は何%か。有効数字2桁で答えよ。この混合気体にはヘンリーの法則がなりたち，40℃における窒素の水への溶解度(圧力 1.01×10^5 Pa の窒素が水1Lに溶ける物質量)は 5.18×10^{-4} mol とする。水の蒸気圧は無視できるものとする。

(12 東京農工大 改)

269 ▶ 蒸気圧降下 水500gに17.1gのスクロース(分子量342)が溶けた水溶液(ビーカーA)と，水250gに17.1gのスクロースが溶けた水溶液(ビーカーB)がある。

論 (1) 両方のビーカーを，温度が25℃に保たれた密閉容器中に入れて平衡になるまで放置した。ビーカーA，Bの水の量はどうなるか。理由とともに答えよ。

(2) ビーカーAの水溶液中の水の質量は何gになったか。有効数字3桁で答えよ。ただし，密閉容器中にある水蒸気の質量は無視できるものとする。 (17 甲南大 改)

原子量の概数値	H	C	N	O	Na	Mg	Al	Si	S	Cl	K	Ca	Fe	Cu	Zn	Ag	I	Pb
	1.0	12	14	16	23	24	27	28	32	35.5	39	40	56	63.5	65	108	127	207

□□□**270 ▶ 凝固点降下の利用**　塩化カルシウムを散布するとぬれた路面は凍りにくくなる。この理由を40字以内で述べよ。　　　　　　　　　　　　　　　（11 静岡大 改）

□□□**271 ▶ 沸点上昇**　次に示す3種の液体Ⅰ～Ⅲの種々の温度における蒸気圧を測定し，右に示す蒸気圧曲線(A)～(C)を得た。空欄(ア)～(カ)に適する数値・語句を答えよ。なお液体Ⅰ，Ⅱは，希薄溶液の性質を表すものとし，水のモル沸点上昇は 0.52 K·kg/mol とする。

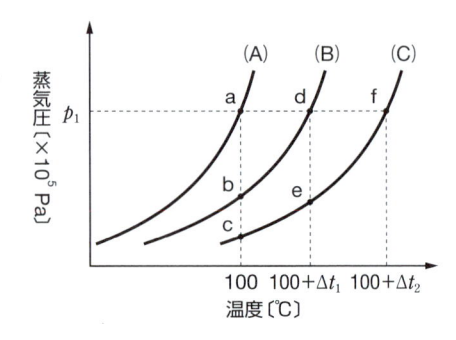

　Ⅰ　水500gに重量未知のグルコース（分子量180）を溶解した水溶液
　Ⅱ　上記水溶液Ⅰに，さらに塩化カルシウム 1.11 g を溶解したグルコースと塩化カルシウムの混合水溶液
　Ⅲ　純粋な水

ただし，Ⅱの水溶液中，塩化カルシウムの電離度 α は 1.0 とし，グルコースと塩化カルシウムは反応しないものとする。

(1) 蒸気圧 p_1 は，有効数字4桁で（ア）$\times 10^5$ Pa である。
(2) 蒸気圧曲線の図中のa～fの各点から表される線分のうち，水溶液Ⅱの蒸気圧降下は（イ）に，沸点上昇は（ウ）にそれぞれ相当する。
(3) 水溶液Ⅱ中の塩化カルシウムの質量モル濃度は，（エ）$\times 10^{-2}$ mol/kg である。
(4) 蒸気圧曲線(B)の蒸気圧が p_1 [Pa] となる温度を 100℃ + Δt_1 [℃] とすると，Δt_1 は 0.（オ）℃ である。ただし図中の $\Delta t_2 = 0.052$ ℃ とする。
(5) 水溶液Ⅰ中に溶解したグルコースの質量は，（カ）g である。

□□□**272 ▶ 会合分子の凝固点降下**　凝固点降下について，次の問いに答えよ。なお，ベンゼンの凝固点は 5.53℃ とする。計算結果は有効数字3桁で答えよ。

(1) ベンゼン100gにナフタレン（$C_{10}H_8$）1.92gを溶かした溶液の凝固点は，4.78℃であった。ベンゼンのモル凝固点降下を求めよ。
(2) ベンゼン50gに酢酸を0.660g溶かした溶液の凝固点は，4.95℃であった。この溶液における酢酸の見かけの分子量および会合度を求めよ。　（11 岐阜薬科大 改）

□□□**273 ▶ 浸透圧**　涙や血液とほぼ同じ浸透圧を示す，0.90％の塩化ナトリウム水溶液は生理食塩水とよばれ，傷口の洗浄や注射薬の溶媒として用いられている。ただし，生理食塩水の密度を 1.0 g/cm³，気体定数 $R = 8.3 \times 10^3$ Pa·L/(K·mol) とする。

(1) 生理食塩水のモル濃度は何 mol/L か。有効数字2桁で答えよ。
(2) 体温（37℃）における生理食塩水の浸透圧は何 Pa か。　　　（摂南大 改）

□□□**274 ▶ 逆浸透法** 次の問いに答えよ。必要であれば、気体定数 $R = 8.3 \times 10^3$ Pa·L/(K·mol)、高さ1.0cmの水による圧力 9.8×10 Pa、U字管の断面積 $2.0\,\text{cm}^2$ を用いよ。

図1の装置において、(ア)Aに食塩水を、Bに純水を入れ、(ア)側に浸透圧よりも大きな圧力を加えた場合、水分子が(イ)側から(ウ)側に向かって(a)を通過し、食塩水から純水を得ることができる。

図1の装置を用い、以下の(i)、(ii)の2種類の実験を行った。

(i) 下線部(ア)の実験として、Aに3.0%の食塩水を、Bに純水を入れ、左右の液面を同じ高さにした。

(ii) Cの部分にタンパク質分子を通過させない膜を取りつけた。分子量が未知のタンパク質500mgを純水に溶かして50mLとしAに入れた。また、Bには純水50mLを入れた。4℃で静置するとAの液面は、Bの液面より2.0cm高くなった。

図1 U字管を用いた実験装置

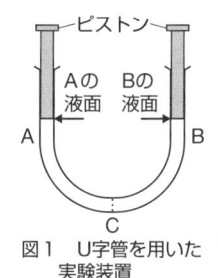

なお以下の問題を考えるにあたり、U字管中のA、Bそれぞれの液の濃度はつねに均一になっており密度は $1.0\,\text{g/cm}^3$ とする。また、A、Bの液面とはそれぞれのピストンが液と接している位置を示し、大気圧はA、B両方に均等にかかっており、ピストンの質量、摩擦は無視する。

(1) 文中の(a)に適切な語句を入れよ。
(2) 文中の(ア)~(ウ)に A、B のどちらかを入れよ。
(3) (i)の実験に関して、27℃のときにいくら以上の圧力を加えればこの方法で純水が得られるか計算せよ。
論(4) (i)の実験に関して、A側のピストンに(3)で計算した値よりも大きな一定の圧力を加えたところ、最初は液面が下がったが、しばらくして停止した。その理由を示せ。
(5) (ii)の実験に関して、このタンパク質の分子量を計算せよ。　　(13 関西学院大 改)

□□□**275 ▶ コロイド粒子** モル濃度が 4.0×10^{-2} mol/L の塩化金酸 $HAuCl_4$ 水溶液200mLを加熱し、還元剤としてクエン酸三ナトリウムを加えたところ、以下の反応により肉眼では直接見ることができない小さなAuコロイド粒子が溶液中で形成され、溶液の色が変化した。

$$[AuCl_4]^- + 3e^- \longrightarrow Au + 4Cl^- \quad \cdots\cdots ①$$

Auコロイド粒子1個に含まれる金の原子数を求めるため、1.0μL(1.0×10^{-3} mL)の溶液へ純水を加えて1.0Lとした。この希薄溶液を内容積1.0μLの顕微鏡観測用の薄いガラス容器へ入れ内部を満たした。この溶液を暗視野顕微鏡(限外顕微鏡)で観察し、ガラス容器中に含まれるAuコロイド粒子の数を数えたところ、下線部のガラス容器中の全Auコロイド粒子数は平均で 1.0×10^5 個と求められた。式①の反応が完全に進み、溶液中のAuがすべてAuコロイド粒子になったとすると、下線部の溶液中のAuコロイド粒子1個に含まれるAu原子の数は何個か。　　(17 北大 改)

3章 発展問題 level 1

□□□**276** ▶ **メタンハイドレート**　メタンハイドレート(MH)は，低温・高圧の条件下で，複数の水分子がかご状構造(ケージ)をつくり，その中にメタン分子が取り込まれることで生じる，氷状の固体物質である。気体のメタンは温度や圧力を変化させることで液体にすることができる。図1はメタンの状態図であり，超臨界流体の領域の表記は省略，図中の境界線はそれぞれの状態間の平衡を示している。次の問いに答えよ。

(1) 図1において，領域Ⅰ，Ⅱ，Ⅲは固体，液体，気体のいずれの状態を示しているか。

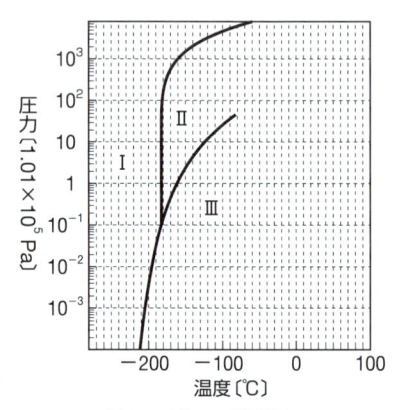

図1　メタンの状態図

(2) 気体のメタンを大気圧下(1.01×10^5 Pa)で液体にするためには，少なくとも何℃ まで冷却する必要があるか。次の(ア)〜(エ)から選べ。
　　(ア)　-183℃　　(イ)　-162℃　　(ウ)　-122℃　　(エ)　-83℃

(3) 気体のメタンを液体にするために必要な圧力は最低何 kPa か。次の(ア)〜(エ)から選べ。
　　(ア)　0.96 kPa　　(イ)　1.2 kPa　　(ウ)　9.6 kPa　　(エ)　12 kPa

(4) ある温度以上ではいかなる圧力に変化させても気体のメタンから液体にならなくなる。その温度を答えよ。次の(ア)〜(エ)から選べ。
　　(ア)　-183℃　　(イ)　-162℃　　(ウ)　-122℃　　(エ)　-83℃

(5) MHの結晶構造は図2の(A)に示すように水分子がつくる正五角形の面からなる正十二面体の"小ケージ"および正五角形12面と正六角形2面からなる十四面体の"大ケージ"が組み合わさって形成され，これらのケージ内部の空隙にメタン分子が取り込まれる。

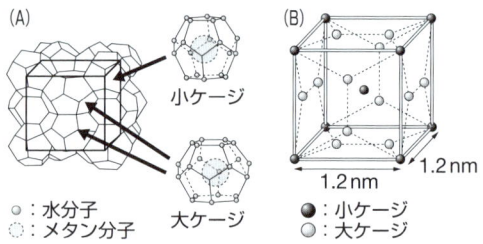

図2　メタンハイドレートの結晶構造

その単位格子は，図2(B)に示すように，一辺の長さが1.2 nm(1 nm = 10^{-9} m)の立方体であり，水分子がつくる小ケージは立方体の中心と各頂点に位置し，大ケージは立方体の各面に2個ずつ位置している。単位格子あたり46個の水分子が含まれる。
　あるMHは，含まれているケージに対するメタン分子の取り込み率が90%であった。

ⅰ) このMH結晶の密度[g/cm^3]を有効数字2桁で求めよ。

ⅱ) 33 kgのMHを容積365 Lの密閉容器に入れて分解したところ，容器内には水(液体)とメタン(気体)のみが存在していた。27℃における容器内の圧力[Pa]を有効数字2桁で求めよ。ただし，メタンは理想気体とみなし，水の蒸気圧および水に対するメタンの溶解は無視できるものとする。

(18 東京医科歯科大 改)

277 ▶ 水素吸蔵合金

次の文章を読み，問いに答えよ。ただし，アボガドロ定数 $N_A = 6.02 \times 10^{23}$/mol, $\sqrt{2} = 1.41$, $\sqrt{3} = 1.73$, $\sqrt{5} = 2.24$, $\sqrt{6} = 2.45$ とする。

水素 H_2 は，太陽光や風力等の再生可能エネルギーにより水から製造可能な燃料として注目されている。燃料電池自動車は，1.0 kg の H_2 で 100 km 以上走行できる。しかし，1.0 kg の H_2 は 1 気圧 25℃ における体積が 1.2×10^4 L と大きく，燃料として利用するには H_2 を圧縮し貯蔵する技術が必要となる。燃料電池自動車では，1.0 kg の H_2 を 7.0×10^7 Pa に加圧して 25℃ における体積を 18 L にしている。H_2 を輸送する際には，−253℃ に冷却して液化し，1.0 kg の H_2 を 14 L にしている。

1.0 kg の H_2 を適切な金属に吸蔵させると，液化した 1.0 kg の H_2 よりも小さな体積で貯蔵することができる。Ti−Fe 合金は，Fe 原子を頂点とする立方体の中心に Ti 原子が位置する単位格子をもつ(図1)。この合金中で H_2 は水素原子に分解され，水素原子の直径以上の大きさをもつすき間に水素原子が安定に存在できる。このとき，①6個の金属原子からなる八面体の中心◎(図2)に水素原子が位置する。

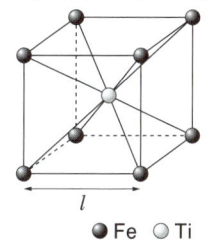

図1 Ti-Fe合金の単位格子
● Fe ○ Ti

図2 Ti-Fe合金中で6個の金属原子からなる八面体
●：原子Aの中心
○：原子Bの中心
◎：八面体の中心
原子A，原子BはそれぞれTi, Feのいずれかを表す

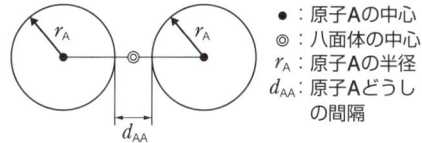

図3 八面体の中心◎を中点とする原子Aどうしの間隔
●：原子Aの中心
◎：八面体の中心
r_A：原子Aの半径
d_{AA}：原子Aどうしの間隔

(1) 下線部①に関して，Ti−Fe 合金の単位格子の一辺の長さ $l = 0.30$ nm, Ti の原子半径 0.14 nm, Fe の原子半径 0.12 nm のとき，図2の八面体において隣り合う原子 A と原子 B は接する。一方，図3に例を示す，八面体の中心◎を中点とする原子どうしの間隔(原子 A どうしは d_{AA}, 原子 B どうしは d_{BB})は 0 より大きな値をとり，八面体の中心◎にすき間ができる。このとき，d_{AA}, d_{BB} それぞれを l および原子 A, B の半径 r_A, r_B を用いて表せ。また，d_{AA}, d_{BB} のどちらが小さいか答えよ。

(2) 図2において，原子 A, B の組み合わせにより八面体は 2 種類存在し，このうち原子 A が Ti で原子 B が Fe である八面体の中心◎にのみ水素原子が安定に存在できる。この理由を，原子どうしの間隔と水素原子の大きさを比較して述べよ。ただし，Ti−Fe 合金中の水素原子の半径は 0.03 nm とする。

(3) 原子 A が Ti である八面体の中心◎にのみ水素原子が 1 個ずつ吸蔵されるとき，Ti−Fe 合金中の水素原子の数は Ti 原子の数の何倍かを答えよ。

(21 東大 改)

□□□**278 ▶ イオン結晶の構造**　図1に示すように，陽イオンと陰イオンの数の比が1：1であるイオン結晶の構造には，(a)配位数が異なるいくつかの型があり，配位数が大きい結晶ほど安定である。

ただし，構成する陽イオンの半径(r_+)と陰イオンの半径(r_-)の比(r_+/r_-，またはr_-/r_+)によっては，同じ符号のイオンどうしが接することになる。その場合には，結晶は不安定であり，配位数がより小さな結晶構造をとるようになる。例として，図1(A)の結晶構造において，イオンの大きさの比によって結晶が不安定になる場合を図2に示す。

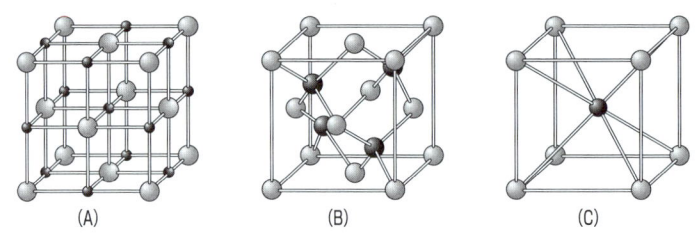

図1　さまざまなイオン結晶の構造

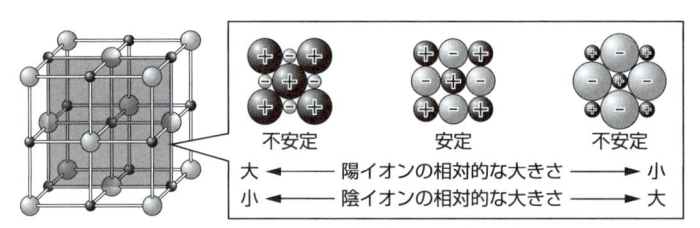

図2　図1(A)の結晶構造におけるイオンの大きさと結晶の安定性

下線部(a)に関する次の問いに答えよ。ただし，$\sqrt{2}=1.414$，$\sqrt{3}=1.732$，$\sqrt{5}=2.236$，$\sqrt{7}=2.646$とする。

(1) 図1(A)，(B)，(C)の結晶構造における配位数を示せ。
(2) 表1の化合物X，Y，Zの結晶は，イオン半径の比から考えて，それぞれ図1中の(A)，(B)，(C)のどの構造か。陽イオンと陰イオンはどちらも一価の単原子イオンとする。

表1　化合物X，Y，Zを構成する陽イオンと陰イオンの半径

化合物	陽イオン半径 r_+(cm)	陰イオン半径 r_-(cm)	r_+/r_-
X	0.90×10^{-8}	2.06×10^{-8}	0.44
Y	1.81×10^{-8}	1.67×10^{-8}	1.08
Z	1.81×10^{-8}	1.19×10^{-8}	1.52

(22 浜松医科大　改)

□□□**279 ▶ スピネル構造**　次の文章を読み，問いに答えよ。ただし，$\sqrt{2}=1.41$，$\sqrt{3}=1.73$，$\sqrt{5}=2.24$ とする。

　Fe_3O_4 はスピネル構造と呼ばれる複雑な結晶構造をとる。そのなかで酸化物イオンは面心立方格子と同じ配置をとり，鉄イオンは酸化物イオンが正八面体を形成するすき間（図の(ア)の●の場所）と，正四面体を形成するすき間（図の(イ)の●の場所）を占有する。鉄イオンはそれぞれのすき間の中心に位置するとして，(ア)，(イ)の鉄イオンの中心と最も近い酸化物イオンの中心との間の距離をそれぞれ有効数字 2 桁で答えよ。図の酸化物イオンの面心立方格子の 1 辺の長さを 0.42nm とする。

（22 北大 改）

□□□**280 ▶ 氷の結晶**　水に関する次の文章を読み，問いに答えよ。ただし，アボガドロ定数は 6.02×10^{23}/mol とする。

　水をプラスチック容器いっぱいに入れて凍らせると，容器が膨張する。この現象は，水以外のほとんどの物質が，液体から固体になると体積が減少し密度は大きくなるのとは異なる。この理由を氷の結晶構造から考えてみよう。1 個の水分子がまわりの（ a ）個の水分子と水素結合し，酸素原子を頂点とする正四面体構造をとる。ダイヤモンドや（ b ）などの単体は図のような正四面体構造をとるが，氷では図の原子の位置に酸素原子があると考えればよい。氷では酸素原子間の距離は 2.76×10^{-8}cm，隣接する 3 つの酸素原子がなす角度 θ（たとえば $-O-H\cdots O-H\cdots O-$ の結合）は $\cos\theta=-\dfrac{1}{3}$ を満たしているので，図の単位格子の体積 a^3 は（ ア ）$\times(2.76\times10^{-8})^3$ cm^3 となる。一方，単位格子中の水分子数は（ イ ）個だから，単位格子中の質量は $\dfrac{(ウ)\times(イ)}{6.02\times10^{23}}$ g となる。①この結果から氷の密度が計算でき，②水の密度より小さいことがわかる。

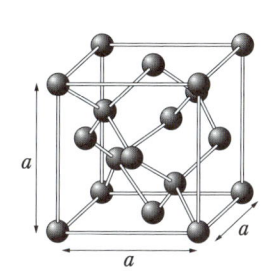

(1) 文中の(a)，(b)にあてはまる数や語句を書け。
(2) 文中の(ア)～(ウ)にあてはまる数を書け。ただし，(ア)は平方根を含んだままでよい。(ウ)は小数点以下 1 桁まで書け。
(3) 下線部①の密度を有効数字 2 桁で求めよ。$6.02\times2.76^3=127$，$\sqrt{3}=1.73$ を用いてもよい。
(4) 下線部②のようになる理由を，氷の結晶構造と氷が溶けて水となった状態との違いに注目して説明せよ。

（11 千葉大 改）

□□□**281** ▶ **等温線** 図1は二酸化炭素の状態図である。この図を用いると，圧力と温度により二酸化炭素が固体，液体，気体のどの状態をとるかを知ることができる。図2は二酸化炭素に関する圧力とモル体積(V_m)の関係をさまざまな温度で表した等温線を示している。20℃の等温線に注目すると，点Aでは容器内の二酸化炭素は気体である。ピストンで加圧して点Bまで圧縮する間はボイルの法則にほぼ従い，圧力は増加する。ところが，点Cからはそれ以上圧力を上げなくてもピストンを押し込むことができ，点Dを通って点Eまで進む。点Eから点Fまで圧縮するにはさらに大きな圧力が必要となる。次に31℃の等温線に着目すると，圧力の増加によって点Gに達すると気体はすべて液化してしまう。この温度を臨界温度といい，点Gは臨界点とよばれる。31℃よりも高い温度ではどんなに圧力を加えても気体を液化することはできない。このとき気体と液体の区別がつかなくなることから，超臨界状態とよばれる。

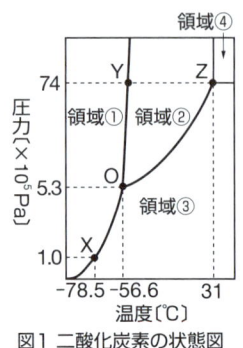

図1 二酸化炭素の状態図
図2 二酸化炭素の等温線図 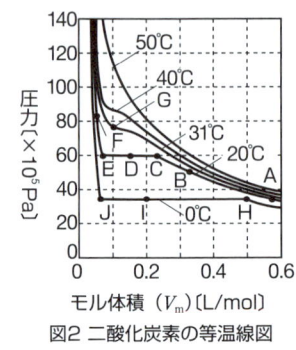

(1) 図1の実線で囲まれる領域③，領域④，曲線OY，点Oはそれぞれどういう状態か。ア～ケの中から1つずつ選べ。

　ア　固体のみが存在する状態　　　　　イ　液体のみが存在する状態
　ウ　気体のみが存在する状態　　　　　エ　固体と液体が共存している状態
　オ　固体と気体が共存している状態　　カ　液体と気体が共存している状態
　キ　固体，液体，気体が共存している状態　ク　液体と気体の区別がつかない状態
　ケ　ア～クに該当するものはない

(2) 図2の点Dおよび点Fは図1のどこに相当するか。ア～カの中から1つずつ選べ。

　ア　領域①　　イ　領域②　　ウ　領域③　　エ　曲線OX上
　オ　曲線OY上　　カ　曲線OZ上

(3) 20℃における二酸化炭素の蒸気圧は次のどれが最も近いか。ア～オの中から1つ選べ。また，それを選んだ理由を説明せよ。

　ア　$5×10^5$ Pa　イ　$3×10^6$ Pa　ウ　$4×10^6$ Pa　エ　$5×10^6$ Pa　オ　$6×10^6$ Pa

(4) 0℃において容器内に二酸化炭素が44.0g入っている。点H($V_m=0.50$ L/molとする)から点J($V_m=0.050$ L/molとする)になったとき，体積は何%に圧縮されたか。有効数字2桁で求めよ。

(5) (4)と同様に0℃において容器内に二酸化炭素が44.0g入っている。圧縮して点Hから点Iに到達した。このとき容器内には液体の二酸化炭素は何g含まれるか。有効数字3桁で求めよ。

(12 東京医科歯科大 改)

3章 発展問題 level 2

1 ファンデルワールスの状態方程式

実在気体は，分子自身の体積と分子間力の影響から気体の状態方程式 $pV=nRT$ を満たさない。この2つの要因を考慮した式を**ファンデルワールスの状態方程式**とよぶ。

$$\left(p' + \frac{an^2}{V'^2}\right)(V' - nb) = nRT \quad a, b: ファンデルワールス定数$$

ただし，温度 T〔K〕で，実在気体 n〔mol〕の圧力と体積をそれぞれ p'，V' で表す。

①**分子自身の体積の影響** 実在気体は分子自身の体積をもつため，理想気体より体積が大きくなる。そのため，補正項として nb を引いている。

②**分子間力の影響** 実在気体は分子間力の影響により，理想気体より圧力が小さくなる。そのため，補正項として $\frac{an^2}{V'^2}$ を加えている。

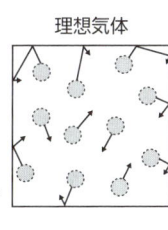

282 ▶ ファンデルワールスの状態方程式 次の文を読み，以下の問いに答えよ。

実在気体の状態方程式として次のファンデルワールスの状態方程式がよく使われている。温度(絶対温度)T，1 mol あたりの体積 V，圧力 p の間に次の関係が成立する。

$$\left(p + \frac{a}{V^2}\right)(V - b) = RT \quad R: 気体定数$$

a は分子間力によって決まる定数，b は分子の大きさを反映した定数でともに正である。理想気体からのずれを議論するための量 Z(圧縮率因子)を次のように定義する。

$$Z = \frac{pV}{RT} \quad 理想気体ではつねに Z=1 である。$$

(1) 実在気体では，$Z = \dfrac{V}{V-b} - \dfrac{a}{VRT}$ で表されることを示せ。

(2) 同じ体積，同じ温度で He と Ar の2種類の気体を考える。分子間力を無視した場合，どちらの気体の Z が1に近い値になるか。理由とともに答えよ。

(3) 温度 T を一定のもとで，圧力 P を下げて体積 V を非常に大きくすると Z は1に近づき理想気体とみなせる。そのことを説明せよ。

(4) 温度 T を一定のもとで，理想気体とみなせる(3)の場合より圧力 P をわずかに上げて体積 V を小さくする。このとき He や N_2 のような極性のない原子・分子からなる気体では Z が1より大きい。その理由を説明せよ。また NH_3 のような極性のある分子からなる気体では Z が1より少し小さい。その理由を説明せよ。

(5) (4)で NH_3 のような気体では Z が1より少し小さかった。一定の体積 V のもとでさらに温度を下げると Z の1からのずれは大きいか，小さいか。理由とともに答えよ。

(11 千葉大 改)

原子量の概数値	H	C	N	O	Na	Mg	Al	Si	S	Cl	K	Ca	Fe	Cu	Zn	Ag	I	Pb
	1.0	12	14	16	23	24	27	28	32	35.5	39	40	56	63.5	65	108	127	207

2 ラウールの法則と沸点上昇

◆ラウールの法則

フランスのラウールは，1887年に不揮発性の溶質が溶けた希薄溶液では，その蒸気圧は溶媒のモル分率に比例することを発見した。

純溶媒の蒸気圧を p_0，不揮発性の溶質が溶解した希薄溶液の蒸気圧を p，溶媒分子の物質量を N，溶質粒子の物質量を n とすると，これらの間には次の関係が成立する。

$$p = \frac{N}{N+n} \cdot p_0$$

この関係をラウールの法則という。

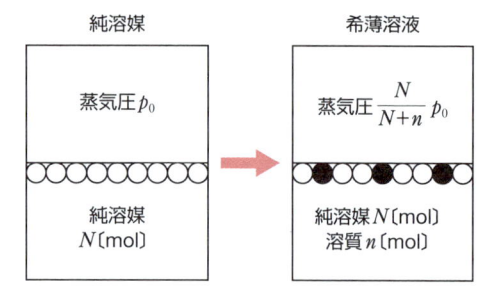

純溶媒　　　　　　　希薄溶液

蒸気圧 p_0　　　　蒸気圧 $\dfrac{N}{N+n}p_0$

純溶媒 N [mol]　　純溶媒 N [mol]
　　　　　　　　　　溶質 n [mol]

ここで，p_0 と p の差を Δp とすると次のようになる。

$$\Delta p = \left(1 - \frac{N}{N+n}\right) \cdot p_0 = \frac{n}{N+n} \cdot p_0$$

希薄溶液では $N \gg n$ となるので，$N + n ≒ N$ と近似できる。よって次のようになる。

$$\Delta p ≒ \frac{n}{N} \cdot p_0$$

ここで，溶媒のモル質量を M，溶液の質量モル濃度を m とすると
Δp は，質量モル濃度に比例することがわかる。

$$\Delta p = \frac{n}{N \times M \times 10^{-3} \text{kg/g}} \times M \times 10^{-3} \text{kg/g} \times p_0 = km \qquad k：溶媒固有の定数$$

◆沸点上昇

図は水と2種類の希薄水溶液の蒸気圧の温度変化を示したものである。溶液Ⅰは溶液Ⅱに比べて濃度が低い。1.013×10^5 Pa 下で，水は100℃で沸騰するが，溶液は100℃における蒸気圧が 1.013×10^5 Pa より低くなるため沸騰しない。

希薄溶液の沸点近くにおける狭い温度範囲では，水とそれぞれの溶液の蒸気圧曲線は，平行な直線とみなすことができる。

図より，△ADB と △AEC は相似の関係にあるため，

$\Delta p : \Delta p' = \Delta t : \Delta t'$

Δp（蒸気圧降下度）と Δt（沸点上昇度）は比例する。
$\Delta p \propto \Delta t$，つまり $\Delta t \propto km$ となり，沸点上昇度 Δt は質量モル濃度に比例することになる。

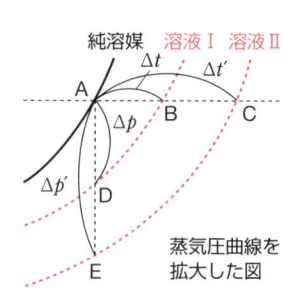

蒸気圧曲線を拡大した図

283 ▶ ラウールの法則　次の文章を読み，問いに答えよ。

　250 gの水にスクロース($C_{12}H_{22}O_{11}$)6.84 gを溶かした溶液Aと，250 gの水にグルコース($C_6H_{12}O_6$)5.40 gを溶かした溶液Bを，それぞれ別のフラスコに入れ，図1のようにコックのついた細いガラス管で連結した。一定温度の下で，コックを閉じたままましばらく放置したのち，図2のようにコックを開けた。片方のフラスコの液量はしだいに減少し，その分他方のフラスコの液量が増加し，十分な時間が経過したところで平衡状態に達した。

　いま，溶媒 n_1〔mol〕に不揮発性の非電解質 n_2〔mol〕が溶けた希薄溶液の場合，この溶液の蒸気圧 p は①式のように表せることが実験的に知られている。

$$p = p^* x_1 \qquad ①$$

ここで p^* は純溶媒の蒸気圧，x_1 は溶液中の溶媒のモル分率，すなわち，$x_1 = \dfrac{n_1}{n_1+n_2}$ である。純溶媒の蒸気圧と溶液の蒸気圧の差(蒸気圧降下度)Δp は，①式の関係を用いて②式のように表される。

$$\Delta p = p^* - p = p^*(1-x_1) = p^* x_2 \qquad ②$$

ここで，x_2 は溶質のモル分率である。

　溶媒のモル質量〔g/mol〕を M とすると，この溶液の質量モル濃度 m〔mol/kg〕は，n_1，n_2 および M を用いて③式のように表される。

$$m = (\quad a \quad) \qquad ③$$

また，希薄溶液では $n_1 \gg n_2$ であるから，x_2 は④式のように近似的に表される。

$$x_2 = \dfrac{n_2}{n_1+n_2} \fallingdotseq \dfrac{n_2}{n_1} \qquad ④$$

したがって，x_2 と m の関係は⑤式で表される。

$$x_2 = (\quad b \quad) \qquad ⑤$$

また，②式と⑤式より，Δp と m の間には⑥式の関係があることがわかる。

$$\Delta p = (\quad c \quad) \qquad ⑥$$

　上の実験では，コックをあける前の溶液AおよびBの質量モル濃度は，それぞれ $m_A=$（ ア ）mol/kg，$m_B=$（ イ ）mol/kgである。したがって，⑥式によれば蒸気圧は溶液（ ⅰ ）よりも溶液（ ⅱ ）の方が高くなる。その結果，コックをあけると溶媒の水は，溶液（ ⅲ ）から溶液（ ⅳ ）に移動し，この移動した水の質量が（ ウ ）gになったところで平衡状態に達する。

(1) 文中の(a)〜(c)に適する式を入れよ。
(2) 文中の(ア)〜(ウ)に適する数値を有効数字2桁で記入せよ。
(3) 文中の(ⅰ)〜(ⅳ)に，AまたはBのうち適する方の記号を記せ。

3 凝固点降下

◆冷却曲線の作成実験
試料容器と寒剤との間に空気層をおき，熱の急激な伝達を防いでいる。溶液の場合，凝固すると溶液の濃度が大きくなるので，液体と固体が共存している状態でも曲線は右下がりになる。

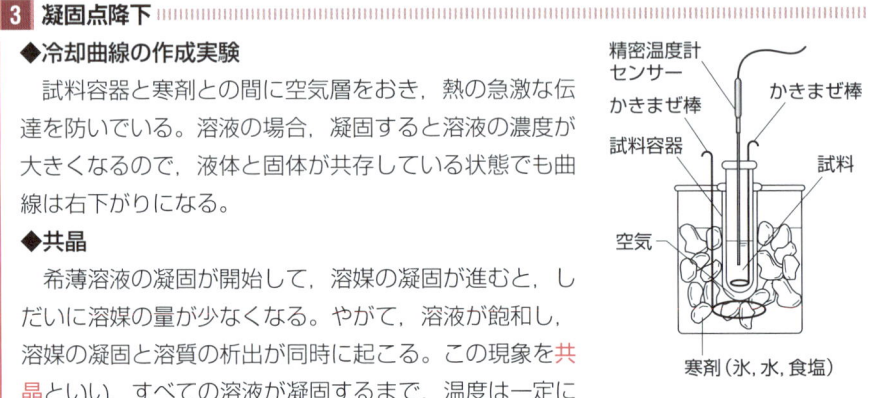

◆共晶
希薄溶液の凝固が開始して，溶媒の凝固が進むと，しだいに溶媒の量が少なくなる。やがて，溶液が飽和し，溶媒の凝固と溶質の析出が同時に起こる。この現象を共晶といい，すべての溶液が凝固するまで，温度は一定になる。

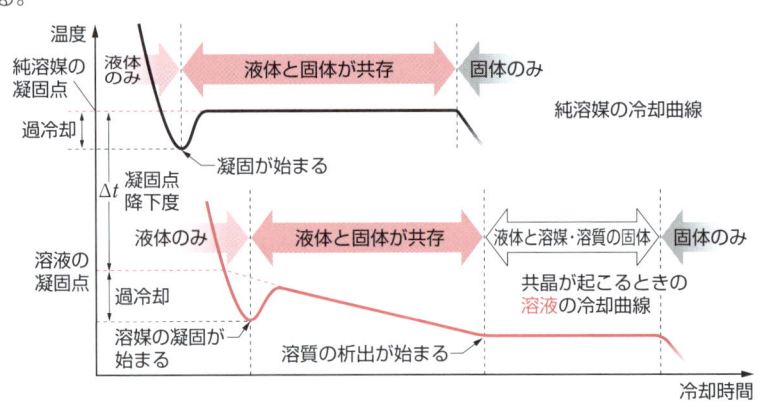

□□□ **284** ▶ 凝固点降下　図1は，純溶媒に不揮発性の非電解質を溶かした希薄溶液について，質量モル濃度 x と温度 t のもとで，それが液体，固体，あるいは，液体と固体の混合物になるかを示した状態図である。例えば，質量モル濃度 x_1 の溶液を冷却すると，温度 t_1 において固体を析出する。

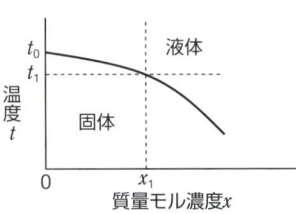

図2は，(i)純溶媒，(ii)溶液を一定速度で冷却したときの冷却曲線である。図2に示すように，実際には純溶媒を凝固点以下に冷却しても，すぐには凝固が起こらないことがあり，この状態を（ア）という。純溶媒の場合は，図1では，縦軸上の t_0 が凝固点であり，固体が析出しはじめれば，図2の曲線(i)が示すように，

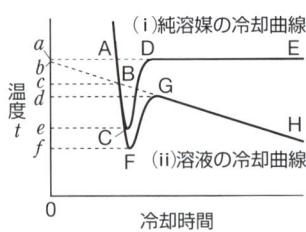

試料全体が時間とともに一定温度で凝固する。質量モル濃度が x_1 である溶液の温度を下げていくと，図1では温度 t_1 で（イ）が凝固した固体が析出をはじめ，（ウ）が高まることで，凝固点は図1の曲線にそって低下することになる。したがって，図2(ii)でも（ア）の後，冷却が進むに連れて，（ウ）の増大による凝固点降下のために右下がりとなって，一定温度での凝固が起こらない。

溶液の質量モル濃度 x_1 と凝固点降下度 $(t_0 - t_1)$ の間には，式①の関係がなりたち，A は溶質の種類に関係なく溶媒の種類に固有の値となる。

$$x_1 = A(t_0 - t_1) \quad ①$$

図2の曲線(ii)で溶液の凝固点は時間とともに低下していくが，GからHまでの間の任意の点をいくつかとり，そのときの固体質量と溶媒質量がわかれば次の r が求められる。

$$r = \frac{溶媒質量}{(固体質量 + 溶媒質量)} \quad ②$$

この r を用いれば，凝固開始後のある時間での溶液部分の質量モル濃度は，はじめの x_1 より増大して，（エ）となる。式①は残っている溶液の濃度が変化しても成立するので，ある時点における溶液部分の質量モル濃度と観察される凝固点 T の間には，式③の関係がなりたつ。

$$（エ） = A(t_0 - T) \quad ③$$

式③から，図3のような直線関係が求められる。図3の実線の直線部分は実験により求めた範囲であり，さらに，この直線を左上へ延ばしたものを破線で示している。図3で，$\dfrac{1}{r} = 1$ の場合は，試料がほとんど液体であって微少量の固体が存在するときに相当し，そのときの温度 h は，（オ）に相当する。また，図3で，$\dfrac{1}{r} = 0$ の場合の凝固点 g は，式③より（カ）に相当することがわかる。

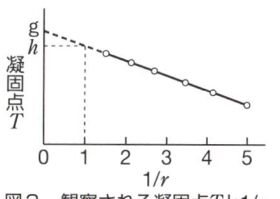

図3　観察される凝固点 T と $1/r$ の関係

(1) 文中の(ア)～(カ)に適する語句，文字，数字，あるいは，式を記せ。
(2) 溶液を冷却していくとき，凝固が始まるのは，図2のどの点であるかを記号A～Hから選べ。
(3) 図2の曲線(i)において，CからDにかけて温度が上昇する理由を答えよ。
(4) 図2の曲線(ii)において溶液の凝固点 T がどこに相当するか，記号 $a \sim f$ から適切なものを選べ。
(5) 図2の(ii)溶液の冷却曲線の，Hを過ぎた後の様子を調べたところ，いったん冷却曲線が横軸と平行になり，その後，また温度が下がりはじめるという結果が得られた。冷却曲線が横軸と平行になっているときに起こっている現象について35字以内で説明せよ。

(20 東京慈恵医大 改)

13 化学反応と熱エネルギー

1 熱をともなう反応とエンタルピー

◆ 1 **反応熱** 化学反応により，放出または吸収される熱エネルギー。一般に，25℃，$1.013×10^5$ Pa における値を kJ で表す。

◆ 2 **反応熱の測定** 反応熱による温度変化 Δt〔K〕を測定し，熱量 Q〔J〕を右の式より求める。

$$Q = mc\Delta t$$

質量 m〔g〕，比熱 c〔J/(g・K)〕（物質 1g を 1K 温度変化させるために必要な熱量）

◆ 3 **エンタルピー H** 一定圧力での熱エネルギーの変化を表すには，エンタルピー H という物理量が用いられる。反応前後のエンタルピーをそれぞれ H_1，H_2 とすると反応エンタルピー ΔH と熱エネルギーの出入りには次の関係がある。

$\Delta H =$ 終わりの状態の $H_2 -$ 初めの状態の H_1

発熱反応　$\Delta H < 0$　　吸熱反応　$\Delta H > 0$

反応エンタルピー（反応熱）の表し方

（固），（液），（気）のように物質の状態を表す

発熱反応では「負」，吸熱反応では「正」

$2H_2$（気）$+ O_2$（気）$\longrightarrow 2H_2O$（液）　$\Delta H = -572$ kJ　　反応式と ΔH を併記

「右辺（生成物）のエンタルピーの総和 H_2」－「左辺（反応物）のエンタルピーの総和 H_1」
$= \Delta H$（エンタルピー変化）$=$ 反応エンタルピー（反応熱）

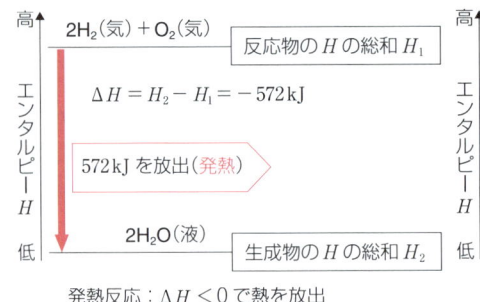

（左のグラフ）
高　$2H_2$（気）$+ O_2$（気）　反応物の H の総和 H_1
エンタルピー H
$\Delta H = H_2 - H_1 = -572$ kJ
572 kJ を放出（発熱）
低　$2H_2O$（液）　生成物の H の総和 H_2

発熱反応：$\Delta H < 0$ で熱を放出

（右のグラフ）
高　NH_4NO_3 aq　生成物の H の総和 H_2
エンタルピー H
$\Delta H = H_2 - H_1 = 25.7$ kJ
25.7 kJ を吸収（吸熱）
低　NH_4NO_3（固）$+$ aq　反応物の H の総和 H_1

吸熱反応：$\Delta H > 0$ で熱を吸収

◆ 4 **状態変化にともなうエンタルピー変化 ΔH**

高　　　　　　　　　　　　　　　　　　　　　気体
エンタルピー H
凝縮エンタルピー（凝縮熱）　凝華エンタルピー（凝華熱）
蒸発エンタルピー（蒸発熱）　昇華エンタルピー（昇華熱）
　　　　　　　　　　　　　　　　　　液体
凝固エンタルピー（凝固熱）　融解エンタルピー（融解熱）
低　　　　　　　　　　　　　　　　　　　　　固体

一般にエンタルピーは，固体 < 液体 < 気体 の関係である。

◆5 **さまざまなエンタルピー変化** 物質1molに着目したエンタルピー変化の単位はkJ/molとなる。また、aqは多量の水を表す。

燃焼エンタルピー (燃焼熱)	物質1molが完全燃焼するときのΔH 注 H_2Oは液体状態 例：$CH_4(気) + 2O_2(気) \longrightarrow CO_2(気) + 2H_2O(液)$ $\Delta H = -891\,kJ$
生成エンタルピー (生成熱)	物質1molがその成分元素の単体から生成するときのΔH 例：$C(黒鉛) + 2H_2(気) \longrightarrow CH_4(気)$ $\Delta H = -74.9\,kJ$
中和エンタルピー (中和熱)	酸と塩基が中和して水1molが生成するときのΔH 例：$HCl\ aq + NaOH\ aq \longrightarrow NaCl\ aq + H_2O(液)$ $\Delta H = -56.5\,kJ$
溶解エンタルピー (溶解熱)	物質1molが多量の溶媒に溶解するときのΔH 例：$NaOH(固) \xrightarrow{H_2O} NaOH\ aq^*$ $\Delta H = -44.5\,kJ$
蒸発エンタルピー (蒸発熱)	物質1molが液体から気体に状態変化するときのΔH 例：$H_2O(液) \longrightarrow H_2O(気)$ $\Delta H = 44\,kJ$
融解エンタルピー (融解熱)	物質1molが固体から液体に状態変化するときのΔH 例：$H_2O(固) \longrightarrow H_2O(液)$ $\Delta H = 6.0\,kJ$
昇華エンタルピー (昇華熱)	物質1molが固体から気体に状態変化するときのΔH 例：$H_2O(固) \longrightarrow H_2O(気)$ $\Delta H = 51\,kJ$

＊この反応式は右のように表すこともある。　$NaOH(固) + aq \longrightarrow NaOH\ aq$

2 自発的に進む反応の要因

◆1 **エンタルピー変化ΔH** エンタルピー変化ΔHが負になることは($\Delta H < 0$)、化学反応や状態変化が自発的に進む要因になる。

◆2 **エントロピーS** 自然現象は無秩序な方向に自発的に変化し乱雑さが増加する。この乱雑さの度合いをエントロピーとよびSで表す。エントロピー変化ΔSが正になることは($\Delta S > 0$)、化学反応や状態変化が自発的に進む要因になる。

・物質の各状態でのエントロピーSの大きさ：固体＜液体＜気体

エントロピーS：小さい　　　エントロピーS：大きい

◆3 **自発的に進む反応** エンタルピー変化ΔHが負である発熱反応($\Delta H < 0$)や、エントロピー変化ΔSが正になる現象($\Delta S > 0$)は、自発的に進む傾向に有利である。

	$\Delta H < 0$(自発的変化に有利)	$\Delta H > 0$(自発的変化に不利)
$\Delta S > 0$ (自発的変化に有利)	自発的に変化する	ΔS, ΔHの大きさ次第 (温度などの条件による)
$\Delta S < 0$ (自発的変化に不利)	ΔS, ΔHの大きさ次第 (温度などの条件による)	自発的に変化しない (可逆反応では逆向きに変化)

3 ヘスの法則

◆1 **ヘスの法則(総熱量保存の法則)** 物質の変化(状態変化も含む)に伴って出入りする熱量の総和は，変化する前後の物質の種類と状態によって決まり，物質の変化の過程に関わらず一定である。ヘスの法則から，未知の反応エンタルピーや実験で測定することが難しい反応エンタルピーを間接的に求めることができる。

例

$$C(黒鉛) + O_2 \longrightarrow CO_2 \qquad \Delta H = -394 \text{ kJ} \qquad \cdots ①$$

$$CO + \frac{1}{2}O_2 \longrightarrow CO_2 \qquad \Delta H = -283 \text{ kJ} \qquad \cdots ②$$

①，②より，$C(黒鉛) + O_2 \longrightarrow CO$ の ΔH を求める。

式から求める方法

②の化学反応式の逆反応を考えると，ΔH の符号が変わり③になる。

$$C(黒鉛) + O_2 \longrightarrow CO_2 \qquad \Delta H = -394 \text{ kJ} \qquad \cdots ①$$

$$CO_2 \longrightarrow CO + \frac{1}{2}O_2 \qquad \Delta H = 283 \text{ kJ} \qquad \cdots ③$$

―――――――――――――――――――――――――――――

$$C(黒鉛) + O_2 \longrightarrow CO + \frac{1}{2}O_2 \qquad \Delta H = -111 \text{ kJ} \qquad ① + ③$$

図から求める方法

$x + (-283 \text{ kJ}) = -394 \text{ kJ}$

$x \phantom{+ (-283 \text{ kJ})} = -111 \text{ kJ}$

$\Delta H = -111 \text{ kJ}$

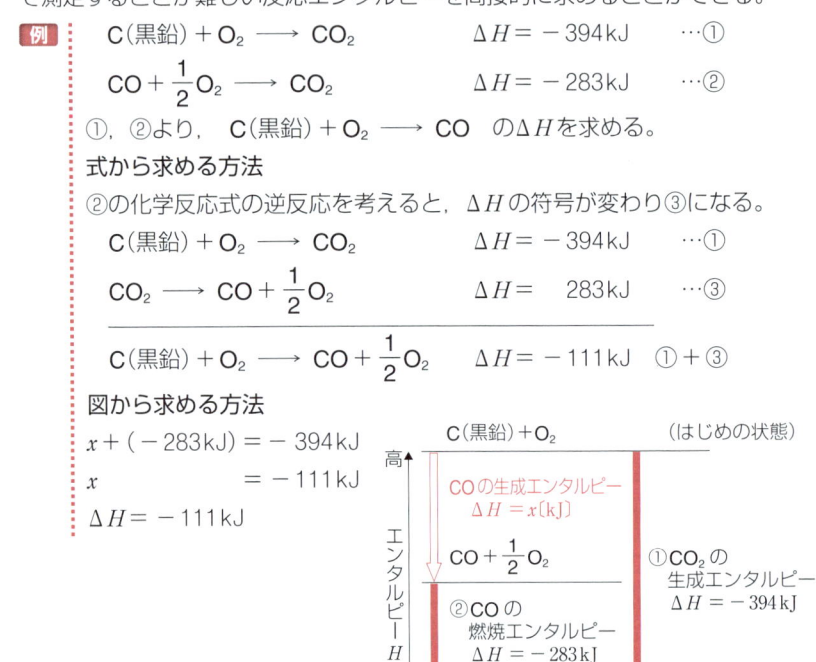

(図：C(黒鉛)+O₂ (はじめの状態) → CO + ½O₂ → CO₂ (おわりの状態))
- COの生成エンタルピー $\Delta H = x \text{ [kJ]}$
- ① CO₂の生成エンタルピー $\Delta H = -394 \text{ kJ}$
- ② COの燃焼エンタルピー $\Delta H = -283 \text{ kJ}$

◆2 **反応エンタルピーと生成エンタルピー** 単体がもつエンタルピーを基準とし，単体の生成エンタルピーを0とすることで，生成物と反応物の生成エンタルピーの差として反応エンタルピーを求めることができる。

生成エンタルピーを用いた反応エンタルピーの計算

$A + B \longrightarrow C + D$ 反応エンタルピー ΔH を求める。

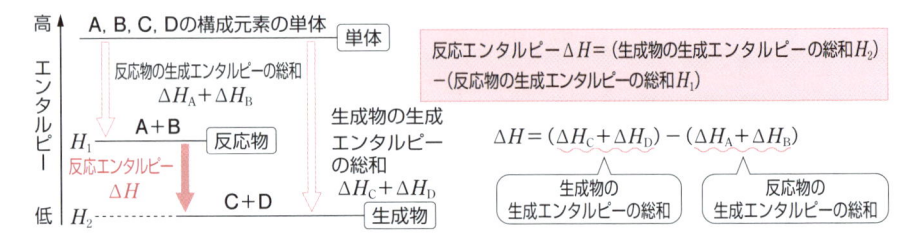

(図：A, B, C, Dの構成元素の単体 → A+B (反応物) → C+D (生成物))
- 反応物の生成エンタルピーの総和 $\Delta H_A + \Delta H_B$
- 生成物の生成エンタルピーの総和 $\Delta H_C + \Delta H_D$
- 反応エンタルピー ΔH

反応エンタルピー ΔH = (生成物の生成エンタルピーの総和 H_2) − (反応物の生成エンタルピーの総和 H_1)

$$\Delta H = (\Delta H_C + \Delta H_D) - (\Delta H_A + \Delta H_B)$$

（生成物の生成エンタルピーの総和）（反応物の生成エンタルピーの総和）

4 結合エネルギーと反応エンタルピー

気体状態の分子に含まれる共有結合を引き離して,気体状態の原子にするために必要なエネルギーを結合エネルギーという。結合エネルギーと反応エンタルピーには次のような関係がある。

> 反応エンタルピーΔH
> ＝（反応物の結合エネルギーの総和）－（生成物の結合エネルギーの総和）

例 1 mol の H_2 と 1 mol の Cl_2 から, 2 mol の HCl が生成するときの反応エンタルピー ΔH は,次のように求められる。 $H_2 + Cl_2 \longrightarrow 2HCl$

$\Delta H = (\Delta H(H-H) + \Delta H(Cl-Cl)) - 2 \times \Delta H(H-Cl)$

$\Delta H = (436 kJ + 243 kJ) - 2 \times 431 kJ = -183 kJ$

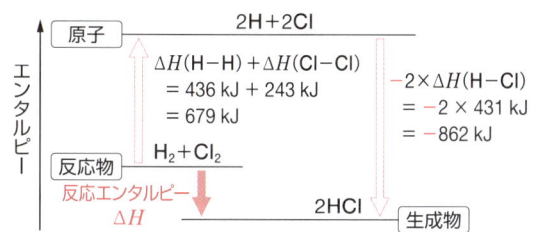

結合エネルギー

結合	ΔH (kJ/mol)
H-H	436
Cl-Cl	243
H-Cl	431

5 ボルン・ハーバーサイクル

◆1 格子エネルギー

1 mol のイオン結晶を気体状態のイオンにするために必要なエネルギーを,格子エネルギーとよぶ。NaCl の格子エネルギーを含めた化学反応式は次のように表すことができる。

NaCl(固) ⟶ Na^+(気) + Cl^-(気)　$\Delta H = 788 kJ$

また,格子エネルギー ΔH はヘスの法則を用いて間接的に求めることができる。

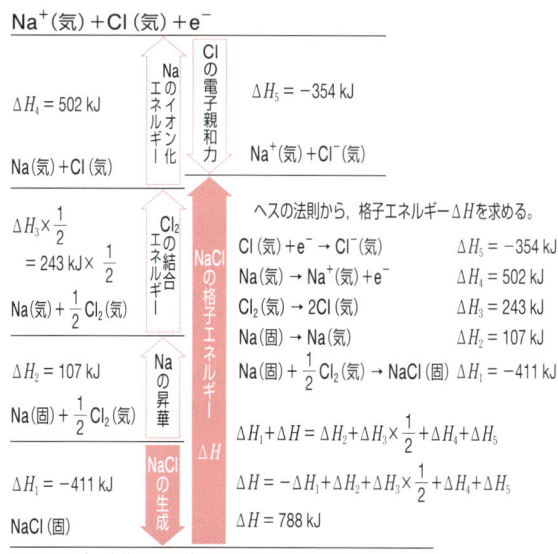

$\Delta H_4 = 502 kJ$　$\Delta H_5 = -354 kJ$

$\Delta H_3 \times \frac{1}{2} = 243 kJ \times \frac{1}{2}$

$\Delta H_2 = 107 kJ$

$\Delta H_1 = -411 kJ$

ヘスの法則から,格子エネルギー ΔH を求める。

Cl(気) + e^- → Cl^-(気)　$\Delta H_5 = -354 kJ$
Na(気) → Na^+(気) + e^-　$\Delta H_4 = 502 kJ$
Cl_2(気) → $2Cl$(気)　$\Delta H_3 = 243 kJ$
Na(固) → Na(気)　$\Delta H_2 = 107 kJ$
Na(固) + $\frac{1}{2} Cl_2$(気) → $NaCl$(固)　$\Delta H_1 = -411 kJ$

$\Delta H_1 + \Delta H = \Delta H_2 + \Delta H_3 \times \frac{1}{2} + \Delta H_4 + \Delta H_5$

$\Delta H = -\Delta H_1 + \Delta H_2 + \Delta H_3 \times \frac{1}{2} + \Delta H_4 + \Delta H_5$

$\Delta H = 788 kJ$

エンタルピー変化 ΔH の値は,すべて 298.15 K における値。

WARMING UP／ウォーミングアップ

次の文中の（ ）に適当な語句・数値・化学式・記号を入れよ。

1 反応エンタルピー（反応熱）
(1) 化学反応にともなって，放出または吸収される熱エネルギーを(ア)という。熱を放出する反応を(イ)，熱を吸収する反応を(ウ)という。熱量の単位には J（ジュール）を用いる。

(2) 物質 1 mol が完全燃焼するときの(ア)を(エ)という。また，化合物 1 mol が成分元素の単体から生成するときの(ア)を(オ)という。

2 反応エンタルピーを含めた化学反応式
(1) 水素と酸素から水（気体）1 mol が生成するときに，242 kJ の熱を放出する。

H_2(気) + (ア) ⟶ H_2O(気)　　ΔH = (イ)

(2) 硝酸アンモニウム（固体）1 mol を多量の水に溶かすと，26 kJ の熱を吸収する。

NH_4NO_3(固) $\xrightarrow{H_2O}$ NH_4NO_3 aq　　ΔH = (ウ)

3 エントロピー
物質や熱のやり取りがない場合，自然現象は無秩序な方向に自発的に変化し乱雑さが(ア)する。この乱雑さの度合いを(イ)といい，記号(ウ)で表される。自然界の化学反応や状態変化は，(イ)が(ア)する方向に，またエンタルピーが(エ)する方向に自発的に進む傾向がある。

4 エンタルピーとエントロピー
(1)～(4)の変化について，エンタルピー変化ΔH，エントロピー変化ΔSを正しく表しているものをそれぞれ(ア)～(カ)から選び，答えよ。ただし，気体は理想気体とする。

(1) 水素と酸素を混ぜた。　(2) 水が蒸発した。
(3) メタン CH_4 の燃焼：

　　CH_4(気) + $2O_2$(気) ⟶ CO_2(気) + $2H_2O$(液)

(4) $2NO_2$(気) ⟶ N_2O_4(気)　（発熱反応）

　(ア) $\Delta H > 0$　(イ) $\Delta H = 0$　(ウ) $\Delta H < 0$
　(エ) $\Delta S > 0$　(オ) $\Delta S = 0$　(カ) $\Delta S < 0$

1
(ア) 反応エンタルピー（反応熱）
(イ) 発熱反応
(ウ) 吸熱反応
(エ) 燃焼エンタルピー（燃焼熱）
(オ) 生成エンタルピー（生成熱）

2
(ア) $\dfrac{1}{2}O_2$（気）
(イ) -242 kJ
(ウ) 26 kJ

3
(ア) 増加
(イ) エントロピー
(ウ) S
(エ) 減少

4
(1) (イ), (エ)
(2) (ア), (エ)
(3) (ウ), (カ)
(4) (ウ), (カ)

5 ヘスの法則
物質の変化に伴って発生または吸収する熱量は変化の過程によらず，物質の最初と最後の(ア)と(イ)だけで決まる。この法則を(ウ)の法則という。

5
(ア)・(イ) 種類・状態
(ウ) ヘス

6 生成エンタルピー
単体がもつエネルギーを基準とし，単体の生成エンタルピーを 0 としているので，生成物と反応物の生成エンタルピーの差として反応エンタルピーを求めることができる。このことを式で表すと，「反応エンタルピー＝((ア)の生成エンタルピーの総和)－((イ)の生成エンタルピーの総和)」となる。

6
(ア) 生成物
(イ) 反応物

7 エネルギー図
右のエネルギー図から，1 mol の液体の水が気体の水になると，(ア)kJ の熱を(イ)することがわかる。このときのエンタルピー変化を(ウ)という。

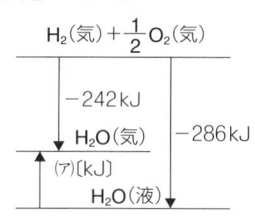

7
(ア) 44(＝286－242)
(イ) 吸収
(ウ) 蒸発エンタルピー (蒸発熱)

基本例題 55　燃焼エンタルピーと比熱　　基本→287

プロパン C_3H_8 の完全燃焼は，次式で表される。下の問いに答えよ。

$$C_3H_8(気) + 5O_2(気) \longrightarrow 3CO_2(気) + 4H_2O(液) \quad \Delta H = -2220\,\text{kJ}$$

(1) 浴槽に 100 L の水が入っている。その水の温度を 12℃ から 42℃ まで上昇させるには何 kJ の熱量が必要か。水の密度を 1.0 g/mL，比熱を 4.2 J/(g·K) とする。

(2) プロパンを燃焼させて(1)の熱量を得るには，0℃，1.01×10^5 Pa で何 L のプロパンが必要か。

●エクセル　比熱：物質 1 g あたり，1 K 温度変化させるために必要な熱量

解説
(1) 水 100 L の温度を 30 K 上昇させるために必要な熱量を求める。
$4.2\,\text{J/(g·K)} \times 100 \times 10^3\,\text{mL} \times 1.0\,\text{g/mL} \times (42-12)\,\text{K}$
$= 1.26 \times 10^7\,\text{J} \fallingdotseq 1.3 \times 10^4\,\text{kJ}$

(2) 1.26×10^7 J の熱量を得るために必要なプロパンの体積を求める。
$$\frac{1.26 \times 10^4\,\text{kJ}}{2220\,\text{kJ/mol}} \times 22.4\,\text{L/mol} = 1.27\cdots \times 10^2\,\text{L} \fallingdotseq 1.3 \times 10^2\,\text{L}$$

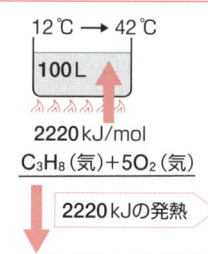

解答 (1) 1.3×10^4 kJ　(2) 1.3×10^2 L

基本例題 56　ヘスの法則　　　　　　　　　　　　　　　　　　　　　　基本 ➡ 290, 291

気体の二酸化炭素 CO_2 の生成エンタルピーが $-394 \, \text{kJ/mol}$，液体の水の生成エンタルピーが $-286 \, \text{kJ/mol}$，気体のアセチレン C_2H_2 の燃焼エンタルピーが $-1300 \, \text{kJ/mol}$ であるとき，気体のアセチレンの生成エンタルピー [kJ/mol] を求めよ。

●エクセル　ヘスの法則を用いると，計算で未知の反応エンタルピーを求めることができる。

解説　気体のアセチレン 1 mol の生成反応は次のように表される。

$2C(黒鉛) + H_2(気) \longrightarrow C_2H_2(気)$　　　　　　　　$\Delta H = ? \, \text{kJ}$　　…①

問題に与えられた生成エンタルピーや燃焼エンタルピーから，次式を得る。

$C(黒鉛) + O_2(気) \longrightarrow CO_2(気)$　　　　　　　　$\Delta H_1 = -394 \, \text{kJ}$　　…②

$H_2(気) + \frac{1}{2}O_2(気) \longrightarrow H_2O(液)$　　　　　　$\Delta H_2 = -286 \, \text{kJ}$　　…③

$C_2H_2(気) + \frac{5}{2}O_2(気) \longrightarrow 2CO_2(気) + H_2O(液)$　$\Delta H_3 = -1300 \, \text{kJ}$　…④

式①より，反応物として 2 mol の C(黒鉛) が必要なので，②×2 より次式をつくる。

$2C(黒鉛) + 2O_2(気) \longrightarrow 2CO_2(気)$　$\Delta H_4 = (-394 \, \text{kJ}) \times 2 = -788 \, \text{kJ}$…⑤

次に，反応物 H_2(気) は式③から，生成物 C_2H_2(気) は式④を逆にした次式により，

$2CO_2(気) + H_2O(液) \longrightarrow C_2H_2(気) + \frac{5}{2}O_2(気)$　$\Delta H_5 = 1300 \, \text{kJ}$　…⑥

したがって，③ + ⑤ + ⑥ により，

$2C(黒鉛) + H_2(気) \longrightarrow C_2H_2(気)$　　$\Delta H = \Delta H_2 + \Delta H_4 + \Delta H_5 = 226 \, \text{kJ}$

よって，気体のアセチレンの生成エンタルピーは 226 kJ/mol

解答　226 kJ/mol

基本問題

285 ▶ 反応エンタルピー　次の文中の(　)に最も適当な語句を答えよ。

定温定圧の条件で，化学反応にともなって出入りする熱量 ΔH を反応エンタルピーとよぶ。反応エンタルピーは温度・圧力に依存するので，通常，温度 25℃，圧力 1013 hPa のときの熱量で表す。反応物のもつ総エンタルピー H_1 と，生成物のもつ総エンタルピー H_2 の差が反応エンタルピー ΔH となる。反応エンタルピー ΔH が正の場合は (ア) 反応であり，反応エンタルピー ΔH が負の場合は (イ) 反応である。物質の状態により反応エンタルピーは異なるので，気体，液体，固体，水溶液を区別する記号，(気)，(液)，(固)，(ウ) や物質名を化学式に書き添える。ただし，物質の状態がわかっている場合には省略することもある。

(早大　改)

13 化学反応と熱エネルギー —— 213

□□□ **286** ▶ **さまざまな反応エンタルピー** 次の式が表す反応エンタルピーの名称を答えよ。
(1) NaNO₃(固) $\xrightarrow{H_2O}$ NaNO₃ aq $\Delta H = 21$ kJ
(2) HCl aq + NaOH aq ⟶ NaCl aq + H₂O(液) $\Delta H = -56$ kJ
(3) C₂H₅OH(液) + 3O₂(気) ⟶ 2CO₂(気) + 3H₂O(液) $\Delta H = -1368$ kJ
(4) H₂O(液) ⟶ H₂O(気) $\Delta H = 44$ kJ
(5) 3C(黒鉛) + 4H₂(気) ⟶ C₃H₈(気) $\Delta H = -106$ kJ
(6) I₂(固) ⟶ I₂(気) $\Delta H = 62$ kJ

□□□ **287** ▶ **反応エンタルピーの測定実験** 発泡スチロール容器(断熱容器)に水100gを入れて，水温を測ったところ25.0℃であった。このときの時間をt_0とする。次に時間t_1に，固体の水酸化ナトリウムNaOH 4.0gを容器内に入れよく混ぜながら溶液の温度を測定したところ，右のグラフのようになった。以下の問いに答えよ。
(1) NaOHの溶解により上昇した温度は何℃か。
(2) この実験により求められる，NaOHの水への溶解エンタルピーは何kJ/molか。ただし，水溶液の比熱は4.2J/(g·K)とし，水の蒸発はないものとする。

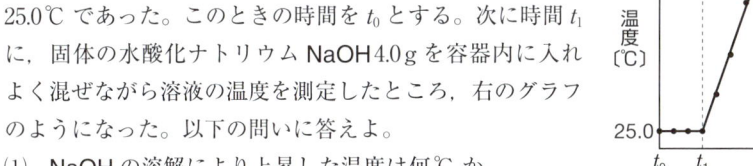

□□□ **288** ▶ **エンタルピー変化ΔHを含む反応式** 次の変化について，エンタルピー変化ΔHを含めて化学反応式で表せ。
(1) アンモニア(気)の生成エンタルピーは-46.1kJ/molである。
(2) 炭素(黒鉛)の燃焼エンタルピーは-394kJ/molである。
(3) 1molの水酸化ナトリウム(固)を多量の水に溶解すると44.6kJの熱量を放出した。
(4) 水の融解エンタルピーは6.0kJ/molである。
(5) 0.5molのエタンC₂H₆(気)を完全に燃焼させたとき780kJの熱量を放出した。ただし，生成したH₂Oは液体である。1molのエタンが完全に燃焼するときの化学反応式を表せ。

□□□ **289** ▶ **自発的な反応** 次の(1)〜(4)の変化について，最も適切な説明を(ア)〜(ウ)より選べ。
(1) H₂O(気) ⟶ H₂O(液) $\Delta H = -44$ kJ
(2) 2CH₃OH(液) + 3O₂(気) ⟶ 2CO₂(気) + 4H₂O(気) $\Delta H = -1277$ kJ
(3) CaCO₃(固) ⟶ CaO(固) + CO₂(気) $\Delta H = 178$ kJ
(4) N₂(気) + 2H₂(気) ⟶ N₂H₄(気) $\Delta H = 95$ kJ
  (ア) 自発的に進む   (イ) 条件により自発的に進む可能性がある
  (ウ) 自発的には進まない

290 ▶ ヘスの法則 1
次の式を用いて，以下の問いに答えよ。

$$C(黒鉛) + O_2(気) \longrightarrow CO_2(気) \quad \Delta H = -394\,kJ \quad ①$$
$$C(ダイヤモンド) + O_2(気) \longrightarrow CO_2(気) \quad \Delta H = -395\,kJ \quad ②$$
$$CO(気) + \frac{1}{2}O_2(気) \longrightarrow CO_2(気) \quad \Delta H = -283\,kJ \quad ③$$

(1) 黒鉛1molからダイヤモンド1molが生成するときの反応エンタルピーを求めよ。
(2) ダイヤモンド1molから一酸化炭素1molが生成するときの反応エンタルピーを求めよ。
(3) 黒鉛1molからダイヤモンドを経て一酸化炭素1molを生じる反応の反応エンタルピーを求めよ。

291 ▶ ヘスの法則 2
次の式を用いて，プロパン C_3H_8(気)の生成エンタルピー〔kJ/mol〕を求めよ。

$$C(黒鉛) + O_2(気) \longrightarrow CO_2(気) \quad \Delta H = -394\,kJ$$
$$H_2(気) + \frac{1}{2}O_2(気) \longrightarrow H_2O(液) \quad \Delta H = -286\,kJ$$
$$C_3H_8(気) + 5O_2(気) \longrightarrow 3CO_2(気) + 4H_2O(液) \quad \Delta H = -2220\,kJ$$

292 ▶ 生成エンタルピーと燃焼エンタルピー
二酸化炭素(気)，水(液)，メタノール CH_3OH(液)の生成エンタルピーは，それぞれ $-394\,kJ/mol$，$-286\,kJ/mol$，$-239\,kJ/mol$ である。メタノール(液)の燃焼エンタルピー〔kJ/mol〕を求めよ。

293 ▶ エネルギー図 1
右図は炭素C(黒鉛)と酸素 O_2 から一酸化炭素COおよび二酸化炭素 CO_2 を生成する反応を表している。

(1) 次の文の( )に適する数値・式を入れよ。
　上段のC(黒鉛)+ O_2(気)は，中段のCO(気)+ $\frac{1}{2}O_2$(気)よりも(ア)kJ 高いエネルギー状態にあるので，C(黒鉛)+ O_2(気) $\longrightarrow$ CO(気)+ $\frac{1}{2}O_2$(気) $\Delta H_1 = -111\,kJ$ となる。この反応式の両辺に共通する $\frac{1}{2}O_2$(気)を消去すると(イ)という反応エンタルピーを含む反応式になる。

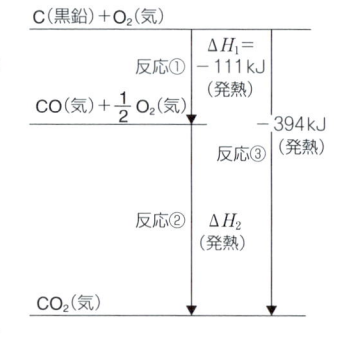

(2) 図の①～③の反応エンタルピーは次の(a)～(d)のどれを示しているか。
　(a) COの生成エンタルピー　(b) CO_2 の生成エンタルピー
　(c) COの燃焼エンタルピー　(d) CO_2 の燃焼エンタルピー

(3) ΔH_2 を求めて，反応②を ΔH_2 を含む反応式で表せ。

□□□ **294 ▶ エネルギー図 2** 次の反応エンタルピーΔHを含めた化学反応式を利用し，エネルギー図を作成すると，炭素の同素体について，物質のもつエンタルピーを比較することができる。同じ質量の黒鉛，ダイヤモンド，フラーレンC_{60}について，物質のもつエンタルピーが小さいものから順に正しく並べたものを，下の(1)～(6)のうちから1つ選べ。

$$C(ダイヤモンド) + O_2(気) \longrightarrow CO_2(気) \qquad \Delta H = -395 \text{ kJ}$$
$$C_{60}(フラーレン) + 60O_2(気) \longrightarrow 60CO_2(気) \qquad \Delta H = -25930 \text{ kJ}$$
$$C(黒鉛) \longrightarrow C(ダイヤモンド) \qquad \Delta H = 1 \text{ kJ}$$

(1) 黒鉛＜ダイヤモンド＜フラーレンC_{60}
(2) 黒鉛＜フラーレンC_{60}＜ダイヤモンド
(3) ダイヤモンド＜黒鉛＜フラーレンC_{60}
(4) ダイヤモンド＜フラーレンC_{60}＜黒鉛
(5) フラーレンC_{60}＜黒鉛＜ダイヤモンド
(6) フラーレンC_{60}＜ダイヤモンド＜黒鉛

（センター 改）

□□□ **295 ▶ 反応エンタルピーと量的関係** 次の問いに有効数字3桁で答えよ。

(1) 次式で表されるエタノールC_2H_5OH(液)の燃焼反応により，エタノール18.4 gを燃焼させたときのエンタルピー変化は何kJか。

$$C_2H_5OH(液) + 3O_2(気) \longrightarrow 2CO_2(気) + 3H_2O(液) \qquad \Delta H = -1370 \text{ kJ}$$

(2) メタンCH_4(気)18.4 gを完全燃焼させたときのエンタルピー変化は何kJか。ただし，CH_4 1 molの燃焼エンタルピーを-891 kJ/molとする。

□□□ **296 ▶ 溶解エンタルピーの測定実験** 発泡ポリスチレン製容器に水46.0 gを入れ，よくかき混ぜながら尿素(分子量60)4.0 gを加えてすべて溶解させた。このとき，液温の変化を調べたところ，図のような結果が得られた。点Aで尿素の溶解を開始し，点Bですべての尿素が溶解した。この間，液温は低下した。点Bから点Cの間では，液温は時間に対して一定の割合で上昇した。容器周囲の温度は20.0℃，点A，B，C，D，Eの温度はそれぞれ，20.0℃，15.8℃，16.4℃，15.2℃，15.5℃であった。この実験結果から求められる尿素の水への溶解エンタルピーは何kJ/molか。有効数字2桁で答えよ。ただし，溶液の比熱を4.2 J/(g・K)とする。

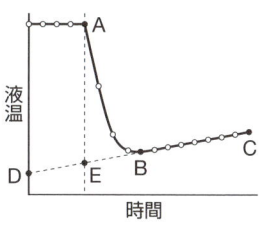

図　尿素の水への溶解における液温の変化

（岡山大 改）

原子量の概数値	H	C	N	O	Na	Mg	Al	Si	S	Cl	K	Ca	Fe	Cu	Zn	Ag	I	Pb
	1.0	12	14	16	23	24	27	28	32	35.5	39	40	56	63.5	65	108	127	207

応用例題 57　結合エネルギーと反応エンタルピー　　応用→297

メタン CH_4 が完全に燃焼する反応は次のように表される。

$$CH_4(気) + 2O_2(気) \longrightarrow CO_2(気) + 2H_2O(液) \quad \Delta H = -891\,kJ$$

(1) 1 mol のメタン CH_4 の燃焼により生成した H_2O がすべて気体のときの反応エンタルピーを答えよ。ただし、液体の H_2O の蒸発エンタルピーは 44 kJ/mol とする。

(2) (1)の反応エンタルピーを用いて、C―H の結合エネルギーを整数で答えよ。ただし、O―H、C=O、および O_2 の結合エネルギーを、それぞれ 463 kJ/mol、804 kJ/mol、および 498 kJ/mol とする。

(茨城大　改)

●エクセル　反応エンタルピー＝（反応物の結合エネルギーの総和）－（生成物の結合エネルギーの総和）

解説

(1) ヘスの法則を用いて、下の ΔH_3 を求める。

$$CH_4(気) + 2O_2(気) \longrightarrow CO_2(気) + 2H_2O(液)$$
$$\Delta H_1 = -891\,kJ \quad \cdots ①$$

$$H_2O(液) \longrightarrow H_2O(気) \quad \Delta H_2 = 44\,kJ \quad \cdots ②$$

$$CH_4(気) + 2O_2(気) \longrightarrow CO_2(気) + 2H_2O(気)$$
$$\Delta H_3 = ?\,kJ \quad \cdots ③$$

①式 ＋ 2×②式 ＝ ③式 より

$$CH_4(気) + 2O_2(気) \longrightarrow CO_2(気) + 2H_2O(気)$$
$$\Delta H_3 = -891\,kJ + 2 \times 44\,kJ = -803\,kJ$$

(2) 反応エンタルピー＝（反応物の結合エネルギーの総和）－（生成物の結合エネルギーの総和）

C―H の結合エネルギーを x [kJ/mol] とする。

$$-803\,kJ = (x \times 4 + 2 \times 498\,kJ) - (2 \times 804\,kJ + 2 \times 463\,kJ \times 2)$$

$$x = 415.25\,kJ \approx 415\,kJ$$

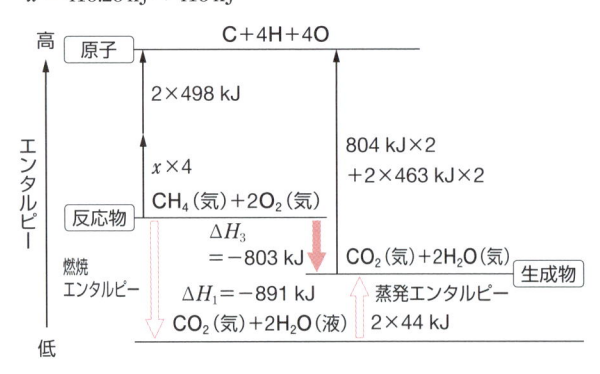

(1) ①式、②式より、生成物が H_2O(気) である③式を求める。

(2) メタン CH_4

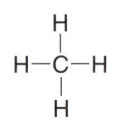

```
      H
      |
  H―C―H
      |
      H
```

▶結合エネルギーを使うときは、物質がすべて気体であることを確かめる必要がある。

解答　(1) $-803\,kJ/mol$　　(2) $415\,kJ/mol$

応用例題 58　格子エネルギー　　　　応用 ⇒ 305

1 mol の NaCl 結晶を気体状態の Na^+ と Cl^- にするために必要なエネルギーを NaCl 結晶の格子エネルギーという。図を参考に次の問いに答えよ。ただし，Cl－Cl の結合エネルギーは 243 kJ/mol，Na 原子がイオンになるために必要なエネルギーは 502 kJ/mol とする。

(1) 図中の ΔH_1 の名称を何というか。
(2) 図中の ΔH_2 〔kJ〕を求めよ。
(3) NaCl 結晶の格子エネルギー ΔH_3 は，何 kJ/mol か求めよ。

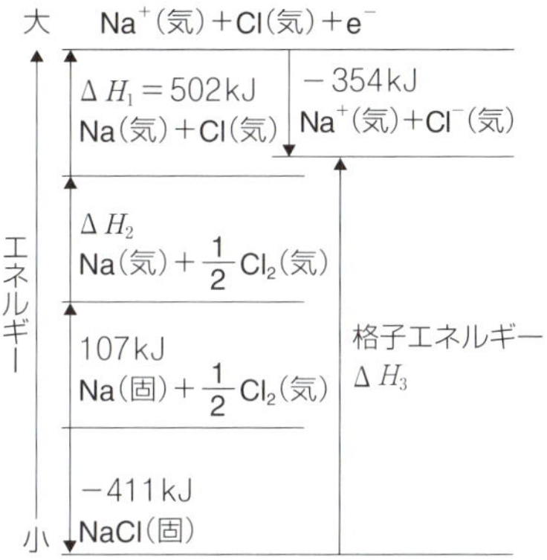

●エクセル　ヘスの法則：反応エンタルピーの総和は，変化する前後の物質の種類と状態だけで決まり，その変化の経路には無関係である。

解説

(2) $\frac{1}{2} Cl_2(気) \longrightarrow Cl(気)$

$\Delta H_2 = \frac{1}{2} \times 243 \, kJ = 121.5 \, kJ ≒ 122 \, kJ$

(3) 経路①のエンタルピー変化：
$107 \, kJ + 121.5 \, kJ + 502 \, kJ - 354 \, kJ$

経路②のエンタルピー変化：$-411 \, kJ + \Delta H_3$

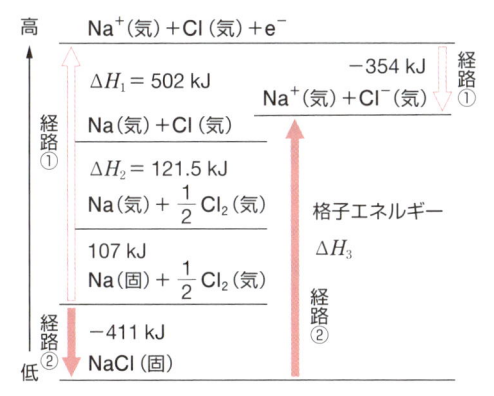

▶ $Na(固) + \frac{1}{2} Cl_2(気)$ から $Na^+(気) + Cl^-(気)$ を生成する経路には経路①と経路②がある。

▶ 経路①と経路②のエンタルピー変化は等しいことより，格子エネルギー ΔH_3 を求める。

経路①のエンタルピー変化
　　　　　＝経路②のエンタルピー変化
$107 \, kJ + 121.5 \, kJ + 502 \, kJ - 354 \, kJ = -411 \, kJ + \Delta H_3$
$\Delta H_3 = 787.5 \, kJ ≒ 788 \, kJ$

解答
(1) イオン化エネルギー
(2) 122 kJ　(3) 788 kJ/mol

応用問題

297 ▶ 結合エネルギーと反応エンタルピー 右の表の値を用いて，次の問いに整数で答えよ。

(1) 気体状態の水の生成エンタルピーは何 kJ/mol か。
(2) 塩化水素の生成エンタルピーは何 kJ/mol か。
(3) アンモニア NH_3 の生成エンタルピーは $-47.5\,kJ/mol$ である。NH_3 分子中の N—H 結合の結合エネルギーは何 kJ/mol か。

結合	結合エネルギー〔kJ/mol〕
H—H	436
Cl—Cl	243
O=O	498
N≡N	943
H—Cl	431
O—H	463

298 ▶ 燃焼エンタルピーと反応エンタルピー 次の反応式を用いて，下の問いに答えよ。

$$H_2(気) + \frac{1}{2}O_2(気) \longrightarrow H_2O(液) \qquad \Delta H = -286\,kJ \quad \cdots ①$$

$$6C(黒鉛) + 3H_2(気) \longrightarrow C_6H_6(液) \qquad \Delta H = 50\,kJ \quad \cdots ②$$

$$C_2H_2(気) + \frac{5}{2}O_2(気) \longrightarrow 2CO_2(気) + H_2O(液) \qquad \Delta H = -1297\,kJ \quad \cdots ③$$

$$C(黒鉛) + O_2(気) \longrightarrow CO_2(気) \qquad \Delta H = -394\,kJ \quad \cdots ④$$

(1) ベンゼン C_6H_6(液) 1 mol が完全燃焼するときの燃焼エンタルピーを整数で求めよ。
(2) アセチレン C_2H_2(気) から C_6H_6(液) 1 mol を生成するときの反応エンタルピーを整数で求めよ。

299 ▶ 混合気体とエンタルピー変化

(1) 水素とエタン C_2H_6 の混合気体を 0 ℃，$1.013 \times 10^5\,Pa$ で 4.48 L とり，これを完全に燃焼させた。このとき，ある量の二酸化炭素(気)と水(液) 5.40 g を生じた。水素，エタンの燃焼エンタルピーはそれぞれ，$-286\,kJ/mol$，$-1561\,kJ/mol$ としたとき，反応前の混合気体の水素，エタンの物質量〔mol〕をそれぞれ有効数字 2 桁で求めよ。また，この混合気体の燃焼で発生する熱量〔kJ〕を整数で求めよ。

(2) エタン C_2H_6 とプロパン C_3H_8 の混合気体 1 mol を完全に燃焼させたところ，2000 kJ の発熱があった。エタンとプロパンの燃焼エンタルピーをそれぞれ $-1560\,kJ/mol$ および $-2220\,kJ/mol$ として，この混合気体のエタンとプロパンの物質量比を最も簡単な整数比で求めよ。

300 ▶ 溶解エンタルピー 塩化亜鉛 $ZnCl_2$ の生成エンタルピーは $-415.1\,kJ/mol$，水への溶解エンタルピーは $-73.1\,kJ/mol$ であり，塩化水素 HCl の生成エンタルピーは $-92.3\,kJ/mol$，水への溶解エンタルピーは $-74.9\,kJ/mol$ である。

(1) 塩化亜鉛 $ZnCl_2$ の生成エンタルピーを表す反応式を反応エンタルピー ΔH を含めて書け。
(2) 塩化水素 HCl の溶解エンタルピーを表す反応式を反応エンタルピー ΔH を含めて書け。
(3) 亜鉛 1 mol を塩酸に溶かすときの反応式を反応エンタルピー ΔH を含めて書け。

□□□**301** ▶ **結合エネルギーとエンタルピー変化** 右表の結合エネルギーの値を用いて，次の問いに整数で答えよ。

(1) HF の生成エンタルピーは −273 kJ/mol である。このとき，H−F の結合エネルギーの値を求めよ。
(2) メタン CH_4 の燃焼エンタルピー〔kJ/mol〕を求めよ。ただし，生成する水は気体とする。
(3) 1 mol のアセチレン C_2H_2（気）と 2 mol の水素から 1 mol のエタン C_2H_6（気）が生成する反応は，構造式を用いると次の式で表される。C−C の結合エネルギーを求めよ。

結合	結合エネルギー 〔kJ/mol〕
H−H	436
C−H	416
O−H	463
O=O	498
C=O	804
C≡C	810
F−F	158
Cl−Cl	243

$$H-C\equiv C-H(気) + 2H-H(気) \longrightarrow H-\underset{H}{\overset{H}{C}}-\underset{H}{\overset{H}{C}}-H(気) \qquad \Delta H = -309 \text{ kJ}$$

□□□**302** ▶ **結合エネルギーと昇華エンタルピー** 二酸化炭素の生成エンタルピーは −394 kJ/mol である。O=O の結合エネルギーを 498 kJ/mol，炭素（黒鉛）の昇華エンタルピーを 714 kJ/mol とするとき，C=O の結合エネルギーは何 kJ/mol となるか。有効数字 3 桁で答えよ。 （滋賀医科大 改）

□□□**303** ▶ **フラーレンと結合エネルギー** 次の(ア)と(イ)にあてはまる数値を答えよ。

フラーレン C_{60}（以下 C_{60} という）は，図に示すように，60 個の炭素原子からなる分子である。C_{60} の結晶では，C_{60} 分子どうしが分子間力によって結びついている。

1 個の C_{60} 分子に注目すると，すべての炭素原子はそれぞれ隣接する 3 個の炭素原子と結合しているので，1 個の C_{60} 分子に（ア）本の炭素原子間結合が含まれる。黒鉛から C_{60} 分子（気体）が生成するときの生成エンタルピーを 2.64×10^3 kJ/mol とし，黒鉛から炭素原子（気体）が生成するときの昇華エンタルピーを 7.19×10^2 kJ/mol とすると，C_{60} 分子の炭素原子間結合の平均の結合エネルギーは（イ）kJ/mol となる。 （慶應大 改）

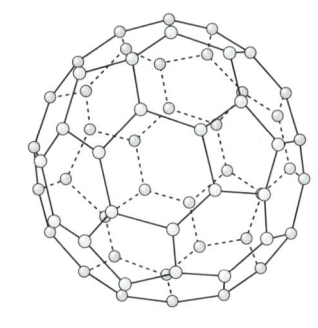

□□□ **304 ▶ 反応エンタルピーの測定** 次の実験について，以下の問いに答えよ。ただし，水およびすべての溶液の比熱は4.2J/(g·K)，密度は1.0g/mLとする。

実験① ふた付きの発泡ポリスチレン製容器に水50mLを取り，水酸化ナトリウム2.0gを入れ，よくかき混ぜながら温度を測定したところ，右図のようになった。

実験② 同じ容器に0.60mol/Lの塩酸100mLを取り，0.60mol/Lの水酸化ナトリウム水溶液100mLを加え，よくかき混ぜた。このときの温度上昇は4.0Kであった。

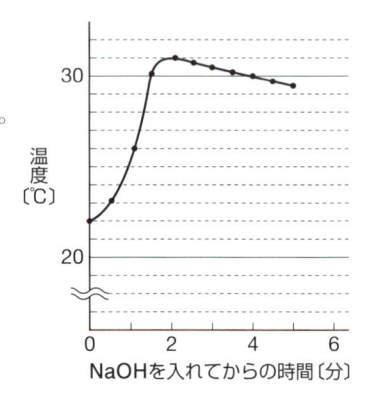

実験③ 同じ容器に1.0mol/Lの塩酸100mLを取り，水酸化ナトリウムの固体2.0gを加えよくかき混ぜた。

(1) 実験①より，次の反応式の反応エンタルピーΔH_1は何kJか。整数で答えよ。
   NaOH(固) $\xrightarrow{H_2O}$ NaOH aq

(2) 実験②より，次の反応式の反応エンタルピーΔH_2は何kJか。整数で答えよ。
   HCl aq + NaOH aq ⟶ NaCl aq + H$_2$O(液)

(3) ΔH_1とΔH_2より，次の反応式の反応エンタルピーΔH_3は何kJか。整数で答えよ。
   HCl aq + NaOH(固) ⟶ NaCl aq + H$_2$O(液)

(4) 実験③について，溶液の温度上昇は何℃か。整数で答えよ。

□□□ **305 ▶ KClの溶解エンタルピー** 化学反応が自発的に進む方向は2つの要因で決定される。まず，反応前後のエネルギーを比べると反応はエネルギーの高い状態から低い状態へ進行しやすい。もう1つの要因として，原子や分子の配列が規則正しい状態からエントロピーSが大きく乱雑な状態になる方向に反応は進みやすい。実際は，これら2つの要因の兼ね合いで反応の進む方向が決まる。このことをふまえて<u>KCl結晶が自然に水に溶解する理由</u>について考えよう。以下にKおよびClのさまざまな状態に関する化学反応式を示す。ここで，固体を(s)，気体を(g)，水和状態を(aq)と書いて状態を区別してある。

K(g) ⟶ K$^+$(g) + e$^-$ $\Delta H = 418$kJ (イオン化)
K(s) ⟶ K(g) $\Delta H = 89$kJ (昇華)
$\frac{1}{2}$Cl$_2$(g) ⟶ Cl(g) $\Delta H = 122$kJ (解離)
Cl(g) + e$^-$ ⟶ Cl$^-$(g) $\Delta H = -349$kJ (電子付着)
K(s) + $\frac{1}{2}$Cl$_2$(g) ⟶ KCl(s) $\Delta H = -437$kJ (生成)
K$^+$(g) + Cl$^-$(g) ⟶ K$^+$(aq) + Cl$^-$(aq) $\Delta H = -700$kJ (水和)

問 1molのKCl結晶が水に溶解するときの溶解エンタルピーと，下線部の理由を記せ。

(08 京大 改)

306 ▶ エンタルピー変化
ヘスの法則は，測定が困難な未知の反応エンタルピーも代数的な計算で求めることができることを意味する。たとえば，炭素の同素体である黒鉛，ダイヤモンド，無定形炭素の燃焼エンタルピーがわかれば，それら物質が相互に変化するときの反応エンタルピーを知ることができる。

黒鉛，ダイヤモンド，無定形炭素の燃焼エンタルピーは，それぞれ $-394\,kJ/mol$，$-395\,kJ/mol$，$-408\,kJ/mol$ である。これら3つの炭素の同素体について次の(1)～(4)の記述のうち，正しいものをすべて選び，記号で答えよ。

(1) 最も安定なものはダイヤモンドであって，黒鉛より $2\,kJ/mol$ だけ安定である。
(2) 最も安定なものは黒鉛であって，最も不安定な無定形炭素が黒鉛に変化するとすれば，$14\,kJ/mol$ の熱を放出する。
(3) 最も不安定なものは無定形炭素であって，もしこれがダイヤモンドに変化するとすれば，$13\,kJ/mol$ の熱を放出する。
(4) ダイヤモンドは中位の安定度を有し，もしこれが最も安定な黒鉛に変化するとすれば，$1\,kJ/mol$ の熱を放出する。

307 ▶ 自発的変化の条件
a 銅を大気中で，約 $1000\,℃$ 以下の温度で加熱すると，黒色の酸化銅(Ⅱ)CuO が生成する。この反応は発熱反応である。さらに得られた b CuO を約 $1000\,℃$ 以上で強熱すると，赤色の酸化銅(Ⅰ)Cu_2O になる。この反応は吸熱反応である。下線部 a と下線部 b の反応について考察した次の文の，空欄（ ア ）～（ オ ）に入る語句を，「高」または「低」のいずれかで答えよ。

【考察】下線部 a の反応は発熱反応であり，水素やメタンの燃焼と同様に，よりエネルギーが（ ア ）くなる方向に反応が進むと考えられる。一方，下線部 b の反応は吸熱反応であるにも関わらず，なぜ反応が進むのだろうか。これは次のように考えられる。

自然界には物質の構成粒子(原子，分子，イオンなど)の乱雑さの度合いが（ イ ）い状態から（ ウ ）い状態へ変化しようとする傾向があり，この傾向は高温で著しくなる。たとえば，固体のドライアイスが気体の二酸化炭素になる変化は，乱雑さの度合いが高くなる変化である。化学反応の進む方向は，このような乱雑さの効果と，エネルギーの効果の兼ね合いで決まる。このことを考えれば，下線部 b の反応では，乱雑さの度合いは（ エ ）くなると考えられる。したがって，約 $1000\,℃$ 以上の高温で，乱雑さの効果がエネルギーの効果よりも大きくなり，反応が進む。一方，下線部 a の反応は，乱雑さの度合いが（ オ ）くなる反応であるが，エネルギーの効果の方が大きい反応であることがわかる。　　　（同志社大 改）

14 化学反応と光エネルギー

1 化学反応と光エネルギー

・光は波としての性質と，粒子としての性質をもつ。

・光は波長により，電波，赤外線，可視光線，紫外線，X線などに分類される。

・光の速度 c は一定であり，波長 λ と振動数 ν は反比例の関係にある。

$$c = \lambda \nu$$

・光の粒子を光子といい，光子のもつエネルギー E は $E = h\nu$ で表される。

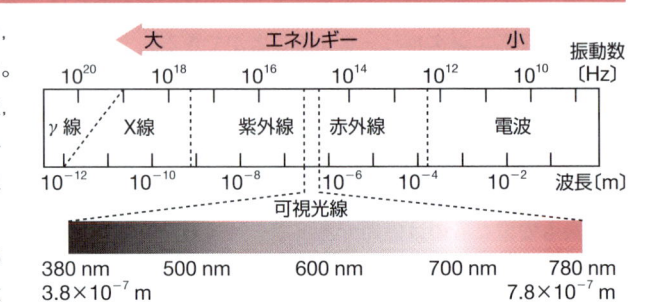

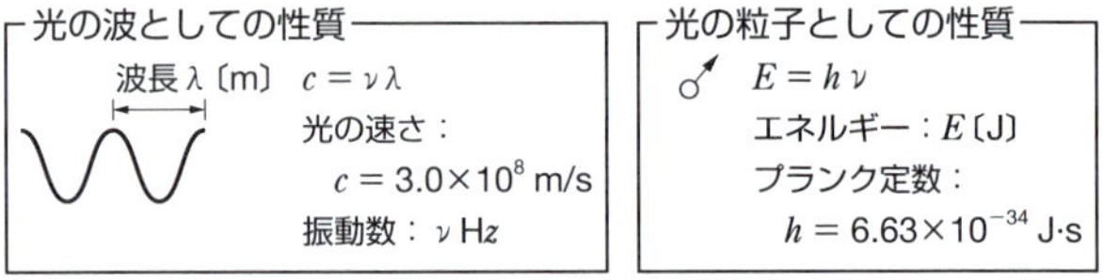

◆ 1 光化学反応

① **連鎖反応** 塩素に光を当てると，不対電子をもつ塩素原子 Cl· が生成する。このように不対電子をもつ原子を遊離基（ラジカル）とよぶ。遊離基は反応性が高いため，水素と塩素を混合して，光を当てると爆発的に反応して塩化水素が生成する。

$Cl_2 \xrightarrow{光} 2Cl·$
$Cl· + H_2 \longrightarrow HCl + H·$
$H· + Cl_2 \longrightarrow HCl + Cl·$
$H· + Cl· \longrightarrow HCl$

② **光合成** 緑色植物が光エネルギーを利用して，二酸化炭素と水から有機物と酸素を生成する反応。生成物をグルコース $C_6H_{12}O_6$ と仮定すると，光合成は次のような吸熱反応となる。

$$6CO_2(気) + 6H_2O(液) \longrightarrow C_6H_{12}O_6(固) + 6O_2(気) \quad \Delta H = 2807 \text{ kJ}$$

◆ 2 化学発光

① **ルミノール反応** 塩基性水溶液中でルミノールを過酸化水素などで酸化すると青く発光する。この発光は，高エネルギー状態（生成物）から低エネルギー状態（生成物）になるときの，エネルギー差によるものである。

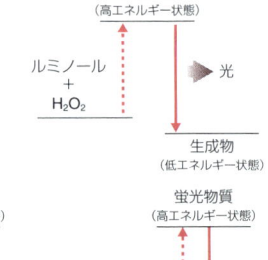

② **シュウ酸ジフェニル** シュウ酸ジフェニルに蛍光物質を混合し，過酸化水素などで酸化すると蛍光を発する。

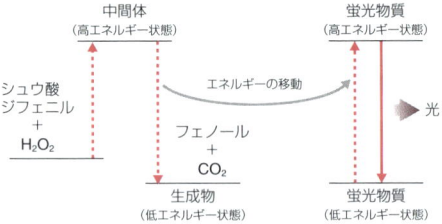

14 化学反応と光エネルギー

WARMING UP／ウォーミングアップ

次の文中の（　）に適当な語句を入れよ。

1 光とエネルギー

光は電磁波であり，波長により，電波，赤外線，(ア)線，紫外線，(イ)線，γ線などに分類される。光の波長が短いほど，光のエネルギーは(ウ)くなる。物質に光を当て光が吸収されると，光エネルギーによって物質がエネルギーの低い状態(基底状態)から，エネルギーの高い状態(励起状態)になり化学反応が起こる場合がある。これを(エ)反応という。また，化学反応によってエネルギーが光として放出されると，(オ)が観察される。化学反応による(オ)を(カ)という。

1
- (ア)・(イ)　可視光・X
- (ウ)　大き
- (エ)　光化学
- (オ)　発光
- (カ)　化学発光

2 連鎖反応

水素 H_2 と塩素 Cl_2 を 1：1 で混合し，光を当てると，爆発的に反応して(ア)が生成する。この反応は，下記の3つの反応からなる。まず，①式のように，塩素が光エネルギーにより，(イ)をもつ塩素原子 Cl· となる。この塩素原子のように(イ)をもつ原子や原子団を(ウ)といい，反応性が(エ)い。Cl· が生成されると，②式，③式の反応が連続して繰り返され爆発的に反応が進行する。このような反応を(オ)という。

$$Cl_2 \xrightarrow{\text{光}} 2Cl· \quad \cdots ①$$
$$Cl· + H_2 \longrightarrow HCl + H· \quad \cdots ②$$
$$H· + Cl_2 \longrightarrow HCl + Cl· \quad \cdots ③$$

2
- (ア)　塩化水素(HCl)
- (イ)　不対電子
- (ウ)　遊離基(ラジカル)
- (エ)　高
- (オ)　連鎖反応

3 光合成

緑色植物が光のエネルギーを利用して，空気中の(ア)と水からグルコースやデンプンなどの糖類や気体の(イ)を生成する反応を(ウ)という。この反応は，葉緑体内部の色素(エ)が光の吸収を伴う反応と，光が関与しない反応からなる。光エネルギーを吸収した高いエネルギー状態の(エ)が水 H_2O に作用し，H_2O が酸化されて(オ)が生成する。

3
- (ア)　二酸化炭素
- (イ)　酸素
- (ウ)　光合成
- (エ)　クロロフィル
- (オ)　酸素(O_2)

4 化学発光

塩基性水溶液中でルミノールを過酸化水素などで酸化すると，青い発光が観察される。これを(ア)反応という。ルミノールと酸化物の混合物は血液を加えた場合，血液成分が(イ)となり，強く発光する。(ア)反応は，血液の鑑識などに利用されている。

4
- (ア)　ルミノール
- (イ)　触媒

基本例題 59 連鎖反応　　　　　　　　　　　　　　　　　　　　　　　基本 → 310

メタン CH_4 と塩素の混合気体に光を当てると激しく反応して，CH_3Cl，CH_2Cl_2，$CHCl_3$，CCl_4 などが塩化水素とともに生成される。

メタンから CH_3Cl が生成される反応は，光によって，まず塩素分子が塩素原子に解離し，次の(A)，(B)の反応（素反応）を繰り返す，いわゆる（ ア ）反応のしくみで進む。

$$CH_4 + Cl\cdot \longrightarrow (\;a\;) + HCl \quad \cdots(A) \qquad (\;a\;) + Cl_2 \longrightarrow (\;b\;) \quad \cdots(B)$$

(1) (ア)に適当な語句を入れよ。　(2) (a)，(b)に適当な化学式を入れよ。

● **エクセル**　不対電子をもつ塩素原子（塩素ラジカル）は反応性が高い。

解説　塩素に光を当てることにより，反応性が高い塩素原子（塩素ラジカル）$Cl\cdot$ が生じる（式①）。この塩素ラジカルが CH_4 と衝突すると HCl とメチルラジカル $CH_3\cdot$ が生じる（式②）。メチルラジカルも反応性が高く，Cl_2 と衝突すると CH_3Cl と $Cl\cdot$ が生じる（式③）。このように①の反応が起こり $Cl\cdot$ が生じると，②，③の反応が次々と起こる。これを連鎖反応という。

$$Cl-Cl \xrightarrow{\text{光}} 2Cl\cdot \qquad ①$$
$$Cl\cdot + CH_4 \longrightarrow HCl + CH_3\cdot \qquad ②$$
$$CH_3\cdot + Cl-Cl \longrightarrow CH_3Cl + Cl\cdot \qquad ③$$

解答
(1) (ア) 連鎖
(2) (a) $CH_3\cdot$　(b) $CH_3Cl + Cl\cdot$

基本問題

□□□ 308 ▶ 光とエネルギー　次の文中の（　）に最も適当な語句を答えよ。

Na の炎色反応では黄色い光が，Cs の炎色反応では紫色の光が放出される。黄色い光は紫色の光と比較して，波長が（ ア ）く，振動数が（ イ ）い。光のエネルギーは（ ウ ）に比例するため，Na から放出される光の方が，エネルギーが（ エ ）いことになる。

□□□ 309 ▶ 光化学反応　光が関わる化学反応や現象に関する記述として下線部に誤りを含むものはどれか。次の(1)〜(4)のうちから1つ選び，番号で答えよ。
(1) 塩素と水素の混合気体に強い光（紫外線）を照射すると，爆発的に反応して塩化水素が生じる。
(2) オゾン層は，太陽光線中の紫外線を吸収して，地上の生物を保護している。
(3) 植物は光合成で糖を生成する。二酸化炭素と水からグルコースと酸素が生成する反応は，発熱反応である。
(4) 酸化チタン(Ⅳ)は，光（紫外線）を照射すると，有機物などを分解する触媒として作用する。

310 ▶ 連鎖反応

水素と塩素の混合気体に強い紫外光を当てると，まず塩素分子 Cl_2 が光エネルギーを吸収し，Cl—Cl 結合が解離してエネルギーの高い塩素原子 Cl· が生じる（反応①）。次に，生成した塩素原子 Cl· は水素分子 H_2 と反応する（反応②）。さらに，生成した水素原子 H· は塩素分子 Cl_2 と反応する（反応③）。このように反応②と③が繰り返し反応して，反応④が進み，塩化水素 HCl が生成する。

$Cl_2 \longrightarrow 2Cl·$ $\Delta H = 243 \text{ kJ}$ ① $Cl· + H_2 \longrightarrow HCl + H·$ $\Delta H = 4 \text{ kJ}$ ②
$H· + Cl_2 \longrightarrow HCl + Cl·$ ③ $H_2 + Cl_2 \longrightarrow 2HCl$ ④
$H_2 \longrightarrow 2H·$ $\Delta H = 436 \text{ kJ}$ ⑤ $HCl \longrightarrow H· + Cl·$ $\Delta H = 431 \text{ kJ}$ ⑥

(1) 塩素ラジカル Cl· およびメチルラジカル CH_3· の総電子数をそれぞれ答えよ。
(2) 共有結合 H—H，H—Cl，Cl—Cl のうち最も結合が弱いものを選べ。
(3) 水素と塩素の混合気体での光反応は，反応②や③が繰り返し起こり爆発的に進む。このような反応を連鎖反応という。問題文の反応式を参考にして，連鎖反応を停止させると考えられる反応式の例を反応エンタルピーも含めて2つ書け。

(京都工繊大 改)

応用例題 60 光合成   応用 ⇒ 311

緑色植物の光合成は，光エネルギーを利用して空気中の二酸化炭素と水からグルコース $C_6H_{12}O_6$ などの糖を合成し，酸素を生成する反応である。この反応は，いくつかの反応系からなる反応である。クロロフィルの光合成色素が光エネルギーを吸収して，化学的に活発な活性クロロフィルになる。(a)この反応で吸収したエネルギーを用いて水を酸化し，酸素が発生する。また，光合成を行うのは，緑色植物だけではない。たとえば緑色硫黄細菌や紅色硫黄細菌なども光合成を行い，硫化水素と二酸化炭素からグルコースをつくる。(b)この反応では，硫化水素が酸化されて硫黄になり，二酸化炭素は還元されてグルコースが生成している。

(1) 下線部(a)の反応を，イオンと電子 e^- を含んだ化学反応式で示せ。
(2) 下線部(b)について，硫化水素の酸化をイオンと電子 e^- を含んだ化学反応式で示せ。

●エクセル 光合成 $6CO_2 + 6H_2O + 光エネルギー \longrightarrow C_6H_{12}O_6 + 6O_2$

解説
(1) 光エネルギーを吸収し，高いエネルギー状態のクロロフィルが水を酸化して，酸素が生成する。
(2) 緑色硫黄細菌や紅色硫黄細菌などの光合成細菌は，硫化水素を酸化して硫黄を生成している。

(1) 酸素原子の酸化数の変化
$2\underset{-2}{H_2O} \longrightarrow \underset{0}{O_2}$

(2) 硫黄原子の酸化数の変化
$\underset{-2}{H_2S} \longrightarrow \underset{0}{S}$

解答 (1) $2H_2O \longrightarrow O_2 + 4H^+ + 4e^-$ (2) $H_2S \longrightarrow S + 2H^+ + 2e^-$

応用問題

311 ▶ 光合成 植物は光エネルギーを使って，二酸化炭素と水から糖を合成し，酸素を発生させる。これを光合成という。

(1) 二酸化炭素と水からグルコースができるとした場合，次のような吸熱反応となる。
(ア)CO_2(気) + (イ)H_2O(液) ⟶ $C_6H_{12}O_6$(固) + (ウ)O_2(気)　$\Delta H = 2807\,kJ$……①
①式の(ア)～(ウ)に係数を入れて反応式を完成させよ。

(2) 光合成では，①式の吸熱反応が光エネルギーを用いて行われている。光合成における①式は，光の吸収にともなって進行する第一段階と，光が関与しない第二段階からなる。光の吸収にともなって H_2O が酸化される第一段階を反応式で
$$2H_2O \xrightarrow{光} O_2 + 4H^+ + 4e^- \cdots\cdots ②$$
と表すとき，光の関与なくグルコースが生じる第二段階の反応式は
(エ)CO_2 + (オ)H^+ + (カ)e^- ⟶ $C_6H_{12}O_6$ + (キ)H_2O……③
と表せる。③式の(エ)～(キ)に係数を入れて式を完成させよ。

(3) 光合成における①式の吸熱反応は，光エネルギーが2807 kJ の化学エネルギーに変換されることを意味する。光合成で酸素1 mol 当たり1407 kJ の光エネルギーが必要とすると，この光エネルギーの何%が化学エネルギーに変換されるか。有効数字3桁で答えよ。

(15 日本女子大 改)

312 ▶ オゾン層の破壊 1930年代，冷蔵庫の温度を下げる冷媒として使用されていたアンモニアと二酸化硫黄の有害性が問題になっていたが，フロン(クロロフルオロカーボン)の導入により，パイプの腐食や危険なガス漏れを心配せずにすむようになった。ところが，1970年代になると，フロンがオゾン層を破壊することから，フロンの生産・使用は段階的に禁止されるにいたった。

オゾン層では，①式～④式で示される反応が次々に起こって，オゾンの生成と分解が繰り返されており，それらの中には紫外線を吸収する反応が含まれている。

O_2 ⟶ $O + O$　　　　　$\Delta H = 490\,kJ$　　①
$O + O_2$ ⟶ O_3　　　　$\Delta H = -106\,kJ$　②
O_3 ⟶ $O + O_2$　　　　$\Delta H = 106\,kJ$　③
$O + O_3$ ⟶ $O_2 + O_2$　$\Delta H = -384\,kJ$　④

フロンは化学的に安定で分解しにくいが，成層圏で紫外線の吸収により分解され，塩素原子を生じる。さらに塩素原子は⑤式で示すようにオゾンを分解し，⑥式で示すように塩素原子が再生され，オゾン濃度の減少が進む。

$Cl + O_3$ ⟶ (ア) + (イ)　　　⑤
(イ) + O ⟶ Cl + (ウ)　　　⑥

(1) ①式～④式の反応のうち，紫外線を吸収する反応をすべて選べ。
(2) ⑤式と⑥式の(ア)から(ウ)に適当な化学式を入れよ。

□□□**313**▶**光触媒** 純度の高い酸化チタン(Ⅳ)TiO₂ は安定であり，それ自体は分解せずに光触媒として作用することが知られている。希硫酸に浸した酸化チタン(Ⅳ)電極 A と白金電極 B を抵抗で接続し，酸化チタン(Ⅳ)表面に紫外線を照射すると電流が流れる。そのとき，酸化チタン(Ⅳ)電極 A では（ ア ）反応が起こり酸素が，白金電極 B では（ イ ）反応が起こり水素が発生する（本多・藤嶋効果）。

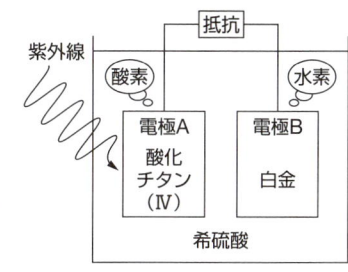

(1) 文中の空欄(ア)，(イ)にあてはまる語句を答えよ。
(2) 下線部について，電極 A および電極 B では酸素，水素のみがそれぞれ発生した。このときの電極 A および電極 B での反応を，電子 e⁻ を含む化学反応式で答えよ。

(東北大 改)

□□□**314**▶**光と補色** コバルト(Ⅲ)イオン Co³⁺，アンモニア分子 NH₃，塩化物イオン Cl⁻ からなる3種類の錯塩 A：[Co(NH₃)₆]Cl₃，錯塩 B：[Co(NH₃)₅Cl]Cl₂，錯塩 C：[Co(NH₃)₄Cl₂]Cl があり，各々の色は A：黄色，B：赤紫色，C：緑色であった。各錯塩では NH₃ が Co³⁺ と配位結合している。また，Cl⁻ には Co³⁺ に配位結合しているものと，イオン結合しているものがある。

多くの錯塩では可視光のうち特定の波長の光を吸収して，吸収されなかった残りの光の色が見える。この色は，吸収された色の補色である。さまざまな色の補色はおおよそ図の直線で結んだ色の対どうしになるものとする。たとえば黄緑色に対応する光の吸収がある錯塩は紫色に見える。このとき，錯塩 A，B，C が吸収する光の色は，（ ア ），（ イ ），（ ウ ）である。

(1) (ア)から(ウ)にあてはまる色について最も適切なものを次の(a)～(d)からそれぞれ選べ。
　(a) 青紫　(b) 赤紫　(c) 黄　(d) 緑
(2) 異なる色の光は，異なるエネルギーをもつ。また，光の色とエネルギーの対応は図のような関係にある。(1)のような錯塩の配位子が変化することによる色の変化を考慮すると，配位子としての NH₃ を Cl⁻ に置き換えることは，錯塩が吸収する光のエネルギーをどのように変化させると考えられるか，(a)～(c)より選べ。
　(a) 高くする　(b) 低くする　(c) 変化させない

(東京理科大 改)

□□□**315** ▶ 光分解反応　次の化学反応式①に示すように，シュウ酸イオン $C_2O_4^{2-}$ を配位子として3個もつ鉄(Ⅲ)の錯イオン $[Fe(C_2O_4)_3]^{3-}$ の水溶液では，光を当てている間，反応が進行し，配位子を2個もつ鉄(Ⅱ)の錯イオン $[Fe(C_2O_4)_2]^{2-}$ が生成する。

$$2[Fe(C_2O_4)_3]^{3-} \xrightarrow{光} 2[Fe(C_2O_4)_2]^{2-} + C_2O_4^{2-} + 2CO_2 \quad ①$$

この反応で光を一定時間当てたとき，何％の $[Fe(C_2O_4)_3]^{3-}$ が $[Fe(C_2O_4)_2]^{2-}$ に変化するかを調べたいと考えた。そこで，式①にしたがって CO_2 に変化した $C_2O_4^{2-}$ の量から，変化した $[Fe(C_2O_4)_3]^{3-}$ の量を求める実験Ⅰ～Ⅱを行った。この実験に関する次の問いに答えよ。ただし，反応溶液のpHは実験Ⅰ～Ⅱにおいて適切に調整されているものとする。

$[Fe(C_2O_4)_3]^{3-}$
トリスオキサラト鉄(Ⅲ)酸イオン

実験Ⅰ　0.0109 mol の $[Fe(C_2O_4)_3]^{3-}$ を含む水溶液を透明なガラス容器に入れ，光を一定時間当てた。

実験Ⅱ　実験Ⅰで光を当てた溶液に，鉄の錯イオン $[Fe(C_2O_4)_3]^{3-}$ と $[Fe(C_2O_4)_2]^{2-}$ から $C_2O_4^{2-}$ を遊離(解離)させる試薬を加え，錯イオン中の $C_2O_4^{2-}$ を完全に遊離させた。さらに，Ca^{2+} を含む水溶液を加えて，溶液中に含まれるすべての $C_2O_4^{2-}$ をシュウ酸カルシウム CaC_2O_4 の水和物として完全に沈殿させた。この後，ろ過によりろ液と沈殿に分離し，さらに，沈殿を乾燥して4.38 g の $CaC_2O_4 \cdot H_2O$ (式量146)を得た。

(1) 1.0 mol の $[Fe(C_2O_4)_3]^{3-}$ が，式①に従って完全に反応するとき，酸化されて CO_2 になる $C_2O_4^{2-}$ の物質量は何 mol か。最も適当な数値を，次の(ア)～(エ)のうちから1つ選べ。

　(ア) 0.5 mol　(イ) 1.0 mol　(ウ) 1.5 mol　(エ) 2.0 mol

(2) 実験Ⅰにおいて，光を当てることにより，溶液中の $[Fe(C_2O_4)_3]^{3-}$ の何％が $[Fe(C_2O_4)_2]^{2-}$ に変化したか。最も適当な数値を，次の(ア)～(エ)のうちから1つ選べ。

　(ア) 12％　(イ) 16％　(ウ) 25％　(エ) 50％

（共通テスト 改）

□□□**316** ▶ 化学発光1　塩基性水溶液中でルミノールに過酸化水素を加えると，3-アミノフタル酸(励起状態)が生じるが，そのエネルギーの高い励起状態からエネルギーの最も低い基底状態になるときに，余分なエネルギーを青色の光で放出する(図1)。この反応はルミノール反応とよばれ，科学捜査における血痕の鑑定法，過酸化水素や金属の微量定量に利用されている。

ホタルや，オワンクラゲなど多くの生物では，有機化合物に酵素を作用させることで生物特有の蛍光色を発する。このように生物による発光現象を（ ア ）といい，発光する有機物を（ イ ），（ イ ）の反応を促進する酵素を（ ウ ）という。

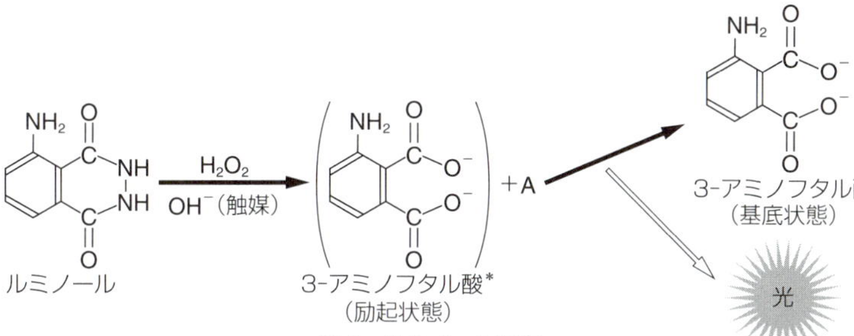

14 化学反応と光エネルギー —— 229

図1 ルミノール反応

*図1中の ⬡ は略記された ベンゼン C_6H_6 を示す。

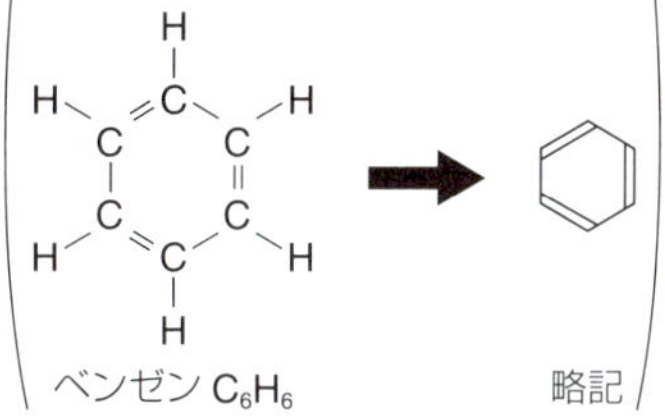

(1) ルミノールの分子式を記せ。
(2) ルミノール反応で反応物の過酸化水素はどのような役割を果たすか。
(3) 文中の空欄(ア)〜(ウ)に最も適切な語句を答えよ。

（16 東京医科歯科大 改）

□□□**317** ▶ **化学発光2** シュウ酸ジフェニルやシュウ酸ジフェニル誘導体は化学発光に用いられる。有機溶媒にシュウ酸ジフェニルを溶かし，シュウ酸ジフェニルに過酸化水素を加えると，フェノールとペルオキシシュウ酸無水物ができるが，中間体であるペルオキシシュウ酸無水物はすぐに分解して二酸化炭素になる。

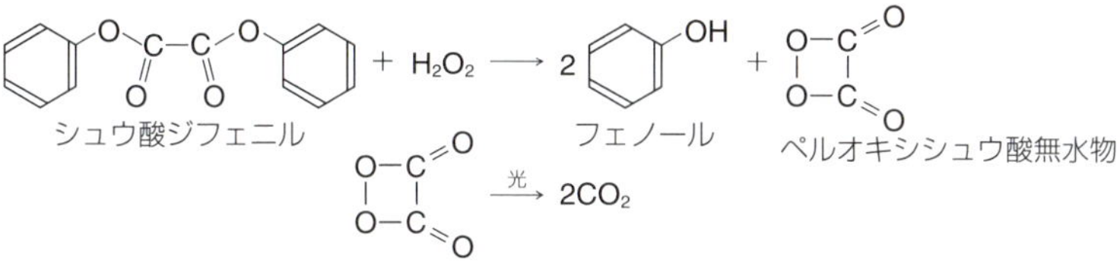

このときにシュウ酸ジフェニル溶液にあらかじめ蛍光物質を混合しておくと，蛍光物質にエネルギーを与えて，蛍光を発する。

論 問 発光中の溶液を2本の試験管に分けて，1本は室温のままで，もう1本は熱水に入れた。熱水に入れた直後の試験管内の発光は室温のものと比べてどうなるか。(ア)〜(ウ)の中から1つ選び，その理由を述べよ。

(ア) 弱くなる　　(イ) 変わらない　　(ウ) 強くなる

（16 東京医科歯科大 改）

15 反応の速さとしくみ

1 反応の速さ

◆1 **反応速度**
$$\bar{v} = \frac{反応物の濃度の減少量}{反応時間}$$
または
$$\bar{v} = \frac{生成物の濃度の増加量}{反応時間}$$

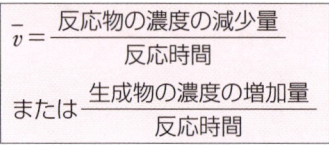

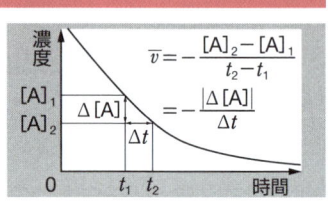

$$\bar{v} = -\frac{[A]_2 - [A]_1}{t_2 - t_1} = -\frac{|\Delta[A]|}{\Delta t}$$

◆2 **反応速度式** 反応速度と濃度の関係を表した式
例： $H_2 + I_2 \longrightarrow 2HI$　$v = k[H_2][I_2]$　k：反応速度定数
反応物の濃度の何乗に比例するかは，実験によって求められる。

2 反応速度を変える条件

◆1 **濃度** 一般に，濃度が大きくなるほど一定時間あたりの粒子の衝突回数が増加するため反応速度は大きくなる。気体の場合には分圧が大きいほど大きくなる。

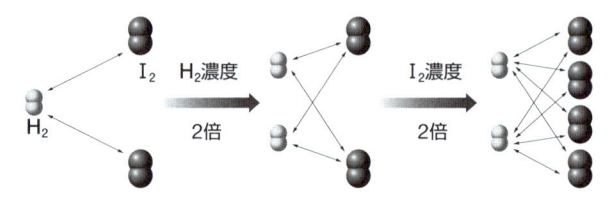

$v = k[H_2][I_2]$
$[H_2]$が2倍，$[I_2]$が2倍になると反応速度は4倍になる。

◆2 **温度** 一般に，高温であるほど活性化エネルギー以上のエネルギーをもつ粒子数が増加するため，反応速度が大きくなる。

◆3 **触媒** 反応の前後で自身は変化せず，反応の活性化エネルギーを小さくし反応速度を大きくする物質。反応エンタルピーは触媒の有無に関わらず一定である。

◆4 **遷移状態（活性化状態）** 化学反応が起こるには反応する粒子どうしの衝突が必要。反応する粒子どうしはエネルギーの高い不安定な状態（遷移状態）になっている。

◆5 **活性化エネルギー** 遷移状態になるために最低限必要なエネルギーを活性化エネルギーという。結合エネルギーの総和より小さい。

・図は左側から反応物が遷移状態を経て生成物になる過程でのエネルギー変化を表す。
・図の横軸は反応の過程がどこまで進行したかを表す。

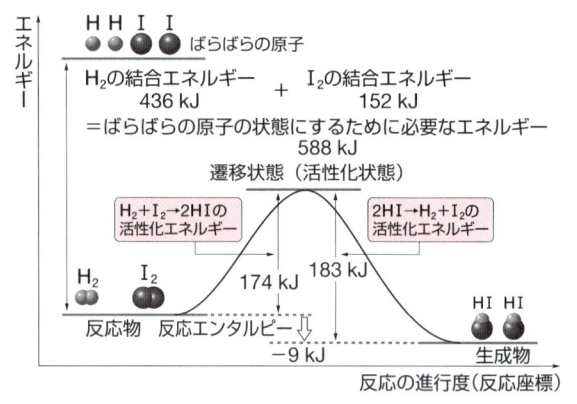

H H I I ばらばらの原子
H_2の結合エネルギー 436 kJ ＋ I_2の結合エネルギー 152 kJ
＝ばらばらの原子の状態にするために必要なエネルギー 588 kJ
遷移状態（活性化状態）
$H_2 + I_2 \rightarrow 2HI$の活性化エネルギー 174 kJ
$2HI \rightarrow H_2 + I_2$の活性化エネルギー 183 kJ
反応物　反応エンタルピー −9 kJ　生成物
反応の進行度（反応座標）

WARMING UP／ウォーミングアップ

次の文中の(　)に適当な語句・記号・式を入れよ。

1 反応速度
$H_2 + I_2 \longrightarrow 2HI$ の反応によって1時間で H_2 の濃度が c_1〔mol/L〕から c_2〔mol/L〕に変化した。この間の平均の反応速度 $\overline{v}$〔mol/(L·s)〕を表す式を示せ。

2 反応速度を変える条件
次のように反応の条件を変えると，反応は速くなるか，遅くなるか。
(1) 濃度を大きくする。
(2) 温度を下げる。
(3) （正）触媒を加える。

3 化学反応のしくみ
化学反応が起こるとき，反応物は反応の途中でエネルギーの高い不安定な状態になる。このような状態を(ア)といい，(ア)になるのに要するエネルギーを(イ)という。(イ)の大きい反応ほど反応の速さは(ウ)い。

4 触媒
反応の前後でそれ自身は変化せずに，反応速度を変化させる物質を(ア)という。(ア)は反応の(イ)を小さくして反応速度を(ウ)する。ただし(エ)熱は(ア)の有無に関わらず一定である。

5 化学反応とエネルギー変化
右図は次の反応におけるエネルギー変化を示したものである。
$H_2 + I_2 \longrightarrow 2HI$
(1) この反応は発熱反応か吸熱反応か。
(2) 図中のエネルギー差 E_1, E_2 はそれぞれ何とよばれるか。
(3) この反応を触媒を加えて行うと，反応速度は著しく大きくなった。このとき図中の E_1, E_2 の値はそれぞれどうなるか。次の記号で答えよ。
　(ア) 大きくなる　　(イ) 変わらない　　(ウ) 小さくなる

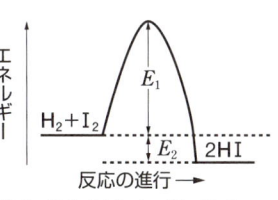

1
$-\dfrac{c_2 - c_1}{3600}$〔mol/(L·s)〕

2
(1) 速くなる
(2) 遅くなる
(3) 速くなる

3
(ア) 遷移状態
　　（活性化状態）
(イ) 活性化エネルギー
(ウ) 遅

4
(ア) 触媒
(イ) 活性化エネルギー
(ウ) 大きく
(エ) 反応

5
(1) 発熱反応
(2) E_1　活性化エネルギー
　　E_2　反応エンタルピー
(3) E_1　(ウ)
　　E_2　(イ)

基本例題 61　反応の速さ　　　　　　　　　　　　　　　　　　　基本 → 319

過酸化水素水は触媒を加えると次のように反応する。

$$2H_2O_2 \longrightarrow 2H_2O + O_2$$

過酸化水素の濃度と時間の関係をグラフにしたものが右図である。反応開始後5分から10分の5分間(300秒間)における過酸化水素の平均分解速度〔mol/(L·s)〕を有効数字2桁で求めよ。

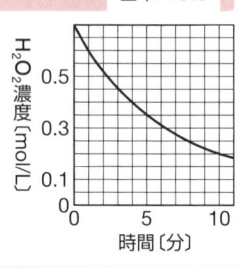

●エクセル　平均の反応速度　$\bar{v} = -\dfrac{c_2 - c_1}{t_2 - t_1}$ 〔mol/(L·s)〕

解説　平均分解速度　$\bar{v} = -\dfrac{0.20\,\text{mol/L} - 0.35\,\text{mol/L}}{300\,\text{s}}$
$= 5.0 \times 10^{-4}\,\text{mol/(L·s)}$

▶反応速度の式にマイナスがつくのは、$\bar{v}$ が正であるのに対し、分子 $(c_2 - c_1)$ が負のためである。

解答　$5.0 \times 10^{-4}\,\text{mol/(L·s)}$

基本例題 62　反応速度と濃度　　　　　　　　　　　　　　　　　基本 → 320

気体分子A、Bの反応 $2A + 3B \longrightarrow 2C + D$ において、温度一定にしてAおよびBの初期濃度を変えて実験を3回したところ、Cの初期生成速度は下表のようになった。

実験	初期濃度[A]₀	初期濃度[B]₀	Cの初期生成速度 v_0
1	0.10 mol/L	0.10 mol/L	2.0×10^{-3} mol/(L·s)
2	0.10 mol/L	0.30 mol/L	6.0×10^{-3} mol/(L·s)
3	0.30 mol/L	0.30 mol/L	5.4×10^{-2} mol/(L·s)

(1) Cの生成速度は $v = k[A]^x[B]^y$ で表される。上の表から x, y を求めよ。
(2) この反応の速度定数 k を単位とともに答えよ。
(3) 温度一定で反応容器を圧縮し、全圧を2倍にすると v は何倍になるか求めよ。

●エクセル　反応速度式中の次数は、実験データから導かれる。

解説
(1) 実験1と2を比較する。[A]一定で[B]を3倍にすると、反応速度は3倍になるため、[B]の次数は1と決まる。次に、実験2と3を比較する。[B]一定で[A]を3倍にすると反応速度は9倍になるため、[A]の次数は2と決まる。

(2) 実験1の結果と(1)の結果を反応速度式❶に代入する。
$2.0 \times 10^{-3}\,\text{mol/(L·s)} = k \times (0.10\,\text{mol/L})^2 \times 0.10\,\text{mol/L}$
$k = 2.0\,\text{L}^2/(\text{mol}^2\cdot\text{s})$

(3) [A]が2倍、[B]が2倍になり、v は8倍になる❷。

❶ $k = \dfrac{v}{[A]^2[B]}$ より
k の単位は
$\dfrac{\text{mol/(L·s)}}{(\text{mol/L})^2(\text{mol/L})}$
$= \dfrac{\text{L}^2}{\text{mol}^2\cdot\text{s}}$

❷全圧を2倍にすると体積は0.5倍、濃度は2倍になる。

解答　(1) $x = 2$, $y = 1$　(2) $k = 2.0\,\text{L}^2/(\text{mol}^2\cdot\text{s})$　(3) 8倍

基本例題 63　活性化エネルギー　　基本 ➡ 321

次の文中の(ア)〜(エ)に適当な語句・数値を入れよ。
　反応の前後でそれ自身は変わらないが，反応速度を変化させる物質を（ ア ）とよぶ。反応を速くする（ ア ）は，それがない場合に比べて（ イ ）を小さくしている。その例として窒素と水素からアンモニアが生成する反応経路を右図に示した。点線は鉄の酸化物を（ ア ）として用いた場合の反応経路である。この反応の（ イ ）は，（ ア ）のない場合には（ ウ ），ある場合には（ エ ）である。

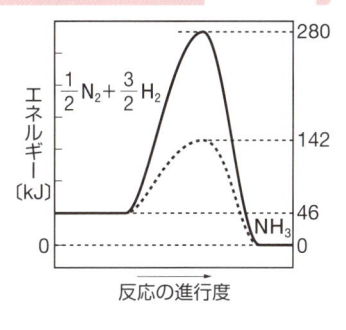

●エクセル　触媒の作用→活性化エネルギーを下げて，反応速度を大きくするはたらき

解説
(ウ)　図より 280 kJ − 46 kJ = 234 kJ
(エ)　図より 142 kJ − 46 kJ = 96 kJ

●活性化エネルギー
反応粒子どうしが衝突し，遷移状態になるために必要なエネルギー

解答　(ア) 触媒　　(イ) 活性化エネルギー　　(ウ) 234 kJ　　(エ) 96 kJ

基本問題

318 ▶ 反応の速さと条件　反応の速さを変える条件として，(ア)濃度，(イ)温度，(ウ)触媒，(エ)光などがある。次の各現象はそのどれと最も関係が深いか。
(1)　過酸化水素水に酸化マンガン(Ⅳ)を加えると，容易に酸素が発生する。
(2)　濃硝酸を褐色のびんに入れて保存する。
(3)　マッチ棒は空気中より酸素中の方が激しく燃える。
(4)　鉄くぎを希塩酸の中に入れると少しずつ水素が発生するが，加熱すると水素の発生がさかんになる。

319 ▶ 反応速度と濃度 1　温度を一定に保った容器中に，水素とヨウ素がそれぞれ 1.0×10^{-2} mol/L になるようにして反応させた。この反応は，次の反応式(a)で表される。
$$H_2 + I_2 \longrightarrow 2HI \quad \cdots\cdots \text{(a)}$$
ここで反応速度を v，反応速度定数を k とすると，v は次式で表される。
　　　$v = k[H_2][I_2]$　　ただし，[ ] は物質のモル濃度 [mol/L] である。
(1)　容器中のヨウ素は反応開始から 60 秒後に 3.9×10^{-4} mol/L に減少していた。この間のヨウ化水素の平均の生成速度 [mol/(L·s)] を求めよ。
(2)　容器中の水素とヨウ素の濃度をそれぞれ 3 倍にして反応させた場合，反応開始時の反応速度 v は濃度を変える前の何倍になるか。整数で答えよ。

320 ▶ 反応速度と濃度 2
気体AとBは次式に示すように反応して気体Cを生じる。

A + B ⟶ 3C

気体Aの濃度[A]だけを2倍にすると，気体Aの減少速度は2倍となった。また，気体Bの濃度[B]だけを2倍にすると，気体Aの減少速度は4倍となった。

(1) 気体Aの減少速度v_Aを速度定数kおよび濃度[A], [B]を用いて答えよ。
(2) 気体Cの生成速度v_Cを，v_Aを用いて答えよ。 （関西大 改）

321 ▶ 化学反応とエネルギー変化
物質Aと物質Bが反応して物質Cと物質Dが生成する反応①と，その逆である反応②が，ある一定温度で同時に進行している場合を考える。

A + B ⟶ C + D …①　　C + D ⟶ A + B …②

右図は，上の反応のエネルギー図である。次の問いに記号E_1, E_2, E_3を用いて答えよ。
(1) 反応①の活性化エネルギーは何kJか。
(2) 反応②の活性化エネルギーは何kJか。
(3) 触媒を作用させることにより，反応①の活性化エネルギーがE_3[kJ]になったとすると，反応②の活性化エネルギーは何kJになるか。
ただし，$E_1 > E_3 > E_2$とする。

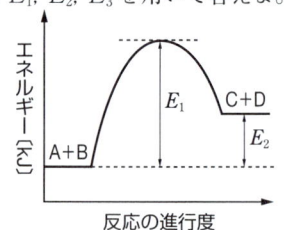

322 ▶ 反応速度と温度　次の問いに答えよ。
(1) 反応物AとBから生成物Cを生成する反応がある。Cの生成速度Vは温度が35℃のときは25℃のときの3倍になった。温度が55℃のとき，Vは25℃のときの何倍になると予想されるか。 （埼玉大 改）
(2) ある化学反応の速度は，温度が10℃上昇するごとに2倍ずつ上昇する。温度D[℃]における反応速度がUのとき，温度E[℃]における反応速度Vを式で表せ。

323 ▶ 三元触媒と均一触媒　次の文章中の空欄(ア)〜(エ)に適切な語句を答えよ。
元素の周期表で第3族から第12族の元素は（ ア ）元素とよばれ，これらの元素の単体や化合物は触媒として働くものが多い。第5周期および第6周期の第8族から第11族には希少な元素が多い。その中でも，白金族元素である白金Pt，（ イ ），ロジウムRhは，自動車エンジンから排出される有害物質である窒素酸化物，一酸化炭素，炭化水素を無害化する触媒として利用され，三元触媒とよばれる。三元触媒のように，反応物の気体や液体と接して触媒作用を示す固体の触媒を（ ウ ）触媒といい，固体触媒の表面で反応が起こっている。また，過酸化水素の分解に使われる塩化鉄(Ⅲ)のように，溶液などに溶けて作用する触媒を（ エ ）触媒という。 （21 東北大 改）

□□□**324▶ 反応速度** 化合物XとYが反応して化合物Zが生じる化学反応がある。いま，ある一定温度においてXとYの初濃度を変えて，反応初期のZの生成速度vを求める実験を行ったところ，右表の結果が得られた。

実験	Xの初濃度〔mol/L〕	Yの初濃度〔mol/L〕	Zの生成速度〔mol/(L・s)〕
①	0.20	0.10	1.0×10^{-4}
②	0.20	0.20	2.0×10^{-4}
③	0.40	0.10	4.0×10^{-4}
④	0.60	0.20	v_4

(1) 化合物X，Yのモル濃度をそれぞれ[X]，[Y]，反応速度定数をkとするとき，Zの生成速度vを表す反応速度式を[X]，[Y]，kを用いて表せ。
(2) 反応速度定数k〔$L^2/(mol^2 \cdot s)$〕を求め，有効数字2桁で答えよ。
(3) 実験④のZの生成速度v_4〔mol/(L・s)〕を求め，有効数字2桁で答えよ。

(14 大阪薬科大 改)

□□□**325▶ 活性化エネルギー** 無機触媒を用いた反応では一般的に，吸熱反応でも発熱反応でも温度を上げると反応速度は大きくなる。その理由を説明せよ。

□□□**326▶ 活性化エネルギーと安定性** 黒鉛に比べて高いエネルギー状態であるダイヤモンドは，常温・常圧条件下では黒鉛に変化しない。この理由を簡潔に述べよ。

□□□**327▶ 多段階反応と活性化エネルギー**
次の文章中の空欄(ア)・(イ)には最も適当な語句を，(a)～(e)には図中の$E_1 \sim E_5$の記号を用いて答えよ。

大気汚染物質として知られているNOは，空気中の酸素と反応して，NO_2に変わる。この反応は実際には2つの素反応からなる（ア）熱反応であり，反応物NOから中間体である$(NO)_2$を経て生成物NO_2が生じる。この反応過程は図のように表される。

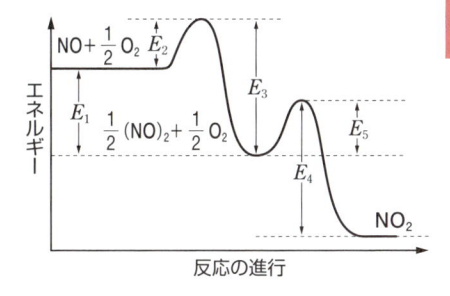

$$NO \longrightarrow \frac{1}{2}(NO)_2 \quad ①$$
$$NO + \frac{1}{2}O_2 \longrightarrow NO_2 \quad ②$$

①式の反応における活性化エネルギーは（a）であり，この反応は（イ）熱反応である。その（イ）熱量は（b）に相当する。この逆反応の活性化エネルギーは（c）である。②式の反応においてNO 1 molあたりの（イ）熱量は（d）に等しい。②式で表されるNOの酸化反応の反応速度は，$E_2 < E_5 < E_1 < E_4 < E_3$だとすれば，（e）のエネルギーの大きさに左右される。

(三重大 改)

応用例題 64　反応速度と反応速度定数

応用 → 329, 330

　少量の MnO_2 に濃度が $0.880\,mol/L$ の H_2O_2 水溶液を $5.00\,mL$ 加え，一定温度に保ちながら，反応により生成した O_2 の物質量を反応開始から 30 秒ごとに記録した。

時間[s]	0	30	60
発生した O_2 [mol]	0	1.10×10^{-3}	1.68×10^{-3}
反応した H_2O_2 [mol]	0	2.20×10^{-3}	3.36×10^{-3}
H_2O_2 水溶液の濃度[mol/L]	(ア)	(イ)	0.208
H_2O_2 水溶液の平均濃度[mol/L]	(ウ)		(エ)	0.154
H_2O_2 水溶液の濃度の変化量[mol/L]	(オ)		(カ)	-0.108
反応速度[mol/(L·s)]	(キ)		(ク)	3.6×10^{-3}

(1)　(ア)〜(ク)にあてはまる数値を記せ。

(2)　求めた反応速度は，30 秒間の H_2O_2 水溶液の平均濃度と比例関係にあることがわかった。つまり，反応速度 $= k \times$ (H_2O_2 水溶液の平均濃度)となる（k は速度定数）。反応開始から 30 秒後までにおける速度定数 k を有効数字 2 桁で求めよ。

●エクセル　反応速度 $v = k \times$ [平均濃度]

解説

(1)　(ア)　$0.880\,mol/L$

(イ)　$\left(0.880\,mol/L \times \dfrac{5.00}{1000}\,L - 2.20 \times 10^{-3}\,mol\right) \div \dfrac{5.00}{1000}\,L$
　　$= 0.440\,mol/L$

(ウ)　$\dfrac{(ア)+(イ)}{2}\,mol/L = \dfrac{0.880 + 0.440}{2}\,mol/L = 0.660\,mol/L$

(エ)　$\dfrac{(イ)+0.208}{2}\,mol/L = \dfrac{0.440 + 0.208}{2}\,mol/L = 0.324\,mol/L$

(オ)　$((イ)-(ア))\,mol/L = (0.440 - 0.880)\,mol/L$
　　$= -0.440\,mol/L$

(カ)　$(0.208 - (イ))\,mol/L = (0.208 - 0.440)\,mol/L$
　　$= -0.232\,mol/L$

(キ)　$-\dfrac{(オ)\,mol/L}{30\,s - 0\,s} = \dfrac{0.440\,mol/L}{30\,s}$
　　$= 1.46\cdots \times 10^{-2}\,mol/(L \cdot s) \fallingdotseq 1.5 \times 10^{-2}\,mol/(L \cdot s)$

(ク)　$-\dfrac{(カ)\,mol/L}{60\,s - 30\,s} = \dfrac{0.232\,mol/L}{30\,s}$
　　$= 7.73\cdots \times 10^{-3}\,mol/(L \cdot s) \fallingdotseq 7.7 \times 10^{-3}\,mol/(L \cdot s)$

(2)　$v = k[H_2O_2]$ より，(キ) $= k \times$ (ウ)
　　$1.46 \times 10^{-2}\,mol/(L \cdot s) = k \times 0.660\,mol/L$
　　$k = \dfrac{1.46 \times 10^{-2}\,mol/(L \cdot s)}{0.660\,mol/L} = 2.21\cdots \times 10^{-2}/s$
　　$\fallingdotseq 2.2 \times 10^{-2}/s$

平均濃度 $= \dfrac{[前]+[後]}{2}$

変化量 $= [後] - [前]$

反応速度 $= -\dfrac{変化量}{時間}$

解答

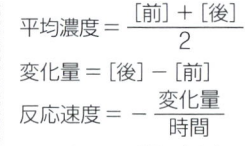

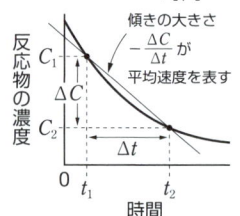

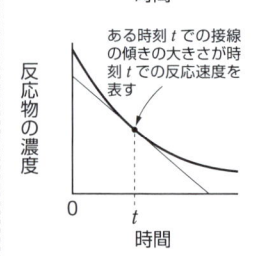

(1)　(ア)　0.880　(イ)　0.440　(ウ)　0.660　(エ)　0.324
　　(オ)　-0.440　(カ)　-0.232　(キ)　1.5×10^{-2}　(ク)　7.7×10^{-3}

(2)　$2.2 \times 10^{-2}/s$

応用問題

□□□**328 ▶ 反応速度定数** 反応速度定数 k に関する次の記述(1)〜(4)のうち，誤っているものを選べ。
(1) 一般に，反応物の濃度の増加にともない，k は大きくなる。
(2) 一般に，反応温度の上昇にともない，k は大きくなる。
(3) 一般に，触媒が存在すると，k は大きくなる。
(4) 一般に，活性化エネルギーが大きい反応では，k は小さくなる。

□□□**329 ▶ 過酸化水素の分解反応** 過酸化水素水に触媒を加えると酸素が発生する。図はこの反応における過酸化水素の濃度 C〔mol/L〕と時間 t〔min〕の関係を示したものである。

(1) 下線で示した，触媒に関する正しい記述を選べ。
　(ア) 触媒は，反応エンタルピーを低下させることによって，反応の速さを増大させる作用をもつ。
　(イ) 触媒は，触媒と反応物とからなる中間体をつくり，これから生成物ができる。このため，中間体の分解にともなって，触媒も分解する。
　(ウ) 触媒として少量の Fe^{3+} を加えると，急速に反応して酸素を発生する。これは活性化エネルギーの高い反応経路が，新たにつくられるために起こる。
　(エ) 触媒として酸化マンガン(IV)の小さな粒子を加えると，常温でも激しく分解して酸素を発生する。

(2) 反応開始2分から5分の間における過酸化水素の平均分解速度〔mol/(L・min)〕として，最も近い値はどれか。
　(ア) 0.040　(イ) 0.067　(ウ) 0.082　(エ) 0.11　(オ) 0.39　(カ) 0.70

(3) (2)の反応時間において，過酸化水素水の体積が300mLで一定であるとみなせるとき，発生した酸素の物質量〔mol〕として，最も近い値はどれか。
　(ア) 0.030　(イ) 0.040　(ウ) 0.053　(エ) 0.060　(オ) 0.083　(カ) 0.096

(4) この分解反応の反応速度定数 k〔/min〕として，最も近い値はどれか。ただし，反応速度は $v = k[H_2O_2]$ に従う。また，計算には反応開始2分から5分の間の過酸化水素の平均分解速度と平均の濃度を用いよ。
　(ア) 0.078　(イ) 0.14　(ウ) 0.27　(エ) 0.33　(オ) 0.59　(カ) 0.78

330 ▶ 反応速度と反応速度定数 以下の文を読み，次の問いに答えよ。

化学反応の速さ（反応速度）は，単位時間に減少する反応物の量や，生成する生成物の量によって知ることができる。五酸化二窒素の気体の分解反応は，次式で表される。

$$N_2O_5 \longrightarrow 2NO_2 + \frac{1}{2}O_2$$

反応を開始してからの時間 t[s]における N_2O_5 の濃度 C[mol/L]の関係を調べると，表のようになる。

表　N_2O_5 の分解反応における N_2O_5 の濃度の時間変化

時間 t[s]	0	600	1200	1800
濃度 C[mol/L]	（イ）	12.5×10^{-3}	9.3×10^{-3}	6.9×10^{-3}

600秒ごとの平均の反応速度は時間とともに減少するが，600秒ごとの平均の反応速度を600秒ごとの平均の N_2O_5 の濃度で割った値は（ア）/s となり，一定である。このように，反応速度の平均値は N_2O_5 の平均濃度に比例する。このときの比例定数 k は反応速度定数とよばれる。これより，$t=0$ s のときの N_2O_5 の濃度（初濃度）は，（イ） mol/L であることがわかる。

(1) (ア)には有効数字2桁，(イ)には有効数字3桁の適切な数値を入れよ。
(2) 平均の反応速度を縦軸に，平均の濃度を横軸にとってグラフに表した場合，正しいものは次の図の(a)〜(e)のうちどれか。

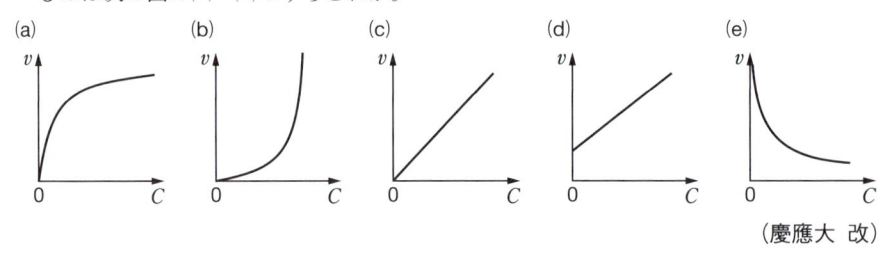

(a) (b) (c) (d) (e)

（慶應大 改）

331 ▶ 半減期 過酸化水素の分解反応について，酸化マンガン(Ⅳ)を触媒とする場合，反応速度 v は，反応速度定数 k と H_2O_2 濃度の積で表される。このとき，反応中の時刻 t における H_2O_2 の濃度$[H_2O_2]$は次の式で与えられる。$[H_2O_2] = [H_2O_2]_0 e^{-kt}$

ここで，$[H_2O_2]_0$ は反応開始時刻における H_2O_2 の濃度（初濃度）である。この反応で，種々の初濃度の H_2O_2 水溶液について，H_2O_2 濃度が初濃度の半分となる時間 $t_{1/2}$ を求める。$[H_2O_2]_0$ と $t_{1/2}$ の関係を表したものを図(1)〜(5)から選べ。

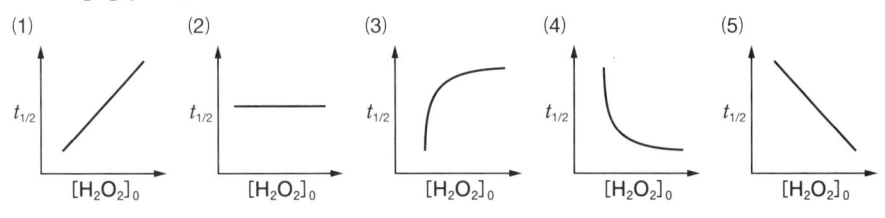

(1) (2) (3) (4) (5)

□□□**332 ▶ 活性化エネルギー** 図Aは，仮想の分子 A_2 と X_2 とで起こる化学反応

$$A_2(気) + X_2(気) \longrightarrow 2AX(気)$$

におけるエネルギーの変化を表している。ただし，A_2, X_2, AX は，すべて気体である。図の縦軸は，1 mol の A_2 と 1 mol の X_2 を用いたときのエネルギー変化を，1個の A_2 と1個の X_2 あたりに換算したものである。

(1) 図Bは100℃における A_2 と X_2 の運動エネルギーの分布を表している。「活性化エネルギー以上のエネルギーをもつ分子」に対応する領域を図Bの中に斜線で示せ。

(2) 300℃における A_2 と X_2 の運動エネルギーの分布を，(あ)～(え)から1つ選べ。

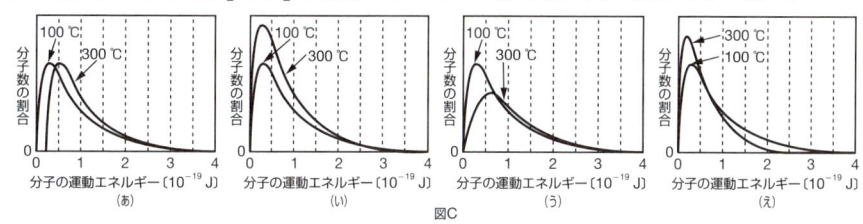

(3) 触媒を使用することによって，縦軸を図Aのようにして表した場合の活性化エネルギーが 1.00×10^{-19} J になった。このときのエネルギーの変化を，図Aにならって，図Dの中に示せ。

(15 金沢大 改)

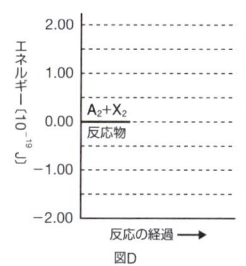

□□□**333 ▶ 多段階反応と反応速度式** 次の文の空欄(1)～(3)にあてはまる適当な化学式，化学反応式を答えよ。

一酸化二窒素 N_2O の分解反応は，次のような二段階で進むと考えられている。

　　第一段階：$N_2O \longrightarrow N_2 + O$　　　（遅い）　…①
　　第二段階：$N_2O + O \longrightarrow N_2 + O_2$　（速い）　…②

このとき，①，②の反応を素反応といい，N_2O の分解反応のように複数の素反応を含んでいる化学反応を多段階反応という。素反応を足し合わせると全体の化学反応式が得られるため，N_2O の分解反応は素反応①と素反応②より，次のようになる。

　　　　（　　　　1　　　　）　　　　　　…③

素反応①で生成した（　2　）は，素反応②で消費されており，このような物質を中間体という。また，全体の反応の反応速度は，遅い反応である素反応①の反応速度で決まり，このような素反応を律速段階とよぶ。素反応のとき，化学反応式の係数が反応次数となるため，素反応①の反応速度式は，次式のように表される。

　　　$v = k[(\ 3\ )]$　　k：反応速度定数

16 化学平衡

1 化学平衡

◆1 **可逆反応** 正反応(右向き)へも逆反応(左向き)へも進み得る反応。

例: $H_2 + I_2 \underset{逆反応}{\overset{正反応}{\rightleftarrows}} 2HI$

◆2 **不可逆反応** 一方向にだけ進行する反応。

例: $Zn + 2HCl \longrightarrow ZnCl_2 + H_2$

◆3 **化学平衡の状態(平衡状態)** 可逆反応において正反応と逆反応の反応速度が等しくなって,見かけ上,反応が停止しているようにみえる状態。

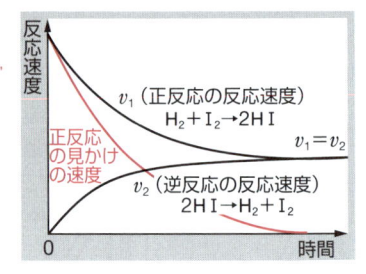

◆4 **化学平衡の法則**

可逆反応 $aA + bB + \cdots \rightleftarrows mM + nN + \cdots$ において次の関係が成り立つ。

①化学平衡の法則(質量作用の法則)

平衡状態の各物質のモル濃度を[A], [B], …とすれば,

$$\frac{[M]^m[N]^n\cdots}{[A]^a[B]^b\cdots} = K \quad ただし,K:平衡定数*(温度により決まる)$$

* 濃度平衡定数ともいう。

②圧平衡定数

気体反応の場合,平衡状態の各気体の分圧をp_A, p_B, …とすれば,

$$\frac{p_M{}^m \times p_N{}^n \times \cdots}{p_A{}^a \times p_B{}^b \times \cdots} = K_p \quad ただし,K_p:圧平衡定数(温度により決まる)$$

2 平衡移動の原理(ルシャトリエの原理)

化学反応が平衡状態にあるとき,濃度・圧力・温度などの反応条件を変化させると,その変化をやわらげる方向に反応が進み,新しい平衡状態になる。

反応条件の変化		平衡移動の向き(変化をやわらげる向き)
濃度	ある物質の濃度減少	その物質の濃度が増加する向き
	ある物質の濃度増加	その物質の濃度が減少する向き
温度	冷却	発熱する向き
	加熱	吸熱する向き
圧力	減圧	気体全体の物質量が増加する向き
	加圧	気体全体の物質量が減少する向き

例: $2NO_2(気) \longrightarrow N_2O_4(気) \quad \Delta H = -57kJ$ 発熱反応(逆反応は吸熱反応)

① NO_2の濃度増加 $\longrightarrow$ NO_2の濃度が減少する向き $\longrightarrow$ 平衡が右へ移動

② 加熱 $\longrightarrow$ 吸熱する向き $\longrightarrow$ 平衡が左へ移動

③ 加圧 $\longrightarrow$ 気体全体の物質量が減少する向き $\longrightarrow$ 平衡が右へ移動

3 電離平衡

◆1 **水の電離平衡** 水はわずかに電離して平衡状態にある。

$H_2O \rightleftarrows H^+ + OH^-$

①**水のイオン積** $[H^+][OH^-] = K[H_2O] = K_w$（水のイオン積）
$= 1.0 \times 10^{-14} (mol/L)^2$ （25℃）

②**水素イオン指数(pH)** $pH = -\log_{10} a$ $[H^+] = a\, mol/L$

◆2 **弱酸・弱塩基の電離平衡** 弱電解質を水に溶かすと、電離してできたイオンと電離していないものとの物質の間で平衡状態になる（電離平衡）。

濃度 c [mol/L] の弱酸・弱塩基の電離度 α と電離定数 $K_a \cdot K_b$ との関係

	弱酸の電離 （例：酢酸）	弱塩基の電離（例：アンモニア）
電離平衡	$CH_3COOH + H_2O \rightleftarrows CH_3COO^- + H_3O^+$	$NH_3 + H_2O \rightleftarrows NH_4^+ + OH^-$
はじめ	c 　　　　　0　　　　0	c 　　　　　0　　　　0
変化量	$-c\alpha$ 　　$+c\alpha$ 　$+c\alpha$	$-c\alpha$ 　　$+c\alpha$ 　$+c\alpha$
平衡状態	$c(1-\alpha)$ 　$c\alpha$ 　$c\alpha$	$c(1-\alpha)$ 　$c\alpha$ 　$c\alpha$
電離定数	$K_a = \dfrac{[CH_3COO^-][H^+]}{[CH_3COOH]} = K[H_2O]$	$K_b = \dfrac{[NH_4^+][OH^-]}{[NH_3]} = K[H_2O]$
$\alpha \ll 1$ のとき ↓ $1-\alpha \fallingdotseq 1$	$K_a = \dfrac{c\alpha \times c\alpha}{c(1-\alpha)} \fallingdotseq c\alpha^2$ 　　$\alpha \fallingdotseq \sqrt{\dfrac{K_a}{c}}$ $[H^+] = c\alpha \fallingdotseq \sqrt{cK_a}$	$K_b = \dfrac{c\alpha \times c\alpha}{c(1-\alpha)} \fallingdotseq c\alpha^2$ 　　$\alpha \fallingdotseq \sqrt{\dfrac{K_b}{c}}$ $[OH^-] = c\alpha \fallingdotseq \sqrt{cK_b}$

4 塩の加水分解
弱酸の陰イオンや弱塩基の陽イオンと水が反応（加水分解）して平衡状態に達する。

例 $CH_3COO^- + H_2O \rightleftarrows CH_3COOH + OH^-$

$\dfrac{[CH_3COOH][OH^-]}{[CH_3COO^-]} = K[H_2O] = K_h$（加水分解定数）

分子・分母に $[H^+]$ をかけると $K_h = \dfrac{[CH_3COOH][OH^-][H^+]}{[CH_3COO^-][H^+]} = \dfrac{K_w}{K_a}$

5 緩衝液

◆1 **緩衝液** 酸や塩基を少量加えても、pHがあまり変化しない溶液。

例 酢酸と酢酸ナトリウムの混合水溶液

水溶液中……酢酸分子 CH_3COOH と酢酸イオン CH_3COO^- が多量に存在

＊酸の影響：$CH_3COO^- + H^+ \longrightarrow CH_3COOH$ （H^+ が増えない）

＊塩基の影響：$CH_3COOH + OH^- \longrightarrow CH_3COO^- + H_2O$ （OH^- が増えない）

◆2 **緩衝液の $[H^+]$** 酢酸と酢酸ナトリウムからなる緩衝液での $[H^+]$ は次のように表される。

$[H^+] = \dfrac{[CH_3COOH]}{[CH_3COO^-]} K_a$

6 溶解平衡

◆1 **溶解度積** 水に溶けにくい電解質は，飽和水溶液中で析出と溶解が同時に起こっており溶解平衡の状態にある。このとき，一定の温度のもとでは，飽和溶液中の各イオンの濃度の積は一定であり，これを溶解度積と呼ぶ。

例：難溶性の塩 $AgCl(固) \rightleftarrows Ag^+ + Cl^-$　$[Ag^+][Cl^-] = K_{sp}$　溶解度積（一定値）
$K_{sp} < [Ag^+][Cl^-]$ のとき沈殿を生じる。

◆2 **共通イオン効果** 電解質の水溶液に，電解質を構成するイオンを加えると平衡が移動する現象。

例：$NaCl(固) \rightleftarrows Na^+aq + Cl^-aq$
NaClの水溶液にNa$^+$やCl$^-$を含む水溶液を加えるとNaClの固体が析出する。

WARMING UP／ウォーミングアップ

次の文中の（　）に適当な語句・式を入れよ。

1 化学平衡

水素とヨウ素が反応してヨウ化水素が生成される反応は次のように書ける。　$H_2 + I_2 \rightleftarrows 2HI$　……①

このときHIが生成される反応を(ア)反応，HIが分解される反応を(イ)反応という。そして(ア)反応と(イ)反応の両方が起こる反応を(ウ)反応という。また，この①式の反応において(ア)反応の反応速度をv_1，(イ)反応の反応速度をv_2としたとき，$v_1 = v_2$の状態になると，反応が見かけ上停止したように見える。この状態を(エ)の状態という。

1
(ア) 正
(イ) 逆
(ウ) 可逆
(エ) 化学平衡

2 化学平衡の法則

次のような気体反応が平衡状態にあるとする。

$A + 3B \rightleftarrows 2C$

このとき各成分のモル濃度を[A]，[B]，[C]とすれば，この間には，$K = $(ア)の関係が成り立つ。このような関係を化学平衡の法則（質量作用の法則）といい，Kを(イ)という。Kはそれぞれ反応により決まった定数で，温度によって変化(ウ)。

2
(ア) $\dfrac{[C]^2}{[A][B]^3}$
(イ) 平衡定数（濃度平衡定数）
(ウ) する

3 平衡定数

次のそれぞれの反応における平衡定数Kを表す式を書け。

(1) $2NO_2 \rightleftarrows N_2O_4$
(2) $2SO_2 + O_2 \rightleftarrows 2SO_3$

3
(1) $\dfrac{[N_2O_4]}{[NO_2]^2}$
(2) $\dfrac{[SO_3]^2}{[SO_2]^2[O_2]}$

4 平衡の移動

「化学反応が平衡状態にあるとき，濃度・圧力・温度などの反応条件を変化させると，その変化をやわらげる向きに反応が進み，新しい平衡状態になる。」これを(ア)の原理という。

① 濃度の影響　ある物質の濃度を増加させると，その物質の濃度が(イ)する方向へ平衡は移動する。

② 圧力の影響　気体反応の場合，圧力を高くすると，気体分子の総数が(ウ)する向き，すなわち反応式の係数の和が(エ)する方向へ平衡は移動する。

③ 温度の影響　温度を高くすると，(オ)の向きに平衡は移動する。

④ 触媒の影響　平衡の移動には関係(カ)。触媒は反応速度を(キ)し，はやく平衡状態に達するように導く。

5 圧平衡定数

可逆反応 $N_2 + 3H_2 \rightleftarrows 2NH_3$ が化学平衡の状態にあるとき，平衡時のそれぞれの分圧を P_{N_2}，P_{H_2}，P_{NH_3} とすると，圧平衡定数 $K_p = $ (ア) $[Pa^{-2}]$ である。

6 弱酸の電離平衡

弱酸は，水溶液中ではその一部が電離して①式のように電離平衡がなりたっている。

$HA \rightleftarrows H^+ + A^-$ ……①

弱酸の初濃度を $c[mol/L]$，電離度を α とすると，電離平衡時のモル濃度の関係は，$[HA] = $ (ア)，$[A^-] = $ (イ)，$K_a = $ (ウ)と表すことができる。また，α が1よりきわめて小さい場合，$K_a = $ (エ)と簡略化できる。したがって，$[H^+]$ を K_a と c を用いて，$[H^+] = $ (オ)と表すことができる。

7 2価の弱酸の電離

弱酸の硫化水素 H_2S の電離は，次のように2段階で起こる。

$H_2S \rightleftarrows H^+ + HS^-$　　$HS^- \rightleftarrows H^+ + S^{2-}$

1段階目の電離定数を K_1 とすると，

　$K_1 = $ (ア)

2段階目の電離定数を K_2 とすると，

　$K_2 = $ (イ)

となる。また上式より，

　$K_1 \cdot K_2 = $ (ウ)

となり，$[S^{2-}]$ と $[H^+]$ の関係もわかる。

4
- (ア) ルシャトリエ（平衡移動）
- (イ) 減少
- (ウ) 減少
- (エ) 減少
- (オ) 吸熱反応
- (カ) ない
- (キ) 大きく

5
- (ア) $\dfrac{P_{NH_3}^2}{P_{N_2} \cdot P_{H_2}^3}$

6
- (ア) $c(1-\alpha)$
- (イ) $c\alpha$
- (ウ) $\dfrac{c\alpha^2}{1-\alpha}$
- (エ) $c\alpha^2$
- (オ) $\sqrt{cK_a}$

7
- (ア) $\dfrac{[H^+][HS^-]}{[H_2S]}$
- (イ) $\dfrac{[H^+][S^{2-}]}{[HS^-]}$
- (ウ) $\dfrac{[H^+]^2[S^{2-}]}{[H_2S]}$

基本例題 65 平衡定数

1.0 L の容器に H_2 を 2.0 mol, I_2 を 2.0 mol 入れて, ある温度に保ったところ平衡に達した。平衡状態での HI の物質量は 3.2 mol であった。
この温度における平衡定数を有効数字 2 桁で求めよ。

●エクセル　化学平衡の法則：$aA + bB + \cdots \rightleftarrows mM + nN + \cdots$　　$K = \dfrac{[M]^m[N]^n \cdots}{[A]^a[B]^b \cdots}$

解説

	H_2	$+$	I_2	$\rightleftarrows$	$2HI$
反応前の量	2.0 mol		2.0 mol		0 mol
変化量	-1.6 mol		-1.6 mol		$+3.2$ mol
平衡時の量	0.4 mol		0.4 mol		3.2 mol

平衡定数 $K = \dfrac{[HI]^2}{[H_2][I_2]} = \dfrac{(3.2 \text{ mol/L})^2}{(0.4 \text{ mol/L})^2} = 64$

▶平衡に至る量的な関係を「反応前の量」,「変化量」,「平衡時の量」に分けて表にしてみる。

解答 64

基本例題 66 圧平衡定数

四酸化二窒素と二酸化窒素との間には次のような平衡がなりたつ。
$$N_2O_4(気) \rightleftarrows 2NO_2(気)$$
ある温度で容積 V [L] の容器に x [mol] の四酸化二窒素を入れると, 平衡状態に達した。このときの容器内の圧力を P [Pa], 四酸化二窒素の解離度を α とすると平衡時の二酸化窒素の分圧はいくらか。また, この温度での圧平衡定数はいくらか。（08 東大 改）

●エクセル　$aA + bB + \cdots \rightleftarrows mM + nN + \cdots$　　圧平衡定数は $K_p = \dfrac{P_M^m \times P_N^n \times \cdots}{P_A^a \times P_B^b \times \cdots}$

解説

	N_2O_4(気)	$\rightleftarrows$	$2NO_2$(気)
反応前の量	x [mol]		0
変化量	$-x\alpha$ [mol]		$+2x\alpha$ [mol]
平衡時の量	$x(1-\alpha)$ [mol]		$2x\alpha$ [mol]

平衡時の全物質量 $= x(1-\alpha) + 2x\alpha = x(1+\alpha)$ [mol]

$P_{NO_2} = \dfrac{2x\alpha}{x(1+\alpha)} P \text{ [Pa]} = \dfrac{2\alpha}{1+\alpha} P \text{ [Pa]}$

$P_{N_2O_4} = \dfrac{x(1-\alpha)}{x(1+\alpha)} P \text{ [Pa]} = \dfrac{1-\alpha}{1+\alpha} P \text{ [Pa]}$

$K_p = \dfrac{(P_{NO_2})^2}{P_{N_2O_4}} = \dfrac{\left(\dfrac{2\alpha}{1+\alpha}\right)^2 P^2}{\dfrac{1-\alpha}{1+\alpha} P} \text{ [Pa]} = \dfrac{4\alpha^2}{1-\alpha^2} P \text{ [Pa]}$

▶反応前の量・変化量・平衡時の量の関係を表にしてみる。
▶分圧
　＝モル分率×全圧

解答 二酸化窒素の分圧：$\dfrac{2\alpha}{1+\alpha} P$ [Pa]　　圧平衡定数：$\dfrac{4\alpha^2}{1-\alpha^2} P$ [Pa]

基本例題 67　平衡の移動　　　　　　　　　　　　基本 ➡ 340, 341

$aA + bB \rightleftarrows cC$ の反応において，いろいろな温度・圧力で平衡に達したときのCの濃度は右図のようになった。次の(1)，(2)に答えよ。ただし，物質 A, B, C は気体である。
(1) Cの生成反応は発熱反応か吸熱反応か。
(2) a, b, c には，次のいずれの関係があるか。
　(ア) $a+b>c$　　(イ) $a+b<c$　　(ウ) $a+b=c$

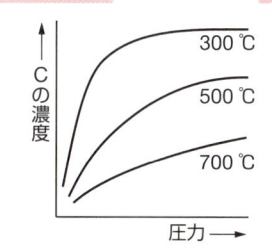

● エクセル　ルシャトリエの原理：温度・圧力などを変えると，その変化をやわらげる方向に平衡は移動する。

解説
(1) 温度を上げるほどCの濃度が小さくなることから，Cが生成する右向きの反応は発熱反応である。
(2) 圧力を大きくするほどCの濃度が大きくなっている。気体の圧力が高くなると，平衡は分子数を減らす方向へ移動するので $a+b>c$ である。

▶グラフを見て，温度を上げるとCの濃度はどうなるか，同一温度で圧力を大きくすると(グラフが右にいくほど)Cの濃度はどうなるかを読み取る。

解答　(1) 発熱反応　　(2) (ア)

基本例題 68　電離定数　　　　　　　　　　　　　基本 ➡ 344, 345

ある温度でのギ酸 HCOOH の電離定数を $2.8\times10^{-4}\,\mathrm{mol/L}$ とする。この温度での $2.8\,\mathrm{mol/L}$ のギ酸水溶液の電離度 α を有効数字2桁で答えよ。ただし，ギ酸は1価の酸であり，α は1に比べて非常に小さいものとする。

● エクセル　$\alpha \ll 1$ のとき，$\alpha \fallingdotseq \sqrt{\dfrac{K_a}{c}}$　$[H^+] = c\alpha \fallingdotseq \sqrt{cK_a}$

解説

	HCOOH	$\rightleftarrows$	HCOO$^-$	+	H$^+$
反応前の量	c		0		0
変化量	$-c\alpha$		$+c\alpha$		$+c\alpha$
平衡時の量	$c(1-\alpha)$		$c\alpha$		$c\alpha$

$K_a = \dfrac{[\mathrm{HCOO^-}][\mathrm{H^+}]}{[\mathrm{HCOOH}]} = \dfrac{(c\alpha)^2}{c(1-\alpha)} = \dfrac{c\alpha^2}{1-\alpha} \fallingdotseq c\alpha^2$

α は1よりも非常に小さいため $1-\alpha \fallingdotseq 1$ がなりたつ。❶
ここで $K_a = 2.8\times10^{-4}\,\mathrm{mol/L}$，$c=2.8\,\mathrm{mol/L}$ を上式に代入。
$2.8\times10^{-4}\,\mathrm{mol/L} = 2.8\,\mathrm{mol/L}\times\alpha^2$
$\alpha > 0$ より $\alpha = 1.0\times10^{-2}$

▶平衡に至る量的な関係を「反応前の量」，「変化量」，「平衡時の量」に分けて表にしてみる。

❶ 一般に $\alpha < 0.05$ の場合，$1-\alpha \fallingdotseq 1$ と近似できる。

解答　$\alpha = 1.0\times10^{-2}$

基本問題

334 ▶ 正反応・逆反応の速さ 水素とヨウ素の混合物を密閉容器に入れ450℃で反応させると、ヨウ化水素が生成し、やがて平衡に達する。

$$H_2 + I_2 \underset{逆反応}{\overset{正反応}{\rightleftharpoons}} 2HI$$

反応開始後の正反応の速さと逆反応の速さを表す図として最も適当なものを、(1)～(5)のうちから1つ選べ。

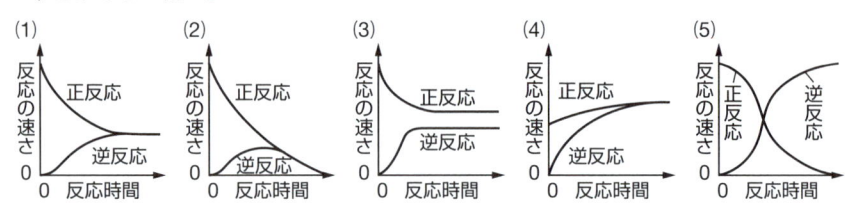

(1) (2) (3) (4) (5)

335 ▶ 反応速度と平衡 1 高温の密閉容器中で、次の反応が平衡状態に達していて、反応式に現れる物質はすべて気体であるとする。

$$CO + H_2O \rightleftharpoons CO_2 + H_2$$

温度を一定に保ったまま容器の体積を素早く半分にしたとき、次の(1)～(3)の反応速度はどのように変化するか。図の(a)～(h)の中から反応速度の変化の概略図として最も適当なものを選び、記号で答えよ。同じ記号を何度選んでもよい。なお、図の中のAは、体積を変化させた時刻を表している。

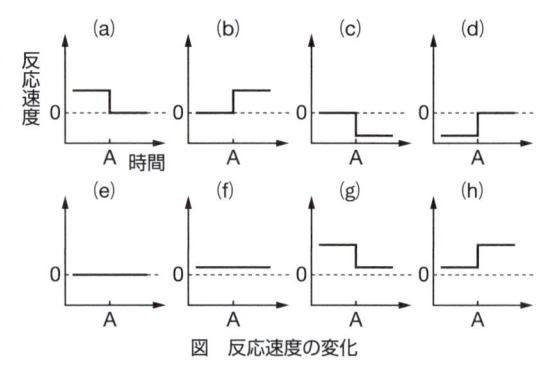

図 反応速度の変化

(1) 正反応の反応速度　　(2) 逆反応の反応速度　　(3) 右向きの見かけの反応速度

(同志社大 改)

336 ▶ 反応速度と平衡 2 アンモニアは工業的に触媒を用いて合成され、その反応は次式で表される。

$$N_2(気) + 3H_2(気) \rightleftharpoons 2NH_3(気) \quad \Delta H = -92 \text{ kJ}$$

この反応が平衡に達しているとき、次のうち正しいものを選べ。

(1) 窒素と水素およびアンモニアの各分子の物質量比が1:3:2である。
(2) 水素と窒素の両分子間の反応が終わっていて、反応が停止している。
(3) アンモニアが生成する速度と分解する速度が等しくなっている。
(4) 水素をさらに多く加えてもアンモニアの生成量に変化がない。

337 ▶ 平衡定数
酢酸 1.6 mol とエタノール 1.0 mol を混合し，触媒として硫酸をわずかに加えた。①の反応が平衡状態になったとき，酢酸エチルの生成量は 0.8 mol であった。

$$CH_3COOH + C_2H_5OH \rightleftarrows CH_3COOC_2H_5 + H_2O \quad ①$$

(1) ①の反応が平衡状態になったときの平衡定数 K を求めよ。

(2) 最初に酢酸 2.0 mol とエタノール 1.0 mol で反応を開始し，平衡定数が(1)と同じとするとき，生成する酢酸エチルの物質量を，$\sqrt{3} = 1.7$ とし，有効数字 2 桁で答えよ。

（13 宮城大 改）

338 ▶ 圧平衡定数
密閉容器に n [mol] の四酸化二窒素 N_2O_4 を入れて 1.0×10^5 Pa に保ったところ，ある温度で 40% の四酸化二窒素が次のように変化して平衡に達した。

$$N_2O_4 \rightleftarrows 2NO_2$$

(1) 平衡に達したときの N_2O_4 の分圧を求めよ。

(2) 圧平衡定数 K_p を求めよ。

（14 東京電機大 改）

339 ▶ 濃度平衡定数と圧平衡定数
気体 A と B が反応し，気体 C と D が生成する可逆反応は，次のように表されるものとする。

$$A + 3B \rightleftarrows C + 2D$$

ある温度 T においてこの反応が平衡状態にあるとき，各気体の分圧をそれぞれ p_A, p_B, p_C, p_D とすると，圧平衡定数 K_p は次式で示される。

$$K_p = \frac{p_C p_D^2}{p_A p_B^3}$$

平衡状態での混合気体の体積を V，A の物質量を n_A，気体定数を R とし，問いに答えよ。

(1) 気体 A の分圧 p_A を，n_A, V, R, T を用いて表せ。

(2) 濃度平衡定数 K_c と，K_p の関係式を K_c, K_p, R, T を用いて答えよ。

340 ▶ 平衡の移動 1
次の各反応が平衡状態にあるとき，[ ] 内に示されている変化を与えると，平衡はどちらに移動するか。右向きはア，左向きはイ，どちらにも移動しない場合にはウを，それぞれ記せ。

(1) $C(固) + H_2O(気) \rightleftarrows CO + H_2$ $\quad \Delta H = 132$ kJ $\quad$ [減圧する]
(2) $2NH_3 \rightleftarrows N_2 + 3H_2$ $\quad \Delta H = 92$ kJ $\quad$ [触媒を加える]
(3) $N_2O_4 \rightleftarrows 2NO_2$ $\quad \Delta H = 57$ kJ $\quad$ [温度を下げる]
(4) $2O_3 \rightleftarrows 3O_2$ $\quad \Delta H = -284$ kJ $\quad$ [加圧する]
(5) $NH_3 + H_2O \rightleftarrows NH_4^+ + OH^-$ $\quad$ [NH_4Cl を加える]
(6) $2SO_2 + O_2 \rightleftarrows 2SO_3$ $\quad \Delta H = -188$ kJ $\quad$ [He を加える（体積一定）]
(7) $2SO_2 + O_2 \rightleftarrows 2SO_3$ $\quad \Delta H = -188$ kJ $\quad$ [He を加える（圧力一定）]

□□□**341** ▶ **平衡の移動2**　褐色の二酸化窒素 NO_2 と無色の四酸化二窒素 N_2O_4 が次の式で表される平衡状態にある。

$$2NO_2 \rightleftarrows N_2O_4$$

NO_2 と N_2O_4 が平衡状態にある混合気体をピストンがついたシリンダー内に入れ，ピストンを瞬時に動かしシリンダー内の気体を膨張させ一定体積で保った。シリンダー内の気体の色は時間の経過とともに，どのように変化するか(1)〜(5)の中から選び，記号で答えよ。ただし，実験は温度一定で行われたものとする。

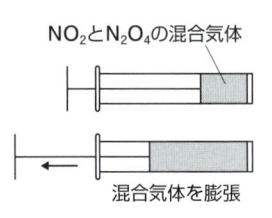

(1) ピストンを動かした瞬間，気体の色は急激にうすくなり，その後変化しなかった。
(2) ピストンを動かした瞬間，気体の色は急激にうすくなり，その後徐々に濃くなり，ピストンを動かす前と同程度の濃さになった。
(3) ピストンを動かした瞬間，気体の色は急激にうすくなり，その後徐々に濃くなったが，ピストンを動かす前の濃さには戻らなかった。
(4) ピストンを動かした瞬間，気体の色は急激にうすくなり，その後さらにうすくなった。
(5) ピストンを動かしても気体の色の濃さは変化しなかった。

(防衛大　改)

□□□**342** ▶ **弱塩基の電離**　常温の 1.0×10^{-1} mol/L アンモニア水の電離度を 0.013 とする。この溶液の pH はいくらか。最も近いものを選べ。ただし，$\log_{10} 1.3 = 0.11$，水のイオン積 $K_w = 1.0 \times 10^{-14}$ (mol/L)^2 とする。

(1) 2.9　(2) 3.2　(3) 7.0　(4) 11　(5) 13

□□□**343** ▶ **混合溶液の pH**　次の溶液の pH を小数第1位まで求めよ。ただし，強酸・強塩基の電離度 α を 1，水のイオン積 K_w を 1.0×10^{-14} (mol/L)^2，$\log_{10} 2 = 0.3$，混合後の体積は両者の和になるとする。

(1) 1.0×10^{-2} mol/L の硝酸
(2) 5.0×10^{-2} mol/L の塩酸 200 mL と 1.0×10^{-1} mol/L の水酸化ナトリウム水溶液 200 mL を混合した溶液
(3) 5.0×10^{-2} mol/L の水酸化ナトリウム水溶液 700 mL と 1.0×10^{-1} mol/L の塩酸 300 mL を混合した溶液

344 ▶ 弱酸の平衡定数

次の文中の(ア)～(カ)に適当な化学式・数式・数値を入れよ。ただし，$\log_{10} 1.6 = 0.2$ とする。

弱酸である酢酸は，水溶液中でその一部が電離して①式のように電離平衡の状態に達している。

$$CH_3COOH \rightleftharpoons CH_3COO^- + H^+ \quad \cdots ①$$

この場合の電離定数 K_a は，②式で示される。

$$K_a = (\text{ ア })\,[mol/L] \quad \cdots ②$$

ここで，水に溶かした酢酸の濃度を $c\,[mol/L]$，電離度を α とすると，②式は c と α を用いて，③式のように表される。

$$K_a = \frac{(\text{ イ })}{1-\alpha}\,[mol/L] \quad \cdots ③$$

ここで酢酸は弱酸であり，その電離度 α は非常に小さいため，$1 - \alpha \fallingdotseq (\text{ ウ })$ と近似できる。いま，ある温度で，0.10 mol/L の酢酸水溶液がある。電離度 α を 0.016 とすると，K_a は $(\text{ エ })\,mol/L$ となり，水素イオン濃度 $[H^+]$ は $(\text{ オ })\,mol/L$，水素イオン指数(pH) は (カ) となる。

345 ▶ 弱塩基の平衡定数

次の文中の(ア)～(オ)に適当な数式・数値を入れよ。ただし，$\sqrt{2} = 1.4$，$\log_{10} 2 = 0.30$，$\log_{10} 3 = 0.48$，25°C における水のイオン積 $K_w = [H^+][OH^-] = 1.0 \times 10^{-14}\,(mol/L)^2$ とし，(オ)は小数点以下第1位まで求めよ。

アンモニア水でのアンモニアの電離平衡は次のように表される。

$$NH_3 + H_2O \rightleftharpoons NH_4^+ + OH^- \quad ①$$

アンモニア水のモル濃度を $C\,[mol/L]$，電離度を α とすると，電離定数 K_b は C と α を用いて，$K_b = (\text{ ア })\,[mol/L]$ と表される。しかし，α は非常に小さいため，$K_b = (\text{ イ })\,[mol/L]$ と近似することができる。これを用いると，$1.0 \times 10^{-2}\,mol/L$ のアンモニア水の 25°C における電離定数 K_b が $1.8 \times 10^{-5}\,mol/L$ であれば，電離度は (ウ)，水酸化物イオン濃度は $(\text{ エ })\,mol/L$，そして pH は (オ) と求められる。

〔12 岩手医大 改〕

346 ▶ 塩の加水分解

次の空欄(ア)～(エ)に適当な語句・化学式を入れよ。

酢酸ナトリウム CH_3COONa 水溶液は (ア) 性を呈する。これは，CH_3COONa は水溶液中ではほぼ完全に電離して，酢酸イオン CH_3COO^- とナトリウムイオン Na^+ を生じるからだと考えられる。ここで生じた CH_3COO^- の一部は次の反応で (イ) を生じるため，CH_3COONa 水溶液は (ア) 性を呈する。

$$CH_3COO^- + (\text{ ウ }) \rightleftharpoons CH_3COOH + (\text{ イ })$$

一般にこのような反応は塩の (エ) とよばれる。

347 ▶ 緩衝液
次の文中(ア)～(エ)には適当な語句や化学式をかけ。また，下線部(a), (b)のそれぞれの反応のイオンを含む反応式を書け。

酢酸と酢酸ナトリウムの混合水溶液は，その中に少量の酸や塩基を加えても pH がほぼ一定に保たれる。このような水溶液を（ア）という。

酢酸ナトリウムは次のように完全に電離している。
$$CH_3COONa \longrightarrow (\text{イ}) + (\text{ウ}) \quad (1)$$
（イ）が多量に存在するため，酢酸の電離はおさえられている。
$$CH_3COOH \rightleftarrows (\text{イ}) + (\text{エ}) \quad (2)$$

この混合溶液に少量の酸を加えると，(a)酸によって生じた水素イオンは(1)式の反応で生じる（イ）との反応に使われる。また少量の塩基を加えると，(b)塩基の電離で生じた水酸化物イオンは，(2)式の平衡にある CH_3COOH との反応に使われるため，pH がほとんど変化しない。同様に，弱塩基と強酸からなる NH_4Cl のような塩と，その弱塩基である NH_3 との混合溶液は弱塩基性で，酸や塩基を少量加えても pH は急激には変化しない（ア）となる。

348 ▶ 溶解度積
次の空欄(ア)～(ウ)に適当な数値・語句を答えよ。

塩化銀は水に難溶性の塩であり，飽和水溶液中では①式で示した平衡状態にある。このとき温度が一定であれば，この飽和水溶液中の銀イオンと塩化物イオンのモル濃度の積（溶解度積：K_{sp}）は一定であり，②式で表される。
$$AgCl(固) \rightleftarrows Ag^+ + Cl^- \quad \cdots ① \qquad K_{sp} = [Ag^+][Cl^-] \quad \cdots ②$$
$K_{sp} = 1.0 \times 10^{-10} (mol/L)^2$ とすると，塩化銀の飽和水溶液中の $[Ag^+] = [Cl^-] = （ア）$ mol/L となる。

次に，この水溶液 1 L に 0.010 mol の塩化ナトリウム NaCl を加えると，NaCl の電離により Cl^- が増加するため，①式の平衡は左側に移動するため沈殿の量が増加する。この溶液中の $[Cl^-] = 0.010$ mol/L，NaCl を加えたことによる溶液の体積変化がないものとすると，（イ）mol の AgCl が溶けていることになる。このように沈殿を構成するイオンを加えることで平衡が移動する効果を（ウ）という。

（東京薬科大 改）

349 ▶ 化学平衡と化学工業
次式で表される人工的なアンモニアの合成法であるハーバー・ボッシュ法では，鉄触媒の存在下で 300 気圧の圧力で合成反応を行う。
$$N_2 + 3H_2 \rightleftarrows 2NH_3 \quad \Delta H = -92 \text{ kJ}$$
この反応は発熱反応なので，反応系の温度が低いほど生成物の収率が上がると考えられるが，実際には温度 400～500℃ の条件で合成反応を行う。この理由を述べよ。

応用例題 69　緩衝液

応用 → 356, 357

次の文章を読んで，下の(1)〜(3)に答えよ。必要であれば，次の値を用いよ。$\sqrt{2.8} = 1.7$，$\log 2.8 = 0.45$，$\log 1.7 = 0.23$

右図は，0.10 mol/L 酢酸水溶液 10 mL に 0.10 mol/L 水酸化ナトリウム水溶液を滴下し，pHを測定した結果である。Cは中和点を，Bは中和に必要な量の半分の水酸化ナトリウム水溶液を滴下したときの点を示す。この実験条件下での酢酸の電離定数 K_a を 2.8×10^{-5} mol/L とする。

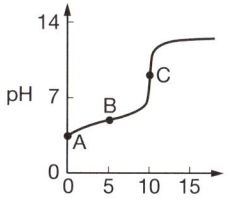

(1) 点A(0.10 mol/L 酢酸水溶液)のpHを，小数第1位まで答えよ。ただし，このときの酢酸の電離度は1に比べて非常に小さいものとする。

(2) 点Bでは，酢酸(CH_3COOH)と酢酸イオン(CH_3COO^-)の濃度は等しい。点BのpHを，小数第1位まで答えよ。

(3) 点Cと比べて，点Bでは水酸化ナトリウム水溶液を加えてもpHの変化は小さい。このようなpHの変化が小さい溶液を何とよぶか答えよ。

（10 山口大）

●エクセル
酢酸水溶液のpH
$$[H^+] = \sqrt{cK_a} \qquad pH = -\log_{10}\sqrt{cK_a}$$
酢酸と酢酸ナトリウムの混合水溶液（緩衝液）のpH
$$[H^+] = \frac{c_a}{c_s} K_a \qquad pH = -\log_{10}\left(\frac{c_a}{c_s} K_a\right)$$

解説

(1) 点Aは 0.10 mol/L 酢酸水溶液なので，
$$[H^+] = \sqrt{cK_a} = \sqrt{0.10\,\text{mol/L} \times 2.8 \times 10^{-5}\,\text{mol/L}}$$
$$= 1.7 \times 10^{-3}\,\text{mol/L}$$
$[H^+] = A$ mol/L としたとき，pH $= -\log_{10} A$ と表せる。
pH $= -\log_{10}(1.7 \times 10^{-3}) = 2.77 \fallingdotseq 2.8$

(2) 点Bでは酢酸と酢酸ナトリウムの混合溶液で，かつ $[CH_3COOH] = [CH_3COO^-]$ なので，
$$[H^+] = \frac{[CH_3COOH]}{[CH_3COO^-]} K_a = K_a = 2.8 \times 10^{-5}\,\text{mol/L} \; ❶$$
pH $= -\log_{10}(2.8 \times 10^{-5}) = 4.55 \fallingdotseq 4.6$

＊対数 $\log X$ の真数 X は，単位をもたない無次元量である。真数に濃度 c などを用いる場合は，単位 mol/L などで割り無次元量にする必要がある。本書では，真数には無次元量を用いているものとする。

▶酢酸と酢酸ナトリウムの混合溶液でも酢酸の電離平衡がなりたっているので，
$$K_a = \frac{[CH_3COO^-][H^+]}{[CH_3COOH]}$$
がなりたつ。
❶点Bでは，$[CH_3COOH] = [CH_3COO^-]$ なので，
$[H^+] = K_a = a$ mol/L
pH $= -\log_{10} a$

解答 (1) 2.8　(2) 4.6　(3) 緩衝液

応用例題 70　溶解度積　　　　　　　　　　　　　　応用 → 365

(1) 塩化銀(式量 143.5)の水に対する溶解度は，25℃ で 2.009×10^{-3} g/L である。塩化銀の 25℃ での溶解度積 K_{sp} はいくらか。有効数字 2 桁で答えよ。

(2) 25℃ で濃度 1.00×10^{-1} mol/L の希塩酸 1.00L に対して，塩化銀は最大何 mol 溶けるか。有効数字 2 桁で答えよ。ただし，水溶液の体積の変化はないものとする。

● エクセル　溶解度積 $K_{sp} \geqq [Ag^+][Cl^-]$ ……沈殿が生成しない
　　　　　　溶解度積 $K_{sp} < [Ag^+][Cl^-]$ ……沈殿が生成する

解説

(1) 飽和水溶液における塩化銀のモル濃度は
$$\frac{2.009 \times 10^{-3} \text{g/L}}{143.5 \text{g/mol}} = 1.400 \times 10^{-5} \text{mol/L}$$
$AgCl \rightleftarrows Ag^+ + Cl^-$ より
$$K_{sp} = [Ag^+][Cl^-]$$
$$= (1.400 \times 10^{-5} \text{mol/L}) \times (1.400 \times 10^{-5} \text{mol/L})$$
$$= 1.96 \times 10^{-10} (\text{mol/L})^2 \fallingdotseq 2.0 \times 10^{-10} (\text{mol/L})^2$$

(2) $[Ag^+][Cl^-] = 1.96 \times 10^{-10} (\text{mol/L})^2$
$$[Ag^+] = \frac{1.96 \times 10^{-10} (\text{mol/L})^2}{[Cl^-]}$$
$$= \frac{1.96 \times 10^{-10} (\text{mol/L})^2}{1.00 \times 10^{-1} \text{mol/L}}❶$$
$$= 1.96 \times 10^{-9} \text{mol/L} \fallingdotseq 2.0 \times 10^{-9} \text{mol/L}$$
したがって，1.00L には 2.0×10^{-9} mol 溶ける。

▶ AgCl の飽和水溶液中では，固体の AgCl と水溶液中の Ag^+ と Cl^- の間で，次のような溶解平衡がなりたっている。
$AgCl(固) \rightleftarrows Ag^+ + Cl^-$

❶ AgCl からの $[Cl^-]$ が十分小さく，希塩酸からの $[Cl^-]$ のみだと近似できる。

解答　(1) $2.0 \times 10^{-10} (\text{mol/L})^2$　(2) 2.0×10^{-9} mol

応用問題

350 ▶ 平衡の移動　窒素と水素の混合物からアンモニアが生成する反応は，次の反応エンタルピー ΔH を含む化学反応式で表される可逆反応である。

$N_2 + 3H_2 \rightleftarrows 2NH_3$　$\Delta H = -92$ kJ

窒素と水素を 1：3 の物質量の比で体積 V [L] の容器に入れて，温度 T [℃]，圧力 P [Pa] で反応させたとき，反応時間に対するアンモニアの生成率は図の実線 A で表された。次の(1)～(5)に示す実験条件で反応を行ったとき，反応時間に対するアンモニアの生成率はどのように変化するか。図の点線 a ～ e から最も適切なものを答えよ。なお，容器には上記混合気体のみを入れ，また，反応中，容器内の温度は変化しないものとする。

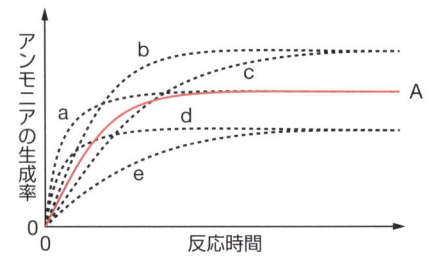

(1) 圧力 P[Pa]に保ち，温度 T[℃]より高温で行った。
(2) 圧力 P[Pa]に保ち，温度 T[℃]より低温で行った。
(3) 温度 T[℃]に保ち，圧力 P[Pa]より高圧で行った。
(4) 温度 T[℃]に保ち，圧力 P[Pa]より低圧で行った。
(5) 温度，圧力を変化させないで四酸化三鉄を主成分とする触媒を用いて行った。

□□□**351 ▶ SO₂とSO₃の平衡** 二酸化硫黄から三酸化硫黄が生成する反応は，次のような平衡状態にある。

$$2SO_2 + O_2 \rightleftarrows 2SO_3$$

ある温度において，この平衡がなりたっている密閉容器の容積を半分に圧縮し，しばらく放置して新たな平衡状態になった。このとき，次の問いに答えよ。

(1) 圧縮後の三酸化硫黄の分圧はどのようになるか。最も適当なものを，次の(ア)～(エ)から1つ選べ。容器内の温度は一定に保たれるものとする。
　(ア) 三酸化硫黄の分圧はもとの分圧の2倍になる。
　(イ) 三酸化硫黄の分圧はもとの分圧の2倍より大きくなる。
　(ウ) 三酸化硫黄の分圧はもとの分圧より大きく，2倍より小さい。
　(エ) この条件だけではわからない。

(2) ある温度で，容積2Lの密閉容器中に二酸化硫黄 $2a$ mol と酸素 a mol を入れて混合したところ，三酸化硫黄が $2b$ mol 生成した時点で平衡に達した。このときの濃度による平衡定数を表す式を記号を用いて答えよ。

(関西大 改)

□□□**352 ▶ 気体反応の平衡** 窒素と水素からアンモニアを合成する反応は①式に示すような発熱反応である。文中の空欄(ア)，(イ)にそれぞれ適切な語句を，(ウ)～(カ)に適切な数値を入れよ。数値は有効数字2桁で記せ。

$$N_2 + 3H_2 \rightleftarrows 2NH_3 \quad \Delta H = -92.2 \text{kJ} \quad ①$$

この反応は可逆反応であり，ルシャトリエの原理から温度が（ ア ）ほど，また圧力が（ イ ）ほど平衡状態でのアンモニアの生成量が多くなることが予想できる。しかし，実際にアンモニアを工業的に合成するときは，反応を促進するために適切な触媒を用い，合成装置の強度・耐久性などを考慮して圧力200～1000気圧，温度400～600℃で行われる。いま容積1.0Lの反応容器に窒素2.0mol，水素6.0molを充填し，触媒を加えて一定温度で長時間放置した。反応容器から生成したアンモニアのみを取り出してその量を測定したところ，2.0molであった。この温度における①式の平衡定数は，（ ウ ）(mol/L)⁻² となる。

次に，このアンモニアを除去した反応容器を再び同一温度で長時間放置し，平衡状態にした。この平衡状態における混合気体の各成分の濃度は，[N₂] = （ エ ）mol/L，[H₂] = （ オ ）mol/L，[NH₃] = （ カ ）mol/L となる。ただし，$\sqrt{5} = 2.24$ とする。

□□□**353 ▶ 化学平衡と圧力** 反応容器中で，次の気体反応が温度 T において平衡に達している。
$$N_2 + 3H_2 \rightleftarrows 2NH_3$$

(1) 温度 T と反応容器の容積 V を一定に保ったまま，反応容器中に貴ガスのアルゴンを加え，新しい平衡状態に到達させた（図1）。この操作で平衡はどのように変化したか。理由とともに70字以内で答えよ。

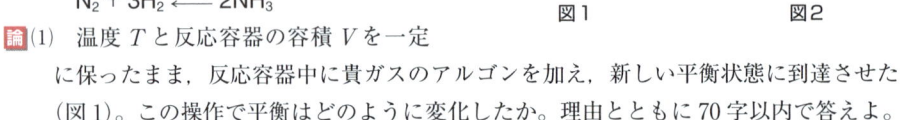

(2) 上記の平衡混合物の温度 T は一定のまま，貴ガスのアルゴンを反応容器に加えた。このとき，アルゴンを加えた前後において混合気体の全圧が同じになるように，反応容器の容積を変化させた（図2）。この操作で平衡はどのように変化したか。理由とともに70字以内で答えよ。

（金沢大 改）

□□□**354 ▶ 平衡定数とルシャトリエの原理** 次の文を読み，問いに答えよ。

四酸化二窒素 N_2O_4 が分解して二酸化窒素 NO_2 になる可逆反応は次のように表される。
$$N_2O_4(g) \rightleftarrows 2NO_2(g) \quad \Delta H = 57.2 \text{ kJ}$$

(1) この平衡定数 K の値に及ぼす温度と圧力の影響についての記述(ア)～(カ)のうち，正しい記述をすべて選び，記号で答えよ。

　(ア) 温度が高くなると大きくなる。　(イ) 温度が高くなると小さくなる。
　(ウ) 温度の影響はない。　　　　　　(エ) 圧力が高くなると大きくなる。
　(オ) 圧力が高くなると小さくなる。　(カ) 圧力の影響はない。

(2) 一定物質量の N_2O_4 を入れた容器内の温度と圧力を変化させた。平衡状態での NO_2 の生成量（物質量）に及ぼす温度と圧力の影響を概略的に図示すると次の(ア)～(ク)のうちのどれになるか答えよ。

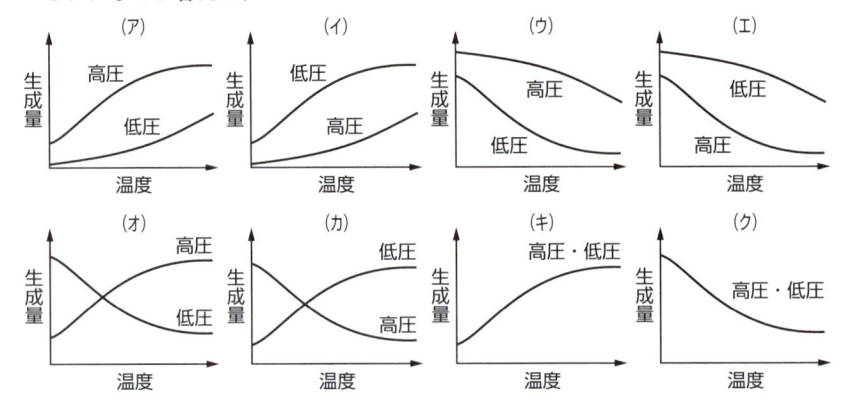

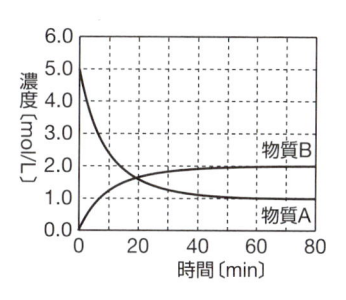

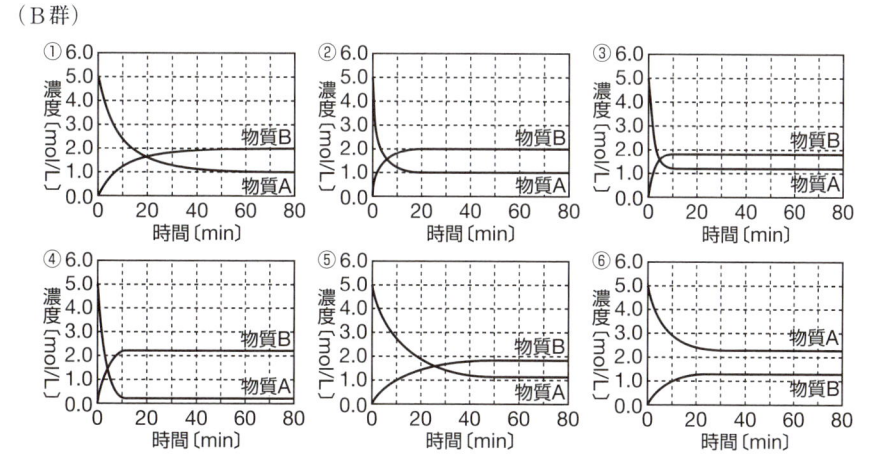

355 ▶ 反応速度と平衡状態のグラフ

(ア) 2

(イ) 2.0 L/mol

(ウ) 0.75

(エ) 1.13

(a) ②

(b) ⑥

(c) ③

□□□**356▶ 緩衝液** アンモニアは水に溶けて次のように電離し，塩基性を示す。
$$NH_3 + H_2O \rightleftharpoons NH_4^+ + OH^-$$
　この電離平衡における電離定数 K_b の値を 2.0×10^{-5} mol/L として，0.10 mol/L のアンモニア水 100 mL に塩化アンモニウムの固体 0.010 mol を加えた水溶液の pH を小数第 1 位まで求めよ。ただし，塩化アンモニウムは水溶液中で完全に電離し，溶液の体積は塩化アンモニウムを加えたことにより変化しないものとする。また，この温度での水のイオン積 $[H^+][OH^-] = 1.0 \times 10^{-14}$ $(mol/L)^2$，$\log_{10} 2 = 0.30$，$\log_{10} 3 = 0.48$ とする。

□□□**357▶ 緩衝液の pH** 酢酸 CH_3COOH と酢酸ナトリウム CH_3COONa の混合水溶液は緩衝作用を示す。しかし，緩衝液に多量の強酸や強塩基を加えると，緩衝作用をになう酢酸イオンや酢酸が足りなくなり，pH は大きく変動する。<u>酢酸 0.10 mol と酢酸ナトリウム 0.05 mol を含む緩衝液 1 L</u> をつくった。この緩衝液に関する次の問いに答えよ。ただし，酢酸の電離定数は $K_a = 1.8 \times 10^{-5}$ mol/L，水のイオン積は $K_w = 1.0 \times 10^{-14}$ $(mol/L)^2$ とし，温度は一定に保たれている。また，酸や塩基を加えることによる混合水溶液の体積変化は無視できるものとする。なお，$\log_{10} 2 = 0.30$，$\log_{10} 3 = 0.48$ とし，答えは小数第 1 位まで求めよ。

(1) 下線で示した緩衝液に 0.02 mol の塩化水素ガスを溶かした。この混合水溶液の pH を求めよ。
(2) 下線で示した緩衝液に 0.05 mol の水酸化ナトリウムを溶かした。この混合水溶液の pH を求めよ。
(3) 下線で示した緩衝液に 0.15 mol の水酸化ナトリウムを溶かした。この混合水溶液の pH を求めよ。ただし，酢酸イオンと水の反応は無視できるものとする。

□□□**358▶ 希薄な酸の水溶液の pH** 次の問いに答えよ。$\log_{10} 2 = 0.30$，塩酸の電離度を 1.0 とする。

(1) 水の電離が無視できる濃度 A mol/L の塩酸の pH を，A を用いて答えよ。
(2) 塩酸を十分に希釈していくと，HCl の電離により生じる H^+ の濃度が水の電離により生じる H^+ の濃度と同程度となり，水の電離平衡が pH に影響を及ぼす。このようになったときの塩酸の濃度を C [mol/L]，水の電離により生じる水酸化物イオンの濃度 $[OH^-]$ を x [mol/L] と表すとき，水のイオン積 K_w を C と x を含む数式で表せ。
(3) (2)で C と x が等しいとき，pH はいくらか。$K_w = 1.0 \times 10^{-14}$ $(mol/L)^2$ として小数第 1 位まで答えよ。

□□□**359** ▶ **純水と塩基のpH** 次の文章を読み，下の問いに答えよ。ただし，$\log_{10} 5.47 = 0.74$ とする。

　純粋な水もごく少量の水分子が H^+ と OH^- に電離して平衡が保たれている。水中での H^+，OH^- の濃度の積は水のイオン積とよび K_w で表す。25℃では $K_w = 1.0 \times 10^{-14} (\text{mol/L})^2$ であるが，温度上昇とともに K_w は増大し，50℃では $K_w = 5.47 \times 10^{-14} (\text{mol/L})^2$ となる。

論 (1) 水のイオン積の値は，温度を下げると小さくなる。下式を使って理由を述べよ。
$$H_2O(液) \rightleftarrows H^+ aq + OH^- aq \quad \Delta H = 56 \text{kJ}$$

(2) 50℃の純粋な水のpHを小数点以下第1位まで求めよ。

(3) 塩基Aの水溶液では，次のような電離平衡がなりたっている。
$$H_2O + A \rightleftarrows AH^+ + OH^-$$
塩基Aの 0.200 mol/L 水溶液の 50℃ における pH を小数点以下第1位まで求めよ。ただし，塩基Aの電離度は1よりも非常に小さく，電離定数 K_b は，50℃で
$$K_b = \frac{[AH^+][OH^-]}{[A]} = 5.00 \times 10^{-6} \text{mol/L} \text{ である。}$$
(06 名大 改)

□□□**360** ▶ **塩の加水分解** 次の文章の空欄(ア)～(キ)にあてはまる適当な式を，(ク)には数値を答えよ。ただし，数値は小数第2位まで答えよ。$\log_{10} 1.8 = 0.26$ とする。

　酢酸ナトリウム CH_3COONa は，水溶液中ではほぼ完全に電離する。
$$CH_3COONa \longrightarrow CH_3COO^- + Na^+ \quad \cdots\cdots ①$$
このとき生じた酢酸イオン CH_3COO^- の一部は水と反応(加水分解)し，酢酸分子 CH_3COOH と水酸化物イオン OH^- が生成して，次のような平衡関係が成立する。
$$CH_3COO^- + H_2O \rightleftarrows CH_3COOH + OH^- \quad \cdots\cdots ②$$
式②の加水分解定数 K_h は式③のように表される。
$$\frac{[CH_3COOH][OH^-]}{[CH_3COO^-]} = K_h \quad \cdots\cdots ③$$
K_h は，酢酸の電離定数 K_a と水のイオン積 K_w を用いて，$K_h = (ア)$ のように表される。これを利用して，濃度 c [mol/L]の酢酸ナトリウム水溶液のpHを計算してみる。式②において，CH_3COO^- が水分子と反応する割合を h とすると，平衡時における CH_3COOH，CH_3COO^-，OH^- の濃度は，c と h を用いて，それぞれ(イ)，(ウ)，(エ)と表すことができる。これらを式③に代入すると，K_h は，c と h を用いて次のように表される。$K_h = (オ) \quad \cdots\cdots ④$

ここで，$1 \gg h$ であるため，$1 - h \fallingdotseq 1$ と近似できる。さらに，(ア)の結果を用いると，式④から，OH^- の濃度 $[OH^-]$ は，c，K_w，K_a を用いて，$[OH^-] = (カ)$ と表される。したがって，このときの水素イオン濃度 $[H^+]$ は，c，K_w，K_a を用いて，$[H^+] = (キ)$ となる。25℃で，$K_w = 1.0 \times 10^{-14} (\text{mol/L})^2$，$K_a = 1.8 \times 10^{-5} \text{mol/L}$ とすると，0.10 mol/L の酢酸ナトリウム水溶液のpHは，(ク)と算出される。
(東邦大 改)

361 ▶ 中和滴定曲線 次の文章を読み，下の問いに答えよ。ただし，水のイオン積は $K_w = 1.0 \times 10^{-14} (mol/L)^2$ とし，必要であれば $\sqrt{2} = 1.4$，$\log_{10} 2 = 0.30$ を用いよ。

アンモニア NH_3 は水によく溶け，水溶液中では①式のように電離して弱塩基性を示す。

$$NH_3 + H_2O \rightleftarrows NH_4^+ + OH^- \quad \cdots ①$$

また，NH_3 の電離定数 K_b は，次の式で表される。

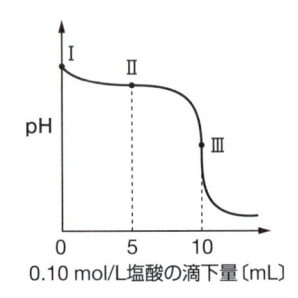

$$K_b = \frac{[NH_4^+][OH^-]}{[NH_3]} = 2.0 \times 10^{-5} \, mol/L$$

$0.10 \, mol/L$ のアンモニア NH_3 水 $10 \, mL$ に，$0.10 \, mol/L$ の塩酸を滴下していくと，図のような pH 変化が見られた。図中の I ～ III 点について，次の考察をした。

I 点：この点は $0.10 \, mol/L$ の NH_3 水である。NH_3 の電離度を α とすると，溶液中の NH_3 のモル濃度は $\boxed{A(式)} \, mol/L$，アンモニウムイオン NH_4^+ のモル濃度は $\boxed{B(式)} \, mol/L$，水酸化物イオン OH^- のモル濃度は $\boxed{C(式)} \, mol/L$ となる。NH_3 の電離度が 1 に比べて十分に小さく，$1 - \alpha ≒ 1$ と近似できるとすると，α は $\boxed{D(式)}$ と表され，pH を計算すると $\boxed{X(数値)}$ となる。

II 点：この点は中和点までの半分量の塩酸を入れたところで，NH_3 の半分が中和され，塩化アンモニウム NH_4Cl との混合溶液になっている。溶液中では NH_4Cl は完全に電離しており，NH_4Cl から生じた NH_4^+ が溶液中に存在するため，①式の NH_3 の電離はおさえられる。このため，溶液中では NH_3 の濃度 $[NH_3]$ は，NH_4^+ の濃度 $[NH_4^+]$ と等しいとみなすことができる。よって，pH は $\boxed{Y(数値)}$ となる。また，この溶液は $\boxed{E(語句)}$ 作用をもち，少量の酸や塩基を加えても pH はあまり変化しない。

III 点：この点は中和点であり，NH_4Cl 水溶液になっている。また，中和点での溶液の体積は，$10 \, mL$ の NH_3 水に，$10 \, mL$ の塩酸を滴下して $20 \, mL$ になっているとすると，中和点での pH は $\boxed{Z(数値)}$ となる。NH_4^+ が加水分解している割合 h が 1 に比べて十分に小さく，$1 - h ≒ 1$ と近似できるとする。また，H_2O の電離による H^+ の影響は無視できるものとする。

(1) 文中の $\boxed{A}$ ～ $\boxed{D}$ にあてはまる式をそれぞれ答えよ。ただし，$\boxed{A}$ ～ $\boxed{C}$ には α を用いた式を，$\boxed{D}$ には K_b を用いた式を答えよ。

(2) 文中の $\boxed{X}$ ～ $\boxed{Z}$ にあてはまる数値をそれぞれ小数第 2 位まで答えよ。

(3) 文中の $\boxed{E}$ にあてはまる語句を答えよ。

(松山大 改)

□□□362 ▶ 指示薬の電離平衡　次の文章の空欄(ア)〜(ウ)に適当な数値を入れよ。ただし，$\log_{10}2 = 0.30$ とし，小数点以下第2位を四捨五入せよ。

中和滴定に用いる指示薬は，それ自身が弱い酸や塩基であり，電離の前後で分子の構造が変化して変色を起こす。弱い酸の指示薬を HA で表すと，水溶液中では次のような電離平衡となる。

$$HA \rightleftarrows H^+ + A^- \quad \cdots ①$$

指示薬は分子状態 HA と電離してイオン A^- になった状態では，それぞれ特有の色を示す。指示薬を加えた水溶液の pH が変化すると式①の平衡が移動し，水溶液の色は変化する。溶液中の $\dfrac{[HA]}{[A^-]}$ の値が 10 を超えると溶液は分子状態 HA の色を示し，0.1 より小さい値の場合では溶液はイオンの状態 A^- の色を示す。したがって $0.1 \leqq \dfrac{[HA]}{[A^-]} \leqq 10$ の範囲では溶液中に HA と A^- の色が同時に現れる。これを指示薬の変色域という。

フェノールフタレインも同様に考えることができ，右の②式のような電離平衡となる。

フェノールフタレインの電離定数を $K_a = 3.2 \times 10^{-10}$ mol/L とするとき，その変色域は（ ア ）$\leqq$ pH $\leqq$（ イ ）となる。また水溶液の pH が（ ウ ）のとき $[HA^-]$ と $[A^{2-}]$ が等しくなる。

（慶應大 改）

□□□363 ▶ リン酸の電離定数　次の文章中の空欄(ア)〜(オ)に適切な数値を有効数字2桁で答えよ。

リン酸水溶液は次のように3段階で電離する。ここで K_1, K_2, K_3 はそれぞれ第1段階，第2段階，第3段階の電離定数である。

第1段階
$$H_3PO_4 \rightleftarrows H^+ + H_2PO_4^- \qquad K_1 = \dfrac{[H^+][H_2PO_4^-]}{[H_3PO_4]}$$

第2段階
$$H_2PO_4^- \rightleftarrows H^+ + HPO_4^{2-} \qquad K_2 = \dfrac{[H^+][HPO_4^{2-}]}{[H_2PO_4^-]} = 3.6 \times 10^{-7} \text{ mol/L}$$

第3段階
$$HPO_4^{2-} \rightleftarrows H^+ + PO_4^{3-} \qquad K_3 = \dfrac{[H^+][PO_4^{3-}]}{[HPO_4^{2-}]} = 3.6 \times 10^{-12} \text{ mol/L}$$

0.10 mol の H_3PO_4 が溶解した 1.0 L の水溶液について考える。H_3PO_4 の電離度は 0.32 であり，$K_1 \gg K_2 \gg K_3$ であるため，第2段階，第3段階の電離で生じるイオンのモル濃度を無視できるものとして考えると，電離後の水溶液中の水素イオンの濃度は（ ア ）mol/L，H_3PO_4 の濃度は（ イ ）mol/L となる。このため，電離定数 K_1 は（ ウ ）mol/L となる。また，第2段階，第3段階の電離について考えると，HPO_4^{2-} の濃度は（ エ ）mol/L，PO_4^{3-} の濃度は（ オ ）mol/L と求めることができる。

（浜松医科大 改）

□□□ **364 ▶ 炭酸の電離定数** 石灰石は地殻中に豊富に存在し，大気中の二酸化炭素が溶け込んだ雨水と反応すると，炭酸水素カルシウムに変化して水に溶けるようになる。溶け込んだ二酸化炭素は，次式に示すように2段階で電離し，各電離定数を K_1, K_2 とする。

$$CO_2 + H_2O \rightleftarrows H^+ + HCO_3^- \quad ① \qquad K_1 = \frac{[H^+][HCO_3^-]}{[CO_2]}$$

$$HCO_3^- \rightleftarrows H^+ + CO_3^{2-} \quad ② \qquad K_2 = \frac{[H^+][CO_3^{2-}]}{[HCO_3^-]}$$

水溶液中に存在している二酸化炭素由来の物質は，CO_2，HCO_3^-，CO_3^{2-} の3種類である。それらのモル濃度の総和に対する，CO_2 のモル濃度 $[CO_2]$，HCO_3^- のモル濃度 $[HCO_3^-]$，CO_3^{2-} のモル濃度 $[CO_3^{2-}]$ のそれぞれの割合と，水溶液の pH との関係を図に示す。次の問いに答えよ。必要ならば $\log_{10} 2.0 = 0.3$ を用い，有効数字2桁で答えよ。ただし，水の電離による影響は無視できるとする。

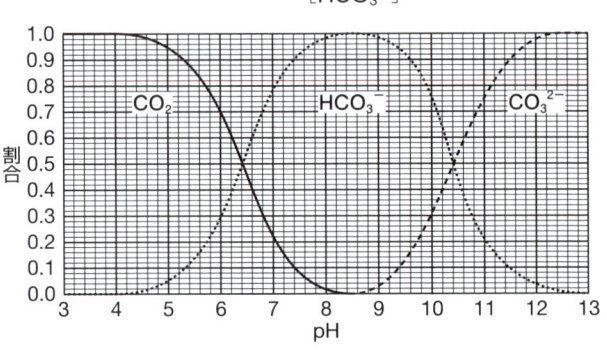

(1) 電離定数 K_1, K_2 は，それぞれいくらか。図を使って求めよ。
(2) 二酸化炭素が溶け込んだ水の中の水素イオン濃度を測定したところ，2.5×10^{-6} mol/L であった。次の(i), (ii)に答えよ。
　(i) この水溶液中の CO_3^{2-} の濃度は何 mol/L か。水溶液中の陽イオンの電荷と陰イオンの電荷のそれぞれの合計が等しいことを利用して求めよ。
　(ii) この水溶液中に存在する二酸化炭素由来の物質の濃度の総和は何 mol/L か。

(18 滋賀医科大 改)

□□□ **365 ▶ 溶解度積** 亜鉛イオン Zn^{2+} と鉄(Ⅱ)イオン Fe^{2+} の両方を含む水溶液に，硫化物イオンを少しずつ加えていき，硫化亜鉛 ZnS と硫化鉄(Ⅱ) FeS を沈殿させる場合を考える。Zn^{2+} と Fe^{2+} の始めの濃度はそれぞれ 1.0×10^{-4} mol/L と 2.0×10^{-4} mol/L で，ZnS と FeS の溶解度積 K_{sp} の値はそれぞれ 2.0×10^{-24} (mol/L)^2 と，4.0×10^{-19} (mol/L)^2 とする。溶液の硫化物イオン濃度の対数 $\log_{10}\{[S^{2-}]/(mol \cdot L^{-1})\}$ と，沈殿する ZnS および FeS の物質量との関係を表すグラフとして，最も適切なものを(ア)～(エ)から選べ。なお，グラフ中の実線と破線は，一方が ZnS，他方が FeS を表す。　(電気通信大 改)

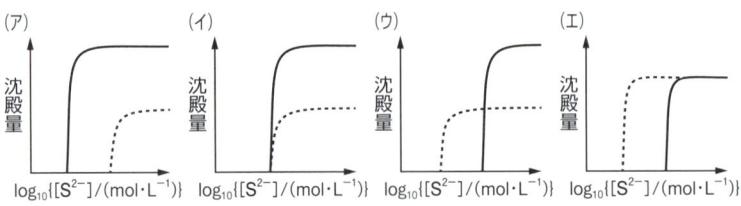

366 ▶ モール法 次の文章を読み,問いに答えよ。[X]は mol/L を単位としたイオン X の濃度とし,塩化銀の溶解度積を $1.8 \times 10^{-10}\,(\text{mol/L})^2$,クロム酸銀の溶解度積を $3.6 \times 10^{-12}\,(\text{mol/L})^3$ とする。数値は有効数字 2 桁で答えよ。

沈殿生成を利用して,水溶液中の塩化物イオン濃度を定量することができる。塩化物イオンを含む水溶液にクロム酸カリウム K_2CrO_4 水溶液を指示薬として加え,既知の濃度の硝酸銀水溶液を滴下すると,まず塩化銀の白色沈殿が生成する。さらに滴下をすすめるとクロム酸銀の暗赤色沈殿が生成し,滴定前に存在した塩化物イオンのほぼ全量が塩化銀として沈殿する。したがって,この時点を滴定の終点とすることで,試料溶液中の塩化物イオン濃度を見積もることができる。この滴定実験では,試料溶液を中性付近に保つ必要がある。これは酸性条件下では以下の反応①が起こり,また塩基性条件下では褐色の酸化銀が生成するためである。

$$2CrO_4^{2-} + 2H^+ \longrightarrow 2HCrO_4^- \longrightarrow (\quad \text{ア} \quad) \quad ①$$

以下では,滴定過程において,試料溶液内の塩化物イオンとクロム酸イオンの濃度が変化するようすを,グラフを用いて考察しよう。なお,試料溶液は中性とし,滴定による体積変化は無視する。硝酸銀水溶液を滴下すると銀イオン濃度が増加し,$1.8 \times 10^{-9}\,\text{mol/L}$ に達したときに塩化銀が生成し始める。その結果,溶液内の塩化物イオン濃度は減少し始める。このとき,クロム酸イオン濃度はまだ変化しない。さらに滴定をすすめて,銀イオン濃度が (イ) mol/L に達したところで,クロム酸銀の生成が始まり,溶液内のクロム酸イオン濃度は減少する。クロム酸銀が生成し始めた時点が,滴定の終点に対応する。このとき,溶液内に残存する塩化物イオンの濃度は (ウ) mol/L である。この値は,塩化物イオンの初期濃度と比べて非常に小さく,ほぼ全量が塩化銀として沈殿しているといえる。

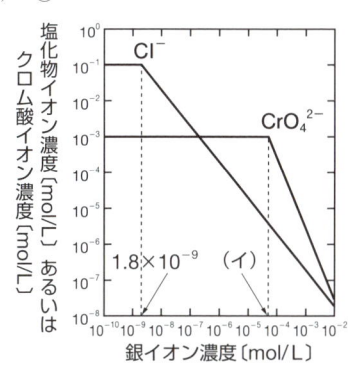

(a)一方,滴定の終点において [Ag$^+$] = [Cl$^-$] が成立する場合,最初に溶液内に存在していた塩化物イオンの濃度をより正確に定量することができる。ただし,グラフの実験条件ではそれが成立していない。

(1) (ア)にあてはまる適切な化学式等を記入せよ。
(2) (イ),(ウ)にあてはまる適切な数値を答えよ。
(3) 本滴定実験では,滴定前に加える指示薬の濃度を変えると滴定終点において溶液内に存在する各イオンの濃度が変わる。下線部(a)に関して,[Ag$^+$] = [Cl$^-$],すなわち加えた銀イオンの物質量と滴定前に存在していた塩化物イオンの物質量が滴定終点で等しくなるためには,滴定前の試料溶液におけるクロム酸イオン濃度はいくらであればよいか答えよ。

(19 京大 改)

4章 発展問題 level 1

□□□**367 ▶ 結合エネルギー** 水分子の間に働く引力は水素結合のみと考え，次の問いに答えよ。ただし，(1)〜(3)は有効数字2桁で答えよ。

(1) 液体の水の生成エンタルピーは次のように表される。

$$H_2(気) + \frac{1}{2}O_2(気) \longrightarrow H_2O(液) \quad \Delta H = -286 \text{ kJ} \quad ①$$

水の25℃における蒸発エンタルピーは何 kJ/mol であるか。表の結合エネルギーの値を用いて答えよ。

結合	H−H	O=O	O−H
結合エネルギー〔kJ/mol〕	436	498	463

(2) 氷の結晶中の水1分子を考えると，この水分子は4本の水素結合により隣接する4つの水分子と結ばれている。0℃における氷の昇華エンタルピーは 47 kJ/mol である。氷における水素結合の結合エネルギーは何 kJ/mol か。

(3) 25℃の液体の水においては，1個の水分子は平均して何本の水素結合を形成していると考えられるか。ただし，水素結合の結合エネルギーは氷のものと同じとする。

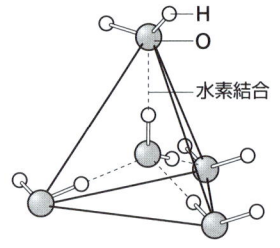

論(4) 氷の融解エンタルピーと水の蒸発エンタルピーを比べると，水の蒸発エンタルピーは氷の融解エンタルピーよりはるかに大きい。この理由を50字以内で述べよ。

□□□**368 ▶ ベンゼンの安定性** 結合エネルギーの値が大きいほどその結合が強いと考えることができる。右表を使って下の問いに答えよ。

結合	結合エネルギー〔kJ/mol〕
H−C	410
H−O	470
C−C	350
C=C	610
C=O	800
O=O	500

(1) 結合エネルギーとヘスの法則を使うといろいろな反応の反応エンタルピーを予想することができる。ベンゼン1 mol を完全燃焼させたときの化学反応式

$$C_6H_6(液) + \frac{15}{2}O_2(気) \longrightarrow 6CO_2(気) + 3H_2O(液)$$

より，ベンゼンの燃焼エンタルピー ΔH_1〔kJ/mol〕を求めよ。ただし，ベンゼン分子中の炭素原子はモデルAのように単結合と二重結合で交互に結合しているとする。また，ベンゼンと水の蒸発エンタルピーを $\Delta_{vap}H(C_6H_6) = 30$ kJ/mol，$\Delta_{vap}H(H_2O) = 40$ kJ/mol とする。

(2) 実際にベンゼン 1.00 g を完全に燃焼させ，発生する熱のすべてを水 2000 g に与えたところ，水温が 5.00 K 上昇した。この結果より，ベンゼンの燃焼エンタルピー ΔH_2〔kJ/mol〕を有効数字3桁で求めよ。ただし，水の比熱を 4.20 J/(g·K) とする。

(3) (2)で求めたベンゼンの実際の燃焼エンタルピーの値は，(1)でモデルAを使って予想した値と異なっていた。この差が生じた原因は，モデルAがベンゼン環のモデルとして不適当であるためと考えられる。モデルAと実際のベンゼンを比較した場合，どちらの物質のエンタルピーが何 kJ/mol 安定か。有効数字3桁で答えよ。

(00 静岡大 改)

□□□**369▶ オゾン層の破壊**　オゾンは，酸素分子が紫外線を吸収することによって生成する。酸素分子が光を吸収して酸素原子に解離し，この酸素原子が酸素分子と反応することによってオゾンが生じる。

$$O_2 + 光エネルギー \longrightarrow 2O \quad （式1） \qquad O_2 + O \longrightarrow O_3 \quad （式2）$$

　成層圏のオゾンは，一般にフロンと総称される化学物質などの存在により分解が促進される。たとえば，化学物質を X とすると，成層圏では以下のような反応によりオゾン濃度が低下する。

$$X + O_3 \longrightarrow XO + O_2 \quad （式3） \qquad XO + O \longrightarrow X + O_2 \quad （式4）$$

　ここで，式3によってオゾンが分解されるとともに，式4によってオゾン生成の鍵となる酸素原子も失われる。また，式3において反応の引き金になる X は，式4において再び生じる。このように，ある反応で使われる物質が別の反応で生成するために連続的に進行する反応を連鎖反応という。このため，X の量がわずかであっても，オゾン層の消失に影響を与える。

(1) オゾンは一酸化窒素と反応して，酸素と二酸化窒素になる。この反応はオゾン1molあたり200kJの発熱反応である。この反応式をエンタルピー変化ΔHを含めて答えよ。

(2) オゾンと一酸化窒素が反応する際には，生じたエネルギーの一部は光として放出される。光のエネルギーは波長に応じて異なるが，1molの光子のエネルギー E は，$E\text{[J/mol]} = 0.120\text{[J·m/mol]} \div 光の波長\text{[m]}$ として計算できる。反応物各1分子が反応して生じるエネルギーが，1個の光子として放出されるとした場合に，放出される光の波長を答えよ。ただし，有効数字は3桁，単位はnmとせよ。　　（16 早大 改）

□□□**370▶ 光異性化**　トランス-アゾベンゼンに紫外光を当てると，式のようにシス-アゾベンゼンへ変化する。アゾベンゼンのシス形に可視光を当てるか，加熱すると，トランス形に戻る。(a)光を当ててトランス形からシス形に変化させると，分子全体の形だけでなく，極性も変化する。分子全体の極性は，(b)ベンゼン環に置換基を導入することでも変化する。

(1) 下線部(a)に関して，アゾベンゼンのトランス形とシス形のうち，より極性が高い方の異性体がどちらであるかを40字程度の理由とともに記せ。

(2) 下線部(b)に関して，トランス-アゾベンゼンの任意の2つの水素原子を塩素原子に置き換えた化合物を考える。その化合物で下線部(a)の反応が進んだ場合，反応の前後で2つの塩素原子の間の距離が変化しないものは何通りあるかを記せ。ただし，－N＝N－部分以外の構造変化は起こらないものとする。　　（15 東大 改）

□□□**371 ▶ 光触媒** 酸化チタン(Ⅳ)はルチルで見られるルチル型構造(図(a))のほかに，アナターゼ型構造(図(b))が知られている。図(b)を上から見ると図(c)のようになっている。ルチルは白色の顔料や化粧品材料として利用されている。アナターゼ型酸化チタン(Ⅳ)は光が当たると触媒作用を示すようになる。アナターゼ型酸化チタン(Ⅳ)の表面に紫外線が当たると，結晶中の電子が自由に動けるようになり，電子のあったところは正電荷を帯びた抜け殻になる。これを正孔といい，表面に付着した水分子があると，この正孔が水から電子を奪い，ヒドロキシラジカル(・OH)が生じる。

$$H_2O \longrightarrow \cdot OH + H^+ + e^-$$

このヒドロキシラジカルは，反応性が高いため，有機化合物から電子を奪うことにより，有機化合物を酸化分解する。実際に，生活環境の浄化や自動車排ガスなどで汚れた外壁や大気，下水などの浄化に利用されるようになっている。たとえば，シックハウスガスのひとつである(ア)ホルムアルデヒド HCHO があれば，二酸化炭素と水に分解して無害化する。

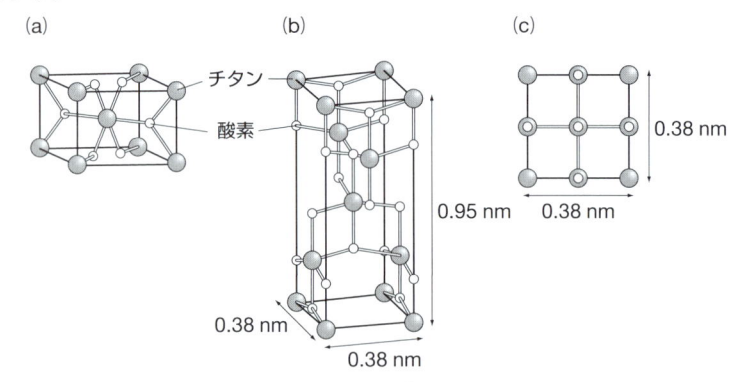

(a) (b) (c) チタン 酸素 0.38 nm 0.38 nm 0.95 nm 0.38 nm 0.38 nm

(1) アナターゼ型酸化チタン(Ⅳ)の密度[g/cm³]を有効数字2桁で計算せよ。ただし，アボガドロ定数は 6.0×10^{23}/mol，O の原子量は 16，Ti の原子量は 47.9 である。
(2) 下線部(ア)の化学反応式を記せ。
(3) アナターゼ型酸化チタン(Ⅳ)の表面に水分子が付着している状態で，紫外線を当てるのをやめると，表面に付着したホルムアルデヒドはどうなるか。また，紫外線の代わりに可視光線を当てると，ホルムアルデヒドはどうなるか。それぞれ説明せよ。

(15 東京医科歯科大 改)

□□□**372 ▶ 半減期** ある遺跡調査で発見された木片の ^{14}C 含有量を調べたところ，大気中 ^{14}C 含有量の70%であった。^{14}C の含有量からその木片の年代測定を行うことができる。

大気中の二酸化炭素は，微量ではあるが十分検出可能な量の ^{14}C 同位体を含んでいる。この同位体は，次の反応に従い宇宙線に含まれる中性子が窒素原子核と反応を起こすことにより生成される。

$$^{14}_{7}N + 中性子 \longrightarrow ^{14}_{6}C + ^{1}_{1}H \quad ①$$

^{14}C 原子核は不安定なので，次の反応に従って 5730 年の半減期 ($t_{1/2}$) で減少する。

$$^{14}_{6}\text{C} \longrightarrow ^{14}_{7}\text{N} + \beta 粒子 \qquad ②$$

このように原子核が反応で減少することを崩壊という。式②の反応速度は

$$-\frac{\Delta[^{14}\text{C}]}{\Delta t} = k[^{14}\text{C}] \qquad ③$$

と表すことができる。ここで k は速度定数，t は時間（年）である。式①の生成と式②の崩壊のつり合いがとれることにより，大気中の二酸化炭素はほぼ一定の割合で ^{14}C を含んでいる。樹木が伐採されると，木片中の ^{14}C は崩壊のみが起こり，かつ伐採されてから現在に至るまで大気中の ^{14}C の割合は一定であると仮定する。

(1) 一般に，木片の ^{14}C の含有量は時間経過によりどのように変化するか。最も適当なものを右図の a～f の中から 1 つ選べ。ただし，木が伐採されたときを $t = 0$ とする。

(2) $k \cdot t_{1/2}$ を計算せよ。ただし，$\log_e 10 = 2.30$，$\log_{10} 2 = 0.30$ とする。

(3) 木片が伐採された時期は，現在からさかのぼって何年前か。計算せよ。ただし，$\log_{10} 2 = 0.30$，$\log_{10} 7 = 0.85$ とする。

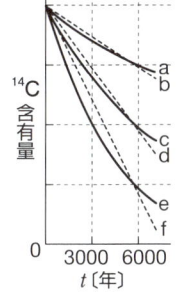

373 ▶ **活性化エネルギー** ある気体分子の反応を考える。絶対温度 T_1〔K〕のときに反応する気体分子の運動エネルギー分布図（縦軸に気体分子数の割合，横軸に分子のもつ運動エネルギーをとったもの）は，右図のようになる。図中に示している E_a は活性化エネルギーであり，運動エネルギーが E_a 以上の分布面積 S は，化学反応することが可能な分子数の割合を示す。

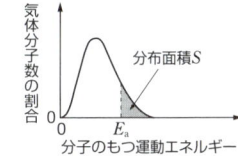

(1) この化学反応において，絶対温度 T_2〔K〕($T_1 < T_2$) のときの反応する気体分子の運動エネルギー分布を上図にかき入れた場合，以下のどのグラフになるか。

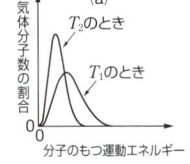

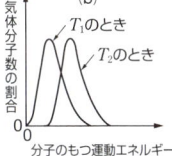

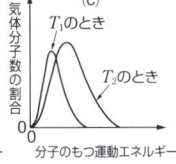

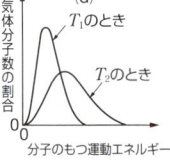

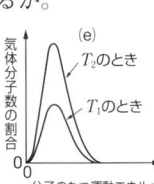

(2) 活性化エネルギー E_a 以上の運動エネルギーをもつ気体分子が化学反応に関わるが，その分布面積 S は底が e である指数関数 e^{-f} で表される。(1)を参考にして f の式を選べ。ただし，e は自然対数の底，C は比例定数である。

(ア) $C \times (E_a \times T)$ (イ) $C \times (E_a + T)$ (ウ) $C \times \dfrac{T}{E_a}$ (エ) $C \times \dfrac{E_a}{T}$

(九大 改)

4章 発展問題 level 2

1 ギブズエネルギー

定温・定圧下で状態変化や化学反応が自発的に進行するかどうかを，次式のΔGの符号で判定できる。$\Delta G < 0$のとき，自発的に進行する。

$\Delta G = \Delta H - T\Delta S$

Gはギブズエネルギー(ギブズの自由エネルギー，自由エネルギー)とよばれ，物質のエンタルピーH，エントロピーS，絶対温度Tから$H - TS$で定義される。そのため，ΔGの符号はΔHとΔSの値で決まる。

	$\Delta H > 0$	$\Delta H < 0$
$\Delta S > 0$	?	$\Delta G < 0$
$\Delta S < 0$	$\Delta G > 0$	?

発熱($\Delta H < 0$)して乱雑さが増す($\Delta S > 0$)ときは，$\Delta G < 0$となり自発的に変化する。その逆に，吸熱($\Delta H > 0$)して乱雑さが減少する($\Delta S < 0$)場合，$\Delta G > 0$となるので自発的には変化しない。

結晶の溶解，液体の蒸発，固体の融解のように，吸熱($\Delta H > 0$)する現象が自発的に進むときには，粒子間の結びつきが弱まって乱雑さが増す($\Delta S > 0$)。このときΔHよりもΔSの寄与の方が大きいことから$\Delta G < 0$となる。

水蒸気が冷たいガラスの表面に結露するときは，水蒸気が凝縮して熱を放出し($\Delta H < 0$)，気体分子が集まって乱雑さが減る($\Delta S < 0$)。この場合，ΔSよりもΔHの寄与の方が大きいことから$\Delta G < 0$となる。

□□□**374** ▶ **ギブズエネルギー** 化学反応を支配している要因としては，熱的エネルギーの他に，状態の乱雑さが大きく関与していることが明らかになっている。この乱雑さの度合いを，科学の用語では，エントロピーという。エントロピーは，19世紀初頭のフランスの科学者サディ・カルノーにちなんでSの記号で表される。また，反応物と生成物のエネルギーHは，エンタルピーと呼ばれる。このHは熱を表すことからHeatが由来であるなど諸説がある。さらに，19世紀末にアメリカの科学者ギブズが定温・定圧条件で化学反応が進行するかどうかは，この2つの量の兼ね合いで決まることを明らかにし，ギブズエネルギーGという量が導入された。

定温・定圧下において反応物から生成物への変化を考えるとき，ΔHに加えてエントロピーの変化量ΔS，温度Tを用いてギブズエネルギーの変化量ΔGを表すと，

$\Delta G = \Delta H - T\Delta S$ …①

となり，このΔGが負となる場合，すなわちギブズエネルギーが減少する場合，反応が進行する。したがって，ΔGの符号を考えればその反応が進行するかどうかを検討することができる。

たとえば，室温では正反応が進行するアンモニアの合成反応は

$$\frac{1}{2}N_2(g) + \frac{3}{2}H_2(g) \rightleftarrows NH_3(g) \quad \Delta H = -46.1\,kJ \quad \cdots ②$$

と表される。この反応のΔSは，$-99.4\,J/K$であり，温度を上昇させると反応を逆転させることができる。すなわち，①式を用いると（ ア ）℃以上でアンモニアの分解が進行すると計算できる。

混合気体の方が，純粋な気体よりも乱雑さが大きくなるなどのため，エントロピーの値は反応の進行度にも依存し，反応物と生成物が混合している状態でギブズエネルギーが極小値をとることも多い。

(a)すなわち，ギブズエネルギーが極小値をとる状態が平衡状態ということになる。

(1) (ア)の温度〔℃〕を整数で求めよ。
(2) 次の化学反応式のエネルギー図の概形を図の(a)〜(d)の中から選んで書け。

$$NH_4Cl(固) + aq \longrightarrow NH_4^+\,aq + Cl^-\,aq$$
$$\Delta H = 15.9\,kJ \quad \cdots ③$$

(3) 下線部(a)に関して，②式の反応がある条件のもとで平衡状態にあるところに，以下の変化を加えた。
① 圧力一定で温度を上昇させる。
② 反応容器の体積を増加させる。
③ 体積一定で窒素を注入する。
④ 体積一定でアルゴンを注入する。
⑤ 全圧一定でアルゴンを注入する。
⑥ 触媒の量を増やす。
⑦ 体積一定でアンモニアを除去する。

ギブズエネルギーが極小値をとる状態はどちらへ移動するか。①〜⑦について，以下の選択肢からそれぞれ選んで書け。

(A) 反応物の方向へ移動する。
(B) 生成物の方向へ移動する。
(C) 変わらない。
(D) 条件によって変わるのでこれだけではわからない。

(22 関西学院大 改)

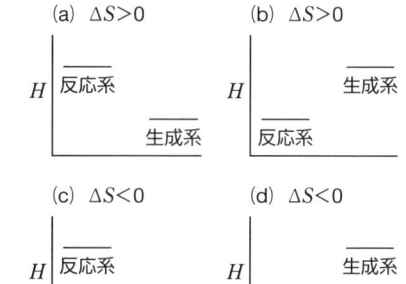

2 ランベルト・ベールの法則

物質の多くは，可視光線や紫外線を吸収（吸光）する。吸光の波長分布は，物質ごとに固有であり，物質に関するさまざまな情報を与える。さらに，吸光の程度（吸光度）を定量的に解析することで，溶液中の物質（溶質）の濃度を決定することができる。

図に吸光度測定の概略を示す。溶液を入れた箱型のガラス容器（セル）に，強度 I_0 の光を入射して強度 I の透過光を得たとき，観測された吸光度 A_{obs} は，透過率 $\dfrac{I}{I_0}$ の常用対数を用いて，

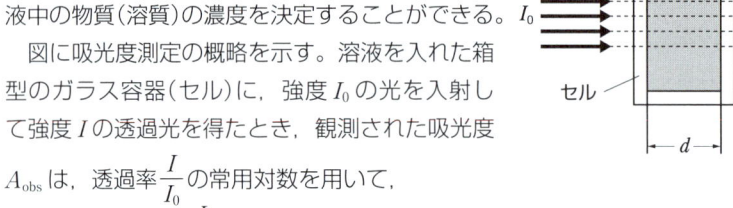

$$A_{obs} = -\log_{10}\dfrac{I}{I_0} \quad \cdots ①$$

と表される。

希薄な溶液の吸光度 A は，溶液中の光路の長さ d〔cm〕と光を吸収する溶質の濃度 C〔mol/L〕の積に比例することが知られている。

$$A = \varepsilon d C \quad \cdots ②$$

ここで，比例定数 ε〔L/(mol·cm)〕はモル吸光係数とよばれ，溶質ごとに固有で光の波長に依存した値である。したがって，溶媒による吸光がなければ，図の測定で観測される吸光度 A_{obs} から，溶質の濃度を調べることができる。

□□□ 375 ▶ ランベルト・ベールの法則
試薬（クロロフィル a，分子量 893）をアセトンに溶かし，波長 664 nm の光における透過率 $\dfrac{I}{I_0}$ を測定した結果を図1に示す。測定に用いたセルにおいて，光は溶液中を光路の長さ d〔cm〕で均一に透過する。実験では，d のみが異なる5つのセルを用いて，溶媒だけの試料と3種類の濃度の試料（図に各濃度 C〔mol/L〕を記載）について測定した。（図の右軸の値は，左軸の値を表記の関数で換算したものであり，横軸の補助線は右軸に対応する。）

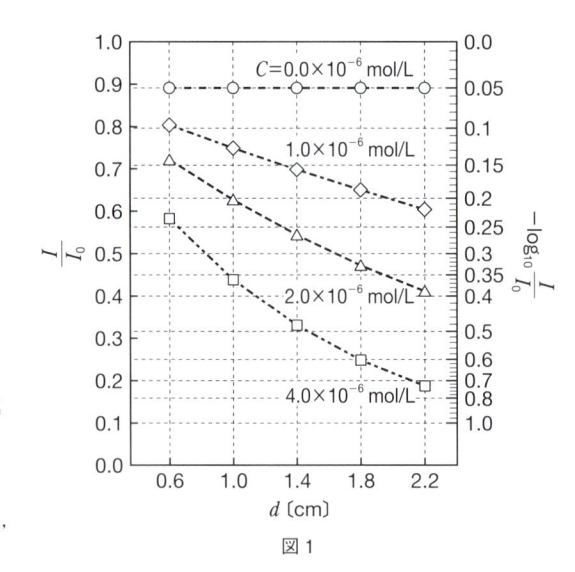

図1

ここで，観測された吸光度 A_{obs} は $A_{obs} = -\log_{10}\dfrac{I}{I_0}$ …①，
希薄溶液の吸光度 A は $A = \varepsilon dC$ （ε は比例定数） …② と表される。

(1) 図1の測定結果において，吸光度 A_{obs} の変化量は，濃度 C の変化量に対し②式の関係を満たしている。このことを，図1から光路の長さ $d = 1.0$ cm および 1.8 cm における測定値を読み取って，右の図に示せ。解答では，図1から読み取った値を黒丸（●）で示し，確認された特性を d ごとにそれぞれ実線で示すこと。（図には，どちらの d から読み取った結果であるかを，それぞれ書き込むこと。）

(2) 図1の測定結果において，透過光の強度 I には誤差が含まれており，①式の A_{obs} が②式の A とは一致しない。この誤差の要因について考察し，理由とともに説明せよ。なお，実験において，入射光の強度 I_0 と透過光の強度 I は正確に測定されている。

(3) 図1の測定結果（または(1)の解答の図）から，実験に用いた光の波長におけるクロロフィルaのモル吸光係数 ε を，有効数字2桁で示せ。

(4) クロロフィルaは，植物の葉緑素に含まれる分子である。ある植物の葉からクロロフィルaを抽出した。抽出物を全て 5.0 mL のアセトンに溶かし，図1の $d = 1.4$ cm のセルを用いて透過率 $\dfrac{I}{I_0}$ を測定したところ 0.61 であった。抽出したクロロフィルaの質量を，有効数字2桁で示せ。

（16 阪大 改）

3 アレニウスの式

反応速度定数 k は，絶対温度 T，活性化エネルギー E_a を用いて，

$$k = A \cdot e^{-\frac{E_a}{RT}} \quad \cdots ①$$

（A：頻度因子（定数），R：気体定数）

と表される。この式を**アレニウスの式**という。
①式の両辺の自然対数をとると，次のようになる。

$$\log_e k = \log_e A - \frac{E_a}{RT} \quad \cdots ②$$

②式より，縦軸に $\log_e k$，横軸に $\dfrac{1}{T}$ をとってグラフ化（アレニウス・プロット）すると直線関係になることがわかる。この直線の傾きから，活性化エネルギー E_a を求めることができる。

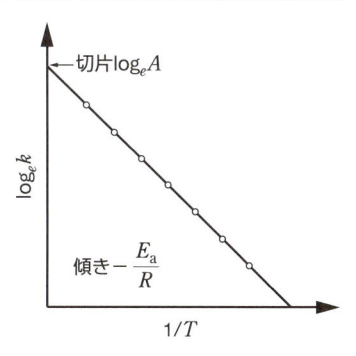

□□□**376 ▶アレニウスの式** 次の文章を読み，下の問いに答えよ。

ベンゼン環のニトロ化反応は，①式に示すように，途中で陽イオン(M)が生成する過程を経て進行する。このように，連続する反応過程の中間に一時的に生成する化合物を反応中間体とよぶ。ここでは，一例として置換基Xのパラ位での置換反応を示した。

$$\text{C}_6\text{H}_5\text{X} + \text{NO}_2^+ \longrightarrow \text{M} \longrightarrow \text{C}_6\text{H}_4(\text{X})(\text{NO}_2) + \text{H}^+ \quad \cdots ①$$

ベンゼン環のニトロ化反応において，生成物を基準とした反応物のエネルギーを E_1，反応途中におけるエネルギーの極大値をそれぞれ E_2, E_4，極小値を E_3 とすると，反応の進行にともなうエネルギーの変化は下図のように示される。

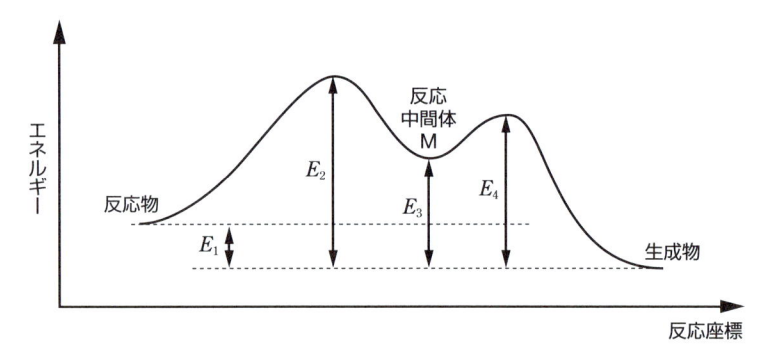

一般に，活性化エネルギー E と反応速度定数 k との関係は，頻度因子とよばれる定数 A，絶対温度 T，および気体定数 R を用いて②式で表される。

$$k = Ae^{-\frac{E}{RT}} \quad \cdots ②$$

これはアレニウスの式とよばれ，反応速度から活性化エネルギーを求める関係式としてよく利用される。

②式の両辺の自然対数をとると，

$$\log_e k = -\frac{E}{RT} + \log_e A \quad \cdots ③$$

となる。

異なる温度での反応速度定数を求め，③式を用いて縦軸に $\log_e k$ の値，横軸に $\frac{1}{T}$ の値をとりその関係を図示すると，$\log_e k$ の値は温度の上昇とともに(ア)する直線関係が得られる。また，活性化エネルギーの大きい反応ほど，傾きの絶対値は(イ)なり，速度定数の温度依存性が(ウ)ことを示している。

反応速度を決定する遷移状態は寿命の短い不安定な状態であり，その構造や性質を詳しく調べることは困難である。しかし，図のMのような反応中間体は，遷移状態に近い構造ならびに性質を有していると考えられる。したがって，反応中間体の安定性と反応速度の間には強い相関がある。

①式に示す反応を例にとって，反応速度に及ぼす置換基の影響を考えてみよう。反応中間体(M)は六員環に正電荷を有する陽イオンであるから，置換基Xが環に電子を与える性質(電子供与性)が強いとMはより安定になる。一方，反応物は電荷をもたないので，安定性に及ぼす置換基の影響は小さい。したがって，置換基Xの電子供与性が強いと，第一段階の活性化エネルギーは(エ)，Mの生成速度は(オ)。またこの場合，①式全体の反応速度は(カ)。

触媒を用いてこの反応を行ったところ，反応速度定数は(キ)した。(A)このとき，活性化エネルギーは触媒のないときの半分になり，頻度因子は増大することがわかった。

(1) ①式の反応において，反応物から反応中間体(M)に至る第一段階の反応の活性化エネルギー，Mから生成物に至る第二段階の反応の活性化エネルギーを，それぞれ E_1, E_2, E_3, E_4 を用いて表せ。

(2) (ア)～(キ)の空欄にあてはまる，大小あるいは増減を示す語句を書け。

(3) 1つの置換基を有するあるベンゼン誘導体のニトロ化を300Kで行ったところ，パラ置換体とメタ置換体の生成比が16：1となった。パラ置換体を生成する反応とメタ置換体を生成する反応の活性化エネルギーの差をkJ/molの単位で求め，有効数字2桁で答えよ。ただし，ベンゼン環のニトロ化反応における定数Aは置換基Xの位置によらず一定であるとし，気体定数 $R = 8.3$ J/(K·mol)，$\log_e 2$ として0.69の値を用いよ。

(4) 下線(A)の反応について，触媒を用いない場合とともに，横軸を $\frac{1}{T}$，縦軸を $\log_{10} k$ としたグラフを作成した。このグラフの概形として最も適切なものを図の(a)～(h)の中から選び，記号で答えよ。

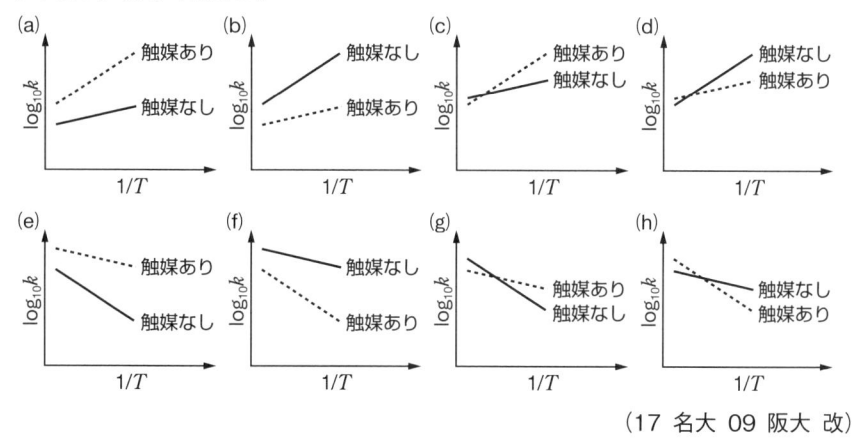

(17 名大 09 阪大 改)

4 分配平衡

水と有機溶媒に溶解している溶質Sをそれぞれ$S_{水層}$と$S_{有機層}$とする。溶質は水と有機溶媒の界面を通過して水と有機溶媒を行き来している。これを，平衡を表す記号 $\rightleftarrows$ を用いて表すと，次のようになる。

$$S_{水層} \rightleftarrows S_{有機層}$$

このとき，有機層のSの濃度$[S]_{有機層}$と水層のSの濃度$[S]_{水層}$は，平衡状態にあり，これを**分配平衡**とよぶ。分配平衡にあるとき，両者の比は一定で，その比を**分配係数**（あるいは分配定数，分布係数）とよび，K_Dで表す。多くの場合，分配係数は，溶質の水への溶解度と有機溶媒への溶解度の比にほぼ等しい。

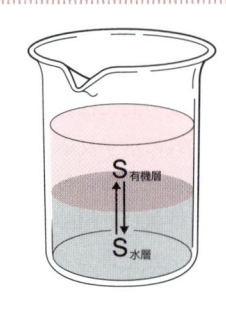

$$K_D = \frac{[S]_{有機層}}{[S]_{水層}} \left(\fallingdotseq \frac{Sの有機溶媒への溶解度}{Sの水への溶解度} \right)$$

□□□ **377** ▶ **分配平衡1** 水とヘキサンのように，互いに混じりあわない溶媒に溶質Aを加えよく振り混ぜると，Aは2つの溶媒に分配される。このとき，Aの濃度比（平衡定数K_A）は一定温度において一定である。

$$K_A = \frac{[A]_S}{[A]_W}$$

ここで，$[A]_S$，$[A]_W$はそれぞれ有機溶媒Sおよび水溶液中でのAの濃度[mol/L]である。いま，金属イオンXおよびYを含み，それぞれの濃度がともに1.00 mol/Lである水溶液100.0 mLがある。その水溶液に対して，一定温度において次の一連の操作を行った。水と混じりあわない有機溶媒Sを50.0 mL加えてよく振り混ぜ，X，Yを水とSに分配させた。X，Yの平衡定数はそれぞれ$K_X = 10.0$，$K_Y = 2.00$である。平衡に達した後，水溶液とSとを分離した。以上を1回目の操作とする。

1回目の操作終了後の水溶液に再びSを50.0 mL新たに加えてよく振り混ぜ，平衡に達した後，水溶液とSとを分離した。これを2回目の操作とする。

以後，同様の操作を数回繰り返したものとし，順に3回目の操作，4回目の操作……とする。

(1) 1回目の操作終了時の水溶液中でのXの濃度は何mol/Lか。
(2) 1回目の操作終了時，はじめに水溶液に含まれていたYの何%がSに移動していたか。
(3) 2回目の操作終了時の水溶液中でのXの濃度は何mol/Lか。
(4) 水溶液中でYとXの濃度比 $\left(\frac{[Y]_W}{[X]_W}\right)$ を，はじめの濃度比の50倍以上にするためには，最低何回操作を繰り返す必要があるか。

378 ▶ 分配平衡2

ハロゲン単体のうち,臭素・ヨウ素の水との反応性はきわめて低い。ヨウ素の水に対する溶解度は低いが,ヨウ化物イオンが共存する溶液では溶解度が上昇する。これはおもに,

$$I_2 + I^- \rightleftarrows I_3^- \quad ①$$

の反応で,三ヨウ化物イオン(I_3^-)を形成するためである。ここで,①式の平衡定数 K は,ヨウ素,ヨウ化物イオン,三ヨウ化物イオンの濃度をそれぞれ $[I_2]$,$[I^-]$,$[I_3^-]$ で表すと,

$$K = \frac{[I_3^-]}{[I_2][I^-]} \quad ②$$

で示され,$8.0 \times 10^2 \, (\mathrm{mol \cdot L^{-1}})^{-1}$ の値をとる。

また,ヨウ素は無極性の有機溶媒によく溶解する。このため,分液ろうとを用いてヨウ素を含む水溶液を水と混ざりあわない無極性有機溶媒とよく振って混合したのち静置すると,ヨウ素を有機溶媒に抽出できる。この場合,有機層のヨウ素濃度($[I_2]_{有機層}$)と水層のヨウ素濃度($[I_2]_{水層}$)とは平衡にあり,この状態を分配平衡状態とよぶ。このとき分配係数 K_D は,

$$K_D = \frac{[I_2]_{有機層}}{[I_2]_{水層}} \quad ③$$

で定義され,温度と圧力が一定であれば一定の値となる。

(1) ヨウ化カリウム水溶液にヨウ素を加え,ヨウ素-ヨウ化カリウム水溶液 1.0 L を調製したところ,溶液中のヨウ素濃度は 1.3×10^{-3} mol/L,ヨウ化物イオン濃度は 0.10 mol/L となった。加えたヨウ素の物質量〔mol〕を,有効数字2桁で求めよ。ただしヨウ素とヨウ化物イオンとの間には①式以外の反応は起こらないものとし,ヨウ素と水との反応は無視せよ。

(2) 0.10 mol/L のヨウ素の四塩化炭素(テトラクロロメタン)溶液 100 mL を 1.1 L の水と十分に混合し,分配平衡状態に達したときの,水層に移動したヨウ素の物質量〔mol〕を,有効数字2桁で求めよ。なお,四塩化炭素層と水層間のヨウ素の分配係数 K_D は,

$$K_D = \frac{[I_2]_{四塩化炭素層}}{[I_2]_{水層}} = 89 \quad ④$$

とする。また,水と四塩化炭素とはまったく混ざりあわず,両溶媒中には I_2 のみが存在するものとする。

(3) 0.17 mol/L のヨウ素の四塩化炭素溶液を,等体積のヨウ化カリウム水溶液と十分に混合した。分配平衡状態に達したとき,水層のヨウ化物イオン濃度は 0.10 mol/L となった。このときの四塩化炭素層のヨウ素の濃度を,有効数字2桁で求めよ。なお,四塩化炭素層中には I_2 のみが存在するものとする。

(08 東大 改)

17 非金属元素

1 元素の周期表

　元素の周期表とは，元素を原子番号の順に並べ，さらに性質の似た元素が縦に並ぶようにしたものである。元素は典型元素，遷移元素，非金属元素，金属元素に分類される。典型元素の同族元素は化学的性質が似ている。

族/周期	1	2	3	4	5	6	7	8	9	10	11	12	13	14	15	16	17	18
1	H																	He
2	Li	Be											B	C	N	O	F	Ne
3	Na	Mg											Al	Si	P	S	Cl	Ar
4	K	Ca	Sc	Ti	V	Cr	Mn	Fe	Co	Ni	Cu	Zn	Ga	Ge	As	Se	Br	Kr
5	Rb	Sr	Y	Zr	Nb	Mo	Tc	Ru	Rh	Pd	Ag	Cd	In	Sn	Sb	Te	I	Xe
6	Cs	Ba	ランタノイド	Hf	Ta	W	Re	Os	Ir	Pt	Au	Hg	Tl	Pb	Bi	Po	At	Rn
7	Fr	Ra	アクチノイド	Rf	Db	Sg	Bh	Hs	Mt	Ds	Rg	Cn	Nh	Fl	Mc	Lv	Ts	Og

1族：アルカリ金属、2族：アルカリ土類金属、17族：ハロゲン、18族：貴ガス
固体／液体／気体、非金属／金属

2 水素(1族)と貴ガス(18族)

単体		
水素 H_2	酸素と爆発的に反応。$2H_2 + O_2 \longrightarrow 2H_2O$ ［製法］実験室：亜鉛や鉄に希硫酸を加える。 　　　　$Zn + H_2SO_4 \longrightarrow ZnSO_4 + H_2$
貴ガス	安定な電子配置(価電子0)をとり，単原子分子として存在。 放電管に貴ガスを入れて放電すると，特有の色を発色する。

3 ハロゲン(17族)

単体	フッ素 F_2	塩素 Cl_2	臭素 Br_2	ヨウ素 I_2
色	淡黄色	黄緑色	赤褐色	黒紫色
状態	気体	気体	液体	固体
酸化力	大 ←──────────────────────────→ 小			
水との反応	$2H_2O + 2F_2$ $\longrightarrow 4HF + O_2$	$H_2O + Cl_2$ $\rightleftharpoons HCl + HClO$	$H_2O + Br_2$ $\rightleftharpoons HBr + HBrO$	反応しにくい
水素との反応	$H_2 + F_2 \longrightarrow 2HF$ (冷暗所でも反応)	$H_2 + Cl_2$ $\longrightarrow 2HCl$ (光により反応)	$H_2 + Br_2$ $\longrightarrow 2HBr$ (加熱により反応)	$H_2 + I_2 \rightleftharpoons 2HI$ (触媒と加熱により反応)
性質	［塩素］①酸化作用・漂白作用・殺菌作用。 　　　　②ヨウ化カリウムデンプン紙を青くする。 ［ヨウ素］①昇華性。 　　　　②デンプンと反応して青紫色(ヨウ素デンプン反応)。 　　　　③ヨウ化カリウムKIを含む水溶液に溶ける。			

17 非金属元素―275

◆ **塩素の製法**

①実験室：酸化マンガン(Ⅳ)に濃塩酸を加えて加熱。

$$MnO_2 + 4HCl \longrightarrow MnCl_2 + 2H_2O + Cl_2$$

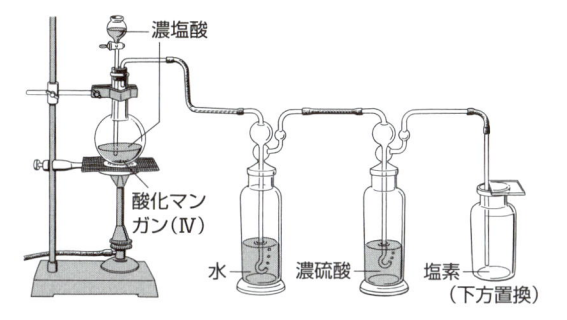

・水に通す理由
発生する気体に含まれている塩化水素を除くため。

・濃硫酸に通す理由
発生する気体に含まれている水を除くため。

（下方置換）

②高度さらし粉に希塩酸を加える。　$Ca(ClO)_2 \cdot 2H_2O + 4HCl \longrightarrow CaCl_2 + 4H_2O + 2Cl_2$

③工業的：塩化ナトリウム水溶液の電気分解

化合物	フッ化水素 HF	無色 気体	水溶液「フッ化水素酸」弱酸　ガラスを腐食。（ポリエチレン容器に保存）
		刺激臭	$SiO_2 + 6HF \longrightarrow H_2SiF_6 + 2H_2O$ 水素結合により，沸点が高い。
		沸点 20℃	[製法] ホタル石に濃硫酸を加え加熱。 $CaF_2 + H_2SO_4 \longrightarrow CaSO_4 + 2HF$　ポリエチレン製　ガラス製
	塩化水素 HCl	無色 気体	水溶液「塩酸」強酸　アンモニアと反応して白煙。 $NH_3 + HCl \longrightarrow NH_4Cl$
		刺激臭	[製法]　実験室：塩化ナトリウムに濃硫酸を加える。加熱により反応速度を上げることもある。
		沸点 −85℃	$NaCl + H_2SO_4 \longrightarrow NaHSO_4 + HCl$
	ハロゲン化銀	\multicolumn{2}{l}{ハロゲン化銀は光で分解されて Ag が生成する。（感光性）}
		\multicolumn{2}{l}{フッ化銀 AgF　　塩化銀 AgCl　　臭化銀 AgBr　　ヨウ化銀 AgI　　水に可溶　白色　水に不溶　淡黄色　水に不溶　黄色　水に不溶}
	オキソ酸	\multicolumn{2}{l}{酸の強さ　$HClO_4 > HClO_3 > HClO_2 > HClO$　過塩素酸　塩素酸　亜塩素酸　次亜塩素酸}
	さらし粉	\multicolumn{2}{l}{$CaCl(ClO) \cdot H_2O$　酸化剤・漂白・殺菌作用。保存しやすい高度さらし粉（主成分 $Ca(ClO)_2 \cdot 2H_2O$）も利用されている。[製法]　塩素を水酸化カルシウムに吸収させる。 $Cl_2 + Ca(OH)_2 \longrightarrow CaCl(ClO) \cdot H_2O$}

5 無機物質

4 酸素(16族)

単体	同素体	酸素 O_2	無色 気体 無臭	空気中に約21%含まれる。水に溶けにくい。多くの物質と酸化物をつくる。 [製法] ①実験室：過酸化水素の分解 　$2H_2O_2 \longrightarrow 2H_2O + O_2$（$MnO_2$を触媒） 　塩素酸カリウムの熱分解 　$2KClO_3 \longrightarrow 2KCl + 3O_2$（$MnO_2$を触媒） ②工業的：液体空気の分留
		オゾン O_3	淡青色 気体 特異臭	酸化作用。（湿ったヨウ化カリウムデンプン紙を青変） [製法] 酸素中での無声放電 　$3O_2 \longrightarrow 2O_3$
化合物	酸化物			両性金属（Al, Zn, Sn, Pb）の酸化物 → 両性酸化物 主に両性金属以外の金属元素の酸化物 → 塩基性酸化物 主に非金属元素の酸化物 → 酸性酸化物

5 硫黄(16族)

単体	硫黄 S	斜方硫黄・単斜硫黄（S_8分子，黄色結晶） ゴム状硫黄（S_x 暗褐色〜黄色）の同素体。 多くの物質と硫化物をつくる。 青い炎をあげて燃える。 　$S + O_2 \longrightarrow SO_2$
化合物	水素化合物 硫化水素 H_2S	無色，腐卵臭，有毒の気体。　　　　　$Cu^{2+} + S^{2-} \longrightarrow CuS\downarrow$（黒色） 還元性が強い。水に溶けて弱酸性。　$Zn^{2+} + S^{2-} \longrightarrow ZnS\downarrow$（白色） 　$H_2S \rightleftarrows 2H^+ + S^{2-}$　　　　　　$Cd^{2+} + S^{2-} \longrightarrow CdS\downarrow$（黄色） 多くの金属イオンと沈殿を生じる。 [製法] 硫化鉄(Ⅱ)に希硫酸を加える。 　$FeS + H_2SO_4 \longrightarrow FeSO_4 + H_2S$

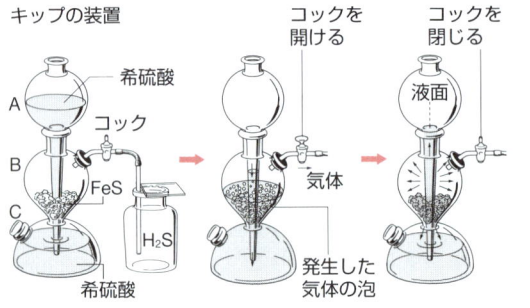

●キップの装置の使い方

① Bに固体試薬を入れ，コックを閉じた状態でAに液体試薬を入れる。
② コックを開くとAにある液体がBに達し気体が発生する。
③ コックを閉じると，発生した気体の圧力がBにある液体試薬をCまで押し下げるので，気体の発生が停止する。

17 非金属元素―277

化合物	酸化物	二酸化硫黄 SO_2	無色，刺激臭，有毒の気体。還元性が強い。水によく溶けて弱い酸性を示す。(酸性雨の一因) $SO_2 + H_2O \rightleftharpoons H^+ + HSO_3^-$ [製法] ①銅に濃硫酸を加えて加熱する。 $Cu + 2H_2SO_4 \longrightarrow CuSO_4 + 2H_2O + SO_2$ ②亜硫酸水素ナトリウムに希硫酸を加える。 $NaHSO_3 + H_2SO_4 \longrightarrow NaHSO_4 + H_2O + SO_2$
	オキソ酸	硫酸 H_2SO_4	[濃硫酸] 無色，粘性のある密度の大きな液体($1.83\,g/cm^3$) ①不揮発性(蒸発しにくい) ②酸化作用(熱濃硫酸は強い酸化剤) ③吸湿性(乾燥剤として利用) ④脱水作用(分子中の水素と酸素を水として奪う) ⑤水に溶解すると発熱する。(うすめるときは水に濃硫酸を加える) [希硫酸] 強酸。多くの金属と反応して水素を発生。硫酸塩は水に溶けるものが多いが $CaSO_4$，$BaSO_4$，$PbSO_4$ は白色沈殿。 [製法] 工業的：接触法 $SO_2 \xrightarrow[\text{触媒 }V_2O_5]{+O_2} SO_3 \xrightarrow{+H_2O} H_2SO_4$ ①約450℃で酸化バナジウム(V) V_2O_5 を触媒に用いて SO_2 と O_2 を反応させる。 $2SO_2 + O_2 \longrightarrow 2SO_3$ ②生成した三酸化硫黄を濃硫酸に吸収させて発煙硫酸にする。 $SO_3 + H_2O \longrightarrow H_2SO_4$ ③発煙硫酸を希硫酸でうすめて濃硫酸にする。

6 窒素(15族)

単体	窒素 N_2	無色気体	空気中に約78%存在。水に溶けにくく，常温で安定。 [製法] 工業的：液体空気の分留
化合物	水素化物	アンモニア NH_3	無色気体 刺激臭	水によく溶ける。弱塩基性。 塩化水素と反応して白煙。$NH_3 + HCl \longrightarrow NH_4Cl$ [製法] ①実験室：アンモニウム塩に強塩基を加えて加熱。 $2NH_4Cl + Ca(OH)_2 \longrightarrow CaCl_2 + 2H_2O + 2NH_3$ ②工業的：ハーバー法(ハーバー・ボッシュ法) 適当な温度・圧力のもとで触媒(Fe_3O_4)を使い，窒素と水素を反応させる。 $N_2 + 3H_2 \rightleftharpoons 2NH_3$

NH₃の製法

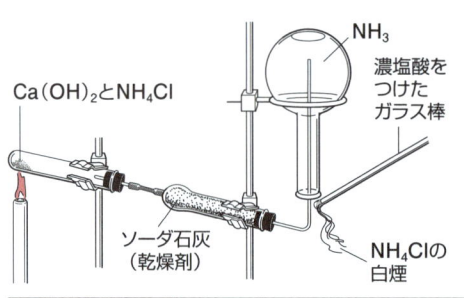

- NH₃は空気よりも軽く、水に溶けやすい気体。
  ⇒ **上方置換**で捕集。

- NH₃は塩基性の気体
  ⇒ 乾燥剤には**ソーダ石灰**（NaOHとCaOを加熱して得られる白色粒状物質）を使用

化合物			
酸化物	一酸化窒素 NO	気体 無色	水に溶けにくい。酸と反応して二酸化窒素になる。 $2NO + O_2 \longrightarrow 2NO_2$ [製法] 銅に希硝酸を加える。 $3Cu + 8HNO_3 \longrightarrow 3Cu(NO_3)_2 + 4H_2O + 2NO$
	二酸化窒素 NO₂	気体 赤褐色 刺激臭	有毒。常温では一部がN₂O₄(無色)になっている。 $2NO_2(赤褐色) \rightleftharpoons N_2O_4(無色)$ 水に溶けて硝酸になる。 $3NO_2 + H_2O \longrightarrow 2HNO_3 + NO$ [製法] 銅に濃硝酸を加える。 $Cu + 4HNO_3 \longrightarrow Cu(NO_3)_2 + 2H_2O + 2NO_2$
オキソ酸	硝酸 HNO₃	液体 揮発性	強酸。光で分解するため**褐色びんに保存する**。 **酸化力が強い**(イオン化傾向の小さいCu, Hg, Agも溶かす)。 Al, Fe, Niは濃硝酸に溶けない(**不動態**)。 [製法] 工業的：**オストワルト法** $NH_3 \xrightarrow{+O_2, 触媒Pt} NO \xrightarrow{+O_2} NO_2 \xrightarrow{+H_2O} HNO_3$ ① $4NH_3 + 5O_2 \longrightarrow 4NO + 6H_2O$ (白金を触媒) ② $2NO + O_2 \longrightarrow 2NO_2$ (空気酸化) ③ $3NO_2 + H_2O \longrightarrow 2HNO_3 + NO$ まとめると(① + ② × 3 + ③ × 2) × $\frac{1}{4}$ $NH_3 + 2O_2 \longrightarrow HNO_3 + H_2O$

◆ **窒素化合物の利用例**

①肥料
$(NH_4)_2SO_4$, NH_4Clは窒素肥料として使用される。

②即冷パック
吸熱反応であるNH_4NO_3の水への溶解を利用している。

③花火
KNO_3は、可燃性物質と共存すると爆発する。

7 リン（15族）

単体	リン P	同素体 [黄リン]	淡黄色固体（P_4分子）。猛毒。 自然発火するため水中に保存。
		[赤リン]	赤褐色固体。 無毒。常温では安定。
化合物	十酸化四リン P_4O_{10}	固体 白色	吸湿性が強く，乾燥剤になる。温水と反応してリン酸になる。 $P_4O_{10} + 6H_2O \longrightarrow 4H_3PO_4$ [製法] リンを燃焼 $4P + 5O_2 \longrightarrow P_4O_{10}$
	リン酸肥料 $Ca(H_2PO_4)_2 + 2CaSO_4$	固体 灰褐色	リン酸カルシウムと硫酸との反応で生じるリン酸二水素カルシウム（水に可溶）と硫酸カルシウムとの混合物は過リン酸石灰とよばれ，肥料として用いられる。 $Ca_3(PO_4)_2 + 2H_2SO_4 \longrightarrow Ca(H_2PO_4)_2 + 2CaSO_4$ 　　水に不溶　　　　　　　　水に可溶

8 炭素・ケイ素（14族）

単体	炭素 C	ダイヤモンド・黒鉛・フラーレン・カーボンナノチューブなどの同素体がある。 燃焼すると CO_2 になる。$C + O_2 \longrightarrow CO_2$ 黒鉛（グラファイト）　ダイヤモンド　フラーレンC_{60}　カーボンナノチューブ
化合物	二酸化炭素 CO_2	水に溶けて弱酸性。 石灰水を白濁させる。 $Ca(OH)_2 + CO_2 \longrightarrow CaCO_3 + H_2O$ [製法] 炭酸カルシウムに塩酸を加える。 $CaCO_3 + 2HCl \longrightarrow CaCl_2 + H_2O + CO_2$
	一酸化炭素 CO	有毒。水に溶けにくい。空気中で燃えて CO_2 となる。 [製法] ギ酸に濃硫酸を加え，加熱。 $HCOOH \longrightarrow CO + H_2O$

単体	ケイ素 Si	ダイヤモンド型の結晶構造。 融点・硬度が高い。
化合物	二酸化ケイ素 SiO_2	石英，水晶，ケイ砂として産出。融点が高い。 フッ化水素酸 HF に溶ける。 二酸化ケイ素は，フッ化水素酸やフッ化水素と反応する。 $SiO_2 + 4HF \longrightarrow SiF_4 + 2H_2O$

化合物	ケイ酸ナトリウム Na_2SiO_3 (水ガラス Na_2SiO_3)	Na^+と長い鎖状の SiO_3^{2-} からなる。 水と加熱すると水ガラスが得られる。 [製法]　$SiO_2 + 2NaOH \longrightarrow Na_2SiO_3 + H_2O$ 　　　　$SiO_2 + Na_2CO_3 \longrightarrow Na_2SiO_3 + CO_2$
	シリカゲル $SiO_2 \cdot nH_2O$	水ガラスに酸を加えてケイ酸 $SiO_2 \cdot nH_2O$ とし，加熱すると生成。多孔質で，乾燥剤・吸着剤として利用。

9 気体の性質の比較と捕集

◆1 捕集法

水上置換：水に溶けにくい気体。

上方置換：水に溶けやすく空気より軽い気体。

下方置換：水に溶けやすく空気より重い気体。

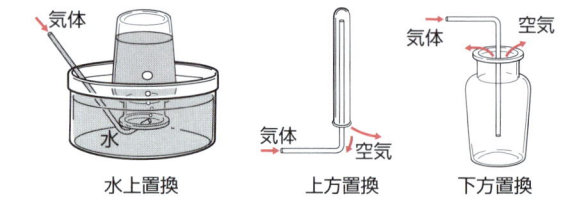

◆2 乾燥剤
A　酸性の乾燥剤：濃硫酸，十酸化四リン
B　中性の乾燥剤：塩化カルシウム　　C　塩基性の乾燥剤：ソーダ石灰，生石灰
*　酸性の気体と塩基性の乾燥剤，塩基性の気体と酸性の乾燥剤は中和反応する。

性質＼気体	H_2	O_2	O_3	N_2	Cl_2	CO	CO_2	NO	NO_2	SO_2	NH_3	HCl	H_2S	CH_4
色をもつ			淡青		黄緑				赤褐					
臭いがある			特異臭		○				○	○	○	○	腐卵臭	
有　毒			○		○	○		○	○	○	○	○	○	
水溶性	×	×	×	×		×		×		○	○	○		×
空気中で燃える	○					○							○	○
水溶液の性質					酸性		酸性		酸性	酸性	塩基性	酸性	酸性	
酸化・還元作用	還元	酸化	酸化		酸化	還元		還元		還元			還元	
捕集法	水上	水上	－	水上	下方	水上	下方	水上	下方	下方	上方	下方	下方	水上
乾燥剤	ABC	ABC	ABC	ABC	AB	ABC	AB	ABC	AB	AB	C[①]	AB[②]	AB[③]	ABC

① $CaCl_2$ は NH_3 と反応して $CaCl_2 \cdot 8NH_3$ となるため使用できない。

② P_4O_{10} は水を含んだ HCl と反応するため使用できない。

③ H_2SO_4 は H_2S と酸化還元反応するため使用できない。

WARMING UP／ウォーミングアップ

次の文中の（　）に適当な語句・数値・化学式・化学反応式を入れよ。

1 周期表と元素の性質
周期表により元素の性質はある程度予測できる。同じ周期の元素の場合，原子番号の小さい元素から大きい元素にいくにつれ，元素の性質は（ア）性より（イ）性が強くなっていく。13族のAlの単体は，酸とも強塩基とも反応する性質をもつ（ウ）である。また，同族の元素では，原子番号が増加するにつれ，元素の性質は（エ）性より（オ）性が強くなっていく。

2 水素
水素 H_2 は，（ア）色（イ）臭で最も（ウ）い気体である。実験室では，（エ）や鉄に（オ）を加えて発生させ，（カ）置換で捕集する。

3 貴ガス
貴ガスは周期表（ア）族に属する元素で，貴ガス原子はすべて価電子が（イ）個である。また単体は（ウ）分子である。

4 ハロゲン
周期表の（ア）族の元素を総称してハロゲンとよぶ。ハロゲン原子は価電子が（イ）個なので電子を1個受け取って（ウ）価の（エ）イオンになりやすい性質をもつ。

5 ハロゲンの単体
ハロゲン単体のうちで，常温・常圧で次の①～⑤に該当するものはどれか。
① 液体　② 酸化力が最大　③ 黄緑色の気体
④ デンプン水溶液によって青紫色になる。
⑤ 高度さらし粉に塩酸を加えると発生する。

6 ハロゲンの単体とイオンの反応
次の反応のうち，実際には起こらない反応はどれか。
① $F_2 + 2I^- \longrightarrow 2F^- + I_2$
② $Cl_2 + 2F^- \longrightarrow 2Cl^- + F_2$
③ $Cl_2 + 2Br^- \longrightarrow 2Cl^- + Br_2$
④ $Cl_2 + 2I^- \longrightarrow 2Cl^- + I_2$

1
(ア) 陽
(イ) 陰
(ウ) 両性金属
(エ) 陰
(オ) 陽

2
(ア) 無　(イ) 無
(ウ) 軽　(エ) 亜鉛
(オ) 希硫酸
(カ) 水上

3
(ア) 18　(イ) 0
(ウ) 単原子

4
(ア) 17　(イ) 7
(ウ) 1　(エ) 陰

5
① 臭素
② フッ素
③ 塩素
④ ヨウ素
⑤ 塩素

6
②

7 ハロゲン化水素
フッ化水素の性質でないものは次のうちのどれか。
① 水に溶けやすい。　② 強酸　③ ガラスを溶かす。
④ 他のハロゲン化水素に比べ沸点が高い。

8 酸素とオゾン
酸素は周期表の(ア)族に属する元素で，単体は空気中の約(イ)%を占める気体である。多くの元素と結びついて(ウ)をつくる。酸素中で放電させると酸素 O_2 の(エ)であるオゾン O_3 ができる。酸素は無色無臭であるが，オゾンは(オ)色で(カ)臭がある。また，オゾンは(キ)作用が強く，湿った(ク)紙を青変する。

9 硫酸の製造
二酸化硫黄 $\xrightarrow{①}$ 三酸化硫黄 $\xrightarrow{②}$ 濃硫酸
(1) 反応①で使われる触媒は何か。
(2) 反応①の化学反応式を示せ。
(3) 反応②の化学反応式を示せ。
(4) 硫酸の工業的製法であるこの方法は何とよばれているか。

10 濃硫酸の性質
次の中で濃硫酸の性質として間違っているものはどれか。
① 不揮発性　② 強酸性
③ 脱水作用　④ 酸化作用(加熱時)

11 窒素
窒素 N_2 は地球上の大気の約(ア)%を占める気体で，常温での反応性はきわめて(イ)い。窒素の化合物であるアンモニアは，水に溶け(ウ)く空気より軽いため，実験室では(エ)置換で捕集する。工業的には水素と窒素を原料とし，(オ)法でつくられている。窒素の酸化物はいくつか存在し，銅に希硝酸を反応させてつくる(カ)と，銅に濃硝酸を反応させてつくる(キ)があり，そのうち(ク)は赤褐色で刺激臭の気体である。

12 リン
リンの同素体には(ア)と(イ)があり，どちらも燃焼すると(ウ)になる。(イ)は有毒であり，空気中で自然発火するので(エ)の中に保存する。

7
②

8
(ア) 16
(イ) 21
(ウ) 酸化物
(エ) 同素体
(オ) 淡青
(カ) 特異
(キ) 酸化
(ク) ヨウ化カリウムデンプン

9
(1) 酸化バナジウム(V)
(2) $2SO_2 + O_2 \longrightarrow 2SO_3$
(3) $SO_3 + H_2O \longrightarrow H_2SO_4$
(4) 接触法

10
②

11
(ア) 78　(イ) 低
(ウ) やす
(エ) 上方
(オ) ハーバー(ハーバー・ボッシュ)
(カ) 一酸化窒素(NO)
(キ) 二酸化窒素(NO_2)
(ク) 二酸化窒素(NO_2)

12
(ア) 赤リン
(イ) 黄リン
(ウ) 十酸化四リン
(エ) 水

13 硝酸の工業的製法

次の化学反応式は，工業的に硝酸を製造する方法を示したものである。

（①）NH$_3$ + （②）O$_2$ ⟶ （③）NO + （④）H$_2$O
（⑤）NO + O$_2$ ⟶ （⑥）NO$_2$
（⑦）NO$_2$ + H$_2$O ⟶ （⑧）HNO$_3$ + NO

この方法を（ア）法という。硝酸は強い（イ）性で，（ウ）作用も強い。そのため濃硝酸はさまざまな金属と反応するが，鉄やアルミニウム，ニッケルとは（エ）をつくり反応しない。

14 炭素・ケイ素

炭素の同素体には（ア）や黒鉛などがある。（ア）は炭素原子どうしが（イ）結合をつくり，正四面体を基本とする立体構造をつくる。融点も高く非常にかたい。炭素と同じ（ウ）族の元素にケイ素がある。ケイ素の酸化物である二酸化ケイ素は化学式を（エ）と書くが分子としては存在せず，（オ）結合の結晶をつくっている。これを水酸化ナトリウムとともに加熱すると（カ）になり，さらに水を加えて熱すると（キ）とよばれる粘性の大きな液体が生じる。この水溶液に塩酸を加えると白くゼリー状の（ク）の沈殿が生じ，この沈殿を乾燥させたものが（ケ）とよばれ，乾燥剤として利用される。

15 気体の製法

次の操作で発生する気体を化学式で答えよ。
① 炭酸カルシウムに希塩酸を加える。
② 硫化鉄（Ⅱ）に希硫酸を加える。
③ 塩化ナトリウムに濃硫酸を加えて穏やかに加熱する。
④ 塩化アンモニウムと水酸化カルシウムの混合物を加熱する。
⑤ 亜硫酸水素ナトリウムに希硫酸を加える。

16 気体の性質

次の性質を示す気体を化学式で答えよ。
① 黄緑色の気体で，酸化作用があり，殺菌・漂白に用いる。
② 無色・刺激臭の気体で，還元作用がある。
③ 無色・刺激臭の気体で，水溶液は弱塩基性を示す。
④ 硫酸銅（Ⅱ）水溶液に通じると，黒色沈殿ができる。

13
① 4　② 5
③ 4　④ 6
⑤ 2　⑥ 2
⑦ 3　⑧ 2
(ア) オストワルト
(イ) 酸
(ウ) 酸化
(エ) 不動態

14
(ア) ダイヤモンド
(イ) 共有
(ウ) 14
(エ) SiO$_2$
(オ) 共有
(カ) ケイ酸ナトリウム
(キ) 水ガラス
(ク) ケイ酸
(ケ) シリカゲル

15
① CO$_2$
② H$_2$S
③ HCl
④ NH$_3$
⑤ SO$_2$

16
① Cl$_2$
② SO$_2$
③ NH$_3$
④ H$_2$S

基本例題 71　ハロゲンの性質　　基本 → 381, 384

次のハロゲンに関する文章を読み(ア)～(キ)にあてはまる語句を答えよ。
ハロゲンの単体は二原子分子として存在する。常温・常圧で（ ア ）と（ イ ）は気体，（ ウ ）は液体，（ エ ）は固体である。ハロゲンの単体はいずれも有色・有毒であり，酸化力は原子番号が小さいほど（ オ ）い。また，水に溶けて弱酸性を示すハロゲン化水素は（ カ ）のみであり，ハロゲン化銀の中で水に可溶な物質は（ キ ）のみである。

●エクセル　単体の酸化力は $F_2 > Cl_2 > Br_2 > I_2$

解説　(ア)～(エ)常温・常圧でフッ素，塩素は気体，臭素は液体，ヨウ素は固体である。(オ)ハロゲンの単体の酸化力は $F_2 > Cl_2 > Br_2 > I_2$ である。(カ)ハロゲン化水素の水溶液で弱酸性を示すものはフッ化水素酸のみである。(キ)ハロゲン化銀の中でもフッ化銀は，AgとFの電気陰性度の差が大きいので極性が大きく，水によく溶ける。

	原子量	単体の酸化力
F		
Cl	↓	↑
Br	大	強
I		

解答　(ア)・(イ)　フッ素・塩素　(ウ)　臭素
(エ)　ヨウ素　(オ)　強　(カ)　フッ化水素　(キ)　フッ化銀

基本例題 72　硫黄とその化合物　　基本 → 387

硫黄には斜方硫黄，単斜硫黄などの（ ア ）がある。硫黄の酸化物である<u>二酸化硫黄は，亜硫酸水素ナトリウムに希硫酸を作用させると得られる</u>。二酸化硫黄は水に溶けやすく，水溶液は（ イ ）い酸性を示す。

斜方硫黄　　単斜硫黄

(1) 文中の(ア)・(イ)に適当な語句を入れよ。
(2) 下線部の反応を化学反応式で示せ。
(3) 次の①～③の反応には濃硫酸のどのような性質が関係しているか。
　① 塩化ナトリウムと濃硫酸の混合物を加熱すると，塩化水素が発生する。
　② 砂糖に濃硫酸を加えると，砂糖が炭化する。
　③ 銀に濃硫酸を加えて熱すると，二酸化硫黄が発生する。

●エクセル　濃硫酸の性質は脱水作用，不揮発性，酸化作用（加熱時），吸湿性

解説　(1) 二酸化硫黄が水に溶けると亜硫酸が生成する。亜硫酸の水溶液は弱酸性を示す❶。
(3) ①揮発性の酸の塩に不揮発性の酸を加えると揮発性の酸が遊離する。②濃硫酸の脱水作用により砂糖が炭化する。③濃硫酸が銀を酸化させている。

❶の反応
$SO_2 + H_2O \rightleftarrows H^+ + HSO_3^-$

解答　(1) (ア)　同素体　(イ)　弱　(2) $NaHSO_3 + H_2SO_4 \longrightarrow NaHSO_4 + SO_2 + H_2O$
(3) ①　不揮発性　②　脱水作用　③　酸化作用

基本例題 73 アンモニア　　　　　　　　　　　　　　　　　　　基本 ⇒ 389

図は，実験室でアンモニアを発生させる装置である。以下の問いに答えよ。

(1) この反応を化学反応式で示せ。
(2) 試験管を図のように傾ける理由を簡単に説明せよ。
(3) この捕集方法はアンモニアのどのような性質に基づくものか。
(4) 発生したアンモニアを検出できるものを，次の①〜④からすべて選べ。
　① 塩化水素　　　② 青色リトマス紙
　③ 赤色リトマス紙　④ ヨウ化カリウムデンプン紙

●エクセル　弱塩基の塩に強塩基を加えると弱塩基が遊離する。

解説
(4) アンモニアと塩化水素が反応すると塩化アンモニウムの白煙[1]が生じる。塩基性の化合物は水溶液中で赤色リトマス紙を青色に変える。

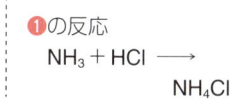

❶の反応
$NH_3 + HCl \longrightarrow NH_4Cl$

解答
(1) $2NH_4Cl + Ca(OH)_2 \longrightarrow CaCl_2 + 2H_2O + 2NH_3$
(2) 発生した水が加熱部に流れて，試験管が割れるのを防ぐため。
(3) 水に溶けやすく，空気よりも軽い性質。　　(4) ①，③

基本例題 74 気体の性質　　　　　　　　　　　　　　　　　　　基本 ⇒ 396

次の(ア)〜(オ)に示した気体の性質にあてはまるものを①〜⑩からそれぞれ選べ。
(ア) 水に溶けると殺菌作用・漂白作用を示す黄緑色の気体。
(イ) 冷暗所で水素と爆発的に反応する淡黄色の気体。
(ウ) 石灰水を白く濁らせる無色の気体。
(エ) 塩素酸カリウムの熱分解で生成する無色の気体。
(オ) 酸素の無声放電で生成する淡青色の気体。
　① フッ素　　　② オゾン　　　③ 塩素　　　④ 酸素
　⑤ 塩化水素　　⑥ 硫化水素　　⑦ アンモニア　⑧ 一酸化炭素
　⑨ 二酸化炭素　⑩ 二酸化硫黄

●エクセル　塩素が水に溶けると次亜塩素酸が生じる。

解説　(ア)〜(オ)の化学反応式は次の通りである。
(ア) $Cl_2 + H_2O \rightleftharpoons HCl + HClO$[1]　(イ) $F_2 + H_2 \longrightarrow 2HF$
(ウ) $Ca(OH)_2 + CO_2 \longrightarrow CaCO_3 + H_2O$
(エ) $2KClO_3 \longrightarrow 2KCl + 3O_2$　(オ) $3O_2 \longrightarrow 2O_3$

❶ HClO（次亜塩素酸）の性質
⇒殺菌作用
⇒漂白作用

解答　(ア) ③　(イ) ①　(ウ) ⑨　(エ) ④　(オ) ②

基本問題

379 ▶ 水素　次の記述のうち，水素について述べたものを3つ選べ。
(1) 単体は水によく溶ける。
(2) 単体は特有の臭いをもった無色の気体である。
(3) 単体はすべての気体の中で最も密度が小さい。
(4) 単体は加熱した状態で銅を酸化することができる。
(5) 単体と酸素 O_2 との混合気体に点火すると爆発的に反応して水になる。
(6) 宇宙空間に最も多く存在する元素である。

380 ▶ 貴ガス　ヘリウム，ネオン，アルゴンの単体に関する記述として誤りを含むものを，次の(1)～(6)のうちから1つ選べ。
(1) これらはいずれも空気より軽い。
(2) これらの気体は，いずれも無色・無臭である。
(3) いずれも単原子分子からなる。
(4) いずれも反応性に乏しい。
(5) これらの中で沸点が最も低いのはヘリウムである。
(6) これらの中で空気中に最も多く含まれているのはアルゴンである。

(11 センター 改)

381 ▶ 17族の元素　17族の元素について，次の問いに答えよ。
(1) 17族元素は総称して何とよばれるか。
(2) フッ素，塩素，臭素，ヨウ素のうち常温・常圧で固体の物質の化学式と色を示せ。
(3) 水素化物ではAを除いて，沸点は分子量の増加にともなって増加する。Aの化学式を示せ。また，Aの沸点が異常に高い理由を簡単に述べよ。

382 ▶ 塩素の製法　塩素を発生させるために，右図のような装置を組み立てた。滴下ろうとAには濃塩酸，フラスコBには酸化マンガン(IV)が入っている。次の問いに答えよ。
(1) 図の装置で塩素が発生する際の化学反応式を示せ。
(2) 容器Cには水，容器Dには濃硫酸が入っている。それぞれ何のために使用するのか述べよ。
(3) 図中には誤りが1つある。ここでの正しい装置の組み立て方を理由とともに簡潔に述べよ。

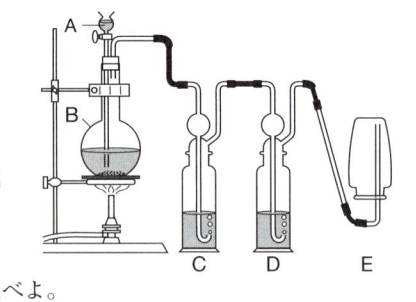

383 ▶ ハロゲンとその化合物　次の文章を読み，下の問いに答えよ。

ハロゲン原子は価電子を（ア）個もち，電子1個を取り入れて1価の（イ）イオンになりやすい。塩素を水に溶かすと，溶けた塩素の一部は水と反応して（ウ）と塩酸を生じる。塩酸は（エ）い酸である。(a)フッ素は水と激しく反応し，フッ化水素を生成する。フッ化水素を水に溶かしたフッ化水素酸は（オ）い酸であり，(b)（カ）を溶かす性質があるので，ポリエチレン容器に保存する。

(1) 文中の(ア)～(カ)に適当な語句を入れよ。
(2) 下線部(a)，(b)の反応を化学反応式で示せ。

384 ▶ ハロゲン化銀　次の文章を読み，下の問いに答えよ。

ハロゲン化物イオンを含む水溶液に硝酸銀水溶液を加えると，（ア）以外のハロゲン化物イオンは沈殿を生じ，（イ）は白色，（ウ）は淡黄色，（エ）は黄色の沈殿になる。ハロゲン化銀は感光性があり，写真の感光剤に利用されている。

(1) (ア)～(エ)に適当な語句を入れよ。
(2) 下線部の変化を（ウ）を例に化学反応式で示せ。

385 ▶ 酸素・オゾン　次の問いに答えよ。

(1) 過酸化水素水に酸化マンガン(IV)を加えて酸素を発生させるときの化学反応式を示せ。
(2) 酸素中で無声放電させるとオゾンが発生する。このときの化学反応式を示せ。また，発生したオゾンにより湿ったヨウ化カリウムデンプン紙がどのように変化するかを説明せよ。

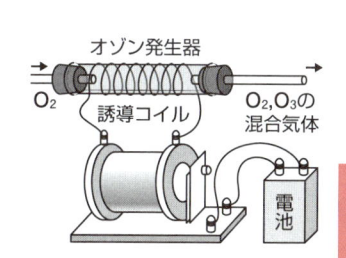

386 ▶ 酸化物　NO_2，Na_2O，Al_2O_3，SO_2，CaO を酸性酸化物，両性酸化物，塩基性酸化物に分類した。その分類として正しいものを，次の(1)～(6)のうちから1つ選べ。

	酸性酸化物	両性酸化物	塩基性酸化物
(1)	Na_2O	CaO	NO_2, SO_2, Al_2O_3
(2)	Na_2O, CaO	Al_2O_3	NO_2, SO_2
(3)	Na_2O	Al_2O_3, CaO	NO_2, SO_2
(4)	SO_2	NO_2, Al_2O_3	Na_2O, CaO
(5)	NO_2, SO_2	Al_2O_3	Na_2O, CaO
(6)	NO_2, SO_2	Al_2O_3, CaO	Na_2O

(01 センター 改)

387 ▶ 硫黄の化合物の性質 二酸化硫黄は無色，刺激臭，有毒の，水によく溶ける気体であり，酸性雨の原因になっている。実験室で二酸化硫黄を発生させるときは，(a)銅に濃硫酸を加えて加熱するか，(b)亜硫酸水素ナトリウムに希硫酸を加えるとよい。二酸化硫黄は硫化水素との反応では酸化剤として働き，ヨウ素との反応では還元剤として働く。

(1) 下線部(a)，(b)の反応を化学反応式で表せ。
(2) 二酸化硫黄と硫化水素の反応を化学反応式で表せ。
(3) 二酸化硫黄とヨウ素の水溶液中での反応を化学反応式で表せ。

388 ▶ 硫酸 実験ノートに濃硫酸をこぼすと，その部分が黒くなり，やがて穴があく。これは硫酸のどのような性質によるものか説明せよ。

389 ▶ アンモニアの製法 実験室でアンモニアをつくるために，右図の装置を組み立てた。試験管に塩化アンモニウムと（ ア ）の混合物を入れ，試験管を加熱した。この反応式は次式で示される。

(a)NH_4Cl + （ ア ） ⟶ $CaCl_2$ + (b)NH_3 + (c)（ イ ）

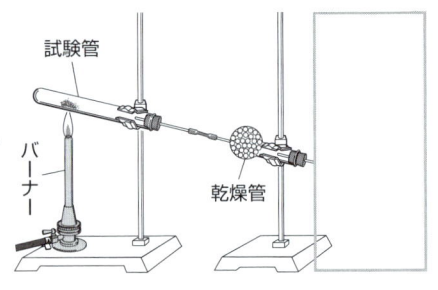

アンモニアの検出には，（ ウ ）のついたガラス棒をアンモニアに近づけると白煙が生じることを利用する。これは（ エ ）とアンモニアから（ オ ）の微粉末が生成したことによる。

(1) 文中の(ア)～(オ)には適当な語句あるいは化学式を，また(a)～(c)には適当な数値を入れよ。
(2) 下線部の反応を化学反応式で示せ。
(3) 次の①～④について，アンモニアの乾燥に用いる乾燥剤として適当であれば○印を，不適当であれば×印を記せ。
　① 生石灰　② 濃硫酸　③ 塩化カルシウム　④ ソーダ石灰
(4) この実験で気体を捕集するときの方法は次のうちどれか。

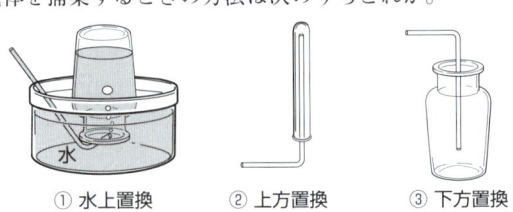

① 水上置換　② 上方置換　③ 下方置換

□□□ **390 ▶ 窒素の化合物** 大気の主成分である窒素は，常温では反応性に乏しいが，高温では酸素と反応し（ ア ）を生じる。（ ア ）は，①銅を希硝酸に溶かすと発生し，水には溶け（ イ ）。（ ア ）は，常温では空気中の酸素と反応して（ ウ ）色の有毒な（ エ ）になる。（ エ ）は②銅を濃硝酸に溶かすと発生する。また，（ エ ）は水に溶けて硝酸になる。硝酸は，無色・揮発性の液体で③（ オ ）や熱で分解しやすい。また強酸で酸化力も強いため銅や銀などを溶かすが，ある種の金属では表面にち密な酸化被膜ができて溶けにくくなる。この状態を（ カ ）という。

(1) 文中の(ア)〜(カ)に適当な語句を入れよ。
(2) 下線部①，②の反応を化学反応式で表せ。
(3) 硝酸には下線部③のような性質があるため保存方法に注意しなければならない。どのように保存すればよいか説明せよ。
(4) 濃硝酸に入れたとき（ カ ）を形成する金属を，次の(a)〜(e)から1つ選べ。
   (a) 金   (b) 銀   (c) 銅   (d) 亜鉛   (e) アルミニウム

□□□ **391 ▶ 硝酸の製造法** 次の文章を読み，下の問いに答えよ。
工業的に硝酸をつくるには，まず白金を触媒としてアンモニアを空気中の酸素と約800℃で反応させて一酸化窒素をつくる。

   （ ア ）NH₃ + （ イ ）O₂ ⟶ 4NO + 6（ ウ ） …①

次に，この一酸化窒素を空気中の酸素で酸化させて二酸化窒素とする。

   2NO + O₂ ⟶ 2NO₂ …②

さらに，この二酸化窒素を水に溶かして硝酸にする。

   （ エ ）NO₂ + H₂O ⟶ （ オ ）HNO₃ + （ カ ） …③

(1) 文中の(ア)〜(カ)に適当な数値または化学式を記せ。
(2) この硝酸の工業的製造法を何というか。
(3) ①〜③の化学反応式を1つの化学反応式にまとめて記せ。

□□□ **392 ▶ リン** リンに関する次の記述のうち，正しいものをすべて選べ。
(1) 黄リンと赤リンは互いに同位体である。
(2) 黄リンは空気中で自然発火するので石油中に保存する。
(3) 十酸化四リンは乾燥剤として利用できる。
(4) 赤リンは毒性が弱く常温で安定である。
(5) リン酸は潮解性があり，水によく溶ける。

黄リン

393 ▶ 炭素の同素体 次の(ア)～(ウ)は炭素の同素体である。

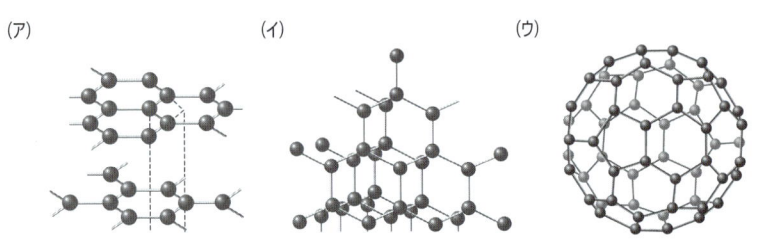

(ア)　　　　　　　(イ)　　　　　　　(ウ)

(1) (ア)～(ウ)の名称をそれぞれ記せ。
(2) (ア)は電気をよく導くのに対して(イ)は電気を導かない理由を説明せよ。

394 ▶ 炭素の酸化物 次の文章を読み，下の問いに答えよ。
(a)二酸化炭素を石灰水に通すと白濁を生じる。(b)この水溶液にさらに二酸化炭素を通すと透明な溶液になり，(c)この溶液を煮沸すると，再び白濁する。
(1) 下線部(a)～(c)を化学反応式で表せ。
(2) 次の記述のうちで二酸化炭素のみの性質にはA，一酸化炭素のみの性質にはB，両方に共通する性質の場合にはCを記せ。
　① 無色・無臭。　② 空気中で燃焼する。　③ 水に溶けて弱酸性を示す。
　④ 低濃度であっても有毒。

395 ▶ ケイ素 ケイ素に関する次の記述のうち，正しいものをすべて選べ。
(1) ケイ素の単体は黒鉛と同じ層状構造をしている。
(2) 純度の高いケイ素の単体は半導体として用いられる。
(3) ケイ酸ナトリウムに水を加えて加熱して溶かしたものをソーダガラスという。
(4) ケイ酸を加熱して乾燥させたものをシリカゲルという。
(5) 二酸化ケイ素の結晶は，1つのケイ素原子に2つの酸素原子が結合した分子が分子間の引力で集まったものである。

396 ▶ 気体の性質 次の性質をもつ気体は NO_2，CO_2，O_3，H_2，NH_3，HCl，H_2S のどれか。
(1) 淡青色・特異臭があり，湿ったヨウ化カリウムデンプン紙を青変させる。
(2) 酸素と混合して点火すると爆発的に反応する。
(3) 無色・刺激臭のある気体で，水溶液は酸性を示す。
(4) 腐卵臭のある気体で，硫酸銅(Ⅱ)の水溶液に通すと黒色の沈殿を生じる。
(5) 石灰水を白く濁らせる。
(6) 赤褐色で刺激臭のある気体で，水溶液は酸性を示す。
(7) 刺激臭のある無色の気体で，水によく溶けて塩基性を示す。

応用例題 75　硫黄の化合物

次図は硫黄とその代表的な化合物の関係を示したものである。下の問いに答えよ。

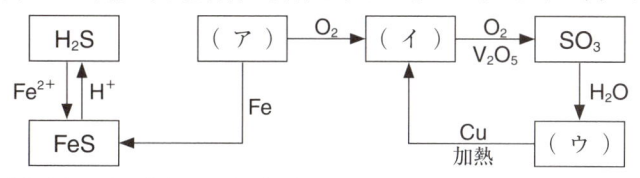

$$H_2S \xrightarrow[Fe^{2+} \; H^+]{} FeS \xleftarrow{Fe} (ア) \xrightarrow{O_2} (イ) \xrightarrow[V_2O_5]{O_2} SO_3 \xrightarrow{H_2O} (ウ) \xrightarrow[加熱]{Cu}$$

(1) 図中の空欄(ア)〜(ウ)に該当する物質の化学式を記せ。
(2) SO_3 と H_2O から(ウ)が生成するときの化学反応式を記せ。
(3) (ウ)のおもな性質を記せ。

(02 北大 改)

● エクセル　濃硫酸の工業的製法を接触法という。

解説　接触法では，酸化バナジウム(V)を触媒に用いて二酸化硫黄と酸素から三酸化硫黄を合成❶する。これに続いて，三酸化硫黄を濃硫酸に吸収させて発煙硫酸❷とする。最後に，これを希硫酸に吸収させて濃硫酸にする。

❶の反応
$2SO_2 + O_2 \longrightarrow 2SO_3$

❷の反応
$SO_3 + H_2O \longrightarrow H_2SO_4$

解答
(1) (ア) S　(イ) SO_2　(ウ) H_2SO_4　(2) $SO_3 + H_2O \longrightarrow H_2SO_4$
(3) 脱水作用，吸湿性，酸化作用，不揮発性

応用例題 76　無機化合物の推定

応用 ⇒ 405

気体A，B，Cとして適切なものを①〜⑤からそれぞれ選び記号で答えよ。
(1) 気体A，Bは水に溶けて酸性を示したが，気体Cは水に溶けなかった。
(2) 気体A，B，Cを石灰水に通じたら，気体Aのみ白い沈殿が生じた。
(3) 気体Bにアンモニア水をつけたガラス棒を近づけたら，白煙が生じた。

① 水素　② 二酸化窒素　③ アンモニア　④ 塩化水素　⑤ 二酸化炭素

● エクセル　代表的な気体の水への溶けやすさ，水溶液の性質，反応性の知識が必要。

解説
(1) ①〜⑤のうち，水に溶けて酸性を示す気体は二酸化窒素，塩化水素，二酸化炭素である。水に溶けない気体は水素のみである。
(2) 石灰水に二酸化炭素を通じると炭酸カルシウムの白い沈殿が生じる。
(3) 塩化水素にアンモニアを近づけると塩化アンモニウムの白煙が生じる。

● 実験の結果

	A	B	C
水への溶解性	○	○	×
水に溶けて酸性を示す	○	○	×
石灰水で白い沈殿が生成	○	×	×
アンモニアで白煙が生成	×	○	×

解答　気体A：⑤　気体B：④　気体C：①

応用問題

397 ▶ ハロゲンの性質 次の文章を読み，下の問いに答えよ。

ハロゲンの単体の融点や沸点は，周期表の下にいくほど（ア）くなっている。ハロゲンの単体の結晶中では，分子は，（イ）とよばれる引力によって集合している。ハロゲンの単体のうち（ウ）は最も反応性に富み，①水と激しく反応する。（エ）の単体は常温・常圧で（オ）色の液体である。（カ）の単体は昇華性のある光沢を有する結晶で，水にはほとんど溶けないが，②ヨウ化カリウムの水溶液にはよく溶ける。ハロゲン化水素はいずれも室温で無色，刺激臭の有害な気体である。③フッ化水素は，フッ化カルシウムを濃硫酸とともに加熱すると得られる。④フッ化水素酸は二酸化ケイ素と反応する。

(1) 文中の（ア）〜（カ）に適当な語句を入れよ。
(2) 下線部①で生じる酸の水溶液を保存するときの注意点を簡潔に述べよ。
(3) 下線部②の現象が起こる理由を説明せよ。
(4) 下線部③，④の化学反応式を示せ。
(5) 次の反応式(a)〜(f)のうちから，実際に反応が進行するものをすべて選べ。

(a) $2KI + Cl_2 \longrightarrow 2KCl + I_2$
(b) $2KBr + Cl_2 \longrightarrow 2KCl + Br_2$
(c) $2KBr + I_2 \longrightarrow 2KI + Br_2$
(d) $2KCl + Br_2 \longrightarrow 2KBr + Cl_2$
(e) $2KI + Br_2 \longrightarrow 2KBr + I_2$
(f) $2KCl + I_2 \longrightarrow 2KI + Cl_2$

398 ▶ 酸素 次の文章を読み，下の問いに答えよ。

大気中には体積百分率で約（A）％の酸素が含まれ，(a)地球上で多くの元素が酸化物として存在する。非金属元素の酸化物の多くは（ア）酸化物に分類され，（イ）と反応して塩を生成する。(b)（ア）酸化物と水が反応すると分子中に酸素原子を含む酸を生じ，このような酸を特に（ウ）という。

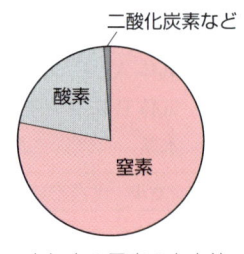

(1) 文中の（A）に適当な数値を，（ア）〜（ウ）に適当な語句を入れよ。
(2) 下線部(a)について，白金や金などの金属元素以外で，酸化物を生成しない元素群の名称を記せ。
(3) 下線部(b)について，塩素酸，亜塩素酸，次亜塩素酸，過塩素酸を酸として強い順に並べよ。
(4) (3)に示した結果になる理由を述べよ。

大気中の元素の存在比

（10 熊本大 改）

□□□**399 ▶ オゾン** 酸素の単体であるオゾン O_3 は酸素 O_2 の（ ア ）で，成層圏では有害な（ イ ）線を吸収して，地球上の生物を守っている。冷蔵庫などに使用されてきた（ ウ ）は成層圏でオゾンを分解するため，それに代わる物質の開発が進められた。オゾンは酸素中での（ エ ）や酸素への（ イ ）線の照射により生成する。オゾンが分解したときにできる（ オ ）は（ カ ）力が強く，殺菌作用がある。また，オゾンの検出には，ヨウ化カリウムデンプン紙が使用される。<u>湿ったヨウ化カリウムデンプン紙はオゾンに触れると（ キ ）色に変化する</u>ためである。

(1) （ ア ）〜（ キ ）に適当な語句を入れよ。
(2) オゾン分子の形は右図のどれか。記号で答えよ。（●は酸素原子を表す。）
(3) 下線部の反応を化学反応式で表せ。

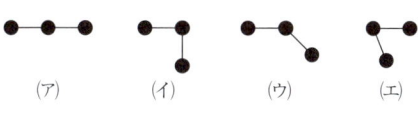

（法政大 改）

□□□**400 ▶ オストワルト法** 硝酸を工業的に製造する方法は，次のように行われる。
　まず，(a)<u>（ X ）を触媒としてアンモニアを一酸化窒素に酸化する</u>。得られた(b)<u>一酸化窒素を空気中で酸化して二酸化窒素とし</u>，この(c)<u>二酸化窒素を水に溶かして硝酸にする</u>。このとき，一酸化窒素も同時に得られる。

(1) 文中の（ X ）に入る金属触媒の元素記号を答えよ。
(2) 下線部(a)，(b)，(c)をそれぞれ化学反応式で表せ。
(3) (2)の各反応をまとめた反応を化学反応式で表せ。
(4) オストワルト法によって質量パーセント濃度63％の濃硝酸を100kg製造するのに必要な酸素は何 mol か。有効数字2桁で答えよ。

□□□**401 ▶ 酸の性質** 次の文章を読み，下の問いに答えよ。
　濃塩酸，濃硫酸，濃硝酸は，いずれも化学実験によく用いられる酸である。このうち，（ ア ）は不揮発性で，吸湿性が強い。（ イ ）は揮発性であり，その蒸気がアンモニア水と接触すると，白煙を生じる。（ ウ ）は酸化作用が強く，常温で銅を酸化して溶かす。（ エ ）は常温で銅を溶かさないが，これを（ オ ）と体積比3：1の割合で混合した酸は（ カ ）とよばれ，通常の酸に溶けない金や白金をも溶かす。

(1) （ ア ）〜（ オ ）は，(a)濃塩酸，(b)濃硫酸，(c)濃硝酸のいずれかである。これらの空欄にあてはまる酸を(a)〜(c)の記号で答えよ。
(2) （ カ ）に適当な語句を入れよ。

原子量の概数値	H	C	N	O	Na	Mg	Al	Si	S	Cl	K	Ca	Fe	Cu	Zn	Ag	I	Pb
	1.0	12	14	16	23	24	27	28	32	35.5	39	40	56	63.5	65	108	127	207

□□□**402 ▶ 炭素とケイ素** 次の文章を読み，下の(1)～(3)に答えよ。

周期表の(ア)族に属する炭素とケイ素は，ともに価電子数が(イ)であり，常温・常圧下でそれぞれの単体の状態はいずれも(ウ)である。炭素は他の原子とおもに(エ)結合をすることで多種多様な化合物を形成する。一方，ケイ素は地殻中では二酸化ケイ素やさまざまなケイ酸塩として存在する。二酸化ケイ素は安定な物質であるが，(a)フッ化水素酸と反応してヘキサフルオロケイ酸を生成する。また，(b)二酸化ケイ素は塩基と反応して塩をつくる。

(1) 文中の(ア)～(エ)に適当な語句・数値を記入せよ。
(2) 下線部(a)の化学反応式を示せ。
(3) 下線部(b)のような性質をもつ酸化物を何とよぶか。　　　　　　(10 甲南大 改)

□□□**403 ▶ 一酸化炭素** 一酸化炭素は人体にとってきわめて有害である。この理由を述べよ。　　　　　　　　　　　　　　　　　　　　　　　　　　　　　(日本女子大 改)

□□□**404 ▶ 気体の発生装置と捕集** 次の図の(A)～(E)は記述した気体を発生させる装置を示したものである。ただし，気体の精製法は省略してある。下の問いに答えよ。

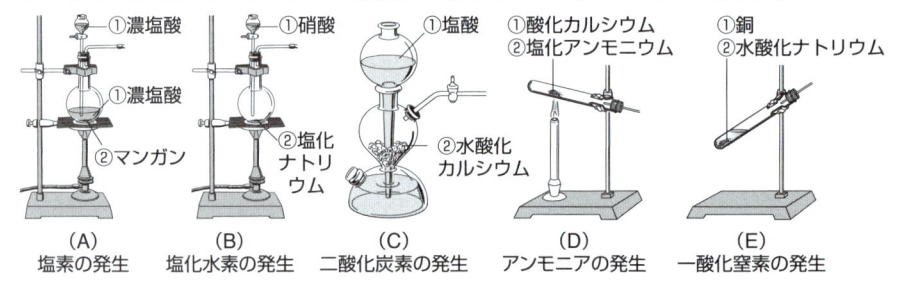

(A)	(B)	(C)	(D)	(E)
①濃塩酸 ②マンガン	①硝酸 ②塩化ナトリウム	①塩酸 ②水酸化カルシウム	①酸化カルシウム ②塩化アンモニウム	①銅 ②水酸化ナトリウム
塩素の発生	塩化水素の発生	二酸化炭素の発生	アンモニアの発生	一酸化窒素の発生

(1) (A)～(E)のいずれでも，用いた2つの試薬①・②のうち1つは不適当である。不適当な試薬をそれぞれの図の①，②から1つ選び，その番号と正しい試薬名を書け。
(2) (A)～(E)で正しい試薬を用いたときに発生する気体の最も適切な捕集方法を，次の①～③から選べ。
　① 上方置換　② 水上置換　③ 下方置換
(3) 次の①～⑤を酸性の乾燥剤，中性の乾燥剤，塩基性の乾燥剤に分類し，その中からアンモニアの乾燥に適しているものをすべて選べ。
　① 塩化カルシウム　② 濃硫酸　③ ソーダ石灰
　④ 十酸化四リン　⑤ 生石灰

17 非金属元素 — 295

□□□**405 ▶ 気体の発生と性質** 右表は，5種類の気体とそれらを発生させるために用いる試薬を示している。

気体	気体を発生させるために用いる試薬
水素	亜鉛と希硫酸
硫化水素	①と希硫酸
塩化水素	②と濃硫酸
二酸化硫黄	③と希硫酸
塩素	④と濃塩酸

(1) 表中に示した5種類の気体の特徴を下記の(ア)～(キ)からそれぞれ1つずつ選び，記号で答えよ。
   (ア) 無色で刺激臭がある。強酸で水に溶けやすい。
   (イ) 無色で水に溶けにくい。空気に触れると赤褐色となる。
   (ウ) 無色・無臭である。酸素との混合気体は点火により爆発的に反応する。
   (エ) 黄緑色で刺激臭がある。水によく溶ける。
   (オ) 無色で腐卵臭がある。多くの金属イオンと反応し，沈殿を生じる。
   (カ) 赤褐色で刺激臭がある。水に溶けやすく，水溶液は酸性を示す。
   (キ) 無色で刺激臭がある。硫酸の原料として工業的に用いられている。
(2) 表中の①～④にあてはまる試薬として最も適したものを下記のうちからそれぞれ1つずつ選び，化学式で答えよ。
   酸化マンガン(Ⅳ)，塩化ナトリウム，硫化鉄(Ⅱ)，亜硫酸ナトリウム
(3) 表中に示した①と希硫酸から硫化水素を発生させる反応，および④と濃塩酸から塩素を発生させる反応の化学反応式を示せ。
(4) 表中に示した④と濃塩酸から塩素を発生させる場合について，発生する塩素の捕集方法として最も適当なものを次の(a)～(c)から選べ。
   (a) 上方置換   (b) 下方置換   (c) 水上置換

□□□**406 ▶ 肥料** 次の文中の(ア)，(イ)にあてはまる語句を記入し，下線部の反応を化学反応式で示せ。

窒素，(ア)，(イ)を肥料の三要素という。窒素肥料としては，アンモニアを二酸化炭素と反応させて尿素にしたものや，硫酸アンモニウムや硝酸アンモニウムにしたものなどが用いられている。(ア)酸肥料としては，リン鉱石の主成分であるリン酸カルシウムを硫酸で処理して生じる，リン酸二水素カルシウムと硫酸カルシウムの混合物が，過リン酸石灰として用いられている。肥料の多投与は土壌の性質を変えてしまうので，植物の生育に適したpHにするために消石灰が使われる。

(ア) 花つき，実つきをよくする
窒素 葉や茎を育てる
(イ) 根の生育を促進する

(15 芝浦工大 改)

□□□**407 ▶ 酸性雨** 酸性雨が発生するしくみを，原因となる物質の発生のしかたを含めて説明せよ。

エクササイズ

左段の物質の反応式を右段の空欄に記せ。（△は加熱処理を示す。）

F 　□フッ化カルシウム（蛍石）と硫酸　　△　　□

　　　□フッ化水素酸とガラス（二酸化ケイ素）　□

Cl　□濃塩酸と酸化マンガン（Ⅳ）　　△　　□

　　　□高度さらし粉と塩酸　　　　　　　　　□

　　　□塩素と水　　　　　　　　　　　　　　□

　　　□塩素と水酸化カルシウム　　　　　　　□

　　　□塩素と水素　　　　　　　　　　　　　□

　　　□塩化ナトリウムと濃硫酸　　△　　　　□

Br　□臭化カリウムと塩素　　（ハロゲンの酸化力）　□

I 　□ヨウ化カリウムと塩素　（ハロゲンの酸化力）　□

　　　□ヨウ化カリウムと臭素　（ハロゲンの酸化力）　□

O 　□塩素酸カリウムの分解　　△　　　　　□

　　　□過酸化水素の分解　　　　　　　　　　□

　　　□ヨウ化カリウム水溶液とオゾン　　　　□

S 　□硫黄の燃焼　　　　　　　　　　　　　□

　　　□二酸化硫黄の酸化　　　（接触法）　　□

　　　□三酸化硫黄と水　　　　　　　　　　　□

　　　□亜硫酸水素ナトリウムと硫酸　　　　　□

　　　□銅と熱濃硫酸　　　　　△　　　　　　□

　　　□硫化鉄（Ⅱ）と硫酸　　　　　　　　　□

17 非金属元素

N ☐ 銅と濃硝酸

☐ 銅と希硝酸

☐ 塩化アンモニウムと水酸化カルシウム △

☐ 窒素と水素　　　（ハーバー・ボッシュ法）

☐ アンモニアと塩化水素

☐ アンモニアと水

☐ アンモニアの酸化　　（オストワルト法）

☐ 一酸化窒素の酸化

☐ 二酸化窒素と水

☐ 二酸化窒素と四酸化二窒素の平衡

P ☐ リンの燃焼

☐ 十酸化四リンと水

☐ 過リン酸石灰の生成

C ☐ 二酸化炭素と水　　　　（光合成）

☐ ギ酸の分解 △

☐ コークスと水蒸気　　（水性ガスの生成）

Si ☐ 二酸化ケイ素とコークス

☐ 二酸化ケイ素とフッ化水素（気体）

☐ 二酸化ケイ素と水酸化ナトリウム

☐ 二酸化ケイ素と炭酸ナトリウム

☐ 水ガラスと塩酸

18 典型金属元素

1 アルカリ金属（Hを除く1族　Li，Na，K，Rb，Cs，Fr）

単体

銀白色の金属で密度が小さい。比較的やわらかく融点が低い。
1価の陽イオンになりやすい。
常温の空気中で酸素とすみやかに反応する（保存は石油中）。
　　$4Na + O_2 \longrightarrow 2Na_2O$
水とは激しく反応する（反応性 Li＜Na＜K）。
　　$2Na + 2H_2O \longrightarrow 2NaOH + H_2$
炎色反応は Li 赤，Na 黄，K 赤紫
［製法］　工業的：溶融塩電解

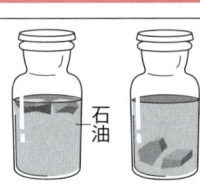

リチウム（石油中に浮く）　ナトリウム（石油中に沈む）

化合物

酸化物

いずれも塩基性酸化物で，水や酸と反応する。
　　$Na_2O + H_2O \longrightarrow 2NaOH$
　　$Na_2O + 2HCl \longrightarrow 2NaCl + H_2O$

水酸化物

水溶液は強塩基性。NaOH，KOH は潮解性がある。
CO_2 を吸収する。$2NaOH + CO_2 \longrightarrow Na_2CO_3 + H_2O$
［製法］　工業的：NaOH の製造　イオン交換膜法（食塩水の電気分解）
［利用］　NaOH はセッケン・パルプ・繊維の製造など。

炭酸塩

炭酸ナトリウム Na_2CO_3
白色固体。水に溶けると加水分解によって塩基性を示す。
　　$Na_2CO_3 + H_2O \longrightarrow NaHCO_3 + NaOH$
酸と反応して CO_2 を発生する。
　　$Na_2CO_3 + 2HCl \longrightarrow 2NaCl + H_2O + CO_2$
炭酸ナトリウム十水和物 $Na_2CO_3 \cdot 10H_2O$ は風解性を示す。
［製法］　工業的：Na_2CO_3 の合成　アンモニアソーダ法（ソルベー法）

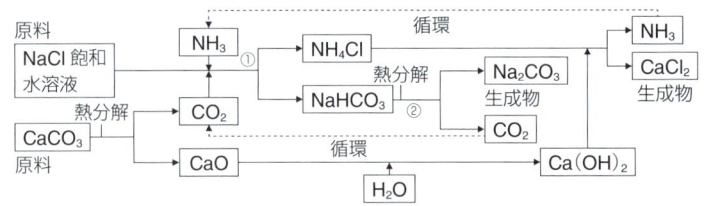

原料：NaCl 飽和水溶液　→　NH_3　①　NH_4Cl（循環）→　NH_3（生成物）
　　　　　　　　　　　　　　　　　　　　　　　　　　　　　$CaCl_2$（生成物）
　　　　　　熱分解　→　CO_2　→　$NaHCO_3$　熱分解②　Na_2CO_3（生成物）
原料：$CaCO_3$　→　　　　　　　　　　　　　　　　　　　　CO_2
　　　　　　　　　　　CaO　循環　→　　　　　　$Ca(OH)_2$
　　　　　　　　　　　　　　　H_2O

① $NaCl + NH_3 + CO_2 + H_2O \longrightarrow NaHCO_3 + NH_4Cl$（$NaHCO_3$ が沈殿）
② $2NaHCO_3 \longrightarrow Na_2CO_3 + CO_2 + H_2O$（$NaHCO_3$ が熱分解）
上図をまとめると，$2NaCl + CaCO_3 \longrightarrow Na_2CO_3 + CaCl_2$
［利用］　ガラスなどの原料

炭酸水素塩

炭酸水素ナトリウム $NaHCO_3$
白色固体。加熱すると熱分解。「重そう」ともよばれる。
　　$2NaHCO_3 \longrightarrow Na_2CO_3 + H_2O + CO_2$
水に少し溶けて加水分解により弱塩基性を示す。
酸と反応して CO_2 を発生する。
　　$NaHCO_3 + HCl \longrightarrow NaCl + H_2O + CO_2$
［利用］　胃薬などの医薬品・ベーキングパウダー・入浴剤など

2 アルカリ土類金属（2族　Be，Mg，Ca，Sr，Ba，Ra）

単体		銀白色の軽金属。アルカリ金属の単体と比べると，密度がやや大きく融点が高い。2価の陽イオンになりやすい。 Mg：常温の水とはほとんど反応しない。熱水とは反応して H_2 を発生。 　　　強熱すると強い光を出して燃える。$2Mg + O_2 \longrightarrow 2MgO$ 　　　炎色反応は示さない。 Ca，Sr，Ba，Ra：常温の水と反応。$Ca + 2H_2O \longrightarrow Ca(OH)_2 + H_2$ 　　　空気中で加熱すると激しく燃焼して酸化物になる。 　　　炎色反応は示す。Ca 橙赤，Sr 深赤(紅)，Ba 黄緑
化合物	酸化物	塩基性酸化物で酸と反応する。 　　$CaO + 2HCl \longrightarrow CaCl_2 + H_2O$ 酸化カルシウム CaO（生石灰） 水と反応して水酸化カルシウムになる。$CaO + H_2O \longrightarrow Ca(OH)_2$ [製法]　工業的：CaO の製法　石灰石を加熱する。$CaCO_3 \longrightarrow CaO + CO_2$ [利用]　乾燥剤，発熱剤
	水酸化物	水に溶けて塩基性を示す。 　　$Mg(OH)_2$：水に難溶で弱塩基 　　Ca，Sr，Ba の水酸化物：水に可溶で強塩基 水酸化カルシウム $Ca(OH)_2$（消石灰）：飽和水溶液を「石灰水」とよぶ。 二酸化炭素を吹き込むと炭酸カルシウムの白色沈殿を生じる。（CO_2 の検出） 　　$Ca(OH)_2 + CO_2 \longrightarrow CaCO_3 + H_2O$ [利用]　土壌の中和剤，建築材料の原料
	炭酸塩	白色固体で水に難溶。 酸と反応して CO_2 を発生する。$CaCO_3 + 2HCl \longrightarrow CaCl_2 + H_2O + CO_2$ 炭酸カルシウム $CaCO_3$：水溶液中で過剰の CO_2 を吹き込むと炭酸水素塩になって水に溶ける。沈殿は溶解する。 　　$CaCO_3 + CO_2 + H_2O \rightleftarrows \underset{\text{水に可溶}}{Ca(HCO_3)_2}$ [存在]　石灰岩や大理石として天然に存在し，鍾乳石の成分。
	硫酸塩	Be，Mg の硫酸塩は水に可溶。 硫酸カルシウム二水和物 $CaSO_4 \cdot 2H_2O$：「セッコウ」 セッコウを焼くと $\frac{1}{2}$ 水和物（焼きセッコウ）になる。 [利用]　建築材料，塑像，医療用ギプス 硫酸バリウム $BaSO_4$：水や酸に溶けずに X 線をさえぎる。 [利用]　X 線の造影剤
	塩化物	塩化マグネシウム $MgCl_2$：潮解性がある。 [利用]　にがり 塩化カルシウム $CaCl_2$：潮解性がある。吸湿性が強い。 [利用]　乾燥剤

（U字管　綿　塩化カルシウム）

3　1，2族以外の典型金属元素（Al，Sn，Pb：両性金属）

		アルミニウム Al
単体		銀白色の軽金属。熱や電気の良導体。 3価の陽イオンになる。 濃硝酸には不動態になる。 両性金属で酸とも強塩基とも反応する。 　$2Al + 6HCl \longrightarrow 2AlCl_3 + 3H_2$ 　$2Al + 2NaOH + 6H_2O$ 　　　$\longrightarrow 2Na[Al(OH)_4] + 3H_2$ 　　　　　　テトラヒドロキシドアルミン酸ナトリウム ［製法］　工業的：アルミナの溶融塩電解 ［利用］　自動車などの車体，調理器具 　　　　建築資材，飲料水の缶など 　　　　酸化被膜をつけた製品→アルマイト ［合金］　Al，Cu，Mg など→ジュラルミン
化合物	酸化物	酸化アルミニウム Al_2O_3 白色固体（アルミナ）で水に不溶。 両性酸化物→酸とも強塩基とも反応。 ［存在］　ルビー（Cr^{3+}を含む） 　　　　サファイア（Fe^{3+}，Ti^{3+}を含む）
	水酸化物	水酸化アルミニウム $Al(OH)_3$ 白色ゲル状の沈殿で水に難溶。 両性水酸化物→酸とも強塩基とも反応。 　$Al(OH)_3 + 3HCl \longrightarrow AlCl_3 + 3H_2O$ 　$Al(OH)_3 + NaOH \longrightarrow Na[Al(OH)_4]$ アンモニア水には不溶。
	その他	ミョウバン $AlK(SO_4)_2·12H_2O$：無色の結晶。複塩。 水に溶けると3種のイオンに電離する。

	スズ Sn	鉛 Pb
単体	銀白色。 両性金属で酸とも強塩基とも反応する。 ［利用］　合金やめっき ［合金］　$Cu + Sn \longrightarrow$ 青銅 ［めっき］　$\begin{array}{\|c\|}\hline Sn \\ \hline Fe \\ \hline\end{array}$ → ブリキ	青白色でやわらかい。 両性金属で硝酸，強塩基には溶けるが，塩酸や希硫酸には不溶性の塩の被膜をつくって難溶。 ［利用］　鉛蓄電池（（−）Pb，（＋）PbO_2），X線の遮へい材
化合物	$SnCl_2·2H_2O$（無色の結晶）は強い還元性を示す。 　$SnCl_2 + 2Cl^- \longrightarrow SnCl_4 + 2e^-$	$PbCl_2$（白色，熱水に可溶） $PbSO_4$（白色） PbS（黒色）

WARMING UP／ウォーミングアップ

次の図や文中の（　）に適当な化学式・語句・数値を入れよ。

◆ アルカリ金属 Na

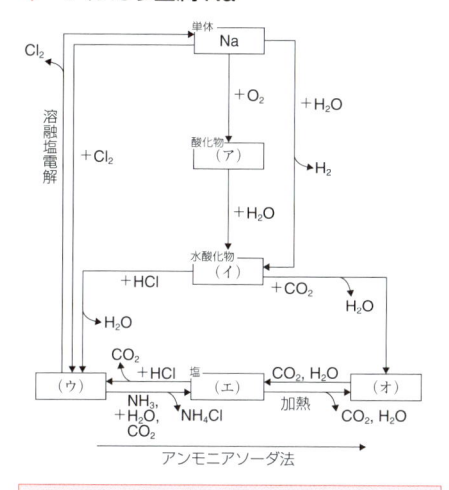

(ア) Na$_2$O　(イ) NaOH　(ウ) NaCl
(エ) NaHCO$_3$　(オ) Na$_2$CO$_3$

◆ アルカリ土類金属 Ca

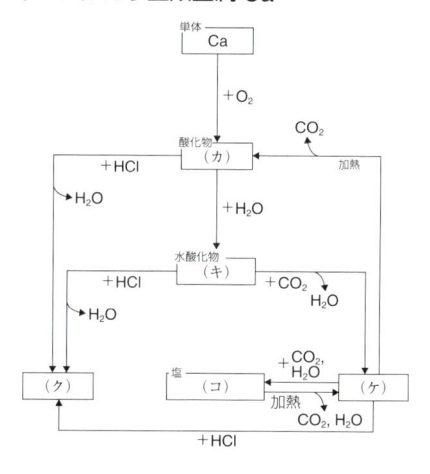

(カ) CaO　(キ) Ca(OH)$_2$　(ク) CaCl$_2$
(ケ) CaCO$_3$　(コ) Ca(HCO$_3$)$_2$

◆ アルミニウム Al

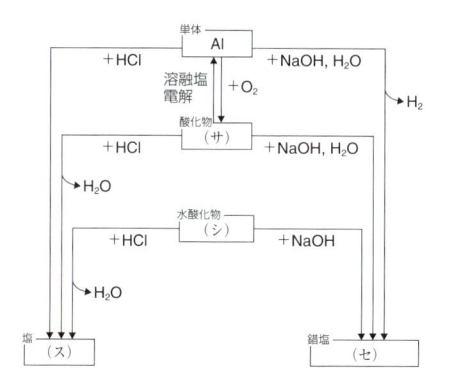

(サ) Al$_2$O$_3$　(シ) Al(OH)$_3$
(ス) AlCl$_3$　(セ) Na[Al(OH)$_4$]

1 アルカリ金属

アルカリ金属は，原子が価電子を(ア)個もっているためイオン化エネルギーが(イ)く，1価の(ウ)イオンになりやすい。単体は密度が(エ)く融点が(オ)。常温の水と(カ)を発生させながら(キ)く反応して(ク)化物になる。そのため(ケ)中に保存する。水と反応させた後の水溶液は強い(コ)性を示す。アルカリ金属はいずれも炎色反応を示し，Liは(サ)色，Naは(シ)色，Kは(ス)色を示す。

2 炭酸ナトリウムの製造(アンモニアソーダ法)

NaCl飽和水溶液に化学式(ア)を吸収させてから，CO_2を吹き込むと，化学式(イ)が沈殿する。(イ)を分離して焼き，Na_2CO_3を得る。

3 アルカリ土類金属

2族の元素は(ア)とよばれる。Mg，Ca，Sr，Baなどの単体は(イ)価の(ウ)イオンになりやすく，その反応性はアルカリ金属ほど大きくないが，原子番号が大きくなるほど(エ)く反応する。Ca，Sr，Baの単体は，常温の水と反応し，水溶液はすべて(オ)性を示す。(カ)，(キ)を除く2族元素は炎色反応を示し，(ク)は黄緑色，(ケ)は橙赤色，(コ)は深赤(紅)色を示す。

4 両性金属

13族のアルミニウム，14族のスズ，鉛などの金属元素の単体は，酸とも塩基とも反応して(ア)を発生するので(イ)金属という。これらの金属の酸化物は(ウ)といい，水酸化物は(エ)という。

5 アルミニウム

アルミニウムは13族の元素で，原子は(ア)個の価電子をもち，(イ)価の(ウ)イオンになりやすい。単体のアルミニウムを工業的に得るには，化学式(エ)を主成分とする鉱石の(オ)から得られる(カ)を(キ)する。アルミニウムは酸とも塩基とも反応する(ク)金属だが，濃硝酸や濃硫酸には金属表面に酸化被膜をつくって(ケ)となるため溶けない。

1
- (ア) 1　(イ) 小さ
- (ウ) 陽　(エ) 小さ
- (オ) 低い　(カ) 水素
- (キ) 激し　(ク) 水酸
- (ケ) 石油　(コ) 塩基
- (サ) 赤　(シ) 黄
- (ス) 赤紫

2
- (ア) NH_3
- (イ) $NaHCO_3$

3
- (ア) アルカリ土類金属
- (イ) 2　(ウ) 陽
- (エ) 激し　(オ) 塩基
- (カ)・(キ) Be・Mg
- (ク) Ba　(ケ) Ca
- (コ) Sr

4
- (ア) 水素
- (イ) 両性
- (ウ) 両性酸化物
- (エ) 両性水酸化物

5
- (ア) 3　(イ) 3
- (ウ) 陽　(エ) Al_2O_3
- (オ) ボーキサイト
- (カ) アルミナ
- (キ) 溶融塩電解(融解塩電解)
- (ク) 両性
- (ケ) 不動態

基本例題 77　ナトリウムの性質　　基本 ➡ 411

ナトリウムの単体に関する次の記述のうち，正しいものをすべて選べ。
(1) 単体の密度は大きく，やわらかくて融点が低い。
(2) フェノールフタレインを入れた水に小片を入れると赤色の水溶液になる。
(3) 常温で水と激しく反応して，酸素を発生する。
(4) 空気中では表面がすみやかに酸化され，金属光沢を失う。
(5) 石油中で保存する。

●エクセル　Na の価電子は1個で，1価の陽イオンになりやすく反応性が高い。

解説
(1) Na の密度は小さく，やわらかくて融点が低い。
(2) Na は水と反応して NaOH になる[❶]。
(3) Na は常温の水と激しく反応して，水素を発生する。
(4) Na は空気中ですみやかに酸化され，表面が酸化被膜で覆われ金属光沢を失う。
(5) Na は空気中の酸素とも水とも反応するため，石油中に保存する。

❶水にフェノールフタレインを入れておくと，水酸化ナトリウムが生じた際に赤くなる。

解答　(2), (4), (5)

基本例題 78　アルミニウムの性質　　基本 ➡ 417, 418, 419

アルミニウムに関する次の記述のうち，正しいものを2つ選べ。
(1) アルミニウムは，地殻中に最も多く存在する元素である。
(2) アルミニウムの原料となる鉱石は，ボーキサイトである。
(3) アルミニウムは，酸とも強塩基とも反応する。
(4) アルミニウムの密度は，鉄の密度よりも大きい。

●エクセル　Al の製法：ボーキサイト→アルミナ Al_2O_3 →溶融塩電解（＋氷晶石）

解説
(1) 地殻中に最も多く存在する元素は酸素[❶]。
(2) Al の単体を工業的に得るには，原料のボーキサイトからアルミナ Al_2O_3 をつくり，氷晶石とともに溶融塩電解する。
(3) Al は両性金属で酸とも強塩基とも反応する。
(4) アルミニウムの密度は鉄の密度より小さい。Al の密度は 2.7 g/cm³ で軽金属に属する。鉄の密度は 7.9 g/cm³ である。

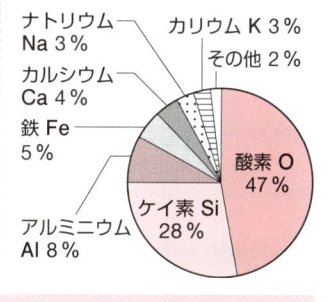

❶ 地殻の主な構成元素
- 酸素 O 47%
- ケイ素 Si 28%
- アルミニウム Al 8%
- 鉄 Fe 5%
- カルシウム Ca 4%
- ナトリウム Na 3%
- カリウム K 3%
- その他 2%

解答　(2), (3)

基本問題

408 ▶ アルカリ金属 次の文章を読み，下の問いに答えよ。

Hを除くLi，Na，Kなどの1族の元素は（ ア ）とよばれ，（ イ ）価の（ ウ ）イオンになりやすい。そのためイオン化エネルギーの値は（ エ ）。単体，化合物は特有の色の炎色反応をする。

(1) 文中の（ ア ）～（ エ ）に適当な語句や数値を入れよ。
(2) Li，Na，Kをイオン化エネルギーの小さいものから順番に書け。
(3) Li，Na，Kそれぞれの炎色反応の色を書け。

409 ▶ ナトリウムとその化合物 図に示した変化に関する次の記述が誤っているものをすべて選べ。

(1) ①の変化は，ナトリウムに水を作用させると起こる。
(2) ②の変化は，塩化ナトリウムの溶融塩電解で起こる。
(3) ③の変化は，ナトリウムに塩素を作用させると起こる。
(4) ④の変化は，水酸化ナトリウムの潮解とよばれる。
(5) ⑤と⑥の変化は，炭酸ナトリウムの工業的な製法の一部である。

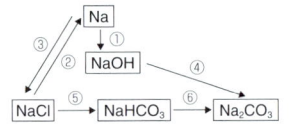

410 ▶ 炭酸ナトリウムと炭酸水素ナトリウム 次の記述のうち，誤っているものを選べ。

(1) $NaHCO_3$ は，NaCl飽和水溶液に NH_3 を十分に溶かし，さらに CO_2 を通じると得られる。
(2) $NaHCO_3$ を加熱すると，Na_2CO_3 が得られる。
(3) Na_2CO_3 水溶液に $CaCl_2$ 水溶液を加えると，白い沈殿ができる。
(4) Na_2CO_3 水溶液は塩基性を示すが，$NaHCO_3$ 水溶液は弱酸性を示す。
(5) Na_2CO_3 と $NaHCO_3$ はいずれも塩酸と反応して気体を発生させる。

411 ▶ ナトリウムの性質 次の文章を読み，下の問いに答えよ。

単体のナトリウムは，(a)水と激しく反応し，空気中ではすみやかに酸化される。単体のナトリウムは天然には存在せず，塩化ナトリウムの溶融塩を電気分解することで工業的に製造されているが，(b)塩化ナトリウム水溶液の電気分解では得られない。

(1) 下線部(a)について，ナトリウムはどのように保存するか簡潔に記せ。
(2) 下線部(b)について，その理由を簡潔に記せ。
(3) 炭酸ナトリウムに希塩酸を加えると，以下のように，二段階で化学反応が進行する。化学反応式中の(ア)～(ウ)にあてはまる化合物の化学式を示せ。

Na_2CO_3 + HCl ⟶ （ ア ）+（ イ ）
（ ア ）+ HCl ⟶ （ イ ）+（ ウ ）+ H_2O

(15 静岡大 改)

412 ▶ アルカリ土類金属　次の文章を読み，下の問いに答えよ。

周期表の2族の元素は，すべて金属元素で，アルカリ土類金属とよばれている。これらの原子は2個の（ ア ）をもち，2価の（ イ ）イオンになりやすい。アルカリ土類金属のうち，（ ウ ），（ エ ），（ オ ）および Ra は特に性質が似ている。

(1) 文中の(ア)～(オ)に適当な語句や元素記号を記せ。
(2) 次の記述は2族の元素に関するものである。正しいものを1つ選び，記号で答えよ。
　① 2族の単体はすべて常温の水と反応して，水素を発生する。
　② Be，Mg の硫酸塩は水に溶解するが，Ca，Sr，Ba の硫酸塩は水に溶けにくい。
　③ Be，Mg の水酸化物は水に溶解するが，Ca，Sr，Ba の水酸化物は水に溶けにくい。
　④ アルカリ土類金属の単体や化合物はすべて特有な炎色反応を示す。

413 ▶ カルシウムの化合物　次の(1)～(6)にあてはまる化合物を下の(ア)～(カ)から選べ。

(1) 乾燥剤として使われ，水に触れると発熱するため「生石灰」とよばれる。
(2) 乾燥剤として使われ，空気中に放置しておくと湿気を吸ってべたべたになる。
(3) 大理石や石灰岩，貝殻などの主成分で，塩酸と反応させると二酸化炭素を発生する。
(4) 水溶液中に存在し，安定な固体としては得られない。水溶液を加熱すると白い沈殿を生じる。
(5) 「生石灰」が水と反応すると生成し，「消石灰」ともよばれる。水溶液は「石灰水」とよばれる。
(6) 二水和物は「セッコウ」とよばれ，これを焼いてつくった「焼きセッコウ」は医療用ギプスや美術品に用いられる。

(ア) $CaCl_2$　(イ) $CaSO_4$　(ウ) $Ca(HCO_3)_2$　(エ) $Ca(OH)_2$　(オ) CaO
(カ) $CaCO_3$

414 ▶ 水酸化カルシウム　カルシウムの水酸化物である水酸化カルシウムは消石灰ともよばれ，しっくいなどの建築材や酸性土壌の改良剤として用いられる。
水酸化カルシウムが下線部の用途に使える理由を答えよ。　　　　　（11 徳島大 改）

415 ▶ カルシウムとその化合物　右図はカルシウムとその化合物の相互関係を表したものである。(ア)～(エ)に適当な化学式を入れよ。また，①～③の反応に相当する化学反応式を書け。

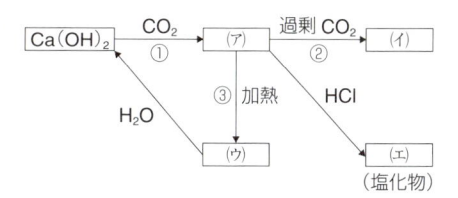

416 ▶ アルカリ金属とアルカリ土類金属
次の記述は Na, Mg, Ca のいずれかの性質を表している。それぞれの性質にあてはまる元素を元素記号で答えよ。
(1) 単体は石油中で保存する。
(2) 単体は常温の水と反応しない。
(3) 水酸化物は水に溶けにくい。
(4) 硫酸塩は水に溶けにくい。
(5) 炭酸塩(正塩)は水に溶けやすい。
(6) 炎色反応を示さない。

417 ▶ アルミニウムとその化合物
アルミニウムは(A)金属であり、塩酸や水酸化ナトリウム水溶液とは次のように反応する。$AlK(SO_4)_2 \cdot 12H_2O$ を(B)といい、食品添加物などに用いられている。

$2Al + (a)HCl \longrightarrow (b)(\ ア\ ) + (c)H_2$
$2Al + (d)NaOH + 6H_2O \longrightarrow (e)(\ イ\ ) + (f)H_2$

(1) (A), (B), (a)～(f)にあてはまる語句や数字を入れよ。
(2) (ア), (イ)にあてはまる化学式を記せ。また、(ア), (イ)の水溶液の色を示せ。

418 ▶ アルミニウムの工業的製法
工業的にアルミニウム単体を得るには、鉱石である(ア)から<u>酸化アルミニウムをつくり、これを加熱融解した(イ)に溶かし、(ウ)を電極に用いて(エ)を行う</u>。(オ)極ではアルミニウムイオンが(カ)されてアルミニウムを生じる。
(1) (ア)～(カ)に適当な語句を入れよ。
(2) 下線部の条件で(エ)を行うときの両極で起こる反応を、電子 e^- を含む反応式で記せ。

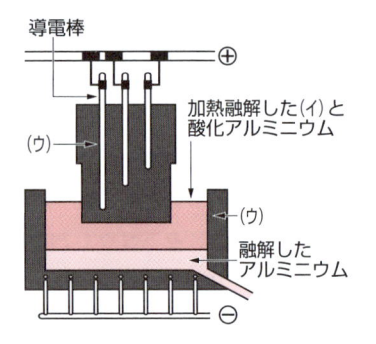

419 ▶ アルミニウム
次の(1)～(5)の記述から Al にあてはまるものをすべて選べ。
(1) 単体は両性金属である。
(2) 単体は塩酸と反応して水素を発生する。
(3) 単体は濃硝酸には溶けない。
(4) 水酸化物はアンモニア水に溶ける。
(5) 水酸化物は水酸化ナトリウム水溶液に溶ける。

420 ▶ スズと鉛
スズと鉛に関する次の記述のうち、誤りを含むものを1つ選べ。
(1) スズ Sn は、塩酸に溶ける。
(2) 塩化スズ(Ⅱ) $SnCl_2$ は、還元作用を示す。
(3) 硫酸鉛(Ⅱ) $PbSO_4$ は、希硫酸に溶けにくい。
(4) 塩化鉛(Ⅱ) $PbCl_2$ は、冷水に溶けにくい。
(5) 酸化鉛(Ⅳ) PbO_2 は、還元剤として使われる。

応用例題 79　塩の推定

化合物 A〜E に該当する物質は下の①〜⑤のいずれかである。

(i) 化合物 A〜E をそれぞれ水に溶かした溶液を用いて炎色反応を示すか調べた。化合物 A，化合物 B，化合物 C の炎色反応は黄色を示し，化合物 D の炎色反応は橙赤色を示した。化合物 E は炎色反応を示さなかった。

(ii) 化合物 A の水溶液は中性，化合物 B の水溶液は強い塩基性，化合物 C の水溶液は弱い塩基性を示した。

(iii) 化合物 D の沈殿を含む水溶液に過剰量の二酸化炭素を吹き込んだところ，化合物 D の沈殿は溶解した。

(iv) 化合物 E の水溶液に過剰量のアンモニア水を加えると沈殿 F が生じた。

①　炭酸カルシウム　　②　塩化アルミニウム　　③　硝酸ナトリウム
④　炭酸ナトリウム　　⑤　炭酸水素ナトリウム

(1) 化合物 A〜E に該当するものを選択肢①〜⑤から選び，化学式で答えよ。
(2) 沈殿 F の色と化学式を答えよ。

●エクセル　炎色反応の色：Li 赤，Na 黄，K 赤紫，Cu 青緑，Ca 橙赤，Sr 深赤(紅)，Ba 黄緑❶

解説

(ii) ③，④，⑤のナトリウムの化合物のうち，硝酸ナトリウムの水溶液は中性，炭酸ナトリウムの水溶液は強い塩基性，炭酸水素ナトリウムの水溶液は弱い塩基性を示す。

④ 0.1 mol/L Na_2CO_3 水溶液の pH = 12
$CO_3^{2-} + H_2O \rightleftarrows HCO_3^- + OH^-$

⑤ 0.1 mol/L $NaHCO_3$ 水溶液の pH = 8
$HCO_3^- + H_2O \rightleftarrows H_2CO_3 + OH^-$

(iii) 炭酸カルシウムの沈殿を含む水溶液に過剰量の二酸化炭素を吹き込むと，水に可溶な炭酸水素カルシウムが生じる。❷

(iv) 塩化アルミニウム水溶液に過剰量のアンモニア水を加えると水酸化アルミニウムが生じる。❸

❶炎色反応の結果

	A	B	C	D	E
Na 黄色	○	○	○		
Ca 橙赤色				○	

❷炭酸カルシウムの沈殿を含む水溶液と二酸化炭素の反応
$CaCO_3 + CO_2 + H_2O \longrightarrow Ca(HCO_3)_2$ (水に可溶)

❸塩化アルミニウムとアンモニア水の反応
$AlCl_3 + 3NH_3 + 3H_2O \longrightarrow Al(OH)_3 + 3NH_4Cl$

解答

(1) 化合物 A　③ $NaNO_3$　　化合物 B　④ Na_2CO_3
　　化合物 C　⑤ $NaHCO_3$　　化合物 D　① $CaCO_3$　　化合物 E　② $AlCl_3$

(2) 白色，$Al(OH)_3$

応用問題

421 ▶ アンモニアソーダ法 下図は石灰石，塩化ナトリウムおよびアンモニアを主原料として炭酸ナトリウムを工業的に製造する工程の概略を示したものである。実線は製造の工程，点線は回収の工程を表している。たとえば反応②では，飽和塩化ナトリウム水溶液にアンモニアを十分に溶かし，これに二酸化炭素を通じて溶解度の比較的小さい炭酸水素ナトリウムを沈殿させている。

(1) 図中の反応①～⑤をそれぞれ化学反応式で示せ。
(2) ①～⑤の化学反応を1つの反応式にまとめよ。
(3) ②の反応で使用する二酸化炭素のうち，①の反応で発生する二酸化炭素は何%を占めるか。ただし，③の反応で発生する二酸化炭素は100%回収して利用するものとする。
(4) ③の反応で炭酸水素ナトリウム840 kgから生成する炭酸ナトリウムおよび二酸化炭素は，それぞれ何kgになるか。

422 ▶ 鍾乳洞 鍾乳洞は地層中の石灰岩が侵食されてできる。その内部にできる鍾乳石や石筍が形成される過程を化学反応式を用いて説明せよ。

423 ▶ ミョウバン 硫酸アルミニウムと硫酸カリウムの混合水溶液から結晶として得られる硫酸アルミニウムカリウムはミョウバンとよばれ，染色などに用いられている。硫酸アルミニウムカリウム十二水和物は，加熱すると構成成分の一部が失われ別の物質に変化する。加熱して温度を64.5℃に保つと，生成した化合物の質量はもとの化合物の質量に対して65.8%に減少していた。さらに加熱すると，120℃で62.0%，200℃で54.4%に減少した。

(1) 下線部の反応を化学反応式で表せ。
(2) 硫酸アルミニウムカリウム十二水和物に関して，室温から200℃までの加熱による質量の減少は結晶水とよばれる水分子を失うことに起因する。64.5℃で生じる化合物の組成式を記せ。

（東京慈恵医大 改）

エクササイズ

左段の物質の反応式を右段の空欄に記せ。（△は加熱処理を示す。）

Na □ ナトリウム（金属）と水

□ 酸化ナトリウムと水

□ 水酸化ナトリウムと二酸化炭素

□ 炭酸水素ナトリウムの熱分解　△

□ 炭酸ナトリウムと塩酸

□ 炭酸水素ナトリウムと塩酸

□ 飽和食塩水とアンモニアと二酸化炭素

（アンモニアソーダ法）

Ca □ カルシウムと水

□ 酸化カルシウムと水

□ 水酸化カルシウム（石灰水）と二酸化炭素

□ 炭酸カルシウムと水と二酸化炭素

□ 炭酸カルシウムの熱分解　△

□ 炭酸カルシウムと塩酸

□ 炭化カルシウムと水

Al □ アルミニウムと塩酸

□ アルミニウムと水酸化ナトリウム水溶液

□ 酸化アルミニウムと塩酸

□ 酸化アルミニウムと水酸化ナトリウム水溶液

□ 水酸化アルミニウムと塩酸

□ 水酸化アルミニウムと水酸化ナトリウム水溶液

19 遷移元素

1 遷移元素の特徴

◆1 **周期表上での位置** 3族～12族の元素
◆2 **電子配置** 最外殻電子は2個または1個で，内側の電子殻の電子が増加していく。

	K殻	L殻	M殻	N殻
$_{21}$Sc	2	8	9	2
$_{22}$Ti	2	8	10	2
$_{23}$V	2	8	11	2
$_{24}$Cr	2	8	13	1
$_{25}$Mn	2	8	13	2
$_{26}$Fe	2	8	14	2
$_{27}$Co	2	8	15	2
$_{28}$Ni	2	8	16	2
$_{29}$Cu	2	8	18	1
$_{30}$Zn	2	8	18	2

◆3 **特徴**
①周期表上での同族元素だけでなく，横に並んだ元素とも性質が似ている。
②すべて金属元素で単体の融点が高く密度も大きい。ScとTi以外は重金属とよばれ，密度は 4～5g/cm³ 以上。
③化合物やその水溶液は有色のものが多い。
④同じ元素で異なる酸化数をとるものが多い。
⑤触媒として利用されるものが多い。
⑥錯イオンをつくりやすい。

例	ジアンミン銀(Ⅰ)イオン	$[Ag(NH_3)_2]^+$	無色	直線形
	テトラアンミン銅(Ⅱ)イオン	$[Cu(NH_3)_4]^{2+}$	深青色	正方形
	テトラアンミン亜鉛(Ⅱ)イオン	$[Zn(NH_3)_4]^{2+}$	無色	正四面体
	ヘキサシアニド鉄(Ⅱ)酸イオン	$[Fe(CN)_6]^{4-}$	淡黄色	正八面体

〈錯イオンの命名法〉
①金属イオンに配位した配位子の数（配位数）
②配位子の種類
③中心の金属イオンの名称と価数
④全体で陽イオンであれば「イオン」，全体で陰イオンであれば「酸イオン」

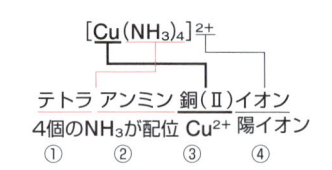

$[Cu(NH_3)_4]^{2+}$
テトラ アンミン 銅(Ⅱ) イオン
4個のNH₃が配位 Cu²⁺ 陽イオン
① ② ③ ④

2 鉄とその化合物

単体 灰白色の重金属で融点は高い(1535℃)。強い磁性をもつ。塩酸や希硫酸と反応して H_2 を発生する（ただし，濃硝酸には不動態になって反応しない）。

$Fe + H_2SO_4 \longrightarrow FeSO_4 + H_2$

クロム・ニッケルとの合金は「ステンレス鋼」とよばれ，さびにくい。

[製法] 工業的：$Fe_2O_3 + 3CO \longrightarrow 2Fe + 3CO_2$
溶鉱炉から得られる鉄は「銑鉄」とよばれ，炭素を約4%含む。転炉で酸素を吹き込んで炭素の含有量を低くした「鋼」は弾性があり建築材などに利用される。

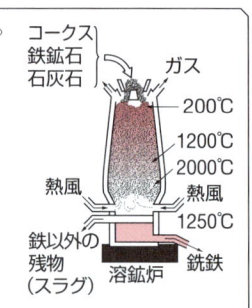

化合物	酸化物	酸化鉄(Ⅱ)FeO：黒色 酸化鉄(Ⅲ)Fe₂O₃：赤褐色(赤鉄鉱・赤さび) 四酸化三鉄 Fe₃O₄：黒色(磁鉄鉱・黒さび)。酸化数＋2と＋3の鉄が含まれる。
	水酸化物	Fe²⁺(淡緑色水溶液)＋2OH⁻ ⟶ Fe(OH)₂(緑白色沈殿) Fe³⁺(黄褐色水溶液) —OH⁻→ 水酸化鉄(Ⅲ)*(赤褐色沈殿) *実際には水酸化酸化鉄(Ⅲ)FeO(OH)などの鉄の酸化物が含まれる混合物であるがここでは水酸化鉄(Ⅲ)と示す。Fe(OH)₃は単独で安定に存在するわけではない。
	その他	硫酸鉄(Ⅱ)七水和物 FeSO₄·7H₂O 淡緑色の結晶(水溶液も淡緑色)。 塩化鉄(Ⅲ)六水和物 FeCl₃·6H₂O 黄褐色の結晶。潮解性がある(水溶液も黄褐色)。

	Fe²⁺	Fe³⁺
K₄[Fe(CN)₆]水溶液 ヘキサシアニド鉄(Ⅱ)酸カリウム	青白色の沈殿	濃青色の沈殿
K₃[Fe(CN)₆]水溶液 ヘキサシアニド鉄(Ⅲ)酸カリウム	濃青色の沈殿	暗褐色溶液
KSCN 水溶液 チオシアン酸カリウム	変化なし	血赤色溶液

3 銅とその化合物

単体	赤色の光沢をもつ。展性・延性に富み，熱や電気をよく導く。 湿った空気中に放置すると緑青が生じる。 塩酸や希硫酸とは反応せず，酸化力のある酸と反応する。 銅と濃硝酸の反応　Cu＋4HNO₃ ⟶ Cu(NO₃)₂＋2H₂O＋2NO₂(NO₂の製法) 銅と希硝酸の反応　3Cu＋8HNO₃ ⟶ 3Cu(NO₃)₂＋4H₂O＋2NO(NOの製法) 銅と熱濃硫酸の反応　Cu＋2H₂SO₄ ⟶ CuSO₄＋2H₂O＋SO₂(SO₂の製法) 銅と亜鉛の合金：黄銅(しんちゅう)，銅とスズの合金：青銅(ブロンズ) [製法]　工業的：電解精錬を行う。 黄銅鉱 —空気＋加熱→ 粗銅 —電解精錬→ 純銅
化合物 酸化物	酸化銅(Ⅰ)Cu₂O：赤色 酸化銅(Ⅱ)CuO：黒色
水酸化物	水酸化銅(Ⅱ)Cu(OH)₂：青白色沈殿 Cu²⁺＋2OH⁻ ⟶ Cu(OH)₂ NH₃水を過剰に加える。 Cu(OH)₂＋4NH₃ ⟶ [Cu(NH₃)₄]²⁺＋2OH⁻ 　　深青色溶液
その他	硫酸銅(Ⅱ)五水和物 CuSO₄·5H₂O：青色の結晶。 加熱すると無水物のCuSO₄(白色)になり，水分を吸収すると再び青色になるため，水の検出に利用される。

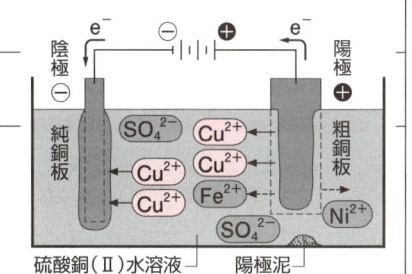

4 銀とその化合物

単体	銀白色で展性・延性に富み，熱や電気をよく導く。 (熱・電気伝導性は金属の中で最大 　電気伝導性：Ag＞Cu＞Au＞Al) 空気中では安定で酸化されない。 塩酸や希硫酸とは反応せず，酸化力のある酸と反応する。 濃硝酸との反応 　$Ag + 2HNO_3$ 　　　$\longrightarrow AgNO_3 + H_2O + NO_2$
化合物　酸化物	酸化銀 Ag_2O：褐色。 光や熱で分解しやすい。 　$2Ag_2O \longrightarrow 4Ag + O_2$
水酸化物	硝酸銀水溶液に塩基を加えると生じる。 　$2Ag^+ + 2OH^- \longrightarrow Ag_2O + H_2O$ (生成する AgOH は不安定ですぐに分解して Ag_2O になる) 過剰のアンモニア水に溶ける。 　$Ag_2O + 4NH_3 + H_2O$ 　　　$\longrightarrow 2[Ag(NH_3)_2]^+ + 2OH^-$ 　　　　　ジアンミン銀(Ⅰ)イオン
その他	硝酸銀 $AgNO_3$：無色結晶。光により分解しやすい(褐色びんに保存)。 ハロゲン化銀：光により分解しやすい(感光性)。 AgF(水溶性)　　AgCl(白色沈殿) AgBr(淡黄色沈殿)　AgI(黄色沈殿)

5 亜鉛とその化合物

単体	青白色の重金属。 2価の陽イオンになる。 両性金属で酸とも強塩基とも反応する。 　$Zn + 2HCl \longrightarrow ZnCl_2 + H_2$ 　$Zn + 2NaOH + 2H_2O$ 　　　$\longrightarrow Na_2[Zn(OH)_4] + H_2$ 　　　テトラヒドロキシド亜鉛(Ⅱ)酸ナトリウム [利用]　合金や鋼板のめっき [合金]　Cu + Zn → 黄銅 [めっき]　Zn｜Fe → トタン
酸化物	白色固体で水に難溶。 両性酸化物→酸とも強塩基とも反応。 [利用]　白色顔料，医薬品
水酸化物	白色ゲル状の沈殿で水に難溶。 両性水酸化物→酸とも強塩基とも反応。 　$Zn(OH)_2 + 2HCl \longrightarrow ZnCl_2 + 2H_2O$ 　$Zn(OH)_2 + 2NaOH$ 　　　$\longrightarrow Na_2[Zn(OH)_4]$ 過剰のアンモニア水に溶ける。 　$Zn(OH)_2 + 4NH_3$ 　　　$\longrightarrow [Zn(NH_3)_4]^{2+} + 2OH^-$ 　　　テトラアンミン亜鉛(Ⅱ)イオン
その他	硫化亜鉛 ZnS：白色沈殿 Zn^{2+} を含む水溶液に塩基性～中性で H_2S を吹き込むと生成する。 　$Zn^{2+} + S^{2-} \longrightarrow ZnS$

6 クロム，マンガンとその化合物

Cr	クロム酸イオンと二クロム酸イオンの平衡 　$2CrO_4^{2-} + 2H^+ \rightleftarrows Cr_2O_7^{2-} + H_2O$ 二クロム酸カリウム $K_2Cr_2O_7$：赤橙色の結晶で $Cr_2O_7^{2-}$ は酸性溶液中で強い酸化作用を示し，Cr^{3+}(緑色)に変化する。 　$Cr_2O_7^{2-} + 14H^+ + 6e^- \longrightarrow 2Cr^{3+} + 7H_2O$ クロム酸カリウム K_2CrO_4：黄色の結晶で Ba^{2+}，Pb^{2+}，Ag^+ と水に溶けにくい沈殿を生成する。$BaCrO_4$(黄色)，$PbCrO_4$(黄色)，Ag_2CrO_4(赤褐色)
Mn	酸化マンガン(Ⅳ) MnO_2：黒色粉末で酸化剤や触媒として利用。 過マンガン酸カリウム $KMnO_4$：黒紫色結晶で硫酸酸性条件下で強い酸化作用を示す。　MnO_4^-(赤紫色)$+ 8H^+ + 5e^- \longrightarrow Mn^{2+}$(無色または淡桃色)$+ 4H_2O$

WARMING UP／ウォーミングアップ

次の図や文中の( )に適当な語句・化学式・数値を入れよ。

◆ Fe

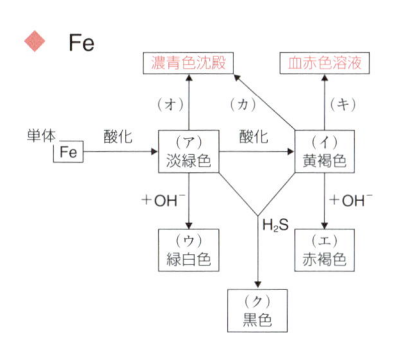

濃青色沈殿　血赤色溶液
(オ)　(カ)　(キ)
単体 ─酸化→ (ア) ─酸化→ (イ)
Fe　　淡緑色　　　黄褐色
+OH⁻ ↓　　H₂S　　↓ +OH⁻
(ウ)　　(エ)
緑白色　　赤褐色
(ク)
黒色

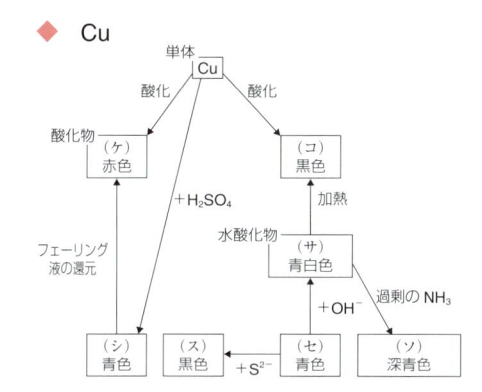

(ア)	Fe^{2+}	(イ)	Fe^{3+}	(ウ)	$Fe(OH)_2$
(エ)	水酸化鉄(Ⅲ)	(オ)	$[Fe(CN)_6]^{3-}$
(カ)	$[Fe(CN)_6]^{4-}$	(キ)	SCN^-	(ク)	FeS

◆ Cu

単体 Cu
酸化物　酸化　酸化
(ケ)　　　　(コ)
赤色　　　　黒色
+H₂SO₄　加熱
フェーリング液の還元　水酸化物
(サ) 青白色
+OH⁻　過剰のNH₃
(シ)　(ス)　(セ)　(ソ)
青色　黒色　青色　深青色
+S²⁻

(ケ)	Cu_2O	(コ)	CuO	(サ)	$Cu(OH)_2$
(シ)	Cu^{2+}	(ス)	CuS	(セ)	Cu^{2+}
(ソ)	$[Cu(NH_3)_4]^{2+}$

◆ Ag

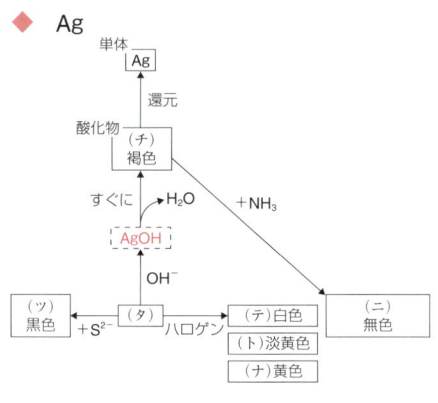

単体 Ag
還元
酸化物 (チ) 褐色
すぐに→ H₂O　+NH₃
AgOH
OH⁻
(ツ)黒色　+S²⁻　(タ)　ハロゲン　(テ)白色
(ト)淡黄色
(ナ)黄色
(ニ)無色

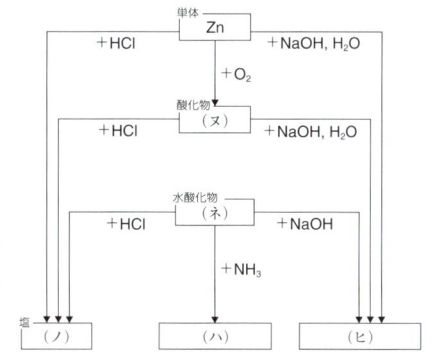

(タ)	Ag^+	(チ)	Ag_2O	(ツ)	Ag_2S	(テ)	$AgCl$
(ト)	$AgBr$	(ナ)	AgI	(ニ)	$[Ag(NH_3)_2]^+$

◆ Zn

単体 Zn
+HCl　+O₂　+NaOH, H₂O
酸化物 (ヌ)
+HCl　　　+NaOH, H₂O
水酸化物 (ネ)
+HCl　+NaOH
+NH₃
塩 (ノ)　(ハ)　(ヒ)

(ヌ)	ZnO	(ネ)	$Zn(OH)_2$	(ノ)	$ZnCl_2$
(ハ)	$[Zn(NH_3)_4]^{2+}$	(ヒ)	$Na_2[Zn(OH)_4]$

◆ 錯イオン

化学式	名称	構造
(フ)	ジアンミン銀(Ⅰ)イオン	(ホ)
$[Cu(NH_3)_4]^{2+}$	(ヘ)	正方形
$[Zn(NH_3)_4]^{2+}$	テトラアンミン亜鉛(Ⅱ)イオン	(マ)
$[Fe(CN)_6]^{4-}$	ヘキサシアニド鉄(Ⅱ)酸イオン	(ミ)

(フ) $[Ag(NH_3)_2]^+$
(ヘ) テトラアンミン銅(Ⅱ)イオン
(ホ) 直線形
(マ) 正四面体
(ミ) 正八面体

1 遷移元素

遷移元素は(ア)族から(イ)族に属し,すべて(ウ)元素である。密度が比較的(エ)く,融点も(オ)い。同じ元素でもいくつかの(カ)をとるため,いくつかの価数の(キ)イオンになる。イオンや化合物には(ク)色のものが多い。

2 鉄

鉄は酸化数が(ア),(イ)の状態をとる。単体は濃硝酸には(ウ)になって溶けないが,塩酸や硫酸には(エ)を発生しながら溶解する。酸化物には化学式が(オ)で表される酸化鉄(Ⅱ),(カ)で表される(キ)色の酸化鉄(Ⅲ),(ク)で表される(ケ)色の四酸化三鉄などがある。

3 鉄の製錬

鉄は溶鉱炉で(ア),(イ)などの鉄鉱石を(ウ)と気体である(エ)によって還元してつくる。このとき得られる鉄は(オ)とよばれ,炭素を多く含む。そこで(カ)で酸素を吹き込み,炭素の含有量を減らした(キ)をつくる。

4 銅とその化合物

銅の単体を空気中で加熱すると黒色の化学式(ア)で表される物質を生じるが1000℃以上で加熱すると赤色の化学式(イ)で表される物質を生じる。(ウ)色の銅(Ⅱ)イオンが溶けた水溶液にOH^-を加えると化学式(エ)の(オ)色沈殿を生じる。この沈殿を加熱すると化学式(カ)で表される物質を生じる。また(エ)の沈殿に過剰のアンモニア水を加えると化学式(キ)で表される錯イオンを生じて再び溶解して(ク)色の水溶液になる。

5 銀とその化合物

銀は金属の中で熱や電気の伝導性が(ア)で,化学的に安定である。硝酸銀は化学式が(イ)で水に溶けやすく,光で変化するので(ウ)に保存する。この水溶液に塩基を加えると(エ)色の化学式が(オ)の沈殿を生じる。さらにアンモニア水を加えると化学式が(カ)の錯イオンを生じて(キ)色の水溶液になる。

6 亜鉛とその化合物

亜鉛は酸とも塩基とも反応する(ア)金属である。Zn^{2+}を含む水溶液にNH_3を加えていくと化学式(イ)で表される白い沈殿が生じるが,過剰に加えると化学式(ウ)で表される錯イオンを生じて無色の水溶液になる。

1
- (ア) 3　(イ) 12
- (ウ) 金属　(エ) 大き
- (オ) 高　(カ) 酸化数
- (キ) 陽　(ク) 有

2
- (ア)・(イ) +2・+3
- (ウ) 不動態　(エ) 水素
- (オ) FeO　(カ) Fe_2O_3
- (キ) 赤褐　(ク) Fe_3O_4
- (ケ) 黒

3
- (ア)・(イ) 磁鉄鉱・赤鉄鉱
- (ウ) コークス
- (エ) 一酸化炭素
- (オ) 銑鉄　(カ) 転炉
- (キ) 鋼

4
- (ア) CuO　(イ) Cu_2O
- (ウ) 青　(エ) $Cu(OH)_2$
- (オ) 青白　(カ) CuO
- (キ) $[Cu(NH_3)_4]^{2+}$
- (ク) 深青

5
- (ア) 最大
- (イ) $AgNO_3$
- (ウ) 褐色びん
- (エ) 褐　(オ) Ag_2O
- (カ) $[Ag(NH_3)_2]^+$
- (キ) 無

6
- (ア) 両性
- (イ) $Zn(OH)_2$
- (ウ) $[Zn(NH_3)_4]^{2+}$

基本例題 80　鉄とそのイオン

文中の空欄(ア)～(オ)にあてはまる語句を記入せよ。

鉄の単体は，赤鉄鉱や磁鉄鉱などをコークスから生じた一酸化炭素で(ア)することにより得られる。Fe^{2+} を含む水溶液に水酸化ナトリウム水溶液を加えると(イ)色の沈殿を生じ，Fe^{3+} を含む水溶液に水酸化ナトリウム水溶液を加えると(ウ)色の沈殿を生じる。
Fe^{2+} を含む水溶液に[$Fe(CN)_6$]$^{3-}$ を加えると(エ)色の沈殿を生じる。Fe^{3+} を含む水溶液にチオシアン酸カリウム水溶液を加えると(オ)色溶液になる。

●エクセル　鉄のイオン・化合物は有色のものが多い。

解説　鉄鉱石の主成分は鉄の酸化物であるため，還元すれば鉄が得られる。
$Fe(OH)_2$ の沈殿は緑白色❶で，水酸化鉄(Ⅲ)の沈殿は赤褐色である。Fe^{2+} を含む水溶液と[$Fe(CN)_6$]$^{3-}$ からは濃青色の沈殿が生じる。Fe^{3+} を含む水溶液にチオシアン酸カリウム水溶液を加えると血赤色溶液になる。

❶の反応
$Fe^{2+} + 2OH^- \longrightarrow Fe(OH)_2$

解答　(ア) 還元　(イ) 緑白　(ウ) 赤褐　(エ) 濃青　(オ) 血赤

基本例題 81　銅の性質

文中の空欄(ア)～(エ)にあてはまる語句を記入し，(1)～(3)を化学反応式で表せ。

銅は電気伝導性が(ア)く，電線などに用いられる。延性・(イ)に富み，加工がしやすく，(ウ)色の炎色反応を示す。黄銅，青銅，白銅などの合金の成分として知られている。室温では酸化されにくいが，湿った空気中ではしだいに酸化されて(エ)とよばれるさびが生じる。

(1) 銅(Ⅱ)イオンの水溶液に水酸化ナトリウム水溶液を加えると青白色の水酸化銅(Ⅱ)の沈殿が生じる。
(2) 水酸化銅(Ⅱ)を加熱すると黒色の酸化銅(Ⅱ)に変化する。
(3) 水酸化銅(Ⅱ)にアンモニア水を加えるとテトラアンミン銅(Ⅱ)イオンに変化する。

●エクセル　銅は，塩酸や希硫酸とは反応せず，酸化力の強い酸とのみ反応する。

解説　銅の単体は，赤色の光沢がある金属で，展性❶・延性❷および電気伝導性，熱伝導性に優れている。

❶展性：たたくと広がる性質。
❷延性：引っ張ると延びる性質。

解答　(ア) 大き　(イ) 展性　(ウ) 青緑　(エ) 緑青
(1) $Cu^{2+} + 2OH^- \longrightarrow Cu(OH)_2$
(2) $Cu(OH)_2 \longrightarrow CuO + H_2O$
(3) $Cu(OH)_2 + 4NH_3 \longrightarrow [Cu(NH_3)_4]^{2+} + 2OH^-$

基本例題 82　銀とそのイオン　　　　　　　　　　　　　　　　　　　　基本 ➡ 429

(a)銀は酸化力の強い濃硝酸と反応して溶ける。(b)ここで得られる銀塩の水溶液に少量のアンモニア水を加えると褐色の(ア)の沈殿が生成するが，(c)さらに多量のアンモニア水を加えると，その沈殿は再び溶けて無色の溶液になる。銀イオンの水溶液に硫化水素の気体を通すと，黒色の(イ)が沈殿する。

また，銀イオンの水溶液に臭化物イオンを加えると，淡黄色の(ウ)が沈殿する。この沈殿は塩化銀やヨウ化銀と同じ(エ)の1つで(オ)性がある。そのため，(ウ)は日光写真に用いる感光紙に塗布されている。

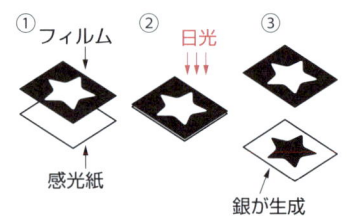

① フィルム　② 日光　③
感光紙　　　銀が生成

(1)　文中の(ア)～(オ)に適当な語句を入れよ。
(2)　下線部(a)～(c)を化学反応式で表せ。

（岩手大　改）

● エクセル　Ag^+とアンモニア水の反応の生成物は，用いるアンモニア水の量で異なる。

解説　銀は，塩酸や希硫酸とは反応しないが，酸化力の強い酸とは反応して溶ける。銀イオンはさまざまなイオンと沈殿をつくる。
Ag^+はOH^-と反応すると$AgOH$になるが，すぐにAg_2Oに変化する。Ag^+と少量のアンモニア水からはAg_2O❶が生じ，Ag^+と多量のアンモニア水からは$[Ag(NH_3)_2]^+$❷が生じる。感光紙に光が当たった部分で生じた銀
($2AgBr \longrightarrow 2Ag + Br_2$)が日光写真の画像として残る。

❶ Ag_2Oは褐色。
❷ $[Ag(NH_3)_2]^+$は無色。

解答
(1)　(ア) 酸化銀　(イ) 硫化銀　(ウ) 臭化銀　(エ) ハロゲン化銀　(オ) 感光
(2)　(a) $Ag + 2HNO_3 \longrightarrow AgNO_3 + H_2O + NO_2$　(b) $2Ag^+ + 2OH^- \longrightarrow Ag_2O + H_2O$
　　(c) $Ag_2O + 4NH_3 + H_2O \longrightarrow 2[Ag(NH_3)_2]^+ + 2OH^-$

基本問題

□□□ **424** ▶ 遷移元素　文中の空欄(ア)～(キ)にあてはまる語句または数値を記入せよ。

典型元素と遷移元素を比較した場合，典型元素では同一周期の元素どうしの(ア)は異なっているが，隣りあう遷移元素どうしの(ア)はよく似ていることが多い。これには，原子番号が増えると，典型元素では(イ)の数が(ウ)個ずつ規則的に変化するのに対して，遷移元素では(エ)側の電子殻の電子が増えていくため，(イ)の数があまり変化しないことが関係している。遷移元素はすべて(オ)元素であり，その単体の多くは重金属である。単体の融点は(カ)く，同じ元素の原子でもいろいろな価数の(キ)になる。

425 ▶ 鉄の製錬
文中の空欄(ア)〜(エ)にあてはまる語句を記入せよ。

鉄は，溶鉱炉に鉄鉱石，（ア），石灰石を入れ，下から熱風を吹き込んで（ア）を燃やすことで製造する。ここで，鉄鉱石のうち赤鉄鉱の主成分である（イ）は，（ア）から生じる一酸化炭素と反応して（ウ）になる。（ウ）は炭素を多く含んでいるため，転炉で（エ）を吹き込んで炭素を取り除く。炭素の含有率を低くした鋼は強靭で弾性があるので，建築材料などに用いられている。

426 ▶ 鉄とその化合物
次の文章を読み，(a)〜(g)に適当な語句・数値を入れ，(ア)〜(カ)に適当な化学式を入れよ。

鉄は（ a ）族の遷移元素で，地殻中には金属元素としては（ b ）に次いで多く含まれている。代表的な鉄の酸化物には，FeO，（ア），（イ）がある。鉄の単体は濃硝酸には不動態となるが，希硫酸には（ウ）となって溶ける。（ウ）を含む水溶液に水酸化ナトリウム水溶液を加えると（ c ）色沈殿が生じる。また，（エ）水溶液を加えると青白色沈殿が生じ，（オ）水溶液を加えると濃青色沈殿が生じる。（ウ）は酸素と反応して，（カ）になりやすい。（カ）を含む水溶液に水酸化ナトリウム水溶液を加えると（ d ）色の沈殿が生じる。また，（エ）水溶液を加えると（ e ）色沈殿が生じ，（オ）水溶液を加えると（ f ）色溶液になる。（カ）を含む水溶液にチオシアン酸カリウム水溶液を加えると，（ g ）色溶液となる。

427 ▶ 銅の性質と反応
文中の空欄(ア)〜(ク)に適当な語句または化学式を記せ。

銅を空気中で熱するとき，1000℃以下では黒色の（ア）が生成し，1000℃以上では赤色の（イ）が生成する。銅は水素よりも（ウ）が小さいので塩酸や希硫酸には溶けないが，硝酸や熱濃硫酸のような（エ）力のある酸には反応して溶ける。硫酸銅(II)の水溶液にアンモニア水を加えると，最初に青白色の（オ）が沈殿するが，過剰のアンモニア水を加えると（カ）イオンを生じ，深青色の水溶液となって溶ける。金属イオンに数個の分子などが結合したイオンを（キ）イオンといい，この結合する分子などを（ク）という。

428 ▶ 銅の電解精錬
文中の空欄(ア)〜(オ)に適当な語句を記せ。

黄銅鉱から得られた粗銅を用いて電解精錬を行うと，純銅が得られる。銅の電解精錬では，（ア）極に粗銅を，（イ）極に純銅を用い，硫酸銅(II)水溶液を電解液として用いる。このとき，イオン化傾向が銅よりも（ウ）いニッケルなどの不純物は陽イオンとして溶け，イオン化傾向が銅よりも（エ）い金属はイオンにならずに（オ）となる。

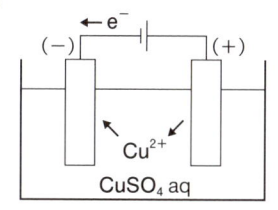

429 ▶ ハロゲン化銀
フッ化銀,塩化銀,臭化銀,ヨウ化銀のうち,水に溶けやすい化合物は(ア)のみである。ハロゲン化銀のうち,塩化銀はアンモニア水やチオ硫酸ナトリウム水溶液に溶解するのに対して,(イ)はアンモニア水には溶解しないがチオ硫酸ナトリウム水溶液には溶解する。ハロゲン化銀には(ウ)があるため,光を当てると(エ)が析出する。
(1) 文中の空欄(ア)〜(エ)にあてはまる語句または化学式を記入せよ。
(2) 塩化銀にアンモニア水を加えたときの反応を化学反応式で表せ。

430 ▶ 亜鉛
以下の空欄(ア)〜(ウ)にあてはまる化学式を記せ。
　亜鉛イオンを含む水溶液に,少量の(ア)の水溶液か水酸化ナトリウム水溶液を加えると,(イ)の白色沈殿が生じる。亜鉛イオンを含む水溶液に過剰量の(ア)の水溶液を加えるとテトラアンミン亜鉛(Ⅱ)イオンが生じ,過剰量の水酸化ナトリウム水溶液を加えると(ウ)が生じる。

431 ▶ 金属と酸の反応
下表の(1)〜(6)を,金属が溶けるもの,金属の表面で不動態を形成するもの,金属が溶けないものに分類せよ。

金属	塩酸	希硫酸	濃硝酸
アルミニウム	(1)	(2)	(3)
銅	(4)	(5)	(6)

432 ▶ クロムの化合物
クロムには+6という高い酸化数の化合物 K_2CrO_4 や $K_2Cr_2O_7$ などがある。K_2CrO_4 と $K_2Cr_2O_7$ は水溶液中で平衡の関係にあり,水溶液のpHによって割合が変わる。
(1) K_2CrO_4 水溶液と $K_2Cr_2O_7$ 水溶液の色をそれぞれ答えよ。
(2) クロム酸イオンと鉛(Ⅱ)イオンから生じる沈殿とクロム酸イオンと銀イオンから生じる沈殿の色をそれぞれ答えよ。
(15 阪大 改)

433 ▶ マンガンの化合物
次の文のうち正しいものをすべて選び記号で答えよ。
(1) 酸化マンガン(Ⅳ)はマンガン乾電池の負極に用いられている。
(2) 酸化マンガン(Ⅳ)は過酸化水素の分解反応の触媒として用いられている。
(3) 硫酸酸性の過マンガン酸カリウム水溶液は中性・塩基性の過マンガン酸カリウム水溶液よりも強い酸化作用を示す。
(4) 硫酸酸性の過マンガン酸カリウムの水溶液は赤紫色である。

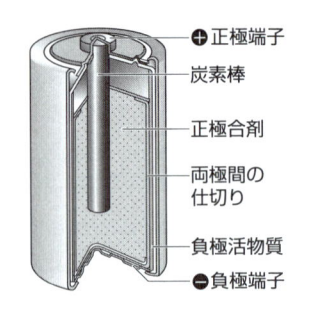

□□□**434** ▶ **遷移金属イオンの反応** 金属のイオン〔A〕を含む水溶液にアンモニア水をゆっくり滴下したところ，はじめに(ア)青白色の沈殿が生成した。さらにアンモニア水を滴下すると沈殿は溶解して深青色の溶液となった。別の金属のイオン〔B〕を含む水溶液にアンモニア水を滴下するとすぐに白色のゲル状の沈殿が生じたが，さらにアンモニア水を滴下しても溶解しなかった。しかし，この白色沈殿に水酸化ナトリウム水溶液を滴下したら無色の溶液となった。

(1) 金属イオン〔A〕，〔B〕として適当なものをイオンの化学式で記せ。
(2) 下線部(ア)の沈殿を含む溶液を加熱した際の変化を簡潔に述べよ。 (15 神奈川大 改)

応用例題 83　硫酸銅(Ⅱ)五水和物

硫酸銅(Ⅱ)五水和物 $CuSO_4 \cdot 5H_2O$ を 250 mg とり，少しずつ温度を上昇させながら，質量変化を測定した。測定結果を縦軸に質量〔mg〕，横軸に温度〔℃〕をとり，グラフに描くと右図のようになった。ただし，Cu = 64 とする。

(1) C–D 間に存在する物質を化学式で示せ。
(2) G–H 間に存在する物質を化学式で示せ。
(3) 次の化合物の色を答えよ。
　(ア) 原料物質の $CuSO_4 \cdot 5H_2O$　(イ) E–F 間の化合物

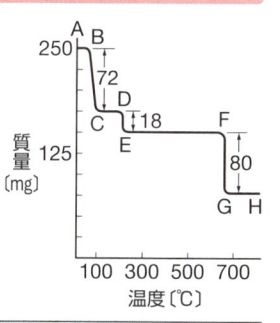

●**エクセル** 硫酸銅(Ⅱ)五水和物を加熱すると次第に水和水がなくなる。

解説 硫酸銅(Ⅱ)五水和物を加熱すると次のようになる。
$$CuSO_4 \cdot 5H_2O \longrightarrow CuSO_4 \cdot nH_2O + (5-n)H_2O$$
はじめに水和水は 5 mmol あったが，B–C 間で加熱により 72 mg (H_2O 4 mmol 相当)減少した。そのため，C–D 間は $n=1$ ❶ になる。さらに，D–E 間で 1 mmol 減り，E–F 間は $n=0$ ❷ になる。さらに加熱すると黒色の CuO が生じる。また，$CuSO_4 \cdot 5H_2O$ は青色で，$CuSO_4$ は白色である。

硫酸銅(Ⅱ)五水和物の結晶の中には，青色のテトラアクア銅(Ⅱ)イオンが含まれている。

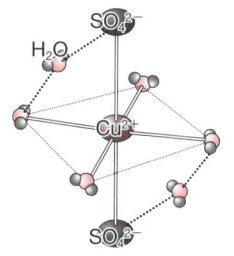

❶ $n=1$ ならば，$CuSO_4 \cdot H_2O$ である。
❷ $n=0$ ならば，$CuSO_4$ である。

解答 (1) $CuSO_4 \cdot H_2O$　(2) CuO　(3) (ア) 青　(イ) 白

応用問題

435 ▶ 鉄の性質と反応 鉄は，溶鉱炉の中で高温のコークスから発生する一酸化炭素と赤鉄鉱などの鉄鉱石を反応させることにより製造する。鉄を含む鉱物には，鉄鉱石の他に黄鉄鉱（主成分 FeS_2）などがある。黄鉄鉱は硫黄の含有量が多いため鉄の原料として用いられることは少ないが，(a)黄鉄鉱を燃焼させ，生成した気体を空気で酸化し，それを水に溶かすことによって硫酸を得ることができる。鉄はイオン化傾向が比較的大きく，さびやすいが，濃硝酸には（ ア ）となって反応しない。また，空気中で水蒸気と接触させると化学反応が起こり，その表面に水酸化物や酸化物が生じる。これらの反応は，さびの原因となる。さびから鉄を守る方法として，その表面に他の金属を析出させるめっき法がある。(b)鉄表面に亜鉛をめっきしたものが（ イ ）であり，スズをめっきしたものが（ ウ ）である。

(1) 文中の(ア)〜(ウ)に適当な語句を記せ。
(2) 純度 80％の赤鉄鉱（主成分 Fe_2O_3）200 t を製鉄するためには，純度 100％のコークスを何 t 準備すればよいか。ただし，溶鉱炉では次の反応が完全に進行し，③式の CO_2 は溶鉱炉外へと放出されているものとする。

$C + O_2 \longrightarrow CO_2 \cdots$ ① $CO_2 + C \longrightarrow 2CO \cdots$ ② $Fe_2O_3 + 3CO \longrightarrow 2Fe + 3CO_2 \cdots$ ③

(3) 文中の下線部(a)の反応により 96.0％の濃硫酸（密度 $1.84 g/cm^3$）を 0.500 L 得るために必要な黄鉄鉱の質量は何 g か。ただし，黄鉄鉱は FeS_2 のみからなるものとする。
(4) 文中の下線部(b)の操作により，鉄が腐食されにくくなる理由を記せ。

436 ▶ ウェルナー錯体 $CoCl_3 \cdot 6NH_3$，$CoCl_3 \cdot 5NH_3$，$CoCl_3 \cdot 4NH_3$ の組成式で示される錯塩の水溶液に，十分な量の $AgNO_3$ 水溶液を加えると，各錯塩 1 mol あたりそれぞれ 3 mol，2 mol，1 mol の AgCl の沈殿が生成した。Co^{3+} に配位結合している Cl^- は Ag^+ とは反応しないとして，次の問いに答えよ。

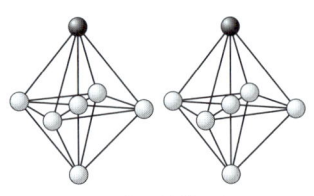

図1 正八面体錯イオンの2つの構造

(1) $CoCl_3 \cdot 6NH_3$ を水に溶解させると，どのようなイオンに電離すると考えられるか。イオンを含む反応式で示せ。
(2) $CoCl_3 \cdot 5NH_3$ の錯塩に含まれる錯イオンを化学式で答えよ。
(3) $CoCl_3 \cdot 4NH_3$ の錯塩に含まれる錯イオンを化学式で答えよ。
(4) $CoCl_3 \cdot 4NH_3$ には 2 種類の色の錯塩が存在することから，同じ組成の錯イオンでも，異なる幾何構造を有していると考えられる。図の正八面体錯イオンには Cl^- が取り得る位置の 1 つをあらかじめ黒丸で示してある。図中の白丸のうち，残りの Cl^- が取り得る位置を黒く塗りつぶして，2 つの異なる幾何構造の違いを示せ。

(同志社大 改)

エクササイズ

左段の物質の反応式を右段の空欄に記せ。（△は加熱処理を示す。）

Fe □鉄と希硫酸

□鉄と塩酸

□酸化鉄(Ⅲ)と一酸化炭素

□鉄(Ⅱ)イオンと水酸化物イオン

□酸化鉄(Ⅲ)とアルミニウム(テルミット反応) △

Cu □銅と希硝酸

□銅と濃硝酸

□銅と熱濃硫酸　　　　　　　　△

□銅(Ⅱ)イオンと水酸化物イオン

□水酸化銅(Ⅱ)とアンモニア水

Ag □銀と濃硝酸

□酸化銀の熱分解　　　　　　　△

□銀イオンと水酸化物イオン

□酸化銀とアンモニア水

Cr □クロム酸イオンと水素イオン

□二クロム酸イオンと水酸化物イオン

□クロム酸イオンと鉛(Ⅱ)イオン

Zn □亜鉛と硫酸

□亜鉛と水酸化ナトリウム水溶液

□酸化亜鉛と塩酸

□酸化亜鉛と水酸化ナトリウム水溶液

□水酸化亜鉛と塩酸

□水酸化亜鉛と水酸化ナトリウム水溶液

20 金属イオンの分離と推定

1 金属イオンの沈殿反応

◆1 塩化物イオン Cl⁻ との反応

沈殿 Ag^+：AgCl(白)，Pb^{2+}：PbCl₂(白)

＊ AgCl は光により黒変，アンモニア水に可溶。PbCl₂ は熱水により溶解する。

◆2 硫化物イオン S²⁻ との反応

金属イオン	酸性 (pH によらない)	中・塩基性
Al^{3+}	変化なし	Al(OH)₃(白)
Zn^{2+}	変化なし	ZnS(白)
Fe^{2+}	変化なし	FeS(黒)
Fe^{3+}	変化なし＊	FeS(黒)
Pb^{2+}	PbS(黒)	PbS(黒)
Cu^{2+}	CuS(黒)	CuS(黒)
Ag^+	Ag₂S(黒)	Ag₂S(黒)

（イオン化傾向 大→小）

＊ 硫化水素により，Fe^{2+} に還元される。

◆3 水酸化物イオン OH⁻ やアンモニア水との反応

金属イオン	少量の OH⁻	多量の 水酸化ナトリウム水溶液	多量のアンモニア水
Al^{3+}	Al(OH)₃(白)	[Al(OH)₄]⁻(無)	Al(OH)₃(白)
Zn^{2+}	Zn(OH)₂(白)	[Zn(OH)₄]²⁻(無)	[Zn(NH₃)₄]²⁺(無)
Fe^{2+}	Fe(OH)₂(緑白)	Fe(OH)₂(緑白)	Fe(OH)₂(緑白)
Fe^{3+}	水酸化鉄(Ⅲ)(赤褐)	水酸化鉄(Ⅲ)(赤褐)	水酸化鉄(Ⅲ)(赤褐)
Pb^{2+}	Pb(OH)₂(白)	[Pb(OH)₄]²⁻(無)	Pb(OH)₂(白)
Cu^{2+}	Cu(OH)₂(青白)	Cu(OH)₂(青白)	[Cu(NH₃)₄]²⁺(深青)
Ag^+	Ag₂O(褐)	Ag₂O(褐)	[Ag(NH₃)₂]⁺(無)

◆4 その他の反応

①陰イオンの反応

陰イオン	沈殿(色)
CO_3^{2-}	BaCO₃(白)，CaCO₃(白)
SO_4^{2-}	BaSO₄(白)，CaSO₄(白)，PbSO₄(白)
CrO_4^{2-}	Ag₂CrO₄(赤褐)，BaCrO₄(黄)，PbCrO₄(黄)

②鉄イオンの反応

	Fe^{2+}(淡緑色)	Fe^{3+}(黄褐色)
ヘキサシアニド鉄(Ⅲ)酸カリウム K₃[Fe(CN)₆]	濃青色沈殿(ターンブル青)	褐(暗褐)色溶液
ヘキサシアニド鉄(Ⅱ)酸カリウム K₄[Fe(CN)₆]	青白色沈殿	濃青色沈殿(紺青)
チオシアン酸カリウム KSCN	変化なし	血赤(暗赤)色溶液

◆5 沈殿が生じない金属イオンの検出

Li^+, Na^+, K^+のような，イオン化傾向の大きな金属の陽イオンは沈殿を生じにくいので，炎色反応などで金属イオンの検出を行う。

Li^+(赤)，Na^+(黄)，K^+(赤紫)，Ca^{2+}(橙赤)，
Sr^{2+}(深赤または紅)，Ba^{2+}(黄緑)，Cu^{2+}(青緑)

2 金属イオンの系統分析

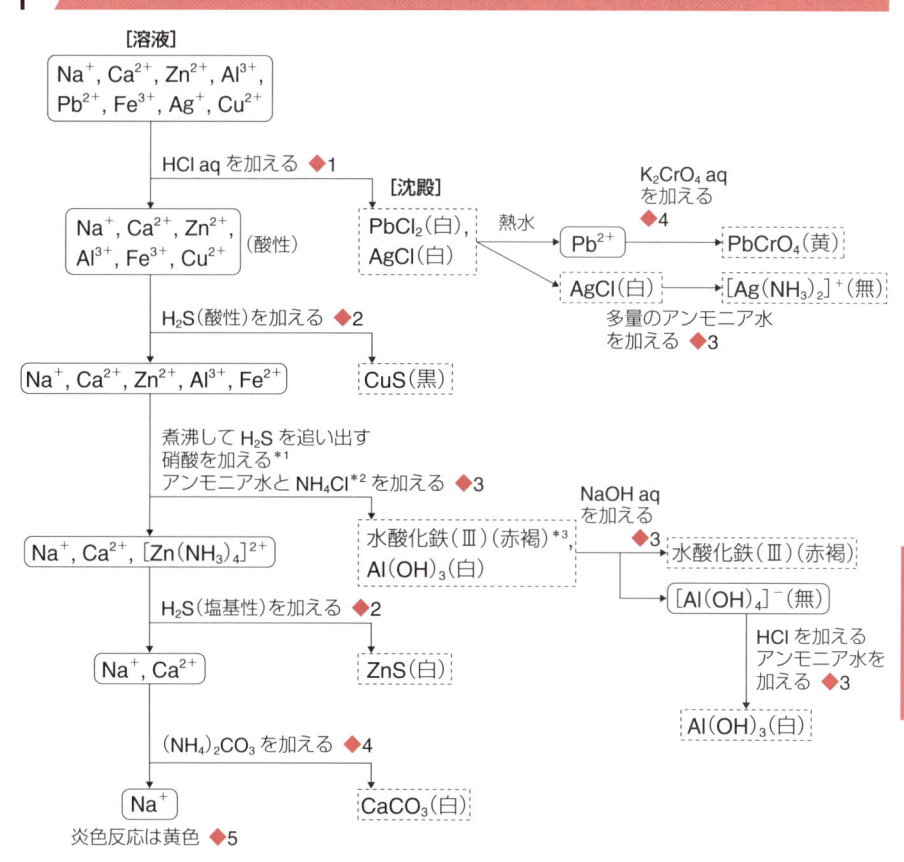

[溶液] Na^+, Ca^{2+}, Zn^{2+}, Al^{3+}, Pb^{2+}, Fe^{3+}, Ag^+, Cu^{2+}

↓ HCl aq を加える ◆1

→ [沈殿] $PbCl_2$(白), $AgCl$(白)
　　熱水 → Pb^{2+} → (K₂CrO₄ aq を加える ◆4) → $PbCrO_4$(黄)
　　　　→ $AgCl$(白) → (多量のアンモニア水を加える ◆3) → $[Ag(NH_3)_2]^+$(無)

Na^+, Ca^{2+}, Zn^{2+}, Al^{3+}, Fe^{3+}, Cu^{2+} (酸性)

↓ H₂S(酸性)を加える ◆2 → CuS(黒)

Na^+, Ca^{2+}, Zn^{2+}, Al^{3+}, Fe^{2+}

↓ 煮沸してH₂Sを追い出す／硝酸を加える*1／アンモニア水とNH₄Cl*2を加える ◆3

→ 水酸化鉄(Ⅲ)(赤褐)*3, $Al(OH)_3$(白)
　　→ (NaOH aq を加える ◆3) → 水酸化鉄(Ⅲ)(赤褐)
　　　　　　　　　　　　　　→ $[Al(OH)_4]^-$(無) → (HClを加える／アンモニア水を加える ◆3) → $Al(OH)_3$(白)

Na^+, Ca^{2+}, $[Zn(NH_3)_4]^{2+}$

↓ H₂S(塩基性)を加える ◆2 → ZnS(白)

Na^+, Ca^{2+}

↓ (NH₄)₂CO₃ を加える ◆4 → $CaCO_3$(白)

Na^+
炎色反応は黄色 ◆5

*1 H₂Sにより還元されたFe^{2+}を硝酸により酸化してFe^{3+}に戻すため。
*2 NH₄Clの電離により生じたNH_4^+は，NH₃の電離（$NH_3 + H_2O \rightleftarrows NH_4^+ + OH^-$）をおさえ，$OH^-$の濃度を小さくし，後の手順で検出する金属イオンの水酸化物の沈殿を防いでいる。
*3 実際には，水酸化酸化鉄(Ⅲ)FeO(OH)などの鉄の酸化物が含まれる混合物であるが，ここでは水酸化鉄(Ⅲ)と表す。

WARMING UP／ウォーミングアップ

次の文中の［　］には適当な語句,（　）には化学式を入れよ。

1 塩化物・硫酸塩
一般に，水に対して溶けるのは，1族のアルカリ金属のイオンや（ア），（イ）を含む化合物である。塩化物では（ウ），（エ）の化合物は［オ］色の沈殿を生じるが，それ以外は水に溶けやすい。また，Ba^{2+}，（カ），（キ）の硫酸塩は水に溶けにくく，［オ］色の沈殿であるが，それ以外は水に溶ける。

2 水酸化物・炭酸塩
水酸化物の中では，［ア］と2族の（イ），（ウ），（エ）の水酸化物以外は水に溶けにくい。また炭酸塩はNH_4^+や［オ］の化合物以外は水に溶けにくい塩が多い。水酸化物イオンで生成する沈殿のうちで（カ），（キ），（ク）は過剰のアンモニア水を入れると溶解し，（ク），（ケ），（コ）は過剰の水酸化ナトリウム水溶液で沈殿が溶解する。

3 硫化物
「Ca^{2+}, Fe^{2+}, Ni^{2+}, Sn^{2+}, Zn^{2+}, Pb^{2+}, Cu^{2+}, Ag^+」を含む水溶液の中に硫化水素を吹き込んだとき，酸性・中性・塩基性のすべての液性で生じる沈殿は（ア），（イ），（ウ），（エ）で，中性・塩基性で生じる沈殿は（オ），（カ），（キ）である。これらの沈殿のうちで，（オ）だけは白色であとは黒色である。

4 Ca^{2+} の反応
塩基性で Ca^{2+} を含む水溶液に二酸化炭素を吹き込むと（ア）の［イ］色沈殿が生じる。さらに，二酸化炭素を吹き込むと，水に溶けやすい（ウ）が生じて［エ］色の水溶液になる。

5 Ba^{2+} の反応
Ba^{2+} を含む水溶液に，炭酸アンモニウムの水溶液を加えると（ア）の［イ］色沈殿が生じ，希硫酸を加えると（ウ）の［エ］色沈殿が得られる。また，Ba^{2+} を含む水溶液にクロム酸カリウム水溶液を加えると［オ］色沈殿の（カ）が生じる。

6 Al^{3+} の反応
Al^{3+} を含む水溶液に少量の水酸化物イオンを加えると，（ア）の［イ］色沈殿が生じる。さらに，水酸化ナトリウム水溶液を加え続けると（ウ）で表される錯イオンを生じて溶けるが，アンモニア水を加え続けた場合は，溶けない。

1
(ア)・(イ)　NO_3^-・NH_4^+
(ウ)・(エ)　Ag^+・Pb^{2+}
[オ]　白
(カ)・(キ)　Ca^{2+}・Pb^{2+}

2
[ア]　アルカリ金属
(イ)　Ca　　(ウ)　Sr
(エ)　Ba
[オ]　アルカリ金属
(カ)　$Cu(OH)_2$
(キ)　Ag_2O
(ク)　$Zn(OH)_2$
(ケ)　$Pb(OH)_2$
(コ)　$Al(OH)_3$

3
(ア)　SnS　(イ)　PbS
(ウ)　CuS　(エ)　Ag_2S
(オ)　ZnS　(カ)　FeS
(キ)　NiS

4
(ア)　$CaCO_3$　[イ]　白
(ウ)　$Ca(HCO_3)_2$
[エ]　無

5
(ア)　$BaCO_3$　[イ]　白
(ウ)　$BaSO_4$　[エ]　白
[オ]　黄
(カ)　$BaCrO_4$

6
(ア)　$Al(OH)_3$
[イ]　白
(ウ)　$[Al(OH)_4]^-$

7 Zn^{2+} の反応

Zn^{2+} を含む水溶液に水酸化ナトリウム水溶液やアンモニア水を加えてよく混ぜると，(ア)の[イ]色沈殿が生じる。この沈殿は，さらに水酸化ナトリウム水溶液を加え続けると(ウ)で表される錯イオンを生じて無色の水溶液になる。また，アンモニア水を加え続けると(エ)で表される錯イオンを生じて無色の水溶液になる。Zn^{2+} を含む中性または塩基性の水溶液に硫化水素を吹き込むと，(オ)の[カ]色沈殿ができる。

8 Pb^{2+} の反応

Pb^{2+} を含む水溶液に希塩酸を加えると(ア)の[イ]色沈殿が生じる。この沈殿は熱湯を加えると溶けて無色の水溶液になる。Pb^{2+} を含む水溶液に希硫酸を加えると(ウ)の[エ]色沈殿が生じる。また，クロム酸カリウム水溶液を加えると(オ)の[カ]色沈殿を生じる。また，Pb^{2+} を含む水溶液に硫化水素を吹き込むと，(キ)の[ク]色沈殿が得られる。

9 Fe^{2+} と Fe^{3+} の反応

Fe^{3+} を含む水溶液に水酸化ナトリウム水溶液を加えると，[ア]の[イ]色沈殿が得られる。また，Fe^{3+} を含む水溶液にヘキサシアニド鉄(Ⅱ)酸カリウム(ウ)の水溶液を加えるか，Fe^{2+} を含む水溶液にヘキサシアニド鉄(Ⅲ)酸カリウム(エ)の水溶液を加えると，どちらの水溶液も[オ]色沈殿が生じる。また，Fe^{3+} を含む水溶液にチオシアン酸カリウム(カ)の水溶液を加えると，[キ]色の水溶液になる。

10 Cu^{2+} の反応

Cu^{2+} を含む水溶液に水酸化ナトリウム水溶液やアンモニア水を加えると，(ア)の[イ]色沈殿ができる。この沈殿にアンモニア水を加え続けると(ウ)で表される錯イオンを生じて溶解し，[エ]色の水溶液になる。また，硫化水素を吹き込むと(オ)の[カ]色沈殿が生じる。

11 Ag^+ の反応

Ag^+ を含む水溶液に塩酸を加えると，(ア)の[イ]色沈殿が生じる。また，水酸化ナトリウム水溶液を加えると，(ウ)の[エ]色沈殿を生じる。ここにアンモニア水を加えると，(オ)で表される錯イオンを生じて無色の水溶液になる。Ag^+ を含む水溶液にクロム酸カリウム水溶液を加えると[カ]色の沈殿を生じる。

7
- (ア) $Zn(OH)_2$
- [イ] 白
- (ウ) $[Zn(OH)_4]^{2-}$
- (エ) $[Zn(NH_3)_4]^{2+}$
- (オ) ZnS
- [カ] 白

8
- (ア) $PbCl_2$　[イ] 白
- (ウ) $PbSO_4$　[エ] 白
- (オ) $PbCrO_4$　[カ] 黄
- (キ) PbS　[ク] 黒

9
- [ア] 水酸化鉄(Ⅲ)
- [イ] 赤褐
- (ウ) $K_4[Fe(CN)_6]$
- (エ) $K_3[Fe(CN)_6]$
- [オ] 濃青
- (カ) $KSCN$
- [キ] 血赤

10
- (ア) $Cu(OH)_2$
- [イ] 青白
- (ウ) $[Cu(NH_3)_4]^{2+}$
- [エ] 深青
- (オ) CuS
- [カ] 黒

11
- (ア) $AgCl$
- [イ] 白
- (ウ) Ag_2O
- [エ] 褐
- (オ) $[Ag(NH_3)_2]^+$
- [カ] 赤褐

基本例題 84　陽イオンの分離と推定　　　　　　　　　　　　　　　　基本 ▶ 438

Ag^+, Al^{3+}, Na^+を含む水溶液に(1), (2)の操作を行った。最後にろ液に残る陽イオンを化学式で示せ。また，この陽イオンを検出する方法を述べよ。
(1)　Ag^+, Al^{3+}, Na^+を含む水溶液に塩酸を加え，生じた沈殿をろ過する。
(2)　(1)のろ液にアンモニア水を過剰に加え，生じた沈殿をろ過する。

●エクセル　Ag^+はCl^-を加えると沈殿し，Al^{3+}はOH^-を加えると沈殿する。

解説
(1) HCl の電離により Cl^- が生じる。Ag^+, Al^{3+}, Na^+ のうち，Cl^- で沈殿するのは Ag^+ のみであり，AgCl の白色沈殿❶が生成する。
(2) NH_3 の電離により OH^- が生じる。Al^{3+}, Na^+ のうち，OH^- で沈殿するのは Al^{3+} のみであり，$Al(OH)_3$ の白色沈殿❷が生成する。
(1), (2)より，最後にろ液に残る陽イオンは Na^+ である。Na^+ は炎色反応で検出することができる❸。

❶ $Ag^+ + Cl^- \longrightarrow AgCl$
❷ $Al^{3+} + 3OH^- \longrightarrow Al(OH)_3$
❸ 黄色の炎色反応を示す。ろ液に残ったイオンの確認は，炎色反応でできる場合がある。

解答　陽イオン：Na^+　　検出方法：炎色反応

基本問題

□□□ **437** ▶ **金属イオンの性質**　(1)～(5)の記述にあてはまる金属イオンを [　　] から選べ。
(1) 塩酸を加えると白色沈殿を生じるもの。　　　[Cu^{2+}, Fe^{3+}, Pb^{2+}, Zn^{2+}, Ca^{2+}]
(2) 硫酸を加えると白色沈殿を生じるもの。　　　[Cu^{2+}, Fe^{3+}, Al^{3+}, Zn^{2+}, Ba^{2+}]
(3) アンモニア水を加えると，少量では沈殿が生じ，過剰に加えると沈殿が溶けるもの。
　　　　　　　　　　　　　　　　　　　　　　[Cu^{2+}, Fe^{3+}, Pb^{2+}, Al^{3+}, Ca^{2+}]
(4) 水酸化ナトリウム水溶液を加えると，少量では沈殿が生じ，過剰に加えると沈殿が溶けるもの。　　　　　　　　　　　　　　　　　　[Cu^{2+}, Fe^{3+}, Ag^+, Al^{3+}, Ca^{2+}]
(5) 酸性にして H_2S を加えると黒色沈殿を生じるもの。[Al^{3+}, Ca^{2+}, Fe^{3+}, Cu^{2+}, Zn^{2+}]

□□□ **438** ▶ **金属イオンの分離1**　[　] には適当な化学式または語句，(　) には色を入れよ。

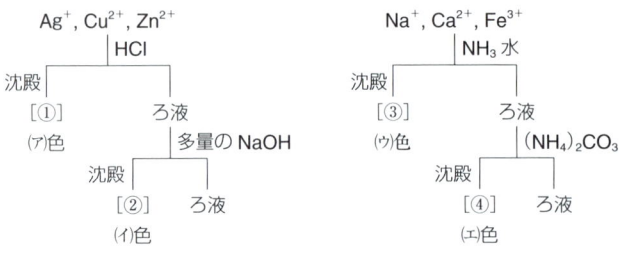

Ag^+, Cu^{2+}, Zn^{2+}
　│HCl
┌─┴─┐
沈殿　ろ液
[①]　│多量のNaOH
(ア)色　┌─┴─┐
　　　沈殿　ろ液
　　　[②]
　　　(イ)色

Na^+, Ca^{2+}, Fe^{3+}
　│NH_3水
┌─┴─┐
沈殿　ろ液
[③]　│$(NH_4)_2CO_3$
(ウ)色　┌─┴─┐
　　　沈殿　ろ液
　　　[④]
　　　(エ)色

20 金属イオンの分離と推定 327

□□□**439 ▶ 塩の性質 1** 塩化ナトリウム水溶液に，A欄の水溶液を加えると白色沈殿が生成し，さらにB欄の水溶液を加えていくとその沈殿が溶解した。AとBの溶液の組み合わせとして正しいものを1つ選べ。

	(1)	(2)	(3)	(4)	(5)
A	NH_3	$CuSO_4$	$AgNO_3$	$AgNO_3$	$AgNO_3$
B	H_2SO_4	NH_3	HNO_3	H_2S	NH_3

□□□**440 ▶ 塩の性質 2** 硫酸バリウムと炭酸カルシウムの混合物(粉末)から，炭酸カルシウムだけを溶解させたい。このための試薬として最も適当なものを1つ選べ。
(1) 酢酸ナトリウム水溶液　(2) アンモニア水　(3) 過酸化水素水
(4) 希硝酸　(5) 水酸化ナトリウム

□□□**441 ▶ 金属の性質** 下表のA欄には2種類の金属，B欄にはそれらに共通する化学的性質が示されている。B欄の記述に誤りを含むものを，次の(1)〜(5)のうちから1つ選べ。

	A	B
(1)	Cu, Ag	希硫酸には溶けないが，熱濃硫酸には溶ける。
(2)	Al, Fe	希硝酸には溶けるが，濃硝酸には溶けない。
(3)	Zn, Pb	希硫酸にも希塩酸にも溶ける。
(4)	Pt, Au	濃塩酸にも濃硝酸にも溶けないが，王水には溶ける。
(5)	Na, Ca	常温で水と反応して水素を発生する。

□□□**442 ▶ 金属イオンの分離 2** Ba^{2+}，Fe^{2+}，Zn^{2+}を含む水溶液から，図の実験により各イオンをそれぞれ分離することができた。この実験に関する記述として誤りを含むものを次の(1)〜(5)からすべて選べ。
(1) 操作aでは，アンモニア水を少量加える。
(2) 操作bでは，硫化水素を通じる前にろ液を酸性にする必要がある。
(3) 沈殿アを塩酸に溶かしてK₄[Fe(CN)₆]水溶液を加えると，濃青色沈殿が生じる。
(4) 沈殿イは，白色である。
(5) ろ液に残ったBa^{2+}の炎色反応は橙赤色である。

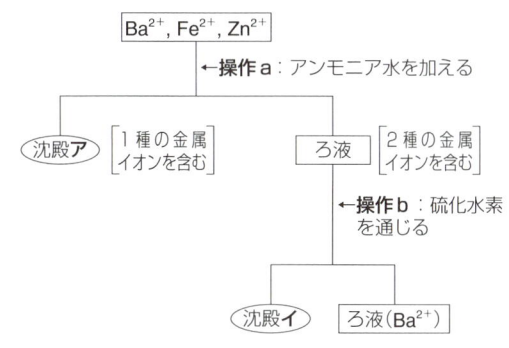

```
        Ba²⁺, Fe²⁺, Zn²⁺
                │ ←操作a：アンモニア水を加える
        ┌───────┴───────┐
      沈殿ア           ろ液
    [1種の金属       [2種の金属
     イオンを含む]    イオンを含む]
                        │ ←操作b：硫化水素
                        │          を通じる
                 ┌──────┴──────┐
               沈殿イ       ろ液(Ba²⁺)
```

443 ▶ 陰イオンの反応
次の記述にあてはまるものをそれぞれ選択肢から選べ。

(1) 銀イオンと赤褐色沈殿を形成する陰イオン
   (ア) F^-　(イ) Cl^-　(ウ) OH^-　(エ) CrO_4^{2-}　(オ) MnO_4^-

(2) 酸性条件下のカドミウムイオンと黄色沈殿を形成する陰イオン
   (ア) F^-　(イ) Cl^-　(ウ) S^{2-}　(エ) SO_4^{2-}　(オ) NO_3^-

(3) 鉄(Ⅱ)イオンと緑白色沈殿を形成する陰イオン
   (ア) Cl^-　(イ) OH^-　(ウ) S^{2-}　(エ) CO_3^{2-}　(オ) PO_4^{3-}

(4) 塩基性条件下のマンガン(Ⅱ)イオンと淡赤色沈殿を形成する陰イオン
   (ア) F^-　(イ) OH^-　(ウ) S^{2-}　(エ) CO_3^{2-}　(オ) SO_4^{2-}

(5) カルシウムイオンと，塩酸に可溶な白色沈殿を形成する陰イオン
   (ア) F^-　(イ) OH^-　(ウ) S^{2-}　(エ) CO_3^{2-}　(オ) SO_4^{2-}

444 ▶ 炎色反応
白金線を濃塩酸に浸した後，(a)ガスバーナーの炎(外炎)に入れた。次に白金線の先を(b)金属塩の水溶液に浸して炎に入れたところ，黄色の炎色反応が観察された。次の問いに答えよ。

(1) 下線部(a)の操作を行った理由として適当なものを次の(ア)～(エ)から1つ選べ。
   (ア) 白金線の表面を酸化するため。
   (イ) 白金線の表面を還元するため。
   (ウ) 炎色反応を示す物質が白金線に付着していないことを確かめるため。
   (エ) 白金線が炎の中で溶融しないことを確かめるため。

(2) 下線部(b)の結果から，溶けているイオンとして正しいものを次の(ア)～(エ)から1つ選べ。
   (ア) Li^+　(イ) Na^+　(ウ) K^+　(エ) Sr^{2+}

445 ▶ 金属イオンの分離3
Ag^+，Al^{3+}，Cu^{2+}を含む硝酸酸性水溶液から，下図の操作により各イオンを分離した。この実験に関する記述として正しいものを，次の(1)～(4)から1つ選べ。

(1) ろ液イ・エはともに無色である。
(2) 沈殿アは過剰のアンモニア水に溶ける。
(3) 操作aで希塩酸のかわりに硫化水素水を加えると，Ag^+だけが硫化物の沈殿として分離できる。
(4) 操作bでアンモニア水のかわりに水酸化ナトリウム水溶液を過剰に加えても，沈殿ウと同じものが分離できる。　　（センター 改）

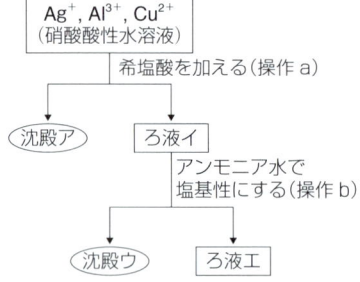

応用例題 85　陽イオンの分離と推定　　応用 ➡ 448

5種類のイオン，Ag^+，Al^{3+}，Ba^{2+}，Cu^{2+}，Fe^{3+}を含む水溶液がある。これに次に示す(1)〜(5)の順に操作を行った結果，最終的にろ液に残るイオンは何か。
(1) 塩酸を加え，生じた沈殿をろ過する。
(2) (1)のろ液に希硫酸を加え，生じた沈殿をろ過する。
(3) (2)のろ液に濃い水酸化ナトリウム水溶液を過剰に加え，生じた沈殿をろ過する。
(4) (3)で得た沈殿を水で洗浄後，塩酸に溶かす。
(5) (4)にアンモニア水を過剰に加え，生じた沈殿をろ過する。

●エクセル　NaOH水溶液，NH_3水を少量加えるか過剰に加えるかで反応が異なる場合がある。

解説

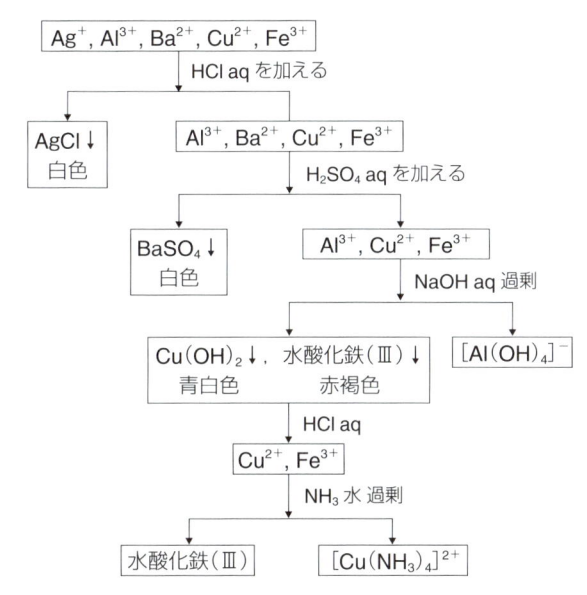

```
[Ag+, Al3+, Ba2+, Cu2+, Fe3+]
        │ HCl aq を加える
   ┌────┴────┐
 AgCl↓     [Al3+, Ba2+, Cu2+, Fe3+]
 白色              │ H2SO4 aq を加える
            ┌─────┴─────┐
          BaSO4↓      [Al3+, Cu2+, Fe3+]
          白色               │ NaOH aq 過剰
                      ┌──────┴──────┐
              Cu(OH)2↓, 水酸化鉄(Ⅲ)↓   [Al(OH)4]−
                 青白色     赤褐色
                        │ HCl aq
                    [Cu2+, Fe3+]
                        │ NH3 水 過剰
                  ┌─────┴─────┐
              水酸化鉄(Ⅲ)     [Cu(NH3)4]2+
```

(1)では AgCl の白色沈殿が生じ，(2)では $BaSO_4$ の白色沈殿が生じる。(3)では OH^- により Al^{3+}，Cu^{2+}，Fe^{3+} のいずれも沈殿する❶が，過剰の OH^- を加えると両性水酸化物の $Al(OH)_3$ は溶けてしまう❷。(4)で(3)の沈殿 $Cu(OH)_2$，水酸化鉄(Ⅲ)を酸で溶かした後，(5)でアンモニア水を過剰に加えると OH^- によって Fe^{3+} は沈殿❸し，Cu^{2+} は $Cu(OH)_2$ から $[Cu(NH_3)_4]^{2+}$ になり溶けてしまう❹。

❶ $Al(OH)_3$，$Cu(OH)_2$，水酸化鉄(Ⅲ)が沈殿
❷ $Al(OH)_3 + OH^- \longrightarrow [Al(OH)_4]^-$
❸ 水酸化鉄(Ⅲ)が沈殿
❹ $Cu^{2+} + 2OH^- \longrightarrow Cu(OH)_2$
$Cu(OH)_2 + 4NH_3 \longrightarrow [Cu(NH_3)_4]^{2+} + 2OH^-$

解答
$[Cu(NH_3)_4]^{2+}$

応用例題 86　陰イオンの分離

硫酸ナトリウム，炭酸ナトリウム，クロム酸カリウムおよび臭化カリウムのそれぞれ数％程度の濃度の水溶液を調製し，これらを 5mL ずつ混合したところ，混合水溶液は弱塩基性を示した。これに約 0.2mL の酢酸を加えて中性にしたものを試料水溶液として，陰イオンの分離・検出を試みた。下の問いに答えよ。

操作Ⅰ：塩化バリウム水溶液を十分に加えると沈殿が生じた。沈殿物は，沈殿 a（白色），沈殿 b（白色），沈殿 c（黄色）の混合物である。沈殿の生成を完全なものにするために，さらにアンモニア水を数滴加えてしばらく加熱した。

操作Ⅱ：希塩酸を加えると沈殿の一部（沈殿 b と沈殿 c）は溶解した。このとき，気体が発生したが，これは(ア)沈殿 b の溶解にともなって起こったものである。

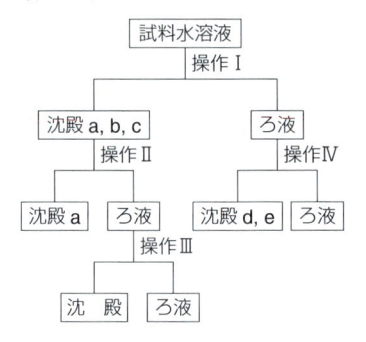

操作Ⅲ：ろ液に硫酸ナトリウム水溶液を加えると(イ)白色沈殿を生じたので，これをろ過して取り除いた。(ウ)ろ液に水酸化ナトリウム水溶液を加えて塩基性にすると溶液は[　]色に変化した。

操作Ⅳ：ろ液に硝酸銀水溶液を少しずつ加えると，最初に淡黄色の沈殿 d が，その後，白色の沈殿 e が生じた。

(1) 沈殿 a, d, e を化学式で記せ。
(2) 下線部(ア)の変化の化学反応式を記せ。　　(3) 下線部(イ)の沈殿の化学式を記せ。
(4) 下線部(ウ)の変化をイオン反応式で書き，[　]に語句を記せ。

●エクセル　SO_4^{2-}, CO_3^{2-} は Ba^{2+}, Ca^{2+} と沈殿を形成。
Cl^-, Br^-, I^- は Ag^+ と沈殿を形成。

解説　操作Ⅰで $BaSO_4$, $BaCO_3$, $BaCrO_4$ が沈殿する。このうち，黄色を示すのは $BaCrO_4$ のみである。操作Ⅱは強酸による弱酸 CO_2 の遊離❶で，沈殿 b は $BaCO_3$ である。$BaCrO_4$ も希塩酸で溶解❷する。操作Ⅲで $BaSO_4$ が沈殿する。また，赤橙色の $Cr_2O_7^{2-}$ は塩基性条件下で黄色の CrO_4^{2-} に変化する。操作Ⅳで Ag^+ によりハロゲン化銀の沈殿が生じる。操作Ⅰで $BaCl_2$ を加えているので，白色沈殿 e は $AgCl$ である。

❶弱酸の塩に強酸を加えると弱酸が遊離する。
❷クロム酸イオンの水溶液は酸性で赤橙色になり，塩基性で黄色になる。
$2CrO_4^{2-}$（黄）$+ 2H^+$
$\rightleftharpoons Cr_2O_7^{2-}$（赤橙）
$+ H_2O$

解答
(1) 沈殿 a　$BaSO_4$　　沈殿 d　$AgBr$　　沈殿 e　$AgCl$
(2) $BaCO_3 + 2HCl \longrightarrow BaCl_2 + H_2O + CO_2$　　(3) $BaSO_4$
(4) イオン反応式：$Cr_2O_7^{2-} + 2OH^- \longrightarrow 2CrO_4^{2-} + H_2O$　［黄］

応用問題

446 ▶ 沈殿反応 Pb^{2+}, Al^{3+}, Ca^{2+}を含む水溶液に塩酸を加えると$PbCl_2$の白い沈殿が生じた。この沈殿に付着している不純物を除く際に，純水よりも塩酸を用いた方がよい理由を簡潔に述べよ。

447 ▶ 希硝酸の使用目的 3種類の金属イオンZn^{2+}, Cu^{2+}, Fe^{3+}を含む水溶液に硫化水素を通じたら，CuSの黒色沈殿が生じた。これをろ過し，ろ液を加熱して硫化水素を追い出し，希硝酸を加えた後で過剰のアンモニア水を加えたら水酸化鉄(Ⅲ)の沈殿が得られた。この実験の途中で希硝酸を加えた理由を40字程度で述べよ。

448 ▶ 塩の推定 次の文の[ ]には適当な物質名，( )には化学式を入れよ。
水溶液A，B，C，D，Eがあり，それらの中には塩化アルミニウム，塩化鉄(Ⅱ)，硫酸銅(Ⅱ)，塩化亜鉛，硝酸銀，酢酸鉛(Ⅱ)のうちいずれか1つが溶けている。いま，これらの異なる5種類の水溶液に溶けている化合物を決定するために，以下の実験1～5を行った。

実験1：A，B，C，D，Eにそれぞれ希塩酸を加えると，DおよびEで白色の沈殿が生じた。

実験2：DおよびEにクロム酸カリウム水溶液を加えると，Dでは赤褐色の沈殿が，Eでは黄色の沈殿がそれぞれ生成した。

実験3：A，B，C，Dに少量のアンモニア水を加えると，いずれの溶液でも沈殿が生成した。さらに，アンモニア水を過剰に加えると，A，B，Dで生成した沈殿は，錯イオンを形成して溶けた。しかし，Cで生成した緑白色の沈殿は溶けなかった。

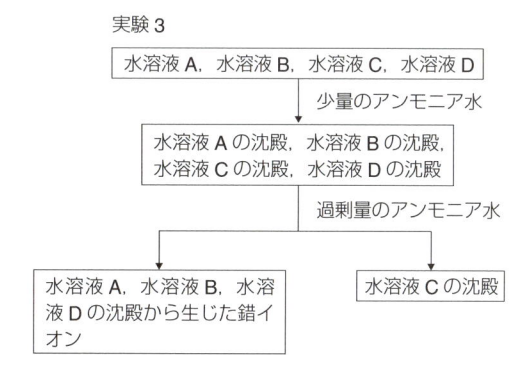

実験3

水溶液A，水溶液B，水溶液C，水溶液D
↓ 少量のアンモニア水
水溶液Aの沈殿，水溶液Bの沈殿，水溶液Cの沈殿，水溶液Dの沈殿
↓ 過剰量のアンモニア水
水溶液A，水溶液B，水溶液Dの沈殿から生じた錯イオン　　水溶液Cの沈殿

実験4：A，B，Cに希硫酸を加えて溶液を酸性にした後，硫化水素を通じると，Bだけが黒色の沈殿を生じた。

実験5：A，B，Cに少量の水酸化ナトリウム水溶液を加えると，いずれの溶液でも沈殿が生成した。さらに，水酸化ナトリウム水溶液を過剰に加えると，Aで生成した沈殿は錯イオンを形成して溶けたが，B，Cで生成した沈殿は溶けなかった。

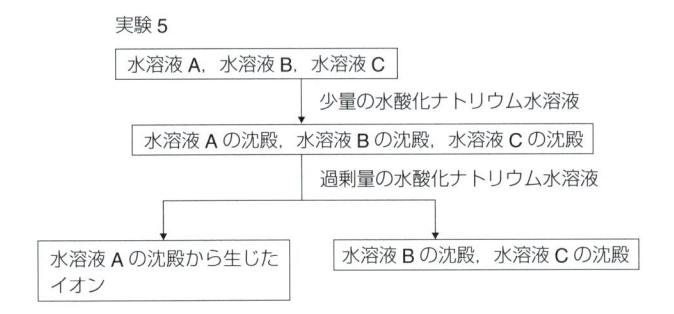

実験5

```
水溶液A，水溶液B，水溶液C
      │ 少量の水酸化ナトリウム水溶液
      ↓
水溶液Aの沈殿，水溶液Bの沈殿，水溶液Cの沈殿
      │ 過剰量の水酸化ナトリウム水溶液
      ↓
水溶液Aの沈殿から生じた     水溶液Bの沈殿，水溶液Cの沈殿
イオン
```

以上のことから，Aには[ア]，Bには[イ]，Cには[ウ]，Dには[エ]，Eには[オ]がそれぞれ溶けていることがわかる。したがって，実験3においてDで生じた錯イオンは（ カ ），実験5においてAで生じた錯イオンは（ キ ）である。(関西大 改)

449 ▶ 陰イオンの推定 MnO_4^-，NO_3^-，SCN^-，I^-，CrO_4^{2-}，CO_3^{2-}，S^{2-}，SO_4^{2-}のいずれかを含む8種類の水溶液（A～H）がある。次の試薬などを加えて観察したところ，下の実験1～8のような結果を示した。水溶液A～Hに含まれる陰イオンを，化学式で記せ。

試薬　(1) Ba^{2+}を含む水溶液　　(2) Pb^{2+}を含む水溶液
　　　(3) Ag^+を含む水溶液　　(4) Fe^{2+}を含む水溶液

実験1　Aに(1)または(2)を加えたところ，ともに白色の沈殿を生じた。また，(3)または(4)を加えても変化はなかった。

実験2　Bに(1)，(2)または塩化カルシウム水溶液を加えたところ，すべての場合で白色の沈殿を生じた。また，塩化カルシウムとの混合溶液に二酸化炭素を吹き込むと沈殿は溶解した。

実験3　Cに(3)を加えたところ，黄色の沈殿を生じた。また，この沈殿は光により分解し黒くなった。

実験4　Dに(1)，(2)または(3)を加えると，それぞれ黄色，黄色，赤褐色の沈殿を生じた。

実験5　純水に硫化水素を通じ飽和することにより，Eを調製した。Eに(2)または(3)を加えたところ，すべて黒色の沈殿を生じた。

実験6　(4)を硫酸酸性水溶液とし，Fを滴下したところ，Fの赤紫色は消失した。

実験7　鉄(Ⅲ)イオンを含む水溶液にGを加えたところ，血赤色の水溶液となった。

実験8　(1)～(3)のいずれを加えても，Hに変化はなかった。

(千葉大 改)

エクササイズ

左段の物質の反応式を右段の空欄に記せ。

塩化物イオンとの反応
- ☐ 銀イオンと塩化物イオンの反応
- ☐ 鉛(Ⅱ)イオンと塩化物イオンの反応

硫化物イオンとの反応〈酸性・中性・塩基性条件下〉
- ☐ 銅(Ⅱ)イオンと硫化物イオンの反応
- ☐ 銀イオンと硫化物イオンの反応
- ☐ 鉛(Ⅱ)イオンと硫化物イオンの反応

硫化物イオンとの反応〈中性・塩基性条件下〉
- ☐ マンガン(Ⅱ)イオンと硫化物イオンの反応
- ☐ 亜鉛イオンと硫化物イオンの反応
- ☐ 鉄(Ⅱ)イオンと硫化物イオンの反応

水酸化物イオンとの反応
- ☐ 鉄(Ⅱ)イオンと水酸化物イオンの反応
- ☐ 銅(Ⅱ)イオンと水酸化物イオンの反応
- ☐ 銀イオンと水酸化物イオンの反応

過剰の水酸化ナトリウム水溶液との反応
- ☐ 水酸化アルミニウムと過剰の水酸化ナトリウム水溶液の反応
- ☐ 水酸化亜鉛と過剰の水酸化ナトリウム水溶液の反応

過剰のアンモニア水との反応
- ☐ 水酸化亜鉛と過剰のアンモニア水の反応
- ☐ 水酸化銅(Ⅱ)と過剰のアンモニア水の反応
- ☐ 酸化銀と過剰のアンモニア水の反応

炭酸イオンとの反応
- ☐ カルシウムイオンと炭酸イオンの反応
- ☐ バリウムイオンと炭酸イオンの反応

硫酸イオンとの反応
- ☐ カルシウムイオンと硫酸イオンとの反応
- ☐ バリウムイオンと硫酸イオンとの反応
- ☐ 鉛(Ⅱ)イオンと硫酸イオンとの反応

21 無機物質と人間生活

1 金属と人間生活

◆1 **身のまわりの金属** 鉄，アルミニウム，銅，亜鉛，鉛などが多く使用されている。
①**鉄** 最も多く使われている。機械強度に優れ，炭素の含有量で性質を調整。
②**銅** 電気伝導性が高く，導線などに使用。
③**アルミニウム** 軽くてさびにくい。表面の酸化被膜が内部を保護する。

名称	鉄	銅	アルミニウム	チタン
化学式	Fe	Cu	Al	Ti
融点〔℃〕	1535	1083	660	1660
密度(g/cm³)	7.87	8.96	2.7	4.54
用途	建造物，自動車	導線，台所用品	硬貨	眼鏡のフレーム

名称	白金	金	タングステン	鉛
化学式	Pt	Au	W	Pb
融点〔℃〕	1772	1064	3410	328
密度(g/cm³)	21.4	19.32	19.3	11.4
用途	触媒，装飾品	装飾品，微細配線	フィラメント	X線遮蔽板

◆2 **合金** 2種類以上の金属を混ぜ合わせ，もとの金属にない優れた性質をもつ。

ステンレス	Fe, Cr, Ni さびにくい	ニクロム	NiとCr 電気抵抗が大
黄銅	CuとZn 美しく加工しやすい	青銅	CuとSn かたく美しい
ジュラルミン	Al, Cu, Mg, Mn 軽くて丈夫	はんだ*	Sn, Ag, Cu 融点が低い

*以前は鉛も用いられていた。

2 セラミックスと人間生活

セラミックス 元来は粘土や陶土を焼いたものだが，現在は無機質固体材料をさす。

◆1 **陶磁器** 粘土を高温で焼いてつくる。原料の種類や焼成温度により分類。

土器	粘土	陶器	粘土＋ケイ砂	磁器	粘土＋ケイ砂＋長石

◆2 **ガラス** Si—O—Si結合でできた，非晶質の物質。一定の融点をもたない。

ソーダ石灰ガラス	鉛ガラス	ホウケイ酸ガラス
ケイ砂，Na_2CO_3，石灰石	ケイ砂，K_2CO_3，酸化鉛(Ⅱ)	ケイ砂，ホウ砂

◆3 **機能性材料**
①**ファインセラミックス** 新しい機能や特性をもたせた高精度のセラミックス。電子材料，耐熱強度材，バイオセラミックスなどがある。
②**複合材料** FRP(繊維強化プラスチック)など。引っ張りに強い。

名称	酸化チタン(Ⅳ)	酸化アルミニウム	二酸化ケイ素	ヒドロキシアパタイト
化学式	TiO_2	Al_2O_3	SiO_2	$Ca_5(PO_4)_3OH$
性質	紫外線を吸収	絶縁性	透光性	生体親和性
用途	顔料，光触媒	人工宝石，ガイシ	光ファイバー	人工骨，人工関節

WARMING UP／ウォーミングアップ

次の文中の（　）に適当な語句・記号を入れよ。

1 金属単体
次の文は Fe，Al，Cu，Zn のいずれかを説明するものである。どの金属を説明したものか。元素記号で答えよ。
(1) 熱伝導率が高いため調理器具に使われたり，電気伝導性が高いため送電線などにも利用されたりする。やわらかくて加工しやすいため合金の成分としても使われる。
(2) 鉱石から単体を得やすく安価なため，さまざまなところに利用されている。酸化されやすいため電池の電極として利用されているほか，鋼板のめっきとしても使われている。
(3) 軽金属に属しており，加工しやすく自動車の車体や飲料水の缶に使われている。酸化されやすく，金属表面に酸化被膜ができて内部が保護される。
(4) 鉱石が豊富で強いため，古くから利用されており現在でも建築物や交通機関をはじめとするさまざまなところで使われており，金属の中で最も生産量が多い。

2 合金・めっき
2種類以上の金属を融かして混合したり，金属に非金属を溶かしたりしたものを(ア)という。また金属が化学反応によって変質して，劣化する現象を(イ)といい，それを防ぐために別の金属で表面を覆う操作を(ウ)という。鉄の表面を亜鉛で覆ったものを(エ)といい，屋根などに利用されている。また鉄の表面をスズで覆ったものを(オ)といい，缶詰などに利用されている。

3 セラミックス 1
セラミックスとは元来，粘土や石英などを焼いてつくったものを意味し，これを器に成形したものを(ア)とよんでいる。現在では，そのほかに石灰石と粘土，セッコウを混ぜ1500℃に熱してつくられる(イ)やガラスも含まれる。ガラスは粒子の配列に規則性のない(ウ)の固体である。

4 セラミックス 2
土器・陶磁器やガラスなど，金属ではない無機物質を高温にして焼き固めた材料を(ア)といい，高純度の原料を制御された条件で焼き固めた製品を(イ)という。

1
(1) Cu
(2) Zn
(3) Al
(4) Fe

2
(ア) 合金
(イ) 腐食
(ウ) めっき
(エ) トタン
(オ) ブリキ

3
(ア) 陶磁器
(イ) セメント
(ウ) 非晶質（アモルファス）

4
(ア) セラミックス
(イ) ファインセラミックス

基本例題 87　合金　　　　　　　　　　　　　　　　　　　　　基本 ▶ 451

次の(1)～(4)にあてはまる合金を下の(ア)～(エ)より選べ。
(1) 銅と亜鉛の合金で、さびにくく、金管楽器などに使われる。
(2) アルミニウムとマグネシウムなどからなる合金で、軽くて強度が大きく、航空機の材料として使われる。
(3) クロムとニッケルの合金で、電気抵抗が大きく、電熱器の発熱体などに使われる。
(4) 鉄、クロム、ニッケルなどの合金で、さびにくく、台所用品などに使われる。
　(ア) ステンレス鋼　　(イ) ニクロム　　(ウ) ジュラルミン　　(エ) 黄銅

●エクセル　合金はもとの金属にはない優れた性質をもつ。

解説
(1) 金管楽器などに用いられる黄銅は、さびにくい。
(2) 航空機などに用いられるジュラルミン❶は、軽金属のアルミニウムが主成分の合金。
(3) 電熱器などに用いられるニクロムは、電気抵抗❷が大きい。
(4) 台所用品などに用いられるステンレス鋼は、鉄が主成分だがさびにくい。

❶ ジュラルミンは軽くて強い。
❷ ニクロムの電気抵抗は銅や銀より大きい。

解答　(1) (エ)　(2) (ウ)　(3) (イ)　(4) (ア)

基本問題

450 ▶ セラミックスとガラス　次の(1)～(5)にあてはまる材料の名称を記せ。
(1) 制御された条件で焼結し、高度な寸法精度で成形した材料。
(2) おもな材料は、ケイ砂、炭酸ナトリウム、石灰石で、板ガラスなどに用いられる。
(3) おもな材料は、ケイ砂とホウ砂で、耐熱・硬質ガラスとして用いられる。軟化温度が高く約830℃である。
(4) 粘土にケイ砂や長石などを混ぜて焼結した製品の総称。器などに用いられる。
(5) いくつかの材料を組み合わせ、単一材料にない機能や性能をもたせた材料。

451 ▶ 合金・セラミックスの性質　次の(1)～(4)の正誤を答えよ。
(1) 陶磁器の焼き方のうち、本焼きとは素焼きの器にうわ薬をかけて、約1300℃で焼いて、ゆっくり冷やす焼き方である。
(2) 光通信に用いられる光ファイバーは、高純度の石英ガラスを主体としている。
(3) 建築用材料のセメントに、砂と砂利を混ぜたものをモルタルという。
(4) 鉛ガラスはクリスタルガラスともよばれ、屈折率が大きいため、光学機器のレンズや装飾品として利用されている。
(07 星薬科大 改)

応用例題 88　金属の利用

次の文章を読み，下の問いに答えよ。

アルミニウムは鍋や缶の素材として用いられている。一方，鉄の合金であるステンレス鋼は，流し台や包丁などの調理器具に用いられている。

(1) アルミニウムの表面を人工的に酸化した製品の名称を答えよ。
(2) ステンレス鋼は鉄，クロム，ニッケルなどからなる合金で，さびにくい。この理由を簡潔に述べよ。
(3) 通常，アルミニウムの鍋からアルミニウムイオンが溶出することはほとんどない。しかし，スチールウールで強くこすったアルミニウムの鍋からアルミニウムイオンが溶出する場合がある。この理由を簡潔に述べよ。　　　　　　　　（帯広畜産大 改）

●エクセル　アルマイトはアルミニウムの表面を人工的に酸化したものである。

解説　鉄，クロム，ニッケルなどからなる合金をつくる際には，空気中でも不動態の酸化被膜ができる。通常，アルミニウムの鍋の表面は不動態の酸化被膜で覆われている❶。

❶不動態の酸化被膜は傷に弱い。

解答　(1) アルマイト　(2) 不動態の酸化被膜が金属の内部を保護しているため。
(3) 被膜に傷がつくと内部の金属が露出してくるため。

応用問題

452 ▶ アルミニウムと鉄　実験を通してアルミニウム缶とスチール缶を区別する方法を具体的に述べよ。

453 ▶ 陶磁器　下の表は代表的な3つの陶磁器の特徴を示したものである。

陶磁器の種類	(ア)	(イ)	(ウ)
原料	粘土	粘土＋(エ)＋[長石]	粘土＋(エ)＋長石
焼成温度(℃)	700～900	1100～1300	1200～1500
機械的強度	劣る	中間程度	(オ)
打音	濁音	濁音	澄んだ金属音
吸水性	(カ)	小さい	なし
用途	れんが，植木鉢，土管など	食器，タイルなど	高級食器，高級タイルなど

(1) 表中の空欄(ア)～(カ)にあてはまる語句を記入せよ。
(2) 陶磁器はセラミックスである。セラミックスの代表的な性質を3つあげよ。
(3) セラミックスとファインセラミックスの違いを説明せよ。
(4) 陶磁器の原料を高温で加熱すると固まる理由を簡潔に述べよ。

5章 発展問題 level 1

454 ▶ 肥料 19世紀の半ばより窒素肥料として硝酸塩鉱石が利用されるようになったが，やがて硝酸塩鉱石が枯渇し，これにかわる窒素肥料の供給源を開発する必要に迫られた。

資料1　環境や生物体に含まれるリンの濃度

	リン濃度
海水	約 0.00003 g/L
河川水	約 0.0001 g/L
下水	約 0.01 g/L
ヒト・動物	約 10 g/kg（湿重量*）
土壌中や水中の微生物	約 30 g/kg（湿重量*）
植物（食用）	約 1 g/kg（湿重量*）

＊湿重量：試料を乾燥させずに測定した重量。乾燥させた後に測定した重量は乾燥重量と呼ぶ。

20世紀初頭，大気中の窒素からアンモニアを合成するハーバー・ボッシュ法が考案され，窒素肥料の枯渇の心配はなくなった。一方，リンとカリウムは，すべてリン鉱石やカリウム鉱石などの鉱物資源に頼っている。これらの資源のうち，リン鉱石は260年後に枯渇すると推定されている。リンを農地に供給できなければ，農産物の生産性が低下し，世界の人口をまかなう食料を生産できなくなるおそれがある。上記の資料1は環境や生物体に含まれるリンの濃度を示したものである。この資料から，農地の土壌に肥料としてまいたリンの移動を推定し，150字以上，200字以内で述べよ。

(21 徳島大 改)

455 ▶ 鉄の酸化　鉄は乾燥空気中ではほとんどさびないが，湿った空気中ではかなりの速さでさびることが知られている。また，きわめて純度の高い鉄はさびにくいが，日常使われる鉄は炭素などの不純物を含む鋼であり，電解質を含む水溶液と接触すると，容易にさびる。さびに関係する次の2つの実験を行った。

実験①　3％食塩水に少量のフェノールフタレインと少量の(ア)ヘキサシアニド鉄(Ⅲ)酸カリウムを溶かした溶液(X)を，よく磨いた鉄板のきれいな表面に静かに滴下し，できた液滴の変化のようすを時間を追って観察した。滴下するとすぐに(イ)液滴の中心部の鉄表面が青色に変化しはじめた。しばらくすると，(ウ)液滴の周辺部からピンク色になっていった。これをさらに放置すると，青色とピンク色の境付近から茶色に変化しはじめた。

実験②　よく磨いた別の鉄板のきれいな表面に，表面がきれいな亜鉛の小片を充分接触させてのせ，その上から溶液(X)を滴下して(エ)亜鉛片を覆う液滴をつくりその溶液の変化のようすを観察した。

(1) 下線部(ア)について，陰イオンの部分の構造を図示せよ。
(2) 下線部(イ)について，鉄表面およびその付近で起こる反応を説明せよ。
(3) 下線部(ウ)について，このような変化を起こす原因となる物質（またはイオン）がどのようにして生成するかを，化学反応式を書いて説明せよ。
(4) 下線部(エ)について，溶液の変化のようすとそのようになる理由を実験①と比較して説明せよ。

(16 横浜市立大 改)

□□□456 ▶ チタンの製錬とクロール法 チタン Ti は軽量，高強度であり，耐食性に優れることから，工業用から家庭用まで幅広く利用されている。たとえば近年，浅草寺本堂の屋根瓦がチタン瓦に葺き替えられた。チタンが耐食性に優れているのは，アルミニウムやクロムと同様，表面に緻密な（ ア ）被膜を形成するためである。

チタンは天然には酸化物として存在する。酸化物からのチタンの製錬は困難であったが，1930年代後半にクロール法が開発され，製錬が行われるようになった。酸化チタン(Ⅳ)を含む鉱石を用いたクロール法は以下の3つの工程からなる。これらの工程を図1に示す。

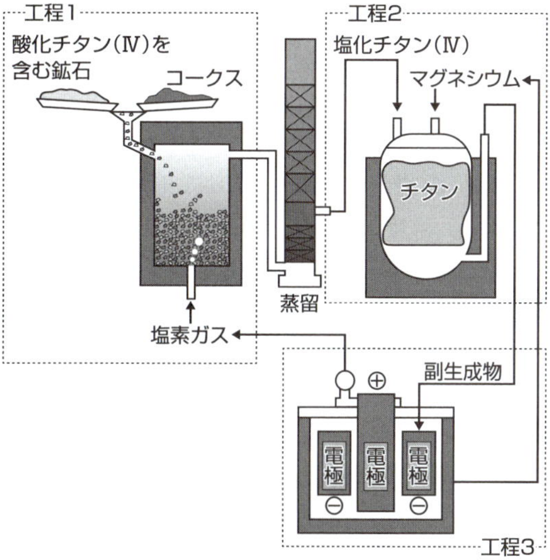

工程1　酸化チタン(Ⅳ)を含む鉱石とコークスを高温に加熱し，塩素ガスを下から吹き込むことで，酸化チタン(Ⅳ)から塩化チタン(Ⅳ)を得る。

工程2　蒸留された塩化チタン(Ⅳ)をマグネシウムにより還元し，チタンを得る。

工程3　工程2で得られる副生成物を電気分解し，工程1および工程2で再利用する塩素ガスとマグネシウムを得る。

(1) 文中の空欄(ア)に入る最も適切な語句を選択肢から選べ。
　(a) 窒化　　(b) 酸化
　(c) 炭化　　(d) 水酸化　(e) 塩化

図1

(2) 工程1では酸化チタン(Ⅳ)，コークスおよび塩素ガスが反応して塩化チタン(Ⅳ)となる。工程1の反応を化学反応式で書け。その際，副生成物として二酸化炭素のみが生成するものとする。

(3) 工程2の反応を化学反応式で書け。

(4) 浅草寺本堂のチタン瓦の総重量は約 15 t (トン) である。15 t のチタンをクロール法にて得るために必要な酸化チタン(Ⅳ)を含む鉱石の質量[t]を有効数字2桁で求めよ。ただし，O の原子量は 16，Ti の原子量は 47.9，鉱石中にはチタンは酸化チタン(Ⅳ)としてのみ存在しており，鉱石中の酸化チタン(Ⅳ)の質量での含有率は 50 % とする。

(19 東北大 改)

5章 発展問題 level 2

1 錯体の立体化学

① 正方形型錯体（4配位）の立体化学

ML_2X_2 型の錯体（M：中心金属イオン，L，X：配位子）では，X が互いに隣接した cis 形（cis-）と，X が互いに 180°の位置関係にある trans 形（trans-）がある。

例： cis-$[PtCl_2(NH_3)_2]$, trans-$[PtCl_2(NH_3)_2]$

② 正八面体型錯体（6配位）の立体化学

ML_4X_2 型の錯体（M：中心金属イオン，L，X：配位子）では，X が互いに隣接した cis 形と，X が互いに 180°の位置関係にある trans 形がある。また，$ML_2X_2Y_2$ 型の錯体（M：

例： cis-$[CoCl_4(NH_3)_2]^-$, trans-$[CoCl_4(NH_3)_2]^-$

例： fac-$[CoCl_3(NH_3)_3]$, mer-$[CoCl_3(NH_3)_3]$

中心金属イオン，L，X，Y：配位子）では，L，X，Y のすべてが trans 形の場合と，1つだけが trans 形で他の2つが cis 形の場合がある。ほかにも，ML_3X_3 型の錯体では，同じ3つの配位子が互いに cis 形の facial 形（fac-）になるときと，同じ3つの配位子が同一平面上に存在する meridional 形（mer-）になるときがある。

457 ▶ 錯体の異性体 アンモニア分子やシアン化物イオンのような分子や陰イオンが，(ア) を金属イオンに提供して形成される結合を配位結合という。配位結合により生成した化合物（錯体）のうち，イオン性のものは錯イオン，また，錯イオンを含む塩は錯塩とよばれる。たとえば，(a)酸化銀 Ag_2O は水には溶解しないが，アンモニア水を加えると錯イオンを形成することで溶解し，無色の水溶液になる。(b)錯体では，結合する分子や陰イオンの種類や数が増えるにつれて構造も多様になる。

錯体を形成する分子，陰イオンの中には，金属イオンと結合する部位を複数もつものがあり，これらは中心の金属イオンをはさみ込むように結合を形成することが知られている。(c)この結合の様式はキレートとよばれ，特定の金属イオンと強く結合する性質を利用して，排水処理における金属回収などの用途に利用されている。

(1) (ア)に適切な語句を答えよ。

(2) 下線部(a)について，この反応の化学反応式を示せ。

(3) 下線部(b)について，金属イオン M と2種類の配位子 A，B により形成される八面体型構造をもつ錯体を考えよう。$[MA_3B_3]$ においては，配位子の結合位置の違いによって異性体（幾何異性体）が存在する。この錯体のすべての幾何異性体の構造を右の記入例に従って記せ。

錯体 $[MA_5B]$ の八面体型構造の記入例

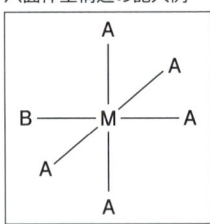

(4) 下線部(c)について，Co^{3+}イオンは3分子のエチレンジアミン $H_2NCH_2CH_2NH_2$ と結合して安定な八面体型キレート錯体を形成するが，ヘキサメチレンジアミン $H_2N(CH_2)_6NH_2$ とはそのようなキレート錯体を形成しない。エチレンジアミンが Co^{3+} イオンと安定なキレート錯体を形成する理由を記せ。　　　　(13 京大 改)

2 キレート滴定

エチレンジアミン四酢酸(EDTA)の4価の陰イオンは，多くの金属イオンと1：1の物質量の比で反応が進行し，安定な錯体(キレート錯体)をつくり，溶液の色が変化する。

このことを利用すると，EDTA の塩などを使って，水溶液中の金属イオン濃度を求めることができ，この操作をキレート滴定という。キレート滴定は，水中の Ca^{2+}，Mg^{2+} などの測定をはじめ，土壌・血液・食品などに含まれる金属イオンの分析にも利用される。

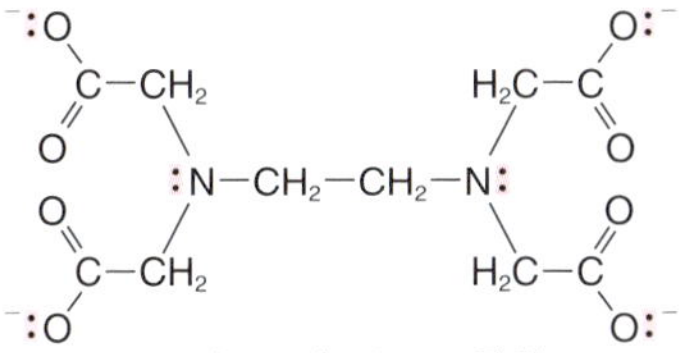

エチレンジアミン四酢酸
(EDTA)の4価の陰イオン

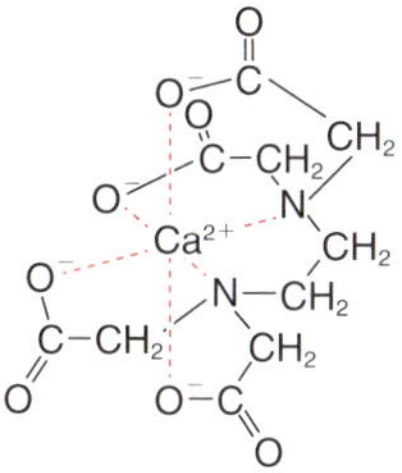

458 ▶ キレート滴定 エチレンジアミン四酢酸(EDTA)の二ナトリウム二水和物は分子量 372.25 で，下に示した構造式をもつ。この EDTA の二ナトリウム二水和物は多くの金属イオンときわめて安定な水溶性化合物(キレートという)を形成するので，金属イオンを直接滴定することができる。

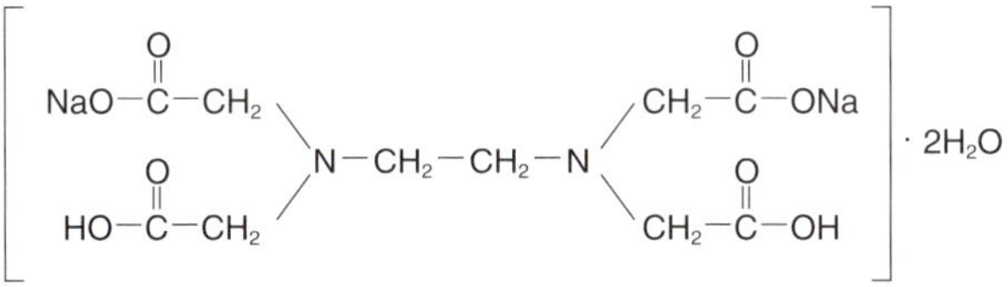

EDTA の二ナトリウム二水和物の構造式

銅(Ⅱ)イオンの水溶液 30.0 mL に緩衝液と指示薬を加え，4.00×10^{-2} mol/L の EDTA の二ナトリウム二水和物の水溶液で滴定すると 51.0 mL を要した。この銅(Ⅱ)イオンの水溶液の濃度[mol/L]を求めよ。EDTA の二ナトリウム塩は，次の反応式のように銅(Ⅱ)イオンと1：1の物質量の比で結合し，キレートを形成する。

$H_2Y^{2-} + 2Na^+ + Cu^{2+} \longrightarrow CuY^{2-} + 2Na^+ + 2H^+$

ここでは，EDTA の二ナトリウム塩の組成式を Na_2H_2Y で表した。また，EDTA の二ナトリウム塩は，水溶液中で完全に電離する。　　　　(10 福島県立医大 改)

22 有機化合物の特徴と分類

1 有機化合物の特徴

◆1 **有機化合物とは**
- 炭素原子を骨格として組み立てられている。
- C, H, O のほかに, N, S, ハロゲンなどを含む。
- 無機化合物に比べて融点や沸点が低く, 水に溶けにくいものが多い。
- 燃焼しやすいものが多く, 燃焼で C は CO_2, H は H_2O になる。
  *炭素, 一酸化炭素, 二酸化炭素などは無機化合物である。

◆2 **炭化水素** 最も簡単な有機化合物は, 炭素と水素からなる炭化水素である。単結合のみを含む炭化水素を飽和炭化水素, 二重結合や三重結合を含むものを不飽和炭化水素という。

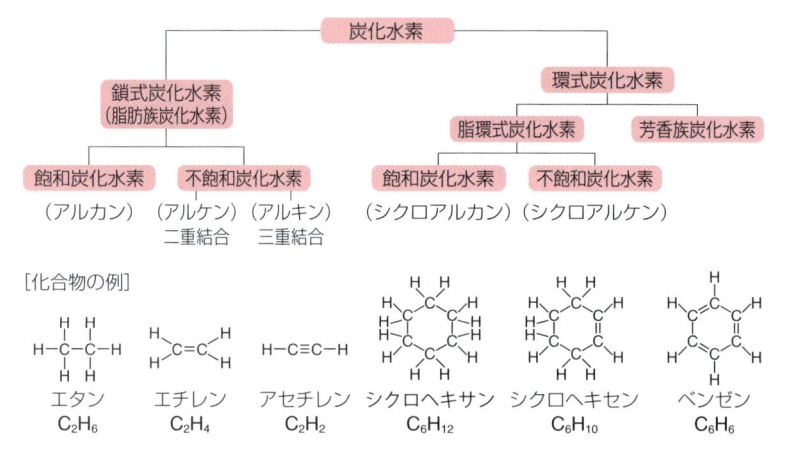

```
                    炭化水素
           ┌───────────┴───────────┐
      鎖式炭化水素              環式炭化水素
     (脂肪族炭化水素)          ┌───────┴────────┐
                          脂環式炭化水素   芳香族炭化水素
   ┌────────┴────────┐      ┌─────┴─────┐
 飽和炭化水素   不飽和炭化水素  飽和炭化水素 不飽和炭化水素
 (アルカン) (アルケン)(アルキン) (シクロアルカン)(シクロアルケン)
            二重結合  三重結合
```

[化合物の例]

エタン	エチレン	アセチレン	シクロヘキサン	シクロヘキセン	ベンゼン
C_2H_6	C_2H_4	C_2H_2	C_6H_{12}	C_6H_{10}	C_6H_6

◆3 **官能基** 有機化合物の性質を決める原子や原子団を官能基という。官能基の種類によって, 性質の似た化合物に分類できる。官能基を表示した化学式を示性式という。

官能基の種類		化合物の一般名	化合物の例(示性式)
ヒドロキシ基	—OH	アルコール	メタノール CH_3OH
ホルミル基(アルデヒド基)	—CHO	アルデヒド	アセトアルデヒド CH_3CHO
カルボニル基	—CO—	ケトン	アセトン CH_3COCH_3
カルボキシ基	—COOH	カルボン酸	酢酸 CH_3COOH
エーテル結合	—O—	エーテル	ジエチルエーテル $C_2H_5OC_2H_5$
エステル結合	—COO—	エステル	酢酸エチル $CH_3COOC_2H_5$

炭化水素基の種類	
メチル基	CH_3—
エチル基	C_2H_5—
プロピル基	C_3H_7—

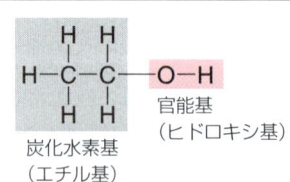

多くの有機化合物は, 炭化水素基に官能基がついた構造をしている。

炭化水素基（エチル基） 官能基（ヒドロキシ基）

2 異性体

同じ分子式だが，分子の構造が異なるために性質の異なる化合物を異性体という。

◆1 **構造異性体** 原子の結合する順番が異なっている異性体のこと。

例：
① C_4H_{10}
$CH_3-CH_2-CH_2-CH_3$ と $CH_3-\underset{CH_3}{\underset{|}{CH}}-CH_3$
ブタン　　　　　　　　2-メチルプロパン

② C_2H_6O
CH_3-CH_2-OH と CH_3-O-CH_3
エタノール　　　　ジメチルエーテル

◆2 **立体異性体**

① **シス-トランス（幾何）異性体** …二重結合についた置換基の位置が異なる立体異性体のこと。置換基が同じ側にあるものをシス形，反対側にあるものをトランス形という。▶23節

② **鏡像異性体** …4つの異なる原子や原子団が結合している炭素原子をとくに不斉炭素原子という。不斉炭素原子を正四面体の中心において立体的に考えると，互いに重ね合わせることのできない二種類の異性体が存在する。これを鏡像異性体という。▶24節

例：シス-トランス異性体 ▶23節

シス-2-ブテン　　トランス-2-ブテン

鏡像異性体 ▶24節

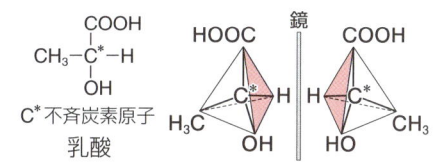

$CH_3-\underset{OH}{\overset{COOH}{\underset{|}{\overset{|}{C^*}}}}-H$

C^* 不斉炭素原子
乳酸

3 元素分析

◆1 **構造式を決定する手順**

ある有機化合物 → 成分元素の確認 → 元素分析 → 組成式の決定 → 分子量 → 分子式の決定 → 官能基の情報／化学的性質 → 構造式の決定

◆2 **成分元素の確認**

元素	操作	生成物	確認方法
炭素 C	完全燃焼	二酸化炭素 CO_2	石灰水に通すと白く濁る。
水素 H	完全燃焼	水 H_2O	硫酸銅(Ⅱ)無水塩につけると青くなる。
窒素 N	ソーダ石灰と混合して加熱	アンモニア NH_3	濃塩酸を近づけると白煙が発生。
塩素 Cl	焼いた銅線の先につけて加熱	塩化銅(Ⅱ) $CuCl_2$	銅の炎色反応（青緑色）を示す。
硫黄 S	ナトリウムを加えて加熱・融解	硫化ナトリウム Na_2S	生成物を水に溶かして酢酸鉛(Ⅱ)水溶液を加えると黒色沈殿を生じる。

4 元素分析と組成式の決定

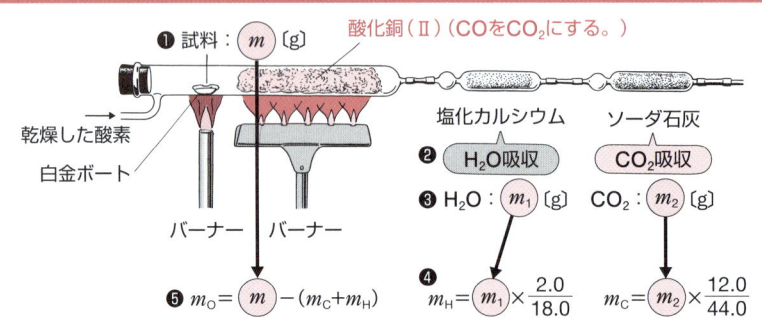

図中のラベル:
- ❶ 試料：m [g]
- 酸化銅(Ⅱ)（COをCO₂にする。）
- 乾燥した酸素
- 白金ボート
- バーナー　バーナー
- 塩化カルシウム
- ソーダ石灰
- ❷ H₂O吸収　CO₂吸収
- ❸ H₂O：m_1 [g]　CO₂：m_2 [g]
- ❹ $m_H = m_1 \times \dfrac{2.0}{18.0}$　$m_C = m_2 \times \dfrac{12.0}{44.0}$
- ❺ $m_O = m - (m_C + m_H)$

① 試料 m [g] から H₂O が m_1 [g]，CO₂ が m_2 [g] 得られたとする。

② m_1 と m_2 から，m [g] 中の水素の質量 m_H [g] と炭素の質量 m_C [g] を求める。

③ 酸素の質量 m_O [g] は，はじめの質量 m から m_H と m_C を引いて求める。

④ 各元素の質量を，原子量で割り，$\dfrac{m_C}{12} : \dfrac{m_H}{1.0} : \dfrac{m_O}{16} = x : y : z \longrightarrow C_xH_yO_z$
整数比にして，組成式が決まる。

＊ 試料中の質量％，C：m_C％，H：m_H％，O：m_O％ならば

原子数比 C：H：O $= \dfrac{m_C}{12} : \dfrac{m_H}{1.0} : \dfrac{m_O}{16} = a : b : c$ ⇒ 組成式 $C_aH_bO_c$ となる。

⑤ 分子式は組成式を整数倍したものである。そのため，別の方法で求めた分子量より，

分子式＝組成式×整数倍 n によって n を求め，組成式を n 倍し分子式を決定する。

⑥ 官能基の特徴から構造式を決定する。化学的性質をまとめておくとよい。

5 異性体の数え上げの手順

① 分子式から不飽和結合や環状構造があるかを確認する。

不飽和結合をもたないアルカン C_nH_{2n+2} より，水素が少ないとき不飽和結合や環状構造が存在する。不足する水素の量から不飽和結合などの数を考える。

何組の水素が不足しているかという数値を**不飽和度**という。

二重結合が1つ or 環状構造が1つ

C=C　　C△C-C　　C-C △ C-C

⇒ H が 1 組 (=2つ) 不足

三重結合が1つ

C≡C

⇒ H が 2 組 (4つ) 不足

例 C_5H_8 のとき

$$\text{不飽和度} = \frac{(\text{炭素数が同数のアルカンの水素数})-(\text{実際の水素数})}{2} = \frac{(2\times 5+2)-8}{2}=2$$

Hが2組(4つ)足りないので ─┬─ 二重結合と環状構造が合計2つ*
           or
          └─ 三重結合が1つ

*二重結合2つの場合，二重結合1つ＋環状構造1つの場合，環状構造が2つの場合がある。

② ①をふまえて炭素骨格を考える。
  主鎖にC5つ→主鎖にC4つ＋置換基→主鎖にC3つ＋置換基…の順で考える。
③ 置換基の場所を考える。このとき，シス-トランス異性体に注意する。
④ 左右逆にしたり，結合を回転(折れ曲がりをまっすぐに)させて同じになるものがないかを確認する。

WARMING UP／ウォーミングアップ

次の文中の( )に適当な語句・数値・化学式を入れよ。

1 異性体の数え上げ

単結合のみからなる炭化水素では，炭素数(ア)以上から構造異性体が存在する。ブタン C_4H_{10} の構造異性体は(イ)種類存在する。

エタンの水素原子2個を塩素原子2個で置き換えた化合物には(ウ)と(エ)の2種類が存在する。

2 アルコールの構造異性体

エタノールとジメチルエーテルはともに分子式(ア)で表される。(イ)は金属ナトリウムと反応し，(ウ)を発生するが，(エ)は反応しない。

3 元素分析

目的の化合物に(ア)を行って成分元素の割合を求め，それをもとに(イ)式を決める。一方，別の手段で(ウ)を求め，(イ)式と(ウ)から(エ)式を決める。さらに，(エ)式を満たすいくつかの構造式の中から，実際の化合物の性質を満たすものを選ぶ。

4 分子式の決定

組成式が CH_2O で表される化合物A, Bがある。化合物Aは分子量90であった。Aの分子式は(ア)となる。また，化合物Bは分子量60で弱酸性を示した。化合物Bの示性式は(イ)で，その名称は(ウ)である。

1
(ア) 4 (イ) 2
(ウ)
```
    H  H
    |  |
H – C – C – Cl
    |  |
    H  Cl
```
(エ)
```
    H  H
    |  |
H – C – C – H
    |  |
    Cl Cl
```

2
(ア) C_2H_6O
(イ) エタノール
(ウ) 水素
(エ) ジメチルエーテル

3
(ア) 元素分析
(イ) 組成(実験)
(ウ) 分子量
(エ) 分子

4
(ア) $C_3H_6O_3$
(イ) CH_3COOH
(ウ) 酢酸

基本例題 89　官能基・化学式

分子式 C_2H_6O で表される化合物について，次の問いに答えよ。
(1) ヒドロキシ基をもつ化合物の示性式と構造式を記せ。
(2) エーテル結合をもつ化合物の示性式と構造式を記せ。

●エクセル　示性式：分子式の中から官能基だけを抜き出して表した化学式。
構造式：物質の構造を示すための化学式。価標を用いて表す。

解説　有機化合物の構造は構成する原子の原子価を考えること。
H— 1価　　—O— 2価　　—C— 4価

▶同じ分子式の化合物で，原子の結合する順番が異なる異性体を構造異性体という。

解答
(1) C_2H_5OH （ヒドロキシ基—OH）

(2) CH_3OCH_3 （エーテル結合—O—）

基本例題 90　構造異性体

C_5H_{12} の分子式で表せる炭化水素についてすべての構造異性体の構造式を記せ。

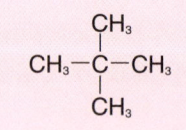

●エクセル　異性体の数え上げの手順①〜④に従い考える。

解説　不飽和度 $= \dfrac{(2 \times 5 + 2) - 12}{2} = 0$ より不飽和結合および環状構造はない。

主鎖に C が 5 つ　　主鎖に C が 4 つ
　　　　　　　　…残り 1 つの C の位置を考える

C-C-C-C-C　　C-C-C-C　　①に置換→ C-C-C-C
　　　　　　　　↑ ↑　　　　　　　　　　C
　　　　　　　　① ②　　②に置換→（図：×）

主鎖に C が 3 つ
…残り 2 つの C の位置を考える

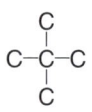

C-C-C　①に置換→　C-C-C　　（図：×）主鎖に C が 4 つになってしまう
↑
①

解答
$CH_3-CH_2-CH_2-CH_2-CH_3$　　$CH_3-CH-CH_2-CH_3$　　$CH_3-\underset{CH_3}{\overset{CH_3}{C}}-CH_3$
　　　　　　　　　　　　　　　　　　　　CH_3

22 有機化合物の特徴と分類 — 347

基本例題 91 異性体の数え上げ　　　　　　　　　　　　　　　　　　　　　　　　基本 → 462

(1) 分子式 C_4H_{10} で表される化合物は単結合のみからなる。この構造異性体の構造式をすべて記せ。
(2) プロパン $CH_3-CH_2-CH_3$ の水素原子1個を塩素原子1個で置き換えた化合物の構造式をすべて記せ。

●エクセル　構造異性体は，まず炭素原子の並び方を考える。

解説
(1) 炭素原子の並び方を考えたのち，空いた結合の手に水素原子を入れる。

$CH_3-CH_2-CH_2-CH_3$　　$CH_3-CH-CH_3$
　　　　　　　　　　　　　　　　　　　　|
　　　　　　　　　　　　　　　　　　　CH_3

(2) 水素原子の1個を塩素原子に置き換える。

$CH_3-CH_2-CH_2-Cl$　　$CH_3-CH-CH_3$
　　　　　　　　　　　　　　　　　　　　|
　　　　　　　　　　　　　　　　　　　Cl

(1) 炭素原子の並び方は次の2通りがある。
C-C-C-C　　C-C-C
　　　　　　　　　|
　　　　　　　　　C

(2) $CH_3-CH_2-CH_2-Cl$ と $Cl-CH_2-CH_2-CH_3$ とは同じ化合物である。

解答
(1) $CH_3-CH_2-CH_2-CH_3$　　$CH_3-CH-CH_3$
　　　　　　　　　　　　　　　　　　　　　　　|
　　　　　　　　　　　　　　　　　　　　　CH_3

(2) $CH_3-CH_2-CH_2-Cl$　　$CH_3-CH-CH_3$
　　　　　　　　　　　　　　　　　　　　　　　|
　　　　　　　　　　　　　　　　　　　　　Cl

基本例題 92 分子式の決定　　　　　　　　　　　　　　　　　　　　　　　　基本 → 465, 466, 467

炭素，水素，酸素だけからなる有機化合物 44 mg を完全に燃焼させたところ，二酸化炭素が 88 mg，水が 36 mg 得られた。この化合物の組成式を求めよ。

●エクセル　有機化合物の燃焼：C ⟶ CO_2，H ⟶ H_2O へ。
　　　　　ここから各元素の質量を算出し，個数の比に変換して組成式へ。

解説
Cの質量：CO_2の質量 × $\dfrac{12}{44}$ ❶ = 88 mg × $\dfrac{12}{44}$ = 24 mg

Hの質量：H_2Oの質量 × $\dfrac{2.0}{18}$ ❷ = 36 mg × $\dfrac{2.0}{18}$ = 4.0 mg

Oの質量：試料の質量 − (Cの質量 + Hの質量)
　　　　　= 44 mg − (24 mg + 4.0 mg) = 16 mg

原子数の比は物質量の比に等しいので，試料の組成式を $C_xH_yO_z$ とすると，

$x : y : z = \dfrac{24}{12} : \dfrac{4.0}{1.0} : \dfrac{16}{16} = 2 : 4 : 1$

❶ CO_2（分子量44）中のC（原子量12）はCO_2の質量の $\dfrac{12}{44}$ である。

❷ H_2O（分子量18）中のH（原子量1.0）はH_2Oの質量の $\dfrac{2.0}{18}$ である。

解答 C_2H_4O

原子量の概数値	H	C	N	O	Na	Mg	Al	Si	S	Cl	K	Ca	Fe	Cu	Zn	Ag	I	Pb
	1.0	12	14	16	23	24	27	28	32	35.5	39	40	56	63.5	65	108	127	207

基本問題

459 ▶ 有機化合物の特徴 次の記述のうち，正しいものをすべて選べ。
(1) 有機化合物は分子からなる物質が多く，一般に融点・沸点は低い。
(2) 有機化合物の種類が多いのは，構成する元素の種類が多いからである。
(3) 有機化合物は水に溶けやすく，エーテルなどの有機溶媒に溶けにくいものが多い。
(4) 有機化合物の中には，分子式が同じでも，構造や性質が異なる物質が存在する。
(5) 有機化合物の多くは可燃性である。

460 ▶ 官能基とその性質 次の①〜④の化合物について以下の問いに答えよ。

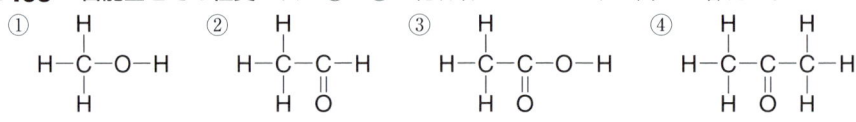

① H-C(H)(H)-O-H ② H-C(H)(H)-C(H)=O ③ H-C(H)(H)-C(=O)-O-H ④ H-C(H)(H)-C(H)(O-H)-H

(1) 官能基とは，その物質の(A)を決定づけてしまう構造である。Aにあてはまる語句を答えよ。
(2) ①〜④の化合物に含まれる官能基を下の(ア)〜(カ)のうちから選べ。
  (ア) ヒドロキシ基　(イ) エーテル結合　(ウ) ホルミル基
  (エ) カルボニル基　(オ) カルボキシ基　(カ) エステル結合
(3) 次の(a)〜(c)の化合物の一般名に対し適切な官能基を(2)の(ア)〜(カ)のうちから選べ。
  (a) カルボン酸　(b) アルコール　(c) アルデヒド

461 ▶ 異性体 次の各組で，2つの構造式が同一の化合物を表しているのはどれか，すべて選べ。

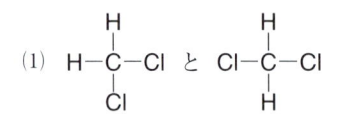

(1) H-C(H)(Cl)-Cl と Cl-C(H)(Cl)-
(2) H-C(H)(Cl)-C(H)(H)-Cl と H-C(H)(H)-C(Cl)(H)-Cl
(3) CH₃-CH₂-CH₂-CH₃ と CH₂-CH₂ (CH₃ CH₃)
(4) CH₃-CH₂-CH₂-CH₃ と CH₃-CH-CH₃ (CH₃)

462 ▶ 異性体の数え上げ プロパン CH₃-CH₂-CH₃ の水素原子2個を塩素原子2個で置き換えた化合物には，構造異性体が何種類あるか。

463 ▶ 成分元素の確認 有機化合物中に含まれる窒素，硫黄，塩素の検出法に関する次の説明文(ア)〜(ウ)について，正しい場合は○を，誤っている場合は×を記せ。

(ア) 窒素は，試料とソーダ石灰の混合物を加熱してアンモニアを発生させ，そこに濃塩酸をつけたガラス棒を近づけて，白煙が生じることにより検出できる。
(イ) 硫黄は，試料に過酸化水素水を加えて，褐色溶液になることで検出できる。
(ウ) 塩素は，焼いた銅線の先に試料をつけて燃焼させ，炎色反応によって青緑色の炎を生じることから検出できる。

□□□**464** ▶ **有機化合物の定量的元素分析** 炭素，水素，酸素から構成された有機化合物の組成式を決めるには，図に示すような元素分析の装置を用いる。まず，質量を精密に測定した試料を図のように設置して，乾燥酸素を流入しながら燃焼させる。生じた（ ア ）と（ イ ）をそれぞれ（ ウ ）と（ エ ）に吸収させ，（ ウ ）と（ エ ）の増加した質量から，（ ウ ）に吸収された（ ア ）の質量と（ エ ）に吸収された（ イ ）の質量をそれぞれ求める。これらの質量から，試料中の水素と炭素の質量を計算する。さらに，試料と水素，炭素との質量の差から酸素の質量を計算する。

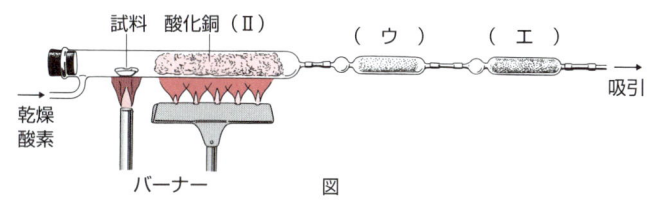

図

(1) (ア)〜(エ)にあてはまる物質名を答えよ。
論 (2) 図中の酸化銅(Ⅱ)の役割を答えよ。
論 (3) (ウ)と(エ)は順番を逆にしてはならない。それはなぜか簡潔に説明せよ。

□□□**465** ▶ **分子式の決定 1** 炭素，水素，酸素のみからなる化合物がある。その分子量は116であり，その元素分析による成分元素の質量組成は炭素62.1%，水素10.3%であった。この化合物の分子式を求めよ。　　　　　　　　　　　　　　　　（10 青山学院大 改）

□□□**466** ▶ **分子式の決定 2** カルボキシ基を1つもつカルボン酸5.80 mgを完全燃焼させたところ，二酸化炭素が13.2 mg，水が5.40 mg得られた。カルボン酸の分子式を求めよ。

□□□**467** ▶ **分子式の決定 3** 炭素，水素，酸素のみからなるある化合物Aの元素分析を行ったところ，化合物Aの質量の54.5%が炭素，9.1%が水素であった。また，100 mgの化合物Aを100℃，1.0×10^5 Paですべて蒸発させたとき，体積は34.8 mLであった。化合物Aの分子式を答えよ。ただし，気体定数は$R = 8.3 \times 10^3$ Pa·L/(K·mol)とする。

原子量の概数値	H	C	N	O	Na	Mg	Al	Si	S	Cl	K	Ca	Fe	Cu	Zn	Ag	I	Pb
	1.0	12	14	16	23	24	27	28	32	35.5	39	40	56	63.5	65	108	127	207

応用例題 93　炭化水素の構造異性体

応用 ⇒ 469, 470

(1) 分子式 C_4H_8 のアルケンの構造式をすべて記せ。
(2) 分子式 C_4H_8 のシクロアルカンの構造式をすべて記せ。

●エクセル　C_nH_{2n} はアルケンかシクロアルカン

解説

(1) 二重結合の位置により，A と B と C の構造異性体が考えられる。

A　　　　　　　B　　　　　　　C
C-C=C-C　　C-C-C=C　　C-C=C
　　　　　　　　　　　　　　　|
　　　　　　　　　　　　　　　C

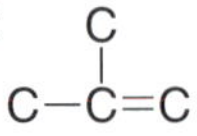

A にはシス-トランス異性体が存在するので，異性体は 4 種類となる。

(2) 環が 1 つあるので，三員環と四員環をつくることができる。

(1) 異性体は二重結合の位置と C 原子の並び方（主鎖と側鎖）について，それぞれ考える。

解答

(1) 構造式（シス-2-ブテン，トランス-2-ブテン，1-ブテン，2-メチルプロペン）
(2) 構造式（メチルシクロプロパン，シクロブタン）

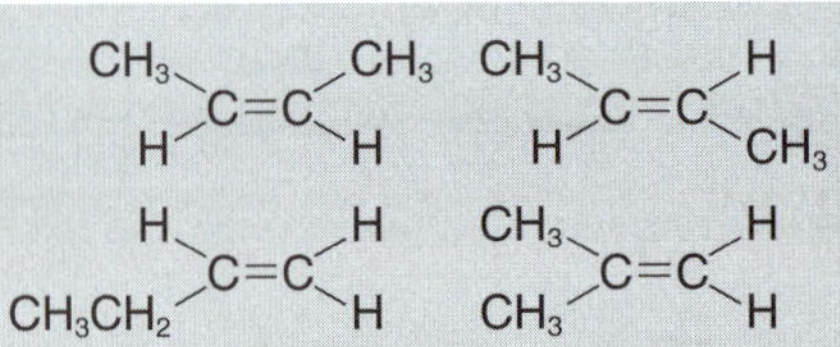

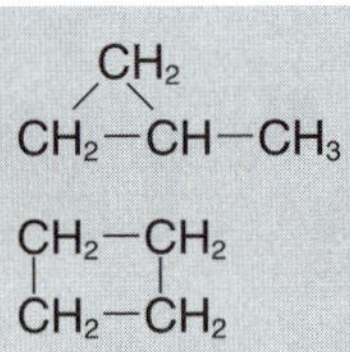

応用問題

□□□ **468 ▶ 有機化合物の性質**　有機化合物についての次の記述(ア)～(カ)のうちから，誤りを含むものを 1 つ選べ。

(ア) 炭素と酸素を含む化合物はすべて有機化合物である。
(イ) C，H，O のみからなる質量既知の有機化合物の試料を完全に燃焼させて生成する化合物の質量から，試料中の各元素の割合を求めることができる。
(ウ) 有機化合物の分子式を求めるには組成式と分子量の両方の情報が必要である。
(エ) 有機化合物のもつ官能基の種類と数を調べると，その示性式を分子式から導くことができる。
(オ) 溶液中で電離も会合もしない有機化合物の分子量は，その希薄溶液の沸点上昇，凝固点降下，浸透圧の測定で求めることができる。
(カ) 分子式 C_2H_6O の有機化合物には 2 種類の構造異性体があり，それぞれ違う種類の官能基をもっている。

(21 関西大 改)

22 有機化合物の特徴と分類

469 ▶ 炭化水素の構造異性体1 次の問いに答えよ。
(1) 1-ブテン $CH_2=CH-CH_2-CH_3$ の水素原子1個を塩素原子1個で置き換えた化合物には，異性体が何種類あるか。また，その構造式をすべて記せ。ただし，シス-トランス異性体が存在する場合，それがわかるように記せ。
(2) 分子式 C_4H_6 のアルキンの構造式をすべて記せ。
(3) 分子式 C_5H_8 のアルキンの構造式をすべて記せ。

470 ▶ 炭化水素の構造異性体2 分子式 C_5H_{10} で表される化合物の構造式をすべて記せ。ただし，シス-トランス異性体が存在する場合，それがわかるように記せ。

471 ▶ 異性体 分子式 C_4H_8O で表される化合物には，さまざまな構造をもつ異性体が存在する。それらの異性体から下記の(1)～(3)に合致するものを1つ選び，その構造式を書け。
(1) ケトン
(2) 枝分かれした構造を含むアルデヒド
(3) シス-トランス異性体の存在する鎖状構造のエーテルのうちトランス形の化合物

472 ▶ 構造異性体 分子式 $C_5H_{12}O$ で表される化合物の中で，最も沸点が高いと考えられる化合物の構造式を示せ。また，その理由を述べよ。ただし，ここでは鏡像異性体を区別して考える必要はない。 （21 東京農工大 改）

473 ▶ 鏡像異性体 次の文中の下線部(ア)～(ウ)の正誤をそれぞれ答えよ。
　分子式 $C_3H_6O_3$ で表される化合物の構造異性体には，(ア)二種類のヒドロキシ酸が存在する。このうち，(イ)1個の不斉炭素原子をもつ化合物は乳酸であり，(ウ)乳酸には一対のシス-トランス異性体が存在する。 （11 東京都市大 改）

474 ▶ 炭化水素の構造決定 標準状態での密度が 2.41 g/L である炭化水素の化合物 A 32.0 mg を完全燃焼させるのに，標準状態で 73.0 mL の酸素が必要であった。
(1) 化合物 A の分子量を求めよ。
(2) 化合物 A の分子式を求めよ。
(3) 化合物 A が鎖式化合物であるとき，構造式をすべて記せ。

原子量の概数値	H	C	N	O	Na	Mg	Al	Si	S	Cl	K	Ca	Fe	Cu	Zn	Ag	I	Pb
	1.0	12	14	16	23	24	27	28	32	35.5	39	40	56	63.5	65	108	127	207

23 脂肪族炭化水素

1 アルカン C_nH_{2n+2} 単結合のみでできている鎖式炭化水素の総称である。

◆1 分子の構造

メタン CH_4 エタン C_2H_6

0.109 nm 109.5° 0.154 nm 111°

正四面体　　正四面体が連結した構造

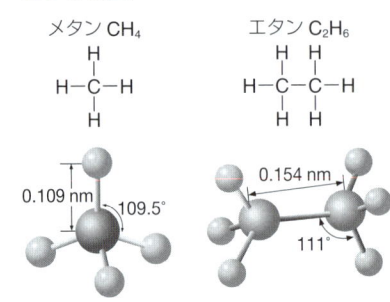

◆2 構造異性体

同じ分子式だが，分子の構造が異なるために性質の異なる化合物を異性体という。とくに原子の結合する順番が異なる異性体を構造異性体という。

$CH_3-CH_2-CH_2-CH_3$
ブタン

$CH_3-CH-CH_3$
      $|$
      CH_3
2-メチルプロパン

◆3 アルカンの性質と反応

①炭素数が増加して分子量が大きくなると，融点や沸点が高くなる。
②天然ガスや石油中に含まれ，燃焼すると二酸化炭素と水になる。
③反応性に乏しいが，ハロゲンの存在下で紫外線を照射すると置換反応を起こす。

メタンの置換反応

$H-CH_3 \xrightarrow[Cl_2,光]{HCl} H-CH_2-Cl \xrightarrow[Cl_2,光]{HCl} H-CHCl_2 \xrightarrow[Cl_2,光]{HCl} H-CCl_3 \xrightarrow[Cl_2,光]{HCl} Cl-CCl_3$

クロロメタン　ジクロロメタン　トリクロロメタン　テトラクロロメタン

④メタンの実験室的製法…酢酸ナトリウムと水酸化ナトリウムの混合物を加熱する。$CH_3COONa + NaOH \longrightarrow CH_4 + Na_2CO_3$

◆4 シクロアルカン

環状の構造をもつ飽和炭化水素の総称。
一般式は C_nH_{2n} でアルカンと似た性質をもつ。

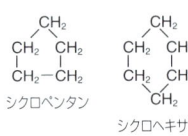

シクロペンタン　シクロヘキサン

2 アルケン C_nH_{2n} 二重結合を1つもつ鎖式炭化水素の総称である。

◆1 分子の構造

エチレン C_2H_4

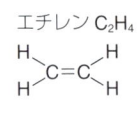

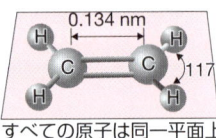

0.134 nm 117°
すべての原子は同一平面上にある。

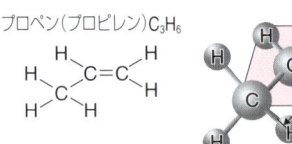

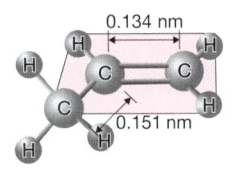

プロペン（プロピレン）C_3H_6

0.134 nm 0.151 nm

◆2 シス-トランス異性体

分子の立体的な構造が異なる異性体を立体異性体という。二重結合についた置換基の位置が異なる立体異性体をシ

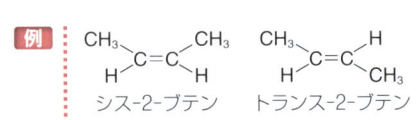

例
シス-2-ブテン　トランス-2-ブテン

ス-トランス異性体とよび，置換基が同じ側にあるものをシス形，反対側にあるものをトランス形という。

◆3 **アルケンの性質と反応** ①二重結合をもつため，付加反応しやすい。
②臭素 Br_2 が付加すると，臭素の赤褐色が消える。─→ 不飽和結合の確認。
③付加重合で高分子化合物を生じる。
④エチレンの実験室的製法…エタノールに濃硫酸を加え，160〜170℃に加熱する。$C_2H_5OH \longrightarrow CH_2=CH_2 + H_2O$
＊130℃ ではジエチルエーテル生成。

3 アルキン C_nH_{2n-2} 三重結合を1つもつ鎖式炭化水素の総称である。

◆1 **分子の構造** 三重結合の炭素と，それに結合する両端の原子は直線上に並ぶ。

アセチレン C_2H_2
$H-C≡C-H$

プロピン C_3H_4
$H-C≡C-CH_3$ (構造式は縦書き)

◆2 **アルキンの性質と反応**
①三重結合をもつため，付加反応しやすい。
②アセチレンの実験室的製法…炭化カルシウムに水を加える。
$CaC_2 + 2H_2O \longrightarrow Ca(OH)_2 + C_2H_2$
③アセチレンに水を付加させると，不安定なビニルアルコールを経て，アセトアルデヒドになる。

4 炭化水素の反応経路図

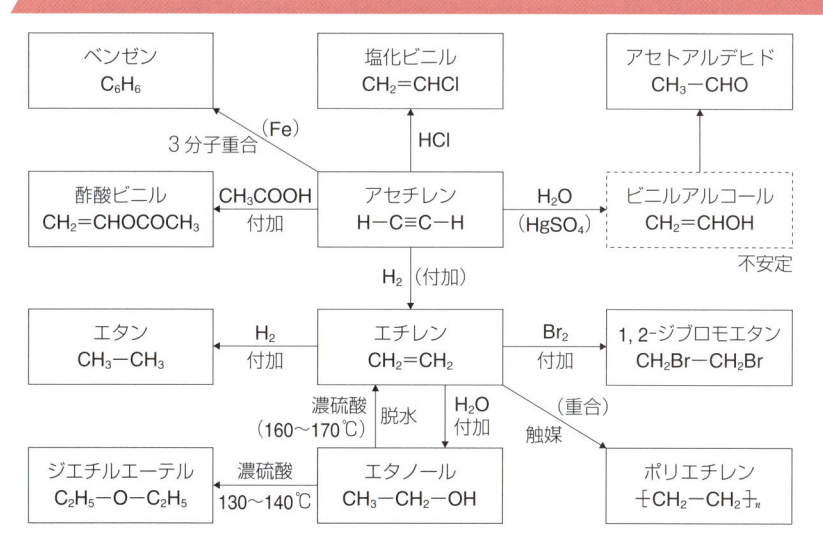

- ベンゼン C_6H_6 ← アセチレン（3分子重合, Fe）
- 塩化ビニル $CH_2=CHCl$ ← アセチレン（HCl）
- アセトアルデヒド CH_3-CHO ← アセチレン（H_2O, $HgSO_4$）→ ビニルアルコール $CH_2=CHOH$（不安定）
- 酢酸ビニル $CH_2=CHOCOCH_3$ ← アセチレン（CH_3COOH 付加）
- アセチレン $H-C≡C-H$ →（H_2 付加）→ エチレン $CH_2=CH_2$
- エタン CH_3-CH_3 ← エチレン（H_2 付加）
- 1,2-ジブロモエタン CH_2Br-CH_2Br ← エチレン（Br_2 付加）
- ポリエチレン $+CH_2-CH_2+_n$ ← エチレン（重合，触媒）
- エタノール CH_3-CH_2-OH ← エチレン（H_2O 付加）／濃硫酸（160〜170℃）脱水
- ジエチルエーテル $C_2H_5-O-C_2H_5$ ← エタノール（濃硫酸 130〜140℃）

5 有機化学の発展知識

◆ **アルケンのオゾン分解**

一般に，アルケンは過マンガン酸カリウムの水溶液で酸化させることが可能だが，アルケンにオゾンを反応させると次のような反応が起こる。これを**オゾン分解**という。溶媒にアルケンを溶解させて低温で O_3 を通じると，不安定なオゾニドが生成する。これを Zn 粉末と酢酸によって還元的な条件で加水分解するとカルボニル化合物が生成する。

$$\underset{R^2}{\overset{R^1}{}}C=C\underset{R^4}{\overset{R^3}{}} \xrightarrow[-78℃]{O_3,\ CH_2Cl_2} \underset{R^2}{\overset{R^1}{}}C\underset{O}{\overset{O-O}{}}C\underset{R^4}{\overset{R^3}{}} \xrightarrow[CH_3COOH]{Zn} \underset{R^2}{\overset{R^1}{}}C=O\quad O=C\underset{R^4}{\overset{R^3}{}}$$

WARMING UP／ウォーミングアップ

次の文中の（　）に適当な語句・数値・化学式を入れよ。

1 アルカンの反応

アルカンは鎖式炭化水素の総称で，一般式は(ア)で，分子内には(イ)結合のみをもつ。

アルカンは反応性が乏しいが，塩素の存在下，紫外線を照射すると，以下のような(ウ)反応が起きる。

$$CH_4 \longrightarrow (エ) \longrightarrow (オ) \longrightarrow (カ) \longrightarrow (キ)$$

メタンを実験室で得る際には，(ク)と水酸化ナトリウムを混合して加熱する。

2 アルケンの反応

アルケンの一般式は(ア)で，分子内には(イ)結合を1個もつ鎖式不飽和炭化水素をいう。

アルケンは(ウ)反応を起こしやすい。そのため，臭素水にアルケンを通じると臭素の(エ)色が消える。

エチレンは(オ)に濃硫酸を加え，(カ)℃ に加熱すると得られる。

3 アルキンの反応

アルキンの一般式は(ア)で，分子内には(イ)結合を1個もつ鎖式不飽和炭化水素をいう。

アルキンも(ウ)反応を起こしやすい。たとえば，アセチレン C_2H_2 に水素を1分子付加すると(エ)が，(エ)に水素をもう1分子付加すると(オ)になる。

1
- (ア) C_nH_{2n+2}
- (イ) 単　(ウ) 置換
- (エ) CH_3Cl
- (オ) CH_2Cl_2
- (カ) $CHCl_3$
- (キ) CCl_4
- (ク) 酢酸ナトリウム

2
- (ア) C_nH_{2n}　(イ) 二重
- (ウ) 付加　(エ) 赤褐
- (オ) エタノール
- (カ) 160～170

3
- (ア) C_nH_{2n-2}
- (イ) 三重
- (ウ) 付加
- (エ) エチレン(C_2H_4)
- (オ) エタン(C_2H_6)
- (カ) 塩化ビニル
- (キ) ビニルアルコール
- (ク) アセトアルデヒド
- (ケ) 炭化カルシウム

アセチレンに塩化水素が付加すると(カ)になる。また，アセチレンに触媒の存在下で水を付加させると，不安定な(キ)を経て，(ク)が得られる。

アセチレンを実験室で得る際には(ケ)に水を加えればよい。

4 炭化水素の分類

(1)～(5)の分子式を，(ア)～(ケ)からすべて選べ。
(1) アルカン　(2) アルケン　(3) アルキン
(4) シクロアルカン　(5) シクロアルケン

(ア) C_2H_4　(イ) C_2H_2　(ウ) C_2H_6
(エ) C_3H_8　(オ) C_3H_6　(カ) C_3H_4
(キ) C_4H_6　(ク) C_4H_{10}　(ケ) C_4H_8

4
(1) アルカン C_nH_{2n+2}
(ウ), (エ), (ク)
(2) アルケン C_nH_{2n}
(ア), (オ), (ケ)
(3) アルキン C_nH_{2n-2}
(イ), (カ), (キ)
(4) シクロアルカン C_nH_{2n}
(オ), (ケ)
(5) シクロアルケン C_nH_{2n-2}
(カ), (キ)

基本例題 94　付加反応　　　　　　　　　　基本 → 479

次の化合物(ア)～(ウ)に(1)～(3)の反応をさせたとき，得られる化合物の構造を記せ。

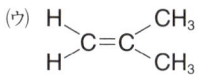

(ア) $CH_2=CH-CH_2-CH_3$　　(イ) $CH_3-C≡C-CH_3$　　(ウ) $(CH_3)_2C=CH_2$ ※構造図

(1) 化合物(ア)に水素を付加したとき。
(2) 化合物(イ)に臭素を1分子付加したとき。
(3) 化合物(ウ)に塩化水素を付加したとき。

●エクセル　付加反応の鉄則　三重結合 —付加→ 二重結合 —付加→ 単結合

解説
(1) ブタンが生成する。
(2) 互いにシス-トランス異性体の関係にある2種類が生成する。
(3) HCl の入り方で2種類の化合物が生成する。

(3) アルケンへの付加では，付加する化合物の向きの違いから，2通りの化合物が生じる場合がある。

解答
(1) $CH_3-CH_2-CH_2-CH_3$
(2) 2-ブロモ-2-ブテンのシス・トランス異性体2種
(3) $(CH_3)_3C-Cl$ と $Cl-CH_2-CH(CH_3)_2$

基本例題 95　炭化水素の反応経路図　　　　　　　　　　　　　　　　　　　　基本 ➡ 480

次の反応経路図において，(ア)〜(キ)の示性式を記せ。

$$(ア) \xleftarrow{+HCl} H-C\equiv C-H \xrightarrow{+H_2} (イ) \xrightarrow{付加重合} (カ)$$

$$\downarrow +Cl_2 \quad \downarrow +H_2O \quad \downarrow +CH_3COOH \quad \downarrow +H_2$$

$$(エ) \qquad (オ) \qquad (キ) \qquad (ウ)$$

●エクセル　アルケン・アルキンは付加反応が重要。

解答
(ア)　$CH_2=CHCl$　　　(イ)　$CH_2=CH_2$
(ウ)　CH_3CH_3　　　　(エ)　$CHCl=CHCl$
(オ)　CH_3CHO（$CH_2=CHOH$（ビニルアルコール）は不安定）
(カ)　$\{CH_2CH_2\}_n$　　(キ)　$CH_2=CHOCOCH_3$

基本例題 96　炭化水素の燃焼　　　　　　　　　　　　　　　　　　　　　　　基本 ➡ 483

(1) プロパン C_3H_8 を完全燃焼させたときの化学反応式を書け。
(2) 標準状態で10Lのプロパンを燃焼させるのに必要な酸素は標準状態で何Lか。

●エクセル　CとH(とO)からなる物質を完全燃焼させると水と二酸化炭素が生じる。

解説
(1)　$C_3H_8 + 5O_2 \longrightarrow 3CO_2 + 4H_2O$
(2)　係数の比＝反応する気体の体積の比なので
　　$C_3H_8 : O_2 = 1 : 5 = 10L : 50L$

解答
(1)　$C_3H_8 + 5O_2 \longrightarrow 3CO_2 + 4H_2O$　　(2)　50L

基本問題

475 ▶ 炭化水素の構造　次の物質について物質名は構造式を，構造式は物質名を記せ。

(1) アセチレン　(2) エチレン　(3) 2-メチルプロパン
(4) プロペン(プロピレン)　(5) $CH_3-C\equiv C-CH_3$　(6) $CH_3-\underset{\underset{CH_2}{\|}}{C}-CH_3$
(7) シクロヘキセン　(8) $\underset{CH_2-CH_2}{CH_2}$

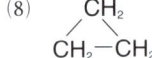

476 ▶ メタンの製法　天然ガスの主成分であるメタンはアルカンの一種で，常温常圧では気体である。メタン分子は無極性で，有機溶媒には溶けるが水にはほとんど溶けない。実験室では酢酸ナトリウムと水酸化ナトリウムの混合物を加熱して発生させる。

(1) 下線部について，起こる反応を化学反応式で表せ。
(2) メタン1.0gを完全燃焼させるために必要な酸素は標準状態で何Lか。

23 脂肪族炭化水素

□□□**477** ▶ **アルカンの置換反応** アルカンと塩素の混合物に紫外線を照射すると，水素原子が塩素原子で置換される。この反応で生成するモノクロロ置換体(一塩素化物)の構造異性体の数を調べ，アルカンを互いに識別する方法がある。下図に示すアルカンから生じるモノクロロ置換体はそれぞれ何種類あるか。ただし，鏡像異性体は考えないものとする。

(1) CH₃-CH₂-CH₂-CH₂-CH₃

(2) CH₃-CH-CH₂-CH₃
         |
         CH₃

(3) CH₃-C(CH₃)(CH₃)-CH₃

□□□**478** ▶ **アルケンの製法と性質** エチレンやプロペンのように，1個の二重結合をもつ鎖式炭化水素は(ア)とよばれ，一般式(イ)で表される。実験室では，<u>エチレンはエタノールに濃硫酸を加え，約170℃に熱して発生させる</u>。(ア)は，アルカンとは違い，臭素水に通じると，水溶液が(ウ)色に変化する。このとき，二重結合は単結合になる。このような反応を(エ)反応とよぶ。
(1) 文中の(ア)～(エ)に適当な語句や化学式を入れよ。
(2) 下線部の反応を化学反応式で表せ。

□□□**479** ▶ **アルケンの構造** 分子式 C_4H_8 のアルケンには，4種類の化合物がある。次の記述にあてはまる化合物を，下の(ア)～(エ)のうちから1つずつ選べ。
(1) 分子内のすべての炭素原子が同一平面上にない。
(2) 二重結合に臭素を付加させて得られる生成物が不斉炭素原子をもたない。

(ア) H₂C=CH-CH₂-CH₃ (イ) H₂C=C(CH₃)-CH₃ (ウ) CH₃-CH=CH-CH₃ (cis) (エ) CH₃-CH=CH-CH₃ (trans)

□□□**480** ▶ **炭化水素の反応経路図** 以下の反応経路において，(ア)～(ク)にあてはまる化合物の構造式を記せ。

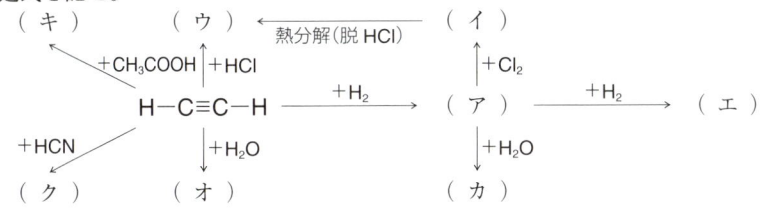

```
       (キ)         (ウ) ←熱分解(脱HCl)― (イ)
        ↑+CH₃COOH   ↑+HCl               ↑+Cl₂
        H-C≡C-H   ――+H₂→   (ア)   ――+H₂→   (エ)
        ↓+HCN      ↓+H₂O               ↓+H₂O
       (ク)         (オ)                 (カ)
```

原子量の概数値	H	C	N	O	Na	Mg	Al	Si	S	Cl	K	Ca	Fe	Cu	Zn	Ag	I	Pb
	1.0	12	14	16	23	24	27	28	32	35.5	39	40	56	63.5	65	108	127	207

481 ▶ アルキンの反応
炭化カルシウム CaC_2（式量 64）3.2g を水と完全に反応させてアセチレンを得た。

$$CaC_2 + 2H_2O \longrightarrow Ca(OH)_2 + C_2H_2$$

(1) 得られたアセチレンの質量は何 g か。
(2) このアセチレンに水素を付加させてエチレンにするとき，消費される水素は標準状態で何 L か，有効数字 2 桁で求めよ。
(3) アセチレンについての次の記述のうち，誤っているものを 2 つ選べ。
　(ア) 分子は直線構造をしている。
　(イ) 常温・常圧では無色・刺激臭の液体である。
　(ウ) 酢酸を付加させると酢酸ビニルになる。
　(エ) 1 分子のアセチレンに 1 分子の臭素を反応させて得られた化合物にはシス-トランス異性体が存在する。
　(オ) アセチレンの三重結合の結合距離はエチレンの二重結合の結合距離より長い。

482 ▶ 脂肪族炭化水素の性質
脂肪族炭化水素について述べた次の記述のうち，正しいものに○を，誤っているものに×を記せ。
(1) 鎖状の飽和炭化水素を総称してアルカンという。
(2) 炭素数が 3 以上のアルカンには，構造異性体がある。
(3) C_nH_{2n}（n は 2 以上の整数）で表される鎖式炭化水素には，二重結合が 1 つある。
(4) アルカンの沸点は，炭素原子数が増加するにつれて低くなる。
(5) アルケンは，二重結合を軸とした分子内の回転が自由にできる。
(6) アルキンには幾何異性体がある。
(7) 同じ炭素数のシクロアルカンとアルケンは互いに構造異性体である。
(8) 炭素数が 2 以上のアルカンは正方形が連結した構造をしている。　　（センター 改）

483 ▶ 炭化水素の分子式
炭素数 4 の鎖式不飽和炭化水素を完全燃焼させたところ，二酸化炭素 88mg と水 27mg が生成した。この炭化水素 8.1g に，触媒を用いて水素を付加させたところ，すべてが飽和炭化水素に変化した。このとき消費された水素分子の物質量は何 mol か。最も適当な数値を，次の(1)〜(6)のうちから 1 つ選べ。
(1) 0.15　(2) 0.30　(3) 0.47　(4) 0.56　(5) 0.60　(6) 0.65
　　　　　　　　　　　　　　　　　　　　　　　　（センター 改）

原子量の概数値	H	C	N	O	Na	Mg	Al	Si	S	Cl	K	Ca	Fe	Cu	Zn	Ag	I	Pb
	1.0	12	14	16	23	24	27	28	32	35.5	39	40	56	63.5	65	108	127	207

応用例題 97　アルケンへの付加　　応用➡484

5.60 g のアルケン C_nH_{2n} に臭素（分子量 160）を完全に反応させ，21.6 g の化合物を得た。このアルケンの炭素数 n はいくらか。

●エクセル　反応前後の分子量の変化に注目して式をたてる。

解説　もとのアルケンの分子量は $12n + 2n = 14n$ である。付加したあとの化合物の分子量は $14n + 160$ である。

$$>C=C< + Br_2 \longrightarrow -\overset{|}{\underset{Br}{C}}-\overset{|}{\underset{Br}{C}}-$$

反応前後で物質量〔mol〕は変わらないので[❶]，

$$\frac{5.60 \text{ g}}{14n \text{ g/mol}} = \frac{21.6 \text{ g}}{(14n+160) \text{ g/mol}} \quad \text{よって, } n = 4$$

❶ 反応前後で質量は変化するが，物質量〔mol〕は変わらない。

解答　$n = 4$

応用例題 98　オゾン分解　　応用➡489

一般に，炭素原子間の二重結合をオゾン分解すると，二重結合が切断され，次のように，カルボニル基をもつ 2 つの化合物が生じる。

$$\underset{R^2}{\overset{R^1}{>}}C=C\underset{R^4}{\overset{R^3}{<}} \xrightarrow{O_3} \underset{R^2}{\overset{R^1}{>}}C=O \;+\; O=C\underset{R^4}{\overset{R^3}{<}}$$

化合物 A をオゾン分解したところ，ホルムアルデヒド HCHO とアセトン CH_3COCH_3 を生じた。化合物 A の構造式を示せ。

●エクセル　オゾン分解によって生じる 2 つの化合物（アルデヒドまたはケトン）の構造から，もとのアルケンの構造を推定する。

解説　化合物 A をオゾン分解すると，ホルムアルデヒド HCHO とアセトン CH_3COCH_3 を生じたことから，次の変化が起こったことになる。

$$A \xrightarrow{O_3} \underset{H}{\overset{H}{>}}C=O \;+\; O=C\underset{CH_3}{\overset{CH_3}{<}}$$

生じたホルムアルデヒドとアセトンがもつ $>C=O$ が，もとのアルケンの $>C=C<$ に由来する。

R^1 および R^2（または R^3 および R^4）が炭化水素基の場合はケトンが生じる。R^1, R^2（または R^3, R^4）のいずれか一方でも H 原子になると，アルデヒドが生じる。

解答

$$\underset{H}{\overset{H}{>}}C=C\underset{CH_3}{\overset{CH_3}{<}}$$

応用問題

484 ▶ アルケンへの付加 あるアルケン C_nH_{2n} に臭素（分子量160）を完全に反応させたところ、分子量が約3.3倍に増加した。このアルケンの炭素数 n はいくらか。

485 ▶ アルキンへの付加反応 次の記述にあてはまる化合物の構造式を、下の(ア)～(オ)のうちからすべて選べ。
(1) 水素1分子が付加した生成物には、シス-トランス異性体が存在する。
(2) 水素2分子が付加した生成物には、不斉炭素原子が存在する。

(ア) 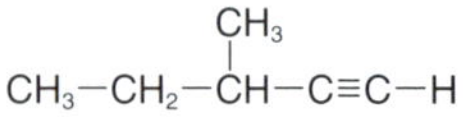 CH₃–CH₂–CH(CH₃)–C≡C–H
(イ) 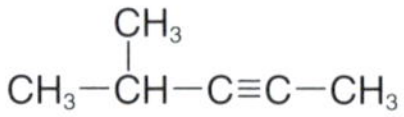 CH₃–CH(CH₃)–C≡C–CH₃
(ウ) 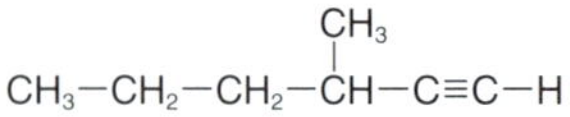 CH₃–CH₂–CH₂–CH(CH₃)–C≡C–H
(エ) 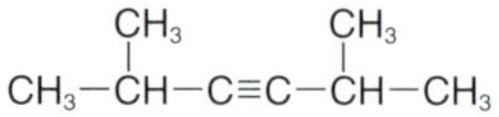 CH₃–CH(CH₃)–C≡C–CH(CH₃)–CH₃
(オ) 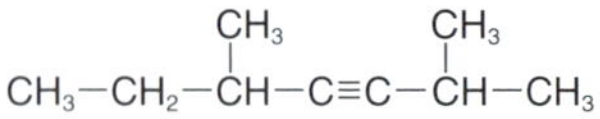 CH₃–CH₂–CH(CH₃)–C≡C–CH(CH₃)–CH₃

(11 センター 改)

486 ▶ 炭化水素の構造 炭素数7の不飽和炭化水素を完全燃焼させたところ、308 mgの二酸化炭素と108 mgの水が生成した。また、この炭化水素の不飽和結合のすべてに臭素 Br_2 を付加させたところ、生成物に含まれる Br の質量の割合は77%であった。この炭化水素の構造として最も適当なものを次の(1)～(4)のうちから1つ選べ。

(10 センター 改)

(1) 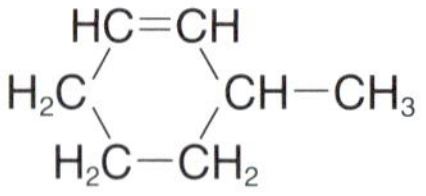 シクロペンテン環 CH–CH₃ 側鎖
(2) シクロヘキセン二重結合2個 CH–CH₃ 側鎖
(3) CH₂=CHCH₂CH₂CH₂CH₂CH₃
(4) CH₂=CHCH₂CH₂CH₂CH=CH₂

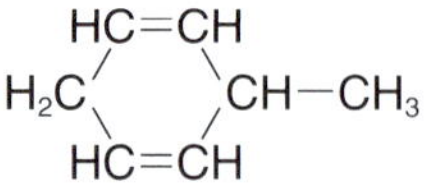

487 ▶ 炭化水素の推定 分子式 C_3H_5Cl で表される化合物 A～E がある。以下の文章を読み、A～E の構造式を記せ。なお、シス-トランス異性体があるものはそれがわかるように構造式を書け。
条件Ⅰ：A, B, C, D は鎖状構造をもち、E は環状構造をもっている。
条件Ⅱ：A と B はシス-トランス異性体の関係にある。A がシス形である。
条件Ⅲ：D にはメチル基があるが、C にはない。

488 ▶ 炭化水素の燃焼 標準状態で1.68 L を占める気体の炭化水素である化合物 A に標準状態で11.2 L の酸素を加えて完全燃焼させた。燃焼後の混合気体から水分を除くと気体の体積は標準状態で9.52 L となった。さらに二酸化炭素を取り除くと、体積は標準状態で6.16 L となった。この化合物 A に塩素を付加させると化合物 B が得られ、この化合物 B を加熱分解すると化合物 C が生成した。
問　化合物 A～C の構造式と化合物名を答えよ。

(三重大 改)

489 ▶ オゾン分解　次の文章を読み，下の問いに答えよ。

分子式 C_5H_{10} で表されるアルケンの構造は，シス-トランス異性体を区別しなければ，5種類ある。このアルケン C_5H_{10} の5種類の構造異性体のうちの，3種類の化合物A，B，Cの構造を決定するために，次の①〜④の実験を行った。

実験①　白金を触媒に用い，A，B，Cそれぞれを水素 H_2 と反応させて得られるアルカンはいずれも同じ化合物である。

実験②　Aをオゾン分解すると，2種類のカルボニル化合物D，Eが得られる。Dは銀鏡反応を示すがEは銀鏡反応を示さない。

オゾン分解とは，以下に示すように，アルケンにオゾン O_3 を作用させてオゾニドとよばれる不安定な化合物を生成させ，その後，還元剤である Zn を作用させてカルボニル化合物を得る反応である。ここで R^1 はアルキル基を表し，R^2，R^3，R^4 はアルキル基または水素原子を表す。

$$\underset{R^2}{\overset{R^1}{>}}C=C\underset{R^4}{\overset{R^3}{<}} \xrightarrow{O_3} \underset{R^2}{\overset{R^1}{>}}C\underset{O-O}{\overset{O}{<}}C\underset{R^4}{\overset{R^3}{<}} \xrightarrow{Zn} \underset{R^2}{\overset{R^1}{>}}C=O + O=C\underset{R^4}{\overset{R^3}{<}}$$
オゾニド

実験③　Bをオゾン分解すると，2種類のカルボニル化合物F，Gが得られる。Gは，工業的には，塩化パラジウム(Ⅱ)と塩化銅(Ⅱ)を触媒に用いたエチレンの酸化により製造される。

実験④　Cをオゾン分解すると，Aのオゾン分解で得られるDとカルボニル化合物Hが得られ，D，Hはいずれも銀鏡反応を示す。

問　アルケンA，B，Cの構造式を記せ。

490 ▶ ケト-エノール互変異性　アルキンについて，次の問いに答えよ。

(1) 分子式 C_2H_2 および C_3H_4 で表されるアルキンの名称を答えよ。

(2) 分子式 C_4H_6 をもつアルキンには構造異性体が2種類存在する。これらをアルキンAおよびBとし，以下の実験を行った。(i)，(ii)の問いに答えよ。

実験1：アルキンAおよびBそれぞれに対し，水素を適当な条件で反応させたところ，アルキンAからはアルケンCが，アルキンBからはアルケンDが，それぞれ生成した。アルケンCにはシス-トランス異性体が存在するが，アルケンDにはシス-トランス異性体が存在しないことがわかった。

実験2：アルキンAおよびBに対して触媒を用いて水を付加させたところ，アルキンAからは化合物Eが得られたのに対し，アルキンBからは化合物EおよびFが生成した。

(i) アルキンAおよびBの構造式をそれぞれ記せ。
(ii) 化合物EおよびFの構造式をそれぞれ記せ。

(11 大阪府立大 改)

24 酸素を含む脂肪族化合物

1 アルコール R−OH　ヒドロキシ基をもつ脂肪族化合物

◆1 アルコールの分類

①ヒドロキシ基(−OH)についた炭素原子の環境による分類

分類	構造式	例	沸点(℃)
第一級アルコール	R−CH₂−OH	C₃H₇−CH₂−OH 1-ブタノール	117
第二級アルコール	R−CH−OH 　　│ 　　R′	C₂H₅−CH−OH 　　　│ 　　　CH₃ 2-ブタノール	99
第三級アルコール	R′ 　　│ R−C−OH 　　│ 　　R″	CH₃ 　　│ CH₃−C−OH 　　│ 　　CH₃ 2-メチル-2-プロパノール	83

②ヒドロキシ基の数による分類

分類	例
1価アルコール	CH₃−OH メタノール
2価アルコール	CH₂−OH │ CH₂−OH 1,2-エタンジオール(エチレングリコール)
3価アルコール	CH₂−OH │ CH−OH │ CH₂−OH 1,2,3-プロパントリオール(グリセリン)

◆2 性質
親水性のヒドロキシ基(−OH)をもつため、炭素数の少ないものは水によく溶け、同じ分子量の炭化水素に比べると、沸点や融点が高い。また、水溶液は中性を示す。

◆3 反応
①金属ナトリウムと激しく反応して水素を発生する(同じ分子式のエーテルでは反応しない)。

$$2R-OH + 2Na \longrightarrow 2R-ONa + H_2$$

②ニクロム酸カリウムなどの酸化剤と反応する(第一級、第二級アルコール)。

$$R-CH_2-OH \underset{還元(+2H)}{\overset{酸化(-2H)}{\rightleftarrows}} R-\underset{\underset{O}{\|}}{C}-H \underset{還元(-O)}{\overset{酸化(+O)}{\rightleftarrows}} R-\underset{\underset{O}{\|}}{C}-OH$$

第一級アルコール　　　アルデヒド　　　カルボン酸

$$R-\underset{\underset{R'}{|}}{C}H-OH \underset{還元(+2H)}{\overset{酸化(-2H)}{\rightleftarrows}} R-\underset{\underset{O}{\|}}{C}-R' \overset{酸化}{\underset{\times}{\longrightarrow}} これ以上酸化されない$$

第二級アルコール　　　ケトン

第三級アルコールは酸化されにくい。

③濃硫酸などの脱水剤の存在下で加熱すると脱水する。低温ではエーテル、高温ではアルケンを生じる。

④カルボン酸と反応してエステルを生じる。

◆4 おもなアルコール

①**メタノール** 無色の液体。工業的には一酸化炭素と水素の反応で得られる。

[酸化反応]

$$CH_3-OH \xrightarrow{酸化} \underset{ホルムアルデヒド}{H-\underset{\underset{O}{\|}}{C}-H} \xrightarrow{酸化} \underset{ギ酸}{H-\underset{\underset{O}{\|}}{C}-OH}$$

②**エタノール** 無色の液体。工業的にはエチレンと水の付加反応や発酵で得られる。

[酸化反応]

$$CH_3-CH_2-OH \xrightarrow{酸化} \underset{アセトアルデヒド}{CH_3-\underset{\underset{O}{\|}}{C}-H} \xrightarrow{酸化} \underset{酢酸}{CH_3-\underset{\underset{O}{\|}}{C}-OH}$$

[脱水・縮合反応]

$$2CH_3-CH_2-OH \xrightarrow[分子間脱水]{130〜140℃} CH_3-CH_2-O-CH_2-CH_3 + H_2O$$
（ジエチルエーテル）

$$CH_3-CH_2-OH \xrightarrow[分子内脱水]{160〜170℃} CH_2=CH_2 + H_2O$$
（エチレン）

2 エーテル R－O－R′　エーテル結合（－O－）をもつ。

- ◆1 **製法と性質** アルコール2分子の縮合で得られる。極性（電荷のかたより）が小さく、同じ分子式のアルコールより融点・沸点が低い。
- ◆2 **おもなエーテル** ジエチルエーテル $CH_3-CH_2-O-CH_2-CH_3$
沸点34℃，引火性が高い。薬品との反応性が乏しいので、溶媒として使われる。

3 アルデヒド R－CHO　ホルミル基（－CHO）をもつ。

- ◆1 **製法と性質** 第一級アルコールの酸化で得られる。容易に酸化されてカルボン酸になる。ホルミル基（アルデヒド基）は、酸化されやすく還元性がある。
- ◆2 **おもなアルデヒド**

$H-\underset{\underset{O}{\|}}{C}-H$ ホルムアルデヒド	・メタノールを酸化して得る。実験室では，メタノールを銅触媒を用いて酸化する。 ・刺激臭のある気体で，その水溶液はホルマリンとよばれる。
$CH_3-\underset{\underset{O}{\|}}{C}-H$ アセトアルデヒド	・エタノールを二クロム酸カリウム $K_2Cr_2O_7$ などの酸化剤で酸化して得る。 ・刺激臭のある液体である。

- ◆3 **アルデヒドの検出**
①銀鏡反応　アンモニア性硝酸銀水溶液を加えて加熱すると、銀が析出する。
②フェーリング液の還元　フェーリング液（Cu^{2+}の錯イオンを含んでいる）を還元して、酸化銅(Ⅰ)Cu_2O の赤色沈殿を生じる。

4 アルデヒドの合成と検出

●ホルムアルデヒドの合成

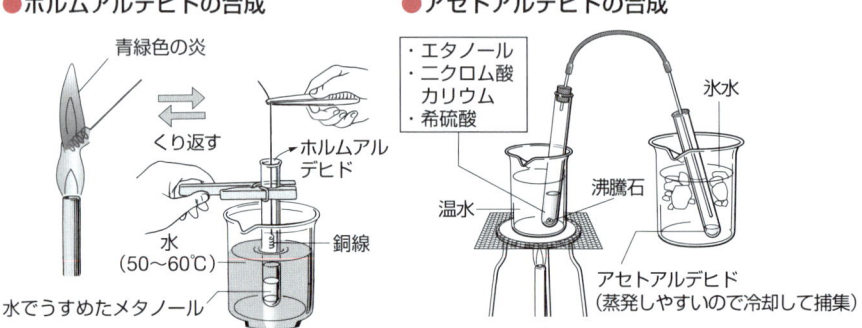

青緑色の炎
くり返す
ホルムアルデヒド
水（50〜60℃）
銅線
水でうすめたメタノール

●アセトアルデヒドの合成

・エタノール
・ニクロム酸カリウム
・希硫酸

氷水
温水
沸騰石
アセトアルデヒド（蒸発しやすいので冷却して捕集）

●銀鏡反応

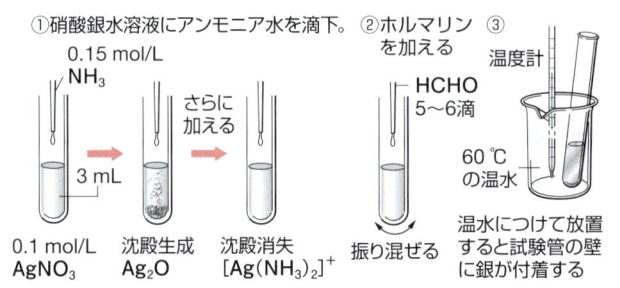

①硝酸銀水溶液にアンモニア水を滴下。
0.15 mol/L NH$_3$
さらに加える
3 mL
0.1 mol/L AgNO$_3$
沈殿生成 Ag$_2$O
沈殿消失 [Ag(NH$_3$)$_2$]$^+$

②ホルマリンを加える
HCHO 5〜6滴
振り混ぜる

③温度計
60℃の温水
温水につけて放置すると試験管の壁に銀が付着する

アンモニア性硝酸銀水溶液にアルデヒドを加えて温めると，器壁に銀が析出して鏡のようになる。

●フェーリング液の還元

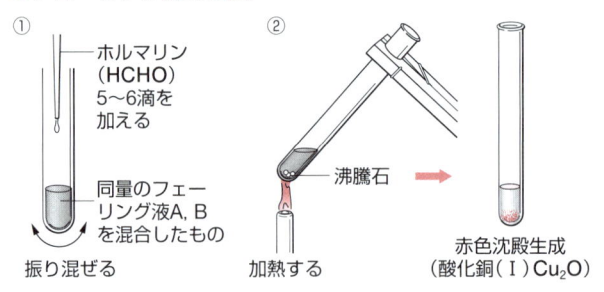

①ホルマリン（HCHO）5〜6滴を加える
同量のフェーリング液A, Bを混合したもの
振り混ぜる

②沸騰石
加熱する
赤色沈殿生成（酸化銅(Ⅰ) Cu$_2$O）

◆フェーリングA液
…硫酸銅(Ⅱ)水溶液

◆フェーリングB液
…酒石酸ナトリウムカリウムと水酸化ナトリウムの混合水溶液

●ヨードホルム反応

①ヨウ素ヨウ化カリウム水溶液3 mL
アセトン（CH$_3$COCH$_3$）を数滴加える

②2 mol/L NaOH
2 mol/L NaOH水溶液を褐色が消えるまで加える

③50〜60℃の温水
ヨードホルム（CHI$_3$）
特有の臭気をもつヨードホルム（CHI$_3$）の黄色の結晶が生じる。

アセチル基—CO—CH$_3$ や，酸化するとアセチル基に変わる—CH(OH)CH$_3$ の構造をもつアルコールも，この反応を示す。

4 ケトン R−CO−R′ カルボニル基(−CO−)をもつ。

◆1 **製法と性質**　第二級アルコールの酸化で得られる。還元性はない。

◆2 **おもなケトン**　アセトン　$CH_3-CO-CH_3$
　　2-プロパノールの酸化で生じる。実験室では，酢酸カルシウムの乾留で得る。
　　$(CH_3COO)_2Ca \longrightarrow CH_3-CO-CH_3 + CaCO_3$

◆3 **検出**　ヨードホルム反応
　　右図のような構造をもつ化合物に，塩基性でヨウ素を作用させると，ヨードホルム CHI_3 の黄色結晶を生じる。

　　例：アセトン，アセトアルデヒド，エタノール，2-プロパノールなど

5 カルボン酸 R−COOH カルボキシ基(−COOH)をもつ。

◆1 **製法と性質**　アルデヒドの酸化で得られる。カルボキシ基の数を価数といい，1価のカルボン酸をとくに脂肪酸という。
　①低級脂肪酸は水に溶けやすく，水溶液は弱酸性を示す。
　　$R-COOH \rightleftarrows R-COO^- + H^+$
　②塩基と中和反応する。$R-COOH + NaOH \longrightarrow R-COONa + H_2O$
　③炭酸水素ナトリウムと反応して二酸化炭素を発生する(カルボン酸の検出)。
　　$R-COOH + NaHCO_3 \longrightarrow R-COONa + H_2O + CO_2$

◆2 **おもな脂肪酸**
　①ギ酸　$HCOOH$　メタノール，ホルムアルデヒドの酸化で得られる。ホルミル基をもつので還元性を示す。
　②酢酸　CH_3COOH
　　エタノール，アセトアルデヒドの酸化で得られる。冬季は凝固しやすいため，純粋な酢酸を氷酢酸という。

◆3 **鏡像異性体**

4つの異なる原子団が結合している炭素原子をとくに不斉炭素原子という。不斉炭素原子を正四面体の中心において立体的に考えると，互いに重ねあわせることのできない二種類の異性体が存在する。これを鏡像異性体という。

　例：乳酸

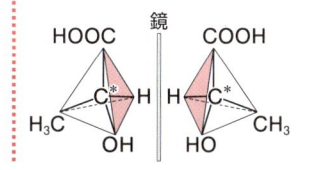

◆4 **その他のカルボン酸**
①**不飽和ジカルボン酸**　カルボキシ基を2つもち，二重結合を有する。

　マレイン酸(シス形)　　フマル酸(トランス形)

②**酸無水物**　2つのカルボキシ基から水がとれて生じた化合物。

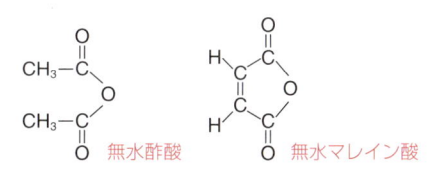

　無水酢酸　　無水マレイン酸

6 エステル R−COO−R' エステル結合(−COO−)をもつ。

◆1 製法と性質
①カルボン酸とアルコールを，濃硫酸を触媒として縮合して得られる化合物。
$$RCOOH + R'-OH \rightleftarrows RCOOR' + H_2O$$
②水に溶けにくい。分子量の小さいものは独特の芳香がある。
③酸や塩基の水溶液を加えて加熱すると加水分解される。塩基による加水分解をとくにけん化という。
$$RCOOR' + H_2O \rightleftarrows RCOOH + R'-OH \quad (加水分解)$$
$$RCOOR' + NaOH \longrightarrow RCOONa + R'-OH \quad (けん化)$$

◆2 おもなエステル 酢酸エチル 酢酸とエタノールから生じる芳香のある液体。

$$CH_3-\underset{O}{\overset{}{C}}-OH + CH_3-CH_2-OH \rightleftarrows CH_3-\underset{O}{\overset{}{C}}-O-CH_2-CH_3 + H_2O$$

酢酸　　　　　エタノール　　　　　酢酸エチル

●エステル化

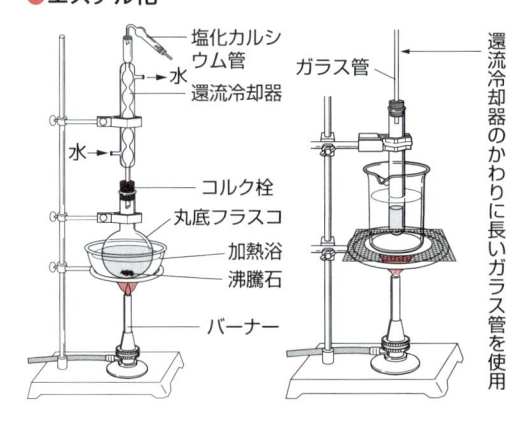

（図：エステル化の実験装置　塩化カルシウム管，水，還流冷却器，ガラス管，コルク栓，丸底フラスコ，加熱浴，沸騰石，バーナー　／　還流冷却器のかわりに長いガラス管を使用）

◆**還流冷却器**……液体の有機化合物は，沸点が比較的低いので，加熱して反応させるとき，密閉して熱すると，内部の圧力が大きくなり危険である。また，密閉しないと長時間熱している間に，有機化合物は蒸発してなくなってしまう。そこで，還流冷却器をつけて，蒸発した有機化合物を水で冷却し，容器中に戻し，反応が続くようにする。

◆3 その他のエステル
①硫酸エステル
$$C_{12}H_{25}-OH + HOSO_3H \xrightarrow{(H_2SO_4)} C_{12}H_{25}-OSO_3H + H_2O$$

1-ドデカノール　　硫酸　　　　硫酸水素ドデシル

ナトリウム塩は合成洗剤として利用される。

②硝酸エステル
$$\begin{array}{l}CH_2-OH + HONO_2 \\ CH-OH + HONO_2 \\ CH_2-OH + HONO_2 \\ \end{array} \longrightarrow \begin{array}{l}CH_2-O-NO_2 \\ CH-O-NO_2 \\ CH_2-O-NO_2 \\ \end{array} + 3H_2O$$

グリセリン　　(3HNO₃)　　　ニトログリセリン

ダイナマイト，狭心症の治療薬などに利用される。

＊エステル結合−COO−をもたないが，酸とアルコールが結合して生じた生成物なのでエステルに含まれる。

7 油脂とセッケン　エステル結合($-COO-$)をもつ。

◆1　**油脂**　高級脂肪酸(炭素数の多い[16, 18など]カルボン酸)とグリセリンのエステルで，動植物に含まれる。常温で固体のものを脂肪，液体のものを脂肪油という。また，不飽和の高級脂肪酸からなる液体の油脂に水素を付加させると，固体になり，こうしてつくった油脂を硬化油という。

$$\begin{array}{l}CH_2-O-C-R^1\\\quad\quad\quad\ \ \|\\\quad\quad\quad\ \ O\\CH-O-C-R^2\\\quad\quad\quad\|\\\quad\quad\quad O\\CH_2-O-C-R^3\\\quad\quad\quad\ \ \|\\\quad\quad\quad\ \ O\end{array}$$

			油脂／常温常圧での状態			
脂肪酸／C=C 結合の数			大豆油／液体	ごま油／液体	オリーブ油／液体	牛脂／固体
飽和脂肪酸[%]	ラウリン酸	$C_{11}H_{23}COOH$／0	0	0	0	0.1
	ミリスチン酸	$C_{13}H_{27}COOH$／0	0.1	0	0	2.5
	パルミチン酸	$C_{15}H_{31}COOH$／0	10.6	9.4	10.4	26.1
	ステアリン酸	$C_{17}H_{35}COOH$／0	4.3	5.8	3.1	15.7
不飽和脂肪酸[%]	オレイン酸	$C_{17}H_{33}COOH$／1	23.5	39.8	77.3	45.5
	リノール酸	$C_{17}H_{31}COOH$／2	53.5	43.6	7.0	3.7
	リノレン酸	$C_{17}H_{29}COOH$／3	6.6	0.3	0.6	0.2

◆2　**セッケン**

①油脂を水酸化ナトリウムでけん化すると，脂肪酸のナトリウム塩(セッケン)とグリセリンが得られる。

$$\begin{array}{l}CH_2-O-COR^1\\CH-O-COR^2 + 3NaOH \longrightarrow\\CH_2-O-COR^3\end{array}\quad\begin{array}{l}CH_2-OH\\CH-OH\\CH_2-OH\end{array}\ +\ \begin{array}{l}R^1-COONa\\R^2-COONa\\R^3-COONa\end{array}\text{セッケン}$$

②セッケンは，親水性の部分と疎水性の炭化水素基をもつので，乳化作用，洗浄作用をもつ。弱酸と強塩基の塩なので，弱塩基性を示す。Ca^{2+}やMg^{2+}とは，水に溶けにくい塩をつくるので，これらのイオンを多く含む水(硬水という)では泡立ちが悪い。

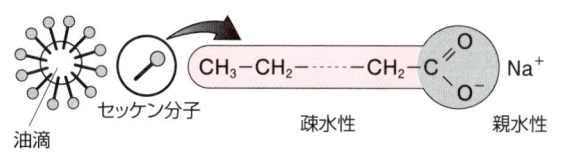

③アルキルベンゼンスルホン酸ナトリウム($R-C_6H_4-SO_3^-Na^+$)などの合成洗剤は，不溶性の塩をつくらず，硬水中でも泡立ちが悪くならない。

WARMING UP／ウォーミングアップ

次の文中の（　）に適当な語句・化学式を入れよ。

1 アルコールの分類

分子内に(ア)基をもつ化合物，すなわち R−OH(R は炭化水素基)の構造をもつ化合物をアルコールという。アルコールは，分子間に水素結合が働き，分子量が同程度の炭化水素より沸点が(イ)い。アルコールは，(ア)基が結合している炭素原子の場所に注目して，以下のように分類される。

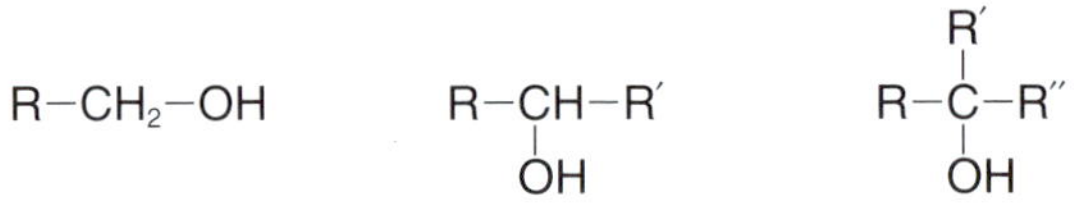

$$R-CH_2-OH \qquad R-\underset{OH}{CH}-R' \qquad R-\underset{OH}{\overset{R'}{C}}-R''$$

　第一級アルコール　　第二級アルコール　　第三級アルコール

2 アルコールの酸化

第一級アルコールを酸化すると(ア)が得られる。さらに(ア)を酸化すると(イ)を生じる。たとえば，メタノール CH_3-OH を酸化すると示性式(ウ)で表される(エ)となり，さらに酸化すると示性式(オ)で表される(カ)となる。

第二級アルコールを酸化すると(キ)が得られる。たとえば2−プロパノールを酸化すると，示性式(ク)で表される(ケ)となる。第三級アルコールは，通常は酸化されない。

3 エーテル

エーテルは，アルコールの(ア)異性体で，R−O−R' という(イ)結合をもつ。アルコールとエーテルを区別するには，(ウ)と反応させて，水素が発生した方が(エ)である。

4 アルデヒドとケトン

アルデヒドは，第(ア)級アルコールの酸化で得られ，−CHO という(イ)基をもち，(ウ)性を有する。アルデヒドにアンモニア性硝酸銀を加えて加熱すると銀が析出する反応を(エ)反応という。また，フェーリング液を還元し，(オ)色の(カ)を沈殿させる。

ケトンは，第(キ)級アルコールの酸化で得られ，R−CO−R' という構造をもつ。CH_3-CO- という構造をもつケトンに，ヨウ素と水酸化ナトリウム水溶液を加えて加熱すると，(ク)色の(ケ)の沈殿が生じる。

1
- (ア) ヒドロキシ
- (イ) 高

2
- (ア) アルデヒド
- (イ) カルボン酸
- (ウ) HCHO
- (エ) ホルムアルデヒド
- (オ) HCOOH
- (カ) ギ酸　(キ) ケトン
- (ク) CH_3COCH_3
- (ケ) アセトン

3
- (ア) 構造
- (イ) エーテル
- (ウ) (金属)ナトリウム
- (エ) アルコール

4
- (ア) 一
- (イ) ホルミル
- (ウ) 還元　(エ) 銀鏡
- (オ) 赤
- (カ) 酸化銅(I)
- (キ) 二　(ク) 黄
- (ケ) ヨードホルム

5 カルボン酸の性質

カルボン酸は―COOHという(ア)基をもつ化合物の総称で，たとえば，ギ酸は示性式(イ)で，酢酸は示性式(ウ)で表される。

カルボン酸はアルコールを(エ)して得られる。たとえば，酢酸は(オ)の酸化で，ギ酸は(カ)の酸化で得られる。また，アルデヒドを酸化しても得られる。

カルボン酸のうち，炭素数の少ないものは水に溶けて(キ)性を示す。したがって，塩基と中和反応し，また，炭酸水素ナトリウムと反応して(ク)を発生する。

カルボン酸を十酸化四リンなどの脱水剤と加熱すると，脱水反応が起き，酸無水物となる。たとえば酢酸の場合は(ケ)が得られる。ジカルボン酸であるマレイン酸の場合は(コ)が生じる。

6 エステル

カルボン酸とアルコールの脱水縮合で得られる化合物をエステルといい，合成するときは(ア)を触媒として用いる。酢酸とエタノールの反応で得られる(イ)は，示性式(ウ)で表され，化合物を溶かすための溶剤や，その芳香から，食品添加物として使われる。

エステルをもとのカルボン酸とアルコールに分解する反応を(エ)といい，とくに，塩基を用いる場合を(オ)という。

7 油脂

油脂は，高級脂肪酸と(ア)とのエステルで，動植物中に含まれる。常温で固体の油脂を(イ)，液体の油脂を(ウ)という。

油脂に水酸化ナトリウムを加えて加熱するとけん化され，高級脂肪酸のナトリウム塩(セッケン)と，(ア)になる。

セッケンは水溶液中で(エ)性を示す。また，Ca^{2+}やMg^{2+}を多く含む水溶液中では泡立ちが悪い。

セッケンは(オ)性の炭化水素基R―と，(カ)性のイオン部分―COO⁻Na⁺からなり，油滴を取り囲み，油滴を微粒子として分散する。この現象を(キ)といい，油汚れなどを落とすことができる。

5
- (ア) カルボキシ
- (イ) HCOOH
- (ウ) CH₃COOH
- (エ) 酸化
- (オ) エタノール
- (カ) メタノール
- (キ) 酸
- (ク) 二酸化炭素
- (ケ) 無水酢酸
- (コ) 無水マレイン酸

6
- (ア) 濃硫酸
- (イ) 酢酸エチル
- (ウ) CH₃COOC₂H₅
- (エ) 加水分解
- (オ) けん化

7
- (ア) グリセリン
- (イ) 脂肪
- (ウ) 脂肪油
- (エ) 塩基
- (オ) 疎水
- (カ) 親水
- (キ) 乳化

基本例題 99　エタノールの反応　　基本 → 491

次の反応経路図において，(ア)～(オ)の示性式を記せ。また，(ウ)～(オ)に関してはそのときに起こった反応の反応名として適切なものを下記の①～⑦から選べ。

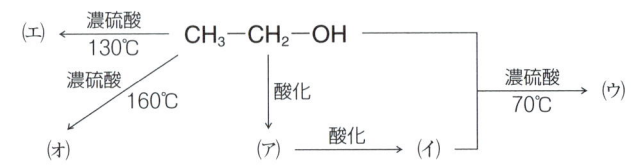

$$\text{(エ)} \xleftarrow{\text{濃硫酸}\ 130℃} \text{CH}_3\text{-CH}_2\text{-OH} \xrightarrow{\text{濃硫酸}\ 70℃} \text{(ウ)}$$

$$\text{CH}_3\text{-CH}_2\text{-OH} \xrightarrow{\text{濃硫酸}\ 160℃} \text{(オ)}$$

$$\text{CH}_3\text{-CH}_2\text{-OH} \xrightarrow{\text{酸化}} \text{(ア)} \xrightarrow{\text{酸化}} \text{(イ)}$$

[反応名]　① 酸化　② 還元　③ 分子間脱水　④ 分子内脱水　⑤ エステル化　⑥ 付加反応　⑦ 置換反応

●エクセル　アルコールのおもな反応　酸化反応・脱水反応・エステル化

解説　第一級アルコールを酸化すると，アルデヒドを経てカルボン酸になる。
カルボン酸とアルコールが縮合して，エステルとなる。
エタノールが脱水するときは，温度によって生成物が異なる。

官能基ごとの性質の違いに注目しよう。

解答
(ア) CH_3CHO　(イ) CH_3COOH　(ウ) $CH_3COOC_2H_5$　⑤ エステル化
(エ) $C_2H_5OC_2H_5$　③ 分子間脱水　(オ) $CH_2=CH_2$　④ 分子内脱水

基本例題 100　アルコールの反応　　基本 → 492

分子式 C_3H_8O のアルコールには，次の2種類がある。
(a)　$CH_3-CH_2-CH_2-OH \xrightarrow{\text{酸化}}$ (ア) $\xrightarrow{\text{酸化}}$ (イ)
(b)　$CH_3-CH(OH)-CH_3 \xrightarrow{\text{酸化}}$ (ウ)

(1)　アルコール(a)，(b)をそれぞれ酸化した。このときに得られる化合物(ア)～(ウ)の示性式を記せ。
(2)　化合物(ア)～(ウ)の一般名を答えよ。
(3)　分子式 C_3H_8O のエーテルの示性式を記せ。

●エクセル　第一級アルコール $\xrightarrow{\text{酸化}}$ アルデヒド $\xrightarrow{\text{酸化}}$ カルボン酸
第二級アルコール $\xrightarrow{\text{酸化}}$ ケトン

解説　(3)　分子式が C_3H_8O で表される化合物を書いてみると，計3種類あることがわかる。

(1) アルコールの級数と，酸化のされ方に注意する。

解答
(1)　(ア) CH_3CH_2CHO　(イ) CH_3CH_2COOH　(ウ) CH_3COCH_3
(2)　(ア) アルデヒド　(イ) カルボン酸　(ウ) ケトン　(3) $C_2H_5OCH_3$

基本例題 101 官能基の検出　　基本 ➡ 493, 494

次の記述で表される脂肪族化合物の示性式を示せ。
(1) 分子式 C_2H_6O の化合物で，単体のナトリウムと反応して水素を発生する。
(2) 分子式 C_2H_6O の化合物で，単体のナトリウムと反応しない。
(3) 分子式 C_3H_6O の化合物で，フェーリング液を還元する。
(4) 分子式 C_3H_6O の化合物で，ヨードホルム反応を示す。

●エクセル　酸素を含む脂肪族化合物
　　　　　分子式　$C_nH_{2n+2}O$　アルコールとエーテル
　　　　　　　　　$C_nH_{2n}O$　　アルデヒドとケトン

解説
(1) 分子式の一般式が $C_nH_{2n+2}O$ で表され，単体のナトリウムと反応するのはアルコールである。
(2) 分子式の一般式が $C_nH_{2n+2}O$ で表され，単体のナトリウムと反応しないのはエーテルである。
(3) 分子式の一般式が $C_nH_{2n}O$ で表され，フェーリング液を還元するのはアルデヒドである。
(4) 分子式が C_3H_6O で表され，ヨードホルム反応を示す CH_3CO- か $CH_3CH(OH)-$ の構造をもつのはアセトンである。

酸素を含む脂肪族化合物の分子式と性質を確認しよう。

解答
(1) C_2H_5OH　　(2) CH_3OCH_3
(3) CH_3CH_2CHO　(4) CH_3COCH_3

基本問題

□□□ **491 ▶ アルコールの反応 1**　次の(ア)〜(オ)のアルコールについて，下の(1)〜(3)にあてはまるものをすべて選べ。

(ア) CH_3-CH_2-OH

(イ) $CH_3-CH_2-CH_2-OH$

(ウ) 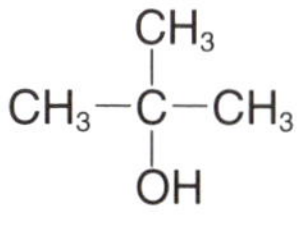 $CH_3-\underset{OH}{\overset{CH_3}{\underset{|}{\overset{|}{C}}}}-CH_3$

(エ) 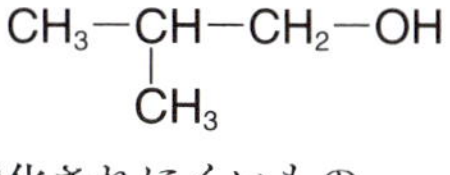 $CH_3-\underset{CH_3}{\underset{|}{CH}}-CH_2-OH$

(オ) 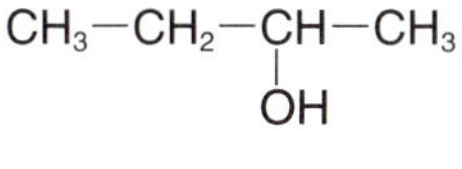 $CH_3-CH_2-\underset{OH}{\underset{|}{CH}}-CH_3$

(1) 酸化されにくいもの。
(2) 酸化するとケトンを生じるもの。
(3) ヨードホルム反応を示すもの。

492 ▶ アルコールの反応 2
次の文章中の化合物 C〜G の示性式を記せ。また，(ア)〜(カ)に適当な語句を入れよ。

分子式 C_3H_8O のアルコールには，以下の A, B の 2 種類がある。
  A $CH_3-CH_2-CH_2-OH$ B $CH_3-CH(OH)-CH_3$

化合物 A を穏やかに酸化すると C が生成した。C は，アンモニア性硝酸銀水溶液を加えて温めると銀が析出し，(ア)反応を示した。C をさらに酸化すると D が得られた。D の水溶液は，(イ)色のリトマス紙を(ウ)色に変えた。A は金属ナトリウムと反応させると(エ)を発生した。

化合物 B を酸化すると E となった。E に水酸化ナトリウム水溶液とヨウ素を入れて反応させると，(オ)反応を示し，特異なにおいのする黄色沈殿 F が得られた。また，B を濃硫酸と加熱すると(カ)反応を起こしてアルケン G が生成した。

493 ▶ アルデヒドとケトン
次の記述のうち，アセトアルデヒドにあてはまるものには A を，アセトンにあてはまるものには B を，両方にあてはまるものには C を記せ。
(1) 酸化するとカルボン酸になる。　(2) ヨードホルム反応を示す。
(3) フェーリング液を還元する。　　(4) 銀鏡反応を示す。
(5) 2-プロパノールの酸化で得られる。

494 ▶ 脂肪族化合物の性質
次の記述のうち，酢酸にあてはまるものには A を，エタノールにあてはまるものには B を，どちらにもあてはまらないものには C を記せ。
(1) 水酸化ナトリウム水溶液と反応する。
(2) 硫酸酸性二クロム酸カリウム水溶液で酸化される。
(3) 炭酸水素ナトリウム水溶液と反応して二酸化炭素を発生する。
(4) ヨウ素と水酸化ナトリウム水溶液を加えて加熱すると黄色の結晶が生成する。
(5) ヒドロキシ基，あるいはカルボキシ基の水素原子が水素イオンとして電離しやすく，その水溶液は酸性を示す。

495 ▶ 酢酸
文中の(ア)〜(キ)に適当な語句を入れよ。

分子中に(ア)基をもつ化合物をカルボン酸という。また，乳酸のように(ア)基と(イ)基をもつ化合物をヒドロキシ酸という。

ギ酸は最も簡単なカルボン酸で，構造中に(ア)基のほかに(ウ)基に相当する部分を含むので(エ)を示す。酢酸は食酢中にも含まれ，純粋なものは冬季に凍結するので(オ)とよばれる。酢酸の水溶液は弱い酸性を示し，水酸化ナトリウム水溶液に酢酸を加えると反応して酢酸ナトリウムとなる。酢酸ナトリウム水溶液に塩酸を加えると，酢酸が遊離するが，二酸化炭素を通じても酢酸は遊離しない。このことから，酢酸の酸性は，塩酸よりも(カ)こと，ならびに，二酸化炭素の水溶液よりも(キ)ことがわかる。

原子量の概数値	H	C	N	O	Na	Mg	Al	Si	S	Cl	K	Ca	Fe	Cu	Zn	Ag	I	Pb
	1.0	12	14	16	23	24	27	28	32	35.5	39	40	56	63.5	65	108	127	207

496 ▶ ジカルボン酸の性質 文中の(ア)～(カ)に適当な語句を入れよ。また，下線部の化学反応式を構造式を用いて記せ。

カルボキシ基を2つもつ化合物をジカルボン酸といい，分子式 $C_4H_4O_4$ で表されるものには，(ア)と(イ)がある。(ア)は分子内で脱水を起こし，(ウ)となる。(ア)と(イ)は互いに(エ)異性体で，(ア)は(オ)体，(イ)は(カ)体である。

497 ▶ エステル 下表の組み合わせからできるエステル A～H の示性式を示せ。

	ギ酸	酢酸		ギ酸	酢酸
メタノール	A	B	エタノール	C	D
1-プロパノール	E	F	2-プロパノール	G	H

498 ▶ エステルの加水分解 示性式 $C_mH_{2m+1}COOC_nH_{2n+1}$ で表されるエステル 1.0 mol を完全に加水分解したところ，2 種類の有機化合物がそれぞれ 74 g 生成した。このとき m および n の数を求めよ。 （15 センター 改）

499 ▶ エステルの合成 酢酸 3 mL にエタノールを 3 mL 加え，さらに，(ア)濃硫酸を数滴加えたのち，80℃の温湯中で10分間加熱した（右図）。反応後，水 10 mL を加え，上層を別の試験管にとり，その中に(イ)飽和炭酸水素ナトリウム水溶液を加えると，芳香のある化合物が得られた。
(1) この反応で生じた芳香のある物質の名称を記せ。
(2) 図中の還流冷却管はどのような目的で使用しているか。
(3) この反応の化学反応式を構造式で記せ。
(4) 操作(ア)において，濃硫酸を加える目的を簡潔に記せ。
(5) 操作(イ)を行う目的を簡潔に記せ。

500 ▶ 脂肪族化合物の性質 化合物 A の構造として最も適当なものを(1)～(6)から選べ。

化合物 A に水酸化ナトリウム水溶液を加えて加熱したのち，希硫酸を加えて酸性にしたところ，2 種類の有機化合物が生成した。一方の生成物は銀鏡反応を示し，他方の生成物はヨードホルム反応を示した。 （11 センター 改）

(1) H-CO-O-CH(CH₃)-CH₃
(2) H-CO-O-CH₂-CH(CH₃)-CH₃
(3) CH₃-CO-O-CH₂-CH₂-CH₃
(4) CH₃-CO-O-CH(CH₃)-CH₃
(5) CH₃-CH(OH)-CO-O-CH₂-CH₂-CH₃
(6) CH₃-CH(OH)-CO-O-CH₂-CH(CH₃)-CH₃

501 ▶ 官能基とその性質
次の(1)～(5)にあてはまる物質の示性式をA群から，また関連する性質をB群から選べ。

(1) カルボン酸　(2) アルコール　(3) アルデヒド　(4) エステル　(5) ケトン

[A群]　(ア) CH_3COOCH_3　(イ) CH_3COOH　(ウ) CH_3COCH_3
　　　　(エ) $HCHO$　(オ) CH_3OH

[B群]　(a) 還元作用があり，フェーリング液を還元する。
　　　　(b) 水溶液は酸性を示し，塩基と中和反応する。
　　　　(c) 酸とアルコールの反応で生じる。
　　　　(d) 中性であり，金属ナトリウムと反応する。
　　　　(e) 第二級アルコールの酸化によって生じる。

502 ▶ 反応経路図
次の反応経路において，(ア)～(キ)にあてはまる化合物の示性式を記せ。

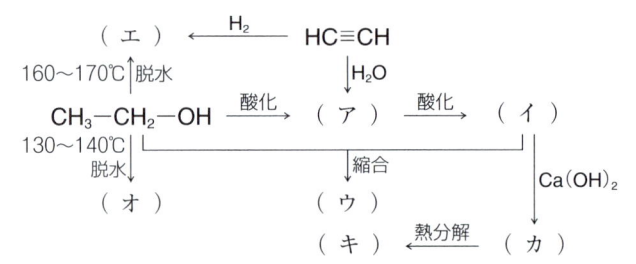

```
              (エ) ←—H₂— HC≡CH
   160～170℃↑脱水        ↓H₂O
   CH₃—CH₂—OH —酸化→ (ア) —酸化→ (イ)
   130～140℃↓脱水         縮合        ↓Ca(OH)₂
              (オ)        (ウ)
                         (キ) ←熱分解— (カ)
```

503 ▶ 油脂の性質
文中の(ア)～(ク)に適当な語句を入れよ。

油脂は高級脂肪酸と(ア)の(イ)である。そして，油脂を構成する脂肪酸の種類によって，油脂の性質が変わってくる。たとえば(ウ)脂肪酸を主とする油脂は室温で固体のものが多く，(エ)とよばれる。一方，(オ)脂肪酸を主とする油脂は室温で液体のものが多く，(カ)とよばれる。(オ)脂肪酸のもつ二重結合はアルケンと同じ性質があり，ヨウ素や水素が(キ)する。特に，ニッケル触媒を用いて水素を(キ)させると固体の油脂に変えられる。このようにして得られた油脂を(ク)という。　　（愛知工大　改）

504 ▶ セッケン
文中の(ア)～(サ)に適当な語句を入れよ。

油脂に水酸化ナトリウムを加えて加熱すると，油脂は(ア)と脂肪酸のナトリウム塩（セッケン）になる。この反応を(イ)という。セッケンは，(ウ)性の炭化水素基と(エ)性のイオンの部分からできている。セッケンを水に溶かすと，脂肪酸イオンは(ウ)性部分を(オ)側に，(エ)性部分を(カ)側にして粒子をつくる。この粒子を(キ)という。

油脂は水と混じらないが，セッケン水に入れて振ると微細な小滴になって水中に分散する。これはセッケンの脂肪酸イオンが(ウ)性部分を油脂に向けて，その小滴を取り囲むためである。セッケンのこの作用を(ク)という。また，セッケン水の表面では，セッケンの(ウ)性部分は(ケ)側に，(エ)性部分は(コ)側に向いて並ぶことにより，水の(サ)は著しく下がる。このため，セッケン水は繊維などの隙間にしみこみやすい。

応用例題 102　油脂のけん化　　　応用➡516

パルミチン酸 $C_{15}H_{31}COOH$ のみからなる油脂について，次の問いに答えよ。
(1) この油脂の分子量を求めよ。
(2) この油脂 1.0g をけん化するのに，何 g の水酸化ナトリウムが必要か。

●エクセル　油脂 1mol のけん化に 3mol の水酸化ナトリウムが必要

解説

油脂はグリセリンと高級脂肪酸のエステルである。

$$\begin{array}{l} CH_2-O-\underset{O}{\overset{\|}{C}}-C_{15}H_{31} \\ CH-O-\underset{O}{\overset{\|}{C}}-C_{15}H_{31} + 3NaOH \longrightarrow \begin{array}{l} CH_2-OH \\ CH-OH \\ CH_2-OH \end{array} + 3C_{15}H_{31}-COONa \\ CH_2-O-\underset{O}{\overset{\|}{C}}-C_{15}H_{31} \end{array}$$
グリセリン

(1) 上式より計算して，分子量 806
(2) 油脂 1mol（ここでは 806g）をけん化するのに，3mol の NaOH（40g/mol × 3mol = 120g）が必要である。
比例式より，
　806 : 120 = 1.0 : x
よって，$x = 0.148 ≒ 0.15$

(1) 構造式を書いて計算する。
(2) 油脂をけん化すると，グリセリンとセッケン（脂肪酸のナトリウム塩のこと）が得られる。

解答　(1) 806　(2) 0.15g

応用例題 103　エステルの構造決定　　　応用➡512,518

分子式 $C_3H_6O_2$ の化合物 A，B がある。A は中性で，加水分解するとカルボン酸 C とアルコール D が得られ，C は銀鏡反応を示した。B は酸性で，炭酸水素ナトリウム水溶液に加えると，二酸化炭素を発生した。A ～ D の示性式を記せ。

●エクセル　エステルとカルボン酸は互いに構造異性体

解説
A を加水分解してできるカルボン酸 C が銀鏡反応を示すことから，C はギ酸とわかる。A は炭素数が 3，C が炭素数 1 なので，D は炭素数 2 のアルコールであるエタノールといえる。また，問題文より，B はカルボン酸とわかる。
分子式 $C_3H_6O_2$ の
　エステル　$H-COO-CH_2-CH_3$ と　$CH_3-COO-CH_3$
　カルボン酸　CH_3-CH_2-COOH

分子式が $C_3H_6O_2$ で表される化合物をかいてみる。
ギ酸の特徴

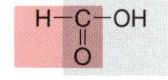

$$H-\underset{O}{\overset{\|}{C}}-OH$$

ホルミル基　カルボキシ基
還元性　　　酸性

解答
(A) $HCOOCH_2CH_3$　(B) CH_3CH_2COOH
(C) $HCOOH$　(D) CH_3CH_2OH

原子量の概数値	H	C	N	O	Na	Mg	Al	Si	S	Cl	K	Ca	Fe	Cu	Zn	Ag	I	Pb
	1.0	12	14	16	23	24	27	28	32	35.5	39	40	56	63.5	65	108	127	207

応用問題

505 ▶ メタノールの酸化 次の文中の(ア)〜(カ)に適当な語句または化学式を入れよ。

右図のように，先端をらせん状に巻いた銅線をバーナーで赤熱し，炎から出すと(ア)色に変色していた。これは，表面の銅が酸化銅(Ⅱ)に変化したからである。この銅線を熱いうちにメタノール水溶液の入った試験管に差し入れた。この操作を数回行うと，刺激臭のある(イ)が生成し，銅線はもとの色に戻った。

この反応を化学式で表現すると，

$CuO + CH_3OH \longrightarrow$ (ウ) + (エ) + H_2O

となる。生成した(イ)を，以下の方法で検出した。

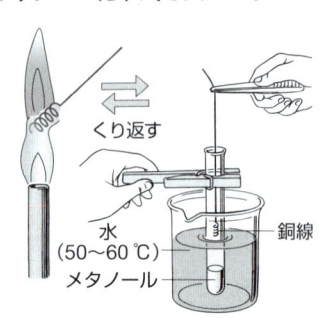

試験管に0.1 mol/L 硝酸銀水溶液を2 mLとり，これに2 mol/Lの(オ)水溶液を，いったんできた沈殿が消えるまで加えた。これに，(イ)を含む溶液を加え，温湯に入れて温めると，(カ)反応を示した。

506 ▶ エタノールの反応 次の文中の化合物 A，C，D，E，G，Hの示性式およびB，Fの名称を答えよ。

エタノール CH_3CH_2OH は糖類やデンプンの発酵で得られるが，工業的にはリン酸を触媒として，化合物Aを水蒸気と反応させて合成する。

エタノールと金属ナトリウムが反応すると，気体Bを発生し，化合物Cが生じる。

エタノールを酸化すると，化合物Dを経てカルボン酸Eになる。化合物Dは，フェーリング液を還元して赤色沈殿Fを生じる。

エタノールに濃硫酸を加えて130℃に加熱すると，引火性のGを生成する。一方，この反応を160℃で行うとおもにAを生じる。このAは臭素と付加反応を起こし，臭素の赤色が消え，Hが生成する。

507 ▶ アルコールの推定 分子式 $C_4H_{10}O$ で表されるアルコールの構造異性体A〜Dがある。

- Aを脱水すると3種のアルケンE，F，Gが得られる。
- Bを脱水するとアルケンEのみが得られる。
- C，Dを脱水するとアルケンHのみが得られる。
- A，B，Cは容易に酸化されるがDは酸化されにくい。

(1) アルコールA〜Dの構造式を記せ。

(2) A〜Dは分子式が同じエーテル類よりはるかに沸点が高い。その理由を40字前後で述べよ。

(3) BとCのうち，沸点が高いのはどちらか。

24 酸素を含む脂肪族化合物 — 377

508 ▶ **C₅H₁₂Oの構造決定**　$C_5H_{12}O$ の分子式で表される化合物 A, B, C, D, E, F がある。化合物 A, B, C, D, E, F は, いずれも (a)金属ナトリウムと反応し, 水素が発生した。化合物 B, D, F には不斉炭素原子があるが, 化合物 A, C, E には不斉炭素原子はない。また, 化合物 A, B, C の炭化水素基には枝分かれがないが, 化合物 D, E, F には枝分かれがあることがわかった。塩基性水溶液でヨウ素と作用させると, 化合物 B, F は特異臭をもつ黄色沈殿を生じた。二クロム酸カリウムの硫酸酸性水溶液を用い酸化を行ったところ, 化合物 A, B, C, D, F は容易に酸化されたが, 化合物 E は酸化されにくかった。化合物 A, D の酸化により得られた化合物に(b)アンモニア性硝酸銀水溶液を作用させると, 銀が析出した。

(1) 化合物 A, B, C, D, E, F の構造式を記せ。ただし, 不斉炭素原子に＊印を付せ。
(2) 下線部(a)において, 0.30 g の金属ナトリウムを 10 g の化合物 A に加えたとき, 発生する水素の標準状態の体積は何 L か, 有効数字 2 桁で求めよ。
(3) 下線部(b)の反応の名称を記せ。また, この反応はどのような官能基を検出するのに有効であるか。官能基名を記せ。
(4) 化合物 B を濃硫酸で脱水すると, 分子式 C_5H_{10} のアルケンが生成する。生成するアルケンには 3 種類の異性体が存在する。それらの構造式をすべて記せ。
(5) 化合物 E の炭素上の 1 つの水素原子を塩素原子で置換したときに生じる化合物のうち, 不斉炭素原子を有する化合物の構造式をすべて記せ。ただし, 不斉炭素原子に＊印を付せ。

（金沢大 改）

509 ▶ **カルボニル化合物の構造決定**　カルボニル基をもち, 分子式 $C_5H_{10}O$ で表される化合物について, 問いに答えよ。ただし, 鏡像異性体は考慮しないものとする。

(1) 銀鏡反応を示す, すべての化合物の構造式を示せ。
(2) ヨードホルム反応を示す, 構造異性体の構造式を 2 つ示せ。
(3) 還元すると不斉炭素原子を新たに生じる構造異性体の構造式を 2 つ示せ。（弘前大 改）

510 ▶ **カルボン酸の中和**　1 価のカルボン酸 0.183 g をある量の水に溶かし, この溶液全量を 0.100 mol/L の水酸化ナトリウム水溶液で中和したところ 15.0 mL 要した。このカルボン酸の分子量を求めよ。

（11 静岡大 改）

511 ▶ **マレイン酸とフマル酸**

(1) マレイン酸とフマル酸, それぞれの構造式を書け。
(2) マレイン酸とフマル酸を大気中で加熱すると, マレイン酸は 133 ℃ で融解するが, フマル酸は 200 ℃ 以上で昇華する。マレイン酸とフマル酸の熱的性質が大きく異なる理由について, 分子間の結合を考慮して説明せよ。

（新潟大 改）

原子量の概数値	H	C	N	O	Na	Mg	Al	Si	S	Cl	K	Ca	Fe	Cu	Zn	Ag	I	Pb
	1.0	12	14	16	23	24	27	28	32	35.5	39	40	56	63.5	65	108	127	207

378 — 6章 有機化合物

□□□ **512** ▶ **エステルの構造決定** 次の文を読んで，分子式 $C_4H_8O_2$ の化合物 A〜C の構造式を書け。

　A〜C は，いずれも芳香のある液体で水に溶けにくい。A〜C にそれぞれ水酸化ナトリウム水溶液を加えて加熱し，反応溶液を酸性にすると，A からは D と E が，B からは D と F，C からは G と H が得られた。D と G はともに酸性の化合物で，D は銀鏡反応を示した。E，F，および H はいずれも中性の化合物で，E はヨードホルム反応を示したが，ほかは示さなかった。

□□□ **513** ▶ **構造決定の応用問題 1** 次の記述を読み，下の問いに答えよ。

　炭素，水素，酸素のみからなる化合物 A がある。これに酢酸を作用させるとエステル B が生成した。エステル B の 3.48 mg を完全に燃焼させたとき，二酸化炭素が 7.92 mg，水が 3.24 mg 得られた。エステル B の分子量は 110 と 118 の間にある。

(1) エステル B の分子式として最も適当なものを，次の(ア)〜(オ)のうちから 1 つ選べ。
　(ア) $C_6H_6O_2$　(イ) $C_6H_8O_2$　(ウ) $C_6H_{10}O_2$　(エ) $C_6H_{12}O_2$　(オ) $C_6H_{14}O_2$

(2) エステル B の分子式から化合物 A の分子式を求めたい。化合物 A の分子式として正しいものを，次の(ア)〜(エ)のうちから一つ選べ。
　(ア) B の分子式から，酢酸に相当する $C_2H_4O_2$ を差し引いた式
　(イ) B の分子式から，アセチル基に相当する C_2H_3O を差し引き，H を加えた式
　(ウ) B の分子式から，CH_3COO に相当する $C_2H_3O_2$ を差し引き，H_2O を加えた式
　(エ) B の分子式から，CH_3COO に相当する $C_2H_3O_2$ を差し引き，H を加えた式

□□□ **514** ▶ **構造決定の応用問題 2** 分子式 $C_{10}H_{16}O_4$ で表されるエステル 1 mol を，酸を触媒として加水分解すると，化合物 A 1 mol と化合物 B 2 mol が生成する。A にはシス-トランス異性体が存在する。また，A を加熱すると脱水反応が起こり，分子式 $C_4H_2O_3$ で表される化合物 C が得られる。B はヨードホルム反応を示す。また，B を酸化するとアセトンになる。

　問　化合物 A〜C の名称を書け。　　　　　　　　　　　　　　（10 センター 改）

□□□ **515** ▶ **油脂の構造異性体** 油脂の構造は次のように表され，R^1，R^2，R^3 はそれぞれの油脂を構成する脂肪酸の炭化水素基である。ただし，立体異性体については考慮しない。

(1) 構成脂肪酸がリノール酸（$C_{17}H_{31}-COOH$）およびリノレン酸（$C_{17}H_{29}-COOH$）のとき，何種類の構造異性体が存在するか。

(2) 構成脂肪酸がステアリン酸（$C_{17}H_{35}-COOH$），オレイン酸（$C_{17}H_{33}-COOH$）およびリノール酸（$C_{17}H_{31}-COOH$）のとき，何種類の構造異性体が存在するか。

$CH_2-O-CO-R^1$
$CH-O-CO-R^2$
$CH_2-O-CO-R^3$

□□□ 516 ▶ けん化価・ヨウ素価 1

(1) 油脂を構成する脂肪酸が，すべてリノレン酸 $C_{17}H_{29}$－COOH である油脂がある。この油脂 100 g について，水酸化カリウム水溶液でけん化した場合，反応の完結に必要な水酸化カリウムの質量は何 g か。有効数字 2 桁で求めよ。

(2) 1 種類の脂肪酸 X (分子量 304) でのみ構成される油脂 (分子量 950) 100 g に十分な量のヨウ素 (I_2) を反応させたところ，320 g を消費した。この脂肪酸 X には何個の不飽和結合が含まれるか整数で答えよ。ただし，すべての不飽和結合は二重結合とする。

(千葉大 改)

□□□ 517 ▶ けん化価・ヨウ素価 2

(1) ある油脂 1 g をけん化するのに必要な水酸化カリウムの量を調べたところ 193 mg だった。この油脂の分子量を求めよ。

(2) 分子量 872 の油脂 100 g に十分な量のヨウ素を反応させたところ 262 g 付加した。この油脂中の炭素間二重結合 C=C の数を求めよ。ただし，分子中に三重結合は存在しないものとする。

□□□ 518 ▶ 油脂の構造決定

油脂 A に関する文章(ア)〜(キ)を読み，以下の問いに答えよ。なお，脂肪酸のアルキル基の構造については，C_2H_5－のように簡略化してよい。

(ア) 油脂 A は室温で液体であり，分子量は約 850 であった。また油脂 A の分子内には 1 個の不斉炭素原子が存在していた。

(イ) 100 g の油脂 A はニッケル触媒の存在下で 10.5 L (0℃，1.01×10^5 Pa) の水素を吸収した。またこの反応により油脂 A は油脂 B へと変化した。

(ウ) 油脂 A をエタノールに溶かし，十分な量の水酸化ナトリウム水溶液を加えて加熱した。続いてこの反応溶液に飽和食塩水を加えると，乳白色の固形物が得られた。

(エ) (ウ)で得られた生成物に十分な量のうすい塩酸を加えたところ，直鎖状の飽和脂肪酸 C と直鎖状の不飽和脂肪酸 D が 1：2 の物質量の比で生成した。

(オ) 脂肪酸 C の分子量は 256 であった。

(カ) 14.0 g の脂肪酸 D を完全燃焼させたところ，39.6 g の二酸化炭素と 14.4 g の水が生成した。

(キ) 脂肪酸 D に炭素と炭素の三重結合は含まれていなかった。

(1) 脂肪酸 C の構造式を示せ。
(2) 脂肪酸 D の分子式を求めよ。
(3) 油脂 100 g に付加するヨウ素の質量〔g〕を「ヨウ素価」という。油脂 A のヨウ素価を求めよ。計算結果は有効数字 3 桁で示せ。
(4) 脂肪酸 D の 1 分子中に存在する炭素と炭素の二重結合の個数を示せ。
(5) 油脂 A の分子式を示せ。
(6) 油脂 B の構造式を示せ。なお不斉炭素原子には＊印を付記せよ。

(岩手大 改)

原子量の概数値	H	C	N	O	Na	Mg	Al	Si	S	Cl	K	Ca	Fe	Cu	Zn	Ag	I	Pb
	1.0	12	14	16	23	24	27	28	32	35.5	39	40	56	63.5	65	108	127	207

□□□**519 ▶ セッケンの合成** 下図のような器具を用いて，食用油，水酸化ナトリウム水溶液，エタノールを混合し湯浴中でセッケンをつくった。この実験に関する問いに答えよ。

(1) このとき起こる反応を何とよぶか。最も適当なものを，次の(ア)～(オ)のうちから1つ選べ。
   (ア) 還元   (イ) けん化   (ウ) 重合   (エ) 酸化   (オ) 中和
(2) 実験操作として適当でないものを，次の(ア)～(エ)のうちから選べ。
   (ア) 水酸化ナトリウムが手などにつかないように，注意して取り扱った。
   (イ) 加熱している間は，かくはんを続けた。
   (ウ) 反応液を飽和食塩水に注ぎ，セッケンを析出させた。
   (エ) セッケンを取り出した後の廃液を中和するために，アンモニア水を注いだ。

□□□**520 ▶ 合成洗剤** 合成洗剤に関する次の文章の空欄にあてはまる分子の構造として最も適当なものを下の(1)～(5)のうちから1つずつ選べ。ただし，各図の中で □ は疎水性(親油性)の部分を示している。

（ ア ）で示される合成洗剤は，セッケンと同じように，水に溶かすと陽イオンと疎水性(親油性)部分をもつ陰イオンとに電離する。しかし，その水溶液は，セッケンとは異なり中性を示す。また，（ イ ）で示される洗剤は，1つの分子の中に共有結合で結ばれた陽イオン性の部分と陰イオン性の部分をもっている。

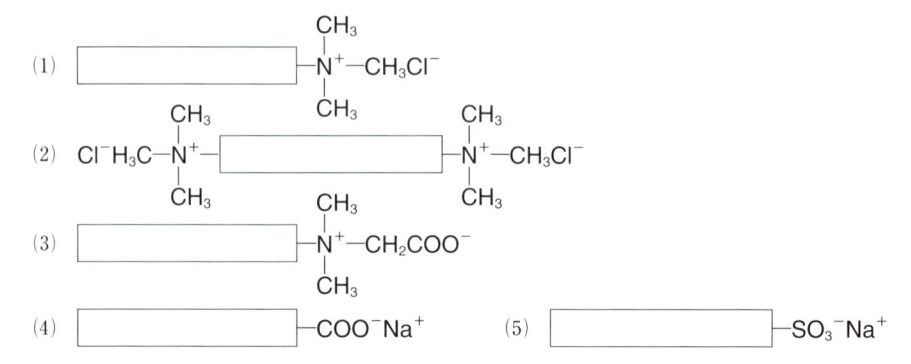

(1) □―N$^+$(CH$_3$)$_3$―CH$_3$Cl$^-$

(2) Cl$^-$H$_3$C―N$^+$(CH$_3$)(CH$_3$)―□―N$^+$(CH$_3$)(CH$_3$)―CH$_3$Cl$^-$

(3) □―N$^+$(CH$_3$)(CH$_3$)―CH$_2$COO$^-$

(4) □―COO$^-$Na$^+$ (5) □―SO$_3^-$Na$^+$

521 ▶ 合成洗剤 (i)油脂Aに水酸化ナトリウムを加えて加熱すると，高級脂肪酸のナトリウム塩(セッケン)Bと1,2,3-プロパントリオール(グリセリン)Cが生じる。
　(ii)セッケンの水溶液は弱塩基性を示すが，これはセッケンが（ ア ）酸と（ イ ）塩基からなる塩で，この塩が（ ウ ）されるからである。セッケンは，疎水基と親水基をあわせもつ。このため，一定濃度以上のセッケン水中において，セッケンは（ エ ）基を内側に向けて球状に集合する。これを，（ オ ）という。油脂は水に溶けにくいが，セッケン水に油脂を加えると，油脂がセッケンの（ オ ）に包まれ，細かい粒子となって水中へ分散する。セッケンのこの作用を，（ カ ）作用という。
　(iii)Ca^{2+}やMg^{2+}などを多く含む水の中では，これらのイオンが，セッケンの（ キ ）と置き換わった不溶性の脂肪酸塩をつくるため，セッケンは使用できなくなる。
　長い炭化水素基をもつ(iv)硫酸アルキルナトリウムDやアルキルベンゼンスルホン酸ナトリウムEは，セッケンと似た作用があり，合成洗剤とよばれる。これらの合成洗剤は，いずれも（ ク ）酸と（ ケ ）塩基からなる塩なので，（ ウ ）は受けず，その水溶液は（ コ ）性を示す。また，Ca^{2+}やMg^{2+}などを多く含む水の中でも沈殿をつくらない。
(1) (ア)〜(コ)の中に最も適切な語句を入れよ。
(2) 油脂が1種類の高級脂肪酸R−COOH（Rは炭化水素基）からなるとき，下線部(i)のA，B，Cとして適切な構造式を記入し，次の化学反応式を完成させよ。また，[あ]には適切な数字を書け。

　　　[A] + [あ]NaOH ⟶ [あ][B] + [C]

(3) (2)でBとして記入したものの示性式を用いて，下線(ii)の反応式を書け。
(4) 下線(iii)の水の名称を書け。
(5) 下記の反応式は下線(iv)で示される合成洗剤の合成法である。Dの適切な示性式を書け。

　　　$C_{12}H_{25}$−OH $\xrightarrow[\text{(エステル化)}]{①H_2SO_4}$ $\xrightarrow[\text{(中和)}]{②NaOH}$ [D]

（神戸薬科大 改）

522 ▶ セッケン分子 油をセッケン水に入れて振り混ぜると，微細な油滴となって分散する。このときのセッケン分子と油滴が形成する構造のモデル図(断面の図)として最も適当なものを，下の①〜⑤のうちから1つ選べ。ただし，油滴とセッケン分子を図1のように表す。（センター 改）

図 1

25 芳香族化合物

1 芳香族炭化水素　ベンゼン環(ベンゼン分子の環状構造)をもつ炭化水素

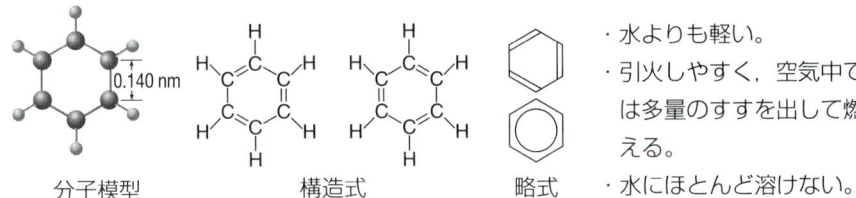

◆1 ベンゼン

0.140 nm

分子模型　　構造式　　略式

・水よりも軽い。
・引火しやすく，空気中では多量のすすを出して燃える。
・水にほとんど溶けない。

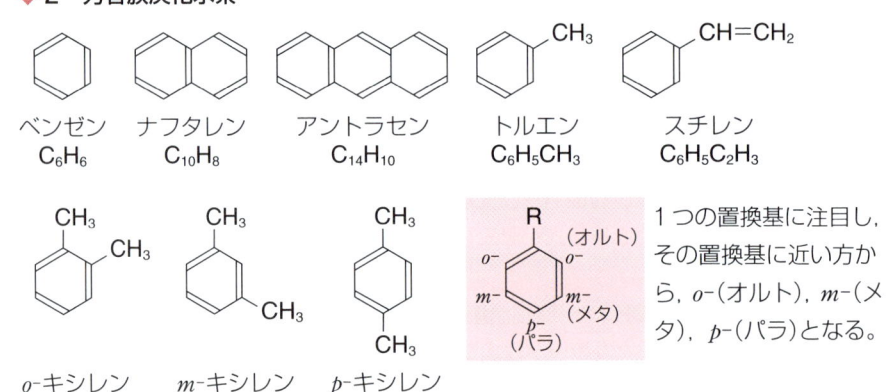

◆2 芳香族炭化水素

ベンゼン	ナフタレン	アントラセン	トルエン	スチレン
C_6H_6	$C_{10}H_8$	$C_{14}H_{10}$	$C_6H_5CH_3$	$C_6H_5C_2H_3$

o-キシレン　m-キシレン　p-キシレン

1つの置換基に注目し，その置換基に近い方から，o-(オルト)，m-(メタ)，p-(パラ)となる。

◆3 芳香族炭化水素の反応

①一般に置換反応しやすい。

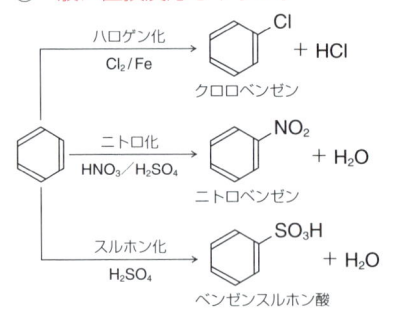

- ハロゲン化 Cl_2/Fe → クロロベンゼン + HCl
- ニトロ化 HNO_3/H_2SO_4 → ニトロベンゼン + H_2O
- スルホン化 H_2SO_4 → ベンゼンスルホン酸 + H_2O

②付加反応することもある。

- Cl_2 光 → 1,2,3,4,5,6-ヘキサクロロシクロヘキサン
- Ni/高温・高圧 H_2 → シクロヘキサン

③過マンガン酸カリウムによって側鎖の炭化水素が酸化され，芳香族カルボン酸になる。

- トルエン 酸化→ 安息香酸 (COOH)
- o-キシレン $KMnO_4$→ フタル酸 (COOH, COOH)

2 フェノール類 ベンゼン環にヒドロキシ基(-OH)が結合した構造をもつ。

◆1 **性質** アルコールのヒドロキシ基と違い，酸性を示す。

①水にわずかに溶け，水溶液は弱酸性を示す。

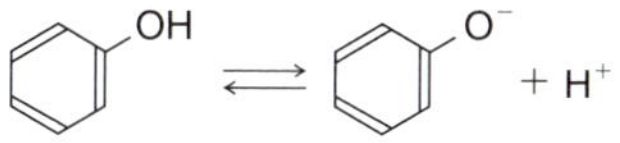

C₆H₅OH ⇌ C₆H₅O⁻ + H⁺
　　　　　　フェノキシドイオン

②酸無水物と反応してエステルをつくる。

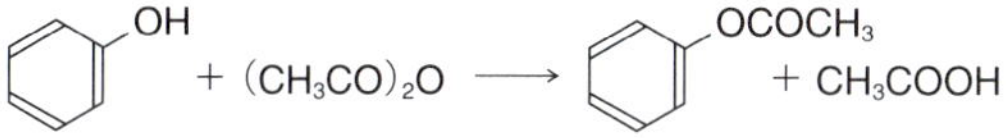

C₆H₅OH + (CH₃CO)₂O ⟶ C₆H₅OCOCH₃ + CH₃COOH

③塩化鉄(Ⅲ)水溶液を加えると，青紫～赤紫色の呈色反応を示す(フェノール類の検出)。

◆2 **フェノールの検出**

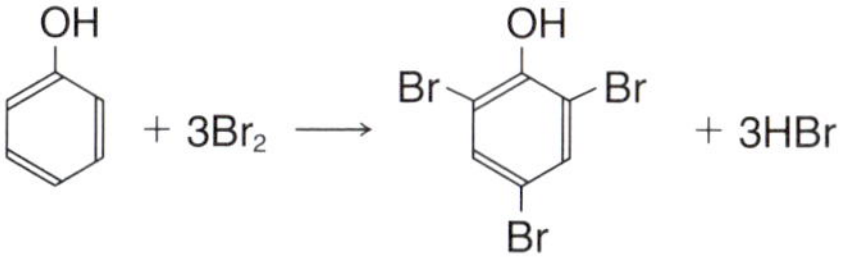

C₆H₅OH + 3Br₂ ⟶ 2,4,6-トリブロモフェノール(白色沈殿) + 3HBr

◆3 **おもなフェノール類**

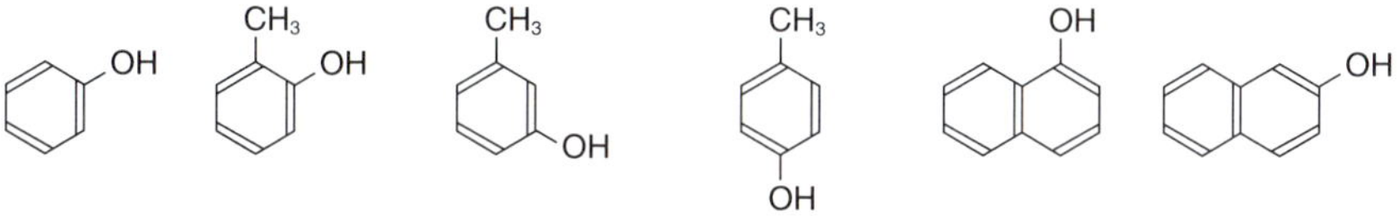

フェノール　　o-クレゾール　　m-クレゾール　　p-クレゾール　　1-ナフトール　　2-ナフトール

◆4 **フェノールの合成**

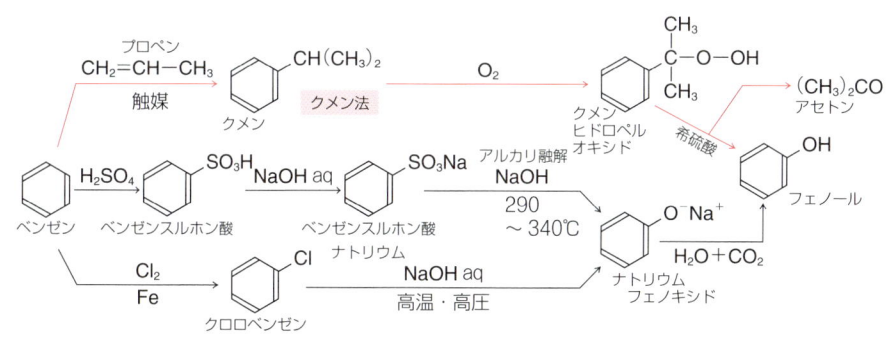

プロペン CH₂=CH-CH₃ —触媒→ クメン C₆H₅CH(CH₃)₂ —O₂→ クメンヒドロペルオキシド —希硫酸→ フェノール + (CH₃)₂CO アセトン　(クメン法)

ベンゼン —H₂SO₄→ ベンゼンスルホン酸 —NaOH aq→ ベンゼンスルホン酸ナトリウム —NaOH アルカリ融解 290～340℃→ ナトリウムフェノキシド —H₂O+CO₂→ フェノール

ベンゼン —Cl₂, Fe→ クロロベンゼン —NaOH aq 高温・高圧→ ナトリウムフェノキシド → フェノール

3 芳香族カルボン酸　ベンゼン環にカルボキシ基が結合した構造をもつ。

◆1　**製法**　芳香族炭化水素の酸化で得られる。

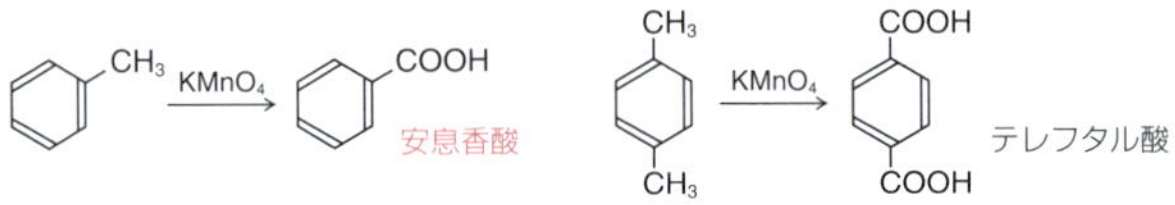

トルエン $\xrightarrow{\text{KMnO}_4}$ 安息香酸（COOH）

p-キシレン $\xrightarrow{\text{KMnO}_4}$ テレフタル酸

フタル酸は分子内脱水反応を起こし無水フタル酸になる。

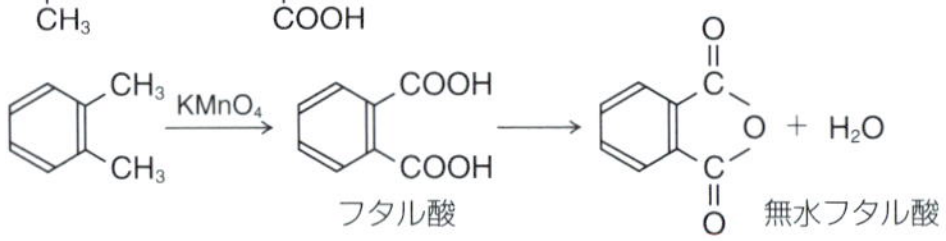

o-キシレン $\xrightarrow{\text{KMnO}_4}$ フタル酸 → 無水フタル酸 + H_2O

◆2　**サリチル酸**　フェノールとカルボン酸の両方の性質をもつ。

①**製法**　ナトリウムフェノキシドに，**加圧下，CO_2 を作用**させて得る。

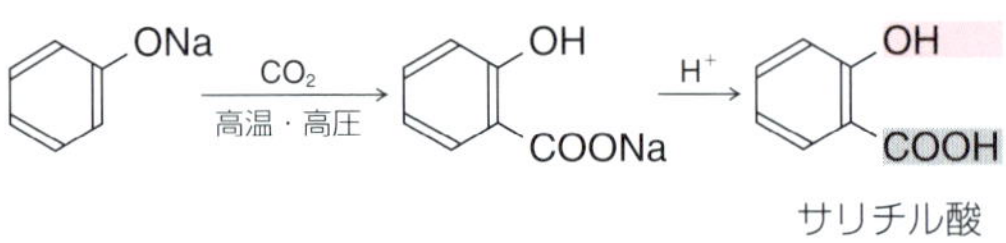

ナトリウムフェノキシド $\xrightarrow[\text{高温・高圧}]{CO_2}$ (OH, COONa) $\xrightarrow{H^+}$ サリチル酸（OH, COOH）

- フェノール類としての性質をもち $FeCl_3$ 水溶液で赤紫色
- カルボン酸としての性質をもち $NaHCO_3$ 水溶液を加えると CO_2 を発生

②**反応**　2種類のエステルをつくる。

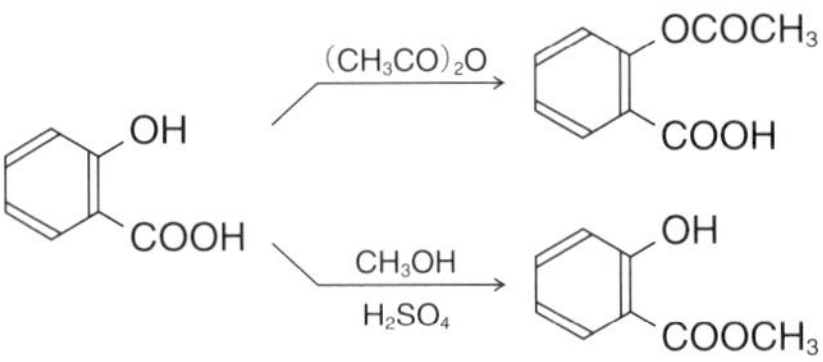

サリチル酸 $\xrightarrow{(CH_3CO)_2O}$ アセチルサリチル酸（OCOCH_3, COOH）…解熱鎮痛剤
　カルボン酸としての性質を有し，炭酸水素ナトリウム水溶液に加えると CO_2 発生

サリチル酸 $\xrightarrow[H_2SO_4]{CH_3OH}$ サリチル酸メチル（OH, COOCH_3）…消炎鎮痛剤
　フェノール類としての性質を有し，塩化鉄(Ⅲ)水溶液で紫色に呈色

4 芳香族窒素化合物　ベンゼン環にニトロ基やアミノ基が結合した構造をもつ。

◆1　**芳香族ニトロ化合物**　ニトロ基（$-NO_2$）をもつ。

おもな芳香族ニトロ化合物

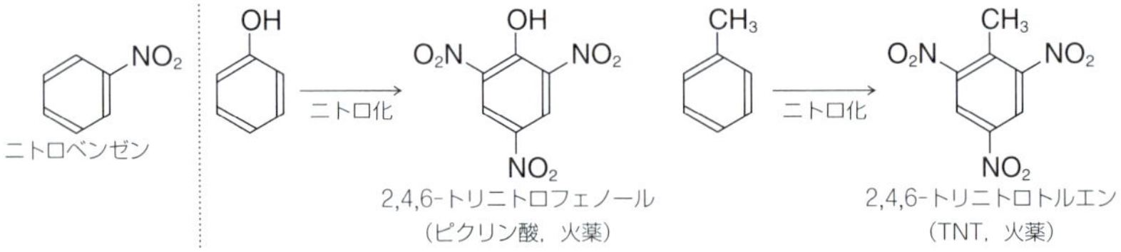

ニトロベンゼン　　フェノール $\xrightarrow{\text{ニトロ化}}$ 2,4,6-トリニトロフェノール（ピクリン酸，火薬）　　トルエン $\xrightarrow{\text{ニトロ化}}$ 2,4,6-トリニトロトルエン（TNT，火薬）

◆2　**ニトロベンゼンの製法**

ベンゼンに濃硝酸と濃硫酸の混合物を作用させ，ニトロ化して得る。

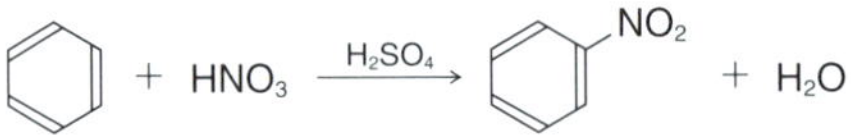

ベンゼン $+ HNO_3 \xrightarrow{H_2SO_4}$ ニトロベンゼン $+ H_2O$

濃硝酸と濃硫酸の混合物にベンゼンを少しずつ加える。　ゆるやかに加熱する。　ニトロベンゼンが生成する。　反応液を冷却水に注ぐとニトロベンゼンが沈む。

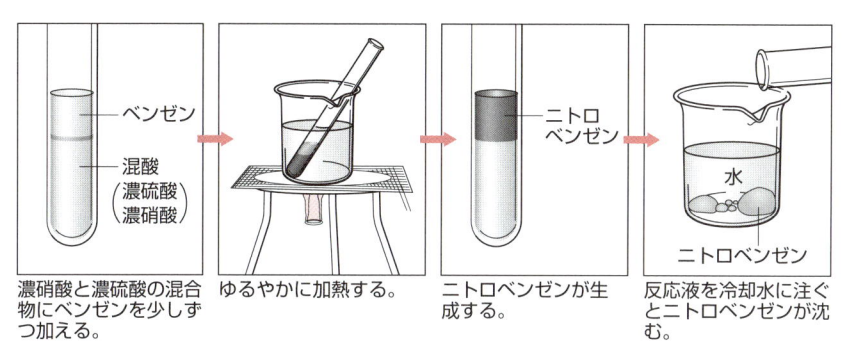

◆ 3 **芳香族アミン** アミノ基(−NH$_2$)をもつ。

◆ 4 **アニリンの製法と性質**

①**製法** ニトロベンゼンをスズと塩酸で還元して得る。

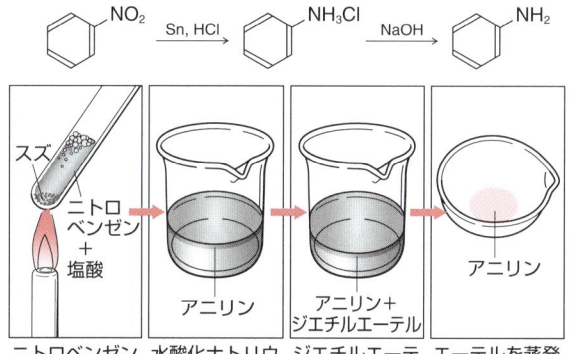

$$\text{C}_6\text{H}_5\text{NO}_2 \xrightarrow{\text{Sn, HCl}} \text{C}_6\text{H}_5\text{NH}_3\text{Cl} \xrightarrow{\text{NaOH}} \text{C}_6\text{H}_5\text{NH}_2$$

ニトロベンゼンにスズと塩酸を加え，油滴が消えるまで熱する。　水酸化ナトリウム水溶液を加え，アニリンを遊離させる。　ジエチルエーテルを加え，アニリンを抽出する。　エーテルを蒸発させるとアニリンが得られる。

②**アニリンの性質**

(a) 弱い塩基で，酸の水溶液には塩酸塩として溶ける。

$$\text{C}_6\text{H}_5\text{NH}_2 + \text{HCl} \longrightarrow \text{C}_6\text{H}_5\text{NH}_3\text{Cl}$$
（アニリン塩酸塩）

(b) 無水酢酸でアセチル化される。

$$\text{C}_6\text{H}_5\text{NH}_2 + (\text{CH}_3\text{CO})_2\text{O} \longrightarrow \text{C}_6\text{H}_5\text{NHCOCH}_3 + \text{CH}_3\text{COOH}$$
（アセトアニリド）

(c) さらし粉の水溶液を加えると，酸化されて赤紫色の呈色を示す（アニリンの検出）。

(d) K$_2$Cr$_2$O$_7$水溶液を加えると，酸化されて黒色の呈色（アニリンブラックとよばれる）を示す。

◆5 **アゾ化合物** ①アニリンの希塩酸溶液に低温(5℃以下)で亜硝酸ナトリウムを加えると，塩化ベンゼンジアゾニウムが生成する(ジアゾ化)。

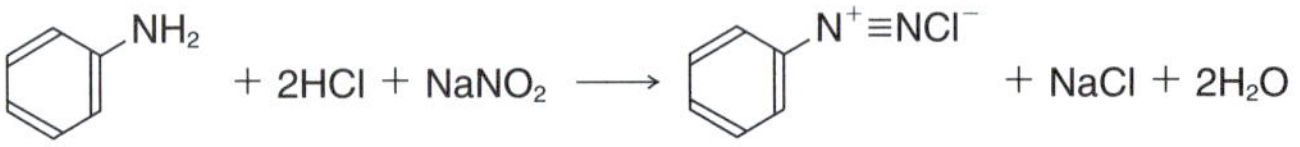

$$\text{C}_6\text{H}_5\text{NH}_2 + 2\text{HCl} + \text{NaNO}_2 \longrightarrow \text{C}_6\text{H}_5\text{N}^+\equiv\text{NCl}^- + \text{NaCl} + 2\text{H}_2\text{O}$$

塩化ベンゼンジアゾニウム

②この水溶液にナトリウムフェノキシドの水溶液を加えると，赤橙色の p-ヒドロキシアゾベンゼン(p-フェニルアゾフェノール)が生成する(ジアゾカップリング)。

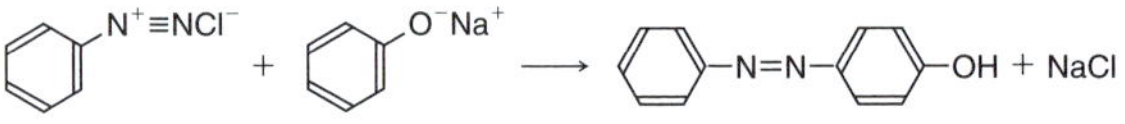

$$\text{C}_6\text{H}_5\text{N}^+\equiv\text{NCl}^- + \text{C}_6\text{H}_5\text{O}^-\text{Na}^+ \longrightarrow \text{C}_6\text{H}_5\text{-N=N-C}_6\text{H}_4\text{-OH} + \text{NaCl}$$

塩化ベンゼンジアゾニウム　　　　　　　　　　p-ヒドロキシアゾベンゼン

◆6 **アゾ染料の合成**

①アニリンに希塩酸を加える。
- 3 mol/L 塩酸 10 mL
- 1 mL アニリン (NH₂)

②亜硝酸ナトリウム水溶液を少しずつ加え，よくかき混ぜる。
- 10% NaNO₂ 5 mL
- かき混ぜる
- A
- 氷でよく冷やす(分解反応を遅くする)

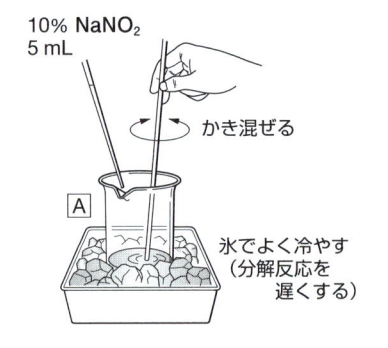

③別のビーカーにフェノールを入れ，水酸化ナトリウム水溶液を加えて溶かす。
- 100 mLのビーカー
- 2 mol/L NaOH 20 mL
- 0.5 g フェノール
- 白い木綿布を浸してガラス棒で軽くしぼる
- B

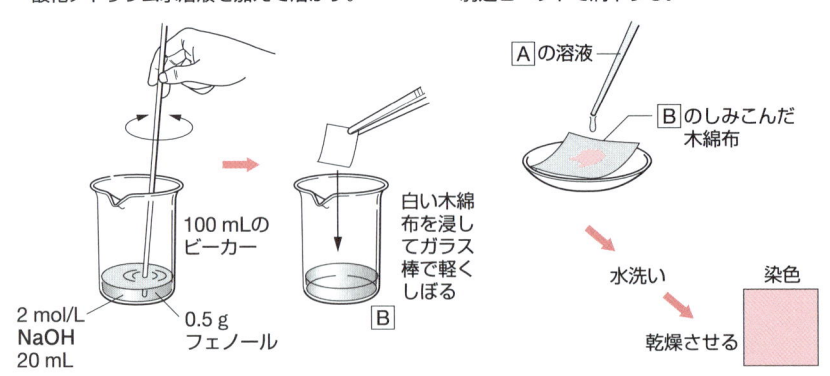

④③の木綿布を時計皿に広げ，②の溶液を駒込ピペットで滴下する。
- Aの溶液
- Bのしみこんだ木綿布
- 水洗い
- 乾燥させる
- 染色

5 混合物の分離

有機化合物を分離する一例として，化合物の官能基の違いに着目し，水や有機溶媒への溶解性や酸と塩基の反応などを利用して，分液ろうとを使用する方法がある。

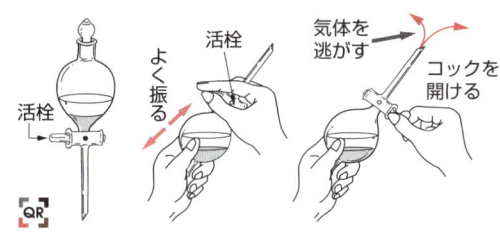

◆**活栓を開く理由**……分液ろうとを上下に振っていると，有機溶媒(エーテルなど)の蒸発により，ろうと内の圧力が増加して危険である。したがって，ときどき逆さにし，活栓を開いて気体を逃がし，内圧を下げることが必要となる。

◆ 1　**弱酸の遊離，弱塩基の遊離**
　　①弱酸の塩に強酸を加えると，弱酸が遊離する。
　　②弱塩基の塩に強塩基を加えると，弱塩基が遊離する。

◆ 2　**系統図**

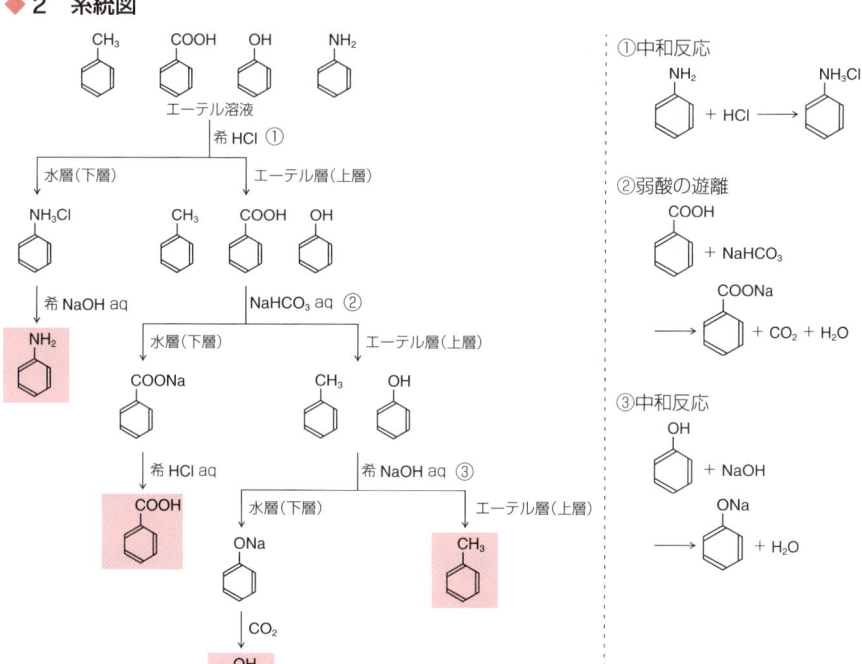

WARMING UP／ウォーミングアップ

次の文中の( )に適当な語句・化学式を入れよ。

1 ベンゼンの反応
ベンゼンは，鉄を触媒として塩素と反応して(ア)を，濃硫酸と反応して(イ)を生じる。

ベンゼン環に直接結合している炭素原子は，過マンガン酸カリウムで酸化すると(ウ)基になる。たとえば，トルエンを酸化すると(エ)が得られる。

2 フェノール
フェノールの示性式は(ア)で，炭酸よりも(イ)い酸である。

ベンゼンを(ウ)化してクロロベンゼンにし，続いて高温・高圧下で水酸化ナトリウム水溶液を加えると(エ)になる。これに酸を作用させるとフェノールが得られる。

3 サリチル酸
フェノールに水酸化ナトリウムを反応させて(ア)にし，これに高温・高圧の二酸化炭素を作用させたあと，酸を加えるとサリチル酸が得られる。構造式は(イ)である。

サリチル酸に濃硫酸を触媒としてメタノールを反応させると(ウ)が，無水酢酸を反応させると(エ)が得られる。

4 アニリン
アニリンは，(ア)をスズと塩酸とで還元することで得られ，示性式は(イ)である。アニリンを塩酸に溶かし，氷冷しながら亜硝酸ナトリウム水溶液を加えると，(ウ)が起こる。さらにナトリウムフェノキシド水溶液を加えると，(エ)が起こり，アゾ染料が得られる。

5 芳香族化合物の液性
安息香酸は(ア)性の物質で，炭酸より(イ)い酸である。このため，安息香酸は水酸化ナトリウム水溶液に(ウ)，炭酸水素ナトリウム水溶液に(エ)。

フェノールは(オ)性の物質で，炭酸より(カ)く，酢酸より(キ)い酸である。このため，フェノールは水酸化ナトリウム水溶液に(ク)，炭酸水素ナトリウム水溶液に(ケ)。

アニリンは(コ)性の物質で，アニリンは塩酸に(サ)。

1
- (ア) クロロベンゼン
- (イ) ベンゼンスルホン酸
- (ウ) カルボキシ
- (エ) 安息香酸

2
- (ア) C_6H_5OH
- (イ) 弱
- (ウ) 塩素
- (エ) ナトリウムフェノキシド

3
- (ア) ナトリウムフェノキシド
- (イ)

  （OH, COOH を持つサリチル酸の構造式）
- (ウ) サリチル酸メチル
- (エ) アセチルサリチル酸

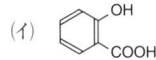

4
- (ア) ニトロベンゼン
- (イ) $C_6H_5NH_2$
- (ウ) ジアゾ化
- (エ) ジアゾカップリング

5
- (ア) 酸　(イ) 強
- (ウ) 溶け
- (エ) 溶ける
- (オ) 酸　(カ) 弱
- (キ) 弱
- (ク) 溶け
- (ケ) 溶けない
- (コ) 塩基
- (サ) 溶ける

基本例題 104 芳香族化合物の反応　　　　　　　　　　　　　　　　基本 ➡ 524,525

ベンゼンに濃硝酸と濃硫酸を用いて（ ア ）すると有機化合物 A が生じた。有機化合物 A をスズと塩酸で（ イ ）したあと，水酸化ナトリウム水溶液を加えると有機化合物 B が生じた。また，ベンゼンに紫外線を用いて塩素を反応させると有機化合物 C が生じた。

(1) (ア)，(イ)に適当な反応名を入れよ。
(2) 有機化合物 A，B，C の示性式と名称をそれぞれ答えよ。
(3) 有機化合物 A の 1 mol を，濃硫酸を触媒として 1 mol の硝酸と反応させたとき，生成する可能性のある二置換体の構造式をすべて記せ。
(4) 有機化合物 A，B，C にあてはまる文章として適切なものを下記の(a)～(c)からそれぞれ選べ。
    (a) 淡黄色の液体で特有のにおいをもつ。
    (b) 弱塩基性を示す。
    (c) 銅線につけてバーナーの炎の中に入れると，青緑の炎が見られる。

●エクセル　芳香族化合物は置換反応を起こしやすい
　　　　　　ベンゼン環の二置換体 → o -（オルト）　　m -（メタ）　　p -（パラ）

解説

ベンゼン →(濃硫酸／濃硝酸)→ ニトロベンゼン（有機化合物 A） →(Sn, HCl)→ $C_6H_5NH_3^+Cl^-$ →(NaOH)→ アニリン（有機化合物 B）

ベンゼン →(3Cl₂／紫外線)→ 1,2,3,4,5,6-ヘキサクロロシクロヘキサン

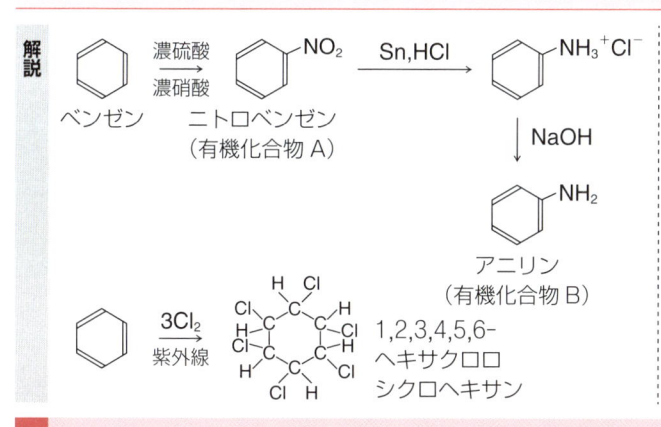

水素原子と置換
－Cl　ハロゲン化
－NO₂　ニトロ化
－SO₃H　スルホン化

(3) ベンゼンの二置換体には 3 種類の異性体がある。

解答

(1) (ア) ニトロ化　　(イ) 還元
(2) A　$C_6H_5NO_2$　ニトロベンゼン　　B　$C_6H_5NH_2$　アニリン
　　C　$C_6H_6Cl_6$　1,2,3,4,5,6-ヘキサクロロシクロヘキサン
(3) （オルト体）　（メタ体）　（パラ体）
(4) A：(a)　B：(b)　C：(c)

基本例題 105 フェノールの合成　　　　　　　　　　基本 ⇒ 528

下図はベンゼンからフェノールを合成する二つの経路を表している。

(1) (A)〜(D)にあてはまる化合物の構造式を記せ。
(2) (ア), (イ)にあてはまる化合物の化学式を記せ。
(3) 反応Xでフェノールとともに生成する化合物の名称を記せ。
(4) フェノールの性質を記した文章として誤っているものをすべて選べ。
　(a) 塩化鉄(Ⅲ)水溶液で紫色に呈色する。
　(b) カルボン酸より強い酸である。
　(c) 金属ナトリウムと反応して水素が発生する。
　(d) 水溶液は殺菌作用がある。
　(e) 常温で気体である。

● エクセル　フェノールの製法
　①クロロベンゼンの置換　②ベンゼンスルホン酸のアルカリ融解　③クメン法

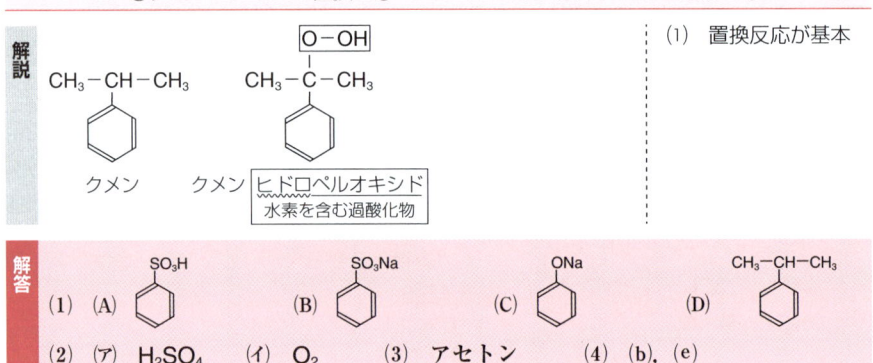

解説　クメン／クメンヒドロペルオキシド（水素を含む過酸化物）

(1) 置換反応が基本

解答
(1) (A) ベンゼンスルホン酸　(B) ベンゼンスルホン酸ナトリウム　(C) ナトリウムフェノキシド　(D) クメン
(2) (ア) H_2SO_4　(イ) O_2　(3) アセトン　(4) (b), (e)

基本例題 106 サリチル酸　　　　　　　　　　　　基本 ⇒ 530

消炎鎮痛薬などに用いられるサリチル酸メチルは、フェノールを出発物質として次の反応経路で合成できる。反応に用いる試薬(1・2)として最も適当なものを、次の(1)〜(5)のうちから1つずつ選べ。

(1) 一酸化炭素，水　　(2) 二酸化炭素
(3) 酢酸，濃硫酸　　(4) メタノール，濃硫酸
(5) メタノール，水酸化ナトリウム

(14 センター 改)

●エクセル

解説
1. サリチル酸の工業的な合成法ではナトリウムフェノキシドに高温・高圧下で CO_2 を反応させる。
2. サリチル酸のカルボキシ基側をエステル化させているので，反応させる物質はメタノールで，触媒として濃硫酸を用いる。

解答 1 (2)　2 (4)

基本例題 107　アニリン

基本 ⇒ 532

窒素原子を含む芳香族化合物に関する記述として誤りを含むものを，次の(1)～(5)のうちから1つ選べ。

(1) 5℃以下においてアニリンの希塩酸溶液に亜硝酸ナトリウム水溶液を加えると，塩化ベンゼンジアゾニウムが生成する。
(2) 塩化ベンゼンジアゾニウムが水と反応すると，クロロベンゼンが生成する。
(3) アニリンに無水酢酸を反応させると，アミド結合をもつ化合物が生成する。
(4) アニリンにさらし粉水溶液を加えると，赤紫色を呈する。
(5) p-ヒドロキシアゾベンゼンには，窒素原子間に二重結合が存在する。

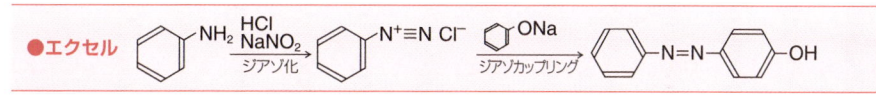

●エクセル

解説 塩化ベンゼンジアゾニウムが水と反応すると，フェノールが生成する。

解答 (2)

基本例題 108 混合物の分離   基本 → 538

次の各組の混合物の一方を水溶性の塩として分離するのに必要な試薬を下の(ア)～(ウ)よりそれぞれ選べ。また，試薬を加えたときに起こる反応の化学反応式を記せ。
(1) フェノールとトルエン　　(2) ニトロベンゼンとアニリン
(3) フェノールと安息香酸
(ア) 塩酸　(イ) 水酸化ナトリウム水溶液　(ウ) 炭酸水素ナトリウム水溶液

●エクセル
① フェノール，安息香酸などの酸性の物質は，塩基と反応して塩をつくる。アニリンなどの塩基性の物質は，酸と反応して塩をつくる。
② トルエン，ニトロベンゼンなどの中性の物質は，酸とも塩基とも反応しない。
③ 安息香酸など炭酸よりも強い酸は，炭酸水素ナトリウム水溶液と反応して塩をつくる(弱酸の遊離反応)。

解説
(1) フェノールは酸性を示すフェノール性ヒドロキシ基をもっているため，水酸化ナトリウム水溶液と反応して水溶性の塩になる。

フェノール（OH）　トルエン（CH₃）

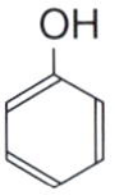

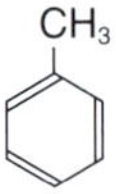

(2) アニリンは塩基性を示すアミノ基をもっているため，塩酸と反応して水溶性の塩になる。

ニトロベンゼン（NO₂）　アニリン（NH₂）

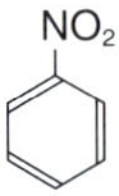

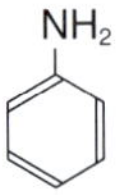

(3) フェノール，安息香酸ともに酸性の物質であるが，炭酸水素ナトリウム水溶液には，炭酸よりも強い酸である安息香酸のみが反応して，水溶性の塩になる。

フェノール（OH）　安息香酸（COOH）

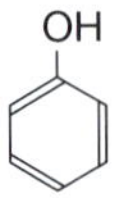

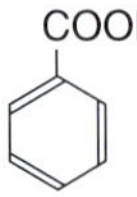

▶ 2つの化合物の官能基に注目し，それを塩にするための試薬を選ぶ。

塩酸…アミノ基と反応して塩酸塩となる。

水酸化ナトリウム水溶液…カルボキシ基，フェノール性ヒドロキシ基，スルホ基など酸性を示す官能基と反応して，塩をつくる。

炭酸水素ナトリウム水溶液…炭酸よりも強い酸であるスルホン酸のスルホ基，カルボン酸のカルボキシ基と反応して，二酸化炭素を発生し，塩をつくる。

解答
(1) (イ)　C₆H₅OH + NaOH ⟶ C₆H₅ONa + H₂O

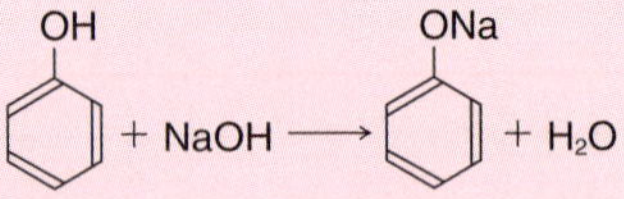

(2) (ア)　C₆H₅NH₂ + HCl ⟶ C₆H₅NH₃Cl

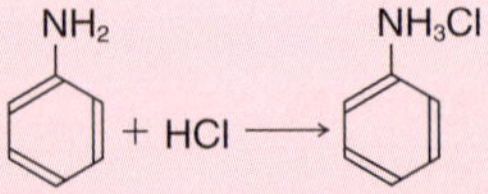

(3) (ウ)　C₆H₅COOH + NaHCO₃ ⟶ C₆H₅COONa + H₂O + CO₂

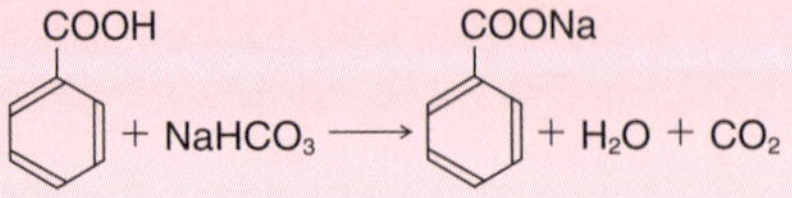

基本問題

523 ▶ ベンゼンの構造と性質　ベンゼンに関する記述として誤りを含むものを，次のうちから1つ選べ。
(1) 水に溶けにくい液体である。
(2) 揮発性があり，引火しやすい。
(3) 空気中で燃やすと多量のすすを出す。
(4) 原子は，すべて同一平面上にある。
(5) 隣りあう炭素原子間の距離は，すべて等しい。
(6) ベンゼン分子の炭素原子間の結合の長さは，エチレン分子のそれと同じである。

524 ▶ 置換反応　文中の(ア)～(エ)に適当な語句，(a)～(d)に示性式を入れよ。
　ベンゼンの分子の不飽和結合はアルケンやアルキンと違い，（ア）反応を起こしにくい。そのかわり，ベンゼン環に結合した水素原子が他の原子(原子団)に入れ替わる（イ）反応を起こしやすい。
　たとえば，ベンゼンに鉄を触媒として臭素を作用させると，（ウ）が生成する。
　　$C_6H_6 + Br_2 \longrightarrow (\ a\ ) + (\ b\ )$
　また，ベンゼンに濃硫酸を作用させると，（エ）が生成する。
　　$C_6H_6 + H_2SO_4 \longrightarrow (\ c\ ) + (\ d\ )$

525 ▶ 付加反応と置換反応　次の①～④の反応について，下の問いに答えよ。

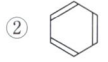

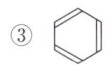

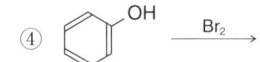

① ベンゼン　濃硝酸/濃硫酸　→
② ベンゼン　Cl₂/光　→
③ ベンゼン　濃硫酸/熱　→
④ フェノール(C₆H₅OH)　Br₂　→

(1) ①～④の化学反応のうち，付加反応が進行するものを選べ。
(2) ①と③の反応名として適切なものを下記の(ア)～(オ)からそれぞれ選べ。
反応名　(ア) ハロゲン化　(イ) ニトロ化　(ウ) スルホン化
　　　　(エ) アセチル化　(オ) エステル化

526 ▶ フェノールの性質　ベンゼン環に（ア）基が直接結合した化合物をフェノール類という。フェノール類は水溶液中でわずかに電離して，弱い（イ）性を示す。したがって，フェノールは水酸化ナトリウム水溶液に溶けて（ウ）という塩の水溶液になる。（ウ）の水溶液にCO₂を通じるとフェノールが遊離することからフェノールが二酸化炭素の水溶液より酸として（エ）いことがわかる。フェノール類は，（オ）水溶液で紫色の呈色反応をする。フェノールをニトロ化すると，爆薬として用いられる化合物Aが得られる。
(1) 文中の(ア)～(オ)に適当な語句を入れよ。
(2) 化合物Aの構造式と名称を答えよ。

527 ▶ アルコールとフェノール 次の(1)〜(6)について，エタノールに関係するものはA，フェノールに関係するものはB，両方に共通するものはCを記せ。
(1) 水によく溶ける。　(2) 水酸化ナトリウムと反応して塩を生じる。
(3) エステルをつくる。　(4) ナトリウムと反応して水素を発生する。
(5) 水溶液は酸性である。　(6) 塩化鉄(Ⅲ)水溶液で呈色反応を示す。

528 ▶ フェノールの合成 フェノールは，工業的には下にあげる3つの方法で合成される。図中のA〜Gにあてはまる構造式を記せ。

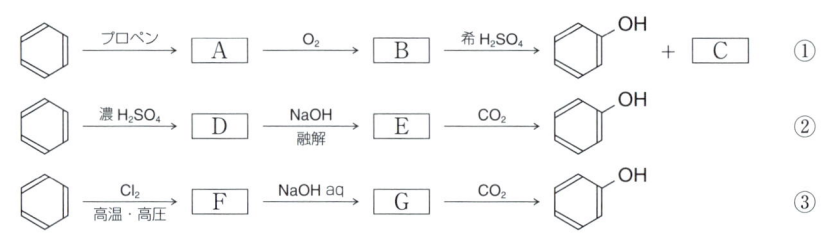

① ベンゼン →(プロペン)→ A →(O_2)→ B →(希H_2SO_4)→ フェノール + C

② ベンゼン →(濃H_2SO_4)→ D →(NaOH 融解)→ E →(CO_2)→ フェノール

③ ベンゼン →(Cl_2 高温・高圧)→ F →(NaOH aq)→ G →(CO_2)→ フェノール

529 ▶ フェノールの合成 従来，フェノールは，ベンゼンスルホン酸ナトリウムやクロロベンゼンに高温・高圧条件下で水酸化ナトリウムを反応させて製造していた。ところが，現在では，この方法ではなく「クメン法」でフェノールを合成するのが一般的になっている。この理由を述べよ。

530 ▶ サリチル酸 サリチル酸について，次の問いに答えよ。
(1) 次の文中の(ア)〜(ウ)に適当な語句を入れよ。
　フェノールは(ア)性の物質で，水酸化ナトリウム水溶液に溶けて(イ)になる。これに高温で加圧しながら(ウ)を作用させると，サリチル酸ナトリウムが生じ，これに希硫酸を作用させるとサリチル酸が遊離する。
(2) 次の反応で得られる化合物のA，Bの名称と構造式を記せ。

A ←(メタノール/濃硫酸)— サリチル酸 —(無水酢酸)→ B

(3) 化合物A，化合物B，サリチル酸の中で，塩化鉄(Ⅲ)水溶液で呈色反応を示すものをすべて答えよ。
(早大 改)

□□□531 ▶ 化合物の区別

(1) 次の化合物のうち，過マンガン酸カリウムで酸化すると安息香酸を生じるものをすべて選べ。

　(ア) C₆H₅-CH₃　(イ) C₆H₅-CH₂-CH₃　(ウ) o-C₆H₄(CH₃)₂　(エ) C₆H₅-O-CH₃

(2) 次の化合物のうち，塩化鉄(Ⅲ)水溶液で呈色しないものをすべて選べ。

　(ア) サリチル酸　(イ) o-COOH-C₆H₄-OCOCH₃　(ウ) C₆H₅-CH₂-OH　(エ) サリチル酸メチル

□□□532 ▶ アニリン　アニリンについて，次の問いに答えよ。

(1) 次の文中の(ア)～(オ)に適当な語句を入れよ。

　ベンゼンを（ア）化して得られるニトロベンゼンをスズと塩酸で（イ）すると，アニリンが得られる。アニリンは示性式（ウ）で表される（エ）性の物質で，特異臭をもつ。塩酸と反応して水溶性の（オ）となる。

(2) 以下の操作を行ったときに生成する芳香族化合物の名称と構造式を記せ。

　(ア) アニリンを無水酢酸と反応させる。
　(イ) アニリンに塩酸と亜硝酸ナトリウムを低温で作用させる。
　(ウ) (イ)の生成物とナトリウムフェノキシド水溶液を混合する。

論 (3) アニリンは呈色反応を利用して存在を確認することができる。何を用いると，どのような色を呈するかを簡潔に述べよ。

□□□533 ▶ アニリンの合成　ニトロベンゼンに濃塩酸とスズを加え加熱したあと，この溶液から反応生成物を得るのに，水酸化ナトリウム水溶液を加えて塩基性にしてからエーテルで抽出するのはなぜか。その理由を50字以内で述べよ。　（10 金沢大 改）

□□□534 ▶ 芳香族化合物と官能基　ベンゼンの水素原子1個を以下の官能基で置き換えた化合物の名称を記し，その説明として適当なものを，(ア)～(キ)から1つずつ選べ。

(1) −CH₃　(2) −COOH　(3) −OH　(4) −NO₂
(5) −NH₂　(6) −SO₃H　(7) −CH=CH₂

　(ア) ナトリウムを加えると，水素を発生する。工業的にはクメン法で合成される。
　(イ) 弱塩基性を示し，塩酸によく溶ける。
　(ウ) 室温で無色透明の液体で，ニトロ化すると爆薬の原料が生成する。
　(エ) 付加重合をし，生成物はプラスチックとして利用される。
　(オ) 特有のにおいをもつ淡黄色の液体で，水よりも密度が大きい。
　(カ) 水溶液は弱酸性を示し，炭酸水素ナトリウム水溶液に溶ける。
　(キ) 水によく溶け，水溶液は強酸性を示す。

535 ▶ 芳香族化合物 次の(1)〜(4)にあてはまる化合物の構造式を下の(ア)〜(ク)からそれぞれ2つずつ選び，記号で答えよ．
(1) 炭酸水素ナトリウム水溶液に溶け，塩化鉄(Ⅲ)水溶液では呈色反応を示す．
(2) 炭酸水素ナトリウム水溶液に溶けるが，塩化鉄(Ⅲ)水溶液で呈色反応を示さない．
(3) 炭酸水素ナトリウム水溶液に溶けないが，塩化鉄(Ⅲ)水溶液で呈色反応を示す．
(4) 炭酸水素ナトリウム水溶液に溶けず，塩化鉄(Ⅲ)水溶液でも呈色反応を示さない．

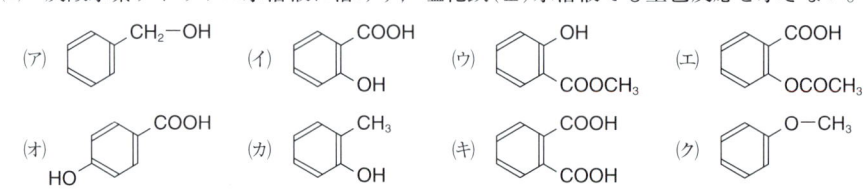

(ア) ベンジルアルコール (イ) サリチル酸 (ウ) サリチル酸メチル (エ) アセチルサリチル酸 (オ) p-ヒドロキシ安息香酸 (カ) o-クレゾール (キ) フタル酸 (ク) アニソール

536 ▶ 異性体の数え上げ 次の分子式で表される芳香族化合物の異性体は何種類あるか．また，その構造式をすべて記せ．ただし，環構造はベンゼン環のみとする．
(1) $C_6H_3Cl_3$ (2) C_9H_{12}

537 ▶ 異性体の数え上げ 分子式 C_8H_{10} で表される芳香族化合物 A がある．この化合物 A の水素原子を塩素原子に1か所置換したものは3種類の異性体が存在する．この化合物 A の構造式を書け．

538 ▶ 混合物の分離 次の各組の混合物の一方を水溶性の塩として分離するのに必要な試薬を下の(ア)〜(ウ)よりそれぞれ選べ．また，試薬を加えたときに起こる反応の化学反応式を答えよ．
(1) o-クレゾールとトルエン (2) サリチル酸とサリチル酸メチル
(ア) 塩酸 (イ) 水酸化ナトリウム水溶液 (ウ) 炭酸水素ナトリウム水溶液

539 ▶ 化合物の識別 次の化合物の組み合わせを区別するには，それぞれ下の(ア)〜(エ)のどの方法を用いるとよいか答えよ．また，そのときに変化を生じる物質を答え，生じる変化を(a)〜(e)から選べ．
(1) サリチル酸とアセチルサリチル酸 (2) 安息香酸とベンズアルデヒド
(3) ニトロベンゼンとアニリン (4) フタル酸とテレフタル酸
(ア) アンモニア性硝酸銀水溶液を加える． (イ) 塩化鉄(Ⅲ)水溶液を加える．
(ウ) 加熱する． (エ) さらし粉水溶液を加える．
(a) 黒色に呈色する． (b) 赤紫色に呈色する． (c) 銀鏡が生じる．
(d) 水素を発生する． (e) 水蒸気を発生し，酸無水物を生成する．

応用例題 109　ベンゼンの誘導体　　　基本 ⇒ 537

分子式 C_8H_{10} の芳香族炭化水素 A, B がある。A を過マンガン酸カリウムで酸化したところ，安息香酸が得られた。B はベンゼン環の二置換体で，ベンゼン環の水素原子の 1 つを塩素原子で置換すると，1 種類の化合物が得られた。A, B の構造式を記せ。

●エクセル　ベンゼン環に直結している炭化水素基 ◯-C−　の $KMnO_4$ 酸化 ⟶ カルボキシ基 −COOH ⟶ ◯-COOH 安息香酸

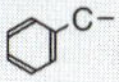

解説　A を酸化すると安息香酸になることから，A は一置換体である。よって，A はエチルベンゼンである。B はキシレンの異性体のいずれかである。水素原子の 1 つを塩素原子で置換すると，o−体は 2 種類，m−体は 3 種類，p−体は 1 種類の異性体[1]が生じるので，B は p−キシレンである。

❶ 置換する位置

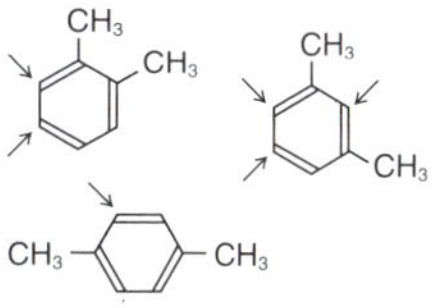

解答　A ◯-CH₂-CH₃　　B CH₃-◯-CH₃

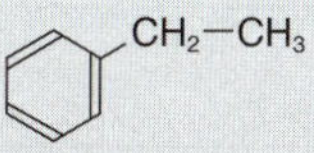

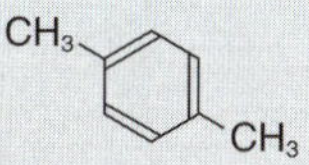

応用例題 110　芳香族化合物の構造決定　　　応用 ⇒ 547

分子式 C_7H_8O で表される芳香族化合物 A, B はともにナトリウムと反応して水素を発生した。また，塩化鉄(Ⅲ)水溶液を加えると，A は変化しなかったが，B は青紫色に変化しオルト二置換体である。化合物 A, B の構造式を記せ。

●エクセル　炭素原子 6 個以上の分子式はベンゼン環存在の可能性。
分子式から炭素数 6 を引き，官能基を推定する。

解説　分子式より，ベンゼン環の炭素原子以外に，1 個の炭素原子があることがわかる。可能な化合物は以下のとおり。

① ◯-CH₂-OH　② ◯-O-CH₃　③ ◯(CH₃)(OH)
④ ◯(CH₃)(OH) (meta)　⑤ ◯(CH₃)(OH) (para)

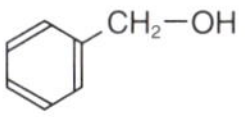

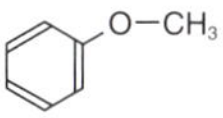

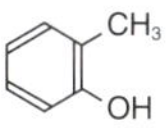

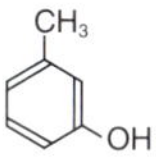

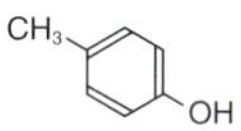

A は金属 Na と反応し，$FeCl_3$ 水溶液で呈色しないからアルコールの①である。B は金属 Na と反応し，$FeCl_3$ 水溶液で呈色するからフェノール性ヒドロキシ基をもつ。B はオルト二置換体なので，③である。

▶ 分子式を満たす化合物をすべて書いて考える。

ベンゼンの一置換体 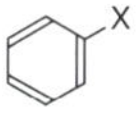
◯-X　(C_6H_5-X)

ベンゼンの二置換体 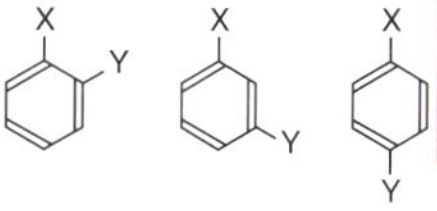
◯(X,Y) ortho, meta, para
(C_6H_4-XY)

解答　A ◯-CH₂-OH　　B ◯(CH₃)(OH)

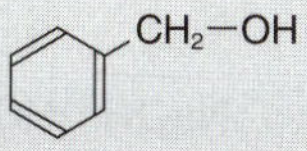

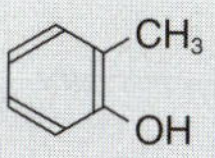

398 —— 6章　有機化合物

応用例題 111　芳香族化合物の分離　　　応用 → 552, 553

フェノール，トルエン，安息香酸，アニリンを含むエーテル溶液から，下図のような操作により，各化合物を分離した。

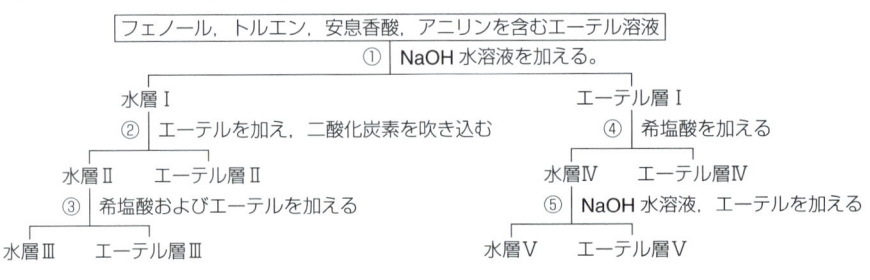

```
           フェノール，トルエン，安息香酸，アニリンを含むエーテル溶液
                    ① NaOH 水溶液を加える。
           ┌──────────────┴──────────────┐
         水層 I                            エーテル層 I
    ② エーテルを加え，二酸化炭素を吹き込む       ④ 希塩酸を加える
    ┌────┴────┐                        ┌────┴────┐
  水層 II   エーテル層 II               水層 IV   エーテル層 IV
  ③ 希塩酸およびエーテルを加える          ⑤ NaOH 水溶液，エーテルを加える
  ┌────┴────┐                        ┌────┴────┐
水層 III  エーテル層 III               水層 V   エーテル層 V
```

各化合物はそれぞれエーテル層 II ～ V のいずれに含まれるか記せ。
また，水層 I，II，IV に含まれる塩をすべて構造式で記せ。

●エクセル　① 酸の強さ　HCl, H_2SO_4 > R－COOH > CO_2 > C_6H_5－OH
　　　　　② 弱酸の塩　＋　強酸　──→　弱酸　＋　強酸の塩

【解説】
操作①：NaOH 水溶液を加える → 酸性の物質が水層に。
操作②：CO_2 を加える → 炭酸より弱いフェノールが生じ，エーテル層へ。

$C_6H_5ONa + CO_2 + H_2O \longrightarrow C_6H_5OH + NaHCO_3$

操作③：塩酸を加える → 塩酸より弱い安息香酸が生じ，エーテル層へ。

$C_6H_5COONa + HCl \longrightarrow C_6H_5COOH + NaCl$

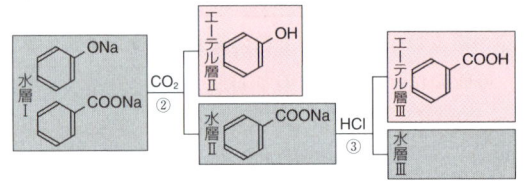

操作④：塩基性のアニリンが反応して水層へ。
操作⑤：アニリン塩酸塩がアニリンに戻り，エーテル層へ。

$C_6H_5NH_3Cl + NaOH \longrightarrow C_6H_5NH_2 + NaCl + H_2O$

一般的に芳香族化合物はエーテルに溶けるが，中和反応により塩をつくると，水に溶けやすくなる点を利用している。

[酸性物質] 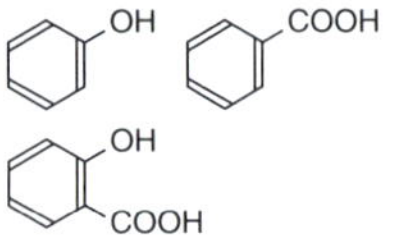
フェノール，安息香酸，サリチル酸の構造式
NaOH 水溶液に塩をつくって溶ける。

[塩基性物質] 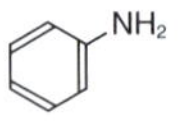
アニリンの構造式
HCl 水溶液に塩をつくって溶ける。

[中性物質] 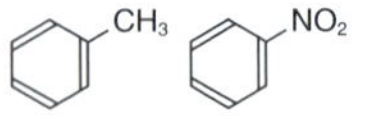
トルエン，ニトロベンゼンの構造式
NaOH，HCl のどちらとも反応しない。

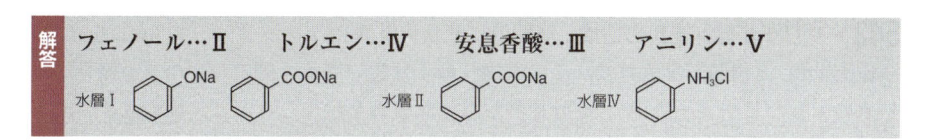

解答 フェノール…Ⅱ　トルエン…Ⅳ　安息香酸…Ⅲ　アニリン…Ⅴ
水層Ⅰ　ONa付きベンゼン環　水層Ⅱ　COONa付きベンゼン環（トルエン由来ではなくCOONa）　水層Ⅲ　COONa付きベンゼン環　水層Ⅳ　NH₃Cl付きベンゼン環

応用問題

540 ▶ ベンゼンの誘導体　次の文章を読み，以下の問いに答えよ。

(ア) ベンゼンに濃硫酸を作用させると，化合物Aが得られる。Aを水酸化ナトリウムで中和したあと，固体の水酸化ナトリウムで加熱融解するとBとなり，Bの水溶液に二酸化炭素を通じるとフェノールが遊離する。

(イ) ベンゼンに化合物Cを作用させるとDが生成する。Dを空気中で酸化，分解するとフェノールになり，同時に化合物Eが生成するが，Eは2-プロパノールの酸化でも得られる。

(ウ) ベンゼンに濃硫酸と濃硝酸の混合物を作用させると，化合物Fが得られる。Fをスズと塩酸で還元すると，Gの塩酸塩が生成する。Gを塩酸に溶かしたあと，氷冷しながら亜硝酸ナトリウムの水溶液を加えると，Hが得られる。Hの水溶液にBの水溶液を混合すると，橙赤色の化合物Iが析出する。

(1) 化合物A～Eの名称を記せ。
(2) 化合物F～Iの構造式を記せ。

541 ▶ フェノールのニトロ化　フェノールを混酸（濃硝酸と濃硫酸の混合物）と反応させたところ，段階的にニトロ化が起こり，ニトロフェノールとジニトロフェノールを経由して2,4,6-トリニトロフェノールのみが得られた。この途中で経由したと考えられるニトロフェノールの異性体とジニトロフェノールの異性体はそれぞれ何種類か。ただし，ヒドロキシ基を含む芳香族化合物では次に入る置換基はオルト位，パラ位のみに入る。同様に，ニトロ基を含む芳香族化合物では次に入る置換基はメタ位のみに入るものとする。
(22　共通テスト　改)

542 ▶ 化学反応式　次の化学反応式を記せ。
(1) フェノールに水酸化ナトリウム水溶液を加える。
(2) (1)の生成物に二酸化炭素を吹き込む。
(3) ベンゼンに濃硫酸と濃硝酸の混合物を作用させる。
(4) アニリンに無水酢酸を作用させる。
(5) 安息香酸は炭酸水素ナトリウム水溶液に気体を発生して溶ける。
(6) ニトロベンゼンをスズと塩酸で反応させる。

543 ▶ サリチル酸メチルの合成
試験管にサリチル酸 0.5 g とメタノール 5 mL をとり，濃硫酸 1 mL と沸騰石を入れた。この試験管に十分長いガラス管のついたゴム栓をはめ，熱水の入ったビーカーの中で 30 分加熱した。試験管を冷やしたあと，反応液を炭酸水素ナトリウム水溶液 50 mL を入れたビーカーに注いだ。すると，生成物が遊離してきた。

(1) サリチル酸とメタノールからサリチル酸メチルが生成する化学反応式を記せ。
(2) 下線部の操作のとき，どのような変化が見られるか。次のうちから 1 つ選べ。
　(ア) 溶液の色が変化する。　(イ) 気体が発生する。
　(ウ) 白色沈殿が生じる。　(エ) とくに変化は見られない。
(3) 下線部の操作において，炭酸水素ナトリウム水溶液のかわりに，水酸化ナトリウム水溶液を使うことはできない。その理由を簡潔に記せ。

544 ▶ ニトロベンゼンの合成
大口試験管に 5.0 mL の濃硝酸をとり，これに 5.0 mL の濃硫酸を冷却しながら少しずつ加えて混ぜ合わせた。続いて，冷却しながら 5.0 mL のベンゼンを数滴ずつ加えた。その後，試験管を 60 ℃ の温水に入れ，振り混ぜながら約 10 分間加熱した。

反応後，試験管の内容物を，水を入れた 300 mL ビーカーにそって注ぐと，（ア）色・油状のニトロベンゼンが（イ）。水層を捨て，(a)炭酸水素ナトリウム水溶液を加えたあと，ニトロベンゼンを取り出し，(b)無水塩化カルシウムを適量加えて放置すると，純粋なニトロベンゼンが得られた。

(1) 文中の(ア)にあてはまる色を記せ。
(2) 文中の(イ)には，「浮かんできた」，「沈んできた」のどちらが入るか。
(3) 下線部(a)，(b)の操作の目的を簡潔に記せ。

545 ▶ 反応経路図
ベンゼンを出発原料として染料(g)，消炎鎮痛用塗布剤(i)および解熱剤（アスピリン）(j)を下の経路に従って合成する。(ア)〜(オ)の反応名，(1)〜(5)の試薬の化学式および(a)〜(j)の構造式をそれぞれ記せ。

(ベンゼン) →[HNO₃, H₂SO₄ (ア)] (a) →[(1) HCl (イ)] (b) →[(2) (ウ)] (c) [アニリン] →[NaNO₂, HCl] (d) →[(オ)] (g)

(ベンゼン) →[H₂SO₄ (エ)] (e) →[(3) 〔融解〕] (f)

(f) ↓ CO₂(加圧, 加熱)
↓ H₂SO₄(酸性にする)
(i) ←[(4) CH₃OH] (h) →[(5) アセチル化] (j)

（徳島大，早大 改）

原子量の概数値	H	C	N	O	Na	Mg	Al	Si	S	Cl	K	Ca	Fe	Cu	Zn	Ag	I	Pb
	1.0	12	14	16	23	24	27	28	32	35.5	39	40	56	63.5	65	108	127	207

546 ▶ 芳香族エステルの構造決定

3種類の芳香族エステル A, B, C がある。元素分析の結果, いずれも分子式が $C_9H_{10}O_2$ であり, 以下の性質をもつことがわかった。A, B, C の構造式を記せ。

(ア) A を加水分解すると, D とエタノールが生成した。
(イ) B を加水分解すると, E と F が生成した。E はエタノールを十分酸化して得られる化合物と同じであった。また, F は十分に酸化すると D が生成した。
(ウ) C を加水分解すると, G とメタノールが生成した。G はベンゼンの一置換体であった。

547 ▶ 芳香族化合物の構造決定

$C_8H_{10}O$ の分子式で表される芳香族化合物 A ~ E がある。A, B, C はベンゼン環に 2 つの置換基をもち, その位置はオルト位である。D, E はベンゼンの一置換体である。以下の性質から, A ~ E の構造式を記せ。

A と B は金属ナトリウムと反応して水素を発生したが, C は反応しなかった。A を厳しい条件下で酸化するとサリチル酸が生じ, 同様に B を酸化するとフタル酸が生じた。また, D を穏やかに酸化すると, 還元性を示す F が生じた。E は不斉炭素原子を有し, 酸化すると G を生じた。

548 ▶ ジアゾカップリング

次の文章を読み, 以下の問いに答えよ。

アニリンとフェノールを用いてアゾ染料を合成し, 合成した染料で木綿の布を染色するため, [操作1]~[操作3]を行った。

[操作1] ビーカーにアニリン 2.40 g と 2.00 mol/L の塩酸 50.0 mL をとり, 氷水の入った水槽に浸して 5 ℃ 以下とした。この溶液に, 質量パーセント濃度 10.0% 亜硝酸ナトリウム $NaNO_2$ 水溶液 18.0 mL を加え, 塩化ベンゼンジアゾニウムの水溶液(溶液 A)を調製した。

[操作2] 別のビーカー内のフェノール 2.80 g に 2.00 mol/L の水酸化ナトリウム水溶液 15.0 mL を加え, ナトリウムフェノキシドの水溶液(溶液 B)を調製した。溶液 B に布を浸し, 十分に液をしみ込ませて取り出した後, ガラス棒で押ししぼり, 広げた。

[操作3] [操作2]で得た布を溶液 A に浸した。橙赤色に染まった布を取り出して水洗し, 乾燥させた。

(1) 溶液 A を温めると別の有機化合物が生じた。この有機化合物の名称と, 呈色反応を利用した確認方法を説明せよ。
(2) [操作1]ではジアゾ化, [操作3]ではカップリング(ジアゾカップリング)が進行した。これらの反応を化学反応式で記せ。
(3) 上記の操作において, 溶液 A に溶液 B を直接加えた場合, 理論上何 g の染料が生成するか。また, この染料の化合物名は何か。答えは有効数字 3 桁で示せ。質量パーセント濃度 10.0% $NaNO_2$ 水溶液の密度は 1.00 g/cm³ とする。

(20 崇城大 改)

549 ▶ 染料の合成 次の文中の(ア)〜(エ)に適当な語句および構造式を入れよ。

反応経路に示したように，ベンゼンを出発物質として，染料に用いられるオレンジⅡを合成する。

【反応経路】

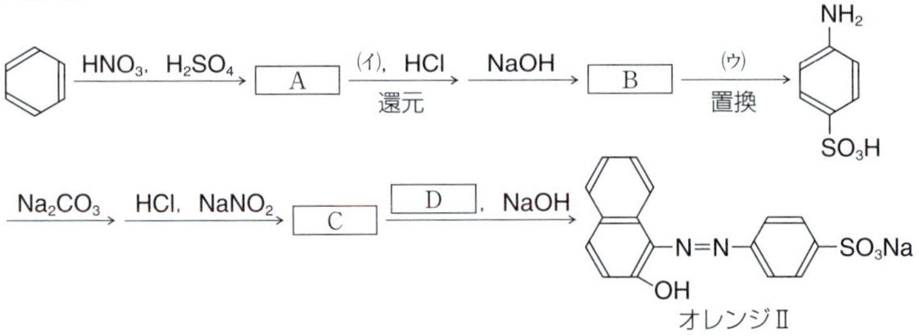

(1) ベンゼンを濃硝酸と濃硫酸の混合物と反応させると，ベンゼンの1つの水素原子が（ア）基によって置換され，化合物Aが生じる。化合物Aに金属の（イ）または鉄を塩酸中で作用させると（ア）基が還元され，引き続き水酸化ナトリウム水溶液を加えると，化合物Bが得られる。

(2) 化合物Bを（ウ）とともに加熱すると，スルファニル酸が生じる。スルファニル酸を炭酸ナトリウム水溶液に溶解し，これを氷冷しながら，塩酸と亜硝酸ナトリウム水溶液を加えると，化合物Cが得られる。

(3) 氷冷した化合物Cの水溶液に，化合物Dと水酸化ナトリウムを溶解した水溶液を加えるとオレンジⅡが得られる。また，化合物Dのかわりにフェノールと水酸化ナトリウムを溶解した水溶液を加えて得られる化合物の構造は（エ）である。

(12 慶應大 改)

550 ▶ ジアゾニウム塩 アニリンを塩酸に溶かし，5℃以下で亜硝酸ナトリウムを加えると塩化ベンゼンジアゾニウムができる。このときの反応を5℃以下で行う理由を説明せよ。

(11 日本女子大 改)

551 ▶ 芳香族アミドの構造決定 $C_{14}H_{13}NO$ の分子式をもつ化合物Aがある。Aはアミド結合をもち希塩酸と十分に加熱し，加水分解したあと，後処理をすると，B，Cが得られた。

Bを過マンガン酸カリウムで酸化すると，Dが生成した。Dを加熱すると酸無水物Eになった。Cに無水酢酸を反応させると，Aと同じアミド結合をもつ化合物Fが生成した。Fの分子式は C_8H_9NO であった。

問 A〜Fの構造式を記せ。ただし，A〜Fは芳香族化合物である。

25 芳香族化合物 — 403

□□□ **552** ▶ **混合物の分離** 安息香酸，トルエン，ニトロベンゼン，アニリンのすべてを少量ずつ含むジエチルエーテル溶液を分液ろうとに入れた。これに希塩酸を加えて，よく振ったのち静かに置いたところ，2層に分離した(水層A，油層Bとする)。次に，水層Aを抜きとり，油層Bに水酸化ナトリウム水溶液を入れ，よく振ったのち静かに置いたところ，2層に分離した(水層C，油層Dとする)。
(1) このとき，上の層になるのは水層か油層か。
(2) 水層A，水層C，油層Dに溶けている物質の名称を答えよ。　　　　〔センター 改〕

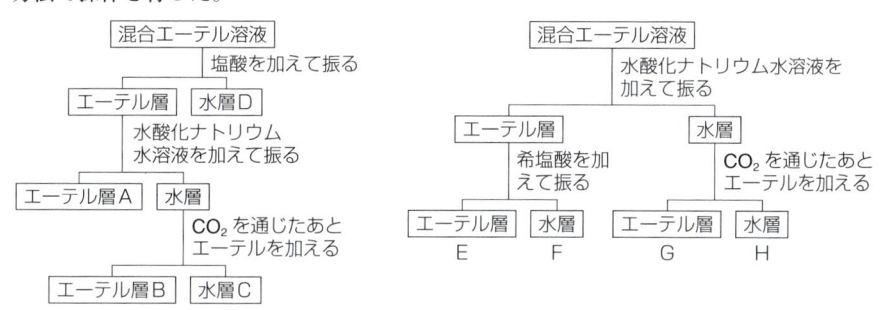

□□□ **553** ▶ **芳香族化合物の分離** サリチル酸，フェノール，アニリンおよびニトロベンゼンの4種類の化合物を含むエーテル溶液がある。各化合物を分離するために，二通りの方法で操作を行った。

```
        混合エーテル溶液                          混合エーテル溶液
            │塩酸を加えて振る                         │水酸化ナトリウム水溶液を
   ┌────────┴────────┐                              │加えて振る
エーテル層           水層D                    ┌──────┴──────┐
   │水酸化ナトリウム                      エーテル層            水層
   │水溶液を加えて振る                        │希塩酸を加       │CO₂を通じたあと
┌──┴──┐                                     │えて振る         │エーテルを加える
エーテル層A  水層                          ┌──┴──┐          ┌──┴──┐
             │CO₂を通じたあと           エーテル層 水層   エーテル層 水層
             │エーテルを加える              E      F        G       H
          ┌──┴──┐
       エーテル層B 水層C
```

問　A～Hには各化合物がそれぞれどのような状態で含まれているか。構造式で記せ。

□□□ **554** ▶ **有機化合物の分離** 分液ろうとを用いて有機化合物の分離を行う実験に関する記述として適切でないものを以下の選択肢からすべて選べ。なお，分液ろうとに関しては下図を参考にせよ。

ア．エーテル層は上層となり，水層は下層となる。
イ．振り混ぜるときは，空気孔をガラス栓の溝からずらして孔を閉じておく。
ウ．液を流しだすときは，空気孔とガラス栓の溝を合わせておく。
エ．振り混ぜると分液ろうと内の内圧が上昇することがあるので，ときどき脚部の活栓を開き，圧抜きをする。
オ．分液ろうと内の溶液は下層，上層の順に脚部から流しだす。
カ．混合物の分離に関する実験について報告書を作成する場合，分離した化合物の収量や分析結果さえ記述すれば，その操作手順について書く必要はない。

〔15 京都府立医科大〕

6章 発展問題 level 1

555 ▶ 炭化水素 A に関する以下の文を読み，問いに答えよ。

炭化水素 A 4.20×10^{-2} g の完全燃焼によって(a)生成した二酸化炭素を水酸化ナトリウム水溶液にすべて吸収させ，100.0 mL とした（溶液 X）。このとき，沈殿は生じなかった。溶液 X を 20.0 mL とり，フェノールフタレインを指示薬として 0.100 mol/L の塩酸で滴定した。塩酸を v_1 [mL] 滴下したところで溶液の色が赤色から無色となった。また，別に溶液 X を 20.0 mL とり，メチルオレンジを指示薬として 0.100 mol/L の塩酸で滴定したところ，v_2 [mL] 滴下したところで溶液の色が黄色から赤色となった。塩酸の滴下量の差 $v_2 - v_1$ は，6.0 mL であった。また，A の分子量は 56 であった。

(1) 下線(a)の二酸化炭素の物質量を有効数字 2 桁で求めよ。
(2) A の分子式を示せ。
(3) A の構造異性体は何種類存在するか。ただし，シス-トランス異性体は考慮しなくてよい。

(19 青山学院大 改)

556 ▶ シクロアルカンの立体異性体 不斉炭素原子をもつすべての化合物に，その鏡像異性体が存在するとは限らない。その 1 つの例として，ジブロモシクロプロパンがある。互いに鏡像の関係にない 3 つの異性体を下に示す。

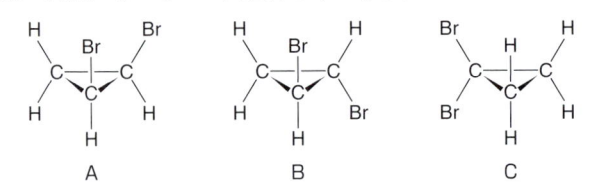

A　　B　　C

(1) 鏡像異性体が存在する化合物を A ～ C の中から選べ。
(2) 不斉炭素原子をもつが，鏡像異性体が存在しない化合物を A ～ C の中から選べ。

(12 阪大 改)

557 ▶ 配座異性体 シクロヘキサンでは，6 個の炭素原子は同一平面上にはなく下の図に示したような「いす形」，「舟形」などの立体構造をとっている。シクロヘキサンの舟形配座はいす形配座よりも不安定である。この理由を説明せよ。

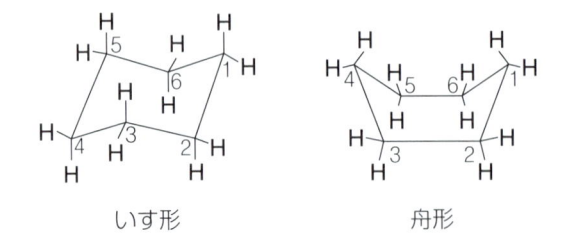

いす形　　舟形

□□□**558** ▶ **シクロアルカンの立体異性体** シクロアルカンは，環のサイズが大きくなるとすべての炭素原子が同じ面上に位置することができなくなる。6員環であるシクロヘキサンの安定な構造の1つに，右の「いす形」構造がある。シクロヘキサンの水素原子の1つを臭素原子で置き換えたブロモシクロヘキサン（$C_6H_{11}Br$）のいす形構造を図に示した。

(1) ブロモシクロヘキサンの水素原子のうち，H_ア，H_イ，もしくはH_ウを臭素原子で置換した3つの化合物（$C_6H_{10}Br_2$）には，不斉炭素原子はそれぞれいくつあるか。ある場合にはその数を，ない場合には「なし」と記せ。

(2) ブロモシクロヘキサンの水素原子H_ア～H_サの1つを塩素原子で置換した化合物（$C_6H_{10}BrCl$）が不斉炭素原子をもたないためには，どの水素原子を置換するとよいか。可能なすべての水素原子を記号で記せ。

（12 阪大 改）

□□□**559** ▶ **鏡像異性体** 乳酸$CH_3C^*H(OH)COOH$の*印を付けた炭素原子は不斉炭素原子とよばれ，4つの異なる原子あるいは原子団と結合している。図1の1と2は実像と鏡に映った像との関係にある。1をC^*-O結合を軸として180度回転させて，CH_3基が2と同じ位置になるようにすると，1と2は重ね合わせられないことがわかる。このような立体異性体を鏡像異性体という。示性式$CH_3CH(OH)CH(OH)COOH$で表される化合物には不斉炭素原子が2個あるので，この場合には，4個の立体異性体が存在する。それらの構造は図2の3～6のように書き表すことができ，3と4，および5と6がそれぞれ鏡像異性体の関係にある。

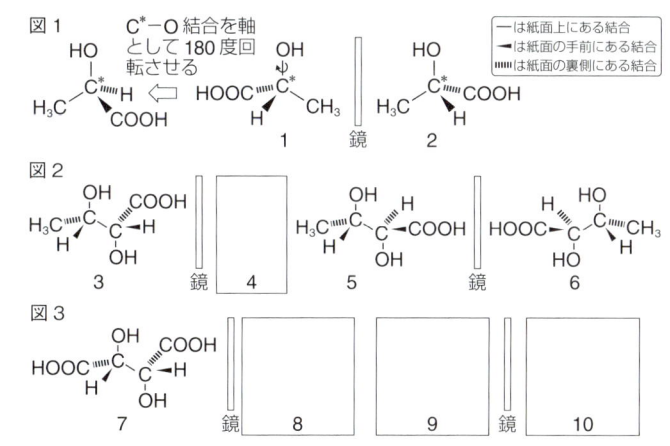

(1) 4の構造を書き，図2を完成させよ。
(2) 酒石酸$HOOCCH(OH)CH(OH)COOH$には，図2にならうと，図3に示した4つの構造7～10が考えられる。8～10の構造を書き，図3を完成させよ。
(3) 7～10のうちで，重ね合わせられるものの組み合わせを番号で答えよ。

（大阪市立大 改）

560 ▶ エステルの合成　次の文章を読み，下記の問いに答えよ。

[実験]　図のような装置を組み，200 mL の丸底フラスコに，10.0 g の安息香酸，50 mL のエタノール，5 mL の(ア)濃硫酸を入れ，水浴中でガスバーナーを用い，穏やかに，混合液が沸騰するように1時間加熱した。

反応液を室温まで放冷後，分液ろうとに移し，(イ)水 70 mL とベンゼン 40 mL を加え，よく振った後，下層液を流し出し，この液は廃液入れに捨てた。分液ろうと中に残った液体に，飽和炭酸水素ナトリウム水溶液 30 mL を加え，(ウ)気体が発生するので注意して振り混ぜた後，下層液を 100 mL ビーカーに流し出し集めた。(エ)この集めた液体に濃塩酸を少しずつ加えたところ，白い固体が生成した。固体が生じなくなるまで濃塩酸を加えた後，この固体を集め，よく乾燥し，質量を測定したところ 3.9 g であった。分液ろうとに残った液体を三角フラスコに移し，(オ)無水硫酸ナトリウムを少量加え，しばらく放置後，ろ過を行って固体を分離した。ろ液を水浴中で(カ)液体が留出しなくなるまで蒸留した。その後，残った液体の沸点が高いため，減圧下でこの液体を蒸留したところ，化合物 A が 3.5 g 得られた。

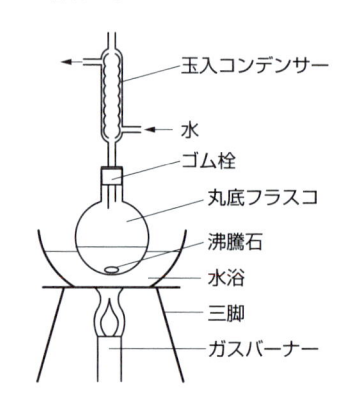

（装置図ラベル：玉入コンデンサー，水，ゴム栓，丸底フラスコ，沸騰石，水浴，三脚，ガスバーナー）

(1) 図に示したように，丸底フラスコ中には沸騰石を入れる。沸騰石を入れる目的を述べよ。
(2) 下線(ア)で濃硫酸を加える目的を述べよ。
(3) 下線(イ)の操作の目的を述べよ。
(4) 下線(ウ)で起こった反応を反応式で示せ。
(5) 下線(エ)で起こった反応を反応式で示せ。
(6) 下線(オ)で無水硫酸ナトリウムを加える目的を述べよ。
(7) 下線(カ)で留出してくるおもな液体は何か。構造式で示せ。
(8) 安息香酸とエタノールから化合物 A を生成する反応を反応式で示せ。
(9) 消費した安息香酸に対して何%が化合物 A として得られたか。小数第2位を四捨五入して小数第1位まで求めよ。
(10) 蒸留して得られた化合物 A が純物質であるか否かを調べるには，どのような実験を行ったらよいか。実験法と純物質でない場合に予想される結果を簡潔に説明せよ。

□□□**561** ▶ **酢酸エステルの異性体** 次の文章を読み，問いに答えよ。なお(3)の構造式は例にならって記せ。

(構造式の例)

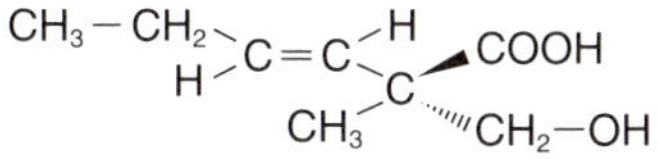

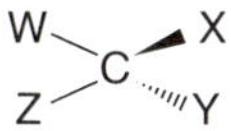

W，C，Zが紙面上にあるとき，Xは紙面手前に，Yは紙面の向こう側にある。

炭素，水素，酸素のみからなり，互いに異性体である酢酸エステルA～Lがある。

(ア) 化合物Aについて，元素分析を行った結果，炭素63.1％，水素8.8％であった。

(イ) 1molの化合物A～Kは触媒存在下，それぞれ1molの重水素分子と過不足なく反応するが，化合物Lは同条件下，重水素分子と反応しない。Aから生じた反応生成物の，Aに対する質量増加率は3.5％であった。なお，重水素の相対質量は2.0とする。

(ウ) A～Kを適当な条件で加水分解すると，A～Eはアルコールを，F～Hはアルデヒドを，そして，I～Kはケトンを与える。F～Kの加水分解では，途中に不安定なアルコール中間体を経て，アルデヒドまたはケトンに異性化するものとする。

(エ) Bは不斉炭素原子を一個もつが，AおよびC～Lは不斉炭素原子をもたない。

(オ) CとDは互いにシス-トランス異性体の関係にある。同様に，FとG，並びにJとKもシス-トランス異性体の関係にある。

(カ) EとHを触媒存在下，水素と反応させると，同一生成物が得られる。

(キ) Lを加水分解して得られるアルコールを酸化するとケトンが得られる。

(1) 化合物Aの組成式を求めよ。
(2) 化合物Aの分子式を示せ。
(3) 化合物Bには鏡像異性体が2つある。それら2つの鏡像異性体の構造式を示せ。
(4) 化合物CとDのうち，トランス異性体の構造式を示せ。
(5) 化合物Hの構造式を示せ。
(6) 化合物Iの構造式を示せ。
(7) 化合物Lの構造式を示せ。

(08 東大 改)

原子量の概数値	H	C	N	O	Na	Mg	Al	Si	S	Cl	K	Ca	Fe	Cu	Zn	Ag	I	Pb
	1.0	12	14	16	23	24	27	28	32	35.5	39	40	56	63.5	65	108	127	207

562 ▶ 環状ジエステル

分子式 $C_{16}H_{16}O_4$ のエステル A がある。A は不斉炭素原子をもたないが，シス-トランス異性体は存在する。実験 1 から実験 8 に関する記述を読み，問いに答えよ。ただし，シス-トランス異性体は区別して書くこと。また，環状構造をもつ場合には，環は 5 つ以上の原子からなるものとする。

実験 1　エステル A に水酸化ナトリウム水溶液を加え完全に加水分解した。この反応液をエーテルで抽出したところ，分子式 C_5H_8O の環状構造をもつアルコール B が得られた。残った水層を希塩酸で酸性にした後に，エーテルで抽出を行ったところ化合物 C と化合物 D が得られた。化合物 C の分子量は 116.0 であった。

実験 2　化合物 B に冷暗所で臭素水を少量加えて振り混ぜたところ，臭素水の赤褐色が消えた。

実験 3　適切な触媒を用いて化合物 B に水素を付加させたところ，分子量が化合物 B のものより 2.0 増加した化合物 E が得られた。また，化合物 B を酸性条件で加熱したところ，分子量が化合物 B のものより 18.0 減少した化合物 F が得られた。

実験 4　化合物 C 43.5 mg を完全に燃焼させると，二酸化炭素 66.0 mg と水 13.5 mg が得られた。

実験 5　化合物 C に十分な量のメタノールと少量の濃硫酸を加えて加熱したところ，分子量が化合物 C のものより 28.0 増加した化合物 G が得られた。

実験 6　化合物 C を加熱すると分子内で脱水反応が起こり，分子量が化合物 C のものより 18.0 減少した化合物 H が得られた。

実験 7　化合物 D を適切な酸化剤を用いて酸化すると化合物 I が得られた。

実験 8　化合物 I はベンゼンから合成したナトリウムフェノキシドを，高温・高圧の二酸化炭素と反応させ，希硫酸を作用させても得られた。

(1)　化合物 B の構造式を書け。
(2)　化合物 C の分子式を書け。
(3)　化合物 C, H の構造式を書け。
(4)　化合物 D の構造式を書け。
(5)　化合物 I の構造式を書け。
(6)　化合物 A の構造式を書け。

(14 東北大 改)

発展問題 level 1

□□□ **563 ▶ 油脂と界面活性剤** 次の問いに答えよ。

(1) 物質Aは脂肪酸とグリセリンがエステル結合した構造をもつ。A 1.49 g を完全に燃焼させると，二酸化炭素 4.07 g と水 1.62 g を生じた。A のヒドロキシ基を酸化するとケトンが生じた。また，A に十分な量の水酸化ナトリウムを加え加水分解し，その後酸性にしたところ，グリセリン，ステアリン酸 $CH_3(CH_2)_{16}COOH$ と，もう一種類の枝分かれをもたない脂肪酸B のみが生じた。

  (i) 脂肪酸Bの構造式を示せ。
  (ii) 物質Aの構造式を示せ。

(2) ステアリン酸のように長い炭素鎖をもつ脂肪酸のナトリウム塩は，水中では石けんとしてミセルを形成しやすいが，弱塩基性を示す。

　　グルタミン酸とステアリン酸それぞれ1分子を原料として合成され，水中でミセルを形成し，かつ弱酸性を示す物質Cを一つ提案し，構造式を示せ。

（グルタミン酸）　HOOC—$(CH_2)_2$—C(NH_2)(H)—COOH

（10 慶應大 改）

□□□ **564 ▶ 芳香族化合物の分離** 化合物AとBの混合物について，以下の操作を行った。

操作1　十分な量の水酸化ナトリウム水溶液を加えて加熱したところ，A，Bともに加水分解された。室温まで冷却すると，水溶液の表面に透明な液体の有機物Cが浮遊していた。Cをエーテルで抽出した。

操作2　操作1のあとの溶液に塩酸を少しずつ加えていくと，pH5付近で透明な液体の有機物Dが水溶液の表面に現れ，pH3付近から化合物Eの結晶が析出し始めた。pH1において，DとEをエーテルで抽出した。

(1) C～Eの構造式を記せ。

(2) 操作2で得られた抽出液には，Dが 4.70 g，Eが 18.3 g 含まれていることがその後の分析により判明した。最初の混合物中におけるAとBの物質量はそれぞれ何 mol か。また，得られた化合物Cの質量は何 g か。有効数字2桁で求めよ。　　　（千葉大 改）

原子量の概数値	H	C	N	O	Na	Mg	Al	Si	S	Cl	K	Ca	Fe	Cu	Zn	Ag	I	Pb
	1.0	12	14	16	23	24	27	28	32	35.5	39	40	56	63.5	65	108	127	207

6章 発展問題 level 2

1 マルコフニコフ則

プロペンのような非対称アルケンにハロゲン化水素(HX)が付加する場合，二重結合を形成している2つの炭素原子のうち，水素の結合数が多い炭素原子にハロゲン化水素由来の水素原子が付加しやすい。この法則を**マルコフニコフ則**という。たとえば，プロペンにHClが付加する場合の主生成物は，2-クロロプロパンになる。

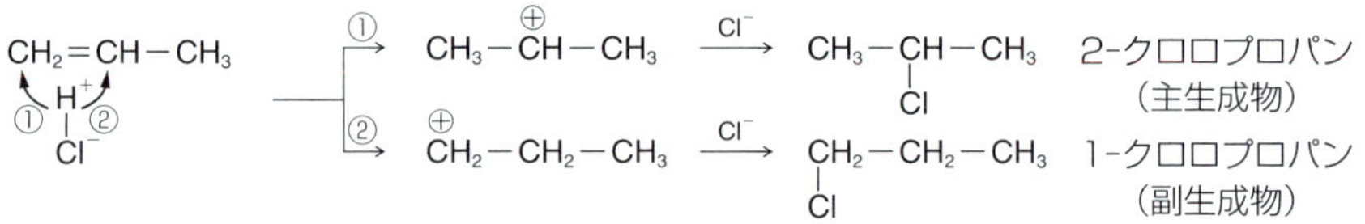

$CH_2=CH-CH_3$ ①→ $CH_3-\overset{+}{C}H-CH_3$ $\xrightarrow{Cl^-}$ $CH_3-CH(Cl)-CH_3$ 　2-クロロプロパン（主生成物）

②→ $\overset{+}{C}H_2-CH_2-CH_3$ $\xrightarrow{Cl^-}$ $CH_2(Cl)-CH_2-CH_3$ 　1-クロロプロパン（副生成物）

565 ▶ マルコフニコフ則 次の文章を読んで，化合物A〜C，G〜Lの構造式を記せ。なお，鏡像異性体を区別して記す必要はないが，不斉炭素原子が存在する場合には，不斉炭素原子に＊印をつけよ。

アルケンに対する塩化水素の付加反応は，以下の図に示すように進行する。まず，H^+ が二重結合の片方の炭素原子に結合する。その結果として，もう一方の炭素原子上に正電荷をもった炭素陽イオン(カルボカチオン)中間体が生成する。正電荷をもつ炭素原子に結合しているアルキル基が多いほど（水素原子が少ないほど），カルボカチオン中間体は安定である。そして，より安定なカルボカチオン中間体を経る生成物が優先して得られる。なお，酸性水溶液中での水の付加も，塩化水素の場合と同様の生成物が優先して得られる。

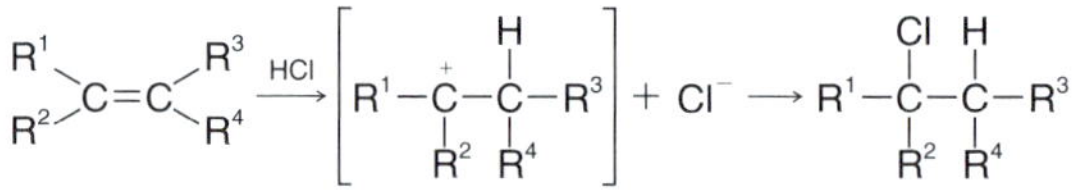

さて，分子式が C_5H_{10} で表されるアルケンには6種類の異性体(A〜F)があり，このうち，化合物A，B，Cの3種類は直鎖状構造をしている。Aを塩化水素と反応させたところ，2種の付加生成物GとHのうちGが優先して生成した。一方，BとCを塩化水素と反応させると，どちらからも化合物GとIが生成した。

$\underset{R^2}{\overset{R^1}{>}}C=C\underset{R^4}{\overset{R^3}{<}}$ $\xrightarrow{HCl}$ $\left[R^1-\overset{R^2}{\underset{}{\overset{+}{C}}}-\overset{H}{\underset{R^4}{C}}-R^3\right]$ $+ Cl^- \longrightarrow R^1-\overset{Cl}{\underset{R^2}{C}}-\overset{H}{\underset{R^4}{C}}-R^3$

カルボカチオン中間体

R^1, R^2, R^3, R^4 は，アルキル基または水素原子を示す。

次に，残りの3つの異性体D，E，Fに酸性条件下で水を付加させたところ，2種のアルコールJまたはK，あるいはその両方が主生成物として得られた。Jを二クロム酸カリウムの硫酸酸性水溶液で穏やかに酸化したところ，新しい中性の化合物Lが得られたが，Kは同じ条件では変化しなかった。また，Lはフェーリング液に対する反応が陰性だった。

(名大 改)

2 混成軌道

メタンCH_4のC原子では,まず,2s軌道の電子1個を電子が入っていない2p軌道に移動させて,4個の不対電子をつくり,さらに不対電子が存在する4つの軌道を混成することによって,同じエネルギーと形状をもつ4つの新しい軌道をつくる(図1)。

このように1つの2s軌道と3つの2p軌道を混成してつくられる軌道を sp^3 混成軌道という。sp^3 混成軌道は正四面体の各頂点方向に向いており,それぞれの混成軌道には1個ずつ不対電子が入るので,それらの不対電子が水素原子の1s軌道の電子と電子対をつくることによって,炭素原子と水素原子の間に共有結合が形成される。

図1 sp^3混成軌道の形成

エチレン$CH_2=CH_2$では,2s軌道1つと2p軌道2つを混成して,sp^2とよばれる新たな3つの軌道がつくられる。このようにしてつくられた3つの sp^2 混成軌道のエネルギーや形状は等しく,また,同一平面上にあって,互いに120°の角度をなす。

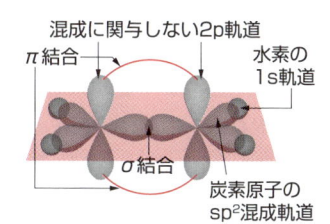

図2 エチレンの構造

エチレンでは,C原子の sp^2 混成軌道がC原子どうしで重なって,C−C結合を,H原子の1s軌道と重なってC−H結合をそれぞれつくる。このような結合を σ 結合という。一方,混成軌道に関与しないC原子の2p軌道は,側面で重なりあって別の結合をつくる。このように,混成軌道の考え方を用いると,エチレンの二重結合は sp^2 混成軌道による σ 結合と2p軌道による π 結合の2種類の共有結合からできている。

□□□**566** ▶ **混成軌道** 次の文章を読み,空欄に適する語句,記号,数値を下記から選べ。

炭素原子が化学結合をつくった状態では,基底状態における(ア)軌道の電子の(イ)個が(ウ)軌道に移動している。メタンでは,残された(イ)個の電子をもつ(ア)軌道と電子(エ)個をもつ(ウ)軌道のすべてが混成して,(オ)混成軌道とよばれる4個の等価な軌道をつくり,それらのおのおのと水素の(カ)軌道が重なって4個のC−H結合を形成し(キ)の分子となっている。

平面状構造をとっているエチレンでは,(ク)混成軌道をつくっている各炭素原子にはそれぞれ混成に関与していない(イ)個の(ウ)軌道があり,それらが重なって(ケ)結合をつくっている。この(ケ)結合のため,C−C結合軸のまわりの回転が制限され,1,2-二置換エチレンでは(コ)ができる。

(1) sp (2) sp^2 (3) sp^3 (4) 1 (5) 2 (6) 3 (7) 1s (8) 2s
(9) 2p (10) σ (11) π (12) 直線状 (13) 正四面体
(14) シス-トランス異性体 (15) 鏡像異性体

3 ザイツェフ則

ザイツェフは，アルカンのハロゲン化合物やアルコールから，脱離反応によって，アルケンが生成する際の経験則を発表している。このザイツェフ則によれば，アルコールの脱水反応によって2種類以上のアルケンが生成する可能性がある場合，下式に示すように，結合している水素原子の数がより少ない炭素原子から水素原子が奪われたアルケンが主生成物となる。

567 ▶ ザイツェフ則 硫酸を触媒として用いた2-ブタノールの脱水反応では（ア）と（イ）とが82：18の比率で得られる。ただし，前者の生成物には，（ウ）異性体が存在する。2-ブタノールの脱水反応を詳しく見てみよう。この反応は，①式に示すように，1)ヒドロキシ基の酸素原子と H^+ との結びつき，2)脱水によるカルボカチオンの生成，(a)3)アルケンの生成の3段階で進行する。このように，共通のカルボカチオンから3種類の生成物が得られる。この反応は可逆反応であり，温度が十分高ければ，生成物の比率は生成物の安定性の差によって決定される。

(1) 文中の(ア)〜(ウ)にあてはまる最も適切な語句および物質名を記せ。

論 (2) ①式の3段階目の反応（下線部(a)）における硫酸水素イオン（HSO_4^-）の働きをブレンステッド・ローリーの定義による酸・塩基の観点から簡単に述べよ。

(22 同志社大 改)

4 配向性

ベンゼンの一置換体にさらにニトロ基，ハロゲンなどの置換基を導入するとき，置換する位置は既存の置換基の影響を受ける。これを**置換基の配向性**とよぶ。

ニトロベンゼン　　o-ジニトロベンゼン (6%)　　m-ジニトロベンゼン (92%)　　p-ジニトロベンゼン (2%)

〔オルト・パラ配向性置換基〕　　　　　　　　　〔メタ配向性置換基〕

−NH₂　−OH　−OCH₃　−NHCOCH₃　　−NO₂　−CN　−SO₃H

−CH₃　−C₆H₅　−Cl　−Br　−I　　　　−CHO　−COCH₃　−COOH

ベンゼンの一置換体は次のようないくつかの構造をとり，安定化している。これを共鳴構造とよび，配向性の原因となっている。

①オルト・パラ配向性

ベンゼン環に電子を供与する。その結果，オルト位とパラ位の電子密度が増加するため，この位置の置換反応が起こりやすい。

②メタ配向性

ベンゼン環の電子を吸引する。その結果，オルト位とパラ位の電子密度が低下する。相対的に電子密度が大きいメタ位に置換反応が起こりやすくなる。

□□□**568** ▶ **配向性1**　ニトロ化においてメタ配向性を示さないベンゼンの一置換体を以下から1つ選び，番号で答えよ。

(1) ニトロベンゼン　(2) 安息香酸
(3) クロロベンゼン　(4) ベンゼンスルホン酸

(21 早大 改)

□□□**569** ▶ **配向性2**　図に示すニトロベンゼンを出発原料とする5-クロロ-2-ニトロアニリンの合成経路における化合物A，Bの構造式を書け。ただし，ベンゼンの2つの水素原子が置換された芳香族化合物の置換反応では，2つの置換基の配向性が一致する位置にある水素原子が置換されるものとする。

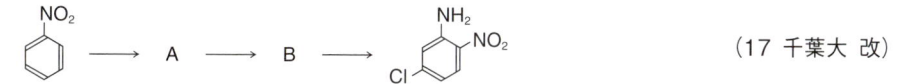

(17 千葉大 改)

26 糖

1 糖

◆1 **糖の分類**

分類	名称	還元性	加水分解の生成物
単糖 $C_6H_{12}O_6$	グルコース(ブドウ糖)	○	単量体のため加水分解しない
	フルクトース(果糖)	○	
	ガラクトース	○	
二糖 $C_{12}H_{22}O_{11}$	スクロース(ショ糖)	×	グルコース ＋ フルクトース
	ラクトース(乳糖)	○	グルコース ＋ ガラクトース
	マルトース(麦芽糖)	○	グルコース(2分子)
多糖 $(C_6H_{10}O_5)_n$	デンプン	×	グルコース
	セルロース	×	グルコース

◆2 **単糖** $C_6H_{12}O_6$

①**グルコース(ブドウ糖)** デンプンなどを加水分解して得られる。生体内のエネルギー源。還元性を示す。

②**フルクトース(果糖)** 果物, ハチミツなどに含まれる。ホルミル基をもたないが還元性を示す。

③**ガラクトース** ガラクタンを加水分解すると得られる。還元性を示す。鎖状構造のグルコース, フルクトース, ガラクトースは還元性をもち, 銀鏡反応, フェーリング液の還元を示す。

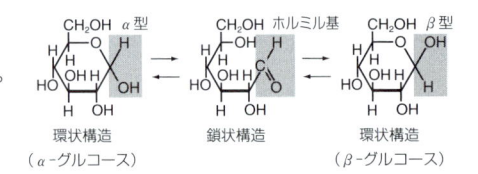

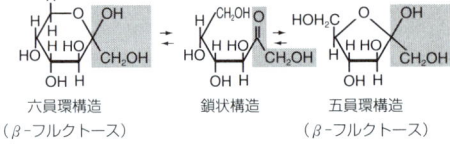

六員環構造はピラノース形, 五員環構造はフラノース形という。

④**アルコール発酵** 単糖は, 酵母(チマーゼ)により, エタノールと二酸化炭素に分解する。　$C_6H_{12}O_6 \longrightarrow 2C_2H_5OH + 2CO_2 + (エネルギー)$

◆3 **二糖** $C_{12}H_{22}O_{11}$　2分子の単糖が脱水縮合した構造。

①**スクロース(ショ糖)** 砂糖の主成分。サトウキビやテンサイに多く含まれる。還元性を示さない。

②**マルトース(麦芽糖)** デンプンを加水分解して得られる。水あめの主成分。還元性を示す。

③**ラクトース** 哺乳類の乳汁に含まれる。還元性を示す。

26 糖 — 415

◆**4 多糖** $(C_6H_{10}O_5)_n$　多数の単糖が脱水縮合した構造。

①**デンプン**　植物体内で光合成によってつくられる。米や小麦，いも類に多く含まれる。α-グルコースが脱水縮合した構造で，直鎖状のアミロースと枝分かれのあるアミロペクチンがある。還元性を示さず，ヨウ素デンプン反応で青紫色になる。

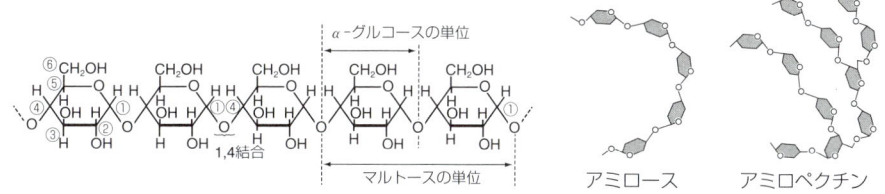

②**デキストリン**　デンプンはアミラーゼによって加水分解され，マルトースになる。加水分解を途中で止めると，種々の分子量の糖類が混在したデキストリンとなる。

$$\text{デンプン} \xrightarrow[\text{加水分解}]{\text{アミラーゼ}} \text{デキストリン} \xrightarrow{\text{加水分解}} \text{マルトース} \xrightarrow[\text{加水分解}]{\text{マルターゼ}} \text{グルコース}$$

③**グリコーゲン**　動物の体内にあるエネルギー貯蔵物質。アミロペクチンよりも枝分かれが多い構造をもち，ヨウ素デンプン反応で赤褐色を示す。

④**セルロース**　植物の細胞壁の主成分で，木綿，麻，ろ紙などはほぼ純粋なセルロースである。β-グルコースが脱水縮合した構造で，直線状に結合している。セルラーゼによって加水分解され，セロビオースになる。

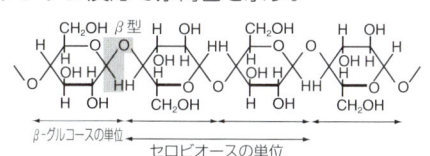

◆**5 セルロースの改質**

①**レーヨン（再生繊維）**　セルロースを溶媒に溶解後，凝固液中に引き出してつくる繊維。

　例：ビスコースレーヨン，銅アンモニアレーヨン

②**アセテート（半合成繊維）**　セルロースのヒドロキシ基をアセチル化し，トリアセチルセルロースとし，部分的に加水分解してつくる繊維。

$$[C_6H_7O_2(OH)_3]_n \xrightarrow[\text{無水酢酸}]{\text{アセチル化} \atop (CH_3CO)_2O} [C_6H_7O_2(OCOCH_3)_3]_n \xrightarrow{\text{加水分解}} [C_6H_7O_2(OH)(OCOCH_3)_2]_n$$
セルロース　　　　　　　　　　　　　トリアセチルセルロース　　　　　　　ジアセチルセルロース
　　　　　　　　　　　　　　　　　　　　　　　　　　　　　　　　　　　　（アセテート繊維）

③**トリニトロセルロース**　セルロースのヒドロキシ基を濃硝酸と濃硫酸の混酸により，エステル化したもの。火薬の原料である。

$$[C_6H_7O_2(OH)_3]_n + 3n\text{HONO}_2 \xrightarrow{\text{エステル化}} [C_6H_7O_2(ONO_2)_3]_n + 3n\text{H}_2\text{O}$$
セルロース　　　　　硝酸　　　　　　　　　　　トリニトロセルロース

7 高分子化合物

WARMING UP／ウォーミングアップ

次の文中の（　）に適当な語句・化学式・記号を入れよ。

1 グルコースの構造

グルコースは分子式(ア)で表され水溶液中において，環状のα型，β型，鎖状構造の3種が平衡状態にある。鎖状構造のグルコースは(イ)基をもつので還元性がある。

1
- (ア) $C_6H_{12}O_6$
- (イ) ホルミル
- (ウ) H　(エ) OH
- (オ) OH　(カ) CHO
- (キ) OH
- (ク) H

2 二糖

マルトースは二分子のα-グルコースが(ア)した構造をもつ。また，スクロースはα-グルコースと(イ)が(ア)した構造をもつ。単糖の間に生じる結合を(ウ)という。マルトースは還元性を示(エ)が，スクロースは還元性を示(オ)。

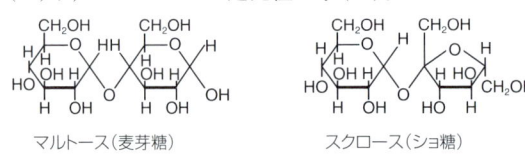

2
- (ア) 脱水縮合
- (イ) β-フルクトース
- (ウ) グリコシド結合
- (エ) す
- (オ) さない

3 多糖

植物体内で光合成によってつくられる(ア)には，直鎖状の(イ)と，枝分かれのある(ウ)の2種類が存在する。デンプン水溶液にヨウ素ヨウ化カリウム水溶液を加えると(エ)色を呈する。
一方，植物の細胞壁の主成分であるセルロースは，(オ)が直鎖状に縮合重合した構造をしている。

3
- (ア) デンプン
- (イ) アミロース
- (ウ) アミロペクチン
- (エ) 青紫
- (オ) β-グルコース

基本例題 112　糖の分類　　　　基本 ➡ 570, 571, 572

次の(ア)～(オ)にあてはまる糖類を，下の①～⑥よりすべて選べ。
- (ア) 単糖である。　(イ) 二糖である。　(ウ) 還元性を示す。
- (エ) ヨウ素ヨウ化カリウム水溶液を加えると青紫色を呈する。
- (オ) 希硫酸で完全に加水分解すると，グルコースだけを生じる。

① グルコース(ブドウ糖)　② フルクトース(果糖)　③ スクロース(ショ糖)
④ マルトース(麦芽糖)　⑤ デンプン　⑥ セルロース

● エクセル　主要な糖類の分類の構造と性質を整理しよう。
フェーリング液の還元による還元性の確認が重要。

単糖は①・②，二糖は③・④，多糖は⑤・⑥である。
スクロースは，α-グルコースとβ-フルクトースが脱水縮合した二糖で，デンプンはα-グルコースから，セルロースはβ-グルコースからなる多糖である。

単糖と二糖の多くは還元性を示すが，二糖であるスクロースは還元性を示さない。

●グルコース（鎖状） ← 還元性示す

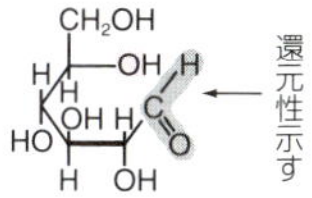

●スクロース ← 還元性示さない

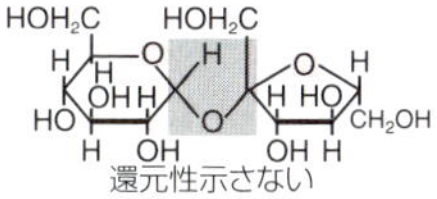

解答
(ア) ①, ② (イ) ③, ④ (ウ) ①, ②, ④
(エ) ⑤ (オ) ④, ⑤, ⑥

基本問題

□□□ **570** ▶ **単糖** 次の文章を読み，下の問いに答えよ。

グルコースは，水溶液中では環状構造と鎖状構造が一定の割合で平衡を保ちながら存在する。例として，グルコース（ブドウ糖）の平衡を下図に示す。

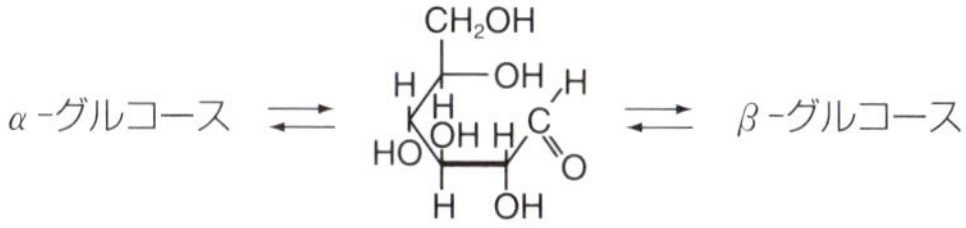

α-グルコース ⇌ 鎖状構造 ⇌ β-グルコース

いずれの単糖類においても，鎖状構造には還元性を示す部位が存在する。そのため，単糖類の水溶液はアンモニア性硝酸銀水溶液によって銀を析出させる（ ア ）反応を示し，また，（ イ ）液を還元して赤色の（ ウ ）の沈殿を生じる。鎖状構造のグルコースが環状構造に変わるとき，（ エ ）位の炭素につくヒドロキシ基の配置の違いによってα型とβ型の（ オ ）ができる。

(1) 文中の(ア)〜(オ)に適当な語句・数値を入れよ。
(2) 図の鎖状構造にならい，α型，β型のグルコースの構造を記せ。
(3) α-ガラクトースはα-グルコースの立体異性体で，4位の炭素原子に結合する−OHの配置が異なっている。α-ガラクトースの構造を記せ。
(4) フルクトースは，水溶液中で次のような3つの構造を含む平衡状態となる。図の(カ)，(キ)に適当な化学式を入れよ。

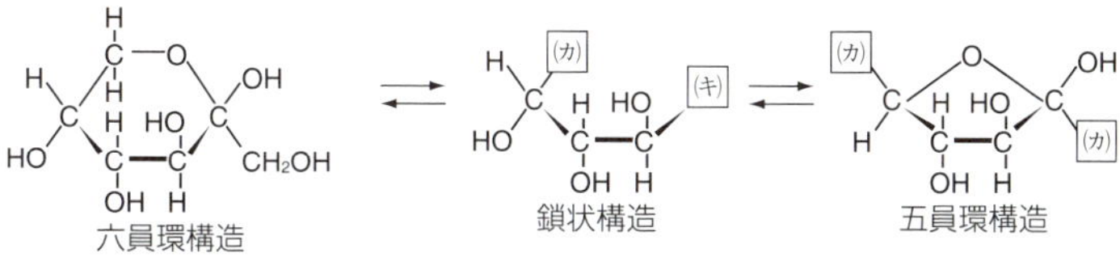

六員環構造 ⇌ 鎖状構造 ⇌ 五員環構造

571 ▶ 二糖
次の二糖について，下の(1)〜(3)に答えよ。

スクロース　マルトース　セロビオース　ラクトース　トレハロース

(1) それぞれの二糖にあてはまる文を①〜⑤より，構造をA〜Eより選べ。
① 2分子のα-グルコースが，1位と4位の炭素間で脱水縮合してできた二糖。水あめの主成分。
② 2分子のα-グルコースが，1位の炭素間で脱水縮合してできた二糖。
③ α-グルコースとβ-フルクトースでできた二糖。サトウキビに多く含まれる。
④ β-グルコースとα-またはβ-グルコースが，1位と4位の炭素間で脱水縮合してできた二糖。
⑤ β-ガラクトースとα-またはβ-グルコースでできた二糖。哺乳類の乳汁に含まれる。

(2) 上記の二糖のうち，還元性を示すものをすべて選べ。
(3) マルトースを加水分解すると，2分子のグルコースが生じる。この反応を化学反応式で表せ。

572 ▶ 多糖
次の文章を読み，下の問いに答えよ。

デンプンとセルロースは，多数の単糖が縮合重合した化合物で，その重合度をnとすると分子式は（ ア ）と表せる。デンプンは（ イ ）型のグルコースが多数結合している多糖類である。デンプンは食物として摂取されると，消化液中の酵素（ ウ ）によって二糖類の（ エ ）に，さらに酵素（ オ ）によってグルコースに加水分解されて吸収される。吸収されたグルコースの一部は（ カ ）となって肝臓や筋肉などに蓄えられる。セルロースは（ キ ）型のグルコースが多数結合している多糖で，植物の細胞壁の主成分である。セルロースは直鎖状で，分子間に（ ク ）結合が働いているため，丈夫な繊維となる。セルロースを酵素（ ケ ）で加水分解すると，二糖の（ コ ）となる。

(1) 文中の( )にあてはまる語句を入れよ。
(2) デンプンの加水分解の途中で，デンプンより分子量が小さい多糖の混合物となる。これらを何とよぶか。
(3) 次の図 A はデンプン，B はセルロースの構造を示す。それぞれの図中で二糖(エ)，(コ)の単位を点線で囲め。

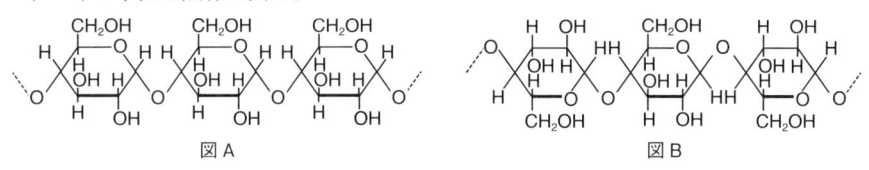

図 A   図 B

□□□**573**▶ **セルロースの誘導体** セルロースから得られる繊維についての①〜④の文章を読み，下の問いに答えよ。

① セルロースを化学的に処理すると，粘性のある(ア)とよばれる溶液が得られる。これを希硫酸中に押し出して繊維状にしたものは(イ)とよばれ，さらに膜状にしたものは(ウ)とよばれる。

② セルロースを水酸化銅(Ⅱ)に濃アンモニア水を加えた溶液に溶かし，これを希硫酸中に押し出して繊維状にしたものは(エ)とよばれる。①や②のような繊維を(オ)繊維という。

③ セルロースに無水酢酸，酢酸および濃硫酸を作用させると，トリアセチルセルロースが得られる。トリアセチルセルロースにあるエステル結合の一部を穏やかな条件で加水分解し，アセトンなどの溶媒に可溶な高分子にして紡糸した繊維を(カ)という。(カ)のように，天然繊維の官能基の一部を化学的に変化させてつくった化学繊維を(キ)繊維という。

④ セルロースに(ク)と濃硫酸を作用させると，セルロース分子中の全ての(ケ)基が(コ)されたトリニトロセルロースが生じる。これは(サ)の原料となる。

(1) 文中の(ア)〜(キ)にあてはまる最も適切な語句を下から選べ。
　(a) アクリル　(b) アセテート　(c) セロハン　(d) 銅アンモニアレーヨン
　(e) ナイロン　(f) ビニロン　(g) ビスコース　(h) ビスコースレーヨン
　(i) 合成　(j) 半合成　(k) 再生

(2) 文中の(ク)〜(サ)に適切な語句を入れよ。

(3) セルロースの示性式を$[C_6H_7O_2(OH)_3]_n$と表すとき，トリアセチルセルロースとトリニトロセルロースの示性式を示せ。

(19 九大 改)

応用例題 113　デンプンの反応　　応用 ➡ 575, 576

(1) 平均分子量 4.86×10^5 のデンプンは平均何個のグルコース単位で構成されているか。
(2) デンプン 100 g から，何 g のグルコースが得られるか。整数で求めよ。

● エクセル　グルコースが脱水（縮合重合）して多糖類に
　　　　　　α-グルコース ⟶ デンプン，β-グルコース ⟶ セルロース

解説

(1) 多糖類は分子式を $(C_6H_{10}O_5)_n$ と表せ，その分子量は $162n$ である。したがって，平均重合度 n は，
$$n = \frac{4.86 \times 10^5}{162} = 3.00 \times 10^3$$

(2) デンプンの加水分解の反応式は以下のとおりである。
$$(C_6H_{10}O_5)_n + nH_2O \longrightarrow nC_6H_{12}O_6$$
デンプン 100 g は $\frac{100}{162n}$ mol であり，デンプン 1 mol からグルコース（分子量 180）が n mol 得られるので，
$$\frac{100}{162n} \text{ mol} \times n \times 180 \text{ g/mol} \fallingdotseq 111 \text{ g}$$

(1) デンプンの構造は，繰り返し単位の分子式に注目する。
(2) 両辺の分子量を比較する。デンプンは $162n$，グルコース n 個の分子量の総和は $180n$ なので，$\frac{180}{162}$ 倍重くなる。

解答　(1) 3.00×10^3　(2) 111 g

応用問題

□□□ **574** ▶ **二糖の還元性**　次の(1)，(2)に答えよ。

(1) 文中の(ア)〜(カ)に適当な語句・酸化数・化学式を入れよ。
　　単糖および一部の二糖の水溶液にフェーリング液を加え加熱すると，化学式(ア)で表される(イ)色の沈殿が生成する。このとき，単糖のホルミル基が(ウ)基になり，銅の酸化数は(エ)から(オ)になる。これはホルミル基が(カ)性をもつためである。

(2) スクロースとマルトースを，物質量比 1 : 2 で含む水溶液がある。この溶液を 3 等分して実験 A〜C を行った。その後，それぞれにフェーリング液の還元を行い，生成した沈殿の量を比較した。
　　実験 A　酵素マルターゼを加えて適温に保ち，マルトースを加水分解した。
　　実験 B　酵素インベルターゼを加えて適温に保ち，スクロースを加水分解した。
　　実験 C　希硫酸を加えて 1 時間加熱したあと，中和した。
　　実験 A〜C で生成する沈殿の量の比を，簡単な整数比で表せ。ただし，還元性を示す糖 1 mol あたり，沈殿 1 mol が生成するものとする。

□□□**575** ▶ **シクロデキストリン** 単糖が6～8分子縮合したシクロデキストリンとよばれる環状の分子が存在する。シクロデキストリンの一種である α-シクロデキストリンは，ある単糖が6分子縮合した化合物であり，その構造は図に示すとおりである。
(1) α-シクロデキストリンを希硫酸中で長時間加熱して生じる単糖の名称を記せ。
(2) α-シクロデキストリンの分子量を有効数字3桁で求めよ。
(3) 10.0 g の α-シクロデキストリンを完全に加水分解すると，単糖は何 g 得られるか。

□□□**576** ▶ **デンプンの加水分解** デンプン水溶液を酵素 A および酵素 B によって順に加水分解したとき，その過程で生成する物質は右のように示すことができる。

デンプン →(酵素A)→ デキストリン →(酵素A)→ マルトース →(酵素B)→ グルコース

(1) 酵素 A と B の名称を記せ。
(2) 100 g のデンプンが酵素 A の働きで完全にマルトースになったとすると，マルトースは何 g 得られるか。
(3) 100 g のデンプンから生じたマルトースを，酵素 B の働きでグルコースまで完全に加水分解した溶液にフェーリング溶液を加え加熱したとき，酸化銅(I)の赤色沈殿は何 g 得られるか。ただし，グルコース 1 mol から酸化銅(I) 1 mol が定量的に生成するものとする。
論(4) マルトースと同じ二糖類に属し，フルクトースとグルコースよりなる糖は，フェーリング液を還元しない。この糖の名称と，還元性を示さない理由を答えよ。

□□□**577** ▶ **セルロースの反応** 次の文章を読み，(ア), (イ)に適当な記号・数値を入れよ。また，下の(1), (2)に答えよ。

セルロースは(ア)-グルコースが縮合重合したもので，その立体構造と重合度の違いから，デンプンとはその性質が異なる。セルロースを構成するグルコースには，グルコース単位1つにつき(イ)個のヒドロキシ基があり，酸とエステルをつくる。
(1) セルロースを混酸と十分に反応させて得られる高分子化合物の名称をあげよ。また，セルロース 18 g から，この高分子化合物は何 g 得られるか。
(2) セルロースに酢酸と無水酢酸および少量の濃硫酸を作用させて，トリアセチルセルロースにする。セルロース 18 g から，トリアセチルセルロースは何 g 得られるか。

原子量の概数値	H	C	N	O	Na	Mg	Al	Si	S	Cl	K	Ca	Fe	Cu	Zn	Ag	I	Pb
	1.0	12	14	16	23	24	27	28	32	35.5	39	40	56	63.5	65	108	127	207

27 アミノ酸とタンパク質・核酸

1 アミノ酸

◆1 **α-アミノ酸** $H_2N-CHR-COOH$

①**構造** 同一の炭素原子にアミノ基-NH_2 とカルボキシ基-$COOH$ が結合した両性化合物。天然には約20種類存在する。グリシン以外は不斉炭素原子が存在する。

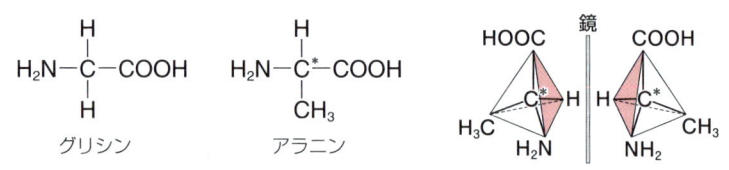

グリシン　アラニン　鏡

②**双性イオン** 塩基性を示すアミノ基と酸性を示すカルボキシ基がともに存在するので、結晶中や水溶液中では双性イオンとして存在する。また、水溶液中では陰イオン、双性イオン、陽イオンが平衡状態にあり、pHによって各イオンの存在比率が変化する。

$$R-CH(NH_2)-COO^- \underset{OH^-}{\overset{H^+}{\rightleftarrows}} R-CH(NH_3^+)-COO^- \underset{OH^-}{\overset{H^+}{\rightleftarrows}} R-CH(NH_3^+)-COOH$$

（塩基性溶液中）　双性イオン　（酸性溶液中）

③**等電点** 水溶液中のアミノ酸の正と負の電荷が等しくなるpH。

④**アミノ酸の反応**

エステル ← エステル化(CH_3OH) ― アミノ酸 ― アセチル化((CH_3CO)_2O) → アミド

⑤**検出** アミノ酸にニンヒドリン溶液を加えると赤紫色になる（ニンヒドリン反応）。

◆2 **ペプチド結合** 2分子のアミノ酸が縮合してできたものをジペプチド、このときできた結合をペプチド結合という。また、多数のアミノ酸が縮合してできたものをポリペプチドという。

ジペプチド

ポリペプチド

2 タンパク質

◆1 **タンパク質** さまざまな α-アミノ酸が多数縮合してできた高分子化合物。多数のペプチド結合をもつため、ポリペプチドともよばれる。

◆2 **構造** タンパク質は分子間力などによって複雑な構造をもつ。

①**ジスルフィド結合** 2組の−SHが、共有結合することにより生成する、−S−S−結合。毛髪は、システインがジスルフィド結合をつくることにより安定化している。下図は、パーマのしくみを表したものである。

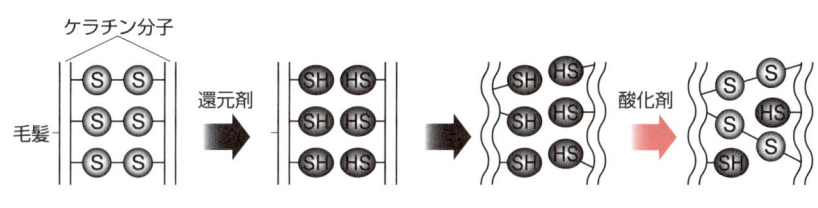

②**構造**

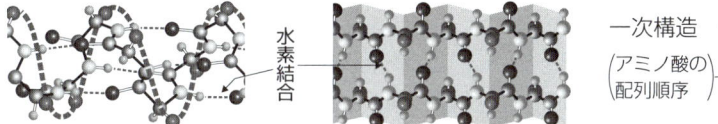

一次構造 → 二次構造
(アミノ酸の配列順序) → 二次構造が決定

らせん構造　ジグザグ構造
三次構造　　　　　　　　　　　四次構造

二次構造が立体的に重なりあって三次構造をつくる。
三次構造が立体的に集まり四次構造になる。
タンパク質の立体構造が生体内反応に深く関係する。

③**性質** 加熱、酸、アルコール、重金属イオンなどによって立体構造が変化し凝固する。これを**タンパク質の変性**という。

④**検出**
・濃硝酸を加えて加熱すると**黄色**になり、さらに NH_3 水を加えると橙黄色に変色する(**キサントプロテイン反応**)。タンパク質中のベンゼン環のニトロ化による。
・NaOH水溶液と硫酸銅(Ⅱ)水溶液を加えると**赤紫色**になる(**ビウレット反応**)。
・NaOHを加えて加熱後、酢酸鉛(Ⅱ)水溶液を加えると**黒色**になる(Sを含むもの)。
・固体のNaOHを加えて加熱すると NH_3 が発生する。

◆3 **酵素** タンパク質などから構成され、生体内化学反応の触媒として働く。

①**最適pH** 最も高い触媒作用を示すpH。
②**最適温度** 最も高い触媒作用を示す温度。人体では36〜37℃。
③**基質特異性**(特定の基質にのみ作用)

3 核酸

◆1 **核酸** DNA(デオキシリボ核酸)，RNA(リボ核酸)がある。生命維持に必須であると同時に，生物の遺伝情報を次の世代に伝える重要な有機化合物。

① **DNA** 二重らせん構造をとり，塩基配列により遺伝情報を有している。

② **RNA** DNAの遺伝情報を写す。また，タンパク質合成のためアミノ酸を運ぶ。

③ **ヌクレオチド** リン酸，塩基，糖で構成されている。多数のヌクレオチドが結合することで核酸ができる。

核酸	リン酸	糖(五炭糖)
DNA (デオキシリボ核酸)	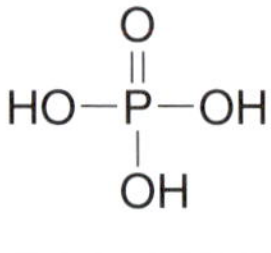 HO-P(=O)(OH)-OH	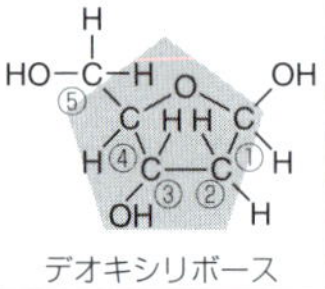 デオキシリボース
RNA (リボ核酸)	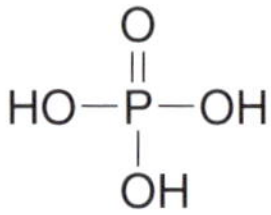 HO-P(=O)(OH)-OH	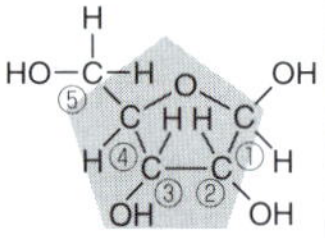 リボース

核酸	共通の塩基			固有の塩基
DNA (デオキシリボ核酸)	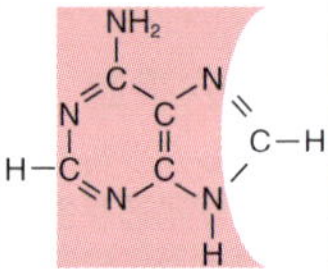 アデニン(A)	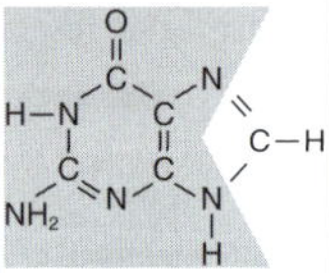 グアニン(G)	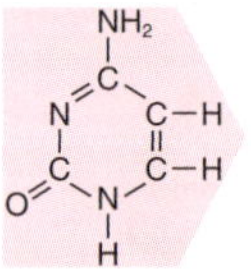 シトシン(C)	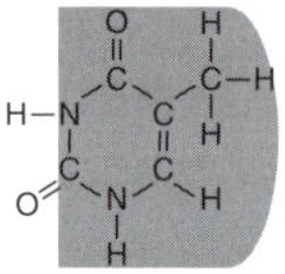 チミン(T)
RNA (リボ核酸)	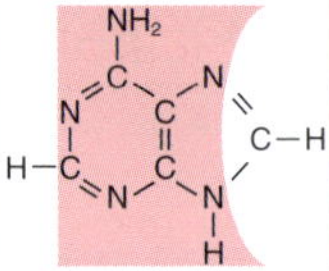 アデニン(A)	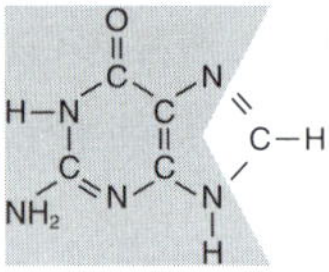 グアニン(G)	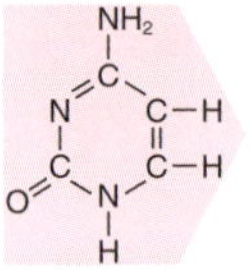 シトシン(C)	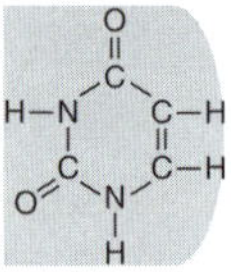 ウラシル(U)

④ **DNAの構造**

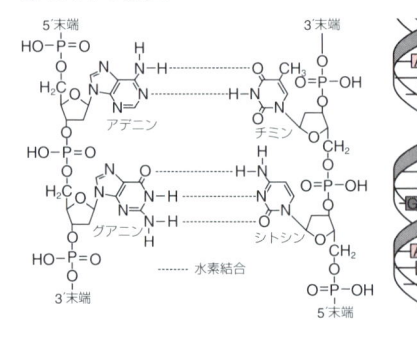

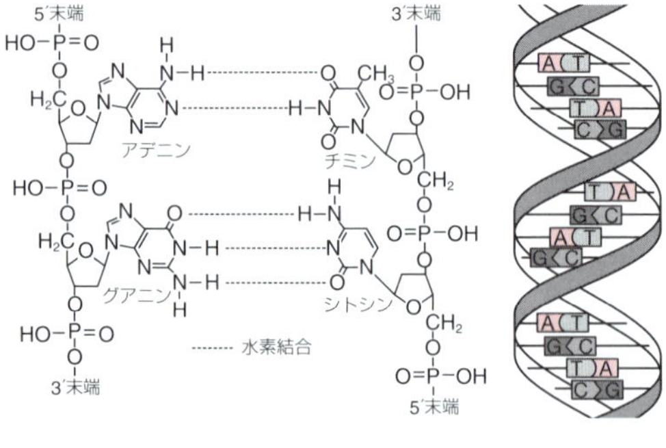

⑤ **伝令 RNA**

伝令RNAは1本のヌクレオチド鎖が直線に伸びたもの。DNAの塩基配列の情報を読み取る。3つの塩基でアミノ酸を指定する。

DNAは2本のヌクレオチド鎖の塩基部位がA(アデニン)-T(チミン)，C(シトシン)-G(グアニン)でそれぞれ水素結合をして二重らせん構造を形成している。

27 アミノ酸とタンパク質・核酸 — 425

WARMING UP／ウォーミングアップ

次の文中の( )に適当な語句・化学式・記号を入れよ。

1 アミノ酸とタンパク質

1分子中に(ア)基と(イ)基の両方をもつ化合物をアミノ酸という。α-アミノ酸は一般に構造式(ウ)で表され, (エ)を除いてすべて不斉炭素原子をもつ。

2分子のアミノ酸が脱水縮合して得られる化合物を(オ)といい, このとき形成される—CO—NH—のアミド結合をとくに(カ)結合という。多数のアミノ酸が(カ)結合でつながったものを(キ)といい, タンパク質もその1つである。

タンパク質を加熱したり, 酸や塩基を加えたりすると凝固する。この現象を(ク)という。

1
(ア) カルボキシ
(イ) アミノ
(ウ) $NH_2-CH-COOH$
       $\quad\quad\ |$
       $\quad\quad R$
(エ) グリシン
(オ) ジペプチド
(カ) ペプチド
(キ) ポリペプチド
(ク) 変性

2 酵素

酵素は生体内で触媒の働きをするタンパク質である。酵素が働きかける物質を(ア)といい, 特定の(ア)とのみ反応する酵素の性質を(イ)という。また, 酵素にはその働きが最も活発になる最適の(ウ)と(エ)がある。

2
(ア) 基質
(イ) 基質特異性
(ウ)・(エ) 温度・pH

3 核酸

核酸には(ア)(DNA)と(イ)(RNA)とがある。核酸は糖とリン酸のエステルで, その糖の部分に(ウ)が共有結合した構造をもつ。(ウ)はそれぞれ4種類で構成されており, DNAはアデニン, (エ), グアニン, シトシン, RNAでは(エ)が(オ)に置き換わる。

3
(ア) デオキシリボ核酸
(イ) リボ核酸
(ウ) 塩基
(エ) チミン
(オ) ウラシル

基本例題 114　アミノ酸の構造　　　　　　　　　　　　　基本 ⇒ 578,579

α-アミノ酸は, 酸性を示す(ア)基と塩基性を示す(イ)基が同一の炭素原子に結合した化合物であり, 天然に約20種類が存在する。これらのうち, いちばん分子量が小さいものが(ウ)で, 鏡像異性体は存在しない。鏡像異性体が存在する, 最も分子量の小さいものは(エ)である。α-アミノ酸は室温では(オ)体で, 一般の有機化合物よりも融点が高く, 水に溶けやすいものが多い。<u>多数のα-アミノ酸が縮合重合して</u>できた高分子化合物を一般にポリペプチドという。

(1) 文中の(ア)〜(オ)に適当な語句を入れよ。
(2) 下線部で形成される結合を何というか。

●エクセル　アミノ酸はカルボキシ基とアミノ基をもつ。

アミノ酸の構造	グリシン(R=H)	アラニン(R=CH₃)
NH₂-CH-C-OH 　　|　| 　　R　O	NH₂-CH₂-C-OH 　　　　| 　　　　O	NH₂-CH-C-OH 　　|　| 　　CH₃　O

▶アミノ酸の縮合

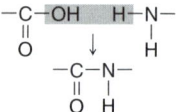

-C-OH　H-N-
‖　　　　　\|
O　　　　　H
　　↓
-C-N-
‖　\|
O　H

アミノ酸間のアミド結合をペプチド結合という。

約20種類あるα-アミノ酸のうち，フェニルアラニンやメチオニンなどは，ヒトの体内で合成されないか合成されにくいため，必須アミノ酸とよばれる。

α-アミノ酸のカルボキシ基とアミノ基で縮合してできたアミド結合がペプチド結合である。

解答
(1) (ア) カルボキシ　(イ) アミノ　(ウ) グリシン
　　(エ) アラニン　(オ) 固
(2) ペプチド結合

基本問題

578 ▶ α-アミノ酸1　タンパク質を構成するα-アミノ酸は約20種類が知られており，Rを側鎖として図1のように表すことができる。(ア)を除くα-アミノ酸は不斉炭素原子をもつためL体とD体の鏡像異性体が存在するが，生体内ではほとんど(イ)体が使われている。また，9種類のα-アミノ酸はヒト体内では合成できないため，食物から摂取しなければならず，(ウ)アミノ酸といわれる。

図1

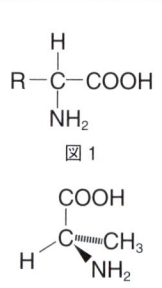

図2　D体のアラニン

(1) 文中の(ア)～(ウ)に適当な語句を答えよ。
(2) 図2は，D体のアラニンを表している。L体の構造を図2にならって記せ。ただし，◀は紙面の手前，||||||は紙面の向こう側を示している。

579 ▶ α-アミノ酸2　次の(ア)～(ケ)のα-アミノ酸について，下の問いに答えよ。
　(ア) グリシン　　　(イ) システイン　　　(ウ) チロシン
　(エ) グルタミン酸　(オ) リシン　　　　　(カ) セリン
　(キ) アラニン　　　(ク) フェニルアラニン　(ケ) メチオニン
(1) α-アミノ酸(ア)の構造式を記せ。
(2) 分子量89のα-アミノ酸を選べ。また，このα-アミノ酸の構造式を答えよ。
(3) 第二のカルボキシ基を側鎖の中にもつ酸性アミノ酸を選べ。
(4) 第二のアミノ基を側鎖の中にもつ塩基性アミノ酸を選べ。
(5) ベンゼン環を含むα-アミノ酸を選べ。
(6) S原子を含むα-アミノ酸を選べ。

27 アミノ酸とタンパク質・核酸── 427

□□□**580 ▶ アミノ酸の性質**　グリシンを水に溶かし，塩酸を加えてから水酸化ナトリウム水溶液で滴定すると，図のような滴定曲線が得られる。点線で示したpH＝6.0付近では，グリシンはほとんど（ A ）の形をとっており，（ ア ）イオンとよばれる。特に，アミノ基とカルボキシ基の両者の電離度が等しく，アミノ酸の電荷が全体でゼロとなるpHのことを（ イ ）とよぶ。

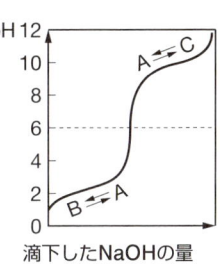

酸性溶液中では，グリシンはほとんど（ B ）の形をとり，（ ウ ）イオンとして存在する。一方，塩基性溶液中では，グリシンは（ C ）の形をとり，（ エ ）イオンとして存在する。

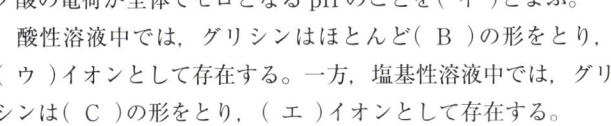

(1)　文中の(ア)～(エ)に適当な語句を入れよ。
(2)　(A)～(C)の構造式を答えよ。

□□□**581 ▶ ポリペプチド1**　次の問いに答えよ。
(1)　グリシン2分子，アラニン1分子からなるトリペプチドの分子式を求めよ。
(2)　分子量Mのα-アミノ酸がX個縮合重合してできた鎖状のポリペプチドの分子量をM，Xを用いた文字式で表せ。なお，水の分子量は18とする。

□□□**582 ▶ ポリペプチド2**　次の問いに答えよ。
(1)　グリシンとアラニンからなる直鎖状ジペプチドには，何種類の構造が考えられるか答えよ。ただし，鏡像異性体は考えないものとする。
(2)　グリシン，アラニン，フェニルアラニンからなる直鎖状トリペプチドには，何種類の構造が考えられるか答えよ。ただし，鏡像異性体は考えないものとする。
(3)　グリシンとグルタミン酸からなる直鎖状ジペプチドには，何種類の構造が考えられるか答えよ。ただし，鏡像異性体は考えないものとする。

□□□**583 ▶ タンパク質の構造**　次の文章中の(ア)～(オ)に適当な語句を入れよ。

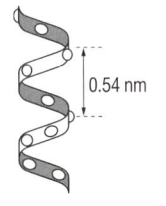

タンパク質は，多数のα-アミノ酸が（ ア ）結合によってつながったポリペプチド鎖である。α-アミノ酸の配列順序のことをタンパク質の一次構造とよぶ。（ ア ）結合中のN－Hと他の（ ア ）中のC＝O間では（ イ ）結合が形成される場合があり，これにより（ ウ ），（ エ ）などの二次構造が安定化されている。（ ウ ）は，図のように平均3.6個のアミノ酸を1巻きの単位とする時計回り（右巻き）のらせん構造をしている。

また，システインの側鎖は酸化されやすく，（ オ ）結合とよばれる共有結合をつくりタンパク質の立体構造をつくっている。このようにポリペプチド鎖が複雑に折れ曲がってできあがる構造を三次構造とよぶ。

(三重大 改)

584 ▶ タンパク質の分類
次の文章中の(ア)〜(カ)に適当な語句を入れよ。

タンパク質のうち，加水分解によりα-アミノ酸だけが得られるものを(ア)タンパク質といい，卵白に含まれるアルブミン，爪や髪の毛，羊毛に含まれるケラチンなどがある。これに対して，α-アミノ酸以外に，糖，リン酸，色素なども得られるタンパク質を(イ)タンパク質といい，牛乳に含まれるカゼイン，血液中の(ウ)などがある。

また，タンパク質はポリペプチド鎖の形状により(エ)状タンパク質，(オ)状タンパク質に分類することができる。(エ)状タンパク質はポリペプチド鎖が球状に丸まっていて，アルブミンや(ウ)などがある。(オ)状タンパク質はポリペプチド鎖が束状になっていて，絹に含まれる(カ)などがある。

(国立大 改)

585 ▶ タンパク質の検出
次の文中の(ア)〜(オ)に語句，(カ)，(キ)にイオンの化学式を入れ，②〜④の反応名を答えよ。

① タンパク質水溶液は，熱・酸・塩基・重金属イオン・有機溶媒などの作用で，凝固したり沈殿したりする。これをタンパク質の(ア)という。
② タンパク質水溶液に(イ)水溶液を加えて温めると，赤紫〜青紫色を呈する。
③ アミノ酸3分子以上からなるポリペプチドの水溶液に，薄い水酸化ナトリウム水溶液と薄い硫酸銅(II)水溶液を少量加えると，赤紫色に呈色する。
④ タンパク質水溶液に濃硝酸を加えて加熱すると，黄色になる。冷却後，(ウ)水を加えて塩基性にすると橙黄色になる。タンパク質を構成するアミノ酸のうち，チロシンなどに含まれるベンゼン環が(エ)化されるためである。
⑤ タンパク質に水酸化ナトリウムを加えて加熱し，生じる気体に赤色(オ)試験紙を近づけると青くなる。タンパク質が分解されて(ウ)が生成するためである。
⑥ 硫黄原子を含むタンパク質水溶液に，水酸化ナトリウム水溶液を加えて加熱した後，酢酸鉛(II)水溶液を加えると黒色沈殿が生じる。成分元素の硫黄から生成した(カ)が，(キ)と反応して硫化鉛(II)を生成するためである。

(21 石川県立大 改)

586 ▶ 酵素
次の文中の(ア)〜(オ)にあてはまる適切な語句を書け。

酵素は，多数のアミノ酸でできたタンパク質を主体とした高分子化合物である。酵素が触媒として作用する物質を(ア)といい，(ア)が酵素の活性中心に結合することにより，触媒反応が進行する。酵素はそれぞれに特有で複雑な立体構造をつくって生体内で機能しているが，立体構造の維持にペプチド結合の >N−H と >C=O との間の(イ)結合が重要な役割を果たしている。また，システインの側鎖間の(ウ)結合が立体構造の維持に重要な場合もみられる。酵素の立体構造はpHによって変化するため，酵素ごとに最もよく働くpHがある。これを(エ)pHという。酵素に熱などを作用させると，立体構造を保っている(イ)結合などが切れ，分子の形状が変化する。これを(オ)といい，これにより活性中心の構造が大きく変化すると，酵素は(ア)を受け入れることができなくなり，活性を失う。

(21 和歌山県立医科大 改)

□□□ **587** ▶ **核酸** 次の文中の(ア)〜(ケ)にあてはまる語句または物質名を答えよ。

　生物の細胞には核酸とよばれる高分子化合物が存在する。この核酸にはデオキシリボ核酸(DNA)とリボ核酸(RNA)の2種類があり，いずれも糖(五炭糖)，(ア)，塩基からなる(イ)が(ウ)結合により鎖状に縮合重合してできた高分子化合物である。DNAの構成塩基は，(エ)，グアニン(G)，シトシン(C)，(オ)の4種類で，RNAの構成塩基は，(エ)，グアニン(G)，シトシン(C)がDNAと共通で，(オ)の代わりに(カ)が含まれる。また，DNAを構成する糖は(キ)，RNAを構成する糖は(ク)である。DNAは2本の分子間の塩基どうしで水素結合をつくり，(ケ)構造を形成している。
　　　　　　　　　　　　　　　　　　(20 山陽小野田市立山口東京理科大 改)

応用例題 115　アミノ酸の平衡　　　　　　　　　　　応用 ➡ 588

アミノ酸のグリシンは次のように2段階の平衡がなりたっている。
$$^+H_3N-CH_2-COOH \rightleftharpoons {}^+H_3N-CH_2-COO^- + H^+ \quad \cdots\cdots ①$$
$$^+H_3N-CH_2-COO^- \rightleftharpoons H_2N-CH_2-COO^- + H^+ \quad \cdots\cdots ②$$

グリシンの陽イオン $^+H_3N-CH_2-COOH$ と陰イオン $H_2N-CH_2-COO^-$ の濃度が等しいときのpHを，グリシンの等電点という。①，②式の電離定数 K_1, K_2 の値をそれぞれ，$K_1 = 4.0 \times 10^{-3}$ mol/L, $K_2 = 2.5 \times 10^{-10}$ mol/L とすると，グリシンの等電点の値を求めよ。

●**エクセル**　等電点では，$[H^+] = \sqrt{K_1 \cdot K_2}$

解説　等電点では $[{}^+H_3N-CH_2-COOH] = [H_2N-CH_2-COO^-]$ がなりたっている。電離定数 K_1, K_2 の積を求めると，

$$K_1 \cdot K_2 = \frac{[{}^+H_3N-CH_2-COO^-][H^+]}{[{}^+H_3N-CH_2-COOH]} \times \frac{[H_2N-CH_2-COO^-][H^+]}{[{}^+H_3N-CH_2-COO^-]}$$

$$= \frac{[H_2N-CH_2-COO^-][H^+]^2}{[{}^+H_3N-CH_2-COOH]}$$

$[{}^+H_3N-CH_2-COOH] = [H_2N-CH_2-COO^-]$ より

$K_1 \cdot K_2 = [H^+]^2$

$[H^+] = \sqrt{K_1 \cdot K_2}$
　　　$= \sqrt{4.0 \times 10^{-3} \times 2.5 \times 10^{-10}} = 1.0 \times 10^{-6}$ mol/L

pH $= -\log(1.0 \times 10^{-6})$
　　$= 6.0$

等電点では，
$[{}^+H_3N-CH_2-COOH]$
$= [H_2N-CH_2-COO^-]$

$K_1 \cdot K_2 =$
$\dfrac{[H_2N-CH_2-COO^-][H^+]^2}{[{}^+H_3N-CH_2-COOH]}$

解答 6.0

応用問題

588 ▶ アミノ酸の電気泳動 アミノ酸の水溶液では，式①のように，イオン X, Y, Z が平衡状態にあり，pH によってその割合が変化する。

$$\boxed{X} \underset{+H^+}{\overset{K_1, -H^+}{\rightleftarrows}} \boxed{Y} \underset{+H^+}{\overset{K_2, -H^+}{\rightleftarrows}} \boxed{Z} \quad \cdots\cdots ①$$

アラニン，グルタミン酸，リシンを含む混合水溶液がある。この混合水溶液の1滴を pH=7.0 の緩衝液で湿らせた細長いろ紙の中央付近に吸着させた後，電気泳動を行い，ニンヒドリン溶液で発色させたところ，右図の A, B, C の位置に呈色が観察された。

(1) A, B, C はいずれのアミノ酸か。

(2) ①式の電離平衡がなりたつアミノ酸水溶液の電離定数 K_1 および K_2 は，

$$K_1 = \frac{[Y][H^+]}{[X]}, \quad K_2 = \frac{[Z][H^+]}{[Y]} \text{ と表される。}$$

アラニンの K_1 および K_2 は，それぞれ 5.0×10^{-3} mol/L，2.0×10^{-10} mol/L である。電気泳動において，アラニンがどちらの極にも移動しない pH を小数点以下第1位まで求めよ。

(3) (2)のアミノ酸水溶液に酸を加えて pH を 4.0 にした。このときの $\dfrac{[X]}{[Z]}$ の値を有効数字2桁で答えよ。

（15 神戸薬科大 改）

589 ▶ アミノ酸の滴定 0.2 mol/L のグリシン水溶液 40 mL に，2.0 mol/L 塩酸を少しずつ滴下して，溶液の pH を pH メーターで測定した。

ついで別のビーカーに入れた 0.2 mol/L のグリシン水溶液 40 mL に，2.0 mol/L 水酸化ナトリウム水溶液を少しずつ滴下して，溶液の pH を測定した。

右図は，加えた塩酸あるいは水酸化ナトリウム水溶液の滴下量と pH との関係をグラフに表したものである。

滴定曲線上の点 A, C, E で，グリシンはおもにどのような形で存在しているか。 （岡山大 改）

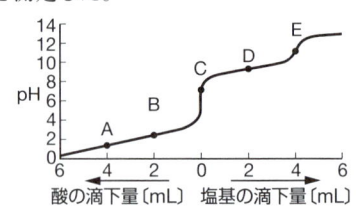

27 アミノ酸とタンパク質・核酸

□□□**590 ▶ ペプチドの構造決定 1**　不斉炭素原子をもたないアミノ酸2分子を含むトリペプチドAについて，次の(1), (2)に答えよ。
(1) トリペプチドAがグリシン($C_2H_5NO_2$)とチロシン($C_9H_{11}NO_3$)から構成されるとき，トリペプチドAの分子量を求めよ。
(2) トリペプチドAの考えられる構造は何種類か答えよ。ただし，鏡像異性体は考えないものとする。
（12 岩手医大 改）

□□□**591 ▶ ペプチドの構造決定 2**　次の文章を読み，下の(1), (2)に答えよ。
　トリペプチドXは，両末端以外にアミノ基やカルボキシ基など塩基性や酸性の官能基をもたない化合物である。0.0586gのXを純水に溶かし，0.100mol/Lの水酸化ナトリウム水溶液を用いて中和滴定すると，2.00mLを要した。Xを加水分解すると3種類のα-アミノ酸A，B，Cが得られた。Aは不斉炭素原子をもたないアミノ酸であった。Bはベンゼン環を含むがメチル基は含まないアミノ酸で，分子量が165であった。
(1) Xの分子量を求めよ。
(2) アミノ酸BとCの構造式を書け。
（12 芝浦工大 改）

□□□**592 ▶ 核酸**　次の文章を読み，下の(1)～(3)に答えよ。
　細胞を構成するおもな高分子化合物として，タンパク質，（ア），多糖類および核酸がある。核酸にはデオキシリボ核酸(DNA)とリボ核酸(RNA)がある。核酸の基本単位は糖に塩基とリン酸が結合したヌクレオチドであり，このヌクレオチドが連なった高分子である。DNAの糖はデオキシリボースであり，塩基はアデニン(A)，グアニン(G)，シトシン(C)およびチミン(T)である。塩基が水素結合することにより2本の高分子が強く結ばれて，右回りの（イ）構造をとっている。RNAは，細胞の核の中でDNAの塩基配列を写し取りながら合成され，このRNAは（ウ）に移動し，ここでRNAの塩基配列に基づき必要なタンパク質が合成される。
(1) (ア)～(ウ)に適当な語句を入れよ。
(2) 下線部について，次の(i)～(iii)に答えよ。
　(i) ヌクレオチドを構成するリン酸は，デオキシリボースのどの炭素のヒドロキシ基と結合するか，下図に示した構造式に付した炭素の位置番号で答えよ。
　(ii) ヌクレオチドが連なって高分子になるとき，ヌクレオチドのリン酸はデオキシリボースのどの炭素のヒドロキシ基と結合するか，下図に示した構造式に付した炭素の位置番号で答えよ。
　(iii) 塩基が水素結合するとき，どの塩基とどの塩基が水素結合するか2組答えよ。
(3) RNAを構成する糖であるリボースの構造式を右図に従って記載せよ。また，RNAの塩基をすべて列挙せよ。

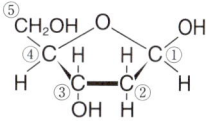

デオキシリボースの構造式
（熊本大 改）

28 合成高分子化合物

1 高分子化合物の特徴

◆1 **高分子化合物とは** ①分子量が1万以上の化合物で，天然に存在する天然高分子化合物と，人工的に合成された合成高分子化合物がある。
②くり返しの単位である単量体(モノマー)が多数重合してできており，高分子化合物は重合体(ポリマー)とよばれる。くり返しの数を重合度という。
③分子量に幅があり，さまざまな分子量をもっている。

◆2 **重合の形成**

①付加重合

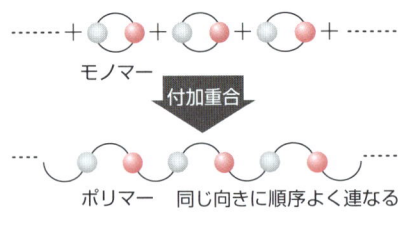

②縮合重合

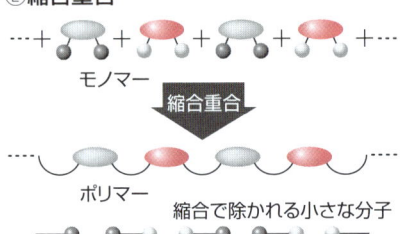

③開環重合

	付加重合	縮合重合	開環重合
結合の仕方	二重結合を開きながら次々に付加する反応	二つの分子から水などの簡単な分子が取れて縮合する反応	環状構造を切りながらくり返して重合する反応
例	ポリエチレン ポリスチレン	ナイロン66 ポリエチレンテレフタラート	ナイロン6

2 合成繊維

◆1 **ポリアミド系繊維** アミド結合をもつ。絹に似た風合いをもつ合成繊維。

①**ナイロン66** ヘキサメチレンジアミンとアジピン酸が縮合重合

$n\text{H}_2\text{N}-(\text{CH}_2)_6-\text{NH}_2 + n\text{HOOC}-(\text{CH}_2)_4-\text{COOH}$
ヘキサメチレンジアミン　　　　　アジピン酸
$\longrightarrow \text{-[NH}-(\text{CH}_2)_6-\text{NHCO}-(\text{CH}_2)_4-\text{CO]}_n\text{-} + 2n\text{H}_2\text{O}$

②**ナイロン6**
ε-カプロラクタムの開環重合

$n\text{H}_2\text{C}\begin{matrix}\text{CH}_2-\text{CH}_2-\text{NH}\\\text{CH}_2-\text{CH}_2-\text{CO}\end{matrix} \longrightarrow \text{-[NH}-(\text{CH}_2)_5-\text{CO]}_n\text{-}$

③**アラミド繊維** p-フェニレンジアミンとテレフタル酸ジクロリドが縮合重合

$n\text{H}_2\text{N}-\text{C}_6\text{H}_4-\text{NH}_2 + n\text{Cl}-\text{CO}-\text{C}_6\text{H}_4-\text{CO}-\text{Cl} \longrightarrow \text{[-NH}-\text{C}_6\text{H}_4-\text{NH}-\text{CO}-\text{C}_6\text{H}_4-\text{CO-]}_n + 2n\text{HCl}$

p-フェニレンジアミン　テレフタル酸ジクロリド　　　ポリ-p-フェニレンテレフタルアミド

28 合成高分子化合物 — 433

◆2 **ポリエステル系繊維** エステル結合をもつ。
ポリエチレンテレフタラート エチレングリコールとテレフタル酸の縮合重合

$$n\text{HO}-(\text{CH}_2)_2-\text{OH} + n\text{HOOC}-\text{C}_6\text{H}_4-\text{COOH} \longrightarrow \left[\text{O}-(\text{CH}_2)_2-\text{O}-\text{CO}-\text{C}_6\text{H}_4-\text{CO}\right]_n + 2n\text{H}_2\text{O}$$

エチレングリコール　テレフタル酸　　　　ポリエチレンテレフタラート

◆3 **付加重合による合成繊維** ビニル基をもつ化合物から多くが合成されている。
①**アクリル繊維（ポリアクリロニトリル）**　　$n\text{CH}_2=\text{CHCN} \longrightarrow \left[\text{CH}_2-\text{CH(CN)}\right]_n$
②**ビニロン**　　　　　　　　　　　　　　　　　アクリロニトリル　　ポリアクリロニトリル

$$n\text{H}_2\text{C}=\text{CH(OCOCH}_3) \xrightarrow{\text{付加重合}} \left[\text{CH}_2-\text{CH(OCOCH}_3)\right]_n \xrightarrow{\text{加水分解}} \left[\text{CH}_2-\text{CH(OH)}\right]_n \xrightarrow[\text{アセタール化}]{\text{HCHO}} \cdots\text{CH}_2-\text{CH}-\text{CH}_2-\text{CH}-\text{CH}_2-\text{CH}\cdots$$
酢酸ビニル　　　　ポリ酢酸ビニル　　ポリビニルアルコール　　　　　　　　ビニロン

3 合成樹脂

◆1 **熱可塑性樹脂と熱硬化性樹脂**

	構造の特徴		性質
熱可塑性	鎖状の高分子からなる。付加重合，縮合重合で合成。	高分子鎖	加熱すると軟化する。
熱硬化性	高分子間に結合のできた網目状構造をとる。付加縮合で合成。	高分子間の結合／高分子鎖	熱により硬化し，再び軟化しない。溶媒に溶けにくい。

◆2 **付加重合による合成樹脂**　（熱可塑性）＝長い鎖状構造
①**ビニル化合物から合成される樹脂**

$$n\,\text{CH}_2=\text{CHX} \xrightarrow{\text{付加重合}} \left[\text{CH}_2-\text{CHX}\right]_n$$

（X＝H：ポリエチレン　CH₃：ポリプロピレン
　Cl：ポリ塩化ビニル　C₆H₅：ポリスチレン）

②**アクリル樹脂**

$$n\,\text{CH}_2=\text{C(CH}_3\text{)COOCH}_3 \xrightarrow{\text{付加重合}} \left[\text{CH}_2-\text{C(CH}_3\text{)(COOCH}_3\text{)}\right]_n$$

メタクリル酸メチル　　ポリメタクリル酸メチル（PMMA）

◆3 **付加縮合による合成樹脂**　（熱硬化性）＝三次元の網目構造
①**フェノール樹脂**

$$n\,\text{C}_6\text{H}_5\text{OH} + n\,\text{HCHO} \longrightarrow \text{ノボラック（酸）／レゾール（塩基）} \xrightarrow[\text{加熱}]{\text{硬化剤}} \text{フェノール樹脂}$$

フェノール　ホルムアルデヒド

②**尿素樹脂**　尿素とホルムアルデヒド　　③**メラミン樹脂**　メラミンとホルムアルデヒド

4 合成ゴム

◆1 **天然ゴム(生ゴム)** 天然ゴムはイソプレンが付加重合したポリイソプレンである。乾留するとイソプレンを生じる。

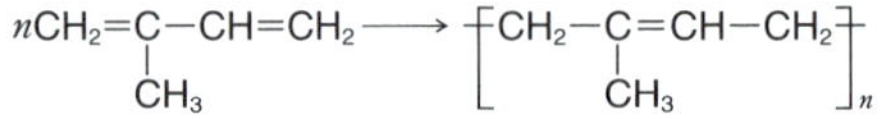

$$n\text{CH}_2=\underset{\underset{\text{CH}_3}{|}}{\text{C}}-\text{CH}=\text{CH}_2 \longrightarrow \left[\text{CH}_2-\underset{\underset{\text{CH}_3}{|}}{\text{C}}=\text{CH}-\text{CH}_2 \right]_n$$

◆2 **合成ゴム** 共役二重結合(単結合と二重結合が交互に並ぶ)をもつ化合物が付加重合。

①付加重合による合成ゴム

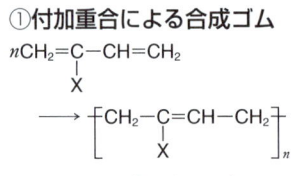

$$n\text{CH}_2=\underset{\underset{\text{X}}{|}}{\text{C}}-\text{CH}=\text{CH}_2 \longrightarrow \left[\text{CH}_2-\underset{\underset{\text{X}}{|}}{\text{C}}=\text{CH}-\text{CH}_2 \right]_n$$

X=H：ブタジエンゴム
Cl：クロロプレンゴム

②共重合による合成ゴム

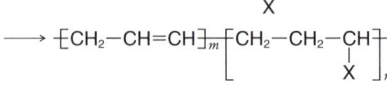

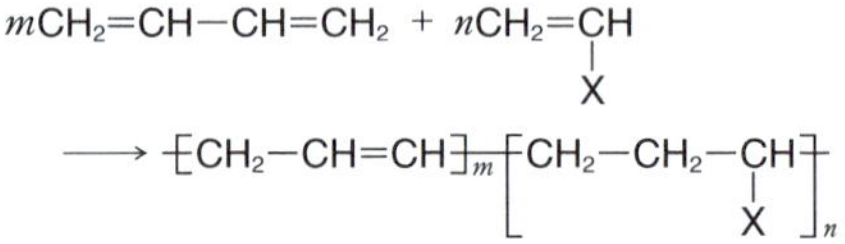

$$m\text{CH}_2=\text{CH}-\text{CH}=\text{CH}_2 + n\text{CH}_2=\underset{\underset{\text{X}}{|}}{\text{CH}}$$
$$\longrightarrow \left[\text{CH}_2-\text{CH}=\text{CH} \right]_m \left[\text{CH}_2-\underset{\underset{\text{X}}{|}}{\text{CH}} \right]_n$$

X=C$_6$H$_5$：スチレン-ブタジエンゴム
CN：アクリロニトリル-ブタジエンゴム

◆3 **ゴムの加硫** ゴムに硫黄を混ぜて処理すること。
弾性，耐久性が増す。硫黄の割合を増やすとかたくなり，40%程度加えたものをエボナイトとよぶ。

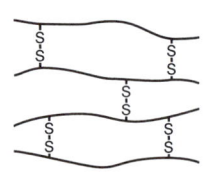

5 機能性高分子化合物

◆1 **イオン交換樹脂**
①**陽イオン交換樹脂** 陽イオンをH$^+$と交換する。
②**陰イオン交換樹脂** 陰イオンをOH$^-$と交換する。

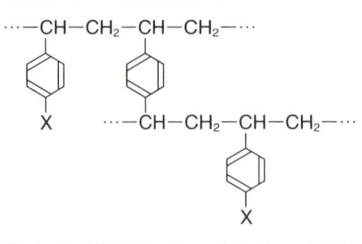

陽イオン交換樹脂　X=－SO$_3$H，－COOH など
陰イオン交換樹脂　X=－N$^+$(CH$_3$)$_3$OH$^-$ など

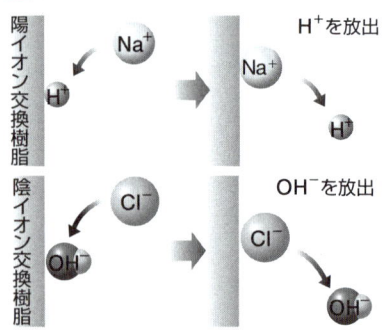

◆2 **イオン交換樹脂の再生** イオン交換樹脂は使用を続けると働きが低下する。陽イオン交換樹脂では多量の塩酸を加えると，交換した陽イオンがH$^+$に戻り，働きが回復する。

28 合成高分子化合物

WARMING UP／ウォーミングアップ

次の文中の（　）に適当な語句・化学式を入れよ。

1 付加重合
エチレンのような二重結合をもつ化合物が付加反応によって多数重合し，高分子が得られる反応を（ア）という。このとき，原料となる物質を（イ），得られた高分子化合物を（ウ）という。

2 縮合重合
ナイロン66は，ジカルボン酸の（ア）とジアミンの（イ）の縮合重合で得られる高分子化合物で，合成繊維として利用されている。（ウ）結合によってつながる。

ナイロン6は ε-カプロラクタムの（エ）重合で得られる。

ポリエチレンテレフタラートは，ジカルボン酸の（オ）とジオールの（カ）との縮合で得られる高分子化合物で，合成繊維として利用されている。（キ）結合によってつながる。

3 ビニロン
ビニロンをつくるには，まず単量体の（ア）を付加重合させて（イ）にしたのち加水分解する。得られた（ウ）は水に溶けるので，（エ）でアセタール化処理してヒドロキシ基を減らして，ビニロンとする。ビニロンは魚網，テントなどの原料として使われている。

$$\left[\begin{array}{c} CH_2-CH \\ OH \end{array} \right]_n \xrightarrow{(エ)} \cdots-CH_2-CH-CH_2-CH-\cdots \\ O-\boxed{オ}-O$$

（ウ）

4 合成樹脂
合成樹脂は，熱を加えると流動性をもつ（ア）樹脂と，熱を加えても流動性をもたない（イ）樹脂に分類される。（イ）樹脂の一つであるフェノール樹脂は，付加反応と縮合反応がくり返される（ウ）によってできる。フェノール樹脂の反応中間体としてレゾールや（エ）が知られている。

5 イオン交換樹脂
イオン交換樹脂は水溶液中の陽イオンを（ア）と交換する陽イオン交換樹脂と陰イオンを（イ）と交換する陰イオン交換樹脂に分類される。陽イオン交換樹脂は使用を続けると働きが低下するが，（ウ）などを加えることでその働きを再生できる。

1
- (ア) 付加重合
- (イ) 単量体（モノマー）
- (ウ) 重合体（ポリマー）

2
- (ア) アジピン酸
- (イ) ヘキサメチレンジアミン
- (ウ) アミド
- (エ) 開環
- (オ) テレフタル酸
- (カ) エチレングリコール
- (キ) エステル

3
- (ア) 酢酸ビニル
- (イ) ポリ酢酸ビニル
- (ウ) ポリビニルアルコール
- (エ) ホルムアルデヒド
- (オ) CH_2

4
- (ア) 熱可塑性
- (イ) 熱硬化性
- (ウ) 付加縮合
- (エ) ノボラック

5
- (ア) H^+
- (イ) OH^-
- (ウ) 塩酸

基本例題 116　単量体・重合体　　基本 → 593, 594

高分子(1)〜(5)の原料の単量体を(ア)〜(コ)よりそれぞれ 1 種類，または 2 種類選べ。
(1) ポリスチレン　　(2) ナイロン 66　　(3) フェノール樹脂
(4) クロロプレンゴム　　(5) ポリエチレンテレフタラート

(ア) エチレングリコール　　(イ) フェノール　　(ウ) ヘキサメチレンジアミン
(エ) スチレン　　(オ) ブタジエン　　(カ) アジピン酸　　(キ) クロロプレン
(ク) ホルムアルデヒド　　(ケ) テレフタル酸　　(コ) ε-カプロラクタム

● エクセル　付加重合：二重結合が開いて次々に付加する。
　　　　　　縮合重合：エステル結合やアミド結合でつながる。

解説　高分子化合物の名称は，単量体の名称に由来することが多い。高分子の名称と構造式を整理しよう。

解答　(1) (エ)　(2) (ウ), (カ)　(3) (イ), (ク)　(4) (キ)　(5) (ア), (ケ)

基本例題 117　重合度　　基本 → 597

(1) 分子量 7.2×10^5 のポリエチレンの重合度を求めよ。エチレンの分子量は 28 とする。
(2) アジピン酸（分子量 146）とヘキサメチレンジアミン（分子量 116）の縮合重合によって，ナイロン 66 が生成する。分子量 4.5×10^4 のナイロン 66 の重合度を求めよ。水の分子量を 18 とする。

● エクセル　重合度は分子量をくり返し単位の式量でわると求められる。

解説
(1) ポリエチレンの構造式は $+CH_2-CH_2+_n$ である。くり返し単位の式量は 28 なので，重合度 n とすると，
分子量 $28n = 7.2 \times 10^5$ より，
$$n = \frac{7.2 \times 10^5}{28} = 2.57\cdots \times 10^4 \fallingdotseq 2.6 \times 10^4$$

(2) アジピン酸 n 個とヘキサメチレンジアミン n 個から，重合度 n のナイロン 66 と水 $2n$ 個が生じる。

$n\text{HOOC}-(CH_2)_4-\text{COOH} + n\text{H}_2\text{N}-(CH_2)_6-\text{NH}_2$
$\longrightarrow \left[\begin{array}{c}\text{C}-(CH_2)_4-\text{C}-\text{N}-(CH_2)_6-\text{N}\\ \| \quad\quad\quad\quad \| \;\; | \quad\quad\quad\quad | \\ \text{O} \quad\quad\quad\quad \text{O} \;\; \text{H} \quad\quad\quad\quad \text{H}\end{array}\right]_n + 2n\text{H}_2\text{O}$

くり返し単位の式量は 226 なので，重合度 n とすると，
分子量 $226n = 4.5 \times 10^4$ より，
$$n = \frac{4.5 \times 10^4}{226} = 1.99\cdots \times 10^2 \fallingdotseq 2.0 \times 10^2$$

▶得られる高分子化合物の，くり返し単位の式量を求める。
(1) 付加重合の場合は単量体の分子量からすぐに求まる。
(2) 反応で水が抜けるのに注意する。

解答　(1) 2.6×10^4　(2) 2.0×10^2

基本例題 118　合成ゴム　　基本 ⇒ 598

次の文章を読み，(ア)～(ケ)に適当な語句を①～⑩から選べ。

　ゴムとして利用される高分子は，小さな力をかけても大きな変形が起こり，力を除くともとに戻るという(ア)を示す。天然ゴムすなわち(イ)の炭化水素は，(ウ)結合を2個もつイソプレンが(エ)重合したポリイソプレンで，(イ)に数％の(オ)を加えて熱すると，(カ)結合の炭素原子に(キ)原子が結合し，三次元(ク)構造が生成する。この処理を(ケ)という。

① スチレン　② クロロプレン　③ 生ゴム　④ 硫黄
⑤ 二重　⑥ 結合　⑦ 付加　⑧ 網目　⑨ 加硫　⑩ 弾性

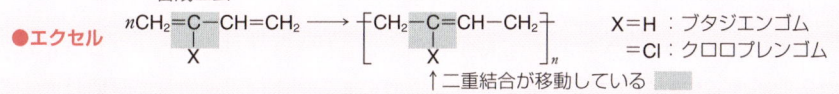

●エクセル
合成ゴム
$nCH_2=C-CH=CH_2 \longrightarrow [CH_2-C=CH-CH_2]_n$　$X=H$：ブタジエンゴム
　　　｜　　　　　　　　　　　　　｜　　　　　　　　　$=Cl$：クロロプレンゴム
　　　X　　　　　　　　　　　　　X
↑二重結合が移動している

解説
　天然ゴムや合成ゴムの単量体には，二重結合が2つあり，付加重合によって，弾力のある高分子をつくる。
　天然ゴムはそのままでは弾力が弱いが，硫黄を加えて熱すると，二重結合部分が反応して橋かけ構造（架橋構造）ができる。これを加硫という。加硫により，酸化されにくく，弾力や機械的強度が増す。

解答
(ア) ⑩　(イ) ③　(ウ) ⑤　(エ) ⑦　(オ) ④
(カ) ⑤　(キ) ④　(ク) ⑧　(ケ) ⑨

基本問題

593 ▶ 高分子化合物　次の文章を読み，(ア)～(カ)に適当な語句を(a)～(l)より選べ。

　合成高分子化合物は衣料，建築材料その他に広く利用されている。高分子化合物を合成して樹脂状にしたものには，加熱するとやわらかくなり，冷やすと固くなる(ア)樹脂と，加熱してもやわらかくならない(イ)樹脂がある。
　高分子物質を構成する小さい分子を単量体または(ウ)というが，単量体が次々と結合する反応を(エ)という。生成する高分子を重合体または(オ)といって，重合体1分子を構成するくり返し単位の数を(カ)という。

(a) ポリマー　　(b) モノマー　　(c) 縮合重合　　(d) 重合度
(e) 付加重合　　(f) 重合　　　　(g) 熱可塑性　　(h) 融解性
(i) イオン交換　(j) 開環重合　　(k) 付加　　　　(l) 熱硬化性

594 ▶ ナイロン

代表的な合成繊維であるナイロンには，ナイロン66やナイロン6などがある。アジピン酸とヘキサメチレンジアミンを（ア）重合すると，（イ）結合という新しい結合ができてナイロン66が得られる。また，ε-カプロラクタムを（ウ）重合するとナイロン6が得られる。ナイロンは，単量体中の炭素原子の数に応じて数字をつけて命名される。

(1) 文中の空欄(ア)～(ウ)に適当な語句を入れよ。
(2) アジピン酸，ヘキサメチレンジアミンの構造式を答えよ。
(3) 重合度(n)を用いてナイロン66の構造式を答えよ。
(4) ε-カプロラクタムの構造式を答えよ。
(5) ナイロンには，引っ張っても分子と分子がずれにくく強いという性質がある。この理由を答えよ。
(6) ε-カプロラクタム（分子式 $C_6H_{11}NO$）の開環重合によって得られたナイロン6の平均分子量は，$2.26×10^4$ であった。ナイロン6の1分子中に，平均して何個のアミド結合が含まれるか。有効数字2桁で記せ。なお，ナイロン6の末端の構造は無視できるものとする。

595 ▶ ポリエステル

代表的なポリエステルであり，衣料や飲料ボトルなどに広く利用されているポリエチレンテレフタラートは，酸性化合物Aと中性化合物Bを（ア）重合させることにより得られる。このとき（イ）という新しい結合ができる。

(1) 文中の空欄(ア)，(イ)に適当な語句を入れよ。
(2) 酸性化合物A，中性化合物Bの名称を答えよ。
(3) 酸性化合物A，中性化合物Bの構造式を答えよ。
(4) 重合度(n)を用いてポリエチレンテレフタラートの構造式を答えよ。

596 ▶ ビニロン

(A)ビニロンは，ポリビニルアルコールをホルムアルデヒドで処理することによって得られる。ポリビニルアルコールは，構造上はビニルアルコールの（ア）重合体である。しかし，ビニルアルコールは不安定であり容易に（イ）に変わるために，ビニルアルコールを単量体として使えない。このため，酢酸ビニルを（ア）重合しポリ酢酸ビニルを得る。この(B)ポリ酢酸ビニルを水酸化ナトリウム水溶液で加水分解してポリビニルアルコールを得る。

(1) 文中の(ア)，(イ)に適当な語句を答えよ。　(2) 下線部(A)の反応を何というか答えよ。
(3) 重合度(n)を用いて下線部(B)の化学反応式を答えよ。
(4) 下線部(A)について，なぜポリビニルアルコールをホルムアルデヒドで処理する必要があるか答えよ。

（慶應大 改）

28 合成高分子化合物 — 439

□□□ **597 ▶ 重合度** 右図に示すビニル基をもつ化合物Aを単量体(モノマー)として付加重合させた。0.130 mol のAすべてが反応し,平均分子量 2.73×10^4 の高分子化合物Bが 5.46 g 得られた。Bの平均重合度(重合度の平均値)を有効数字2桁で求めよ。ただし,Aの構造式中のXは,重合反応に関係しない原子団である。

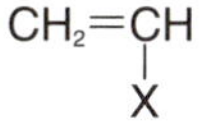

図 化合物Aの構造式 CH₂=CH–X

(21 共通テスト 改)

□□□ **598 ▶ 合成繊維・合成樹脂の性質と用途** (ア)〜(カ)にあてはまる化合物の構造を(a)〜(f)より選べ。

(ア) この化合物は乾きが速い繊維として用いられる。また,ベンゼン環を含むため,比較的強度がある。
(イ) この化合物からなる繊維は羊毛に似た肌触りをもち,保温性に優れる。
(ウ) この化合物は包装用フィルムやポリ袋などに用いられる。
(エ) この化合物は桜田一郎が発明した日本初の合成繊維である。魚網やテントなどに用いられる。
(オ) この化合物はカロザースが発明し,絹に似た肌触りや光沢をもつ。
(カ) この化合物は付加重合によって得られ,接着剤やガムに用いられる。

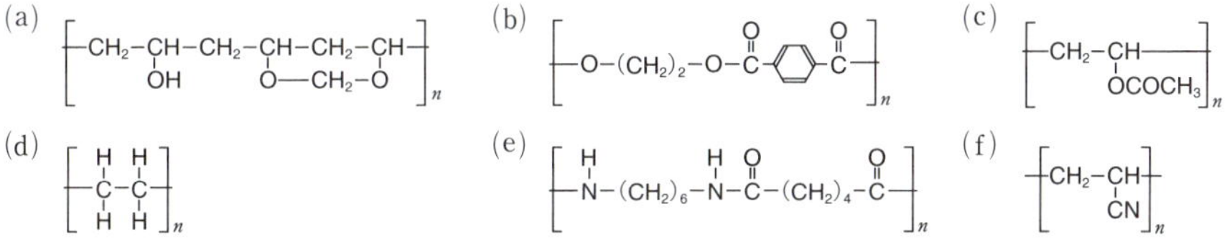

(a) [-CH₂-CH-CH₂-CH-CH₂-CH- / OH O-CH₂-O]ₙ
(b) [-O-(CH₂)₂-O-CO-C₆H₄-CO-]ₙ
(c) [-CH₂-CH-OCOCH₃]ₙ
(d) [-C(H)(H)-C(H)(H)-]ₙ
(e) [-N(H)-(CH₂)₆-N(H)-C(O)-(CH₂)₄-C(O)-]ₙ
(f) [-CH₂-CH-CN]ₙ

(19 東京理科大 改)

□□□ **599 ▶ 合成ゴム** ゴムノキの樹液である(ア)に酸を加えて得られる生ゴム(天然ゴム)を乾留すると(A)が生成する。合成ゴムは,この(A)とよく似た構造をもつ 1,3-ブタジエンあるいはクロロプレンを,それぞれ(イ)重合してブタジエンゴムあるいはクロロプレンゴムとしたものである。また,アクリロニトリルと 1,3-ブタジエンとを(ウ)重合させると,アクリロニトリル-ブタジエンゴムが得られる。いずれのゴムも野外で長い間放置すると,紫外線と(エ)との影響で弾性が失われていく。

(1) (ア)〜(エ)に適当な語句を記せ。　(2) (A)の物質名と構造式を記せ。
(3) 生ゴムを原料としたタイヤを,焼却するときに出るおもな有害ガスを答えよ。
(4) クロロプレンの構造式を記せ。
(5) アクリロニトリルと 1,3-ブタジエンとから,アクリロニトリル-ブタジエンゴムを合成する化学反応式を記せ。ただし,次の化学反応式を完成させること。

化学反応式:$n\left(==\right) + n\left(=\right) \longrightarrow \left[=CH\right]_n$

(10 法政大 改)

応用例題 119　生分解性プラスチック　　応用→605

植物資源を利用して合成繊維や合成樹脂をつくることが可能である。植物はデンプンを生産しており，デンプンを加水分解すればグルコースができる。さらに，グルコースを発酵させれば乳酸ができ，乳酸の重合によりポリ乳酸をつくることができる。ポリ乳酸は生分解性プラスチックであり，利用した後，微生物によって分解され，最終的には二酸化炭素と水になる。

(1)　ポリ乳酸に該当するものを(ア)～(カ)のうちから選べ。
　　(ア)　アクリル樹脂　　　(イ)　アセテート　　　(ウ)　ビニロン
　　(エ)　ポリアミド　　　　(オ)　ポリエステル　　(カ)　レーヨン

(2)　重合度 n のポリ乳酸が水酸化ナトリウム水溶液中で完全に反応したときの化学反応式を書け。

(3)　分子量 7290 のポリ乳酸 100 g が微生物によって完全に分解を受けた場合，発生する二酸化炭素の体積は標準状態で何 L か。また，この二酸化炭素から何 g のグルコースをつくることができるか。有効数字 3 桁で答えよ。　　(12 早大 改)

●エクセル　乳酸 $\xrightarrow{\text{分解}}$ 二酸化炭素＋水

解説
(1)　ポリ乳酸にはエステル結合 —COO— が含まれるので，ポリエステルである。
(2)　ポリ乳酸に水酸化ナトリウム水溶液を加えると，加水分解する。
(3)　くり返し部分の式量は 72 であるから，重合度 n は
$$n = \frac{7290}{72}$$
よって，ポリ乳酸 1 分子あたり二酸化炭素が $3n$ 分子生じるので，二酸化炭素の体積
$$\frac{100\,\text{g}}{7290\,\text{g/mol}} \times 3 \times \frac{7290}{72} \times 22.4\,\text{L/mol} \fallingdotseq 93.3\,\text{L}$$
グルコース 1 分子（分子量 180）に含まれる炭素原子は 6 個であるので，二酸化炭素 6 mol からグルコース 1 mol が生じる。よって，得られるグルコースの質量は
$$\frac{100\,\text{g}}{7290\,\text{g/mol}} \times 3 \times \frac{7290}{72} \times \frac{1}{6} \times 180\,\text{g/mol} = 125\,\text{g}$$

循環型社会は炭素の収支に注目して，カーボンニュートラルとよぶこともある。

解答
(1)　(オ)　(2)　$\left[\text{O-CH}(\text{CH}_3)\text{-C}(=\text{O})\right]_n + n\text{NaOH} \longrightarrow n\text{HO-CH}(\text{CH}_3)\text{-C}(=\text{O})\text{-ONa}$

(3)　二酸化炭素 93.3 L　　グルコース 125 g

応用例題 120　イオン交換樹脂

応用 ▶ 604

次の文章を読み，(ア)～(オ)にあてはまる語句，および化学式を書け。

イオン交換樹脂の樹脂本体として，スチレンと p-ジビニルベンゼンが（ ア ）した合成樹脂がよく用いられている。この樹脂に酸性の官能基（例：$-SO_3H$ 基）を導入すると（ イ ）イオン交換樹脂が，また，塩基性の官能基（例：$-N^+(CH_3)_3OH^-$ 基）を導入すると（ ウ ）イオン交換樹脂が得られる。

ここで，NaCl 水溶液を十分量のイオン交換樹脂で処理したときの反応を示す。NaCl 水溶液を（ イ ）イオン交換樹脂で処理すると，次のように樹脂中の水素イオンと NaCl 水溶液中のイオンが交換される。

$$\text{主鎖}-\text{C}_6\text{H}_4-SO_3^-H^+ + Na^+ + Cl^- \longrightarrow \text{主鎖}-\text{C}_6\text{H}_4-SO_3^-(\text{エ}) + H^+ + (\text{オ}) \quad (1)$$

また，NaCl 水溶液を（ ウ ）イオン交換樹脂で処理すると，次のように樹脂中の水酸化物イオンと NaCl 水溶液中のイオンが交換される。

$$\text{主鎖}-\text{C}_6\text{H}_4-CH_2-N^+(CH_3)_3OH^- + Na^+ + Cl^- \longrightarrow \text{主鎖}-\text{C}_6\text{H}_4-CH_2-N^+(CH_3)_3(\text{オ}) + (\text{エ}) + OH^- \quad (2)$$

従って，（ イ ）イオン交換樹脂と（ ウ ）イオン交換樹脂を混合したもので NaCl 水溶液を処理すると，水溶液中から NaCl を除去することができる。　（21 岩手大 改）

● エクセル　陽イオン交換樹脂：陽イオン ⟶ H^+
　　　　　　陰イオン交換樹脂：陰イオン ⟶ OH^-

解説　イオン交換樹脂は，p-ジビニルベンゼンとスチレンの共重合によりできる。p-ジビニルベンゼンは，スチレン間の架橋構造をつくり，スチレンの置換基がイオンを交換する。置換基によって，イオン交換樹脂の性質が異なる。

解答　(ア) 共重合　(イ) 陽　(ウ) 陰　(エ) Na^+　(オ) Cl^-

応用問題

600 ▶ 縮合重合　合成繊維ナイロン 66 を発明したアメリカの化学者カロザースは，アミノ基を両端にもつジアミン $[H_2N-(CH_2)_m-NH_2]$ の m の数と，カルボキシ基を両端にもつジカルボン酸 $[HOOC-(CH_2)_n-COOH]$ の n の数をいろいろ変えて縮合重合させ，アミド結合を形成させる方法を研究した。そのうちのある実験で，生成した重合体中の窒素の含有率（質量百分率）を測定すると，10.0% であった。この重合体を合成するのに用いたジアミンとジカルボン酸に含まれる CH_2 基の合計 $(m+n)$ はいくらか。有効数字 2 桁で答えよ。

原子量の概数値	H	C	N	O	Na	Mg	Al	Si	S	Cl	K	Ca	Fe	Cu	Zn	Ag	I	Pb
	1.0	12	14	16	23	24	27	28	32	35.5	39	40	56	63.5	65	108	127	207

601 ▶ ビニロン
(1) ポリ酢酸ビニル 6.0 g を水酸化ナトリウムで完全にけん化してポリビニルアルコールを得た。このとき消費された水酸化ナトリウムの質量〔g〕を求めよ。
(2) (1)で得られたポリビニルアルコールを紡糸して，アセタール化したところ，生成物であるビニロンの質量は 3.2 g であった。もとのポリビニルアルコールのヒドロキシ基のうち，アセタール化されたものの割合〔%〕を求めよ。

602 ▶ 合成高分子　合成高分子に関する次の記述のうち，正しいものを一つ選べ。
(1) ナイロン 66 は桜田一郎が開発した初の国産合成繊維である。
(2) 紙おむつなどに使われている吸水性高分子は微生物により分解される。
(3) ポリエチレンテレフタラートによる合成繊維は，ポリアミド系の合成繊維である。
(4) ベンゼン環を含むアラミド繊維は，強度が高い。
(5) フェノールとホルムアルデヒドを，塩基触媒を用いて付加縮合させると，ノボラックとよばれる物質が生成する。

603 ▶ 共重合 1
(1) 合成ゴムの一種であるポリクロロプレンに含まれる塩素の質量パーセントは何%か。整数で答えよ。
(2) 塩化ビニルとアクリロニトリルの付加重合により平均分子量 8700 の共重合体を得た。この共重合体に含まれる塩素の質量パーセントは，ポリクロロプレンに含まれる塩素の質量パーセントに等しかった。この共重合体 1 分子に含まれるアクリロニトリル単位の平均の数は何個か。整数で答えよ。
(3) スチレンとブタジエンの共重合反応により，スチレン-ブタジエンゴム(SBR)が得られる。SBR の 8.0 g に，触媒の存在下で水素を付加すると，水素 0.10 mol が消費された。反応はポリブタジエン部分の二重結合だけで，そのすべてが反応したとすると，この SBR のスチレンとブタジエンの物質量の比を，スチレンを 1 として表せ。

604 ▶ イオン交換樹脂　濃度不明の塩化カルシウム水溶液 100 mL を陽イオン交換樹脂の層を通し，陽イオンをすべて交換した。このとき得られた水溶液を完全に中和するのに 0.80 mol/L 水酸化ナトリウム水溶液が 25 mL 必要であった。最初の塩化カルシウム水溶液のモル濃度はいくらか。有効数字 2 桁で答えよ。

605 ▶ 合成繊維と合成樹脂

衣料に用いられる繊維には化学繊維と（ア）繊維があり、化学繊維はさらに、（イ）繊維、半合成繊維、合成繊維に分類される。（ア）繊維の一つとして知られている(A)綿の主成分はセルロースである。合成繊維としては、ナイロン66、(B)ポリエチレンテレフタラート、アクリル繊維などが知られている。

また、高分子化合物を合成して樹脂状にしたものを、合成樹脂またはプラスチックという。代表的な合成樹脂であるポリエチレンには製法の違いにより、やわらかく比較的透明度が高い（ウ）ポリエチレンと、かたく透明度が低い（エ）ポリエチレンがある。

高分子化合物には、分子が規則正しく配列した（オ）部分と不規則に配列した無定形部分が混在したものや、無定形部分のみのものがある。高分子化合物は明確な融点を示さず、加熱により、軟化点とよばれる温度でやわらかくなり始め、しだいに流動性を増していくものが多い。

(1) 文中の(ア)～(オ)に適当な語句を答えよ。

(2) 下線部(A)について、セルロースの一部を酢酸エステルにした半合成繊維であるアセテートを合成した。このとき、45 g のセルロースから 66 g のアセテートが得られたとすると、セルロースのヒドロキシ基の何%がエステル化されているか。有効数字2桁で答えよ。なお、セルロースの分子量は十分に大きいものとする。

(3) 下線部(B)について、テレフタル酸 83.0 g とエチレングリコール 31.0 g を完全に反応させてポリエチレンテレフタラートを合成したとき、生成したポリエチレンテレフタラートの質量は何 g か。有効数字3桁で答えよ。

606 ▶ ゴム

次の文章を読み、下の問いに答えよ。

生ゴムは $(C_5H_8)_n$ の分子式で表され、ジエン化合物である A が（ア）重合した鎖状構造をもつ高分子化合物である。生ゴムに数%の（イ）を加えて加熱するとゴム弾性が大きくなる。これは(イ)原子が鎖状の生ゴム分子どうしの間に結合して（ウ）構造をつくるためであり、このような操作を（エ）という。

合成ゴムは、ゴム弾性をもつ高分子化合物を人工的に合成したものである。代表的な合成ゴムの原料であるブタジエン(1,3-ブタジエン)は、2分子のアセチレンから得られるビニルアセチレン(構造式 $CH_2=CH-C\equiv CH$)に水素を作用させてつくることができる。このブタジエンを（オ）重合させるとポリブタジエン(ブタジエンゴム)が得られる。ポリブタジエンには、生ゴム分子と同じようなゴム弾性を示す（B）とゴム弾性にとぼしい（C）のシス-トランス異性体が存在する。

(1) 文中の(ア)～(オ)に適当な語句を記入せよ。
(2) 文中のジエン化合物 A の構造式を示せ。
(3) 文中の(B)および(C)に適当な構造式を、例にならって示せ。
(4) 文中の下線部について、各反応の収率を100%とすると、ブタジエンゴム 108 g をつくるには 0℃、1.013×10^5 Pa のアセチレンが何 L 必要か。整数で答えよ。

例
$$-[CH_2-CH(CH_3)]_n-$$
ポリプロピレンの構造式

原子量の概数値	H	C	N	O	Na	Mg	Al	Si	S	Cl	K	Ca	Fe	Cu	Zn	Ag	I	Pb
	1.0	12	14	16	23	24	27	28	32	35.5	39	40	56	63.5	65	108	127	207

29 有機化合物と人間生活

1 医薬品　医療に用いられる化学物質を医薬品，日常的には薬という。

薬理作用　医薬品がヒトや動物に与える作用。多くはヒトの健康に有益。
副作用　医薬品を用いたとき，人体に対する使用目的と合わない作用のこと。

◆1 **医薬品の種類**
　①**生薬**　植物や動物からとる薬（原料　カッコン，ゼンマイ，ハッカなど）
　②**解熱鎮痛剤**　アセチルサリチル酸，p-アセトアミドフェノール
　③**抗菌物質**　細菌の殺傷や，細菌の成長を止める医薬品
　　化学療法　体内に侵入した病原菌に対し人体に毒性を示さない化学物質で治療。
　　　サルバルサン　　最初の化学療法剤，梅毒の治療
　　　サルファ剤　　　スルファニルアミドの骨格をもつ抗菌剤
　　　抗生物質　　微生物がつくる抗菌物質　　ペニシリン，ストレプトマイシン
　④**胃腸薬**　消化を助け，過剰な胃酸を中和したり，排便を促したりする薬品
　　　ジアスターゼ，炭酸水素ナトリウム $NaHCO_3$，酸化マグネシウム MgO

◆2 **薬理作用のしくみ**　薬が受容体や酵素に作用し，本来の生体内反応を阻害したり，促進したりする。

薬が受容体に結合し，反応を促進。　　作用物質　受容体

薬が受容体に作用し反応を阻害。　　薬　受容体

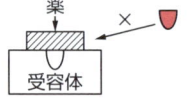

2 染料と染色　天然染料（植物染料と動物染料）と合成染料がある。

染色　染料を用いて繊維などを着色させること。
　　　染料がイオン結合や分子間力（ファンデルワールス力，水素結合など）で繊維と結びつく。

◆1 **天然染料**　植物染料　インジゴ（アイから），アリザリン（アカネから）など。
　　　　　　　動物染料　コチニール（カイガラムシから），古代紫（貝から）など。
◆2 **合成染料**　インジゴやアリザリン，−N＝N−基をもつアゾ染料など。

3 合成高分子開発の歴史

様々な合成繊維が作られ，繊維の生産量の半分以上を化学繊維が占めている。
◆1 **ナイロン66**　1935年にカロザースが開発した世界初の合成繊維。
◆2 **ビニロン**　1939年に桜田一郎が開発した日本初の合成繊維。
◆3 **炭素繊維**　ポリアクリロニトリル繊維を炭素化して作製する技術は日本で開発された。

4 機能性高分子化合物の利用

イオン交換樹脂(▶28節)以外にも，次のような機能性高分子化合物が様々な場面で利用されている。

①**吸水性高分子** 高分子の質量の数百〜数千倍の水を吸収，保持できる。
②**生分解性高分子** 環境中の微生物や，生体内の酵素の作用で分解される。
③**導電性高分子** 電気伝導性を示す。
④**感光性高分子** 紫外線などの照射により化学反応が進行して，化学的，物理的性質が変化する。
⑤**光透過性高分子** 光の透過性に優れている。
⑥**形状記憶高分子** 変形させても，加熱することで元の形状にもどる。
⑦**温度応答性高分子** 温度によって性質が変化する。

5 資源の再利用

持続的な資源の利用のため，金属やプラスチックの再利用の技術開発と実用化がなされている。廃プラスチックの再利用には，次のようなものがある。

サーマルリサイクル	廃プラスチックを焼却することで発生する熱エネルギーを利用する。
マテリアルリサイクル	洗浄・粉砕・分別された廃プラスチックを加熱して融かし，再成形して再利用する。
ケミカルリサイクル	廃プラスチックを化学的に分解し，燃料や化学工業の原料として再利用する。

6 機器分析

物質を分析するための機器の開発が大きく進んでいる。いくつかの機器分析の原理は次の通りである。

質量分析	試料をイオン化してその質量を高感度に測定することで，分子量を決定できる。
分離分析	混合物からなる試料の各成分と固定相との相互作用の違いによって成分を分離し，検出することで，それぞれの存在量を決定することができる。
分光分析	試料が放射または吸収する電磁波のスペクトルを調べ，分子の構造に関する情報などを得ることができる。

WARMING UP／ウォーミングアップ

次の文中の（　）に適当な語句を入れよ。

1 医薬品

病気を直接治療するのではなく，病気の症状を緩和する作用の医薬品を(ア)薬という。一方，病気の原因に直接作用して治療する医薬品を(イ)薬という。スルファニルアミドの構造をもつ抗菌作用のある化合物は(ウ)とよばれ，微生物によって生産される抗菌作用をもつ化合物を(エ)とよんでいる。フレミングがアオカビから発見した(オ)は，細菌が細胞壁をつくるはたらきを阻害する。医薬品を用いたとき，本来の薬理作用と異なった人体に有害な作用を起こすことがある。これを(カ)という。

2 染料

染料は原料によって，自然に存在する(ア)染料と化学的につくられた(イ)染料に分類される。(ア)染料にはインジゴ，アリザリンなどの(ウ)染料と，コチニール，古代紫などの(エ)染料がある。(イ)染料にはアゾ染料などがある。

また，染料を用いて繊維などを染色するためには，染料が繊維のすき間に入り込んで，イオン結合や，ファンデルワールス力・水素結合などの(オ)によって，繊維と結びつく必要がある。

3 合成高分子開発の歴史

世界で初めて合成された合成繊維は，1935 年にカロザースが開発した(ア)である。また，日本で初めての合成繊維は，1939 年に桜田一郎によって開発された(イ)である。

4 機能性高分子の利用

新たな置換基の導入などによって特殊な機能を示すようになった高分子化合物を(ア)高分子化合物という。紙おむつや砂漠を緑化するときの保水材として用いられる(イ)高分子，自然界で微生物によって分解される(ウ)高分子などがある。また，タッチパネルや携帯電話の電池に用いられている(エ)高分子を発見・開発した白川英樹は，この功績により 2000 年にノーベル化学賞を受賞した。

1
- (ア) 対症療法
- (イ) 原因療法
- (ウ) サルファ剤
- (エ) 抗生物質
- (オ) ペニシリン
- (カ) 副作用

2
- (ア) 天然
- (イ) 合成
- (ウ) 植物
- (エ) 動物
- (オ) 分子間力

3
- (ア) ナイロン66
- (イ) ビニロン

4
- (ア) 機能性
- (イ) 吸水性
- (ウ) 生分解性
- (エ) 導電性

5 資源の再利用

プラスチックの再利用には，回収したプラスチックを洗浄・粉砕・分別などをした後に融解・再成形して再利用する(ア)リサイクル，燃焼で発生する熱エネルギーを利用する(イ)リサイクル，化学的に分解して燃料や化学工業の原料として再利用する(ウ)リサイクルなどがある。

5
(ア) マテリアル
(イ) サーマル
(ウ) ケミカル

6 機器分析

（ア）では，試料の分子量を測定し，分子構造に関する情報も得ることができる。田中耕一はタンパク質の(ア)法の開発により，2002年にノーベル化学賞を受賞した。

6
(ア) 質量分析

基本例題 121　医薬品の合成や発見の歴史　　応用 ➡ 614

次の文章を読み，(ア)～(カ)に適当な語句を入れよ。

サリチル酸はヤナギ属の植物から単離され，薬の有効成分として利用されてきた。サリチル酸に無水酢酸を作用させると（ア）が合成され，アスピリンとして使われる。一方，サリチル酸にメタノールを作用させると（イ）が生成し，消炎鎮痛剤として用いられる。

抗菌作用をもつスルファニルアミドは，アゾ染料の一種のプロントジル（図1）が体内で分解されて生成される。スルファニルアミド骨格をもつ抗菌剤を（ウ）剤とよぶ。

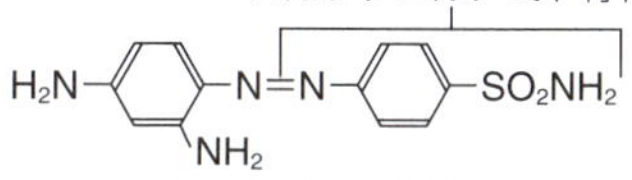

$H_2N-\bigcirc-N=N-\bigcirc-SO_2NH_2$
　　　　　　　NH_2

スルファニルアミド骨格

図1　プロントジル

フレミングは，1928年にアオカビから抗生物質である（エ）を発見した。その後，多くの抗生物質が発見されたが，抗生物質は多用すると病原菌の突然変異により（オ）が出現するという問題がある。一般に，抗生物質はウイルスには効果がない。しかし，（カ）ウイルスの増殖を阻害するオセルタミビルなど，抗ウイルス剤の化学合成などによる開発も進んでいる。
(20 金沢大 改)

●エクセル　ヒトの病気の治療や予防などに役立つ医薬品は，その多くが有機化合物である。

解説　ペニシリンは細菌の細胞壁の合成を妨げ，サルファ剤の効かない感染症の治療に貢献した。微生物から生産され，他の微生物の成長や機能を阻害する物質を抗生物質という。

▶細菌とウイルスは大きさやしくみが異なるため，抗菌剤と抗ウイルス剤は，使い分ける必要がある。

解答　(ア) アセチルサリチル酸　(イ) サリチル酸メチル　(ウ) サルファ
(エ) ペニシリン　(オ) 耐性菌　(カ) インフルエンザ

基本問題

607 ▶ 染料 次の文章を読み，下線部が誤っているものを選び，正しい記述を答えよ。
(1) 染料は，可視光線を吸収する不飽和結合を有する。
(2) 染料は，動植物から得られる天然染料と，石油などから化学的に作られる合成染料がある。
(3) 染料は，色素であり，水や有機溶媒に溶けないものが多い。
(4) 繊維を染める染料は，繊維分子とイオン結合によってのみ結合させることができる。
(5) 染料は，食品に用いられない。
(19 工学院大 改)

608 ▶ 繊維の分類 右の表に示した繊維の分類において，(A)～(E)に最も適する繊維の例を，①～⑨から一つずつ選べ。
① アモルファス　② レーヨン
③ ボーキサイト　④ アセテート
⑤ スズ　　　　　⑥ ナイロン
⑦ 麻　⑧ 絹　　⑨ セラミックス

表　繊維の分類とその例

分類		繊維の例
天然繊維	植物繊維	(A)
	動物繊維	(B)
化学繊維	再生繊維	(C)
	半合成繊維	(D)
	合成繊維	(E)

609 ▶ 機能性高分子化合物 次の文章の(1)～(3)にあてはまる適当な語句を選べ。

合成高分子化合物は，合成繊維，合成樹脂(プラスチック)，合成ゴム，機能性高分子化合物等に分類される。

従来の用途をもつ高分子化合物以外に，物理的・化学的な機能を有効に利用できる機能性高分子化合物がある。例えば，白川英樹博士らはヨウ素を加えた(ドープした)ポリアセチレンが(1)高分子となることを報告している。また，プリント配線，集積回路，金属の精密加工，三次元(3D)プリンター等に応用されている(2)高分子もある。さらに，回収が難しく自然界に廃棄されるおそれのある製品には，(3)高分子が使われ始めている。このように，高分子化合物はますます多様化している。
(a) 感光性　(b) 光透過性　(c) 吸水性
(d) 導電性　(e) 生分解性
(19 東京理科大 改)

610 ▶ 医薬品の開発 医薬品の開発過程の流れは，およそ下図のようである。

薬理作用を示す物質の探求 → (ア) → (イ), (ウ) → (エ) → 新薬の誕生 → (オ)

(ア)～(オ)に入るべき内容を下記から選べ。
(1) 合成方法の確立　　(2) 有効性・安全性の最終検査
(3) 新薬候補物質の選定　(4) 毒性試験
(5) 臨床試験

応用問題

611 ▶ 資源の再利用 次の文章を読み，問いに答えよ。

廃棄プラスチックのごみ処理問題の解決のために，合成樹脂のリサイクルが行われている。（ ア ）リサイクルとは，合成樹脂を融解し，成形して再利用する技術である。また，化学反応により合成樹脂を分解して単量体やその他の有用な物質に変換し，資源として再利用することを（ イ ）リサイクルという。(a)合成樹脂を燃料として利用し，発生する熱エネルギーを電気エネルギーなどに変換するリサイクル技術もある。一方，回収が難しく，自然界に廃棄されるおそれがある製品には，微生物によって分解される（ ウ ）高分子も使用され始めている。

(1) 文中の(ア)〜(ウ)にあてはまる最も適切な語句を次の(あ)〜(か)の中から選び，記号で答えよ。

(あ) ケミカル (い) 生分解性 (う) サーマル
(え) 吸水性 (お) マテリアル (か) 感光性

(2) 下線部(a)に関連して，1.0 mol のポリエチレン($+CH_2-CH_2+_n$, $n=3000$)に，化学結合の数と種類が類似した 1000 mol のシクロヘキサンを考える。1000 mol の気体のシクロヘキサンが完全燃焼して二酸化炭素と気体の水が生成した場合の反応エンタルピーは何 kJ か。下表の結合エネルギーの値を用いて求め，有効数字2桁で答えよ。

結合	H−C	C−C	O=O	C=O	H−O
結合エネルギー〔kJ/mol〕	410	350	500	800	460

（20 大阪府立大 改）

612 ▶ 合成繊維 次の文章を読み，下の問いに答えなさい。

二重結合や三重結合などの不飽和結合をもつ単量体が付加反応を繰り返しながら高分子化合物が得られる反応を（ ア ）という。①アクリロニトリルを（ ア ）させると，毛布などに用いられるアクリル繊維の主成分であるポリアクリロニトリルが得られる。ポリアクリロニトリルは染色されにくいため，②アクリロニトリルと少量のアクリル酸メチルを一緒に反応させることで，高分子の一部に染料の分子と結びつきやすい原子団 −COOCH₃ を導入して，染色されやすくすることがある。ポリアクリロニトリルの繊維を不活性ガス中，高温で処理すると，航空機材料などに用いられる，軽くて強度の高い（ イ ）繊維が得られる。

(1) 文中の(ア)〜(イ)に適当な語句を入れよ。
(2) 下線部①の化合物の構造式を書きなさい。
(3) 下線部②のように複数の単量体を一緒に反応させて得られる高分子化合物を何というか，答えなさい。

（20 愛媛大 改）

450 ── 7章 高分子化合物

□□□**613 ▶ 高分子化合物の開発** 次の文章を読み，問いに答えよ。

アメリカのカロザースは1920年代に，分子量の小さい分子の化学反応を応用することで，高分子化合物を人工合成する研究を始めた。1930年頃に世界初の(i)合成ゴムである（ ア ）の合成に成功した。次いで，ポリエステルの合成にも成功した。ポリエステルは，軟化点が低いという欠点があった。原料の検討を重ね，1935年にナイロン66を発明した。(ii)ナイロン66は高い安定性と強さを持ち，（ イ ）として量産化され，(iii)（ ウ ）に替わる材料として，ナイロン66が使われたストッキングの販売が開始された。

(1) (ア)〜(ウ)にあてはまる適切な語句を以下の(a)〜(i)から一つ選び，記号で答えよ。
   (a) ネオプレン（クロロプレン） (b) メラミン   (c) ノボラック
   (d) 炭素繊維   (e) 合成繊維   (f) 合成樹脂
   (g) 絹   (h) 麻   (i) 羊毛

(2) 下線部(i)の合成ゴムの特徴について，最も適切なものを次の(a)〜(d)から1つ選び，記号で答えよ。
   (a) 耐候性・耐薬品性に優れており，弾性をもつ。
   (b) 加熱すると硬くなり，高い機械的な強度と耐熱性をもつ。
   (c) 引き伸ばすと繊維になり，繊維として強度や耐久性に富む。
   (d) 加熱すると柔らかくなり，成型・加工ができる。

(3) 下線部(ii)に関連して，以下の文章はナイロンがポリエステルに比べて，高い安定性と強さをもつ理由を示したものである。(エ)，(オ)にあてはまる最も適切な語句を記せ。
   ナイロンの分子構造を見ると，その繰り返し単位には，（ エ ）結合があるため，分子間力である（ オ ）によって，ナイロン分子が強く会合するから。

(4) 下線部(iii)に関連して，ナイロンは天然高分子の模倣と考えることができる。ナイロンを合成する際に形成される共有結合と同じ結合を含む天然高分子はどれか。次の(a)〜(i)から2つ選び，記号で答えよ。
   (a) アミロース   (b) アミロペクチン   (c) アラミド
   (d) グリコーゲン (e) ケラチン   (f) セルロース
   (g) デンプン   (h) ビニロン   (i) ヘモグロビン

(19 北大 改)

□□□**614 ▶ 医薬品** 植物から発見されたサリチル酸は，鎮痛作用を示す一方で強い副作用があった。そのため，サリチル酸を別な化合物に変換することで，医薬品として用いられるようになった。例えば，サリチル酸メチルは消炎鎮痛剤として，アセチルサリチル酸は解熱鎮痛剤として知られる。アセチルサリチル酸は，シクロオキシゲナーゼと呼ばれる酵素の働きを抑制することで解熱鎮痛作用を発揮するが，酵素の働きを抑制しすぎると胃腸障害などの副作用がある。現在では，シクロオキシゲナーゼへの効果がアセチルサリチル酸よりも弱いアセトアミノフェンが世界的に広く解熱鎮痛剤として用いられている。

(1) サリチル酸にメタノールと濃硫酸を反応させると，サリチル酸メチルが得られる。ただし，濃硫酸は触媒として作用する。この反応の反応式を書きなさい。なお，サリチル酸とサリチル酸メチルはそれぞれ構造式で示しなさい。

(2) サリチル酸に無水酢酸と濃硫酸を反応させると，アセチルサリチル酸が得られる。ただし，濃硫酸は触媒として作用する。この反応の反応式を書きなさい。ただし，サリチル酸とアセチルサリチル酸はそれぞれ構造式で示しなさい。

(3) アセトアミノフェンは以下の反応式にしたがってフェノールから合成できる。空欄(ア)および(イ)に当てはまる化合物の構造式をそれぞれ答えなさい。

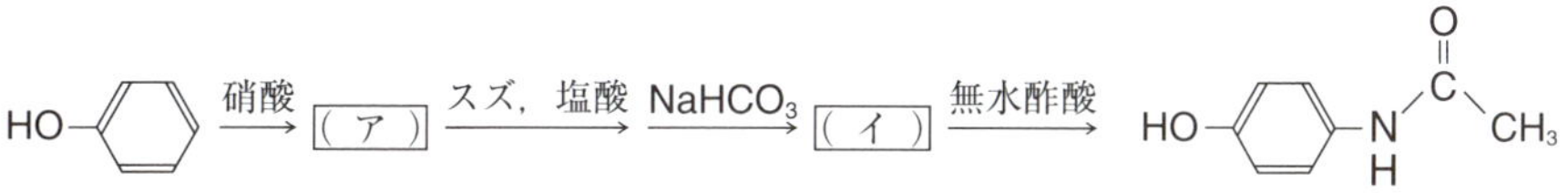

(20 中央大 改)

□□□ **615** ▶ **NMR** 核磁気共鳴分光装置とよばれる装置により有機化合物の測定を行うと，分子中に物理的・化学的性質の異なる水素原子が何種類存在するかを観測することができ，分子構造を決定する上で非常に役立つ。測定は，測定用の溶媒に有機化合物を溶解した溶液を使って行う。例えば，ベンゼンを測定すると，ベンゼン環に直接結合している水素原子 H_a のみが観測される。この結果は，ベンゼン中の水素原子の性質がすべて等しい事実と一致する。一方，トルエンを測定すると，ベンゼン環に直接結合している水素原子は H_b，H_c，H_d の3種類が観測され，これらの水素原子の数の比は，$H_b : H_c : H_d = 2 : 2 : 1$ となる。これはベンゼンにメチル基が置換すると，置換基と水素原子との距離が異なることで，H_b，H_c，H_d の性質が異なるためである。

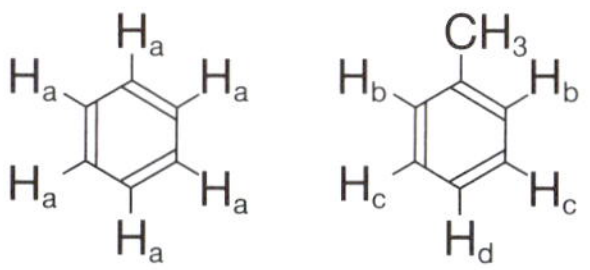

(1) 化合物 A と化合物 B をこの方法で測定すると，ベンゼン環に直接結合している，性質の異なる水素原子はそれぞれ何種類観測できるか。

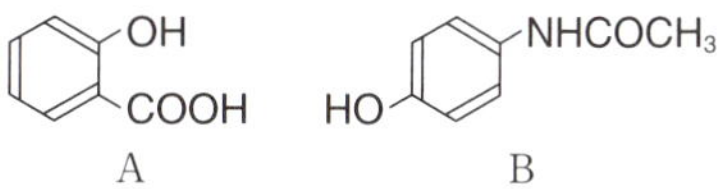

(2) フェノールと混酸を使って合成されたジニトロフェノールを測定すると，ベンゼン環に直接結合した性質の異なる水素原子が3種類観測され，その数の比は $1 : 1 : 1$ であった。この条件を満たすジニトロフェノールの異性体はいくつあるか。また，これらの異性体の中で最も収率が高いと考えられるジニトロフェノールの構造式を記せ。

(19 防衛医科大 改)

7章 発展問題 level 1

616 ▶ 糖類の構造決定 次の文章を読み，下の問いに答えよ。

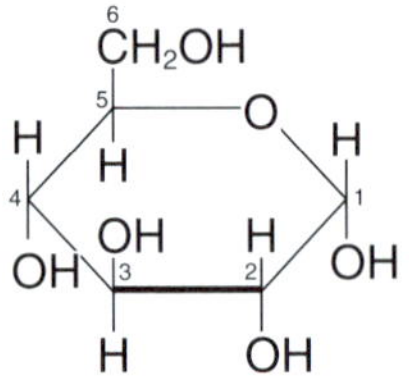

グルコースの各炭素原子に右図のように1～6の番号をつける。グルコースをヨウ化メチル（CH_3I）と反応させると，そのヒドロキシ基はすべてメチル化されてメトキシ基（$-OCH_3$）となる。このメチル化されたグルコースを希硫酸で処理すると，1位（番号1の炭素上）のメトキシ基だけが加水分解されヒドロキシ基に戻る。デキストリンやマルトースのヒドロキシ基も同様の処理によってメチル化することができる。

デンプンはグルコースが（ ア ）型の（ イ ）結合でつながった多糖類であり，グルコースが直鎖状につながった構造をとっている（ ウ ）と，枝分かれ状につながった構造を含む（ エ ）からなる。デンプンの（ イ ）結合を酸や酵素で部分的に加水分解すると，デキストリンが生じる。デキストリンをさらに分解するとマルトースを経て最終的には単糖類であるグルコースが生成する。

マルトース10.0 gを酵素（ オ ）により完全に加水分解したあと，<u>生成したグルコースを酵母菌から分離したアルコール生成酵素群（チマーゼ）と反応させると，エタノールと二酸化炭素が生じた。</u>

マルトースをメチル化したあと，酸で加水分解すると，2，3，4，6位のヒドロキシ基がメチル化されたグルコースと（ カ ）位のヒドロキシ基がメチル化されたグルコースが（ キ ）：1の物質量比（モル比）で生成した。

デキストリンの中から化合物Aを分離し，化合物A 100.0 gを酸で完全に加水分解するとグルコース107.1 gが生成した。したがって，化合物Aはグルコースが（ ク ）個つながってできた糖である。化合物Aをメチル化したあと，酸で加水分解すると2，3，4，6位のヒドロキシ基がメチル化されたグルコースと2，3位のヒドロキシ基がメチル化されたグルコースが生じた。

(1) 文中の(ア)～(オ)に適切な語句を，(カ)～(ク)に適切な数値を入れよ。
(2) 下線部において，生成したグルコースのすべてがエタノールと二酸化炭素に変化したとして，生成するエタノールは何gか。有効数字2桁で答えよ。
(3) 化合物Aの構造を記せ。

617 ▶ アスパラギン酸 酸性アミノ酸であるアスパラギン酸を溶解した水溶液の電離平衡について考える。アミノ基に水素イオンが結合したアスパラギン酸をH_3A^+と略記すると，3段階の電離平衡は，式(1)～(3)のイオン反応式として表記できる。

$H_3A^+ \rightleftarrows H^+ + H_2A$ ……(1)
$H_2A \rightleftarrows H^+ + HA^-$ ……(2)
$HA^- \rightleftarrows H^+ + A^{2-}$ ……(3)

また，式(1)〜(3)について電離定数をそれぞれ K_1, K_2, K_3 とすると，成分濃度を用いて式(a)〜(c)のように表記できる。

$$K_1 = \frac{[H^+][H_2A]}{[H_3A^+]} \quad \cdots\cdots(a) \qquad K_2 = \frac{[H^+][HA^-]}{[H_2A]} \quad \cdots\cdots(b)$$

$$K_3 = \frac{[H^+][A^{2-}]}{[HA^-]} \quad \cdots\cdots(c)$$

K の常用対数にマイナスをつけた値($-\log K$)を pK と表すと，p$K_1 = 2.00$, p$K_2 = 3.90$, p$K_3 = 9.90$ である。これらの値からアスパラギン酸の等電点を有効数字3桁で求めよ。考え方と計算の過程も記せ。

(15 奈良県立医科大 改)

□□□**618**▶ **ペプチドの構造決定** 次の文章を読み，問いに答えよ。

アミノ酸4分子からなる鎖状のテトラペプチドXに，メタノールと少量の濃硫酸を作用させたところペプチドYが得られた。Yのペプチド結合を完全に加水分解したところ(i)ロイシンを含む3種の α-アミノ酸と，旋光性をもたない α-アミノ酸である（ア）のメチルエステルaが得られた。次に，Xのペプチド結合1カ所を不規則に加水分解したところ（ア）とロイシンの他にペプチドA，B，C，Dが生成した。AとBはともにビウレット反応により呈色したがCとDは呈色しなかった。さらに，C，Dそれぞれに濃い水酸化ナトリウム水溶液を加えて加熱したのちに酢酸鉛(Ⅱ)水溶液を加えたところCでは黒色沈殿を生じたがDでは沈殿は生じなかった。一方，キサントプロテイン反応を行ったところDは呈色したがCは呈色しなかった。また，Dを無水酢酸と作用させたところDの分子内に2つのアセチル基が導入されたペプチドEが得られた。Cにメタノールと少量の濃硫酸を作用させたのちペプチド結合を完全に加水分解したところ生成物の1つとしてaが得られた。

(1) （ア）にあてはまる α-アミノ酸の名称を答えよ。
(2) 下線部(i)のロイシンは，分子式 $C_6H_{13}NO_2$ の枝分かれ状（分枝状）構造をもつ α-アミノ酸であり，水素原子が結合した不斉炭素を1つもつ。等電点におけるロイシンの構造式を記せ。
(3) ペプチドA，B，C，D，E，X，Yのうちニンヒドリン反応で呈色しないものを1つ選び，記号で答えよ。
(4) Xは以下に示す側鎖をもつアミノ酸からなる。Xの構造を，アミノ酸の名称を用いて示せ。ただし，N末端を左側，C末端を右側に示せ。（例：アラニン－リシン）

$-CH_3$　　$-CH_2-OH$　　$-C_2H_4-OH$　　$-CH_2-CO-OH$

$-CH_2-\bigcirc$　　$-CH_2-\bigcirc-OH$　　$-C_2H_4-S-CH_3$　　$-C_4H_8-NH_2$

(21 北大 改)

原子量の概数値	H	C	N	O	Na	Mg	Al	Si	S	Cl	K	Ca	Fe	Cu	Zn	Ag	I	Pb
	1.0	12	14	16	23	24	27	28	32	35.5	39	40	56	63.5	65	108	127	207

619 ▶ 酵素反応の反応速度

酵素が関わる反応では，酵素(E)は，基質(S)と結合して酵素-基質複合体(ES)となり，生成物(P)が作られる。これは次の2つの素反応からなる。

E + S ⇌ ES
ES ⟶ E + P

1つ目の素反応は十分に速く，平衡状態を保つとみなしてよい。2つ目の素反応は1つ目と比べて非常に遅く，（ ア ）段階である。1つ目の反応の平衡定数 K は，E の濃度 [E]，S の濃度 [S]，ES の濃度 [ES] を用いて（ イ ）と表される。また，酵素は E もしくは ES として存在しているため，酵素の全濃度 $[E]_0$ は [E] と [ES] を用いて $[E]_0 = [E] + [ES]$ と表される。平衡定数 K の逆数を $K_M = \dfrac{1}{K}$ とすると，[ES] は K_M，$[E]_0$，[S] を用いて（ ウ ）と表される。2つ目の反応式より，P の生成速度 v は速度定数 k と [ES] を用いて $v = k[ES]$ と表される。したがって，生成速度 v は k，K_M，$[E]_0$，[S] を用いて（ エ ）と表される。

(1) (ア)にあてはまる語句を記せ。
(2) (イ)〜(エ)にあてはまる式を記せ。
　(イ) $K =$ ☐　(ウ) $[ES] =$ ☐　(エ) $v =$ ☐
(3) 基質濃度 [S] が十分に小さいとき，生成速度 v は [S] に比例する。一方，基質濃度 [S] が十分に大きいとき，生成速度 v は [S] によらず一定となる。この理由を簡潔に述べよ。
(4) 酵素が関わる反応において，温度と反応速度の関係を表す図としてもっとも適当なものを次の(a)〜(d)の中から選び，その記号を記せ。またその理由も簡潔に述べよ。

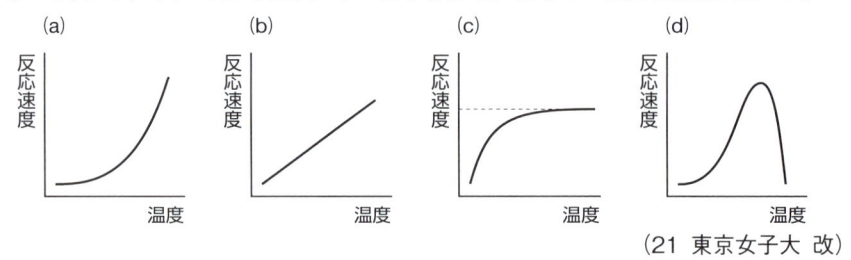

(a)　(b)　(c)　(d)
（縦軸：反応速度，横軸：温度）

(21 東京女子大 改)

620 ▶ 解重合

石油資源の有効利用を促進する目的で，高分子化合物を単量体まで分解し(解重合)，再利用するケミカルリサイクルが行われている。PET の解重合の一例として，1,2-エタンジオール(エチレングリコール)による方法があり，PET からビスヒドロキシエチレンテレフタラート(BHET)が生成する。9.60 g の PET を十分量の 1,2-エタンジオールを用いて BHET まで完全に解重合した場合，得られる BHET の質量〔g〕を有効数字3桁で答えよ。

HO−CH₂−CH₂−O−C(=O)−C₆H₄−C(=O)−O−CH₂−CH₂−OH
BHET

(21 北大 改)

発展問題 level 1 — 455

□□□**621** ▶ **吸水性高分子**　炭素数3の有機化合物は，ポリマーの原料としてきわめて重要である。次の文章を読み，(1)〜(4)に答えよ。

実験1　化合物Aは炭素数3で分子量42の常温・常圧で気体の化合物であり，炭素原子と水素原子のみからなっている。この化合物Aを重合反応させると熱可塑性をもつポリマーXを得ることができた。一方で，化合物Aを触媒存在下で酸素によって酸化すると，分子量72の化合物B(沸点141℃)が得られた。化合物Bは炭酸水素ナトリウムと反応して水溶性の塩Cを生じた。また，化合物Bをメタノールと反応させると化合物D(沸点80℃)と水が生じた。なお，化合物A，B，C，Dは臭素と反応し得る部分構造を有する。

実験2　化合物Cに架橋剤を加えて重合を行うと，網目構造をもつポリマーYが得られた。このポリマーYに水を加えると，吸水して膨らんだ。

実験3　分子式$C_3H_6O_3$を有する化合物Eは，酵素によるグルコースの分解反応によって得られる。この化合物は不斉炭素原子を有しており，炭酸水素ナトリウムと反応して水溶性の塩を生じた。化合物Eを脱水縮合すると分子式$C_6H_8O_4$の化合物Fが得られた。さらに化合物Fを重合するとポリマーZが得られた。

論 (1) 化合物Bと化合物Dの構造式を示せ。また，化合物Bと化合物Dの沸点が大きく異なる理由を25字以内で述べよ。

(2) 下線部の理由はポリマーのどのような性質によるものか。(ア)〜(オ)から選べ。
　(ア) 官能基間の静電引力　　(イ) 官能基の水和　　　　(ウ) 官能基の凝集
　(エ) 重合度の上昇　　　　(オ) ナトリウムイオンの移動

(3) 化合物Fの構造式を示せ。ただし，立体異性体は考慮しなくてよい。

(4) 実験3で得られるポリマーZは，実験1で得られるポリマーXよりも土壌中で容易に低分子量の化合物に変換される。この理由を下記の選択肢から選べ。
　(ア) 揮発しやすいため。　　　(イ) 還元されやすいため。
　(ウ) 加水分解されやすいため。　(エ) 再重合しやすいため。
　(オ) 脱水反応を起こしやすいため。

(12 東大 改)

□□□**622** ▶ **イオン交換樹脂によるアミノ酸の分離**

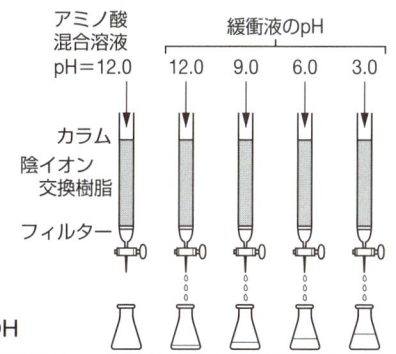

論　アラニン，グルタミン酸，アルギニンの混合溶液(pH = 12.0)を，陰イオン交換樹脂をつめたカラムの上から流す。さらに図のようにpHを小さくしながら緩衝液を流していったときに，カラム出口から溶出される順にアミノ酸の名称を答えよ。また，その理由も述べよ。

アラニン　$H_3C-CH(NH_2)-COOH$
グルタミン酸　$COOH-C_2H_4-CH(NH_2)-COOH$
アルギニン　$H_2NC(=NH)NH-CH_2CH_2CH_2-CH(NH_2)-COOH$

(13 東京海洋大 改)

7章 発展問題 level 2

1 糖の立体異性体

単糖は，複数の —OH 基をもつアルデヒドといえ，アルドースと呼ばれる。右の一般式で表されるアルドースのうち，炭素数が 3 のアルドース ($n=1$) は，不斉炭素原子を 1 つもち，2 種類の立体異性体が存在する。これらは互いに鏡像異性体の関係にあり，重なり合わない。

CHO
|
(CHOH)$_n$
|
CH$_2$OH

図 a の表記法で，◀ は紙面前方に出ている結合を，⋯ は紙面後方に出ている結合を示している。また，図 b のような表記法もあり，左右方向の結合は紙面前方に出ている結合を，上下方向の結合は紙面後方に出ている結合をそれぞれ示し，図 a と同じ構造を表している。また，この表記法ではホルミル基を上下方向のいちばん上に書くこととする。

623 ▶ 糖の立体異性体 アルドースは様々な化学反応を受けやすい。図 1 に炭素数が 4 のアルドースの反応例を示す。このような構造式の書き方をフィッシャーの投影式という。アルドースを硝酸で酸化すると，ジカルボン酸 A が得られる（反応 1）。また，アルドースに対して適切な条件下で反応を行うと，点線で囲った部分で分解が起こり，炭素が 1 個減少した B が生成する（反応 2）。

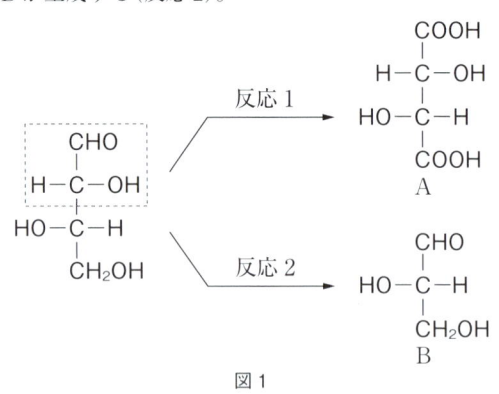

図1

ただし，これらの反応過程で，不斉炭素原子に結合したヒドロキシ基の立体的な配置は変化しないものとする。

炭素数が 4 のアルドースは，不斉炭素原子を 2 個もつことから，鏡像異性体を含めて ①4 種類の立体異性体が存在する。これらを反応 1 で酸化すると酒石酸が得られる。酒

石酸は不斉炭素原子を2個もつが，3種類の立体異性体しか存在しない。なぜなら，図2においてCはDの鏡像異性体であるが，Eは鏡に映したFと重なり合うことから，EとFは同じ化合物であるためである。E(あるいはF)のように，②不斉炭素原子をもちながら鏡像異性体が存在しない化合物には，分子内に対称面がある。

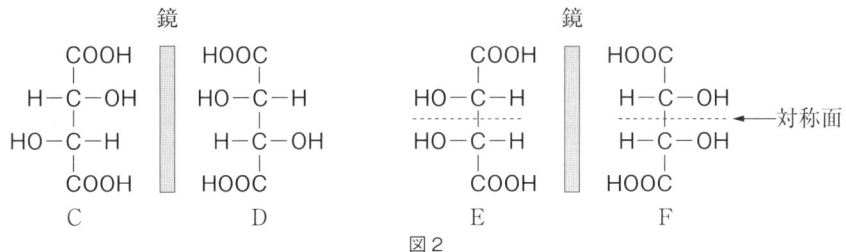

```
        鏡                    鏡
   COOH  |  HOOC         COOH  |  HOOC
 H-C-OH  | HO-C-H      HO-C-H  | H-C-OH
HO-C-H   | H-C-OH    ---C-----+----C---  ←対称面
   COOH  |  HOOC      H-C-OH  | HO-C-H
                        COOH  |  HOOC
    C        D            E        F
           図2
```

(1) 下線部①の4種類の立体異性体に対して反応2を行うと，2種類の生成物が得られた。これら2種類の生成物の構造式を，図1で用いた表記法を使って記せ。

(2) 図3に示した炭素数が5のアルドースに対して反応1を行った場合，その生成物の鏡像異性体が存在しないものを，下線部②に基づいて(あ)～(く)からすべて選べ。

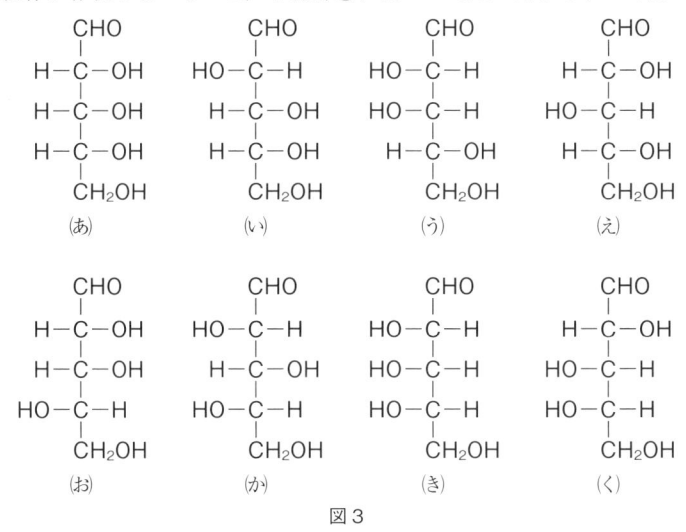

```
     CHO           CHO           CHO           CHO
  H-C-OH        HO-C-H        HO-C-H         H-C-OH
  H-C-OH         H-C-OH       HO-C-H        HO-C-H
  H-C-OH         H-C-OH        H-C-OH        H-C-OH
   CH₂OH          CH₂OH         CH₂OH         CH₂OH
    (あ)            (い)           (う)           (え)

     CHO           CHO           CHO           CHO
  H-C-OH        HO-C-H        HO-C-H         H-C-OH
  H-C-OH        HO-C-H        HO-C-H        HO-C-H
 HO-C-H        HO-C-H         HO-C-H         HO-C-H
   CH₂OH          CH₂OH         CH₂OH         CH₂OH
    (お)            (か)           (き)           (く)
           図3
```

(3) 化合物Gは図3の(あ)～(く)のいずれかである。Gに対して反応1を行うと，鏡像異性体をもつ化合物が得られた。またGに対して反応2を行うと化合物Hが生成し，続いて反応1で酸化すると，図2のE(あるいはF)が得られた。このような条件を満たすGとHには，それぞれ複数の構造が考えられる。Hとして考えられる構造式を，図1で用いた表記法を使ってすべて記せ。さらに，Gとして考えられるものを(あ)～(く)からすべて選べ。

(19 京大 改)

2 旋光性

糖のように不斉炭素原子をもつ化合物は，一方向のみで振動する光(偏光)があたると，その振動する方向(振動面)を回転させる性質がある。この性質を旋光性といい，右に回転させる性質を右旋性(＋で表示する)，左に回転させる性質を左旋性(－で表示する)という。スクロースは右旋性を示すのに対し，加水分解で生じたグルコースとフルクトースが同じ割合で混合する物質は左旋性を示す。このように旋光性が変化(転化)することから，スクロースの加水分解で得られる混合物は転化糖と名付けられた。

物質が偏光の振動面を回転させる角度は旋光度として測定することができる。旋光度は図に示すようにして測定される。

光源 — 偏光子(特定の方向の直線偏光だけを通す素子) — 直線偏光 — 試料溶液を入れた測定管 — 偏光面が回転 — 偏光子(偏光子を回転させて旋光度を測定) — 旋光度

実測される旋光度は，温度や試料溶液中の化合物の種類，濃度および偏光が通過する試料溶液の長さによって変化する。測定溶液の化合物濃度が２倍になれば実測した旋光度の値は２倍になり，偏光が通過する試料溶液の長さを半分にすれば実測した旋光度の値は半分になる。そこで，任意の濃度の試料を任意の長さの測定管を用いて一定の温度で実測した旋光度を，試料濃度を 1 g/mL，測定管の長さを 10 cm として測定した値に換算したものを比旋光度と呼ぶ。比旋光度は，化合物に固有の値を示す。例えば，グルコースの濃度 0.1 g/mL の溶液をつくり，25℃で長さ 10 cm の測定管を使用して長い時間をかけて旋光度を実測すると，偏光面が右方向(時計回り)に 5.2 度回転して安定するので，この比旋光度は ＋52°となる。また混合物の場合は，それぞれの化合物の比旋光度を，混合されている割合で合計した値となる。

□□□ **624 ▶ 旋光度** 糖の比旋光度について下の問いに答えよ。

(1) 25℃の水溶液中で，α型グルコースの比旋光度は ＋112°，β型グルコースの比旋光度は ＋19°である。25℃の水溶液中で平衡状態のグルコースの比旋光度が ＋52°であったとき，水溶液中に平衡状態で存在するβ型グルコースの割合(%)を求め，有効数字２桁で答えよ。ただし，試料溶液の長さは 10 cm で一定とし，鎖状構造の物質の旋光度は無視する。

(2) グルコースの比旋光度が ＋52°であり，スクロースを完全に加水分解して得られた転化糖の比旋光度が －20°であった。このときのフルクトースの比旋光度として最も適当なものを選べ。ただし，試料溶液の長さは 10 cm，温度は 25℃で一定とする。

① ＋92° ② ＋52° ③ ＋46° ④ ＋32° ⑤ 0°
⑥ －32° ⑦ －46° ⑧ －52° ⑨ －92°

(21 立命館大 改)

解答（計算問題）

1 (1) 3桁　(2) 2桁　(3) 3桁
2 (1) $22400\,\text{mL}\,(2.24\times10^4\,\text{mL})$
　 (2) $240\,\text{mg}\,(2.4\times10^2\,\text{mg})$
　 (3) $101300\,\text{Pa}\,(1.013\times10^5\,\text{Pa})$
3 (1) 7.3×10^{-3}　(2) 2.30×10^{-1}
　 (3) 9.65×10^4
4 (1) 1.3×10^{-2}　(2) 4.5×10^2　(3) 3.7
5 (1) 112.1　(2) 2.5　(3) $30\,(3.0\times10)$
　 (4) 3.1×10^5
6 (1) $1.3\,\text{g/cm}^3$　(2) ① 2.6 g　② 2.6 g
7 (1) 3.14　(2) 2.5 cm
21 (5)
22 (キ) 99.76
23 (3) 22920 年
27 (1) (ア) 2 (ア) 10 (イ) 10 (ウ) 50
46 (3) (エ)
66 (4) 165
71 水素原子からフッ素原子へ 0.41 個
72 (3) 2.8×10^2
74 (1) (ウ)　(2) (エ)　(3) (ア)
75 (ア) 32　(イ) 3　(ウ) 20
76 (1) 10.8　(2) ^{6}Li : 10%　^{7}Li : 90%
77 (1) 71　(2) 46　(3) 17　(4) 98
　 (5) 59　(6) 95　(7) 24　(8) 286
78 (1) 硫酸の質量：49 g
　　　酸素原子の物質量：2.0 mol
　 (2) プロパンの物質量：0.20 mol
　　　炭素原子の質量：7.2 g
　 (3) 塩化マグネシウムの物質量：0.10 mol
　　　塩化物イオンの個数：1.2×10^{23} 個
　 (4) すべてのイオンの物質量：2.0 mol
　　　硫酸イオンの質量：1.2×10^2 g
79 (1)
80 (1) アンモニア分子の質量：5.1 g
　　　アンモニア分子の体積：6.7 L
　 (2) 28　(3) 2.0 g/L　(4) 22
81 (1) (ア) 22%　(イ) 40%　(2) (d)
82 (2) 1.2×10^{24}　(3) 8.0　(4) 45
　 (6) 0.25　(7) 1.5×10^3　(8) 5.6
　 (10) 0.40　(11) 9.2　(13) 0.200
　 (14) 1.20×10^{23}　(15) 8.80

83 (1) $\dfrac{A}{N_A}$　(2) $\dfrac{mN_A}{M}$　(3) $\dfrac{vM}{V}$
84 (1) 10%　(2) 4.5 g　(3) 12%
86 (1) 0.20 mol/L　(2) 0.060 mol, 1.0 g
　 (3) 50 mL　(4) 0.26 mol/L
87 (ア) 9.0×10^2　(イ) 2.5×10^2　(ウ) 15
　 (エ) 15
88 (1) 18.5 mol/L　(2) 5.84 mL
89 (2) 1.4 kg　(3) 160 g
90 (1) 47%　(2) 16 g　(3) 53 g
93 (1) $\dfrac{WV_2}{MV_1}$　(2) $\dfrac{S_1}{S_2}$個　(3) $\dfrac{MV_1S_1}{WV_2S_2}$
96 (1) 1.1%　(2) 0.88%
97 $\dfrac{22.4X}{X+2Y}$ g
98 (1) (ア)　(2) 23
100 (4)
101 (6)
102 (3)
103 (1)
104 (2) 64
105 (1) Na$^+$ 4 個, Cl$^-$ 4 個
　 (2) $a=2r^++2r^-$
　 (3) $\dfrac{M}{2(r^++r^-)^3 N_A}$
106 (1) 8 個　(2) $N_A=6.03\times10^{23}$/mol
111 (1) 0.600 mol　(2) 1.12 L
113 (1) 3.0 mol　(2) 0.15 mol　(3) 23 g
　 (4) 34 L, 48 g
114 (1) 30 L　(2) 69%
115 (1) 酸素 0.050 mol　(2) 8.80 g
116 (2) 29 g　(3) 2.4 g
117 (2) 2.0 mol/L　(3) 86%
118 (1) 40 mL　(2) 0.29 g
120 (2) 二酸化炭素：0.88 g　水：0.54 g
　 (3) 6.4%
121 (2) 11.3%
122 (2) 0.650 mol
123 (2)
124 (ア) 150　(イ) 50　(ウ) 20　(エ) 480
　 (オ) 50　(カ) 20　(キ) 480　(ク) 0
125 (2) (イ)

126	(2) (イ)	(3) 1.38×10^{-2} mol		194	(1) 3.2×10^{-1} g	(2) O_2, 5.6×10^{-2} L

126　(2)　(イ)　(3)　1.38×10^{-2} mol
127　(2)　2.24 L　(3)　66.7%
128　(2)
132　(1)　0.40 mol/L　(2)　0.50 mol/L
　　(3)　1.1 L　(4)　2.52 g
133　(2)　0.010
134　(1)　0.020 mol/L　(2)　0.060 mol/L
　　(3)　2.0×10^{-13} mol/L　(4)　1.0×10^{-13} mol/L
　　(5)　2.0×10^{-4} mol/L　(6)　1.0×10^{-4} mol/L
135　(1)　2　(2)　13
　　(3)　4　(4)　12　(5)　5
　　(6)　9　(7)　7
141　(1)　0.15 mol　(2)　0.080 mol
　　(3)　0.025 mol　(4)　0.010 mol
142　(1)　0.080 mol/L　(2)　0.15 mol/L
　　(3)　8.0×10 mL　(4)　8.0×10 mL
143　(1)　1.0×10^3 mL　(2)　2.5×10^3 mL
　　(3)　5.0×10^3 mL
144　2.52×10^{-2} mol/L
149　(1)　0.10 mol/L　(2)　6.0×10^{-2} mol/L
　　(3)　1.0×10^{-13} mol/L
150　(3)
152　(1)　2.7　(2)　1.4　(3)　10.8
153　(1)　3　(2)　0.50 倍
155　(1), (3), (4), (2)
157　(5)　(a)　6.30　(b)　0.125　(c)　4.50
159　(4)　水酸化ナトリウム　1.00 g
　　　　　炭酸ナトリウム　2.12 g
160　(1)　2.55 mg　(2)　10.0%
161　2.0×10^{-3} mol
162　(2)　5.2×10^{-2} mol　(3)　1.4 g
165　(1)　0　(2)　0　(3)　-2　(4)　-1
　　(5)　$+4$　(6)　$+6$　(7)　$+5$　(8)　$+1$
　　(9)　-2　(10)　-3　(11)　$+4$　(12)　$+5$
　　(13)　$+4$　(14)　$+6$　(15)　-1
166　(カ)　$+4$　(キ)　$+2$
171　(2)　2:5　(3)　20.0 mL
176　2.22×10^{-2} mol/L
178　8.0×10^{-2} mol/L
179　(4)　0.900 mol/L, 3.06%
193　(1)　2.7×10^2 C　(2)　1.0×10^{-2} mol
　　(3)　0.50 A

194　(1)　3.2×10^{-1} g　(2)　O_2, 5.6×10^{-2} L
195　(2)　8.0×10^{-2} mol　(3)　8.6 g
　　(4)　4.5×10^{-1} L
197　(2)　0.224 L
199　(2)　80.0 g 増加　(3)　20.4%
201　(2)　1.80×10^3 C　(3)　9.63×10^4 C/mol
　　(4)　陽極　5.93×10^{-1} g 減少
　　　　　陰極　5.93×10^{-1} g 増加
202　(1)　1.4 g　(2)　56 mL　(3)　0.10 mol/L
203　(2)　148 mL
204　(3)　0.960 g 増加
205　(1)　9.7×10^5 C　(2)　8.7×10^2 kJ
　　(3)　61%
206　(3)　32.4 kg
210　(1)　6.00×10^{-5} mol　(3)　2.40 mg/L
211　(1)　4.6×10^{-5} mol　(2)　0.73 mg
212　(5)　1.69×10^{-2} mol/L
213　(2)　48 秒
214　(1)　$x=0$：$+3$　　$x=1$：$+4$
　　(2)　①　0.37　②　92%　③　15 h
215　(2)　$+5$　(5)　3.86×10^3 C　36.4 mA
216　(2)　(ア)　2.22 V　(エ)　0.55 V
　　(3)　$+1.69$ V
217　(2)　1:5　(4)　$\dfrac{3Q}{T_d - T_b}$
222　(5)　6.8×10^2 mm　(8)　2.3×10^2 mm
224　(1)　エタノール，30°C　(2)　1.0×10 m
227　(1)　1 個　(2)　$a = 2r$　(3)　52.3%
229　(1)　4.1×10^{-8} cm
　　(2)　Cs^+　1 個　　Cl^-　1 個　(3)　69%
　　(4)　Cs^+　1.4×10^{22} 個　Cl^-　1.4×10^{22} 個
　　(5)　4.0 g/cm³
230　(1)　4 個　(2)　5.0 g/cm³
231　六方最密構造の単位格子：2 個
　　　面心立方格子の単位格子：4 個
232　(1)　(ア)　1　(イ)　1　(ウ)　3
　　(エ)　$BaTiO_3$
　　(2)　4　(3)　6.1 g/cm³
233　8 個
234　(2)　(a)　ZnS　Zn^{2+}…4 個，S^{2-}…4 個
　　　　　　　CaF_2　Ca^{2+}…4 個，F^-…8 個
　　(b)　ZnS　Zn^{2+}に接するS^{2-}…4 個

S^{2-}に接するZn^{2+}…4個
CaF$_2$　Ca^{2+}に接するF$^-$…8個
　　　　　F$^-$に接するCa^{2+}…4個
(3) $\frac{\sqrt{3}}{4}a$　(4) 4.1 g/cm^3

235 (1) 4個　(2) 3.9×10^{-8} cm
(3) 1.7 g/cm^3

236 (1) 8個
(2) ダイヤモンド　4.6×10^{-23} cm^3
　　黒鉛　3.6×10^{-23} cm^3
(3) ダイヤモンド　3.4 g/cm^3
　　黒鉛　2.2 g/cm^3

237 (1) 正八面体間隙　4個
　　　正四面体間隙　8個
(2) 正八面体間隙　6個　正四面体間隙　4個
(3) 0.15倍

239 (1) 310 K　(2) −273℃
(3) 凝固点　273 K　沸点　373 K

240 (1) 5.0×10 kPa　(2) 4.0 L

241 (1) 4.0 L　(2) 4.6×10^2 ℃

242 (1) 3.50×10^{-2} L　(2) 6.40×10^4 Pa
(3) 411℃

245 (1) 127℃　(2) 15.0 L
(3) 2.00 mol

246 (1) 1.3 g/L　(2) 28 g/mol

247 115

248 (1) (a) 5.0×10^5 Pa　(b) 0.25
(c) 2.5×10^5 Pa　(2) 32

249 (1) 4.2×10^5 Pa
(2) メタン：1.7×10^5 Pa
　　酸素：2.5×10^5 Pa

250 (2) 9.83×10^4 Pa　(3) 9.8×10^{-2} mol

253 (1) 5.2×10^4 Pa　(2) 3.1×10^4 Pa

254 a　$\frac{1}{3}$

255 (1) A　1.5×10^5 Pa　B　2.5×10^5 Pa
(2) メタン　6.0×10^4 Pa　酸素　1.5×10^5 Pa
(3) 1.2 g/L　(4) 3.5×10^5 Pa

256 (イ) $\frac{2nRT}{V}$　(ウ) $\frac{0.4nRT}{V}$
(キ) $\frac{3nRT}{2V}$　(ク) $\frac{3nRT}{2V}$

257 (2) (a) $p_{H_2} = \frac{wRT}{MV}$　(b) 5.5×10^4 Pa
(c) 7.7×10^4 Pa　(e) 7.5×10^4 Pa

259 (1) 18%　(2) 3.5 mol/L
(3) 3.8 mol/kg

260 (1) 49.0 mL　(2) 8.40 mL
(3) 7.00×10^{-2} g

261 (1) 100.52℃　(2) 91

263 (1) −1.12℃　(2) 344

264 (3) −0.093℃

265 (3) (d)＞(a)＞(b)＞(c)　(4) 3.12×10^4 Pa

268 51%

269 (2) 375 g

271 (エ) 2.00　(オ) 021　(カ) 3.6

272 (1) 5.00 K・kg/mol
(2) 分子量 114　会合度 0.945

273 (1) 0.15 mol/L　(2) 7.9×10^5 Pa

274 (3) 2.6×10^6 Pa
(5) 1.1×10^5

275 2.4×10^5 個

276 (5) i　0.91 g/cm^3　ii　1.9×10^6 Pa

277 (1) $d_{AA} = \sqrt{2}l - 2r_A$　$d_{BB} = l - 2r_B$　d_{BB} の方が小さい。
(2) 原子 A が Ti, 原子 B が Fe の場合,
　　$d_{BB} = 0.30$ nm $- 0.12$ nm $\times 2 = 0.06$ nm
　　原子 A が Fe, 原子 B が Ti の場合,
　　$d_{BB} = 0.30$ nm $- 0.14$ nm $\times 2 = 0.02$ nm
(3) 3倍

278 (2) X (A)　Y (C)　Z (A)

279 (ア) 0.21 nm　(イ) 0.18 nm

280 (2) (ア) $\frac{64}{3\sqrt{3}}$　(イ) 8　(ウ) 18.0
(3) 0.92 g/cm^3

281 (4) 1.0×10 %　(5) 29.3 g

283 (1) (a) $\frac{1000 n_2}{n_1 M}$　(b) $\frac{mM}{1000}$
(c) $\frac{mMp^*}{1000}$
(2) (ア) 0.080　(イ) 0.12　(ウ) 50

284 (1) (エ) $\frac{x_1}{r}$　(オ) t_1　(カ) t_0

287 (1) 10.2℃　(2) −45 kJ/mol

290 (1) 1 kJ　(2) −112 kJ

(3) $-111\,\text{kJ}$
291 $-106\,\text{kJ/mol}$
292 $-727\,\text{kJ/mol}$
293 (3) $\Delta H_2 = -283\,\text{kJ}$
294 (1)
295 (1) $-548\,\text{kJ}$ (2) $-1.02 \times 10^3\,\text{kJ}$
296 $14\,\text{kJ/mol}$
297 (1) $-241\,\text{kJ/mol}$ (2) $-92\,\text{kJ/mol}$
(3) $391\,\text{kJ/mol}$
298 (1) $-3272\,\text{kJ/mol}$ (2) $-619\,\text{kJ}$
299 (1) 水素 $1.5 \times 10^{-1}\,\text{mol}$, エタン $5.0 \times 10^{-2}\,\text{mol}$
発生する熱量 $121\,\text{kJ}$
(2) エタンの物質量：プロパンの物質量 = 1：2
300 (3) $\Delta H = -153.8\,\text{kJ}$
301 (1) $570\,\text{kJ/mol}$ (2) $-800\,\text{kJ/mol}$
(3) $327\,\text{kJ/mol}$
302 $803\,\text{kJ/mol}$
303 (ア) 90 (イ) 4.50×10^2
304 (1) $-44\,\text{kJ}$ (2) $-56\,\text{kJ}$
(3) $-100\,\text{kJ}$ (4) $12\,\text{℃}$
305 溶解エンタルピー $17\,\text{kJ/mol}$
311 (3) 33.3％
315 (1) (ア) (2) (エ)
319 (1) $3.2 \times 10^{-4}\,\text{mol/(L·s)}$ (2) 9倍
320 (1) $v_A = k[\text{A}][\text{B}]^2$
(2) $v_C = 3\,v_A$
322 (1) 27倍 (2) $V = 2^{\frac{E-D}{10\text{℃}}} \times U$
324 (1) $v = k[\text{X}]^2[\text{Y}]$
(2) $2.5 \times 10^{-2}\,\text{L}^2/(\text{mol}^2 \cdot \text{s})$
(3) $1.8 \times 10^{-3}\,\text{mol/(L·s)}$
329 (2) (イ) (3) (エ) (4) (イ)
330 (1) (ア) 4.9×10^{-4} (イ) 1.68×10^{-2}
337 (1) 4 (2) $0.87\,\text{mol}$
338 (1) $4.3 \times 10^4\,\text{Pa}$ (2) $7.6 \times 10^4\,\text{Pa}$
339 (1) $p_A = \dfrac{n_A RT}{V}$ (2) $K = K_p RT$
342 (4)
343 (1) 2.0 (2) 12.4 (3) 11.7
344 (エ) 2.6×10^{-5} (オ) 1.6×10^{-3}
(カ) 2.8
345 (ウ) 4.2×10^{-2} (エ) 4.2×10^{-4}
(オ) 10.6

348 (ア) 1.0×10^{-5} (イ) 1.0×10^{-8}
351 (1) (イ) (2) $\dfrac{2b^2}{(a-b)^3}$
352 (ウ) 1.5×10^{-1}
(エ) 6.2×10^{-1} (オ) 1.9 (カ) 7.6×10^{-1}
355 (ア) 2 (イ) $2.0\,\text{L/mol}$ (ウ) 0.75
(エ) 1.13
356 9.3
357 (1) 4.1 (2) 5.0 (3) 12.7
358 (1) $-\log_{10} A$ (2) $K_w = (x+C)x$
(3) 6.9
359 (2) 6.6 (3) 10.3
360 (ア) $\dfrac{K_w}{K_a}$ (イ) ch (ウ) $c(1-h)$
(エ) ch (オ) $\dfrac{ch^2}{1-h}$ (カ) $\sqrt{\dfrac{cK_w}{K_a}}$
(キ) $\sqrt{\dfrac{K_a K_w}{c}}$ (ク) 8.87
361 (1) A：$0.10 \times (1-\alpha)$
B：$0.10 \times \alpha$
C：$0.10 \times \alpha$ D：$\sqrt{\dfrac{K_b}{0.10\,\text{mol/L}}}$
(2) X：11.15 Y：9.30 Z：5.30
362 (ア) 8.5 (イ) 10.5 (ウ) 9.5
363 (ア) 3.2×10^{-2} (イ) 6.8×10^{-2}
(ウ) 1.5×10^{-2} (エ) 3.6×10^{-7}
(オ) 4.1×10^{-17}
364 (1) $K_1 = 4.0 \times 10^{-7}\,\text{mol/L}$
$K_2 = 4.0 \times 10^{-11}\,\text{mol/L}$
(2) (i) $4.0 \times 10^{-11}\,\text{mol/L}$
(ii) $1.8 \times 10^{-5}\,\text{mol/L}$
365 (ウ)
366 (2) イ：6.0×10^{-5}
ウ：3.0×10^{-6} (3) $2.0 \times 10^{-2}\,\text{mol/L}$
367 (1) $45\,\text{kJ/mol}$ (2) $24\,\text{kJ/mol}$
(3) 1.9本
368 (1) $-3420\,\text{kJ/mol}$
(2) $-3.28 \times 10^3\,\text{kJ/mol}$
369 (2) $6.00 \times 10^2\,\text{nm}$
371 (1) $3.9\,\text{g/cm}^3$
372 (1) c (2) 0.69 (3) 2.9×10^3年
374 (1) $191\,\text{℃}$

375 (3) $\varepsilon = 7.6 \times 10^4 \mathrm{L/(mol \cdot cm)}$
　　(4) $6.7 \times 10^{-6}\mathrm{g}$
376 (3) $8.6\mathrm{kJ/mol}$
377 (1) $1.67 \times 10^{-1}\mathrm{mol/L}$　(2) 50.0%
　　(3) $2.78 \times 10^{-2}\mathrm{mol/L}$　(4) 4回
378 (1) $1.1 \times 10^{-1}\mathrm{mol}$　(2) $1.1 \times 10^{-3}\mathrm{mol}$
　　(3) $8.9 \times 10^{-2}\mathrm{mol/L}$
400 (4) $2.0 \times 10^3 \mathrm{mol}$
421 (3) 50%
　　(4) 炭酸ナトリウム：$530\mathrm{kg}$
　　　　二酸化炭素：$220\mathrm{kg}$
423 (2) $\mathrm{AlK(SO_4)_2 \cdot 3H_2O}$
435 (2) $36\mathrm{t}$　(3) $5.41 \times 10^2 \mathrm{g}$
456 (4) $50\mathrm{t}$
458 $6.80 \times 10^{-2}\mathrm{mol/L}$
465 $\mathrm{C_6H_{12}O_2}$
466 $\mathrm{C_6H_{12}O_2}$
467 $\mathrm{C_4H_8O_2}$
474 (1) 54.0　(2) $\mathrm{C_4H_6}$
476 (2) $2.8\mathrm{L}$
481 (1) $1.3\mathrm{g}$　(2) $1.1\mathrm{L}$
483 (2)
484 $n = 5$
486 (4)
498 $m = 2,\ n = 4$
508 (2) $0.15\mathrm{L}$
510 122
513 (1) (エ)
516 (1) $19\mathrm{g}$　(2) 4個
517 (1) 870　(2) 9
518 (1) $\mathrm{C_{15}H_{31}-COOH}$　(2) $\mathrm{C_{18}H_{32}O_2}$
　　(3) 119
548 (3) $5.11\mathrm{g}$, p-ヒドロキシアゾベンゼン
555 (1) $3.0 \times 10^{-3}\mathrm{mol}$　(2) $\mathrm{C_4H_8}$
560 (9) 46.7%
561 (1) $\mathrm{C_3H_5O}$　(2) $\mathrm{C_6H_{10}O_2}$
562 (3) $\mathrm{C_4H_4O_4}$
563 (1) (i) $\mathrm{CH_3-(CH_2)_{14}-COOH}$
564 (2) A $5.0 \times 10^{-2}\mathrm{mol}$　B $1.0 \times 10^{-1}\mathrm{mol}$
　　C $9.3\mathrm{g}$
574 (2) $2:2:3$
575 (2) 972　(3) $11.1\mathrm{g}$

576 (2) $106\mathrm{g}$　(3) $88.3\mathrm{g}$
577 (1) トリニトロセルロース，$33\mathrm{g}$
　　(2) $32\mathrm{g}$
581 (2) $(M-18)X + 18$
588 (2) 6.0　(3) 1.0×10^4
590 (1) 295
591 (1) 293
594 (6) 2.0×10^2 個
597 6.5×10^2
600 14
601 (1) $2.8\mathrm{g}$　(2) 31%
603 (1) 40%　(2) 48個　(3) $1:4$
604 $1.0 \times 10^{-1}\mathrm{mol/L}$
605 (2) 60%　(3) $96.0\mathrm{g}$
606 (4) $90\mathrm{L}$
611 (2) $-3.6 \times 10^6\mathrm{kJ}$
616 (1) (ク) 3　(2) $5.4\mathrm{g}$
617 $\mathrm{pH} = 2.95$
619 (2) (イ) $K = \dfrac{[\mathrm{ES}]}{[\mathrm{E}][\mathrm{S}]}$
　　　(ウ) $[\mathrm{ES}] = \dfrac{[\mathrm{E}]_0[\mathrm{S}]}{K_\mathrm{M} + [\mathrm{S}]}$
　　　(エ) $v = \dfrac{k[\mathrm{E}]_0[\mathrm{S}]}{K_\mathrm{M} + [\mathrm{S}]}$
620 $12.7\mathrm{g}$
624 (1) 65%　(2) ⑨

エクセル　化学［総合版］

表紙デザイン
難波邦夫

- ●編　者──実教出版編修部
- ●発行者──小田　良次
- ●印刷所──株式会社太洋社

〒102-8377
東京都千代田区五番町5
電話〈営業〉(03)3238-7777
〈編修〉(03)3238-7781
〈総務〉(03)3238-7700
https://www.jikkyo.co.jp/

●発行所──実教出版株式会社

002402023　　　　　　　ISBN978-4-407-35233-7

化学基礎の知識のまとめ

① 原子構造

^4_2He

- 中性子（電荷をもたない）
- 陽子（正の電荷をもつ）
- 電子（負の電荷をもつ。質量は陽子の約 $\frac{1}{1840}$）

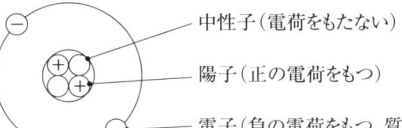

※陽子数が同じで中性子数が異なれば同位体（アイソトープ）

② 電子殻の電子数

$2n^2$ （$n = 1, 2, 3$）
　　　(K)(L)(M)

③ 価電子数

一番外側にある電子数（貴ガスは 0）

④ 電子式

最外殻電子を書く

・Ċ・　　H・　　H:C:H （Hは上下にも）

⑤ 周期表

縦が族，横が周期

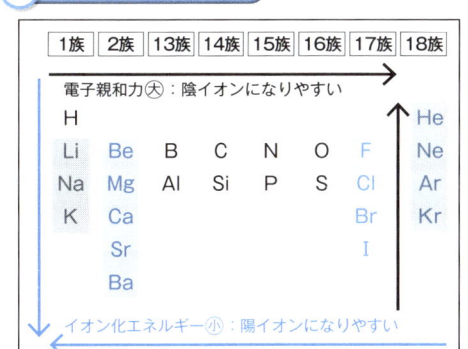

1族	2族	13族	14族	15族	16族	17族	18族
H							He
Li	Be	B	C	N	O	F	Ne
Na	Mg	Al	Si	P	S	Cl	Ar
K	Ca					Br	Kr
	Sr					I	
	Ba						

電子親和力（大）：陰イオンになりやすい
イオン化エネルギー（小）：陽イオンになりやすい

アルカリ金属
　常温で水と反応。炎色反応。1価の陽イオン

アルカリ土類金属
　2価の陽イオン

ハロゲン
　陰イオンになりやすい二原子分子
　Cl_2 は常温で気体（黄緑色）
　Br_2 は常温で液体（赤褐色）
　I_2 は常温で固体（黒紫色）

貴ガス
　単原子分子。他の物質とは反応しにくい

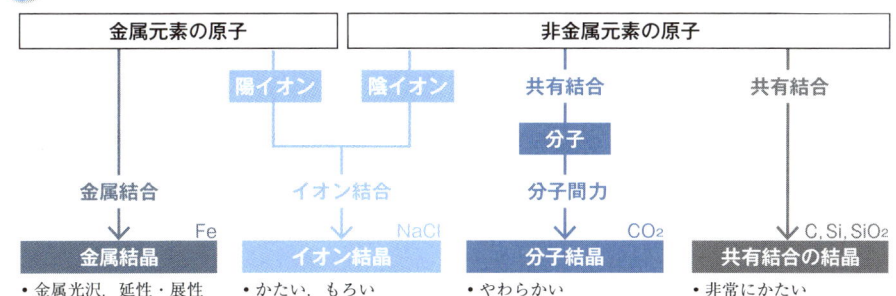

⑥ 結合

- 金属元素の原子 → 金属結合 → **金属結晶** (Fe)
  - 金属光沢，延性・展性
  - 融点が高いものが多い
  - 固体も液体も電気を通す

- 非金属元素の原子
  - 陽イオン + 陰イオン → イオン結合 → **イオン結晶** (NaCl)
    - かたい，もろい
    - 融点が高い
    - 液体や水溶液は電気を通す
  - 共有結合 → 分子 → 分子間力 → **分子結晶** (CO_2)
    - やわらかい
    - 融点が低い
    - 固体も液体も電気を通さない
  - 共有結合 → **共有結合の結晶** (C, Si, SiO_2)
    - 非常にかたい
    - 融点が非常に高い
    - 固体も液体も電気を通さない

化学基礎の計算のまとめ

⑦ 物質量

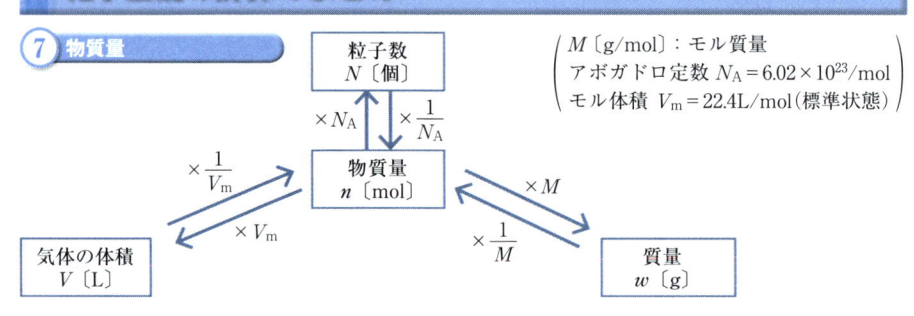

$$粒子数\ N\ 〔個〕$$

$$\times N_A \updownarrow \times \frac{1}{N_A}$$

$$物質量\ n\ 〔mol〕$$

- $\times \frac{1}{V_m}$ / $\times V_m$ ↔ 気体の体積 V 〔L〕
- $\times M$ / $\times \frac{1}{M}$ ↔ 質量 w 〔g〕

$$\begin{pmatrix} M\ 〔g/mol〕:モル質量 \\ アボガドロ定数\ N_A = 6.02 \times 10^{23}/mol \\ モル体積\ V_m = 22.4 L/mol(標準状態) \end{pmatrix}$$

⑧ 濃度

$$質量パーセント濃度〔\%〕= \frac{溶質の質量〔g〕}{溶質の質量〔g〕+ 溶媒の質量〔g〕} \times 100$$

$$モル濃度〔mol/L〕= \frac{溶質の物質量〔mol〕}{溶液の体積〔L〕}$$

⑨ 電離度

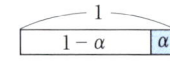

1
$1-\alpha$	α

全体を1としたときの電離した部分の割合 ($0 < \alpha \leq 1$)

⑩ pH

$[H^+] = 1.0 \times 10^{-a}\ mol/L$ のとき $pH = a$

⑪ 中和

| 酸の価数 a
濃度 c 〔mol/L〕
体積 V 〔L〕 | 塩基の価数 b
濃度 c' 〔mol/L〕
体積 V' 〔L〕 |

H^+の物質量〔mol〕= OH^-の物質量〔mol〕
$$acV = bc'V'$$

⑫ 酸化剤と還元剤

| 必要とする電子数 a
濃度 c 〔mol/L〕
体積 V 〔L〕 | 放出する電子数 b
濃度 c' 〔mol/L〕
体積 V' 〔L〕 |

酸化剤 ←—e^-— 還元剤
$$acV = bc'V'$$

化学の知識のまとめ

⑬ 電池

イオン化傾向の大きい金属が負極としてe^-を出す

⑭ 電気分解

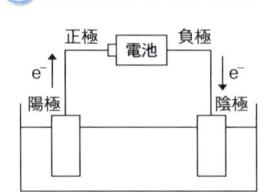

陰極 ① Cu^{2+}, Ag^+ があればe^-をもらって析出
② H_2を発生

陽極 ① Pt, C 以外の電極であれば電極が溶け出す
 (例) $Cu \longrightarrow Cu^{2+} + 2e^-$
② Cl_2, Br_2, I_2 発生
③ O_2を発生

解答 エクセル化学[総合版] EXCEL

実教出版

答案を作成するにあたって (p.6)

1 解答 (1) 3桁 (2) 2桁 (3) 3桁

解説 小さな数値を小数で表すとき，位取りを表すために使う0は有効数字には入れない。そのため(2)の25の左の2個の0は有効数字ではない。また，$a \times 10^n$という書き方をすることで，有効数字をはっきり示す表記法もある。

エクセル 有効数字の科学的な表記法
　　　　□.□…×10^n
　　　　↑
　　　「0」以外の数字。

●「0」と有効数字
　0.02<u>5</u>
　　　有効数字
　<u>1.0</u>
　有効数字

2 解答 (1) 22400 mL (2.24×10^4 mL) (2) 240 mg (2.4×10^2 mg)
(3) 101300 Pa (1.013×10^5 Pa)

解説 (1) $22.4 \text{ L} \times \dfrac{10^3 \text{ mL}}{1 \text{ L}} = 22400 \text{ mL} = 2.24 \times 10^4 \text{ mL}$

(2) $0.24 \text{ g} \times \dfrac{10^3 \text{ mg}}{1 \text{ g}} = 240 \text{ mg} = 2.4 \times 10^2 \text{ mg}$

(3) $1013 \text{ hPa} \times \dfrac{10^2 \text{ Pa}}{1 \text{ hPa}} = 101300 \text{ Pa} = 1.013 \times 10^5 \text{ Pa}$

エクセル 単位の関係を利用して換算する。

●単位の換算
　10^3 mL = 1 L
　$22.4 \text{ L} \times \dfrac{10^3 \text{ mL}}{1 \text{ L}}$
　= 22400 mL
　= 2.24×10^4 mL

3 解答 (1) 7.3×10^{-3} (2) 2.30×10^{-1} (3) 9.65×10^4

解説 (1) $0.0073 = 7.3 \times 10^{-3}$
　　　　小数点を右へ3つ移動

(2) $0.230 = 2.30 \times 10^{-1}$ 有効数字の0は忘れない
　　　小数点を右へ1つ移動

(3) $96500 = 9.65 \times 10^4$
　　小数点を左へ4つ移動

エクセル $a \times 10^n$の表記法 ($1 \leq a < 10$)

●$a \times 10^n$の表記法
　小数点をn個ずらす。
　左へずらす→正の値
　右へずらす→負の値

4 解答 (1) 1.3×10^{-2} (2) 4.5×10^2 (3) 3.7

解説 (1) $3.0 \times 10^2 \times 4.2 \times 10^{-5} = 3.0 \times 4.2 \times 10^2 \times 10^{-5}$
　　　　　　　　　　　　$= 12.6 \times 10^{2+(-5)}$
　　　　　　　　　　　　$= 12.6 \times 10^{-3}$
　　　　　　　　　　　　$= 1.26 \times 10^{-2}$
　　　　　　　　　　　　　　　3桁目を四捨五入
　　　　　　　　　　　　$\fallingdotseq 1.3 \times 10^{-2}$
　　　　　　　　　　　　　　有効数字2桁

▶有効数字2桁で答えるとき，2桁の値を答える場合は無理に$a \times 10^n$にしなくてもよい。

解説

(2) $162 \times 55 \div 20 = \dfrac{\overset{81}{\cancel{162}} \times \overset{11}{\cancel{55}}}{\underset{2}{\cancel{\underset{4}{\cancel{20}}}}}$ ← できるだけ分数の形にして約分する。

$= \dfrac{891}{2}$ ← 途中の計算は1桁多く3桁まで計算する。

$= 44\underset{\text{3桁目を四捨五入}}{\cancel{5}}$(切り捨て)

$\fallingdotseq 450 = 4.5 \times 10^2$

●割り算を含む計算
できるだけ分数の形にして約分をしてから割り算をする。

(3) $(0.164 + 1.36) \times 2.46 = 1.524 \times 2.46$
位取りは小数第2位が高いので,答えは小数第3位まで求める。

$= 3.74$(切り捨て)
3桁目を四捨五入

$\fallingdotseq 3.7$

エクセル 有効数字を指定された場合は,指定された桁数より1桁多く計算して最後に四捨五入する。

5

解答
(1) 112.1　(2) 2.5　(3) 30 (3.0 × 10)　(4) 3.1×10^5

解説
(1) $45.27 + 66.8 = 112.0\overset{1}{\cancel{7}} \fallingdotseq 112.1$
位取りは小数第1位が高いので,
小数第2位まで求めて四捨五入する。

(2) $4.264 - 1.8 = 2.4\overset{5}{\cancel{6}}$(切り捨て)$\fallingdotseq 2.5$
位取りは小数第1位が高いので,
小数第2位まで求めて四捨五入する。

(3) $6.24 \div 0.21 = 29.\overset{30}{\cancel{7}}$(切り捨て)$\fallingdotseq 30 = 3.0 \times 10$
有効数字3桁と2桁なので,3桁目まで求めて四捨五入し,2桁で答える。

(4) $1.254 \times 10^3 \times 2.5 \times 10^2 = 1.254 \times 2.5 \times 10^{3+2}$
有効数字4桁と2桁なので,3桁目まで求めて四捨五入し,2桁で答える。

$= 3.13$(切り捨て)$\times 10^5$
四捨五入

$\fallingdotseq 3.1 \times 10^5$

▶ $a \times 10^n$ の表記法のため,有効数字3桁と考え,4桁目まで求めて四捨五入すると考えてもよい。

エクセル 足し算,引き算→位取りの最も高い値よりも1桁多く計算し,最後に四捨五入して最も高い位取りにしたものを答えにする。
(有効数字の桁数を考える「かけ算,割り算」と混同しない)

かけ算,割り算→有効数字の桁数が最も少ない値よりも1桁多く計算し,その結果を四捨五入して桁数の最も少ない値の桁数に合わせて答えにする。

答案を作成するにあたって——3

6

解答 (1) $1.3\,\text{g/cm}^3$　(2) ① $2.6\,\text{g}$　② $2.6\,\text{g}$

解説 (1) 密度$[\text{g/cm}^3]=\dfrac{\text{質量}[\text{g}]}{\text{体積}[\text{cm}^3]}=\dfrac{7.095\,\text{g}}{5.5\,\text{cm}^3}$

有効数字4桁と2桁なので，3桁まで求めて四捨五入し，2桁で答える。

$$=1.2\overset{9}{\cancel{9}}\,\text{g/cm}^3$$
$$\underset{\text{四捨五入}}{3}$$
$$≒1.3\,\text{g/cm}^3$$

(2) ①(1)で出た答えを次の問に使うときは，四捨五入する前の値を使う。この問題で与えられた数字は有効数字2桁と4桁のため，答えは2桁で出せばよい。このため，計算は3桁まで求めて四捨五入して2桁にする。

$1.29\,\text{g/cm}^3\times 2.05\,\text{cm}^3=2.6\cancel{4}(切り捨て)$
$\phantom{1.29\,\text{g/cm}^3\times 2.05\,\text{cm}^3}≒2.6\,\text{g}$

② 求める質量を $x[\text{g}]$ とすると

$5.5\,\text{cm}^3 : 7.095\,\text{g} = 2.05\,\text{cm}^3 : x[\text{g}]$
$5.5x = 7.095 \times 2.05$

$$x = \dfrac{\overset{6.45}{\cancel{7.095}} \times \overset{0.41}{\cancel{2.05}}}{\underset{\cancel{\text{Ⅱ}}}{5.5}}\,\text{g}$$

$=2.6\cancel{4}(切り捨て)\,\text{g}$
$≒2.6\,\text{g}$

●密度
単位体積あたりの質量

●比例式
$a : b = c : d$
$ad = bc$

エクセル
・前問の答えを使って計算するときは，最後に四捨五入する前の値を使う。
・有効数字の桁数が指定されていない場合は，問題文中の測定値の桁数のうちで，最も桁数の少ない桁数に最後の結果を合わせる。

7

解答 (1) 3.14　(2) $2.5\,\text{cm}$

解説 (1) 問題文中の測定値$12.0\,\text{cm}$の有効数字は3桁なので，円周率も4桁以上は必要ない。
$\pi=3.141\cancel{592}\cdots≒3.14$
$(切り捨て)$

(2) 答えは有効数字2桁で求めるため，途中は有効数字3桁で計算する。

$12.0\,\text{cm}\times 3.14 = 37.6\cancel{8}(切り捨て)\,\text{cm}$

$\dfrac{37.6}{15}\,\text{cm} = 2.50\cancel{6}\cdots\,\text{cm} ≒ 2.5\,\text{cm}$

エクセル かけたり，割ったりする計算が続く場合は，全体を大きな分数にしてできるだけ約分し，最後に有効数字を考えたほうがよい。

(例) $\dfrac{\overset{0.800}{\overset{\cancel{4.00}}{\cancel{12.0}}} \times 3.14}{\underset{5}{\cancel{15}}} = 2.5\cancel{12}$

$\phantom{(例)\dfrac{12.0\times3.14}{15}} ≒ 2.5$

1 物質の探究 (p.20)

● エクササイズ

1 (1) リチウム (2) ベリリウム (3) 窒素 (4) 硫黄 (5) アルミニウム (6) カリウム (7) Ne (8) He (9) F (10) P (11) B (12) Si

2 (1) 亜鉛 (2) 鉄 (3) 金 (4) 白金 (5) クロム (6) Al (7) Pb (8) Mn (9) Cu

3 (1) 水素 (2) ヘリウム (3) ネオン (4) アルゴン (5) クリプトン (6) Cl (7) I (8) Br (9) F

4

周期＼族	1	2	13	14	15	16	17	18
1	元素記号 H 名称 水素							(1) He (a) ヘリウム
2	(2) Li (b) リチウム	(3) Be (c) ベリリウム	(4) B (d) ホウ素	(5) C 炭素	(6) N (e) 窒素	O (f) 酸素	(7) F (g) フッ素	(8) Ne ネオン
3	(9) Na ナトリウム	Mg (h) マグネシウム	(10) Al (i) アルミニウム	(11) Si (j) ケイ素	(12) P リン	(13) S (k) 硫黄	Cl (l) 塩素	(14) Ar (m) アルゴン
4	(15) K (n) カリウム	Ca (o) カルシウム						

---

1 解答： 純物質　黒鉛，塩化ナトリウム，銅，ヘキサン
　　　　混合物　海水，牛乳，砂，土

解説： 単一の物質からできている物質が純物質である。黒鉛は炭素Cからなる単一の物質であり，ヘキサンはヘキサン C_6H_{14} からなる単一の物質である。

エクセル　純物質　単一の物質からなる物質
　　　　　　混合物　2種類以上の純物質が混じりあった物質

● 純物質と混合物の分類

　物質
　┌純物質　　混合物
　│単一の物質　2種類以上
　│からなる。　の純物質が
　│　　　　　　混じりあう。

2 解答： (1) (ウ) (2) (ア) (3) (オ) (4) (エ) (5) (イ) (6) (カ)

解説：
(1) 両方の結晶の混合物を加熱しながら水に溶解し，その後，温度を下げると硫酸銅(II)は溶液中に残るが，硝酸カリウムの結晶の一部が溶けきれずに純粋な結晶として現れる(再結晶)。
(2) 水溶液から水に不溶な塩化銀をろ紙などで取り除く(ろ過)。
(3) ヨウ素が加熱されると容易に気体になる(昇華する)ことを利用して分離する(昇華法)。
(4) 水は灯油に溶けにくいが，ヨウ素は灯油によく溶ける。ヨウ素を灯油に溶かし出すことで分離する(抽出)。
(5) 水とそれに溶けている塩化ナトリウム(不揮発性物質)の沸点の差を利用して水を分離する(蒸留)。
(6) ろ紙などに色素をしみ込ませると，色素によって吸着力が異なり分離する。

エクセル　分離方法
　① ろ過　　液体と液体に不溶な固体の分離
　② 蒸留　　物質の沸点の差による分離

● 混合物の分離操作
　ろ過，蒸留(分留)，再結晶，抽出，昇華法，クロマトグラフィー

● 不揮発性物質
　気体になりにくい物質

● 揮発性物質
　気体になりやすい物質

③ 再結晶　物質が同じ液体に溶ける量の差による分離
④ 抽出　　物質をよく溶かす液体に溶かして分離
⑤ 昇華法　固体から容易に気体になる性質を利用して分離
⑥ クロマトグラフィー　混合物が移動する速度の違いで分離

3

解答 (1) (ア) 枝つきフラスコ　(イ) リービッヒ冷却器
(ウ) 三角フラスコ　(2) 水　(3) A
(4) フラスコの枝の方へ流れていく気体の温度を測るため

解説 (2) 加熱により気体となった水がリービッヒ冷却器で液体となり三角フラスコに留出する。
(3) 冷却水を冷却器の下の口から上の口へ流す。

エクセル 蒸留　物質の沸点の違いを利用して行う分離操作
　　　　　　液体とそれに溶けている固体の分離
　　　　　　液体の混合物から液体成分の分離
　　　　分留　2種類以上の液体の混合物から各液体成分を分離

▶分留は石油の精製などに用いられる。

● リービッヒ冷却器
蒸発した気体がこの冷却器を通り冷却され、徐々に液体に戻る。

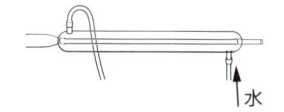

4

解答

▶昇華するものとしては、ヨウ素のほかに防虫剤のナフタレンやパラジクロロベンゼンなどがある。

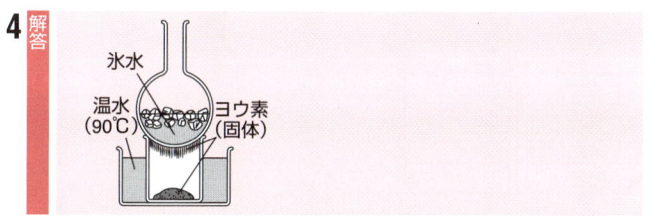

エクセル 固体が液体を経ずに直接気体になる現象を昇華とよぶ。その気体を冷却すると直接固体となる。

5

解答 (1) 分液ろうと　(2) f　(3) ①

解説 (1) 溶液からの抽出には分液ろうとを用いる。
(2) ヨウ素は水よりもヘキサンに溶けやすい。水に溶けていたヨウ素はほとんどヘキサンに抽出される。
(3) ヘキサンは水よりも密度が小さいため、上層となる。

エクセル 抽出　液体に対する溶けやすさの違いを利用して物質を分離する操作。
目的の物質だけを溶かす溶媒を用いて、その溶媒中に目的の物質を溶かして取り出す。

6

解答 単体　酸素 O_2，水素 H_2，オゾン O_3
化合物　水 H_2O，塩化ナトリウム NaCl，過酸化水素 H_2O_2

解説 酸素とオゾンは酸素元素のみからなる物質である。また、水素は水素元素のみからなる物質である。水、塩化ナトリウム、過酸化水素の3物質はいずれも2種類の元素からなる物質である。

エクセル 純物質(単一の物質)
　　　　├─ 単体　　1種類の元素のみからなる物質
　　　　└─ 化合物　2種類以上の元素からなる物質
混合物(2種類以上の純物質が混じった物質)

● 純物質

1章 物質の構成

7 解答 (1) B (2) A (3) A (4) B (5) A

解説
(1) 釘は金属の鉄よりつくる。
(2) サファイアは酸化アルミニウム，鉄，チタンを含む結晶である。
(3) 牛乳に含まれるミネラル成分の1つにカルシウムがある。
(4) 100円硬貨は銅にニッケルが添加された合金である。
(5) 銀イオンには除菌作用がある。

エクセル 単体　1種類の元素からなる物質（金属としての鉄）
　　　　元素　物質の成分（化合物中の鉄）

8 解答 (1) (ウ) (2) (イ) (3) (オ) (4) (ア) (5) (エ)

解説 ある種の金属元素を含む化合物をバーナーの外炎に入れると，その元素に特有の炎の色を示す。これを炎色反応という。金属元素の塩化物や硝酸塩は，炎色反応を見るのに用いられる。

●炎色反応
　　　炎色反応による炎
　　　白金線
　　　バーナーの青い炎

エクセル 周期表と炎色反応

周期＼族	1	2	11
2	Li 赤		
3	Na 黄		
4	K 赤紫	Ca 橙赤	Cu 青緑
5		Sr 深赤(紅)	
6		Ba 黄緑	

9 解答 A NaとCl　B C

解説
(1) 炎色反応が黄色を示す金属元素はナトリウムである。硝酸銀の銀イオン Ag^+ と塩化物イオン Cl^- が反応すると，塩化銀 $AgCl$ の白色沈殿が生成する。化合物Aは塩化ナトリウム $NaCl$ だとわかる。
(2) 炭酸カルシウム $CaCO_3$ に塩酸を加えると二酸化炭素 CO_2 が発生する。また，石灰水（水酸化カルシウム $Ca(OH)_2$ の飽和水溶液）に二酸化炭素を通じると水に溶けにくい白色の沈殿物，炭酸カルシウム $CaCO_3$（化合物B）が生成する。

エクセル 元素の検出
　塩素　硝酸銀水溶液と反応して $AgCl$ の白色沈殿を生じる。
　炭素　CO_2 を石灰水に通すと白濁する。

▶炎色反応以外に，硝酸銀水溶液や石灰水によっても元素を検出できる。

10 解答 (ア) 熱運動　(イ) 固体　(ウ) 気体　(エ) 拡散

解説 物質を構成する粒子は熱運動により，静止することなくつねに運動している。物質の状態は，この運動の激しさにより決まる。

エクセル 固体　粒子の位置は一定で，粒子は細かく振動
　　　　液体　粒子の位置は乱雑に入れかわる
　　　　気体　すべての粒子は自由に動く❶

●拡散
自然に粒子が散らばっていく現象。

❶

1 物質の探究 — 7

11 解答 (1) (ア) 昇華 (イ) 蒸発 (ウ) 融解 (エ) 凝縮
(オ) 凝固 (カ) 凝華 (2) 液体

解説 物質には固体，液体，気体の3つの状態がある。三態間で状態が変化することを状態変化という。
酸素の融点は−218℃なのでその温度以上では液体となり，沸点の−183℃に到達すると気体となる。−200℃では酸素は液体である。

●酸素の状態

```
       ─── 0℃
気体
       ─── −183℃
液体
       ─── −200℃
       ─── −218℃
固体
```

エクセル
```
            凝華
      ┌─────────────┐
      │    昇華     │
      │  ┌───────┐  ↓
   融解  蒸発
固体 ⇄ 液体 ⇄ 気体
   凝固  凝縮
```

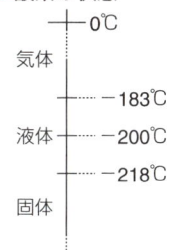

12 解答 (1) (エ) (2) (イ) (3) (オ) (4) (ア) (5) (ウ)

解説 (1) 池の水が冷却され凍る。
(2) 雪の温度が上昇し，液体の雨となる。
(3) 空気中の水蒸気が冷却され，液体の水となり，葉の表面へ付着する。
(4) 洗濯物中の水分が温められて気体となり乾く。
(5) 冷凍庫内で氷は固体から気体へ変化するため小さくなる。

エクセル 物理変化 物質の状態の変化
化学変化 物質が他の物質になる変化

▶固体が直接気体になる変化を昇華，気体が直接固体になる変化を凝華という。

13 解答 (1) 正 (2) 誤 (3) 誤 (4) 正

解説 (2) 通常，液体が固体になる温度(凝固点)と固体が液体になる温度(融点)は同じ❶。
(3) 沸騰中に熱エネルギーは液体→気体の状態変化に使われる❷。そのため，温度は変化しない。
(4) 液体の蒸気圧と外圧が等しくなると沸騰が起こる。標準大気圧である $1.013×10^5$ Pa のもとでは，水は100℃で沸騰する❸。

エクセル 物質が状態変化しているとき，熱エネルギーは状態変化に使われ，温度は上昇しない。

❷沸騰中は液体が気体になっている。

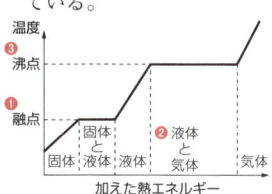

```
温度
  │           ／
沸点├────┬──┤
  │   ／│  │
  │  ／ │  │
融点├─┤  │  │
  │／│  │  │
  └─┴──┴──┴──→ 加えた熱エネルギー
 固体 固体 液体 ❷液体 気体
     と      と
    液体     気体
     ❶
```

14 解答 (ウ)

解説 シリカゲルへの吸着のしやすさから分離する。
(1) 吸着しやすいものほど移動しにくく下にある。Aが一番上にあるのでAはシリカゲルに吸着しにくい。 (誤)
(2) B，Cが2種類の溶媒に対して溶けやすさが異なるため，移動距離も異なる。 (正)

エクセル クロマトグラフィー シリカゲルなどの吸着剤への吸着のしやすさと溶媒への溶けやすさの違いで分離

●ペーパークロマトグラフィー
吸着剤としてろ紙を使用。
●カラムクロマトグラフィー
カラムにシリカゲルを詰めて使用。
●薄層クロマトグラフィー (TLC)
吸着剤をガラス板に薄くのばして使用。

15

解答
(1) 沈殿　砂　分離方法　ろ過
(2) 結晶　硝酸カリウム　分離方法　再結晶
(3) 得られる物質　水　分離方法　蒸留

解説
(1) 混合物の中で水に溶けないのは砂。液体と液体に溶けない固体の分離はろ過で行う。
(2) 冷却することにより，水に溶けている硝酸カリウムが飽和状態になり結晶が析出する。温度による溶ける量の違いを利用して結晶を精製する方法を再結晶という。
(3) 固体が溶けている溶液の溶媒を分離するには，沸点の差を利用する。加熱すると溶媒は容易に気体になるが，固体は気体にならない。この方法を蒸留という。

エクセル
ろ過　　液体と液体に不溶の固体の分離
再結晶　物質が一定量の溶媒に溶ける量の差による分離
蒸留　　物質の沸点の差による分離

●混合物分離の操作の流れ
(1) 水への溶解性で分離。
(2) 温度による溶解度の差で分離。
(3) 沸点の差で分離。

16

解答
卵の殻と塩酸を反応させる。発生した気体は石灰水に通すと白濁することから，二酸化炭素であることがわかる。これより，炭素 C を含むことが確認できる。また，反応後の溶液を白金線につけ，ガスバーナーの外炎に入れると，橙赤色を呈する。これより，カルシウム Ca を含むことが確認できる。

解説
炭素 C，塩素 Cl などの元素は沈殿反応，ナトリウム Na，カルシウム Ca などの元素は炎色反応により検出できる。

エクセル　沈殿反応や炎色反応により，含まれる元素を確認することができる。

キーワード
・石灰水
・橙赤色

17

解答
(1) (ア)　(2) 炭酸水素ナトリウム

解説
(1) ガスバーナーの外炎は 1500℃ と高温である。白金線につけた水溶液が高温になると炎色反応が見られる。
(2) ① 炎色反応が黄色に呈色したことからナトリウム元素を含む。
② 石灰水に二酸化炭素を通じると白濁することから，炭素を含む。
③ 無水硫酸銅(Ⅱ)と反応して青色に変化したことより，水の生成が確認できる。加熱により生じた液体は水であることから，水素を含む。

エクセル　成分元素の確認
炎色反応で黄色に発色→ Na の確認
石灰水に二酸化炭素を通じると白濁する→ C の確認
無水硫酸銅(Ⅱ)の白色粉末が青色に変わると水が存在する→ H の確認

▶炭酸水素ナトリウムの熱分解により炭酸ナトリウムと水と二酸化炭素が生じる。

▶炭酸水素ナトリウムに塩酸を加えると二酸化炭素が発生し，塩化ナトリウムと水が生じる。

18

解答
空気中の分子と二酸化窒素の分子が熱運動によって拡散するため，上のびんの中がしだいに赤褐色になり，やがて上下のびん全体が均一な赤褐色になる。

解説
粒子はつねに熱運動している。粒子が自然に広がっていく現象を拡散という。

キーワード
・熱運動
・拡散

2 物質の構成粒子 (p.37)

*p.34 のエクササイズの解答は略

19
解答 (3)

解説
(1) 電荷を帯びていない原子（イオンになっていない原子）では，陽子数＝電子数
(2) 質量数＝陽子数＋中性子数
(3) 原子核中の陽子数は原子番号[1]に等しい。
(4) 原子は球状で直径は 10^{-10} m 程度である。
(5) 同じ元素の原子は同じ数の陽子をもつ。

エクセル 元素記号
質量数＝陽子数＋中性子数 ⟶ 32
原子番号＝陽子数＝電子数 ⟶ 16 S ← 元素記号
＊原子番号は省略できる。

[1] 元素の種類を表す。

20
解答
(ア) $_7$N (イ) 15 (ウ) 7 (エ) 7
(オ) 16 (カ) 16 (キ) 17 (ク) 16
(ケ) y (コ) y (サ) $z-y$ (シ) y

解説
原子番号 7 より窒素原子で，陽子数 7，電子数 7，中性子数 8，
質量数＝陽子数＋中性子数＝7＋8＝15
硫黄原子は原子番号 16 より陽子数 16，電子数 16，質量数 33
より 中性子数＝質量数－陽子数＝33－16＝17
原子 M では，記号より原子番号と陽子数，電子数が y，質量数 z より 中性子数＝質量数－陽子数＝$z-y$

エクセル 原子では，原子番号＝陽子数＝電子数
中性子数＝質量数－陽子数

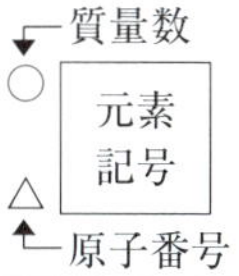

質量数
○ 元素記号
△ 原子番号
☆中性子数
○－△＝☆

21
解答 (5)

解説
窒素原子 ^{14}N では，原子番号 7 より
陽子数 7，電子数 7，中性子数＝質量数－陽子数＝14－7＝7
水素原子 ^{1}H では，原子番号 1 より
陽子数 1，電子数 1，中性子数＝1－1＝0
アンモニア分子 NH$_3$ は窒素原子 1 個と水素原子 3 個でできているので，
陽子数 a＝7＋1×3＝10　　中性子数 b＝7＋0×3＝7
電子数 c＝7＋1×3＝10

エクセル 分子中の各原子でも，原子番号＝陽子数＝電子数
中性子数＝質量数－陽子数

● アンモニア分子
窒素原子 1 個と
水素原子 3 個で構成

22
解答
(ア) 8 (イ) 16 (ウ) 17 (エ) 18 (オ) ^{17}O (カ) 同位体
(キ) 99.76

解説
(ア) 同じ元素の原子は同じ陽子数である。
(イ), (ウ), (エ) 陽子数＋中性子数が質量数である。

● 同位体
質量数の異なる同じ元素の原子 ^{16}O, ^{17}O, ^{18}O は互いに同位体である。

10 ── 1章 物質の構成

解説
(オ) 原子番号は元素記号の左下❶，質量数は左上に書く。　❶原子番号は省略できる。
(カ) 同じ元素で質量数が異なる原子を互いに同位体という。
(キ) $\dfrac{9976}{10000} \times 100 = 99.76\%$

エクセル 同位体　原子番号が同じ（同じ元素）で，質量数が異なる（中性子数が異なる）原子どうしをいう。

23
解答
(1) (ア) 壊変（崩壊）　(イ) 半減期
(2) 原子番号 7　質量数 14
(3) 22920 年

解説
(1) 原子核が不安定で放射線を放出して他の原子に変化することを，壊変または崩壊という。
(2) $^{14}_{6}\mathrm{C}$ は β 壊変し，中性子が電子を放出して陽子に変化するため，原子番号が1増加する。
$$^{14}_{6}\mathrm{C} \longrightarrow \,^{14}_{7}\mathrm{N} + \mathrm{e}^{-}$$
(3) $\dfrac{1}{16} = \left(\dfrac{1}{2}\right)^{4}$ になるには，半減期の4倍の時間がかかる。
5730 年 × 4 = 22920 年

● 放射性同位体による年代測定

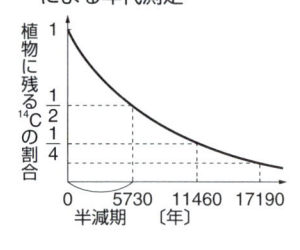

エクセル 放射線を放出する同位体を放射性同位体（ラジオアイソトープ）という。

24
解答
同素体とは同じ元素からなる互いに性質の異なる単体である。同位体とは原子番号が同じで互いに質量数の異なる原子のことである。同素体の化学的性質は互いに異なるが，同位体の化学的性質には差が見られない。

キーワード
・単体
・質量数
・化学的性質

解説
（同素体の例）
S の同素体：斜方硫黄（塊状），単斜硫黄（針状），ゴム状硫黄（ゴム状）
C の同素体：黒鉛（黒色，電気伝導性あり，やわらかい），ダイヤモンド（無色，電気伝導性なし，かたい）

25
解答
(1), (4)

解説
最外殻にある電子を価電子という。ただし，貴ガス（He，Ne，Ar，Kr，Xe，Rn）では最外殻に電子が He は2個，他の原子は8個あるが，価電子数は0である。価電子は原子の結合に関係する電子であり，貴ガスは原子どうしの結合をほとんどしない。
(2) ネオンは貴ガスで価電子数0である。
(3) 最外殻にある電子が価電子である。
(5) 価電子は安定な電子配置になるために放出されることもある。

● 酸素の電子配置
K2, L6
価電子 6

● 硫黄の電子配置
K2, L8, M6
価電子 6

エクセル 価電子　最外殻にある電子をいう。ただし，貴ガス（He，Ne，Ar，Kr，Xe，Rn）では最外殻電子はあるが，価電子数は0とする。
1族・2族　　価電子数＝族の番号
13族～17族　価電子数＝族の番号－10

▶価電子は周期的に変化する。

2 物質の構成粒子 — 11

26
解答 (1) Ne (2) Ar (3) O^{2-} (4) Ca^{2+} (5) NO_3^-

解説
(1) Al は電子を3個放出し，Ne と同じ電子配置になる。
Al の電子配置　K2，L8，M3
→電子3個放出→Al^{3+}の電子配置　K2，L8
(2) S は電子を2個受け取り，Ar と同じ電子配置になる。
S の電子配置　K2，L8，M6
→電子2個受け取る→S^{2-}の電子配置　K2，L8，M8
(3) O の価電子数は6，2価の陰イオンになりやすい。
(4) Ca の価電子数は2，2価の陽イオンになりやすい。
(5) 硝酸イオン NO_3^- は多原子イオン

●原子団
数個の原子が集合して一つのまとまりになったもの（多原子イオンなど）

エクセル 価電子を放出するか，最外殻に電子を受け取り，貴ガスと同じ電子配置をとると安定になる。

	16族	17族	18族	1族	2族	13族
He型電子配置			$_2$He	$_1$H$^+$ $_3$Li$^+$	$_4$Be^{2+}	
Ne型電子配置	$_8$O^{2-}	$_9$F$^-$	$_{10}$Ne	$_{11}$Na$^+$	$_{12}$Mg^{2+}	$_{13}$Al^{3+}
Ar型電子配置	$_{16}$S^{2-}	$_{17}$Cl$^-$	$_{18}$Ar	$_{19}$K$^+$	$_{20}$Ca^{2+}	
原子の価電子数	6	7	0	1	2	3
移動した電子数	2個 受け取った	1個 受け取った	移動しない	1個 放出した	2個 放出した	3個 放出した
生成したイオン	2価 陰イオン	1価 陰イオン	イオンには なりにくい	1価 陽イオン	2価 陽イオン	3価 陽イオン

27
解答 (1) (ア) (2) (ア) 10 (イ) 10 (ウ) 50

解説
(1) (　)の中に電子数を書くと次のようになる。
(ア) Na^+(10)，O^{2-}(10) 　(イ) K^+(18)，Mg^{2+}(10)
(ウ) Cl^-(18)，Ne(10) 　(エ) Li^+(2)，F^-(10)
(2) (ア) 原子番号の総和+1　8+1+1=10
(イ) 原子番号の総和-1　7+1×4-1=10
(ウ) 原子番号の総和+2　16+8×4+2=50

▶原子番号＝電子数（原子）

エクセル イオンの総電子数
・陽イオン＝原子の原子番号の総和－イオンの価数
・陰イオン＝原子の原子番号の総和＋イオンの価数

28
解答 第1イオン化エネルギー (1)　原子半径 (3)

解説
第1イオン化エネルギー　同周期の元素では原子番号が大きくなるほどイオン化エネルギーは大きくなり，貴ガス元素で最大となる。また，同族の元素では原子番号が大きくなるほどイオン化エネルギーは小さくなる。
原子半径　原子半径は，同周期の元素では，貴ガスを除いて，族の番号が大きくなるにつれて小さくなる。同族の元素では，周期が大きくなるにつれて大きくなる。

12 — 1章 物質の構成

> **エクセル** 同周期の元素では，原子核の正電荷が原子番号順に増し，電子が原子核に強く引きつけられる。
> 同族の元素では，原子番号が大きくなると次の周期に移り，より外側の電子殻に電子が入る。

29

解答
(1) (ア), (イ), (ウ)　(2) (カ)
(3) 原子番号が大きくなると原子半径が大きくなり，原子核が最外殻の電子を引きつける力が弱くなるため。

解説
周期表において，同周期の元素では原子番号が大きくなるほどイオン化エネルギーは大きくなり，貴ガスの元素で最大になる。また，同族の元素では原子番号が大きくなるほどイオン化エネルギーは小さくなる。
(1) グラフの山の頂上に位置するのが，貴ガスである。
(2) グラフの谷の位置にある元素は，同周期で，最も電子を放出しやすい。その中で最もイオン化エネルギーが小さいのは(カ)のカリウムである。
(3) イオン化エネルギーは周期的に変化する。アルカリ金属元素で最小になり，貴ガス元素で最大になる。

> **エクセル** イオン化エネルギーの関係
> 同周期の元素　原子番号が大きいほど大きくなり，貴ガスで最大になる。
> 同族の元素　　原子番号が小さいほど大きくなる。

● イオン化エネルギー
同周期　原子番号大→大きい
同族　　原子番号大→小さい

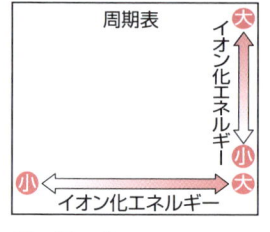

周期表

キーワード
・原子半径

30

解答 (5)
理由：同族元素のイオンでは，原子番号が大きいほど，外側の電子殻に電子が配置されるのでイオン半径が大きくなる。また，同じ電子配置のイオンでは，原子番号が大きくなるほど，原子核中の陽子が電子を強く引きつけるため，イオン半径は小さくなるから。

解説
同族元素のイオン→原子番号が大きいほどイオン半径は大きくなる。
電子配置が同じイオン→原子番号が大きいほどイオン半径は小さくなる。

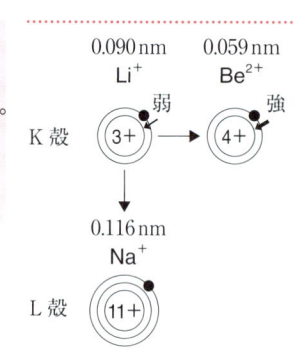

K殻　Li^+ 0.090nm 弱 → Be^{2+} 0.059nm 強
$(3+)$ → $(4+)$
↓
Na^+ 0.116nm
L殻 $(11+)$

> **エクセル**
>
> | 原子番号 | 8 | 9 | 10 | 11 | 12 | 13 |
> |---|---|---|---|---|---|---|
> | | O^{2-} | F^- | Ne | Na^+ | Mg^{2+} | Al^{3+} |
> | イオン半径〔nm〕 | 0.126 | 0.119 | | 0.116 | 0.086 | 0.068 |

31

解答 (5)
解説 14族元素のうち，CとSiは非金属元素，その他は金属元素である。
水銀は常温で液体の金属である。

> **エクセル** 金属元素と非金属元素の境目を覚える。

● 金属と非金属

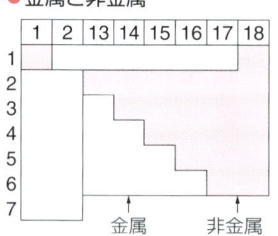

	1	2	13	14	15	16	17	18
1								
2								
3								
4								
5								
6								
7								

金属　　非金属

32

解答
(ア) 同族元素　(イ) 典型元素　(ウ) ハロゲン　(エ) 遷移元素
(1) 大きく　(2) 小さく　(3) 陽性
(4) 小さく　(5) 大きく　(6) 陰性

周期表と元素の陽性・陰性

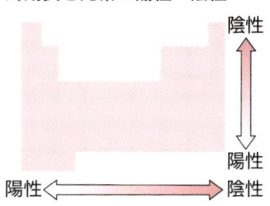

　　　　　　　陰性
　　　　　　　↑
　　　　　　　↓
　　　　　　　陽性
陽性 ←　　　　　　→ 陰性

＊貴ガスは除く。

解説　周期表は縦に18のグループに分けられており，1族(Hを除く)を「アルカリ金属」，2族を「アルカリ土類金属」，17族を「ハロゲン」，18族を「貴ガス」とよんでいる。その他，周期表を大きく2つに分けて「典型元素」「遷移元素」という分け方もある。典型元素はその化学的性質が周期的に変化し，同族元素は性質が似ている。典型元素では，同族の原子を比較すると，その原子半径は原子番号が大きくなるほど大きくなる。それは原子番号が大きくなるほど，より外側の電子殻に電子が存在するようになるからである。また，同族の原子では，原子番号が大きいものほどイオン化エネルギーは小さくなる。イオン化エネルギーが小さいことを陽性が強いという。

エクセル

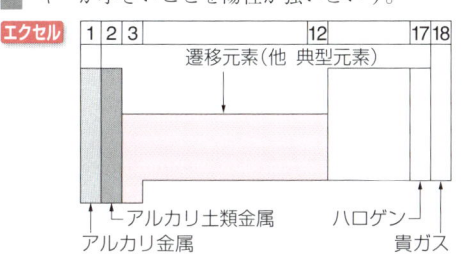

1族：アルカリ金属(Hを除く)
2族：アルカリ土類金属
17族：ハロゲン
18族：貴ガス

33

解答 (3)

解説　陽子数は，原子番号が増加するにつれて単調に増加する。よってイ。
価電子数は，原子番号が増加するにつれて周期的に変化する。貴ガス(原子番号2, 10, 18)は0。よってウ。
天然同位体の原子の中性子数は，原子番号が増加するにつれて常に増加するとは限らない。たとえば，原子番号18のArは ^{40}Arの存在比が最も大きいので中性子数は22。原子番号19のKは ^{39}Kの存在比が最も大きいので中性子数は20。原子番号の増加と中性子数の増加は一致しない。よってア。

▶陽子数と中性子数は必ずしも等しくならない。

エクセル　原子番号＝陽子数
　　　　価電子数　ハロゲンが最大，貴ガスは0
　　　　存在比[％]　^{36}Ar : ^{38}Ar : ^{40}Ar　＝ 0.3336 : 0.0629 : 99.6035
　　　　　　　　　^{39}K : ^{40}K : ^{41}K　＝ 93.2581 : 0.0117 : 6.7302

34

解答　9種類

解説　次の9種類が存在する。

^{1}H—^{16}O—^{1}H　　^{1}H—^{16}O—^{2}H
^{1}H—^{17}O—^{1}H　　^{1}H—^{17}O—^{2}H
^{1}H—^{18}O—^{1}H　　^{1}H—^{18}O—^{2}H

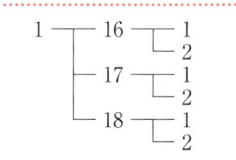

解説 ^{2}H—^{16}O—^{2}H
^{2}H—^{17}O—^{2}H
^{2}H—^{18}O—^{2}H

```
2 ─┬─ 16 ─── 2
   ├─ 17 ─── 2
   └─ 18 ─── 2
```

エクセル 同位体の組み合わせは9種類である。

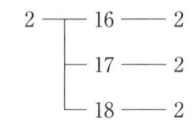

35
解答 (1) Al (2) Ca (3) Br

解説 (1) 中性原子の電子数は原子番号に一致する。
電子数 2＋8＋3＝13　原子番号 13　Al
(2) 陽イオンでは中性原子より価数分の電子が少なくなっている。
電子数 2＋8＋8＋2＝20　原子番号 20　Ca
(3) 1価の陰イオンになるのは17族のハロゲン。最外殻がN殻のハロゲンは第4周期のBr。

エクセル 電子の入っていく順序は，最初の2個はK殻，次の8個はL殻，次の8個はM殻，次の2個はN殻。さらに電子が入るときはM殻にさらに10個（合計18個）まで入ってから，N殻に進む。ハロゲンは，原子番号の小さいほうから順にF，Cl，Br，Iまで覚えておこう。

● 各電子殻に収容できる電子数
K殻は2個
L殻は8個
M殻には18個の電子が収容できるが8個で安定

▶ 2価の陽イオンになるのは2族の原子と遷移金属原子の一部

36
解答 (1) (イ) C　(ウ) N　(エ) O　(カ) Cl
(2) P　黄リン　赤リン
S　単斜硫黄　斜方硫黄　ゴム状硫黄
(3) (i) アンモニア　NH$_3$
(ii) 二酸化炭素　CO$_2$

解説 (1) 電子数＝原子番号から元素はそれぞれ次のようになる。
(ア) 水素 H　(イ) 炭素 C　(ウ) 窒素 N
(エ) 酸素 O　(オ) ネオン Ne　(カ) 塩素 Cl
(2) 同素体はC, O, P, Sの元素に存在する。

エクセル 原子番号20までの元素は確実に覚えておこう。

● 電子が入る電子殻と周期表
第1周期…K殻
第2周期…K殻・L殻
第3周期…K殻・L殻・M殻

37
解答 (1) 6個　(2) Se　(3) クリプトン
(4) ⑦　(5) Sr

解説 空欄には以下の元素があてはまる。
① Ga　② Ge　③ As　④ Se　⑤ Br
⑥ Kr　⑦ Rb　⑧ Sr　⑨ In　⑩ Sn

(1)
	1族	2族		12族	13族	14族	15族	16族	17族	18族
	H									He
	Li	Be			B	C	N	O	F	Ne
	Na	Mg			Al	Si	P	S	Cl	Ar
	K	Ca		Zn	①	②	③	④	⑤	⑥
	⑦	⑧		Cd	⑨	⑩				

金属　　　　　　　　非金属

(2) 価電子数が6の原子は2価の陰イオンになりやすい。
(3) 貴ガスの価電子数は0であり，そのため化学的にほとん

反応しない。[1]
(4) 同周期では原子番号が小さいほど，同族では原子番号が大きいほど陽性が強い。
(5) 2族は価電子数が2であるので2価の陽イオンになりやすい。また，Srの炎色反応は深赤色(紅色)を示す。

[1] XeF_2 など貴ガスが化合物をつくる場合もある。

エクセル 周期表と元素の性質

族	同族元素の名称	なりやすいイオン	価電子数	イオン化エネルギー
1族	アルカリ金属(H以外)	1価陽イオン	1	同周期で最小(陽性が強い)
2族	アルカリ土類金属	2価陽イオン	2	小さい
16族		2価陰イオン	6	大きい
17族	ハロゲン	1価陰イオン	7	大きい
18族	貴ガス	イオンにならない	0	同周期で最大

3 物質と化学結合 (p.51)

38 解答 (ア) 2 (イ) 7 (ウ) Mg^{2+} (エ) Cl^- (オ) $MgCl_2$
(カ) 塩化マグネシウム ① 金属原子 ② 非金属原子

解説 価電子数1，2個の金属原子は1，2価の陽イオンになり，価電子数6，7個の非金属原子は2，1価の陰イオンになる。イオン結合からできた物質では，陽イオンの正電荷と陰イオンの負電荷がつり合っている個数の比で $Mg^{2+} : Cl^- = 1 : 2$ である。通常，化学式は陽イオン→陰イオンの順に書き，名称は陰イオン→陽イオンの順に読む。

▶イオン結晶では，陽イオンと陰イオンの価数と個数の積は等しくなる。

$$2 \times 1 = 1 \times 2$$
価数　個数
Mg^{2+}　Cl^-

エクセル イオン結合の物質では，陽イオン A^{n+} の正電荷と陰イオン B^{m-} の負電荷がつり合う。
・陽イオンの価数×陽イオンの個数＝陰イオンの価数×陰イオンの個数

39 解答 (5)

解説 一般的に，結合する原子の性質により結合の状態が異なる。イオン結合になる組み合わせとして，金属原子と非金属原子の組み合わせを探せばよい。金属原子間の結合は金属結合，非金属原子間の結合は共有結合となる。
(1) 炭素Cと水素Hはともに非金属
(2) 硫黄Sと酸素Oはともに非金属
(3) 亜鉛Znと銅Cuはともに金属
(4) CとOはともに非金属

●イオン結合
金属原子と非金属原子間の結合
▶アンモニウムイオン NH_4^+ を含む結合は例外的にイオン結合である。
・塩化アンモニウム NH_4Cl

エクセル 原子間の結合 ｛ 金属原子間　金属結合
非金属原子間　共有結合
金属原子と非金属原子間　イオン結合

40 解答 (1) Al_2O_3 酸化アルミニウム (2) K_2SO_4 硫酸カリウム
(3) $Cu(NO_3)_2$ 硝酸銅(II) (4) NH_4NO_3 硝酸アンモニウム
(5) $(NH_4)_2SO_4$ 硫酸アンモニウム

▶銅や鉄など2種類以上の価数をもつイオンでは，ローマ数字で価数を表す。

16 —— 1章 物質の構成

解説 組成式の書き方は陽イオン→陰イオンで，名称のつけ方は陰イオン→陽イオンになる。陽イオンから生じる＋の数と陰イオンから生じる－の数が等しくなるようにそれぞれのイオンの数を決め，組成式全体では±0になるようにする。また多原子イオンが複数あるときは（　）で囲む。

Cu^{2+}　銅（Ⅱ）イオン
Cu^+　銅（Ⅰ）イオン

エクセル 組成式の書き方　陽イオン→陰イオン
名称の付け方　　陰イオン→陽イオン
多原子イオンが複数あるときは（　）で囲む。

41

解答
(1) エタン　　　シアン化水素

```
   H H
   | |
 H-C-C-H       H-C≡N
   | |
   H H
```

(2)

	エタン	シアン化水素
共有電子対の数	7組	4組
非共有電子対の数	0	1組

解説 原子間の共有結合に使われている電子対を共有電子対，原子間に共有されていない電子対を非共有電子対という。1組の共有電子対からなる共有結合を単結合といい，3組の共有電子対からなる共有結合を三重結合という。分子中の単結合を1本の線（三重結合は3本の線）で示した式を構造式という。

▶共有結合を表す線は価標とよばれる。

エクセル 共有電子対1組を1本線（価標）にすれば構造式になる。

42

解答

	(1)	(2)	(3)	(4)	(5)
電子式	:Cl̈:C̈l:	H:S̈:H	:Ö::C::Ö:	H H H:C::C:H	:N⋮⋮N:
構造式	Cl-Cl	H-S-H	O=C=O	H H H-C=C-H	N≡N
電子の総数	34	18	22	16	14

▶各原子の電子式を書き，原子間で不対電子を共有させて共有電子対にすると分子の電子式が書ける。

▶分子の電子式における共有電子対を価標に直して構造式をつくる。

解説 原子の電子式から，次のように分子の電子式ができる。
(1) :Cl̈··C̈l: → :Cl̈:C̈l:　(2) H··S̈··H → H:S̈:H

(3) :Ö··C··Ö: → :Ö::C::Ö:
（原子OとCが不対電子を2個ずつ出しあって共有電子対2組をつくる。）

(4) H··C··C··H → H:C::C:H　(5) :N··N: → :N⋮⋮N:
　　　H H　　　　　H H

エクセル 原子のもつ不対電子を1個ずつ出しあって共有電子対1組をつくる。
共有電子対1組を1本線（価標）にすれば構造式になる。

3 物質と化学結合 — 17

43 解答
(1) メタン
```
    H
    |
H－C－H
    |
    H
```
(2) アンモニア
```
H－N－H
    |
    H
```
(3) 二酸化炭素　O＝C＝O

解説　価標の1本が結合の手1本と考える。結合の手はHは1本，Oは2本，Nは3本，Cは4本と考え❶，原子が結合の手を1本ずつ出しあって1つの結合をつくる。結合の手が余らないようにして構造式をつくる。

❶原子価は原子の結合の手の数

原子価	1	2	3	4
原子	H－	－O－	－N<	>C<

エクセル　原子価の数は原子が結合に使う手の数。分子では結合の手が結びつくと結合ができる。結合の手が4本の炭素Cは，結合の手が1本の水素4個と，結合の手が2本の酸素2個と結合できる。

44 解答
フッ化ホウ素 BF₃ 　　　　A

:F:　　　　　　H:F:
B:F:　　　　H:N:B:F:
:F:　　　　　　H:F:

解説　アンモニア分子のもっている非共有電子対を使ってフッ化ホウ素と配位結合をつくる。

H　　　　:F:　　　　　　H:F:
H:N: + □B:F:　→　H:N:B:F:
H　　　　:F:　　　　　　H:F:

❶フッ化ホウ素では，ホウ素原子の最外殻L殻の電子は6個であり，最外殻電子が8個の状態になっていない。また，アンモニア分子では，窒素原子が非共有電子対を1組もっている。

エクセル　非共有電子対を使ってできる共有結合を配位結合という。配位結合は非共有電子対をもつ分子やイオンと最外殻が満たされていない原子をもつイオンや分子などの間に形成される。

45 解答
(1) (ア) 配位子：NH_3　　配位数：2
　　(イ) 配位子：NH_3　　配位数：4
　　(ウ) 配位子：CN^-　　配位数：6
(2) (ア) ジアンミン銀(I)イオン
　　(イ) テトラアンミン亜鉛(II)イオン
　　(ウ) ヘキサシアニド鉄(III)酸イオン
(3) (ア) (b)　(イ) (c)　(ウ) (a)

解説　(1), (2)　(ア) 配位子NH_3はアンミンという。2個なので数詞ジ，金属イオンはAg^+，全体で陽イオンなので「〜イオン」。
(イ) 配位子NH_3はアンミン。4個なので数詞テトラ，金属イオンはZn^{2+}，全体で陽イオンなので「〜イオン」。
(ウ) 配位子CN^-はシアニド。6個なので数詞ヘキサ，金属イオンはFe^{3+}，全体で陰イオンなので「〜酸イオン」。
(3) 配位数2は直線形，配位数4は正方形または正四面体，配位数6は正八面体である❶。

●錯イオンの名称
配位数を表す数詞(2個ジ，4個テトラ，6個ヘキサ)→配位子→金属イオン(イオンの価数)→全体で陽イオンの場合は「〜イオン」，陰イオンの場合は「〜酸イオン」

錯イオン　$[Cu(H_2O)_4]^{2+}$
　　　　　↓　　↓　↓　↓
　　　金属イオン　配位子　配位数　陽イオン

テトラアクア銅(II)イオン

❶錯イオンは配位数と金属イオンの種類で構造が決まる。

エクセル　錯イオン　金属イオンに非共有電子対をもつ分子やイオンが配位結合したイオン

例　Cu^{2+} に H_2O が配位　　$[Cu(H_2O)_4]^{2+}$
配位結合した分子やイオン(配位子)
配位子の数(配位数)
錯イオンの書き方　[金属イオン(配位子)$_{配位数}$]^{イオンの価数と電荷の符号}
読み方　配位子の数を表す数詞→配位子名→金属イオン(酸化数)
　　　　→全体で陽イオンの場合は「〜イオン」，陰イオンの場合は「〜酸イオン」とする。

46
【解答】
(1) 共有結合している原子間の共有電子対を原子が引きつける強さを表す数値。
(2) (ア) O　(イ) N　(ウ) O　(エ) F　(3) (エ)

▶2原子間の電気陰性度の差が大きい場合はイオン結合に，小さい場合は共有結合になる。

キーワード
・共有電子対

【解説】
(2) 電気陰性度が大きい原子は，それだけ共有電子対を引きつける力が強い。電気陰性度の大きい方の原子が負電荷を帯びる。
(3) 共有結合している原子間において電気陰性度の差が大きいほど結合の極性が大きい。
　(ア) $3.4 - 2.6 = 0.8$　(イ) $3.0 - 2.2 = 0.8$
　(ウ) $3.4 - 3.2 = 0.2$　(エ) $4.0 - 2.2 = 1.8$

【エクセル】電気陰性度が大→共有電子対を引きつける力が大(負電荷を帯びやすい)
電気陰性度が小→共有電子対を引きつける力が小(正電荷を帯びやすい)

47
【解答】
(1) (ア) H–S–H　(イ) Cl–Cl　(ウ) S=C=S
(エ) H–N–H (with H below N)　(オ) H–C–O–H (with H above and below C)
(2) 極性分子　(ア), (エ), (オ)　　無極性分子　(イ), (ウ)
(3) (ア) 折れ線形　(イ) 直線形　(ウ) 直線形
(エ) 三角錐形

●結合の極性
異なる元素の原子間では電子対のかたよりが生じる。
$A^{\delta+} - B^{\delta-}$　(A·B)
(電気陰性度 A < B)
分子が次の立体的な形をとるとき，結合の極性が打ち消されることがある。

直線形　　正四面体形
O=C=O　　CH$_4$

【解説】結合に極性があるため，分子全体として電荷のかたよりが生じる分子を極性分子という。また，結合に極性がなかったり，あっても分子の形から極性が打ち消されたりする分子を無極性分子という。

【エクセル】極性は結合に生じる。立体的な結合に対して，対称的な構造は極性を打ち消しあうことがある。

48
【解答】(3), (5)

●分子結晶
ドライアイス，ヨウ素，ナフタレン，グルコース

【解説】いくつかの原子どうしが共有結合し分子を形成。分子結晶は，分子どうしが分子間力(弱い結合)で結合しているためもろい。分子結晶は，融点が低く，昇華しやすいものが多い。電気を通さないものが多く，融解して液体となっても分子は電荷をもたないため，電気を通さない。昇華しやすい物質はドライアイス，ヨウ素などがある。

【エクセル】分子間力　分子間に働く弱い力のこと。イオン結合，共有結合の力よりもはるかに弱い。
分子結晶　分子間力により分子が規則正しく配列してできた結晶のこと。

3 物質と化学結合 — 19

49
(1) (ア) 電気陰性度　(イ) 大きく　(ウ) 極性　(エ) 極性分子
　　(オ) 無極性分子　(カ) ヒドロキシ
(2) 極性分子：(a) 折れ線形　(c) 直線形　(e) 三角錐形
　無極性分子：(b) 正四面体形　(d) 直線形

解説
(1) 電気陰性度は，原子が共有電子対を引き寄せる力の尺度であるから，ほとんど結合をつくらない貴ガスについては考えない。
(2) 結合に極性があっても，分子がその極性のある結合に対して対称性があれば，分子全体としての電荷のかたよりは打ち消される。

エクセル 異なる元素の原子間の共有結合は極性をもつ。元素が異なれば，電気陰性度も異なる。

● 電気陰性度

H 2.2				Fは最大の値を示す。		
Li	Be	B	C	N	O	F
1.0	1.6	2.0	2.6	3.0	3.4	4.0
Na	Mg	Al	Si	P	S	Cl
0.9	1.3	1.6	1.9	2.2	2.6	3.2

50
(ア) ·N·　(イ) ·H　(ウ) H:N:H
　　　　　　　　　　　　　　　H
(エ) 不対電子　(オ) 共有　(カ) ネオン
(キ) 10　(ク) 通さない　(ケ) 高

解説 不対電子が原子どうしで共有されて共有電子対をつくる結合を共有結合とよぶ。アンモニア分子中のN原子は3個の不対電子が共有電子対をつくるため，N原子1個からH原子3個それぞれに共有電子対が形成され，単結合しアンモニア分子が形成される。分子中の電子の総数は，N原子中の電子7個＋H原子中の電子1個×3＝10個となる。原子が次々と共有結合だけで結びついた結晶を共有結合の結晶という。共有結合の結晶は，かたく，融点も高い。電気を通さないものが多い。

エクセル 共有結合の結晶　多数の原子が共有結合によって規則正しく次々と配列してできた結晶のこと。

● 共有結合の結晶
ダイヤモンド，黒鉛(グラファイト)，ケイ素，二酸化ケイ素など

▶黒鉛は電気をよく通す。

51
(ア) 高分子　(イ) 単量体(モノマー)
(ウ) 重合　(エ) 付加重合　(オ) 縮合重合

解説 単量体が分子内に二重結合をもっていると，その二重結合が開いて別の分子につながっていく。このようにしてつながることを付加重合という。また，分子間で小さな分子がとれながらつながっていくことを縮合重合という。

エクセル　単量体　　　　　重合体
　　　　　（モノマー）　　　（ポリマー）
　　　　　　　　　付加重合
　　　　　　　　　縮合重合

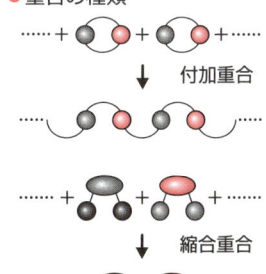

● 重合の種類

20 ── 1章 物質の構成

52 解答 黒鉛は炭素原子の4個の価電子のうち3個を使って共有結合し，残りの1個が平面構造内を自由に動くため。(49字)

解説 共有結合の結晶は，電気を通さないものが多いが，黒鉛は炭素原子がもつ4個の価電子のうち，3個を他の炭素原子との共有結合に用い，残りの1個が平面内を自由に動き回れる。このため，電気を通すことができる。

キーワード
・価電子

53 解答 (ア) 自由電子　(イ) 金属結合　(ウ) 金属光沢
(エ) 展性　(オ) 熱　(カ) 低　(キ) 高

解説 金属原子の間には特定の原子に固定されずに金属全体を自由に移動することができる自由電子があり，原子を互いに結びつけている。金属結合によって金属原子が配列してできた結晶を金属結晶とよぶ。

エクセル 金属の性質　金属光沢，熱伝導性・電気伝導性，展性・延性

●金属光沢
自由電子の作用により，光が反射される。

●熱・電気伝導性
自由電子が金属原子中を自由に動き，熱や電気をよく導く。

54 解答 (1) C　(2) A　(3) A　(4) B　(5) C　(6) B

解説 金属原子と非金属原子からなる物質❶は，塩化カルシウム $CaCl_2$，酸化ナトリウム Na_2O
金属原子だけからなる物質❷は，ナトリウム Na，青銅(Cu，Sn)
非金属原子だけからなる物質❸は，塩化水素 HCl，酸素 O_2

エクセル 非金属元素　周期表の右端の上方に位置する。
1族のH，13族のB，14族のCとSiは非金属元素で，17族と18族はすべての元素が非金属元素である。
非金属元素以外の元素はすべて金属元素と考える。

❶イオン結合
金属原子と非金属原子間の結合

❷金属結合
金属原子間の結合

❸共有結合
非金属原子間の結合

55 解答 (1) 3組　(2) (ア)と(ウ)　(3) (イ)と(オ)

解説 (1) (エ)は電子数＝7個よりN原子。Nの価電子5個のうち3個は不対電子。よって，3組の共有電子対ができる。
(2)　　　(ア) O　(ウ) C　(オ) Cl
不対電子　2　　4　　1
(ア)は不対電子2個，(ウ)は4個のため，(ア)の原子2個が，(ウ)の原子1個と，それぞれ共有電子対を2組ずつ形成する。
:Ö::C::Ö:
(3) (イ) Liは1価の陽イオンになりやすい。
(オ) Clは1価の陰イオンになりやすい。1：1でイオン結合する。

エクセル 最外殻電子の数に注目して，できる結合を考える。

●共有結合
非金属原子間の結合

●イオン結合
金属原子と非金属原子間の結合

56 解答 (1) イ・ク　(2) ウ・オ　(3) エ・カ　(4) ウ・オ
(5) イ・ク　(6) ア・キ　(7) エ・カ　(8) ア・キ

解説 (1) 鉄は金属結晶　(2) ダイヤモンドは共有結合の結晶
(3) 塩化カリウムはイオン結晶
(4) 二酸化ケイ素は共有結合の結晶　(5) 金は金属結晶

▶物質の性質は，その結晶の種類(イオン結晶，分子結晶，共有結合の結晶，金属結晶)により，だいたい推定できる。

3 物質と化学結合 — 21

(6) ヨウ素は分子結晶　(7) 硝酸カリウムはイオン結晶
(8) ナフタレンは分子結晶

エクセル 共有結合の結晶　多数の原子が共有結合によって次々と結合し規則正しく配列した結晶。かたく，融点が高い。
イオン結晶　固体では電気を通さないが，液体または水溶液では通す。かたいが，もろい。
分子結晶　固体でも液体でも電気を通さない。融点の低いものが多く，昇華する物質もある。

57

解答 (1) A (2) B (3) C (4) B (5) A (6) C

解説 塩化ナトリウムは水に溶けやすい白色固体で，海水中に最も多く含まれる塩分である。水酸化ナトリウム（苛性ソーダ）や炭酸ナトリウム（ソーダ灰）を製造するソーダ工業の原料や調味料として使われている。
炭酸カルシウムは水に溶けにくい白色固体で，サンゴや貝殻の主成分で，石灰石や大理石にも含まれている。セメントの原料にもなる。
塩化カルシウムは水によく溶ける白色固体で，吸湿性を利用して乾燥剤に使われたり，潮解性[1]を利用して道路の凍結防止剤として使われたりする。

エクセル 身のまわりのイオンからなる物質の例
$NaCl$, $CaCO_3$, $CaCl_2$

●身のまわりのイオン性物質
▶ $NaCl$
・ソーダ工業の原料
・調味料

▶ $CaCO_3$
・石灰石，大理石，サンゴ，貝殻の主成分

▶ $CaCl_2$
・乾燥剤（吸湿性）
・凍結防止剤（潮解性）

[1] 潮解性
空気中の水分を吸収して水溶液になる性質

58

解答 (1) ダイヤモンド　(2) 二酸化ケイ素　(3) 酢酸
(4) ベンゼン　(5) ポリエチレンテレフタラート

エクセル 身のまわりの共有結合からなる物質の例
有機化合物　メタン，エチレン，ベンゼン，エタノール，酢酸
高分子化合物　ポリエチレン，ポリエチレンテレフタラート

●高分子化合物
多数の分子が重合により，共有結合してできた化合物

59

解答 (1) アルミニウム　(2) 銅　(3) 水銀　(4) 鉄

エクセル 身のまわりの金属の例
アルミニウム，銅，水銀，鉄

●電気伝導性
$Ag > Cu > Au > Al > Fe$

60

解答 (1), (3)

解説
(1) 結合に極性があっても，分子全体として，その極性が打ち消され無極性分子となることがある。誤
　例：二酸化炭素 CO_2　メタン CH_4 など
(2) K は電子1個を失い1価の陽イオン K^+ に，Cl は電子を1個受け取り1価の陰イオン Cl^- になりやすく，静電気的な引力で結びつく。正
(3) 黒鉛の価電子は4個。隣接する3個の C 原子と次々と共有結合し，平面構造をつくる。残りの1個の価電子はこの平面内を自由に動くことができるため，電気を導く。誤

22 —— 1章　物質の構成

解説 (4) アンモニア分子中の非共有電子対に H⁺ が配位してできた結合の性質はほかの共有結合と区別することはできない。正
(5) 正

エクセル 配位結合　一方の原子の非共有電子対が他方の原子に提供されてできる共有結合

61

解答
(1) (エ)
(2) **この分子は直線形の二酸化炭素で，炭素原子と酸素原子間の結合の極性が，分子全体としては打ち消されるため。(51字)**
(3) 陽イオン：Na⁺, 陰イオン：H⁻

キーワード
・直線形
・極性

解説
(1) 2原子間の共有結合では，電気陰性度の差が大きいものほど，結合の極性は大きい。
(2) 結合に極性がない，あるいはあっても分子の形から結合の極性が打ち消される分子を無極性分子という。原子番号6のC 1個と原子番号8のO 2個からなる二酸化炭素 CO_2 は，直線形で結合の極性が打ち消される。
(3) 原子番号1のHは，CH_4，NH_3，H_2O などのように，非金属原子とは共有結合を形成するが，原子番号3のLiや原子番号11のNaなどの電気陰性度がHよりも小さい原子とはイオン結合を形成する。このときHは電子を受け取って，水素化物イオン H⁻ となる。
　また，HとNaからできたイオン結晶は水素化ナトリウム NaH とよばれ，常温で水と激しく反応する。
$NaH + H_2O \longrightarrow NaOH + H_2\uparrow$

エクセル 電気陰性度　共有結合している原子間で，原子が共有電子対を引き寄せる度合いを数値で表したもの
原子間での電荷のかたよりが非常に大きいときは，イオン結合と区別がつかなくなる。

62

解答
(ア) 4　(イ) 正四面体　(ウ) 5　(エ) 4　(オ) 三角錐
(a) ④　(b) ③

解説
(ア) 14族のCの最外殻電子は4個であり，不対電子数も4個である。
(イ) 炭素原子と水素原子の間に形成される共有電子対はすべて等価である。また，H—C—H の結合角はいずれも 109.5° となり正四面体形構造となる。
(ウ) 15族のNの最外殻電子は5個であり，不対電子数は3個である。
(エ) 共有電子対3組と非共有電子対1組より計4組の電子対がある。
(オ) 構造中に非共有電子対と共有電子対が存在し，共有電子対どうしの反発よりも非共有電子対と共有電子対の反発の方が大きくなる。
したがって，H—N—H の結合角は正四面体形構造の結合角より小さい 106.7° となり，三角錐形構造になる。

●アンモニア　NH_3

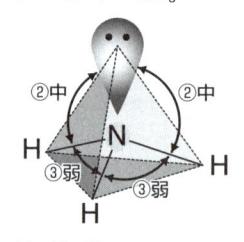

②中　②中
③弱　③弱

H—N—H
の結合角　106.7°
→正四面体形構造の結合角
109.5° より小さい。

エクセル 2種類の電子対により，電子対間には次の反発がある。
① 非共有電子対どうしの反発
② 非共有電子対と共有電子対の反発
③ 共有電子対どうしの反発
　反発力の大きさ　①＞②＞③

63 解答 (3)

解説
(1) 面心立方格子の中心にはすき間がある。
(2) 面心立方格子の充填率は74%，体心立方格子の充填率は68%
(3) 体心立方格子の配位数は8，面心立方格子の配位数は12
(5) 面心立方格子の単位格子に含まれる原子の数は4個，体心立方格子の単位格子に含まれる原子の数は2個。

エクセル 原子が単位格子に占める体積の割合を示したものを充填率という。

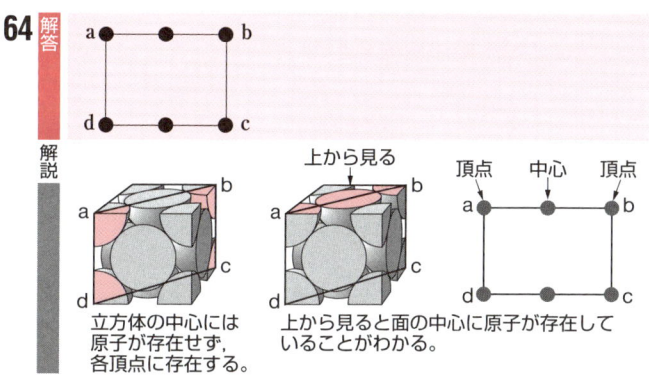

64 解答

a●――●――●b
　●　　　●
　●　　　●
d●――●――●c

解説
立方体の中心には原子が存在せず，各頂点に存在する。
上から見ると面の中心に原子が存在していることがわかる。

エクセル 面心立方格子の単位格子の中心には原子は存在しない。

65 解答
(1) 金箔に打ち込んだほとんどのα線の粒子が，金箔を通りぬけたから。
(2) 金箔に打ち込んだα線の粒子が，20000個に1個の割合で90°以上も曲がったから。

解説
(1) α線の粒子のほとんどが金箔を通過したことから，原子の大部分が空であるということがわかった。
(2) 正電荷を帯びたα線の粒子は原子核とぶつかると20000個に1個の割合で90°以上も曲がることから，原子核は非常に小さく，正電荷を帯びていることが明らかになった。

エクセル 原子核は原子の中で非常に小さく，正電荷を帯びている。

66 解答
(1) (ア) Al　(イ) 放射性　(ウ) 遷移　(エ) 物理
　　(オ) 両性　(カ) 青色発光ダイオード　(キ) 増加
　　(a) 13　(b) 7
(2) 典型元素の最外殻電子数は同族元素では同じである。遷移元素の最外殻電子数は1個または2個である。(47字)
(3) K2　L8　M18　N32　O32　P18　Q3　3個　(4) 165

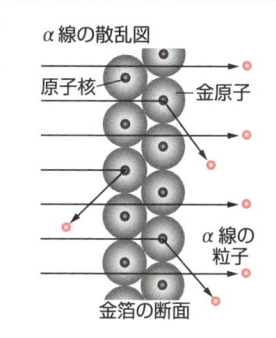

▶ 2016年11月，113番目の元素 Nh が，新元素として国際的に発表された。

解説
(1) ホウ素Bは13族元素であり，Nhも同族。マンガンMnは7族元素であり，43番元素も43－(2＋8＋8＋18)＝7より同族とわかる。窒化ガリウムGaNは半導体であり，青色発光ダイオード(LED)の材料である。
(3) 18族に位置する118番の元素の最外殻電子はQ殻の8個。同周期の13族に位置するNhの最外殻電子はQ殻の3個となり，価電子数も3個である。
(4) Nhの原子番号は113
よって，質量数－陽子数＝278－113＝165個

エクセル 窒化ガリウムGaN　おもに青色発光ダイオードの材料として用いられる半導体。

67
解答 (1) AB　(2) AB　(3) AB　(4) AB$_3$　(5) AB$_2$

解説 各立方体中に属する原子の数をA，Bについてそれぞれ求める。

	Aの数	Bの数		Aの数	Bの数
(1)	$\frac{1}{8}\times 8=1$	1	(4)	$\frac{1}{8}\times 8=1$	$\frac{1}{4}\times 12=3$
(2)	$\frac{1}{8}\times 8+\frac{1}{2}\times 6=4$	$\frac{1}{4}\times 12+1=4$	(5)	$\frac{1}{8}\times 8+1=2$	$1\times 4=4$
(3)	$\frac{1}{8}\times 8+\frac{1}{2}\times 6=4$	$1\times 4=4$			

エクセル 結晶格子に含まれる原子数の比が組成式である。

68
解答 (1) H:C⋮⋮N:　[O::N::O]⁻

(2) HCN，NO$_2^+$，N$_3^-$

解説
(1) 電子式を考えるときは，まず，構成原子のもつ価電子の数を考え，できるだけ多くの結合ができるように組み立てる。貴ガス型になっていない原子がある場合は，不対電子を移動させるなどで調整する。

-H　-C-　-N-　⟶　H-C≡N:　⟶　H:C⋮⋮N:

-Ö-　-N-　-Ö-　⟶　Ö=N-Ö　⟶　Ö::N::Ö

⟶　[Ö::N::Ö]⁻

(2) NO$_2^+$，O$_3$，N$_3^-$の電子式は以下のようになる。

[O::N::O]⁺　　Ö::Ö::Ö　　[N::N::N]⁻

中心の原子が非共有電子対をもたないものが直線形となるので，HCN，NO$_2^+$，N$_3^-$を選べばよい。

エクセル 分子の形は，電子対間の静電気的な反発を考慮すると考えやすい。

69

解答
(1) M殻 8　N殻 1　(2) Ti
(3) K殻 2　L殻 8　M殻 16　Ni

解説
(1) 第4周期1族元素の原子は，$_{19}$K（カリウム）である。カリウムは3d軌道より先にエネルギーの低い4s軌道に電子が入る。

(2) M殻には，3s軌道に2個，3p軌道に6個，3d軌道に10個の電子が入る。第4周期の遷移元素の原子は3d軌道より先に4s軌道に電子が入るため，N殻（4s軌道）に2個，M殻の3d軌道に2個の電子をもつ原子は$_{22}$Ti（チタン）となる。

(3) 第4周期10族元素の原子は，$_{28}$Ni（ニッケル）である。電子配置は，K殻に2個，L殻に8個，M殻に16個，N殻に2個となる。

エクセル 電子が軌道に入る数

K殻	s軌道	2個
L殻	s軌道	2個
	p軌道	6個
M殻	s軌道	2個
	p軌道	6個
	d軌道	10個

▶電子が軌道に入るときは，エネルギーの低い軌道から順に入っていく。
1s → 2s → 2p → 3s → 3p → 4s → 3d → …

70

解答
(1) Na, Mg
(2) 3d軌道から5個，4s軌道から2個の電子がとれる。
(3) 遷移元素は3d軌道などの内側の電子殻が満たされていない。亜鉛は3d軌道に最大数の10個の電子が収容され，内側の電子殻が満たされているので典型元素に近い性質を示す。
(4) Ar　理由：K$^+$とArの電子配置は同じであるが，K$^+$の方が原子核中の陽子の数が多く正電荷が大きいため，Arよりも最外殻電子を強く引きつけているから。

解説
(1) 3s軌道に電子のあるNaとMgをあげればよい。
(2) Mnの電子配置は$(1s)^2(2s)^2(2p)^6(3s)^2(3p)^6(3d)^5(4s)^2$である。
(3) d軌道やf軌道が満たされていない元素が遷移元素である。Znでは3d軌道が満たされ，この電子配置は内側の電子殻がすべて満たされた典型元素の電子配置に似ている。
(4) 最外殻の電子配置はK$^+$もArも同じであるが，K$^+$の原子核の方の正電荷が大きい。

エクセル 電子の入る順番　1s→2s→2p→3s→3p→4s→3d→4p

● エネルギー準位

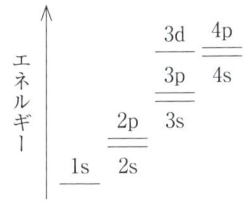

エネルギーが低い軌道から電子が満たされていく。

キーワード(3)
・軌道
・電子殻

キーワード(4)
・電子配置
・正電荷

71

解答 水素原子からフッ素原子へ 0.41 個

解説 電気陰性度は F>H だから，H から F に x 個分の電子が移動したとすると，
$9.2×10^{-11}\text{m} × 1.6×10^{-19}\text{C} × x = 6.1×10^{-30}\text{C·m}$
$x = 0.414$

エクセル 電気双極子モーメント＝電気量×原子間距離

72 (1) F (2) (イ) ② (ウ) ① (エ) ①
  (オ) ② (カ) ① (キ) ① (3) 2.8×10^2

(1) ハロゲン化水素を H−X とすると，問題文より ΔE は次のように表される。

$$\Delta E = E(H-X) - \frac{1}{2}\{E(H-H) + E(X-X)\}$$

表1の元素のうち，電気陰性度が最も小さい元素は H であり，X の電気陰性度は ΔE の大きい方が大きい。上の式から，ΔE は $E(H-X)$ が大きく $E(X-X)$ が小さい方が大きいので，ΔE が最も大きくなるのは F のときである。

(2) イオン化エネルギーは，原子が電子を失って陽イオンになるときに必要なエネルギーであり，電子親和力は，原子が電子を得て陰イオンになるときに放出するエネルギーである。元素の電気陰性度は，これら2種のエネルギーの和に比例して大きくなる傾向をもつ。すなわち，原子のイオン化エネルギーが大きく，電子親和力が大きい元素ほど電気陰性度は大きくなる。

(3) $\Delta E = E(H-F) - \frac{1}{2}\{E(H-H) + E(F-F)\}$
  $= 5.7 \times 10^2 \text{kJ/mol} - \frac{1}{2}(4.3 \times 10^2 \text{kJ/mol} + 1.5 \times 10^2 \text{kJ/mol})$
  $= 2.8 \times 10^2 \text{kJ/mol}$

▶マリケンは，イオン化エネルギーと電子親和力の平均値を，電気陰性度と定義した。

エクセル 電気陰性度　原子が共有電子対を引きつける強さ。

---

73 (1) (ア) （第一）イオン化エネルギー　(イ) 電子親和力
  (ウ) ファンデルワールス力
  (2) (a) ⑨　(b) ⑩　(c) ④　(3) 18

電気陰性度と周期表の関係

F が最大／大／貴ガス／電気陰性度は定義しない／小

▶ポーリングは，最大値であるフッ素の電気陰性度を4.0として，各元素の電気陰性度の値を求めた。

エクセル 電気陰性度　同周期の元素では原子番号が大きいほど大
　　　　　　　同族元素では原子番号が小さいほど大（ただし，18族の元素については考えない）

---

74 (1) (ウ)　(2) (エ)　(3) (ア)

(1) 各物質の電気陰性度の平均と差の値を求め，図1のどこに位置するかを考える。
  (ア) 平均　$(1.29 + 3.07) \div 2 = 2.18$
  　　差　$3.07 - 1.29 = 1.78$
  (イ) 平均　$(1.82 + 2.69) \div 2 = 2.255 \fallingdotseq 2.26$

差　2.69 − 1.82 = 0.87

(ウ) 平均　(1.76 + 2.21) ÷ 2 = 1.985 ≒ 1.99

差　2.21 − 1.76 = 0.45

(エ) 平均　(2.54 + 2.59) ÷ 2 = 2.565 ≒ 2.57

差　2.59 − 2.54 = 0.05

(オ) 平均　(1.92 + 2.54) ÷ 2 = 2.23

差　2.54 − 1.92 = 0.62

したがって，金属結合と共有結合の境界に最も近い(ウ)が半導体であると考えられる。

(2) 電気陰性度の平均と差を求める。

平均　(2.05 + 3.07) ÷ 2 = 2.56

差　3.07 − 2.05 = 1.02

これは，図 1 の共有結合の範囲に含まれる。また，融点が非常に高いことから，分子結晶ではなく共有結合の結晶であると考えられる。

(3) Mg と Fe の電気陰性度の平均と差を求める。

平均　(1.29 + 1.67) ÷ 2 = 1.48

差　1.67 − 1.29 = 0.38

したがって，金属結合と考えられ，その特徴は a，b である。

エクセル **ケテラーの三角形により，どの化学結合に分類されるか判断することができる。**

4 物質量 (p.74)

●エクササイズ

◆分子量と式量
1　(1) 28　(2) 48　(3) 36.5　(4) 44　(5) 30　(6) 32
2　(1) 58.5　(2) 40　(3) 74　(4) 132　(5) 27　(6) 62

◆物質量と構成粒子・物質量と質量
1　(1) 0.25 mol　(2) 1.0×10^2 mol　(3) 5.0 mol　(4) 1.2×10^{24} 個
　(5) 2.4×10^{24} 個　(6) 4.8×10^{23} 個　(7) 3.6×10^{23} 個
2　(1) 32 g　(2) 54 g　(3) 1.5 mol

◆物質量と体積　(1) 1.50 mol　(2) 0.250 mol　(3) 67.2 L　(4) 3.36 L　(5) 1.50 mol

◆濃度の計算　(1) 20 %　(2) 12 g　(3) 3.0 mol/L　(4) 0.040 mol

75
【解答】(ア) 32　(イ) 3　(ウ) 20

【解説】
(ア) 原子 A の相対質量を m_a とする。
　　 $12 \times 8 = m_a \times 3$ より，$m_a = 32$
(イ) N_2 の数を x 個とする。
　　 $12 \times 7 = 28 \times x$ より，$x = 3$
(ウ) Ca 原子の相対質量が 40 なら，Ca^{2+} の相対質量も 40❶。
　　 ^{12}C が y 個であるとする。
　　 $12 \times y = 40 \times 6$ より，$y = 20$

❶電子の質量は非常に小さいため，Ca 原子の相対質量＝Ca^{2+}の相対質量と考えることができる。

【エクセル】原子の相対質量　質量数 12 の炭素原子 ^{12}C 1 個の質量を 12 とし，これを基準として各原子の相対質量を定める。

76
【解答】(1) 10.8　(2) ^6Li の存在比：10 %　^7Li の存在比：90 %

【解説】
(1) $10.0 \times \dfrac{19.9}{100} + 11.0 \times \dfrac{80.1}{100} = 10.801 ≒ 10.8$

(2) ^6Li の存在比を x % とする。
　　 $6.0 \times \dfrac{x}{100} + 7.0 \times \dfrac{100-x}{100} = 6.9$　　$x = 10$

^6Li	^7Li
x	$100-x$

【エクセル】元素の原子量は，同位体の相対質量の組成平均である。

77
【解答】(1) 71　(2) 46　(3) 17　(4) 98
　　　(5) 59　(6) 95　(7) 24　(8) 286

▶構成粒子が分子のときは分子量，イオン・金属のときは式量という。

【解説】
(1) $35.5 \times 2 = 71$
(2) $12 \times 2 + 1.0 \times 5 + 16 + 1.0 = 46$
(3) $14 + 1.0 \times 3 = 17$
(4) $1.0 \times 2 + 32 + 16 \times 4 = 98$
(5) $12 + 1.0 \times 3 + 12 + 16 \times 2 = 59$
(6) $31 + 16 \times 4 = 95$
(7) 24
(8) $23 \times 2 + 12 + 16 \times 3 + 10 \times (1.0 \times 2 + 16) = 286$

【エクセル】分子量＝分子式における構成元素の原子量の総和
　　　　　　式量＝組成式やイオン式における構成元素の原子量の総和

78

解答
(1) 硫酸の質量：49 g　酸素原子の物質量：2.0 mol
(2) プロパンの物質量：0.20 mol　炭素原子の質量：7.2 g
(3) 塩化マグネシウムの物質量：0.10 mol
　　塩化物イオンの個数：1.2×10^{23} 個
(4) すべてのイオンの物質量：2.0 mol
　　硫酸イオンの質量：1.2×10^2 g

▶物質の 1 mol の質量（モル質量）は，分子量または式量に g をつけた量。

解説
(1) H_2SO_4 の分子量は $1.0 \times 2 + 32 + 16 \times 4 = 98$ であり，1 mol は 98 g。
　　$98 \, g/mol \times 0.50 \, mol = 49 \, g$
　　また，0.50 mol の H_2SO_4 中に含まれる酸素原子は，
　　$0.50 \, mol \times 4 = 2.0 \, mol$　である。

(2) C_3H_8 の分子量は $12 \times 3 + 1.0 \times 8 = 44$ であり，1 mol は 44 g。
　　$\dfrac{8.8 \, g}{44 \, g/mol} = 0.20 \, mol$
　　また，0.20 mol の C_3H_8 に含まれる炭素原子は
　　$12 \, g/mol \times 0.20 \, mol \times 3 = 7.2 \, g$　となる。

(3) $MgCl_2$ の式量は $24 + 35.5 \times 2 = 95$ であり，1 mol は 95 g。
　　$\dfrac{9.5 \, g}{95 \, g/mol} = 0.10 \, mol$
　　また，0.10 mol の $MgCl_2$ に含まれる塩化物イオンの個数は
　　$0.10 \, mol \times 2 \times 6.0 \times 10^{23}/mol = 1.2 \times 10^{23}$

(4) $Al_2(SO_4)_3$ 1 mol には，Al^{3+} 2 mol と SO_4^{2-} 3 mol が含まれる❶。
　　0.40 mol の $Al_2(SO_4)_3$ に含まれるすべてのイオンは，
　　$0.40 \, mol \times 5 = 2.0 \, mol$　である。
　　また，SO_4^{2-} の式量が 96 であるので
　　$96 \, g/mol \times 0.40 \, mol \times 3 = 115.2 \, g ≒ 1.2 \times 10^2 \, g$

❶ 1 単位　$Al_2(SO_4)_3$
↓
イオンの総数
Al^{3+} Al^{3+}
SO_4^{2-} SO_4^{2-} SO_4^{2-}

エクセル　分子 1 mol の質量 = 分子量に単位 g をつけた量
　　　　　　イオン 1 mol の質量 = 式量に単位 g をつけた量

質量〔g〕 ─÷モル質量〔g/mol〕→ 物質量〔mol〕 ─×モル質量〔g/mol〕→ 質量〔g〕

79

解答 (1)

解説
同温・同圧において，気体の分子量が小さいほど密度も小さくなる❶ので，同じ質量〔g〕で占める体積が大きくなる❷。それぞれの気体の分子量は
(1) $H_2 = 1.0 \times 2 = 2.0$
(2) $NH_3 = 14 + 1.0 \times 3 = 17$
(3) $N_2 = 14 \times 2 = 28$
(4) $HCl = 1.0 + 35.5 = 36.5$
(5) $CO_2 = 12 + 16 \times 2 = 44$
である。よって，分子量が最も小さい(1)となる。

❶ 同温・同圧においては，気体の分子量が小さいほど，1 mol の質量が小さくなり，密度も小さくなる。

❷ 密度〔g/L〕 $= \dfrac{質量〔g〕}{体積〔L〕}$ より，
同じ質量〔g〕では，密度の小さい物質ほど体積が大きくなる。

エクセル　気体の密度の比は，分子量の比になる。

80

解答
(1) アンモニア分子の質量：5.1 g
アンモニア分子の体積：6.7 L
(2) 28　(3) 2.0 g/L　(4) 22

解説
(1) NH_3 の分子量は $14+1.0\times 3=17$ であるから，NH_3 1 mol の質量は 17 g である。よって，0.30 mol のアンモニアの質量は
$17\,\text{g/mol}\times 0.30\,\text{mol}=5.1\,\text{g}$
標準状態における気体のモル体積は 22.4 L/mol より，0.30 mol のアンモニアの体積は
$22.4\,\text{L/mol}\times 0.30\,\text{mol}=6.72\,\text{L}\fallingdotseq 6.7\,\text{L}$

(2) 求める気体のモル質量を $M\,[\text{g/mol}]$ とおく。
標準状態における気体のモル体積は 22.4 L/mol より，次の式が成り立つ。
$\dfrac{2.8\,\text{L}}{22.4\,\text{L/mol}}\times M=3.5\,\text{g}\quad M=28\,\text{g/mol}$
したがって，分子量は 28

(3) 分子量 44 の気体のモル質量は 44 g/mol である。また，標準状態における気体のモル体積は 22.4 L/mol より，この気体の密度は
$44\,\text{g/mol}\div 22.4\,\text{L/mol}=1.96\cdots\text{g/L}\fallingdotseq 2.0\,\text{g/L}$

(4) 窒素 N_2 の分子量は 28，ヘリウム He の分子量は 4.0 より，この混合気体の平均分子量は
$28\times\dfrac{3}{4}+4.0\times\dfrac{1}{4}=22$

▶空気の見かけの分子量
$28\times\dfrac{4}{5}+32\times\dfrac{1}{5}=28.8$

エクセル 空気などの混合気体における平均分子量は，各成分気体の分子量と存在比から求めた，分子量の平均値を用いる。見かけの分子量ともいう。

81

解答
(1) (ア) 22%　(イ) 40%　(2) (d)

解説
(1) (ア) 硝酸の分子量は $1.0+14+16\times 3=63$ である。硝酸に含まれる窒素の質量パーセントは
$\dfrac{14}{63}\times 100=22.2\cdots\fallingdotseq 22$　よって，22%

(イ) 炭酸カルシウムの式量は $40+12+16\times 3=100$ である。炭酸カルシウムに含まれるカルシウムの質量パーセントは，
$\dfrac{40}{100}\times 100=40$　よって，40%

(2) 組成式から，金属 M の原子 2 mol と結合する酸素原子 O は 3 mol である。M 2.6 g は酸素 3.8 g−2.6 g=1.2 g と結合する。M のモル質量を $M\,[\text{g/mol}]$ とすると
$\dfrac{2.6\,\text{g}}{M}:\dfrac{1.2\,\text{g}}{16\,\text{g/mol}}=2\,\text{mol}:3\,\text{mol}$　より，$M=52\,\text{g/mol}$
よって，M の原子量は 52

▶組成式 A_xB_y では，A 原子と B 原子が $x:y$ の数の比で結合している。

エクセル 結合する原子の数の比＝結合する原子の物質量の比

4 物質量 — 31

82 解答 (1) He (2) 1.2×10^{24} (3) 8.0
(4) 45 (5) N_2 (6) 0.25 (7) 1.5×10^{23}
(8) 5.6 (9) Na^+ (10) 0.40
(11) 9.2 (12) CO_2 (13) 0.200
(14) 1.20×10^{23} (15) 8.80

解説 (2) $6.0 \times 10^{23}/\text{mol} \times 2.0\,\text{mol} = 1.2 \times 10^{24}$
(3) ヘリウム He の分子量は 4.0 より，$4.0\,\text{g/mol} \times 2.0\,\text{mol} = 8.0\,\text{g}$ ❶
(4) $22.4\,\text{L/mol} \times 2.0\,\text{mol} = 44.8\,\text{L} ≒ 45\,\text{L}$ ❶
(6) 窒素 N_2 の分子量は $14 \times 2 = 28$ より

$$\frac{7.0\,\text{g}}{28\,\text{g/mol}} = 0.25\,\text{mol}$$

(7) $6.0 \times 10^{23}/\text{mol} \times 0.25\,\text{mol} = 1.5 \times 10^{23}$
(8) $22.4\,\text{L/mol} \times 0.25\,\text{mol} = 5.6\,\text{L}$
(10) $\dfrac{2.4 \times 10^{23}}{6.0 \times 10^{23}/\text{mol}} = 0.40\,\text{mol}$

(11) Na^+ の式量は 23 より，$23\,\text{g/mol} \times 0.40\,\text{mol} = 9.2\,\text{g}$
(13) $\dfrac{4.48\,\text{L}}{22.4\,\text{L/mol}} = 0.200\,\text{mol}$

(14) $6.0 \times 10^{23}/\text{mol} \times 0.200\,\text{mol} = 1.20 \times 10^{23}$
(15) CO_2 の分子量は $12 + 16 \times 2 = 44$ より
$44\,\text{g/mol} \times 0.200\,\text{mol} = 8.80\,\text{g}$

❶単位の計算
$\text{g/mol} \times \text{mol} = \text{g}$
$\text{L/mol} \times \text{mol} = \text{L}$

エクセル はじめに物質量を求めてから，他の値を計算する。

83 解答 (1) $\dfrac{A}{N_A}$ (2) $\dfrac{mN_A}{M}$ (3) $\dfrac{vM}{V}$

解説 (1) 原子 1 mol あたりの原子の数がアボガドロ定数 N_A [/mol] であり，その質量は A [g/mol]。原子 1 個の質量は，$\dfrac{A}{N_A}$ [g]。❶

(2) 気体 m [g] の物質量は，$\dfrac{m}{M}$ [mol]。したがって，気体の分子数は，$\dfrac{m}{M}$ [mol] $\times N_A$ [/mol] $= \dfrac{mN_A}{M}$ ❶

(3) 標準状態で v [L] の気体の物質量は，$\dfrac{v}{V}$ [mol]。したがって，その質量は，$\dfrac{v}{V}$ [mol] $\times M$ [g/mol] $= \dfrac{vM}{V}$ [g] ❶

❶

質量 m	粒子数 N	体積 v
$\div M$	$\div N_A$	$\div V$

物質量 n

$\times M$	$\times N_A$	$\times V$
質量 m	粒子数 N	体積 v

エクセル ① 1 mol の粒子数＝アボガドロ定数
② 原子 1 mol あたりの質量＝原子量に g/mol をつけた量

84 解答 (1) 10 % (2) 4.5 g (3) 12 %

解説 (1) 塩化ナトリウム水溶液の質量は $10\,\text{g} + 90\,\text{g} = 100\,\text{g}$
塩化ナトリウム水溶液の質量パーセント濃度は

$$\dfrac{10\,\text{g}}{100\,\text{g}} \times 100 = 10 \qquad 10\,\%$$

●質量パーセント濃度
質量パーセント濃度 [%]
$= \dfrac{\text{溶質の質量 [g]}}{\text{溶液の質量 [g]}} \times 100$

(2) 塩化ナトリウム水溶液中に含まれる塩化ナトリウムの質量は

$$150\,\mathrm{g} \times \frac{3.0}{100} = 4.5\,\mathrm{g}$$

(3) 混合水溶液の全体の質量　$150\,\mathrm{g} + 100\,\mathrm{g} = 250\,\mathrm{g}$

溶質 NaCl の質量　$150\,\mathrm{g} \times \dfrac{10}{100} + 100\,\mathrm{g} \times \dfrac{15}{100} = 30\,\mathrm{g}$

質量パーセント濃度　$\dfrac{30\,\mathrm{g}}{250\,\mathrm{g}} \times 100 = 12$　　12 %

エクセル　混合溶液の質量 = 混合前の各溶液の質量の総和
混合溶液の溶質の質量 = 混合前の各溶液の溶質の質量の総和

85 解答 (4)

解説　1.0 mol/L は水溶液 1L 中に溶質が 1.0 mol 含まれていることを意味する。NaOH 40 g は 1.0 mol に相当する。
(1) 溶質は 1.0 mol であるが，水溶液の体積は 1L にならない。
(2) 溶質は 1.0 mol であるが，水溶液の体積は 1L にならない。
(3) 溶質は 1.0 mol であるが，水溶液の体積は 1L かどうかわからない。

● 溶液 1L の質量
溶液 1L の質量〔g〕
= 密度〔g/cm³〕× 1000 cm³

エクセル　水溶液の体積を 1L（= 1000 mL）にする。水溶液 1000 mL の質量が 1000 g であるかどうかは，水溶液の密度による。水溶液の密度が d〔g/mL〕ならば，水溶液 1000 mL の質量は $1000d$〔g〕である。

86 解答 (1) 0.20 mol/L　(2) 0.060 mol, 1.0 g　(3) 50 mL
(4) 0.26 mol/L

解説　(1) NaOH のモル質量は 40 g/mol なので，4.0 g は $\dfrac{4.0\,\mathrm{g}}{40\,\mathrm{g/mol}} = 0.10\,\mathrm{mol}$ となる。これが水溶液 500 mL 中に存在するので[1]，モル濃度は次のようになる。

$$\dfrac{0.10\,\mathrm{mol}}{\dfrac{500}{1000}\,\mathrm{L}} = 0.20\,\mathrm{mol/L}$$

(2) 0.20 mol/L のアンモニア水 300 mL 中に含まれるアンモニアの物質量は $0.20\,\mathrm{mol/L} \times \dfrac{300}{1000}\,\mathrm{L} = 0.060\,\mathrm{mol}$ である。アンモニア NH_3 のモル質量は 17 g/mol なので，0.060 mol の質量は次のようになる。

$17\,\mathrm{g/mol} \times 0.060\,\mathrm{mol} = 1.02\,\mathrm{g} \fallingdotseq 1.0\,\mathrm{g}$

(3) 溶液を水で希釈しても，最初に含まれていた溶質の物質量に変化はない。求める硫酸の体積を x mL とすると，溶質の硫酸について次の式が成り立つ。

$$10\,\mathrm{mol/L} \times \dfrac{x}{1000}\,\mathrm{L} = 2.0\,\mathrm{mol/L} \times \dfrac{250}{1000}\,\mathrm{L}$$

うすめる前の溶液に含まれる硫酸の物質量　　うすめた後の溶液に含まれる硫酸の物質量

$x = 50$　　よって，50 mL

[1] モル濃度〔mol/L〕
モル濃度〔mol/L〕
$= \dfrac{溶質の物質量〔mol〕}{溶液の体積〔L〕}$

4 物質量 —— 33

(4) 0.30 mol/L の塩酸 100 mL 中に含まれる塩化水素 HCl の物質量は $0.30\,\text{mol/L} \times \dfrac{100}{1000}\text{L} = 0.030\,\text{mol}$ である。同様にして，0.50 mol/L の塩酸 200 mL 中に含まれる塩化水素 HCl の物質量は $0.50\,\text{mol/L} \times \dfrac{200}{1000}\text{L} = 0.10\,\text{mol}$ である。混合水溶液の体積は 500 mL なので，混合水溶液のモル濃度は

$$\dfrac{0.030\,\text{mol} + 0.10\,\text{mol}}{\dfrac{500}{1000}\text{L}} = 0.26\,\text{mol/L}$$

エクセル モル濃度〔mol/L〕 溶液 1 L 中に含まれる溶質の物質量

87 解答 (ア) 9.0×10^2　(イ) 2.5×10^2　(ウ) 15　(エ) 15

▶密度を用いて，体積から質量へと単位変換をする。

解説
(ア) $1\,\text{L} = 1000\,\text{mL} = 1000\,\text{cm}^3$ であるので，このアンモニア水の質量は $0.90\,\text{g/cm}^3 \times 1000\,\text{cm}^3 = 9.0 \times 10^2\,\text{g}$ となる。

(イ) 質量パーセント濃度が 28% であることより，$9.0 \times 10^2\,\text{g}$ のアンモニア水に含まれるアンモニア NH₃ の質量は，

$$9.0 \times 10^2\,\text{g} \times \dfrac{28}{100} = 252\,\text{g} \fallingdotseq 2.5 \times 10^2\,\text{g}$$

(ウ) アンモニアのモル質量が 17 g/mol であるので，物質量は，

$$\dfrac{252\,\text{g}}{17\,\text{g/mol}} = 14.8\cdots\text{mol} \fallingdotseq 15\,\text{mol}$$

(エ) アンモニア水 1.00 L に含まれるアンモニアの物質量が 14.8…mol なので，このアンモニア水のモル濃度は，14.8…mol/L ≒ 15 mol/L である。

88 解答 (1) 18.5 mol/L　(2) 5.84 mL

▶質量パーセント濃度からモル濃度への変換
① 溶液 1 L の質量〔g〕
　= 密度〔g/cm³〕× 1000 cm³
② 溶液 1 L 中に溶けている溶質の質量 m〔g〕
　= 溶液 1 L の質量〔g〕× $\dfrac{x}{100}$
　(x：質量パーセント濃度)
③ 溶質の質量 m を物質量 n に換算する。
$$n\text{〔mol〕} = \dfrac{m\text{〔g〕}}{\text{モル質量〔g/mol〕}}$$

解説
(1) 濃硫酸 1.00 L の質量は $1.85\,\text{g/cm}^3 \times 1000\,\text{cm}^3 = 1.85 \times 10^3\,\text{g}$ であり，濃硫酸 1.00 L 中に含まれる H₂SO₄ の質量は

$$1.85 \times 10^3\,\text{g} \times \dfrac{98.0}{100} = 1.813 \times 10^3\,\text{g} \fallingdotseq 1.81 \times 10^3\,\text{g}\text{ である。}$$

この H₂SO₄ の物質量は $\dfrac{1.813 \times 10^3\,\text{g}}{98\,\text{g/mol}} = 18.5\,\text{mol}$ となり，求めるモル濃度は 18.5 mol/L

(2) 求める濃硫酸の体積を x mL とする。うすめる前の濃硫酸に含まれる H₂SO₄ の物質量と，うすめた後の希硫酸に含まれる H₂SO₄ の物質量は変化しない。溶質の硫酸について次の式が成り立つ。

$$18.5\,\text{mol/L} \times \dfrac{x}{1000}\text{L} = 1.20\,\text{mol/L} \times \dfrac{90.0}{1000}\text{L}$$

うすめる前の溶液に含まれる硫酸の物質量　　うすめた後の溶液に含まれる硫酸の物質量

$x = 5.837\cdots \fallingdotseq 5.84$　　よって，5.84 mL

エクセル 質量%濃度は溶液の質量に対する溶質の質量の割合を百分率で表す。
モル濃度は溶液 1 L 中に溶けている溶質の物質量で表す。

89

解答 (1) 溶解度曲線　(2) 1.4 kg　(3) 160 g
(4) 最も適する物質 KNO₃　最も適さない物質 NaCl

解説 (1) 温度と溶解度の関係を示すグラフを溶解度曲線という。
(2) グラフより，温度70℃における KNO₃ の溶解度はおよそ140である。水 1.0 kg には $1.0\,\text{kg} \times \dfrac{140}{100} = 1.4\,\text{kg}$❶ まで溶ける。
(3) 70℃で水 200 g には KNO₃ が，$140\,\text{g} \times \dfrac{200\,\text{g}}{100\,\text{g}} = 280\,\text{g}$ まで溶ける。
40℃での KNO₃ の溶解度は，溶解度曲線より 60 である。
40℃の水 200 g には KNO₃ は，$60\,\text{g} \times 2 = 120\,\text{g}$ まで溶ける。
析出する KNO₃ の結晶は，$280\,\text{g} - 120\,\text{g} = 160\,\text{g}$
(4) 再結晶による精製は，温度による溶解度の差が著しいほど効果的である。したがって，最も適しているのが KNO₃，最も適していないのが NaCl である。

▶溶解度曲線から，各温度における溶解度を読みとる。

❶ $\dfrac{溶質}{溶媒} = \dfrac{140\,\text{g}}{100\,\text{g}} = \dfrac{(2)}{1.0\,\text{kg}}$

エクセル 溶解度曲線　溶解度と温度の関係を表すグラフ
溶液の温度を下げると，その温度での溶解度を超えた分の溶質が結晶として析出する。

90

解答 (1) 47%　(2) 16 g　(3) 53 g

解説 (1) 水 100 g に溶かすとすれば，20℃における硝酸ナトリウム NaNO₃ 飽和水溶液の質量は $100\,\text{g} + 88\,\text{g} = 188\,\text{g}$ である。このときの質量パーセント濃度を求めると，
$\dfrac{88\,\text{g}}{188\,\text{g}} \times 100 = 46.8\cdots \doteqdot 47$　　47%
(2) 飽和水溶液 $100\,\text{g} + 124\,\text{g} = 224\,\text{g}$ を 60℃ から 20℃ まで冷却すると，析出する NaNO₃ の質量は，$124\,\text{g} - 88\,\text{g} = 36\,\text{g}$
飽和水溶液 100 g では，$36\,\text{g} \times \dfrac{100\,\text{g}}{224\,\text{g}} = 16.0\cdots\,\text{g} \doteqdot 16\,\text{g}$❶
(3) 飽和水溶液から水を蒸発させると，蒸発した水に溶けていた分の溶質が析出するので，$105\,\text{g} \times \dfrac{50\,\text{g}}{100\,\text{g}} = 52.5\,\text{g} \doteqdot 53\,\text{g}$❷

❶ 溶液 224 g → 100 g
　析出 36 g → (2)

❷ 溶質 105 g → (3)
　溶媒 100 g → 50 g

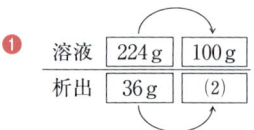

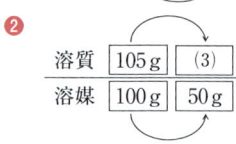

エクセル t_1[℃]で水 100 g に溶質を加えて溶かした飽和水溶液を t_2[℃]まで冷却するときに析出する結晶の質量[g] = t_1[℃]での溶質の溶解度 − t_2[℃]での溶質の溶解度

91

解答 (3), (5)

解説 分子の極性の有無によって溶解のしやすさの傾向が決まる。
(1) ベンゼンは無極性の溶媒，ヨウ素は無極性の分子なので互いに溶けやすい。（×）
(2) 水は極性の溶媒，アンモニアは極性の分子なので互いに溶けやすい。（×）
(3) 塩化ナトリウムはイオン結晶であり，ヘキサンのような無極性の溶媒には溶けにくい。（○）
(4) 水は極性の溶媒，エタノールは極性の分子なので互いに溶けやすい。（×）

▶四塩化炭素は，昔は冷却材・消火剤として利用されていたが，毒性が強いため使用が禁止されている。

(5) 四塩化炭素は無極性の溶媒，水は極性の溶媒なので互いに溶けあわない。（○）
(6) 水は極性の溶媒，グルコースは極性の分子なので互いに溶けやすい。（×）

エクセル

	イオン結晶	極性の大きい溶質	極性の小さい溶質
極性の大きい溶媒	溶けやすい	溶けやすい	溶けにくい
極性の小さい溶媒	溶けにくい	溶けにくい	溶けやすい

92

解答 (2)，(5)

解説
(1) 塩化水素 HCl は分子からなる物質であり，水に溶解すると水素イオンと塩化物イオンに電離する。よって，その水溶液は電解質水溶液である。（○）
(2) メタノールは非電解質である。メタノールは極性の分子であり，水も極性の分子であるため互いに溶けやすい。（×）
(3) 塩化カリウムはイオン結晶であり，水に溶けて電離する。（○）
(4) エタノールは極性の大きいヒドロキシ基（−OH）と極性の小さいエチル基（$CH_3−CH_2−$）の構造をもつ。そのため，エチル基はヘキサンになじみやすい性質をもつ。（○）
(5) スクロースは極性の分子であり，無極性の分子のベンゼンには溶けない。（×）

▶分子中に含まれるヒドロキシ基と溶媒の水分子が水素結合した状態を水和という。

エクセル 電解質　溶媒に溶かしたときに陽イオンと陰イオンに電離。電気を通す。
非電解質　溶媒に溶かしたときに電離しない。電気を通さない。

93

解答 (1) $\dfrac{WV_2}{MV_1}$ (2) $\dfrac{S_1}{S_2}$ 個 (3) $\dfrac{MV_1S_1}{WV_2S_2}$

解説
(1) 水面を覆ったステアリン酸の質量は $W \times \dfrac{V_2}{V_1}$ 〔g〕

これを物質量にすると $\dfrac{WV_2}{MV_1}$ 〔mol〕

(2) 水面全体の面積 S_1〔cm²〕を，ステアリン酸1分子の占有面積 S_2〔cm²〕で割ると分子数が求められる。
(3) アボガドロ定数を N_A〔/mol〕とすると，次式ができる。

$$\dfrac{WV_2}{MV_1}\text{〔mol〕} \times N_A \text{〔/mol〕} = \dfrac{S_1}{S_2}$$

この式より，$N_A = \dfrac{MV_1S_1}{WV_2S_2}$

▶ステアリン酸 $C_{17}H_{35}COOH$ は，疎水基のアルキル基 $C_{17}H_{35}−$ と親水基のカルボキシ基−COOH からなる脂肪酸である。

エクセル ステアリン酸の W〔g〕が水面を覆うとき，アボガドロ定数を N_A〔/mol〕とすれば，水面を覆ったステアリン酸の数は $\dfrac{W}{M} \times N_A$

94

解答 (1)

解説
(1) 原子量は(各同位体の相対質量)×(存在比)の和で求まる。よって，水素の原子量は ^{1}H の相対質量と同じにならない。（×）
(2) ^{1}H の相対質量を x とすると次の比例式ができる。
$1.99 \times 10^{-23}\text{g} : 1.67 \times 10^{-24}\text{g} = 12 : x$　$x = 1.007 \fallingdotseq 1.01$　（○）
(3) ^{12}C のモル質量について，古い定義の場合は 12 である。新しい定義の場合は $1.9926 \times 10^{-23} \times 6.0221 \times 10^{23} = 11.9996\cdots$ となるので，12 とならなくなった。（○）
(4) 国際キログラム原器は，イリジウムと白金からなる合金で人工物である。この質量がずれれば，^{12}C の質量から定義されたアボガドロ定数もずれてしまう。（○）

エクセル 基準となる原子に対する各原子の相対質量が増加すると，各元素の原子量は増加する。

▶国際キログラム原器は，国際度量衡局によって製作された白金イリジウム合金（白金：イリジウム＝9：1）製の円筒型分銅である。直径・高さともに約 3.9cm である。1889 年から 2019 年まで，キログラムはこの分銅の質量から定義された。2022 年に国の重要文化財に指定された。

95

解答 12 種類

解説
^{12}C のときの CO_2 のアイソトポマーは，$^{16}O^{12}C^{16}O$，$^{16}O^{12}C^{17}O$，$^{16}O^{12}C^{18}O$，$^{17}O^{12}C^{17}O$，$^{17}O^{12}C^{18}O$，$^{18}O^{12}C^{18}O$ の 6 種類ある。^{13}C のときの CO_2 のアイソトポマーも同種類あるので，12 種類となる。

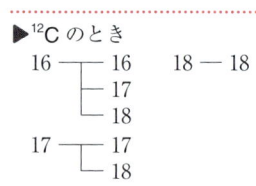

エクセル 化学式が同じでも質量(同位体組成)が異なる分子を互いにアイソトポマーという。

▶^{12}C のとき
16 ─ 16　　18 ─ 18
　　├ 17
　　└ 18
17 ─ 17
　　└ 18

96

解答 (1) 1.1%　(2) 0.88%

解説
(1) 実験で得られた気体中の Ar の体積百分率を x % とすると，同温・同圧の気体では密度と(平均)分子量は比例するから，
$28.0 \times \dfrac{100-x}{100} + 39.9 \times \dfrac{x}{100} = 28.0 \times \dfrac{100+0.476}{100}$
$x = 1.12 \fallingdotseq 1.1$　よって，1.1 %
(2) 実験で用いた空気中の Ar の体積百分率は，
$78.0 \% \times \dfrac{1.12}{100-1.12} = 0.883\cdots \% \fallingdotseq 0.88 \%$

エクセル 分子量 M の気体 1mol(質量 M〔g〕)の体積は，標準状態で 22.4L
同温・同圧・同体積で分子量 m と n の気体の質量比＝$m:n$

▶同温・同圧において，同じ体積に占める気体の分子数は同じである。

97

解答 $\dfrac{22.4X}{X+2Y}$ g

解説
表より，にがりの成分でマグネシウムイオンを含むものは塩化マグネシウム $MgCl_2$ のみであり，にがりの 14.9% を占める。
150g のにがりに含まれる $MgCl_2$ は，$150 \times \dfrac{14.9}{100}$ g
マグネシウムの原子量と塩素の原子量をそれぞれ X と Y とすると，$MgCl_2$ の式量は $X+2Y$ である。
よって，$MgCl_2$ に含まれる Mg^{2+} の質量の割合は，$\dfrac{X}{X+2Y}$

▶にがりは，豆腐の凝固剤に用いられる。

4 物質量 — 37

150gのにがりに含まれるマグネシウムイオンの質量は

$$150 \times \frac{14.9}{100} \text{g} \times \frac{X}{X+2Y} = \frac{22.35X}{X+2Y} \doteqdot \frac{22.4X}{X+2Y} \text{g}$$

エクセル 組成式中にイオンが n 個あるとき，物質が1molあれば，イオンの物質量は n mol，イオンの数は $6.0 \times 10^{23} \times n$ 個

98

解答 (1) (ア) (2) 23

解説
(1) 金属 M が x 〔g〕，その酸化物 M_2O_3 が y 〔g〕得られたので，結合した酸素の質量は $(y-x)$ 〔g〕となる。
組成式より，結合した金属 M と酸素の物質量の比は 2：3 なので，金属 M の原子量を M とすると次の式がなりたつ。

$$\frac{x}{M} : \frac{y-x}{16} = 2 : 3 \qquad M = \frac{24x}{y-x}$$

(2) $M_2CO_3 \cdot 10H_2O$ の式量は $2M+240$ であり，その無水物の式量は $2M+60$ である。炭酸塩の水和物が無水物に変化しても，炭酸塩の物質量に変化はない。このことより，次の式がなりたつ。

$$\underbrace{\frac{5.72 \text{g}}{(2M+240) \text{g/mol}}}_{\text{水和物の物質量}} = \underbrace{\frac{2.12 \text{g}}{(2M+60) \text{g/mol}}}_{\text{無水物の物質量}} \qquad M=23$$

▶水和物から無水物にすると，水の分の質量だけが減少する。

エクセル 結合する原子の数の比＝結合する原子の物質量の比

99

解答 同位体が存在する元素の原子量は，各同位体の相対質量に存在比をかけたものの平均値として求める。ニッケルの原子番号はコバルトよりも大きいが，ニッケルでは，質量数が大きい同位体の存在比が比較的小さいので，コバルトよりも原子量が小さくなる。

解説 天然のコバルトは ^{59}Co 1種類からなる。天然のニッケルは ^{58}Ni, ^{60}Ni, ^{61}Ni, ^{62}Ni, ^{64}Ni からなり，このうち ^{58}Ni が最も多く存在する。次に ^{60}Ni が多く，他の同位体は少量しか存在しないため，ニッケルの原子量はコバルトよりも小さい。

キーワード
・同位体
・原子量
・相対質量

100

解答 (4)

解説 AO の式量は $A+16$，1mol の AO に含まれる原子は 2mol である。A_2O_3 の式量は $2A+48$，1mol の A_2O_3 に含まれる原子は 5mol である。
それぞれが 2.0g あるとき，

AO の原子の物質量 $= \dfrac{2.0 \text{g}}{(A+16) \text{g/mol}} \times 2 = \dfrac{4.0}{A+16}$ mol

A_2O_3 の原子の物質量 $= \dfrac{2.0 \text{g}}{(2A+48) \text{g/mol}} \times 5 = \dfrac{5.0}{A+24}$ mol

$$\dfrac{5.0}{A+24} \text{mol} \div \dfrac{4.0}{A+16} \text{mol} \doteqdot \dfrac{1.3(A+16)}{A+24}$$

エクセル 物質中の原子 A の物質量＝物質量×(組成式中の原子 A の数)

101 解答 (6)

解説
$(COOH)_2 = (12 + 16 + 16 + 1.0) \times 2 = 90$
$(COOH)_2 \cdot 2H_2O = 90 + 2 \times (1.0 \times 2 + 16) = 126$
シュウ酸の結晶 $(COOH)_2 \cdot 2H_2O$ 1 mol($=126$ g)を水に溶かすのは，シュウ酸$(COOH)_2$ 1 mol($=90$ g)を溶かすのと同じ。❶

エクセル 水和物を水に溶解すると，水和水は溶媒の一部になる。

❶

式量 126	
$(COOH)_2$	$2H_2O$
式量 90	36

102 解答 (3)

解説
水溶液Aの体積を x〔L〕とすると，混合後の水溶液の体積が V〔L〕より，水溶液Bの体積は$(V-x)$〔L〕となる。
よって，混合後の水溶液のモル濃度について，次式がなりたつ。

$$\frac{a\text{〔mol/L〕} \times x\text{〔L〕} + b\text{〔mol/L〕} \times (V-x)\text{〔L〕}}{V\text{〔L〕}} = c\text{〔mol/L〕}$$

これより，$x = \dfrac{V(b-c)}{b-a}$〔L〕

エクセル 求めたい量を x とおいて立式する。

▶数字が文字になっても，計算方法は同じである。

103 解答 (1)

解説
$CuSO_4$ の式量は 160，$CuSO_4 \cdot 5H_2O$ の式量は 250。
100 g の $CuSO_4 \cdot 5H_2O$ に含まれる $CuSO_4$ の質量は

$$100 \text{ g} \times \frac{160 \text{ g}}{250 \text{ g}} = 64 \text{ g}$$

また，この水溶液全体の質量は
$200 \text{ g} + 100 \text{ g} = 300 \text{ g}$
冷却したときに析出する $CuSO_4 \cdot 5H_2O$ を x〔g〕とすると，その x〔g〕に含まれる $CuSO_4$ の質量は

$$\frac{160 \text{ g}}{250 \text{ g}} \times x\text{〔g〕}$$

となる❶ので，20℃の飽和溶液について次の式がなりたつ。

$$\frac{20 \text{ g}}{(100+20) \text{ g}} = \frac{64 - 0.64x\text{〔g〕}}{300 \text{ g} - x\text{〔g〕}} \qquad x = 29.5\cdots \text{ g} \fallingdotseq 30 \text{ g}$$

エクセル 飽和溶液では，次の式がなりたつ。

$$\frac{溶質の質量}{溶液の質量} = \frac{溶解度}{100+溶解度} = 一定$$

❶ $\dfrac{160 \text{ g}}{250 \text{ g}} \times x\text{〔g〕} = 0.64x\text{〔g〕}$

104 解答 (1) 面心立方格子，12　(2) 64

解説
(1) 面心立方格子において，1個の金属原子に接している他の金属原子の個数は，次の図のように，格子を2つ並べて考えるとよい。

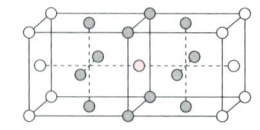

中心の○に注目すると，12個の○が接していることがわかる。

(2) 面心立方格子の中に含まれる原子の個数は

$$\frac{1}{2} \times 6 + \frac{1}{8} \times 8 = 4$$

単位格子の体積は $(4.0 \times 10^{-8} \text{cm})^3 = 6.4 \times 10^{-23} \text{cm}^3$
質量〔g〕＝密度〔g/cm³〕×体積〔cm³〕より，単位格子の質量を求めると
　$6.6 \text{g/cm}^3 \times 6.4 \times 10^{-23} \text{cm}^3 = 4.22 \cdots \times 10^{-22} \text{g}$ である。
この単位格子には4個の原子が含まれていることを考慮し，モル質量を求めると次のようになる。

$$\frac{4.22 \times 10^{-22} \text{g}}{4} \times 6.02 \times 10^{23} /\text{mol} = 63.5 \cdots \text{g/mol} \fallingdotseq 64 \text{g/mol}$$

ゆえに，原子量は64

エクセル 単位格子中の原子の数 ＝ $\frac{1}{8}$ ×（立方体の頂点にある原子の数）
　　　　　　　　　　　　　　＋ $\frac{1}{2}$ ×（面の中心にある原子の数）＋ 1 ×（単位格子中に全部が入る原子の数）

105 (1) Na^+　4個, Cl^-　4個　　(2) $a = 2r^+ + 2r^-$
　　(3) $\dfrac{M}{2(r^+ + r^-)^3 N_A}$

解説 (1) Na^+　12辺上と中心にある。$\frac{1}{4} \times 12 + 1 = 4$ ❶

　　　Cl^-　8頂点と6面上にある。$\frac{1}{8} \times 8 + \frac{1}{2} \times 6 = 4$

(2) 同符号のイオンどうしは反発し，反対符号のイオンどうしは互いに引きつけられるので接していると考える。
　よって，Na^+ と Cl^- は単位格子の辺上で接している ❷。

(3) 単位格子中に Na^+ と Cl^- とが4個ずつあるので，単位格子の質量は NaCl 単位4個分とみなすことができる。よって，密度 d は

$$\frac{\frac{4M}{N_A} \text{〔g〕}}{a^3 \text{〔cm}^3\text{〕}} = \frac{4M}{a^3 N_A} \text{〔g/cm}^3\text{〕}$$

ここに $a = 2r^+ + 2r^-$ を代入する。

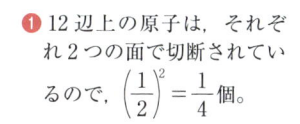

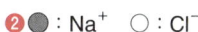

$$\frac{M}{2(r^+ + r^-)^3 N_A}$$

❶ 12辺上の原子は，それぞれ2つの面で切断されているので，$\left(\dfrac{1}{2}\right)^2 = \dfrac{1}{4}$ 個。

❷ ●：Na^+　○：Cl^-

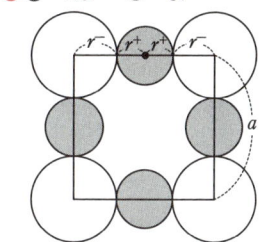

エクセル NaCl型イオン結晶では，Na^+ と Cl^- とが4個ずつ含まれるため，単位格子全体で Na^+ : Cl^- ＝ 1 : 1 の組成比になっている。

106 (1) 8個　　(2) $N_A = 6.03 \times 10^{23} /\text{mol}$

解説 (1) ケイ素の結晶の単位格子に含まれる原子の個数は，

$$1 \times 4 + \frac{1}{2} \times 6 + \frac{1}{8} \times 8 = 8$$

(2) ケイ素の密度について，次の式がなりたつ。

40 ── 2章 物質の変化

解説
$$\frac{28.1\,\text{g/mol}}{N_A\,[/\text{mol}]} \times 8 \times \frac{1}{(5.43 \times 10^{-8}\,\text{cm})^3} = \frac{1000\,\text{g}}{429\,\text{cm}^3}$$

結晶格子の値から得　　　　　　実験ⅠとⅡより得ら
られるケイ素の密度　　　　　　れたケイ素の密度

$$N_A = 6.027\cdots \times 10^{23}/\text{mol} \fallingdotseq 6.03 \times 10^{23}/\text{mol}$$

エクセル 単位格子に属する原子の数

頂点の原子は $\frac{1}{8}$ 個，各面の中心の原子は $\frac{1}{2}$ 個，単位格子中に全部が入っていれば1個

5 化学反応式と量的関係 (p.92)

107 解答
(1) $4Na + O_2 \longrightarrow 2Na_2O$
(2) $2Al + 6HCl \longrightarrow 2AlCl_3 + 3H_2$
(3) $Ba(OH)_2 + 2HNO_3 \longrightarrow Ba(NO_3)_2 + 2H_2O$
(4) $2H_2S + SO_2 \longrightarrow 3S + 2H_2O$

解説 ⟶(矢印)の両辺で各原子の数が一致するように係数をそろえる。このとき，係数は分数でもかまわない。係数が分数のとき，最終的に係数に分母と同じ数を掛けて分母を払うようにする。

(1) ① Na_2O の係数を1とおき，⟶の両辺で原子の数を Na，O の順に一致させる[1]。

$$2Na + \frac{1}{2}O_2 \longrightarrow Na_2O$$

② すべての係数に2を掛ける[2]。

$$4Na + O_2 \longrightarrow 2Na_2O$$

(2)～(4) (1)と同様に，それぞれ $AlCl_3$，$Ba(OH)_2$，H_2S の係数を1とおき，原子の数を一致させる。

(2) $Al + 3HCl \longrightarrow AlCl_3 + \frac{3}{2}H_2$ より

$$2Al + 6HCl \longrightarrow 2AlCl_3 + 3H_2$$

(3) $Ba(OH)_2 + 2HNO_3 \longrightarrow Ba(NO_3)_2 + 2H_2O$

(4) $H_2S + \frac{1}{2}SO_2 \longrightarrow \frac{3}{2}S + H_2O$ より

$$2H_2S + SO_2 \longrightarrow 3S + 2H_2O$$

エクセル 化学反応式は，両辺の原子の数が一致。

❶ まずは，係数は分数でもよいから，矢印の両辺で原子数を一致させる。

❷ 最終的に，分母がなくなり，最も小さい正の整数になるように，係数全体に同じ数を掛ける。

108 解答
(1) $Cu + 4HNO_3 \longrightarrow Cu(NO_3)_2 + 2NO_2 + 2H_2O$
(2) $4NH_3 + 5O_2 \longrightarrow 4NO + 6H_2O$
(3) $2KMnO_4 + 10KI + 8H_2SO_4 \longrightarrow 2MnSO_4 + 5I_2 + 8H_2O + 6K_2SO_4$

解説 (1) $Cu(NO_3)_2$ の係数を1とおくと，Cu の係数も1となる。

$Cu + aHNO_3 \longrightarrow Cu(NO_3)_2 + bNO_2 + cH_2O$

H 原子：$a = 2c$
N 原子：$a = 2 + b$
O 原子：$3a = 6 + 2b + c$ より，$a = 4$，$b = 2$，$c = 2$

(2) 化学式の係数を左辺から $a \sim d$ とする。

▶ 未定係数法では最も複雑な化学式の係数を1にするとよい。

N原子：$a=c$
H原子：$3a=2d$
O原子：$2b=c+d$

$a=1$として各係数を求めると，$a=c=1$，$d=\dfrac{3}{2}$，$b=\dfrac{5}{4}$となる。$a \sim d$を各4倍し，反応式を完成させる。

(3) 化学式の係数を左辺から$a \sim g$とする。
K原子：$a+b=2g$　　　　Mn原子：$a=d$
O原子：$4a+4c=4d+f+4g$　I原子：$b=2e$
H原子：$2c=2f$　　　　S原子：$c=d+g$

$a=1$として各係数を求めると，$a=d=1$，$b=5$，$c=4$，$e=\dfrac{5}{2}$，$f=4$，$g=3$となる。$a \sim g$を各2倍し，反応式を完成させる。

エクセル 最も多くの元素を含む物質の係数を1とすると解きやすい。

109

解答
(1) $Cu^{2+} + 2OH^- \longrightarrow Cu(OH)_2$
(2) $Mg + 2Ag^+ \longrightarrow Mg^{2+} + 2Ag$
(3) $2Al + 6H^+ \longrightarrow 2Al^{3+} + 3H_2$
(4) $Cu + 2HNO_3 + 2H^+ \longrightarrow 2NO_2 + Cu^{2+} + 2H_2O$

▶左辺と右辺の電荷の関係
$\underline{Cu^{2+}} + \underline{2OH^-} \to \underline{Cu(OH)_2}$
　+2　　　−2　　　　0

$\underline{Mg} + \underline{2Ag^+} \to \underline{Mg^{2+}} + \underline{2Ag}$
　0　　+2　　　　+2　　　0

$\underline{2Al} + \underline{6H^+} \to \underline{2Al^{3+}} + \underline{3H_2}$
　0　　+6　　　+6　　　0

$\underline{Cu} + \underline{2HNO_3} + \underline{2H^+}$
　0　　　0　　　　+2
$\to \underline{2NO_2} + \underline{Cu^{2+}} + \underline{2H_2O}$
　　　0　　　　+2　　　0

解説
(1) Cu^{2+}の係数を1とすると，$Cu(OH)_2$の係数も1となる。右辺のOHの数から，OH^-の係数は2となり，両辺の総電荷もつりあう。
(2) Mgの係数を1とすると，Mg^{2+}の係数も1となる。両辺の電荷の総和を等しくするため，左辺のAg^+の係数を2とする。最後に両辺の原子の数が等しくなるように，右辺のAgの係数を2とする。
(3) Alの係数を1とすると，Al^{3+}の係数も1となる。両辺の電荷の総和を等しくするため，左辺のH^+の係数を3とする。Hの数から，右辺のH_2の係数が$\dfrac{3}{2}$となるので，最後に両辺を2倍する。
(4) このイオン反応式で着目すべき点は，次の2点である。
① 両辺の電荷のみ等しくないということ。
② 左辺の硝酸のHと水素イオンH^+から右辺のH_2OのHを構成しているということ。

まず，CuとCu^{2+}の係数を1とし，両辺の電荷の総和を等しくするため，左辺のH^+の係数を2とする。両辺のHの数が合わなくなるので，②の点を考慮し，左辺のHNO_3の係数を2とする。Hの数から，右辺のH_2Oの係数は2となる。最後に，右辺のNO_2のNは左辺のHNO_3のNと等しいので，NO_2の係数は2と決定する。

エクセル イオン反応式は，両辺の原子の数と電荷の総和の値がそれぞれ一致。

110

解答
(1) $2Mg + O_2 \longrightarrow 2MgO$
(2) $Zn + 2HCl \longrightarrow ZnCl_2 + H_2$
(3) $2C_2H_6 + 7O_2 \longrightarrow 4CO_2 + 6H_2O$
(4) $Cu + 2H_2SO_4 \longrightarrow CuSO_4 + SO_2 + 2H_2O$
(5) $CaCO_3 \longrightarrow CaO + CO_2$

▶エタン C_2H_6 のような炭化水素が燃焼すると，C 原子が CO_2 に，H 原子が H_2O になる。

解説 反応物の化学式を⟶(矢印)の左辺に，生成物の化学式を⟶(矢印)の右辺に書き，係数を決めていく。

① 反応物と生成物の化学式を書く。
$$Mg + O_2 \longrightarrow MgO$$
② ⟶の両辺の原子数を一致させる。
$$Mg + \frac{1}{2}O_2 \longrightarrow MgO$$
③ 係数を正の整数にする。
$$2Mg + O_2 \longrightarrow 2MgO\ ❶$$

❶ 係数 1 は省略する。

(4) $CuSO_4$ の係数を 1 とおくと，Cu の係数も 1 となる。
$$Cu + a\,H_2SO_4 \longrightarrow CuSO_4 + b\,SO_2 + c\,H_2O$$
H 原子：$2a = 2c$
S 原子：$a = 1 + b$
O 原子：$4a = 4 + 2b + c$　より，$a = 2$，$b = 1$，$c = 2$

エクセル 化学反応式のつくり方
① 反応物の化学式を矢印の左辺に，生成物の化学式を右辺に書く。燃焼のときは，反応物に酸素の化学式 O_2 を加える。(加熱のときは加えない)
②③ 矢印の両辺の原子数が一致するように，反応物と生成物の化学式の前に係数をつける。
＊触媒は反応式に入れない。

111

解答 (1) 0.600 mol　(2) 1.12 L

解説
(1) 化学反応式の係数から，窒素 N_2 1 mol と水素 H_2 3 mol が反応することになる。0.200 mol の N_2 と反応する H_2 は 0.600 mol となる。
(2) 化学反応式の係数比は，標準状態における気体の体積比を表す。窒素 N_2 と水素 H_2 とアンモニア NH_3 の比は 1：3：2 なので，N_2 0.560 L と H_2 1.68 L から NH_3 は 1.12 L 生成する。

▶同温・同圧では化学反応式の係数の比は，気体の体積比となる。

エクセル 化学反応式の係数は物質量の関係を表す。

112

解答

化学反応式	CH_4	+ $2O_2$	⟶ CO_2	+ $2H_2O$
係数	1	2	1	2
分子数の関係	1.2×10^{23}	2.4×10^{23}	1.2×10^{23}	2.4×10^{23}
物質量の関係	0.20 mol	0.40 mol	0.20 mol	0.40 mol
質量の関係	3.2 g	13 g	8.8 g	7.2 g
標準状態での体積	4.5 L	9.0 L	4.5 L	—

理由　水は標準状態では気体ではないから。

▶化学反応式の係数は，反応物と生成物の量的関係を表す。係数は物質量の比を意味している。

キーワード
・気体

5 化学反応式と量的関係 —— 43

解説 化学反応式の係数は分子数の関係を表している。反応に関係する CH_4 の分子数は CO_2 の分子数と等しい。O_2 の分子数と H_2O の分子数はそれぞれ CH_4 の分子数の2倍である。さらに，係数は物質量の関係も表している。反応に関係する CH_4 の物質量は CO_2 と同じ，O_2 と H_2O の物質量はそれぞれ CO_2 の2倍である❶。
物質の質量と標準状態での気体の体積は，それぞれ次のようにして求められる。

物質の質量〔g〕＝モル質量〔g/mol〕×物質量〔mol〕
標準状態での気体の体積〔L〕＝22.4L/mol×物質量〔mol〕

ただし，水は標準状態では気体ではなく液体なので，上の式からは計算できない。

❶反応式
$CH_4 + 2O_2 \rightarrow CO_2 + 2H_2O$
は CH_4 1mol が O_2 2mol と反応すると，CO_2 1mol と H_2O 2mol が生成することを表している。

エクセル 化学反応式の係数の比は次のことを表す。
　・分子数の比　　・物質量の比　　・気体では同温・同圧での体積の比

113 **解答** (1) 3.0mol　(2) 0.15mol　(3) 23g　(4) 34L，48g

解説 (1) 化学反応式の係数比より，水素 H_2 2mol の燃焼には酸素 O_2 1mol 分必要となる。酸素の物質量は
$$\frac{9.0\times10^{23}}{6.0\times10^{23}/mol}=1.5mol \quad より，反応する H_2 は 3.0mol❶$$

(2) 化学反応式の係数比より，酸素 O_2 1mol から 2mol の水 H_2O が生成する。水の物質量は
$$\frac{5.4g}{18g/mol}=0.30mol \quad より，使われた酸素は 0.15mol$$

(3) 化学反応式の係数から，水素 H_2 1mol の燃焼で，水 H_2O 1mol ができる。標準状態で 28L の水素の物質量は
$$\frac{28L}{22.4L/mol}=1.25mol \quad である。生成する H_2O は 1.25mol で，$$
質量は 18g/mol×1.25mol＝22.5g≒23g

(4) 化学反応式の係数から，水素 H_2 1mol の燃焼には酸素 O_2 0.5mol が必要。H_2 6.0g を物質量にすると
$$\frac{6.0g}{2.0g/mol}=3.0mol$$
必要な O_2 は 1.5mol で，その体積は標準状態で
22.4L/mol×1.5mol＝33.6L≒34L
質量は 32g/mol×1.5mol＝48g

❶ $2H_2 + O_2 \rightarrow 2H_2O$
　　1.5mol → 3.0mol

エクセル 化学反応式の係数は物質量の関係を表す。

114 **解答** (1) 30L　(2) 69%

解説 (1) 2L の O_3 から 3L の O_2 が生成するから，O_3 2L が分解したとき，体積は 3L－2L＝1L 増加する。15L の体積が増加するとき，分解する O_3 は，$2L\times\frac{15}{1}=30L$

(2) (1)より，生成した酸素は $3L\times\frac{15}{1}=45L$ であるとわかる。

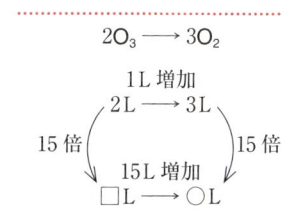

$2O_3 \longrightarrow 3O_2$
　　1L 増加
　　2L ⟶ 3L
15倍　　　　15倍
　　15L 増加
　　□L ⟶ ○L

解説 混合気体の体積は，50L＋15L＝65L
なので，求める酸素 O_2 の体積百分率は

$$\frac{45L}{65L} \times 100 = 69.2\cdots ≒ 69$$ より，69 %である。

[エクセル] 化学反応式における気体状態の物質の係数比は，その体積比を表すことより，気体の体積がどのくらい増減するかを求められる。

115

解答 (1) 酸素 0.050 mol (2) 8.80 g

▶ 0.400 mol の酸素をすべて消費するのに必要なエタンは 0.114 mol である。

解説 (1) エタンの物質量と酸素の物質量はそれぞれ次のようになる。

エタン $\dfrac{3.00\,g}{30\,g/mol} = 0.100\,mol$

酸素 $\dfrac{8.96\,L}{22.4\,L/mol} = 0.400\,mol$

化学反応式の係数は物質量の比を表すので，エタンが完全燃焼するのに必要な酸素の物質量はエタンの $3.5\left(=\dfrac{7}{2}\right)$ 倍である。したがって，この反応で，反応前後の物質量の関係は次のようになる。

	$2C_2H_6$	＋	$7O_2$	⟶	$4CO_2$	＋	$6H_2O$
反応前	0.100 mol		0.400 mol				
変化量	－0.100 mol		－0.350 mol		＋0.200 mol		＋0.300 mol
反応後	0		0.050 mol		0.200 mol		0.300 mol

よって，反応せずに残った気体は酸素で，その物質量は 0.050 mol である。

(2) 生成した二酸化炭素の物質量は 0.200 mol より，質量は 44 g/mol × 0.200 mol ＝ 8.80 g である。

[エクセル] 反応物に過不足がある場合は，完全に消費される量をもとにして考える。

116

解答 (1) $Mg + 2HCl \longrightarrow MgCl_2 + H_2$
(2) 29 g (3) 2.4 g

解説 (2) 化学反応式の係数より，1 mol のマグネシウム Mg と 2 mol の塩化水素 HCl から 1 mol の塩化マグネシウム $MgCl_2$（式量 95）が生成する。Mg 0.40 mol がすべて反応したと考えると，HCl は 0.80 mol 必要になるので足りない。よって，HCl が 0.60 mol，Mg が 0.30 mol 反応したことがわかる。これより，生じた $MgCl_2$ は，

0.30 mol × 95 g/mol ＝ 28.5 g ≒ 29 g となる。

(3) 化学反応式の係数より，1 mol のマグネシウム Mg から 1 mol の水素 H_2 が発生する。

標準状態で 2.8 L の水素の物質量は $\dfrac{2.8\,L}{22.4\,L/mol} = 0.125\,mol$ であり，必要となる Mg も 0.125 mol とわかる。反応した Mg の質量は，全部で 0.125 mol × 24 g/mol ＝ 3.00 g より，はじめに用意していた Mg の質量は

3.00 g − 0.6 g = 2.4 g である。

エクセル 生成させたい物質の物質量に合わせて，反応物を調整できる。

117 解答
(1) $CaCO_3 + 2HCl \longrightarrow CaCl_2 + CO_2 + H_2O$
(2) **2.0 mol/L** (3) **86%**

解説
(2) 化学反応式の係数から，1 mol の炭酸カルシウム $CaCO_3$ と 2 mol の塩化水素 HCl から 1 mol の二酸化炭素 CO_2 が発生する。発生した CO_2 の物質量は $\dfrac{2.2\,g}{44\,g/mol} = 0.050\,mol$ であり，必要な HCl の物質量は $0.050\,mol \times 2 = 0.10\,mol$ とわかる。求める HCl のモル濃度を x (mol/L) とすると，次式が成り立つ。

x (mol/L) $\times \dfrac{50}{1000}$ L $= 0.10$ mol $x = 2.0$ mol/L

(3) $CaCO_3$ の式量は $40 + 12 + 16 \times 3 = 100$ である。0.050 mol の CO_2 が発生したので，石灰石中に含まれていた $CaCO_3$ の質量は $0.050\,mol \times 100\,g/mol = 5.0\,g$ とわかる。よって，石灰石中に含まれていた $CaCO_3$ の質量パーセントは

$\dfrac{5.0\,g}{5.8\,g} \times 100 = 86.2\cdots \fallingdotseq 86$ **86%**

エクセル モル濃度〔mol/L〕× 体積〔L〕= 物質量〔mol〕

118 解答
(1) **40 mL** (2) **0.29 g**

解説
(1) 化学反応式の係数から，NaCl 1 mol は $AgNO_3$ 1 mol と反応する。$AgNO_3$ の物質量は

$0.10\,mol/L \times \dfrac{20}{1000}\,L = 2.0 \times 10^{-3}\,mol$

過不足なく反応する NaCl 水溶液の体積を x mL とすると

$0.050\,mol/L \times \dfrac{x}{1000}\,L = 2.0 \times 10^{-3}\,mol$

$x = 40$ よって，40 mL

(2) 化学反応式の係数から，$AgNO_3$ 2.0×10^{-3} mol から生じた AgCl は，2.0×10^{-3} mol である。
AgCl の式量は $108 + 35.5 = 143.5$ より，この AgCl の質量は $143.5\,g/mol \times 2.0 \times 10^{-3}\,mol = 0.287\,g \fallingdotseq 0.29\,g$

エクセル この反応で AgCl の白い沈殿が生じる。$AgNO_3$ 水溶液は，Cl^- の検出に用いられる。

119 解答
(ア) **8** (イ) **16** (ウ) **20** (エ) **2**
(1) (d), ③ (2) (a), ② (3) (c), ① (4) (e), ⑤

解説
(1) 化合物中の成分元素の質量組成は常に一定であり，CO_2 では炭素 12 g に対して酸素 32 g が結合する[❶]。
(2) 化学反応の前後で，物質の総質量は変化しないから，反応前の炭素と酸素の質量の和は生成した二酸化炭素の質量に等しい。
(イ) = 22 g − 6 g = 16 g

❶ C と O の原子量は，それぞれ 12 と 16 より，C : O_2 = 12 : 32 = 3 : 8

解説 (3) 同温・同圧では気体の体積は気体の分子数に比例する❷。
1000 mL：50 mL ＝ 20：1
(4) 同温・同圧のもとでは，反応に関係する気体の体積は簡単な整数比をなす。$2CO + O_2 \longrightarrow 2CO_2$ より，CO 2L と O_2 1L から CO_2 2L が生成する。

❷同温・同圧下では，気体はその種類によらず，同体積中に同数の分子を含むともいえる。

化学の基本法則

質量保存の法則 (ラボアジエ)	化学反応の前後において，物質の質量の総和は変わらない。
倍数比例の法則 (ドルトン)	2種類の元素 A，B が結合していくつかの化合物をつくるとき，A の一定量と結合する B の質量を化合物どうしで比べると，簡単な整数比となる。
アボガドロの法則 (アボガドロ)	同温・同圧・同体積の気体では，気体の種類に関係なく同数の気体分子が含まれる。
定比例の法則 (プルースト)	同一の化合物を構成する成分元素の質量比は，つくり方によらず，常に一定である。
気体反応の法則 (ゲーリュサック)	気体どうしの反応では，反応に関係する気体の体積は，同温・同圧のもとでは簡単な整数比をなす。

120

解答 (1) $2C_2H_6 + 7O_2 \longrightarrow 4CO_2 + 6H_2O$
(2) 二酸化炭素：0.88 g　水：0.54 g　(3) 6.4%

解説 (2) 標準状態における空気の体積が 5.6L より，そこに含まれる酸素の体積は $5.6L \times \dfrac{1}{4+1}$ ❶ $= 1.12L ≒ 1.1L$ である。よって，酸素の物質量は $\dfrac{1.12L}{22.4L/mol} = 0.050 mol$ である。

エタンの分子量は $12 \times 2 + 1.0 \times 6 = 30$ なので，0.30 g の物質量は $\dfrac{0.30g}{30g/mol} = 0.010 mol$ である。

❶混合気体の窒素と酸素の物質量の割合は 4：1

	$2C_2H_6$	$+$	$7O_2$	$\longrightarrow$	$4CO_2$	$+$	$6H_2O$
反応前	0.010 mol		0.050 mol				
変化量	-0.010 mol		-0.035 mol		$+0.020$ mol		$+0.030$ mol
反応後	0❷		0.015 mol		0.020 mol		0.030 mol

❷エタンの完全燃焼なので，エタンをすべて使いきった。

上の表より，反応後に生じた二酸化炭素の質量は $0.020 mol \times 44 g/mol = 0.88 g$，水の質量は $0.030 mol \times 18 g/mol = 0.54 g$ となる。

(3) 反応後に残っている気体は酸素 0.015 mol，二酸化炭素 0.020 mol，反応に関与しない窒素 $0.050 mol \times 4 = 0.20 mol$ である。3つの気体の物質量の和は
$0.015 mol + 0.020 mol + 0.20 mol = 0.235 mol ≒ 0.24 mol$
このうち，酸素の物質量の割合は
$\dfrac{0.015 mol}{0.235 mol} \times 100 = 6.38\cdots ≒ 6.4$　　6.4%

エクセル 混合気体の体積＝成分気体の体積の総和

121 解答 (1) $2Al + 6HCl \longrightarrow 2AlCl_3 + 3H_2$
$Zn + 2HCl \longrightarrow ZnCl_2 + H_2$
(2) **11.3%**

解説 (2) 発生した水素の物質量は $\dfrac{2.24\,L}{22.4\,L/mol} = 0.100\,mol$ である。

Al の質量を x 〔g〕とおくと，Zn の質量は $(5.02-x)$〔g〕と表せる。
化学反応式の係数比より，1 mol の Al から発生する水素は 1.5 mol，1 mol の亜鉛から発生する水素は 1 mol である。よって，それぞれから発生した H_2 は次のようになる。

Al から発生した H_2：$\dfrac{x\,〔g〕}{27\,g/mol} \times 1.5 = \dfrac{1.5x}{27}$〔mol〕

Zn から発生した H_2：$\dfrac{(5.02-x)\,〔g〕}{65\,g/mol} = \dfrac{5.02-x}{65}$〔mol〕

ゆえに，発生する H_2 は $\dfrac{1.5x}{27}$〔mol〕$+ \dfrac{5.02-x}{65}$〔mol〕$= 0.100$〔mol〕

$x = 0.5668\,g ≒ 0.567\,g$

求める Al の割合は $\dfrac{0.5668\,g}{5.02\,g} \times 100 = 11.29\cdots ≒ 11.3$ **11.3%**

エクセル 含有率〔%〕＝$\dfrac{純物質の質量}{純物質を含む混合物全体の質量} \times 100$

▶混合物の反応では，それぞれの反応式を書き，量的関係を考える。

122 解答 (1) $C_3H_8 + 5O_2 \longrightarrow 3CO_2 + 4H_2O$
$C_2H_4 + 3O_2 \longrightarrow 2CO_2 + 2H_2O$
(2) **0.650 mol**

解説 (2) 混合気体の燃焼によって生じた二酸化炭素 CO_2 と水 H_2O の物質量は，それぞれ次のようになる。

CO_2 の物質量：$\dfrac{17.6\,g}{44\,g/mol} = 0.400\,mol$

H_2O の物質量：$\dfrac{9.00\,g}{18\,g/mol} = 0.500\,mol$

混合気体中に含まれるプロパン C_3H_8 の物質量を x〔mol〕，エチレン C_2H_4 の物質量を y〔mol〕とすると，
CO_2 と H_2O の生成量について次式が成り立つ❶。
CO_2 の物質量：$3x + 2y = 0.400\,mol$　①
H_2O の物質量：$4x + 2y = 0.500\,mol$　②
①と②から，$x = 0.100\,mol$，$y = 0.0500\,mol$ となる。
(1)の反応式より，プロパン x〔mol〕の燃焼に必要な酸素の物質量は $5x$〔mol〕，エチレン y〔mol〕の燃焼に必要な酸素の物質量は $3y$〔mol〕である。ゆえに，反応で消費された酸素の物質量は
$5 \times 0.100\,mol + 3 \times 0.0500\,mol = 0.650\,mol$

エクセル それぞれの反応に分け，それぞれの物質量を考える。

❶各気体の燃焼で生じた CO_2 と H_2O をそれぞれ求めて足す。

▶$x + y = 0.150\,mol$ となり，条件を満たす。

123 (2)

反応後，窒素はもとの量の80.0%になったことより，1.50 mol × 0.800 = 1.20 mol 残ったことがわかる。つまり，反応に使用された N_2 は 0.30 mol 分である。化学反応式の係数から，使用された H_2 は 3×0.30 mol，生成した NH_3 は 2×0.30 mol となる。よって，反応前後の物質量変化は次のように表せる。

	$3H_2$	+	N_2	⟶	$2NH_3$
反応前	4.00 mol		1.50 mol		0 mol
変化量	−3×0.30 mol		−0.30 mol		+2×0.30 mol
反応後	3.10 mol		1.20 mol		0.60 mol

上より，反応後の混合気体の物質量は
　3.10 mol + 1.20 mol + 0.60 mol = 4.90 mol
となり，反応前と比べて
　(4.00 mol + 1.50 mol) − 4.90 mol = 0.60 mol
減少したことがわかる。0.60 mol 分を標準状態の体積に換算すると
　22.4 L/mol × 0.60 mol = 13.44 L ≒ 13 L

エクセル 消費された物質量に着目すれば，反応式の係数より生じた物質の物質量がわかる。

124 解答
(ア) 150　(イ) 50　(ウ) 20　(エ) 480　(オ) 50　(カ) 20
(キ) 480　(ク) 0

解説
水素 H_2 の燃焼の反応式　$2H_2 + O_2 \longrightarrow 2H_2O$
一酸化炭素 CO の燃焼の反応式　$2CO + O_2 \longrightarrow 2CO_2$

乾燥空気の酸素 O_2 の体積は $600 \text{ mL} \times \dfrac{1}{5} = 120 \text{ mL}$

乾燥空気の窒素 N_2 の体積は $600 \text{ mL} \times \dfrac{4}{5} = 480 \text{ mL}$ ❶

混合気体 B 中の $CO_2 + O_2$ の体積は 550 mL − 480 mL = 70 mL
混合気体 B 中の CO_2 の体積は 550 mL − 500 mL = 50 mL ❷
混合気体 B 中の O_2 の体積は 70 mL − 50 mL = 20 mL
混合気体 C 中の O_2 は 20 mL，N_2 は 480 mL，CO_2 は 0 mL
混合気体 A 中の CO は 50 mL ❷，H_2 は 200 mL − 50 mL = 150 mL

Ⓐ
```
H₂ + CO   200 mL
```
計 200 mL

→空気→

```
H₂ + CO   200 mL
O₂        120 mL
N₂        480 mL
```
計 800 mL

→完全燃焼→

```
H₂O   CO₂   O₂
N₂    480 mL
```

Ⓑ
```
CO₂ + O₂   70 mL
N₂         480 mL
```
計 550 mL
（水除く）

→CO_2 除く→

Ⓒ
```
O₂    20 mL
N₂    480 mL
```
計 500 mL

▶化学反応式の係数比は反応する気体の体積比になる。

❶混合気体中の N_2 は反応しない。

❷化学反応式の係数より，反応する CO と生成する CO_2 の物質量は等しい。

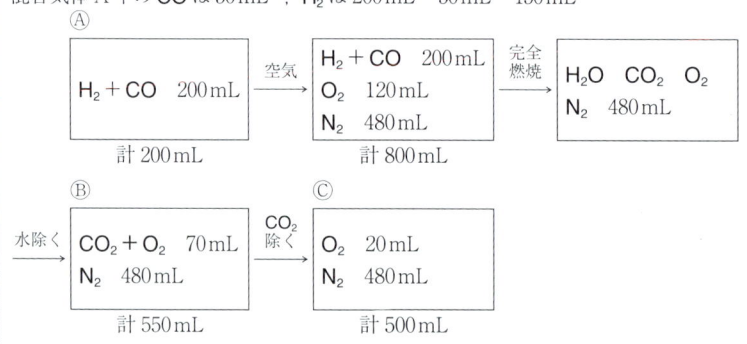

エクセル 混合気体の体積 = 成分気体の体積の総和

125

解答 (1) (ア)　(2) (イ)

解説
(1) 炭酸水素ナトリウム $NaHCO_3$ と塩酸 HCl の反応式は
$NaHCO_3 + HCl \longrightarrow NaCl + H_2O + CO_2$ である。
グラフが水平になるまで,加えられた $NaHCO_3$ は残らず反応している。
(ア) (○)化学反応式の係数より,加えられた $NaHCO_3$ と発生する CO_2 の物質量は等しい[1]。よって,直線 A の傾きは $NaHCO_3$ の式量に対する CO_2 の分子量の比に等しくなる[2]。
(イ) (×)未反応の $NaHCO_3$ の質量には比例しない。
(ウ),(エ)(×) $NaHCO_3$ と HCl,発生する CO_2 の物質量は等しい。そのため HCl の体積が2倍,濃度が2倍となっても,直線 A の傾きが変わることはない。
(2) 過剰の $NaHCO_3$ を加えても,CO_2 は 1.1g しか発生しない。化学反応式の係数比より,反応する HCl と発生する CO_2 の物質量は等しいので,塩酸の濃度は次の式で求められる。
$$\frac{1.1\,g}{44\,g/mol} \div \frac{50}{1000}\,L = 0.50\,mol/L$$

[1] $NaHCO_3$ の質量を x [g],CO_2 の質量を y [g] とすると,
$$\frac{x[g]}{84\,g/mol} = \frac{y[g]}{44\,g/mol}$$

[2] グラフの傾きは $\frac{y}{x}$ で表されるので,[1]の式を変形して
$$\frac{y}{x} = \frac{44}{84}$$

エクセル 反応に関わる物質の質量と化学反応式の係数には関係がない。

126

解答 (1) $BaCl_2 + H_2SO_4 \longrightarrow BaSO_4 + 2HCl$
(2) (イ)　(3) 1.38×10^{-2} mol

解説
(1) 塩化バリウム $BaCl_2$ に硫酸 H_2SO_4 を加えると,硫酸バリウム $BaSO_4$ の白色沈殿が生じる。
(2) 化学反応式の係数比より,$BaCl_2$ 1mol と硫酸 H_2SO_4 1mol が反応し,$BaSO_4$ 1mol が生成することがわかる。(ア)〜(カ)の組み合わせについて,それぞれ $BaCl_2$(式量:208)と H_2SO_4 を物質量で表すと次のようになる。

	$BaCl_2$	H_2SO_4	生じた $BaSO_4$
(ア)	$\frac{0.520\,g}{208\,g/mol}$ $= 2.50 \times 10^{-3}$ mol	$0.250\,mol/L \times \frac{5.00}{1000}\,L$ $= 1.25 \times 10^{-3}$ mol	1.25×10^{-3} mol
(イ)	$\frac{0.520\,g}{208\,g/mol}$ $= 2.50 \times 10^{-3}$ mol	$0.250\,mol/L \times \frac{15.0}{1000}\,L$ $= 3.75 \times 10^{-3}$ mol	2.50×10^{-3} mol
(ウ)	$\frac{1.04\,g}{208\,g/mol}$ $= 5.00 \times 10^{-3}$ mol	$0.250\,mol/L \times \frac{2.50}{1000}\,L$ $= 6.25 \times 10^{-4}$ mol	6.25×10^{-4} mol
(エ)	$\frac{1.04\,g}{208\,g/mol}$ $= 5.00 \times 10^{-3}$ mol	$0.250\,mol/L \times \frac{5.00}{1000}\,L$ $= 1.25 \times 10^{-3}$ mol	1.25×10^{-3} mol
(オ)	$\frac{2.08\,g}{208\,g/mol}$ $= 1.00 \times 10^{-2}$ mol	$0.250\,mol/L \times \frac{5.00}{1000}\,L$ $= 1.25 \times 10^{-3}$ mol	1.25×10^{-3} mol
(カ)	$\frac{2.08\,g}{208\,g/mol}$ $= 1.00 \times 10^{-2}$ mol	$0.250\,mol/L \times \frac{9.00}{1000}\,L$ $= 2.25 \times 10^{-3}$ mol	2.25×10^{-3} mol

50 ── 2章 物質の変化

解説
(3) (イ)より，BaCl₂ 2.50×10^{-3} mol と反応する H₂SO₄ は 2.50×10^{-3} mol である。
このとき，H₂SO₄ は 1.25×10^{-3} mol 余った状態であり，この分はすべて電離している。H₂SO₄ から生じるイオン数は
$$3 \times 1.25 \times 10^{-3} \text{mol} = 3.75 \times 10^{-3} \text{mol}$$
また，反応で生じた HCl は $2 \times 2.50 \times 10^{-3}$ mol で，これもすべて電離している。HCl から生じるイオン数は
$$2 \times 5.00 \times 10^{-3} \text{mol} = 1.00 \times 10^{-2} \text{mol}$$
求める総イオン数は，これらの和となるので
$$3.75 \times 10^{-3} \text{mol} + 1.00 \times 10^{-2} \text{mol} = 1.375 \times 10^{-2} \text{mol}$$
$$\fallingdotseq 1.38 \times 10^{-2} \text{mol} \text{ とわかる。}$$

エクセル HCl は H⁺ 1個と Cl⁻ 1個に，H₂SO₄ は H⁺ 2個と SO₄²⁻ 1個に電離する。

127 解答
(1) $CaCO_3 + 2HCl \longrightarrow CaCl_2 + CO_2 + H_2O$
(2) **2.24 L**　(3) **66.7%**

解説
(2) 使用した HCl の物質量は次のようになる。
$$0.500 \text{mol/L} \times 0.400 \text{L} = 0.200 \text{mol}$$
化学反応式の係数から，発生した CO₂ の物質量は
$$0.200 \text{mol} \times \frac{1}{2} = 0.100 \text{mol}$$
CO₂ の標準状態の体積は，$22.4 \text{L/mol} \times 0.100 \text{mol} = 2.24 \text{L}$

(3) 反応した炭酸カルシウム CaCO₃ の物質量は 0.100 mol で，質量に換算すると $100 \text{g/mol} \times 0.100 \text{mol} = 10.0 \text{g}$ である。石灰岩中の炭酸カルシウムの含有率は
$$\frac{10.0 \text{g}}{15.0 \text{g}} \times 100 = 66.66\cdots \fallingdotseq 66.7 \quad 66.7\%$$

エクセル 含有率〔％〕＝ $\dfrac{純物質の質量}{純物質を含む混合物全体の質量} \times 100$

▶炭酸塩 (CaCO₃，Na₂CO₃ など) に塩酸などの強酸を注ぐと二酸化炭素 CO₂ が発生する。

▶反応物の炭酸カルシウム CaCO₃ か塩酸 HCl のどちらかが全部消費されるまで，二酸化炭素は発生する。この問題では，十分な量の塩酸が加えられたので，炭酸カルシウム CaCO₃ がすべて反応している。

128 解答 (2)

解説 ある有機化合物の組成式を CₓHᵧO_z とすると，化学反応式は次のようになる。
$$C_xH_yO_z + \left(x + \frac{y}{4} - \frac{z}{2}\right)O_2 \longrightarrow xCO_2 + \frac{y}{2}H_2O \text{ ❶}$$

質量と物質量の関係は，それぞれ次のようになる。

$$C_xH_yO_z + \left(x + \frac{y}{4} - \frac{z}{2}\right)O_2 \longrightarrow xCO_2 + \frac{y}{2}H_2O$$

0.80 g　　1.2 g　　　　　　1.1 g　　0.90 g ←質量保存の法則
　　　　　$\dfrac{1.2}{32}$ mol　　　　$\dfrac{1.1}{44}$ mol　$\dfrac{0.90}{18}$ mol
　　　　　　　　　　　　　　　　　　①
　　　　　　　　　　②

化学反応式の係数比と物質量比は等しいので，CO₂ と H₂O で比例式①をたてると

❶ C と H の数を合わせてから，O の数を合わせる。

$$x : \frac{y}{2} = \frac{1.1}{44} : \frac{0.90}{18} \qquad y = 4x$$

O_2 と CO_2 で比例式②をたてると

$$\left(x + \frac{y}{4} - \frac{z}{2}\right) : x = \frac{1.2}{32} : \frac{1.1}{44}$$

ここで，$y = 4x$ を代入すると，$z = x$ となる。
よって，$C_xH_yO_z = C_xH_{4x}O_x$

$$\begin{aligned} C : H : O &= x : 4x : x \\ &= 1 : 4 : 1 \end{aligned}$$

これがあてはまるのは(2) CH_3OH（組成式 CH_4O）である。

エクセル 有機化合物 $C_xH_yO_z$ の燃焼

$$C_xH_yO_z + \left(x + \frac{y}{4} - \frac{z}{2}\right)O_2 \longrightarrow xCO_2 + \frac{y}{2}H_2O$$

129
解答 (1) (ア) 分子説　(イ) 原子　(ウ) 分子
(2) 図1 (c)　図2 (a), (b), (c)

解説 (2) 図1は原子それぞれを半分に分割し，新たに原子をつくっているので，(a)・(b)の説に反する。図2は(a)～(c)の説すべてに上手くあてはまっている。

エクセル それまでの説を満たす，アボガドロの分子説はその後の研究で正しいことが確認された。

6 酸・塩基 (p.107)

● エクササイズ

◆ 酸・塩基の電離を表すイオン反応式
(1) $HCl \longrightarrow H^+ + Cl^-$
(2) $H_2SO_4 \longrightarrow 2H^+ + SO_4^{2-}$
(3) $HNO_3 \longrightarrow H^+ + NO_3^-$
(4) $H_2CO_3 \rightleftharpoons H^+ + HCO_3^-$
(5) $CH_3COOH \rightleftharpoons CH_3COO^- + H^+$
(6) $NaOH \longrightarrow Na^+ + OH^-$
(7) $KOH \longrightarrow K^+ + OH^-$
(8) $Ca(OH)_2 \longrightarrow Ca^{2+} + 2OH^-$
(9) $Ba(OH)_2 \longrightarrow Ba^{2+} + 2OH^-$
(10) $NH_3 + H_2O \rightleftharpoons NH_4^+ + OH^-$

◆ 中和の化学反応式
(1) $HCl + NaOH \longrightarrow NaCl + H_2O$
(2) $2HNO_3 + Ca(OH)_2 \longrightarrow Ca(NO_3)_2 + 2H_2O$
(3) $H_2SO_4 + 2NaOH \longrightarrow Na_2SO_4 + 2H_2O$
(4) $H_2SO_4 + Ca(OH)_2 \longrightarrow CaSO_4 + 2H_2O$
(5) $HCl + NH_3 \longrightarrow NH_4Cl$
(6) $H_2SO_4 + 2NH_3 \longrightarrow (NH_4)_2SO_4$
(7) $CH_3COOH + NaOH \longrightarrow CH_3COONa + H_2O$

◆ H^+・OH^-の物質量
(1) $a \times c \,[\mathrm{mol/L}] \times V \,[\mathrm{L}] = \underline{acV} \,[\mathrm{mol}]$
(2) $1 \times 1.00 \,\mathrm{mol/L} \times \dfrac{500}{1000}\mathrm{L} = \underline{0.500} \,\mathrm{mol}$
(3) $1 \times 0.200 \,\mathrm{mol/L} \times \dfrac{V}{1000}\mathrm{L} = 0.100 \,\mathrm{mol}$, $V = 500$ よって $\underline{500}\,\mathrm{mL}$
(4) $2 \times 0.100 \,\mathrm{mol/L} \times \dfrac{500}{1000}\mathrm{L} = \underline{0.100} \,\mathrm{mol}$

130
解答 水に溶けたとき，電離して水酸化物イオン OH^- を生じる物質。

解説 アレニウスの定義では，水に溶け H^+ を生じるのが酸，OH^- を生じるのが塩基である。
(例) 塩酸は水に溶けて H^+ を生じるので酸である。
　　$HCl \longrightarrow H^+ + Cl^-$
(例) 水酸化ナトリウムは水に溶けて OH^- を生じるので塩基である。
　　$NaOH \longrightarrow Na^+ + OH^-$

エクセル アレニウスの定義
　酸　水に溶けて水素イオン H^+（オキソニウムイオン H_3O^+）を生じる物質
　塩基　水に溶けて水酸化物イオン OH^- を生じる物質

キーワード
・電離
・水酸化物イオン OH^-

131
解答 (1) 塩基　(2) 塩基　(3) 酸　(4) 塩基

解説 (4) $NH_3 + HCl \longrightarrow NH_4Cl$
塩化アンモニウム NH_4Cl はイオン結合の結晶で，結晶中では，NH_4^+ と Cl^- のイオンが存在している。

▶ブレンステッド・ローリーの定義により，気体どうしの反応や塩の加水分解なども酸・塩基反応の一部として考えることができる。

よって，NH₃ は，NH₄⁺ に変化したことになり，H⁺ を受け取っているので塩基として働いたことになる。

エクセル ブレンステッド・ローリーの定義
　　　酸　　水素イオン H⁺ を与える分子・イオン
　　　塩基　水素イオン H⁺ を受け取る分子・イオン

132
解答 (1) 0.40 mol/L　(2) 0.50 mol/L
　　　(3) 1.1 L　(4) 2.52 g

解説 (1) $\dfrac{0.20\,\text{mol}}{0.500\,\text{L}}$ ❶ $= 0.40\,\text{mol/L}$

(2) NaOH の式量は 40 なので，水酸化ナトリウムの物質量は
$\dfrac{4.0\,\text{g}}{40\,\text{g/mol}} = 0.10\,\text{mol}$
$\dfrac{0.10\,\text{mol}}{0.200\,\text{L}} = 0.50\,\text{mol/L}$

(3) 必要なアンモニアの物質量は
$0.10\,\text{mol/L} \times 0.500\,\text{L} = 0.050\,\text{mol}$
$22.4\,\text{L/mol} \times 0.050\,\text{mol} = 1.12\,\text{L} \fallingdotseq 1.1\,\text{L}$

(4) 必要なシュウ酸二水和物の物質量は
$0.100\,\text{mol/L} \times 0.200\,\text{L} = 0.0200\,\text{mol}$
(COOH)₂・2H₂O の式量は 126 なので
$126\,\text{g/mol} \times 0.0200\,\text{mol} = 2.52\,\text{g}$

❶ 1 L = 1000 mL より，
$500\,\text{mL} = \dfrac{500\,\text{mL}}{1000\,\text{mL/L}}$
$= 0.500\,\text{L}$

エクセル x [mol/L] の溶液 V [L] 中に含まれる溶質について
その物質量は $x \times V$ [mol]

133
解答 (1) CH₃COOH ⇌ CH₃COO⁻ + H⁺
(2) 0.010

解説 (2) 電離度 $\alpha = \dfrac{0.0010\,\text{mol/L}}{0.10\,\text{mol/L}} = 0.010$

エクセル 電離度 $\alpha = \dfrac{\text{電離した電解質の物質量（またはモル濃度）}}{\text{溶解した電解質の物質量（またはモル濃度）}}$ (0 < α ≦ 1)

134
解答 (1) 0.020 mol/L　(2) 0.060 mol/L　(3) 2.0×10^{-13} mol/L
(4) 1.0×10^{-13} mol/L　(5) 2.0×10^{-4} mol/L　(6) 1.0×10^{-4} mol/L

解説 (1) 塩酸は 1 価の強酸
[H⁺] = 1 × 0.020 mol/L = 0.020 mol/L

(2) 硫酸は 2 価の強酸
[H⁺] = 2 × 0.030 mol/L = 0.060 mol/L

(3) 水酸化カリウムは 1 価の強塩基
[OH⁻] = 1 × 0.050 mol/L = 0.050 mol/L
$[\text{H}^+] = \dfrac{1.0 \times 10^{-14}\,(\text{mol/L})^2}{[\text{OH}^-]} = \dfrac{1.0 \times 10^{-14}\,(\text{mol/L})^2}{0.050\,\text{mol/L}}$
$= 2.0 \times 10^{-13}\,\text{mol/L}$

54 —— 2章 物質の変化

解説

(4) 水酸化カルシウムは 2 価の強塩基
$$[OH^-] = 2 \times 0.050\,\text{mol/L} = 0.10\,\text{mol/L}$$
$$[H^+] = \frac{1.0 \times 10^{-14}(\text{mol/L})^2}{[OH^-]} = \frac{1.0 \times 10^{-14}(\text{mol/L})^2}{0.10\,\text{mol/L}}$$
$$= 1.0 \times 10^{-13}\,\text{mol/L}$$

(5) 酢酸は 1 価の弱酸
$$[H^+] = 1 \times 0.020\,\text{mol/L} \times 0.010 = 2.0 \times 10^{-4}\,\text{mol/L}❶$$

(6) $1 \times 0.010\,\text{mol/L} \times \dfrac{1}{100} = 1.0 \times 10^{-4}\,\text{mol/L}$

エクセル 完全に電離している強酸，強塩基の[H⁺]，[OH⁻]の求め方
$$[H^+] = a \times c \qquad [OH^-] = b \times c'$$
$$\begin{pmatrix} a,\ b: \text{酸・塩基の価数} \\ c,\ c': \text{酸・塩基のモル濃度} \end{pmatrix}$$

❶ 1 価の弱酸の水素イオン濃度
$[H^+] = 1 \times c \times \alpha$
1：価数
c：弱酸の濃度
α：電離度

135

解答 (1) 2　(2) 13　(3) 4　(4) 12
(5) 5　(6) 9　(7) 7

解説

(1) 塩酸は 1 価の強酸
$$[H^+] = 1 \times 0.010\,\text{mol/L} = 1.0 \times 10^{-2}\,\text{mol/L}$$
よって，pH = 2

(2) 水酸化ナトリウムは 1 価の強塩基
$$[OH^-] = 1 \times 0.10\,\text{mol/L} = 1.0 \times 10^{-1}\,\text{mol/L}$$
$$[H^+] = \frac{1.0 \times 10^{-14}(\text{mol/L})^2}{[OH^-]} = \frac{1.0 \times 10^{-14}(\text{mol/L})^2}{1.0 \times 10^{-1}\,\text{mol/L}}$$
$$= 1.0 \times 10^{-13}\,\text{mol/L} \quad \text{よって，pH} = 13$$

(3) 酢酸は 1 価の弱酸
$$[H^+] = 1 \times 0.010\,\text{mol/L} \times 0.010 = 1.0 \times 10^{-4}\,\text{mol/L}❶$$
よって，pH = 4

(4) 水酸化カルシウムは 2 価の強塩基
$$[OH^-] = 2 \times 0.0050\,\text{mol/L} = 1.0 \times 10^{-2}\,\text{mol/L}$$
$$[H^+] = \frac{1.0 \times 10^{-14}(\text{mol/L})^2}{[OH^-]} = \frac{1.0 \times 10^{-14}(\text{mol/L})^2}{1.0 \times 10^{-2}\,\text{mol/L}}$$
$$= 1.0 \times 10^{-12}\,\text{mol/L} \quad \text{よって，pH} = 12$$

(5) pH が 3 の塩酸は
$$[H^+] = 1.0 \times 10^{-3}\,\text{mol/L}$$
これを水で 100 倍にうすめた水溶液は
$$[H^+] = 1.0 \times 10^{-3}\,\text{mol/L} \times \frac{1}{10^2} = 1.0 \times 10^{-5}\,\text{mol/L}$$
よって，pH = 5

(6) pH が 11 の水酸化ナトリウム水溶液は
$$[H^+] = 1.0 \times 10^{-11}\,\text{mol/L}$$
$$[OH^-] = \frac{1.0 \times 10^{-14}(\text{mol/L})^2}{[H^+]} = \frac{1.0 \times 10^{-14}(\text{mol/L})^2}{1.0 \times 10^{-11}\,\text{mol/L}}$$
$$= 1.0 \times 10^{-3}\,\text{mol/L}$$
これを水で 100 倍にうすめた水溶液は

❶ 1 価の弱酸の水素イオン濃度
$[H^+] = 1 \times c \times \alpha$
1：価数
c：弱酸の濃度
α：電離度

$[\text{OH}^-] = 1.0 \times 10^{-3}\,\text{mol/L} \times \dfrac{1}{10^2} = 1.0 \times 10^{-5}\,\text{mol/L}$

$[\text{H}^+] = \dfrac{1.0 \times 10^{-14}(\text{mol/L})^2}{[\text{OH}^-]} = \dfrac{1.0 \times 10^{-14}(\text{mol/L})^2}{1.0 \times 10^{-5}\,\text{mol/L}}$
$= 1.0 \times 10^{-9}\,\text{mol/L}$

よって，pH = 9

(7) pH が 5 の酸性の水溶液を水で 1000 倍にうすめても，pH が 7 より大きくなることはなく，塩基性にはならない。

エクセル $[\text{H}^+] = 1 \times 10^{-n}\,\text{mol/L}$ のとき，pH $= n$

136

解答
(1) $\text{HNO}_3 + \text{NaOH} \longrightarrow \text{NaNO}_3 + \text{H}_2\text{O}$
(2) $2\text{HCl} + \text{Ba(OH)}_2 \longrightarrow \text{BaCl}_2 + 2\text{H}_2\text{O}$
(3) $3\text{H}_2\text{SO}_4 + 2\text{Al(OH)}_3 \longrightarrow \text{Al}_2(\text{SO}_4)_3 + 6\text{H}_2\text{O}$
(4) $\text{H}_2\text{SO}_4 + 2\text{NH}_3 \longrightarrow (\text{NH}_4)_2\text{SO}_4$
(5) $\text{CH}_3\text{COOH} + \text{KOH} \longrightarrow \text{CH}_3\text{COOK} + \text{H}_2\text{O}$

解説 酸から生じる水素イオン H^+ と，塩基から生じる水酸化物イオン OH^- の数が合うように係数を決める。

(1) 硝酸 HNO_3 は 1 価の酸，水酸化ナトリウム NaOH は 1 価の塩基なので，1 : 1 で反応する。
酸，塩基が完全に電離するときの反応は
$\text{HNO}_3 \longrightarrow \underline{\text{H}^+} + \text{NO}_3^-$　$\text{NaOH} \longrightarrow \text{Na}^+ + \underline{\text{OH}^-}$

(2) 塩酸 HCl は 1 価の酸，水酸化バリウム Ba(OH)_2 は 2 価の塩基なので，2 : 1 で反応する。
酸，塩基が完全に電離するときの反応は
$\text{HCl} \longrightarrow \underline{\text{H}^+} + \text{Cl}^-$　$\text{Ba(OH)}_2 \longrightarrow \text{Ba}^{2+} + \underline{2\text{OH}^-}$

(3) 硫酸 H_2SO_4 は 2 価の酸，水酸化アルミニウム Al(OH)_3 は 3 価の塩基なので，3 : 2 で反応する。
酸，塩基が完全に電離するときの反応は
$\text{H}_2\text{SO}_4 \longrightarrow \underline{2\text{H}^+} + \text{SO}_4^{2-}$　$\text{Al(OH)}_3 \longrightarrow \text{Al}^{3+} + \underline{3\text{OH}^-}$

(4) 硫酸 H_2SO_4 は 2 価の酸，アンモニア NH_3 は 1 価の塩基なので，1 : 2 で反応する。❶
酸，塩基が完全に電離するときの反応は
$\text{H}_2\text{SO}_4 \longrightarrow \underline{2\text{H}^+} + \text{SO}_4^{2-}$　$\text{NH}_3 + \text{H}_2\text{O} \longrightarrow \text{NH}_4^+ + \underline{\text{OH}^-}$

(5) 酢酸 CH_3COOH は 1 価の酸❷，水酸化カリウム KOH は 1 価の塩基なので，1 : 1 で反応する。
酸，塩基が完全に電離するときの反応は
$\text{CH}_3\text{COOH} \longrightarrow \text{CH}_3\text{COO}^- + \underline{\text{H}^+}$　$\text{KOH} \longrightarrow \text{K}^+ + \underline{\text{OH}^-}$

エクセル 中和反応の化学反応式
(酸の価数) × (酸の係数) = (塩基の価数) × (塩基の係数)

137

解答
(1) 酸 HNO_3　塩基 NaOH　(2) 酸 HCl　塩基 NH_3
(3) 酸 CH_3COOH　塩基 KOH
(4) 酸 H_2CO_3　塩基 NaOH
(5) 酸 H_2SO_4　塩基 NaOH

❶中和反応は酸，塩基の強弱は関係ない。

❷酢酸は 1 価の酸

解説　塩は，酸から生じた陰イオンと塩基から生じた陽イオンが結合した化合物である。したがって，塩から生じる陰イオンと水素イオン H^+ を組み合わせると，もとの酸になる。また，塩から生じる陽イオンと水酸化物イオン OH^- を組み合わせると，もとの塩基になる。

(1) $NaNO_3 \longrightarrow Na^+ + NO_3^-$
(2) $NH_4Cl \longrightarrow NH_4^+ + Cl^-$ [1]
(3) $CH_3COOK \longrightarrow CH_3COO^- + K^+$
(4) $NaHCO_3 \longrightarrow Na^+ + HCO_3^-$
(5) $NaHSO_4 \longrightarrow Na^+ + HSO_4^-$

[1] アンモニウム塩の塩基は NH_3 である。
$NH_3 + H_2O \rightleftharpoons NH_4^+ + OH^-$

エクセル 塩は酸から生じた陰イオンと塩基から生じた陽イオンが結合した化合物である。

138

解答 正塩：(1)，(2)，(5)　　酸性塩：(3)
塩基性塩：(4)

解説 塩は，組成により正塩，酸性塩，塩基性塩に分類される。化学式中に酸の H も塩基の OH も残っていない塩を正塩，酸の H が残っている塩を酸性塩，塩基の OH が残っている塩を塩基性塩という。
CH_3COONa，$FeSO_4$，$(NH_4)_2SO_4$ は化学式中に酸の H も塩基の OH も残っていないので正塩である[1]。
$NaHCO_3$ は化学式中に酸の H が残っているので酸性塩，$CuCl(OH)$ は化学式中に塩基の OH が残っているので塩基性塩である。

[1] CH_3COO^- の H，NH_4^+ の H は酸の H ではない。

エクセル
正塩　　化学式中に酸の H も，塩基の OH もない塩
酸性塩　化学式中に酸の H が残っている塩
塩基性塩　化学式中に塩基の OH が残っている塩

139

解答 (1) (イ) $NaHSO_4$　(エ) $NaHCO_3$　(2) (ア) 中性
(イ) 酸性　(ウ) 酸性　(エ) 塩基性　(オ) 塩基性

解説 (1) 化学式中に酸の H が残っている $NaHSO_4$ と $NaHCO_3$ が酸性塩である。

(2) (ア) 塩化ナトリウム $NaCl$ は，強酸 HCl と強塩基 $NaOH$ からなる正塩なので，水溶液は中性である。
$NaCl \longrightarrow Na^+ + Cl^-$

(イ) 硫酸水素ナトリウム $NaHSO_4$ は，強酸 H_2SO_4 と強塩基 $NaOH$ からなる酸性塩である。水溶液中では電離して水素イオン H^+ が生じるので酸性を示す。
$NaHSO_4 \longrightarrow Na^+ + HSO_4^-$　　$HSO_4^- \rightleftharpoons \underline{H^+} + SO_4^{2-}$

(ウ) 塩化アンモニウム NH_4Cl は強酸 HCl と弱塩基 NH_3 からなる正塩である。水溶液中では電離してできたアンモニウムイオン NH_4^+ が水と反応し，オキソニウムイオン（水素イオン）[1] が生じるので酸性を示す。
$NH_4Cl \longrightarrow NH_4^+ + Cl^-$
$NH_4^+ + H_2O \rightleftharpoons NH_3 + \underline{H_3O^+}$

[1] オキソニウムイオン
水素イオン H^+ は水溶液中では水 H_2O と結合してオキソニウムイオン H_3O^+ として存在している。

(エ) 炭酸水素ナトリウム $NaHCO_3$ は弱酸 H_2CO_3 と強塩基 $NaOH$ からなる酸性塩である。水溶液中では電離してできた炭酸水素イオンが水と反応し，水酸化物イオンが生じるので塩基性を示す。

$NaHCO_3 \longrightarrow Na^+ + HCO_3^-$
$HCO_3^- + H_2O \rightleftarrows H_2CO_3 + \underline{OH^-}$

(オ) 酢酸ナトリウム CH_3COONa は弱酸 CH_3COOH と強塩基 $NaOH$ からなる正塩である。水溶液中では電離してできた酢酸イオンが水と反応し，水酸化物イオンが生じるので塩基性を示す。

$CH_3COONa \longrightarrow CH_3COO^- + Na^+$
$CH_3COO^- + H_2O \rightleftarrows CH_3COOH + \underline{OH^-}$

エクセル 正塩の水溶液の性質

酸＋塩基の種類	水溶液の液性
強酸＋強塩基	中性
強酸＋弱塩基	酸性
弱酸＋強塩基	塩基性

酸性塩の水溶液の性質
$NaHSO_4$ の水溶液は酸性，$NaHCO_3$ の水溶液は塩基性

140 解答 (1) $CH_3COONa + HCl \longrightarrow CH_3COOH + NaCl$　(2) ×
(3) $NaHCO_3 + HCl \longrightarrow NaCl + H_2O + CO_2$
(4) $2NH_4Cl + Ca(OH)_2 \longrightarrow CaCl_2 + 2NH_3 + 2H_2O$
(5) ×　(6) $CaCO_3 + 2HCl \longrightarrow CaCl_2 + H_2O + CO_2$
(7) $FeS + H_2SO_4 \longrightarrow FeSO_4 + H_2S$
(8) $Na_2CO_3 + 2HCl \longrightarrow 2NaCl + H_2O + CO_2$

解説 弱酸の塩に強酸を加えると，弱酸のイオンが水素イオン H^+ と結びつく。その結果，弱酸が遊離して強酸の塩を生じる。また，弱塩基の塩に強塩基を加えると，弱塩基のイオンが水酸化物イオン OH^- と結びつく。その結果，弱塩基が遊離して強塩基の塩を生じる。

(1) 酢酸ナトリウム CH_3COONa は弱酸の塩，塩酸 HCl は強酸なので，弱酸である酢酸 CH_3COOH が遊離する。
(2) 硫酸ナトリウム Na_2SO_4 は強酸と強塩基からなる塩，酢酸 CH_3COOH は弱酸なので，反応しない。
(3) 炭酸水素ナトリウム $NaHCO_3$ は弱酸の塩，塩酸 HCl は強酸なので，弱酸である炭酸 H_2CO_3 が遊離する。炭酸は分解して，二酸化炭素と水を生じる。
(4) 塩化アンモニウム NH_4Cl は弱塩基の塩，水酸化カルシウム $Ca(OH)_2$ は強塩基なので，弱塩基であるアンモニア NH_3 が遊離する。
(5) 塩化ナトリウム $NaCl$ は強酸と強塩基からなる塩，アンモニア NH_3 は弱塩基なので，反応しない。
(6) 炭酸カルシウム $CaCO_3$ は弱酸の塩，塩酸 HCl は強酸なの

解説
で，弱酸である炭酸 H_2CO_3 が遊離する。炭酸は分解して，二酸化炭素と水を生じる。
(7) 硫化鉄(Ⅱ) FeS は弱酸の塩，硫酸 H_2SO_4 は強酸なので，弱酸である硫化水素 H_2S が遊離する。
(8) 炭酸ナトリウム Na_2CO_3 は弱酸の塩，塩酸 HCl は強酸なので，弱酸である炭酸 H_2CO_3 が遊離する。炭酸は分解して，二酸化炭素と水を生じる。

エクセル 弱酸・弱塩基の遊離
弱酸の遊離　弱酸の塩に強酸を加えると，弱酸が遊離する。
　　　　　　弱酸の塩 ＋ 強酸 ⟶ 強酸の塩 ＋ 弱酸
弱塩基の遊離　弱塩基の塩に強塩基を加えると，弱塩基が遊離する。
　　　　　　弱塩基の塩 ＋ 強塩基 ⟶ 強塩基の塩 ＋ 弱塩基

141

解答 (1) 0.15 mol　(2) 0.080 mol
(3) 0.025 mol　(4) 0.010 mol

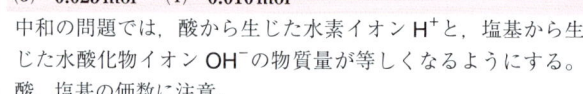

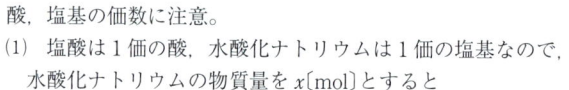

解説 中和の問題では，酸から生じた水素イオン H^+ と，塩基から生じた水酸化物イオン OH^- の物質量が等しくなるようにする。酸，塩基の価数に注意。

(1) 塩酸は1価の酸，水酸化ナトリウムは1価の塩基なので，水酸化ナトリウムの物質量を x [mol] とすると

$$1 \times 1.5 \,\text{mol/L} \times \frac{100}{1000} \,\text{L} = 1 \times x \,[\text{mol}]$$

$x = 0.15$ mol

$HCl \longrightarrow H^+ + Cl^-$
$NaOH \longrightarrow Na^+ + OH^-$

(2) 硫酸は2価の酸，アンモニアは1価の塩基なので，アンモニアの物質量を x [mol] とすると

$$2 \times 0.20 \,\text{mol/L} \times \frac{200}{1000} \,\text{L} = 1 \times x \,[\text{mol}]$$

$x = 0.080$ mol

$H_2SO_4 \longrightarrow 2H^+ + SO_4^{2-}$
$NH_3 + H_2O \rightleftharpoons NH_4^+ + OH^-$

(3) 酢酸は1価の酸，水酸化カルシウムは2価の塩基なので，水酸化カルシウムの物質量を x [mol] とすると

$$1 \times 1.0 \,\text{mol/L} \times \frac{50}{1000} \,\text{L} = 2 \times x \,[\text{mol}]$$

$x = 0.025$ mol

$CH_3COOH \rightleftharpoons CH_3COO^- + H^+$
$Ca(OH)_2 \longrightarrow Ca^{2+} + 2OH^-$

(4) 硫酸は2価の酸，水酸化バリウムは2価の塩基なので，水酸化バリウムの物質量を x [mol] とすると

$$2 \times 0.10 \,\text{mol/L} \times \frac{100}{1000} \,\text{L} = 2 \times x \,[\text{mol}]$$

$x = 0.010$ mol

$H_2SO_4 \longrightarrow 2H^+ + SO_4^{2-}$
$Ba(OH)_2 \longrightarrow Ba^{2+} + 2OH^-$

エクセル 酸，塩基から生じる H^+，OH^- の物質量の求め方
　　H^+ の物質量 $= a \times c \times V$
　　OH^- の物質量 $= b \times c' \times V'$

$\begin{pmatrix} a, b：酸・塩基の価数 \\ c, c'：酸・塩基のモル濃度 [\text{mol/L}] \\ V, V'：酸・塩基の体積 [\text{L}] \end{pmatrix}$

142

解答 (1) 0.080 mol/L　(2) 0.15 mol/L
(3) 8.0×10 mL　(4) 8.0×10 mL

● 中和反応の量的関係
酸の出す H^+ の物質量
＝塩基の出す OH^- の物質量

解説 中和の問題では，酸から生じる水素イオン H^+ と，塩基から生じる水酸化物イオン OH^- の物質量が等しくなるようにする。酸，塩基の価数に注意。

(1) 塩酸は1価の酸，水酸化ナトリウムは1価の塩基なので，塩酸の濃度を x [mol/L] とすると

$$1 \times x \text{[mol/L]} \times \frac{10}{1000}\text{L} = 1 \times 0.10\,\text{mol/L} \times \frac{8.0}{1000}\text{L}$$

$x = 0.080\,\text{mol/L}$

(2) 塩酸は1価の酸，水酸化ナトリウムは1価の塩基なので，水酸化ナトリウム水溶液の濃度を x [mol/L] とすると

$$1 \times 0.10\,\text{mol/L} \times \frac{15}{1000}\text{L} = 1 \times x\text{[mol/L]} \times \frac{10}{1000}\text{L}$$

$x = 0.15\,\text{mol/L}$

(3) 硫酸は2価の酸，水酸化ナトリウムは1価の塩基なので，水酸化ナトリウム水溶液の体積を x mL とすると

$$2 \times 0.10\,\text{mol/L} \times \frac{40}{1000}\text{L} = 1 \times 0.10\,\text{mol/L} \times \frac{x}{1000}\text{L}$$

$x = 80$ よって $8.0 \times 10\,\text{mL}$

(4) 硫酸は2価の酸，水酸化バリウムは2価の塩基なので，水酸化バリウム水溶液の体積を x mL とすると

$$2 \times 0.20\,\text{mol/L} \times \frac{40}{1000}\text{L} = 2 \times 0.10\,\text{mol/L} \times \frac{x}{1000}\text{L}$$

$x = 80$ よって $8.0 \times 10\,\text{mL}$

エクセル 中和反応の量的関係
$$a \times c \times V = b \times c' \times V'$$
$\begin{pmatrix} a, b : 酸・塩基の価数 \\ c, c' : 酸・塩基のモル濃度〔mol/L〕 \\ V, V' : 酸・塩基の体積〔L〕 \end{pmatrix}$

143 解答 (1) $1.0 \times 10^3\,\text{mL}$ (2) $2.5 \times 10^3\,\text{mL}$ (3) $5.0 \times 10^3\,\text{mL}$

解説 (1) NaOH の式量は，$23 + 16 + 1.0 = 40$ なので

水酸化ナトリウムの物質量は，$\dfrac{4.0\,\text{g}}{40\,\text{g/mol}} = 0.10\,\text{mol}$

塩酸の体積を x mL とすると

$$1 \times 0.10\,\text{mol/L} \times \frac{x}{1000}\text{L} = 1 \times 0.10\,\text{mol} \quad x = 1.0 \times 10^3$$

(2) アンモニアの物質量は，$\dfrac{11.2\,\text{L}}{22.4\,\text{L/mol}} = 0.500\,\text{mol}$

硫酸の体積を x mL とすると

$$2 \times 0.10\,\text{mol/L} \times \frac{x}{1000}\text{L} = 1 \times 0.500\,\text{mol} \quad x = 2.5 \times 10^3$$

(3) 水酸化バリウム水溶液の体積を x mL とすると，

$$2 \times 0.50\,\text{mol} = 2 \times 0.10\,\text{mol/L} \times \frac{x}{1000}\text{L} \quad x = 5.0 \times 10^3$$

●CO_2 と $Ba(OH)_2$ の反応
$CO_2 + Ba(OH)_2 \longrightarrow BaCO_3 + H_2O$

エクセル 中和反応の量的関係
酸から生じる H^+ の物質量＝塩基から生じる OH^- の物質量

144

解答 2.52×10^{-2} mol/L

解説 0.100 mol/L の水酸化ナトリウム水溶液 15.0 mL を滴下しているので,水酸化物イオンの物質量は

$$1 \times 0.100 \,\text{mol/L} \times \frac{15.0}{1000}\,\text{L} = 1.50 \times 10^{-3}\,\text{mol}$$

0.0100 mol/L の硫酸 12.0 mL を滴下しているので,硫酸中の水素イオンの物質量は

$$2 \times 0.0100 \,\text{mol/L} \times \frac{12.0}{1000}\,\text{L} = 2.40 \times 10^{-4}\,\text{mol}$$

塩酸の濃度を x [mol/L] とすると,塩酸 50.0 mL 中の水素イオンの物質量は $\quad 1 \times x\,\text{[mol/L]} \times \dfrac{50.0}{1000}\,\text{L}$

「硫酸,塩酸から生じる H^+ の物質量」=「水酸化ナトリウムから生じる OH^- の物質量」より❶

$$1 \times x\,\text{[mol/L]} \times \frac{50.0}{1000}\,\text{L} + 2.40 \times 10^{-4}\,\text{mol} = 1.50 \times 10^{-3}\,\text{mol}$$

$x = 2.52 \times 10^{-2}$ mol/L

エクセル 中和反応の量的関係
　　　　塩酸と硫酸から生じる H^+ の物質量 ＝ 水酸化ナトリウムから生じる OH^- の物質量

❶

HCl の H^+	H_2SO_4 の H^+
\multicolumn{2}{c}{$NaOH$ の OH^-}

145

解答 (1) (ア) メスフラスコ　(イ) ホールピペット　(ウ) ビュレット
　　　(エ) メスフラスコ　(オ) ホールピペット　(カ) ビュレット
　　　(キ) 共洗い　　　　　　　　　　　((オ),(カ)は順不同)

(2) (ア) (d)　(イ) (c)　(ウ) (b)

(3) (b), (c), (d)

解説 (1),(2) 溶液を入れるコニカルビーカーや標準溶液を調製するメスフラスコは,水洗後,ぬれたまま使用してよい。これは純水によって,器具内の溶質の物質量は変化しないからである。一方,ホールピペットやビュレットは,水洗後,これから使用する溶液で器具の内壁を数回すすいで(共洗い)使用する。これを行わないと,せっかく正確に濃度を調製した溶液の濃度が,うすまってしまうことになる。

(3) 体積を正確に測るメスフラスコ,ホールピペット,ビュレットなどのガラス器具は乾燥する際は自然乾燥させる。ガラスは加熱すると膨張し,冷やしてももとの形には戻らないので,次に使用する際に規定の体積を示さなくなる❶。

❶ メスフラスコ,ホールピペット,ビュレットなどの精度が高いガラス器具は加熱してはいけない。

エクセル 滴定で使う実験器具

ビュレット　　コニカルビーカー　　メスフラスコ　　ホールピペット

6 酸・塩基——61

146
解答 空気中の水分を吸収する潮解性や，空気中の二酸化炭素と反応する性質。

解説 水酸化ナトリウムは空気中のCO_2(中和反応)と水分(潮解性)を吸収する。吸収により水酸化ナトリウム水溶液の濃度がずれるため，実験前にシュウ酸標準溶液により，中和滴定をして正確な濃度を調べる必要がある。

$(COOH)_2 + 2NaOH \longrightarrow (COONa)_2 + 2H_2O$

キーワード
・潮解性
・二酸化炭素

147
解答 (1) 増加する　(2) 小さくなる

解説 ビュレットが純水でぬれていた場合，ビュレットに入れた水酸化ナトリウム水溶液の濃度が，純水によってうすまってしまうことになる。
(1) 純水でうすまった水酸化ナトリウム水溶液で，シュウ酸水溶液(標準溶液)を滴定するので，水酸化ナトリウム水溶液の滴下量は増加する。
(2) 純水でうすまった水酸化ナトリウム水溶液を使用しているので，濃度は実際の値よりも小さくなる。

エクセル ビュレット，ホールピペットが純水でぬれている場合には，共洗いが必要である。

148
解答 (1) (ア) (c)　(イ) (d)　(ウ) (e)　(エ) (d)
(オ) (b)　(カ) (a)　(キ) (a)　(ク) (d)
(2) 図A (c)　図B (b)　図C (a)　図D (c)

解説 (1) 滴定曲線の最初と最後のpHを確認して，強酸，弱酸，強塩基，弱塩基を判断する。「XをYで滴定する」とき，もともとコニカルビーカーに入っているのがX，ビュレットから滴下するのがYである。
図AとDはどちらも強酸と強塩基の組み合わせであるが，どの水溶液も同じ濃度であることから，中和点までに必要としている水酸化ナトリウム水溶液の体積から判断する。図Aは，酸の2倍の体積の水酸化ナトリウム水溶液を必要としているので，酸は2価の硫酸，図Dの酸は1価の塩酸であることがわかる。

(2) 滴定曲線の中和点付近では，pHが大きく変化する。このため，変色域がこの範囲に含まれるよう指示薬を選択する。メチルオレンジは酸性側(pH＝3.1〜4.4)に，フェノールフタレインは塩基性側(pH＝8.0〜9.8)に変色域がかたよる。図AとDでは，中和点がpH＝7付近で，中和点付近のpHの変化が幅広いので，変色域が酸性側のメチルオレンジと変色域が塩基性側のフェノールフタレインのいずれも使用することができる。図Bでは，塩基性側に中和点があるので，使用できる指示薬は変色域が塩基性側にあるフェノールフタレインである。図Cでは，酸性側に中和点があるので，使用できる指示薬は変色域が酸性側にあるメチルオレンジである。

●**指示薬の変色域**
酸性側：メチルオレンジ
塩基性側：フェノールフタレイン

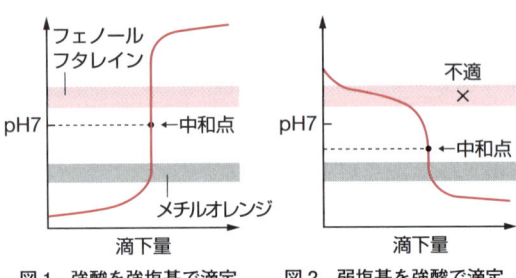

図1 強酸を強塩基で滴定
図2 弱塩基を強酸で滴定
図3 弱酸を強塩基で滴定

149

解答 (1) $0.10\,\mathrm{mol/L}$ (2) $6.0\times10^{-2}\,\mathrm{mol/L}$
(3) $1.0\times10^{-13}\,\mathrm{mol/L}$

解説 (1) HClのH$^+$の物質量は$1\times0.50\,\mathrm{mol/L}\times1.0\,\mathrm{L}=0.50\,\mathrm{mol}$
NaOHのOH$^-$の物質量は$1\times0.30\,\mathrm{mol/L}\times1.0\,\mathrm{L}=0.30\,\mathrm{mol}$
混合溶液中のH$^+$の物質量は$0.50\,\mathrm{mol}-0.30\,\mathrm{mol}=0.20\,\mathrm{mol}$❶
よって，水素イオン濃度$[\mathrm{H}^+]=\dfrac{0.20\,\mathrm{mol}}{1.0\,\mathrm{L}+1.0\,\mathrm{L}}=0.10\,\mathrm{mol/L}$

(2) $\mathrm{pH}=2.0$より $[\mathrm{H}^+]=1.0\times10^{-2}\,\mathrm{mol/L}$
混合溶液の体積は$500\,\mathrm{mL}+500\,\mathrm{mL}=1000\,\mathrm{mL}\longrightarrow1.000\,\mathrm{L}$
よって，混合溶液中のH$^+$の物質量は，$1.0\times10^{-2}\,\mathrm{mol}$
硫酸の濃度を$x\,[\mathrm{mol/L}]$とすると，硫酸は2価の酸なので
$1.0\times10^{-2}\,\mathrm{mol}=2x\,[\mathrm{mol/L}]\times\dfrac{500}{1000}\,\mathrm{L}-0.10\,\mathrm{mol/L}\times\dfrac{500}{1000}\,\mathrm{L}$❷
$x=(1.0\times10^{-2}\,\mathrm{mol}+5.0\times10^{-2}\,\mathrm{mol})/\mathrm{L}=6.0\times10^{-2}\,\mathrm{mol/L}$

(3) 硫酸のH$^+$の物質量は$2\times0.100\,\mathrm{mol/L}\times\dfrac{500}{1000}\,\mathrm{L}=0.100\,\mathrm{mol}$
水酸化ナトリウムのOH$^-$の物質量は$0.150\,\mathrm{mol}$
よって，混合溶液中のOH$^-$の物質量は
$(0.150-0.100)\,\mathrm{mol}=0.050\,\mathrm{mol}$❸

$[\mathrm{OH}^-]=\dfrac{0.050\,\mathrm{mol}}{\dfrac{500}{1000}\,\mathrm{L}}=0.10\,\mathrm{mol/L}$

$[\mathrm{H}^+][\mathrm{OH}^-]=1.0\times10^{-14}\,(\mathrm{mol/L})^2$より
$[\mathrm{H}^+]=\dfrac{1.0\times10^{-14}\,(\mathrm{mol/L})^2}{0.10\,\mathrm{mol/L}}=1.0\times10^{-13}\,\mathrm{mol/L}$

❶ H$^+$の物質量＞OH$^-$の物質量なので，H$^+$が残る。

❷ H$^+$の物質量＞OH$^-$の物質量なので，H$^+$が残る。

❸ H$^+$の物質量＜OH$^-$の物質量なので，OH$^-$が残る。

エクセル H$^+$とOH$^-$の物質量を比較する。

150

解答 (3)

解説 酢酸水溶液の濃度を$c\,[\mathrm{mol/L}]$，電離度をαとおくと，

	CH$_3$COOH	$\rightleftarrows$	CH$_3$COO$^-$	+	H$^+$
反応前	$c\,[\mathrm{mol/L}]$		0		0
変化量	$-c\alpha\,[\mathrm{mol/L}]$		$+c\alpha\,[\mathrm{mol/L}]$		$+c\alpha\,[\mathrm{mol/L}]$
電離後	$c(1-\alpha)\,[\mathrm{mol/L}]$		$c\alpha\,[\mathrm{mol/L}]$		$c\alpha\,[\mathrm{mol/L}]$

水溶液中の電離していない酢酸分子の濃度は$c(1-\alpha)\,[\mathrm{mol/L}]$，
酢酸イオンの濃度は$c\alpha\,[\mathrm{mol/L}]$，水素イオン濃度は$c\alpha\,[\mathrm{mol/L}]$。

▶同じ25℃における酢酸水溶液であっても，濃度によって電離度は異なる。温度が一定のとき，酢酸水溶液の濃度が小さいほど電離度は大きくなる。

酢酸 CH_3COOH の分子量は 60 なので

A 溶液：$\dfrac{12.0\,g}{60\,g/mol} \times \dfrac{1}{1.00\,L} = 0.200\,mol/L$

B 溶液：$\dfrac{3.00\,g}{60\,g/mol} \times \dfrac{1}{1.00\,L} = 0.0500\,mol/L$

A 溶液の電離度は 9.35×10^{-3} なので，電離していない酢酸分子の濃度は

$c(1-\alpha)\,[mol/L] = 0.200\,mol/L \times (1 - 9.35 \times 10^{-3}) \fallingdotseq 0.198\,mol/L$

酢酸イオンと水素イオンの濃度は

$c\alpha\,[mol/L] = 0.200\,mol/L \times 9.35 \times 10^{-3} = 1.87 \times 10^{-3}\,mol/L$

B 溶液の電離度は 1.90×10^{-2} なので，電離していない酢酸分子の濃度は

$c(1-\alpha)\,[mol/L] = 0.0500\,mol/L \times (1 - 1.90 \times 10^{-2}) \fallingdotseq 4.91 \times 10^{-2}\,mol/L$

酢酸イオンと水素イオンの濃度は

$c\alpha\,[mol/L] = 0.0500\,mol/L \times 1.90 \times 10^{-2} = 9.50 \times 10^{-4}\,mol/L$

(1) A 溶液の電離していない酢酸分子の濃度は $0.198\,mol/L$ である。正
(2) B 溶液の酢酸イオンの濃度は $9.50 \times 10^{-4}\,mol/L$ である。正
(3) A 溶液の電離していない酢酸分子の濃度$(0.198\,mol/L)$は，B 溶液の電離していない酢酸分子の濃度$(4.91 \times 10^{-2}\,mol/L)$のほぼ 2 倍ではない。誤
(4) A 溶液の水素イオンの濃度$(1.87 \times 10^{-3}\,mol/L)$は，B 溶液の水素イオンの濃度$(9.50 \times 10^{-4}\,mol/L)$のほぼ 2 倍である。正
(5) B 溶液 1L 中のイオンの総数は
 $9.50 \times 10^{-4}\,mol + 9.50 \times 10^{-4}\,mol = 1.90 \times 10^{-3}\,mol$
 A 溶液 1L 中の水素イオン数$(1.87 \times 10^{-3}\,mol)$にほぼ等しい。正

エクセル 溶かした電解質全体のモル濃度〔mol/L〕× 電離度α
　　　　＝ 電離している電解質のモル濃度〔mol/L〕

151

解答 (1), (5)

解説
(1), (2) 塩酸と水酸化ナトリウム水溶液を過不足なく中和させると塩化ナトリウム水溶液になる。塩化ナトリウムは強酸と強塩基からなる塩で，水溶液の pH は 7 である。
(3) シュウ酸の水溶液と水酸化ナトリウム水溶液を過不足なく中和させるとシュウ酸ナトリウム水溶液になる。シュウ酸ナトリウムは弱酸と強塩基からなる塩で，水溶液は塩基性になるため，pH は 7 より大きい。
(4) 酸性の塩酸を水でうすめても中性に近づくだけで，塩基性にはならない❶。
(5) $[OH^-] = 1.0 \times 10^{-5}\,mol/L$ なので，
 $[H^+] = \dfrac{1.0 \times 10^{-14}\,(mol/L)^2}{[OH^-]} = \dfrac{1.0 \times 10^{-14}\,(mol/L)^2}{1.0 \times 10^{-5}\,mol/L} = 1.0 \times 10^{-9}\,mol/L$
よって，pH は 9 である。

❶　0　　　　7　　　　14
　　→　　　　　　　←
　うすめると　　うすめると
　7に近づく　　7に近づく

エクセル 正塩の水溶液の性質

酸＋塩基	水溶液の液性
強酸＋強塩基	中性
強酸＋弱塩基	酸性
弱酸＋強塩基	塩基性

152 解答 (1) 2.7 (2) 1.4 (3) 10.8

解説
(1) 酢酸は1価の弱酸
$[H^+] = 1 \times 0.10\,\text{mol/L} \times 0.020 = 2.0 \times 10^{-3}\,\text{mol/L}$ ❶
$\text{pH} = -\log_{10}(2.0 \times 10^{-3}) = 3 - \log_{10}2 = 3 - 0.30 = 2.70$

(2) 硫酸は2価の強酸
$[H^+] = 2 \times 0.020\,\text{mol/L} = 4.0 \times 10^{-2}\,\text{mol/L}$
$\text{pH} = -\log_{10}(2.0 \times 2.0 \times 10^{-2}) = 2 - 2\log_{10}2$
$= 2 - 2 \times 0.30 = 1.40$

(3) アンモニアは1価の弱塩基
$[OH^-] = 1 \times 0.020\,\text{mol/L} \times 0.030 = 6.0 \times 10^{-4}\,\text{mol/L}$
$[H^+] = \dfrac{1.0 \times 10^{-14}\,(\text{mol/L})^2}{[OH^-]} = \dfrac{1.0 \times 10^{-14}\,(\text{mol/L})^2}{6.0 \times 10^{-4}\,\text{mol/L}} = \dfrac{1}{6.0} \times 10^{-10}\,\text{mol/L}$
$\text{pH} = -\log_{10}\left(\dfrac{1}{2.0 \times 3.0} \times 10^{-10}\right) = 10 + \log_{10}2 + \log_{10}3$
$= 10 + 0.30 + 0.48 = 10.78 \fallingdotseq 10.8$

❶ 1価の弱酸の水素イオン濃度
$[H^+] = 1 \times c \times \alpha$
1：価数
c：弱酸の濃度
α：電離度

エクセル $[H^+] = a\,\text{mol/L}$ のとき，$\text{pH} = -\log_{10}a$

153 解答 (1) 3 (2) 0.50 倍

解説
(1) グラフより，0.050 mol/L の酢酸水溶液の電離度は 0.020
$[H^+] = 1 \times 0.050\,\text{mol/L} \times 0.020 = 1.0 \times 10^{-3}\,\text{mol/L}$
よって，pH = 3

(2) グラフより，0.10 mol/L の酢酸水溶液の電離度は 0.010
$[H^+] = 1 \times 0.10\,\text{mol/L} \times 0.010 = 1.0 \times 10^{-3}\,\text{mol/L}$
0.10 mol/L の酢酸水溶液を水で10倍希釈すると，0.010 mol/L の酢酸水溶液になる。グラフより，0.010 mol/L の酢酸水溶液の電離度は 0.050
$[H^+] = 1 \times 0.010\,\text{mol/L} \times 0.050 = 5.0 \times 10^{-4}\,\text{mol/L}$
よって，水素イオン濃度を比較すると
$\dfrac{5.0 \times 10^{-4}\,\text{mol/L}}{1.0 \times 10^{-3}\,\text{mol/L}} = 0.50$

▶温度が一定のとき酢酸水溶液の濃度が小さいほど電離度は大きくなる。

エクセル 弱酸や弱塩基の濃度が小さいほど電離度は大きくなる。

154 解答 $[H^+] = [HSO_4^-] + 2 \times [SO_4^{2-}]$

解説 硫酸の濃度を c [mol/L] とおくと，一段階目の①では電離度が1.0 なので，

$\qquad\qquad H_2SO_4 \longrightarrow H^+ + HSO_4^-$
電離前 $\quad c \qquad\qquad\quad 0 \qquad\quad 0$
電離後 $\quad 0 \qquad\qquad\quad c \qquad\quad c$

二段階目の②の電離度をαとおくと[1]，

$$HSO_4^- \rightleftharpoons H^+ + SO_4^{2-}$$

	HSO_4^-	H^+	SO_4^{2-}
電離前	c	c	0
変化量	$-c\alpha$	$+c\alpha$	$+c\alpha$
電離後	$c(1-\alpha)$	$c(1+\alpha)$	$c\alpha$

よって，$[H^+]=[HSO_4^-]+2\times[SO_4^{2-}]$と表すことができる。

[1] 一段階目で生じたHSO_4^-が，二段階目でさらに電離する。

エクセル 多段階の電離では，一段階目の電離度に比べて，二段階目以降の電離度は小さくなる。

155

解答 (1), (3), (4), (2)

解説
(1) $[H^+]=0.1\,\text{mol/L}\times 0.01=1\times 10^{-3}\,\text{mol/L}$
よって，pH=3

(2) $[OH^-]=0.1\,\text{mol/L}\times 0.01=1\times 10^{-3}\,\text{mol/L}$
$[H^+]=\dfrac{1.0\times 10^{-14}(\text{mol/L})^2}{1\times 10^{-3}\,\text{mol/L}}=1\times 10^{-11}\,\text{mol/L}$[1]
よって，pH=11

(3) pH=2より$[H^+]=1.0\times 10^{-2}\,\text{mol/L}$
これを100倍にうすめたので
$[H^+]=1.0\times 10^{-2}\,\text{mol/L}\times \dfrac{1}{100}=1.0\times 10^{-4}\,\text{mol/L}$
よって，pH=4

(4) pH=8の水酸化ナトリウム水溶液を水で1000倍にうすめると溶液は中性に近づく。よってpH≒7

[1] $[H^+][OH^-]=1.0\times 10^{-14}(\text{mol/L})^2$

エクセル $[H^+]=1\times 10^{-n}\,\text{mol/L}$のとき，pH=$n$

156

解答 (3)

解説
ア 塩化ナトリウムNaClは，強酸HClと強塩基NaOHからなる正塩なので，水溶液は中性である。

イ 炭酸水素ナトリウム$NaHCO_3$は，弱酸H_2CO_3と強塩基NaOHからなる酸性塩である。水溶液中では電離してできた炭酸水素イオンHCO_3^-が水と反応し，水酸化物イオンOH^-が生じるので塩基性を示す[1]。
$NaHCO_3 \longrightarrow Na^+ + HCO_3^-$
$HCO_3^- + H_2O \rightleftharpoons H_2CO_3 + \underline{OH^-}$

ウ 硫酸水素ナトリウム$NaHSO_4$は，強酸H_2SO_4と強塩基NaOHからなる酸性塩である。水溶液中では電離して水素イオンH^+が生じるので酸性を示す。
$NaHSO_4 \longrightarrow Na^+ + HSO_4^-$　　$HSO_4^- \rightleftharpoons \underline{H^+} + SO_4^{2-}$

以上より，pHはイ＞ア＞ウとなる。

[1] 塩の加水分解は正塩以外の塩でも起こる。

エクセル 塩基性の水溶液のpH＞中性の水溶液のpH＞酸性の水溶液のpH

157

解答
(1) (ア) メスフラスコ　　(イ) ホールピペット
　　(エ) ビュレット
(2) 水でうすめられても，シュウ酸の物質量は変化しないから。

66 — 2章 物質の変化

解答
(3) シュウ酸は弱酸で，水酸化ナトリウムは強塩基なので中和点は塩基性側にかたよる。メチルオレンジは変色域が酸性側にあるので，メチルオレンジは用いない。
(4) 固体の水酸化ナトリウムは，空気中の二酸化炭素と反応したり，潮解性により空気中の水分を吸収したりするため，正確な質量を測ることができないから。
(5) (a) **6.30** (b) **0.125** (c) **4.50**
(6) ガラスは加熱すると膨張するが，冷却してももとの形に戻らない。このために正確な体積が測れなくなるから。

解説
(5) (a) 必要なシュウ酸の物質量は

$$0.100\,\text{mol/L} \times \frac{500}{1000}\,\text{L} = 0.0500\,\text{mol}$$

$(COOH)_2 \cdot 2H_2O$ の式量は 126 なので，
シュウ酸の質量は，$126\,\text{g/mol} \times 0.0500\,\text{mol} = 6.30\,\text{g}$

(b) シュウ酸は 2 価の酸，水酸化ナトリウムは 1 価の塩基なので，水酸化ナトリウム水溶液の濃度を x [mol/L] とすると

$$2 \times 0.100\,\text{mol/L} \times \frac{25.0}{1000}\,\text{L} = 1 \times x\,[\text{mol/L}] \times \frac{40.0}{1000}\,\text{L}$$

よって，$x = 0.125\,\text{mol/L}$

(c) 酢酸は 1 価の酸，水酸化ナトリウムは 1 価の塩基なので，酢酸の物質量を y [mol] とすると

$$1 \times y\,[\text{mol}] = 1 \times 0.125\,\text{mol/L} \times \frac{48.0}{1000}\,\text{L}$$

$$y = 6.00 \times 10^{-3}\,\text{mol}$$

酢酸 CH_3COOH の分子量は 60 なので，食酢中の酢酸の質量パーセント濃度は

$$\frac{60\,\text{g/mol} \times 6.00 \times 10^{-3}\,\text{mol}}{8.00\,\text{g}} \times 100 = 4.50 \quad \text{よって 4.50 \%}$$

(6) ガラス，ゴムなどは粒子が不規則に配列しており，結晶化していない。このような物質の状態をアモルファスまたは非晶質という。アモルファス(非晶質)は，加熱すると膨張するが冷却してももとの形には戻らない。

エクセル 食酢の中和滴定の手順
① シュウ酸標準溶液の調製
シュウ酸二水和物は潮解性がない固体なので，正確な濃度の水溶液をつくることができる。
② シュウ酸標準溶液で水酸化ナトリウム水溶液の濃度を決定する。
③ 濃度が決定した水酸化ナトリウム水溶液で，食酢の濃度を決定する。

158

解答
(1) (ア) 陰 (イ) 陽 (ウ) 正 (エ) 酸性 (オ) 塩基性
(カ) 塩基 (キ) 塩基
(2) 酢酸ナトリウムを水に溶かすと酢酸イオンが生じ，この酢酸イオンが水と反応し水酸化物イオンが生じるため。

▶ 中和点が塩基性のとき，塩基性領域に変色域をもつ指示薬を選ぶ。

▶ NaOH は空気中の水分や二酸化炭素を吸収しやすい。次のような反応が起こる。
$$2NaOH + CO_2 \longrightarrow Na_2CO_3 + H_2O$$

キーワード(2)
・物質量は変化しない
キーワード(3)
・中和点は塩基性
・変色域
キーワード(4)
・二酸化炭素
・潮解性
キーワード(6)
・体積

キーワード
・酢酸イオン
・水
・水酸化物イオン

(3) 酸性　NH₄Cl, NaHSO₄
　　塩基性　Na₂CO₃, Na₂SO₃
　　中性　NaNO₃
(4) NH₄Cl ⟶ NH₄⁺ + Cl⁻, NH₄⁺ + H₂O ⇌ NH₃ + H₃O⁺
　　NaHSO₄ ⟶ Na⁺ + HSO₄⁻, HSO₄⁻ ⇌ H⁺ + SO₄²⁻

▶ HA + BOH ⟶ BA + H₂O

解説
(1), (2) 酢酸ナトリウム CH₃COONa を水に溶かすと, 酢酸イオン CH₃COO⁻ とナトリウムイオン Na⁺ に電離する。電離によって生じた CH₃COO⁻ が水 H₂O と反応し, 水酸化物イオン OH⁻ が生成する。この反応を加水分解といい, このために, 酢酸ナトリウム水溶液は塩基性を示す。

　CH₃COONa ⟶ CH₃COO⁻ + Na⁺（電離）
　CH₃COO⁻ + H₂O ⇌ CH₃COOH + OH⁻（水との反応）
　　　　　　　　　　　　　　　　塩基性を示す

炭酸水素ナトリウム NaHCO₃ は酸性塩に分類されるが, 水溶液は加水分解のために塩基性を示す。

　NaHCO₃ ⟶ Na⁺ + HCO₃⁻（電離）
　HCO₃⁻ + H₂O ⇌ H₂CO₃ + OH⁻（水との反応）
　　　　　　　　　　　　　塩基性を示す

(3), (4) 弱酸と強塩基からなる塩は塩基性, 強酸と弱塩基からなる塩は酸性, 強酸と強塩基からなる塩は中性を示すことが多い。ただし, NaHSO₄ は, 強酸と強塩基からなる塩であるが, 水溶液は酸性を示す。

エクセル

正塩の成分	水溶液の性質	例
酸(強) + 塩基(強)	中性	NaCl
酸(強) + 塩基(弱)	酸性	NH₄Cl
酸(弱) + 塩基(強)	塩基性	CH₃COONa
酸(弱) + 塩基(弱)	種類によって異なる	CH₃COONH₄

159 解答
(1) 指示薬A　(ウ)　変色域　(ウ)
　　指示薬B　(イ)　変色域　(エ)
(2) ① NaOH + HCl ⟶ NaCl + H₂O
　　② Na₂CO₃ + HCl ⟶ NaHCO₃ + NaCl
　　③ NaHCO₃ + HCl ⟶ NaCl + H₂O + CO₂
(3) Na₂CO₃ + BaCl₂ ⟶ BaCO₃ + 2NaCl
(4) 水酸化ナトリウム　1.00 g　炭酸ナトリウム　2.12 g

解説
(1) 指示薬の色から判断する。
　　メチルオレンジの変色域は, pH = 3.1 ～ 4.4。
　　フェノールフタレインの変色域は, pH = 8.0 ～ 9.8。
(2) NaOH, Na₂CO₃ と HCl の間で次の順番で反応が起こる。
　　① NaOH + HCl ⟶ NaCl + H₂O
　　② Na₂CO₃ + HCl ⟶ NaHCO₃ + NaCl
　　③ NaHCO₃ + HCl ⟶ NaCl + H₂O + CO₂
(3) BaCl₂ 水溶液を加えると, BaCO₃ の白色沈殿が生じ, 溶液中の Na₂CO₃ は BaCO₃ として除かれる❶。

❶ 溶液中の Na₂CO₃ は BaCl₂ 水溶液を加えたため BaCO₃ の白色沈殿となり, フェノールフタレインの変色域では塩酸と反応しない。

$$Na_2CO_3 + BaCl_2 \longrightarrow BaCO_3\downarrow + 2NaCl$$

(4) 混合溶液に含まれる NaOH を x〔mol〕, Na_2CO_3 を y〔mol〕とする。メチルオレンジの変色域までには, NaOH と Na_2CO_3 が HCl と反応する。よって

$$(x+2y)〔\text{mol}〕\times \frac{10.0\,\text{mL}}{200\,\text{mL}} = 1\times 0.100\,\text{mol/L}\times \frac{32.5}{1000}\,\text{L}$$ ❷

$x+2y = 6.50\times 10^{-2}\,\text{mol}$ …(i)

フェノールフタレインの変色域までには, NaOH が HCl と反応する。これより,

$$1\times x〔\text{mol}〕\times \frac{10.0\,\text{mL}}{200\,\text{mL}} = 1\times 0.100\,\text{mol/L}\times \frac{12.5}{1000}\,\text{L}$$

$x = 2.50\times 10^{-2}\,\text{mol}$ …(ii)

(i), (ii)より, $y = 2.00\times 10^{-2}\,\text{mol}$

NaOH の式量は 40 なので, 質量は
 $2.50\times 10^{-2}\,\text{mol}\times 40\,\text{g/mol} = 1.00\,\text{g}$

Na_2CO_3 の式量は 106 なので, 質量は
 $2.00\times 10^{-2}\,\text{mol}\times 106\,\text{g/mol} = 2.12\,\text{g}$

エクセル Na_2CO_3 と HCl の中和反応
 第1中和点 $Na_2CO_3 + HCl \longrightarrow NaHCO_3 + NaCl$
 第2中和点 $NaHCO_3 + HCl \longrightarrow NaCl + H_2O + CO_2$

❷ メチルオレンジの変色域は, 第2中和点に相当するため, NaOH は1価の塩基, Na_2CO_3 は2価の塩基として中和される。

▶ 塩基性の領域では $BaCO_3$ は塩酸とは反応しない。

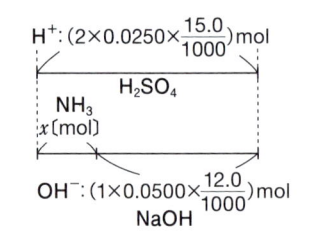

160 (1) 2.55 mg (2) 10.0 %

(1) アンモニウム塩に強塩基を反応させると, 弱塩基のアンモニアが発生する。硫酸アンモニウムと水酸化ナトリウムの反応は

 $(NH_4)_2SO_4 + 2NaOH \longrightarrow Na_2SO_4 + 2NH_3 + 2H_2O$

硫酸は2価の酸, アンモニアは1価の塩基なので, 発生したアンモニアの物質量を x〔mol〕とすると

(H_2SO_4 から生じる H^+ の物質量)
= (NH_3 から生じる OH^- の物質量)
 + (NaOH から生じる OH^- の物質量)

$$2\times 0.0250\,\text{mol/L}\times \frac{15.0}{1000}\,\text{L}$$
$$= 1\times x〔\text{mol}〕 + 1\times 0.0500\,\text{mol/L}\times \frac{12.0}{1000}\,\text{L}$$

$x = 1.50\times 10^{-4}\,\text{mol}$

アンモニアの分子量は 17 なので, アンモニアの質量は
 $17\,\text{g/mol}\times 1.50\times 10^{-4}\,\text{mol} = 2.55\times 10^{-3}\,\text{g}$ よって 2.55 mg

(2) アンモニア分子 NH_3 の物質量と窒素原子 N の物質量は等しいので窒素の質量の割合は

$$\frac{14\,\text{g/mol}\times 1.50\times 10^{-4}\,\text{mol}}{\frac{21.0}{1000}\,\text{g}}\times 100 = 10.0 \quad \text{よって } 10.0\,\%$$

$H^+: (2\times 0.0250\times \frac{15.0}{1000})\,\text{mol}$
H_2SO_4
NH_3 x〔mol〕
$OH^-: (1\times 0.0500\times \frac{12.0}{1000})\,\text{mol}$
NaOH

エクセル （H_2SO_4 から生じる H^+ の物質量）
　　　　＝（NH_3 から生じる OH^- の物質量）＋（NaOH から生じる OH^- の物質量）

161

解答 2.0×10^{-3} mol

解説 二酸化炭素の物質量を x [mol] とおくと，水酸化バリウムと二酸化炭素は 1:1 で反応，水酸化バリウムと塩酸は 1:2 で反応するので，

$$\left(0.20\,\text{mol/L} \times \frac{25}{1000}\,\text{L} - x\,[\text{mol}]\right) \times \frac{10\,\text{mL}}{25\,\text{mL}} = 0.10\,\text{mol/L} \times \frac{24}{1000}\,\text{L} \times \frac{1}{2}$$

$x = 2.0 \times 10^{-3}$ mol

$Ba(OH)_2$ の物質量 ×2

CO_2 の物質量 ×2　　HCl の物質量

$Ba(OH)_2 + CO_2 \longrightarrow BaCO_3 + H_2O$
$Ba(OH)_2 + 2HCl \longrightarrow BaCl_2 + 2H_2O$

エクセル 水酸化バリウムと二酸化炭素，塩酸の反応
$Ba(OH)_2 + CO_2 \longrightarrow BaCO_3 + H_2O$
$Ba(OH)_2 + 2HCl \longrightarrow BaCl_2 + 2H_2O$

162

解答
(1) $CaCO_3 + 2HCl \longrightarrow CaCl_2 + H_2O + CO_2$
　　$CaO + 2HCl \longrightarrow CaCl_2 + H_2O$
(2) 5.2×10^{-2} mol　　(3) 1.4 g

解説
(1) 炭酸カルシウムを熱分解すると，以下の反応が起きる。
　　$CaCO_3 \longrightarrow CaO + CO_2$
　　熱分解後の混合物とは，炭酸カルシウム $CaCO_3$ と酸化カルシウム CaO の混合物であり，どちらも塩酸と反応する。

(2) 熱分解で得られた混合物と反応した塩化水素の物質量を x [mol] とすると
　　（HCl から生じる H^+ の物質量）－（混合物と反応した H^+ の物質量）
　　　　　　　　　　＝（NaOH から生じる OH^- の物質量）

$$1 \times 2.00\,\text{mol/L} \times \frac{100}{1000}\,\text{L} - 1 \times x\,[\text{mol}] = 1 \times 2.00\,\text{mol/L} \times \frac{74.0}{1000}\,\text{L}$$

$x = 5.2 \times 10^{-2}$ mol

HCl から生じる H^+ の物質量

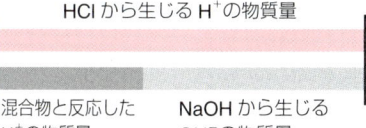

混合物と反応した　NaOH から生じる
H^+ の物質量　　　OH^- の物質量

(3) 混合物中に含まれる $CaCO_3$ を x [mol]，CaO を y [mol] とする。
　　(1)の反応式より，1 mol の $CaCO_3$ も CaO も 2 mol の HCl と反応する。また，$CaCO_3$ の式量は 100，CaO の式量は 56 なので，
　　　$2 \times (x+y)\,[\text{mol}] = 5.2 \times 10^{-2}$ mol
　　　$100\,\text{g/mol} \times x\,[\text{mol}] + 56\,\text{g/mol} \times y\,[\text{mol}] = 1.50\,\text{g}$

解説　以上より，$x = 0.001\,\mathrm{mol}$，$y = 0.025\,\mathrm{mol}$
よって，CaO の質量は，$56\,\mathrm{g/mol} \times 0.025\,\mathrm{mol} = 1.4\,\mathrm{g}$

エクセル 炭酸カルシウム，酸化カルシウムと塩酸の反応
$CaCO_3 + 2HCl \longrightarrow CaCl_2 + H_2O + CO_2$
$CaO + 2HCl \longrightarrow CaCl_2 + H_2O$

163

解答 (1) (ア) (b)　(イ) (f)

(2) (ア) 中和点までは中和反応が進むので，$H_3O^+ + OH^- \longrightarrow 2H_2O$ の反応により OH^- の濃度が減少し，Cl^- の濃度が増加する。Cl^- よりも OH^- の方が電気伝導度が大きいので，全体としては電気伝導度が減少する。中和点以降は，H_3O^+ と Cl^- の濃度が増加するため，電気伝導度は増加する。

(イ) 中和点までは $CH_3COOH + OH^- \longrightarrow CH_3COO^- + H_2O$ の反応が進み，OH^- の濃度が減少し，CH_3COO^- の濃度が増加する。OH^- の方が CH_3COO^- よりも電気伝導度が大きいので全体として電気伝導度が減少する。中和点以降は，加えた酢酸はほとんど電離しないために，電気伝導度はほとんど増加しない。

キーワード(ア)
・OH^- の濃度が減少
・Cl^-，H_3O^+ の濃度が増加
・電気伝導度が増加

キーワード(イ)
・OH^- の濃度が減少
・CH_3COO^- の濃度が増加
・CH_3COOH はほとんど電離しない
・電気伝導度はほとんど増加しない

解説 (ア) 塩酸を加える前のビーカーには水酸化ナトリウム水溶液（Na^+，OH^-）が入っている。ここに塩酸（H_3O^+，Cl^-）を加えると，中和点までは
$H_3O^+ + OH^- \longrightarrow 2H_2O$
の反応が進み，OH^- の濃度が減少し，Cl^- の濃度が増加する。Cl^- よりも OH^- の方が電気伝導度が大きいので，全体としては電気伝導度が減少する。中和点以降は，H_3O^+ と Cl^- の濃度が増加するため，電気伝導度は増加する。

(イ) 酢酸水溶液を加える前のビーカーには水酸化ナトリウム水溶液（Na^+，OH^-）が入っている。ここに酢酸水溶液（CH_3COO^-，H_3O^+）を加えると，中和点までは
$CH_3COOH + OH^- \longrightarrow CH_3COO^- + H_2O$
の反応が進み，OH^- の濃度が減少し，CH_3COO^- の濃度が増加する。OH^- の方が CH_3COO^- よりも電気伝導度が大きいので全体として電気伝導度が減少する。中和点以降は，加えた酢酸はほとんど電離しないために，電気伝導度はほとんど増加しない。

エクセル イオンの電気伝導性　　$H_3O^+(H^+)$，$OH^- > Na^+$，Cl^-，CH_3COO^-

7 酸化還元反応 (p.126)

● エクササイズ

◆酸化数 (1) $-1 \to 0$, Cl_2 (2) $+4 \to 0$, SO_2 (3) $+4 \to +6$, H_2O_2 (4) $-1 \to -2$, H_2O_2 (5) $0 \to +2$, HNO_3 (6) $+6 \to +4$, H_2SO_4 (7) $-1 \to 0$, MnO_2 (8) $+2 \to +4$, $FeCl_3$

◆酸化剤・還元剤の働き方を表す反応式 (半反応式)
(1) 2, H^+, 2, 2 (2) 8, 5, Mn^{2+}, 4 (3) 14, 6, 2, Cr^{3+}, 7
(4) 3, 3, 2 (5) 2, 2, SO_2, 2 (6) S, 2, 2 (7) Fe^{3+}
(8) 2, I_2, 2 (9) 2, SO_4^{2-}, 4, 2

164 (1) 還元された (2) 酸化された (3) 還元された
(4) 酸化された

解説 着目した原子が、反応によって酸素原子と結びついた、または水素原子を失った場合、その原子は酸化されたという。また、酸素原子を失った、または水素原子と結びついた場合、その原子は還元されたという。
(1) Cu 原子は O 原子を失ったので、還元された。
(2) Al 原子は O 原子と結びついたので、酸化された。
(3) O 原子は H 原子と結びついたので、還元された。
(4) S 原子は H 原子を失ったので、酸化された。

● 各原子の酸化数の変化
Cu: $+2 \longrightarrow 0$
Al: $0 \longrightarrow +3$
O: $0 \longrightarrow -2$
S: $-2 \longrightarrow 0$

エクセル 酸化と還元の定義

	酸化された	還元された
酸素の授受	酸素原子と結びつく	酸素原子を失う
水素の授受	水素原子を失う	水素原子と結びつく

165 (1) 0 (2) 0 (3) -2 (4) -1 (5) $+4$ (6) $+6$
(7) $+5$ (8) $+1$ (9) -2 (10) -3 (11) $+4$ (12) $+5$
(13) $+4$ (14) $+6$ (15) -1

解説 (1) 単体中の原子の酸化数は 0
(2) 単体中の原子の酸化数は 0
(3) 化合物中の酸素原子の酸化数は H_2O_2 等の場合を除き、-2。
(4) 酸化数の決め方の例外:H_2O_2 の酸素原子の酸化数は -1、水素原子の酸化数は $+1$。
(5) 化合物中の酸素原子の酸化数は -2、各原子の酸化数の総和は 0 であるので、硫黄原子の酸化数を x とおくと
$\underset{x}{SO_2}$ $x + (-2) \times 2 = 0$, $x = +4$
(6) 化合物中の水素原子の酸化数は $+1$、酸素原子の酸化数は -2、各原子の酸化数の総和は 0 であるので、硫黄原子の酸化数を x とおくと
$\underset{x}{H_2SO_4}$ $(+1) \times 2 + x + (-2) \times 4 = 0$, $x = +6$
(7) 化合物中の水素原子の酸化数は $+1$、酸素原子の酸化数は -2、各原子の酸化数の総和は 0 であるので、窒素原子の酸

▶酸化数に +、− の符号を忘れずに。酸化数はローマ数字 (Ⅰ, Ⅱ, Ⅲ, Ⅳ, …) で表してもよい。

解説

化数を x とおくと

$\underset{x}{\text{H}\text{N}\text{O}_3}$ $(+1)+x+(-2)\times 3=0$, $x=+5$

(8) 単原子イオンの酸化数はそのイオンの符号を含めた電荷と等しいので，ナトリウムイオン Na^+ の酸化数は $+1$。

(9) 多原子イオン中の各原子の酸化数の総和は，そのイオンの符号を含めた電荷と等しい。水素原子の酸化数は $+1$ であるので，酸素原子の酸化数を x とおくと

$\underset{x}{\text{O}\text{H}^-}$ $x+(+1)=-1$, $x=-2$

(10) 多原子イオン中の各原子の酸化数の総和は，そのイオンの符号を含めた電荷と等しい。水素原子の酸化数は $+1$ であるので，窒素原子の酸化数を x とおくと

$\underset{x}{\text{N}\text{H}_4^+}$ $x+(+1)\times 4=+1$, $x=-3$

(11) 多原子イオン中の各原子の酸化数の総和は，そのイオンの符号を含めた電荷と等しい。酸素原子の酸化数は -2 であるので，炭素原子の酸化数を x とおくと

$\underset{x}{\text{C}\text{O}_3^{2-}}$ $x+(-2)\times 3=-2$, $x=+4$

(12) 化合物中の水素原子の酸化数は $+1$，酸素原子の酸化数は -2，各原子の酸化数の総和は 0 であるので，塩素原子の酸化数を x とおくと

$\underset{x}{\text{H}\text{C}\text{l}\text{O}_3}$ $(+1)+x+(-2)\times 3=0$, $x=+5$

(参考) 塩素のオキソ酸(分子内に酸素を含む酸)中の塩素原子の酸化数

オキソ酸中の塩素原子の酸化数を x とおくと

$\underset{x}{\text{H}\text{C}\text{l}\text{O}}$: $(+1)+x+(-2)=0$, $x=+1$

$\underset{x}{\text{H}\text{C}\text{l}\text{O}_2}$: $(+1)+x+(-2)\times 2=0$, $x=+3$

$\underset{x}{\text{H}\text{C}\text{l}\text{O}_3}$: $(+1)+x+(-2)\times 3=0$, $x=+5$

$\underset{x}{\text{H}\text{C}\text{l}\text{O}_4}$: $(+1)+x+(-2)\times 4=0$, $x=+7$

(13) 化合物中の酸素原子の酸化数は -2，各原子の酸化数の総和は 0 であるので，マンガン Mn の酸化数を x とおくと

$\underset{x}{\text{Mn}\text{O}_2}$ $x+(-2)\times 2=0$, $x=+4$

(14) $\text{K}_2\text{Cr}_2\text{O}_7$ は，K^+ と $\text{Cr}_2\text{O}_7^{2-}$ から構成されている。多原子イオン中の各原子の酸化数の総和はそのイオンの符号を含めた電荷と等しい。酸素原子の酸化数は -2 であるので，$\text{Cr}_2\text{O}_7^{2-}$ 中のクロム Cr 原子の酸化数を x とおくと

$\underset{x}{\text{Cr}_2\text{O}_7^{2-}}$ $2x+(-2)\times 7=-2$, $x=+6$

(15) 金属元素の原子と結合している水素原子の酸化数は -1。

▶ Cl の酸化数

化学式	酸化数
H$\underline{\text{Cl}}$	-1
$\underline{\text{Cl}}_2$	0
H$\underline{\text{Cl}}$O	$+1$
H$\underline{\text{Cl}}$O$_2$	$+3$
H$\underline{\text{Cl}}$O$_3$	$+5$
H$\underline{\text{Cl}}$O$_4$	$+7$

7　酸化還元反応──73

エクセル 酸化数　原子やイオンが酸化されている程度を表す尺度。
酸化数が大きいほど酸化されている程度が高い。

166 解答　(ア) 増加　(イ) 酸化　(ウ) 減少　(エ) 還元　(オ) 還元
(カ) +4　(キ) +2

解説　原子が酸化されると酸化数が増加し，還元されると酸化数が減少する。
酸化マンガン(IV)と塩酸の反応
　　$MnO_2 + 4HCl \longrightarrow MnCl_2 + 2H_2O + Cl_2$
MnO_2 中の Mn の酸化数
化合物中の酸素原子の酸化数は−2なので，Mn の酸化数を x とおくと
　　$Mn\underset{-2}{O_2}$　$x+(-2)\times 2=0$　$x=+4$
よって，MnO_2 の Mn の酸化数は +4
Mn^{2+} 中の Mn の酸化数
単原子イオンの酸化数は，そのイオンの符号を含めた電荷と等しいので Mn^{2+} の酸化数は +2

▶化合物中の酸素原子の酸化数は−2

エクセル 酸化数と酸化・還元
　　{ 酸化される：酸化数が増加＝電子を奪われる
　　{ 還元される：酸化数が減少＝電子をもらう

167 解答　(3) 酸化剤 H_2O_2　還元剤 SO_2
(5) 酸化剤 $KMnO_4$　還元剤 H_2O_2

解説　(3) 化合物中の H，O の酸化数はそれぞれ +1，−2。
ただし，H_2O_2（過酸化水素）中の O の酸化数は −1。
SO_2 中の S の酸化数を x とおくと
　　$\underset{x}{S}O_2$　$x+(-2)\times 2=0$　$x=+4$
H_2SO_4 中の S の酸化数を y とおくと
　　$H_2\underset{y}{S}O_4$　$(+1)\times 2+y+(-2)\times 4=0$　$y=+6$

　　　　　　　　　　還元された
　　　　　　　┌──────────┐
　　$\underset{+4}{SO_2}$ ＋ $\underset{-1}{H_2O_2}$ ⟶ $\underset{+6\ -2}{H_2SO_4}$
　　　　└──────────┘
　　　　　　　酸化された

還元されている H_2O_2 が酸化剤，酸化されている SO_2 が還元剤である。

(5) 単体（O_2）中の原子 O の酸化数は 0。
化合物中の H の酸化数は +1。
H_2O_2 中の O の酸化数は −1。
$KMnO_4$ は K^+ と MnO_4^- から構成されている。多原子イオン中の各原子の酸化数の総和はそのイオンの符号を含めた電荷と等しい。酸素原子の酸化数は −2 であるので，Mn の酸化数を x とおくと

▶(1)，(2)のような中和反応では，酸化数の変化は起きていない。

▶H_2O_2 中の酸素原子の酸化数は −1

解説

$\underset{x}{\text{MnO}_4^-}$ $x+(-2)\times 4=-1$ $x=+7$

MnSO₄ は Mn²⁺ と SO₄²⁻ から構成されているので，Mn の酸化数は+2。

還元された
2KMnO₄ + 3H₂SO₄ + 5H₂O₂ → K₂SO₄ + 2MnSO₄ + 8H₂O + 5O₂
　+7　　　　　　　　　−1　　　　　　　　　+2　　　　　　　　0
酸化された

還元されている KMnO₄ が酸化剤，酸化されている H₂O₂ が還元剤である。

エクセル 酸化数と酸化・還元

　　酸化される：酸化数が増加＝電子を奪われる
　　還元される：酸化数が減少＝電子をもらう

168
解答 (ア) −1　(イ) 0　(ウ) 酸化　(エ) 還元　(オ) 0
(カ) −1　(キ) 還元　(ク) 酸化　(ケ) 酸化還元

▶ハロゲンは周期表の上にいくほど，酸化力が強くなる。

解説 KCl，KI はそれぞれ K⁺ と Cl⁻，K⁺ と I⁻ から構成されているので，KCl，KI 中の Cl，I の酸化数は−1。単体(Cl_2, I_2) 中の原子(Cl, I) の酸化数は 0。

還元された
2KI　+　Cl₂　⟶　I₂　+　2KCl
−1　　　0　　　　　0　　　−1
酸化された

エクセル 酸化剤と還元剤

　　酸化剤：相手の物質を酸化する＝自身は還元される
　　還元剤：相手の物質を還元する＝自身は酸化される

169
解答 (1) $Cr_2O_7^{2-} + 14H^+ + 6e^- \longrightarrow 2Cr^{3+} + 7H_2O$
(2) $(COOH)_2 \longrightarrow 2CO_2 + 2H^+ + 2e^-$
(3) $Cr_2O_7^{2-} + 8H^+ + 3(COOH)_2 \longrightarrow 2Cr^{3+} + 7H_2O + 6CO_2$
(4) 陽イオン　K⁺　陰イオン　SO₄²⁻
(5) $K_2Cr_2O_7 + 4H_2SO_4 + 3(COOH)_2$
　　$\longrightarrow K_2SO_4 + Cr_2(SO_4)_3 + 6CO_2 + 7H_2O$

▶シュウ酸は，常温では反応しにくいが，温度を上げるとすみやかに反応する。

解説 (1) ① 酸化剤 $Cr_2O_7^{2-}$ を左辺に，その反応生成物 $2Cr^{3+}$ を右辺に書く。

$Cr_2O_7^{2-} \longrightarrow 2Cr^{3+}$

② 酸化剤の酸化数の変化を調べ，e⁻ を左辺に加える。

$\underset{+6}{Cr_2O_7^{2-}} + 6e^- \longrightarrow \underset{+3}{2Cr^{3+}}$

＊酸化数が(+6)×2 →(+3)×2 と変化しているので，左辺に 6e⁻ を加える。

③ 両辺の電荷をそろえるために，左辺に水素イオン H⁺ を加える。

$Cr_2O_7^{2-} + 14H^+ + 6e^- \longrightarrow 2Cr^{3+}$

④ 両辺の H，O の数をそろえるために，右辺に水 H_2O を加える。
$Cr_2O_7^{2-} + 14H^+ + 6e^- \longrightarrow 2Cr^{3+} + 7H_2O$ …(I)式

(2) ① 還元剤$(COOH)_2$を左辺に，その反応生成物 $2CO_2$ を右辺に書く。
$(COOH)_2 \longrightarrow 2CO_2$
② 還元剤の酸化数の変化を調べ，e^-を右辺に加える。
$\underset{+3}{(COOH)_2} \longrightarrow \underset{+4}{2CO_2} + 2e^-$
＊酸化数が$(+3)×2→(+4)×2$と変化しているので，右辺に $2e^-$ を加える。
③ 両辺の電荷をそろえるために，右辺に水素イオン H^+ を加える。
$(COOH)_2 \longrightarrow 2CO_2 + 2H^+ + 2e^-$ ……(II)式

(3) (I)式，(II)式より，e^-を消去 (I)+(II)×3
$Cr_2O_7^{2-} + 14H^+ + 6e^- \longrightarrow 2Cr^{3+} + 7H_2O$
$+)\ 3(COOH)_2 \longrightarrow 6CO_2 + 6H^+ + 6e^-$
$Cr_2O_7^{2-} + 8H^+ + 3(COOH)_2 \longrightarrow 2Cr^{3+} + 7H_2O + 6CO_2$

(4), (5) (3)の両辺に $2K^+$, $4SO_4^{2-}$ を加える。
(K^+は$K_2Cr_2O_7$，SO_4^{2-}はH_2SO_4由来のイオン)
$K_2Cr_2O_7 + 4H_2SO_4 + 3(COOH)_2$
$\longrightarrow K_2SO_4 + Cr_2(SO_4)_3 + 6CO_2 + 7H_2O$

エクセル 酸化還元反応式のつくり方
酸化剤と還元剤の半反応式における e^- の数をそろえて，e^-を消去する。

170 解答
(1) $2KMnO_4 + 5H_2O_2 + 3H_2SO_4$
$\longrightarrow 2MnSO_4 + 5O_2 + 8H_2O + K_2SO_4$
(2) $2KMnO_4 + 5(COOH)_2 + 3H_2SO_4$
$\longrightarrow 2MnSO_4 + 8H_2O + 10CO_2 + K_2SO_4$
(3) $I_2 + SO_2 + 2H_2O \longrightarrow 2HI + H_2SO_4$
(4) $SO_2 + 2H_2S \longrightarrow 3S + 2H_2O$
(5) $Cu + 2H_2SO_4 \longrightarrow CuSO_4 + SO_2 + 2H_2O$
(6) $Cu + 4HNO_3 \longrightarrow Cu(NO_3)_2 + 2NO_2 + 2H_2O$

解説
(1) $KMnO_4$ が酸化剤，H_2O_2 が還元剤として働く。
$\begin{cases} MnO_4^- + 8H^+ + 5e^- \longrightarrow Mn^{2+} + 4H_2O & \cdots ① \\ H_2O_2 \longrightarrow O_2 + 2H^+ + 2e^- & \cdots ② \end{cases}$
①，②より e^- を消去する。(①×2+②×5)
$2MnO_4^- + 6H^+ + 5H_2O_2 \longrightarrow 2Mn^{2+} + 8H_2O + 5O_2$
両辺に $2K^+$, $3SO_4^{2-}$ を加える。
$2KMnO_4 + 5H_2O_2 + 3H_2SO_4$
$\longrightarrow 2MnSO_4 + 5O_2 + 8H_2O + K_2SO_4$

(2) $KMnO_4$ が酸化剤，$(COOH)_2$ が還元剤として働く。
$\begin{cases} MnO_4^- + 8H^+ + 5e^- \longrightarrow Mn^{2+} + 4H_2O & \cdots ① \\ (COOH)_2 \longrightarrow 2CO_2 + 2H^+ + 2e^- & \cdots ② \end{cases}$
①，②より e^- を消去する。(①×2+②×5)

解説

$$2MnO_4^- + 6H^+ + 5(COOH)_2 \longrightarrow 2Mn^{2+} + 8H_2O + 10CO_2$$

両辺に $2K^+$, $3SO_4^{2-}$ を足すと

$$2KMnO_4 + 5(COOH)_2 + 3H_2SO_4$$
$$\longrightarrow 2MnSO_4 + 8H_2O + 10CO_2 + K_2SO_4$$

(3) I_2 が酸化剤，SO_2 が還元剤として働く。

$$\begin{cases} I_2 + 2e^- \longrightarrow 2I^- & \cdots ① \\ SO_2 + 2H_2O \longrightarrow SO_4^{2-} + 4H^+ + 2e^- & \cdots ② \end{cases}$$

①，②より e^- を消去する。(①+②)

$$I_2 + SO_2 + 2H_2O \longrightarrow 2HI + H_2SO_4$$

(4) SO_2 が酸化剤，H_2S が還元剤として働く[❶]。

$$\begin{cases} SO_2 + 4H^+ + 4e^- \longrightarrow S + 2H_2O & \cdots ① \\ H_2S \longrightarrow S + 2H^+ + 2e^- & \cdots ② \end{cases}$$

①，②より e^- を消去する。(①+②×2)

$$SO_2 + 2H_2S \longrightarrow 3S + 2H_2O$$

(5) H_2SO_4 が酸化剤，Cu が還元剤として働く。

$$\begin{cases} H_2SO_4 + 2H^+ + 2e^- \longrightarrow SO_2 + 2H_2O & \cdots ① \\ Cu \longrightarrow Cu^{2+} + 2e^- & \cdots ② \end{cases}$$

①，②より e^- を消去する。(①+②)

$$Cu + H_2SO_4 + 2H^+ \longrightarrow Cu^{2+} + SO_2 + 2H_2O$$

両辺に SO_4^{2-} を加える。

$$Cu + 2H_2SO_4 \longrightarrow CuSO_4 + SO_2 + 2H_2O$$

(6) HNO_3 が酸化剤，Cu が還元剤として働く。

$$\begin{cases} HNO_3 + H^+ + e^- \longrightarrow NO_2 + H_2O & \cdots ① \\ Cu \longrightarrow Cu^{2+} + 2e^- & \cdots ② \end{cases}$$

①，②より e^- を消去する。(①×2+②)

$$2HNO_3 + Cu + 2H^+ \longrightarrow 2NO_2 + Cu^{2+} + 2H_2O$$

両辺に $2NO_3^-$ を加える。

$$Cu + 4HNO_3 \longrightarrow Cu(NO_3)_2 + 2NO_2 + 2H_2O$$

エクセル 酸化還元反応式のつくり方

① 酸化剤と還元剤の半反応式における e^- の数をそろえて，e^- を消去する。
② 溶液に存在する反応に関わらないイオン(K^+, SO_4^{2-} など) を両辺に加え，完成させる。

❶ SO_2 は還元剤として働くことが多いが，強い還元剤である H_2S と反応するときは酸化剤として働く。

$$\underset{+4}{S}O_2 + 4e^- + 4H^+ \longrightarrow \underset{0}{S} + 2H_2O$$

171

解答 (1) (ア) 8 (イ) 5 (ウ) 4 (エ) 2 (オ) 2
(2) 2:5　(3) 20.0mL

解説 (1) 過マンガン酸イオン MnO_4^- は，強い酸化剤として働くと Mn^{2+} となる。

$$MnO_4^- + \underset{(ア)}{8}H^+ + \underset{(イ)}{5}e^- \longrightarrow Mn^{2+} + \underset{(ウ)}{4}H_2O \quad \cdots ①$$

過酸化水素は還元剤として働くと，O_2 になる。

$$H_2O_2 \longrightarrow O_2 + \underset{(エ)}{2}H^+ + \underset{(オ)}{2}e^- \quad \cdots ②$$

(2) ①，②より e^- を消去する。
①×2+②×5

$$2MnO_4^- + 6H^+ + 5H_2O_2 \longrightarrow 2Mn^{2+} + 8H_2O + 5O_2$$

▶過酸化水素は酸化剤としても還元剤としても働く。

酸化剤
$H_2O_2 + 2H^+ + 2e^- \rightarrow 2H_2O$

還元剤
$H_2O_2 \rightarrow O_2 + 2H^+ + 2e^-$

よって，MnO_4^- : H_2O_2 = 2 : 5 で反応する。

(3) 反応する過マンガン酸カリウム水溶液を x mL とおく。

MnO_4^- : H_2O_2 = $0.0200\,mol/L \times \dfrac{x}{1000}L$: $0.100\,mol/L \times \dfrac{10.0}{1000}L$ = 2 : 5

$x = 20.0$　　よって 20.0 mL

エクセル 酸化還元反応の量的関係
　　　　酸化還元反応式における酸化剤と還元剤の係数の比が，反応する物質量の比である。

172
解答 (ア) ホールピペット　(イ) ビュレット　(ウ) 無
(エ) 赤紫　(オ) 無　(カ) うすい赤紫

解説 正確な体積を測りとるにはホールピペットを，滴定をするためにはビュレットを用いる。
過酸化水素水は無色，過マンガン酸カリウム水溶液は，過マンガン酸イオン MnO_4^- によって赤紫色をしている。はじめのうちは，ビュレットから滴下した過マンガン酸カリウム水溶液中の MnO_4^- は，反応して Mn^{2+}（ほぼ無色[1]）になるが，反応の終点になると MnO_4^- が反応しないので，赤紫色が消えずに残り，コニカルビーカーの中の水溶液はうすい赤紫色になる。

[1] Mn^{2+} は実際には淡桃色であるが，濃度が小さいためほぼ無色である。

エクセル 酸化剤のイオンの色　MnO_4^-　赤紫色，$Cr_2O_7^{2-}$　橙赤色

173
解答 (4)

解説 それぞれの反応式は次の通りである。

(1) $\underset{0}{O_3} + 2H^+ + 2e^- \longrightarrow \underset{0}{O_2} + \underset{-2}{H_2O}$

　　O の酸化数は減少しているので，O_3 は酸化作用を示す。

(2) $\underset{+4}{S}O_2 + 2H_2O \longrightarrow \underset{+6}{S}O_4^{2-} + 4H^+ + 2e^-$

　　S の酸化数は増加しているので，SO_2 は還元作用を示す。

(3) $\underset{+1}{Cl}O^- + 2H^+ + 2e^- \longrightarrow \underset{-1}{Cl}^- + H_2O$

　　Cl の酸化数は減少。

(4) 使い捨てカイロは，鉄粉が空気中の酸素と反応して酸化鉄になるときに発生する熱を利用したものである。
　　Fe 自身は酸化されているので，鉄粉は還元作用を示す。

▶酸化鉄には
酸化鉄(Ⅱ)：FeO
酸化鉄(Ⅲ)：Fe_2O_3
四酸化三鉄：Fe_3O_4
　　　　　がある。

エクセル 反応の前後の酸化数の増減を調べれば，酸化・還元のどちらに作用しているかがわかる。

174
解答 (1)

解説
(1) 鉄板の表面を亜鉛でめっきしたものはトタンとよばれている。亜鉛の表面は酸化被膜に覆われているため，もともと鉄をさびにくくしているが，トタンの表面に傷がついて内部の鉄が露出したときに，鉄よりもイオン化傾向が大きい亜鉛が先に酸化されることで，内部の鉄の酸化を防止している。
(2) 塩素と水が反応してできた物質が酸化剤として働くことで，水道水を消毒している。

(3) 生石灰は水を吸収するため,乾燥剤として用いられている。
(4) 重曹を加熱すると分解されて二酸化炭素が発生するため,パンケーキが膨らむ。

エクセル 身のまわりの酸化還元反応
鉄板の表面を亜鉛でめっきしたトタンは,表面の亜鉛が内部の鉄の酸化を防止している。

175

解答
(1) Cl: $-1 \to 0$, Mn: $+4 \to +2$
(3) O: $-1 \to -2$, $-1 \to 0$
(5) Cu: $0 \to +2$, N: $+5 \to +2$

解説 反応の前後で,原子の酸化数が変化している反応が,酸化還元反応である。単体中の原子の酸化数は0であることから,単体が関与している反応は酸化還元反応であることが多い。
(1) 4分子の HCl のうち,2分子が酸化されて Cl_2 になっている。
(3) 2分子の H_2O_2 のうち,1分子が酸化され,残りの1分子は還元されている[1]。

❶ H_2O_2 は酸化剤と還元剤両方の役割を果たしている。

エクセル 酸化還元反応
単体が関与している反応は,酸化還元反応であることが多い。

176

解答
(1) $Cr_2O_7^{2-} + 8H^+ + 3(COOH)_2 \longrightarrow 2Cr^{3+} + 7H_2O + 6CO_2$
(2) $2.22 \times 10^{-2}\,mol/L$
(3) **硝酸は酸化剤として,塩酸は還元剤として働き,正確に滴定ができなくなってしまうため硫酸を用いる。**

キーワード
・酸化剤
・還元剤
・正確な滴定

解説
(1) $\begin{cases} Cr_2O_7^{2-} + 14H^+ + 6e^- \longrightarrow 2Cr^{3+} + 7H_2O & \cdots ① \\ (COOH)_2 \longrightarrow 2H^+ + 2CO_2 + 2e^- & \cdots ② \end{cases}$

①+②×3で e^- を消去する。
$Cr_2O_7^{2-} + 8H^+ + 3(COOH)_2 \longrightarrow 2Cr^{3+} + 7H_2O + 6CO_2$

(2) 二クロム酸カリウム水溶液の濃度を $x\,[mol/L]$ とおく。
酸化剤が受け取る e^- の物質量=還元剤が失う e^- の物質量 より,
$6 \times x \times \dfrac{15.0}{1000}\,L = 2 \times 0.100\,mol/L \times \dfrac{10.0}{1000}\,L$
$x = 0.02222\cdots mol/L \fallingdotseq 2.22 \times 10^{-2}\,mol/L$

▶イオン反応式から
$Cr_2O_7^{2-} : (COOH)_2$
$= 1 : 3$ と考えることもできる。

(3) 硝酸は酸化剤,塩酸(塩化水素の電離によって生成した塩化物イオン)は還元剤として反応する。
硝酸:$HNO_3 + 3e^- + 3H^+ \longrightarrow NO + 2H_2O$
塩酸:$2Cl^- \longrightarrow Cl_2 + 2e^-$

●硫酸酸性
酸性条件にするためには,酸化剤としても還元剤としても働かない硫酸を用いる。

エクセル 酸化還元反応の量的関係
酸化剤が受け取る e^- の物質量=還元剤が失う e^- の物質量

177

解答 ④

解説 反応したビタミンC[1]と酸素の物質量の関係を表すため,与えられているビタミンCの酸化の反応式と酸素の還元の反応式から e^- を消去して,1つの酸化還元反応式にまとめる。
$2C_6H_8O_6 + O_2 \longrightarrow 2C_6H_6O_6 + 2H_2O$

❶ビタミンC(アスコルビン酸)は酸化されると,デヒドロアスコルビン酸に変化する。

反応式の係数の比から，ビタミンCと酸素は物質量比2:1で反応することがわかる。

エクセル 酸化還元反応の量的関係
酸化還元反応式における酸化剤と還元剤の係数の比が，反応する物質量の比である。

178
解答 $8.0 \times 10^{-2} \text{mol/L}$

解説 $KMnO_4$ が酸化剤，KNO_2 と $FeSO_4$ が還元剤として働く。

$$\begin{cases} MnO_4^- + 8H^+ + \underline{5e^-} \longrightarrow Mn^{2+} + 4H_2O \\ NO_2^- + H_2O \longrightarrow NO_3^- + 2H^+ + \underline{2e^-} \\ Fe^{2+} \longrightarrow Fe^{3+} + \underline{e^-} \end{cases}$$

MnO_4^- 1mol は反応相手の物質から 5mol の電子を受け取り，NO_2^- 1mol は 2mol の電子を失い，Fe^{2+} 1mol は 1mol の電子を失う。
亜硝酸カリウムのモル濃度を x [mol/L] とおくと，
酸化剤(MnO_4^-)が受け取る e^- の物質量
　　　　　　= 還元剤(NO_2^-，Fe^{2+})が失う e^- の物質量より

$$5 \times 0.020 \text{mol/L} \times \frac{20.0}{1000} \text{L}$$

$$= 2 \times x \text{[mol/L]} \times \frac{10.0}{1000} \text{L} + 1 \times 0.20 \text{mol/L} \times \frac{2.0}{1000} \text{L}$$

$$x = 8.0 \times 10^{-2} \text{mol/L}$$

エクセル 酸化剤(MnO_4^-)が受け取る e^- の物質量 = 還元剤(NO_2^-，Fe^{2+})が失う e^- の物質量

179
解答 (1) (ア) (B)　(イ) (D)　(ウ) (B)　(エ) (C)　(オ) (F)
(2) $2H_2O$　(3) デンプン，青紫色→無色
(4) 0.900mol/L，3.06%

解説 (4) ①式，②式の反応式の係数から
　　$H_2O_2 : I_2 : Na_2S_2O_3 = 1 : 1 : 2$
よって，滴定に用いた $Na_2S_2O_3$ の物質量の2分の1が H_2O_2 の物質量となる。よって，H_2O_2 の物質量は

$$0.104 \text{mol/L} \times \frac{17.31}{1000} \text{L} \times \frac{1}{2} = 9.001\cdots \times 10^{-4} \text{mol}$$

この H_2O_2 が 20.0mL 中に含まれていたことになる。20倍に希釈する前のモル濃度は

$$\frac{9.001 \times 10^{-4} \text{mol}}{\frac{20.0}{1000} \text{L}} \times 20 = 0.9001 \text{mol/L} \fallingdotseq 0.900 \text{mol/L}$$

溶液1Lあたりで考えると，H_2O_2 の分子量は34なので

$$\frac{溶質の質量}{溶液の質量} \times 100$$

$$= \frac{34 \text{g/mol} \times 0.9001 \text{mol/L}}{1.00 \text{g/mL} \times 1000 \text{mL/L}} \times 100 = 3.060\cdots \fallingdotseq 3.06$$

エクセル ヨウ素滴定(ヨウ素還元滴定)の手順
① 濃度を決定したい酸化剤である過酸化水素水(H_2O_2)と還元剤である I^- を反応させ，I_2 を生成させる。

●ヨウ素滴定
ヨウ素のヨウ化カリウム水溶液は褐色だが，これにデンプンを加えると，ヨウ素デンプン反応によって，はっきりとした青紫色を示す。還元剤を滴下し続け，すべてのヨウ素が反応してしまうと，水溶液の色が消え無色になる。これは，すべてのヨウ素がヨウ化物イオンに変化しヨウ素デンプン反応を示さなくなるからである。よって，「ヨウ素デンプン反応の色が消えた時点が滴定の終点」となる。

② 生成したI_2を，濃度がわかっているチオ硫酸ナトリウム水溶液で滴定し，I_2の物質量を決定する。
③ I_2の物質量からH_2O_2の濃度を求める。

8 電池・電気分解 (p.138)

180 解答 (ア) 銅 (イ) Zn^{2+} (ウ) Cu^{2+} (エ) Zn^{2+} (オ) Cu^{2+} (カ) Zn^{2+} (キ) 起こらない (ク) 亜鉛

解説 銅と亜鉛では亜鉛の方がイオン化傾向が大きいために，亜鉛が電子を放出し酸化され，銅(Ⅱ)イオンが電子を受け取り還元される。

$$\underset{+2}{Cu^{2+}} + 2e^- \longrightarrow \underset{0}{Cu} \quad \cdots ①$$
（還元）

$$\underset{0}{Zn} \longrightarrow \underset{+2}{Zn^{2+}} + 2e^- \quad \cdots ②$$
（酸化）

反応全体では，(1)+(2)式より，電子e^-を消去して

$$Cu^{2+} + 2e^- \longrightarrow Cu$$
$$+)Zn \longrightarrow Zn^{2+} + 2e^-$$
$$\overline{Cu^{2+} + Zn \longrightarrow Cu + Zn^{2+}}$$

エクセル イオン化傾向
大← →小
Li K Ca Na Mg Al Zn Fe Ni Sn Pb (H$_2$) Cu Hg Ag Pt Au
イオン化傾向が大きいほど酸化されやすい（e^-を失いやすい）

● イオン化傾向
イオン化傾向が大きい。
＝電子を放出して陽イオンになりやすい（酸化反応）
→相手を還元する。

181 解答 (1) A…Zn, B…Fe, C…Cu, D…Pt, E…Ca
(2) $Ca + 2H_2O \longrightarrow Ca(OH)_2 + H_2$
(3) E, A, B, C, D

解説 常温の水に溶けるのはアルカリ金属やカルシウム，ストロンチウム，バリウムの単体で，激しく反応して水素を発生する。(イ)より，EはカルシウムCaである。

金属を希硝酸に溶かすと一般には水素が発生するが，銅や銀のようなイオン化傾向が小さい金属では一酸化窒素NOが発生する。(ウ)より，希硝酸に反応しなかったDは白金や金で，ここでは白金Ptがあてはまる。

水酸化ナトリウムに溶ける金属は，両性金属（Al，Zn，Sn，Pb）である。(エ)より，Aは亜鉛Znである。

(ア)より，塩酸に溶けなかったCは残りの金属のうち銅Cuとわかる。

最後に残ったBが鉄Feである。イオン化傾向より
$$Fe^{2+} + Zn \longrightarrow Fe + Zn^{2+}$$
となり，(オ)にあてはまる。

● CuやAgなどの反応
希HNO_3…NOが発生
濃HNO_3…NO_2が発生
熱濃硫酸…SO_2が発生

8 電池・電気分解 — 81

エクセル 金属の反応性
　Li, K, Ca, Na…常温の水と反応して水素を発生
　Mg, Al, Zn など…酸と反応して水素を発生
　Cu, Ag など…硝酸や熱濃硫酸など酸化力の強い酸に溶ける

182
解答 鉄に濃硝酸を加えると不動態となり，反応が進行しないため。

解説 鉄，ニッケル，アルミニウムなどを濃硝酸と反応させると表面にち密な酸化被膜を形成し，不動態となる。不動態は安定であり，これ以上の反応が進行しない。

エクセル 鉄，ニッケル，アルミニウムに濃硝酸を加えると不動態となり，反応が進行しない。

キーワード
・不動態

183
解答 反応によって生じる $PbCl_2$ や $PbSO_4$ は水にも酸にもほとんど溶けないため。

解説 鉛は塩酸・硫酸などと反応して次のようになる。
　$Pb + 2HCl \longrightarrow PbCl_2 + H_2$　　$Pb + H_2SO_4 \longrightarrow PbSO_4 + H_2$
この反応によって鉛の表面に生じた $PbCl_2$ や $PbSO_4$ は塩酸や硫酸にほとんど溶けない。このため，イオン化傾向が水素より大きいにも関わらず，塩酸や希硫酸にほとんど溶けない。

エクセル $PbCl_2$ や $PbSO_4$ は水にも酸にもほとんど溶けない。

キーワード
・反応によって生じる
・水に溶けない

184
解答 銀の方が銅よりもイオン化傾向が小さいため，イオン化傾向の大きい銅が溶け出し，イオン化傾向の小さい銀が析出する。

解説 イオン化傾向が小さい金属イオンの水溶液にイオン化傾向の大きい金属を入れると，イオン化傾向の小さい金属が析出する。
　酸化：$Cu \longrightarrow Cu^{2+} + 2e^-$
　還元：$Ag^+ + e^- \longrightarrow Ag\downarrow$（銀樹）

エクセル イオン化傾向が大きい金属をイオン化傾向が小さい金属イオンの水溶液に入れると，イオン化傾向の小さい金属が析出する。

キーワード
・イオン化傾向

185
解答 (1) B, C, A　(2) A 銅　B マグネシウム　C 鉄
(3) (ア)

解説 (1) 2枚の金属板のうちイオン化傾向が大きい方が，負極となる。
(3) 2種類の金属間のイオン化傾向の差が大きいほど，起電力が大きくなる。

エクセル イオン化傾向が大きい金属が負極になる。

● イオン化列
　Mg＞Fe＞Cu

186
解答 (1) 亜鉛板
(2) 負極　$Zn \longrightarrow Zn^{2+} + 2e^-$　　正極　$2H^+ + 2e^- \longrightarrow H_2$
(3) A から B

解説 (1) イオン化傾向が大きい金属が負極となる。
(2) 負極では亜鉛 Zn が酸化されて亜鉛イオン Zn^{2+} となり，正極では硫酸から生じた水素イオン H^+ が還元されて気体の水素 H_2 となる。

負極：Zn ⟶ Zn²⁺ + 2e⁻（酸化）
正極：2H⁺ + 2e⁻ ⟶ H₂（還元）

(3) 負極(A)で生じた電子が正極(B)へと流れる。

エクセル ボルタ電池
　　（－）Zn｜H₂SO₄aq｜Cu（＋）
　　電流が流れると起電力がすぐに低下する。

187 (1) 亜鉛板
(2) 負極　Zn ⟶ Zn²⁺ + 2e⁻
　　正極　Cu²⁺ + 2e⁻ ⟶ Cu　　(3) SO₄²⁻
(4) 0になる　(5) (ア)　(6) 小さくなる
(7) 硫酸銅(Ⅱ)CuSO₄水溶液と硫酸亜鉛ZnSO₄水溶液の混合を防ぎながらイオンの移動を可能にし，極板での反応を進行させるため。

●ダニエル電池の構成
（－）Zn｜ZnSO₄aq｜
　　　CuSO₄aq｜Cu（＋）

解説
(1), (2) 銅と亜鉛では，亜鉛の方がイオン化傾向が大きいので，亜鉛が負極となる。負極では亜鉛 Zn が酸化されて亜鉛イオン Zn²⁺ となり，正極では銅(Ⅱ)イオン Cu²⁺ が還元されて銅 Cu となる。
　　負極：Zn ⟶ Zn²⁺ + 2e⁻（酸化）
　　正極：Cu²⁺ + 2e⁻ ⟶ Cu（還元）
(3) 亜鉛イオン Zn²⁺ が素焼きの小さい穴を通って硫酸銅(Ⅱ)水溶液の方へ移動し，硫酸イオン SO₄²⁻ は硫酸亜鉛水溶液の方へ移動する。
(4) 素焼き板には小さな穴があいていて，その穴を溶液中のイオンが通るので，両側の溶液は電気的に接続され，電気が流れる。ガラスにはイオンが通れる穴がないために，溶液中のイオンの移動ができなくなり，電流が流れなくなる。
(5) 正極の反応で Cu²⁺ が消費されるため，硫酸銅(Ⅱ)水溶液の濃度を大きくすると，電流が流れる時間は長くなる。
(6) イオン化傾向の差が大きい金属の組み合わせのときに，より大きな起電力が生じる。ニッケルと銅のイオン化傾向の差は，亜鉛と銅のイオン化傾向の差よりも小さいので，起電力は小さくなる。
(7) (4)のように Zn²⁺ は正極の方に，SO₄²⁻ は負極の方に移動しないと反応が続かない。このため，2種類の電解質溶液の混合を防ぐとともに，イオンを移動させるために，素焼き板やセロハンなどのイオンを通す隔膜で電解質溶液に仕切りを設ける必要がある。

キーワード
・混合を防ぐ
・イオンの移動

エクセル ダニエル電池
　　（－）Zn｜ZnSO₄aq｜CuSO₄aq｜Cu（＋）
　　負極：Zn ⟶ Zn²⁺ + 2e⁻（酸化反応）
　　正極：Cu²⁺ + 2e⁻ ⟶ Cu（還元反応）

188

(1) (ア) PbO_2 (イ) Pb (ウ) 希硫酸 (エ) 2.0 (オ) 二次（蓄）

(2) 正極　$PbO_2 + 4H^+ + SO_4^{2-} + 2e^- \longrightarrow PbSO_4 + 2H_2O$
　　負極　$Pb + SO_4^{2-} \longrightarrow PbSO_4 + 2e^-$

(3) $2PbSO_4 + 2H_2O \longrightarrow Pb + PbO_2 + 2H_2SO_4$

(4) 減少する。
理由：鉛蓄電池を放電すると，電解液において硫酸が減少して水が増加するため，電解液の密度は減少する。

解説

(1),(2) 鉛蓄電池では，正極で酸化鉛(Ⅳ) PbO_2 が還元されて硫酸鉛(Ⅱ) $PbSO_4$ になり，負極で鉛 Pb が酸化されて硫酸鉛(Ⅱ)になる。電解液には希硫酸を用いる。

　　　　　　　　還元
正極：$\underline{PbO_2} + 4H^+ + SO_4^{2-} + 2e^- \longrightarrow \underline{PbSO_4} + 2H_2O$ …①
　　　　+4　　　　　　　　　　　　　　　　　+2

　　　　酸化
負極：$\underline{Pb} + SO_4^{2-} \longrightarrow \underline{PbSO_4} + 2e^-$ …②
　　　0　　　　　　　　　　+2

(3) 上の①，②式より電子 e^- を消去(①+②)すると，放電するときの化学反応式が得られる。充電するときは，放電の逆の反応が起こる。

$PbO_2 + 4H^+ + SO_4^{2-} + 2e^- \longrightarrow PbSO_4 + 2H_2O$
$+)\ Pb + SO_4^{2-} \qquad\qquad \longrightarrow PbSO_4 + 2e^-$
$Pb + PbO_2 + 2H_2SO_4 \longrightarrow 2PbSO_4 + 2H_2O$　（放電）

よって，充電するときの化学反応式は
$2PbSO_4 + 2H_2O \longrightarrow Pb + PbO_2 + 2H_2SO_4$

(4) 放電するときの化学反応式は
$Pb + PbO_2 + 2H_2SO_4 \longrightarrow 2PbSO_4 + 2H_2O$ ❶

上式より，硫酸(分子量=98)が反応して水(分子量=18)が生成している。よって，鉛蓄電池の電解液は放電すると密度は減少する。

エクセル 鉛蓄電池　代表的な二次電池

$$Pb + PbO_2 + 2H_2SO_4 \underset{充電(2e^-)}{\overset{放電(2e^-)}{\rightleftharpoons}} 2PbSO_4 + 2H_2O$$

負極：$Pb + SO_4^{2-} \longrightarrow PbSO_4 + 2e^-$（酸化反応）

正極：$PbO_2 + 4H^+ + SO_4^{2-} + 2e^- \longrightarrow PbSO_4 + 2H_2O$（還元反応）

●二次電池（蓄電池）
充電ができる電池

キーワード
・硫酸
・水

●式のつくり方
⊖ $Pb \longrightarrow Pb^{2+} + 2e^-$
両辺に SO_4^{2-} を足し
$Pb + SO_4^{2-} \longrightarrow PbSO_4 + 2e^-$
$PbSO_4$ は水に不溶で極板に付着している。
⊕ $\underline{PbO_2} \longrightarrow \underline{Pb^{2+}}$
　　+4　　　　　+2
PbO_2 の酸化剤としての半反応式をつくる。
$PbO_2 + 4H^+ + 2e^-$
　　$\longrightarrow Pb^{2+} + 2H_2O$
両辺に SO_4^{2-} を足す。
$PbO_2 + 4H^+ + SO_4^{2-} + 2e^-$
　　$\longrightarrow PbSO_4 + 2H_2O$
やはり水に不溶な $PbSO_4$ が極板に付着。

❶ 全体では 2mol の e^- が流れたとき，2mol の H_2SO_4 が消費され，2mol の水が生成する。

189

(1) (ア) 酸化 (イ) 負 (ウ) 還元 (エ) 正

(2) (i) 2 (ii) 2 (iii) 4 (iv) 4 (v) 2
　　(Ⅰ) H^+ (Ⅱ) H^+ (Ⅲ) H_2O

(3) $2H_2 + O_2 \longrightarrow 2H_2O$

解説

負極では酸化反応が起こる。リン酸形燃料電池では，H_2 が酸化されて H^+ が生じる。

　　負極：$H_2 \longrightarrow 2H^+ + 2e^-$ …①

正極では還元反応が起こる。リン酸形燃料電池では，O_2 が還

●燃料電池（アルカリ形：電解液は KOHaq）
負極：$H_2 + 2OH^-$
　　$\longrightarrow 2H_2O + 2e^-$
正極：$O_2 + 2H_2O + 4e^-$
　　$\longrightarrow 4OH^-$
全体：$2H_2 + O_2 \longrightarrow 2H_2O$

元されて H_2O が生じる。
　　正極：$O_2 + 4H^+ + 4e^- \longrightarrow 2H_2O$ …②
電池全体の反応は，①，②式より e^- を消去して①×2＋②
　　$2H_2 + O_2 \longrightarrow 2H_2O$

エクセル 燃料電池（リン酸形）
　　負極：$H_2 \longrightarrow 2H^+ + 2e^-$
　　正極：$O_2 + 4H^+ + 4e^- \longrightarrow 2H_2O$
　　全体：$2H_2 + O_2 \longrightarrow 2H_2O$

190
(1) (i) Zn　(ii) MnO_2　(iii) Ag_2O　(iv) O_2
　　(ア) (d)　(イ) (b)　(ウ) (a)
(2) 二次電池（蓄電池）

酸化銀電池は寿命が長く，電圧が安定しているため，腕時計などの電子機器に利用される。
空気電池は，使用時に底部にあるシールをはがして孔から空気を入れる。正極活物質として空気中の酸素 O_2 を用いる。補聴器などに利用される。
リチウムイオン電池は，起電力が 4.0 V と非常に大きい。小型軽量化された二次電池である。最近では，スマートフォン，タブレット端末のほかに，ハイブリッド車や電気自動車などにも利用される。

●正極活物質
正極で還元される酸化剤

●負極活物質
負極で酸化される還元剤

エクセル 一次電池：充電できない電池　　二次電池：充電できる電池

191
(ア) 電気分解　(イ) 陽極　(ウ) 酸化　(エ) 陰極
(オ) 還元

陰極では，電池の負極から電子 e^- が流れ込むため，還元反応が起こる。一方，陽極では酸化反応が起こる。

エクセル 電気分解
　　陽極（電池の正極と接続）　酸化反応が起こる
　　陰極（電池の負極と接続）　還元反応が起こる

192
① $2H_2O \longrightarrow O_2 + 4H^+ + 4e^-$
② $2H^+ + 2e^- \longrightarrow H_2$
③ $4OH^- \longrightarrow O_2 + 2H_2O + 4e^-$
④ $2H_2O + 2e^- \longrightarrow H_2 + 2OH^-$
⑤ $2Cl^- \longrightarrow Cl_2 + 2e^-$
⑥ $Cu^{2+} + 2e^- \longrightarrow Cu$
⑦ $2H_2O \longrightarrow O_2 + 4H^+ + 4e^-$
⑧ $Ag^+ + e^- \longrightarrow Ag$
⑨ $Cu \longrightarrow Cu^{2+} + 2e^-$
⑩ $Cu^{2+} + 2e^- \longrightarrow Cu$

▶陽極では最も酸化されやすい物質が，陰極では最も還元されやすい物質が反応する。

H_2SO_4 水溶液を Pt 電極で電気分解すると，陽極では H_2O が酸化され，陰極では H^+ が還元される。
　　陽極：$2H_2O \longrightarrow O_2 + 4H^+ + 4e^-$ …①
　　陰極：$2H^+ + 2e^- \longrightarrow H_2$ …②

NaOH水溶液をPt電極で電気分解すると，陽極ではOH⁻が酸化され，陰極ではH₂Oが還元される。

陽極：$4OH^- \longrightarrow O_2 + 2H_2O + 4e^-$ …③
陰極：$2H_2O + 2e^- \longrightarrow H_2 + 2OH^-$ …④

CuCl₂水溶液をC電極で電気分解すると，陽極ではCl⁻が酸化され，陰極ではCu²⁺が還元される。

陽極：$2Cl^- \longrightarrow Cl_2 + 2e^-$ …⑤
陰極：$Cu^{2+} + 2e^- \longrightarrow Cu$ …⑥

AgNO₃水溶液をPt電極で電気分解すると，陽極ではH₂Oが酸化され，陰極ではAg⁺が還元される。

陽極：$2H_2O \longrightarrow O_2 + 4H^+ + 4e^-$ …⑦
陰極：$Ag^+ + e^- \longrightarrow Ag$ …⑧

CuSO₄水溶液をCu電極で電気分解すると，陽極では電極のCuが酸化され，陰極ではCu²⁺が還元される。

陽極：$Cu \longrightarrow Cu^{2+} + 2e^-$ …⑨
陰極：$Cu^{2+} + 2e^- \longrightarrow Cu$ …⑩

エクセル 陽極：酸化反応が起こる　　陰極：還元反応が起こる

193

解答 (1) 2.7×10^2 C　(2) 1.0×10^{-2} mol　(3) 0.50 A

解説
(1) 電気量〔C〕＝電流〔A〕×時間〔s〕より，
$0.30 \text{ A} \times (60 \times 15) \text{ s}$❶ $= 2.7 \times 10^2$ C

(2) $0.50 \text{ A} \times (60 \times 32 + 10) \text{ s} = 9.65 \times 10^2$ C
流れた電子の物質量は

電子の物質量〔mol〕＝ $\dfrac{電気量〔C〕}{9.65 \times 10^4 \text{C/mol}}$ より，

$\dfrac{9.65 \times 10^2 \text{ C}}{9.65 \times 10^4 \text{ C/mol}} = 1.0 \times 10^{-2}$ mol

(3) 流れた電気量は，
$0.020 \text{ mol} \times 9.65 \times 10^4 \text{ C/mol} = 1.93 \times 10^3$ C
よって，流れていた電流の大きさは，

$\dfrac{1.93 \times 10^3 \text{ C}}{(60^2 \times 1 + 60 \times 4 + 20) \text{ s}} = 0.50$ A

エクセル 電気量〔C〕＝電流〔A〕×時間〔s〕

電子e⁻の物質量〔mol〕＝ $\dfrac{電気量〔C〕}{9.65 \times 10^4 \text{C/mol}}$

❶電気量を求めるために，時間・分をすべて秒に換算する。

194

解答 (1) 3.2×10^{-1} g　(2) O₂，5.6×10^{-2} L

解説 硫酸銅(Ⅱ)水溶液を，白金電極を用いて電気分解すると

陽極：$2H_2O \longrightarrow O_2 + 4H^+ + 4e^-$ …①
陰極：$Cu^{2+} + 2e^- \longrightarrow Cu$ …②

(1) 流れた電気量は，$1.0 \text{ A} \times (60 \times 16 + 5) \text{ s} = 9.65 \times 10^2$ C
よって，電子の物質量は

$\dfrac{9.65 \times 10^2 \text{ C}}{9.65 \times 10^4 \text{ C/mol}} = 1.0 \times 10^{-2}$ mol

$2H_2O \longrightarrow O_2 + 4H^+ + \boxed{4e^-}$
　　　　　同じ物質量
$Cu^{2+} + \boxed{2e^-} \longrightarrow Cu$

②式より析出した Cu の物質量は

$$1.0 \times 10^{-2} \text{mol} \times \frac{1}{2} = 5.0 \times 10^{-3} \text{mol}$$

Cu の原子量は 63.5 であるので，求める質量は

$$63.5 \text{g/mol} \times 5.0 \times 10^{-3} \text{mol} = 3.175 \times 10^{-1} \text{g} \fallingdotseq 3.2 \times 10^{-1} \text{g}$$

(2) ①式より発生した気体は酸素 O_2 である。
O_2 の物質量は

$$1.0 \times 10^{-2} \text{mol} \times \frac{1}{4} = 2.5 \times 10^{-3} \text{mol}$$

標準状態での O_2 の体積は

$$22.4 \text{L/mol} \times 2.5 \times 10^{-3} \text{mol} = 5.6 \times 10^{-2} \text{L}$$

エクセル 電子 e^- の物質量〔mol〕$= \dfrac{\text{電気量〔C〕}}{9.65 \times 10^4 \text{C/mol}}$

195 解答
(1) 陽極　$2H_2O \longrightarrow O_2 + 4H^+ + 4e^-$
陰極　$Ag^+ + e^- \longrightarrow Ag$
(2) 8.0×10^{-2} mol　(3) 8.6 g　(4) 4.5×10^{-1} L

解説
(1) 硝酸銀水溶液を，白金電極を用いて電気分解すると
陽極：$2H_2O \longrightarrow O_2 + 4H^+ + 4e^-$ …①
陰極：$Ag^+ + e^- \longrightarrow Ag$ …②
(2) 流れた電気量は，$1.0 \text{A} \times (60^2 \times 2 + 60 \times 8 + 40)\text{s} = 7.72 \times 10^3$ C
よって，流れた電子の物質量は，

$$\frac{7.72 \times 10^3 \text{C}}{9.65 \times 10^4 \text{C/mol}} = 8.0 \times 10^{-2} \text{mol}$$

(3) ②式より析出した Ag の物質量は 8.0×10^{-2} mol
Ag の原子量は 108 であるので，求める質量は
$108 \text{g/mol} \times 8.0 \times 10^{-2} \text{mol} = 8.64 \text{g} \fallingdotseq 8.6 \text{g}$
(4) ①式より発生した気体は酸素 O_2 である。
O_2 の物質量は

$$8.0 \times 10^{-2} \text{mol} \times \frac{1}{4} = 2.0 \times 10^{-2} \text{mol}$$

標準状態での O_2 の体積は
$22.4 \text{L/mol} \times 2.0 \times 10^{-2} \text{mol} = 4.48 \times 10^{-1} \text{L} \fallingdotseq 4.5 \times 10^{-1} \text{L}$

エクセル 電子 e^- の物質量〔mol〕$= \dfrac{\text{電気量〔C〕}}{9.65 \times 10^4 \text{C/mol}}$

$2H_2O \longrightarrow O_2 + 4H^+ + \boxed{4e^-}$
　　　　同じ物質量
$Ag^+ + \boxed{e^-} \longrightarrow Ag$

196 解答
(1) (ア) 陽　(イ) 陰　(2) $Cu^{2+} + 2e^- \longrightarrow Cu$
(3) Au，Ag
(4) 銅以外の金属が析出しないようにするため。

解説
(1)(2) 陽極では粗銅が酸化されイオンになり，陰極では溶液中の銅（Ⅱ）イオンが還元されて金属の銅が析出する。
(3) 電圧にもよるが，銅よりもイオン化傾向の小さい金，銀は陽極泥として沈殿する。陽極の下にたまる沈殿を陽極泥という。

キーワード
・金属
・析出

(4) 溶液中には，粗銅から溶け出した鉄，ニッケル，亜鉛などのイオン化傾向の大きいイオンも不純物として含まれる。電圧を0.3Vと低くすることによって，溶液中で最も還元されやすいCu^{2+}だけが還元されて析出し，不純物は析出せずに溶液中に残る。これにより，純度の高い銅を得ることができる。

エクセル 銅の電解精錬
陽極：$Cu \longrightarrow Cu^{2+} + 2e^-$
陰極：$Cu^{2+} + 2e^- \longrightarrow Cu$

197

解答
(1) (ア) 塩素　(イ) 水素　(ウ) 水酸化物
(エ) ナトリウム　(オ) 塩化物
(カ) 水酸化ナトリウム　(2) 0.224 L

●塩化ナトリウム水溶液の電気分解

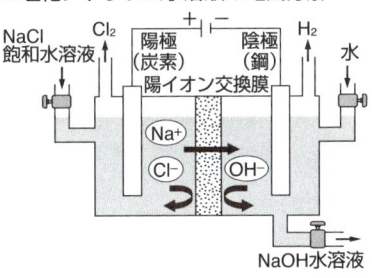

解説
(1) 陽極では，Cl^-が酸化されて気体のCl_2が発生。
陽極：$2Cl^- \longrightarrow Cl_2 + 2e^-$
陰極では，H_2Oが還元されて気体のH_2が発生。
陰極：$2H_2O + 2e^- \longrightarrow H_2 + 2OH^-$

(2) 流れた電子e^-の物質量は
$$\frac{1.00\,A \times 1.93 \times 10^3\,s}{9.65 \times 10^4\,C/mol} = 2.00 \times 10^{-2}\,mol$$
陰極の反応式より，電子e^-が2 mol流れると，H_2が1 mol発生するので
H_2の物質量は，$2.00 \times 10^{-2}\,mol \times \dfrac{1}{2} = 1.00 \times 10^{-2}\,mol$
よって，標準状態におけるH_2の体積は
$1.00 \times 10^{-2}\,mol \times 22.4\,L/mol = 0.224\,L$

●陽イオン交換膜
陽イオンは通すが，陰イオンは通さない。

エクセル 〈水酸化ナトリウムの製法（イオン交換膜法）〉
塩化ナトリウム水溶液を電気分解してつくられる。
陽極：$2Cl^- \longrightarrow Cl_2 + 2e^-$
陰極：$2H_2O + 2e^- \longrightarrow 2OH^- + H_2$
陰極付近ではOH^-が増加する。また，Na^+は陽イオン交換膜を透過して陰極側に移動してくる。したがって，陰極付近の水溶液を濃縮するとNaOHが得られる。

198

解答
トタンとブリキの表面に傷がつくと，ブリキではスズよりもイオン化傾向が大きい鉄から酸化され，トタンでは鉄よりもイオン化傾向が大きい亜鉛から酸化される。そのため，傷がついたブリキとトタンではブリキの方が腐食しやすい。

キーワード
・イオン化傾向

解説
鉄に亜鉛をめっきしたものをトタン，鉄にスズをめっきしたものをブリキという。
鉄よりもイオン化傾向が大きい亜鉛をめっきしたトタンでは，傷がついても亜鉛が先に溶解し，生じた電子が鉄の方に移動するために，めっきしていない鉄よりもさびにくい。
傷がついたトタンとブリキの内部構造は次のようになっている。どちらも，イオン化傾向が大きい金属が先に酸化される。

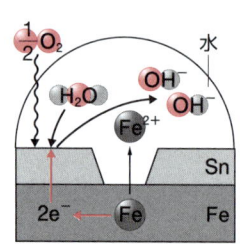

ブリキ：傷がつくと鉄の方から　　トタン：傷がついても，まず
　　　さびていく。　　　　　　　　　亜鉛が溶けて，鉄はさびない。

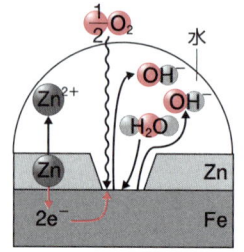

エクセル　イオン化傾向　　Zn＞Fe＞Sn
　　　イオン化傾向の大きい金属から酸化される。

199 (1) $Pb + PbO_2 + 2H_2SO_4 \longrightarrow 2PbSO_4 + 2H_2O$
(2) 80.0 g 増加　　(3) 20.4%

▶ 鉛蓄電池は放電により H_2SO_4 を消費し，H_2O が生成するため，電解液の希硫酸の濃度は小さくなる。

(1) 鉛蓄電池では，正極で酸化鉛(Ⅳ) PbO_2 が還元されて硫酸鉛(Ⅱ) $PbSO_4$ になり，負極で鉛 Pb が酸化されて硫酸鉛(Ⅱ)になる。

$$PbO_2 + 4H^+ + SO_4^{2-} + 2e^- \longrightarrow PbSO_4 + 2H_2O$$
$$+\underline{)Pb + SO_4^{2-} \longrightarrow PbSO_4 + 2e^-}$$
$$Pb + PbO_2 + 2H_2SO_4 \longrightarrow 2PbSO_4 + 2H_2O \quad (放電)$$

(2) 正極，負極での反応式は，

式量　　239　　　　　　　　　　　303
正極：$\underbrace{PbO_2}_{1\,mol} + 4H^+ + SO_4^{2-} + \underbrace{2e^-}_{2\,mol} \longrightarrow \underbrace{PbSO_4}_{1\,mol} + 2H_2O$ …①

式量　　207　　　　303
負極：$\underbrace{Pb}_{1\,mol} + SO_4^{2-} \longrightarrow \underbrace{PbSO_4}_{1\,mol} + \underbrace{2e^-}_{2\,mol}$ …②

正極，負極での固体に注目する。
鉛蓄電池において，9.65×10^4 C の電気量を放電させているので，電子 1.00 mol 分が流れたことになる。上の①，②式より，電子 2 mol が流れると，正極では，酸化鉛(Ⅳ) 1 mol が反応して硫酸鉛(Ⅱ) 1 mol が生成し，負極では鉛 1 mol が反応して硫酸鉛(Ⅱ) 1 mol が生成している。
それぞれの式量は，Pb＝207，$PbSO_4$＝303，PbO_2＝239 より

正極の質量の増加量は，$(303-239) \text{g/mol} \times (1.00 \times \frac{1}{2}) \text{mol} = 32.0 \text{g}$

負極の質量の増加量は，$(303-207) \text{g/mol} \times (1.00 \times \frac{1}{2}) \text{mol} = 48.0 \text{g}$

両極の合計の増加量は，32.0 g ＋ 48.0 g ＝ 80.0 g

(3) 放電前の 35.0% の希硫酸 560 g 中の H_2SO_4 と H_2O の質量は，

放電前の H_2SO_4 の質量　　$560 \text{g} \times \dfrac{35.0}{100} = 196 \text{g}$

放電前の H_2O の質量　　560 g － 196 g ＝ 364 g

(1)より放電するときの化学反応式は
$$Pb + PbO_2 + 2H_2SO_4 \longrightarrow 2PbSO_4 + 2H_2O$$
この式から，電子 2mol が流れたとき，2mol の H_2SO_4 が消費され，2mol の水が生成することがわかる。
電子 1.00mol 分が流れたので，H_2SO_4（分子量 98）が 1.00mol 消費され，H_2O（分子量 18）が 1.00mol 生成したことから，
　放電後の H_2SO_4　$196\,g - 98\,g/mol \times 1.00\,mol = 98.0\,g$
　放電後の H_2O　$364\,g + 18\,g/mol \times 1.00\,mol = 382\,g$
　放電後の希硫酸は $98.0\,g + 382\,g = 480\,g$
よって，放電後の希硫酸の質量パーセント濃度は，
$$\frac{98.0\,g}{480\,g} \times 100 = 20.41\cdots ≒ 20.4 \quad 20.4\%$$

エクセル 鉛蓄電池
$$Pb + PbO_2 + 2H_2SO_4 \underset{充電(2e^-)}{\overset{放電(2e^-)}{\rightleftarrows}} 2PbSO_4 + 2H_2O$$
放電すると，希硫酸の濃度が小さくなる。

200

解答 (1) (ア) MnO_2　(イ) Zn　(ウ) Zn^{2+}　(エ) 2
　(オ) 1.5　(カ) KOH
(2) アンモニア NH_3 が亜鉛イオン Zn^{2+} と結合して錯イオンになるので，亜鉛のイオン化が進みやすいから。

解説 マンガン乾電池❶
　$(-)Zn\,|\,NH_4Claq,\,ZnCl_2aq\,|\,MnO_2(+)$
乾電池については，反応が複雑で反応がすべてわかっているわけではない。亜鉛 Zn の筒は容器を兼ねた負極で，放電すると亜鉛イオン Zn^{2+} が溶け出す。電子 e^- は，電池の外部の導線を通って正極の炭素棒に移動し，酸化マンガン(IV) MnO_2 は還元される。
　負極：$Zn \longrightarrow Zn^{2+} + 2e^-$
　正極：$MnO_2 + NH_4^+ + e^- \longrightarrow MnO(OH) + NH_3$
正極で生じたアンモニア NH_3 が，亜鉛イオン Zn^{2+} と結合して錯イオンになるので，亜鉛イオンは常に低濃度に保たれ，亜鉛のイオン化が進みやすくなっている。
　$Zn^{2+} + 4NH_3 \longrightarrow [Zn(NH_3)_4]^{2+}$
酸化マンガン(IV) MnO_2 は酸化剤で電子 e^- を受け取り，酸化数が +3 の水酸化酸化マンガン(III) $MnO(OH)$ に変化する。

エクセル マンガン乾電池
　$(-)Zn\,|\,NH_4Claq,\,ZnCl_2aq\,|\,MnO_2(+)$

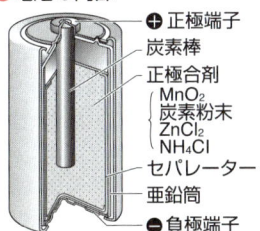

❶電池の内部

正極端子
炭素棒
正極合剤
　MnO_2
　炭素粉末
　$ZnCl_2$
　NH_4Cl
セパレーター
亜鉛筒
負極端子

正極の反応は，実際にはいくつかの複雑な反応が同時に進行している。

キーワード
・錯イオン

201

解答 (1) 陽極　$Cu \longrightarrow Cu^{2+} + 2e^-$
　陰極　$Cu^{2+} + 2e^- \longrightarrow Cu$
(2) $1.80 \times 10^3\,C$　(3) $9.63 \times 10^4\,C/mol$
(4) 陽極　$5.93 \times 10^{-1}\,g$ 減少
　陰極　$5.93 \times 10^{-1}\,g$ 増加

▶ミリカンは油滴実験により，電子の電荷を測定した。

解説
(1) 陽極では，電極の Cu が酸化される。
よって，Cu ⟶ Cu²⁺ + 2e⁻
陰極では，電解液中の Cu²⁺ が還元される。
よって，Cu²⁺ + 2e⁻ ⟶ Cu

(2) 電気量[C] = 電流[A]×時間[s] より
電気量[C] = 1.00 A ×(60×30)s
= 1.80×10³ C

(3) 電子1molのもつ電気量の絶対値がファラデー定数であるので
ファラデー定数 = 1.60×10⁻¹⁹ C × 6.02×10²³ /mol
= 9.632×10⁴ C/mol ≒ 9.63×10⁴ C/mol

(4) 流れた e⁻ の物質量は
$$\frac{1.80\times10^3\,\text{C}}{9.632\times10^4\,\text{C/mol}} = 1.868\cdots\times10^{-2}\,\text{mol}$$
(1)より，e⁻ が 2mol 流れると，陽極では Cu 1mol 分の質量が減少し，陰極では Cu 1mol 分の質量が増加する。
よって，Cu の質量の変化量は
$$63.5\,\text{g/mol}\times\frac{1.868\times10^{-2}}{2}\,\text{mol} = 5.930\cdots\times10^{-1}\,\text{g} ≒ 5.93\times10^{-1}\,\text{g}$$

エクセル ファラデー定数　電子1molのもつ電気量の絶対値

202

解答 (1) 1.4 g　(2) 56 mL　(3) 0.10 mol/L　(4) 酸性

解説 電解槽Ⅰ　電極は白金 Pt なので電極自身は反応しない。陽極では水 H_2O が酸化されて酸素 O_2 が発生し，陰極では銀イオン Ag^+ が還元されて金属の銀 Ag が析出する。
陽極：2H₂O ⟶ O₂ + 4H⁺ + 4e⁻　…①
陰極：Ag⁺ + e⁻ ⟶ Ag　…②

電解槽Ⅱ　陽極は銅 Cu なので，陽極では電極自身の反応が起こり，銅 Cu が酸化されて銅(Ⅱ)イオン Cu²⁺ になり電極が溶けていく。陰極では，銅(Ⅱ)イオン Cu²⁺ が還元されて，金属の銅 Cu になり析出する。
陽極：Cu ⟶ Cu²⁺ + 2e⁻　…③
陰極：Cu²⁺ + 2e⁻ ⟶ Cu　…④

(1) 流れた電子の物質量は，$\dfrac{965\,\text{C}}{9.65\times10^4\,\text{C/mol}} = 1.00\times10^{-2}\,\text{mol}$

電解槽Ⅰの陰極では銀が析出する。②式より，1mol の電子 e⁻ が流れると銀が 1mol 析出することがわかる。
析出する銀の物質量は 1.00×10^{-2} mol なので，
析出する銀の質量は，$108\,\text{g/mol}\times1.00\times10^{-2}\,\text{mol} = 1.08\,\text{g}$
電解槽Ⅱの陰極では銅が析出する。④式より，2mol の電子 e⁻ が流れると銅が 1mol 析出することがわかる。
析出する銅の物質量は
$\dfrac{1}{2}\times1.00\times10^{-2}\,\text{mol} = 5.00\times10^{-3}\,\text{mol}$ なので，
析出する銅の質量は

●電解槽：直列
電解槽が直列につながっているので，電解槽Ⅰ，電解槽Ⅱに流れる電気量は等しい。

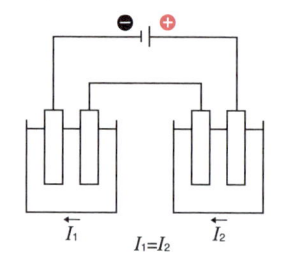

$63.5\,\text{g/mol} \times 5.00 \times 10^{-3}\,\text{mol} = 0.3175\,\text{g}$

よって，銀と銅の合計は $1.08\,\text{g} + 0.3175\,\text{g} = 1.3975\,\text{g} ≒ 1.4\,\text{g}$

(2) 気体が発生するのは，電解槽Ⅰの陽極である。①式より，4molの電子 e^- が流れると酸素が1mol発生する。

発生した酸素の物質量は $\frac{1}{4} \times 1.00 \times 10^{-2}\,\text{mol} = 2.50 \times 10^{-3}\,\text{mol}$

発生した酸素の体積は $22.4\,\text{L/mol} \times 2.50 \times 10^{-3}\,\text{mol} = 56.0 \times 10^{-3}\,\text{L}$
$\longrightarrow 56\,\text{mL}$

(3) 電解槽Ⅱの③，④式より，2molの電子 e^- が流れると，陽極では銅(Ⅱ)イオン1molが生成，陰極では銅(Ⅱ)イオン1molが反応するため，合計の銅(Ⅱ)イオンの物質量は変化しない。よって，電気分解後の硫酸銅(Ⅱ)の濃度は最初の0.10mol/Lから変化しない。

(4) ①式より，電気分解後の電解槽Ⅰの陽極付近には水素イオン H^+ が生成している。よって，陽極付近の水溶液は酸性を示す。

エクセル 〈直列接続の電気分解〉
電解槽Ⅰと電解槽Ⅱに流れる電気量は等しい。

203 解答
(1) 陽極 $\text{Cu} \longrightarrow \text{Cu}^{2+} + 2\text{e}^-$, $\text{Zn} \longrightarrow \text{Zn}^{2+} + 2\text{e}^-$
陰極 $\text{Cu}^{2+} + 2\text{e}^- \longrightarrow \text{Cu}$
(2) 148 mL

解説 電解槽Ⅰ　陽極は亜鉛を含んだ粗銅なので，銅CuとZnの酸化が起こる。陰極では，銅(Ⅱ)イオン Cu^{2+} が還元されて金属の銅Cuが析出する。

陽極：$\text{Cu} \longrightarrow \text{Cu}^{2+} + 2\text{e}^-$, $\text{Zn} \longrightarrow \text{Zn}^{2+} + 2\text{e}^-$ …①
陰極：$\text{Cu}^{2+} + 2\text{e}^- \longrightarrow \text{Cu}$ …②

電解槽Ⅱ　電極は白金Ptなので電極自身は反応しない。陽極では，水 H_2O が酸化されて酸素 O_2 が発生する。陰極では，水 H_2O が還元されて水素 H_2 が発生する。

陽極：$2\text{H}_2\text{O} \longrightarrow \text{O}_2 + 4\text{H}^+ + 4\text{e}^-$ …③
陰極：$2\text{H}_2\text{O} + 2\text{e}^- \longrightarrow \text{H}_2 + 2\text{OH}^-$ …④

(2) 鉛蓄電池の電極反応
負極：$\text{Pb} + \text{SO}_4^{2-} \longrightarrow \text{PbSO}_4 + 2\text{e}^-$
正極：$\text{PbO}_2 + 4\text{H}^+ + \text{SO}_4^{2-} + 2\text{e}^- \longrightarrow \text{PbSO}_4 + 2\text{H}_2\text{O}$

負極で電極の鉛が硫酸鉛(Ⅱ)に変化している。その結果，負極の電極の質量が0.960g増加したことになる。

式量　207　　　303
$\underline{\text{Pb}} + \text{SO}_4^{2-} \longrightarrow \underline{\text{PbSO}_4} + 2\text{e}^-$

上式から，電子 e^- が2mol流れると，鉛が1mol反応し，硫酸鉛(Ⅱ)が1mol生成している。よって，電子が2mol流れると，質量が96g(=303g−207g)増加することになる。

よって，流れた電子の物質量は，$2 \times \dfrac{0.960\,\text{g}}{96\,\text{g/mol}} = 0.0200\,\text{mol}$

鉛蓄電池から流れた電気量は，

● 電解槽：並列
電解槽ⅠとⅡが並列に接続されている。電源から流れてきた電気量は，電解槽Ⅰ，電解槽Ⅱに流れた電気量の和と等しい。

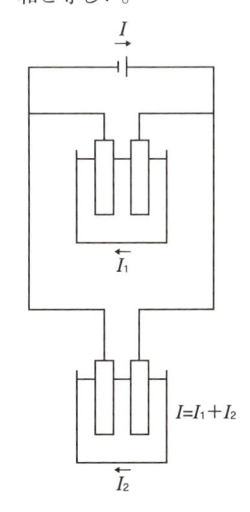

$I = I_1 + I_2$

$0.0200\,\mathrm{mol} \times 9.65 \times 10^4\,\mathrm{C/mol} = 1.93 \times 10^3\,\mathrm{C}$

電解槽Ⅰに流れた電気量は，電気量〔C〕＝電流〔A〕×時間〔s〕より，

$0.100\,\mathrm{A} \times (60 \times 180)\,\mathrm{s} = 1.08 \times 10^3\,\mathrm{C}$

（鉛蓄電池から流れた電気量）
＝（電解槽Ⅰの電気量）＋（電解槽Ⅱの電気量）であるので，電解槽Ⅱの電気量は $1.93 \times 10^3\,\mathrm{C} - 1.08 \times 10^3\,\mathrm{C} = 8.5 \times 10^2\,\mathrm{C}$

電解槽Ⅱでは③，④式より，電子 e^- が 4 mol 流れると，酸素 O_2 が 1 mol，水素 H_2 が 2 mol 発生する。電解槽Ⅱを流れた電子の物質量は $\dfrac{8.5 \times 10^2\,\mathrm{C}}{9.65 \times 10^4\,\mathrm{C/mol}}$ となるので，発生した気体の標準状態での体積は

$22.4\,\mathrm{L/mol} \times \dfrac{1+2}{4} \times \dfrac{8.5 \times 10^2}{9.65 \times 10^4}\,\mathrm{mol} = 0.1479\cdots\mathrm{L} \fallingdotseq 0.148\,\mathrm{L}$

$\longrightarrow 148\,\mathrm{mL}$

エクセル 〈並列接続の電気分解〉
電源から流れた電気量
＝電解槽Ⅰと電解槽Ⅱに流れた電気量の和

204
(1) 電極A：PbO_2
$PbO_2 + 4H^+ + SO_4^{2-} + 2e^- \longrightarrow PbSO_4 + 2H_2O$
電極B：Pb
$Pb + SO_4^{2-} \longrightarrow PbSO_4 + 2e^-$
(2) $2Cl^- \longrightarrow Cl_2 + 2e^-$　　**(3)** **0.960 g 増加**

(1) 電極Cに銅が析出したので，電極Cは陰極である。
電極C：$Cu^{2+} + 2e^- \longrightarrow Cu$
よって，鉛蓄電池の電極Aは正極，Bは負極となる。
電極Aでは，PbO_2 が還元され，$PbSO_4$ となる。
電極A：$\underset{+4}{PbO_2} + 4H^+ + SO_4^{2-} + 2e^- \longrightarrow \underset{+2}{PbSO_4} + 2H_2O$
電極Bでは Pb が酸化され，$PbSO_4$ となる。
電極B：$\underset{0}{Pb} + SO_4^{2-} \longrightarrow \underset{+2}{PbSO_4} + 2e^-$

負極	酸化反応が起こる
正極	還元反応が起こる
陽極	酸化反応が起こる
陰極	還元反応が起こる

(2) 炭素電極を用いて，$CuCl_2$ 水溶液を電気分解すると，陽極では Cl^- が酸化されて Cl_2 となり，陰極では Cu^{2+} が還元されて Cu となる。
陽極：$2Cl^- \longrightarrow Cl_2 + 2e^-$（電極D）
陰極：$Cu^{2+} + 2e^- \longrightarrow Cu$（電極C）

(3) 電極Cで 0.635 g の銅が析出したことから，流れた電子 e^- の物質量は，$Cu^{2+} + 2e^- \longrightarrow Cu$ より

$2 \times \dfrac{0.635\,\mathrm{g}}{63.5\,\mathrm{g/mol}} = 0.0200\,\mathrm{mol}$

電極Bでの反応は

$Pb + SO_4^{2-} \longrightarrow PbSO_4 + 2e^-$

であるので，2 mol の e^- が流れると 1 mol の Pb（式量 207）は

8 電池・電気分解 —— 93

1 mol の PbSO₄（式量 303）となる。
0.0200 mol の e⁻ が流れているので，増加する質量は

$$(303 - 207) \text{ g/mol} \times \frac{1}{2} \times 0.0200 \text{ mol} = 0.960 \text{ g}$$

エクセル 鉛蓄電池（−）Pb｜H₂SO₄aq｜PbO₂（＋）

負極：Pb ＋ SO₄²⁻ ⟶ PbSO₄ ＋ 2e⁻
正極：PbO₂ ＋ 4H⁺ ＋ SO₄²⁻ ＋ 2e⁻ ⟶ PbSO₄ ＋ 2H₂O

205

解答 (1) 9.7×10^5 C　(2) 8.7×10^2 kJ　(3) 61 %

解説 (1) 水素−酸素燃料電池の反応（リン酸形の場合）は，

負極：H₂ ⟶ 2H⁺ ＋ 2e⁻
正極：O₂ ＋ 4H⁺ ＋ 4e⁻ ⟶ 2H₂O
全体：2H₂ ＋ O₂ ⟶ 2H₂O

燃料電池において，水 H₂O が 1 mol 生成したとき，2 mol の電子 e⁻ が得られる。
水の分子量は 18 なので，生成した 90 g の水の物質量は

$$\frac{90 \text{ g}}{18 \text{ g/mol}} = 5.0 \text{ mol}$$

このとき得られた電子の物質量は

$2 \times 5.0 \text{ mol} = 1.0 \times 10 \text{ mol}$

よって，得られた電気量は

$9.65 \times 10^4 \text{ C/mol} \times 1.0 \times 10 \text{ mol} = 9.65 \times 10^5 \text{ C} ≒ 9.7 \times 10^5$ C

(2) 電気エネルギー〔J〕＝起電力〔V〕× 電気量〔C〕より，

$0.90 \text{ V} \times 9.65 \times 10^5 \text{ C} = 8.685 \times 10^5 \text{ J} ≒ 8.7 \times 10^5$ J
⟶ 8.7×10^2 kJ

(3) 同じ 5.0 mol の液体の水が生成するときの化学反応で得られる熱エネルギーは

$286 \text{ kJ/mol} \times 5.0 \text{ mol} = 1.43 \times 10^3$ kJ

よって，$\dfrac{8.68 \times 10^2 \text{ kJ}}{1.43 \times 10^3 \text{ kJ}} \times 100 = 60.6\cdots ≒ 61$　　61 %

▶電力〔J/s〕は，
電力〔J/s〕
＝起電力〔V〕× 電流〔A〕
で表される。
（1 秒あたりの電気エネルギー〔W〕も同じ）

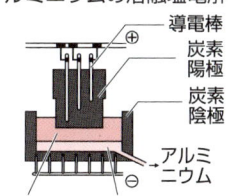

206

解答 (1) (ア) ボーキサイト　(イ) 氷晶石
(2) 陽極：2O²⁻ ＋ C ⟶ CO₂ ＋ 4e⁻
　　　：O²⁻ ＋ C ⟶ CO ＋ 2e⁻
陰極：Al³⁺ ＋ 3e⁻ ⟶ Al
(3) 32.4 kg

解説 (1) 天然にあるボーキサイトを化学的に処理し不純物を取り除くと，純粋な酸化アルミニウム（アルミナ）が得られる。この酸化アルミニウムを溶融塩電解して，アルミニウムが得られる。純粋な酸化アルミニウムは融点が高いため，融点が低いアルミニウムの塩である氷晶石 Na₃AlF₆ にアルミナを少しずつ溶かしながら，溶融塩電解する。
(2) 陽極では酸化物イオン O²⁻ が生成し，電極の炭素 C と反応して二酸化炭素や一酸化炭素が生成する。

●アルミニウムの溶融塩電解

導電棒
炭素陽極
炭素陰極
アルミニウム
氷晶石と酸化アルミニウム　融けたアルミニウム

陽極では電極の炭素が反応し，一酸化炭素，二酸化炭素が生じる。

陰極では，Al^{3+} が還元されて Al となり，融解した状態で炉底にたまる。

(3) 流れた電気量は，電気量〔C〕＝電流〔A〕×時間〔s〕より
$$965\,A \times (60^2 \times 100)\,s = (965 \times 60^2 \times 100)\,C$$
流れた電子の物質量は
$$\frac{(965 \times 60^2 \times 100)\,C}{9.65 \times 10^4\,C/mol} = 3.60 \times 10^3\,mol$$
(2)より，析出するアルミニウムの物質量は電子の物質量の $\frac{1}{3}$ であるので，アルミニウムの質量は
$$27\,g/mol \times \frac{1}{3} \times 3.60 \times 10^3\,mol = 3.24 \times 10^4\,g \longrightarrow 32.4\,kg$$

エクセル アルミニウムの製造
陽極：$O^{2-} + C \longrightarrow CO + 2e^-$
　　　$2O^{2-} + C \longrightarrow CO_2 + 4e^-$
陰極：$Al^{3+} + 3e^- \longrightarrow Al$

207 解答 B

●塩化ナトリウム水溶液の電気分解

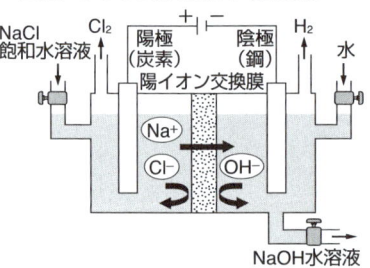

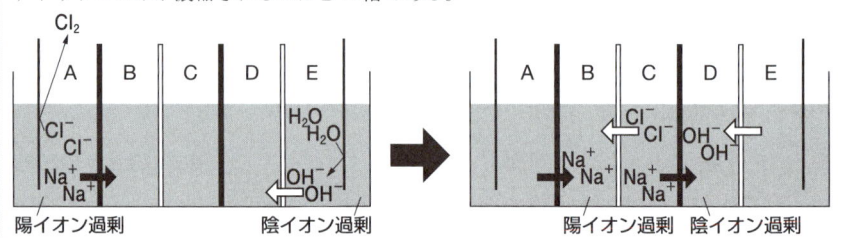

塩化ナトリウム水溶液を電気分解すると，陽極では Cl^- が酸化されて Cl_2 となり，陰極では H_2O が還元されて H_2 となる。
陽極：$2Cl^- \longrightarrow Cl_2 + 2e^-$
陰極：$2H_2O + 2e^- \longrightarrow H_2 + 2OH^-$
電荷のバランスを保つため，下図のように Na^+ が A→Bへ，OH^- が E→Dへ移動する。さらに Cl^- が C→Bへ，Na^+ が C→Dへ移動する。よって，塩化ナトリウムのみが濃縮されるのはBの槽である。

208 解答 炭素原子A ⑥　　炭素原子B ③

エタノール分子では図のように共有電子対が引きつけられる。
炭素原子Aの酸化数は
$$(-1) + (-1) + (+1) = -1$$

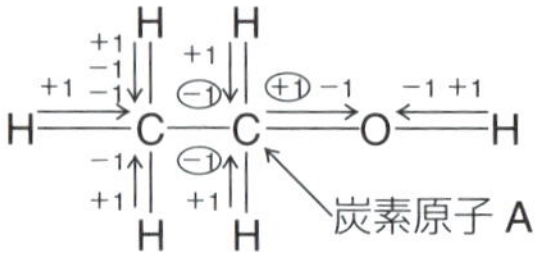

▶エタノールは，水素原子を2つ失い，酸素原子を1つ受け取ることで酸化されている。

2章　発展問題 level 1 —— 95

酢酸分子では図のように共有電子対が引きつけられる。炭素原子Bの酸化数は，
$(+1)+(+1)+(+1) = +3$

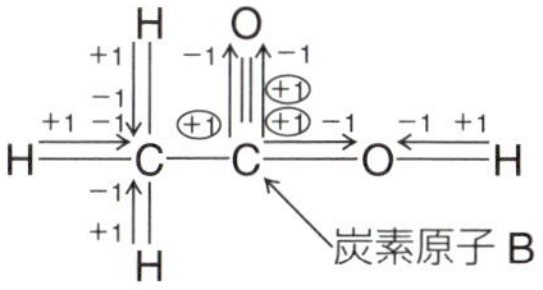

```
       H   O
       |   ‖
   H — C — C — O — H
       |
       H
           ↑炭素原子B
```

エクセル 共有結合している原子の酸化数
電気陰性度の大きい方の原子が，共有電子対を完全に引きつけたと仮定して定められている。

209

解答 電気陰性度の強さはO＞S＞Hの順である。電気陰性度が小さいほど電子対を引きつける力が弱いため，電子を放出しやすくなる。H_2OとH_2Sを比較するとOよりもSの方が電子を放出しやすい。よって，H_2S(酸化数－2)は電子を放出してS(酸化数0)に酸化される。一方，SO_2はOにより電子対が強く引きつけられているためSの電子が不足している。そのため，SO_2(酸化数＋4)は電子を受け取りS(酸化数0)に還元される。

解説 硫黄Sは化合物により酸化数が異なる。酸化数が小さい硫化水素H_2S(酸化数－2)は電子が余っているため還元剤として働きやすく，酸化数が大きい二酸化硫黄SO_2(酸化数＋4)は電子が不足しているため酸化剤として働きやすい。

エクセル Sの酸化数と電気陰性度

	H_2S		S				SO_2		
酸化数	－2	－1	0	＋1	＋2	＋3	＋4	＋5	＋6

電気陰性度 O＞S＞H

キーワード
・電気陰性度
・酸化数

210

解答 (1) $6.00 \times 10^{-5}\,\mathrm{mol}$　(2) $O_2 + 4H^+ + 4e^- \longrightarrow 2H_2O$
(3) $2.40\,\mathrm{mg/L}$

解説 (1) 過マンガン酸カリウムが酸化剤，シュウ酸ナトリウムが還元剤として働く。

$$\begin{cases} MnO_4^- + 8H^+ + 5e^- \longrightarrow Mn^{2+} + 4H_2O \\ C_2O_4^{2-} \longrightarrow 2CO_2 + 2e^- \end{cases}$$

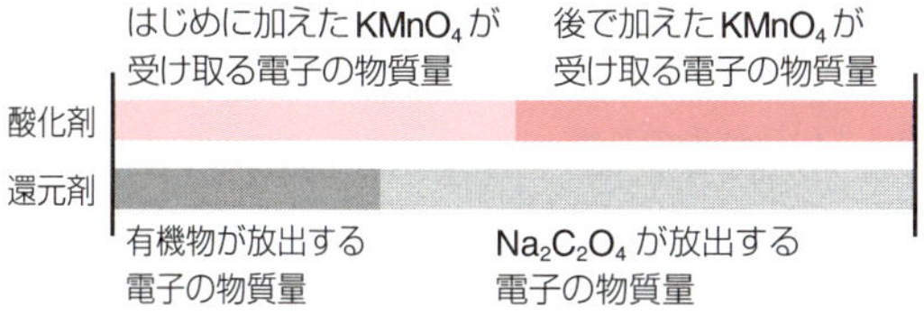

	はじめに加えた$KMnO_4$が受け取る電子の物質量	後に加えた$KMnO_4$が受け取る電子の物質量
酸化剤		
還元剤	有機物が放出する電子の物質量	$Na_2C_2O_4$が放出する電子の物質量

湖水100mLに含まれる有機物が放出する電子e^-の物質量をx[mol]とおく。
酸化剤が受け取るe^-の物質量＝還元剤が失うe^-の物質量より，

・化学的酸素要求量COD
水中の有機化合物を酸化分解するのに必要な酸素量
[mg/L]

・溶存酸素DO
水中の酸素量[mg/L]

・生物化学的酸素要求量BOD
微生物による有機化合物分解にともなう酸素消費量
[mg/L]

解説

$$5 \times 2.00 \times 10^{-3} \text{mol/L} \times \frac{10.0}{1000}\text{L} + 5 \times 2.00 \times 10^{-3} \text{mol/L} \times \frac{5.00}{1000}\text{L}$$

$$= x \text{[mol]} + 2 \times 2.00 \times 10^{-3} \text{mol/L} \times \frac{30.0}{1000}\text{L}$$

$x = 3.00 \times 10^{-5}$ mol

よって，湖水 1.00L に含まれる有機物を酸化するのに必要な過マンガン酸カリウムの物質量は

$$3.00 \times 10^{-5} \text{mol} \times \frac{1.00\text{L}}{0.100\text{L}} \times \frac{1}{5} = 6.00 \times 10^{-5} \text{mol}$$

(3) (2)より O_2 が酸化剤として働くと

$O_2 + 4H^+ + 4e^- \longrightarrow 2H_2O$

(1)より，湖水 100mL に含まれる有機物が放出する電子 e^- の物質量は 3.00×10^{-5} mol なので，湖水 1.00L に含まれる有機物を酸化させるときに必要な O_2 の物質量は

$$3.00 \times 10^{-5} \text{mol} \times \frac{1.00\text{L}}{0.100\text{L}} \times \frac{1}{4} = 7.50 \times 10^{-5} \text{mol}$$

COD は，

7.50×10^{-5} mol/L $\times 32 \times 10^3$ mg/mol $= 2.40$ mg/L

エクセル 化学的酸素要求量 COD
水中に溶けている有機物を酸化分解するのに必要な酸素量〔mg/L〕

211

解答
(1) 4.6×10^{-5} mol　(2) 0.73 mg

解説
$\begin{cases} 2Mn(OH)_2 + O_2 \longrightarrow 2MnO(OH)_2 & \cdots ① \\ MnO(OH)_2 + 2I^- + 4H^+ \longrightarrow Mn^{2+} + I_2 + 3H_2O & \cdots ② \\ I_2 + 2Na_2S_2O_3 \longrightarrow 2NaI + Na_2S_4O_6 & \cdots ③ \end{cases}$

(1) ③式より，チオ硫酸ナトリウム水溶液と反応したヨウ素は，

$$0.025 \text{mol/L} \times \frac{3.65}{1000}\text{L} \times \frac{1}{2} = 4.56\cdots \times 10^{-5} \text{mol}$$
$$\fallingdotseq 4.6 \times 10^{-5} \text{mol}$$

(2) ①〜③式より，試料水中の O_2 の物質量は，(1)で求めたヨウ素の物質量の $\frac{1}{2}$ である。

よって，試料水 100mL 中の DO〔mg〕は

$$4.56 \times 10^{-5} \text{mol} \times \frac{1}{2} \times 32 \times 10^3 \text{mg/mol} = 0.729\cdots \text{mg}$$
$$\fallingdotseq 0.73 \text{mg}$$

▶溶存酸素は，一般には 1L の水に何 mg の酸素が溶けているか(単位：mg/L)で表すことが多い。

エクセル 溶存酸素 DO　水中に溶けている酸素の質量

212

解答
(1) 還元剤…$C_6H_8O_6 \longrightarrow C_6H_6O_6 + 2H^+ + 2e^-$
　　酸化剤…$I_2 + 2e^- \longrightarrow 2I^-$
(2) デンプン溶液　(3) 無色
(4) 青紫色　理由：終点ではアスコルビン酸がすべて消費され，ヨウ素が反応せずに残るようになる。残ったヨウ素はヨウ素デンプン反応により青紫色に呈色するため，終点と判定できる。
(5) 1.69×10^{-2} mol/L
(6) $C_6H_8O_6 + 2FeCl_3 \longrightarrow C_6H_6O_6 + 2FeCl_2 + 2HCl$

キーワード
・ヨウ素デンプン反応
・青紫色

解説
(1) アスコルビン酸が還元剤，ヨウ素が酸化剤として働く。
(2) ヨウ素はヨウ素デンプン反応により，青紫色に呈色する。
(3) 終点において，ヨウ素がすべて消費されてなくなるため，青紫色から無色に変化する。
(4) 終点において，ヨウ素が残るようになるため，無色から青紫色に変化する。
(5) ヨウ素溶液のモル濃度を x [mol/L]とおく。

$$I_2 + 2Na_2S_2O_3 \longrightarrow 2NaI + Na_2S_4O_6$$

より，I_2 と $Na_2S_2O_3$ は 1 : 2 で反応する。

$$x \text{[mol/L]} \times \frac{10.0}{1000} \text{L} \times 2 = 0.0160 \text{ mol/L} \times \frac{5.80}{1000} \text{L}$$

$$x = 4.64 \times 10^{-3} \text{ mol/L}$$

次に，水溶液に含まれるアスコルビン酸のモル濃度を y [mol/L]とおく。

(1)より，アスコルビン酸とヨウ素は 1 : 1 で反応する。

$$4.64 \times 10^{-3} \text{ mol/L} \times \frac{7.28}{1000} \text{L} = y \text{[mol/L]} \times \frac{1}{5} \times \frac{10.0}{1000} \text{L}$$

$$y = 1.688\cdots \times 10^{-2} \text{ mol/L} \fallingdotseq 1.69 \times 10^{-2} \text{ mol/L}$$

(6) アスコルビン酸は還元剤として働くため，酸化剤として働く水溶液を選べばよい。
$FeCl_3$, $FeSO_4$, $SnCl_2$ のうち，酸化剤として働くのは $FeCl_3$($Fe^{3+} \longrightarrow Fe^{2+}$)，還元剤として働くのは $FeSO_4$($Fe^{2+} \longrightarrow Fe^{3+}$)，$SnCl_2$($Sn^{2+} \longrightarrow Sn^{4+}$)である。

$$C_6H_8O_6 \longrightarrow C_6H_6O_6 + 2H^+ + 2e^- \cdots ①$$
$$Fe^{3+} + e^- \longrightarrow Fe^{2+} \cdots ②$$

① + ② × 2 で e^- を消去する。

$$C_6H_8O_6 + 2Fe^{3+} \longrightarrow C_6H_6O_6 + 2Fe^{2+} + 2H^+$$

両辺に $6Cl^-$ を加える。

$$C_6H_8O_6 + 2FeCl_3 \longrightarrow C_6H_6O_6 + 2FeCl_2 + 2HCl$$

エクセル アスコルビン酸は還元剤として働く。

213
解答
(1) (a) 2 (b) 2 x OH^-
(2) **48 秒**

解説
(2) 電子 e^- が 1 mol 流れたとき，銀が 1 mol 生じる。
銀 Ag が 216 mg 生じたとき，流れた電子 e^- は

$$\frac{216 \times 10^{-3} \text{g}}{108 \text{ g/mol}} \times 1 = 2.00 \times 10^{-3} \text{ mol}$$

4.0 A の電流で放電したので，かかった時間は
電気量〔C〕= 電流〔A〕× 時間〔s〕より，

$$\frac{2.00 \times 10^{-3} \text{ mol} \times 9.65 \times 10^4 \text{ C/mol}}{4.0 \text{ A}} = 48.2\cdots \text{s} \fallingdotseq 48 \text{ s}$$

エクセル 酸化銀電池
負極活物質：Zn，正極活物質：Ag_2O

▶酸化銀電池は寿命が長く，電圧が安定している一次電池である。ボタン型のものは小型の電子機器である腕時計やカメラの露出計などに使用されている。

214

(1) $x=0：+3$　　$x=1：+4$
(2) ① 0.37　② 92%　③ 15h

(1) $x=0$ のとき，$LiCoO_2$ において Co の酸化数を n とおくと，
$(+1)+n+(-2)\times 2=0$　　$n=+3$
$x=1$ のとき，CoO_2 において Co の酸化数を n とおくと，
$n+(-2)\times 2=0$　　$n=+4$

(2) ① 放電容量 $1500\,mAh$ を電気量に換算して考えると，
$1500\,mAh \longrightarrow 1500\times 10^{-3}A\times 60^2 s \longrightarrow 1500\times 10^{-3}\times 60^2 C$
$LiCoO_2 \xrightarrow{充電} xLi^+ + Li_{1-x}CoO_2 + xe^-$ より，$0.15\,mol$ の正極活物質 $LiCoO_2$ から，$x\times 0.15\,mol$ の電子 e^- が放出されるので，
$x\times 0.15\,mol \times 9.65\times 10^4 C/mol = 1500\times 10^{-3}\times 60^2 C$
$x=0.373\cdots \fallingdotseq 0.37$

② 放電時に減少した放電容量は，$45\,mA \times 24h$ である。この放電によって減少した放電容量の割合は，
$\dfrac{45\,mA \times 24h}{1500\,mAh}\times 100 = 72$　　よって 72%
放電によって放電容量が 72% 減少し，残量が 20% になったため，放電前（充電後）の放電容量の残量は，
$20\% + 72\% = 92\%$

③ 放電容量の残量は 20% なので，
$1500\,mAh \times \dfrac{20}{100} \times \dfrac{1}{20\,mA} = 15h$

エクセル リチウムイオン電池
　負極：$Li_xC \longrightarrow C + xLi^+ + xe^-$　（放電）
　正極：$Li_{(1-x)}CoO_2 + xLi^+ + xe^- \longrightarrow LiCoO_2$　（放電）

▶リチウムイオン電池は，小型で起電力が大きい二次電池で，スマートフォン，タブレット端末，ハイブリッド車，電気自動車などに利用されている。

215

(1) (a) (エ)　(b) (ア)　**(2)** +5　**(3)** $V_2(SO_4)_3$
(4) (イ), (ウ)　**(5)** $3.86\times 10^3 C$　$36.4\,mA$

(2) 硫酸イオンは 2 価の陰イオンなので，バナジウム V の酸化数を x とおくと，
$\{x+(-2)\times 2\}\times 2+(-2)=0$　　$x=+5$

(3) 負極での V は次のように反応している。
$V^{2+} \rightleftarrows V^{3+} + e^-$
負極での反応は，以下のようになる。
$2VSO_4 + H_2SO_4 \rightleftarrows V_2(SO_4)_3 + 2H^+ + 2e^-$

(4) 正極でのみ反応する VO_2^+，負極でのみ反応する V^{2+} は，隔膜を透過しないことが求められる。

(5) $(VO_2)_2SO_4$ が $2.00\times 10^{-2}\,mol$，VSO_4 が $4.00\times 10^{-2}\,mol$ あるので，流れた電子 e^- は $4.00\times 10^{-2}\,mol$ である。よって，得られた電気量は，
$4.00\times 10^{-2}\,mol \times 9.65\times 10^4 C/mol = 3.86\times 10^3 C$
正極タンクと負極タンクの溶液がそれぞれ反応器に供給されている速さは，

▶レドックスフロー電池は，長寿命で安全性の高い大容量の二次電池である。太陽光発電などで得られた，再生可能エネルギーを蓄える蓄電池として注目されている。

$0.100\,\text{cm} \times 0.100\,\text{cm} \times \pi \times 3.00 \times 10^{-1}\,\text{cm/s} = 3.00\pi \times 10^{-3}\,\text{cm}^3/\text{s}$

1.00 L あたり，流れる電子 e^- は $4.00 \times 10^{-2}\,\text{mol}$ であるため，
$3.00\pi \times 10^{-3}\,\text{cm}^3/\text{s} \longrightarrow 3.00\pi \times 10^{-6}\,\text{L/s}$
$3.00\pi \times 10^{-6}\,\text{L/s} \times 4.00 \times 10^{-2}\,\text{mol/L} = 1.20\pi \times 10^{-7}\,\text{mol/s}$

電流〔A〕 $= \dfrac{\text{電気量〔C〕}}{\text{時間〔s〕}}$ より，放電開始直後に流れた電流は，

$1.20\pi \times 10^{-7}\,\text{mol/s} \times 9.65 \times 10^4\,\text{C/mol} = 0.03636\cdots\,\text{A}$
$\fallingdotseq 0.0364\,\text{A} \longrightarrow 36.4\,\text{mA}$

エクセル レドックスフロー電池
負極：$2\text{VSO}_4 + \text{H}_2\text{SO}_4 \rightleftharpoons \text{V}_2(\text{SO}_4)_3 + 2\text{H}^+ + 2e^-$ （右向きが放電）
正極：$(\text{VO}_2)_2\text{SO}_4 + \text{H}_2\text{SO}_4 + 2\text{H}^+ + 2e^- \rightleftharpoons 2\text{VOSO}_4 + 2\text{H}_2\text{O}$ （右向きが放電）

216

解答
(1) (あ) 低い　(い) 低い　(う) 高い
(2) (ア) 2.22 V　(エ) 0.55 V　(3) +1.69 V

解説
(2) (ア)～(オ)の反応式より，酸化剤（還元されている物質）の標準電極電位から還元剤（酸化されている物質）の標準電極電位を引いて起電力を求める。(ア)～(オ)の反応における起電力は，以下の通りである。

(ア) $+1.81\,\text{V} - (-0.41\,\text{V}) = 2.22\,\text{V}$
(イ) $-0.76\,\text{V} - (-0.40\,\text{V}) = -0.36\,\text{V}$
(ウ) $0.00\,\text{V} - (+1.61\,\text{V}) = -1.61\,\text{V}$
(エ) $+1.09\,\text{V} - (+0.54\,\text{V}) = 0.55\,\text{V}$
(オ) $-0.49\,\text{V} - (+1.51\,\text{V}) = -2.00\,\text{V}$

起電力が正の値の場合，自発的に酸化還元反応が進む可能性がある。

(3) 正極の反応の標準電極電位を x〔V〕とすると，
$x\,\text{〔V〕} - (-0.36\,\text{V}) = 2.05\,\text{V}$　　$x = 1.69\,\text{V}$

ア　酸化剤は Co^{3+}，還元剤は Cr^{2+}
イ　酸化剤は Zn^{2+}，還元剤は Cd
ウ　酸化剤は Ti^{4+}，還元剤は Ce^{3+}
エ　酸化剤は Br_2，還元剤は I^-
オ　酸化剤は In^{3+}，還元剤は Mn^{2+}

エクセル 標準電極電位が大きい物質ほど強力な酸化剤となり，小さい物質ほど強力な還元剤となる。

100 ── 3章 物質の状態と平衡

9 状態変化 (p.155)

217 解答
(1) T_b：融点　　T_d：沸点　　変化：T_d は高くなる。
(2) 1：5　(3) 質量：同じ　　体積：e 点
(4) $\dfrac{3Q}{T_d - T_b}$

解説
(2) グラフより，融解に使われた熱は Q〔kJ〕，蒸発に使われた熱は $5Q$〔kJ〕である。
よって，融解熱：蒸発熱 = Q：$5Q$ = 1：5
(3) 状態変化をしても物質の質量は変化しない。液体から気体に変化すると，体積は一般的には大きくなる。
(4) グラフより，液体の状態は cd 間。温度が T_b から T_d に上昇するとき $3Q$〔kJ〕の熱を加えている。よって温度を 1K 上げるのに必要な熱量は

$\dfrac{3Q}{T_d - T_b}$〔kJ/K〕

エクセル 物質が状態変化をしている間は温度上昇しない。

● 比熱
物質1gの温度を1K 上昇させるのに必要な熱量（単位：J/(g・K)）
熱量〔J〕= 比熱〔J/(g・K)〕
　　　　×質量〔g〕×温度変化〔K〕

218 解答
(1) 真空　(2) 760 mm
(3) 大きくなる
理由：温度が高いほど気体分子の熱運動が激しくなり，器壁に強く衝突，また，衝突回数が増加するため。

解説
(2) 大気が水銀面を押して水銀柱を押し上げようとする圧力と，高さ 760 mm の水銀柱の重力によって生じる圧力がつり合っている状態。
(3) 容器に入れた気体分子が壁に衝突し，単位面積あたりに加える力が気体の圧力である。気体の圧力は，単位面積あたりに衝突する分子の数が多いほど大きい。高温になると，分子の熱運動が激しくなり，衝突によって壁に及ぼす力が強くなる。また，衝突の回数も増加するため，圧力が大きくなる。

エクセル 熱運動　物質を構成する粒子が絶え間なく行っている，温度に応じた不規則な運動。
　　　　熱運動は高温ほど激しい。

● 標準大気圧
1.013×10^5 Pa
= 760 mmHg
= 1 atm (1気圧)

219 解答
(1) 78℃　(2) 87℃　(3) 2.3×10^4 Pa
(4) 水，エタノール，ジエチルエーテル
(5) ジエチルエーテル　(6) 気体

解説
(1) 沸騰は，蒸気圧が大気圧と等しくなったときに液体の内部からも蒸発が起こる現象。そのときの温度が沸点である。グラフの 10.0×10^4 Pa のときの値を読みとる。
(2) 蒸気圧が 6.5×10^4 Pa のときの水の温度が沸点である。
(3) 水が 60℃ のときに示す蒸気圧が外圧と等しくなると沸騰する。
(4) 分子間力が大きいほど沸点は高くなる。
(5) 20℃ で最も大きい蒸気圧を示すのは，ジエチルエーテル

▶ 山頂では気圧が低いため，100℃ より沸点が低くなる。地上と異なり米を炊くと生煮えとなる。

である。

(6) 6.0×10^4 Pa のときのエタノールの沸点は、グラフより 66℃。よって、70℃のエタノールは気体である。蒸気圧曲線より下側にある物質の状態は気体である。

エクセル 大気圧＝蒸気圧のとき液体は沸騰する。

220
解答 (3), (4)

解説
(1) 密閉容器に水を入れておくと、やがて見かけ上蒸発が止まって見える状態になる。このとき単位時間に蒸発する分子の数と、凝縮する分子の数が等しくなっている。この状態を気液平衡という。正
(2) 温度が高くなると、蒸気圧も高くなる。これは、温度が高くなると、水分子の熱運動が激しくなり、分子間力を振り切って蒸発する分子の割合が増すためである。正
(3) 一定温度では、気体の体積を減少させても、減少した体積の分の気体が凝縮して液体になるため、蒸気圧の大きさは変わらない。誤
(4) 飽和蒸気圧は温度だけで決まり、他の気体が共存しても変わらない。誤
(5) 外圧が低いところでは、低い温度で蒸気圧と外圧が等しくなる。このため水の沸点は低くなる。正

エクセル 気液平衡にある気体の圧力はその温度における飽和蒸気圧に等しい。

221
解答 ③

解説
水の沸点は、外圧が 1.0×10^5 Pa で 100℃であり、どのグラフも該当する。一方、図の見やすいところである 80℃の蒸気圧を読みとると、0.5×10^5 Pa である。選択肢の外圧 0.5×10^5 Pa で曲線が 80℃を通っているものは②と③だとわかる。しかし、②のように外圧が低くなっているのに沸点が再び上昇するような物質は存在しない。

▶選択肢のグラフが、図のグラフの縦軸と横軸を入れ替えたものだと気づけばすぐにわかる。

エクセル 温度と蒸気圧の関係と、沸点と外圧の関係は等しい。

222
解答
(1) 1N/m^2
(2) 大気圧が水銀溜めの水銀面を押す一定の力によって水銀柱が押し上げられているため。
(3) 水銀柱ミリメートル（ミリメートル水銀柱）
(4) 7.6×10^2 (5) 6.8×10^2 mm
(6) 一定温度における蒸気圧は一定なので、液体の蒸発が進んで容器内の気体の圧力が飽和蒸気圧に達すると、その圧力を保つようになるため。
(7) 33℃ (8) 2.3×10^2 mm

解説
(2)(4) 水銀溜めの水銀面に加わる大気圧は管内の水銀柱の圧力に等しくなり、1気圧（1.013×10^5 Pa）では水銀柱の高さは

●圧力の関係

大気圧
＝
ガラス管内の
水銀柱による圧力
＋
ガラス管内の水銀柱
の上部の気体の圧力

760mm となる。
(3) 水銀柱ミリメートル，ミリメートル水銀柱のどちらのよび方でもよい。
(5) $1.013 \times 10^5 \text{Pa} = 1013 \text{hPa}$ より，水銀柱の高さは
$$\frac{900 \text{hPa}}{1013 \text{hPa}} \times 760 \text{mm} = 675.\cdots \text{mm} \fallingdotseq 6.8 \times 10^2 \text{mm}$$
(6) 密閉容器に液体を入れ放置すると，最初のうちは単位時間あたりの蒸発する分子の数が多い。時間が経って気体の圧力が飽和蒸気圧に達すると，単位時間に蒸発する分子と凝縮する分子の数が等しくなり，見かけ上，蒸発と凝縮が起こっていないような状態になる。
(8) 水銀柱はジエチルエーテルが気液平衡に達するとその蒸気圧に押されて下方に下がる。
水銀柱が及ぼす圧力は，$1013 \text{hPa} - 700 \text{hPa} = 313 \text{hPa}$
313hPa に相当する水銀柱の高さは
$$\frac{313 \text{hPa}}{1013 \text{hPa}} \times 760 \text{mm} = 234.\cdots \text{mm} \fallingdotseq 2.3 \times 10^2 \text{mm}$$

▶密閉空間に液体が存在していれば，その液体から蒸発する気体粒子数は，その温度では最大の状態にある。

キーワード(2)
・大気圧
・水銀面

キーワード(6)
・蒸気圧

エクセル 気液平衡　蒸発する分子の数 = 凝縮する分子の数

223 **解答** Ⅰ $2.3 \times 10^3 \text{Pa}$　　Ⅱ $1.0 \times 10^5 \text{Pa}$

解説 操作Ⅰ　温度一定で，常に液体の水が存在し気液平衡の状態である。気液平衡の状態では，水蒸気圧は温度によるため体積が変化しても水蒸気圧は変わらない。容積を 1.0L から 0.50L に減少させても，水蒸気の一部が液体となる。よって蒸気圧は $2.3 \times 10^3 \text{Pa}$ のままである。
操作Ⅱ　操作Ⅰと同様に，100℃ でも常に水が存在し気液平衡の状態のため水蒸気圧は上昇したときの温度（100℃）による。よって $1.0 \times 10^5 \text{Pa}$。

エクセル 蒸気圧は温度一定ならば，容器の体積に関係なく常に一定の値を示す。

224 **解答** (1) エタノール，30℃　　(2) $1.0 \times 10 \text{m}$

解説 (1) ガラス管内に液体 A を入れると，密閉空間内で液体が蒸発し，気液平衡に達する。そのときの水銀柱上部の気圧 = A の蒸気圧となる。よって大気圧に対して，A の蒸気圧と高さ 685mm の水銀柱が及ぼす圧力の和がつり合っていることになる。$1.0 \times 10^5 \text{Pa} = 760 \text{mmHg}$ より
$760 \text{mmHg} = (\text{A の蒸気圧}) + 685 \text{mmHg}$
$(\text{A の蒸気圧}) = 760 \text{mmHg} - 685 \text{mmHg} = 75 \text{mmHg}$
これを単位 Pa に換算すると
$$1.0 \times 10^5 \text{Pa} \times \frac{75 \text{mmHg}}{760 \text{mmHg}} = 9.86\cdots \times 10^3 \text{Pa} \fallingdotseq 9.9 \times 10^3 \text{Pa}$$
$1 \text{hPa} = 100 \text{Pa}$ より，$9.9 \times 10^3 \text{Pa} = 9.9 \times 10 \text{hPa}$ であり，およそ 100hPa である。
0℃ から 40℃ において 100hPa の蒸気圧をとり得るのはエタ

❶圧力〔Pa〕
$$= \frac{\text{水銀柱の重力〔N〕}}{\text{ガラス管の断面積〔m}^2\text{〕}}$$
$$= \frac{d \times S \times h \times g}{S}$$
$$= dgh$$
$\begin{pmatrix} d：\text{水銀の密度〔g/m}^3\text{〕} \\ S：\text{ガラス管の断面積〔m}^2\text{〕} \\ g：\text{重力加速度〔m/s}^2\text{〕} \\ h：\text{水銀柱の高さ〔m〕} \end{pmatrix}$

となり，ガラス管の断面積によらず水銀柱の密度と高さによって圧力が求められる。

ノールであり，そのときの温度は 30℃。
(2) 液柱の密度と高さの積が等しければ，液柱の示す圧力は等しいといえる❶。よって，水銀柱 760 mm とつり合うために必要な水柱の高さ h は

$$13.6 \, \text{g/cm}^3 \times 760 \, \text{mm} = 1.0 \, \text{g/cm}^3 \times h \, [\text{mm}]$$
$$h = 10336 \, \text{mm} ≒ 1.0 \times 10 \, \text{m}$$

エクセル $1.0 \times 10^5 \, \text{Pa} = 760 \, \text{mmHg}$
蒸気圧 ＝ 外圧 － 水銀柱の圧力

225

解答 A ④　B ②，③　C ⑤

解説 矢印 Q の変化では，液体 → 固体の状態変化が起こっている。霜柱は土の中の水分が凍って柱状になったものである。
矢印 U の変化では，気体 → 液体の状態変化が起こっている。霧や露は空気中の水蒸気が液体になることで起こる。
冬の夜間では，室内の温度は高く，外気によって冷やされた窓に触れると，その部分のみ空気が含んでいる水蒸気量が飽和水蒸気量より大きくなる。

エクセル 物質の状態図(相図)は圧力と温度による物質の状態を示す図である。通常，縦軸は圧力，横軸は温度である。

●結露
空気中の水蒸気が凝縮し水滴となり付着すること

226

解答
(1) $6.1 \times 10^2 \, \text{Pa}$
(2) 水では融点は低くなる。二酸化炭素では高くなる。
(3) 固体 → 液体 → 気体となる。
　理由　状態図から $0.606 \times 10^6 \, \text{Pa}$ の圧力では温度を上げることにより，二酸化炭素はⅠ領域(固体) → Ⅱ領域(液体) → Ⅲ領域(気体)と変化するから。
(4) 点 X：三重点　状態：固体・液体・気体の 3 つの状態が共存している状態。

解説 図 1 と図 2 の状態図において，Ⅰは固体，Ⅱは液体，Ⅲは気体を示している。
(1) 図 1 から，水が液体になるのは $0.61 \times 10^3 \, \text{Pa}$ 以上の圧力のときであることがわかる。
(2) 図 1 と図 2 において，ⅠとⅡの境界線は固体が液体に変わる(融解する)点を表しており，融点の圧力と温度の関係を示している。これを融解曲線という❶。融解曲線から，水では圧力が高くなると融点が低くなり，二酸化炭素では高くなることがわかる。
(3) 図 2 の二酸化炭素の状態図から，$0.52 \times 10^6 \, \text{Pa}$ の圧力以下では温度(横軸)を上昇させてもⅡ(液体)の領域を通らない。それ以上の圧力ではⅡ(液体)の領域を通る❷。

エクセル 物質の状態図は圧力と温度による物質の状態を示す図である。通常，縦軸は圧力，横軸は温度である。

キーワード
・状態図

❶ Ⅰ(固体)とⅡ(液体)の境界線(融解曲線)はいろいろな圧力での物質の融点を表す。

❷ $0.606 \times 10^6 \, \text{Pa}$ で温度(横軸)を変化させてみる。

10 固体の構造 (p.162)

227 解答 (1) 1個　(2) $a=2r$　(3) 52.3%

▶単純立方格子の構造になるのはポロニウムのみ。

解説 (1) $\frac{1}{8}$(頂点)×8 = 1個

(2) 単位格子の中心には原子は存在しないため，原子どうしは単位格子の辺で接する。一辺に原子の半径が2個入るので，
$a=2r$

(3) 単位格子の体積はa^3，単位格子中の原子の数は1個。
$a=2r$より，充填率は

$$\frac{\frac{4}{3}\pi r^3}{a^3}\times 100 = \frac{\frac{4}{3}\pi r^3}{8r^3}\times 100 = \frac{\pi}{6}\times 100 = 52.33\cdots ≒ 52.3 \qquad 52.3\%$$

エクセル 充填率[%] = $\dfrac{単位格子中の原子の占める体積}{単位格子の体積}\times 100$

---

228 解答 (1) B　(2) A 4　B 2　(3) A ③　B ②

● 酸化銅(Ⅰ)型構造(一般式 A_2X)
Xに相当する酸素原子の体心立方格子，Aに相当する金属原子の面心立方格子が組み合わさった構造。他にAg_2O，Pb_2Oなど。

解説 (1) Aは$\frac{1}{8}$(頂点)×8+1 = 2個，Bは4個存在する。

(2) Cu_2Oでは，O^{2-}に接するCu^+は単位格子の中心に位置するO^{2-}に着目すると4個，Cu^+に接するO^{2-}は単位格子を$\frac{1}{8}$に切った小立方体で考えると2個である。❶

(3) それぞれの構造は以下の通りである。

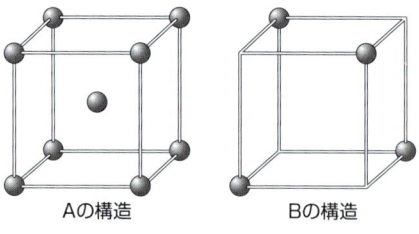

Aの構造　　Bの構造

❶ Bの構造を8個並べると，面心立方格子になる。

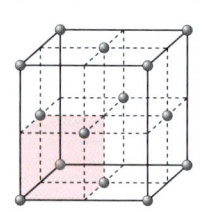

エクセル Cu_2OではO^{2-}が体心立方格子，Cu^+が面心立方格子を形成している。

---

229 解答 (1) 4.1×10^{-8} cm　(2) Cs^+ 1個　Cl^- 1個
(3) 69%　(4) Cs^+ 1.4×10^{22}個　Cl^- 1.4×10^{22}個
(5) $4.0\,g/cm^3$

解説 (1) 単位格子の一辺の長さをa[cm]，Cs^+半径をr_+[cm]，Cl^-半径をr_-[cm]とすると
$\sqrt{3}a = 2(r_+ + r_-)$
$a = \dfrac{2(1.89\times 10^{-8}\text{cm} + 1.67\times 10^{-8}\text{cm})}{\sqrt{3}} = 4.11\cdots \times 10^{-8}\text{cm} ≒ 4.1\times 10^{-8}\text{cm}$

(2) Cs^+：1個(中心)　　Cl^-：$\frac{1}{8}$(頂点)×8 = 1個

10 固体の構造 —— 105

(3) $\dfrac{2.83\times 10^{-23}\,\text{cm}^3\times 1+1.95\times 10^{-23}\,\text{cm}^3\times 1}{(4.11\times 10^{-8})^3\,\text{cm}^3}\times 100=69.2\cdots\fallingdotseq 69$　　69%

(4) $\dfrac{1\,\text{個}}{(4.11\times 10^{-8})^3\,\text{cm}^3}=1.44\cdots\times 10^{22}\,\text{個}/\text{cm}^3\fallingdotseq 1.4\times 10^{22}\,\text{個}/\text{cm}^3$

(5) CsCl のモル質量が 168.5 g/mol だから，Cs^+ と Cl^- 1 個ずつの質量は $\dfrac{168.5}{6.0\times 10^{23}}\,\text{g}$ である。

(4)よりイオンは $1\,\text{cm}^3$ に 1.44×10^{22} 個ずつあるから，密度は

$\dfrac{168.5}{6.0\times 10^{23}}\,\text{g}/\text{個}\times 1.44\times 10^{22}\,\text{個}/\text{cm}^3=4.044\,\text{g}/\text{cm}^3\fallingdotseq 4.0\,\text{g}/\text{cm}^3$

エクセル CsCl 型の結晶構造

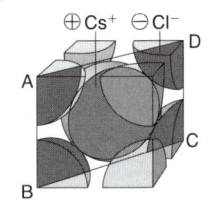

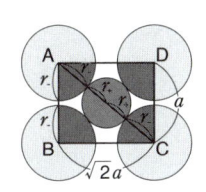

230
解答 (1) 4 個　(2) $5.0\,\text{g}/\text{cm}^3$

解説 (1) 単位格子中の分子数は，面心立方格子と同様に考えることができ

$\dfrac{1}{8}(頂点)\times 8+\dfrac{1}{2}(面)\times 6=4\,\text{個}$

(2) I_2 のモル質量は $127\,\text{g}/\text{mol}\times 2=254\,\text{g}/\text{mol}$ だから

$\dfrac{254\,\text{g}/\text{mol}\times\dfrac{4}{6.0\times 10^{23}/\text{mol}}}{3.4\times 10^{-22}\,\text{cm}^3}=4.98\cdots\,\text{g}/\text{cm}^3\fallingdotseq 5.0\,\text{g}/\text{cm}^3$

▶ヨウ素は，分子間力でできた分子結晶。一般に融点が低く，昇華しやすい。

エクセル 分子結晶の単位格子の密度は分子量から求めることができる。

231
解答 六方最密構造の単位格子：2 個
面心立方格子の単位格子：4 個

解説 六方最密構造：$1(中心)+\left(\dfrac{1}{12}+\dfrac{1}{6}\right)(頂点)\times 4=2$

面心立方格子：$\dfrac{1}{2}(面)\times 6+\dfrac{1}{8}(頂点)\times 8=4$

エクセル 構造によって，原子の数は異なる。

232
解答 (1) (ア) 1　(イ) 1　(ウ) 3　(エ) BaTiO_3
(2) 4　(3) $6.1\,\text{g}/\text{cm}^3$

解説 (1), (2) バリウムイオンは $\dfrac{1}{8}(頂点)\times 8=1\,\text{個}$，チタンイオンは 1 個(中心)，酸化物イオンは $\dfrac{1}{2}(面)\times 6=3\,\text{個}$

$\text{Ba}^{2+}:\text{Ti}^{n+}:\text{O}^{2-}=1:1:3$ だから，チタン酸バリウムの組成式は BaTiO_3 となる(これは与えられた式量 233.2 と一致する)。化合物全体で電荷を打ち消すには $n=4$。

(3) 単位格子には BaTiO_3 が 1 組(Ba^{2+} 1 個，Ti^{4+} 1 個，O^{2-} 3 個)

●面で切断した単位格子中の粒子
・中心にある粒子　　1 個
・面にある粒子　　$\dfrac{1}{2}$ 個
・辺にある粒子　　$\dfrac{1}{4}$ 個
・頂点にある粒子　$\dfrac{1}{8}$ 個

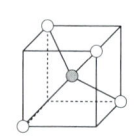

解説 含まれているから，その質量は $233.2\,\text{g/mol} \times \dfrac{1}{6.0 \times 10^{23}/\text{mol}}$

よって，求める密度は

$$\dfrac{233.2\,\text{g/mol} \times \dfrac{1}{6.0 \times 10^{23}/\text{mol}}}{(4.0 \times 10^{-8})^3 \,\text{cm}^3} = 6.07\cdots\text{g/cm}^3 \fallingdotseq 6.1\,\text{g/cm}^3$$

▶イオン結晶では，単位格子1個あたりの陽イオンのもつ正電荷の和と陰イオンのもつ負電荷の和がちょうど打ち消しあう。

エクセル
$$\text{単位格子の密度}[\text{g/cm}^3] = \dfrac{\text{モル質量}[\text{g/mol}] \times \dfrac{\text{単位格子中の粒子数}}{6.0 \times 10^{23}/\text{mol}}}{\text{単位格子の体積}[\text{cm}^3]}$$

233

解答 8個

解説 結晶中に含まれる個数はそれぞれ次のようになる。

$[\text{Al}(\text{H}_2\text{O})_6]^{3+}$　$\dfrac{1}{4} \times 12 + 1 = 4$個

$[\text{K}(\text{H}_2\text{O})_6]^{+}$　$\dfrac{1}{2} \times 6 + \dfrac{1}{8} \times 8 = 4$個

化合物全体の電荷の総和は0になるので

$[\text{Al}(\text{H}_2\text{O})_6]^{3+} : [\text{K}(\text{H}_2\text{O})_6]^{+} : \text{SO}_4{}^{2-} = 4 : 4 : x$ より

$(+3) \times 4 + (+1) \times 4 + (-2) \times x = 0$　　$x = 8$

エクセル 化合物全体の電荷の総和は0になる。

●ミョウバン
硫酸カリウムアルミニウム十二水和物。結晶中の $[\text{Al}(\text{H}_2\text{O})_6]^{3+}$，$[\text{K}(\text{H}_2\text{O})_6]^{+}$ がつくる立方体の中心に $\text{SO}_4{}^{2-}$ が位置する。

234

解答
(1) (ア) 硫化物　(イ) 面心立方　(ウ) 亜鉛　(エ) カルシウム
　　(オ) フッ化物

(2) (a) ZnS　$\text{Zn}^{2+}\cdots$4個，$\text{S}^{2-}\cdots$4個
　　　　CaF$_2$　$\text{Ca}^{2+}\cdots$4個，$\text{F}^{-}\cdots$8個
　　(b) ZnS　Zn^{2+}に接する $\text{S}^{2-}\cdots$4個
　　　　　　　S^{2-}に接する $\text{Zn}^{2+}\cdots$4個
　　　　CaF$_2$　Ca^{2+}に接する $\text{F}^{-}\cdots$8個
　　　　　　　　F^{-}に接する $\text{Ca}^{2+}\cdots$4個

(3) $\dfrac{\sqrt{3}}{4}a$　(4) $4.1\,\text{g/cm}^3$

(5) $\text{CaF}_2 + \text{H}_2\text{SO}_4 \longrightarrow \text{CaSO}_4 + 2\text{HF}$

●イオン結晶の組成式
単位格子中に含まれるイオンの数より
$\text{Zn}^{2+} : \text{S}^{2-}$
$=4$個 $: 4$個 $= 1 : 1$
→ ZnS
$\text{Ca}^{2+} : \text{F}^{-}$
$=4$個 $: 8$個 $= 1 : 2$
→ CaF$_2$

解説
(1) ZnS では，S^{2-} が面心立方格子を形成し，Zn^{2+} がそのすき間に1つおきに配置されている。CaF$_2$ では，Ca^{2+} が面心立方格子を形成し，F^{-} はそのすべてのすき間に配置されている。

(2) (a) ZnS では，Zn^{2+} は $1 \times 4 = 4$個，S^{2-} は面心立方格子だから　$\dfrac{1}{8} \times 8 + \dfrac{1}{2} \times 6 = 4$個

CaF$_2$ では，Ca^{2+} は面心立方格子だから

Ca^{2+} は $\dfrac{1}{8} \times 8 + \dfrac{1}{2} \times 6 = 4$個，$\text{F}^{-}$ は $1 \times 8 = 8$個

(b) ZnS では，Zn^{2+} に接する S^{2-} は，単位格子を $\dfrac{1}{8}$ に切った小立方体で考えると4個，S^{2-} に接する Zn^{2+} は，単位格子の面の中央の S^{2-} に着目し，単位格子を2個並べて考えると

4個。CaF₂ でも同様に考える。

(3) 陽イオンと陰イオンの間の最短距離は，単位格子を $\frac{1}{8}$ に切った1辺の長さ $\frac{a}{2}$ の小立方体の対角線 $\frac{\sqrt{3}}{2}a$ の半分となる。

(4) 単位格子中に，Zn^{2+} と S^{2-} が4個ずつ含まれる。ZnS の式量は 97.5 であるから，密度は，

$$\frac{97.5\,g/mol \times \dfrac{4}{6.0\times 10^{23}/mol}}{(5.4\times 10^{-8})^3\,cm^3} \fallingdotseq 4.1\,g/cm^3$$

エクセル ZnS は S^{2-} が，CaF₂ は Ca^{2+} が面心立方格子を形成している。

235

解答 (1) 4個　(2) $3.9\times 10^{-8}\,cm$　(3) $1.7\,g/cm^3$

解説 (1) 面心立方格子の金属結晶と同様に考えればよい[❶]。

$$\frac{1}{8}(頂点)\times 8 + \frac{1}{2}(面)\times 6 = 4$$

(2) 単位格子の面の対角線は，中心間の距離の2倍なので，

$$\frac{5.6\times 10^{-8}\,cm \times \sqrt{2}}{2} = 3.948\times 10^{-8}\,cm \fallingdotseq 3.9\times 10^{-8}\,cm$$

(3) ドライアイスは面心立方格子の構造をとるので，

$$\frac{44\,g/mol \times \dfrac{4}{6.02\times 10^{23}/mol}}{(5.6\times 10^{-8})^3\,cm^3} = 1.66\cdots\,g/cm^3 \fallingdotseq 1.7\,g/cm^3$$

❶ 二酸化炭素1分子あたりに，炭素原子が1個含まれるので，同様に考えられる。

エクセル 分子結晶であるフラーレン C₆₀ も面心立方格子をとる。

236

解答 (1) 8個
(2) ダイヤモンド $4.6\times 10^{-23}\,cm^3$　黒鉛 $3.6\times 10^{-23}\,cm^3$
(3) ダイヤモンド $3.4\,g/cm^3$　黒鉛 $2.2\,g/cm^3$

解説 (1) $\frac{1}{8}(頂点)\times 8 + \frac{1}{2}(面)\times 6 + 4(中心) = 8$ 個

(2) ダイヤモンドの単位格子の体積は

$(3.6\times 10^{-8})^3\,cm^3 = 4.64\cdots\times 10^{-23}\,cm^3 \fallingdotseq 4.6\times 10^{-23}\,cm^3$

黒鉛は

$2.5\times 10^{-8}\,cm \times (2.5\times 10^{-8}\times \sin 60°$[❶]$)\,cm \times 6.7\times 10^{-8}\,cm$
$= 3.63\cdots\times 10^{-23}\,cm^3 \fallingdotseq 3.6\times 10^{-23}\,cm^3$

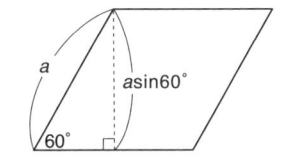

(3) ダイヤモンドの密度は，$\dfrac{12\,g/mol \times \dfrac{8}{6.02\times 10^{23}/mol}}{4.64\times 10^{-23}\,cm^3} \fallingdotseq 3.4\,g/cm^3$

黒鉛の単位格子では，上面と下面を合わせて

$\frac{1}{12}(60°の頂点)\times 4 + \frac{1}{6}(120°の頂点)\times 4 + \frac{1}{2}(面)\times 2$
$= 2$ 個[❷]

中央の層には

$\frac{1}{6}(60°の辺)\times 2 + \frac{1}{3}(120°の辺)\times 2 + 1(中心) = 2$ 個

の計4個の原子が含まれている。よって，密度は

$$\frac{12\,g/mol \times \dfrac{4}{6.02\times 10^{23}/mol}}{3.63\times 10^{-23}\,cm^3} \fallingdotseq 2.2\,g/cm^3$$

❶ 黒鉛の単位格子の底面の高さ

❷ 黒鉛の単位格子に含まれる原子数

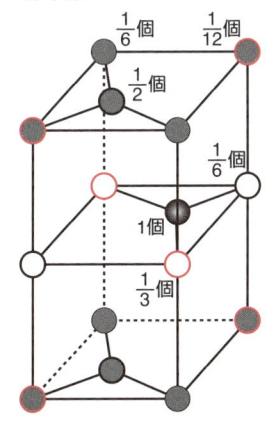

エクセル ダイヤモンドの単位格子
面心立方格子を8分割した小さな立方体の1つおきに，頂点の4原子がつくる正四面体の中心に原子が入った構造。
黒鉛の単位格子
直方体の上面と下面，中心の層に分けて原子を数える。

237 **解答** (1) 正八面体間隙　4個　正四面体間隙　8個
(2) 正八面体間隙　6個　正四面体間隙　4個　(3) 0.15倍

解説 (1) 正八面体間隙は，単位格子の辺上および中心にあるので，$\frac{1}{4} \times 12 + 1 = 4$ 個ある。正四面体間隙をつくる4個の原子は図3のように立方体の頂点に位置している。この小さな立方体の一辺の長さは面心立方格子の一辺の $\frac{1}{2}$ であるから，小さな立方体は面心立方格子中に8個ある。したがって，正四面体間隙も8個ある。

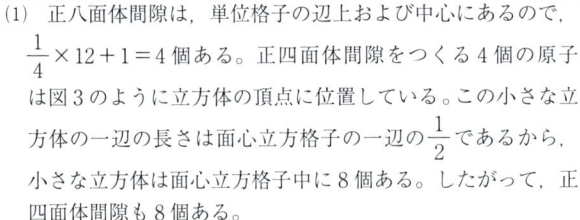

(2) 正八面体間隙は正八面体の頂点の6個の原子，正四面体間隙は小さな立方体の頂点の4個の原子に囲まれている。

(3) 単位格子の一辺の長さを a，原子半径を r とする。また，正八面体間隙に入る球の最大の半径を x とする。
$4r = \sqrt{2}\,a$
$a = 2r + 2x$
これを解いて，$x = 0.147\cdots a \fallingdotseq 0.15a$

エクセル 面心立方格子　　　　正八面体のすき間と正四面体のすき間

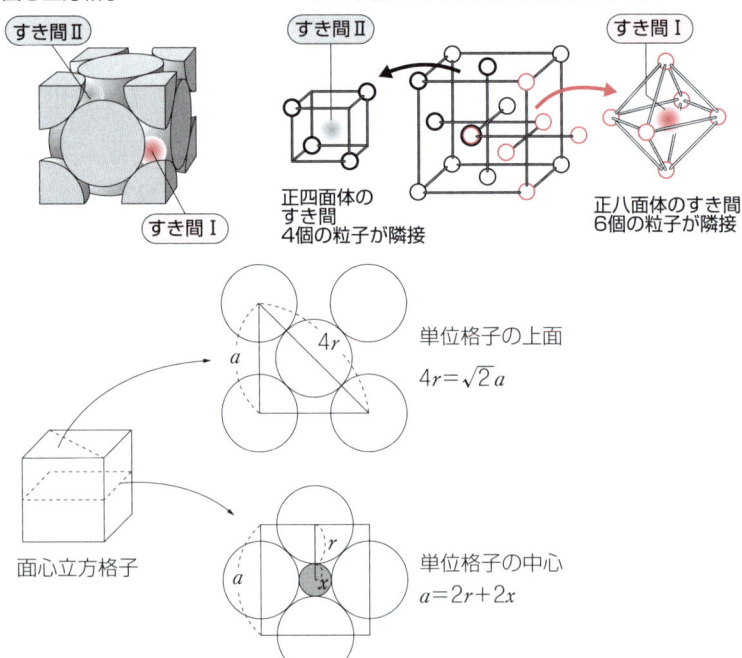

すき間Ⅱ
すき間Ⅰ

正四面体のすき間
4個の粒子が隣接

正八面体のすき間
6個の粒子が隣接

面心立方格子

単位格子の上面
$4r = \sqrt{2}\,a$

単位格子の中心
$a = 2r + 2x$

11 気体の性質 (p.174)

238 解答 ⑤

解説 気体の温度が一定でも，それぞれの分子がすべて同じ運動エネルギーをもっているわけではない。温度が高くなるほど，気体分子の熱運動は激しくなり，大きいエネルギーをもつ分子の割合も増加する。

▶高温になるほど速さが大きい分子の割合が増加する。

エクセル 気体分子は熱運動により器壁や分子どうしで衝突するため，一定の運動エネルギーをもたない。

239 解答 (1) 310 K (2) -273 ℃ (3) 凝固点：273 K 沸点：373 K

解説 (1) $(273+37)\mathrm{K}=310\mathrm{K}$
(2) $273+t=0$ $t=-273$
(3) 凝固点 $(273+0)\mathrm{K}=273\mathrm{K}$ 沸点 $(273+100)\mathrm{K}=373\mathrm{K}$

▶絶対零度は厳密には -273.15 ℃

エクセル セルシウス温度を t[℃]，絶対温度を T[K]とすると，
$T=273+t$

240 解答 (1) $5.0\times10\,\mathrm{kPa}$ (2) 4.0 L

解説 (1) $1.0\times10^5\mathrm{Pa}\times5.0\mathrm{L}=p\,[\mathrm{Pa}]\times10\mathrm{L}$
$p=5.0\times10^4\mathrm{Pa}=5.0\times10\,\mathrm{kPa}$ ❶
(2) $1.0\times10^5\mathrm{Pa}\times10\mathrm{L}=2.5\times10^5\mathrm{Pa}\times V\,[\mathrm{L}]$
$V=4.0\mathrm{L}$

❶ $1\,\mathrm{kPa}=1.0\times10^3\,\mathrm{Pa}$

エクセル ボイルの法則 $pV=p'V'$（温度一定）

241 解答 (1) 4.0 L (2) 4.6×10^2 ℃

解説 (1) $\dfrac{3.0\mathrm{L}}{(27+273)\mathrm{K}}=\dfrac{V\,[\mathrm{L}]}{(127+273)\mathrm{K}}$ $V=4.0\mathrm{L}$
(2) $\dfrac{3.0\mathrm{L}}{(77+273)\mathrm{K}}=\dfrac{6.3\mathrm{L}}{(t+273)\mathrm{K}}$ $t=735-273=462$

▶温度は絶対温度にしてから計算する。
$T=273+t$

エクセル シャルルの法則 $\dfrac{V}{T}=\dfrac{V'}{T'}$

242 解答 (1) $3.50\times10^{-2}\,\mathrm{L}$ (2) $6.40\times10^4\,\mathrm{Pa}$ (3) 411 ℃

解説 (1) $\dfrac{3.00\times10^5\mathrm{Pa}\times2.00\times10^{-2}\mathrm{L}}{(27+273)\mathrm{K}}=\dfrac{2.00\times10^5\mathrm{Pa}\times V\,[\mathrm{L}]}{(77+273)\mathrm{K}}$
$V=3.50\times10^{-2}\,\mathrm{L}$
(2) $\dfrac{1.20\times10^5\mathrm{Pa}\times10.0\mathrm{L}}{(27+273)\mathrm{K}}=\dfrac{p\,[\mathrm{Pa}]\times25.0\mathrm{L}}{(127+273)\mathrm{K}}$ $p=6.40\times10^4\,\mathrm{Pa}$
(3) $\dfrac{1.00\times10^5\mathrm{Pa}\times20.0\mathrm{L}}{300\mathrm{K}}=\dfrac{3.039\times10^5\mathrm{Pa}\times15.0\mathrm{L}}{(t+273)\mathrm{K}}$ ❶
$t=683.7-273=410.7≒411$

❶ $760\,\mathrm{mmHg}=1.013\times10^5\,\mathrm{Pa}$ より
$2280\,\mathrm{mmHg}$
$=1.013\times10^5\mathrm{Pa}\times\dfrac{2280\,\mathrm{mmHg}}{760\,\mathrm{mmHg}}$
$=3.039\times10^5\,\mathrm{Pa}$
$≒3.04\times10^5\,\mathrm{Pa}$

エクセル ボイル・シャルルの法則 $\dfrac{pV}{T}=\dfrac{p'V'}{T'}$

110 ── 3章 物質の状態と平衡

243

解答 (1) (イ) (2) (イ) (3) (オ) (4) (ア)

解説 ボイル・シャルルの法則 $\dfrac{pV}{T}=$ 一定 の圧力 p,体積 V,温度 T のうち一定のものを定数とおく。

(1) 圧力 p が一定なので, $\dfrac{V}{T}=$ 一定。よって,体積 V と絶対温度 T は比例関係。

(2) 体積 V が一定なので, $\dfrac{p}{T}=$ 一定。よって,圧力 p と絶対温度 T は比例関係。

(3) 温度 T が一定なので, $pV=$ 一定。よって,圧力 p と体積 V は反比例の関係。

(4) 温度 T が一定なので, $pV=$ 一定。よって,圧力 p を変化させても,圧力と体積の積 pV は一定である。

エクセル ボイル・シャルルの法則の式の中で, p, V, T のどの値が一定かを考える。

● ボイル・シャルルの法則
$$\dfrac{pV}{T}=c \ (c:定数)$$

244

解答 (1) $T_3>T_2>T_1$ (2) $T_3>T_2>T_1$ (3) $p_3>p_2>p_1$

(4) 気体の状態方程式 $pV=nRT$ から, $V=\dfrac{nRT}{p}$ である。一定圧力では V は T に直線的に比例しており(シャルルの法則),その傾きは $\dfrac{nR}{p}$ である。したがって,圧力が大きいほど傾きは小さくなるので, $p_3>p_2>p_1$ となる。

解説 (1),(2) 理想気体では,一定質量,一定圧力下の気体の体積と絶対温度は比例する(シャルルの法則)。したがって,同じ圧力で体積が最大の絶対温度 T_3 が一番高い温度になる。

(3) 一定質量,一定温度下の気体の体積と圧力は反比例する(ボイルの法則)。したがって,同じ温度で体積が最小の圧力 p_3 が一番大きい圧力になる。

エクセル 質量一定,温度一定 ボイルの法則 $(pV=k)$ (k:定数)

質量一定,圧力一定 シャルルの法則 $\left(\dfrac{V}{T}=k'\right)$ (k':定数)

各法則のどの値が一定かを考える。

キーワード
・比例

▶ ボイルの法則,シャルルの法則は,気体の状態方程式 $pV=nRT$ 上でも圧力,絶対温度,体積の関係を説明できる。

245

解答 (1) 127℃ (2) 15.0 L (3) 2.00 mol

解説 (1) $T=\dfrac{pV}{nR}=\dfrac{1.66\times10^5\,\text{Pa}\times10.0\,\text{L}}{0.500\,\text{mol}\times8.30\times10^3\,\text{Pa·L/(K·mol)}}=400\,\text{K}$

$t=(400-273)\text{℃}=127\text{℃}$

(2) $V=\dfrac{nRT}{p}=\dfrac{2.50\,\text{mol}\times8.30\times10^3\,\text{Pa·L/(K·mol)}\times(27+273)\,\text{K}}{4.15\times10^5\,\text{Pa}}$

$=15.0\,\text{L}$

(3) $n=\dfrac{pV}{RT}=\dfrac{3.32\times10^5\,\text{Pa}\times20.0\,\text{L}}{8.30\times10^3\,\text{Pa·L/(K·mol)}\times400\,\text{K}}=2.00\,\text{mol}$

エクセル 気体の状態方程式 $pV=nRT$

246

解答 (1) 1.3 g/L (2) 28 g/mol

解説 (1) $pV = nRT = \dfrac{w}{M}RT$

密度 $d = \dfrac{w}{V} = \dfrac{Mp}{RT} = \dfrac{32\,\text{g/mol} \times 1.01 \times 10^5\,\text{Pa}}{8.3 \times 10^3\,\text{Pa·L/(K·mol)} \times 300\,\text{K}}$ ❶

$= 1.29\cdots\text{g/L} \fallingdotseq 1.3\,\text{g/L}$

(2) 温度 T, 圧力 p が一定ならば, 密度 $d = \dfrac{Mp}{RT}$ はモル質量 M に比例する。つまり, 密度が 0.88 倍ならば, モル質量は

$32 \times 0.88 = 28.16 \fallingdotseq 28$

❶ $1\,\text{kPa} = 10^3\,\text{Pa}$

エクセル 気体の密度 $d = \dfrac{w}{V} = \dfrac{Mp}{RT}$

気体の物質量 n〔mol〕を気体の質量 w〔g〕, モル質量 M〔g/mol〕を用いて表すと $n = \dfrac{w}{M}$

これを気体の状態方程式に代入すると

$pV = \dfrac{w}{M}RT \qquad \dfrac{w}{V} = \dfrac{Mp}{RT}$

247

解答 115

解説 気体の状態方程式 $pV = nRT$ を質量 w, モル質量 M を用いて表すと, $n = \dfrac{w}{M}$ より, $pV = \dfrac{w}{M}RT$ よって, $M = \dfrac{wRT}{pV}$

圧力 $p = 1.00 \times 10^5\,\text{Pa}$
体積 $V = 500\,\text{mL} = 0.500\,\text{L}$
絶対温度 $T = 100 + 273 = 373\,\text{K}$, 質量 $w = 1.86\,\text{g}$
気体定数 $R = 8.31 \times 10^3\,\text{Pa·L/(K·mol)}$ を上式に代入する。

$M = \dfrac{1.86\,\text{g} \times 8.31 \times 10^3\,\text{Pa·L/(K·mol)} \times 373\,\text{K}}{1.00 \times 10^5\,\text{Pa} \times 0.500\,\text{L}}$

$= 115.2\cdots\text{g/mol} \fallingdotseq 115\,\text{g/mol}$

▶気体の状態方程式をたてるときは, 単位に注意。気体定数 R の単位に注目して考えると, わかりやすい。

エクセル $pV = nRT = \dfrac{w}{M}RT$ よって, $M = \dfrac{wRT}{pV}$

248

解答 (1) (a) $5.0 \times 10^5\,\text{Pa}$ (b) 0.25 (c) $2.5 \times 10^5\,\text{Pa}$
(2) 32

解説 (1) (a) 気体の全物質量

$n = n_{\text{O}_2} + n_{\text{N}_2} + n_{\text{Ar}}$
$= (0.10 + 0.20 + 0.10)\,\text{mol} = 0.40\,\text{mol}$

$pV = nRT$ より

$p = \dfrac{0.40\,\text{mol} \times 8.3 \times 10^3\,\text{Pa·L/(K·mol)} \times (27 + 273)\,\text{K}}{2.0\,\text{L}}$

$= 4.98 \times 10^5\,\text{Pa} \fallingdotseq 5.0 \times 10^5\,\text{Pa}$

(b) 酸素のモル分率 $= \dfrac{\text{酸素の物質量}}{\text{気体の全物質量}} = \dfrac{0.10\,\text{mol}}{0.40\,\text{mol}} = 0.25$

(c) 窒素のモル分率 $= \dfrac{\text{窒素の物質量}}{\text{気体の全物質量}} = \dfrac{0.20\,\text{mol}}{0.40\,\text{mol}} = 0.50$

▶各成分気体の分圧
= 全圧
  × 各成分気体のモル分率

▶平均分子量は, 各成分気体の分子量 × モル分率の総和で求められる。

112 —— 3章 物質の状態と平衡

解説

窒素の分圧 ＝ 全圧 p × 窒素のモル分率
$= 4.98 \times 10^5 \text{Pa} \times 0.50 = 2.49 \times 10^5 \text{Pa}$
$\fallingdotseq 2.5 \times 10^5 \text{Pa}$

(2) 混合気体の平均分子量 $= 32 \times \dfrac{1}{4} + 28 \times \dfrac{1}{2} + 40 \times \dfrac{1}{4}$
$= 32$

エクセル ボイル・シャルルの法則　$\dfrac{pV}{T} = \dfrac{p'V'}{T'}$

ドルトンの分圧の法則
　混合気体の全圧 ＝ 各成分気体の分圧の総和
モル分率
　混合気体の全物質量に対する各成分気体の物質量の割合

249

解答
(1) $4.2 \times 10^5 \text{Pa}$
(2) メタン：$1.7 \times 10^5 \text{Pa}$　　酸素：$2.5 \times 10^5 \text{Pa}$

▶成分気体の分圧 ＝ 全圧 × モル分率

解説
(1) 容器全体の体積は　$0.50 \text{L} + 1.0 \text{L} = 1.5 \text{L}$
気体全体の物質量は　$0.10 \text{mol} + 0.15 \text{mol} = 0.25 \text{mol}$
$pV = nRT$ より $p = \dfrac{nRT}{V}$

$p = \dfrac{0.25 \text{mol} \times 8.3 \times 10^3 \text{Pa} \cdot \text{L}/(\text{K} \cdot \text{mol}) \times 300 \text{K}}{1.5 \text{L}} = 4.15 \times 10^5 \text{Pa} \fallingdotseq 4.2 \times 10^5 \text{Pa}$

(2) メタンの分圧は　$4.15 \times 10^5 \text{Pa} \times \dfrac{0.10}{0.25} = 1.66 \times 10^5 \text{Pa} \fallingdotseq 1.7 \times 10^5 \text{Pa}$

酸素の分圧は　$4.15 \times 10^5 \text{Pa} \times \dfrac{0.15}{0.25} = 2.49 \times 10^5 \text{Pa} \fallingdotseq 2.5 \times 10^5 \text{Pa}$

エクセル 分圧は全圧 × モル分率で求められる。

250

解答
(1) 大気圧とメスシリンダー内の圧力を同じにするため。
(2) $9.83 \times 10^4 \text{Pa}$　(3) $9.8 \times 10^{-2} \text{mol}$

キーワード
・大気圧

解説 ドルトンの分圧の法則より，メスシリンダー内の全圧は，水素の分圧と水蒸気圧の総和である。

(2) メスシリンダー内の全圧 ＝ 水素の分圧 ＋ 水蒸気圧 より
水素の分圧 ＝ メスシリンダー内の全圧 － 水蒸気圧
$= 1.019 \times 10^5 \text{Pa} - 3.56 \times 10^3 \text{Pa}$
$= 9.834 \times 10^4 \text{Pa} \fallingdotseq 9.83 \times 10^4 \text{Pa}$

(3) 気体の状態方程式に
水素の分圧 $p = 9.834 \times 10^4 \text{Pa}$，体積 $V = 2.49 \text{L}$❶
絶対温度 $T = (27 + 273) \text{K} = 300 \text{K}$
気体定数 $R = 8.3 \times 10^3 \text{Pa} \cdot \text{L}/(\text{K} \cdot \text{mol})$ を代入
$9.834 \times 10^4 \text{Pa} \times 2.49 \text{L} = n \text{[mol]} \times 8.3 \times 10^3 \text{Pa} \cdot \text{L}/(\text{K} \cdot \text{mol}) \times 300 \text{K}$
$n = 9.834 \times 10^{-2} \text{mol} \fallingdotseq 9.8 \times 10^{-2} \text{mol}$

❶メスシリンダー内は，水素と水蒸気の混合気体であるが，水素の体積はメスシリンダーの体積と等しい2.49 L となることに注意。

エクセル ドルトンの分圧の法則
　メスシリンダー内の全圧 ＝ 水素の分圧 ＋ 水蒸気圧

251

解答 (ア) 弱く　(イ) 大きく　(ウ) 小さく　(エ) 増える
(オ) 大きく　(カ) 大きく　間 ③

解説 実在気体では，温度を下げると熱運動が弱まり，分子間力の影響が大きくなるので，体積は理想気体より小さくなる。また，圧力を上げると，分子が接近して分子間力が増加して体積は小さくなるが，さらに圧力を上げると，分子自身の体積が影響し，気体の体積は理想気体より大きくなる。

エクセル 理想気体　①分子間力が存在しない。　②分子自身の体積がない。

▶高温・低圧では，実在気体も分子間力や分子の体積の影響が少なく，理想気体とみなしてよい。

252

解答 (1) (ア), (イ)
(2) A：水素　B：メタン　C：二酸化炭素

解説 (1) (ア) グラフより，標準状態($0°C$，$1.013 \times 10^5 Pa$)における体積が最も大きいのは A である。正
(イ) 分子間に働く力(分子間力)が大きいほど，体積は小さくなる。したがって，$\dfrac{pV}{RT}$ の値が 1.0 より小さいほど分子間力が大きい気体である。正
(ウ) 同圧のもとで体積が最大のものが，最も圧縮されにくい。誤
(エ) 実在気体は，高温・低圧で理想気体に近づく。誤
(2) 水素，メタン，二酸化炭素はいずれも無極性分子であり，分子量の小さい気体ほど理想気体に近い。

エクセル 無極性分子では，分子量が大きいほど分子間力は大きい。
無極性分子と極性分子とでは，極性分子の方が分子間力は大きい。

▶理想気体からのずれの小さい気体は，分子量が小さく，分子間力が小さい無極性分子。

253

解答 (1) $5.2 \times 10^4 Pa$　(2) $3.1 \times 10^4 Pa$

解説 (1) 容器中には等しい物質量の水素と酸素が入っているので，各気体の分圧はそれぞれ $2.6 \times 10^4 Pa$ である。
同温・同体積では，気体の分圧は物質量に比例するので，燃焼前と燃焼後を $27°C$ で考えると，分圧は次のようになる。

　　　　　　　2H₂　　　　　+　　　O₂　　　　⟶　　2H₂O
燃焼前　$2.6 \times 10^4 Pa$　　　　$2.6 \times 10^4 Pa$　　　　　　0 Pa
燃焼後　　　0　　　　$2.6 \times 10^4 Pa - \dfrac{2.6 \times 10^4}{2} Pa$　　$2.6 \times 10^4 Pa$❶

燃焼後の容器内の圧力($27°C$ での換算値❶)は，

$$\left(2.6 \times 10^4 Pa - \dfrac{2.6 \times 10^4}{2} Pa\right) + 2.6 \times 10^4 Pa = 3.9 \times 10^4 Pa$$

燃焼後，容器内の温度を $127°C$ にしたときの全圧 p は，ボイル・シャルルの法則より

$$\dfrac{3.9 \times 10^4 Pa}{(27+273) K} = \dfrac{p}{(127+273) K} \qquad p = 5.2 \times 10^4 Pa$$ ❷

(2) $27°C$ から $57°C$ にすると分圧は大きくなるので，$57°C$ での水蒸気の分圧は，$27°C$ での換算値 $2.6 \times 10^4 Pa$ よりも大きくなり，その値は $57°C$ での水の飽和蒸気圧 $1.7 \times 10^4 Pa$ よりも大きい。よって，水は一部が液体として存在し，水蒸気の分

▶ $127°C$ のとき，H_2O は水蒸気(気体)として考える。

❶水がすべて気体であるとして換算した値。

❷ $100°C$ での水の蒸気圧 $1.013 \times 10^5 Pa$ よりも全圧が低いので，水はすべて気体であると判断できる。

▶容器内の水がすべて気体と仮定したとき，$p_{H_2O} >$ 飽和蒸気圧ならば液体の水が存在する。

圧 p_{H_2O} は $1.7 \times 10^4 \mathrm{Pa}$ となる。

また，反応後の酸素の分圧 p_{O_2} は，ボイル・シャルルの法則より

$$\frac{1.3 \times 10^4 \mathrm{Pa}}{(27+273)\mathrm{K}} = \frac{p_{O_2}}{(57+273)\mathrm{K}} \qquad p_{O_2} = 1.43 \times 10^4 \mathrm{Pa}$$

よって，57℃のときの容器内の全圧は，

$1.7 \times 10^4 \mathrm{Pa} + 1.43 \times 10^4 \mathrm{Pa} = 3.13 \times 10^4 \mathrm{Pa} \fallingdotseq 3.1 \times 10^4 \mathrm{Pa}$

エクセル ①反応の前後で，それぞれボイル・シャルルの法則を利用する。
②容器内に水が生じているときの圧力は，水蒸気の蒸気圧が影響する。

254
解答 a $\dfrac{1}{3}$　(ア) 1　(イ) 3　(ウ) 2

▶気体を加圧していくと，外圧が飽和蒸気圧に達した時点から凝縮が起こる。

解説 (ア) 温度一定で V〔mL〕から加圧していくと，体積は，ボイルの法則により (a)×V〔mL〕まで減少する。よって，気体のみが存在する領域である。

(イ) 温度50℃で圧力が飽和蒸気圧に達すると，凝縮が開始するため体積は減少するが圧力は一定に保たれる。よって，気液平衡の状態となる。

(ウ) さらに加圧しても体積は変化しないため液体のみの状態となる。

a　アの領域ではボイルの法則がなりたつので
$4.20 \times 10^3 \mathrm{Pa} \times V$〔mL〕$= 12.6 \times 10^3 \mathrm{Pa} \times \mathrm{a} \times V$〔mL〕

a $= \dfrac{1}{3}$

エクセル 実在気体は理想気体と異なり，圧力や温度の変化にともない状態変化する。

255
解答
(1) A $1.5 \times 10^5 \mathrm{Pa}$　　B $2.5 \times 10^5 \mathrm{Pa}$
(2) メタン $6.0 \times 10^4 \mathrm{Pa}$　　酸素 $1.5 \times 10^5 \mathrm{Pa}$
(3) $1.2 \mathrm{g/L}$　(4) $3.5 \times 10^5 \mathrm{Pa}$

解説 (1) 容器 A，B に関して気体の状態方程式を適用する。

容器 A
体積 $V = 1.66 \mathrm{L}$, 絶対温度 $T = (27+273)\mathrm{K} = 300 \mathrm{K}$
気体定数 $R = 8.3 \times 10^3 \mathrm{Pa \cdot L/(K \cdot mol)}$
メタン CH_4 の分子量 = 16 より

　　メタンの物質量 $n = \dfrac{1.6 \mathrm{g}}{16 \mathrm{g/mol}} = 0.10 \mathrm{mol}$

以上の値を気体の状態方程式 $pV = nRT$ に代入すると
　p〔Pa〕$\times 1.66 \mathrm{L} = 0.10 \mathrm{mol} \times 8.3 \times 10^3 \mathrm{Pa \cdot L/(K \cdot mol)} \times 300 \mathrm{K}$　　$p = 1.5 \times 10^5 \mathrm{Pa}$

容器 B
体積 $V = 2.49 \mathrm{L}$, 絶対温度 $T = (27+273)\mathrm{K} = 300 \mathrm{K}$
気体定数 $R = 8.3 \times 10^3 \mathrm{Pa \cdot L/(K \cdot mol)}$
酸素 O_2 の分子量 = 32 より

　　酸素の物質量 $n = \dfrac{8.0 \mathrm{g}}{32 \mathrm{g/mol}} = 0.25 \mathrm{mol}$

以上の値を気体の状態方程式 $pV=nRT$ に代入すると

p〔Pa〕$\times 2.49\text{L} = 0.25\,\text{mol} \times 8.3 \times 10^3\,\text{Pa·L/(K·mol)} \times 300\,\text{K}$

$p = 2.5 \times 10^5\,\text{Pa}$

▶混合気体でも，1種類の気体の変化に注目するとよい。

(2) メタンに関する変化

コックを開いた後の容器の体積は

$1.66\text{L} + 2.49\text{L} = 4.15\text{L}$

| $1.5 \times 10^5\,\text{Pa}$
$1.66\,\text{L}$ | ▶ | p〔Pa〕
$4.15\,\text{L}$ |

温度一定の条件で変化させているので，ボイルの法則より

$1.5 \times 10^5\,\text{Pa} \times 1.66\text{L} = p$〔Pa〕$\times 4.15\text{L}$

$p = 6.0 \times 10^4\,\text{Pa}$

酸素に関する変化

| $2.5 \times 10^5\,\text{Pa}$
$2.49\,\text{L}$ | ▶ | p〔Pa〕
$4.15\,\text{L}$ |

温度一定の条件で変化させているので，ボイルの法則より

$2.5 \times 10^5\,\text{Pa} \times 2.49\text{L} = p$〔Pa〕$\times 4.15\text{L}$

$p = 1.5 \times 10^5\,\text{Pa}$

(3) 混合気体の物質量は

$0.10\,\text{mol} + 0.25\,\text{mol} = 0.35\,\text{mol}$

求める密度は，$\dfrac{1.6\,\text{g} + 8.0\,\text{g}}{22.4\,\text{L/mol} \times 0.35\,\text{mol}} = 1.22\cdots\text{g/L} \fallingdotseq 1.2\,\text{g/L}$

(4) メタン CH_4 は燃焼させると酸素 O_2 と反応して，二酸化炭素 CO_2 と水 H_2O が生成する。反応前と反応後の量的関係を表にすると（単位は mol）

	CH_4	$+$	$2O_2$	$\rightarrow$	CO_2	$+$	$2H_2O$
反応前	0.10		0.25		0		0
変化量	-0.10		-0.20		$+0.10$		$+0.20$
反応後	0		0.05		0.10		0.20

▶水の状態に注意しよう。すべてが気体の場合は状態方程式が使えるが，一部液体として存在する場合は，飽和蒸気圧を示す。

問題文より，反応後に生成した水はすべて気体になっているので

反応後の気体の総物質量 $= (0.05 + 0.10 + 0.20)\,\text{mol} = 0.35\,\text{mol}$

混合気体の全圧を p とすると，気体の状態方程式より

$p \times 4.15\text{L} = 0.35\,\text{mol} \times 8.3 \times 10^3\,\text{Pa·L/(K·mol)} \times (227 + 273)\,\text{K}$

$p = 3.5 \times 10^5\,\text{Pa}$

エクセル ボイル・シャルルの法則の式と気体の状態方程式を使い分けられるかがポイント。

256

解答

(ア) 2　(イ) $\dfrac{2nRT}{V}$　(ウ) $\dfrac{0.4nRT}{V}$　(エ) A　(オ) B

(カ) 10　(キ) $\dfrac{3nRT}{2V}$　(ク) $\dfrac{3nRT}{2V}$

解説

円筒内では温度一定であり，A室とB室の体積は等しい。A室の気体の物質量がB室の物質量の2倍であるから，A室の圧力 p_1 も2倍となる❶。

A室の気体の物質量は n [mol]，体積は円筒容器の体積 V の $\dfrac{1}{2}$ だから，$p_1\left(\dfrac{1}{2}V\right)=nRT$　　$p_1=\dfrac{2nRT}{V}$

酸素のモル分率は 0.20 だから

　　酸素の分圧 $=\dfrac{2nRT}{V}\times 0.20=\dfrac{0.4nRT}{V}$ ❷

一方，A室の圧力は，B室の圧力の2倍であるから，壁を動けるようにすると壁はA室からB室に移動する。移動後，A室とB室での気体の圧力は等しく❸なるから，A室の体積はB室の体積の2倍になる。したがって，A室の長さが 40cm，B室の長さが 20cm になる。このときのA室の圧力 p_2 は，ボイルの法則より

　　$\dfrac{2nRT}{V}\times\left(\dfrac{30}{60}V\right)=p_2\times\left(\dfrac{40}{60}V\right)$　　$p_2=\dfrac{3nRT}{2V}$

また，壁を取り除くと，体積 V に全部で 3mol の気体が存在するので，容器全体の圧力は，$p=\dfrac{3nRT}{2V}$

エクセル 容器内の壁を動けるようにすると，壁は両側の気体の圧力が等しくなるように，高圧側から低圧側に移動する。

❶ $n_A:n_B=p_A:p_B$

❷ 分圧＝全圧×モル分率

❸ 壁は，A室とB室の圧力が等しくなるまで移動する。

257

解答

(1) ジエチルエーテル　34℃　　水 100℃

(2) (a) $p_{H_2}=\dfrac{wRT}{MV}$　(b) 5.5×10^4 Pa

(c) 7.7×10^4 Pa

(d) グラフより，60℃における水の飽和蒸気圧は 2.0×10^4 Pa であり，すべての水が水蒸気になった場合の蒸気圧 7.7×10^4 Pa より小さいので容器内に水は残っている。

(e) 7.5×10^4 Pa

解説

(2) (a) 密閉容器中の水素の分圧は，気体の状態方程式から求めることができる。

　　気体の状態方程式 $pV=nRT$，物質量 $n=\dfrac{w}{M}$ とすると

　　$p_{H_2}=\dfrac{nRT}{V}=\dfrac{wRT}{MV}$

キーワード
・飽和蒸気圧

▶水蒸気の分圧 $p_{水蒸気}$ が，水がすべて気体になったときの分圧 $p_水$ よりも大きい場合，液体の水は存在しない。

(b) (a)から，
$$p_{H_2} = \frac{wRT}{MV} = \frac{0.20\,g \times 8.3 \times 10^3\,Pa \cdot L/(K \cdot mol) \times 333\,K}{2.0\,g/mol \times 5.0\,L} = 5.52\cdots \times 10^4\,Pa \fallingdotseq 5.5 \times 10^4\,Pa$$

(c) (b)と同様に(a)から求める。
$$p_{H_2O} = \frac{wRT}{MV} = \frac{2.5\,g \times 8.3 \times 10^3\,Pa \cdot L/(K \cdot mol) \times 333\,K}{18\,g/mol \times 5.0\,L} = 7.67\cdots \times 10^4\,Pa \fallingdotseq 7.7 \times 10^4\,Pa$$

(d) 水がすべて気体となったときの分圧 $p_水$ が水蒸気圧 $p_{水蒸気圧}$ よりも大きい場合，液体の水が存在している。

(e) 全圧 p は，水蒸気の分圧と水素の分圧の和に等しい。60℃のときの水蒸気の分圧は，飽和水蒸気圧と同じ $2.0 \times 10^4\,Pa$ であるから
$$p = 2.0 \times 10^4\,Pa + 5.52 \times 10^4\,Pa = 7.52 \times 10^4\,Pa \fallingdotseq 7.5 \times 10^4\,Pa$$

エクセル 密閉容器内に水が存在しているとき，水蒸気の分圧は，水蒸気圧より大きくなることはない。

258

解答 (1) ① A ② C ③ A (2) H_2 (3) 低いとき
(4) 分子量の大きい分子や極性分子では分子間力の影響を受けるから。

解説 理想気体では気体 1 mol について，$\frac{pV}{RT} = 1$ が常になりたつ。一方，実在気体では，分子自身の体積や分子間力の影響を受けて，ずれが生じる。

▶実在気体は高温，低圧ほど理想気体に近づく。

(1) ① $\frac{pV}{RT} = 1$ に近い値を示すのが，最も理想気体に近い。

② 温度 T が一定なので $40 \times 10^5\,Pa$ で比較して，最も体積 V が小さいもの，つまり，$\frac{pV}{RT}$ の値が小さいものを選ぶ。

③ 温度 T が一定なので同じ圧力で比較して，最も体積 V が大きいもの，つまり，$\frac{pV}{RT}$ の値が大きいものを選ぶ。

(2) $\frac{pV}{RT}$ の値が 1 より小さい B，C は，分子間力の影響で同じ圧力の理想気体より体積が小さくなっていると考えられる。分子間力は分子量が大きいほど，極性が強いものほど大きい。したがって，A は最も分子量の小さい水素，B はメタン，そして，C は極性分子のアンモニアである。

(3) 図より，低圧ほど $\frac{pV}{RT}$ の値が 1 に近づいている。

(4) アンモニアは極性分子である。メタンは無極性分子であるが，水素よりも分子量が大きいので分子間力が水素よりも大きい。

キーワード
・分子間力

エクセル 理想気体 気体の状態方程式が厳密に成立すると仮想した気体
理想気体の条件
① 分子間に働く引力を 0 とする。
② 分子自身の体積を 0 とする。

12 溶液の性質 （p.188）

259 　**(1)** 18%　**(2)** 3.5 mol/L　**(3)** 3.8 mol/kg

▶ $1\,\mathrm{L} = 10^3\,\mathrm{mL} = 10^3\,\mathrm{cm}^3$

(1) $\dfrac{90\,\mathrm{g}}{500\,\mathrm{g}} \times 100 = 18$　　18%

(2) モル濃度は，溶液の体積1Lを基準にして考える。この水溶液1Lの質量は，密度より

$1000\,\mathrm{cm}^3 \times 1.13\,\mathrm{g/cm}^3 = 1130\,\mathrm{g}$

(1)より，この溶液中には溶質が18%含まれるから，

塩化ナトリウムの質量は $1130\,\mathrm{g} \times \dfrac{18}{100} = 203.4\,\mathrm{g} \fallingdotseq 203\,\mathrm{g}$

塩化ナトリウムのモル質量は 58.5 g/mol より

$\dfrac{203\,\mathrm{g}}{58.5\,\mathrm{g/mol}} = 3.47\cdots\mathrm{mol} \fallingdotseq 3.5\,\mathrm{mol}$

(3) 溶媒の質量は $500\,\mathrm{g} - 90\,\mathrm{g} = 410\,\mathrm{g}$

$\dfrac{\dfrac{90\,\mathrm{g}}{58.5\,\mathrm{g/mol}}}{0.410\,\mathrm{kg}} = 3.75\cdots\mathrm{mol/kg} \fallingdotseq 3.8\,\mathrm{mol/kg}$

エクセル

質量パーセント濃度〔%〕：$\dfrac{溶質の質量〔\mathrm{g}〕}{溶液の質量〔\mathrm{g}〕} \times 100$

モル濃度（体積モル濃度）〔mol/L〕：$\dfrac{溶質の物質量〔\mathrm{mol}〕}{溶液の体積〔\mathrm{L}〕}$

質量モル濃度〔mol/kg〕：$\dfrac{溶質の物質量〔\mathrm{mol}〕}{溶媒の質量〔\mathrm{kg}〕}$

260 　**(1)** 49.0 mL　**(2)** 8.40 mL　**(3)** $7.00 \times 10^{-2}\,\mathrm{g}$

(1) 分圧 = 全圧 × モル分率　より

酸素の分圧 $p_{\mathrm{O}_2} = \dfrac{5}{2+5} \times 2.02 \times 10^5\,\mathrm{Pa}$

ヘンリーの法則より，気体の溶解度は気体の分圧と溶媒の体積に比例する[1]。

$49.0\,\mathrm{mL} \times \dfrac{\dfrac{5}{2+5} \times 2.02 \times 10^5\,\mathrm{Pa}}{1.01 \times 10^5\,\mathrm{Pa}} \times \dfrac{0.700\,\mathrm{L}}{1\,\mathrm{L}} = 49.0\,\mathrm{mL}$

(2) 水素の分圧 $p_{\mathrm{H}_2} = \dfrac{2}{2+5} \times 2.02 \times 10^5\,\mathrm{Pa}$ より，同様に

$21.0\,\mathrm{mL} \times \dfrac{\dfrac{2}{2+5} \times 2.02 \times 10^5\,\mathrm{Pa}}{1.01 \times 10^5\,\mathrm{Pa}} \times \dfrac{0.700\,\mathrm{L}}{1\,\mathrm{L}} = 8.40\,\mathrm{mL}$

(3) 標準状態で1 molの気体の体積は22.4 Lより

$32\,\mathrm{g/mol} \times \dfrac{49.0\,\mathrm{mL}}{22.4 \times 10^3\,\mathrm{mL/mol}} = 7.00 \times 10^{-2}\,\mathrm{g}$

[1] ヘンリーの法則は溶解する気体の質量または物質量について定義されているが，一定の圧力下では気体の体積は物質量に比例するので，0℃，$1.01 \times 10^5\,\mathrm{Pa}$ の状態に換算した体積についてもヘンリーの法則がなりたつ。

12 溶液の性質 —— 119

エクセル　ヘンリーの法則
一般に，一定量の溶媒に溶け込む気体の質量（または物質量）は，一定温度のもとでは，その気体の圧力（混合気体の場合には分圧）に比例する。

261
解答　(1)　100.52℃　　(2)　91

解説
(1) 塩化ナトリウムは電解質であり，水溶液中では完全に電離する[1]ため，質量モル濃度は2倍にする。

$$\Delta t = 0.52\,\text{K} \cdot \text{kg/mol} \times \frac{\dfrac{11.7\,\text{g}}{58.5\,\text{g/mol}}}{0.400\,\text{kg}} \times 2 = 0.52\,\text{K}$$

水の沸点は100℃より，100℃ + 0.52℃ = 100.52℃

(2) 非電解質のモル質量を M [g/mol] とする。

$$0.103\,\text{K} = 0.52\,\text{K} \cdot \text{kg/mol} \times \frac{\dfrac{27.0\,\text{g}}{M\,[\text{g/mol}]}}{1.50\,\text{kg}}$$

$$M = 90.8\cdots \text{g/mol} ≒ 91\,\text{g/mol}$$

[1] NaCl ⟶ Na⁺ + Cl⁻

エクセル　沸点上昇度と質量モル濃度の関係
希薄溶液の沸点上昇度 Δt [K] は，溶質の質量モル濃度 m [mol/kg] に比例する。
沸点上昇度 Δt ＝ モル沸点上昇 K_b [K·kg/mol] × 質量モル濃度 m

262
解答　(1)　(ア)＞(イ)＞(ウ)　　(2)　(ウ)＞(イ)＞(ア)

解説
(ア) グルコースは非電解質　0.10 mol/kg
(イ) 塩化ナトリウム NaCl は電解質
　　0.12 mol/kg × 2 = 0.24 mol/kg
(ウ) 塩化カルシウム CaCl₂ は電解質
　　0.10 mol/kg × 3 = 0.30 mol/kg
(1) 純溶媒に不揮発性物質を溶かすと，溶液全体の粒子数に対する溶媒分子の割合が減少し，液体表面から蒸発する溶媒分子の数も減少する。よって，溶液の蒸気圧降下の度合いは，質量モル濃度に比例する。
(2) 沸点上昇度は溶液の質量モル濃度に比例する。

● ラウールの法則
$p = p_0 \times x_0$
　p：溶液の蒸気圧
　p_0：純溶媒の蒸気圧
　x_0：溶媒のモル分率

エクセル　沸点上昇度 Δt ＝ モル沸点上昇 K_b × 質量モル濃度 m

263
解答　(1)　−1.12℃　　(2)　344

解説
(1) 塩化カルシウムは電解質であり，水溶液中では完全に電離[1]するため，質量モル濃度は3倍にする。

$$\Delta t = 1.86\,\text{K} \cdot \text{kg/mol} \times \frac{\dfrac{11.1\,\text{g}}{111\,\text{g/mol}}}{0.500\,\text{kg}} \times 3 = 1.116\,\text{K} ≒ 1.12\,\text{K}$$

水の凝固点は0℃より，0℃ − 1.12℃ = −1.12℃

[1] CaCl₂ ⟶ Ca²⁺ + 2Cl⁻

解説 (2) 有機化合物 A のモル質量を M〔g/mol〕とする。

$$0.270\,\text{K} = 1.86\,\text{K}\cdot\text{kg/mol} \times \frac{\frac{4.99\,\text{g}}{M\,\text{[g/mol]}}}{0.100\,\text{kg}} \qquad M \fallingdotseq 344\,\text{g/mol}$$

エクセル 希薄溶液の凝固点降下度 Δt〔K〕は，溶質の質量モル濃度 m〔mol/kg〕に比例する。

凝固点降下度 Δt
　　= モル凝固点降下 K_f〔K・kg/mol〕× 質量モル濃度 m

264
解答 (1) B　(2) 過冷却　(3) $-0.093\,°\text{C}$

解説 (1) B 点は過冷却が起こらなければ凝固が始まる点である。
(2) 物質を冷却して凝固点以下になっても固体にならない状態を過冷却という。振動や微小な結晶核の出現などのきっかけがあると急激な凝固が起こり温度が上昇する[1]。
(3) スクロースの質量モル濃度は

$$\frac{\frac{3.42}{342}\,\text{mol}}{0.200\,\text{kg}} = 5.00 \times 10^{-2}\,\text{mol/kg}$$

よって，$\Delta t = K_\text{f} \times m = 1.85\,\text{K}\cdot\text{kg/mol} \times 5.00 \times 10^{-2}\,\text{mol/kg}$
　　　　　　　　　$= 0.0925\,\text{K} \fallingdotseq 0.093\,\text{K}$

水の凝固点は $0\,°\text{C}$ より
$0\,°\text{C} - 0.093\,°\text{C} = -0.093\,°\text{C}$

[1] 凝固が始まると，凝固熱によって凝固点まで温度が上昇する。溶液の冷却曲線では，溶媒が凝固するにしたがって溶液の濃度が大きくなるため，凝固が進む間も凝固点が下がり，曲線が右下がりになる。

エクセル 冷却曲線
溶液を冷却すると，温度が凝固点以下に下がって過冷却となり，凝固が始まると凝固点まで温度が上昇する。このような温度変化と冷却時間を測定してグラフに表したもの。

265
解答 (1) 半透膜　(2) 浸透圧　(3) (d)＞(a)＞(b)＞(c)
(4) $3.12 \times 10^4\,\text{Pa}$

解説 (3) それぞれの水溶液 100 mL 中の溶質粒子の物質量〔mol〕は

(a) $\text{C}_6\text{H}_{12}\text{O}_6 = 180$ より，$\dfrac{225 \times 10^{-3}\,\text{g}}{180\,\text{g/mol}} = 1.25 \times 10^{-3}\,\text{mol}$

(b) $\text{NaCl} = 58.5$，また $\text{NaCl} \longrightarrow \text{Na}^+ + \text{Cl}^-$ のように電離する。

$$\frac{23.4 \times 10^{-3}\,\text{g}}{58.5\,\text{g/mol}} \times 2 = 8.00 \times 10^{-4}\,\text{mol}$$

(c) $\dfrac{500 \times 10^{-3}\,\text{g}}{1.00 \times 10^4\,\text{g/mol}} = 5.00 \times 10^{-5}\,\text{mol}$

(d) $\text{CaCl}_2 = 111$，また $\text{CaCl}_2 \longrightarrow \text{Ca}^{2+} + 2\text{Cl}^-$ のように電離する。

$$\frac{55.5 \times 10^{-3}\,\text{g}}{111\,\text{g/mol}} \times 3 = 1.50 \times 10^{-3}\,\text{mol}$$

よって，液面の高さの差が大きい順は，(d)＞(a)＞(b)＞(c)[1]

[1] 液面の高さの差は，溶液の浸透圧が大きいほど大きくなる。また，温度・体積が同じ水溶液では，浸透圧は溶質粒子の物質量に比例する。

(4) ファントホッフの法則 $\varPi V = nRT$ より

$$\varPi = \frac{nRT}{V} = \frac{1.25 \times 10^{-3}\,\text{mol} \times 8.31 \times 10^3\,\text{Pa·L/(K·mol)} \times (27+273)\,\text{K}}{100 \times 10^{-3}\,\text{L}}$$

$$= 3.116\cdots \times 10^4\,\text{Pa} \fallingdotseq 3.12 \times 10^4\,\text{Pa}$$

エクセル ファントホッフの法則

$$\varPi V = nRT \quad よって，\varPi = \frac{nRT}{V}$$

$\begin{pmatrix} \varPi(\text{Pa}):浸透圧，V(\text{L}):溶液の体積，n(\text{mol}):溶質の物質量 \\ 気体定数 R = 8.31 \times 10^3\,\text{Pa·L/(K·mol)}，T(\text{K}):絶対温度 \end{pmatrix}$

266

解答 (1) (オ)　(2) (エ)　(3) (イ)　(4) (キ)　(5) (カ)

解説
(1) 墨汁は疎水コロイドである炭素に親水コロイドであるにかわを加えて凝析しにくくしたもの。このときの親水コロイドのことを保護コロイドという。
(2) コロイド粒子が光を散乱し，光の通路が輝いて見える現象をチンダル現象という。
(3) 浄水場では，河川から取り入れた濁水に硫酸アルミニウム $Al_2(SO_4)_3$ を添加して，コロイド粒子となっている粘土を凝析によって除去している❶。
(4) 煙は大気中に固体が分散したコロイドである。コロイド粒子は帯電しているので，直流電圧をかけることによって電気泳動を行い，除去することができる。
(5) 分散媒の分子の熱運動が不規則なために起こる。

❶ Al^{3+} は正の電荷の大きいイオンであるので，負の電荷を帯びたコロイドを凝析させる効果が大きい。

エクセル 身近なところで，コロイドの性質が利用されているので，整理しておこう。

267

解答 (1) 透析　(2) 正　(3) 陰極　(4) 保護コロイド
(5) チンダル現象　理由：コロイド粒子が光を散乱させるため。

解説
(2) Na^+，Cl^-，SO_4^{2-}，Ca^{2+} のうち，正に帯電したコロイド（正コロイド）を最も凝析させやすいイオンは SO_4^{2-}，負に帯電したコロイド（負コロイド）を最も凝析させやすいイオンは Ca^{2+} である。$Na_2SO_4$❶を加えたときに最も沈殿しやすかったことから，このコロイドは正に帯電しているとわかる。
(3) コロイド粒子に直流電圧をかけると，コロイド粒子は自身の電荷と反対符号の電極へ移動する。このコロイド粒子は正に帯電しているので，陰極へ移動する。
(4) 疎水コロイドに一定量以上の親水コロイドを加えると，親水コロイドが疎水コロイドをとり囲み，少量の電解質では沈殿が起こらなくなる。この親水コロイドの働きを保護コロイドという。
(5) イオンや分子より大きいコロイド粒子が光を散乱させるため，光の通路が輝いて見える。

❶ Na_2SO_4
　$\longrightarrow 2Na^+ + SO_4^{2-}$

▶コロイド粒子と反対の電荷をもち，大きな価数のイオンほど，凝析の効果は大きい。

●正コロイド
水酸化鉄(Ⅲ)，$Al(OH)_3$

●負コロイド
粘土，S，Ag

キーワード
・コロイド粒子
・光の散乱

エクセル 凝析　疎水コロイドの溶液に少量の電解質を加えると沈殿する。

268

解答 51%

解説 窒素のモル分率を n_{N_2} とすると,ヘンリーの法則より

$$5.18 \times 10^{-4} \text{mol} \times \frac{2.00 \times 10^{-1} \text{L}}{1 \text{L}} \times \frac{n_{N_2} \times 5.60 \times 10^5 \text{Pa}}{1.01 \times 10^5 \text{Pa}} = 2.80 \times 10^{-4} \text{mol}$$

$n_{N_2} ≒ 0.487$

酸素のモル分率 n_{O_2} は $n_{O_2} = 1 - 0.487 = 0.513 ≒ 0.51$

体積の割合はモル分率に等しいので51%である。

❶窒素の分圧
　＝全圧×窒素のモル分率

別解 窒素の分圧を p [Pa] とすると,ヘンリーの法則より

$$5.18 \times 10^{-4} \text{mol} \times \frac{2.00 \times 10^{-1} \text{L}}{1 \text{L}} \times \frac{p}{1.01 \times 10^5 \text{Pa}} = 2.80 \times 10^{-4} \text{mol}$$

$p ≒ 2.73 \times 10^5 \text{Pa}$

酸素の分圧は,

$5.60 \times 10^5 \text{Pa} - 2.73 \times 10^5 \text{Pa} = 2.87 \times 10^5 \text{Pa}$

となるので,酸素の体積の割合は

$$\frac{2.87 \times 10^5 \text{Pa}}{5.60 \times 10^5 \text{Pa}} \times 100 = 51.2\cdots ≒ 51 \qquad 51\%$$

エクセル 圧力・温度一定のとき　体積の比＝物質量の比

269

解答 (1) 平衡時,密閉容器内の蒸気圧は一定になり,ビーカーA,B内のスクロース水溶液の濃度は等しくなる。よって,はじめの濃度が小さかったビーカーAでは蒸発が進んで水の量が減少し,はじめの濃度が大きかったビーカーBでは水の凝縮が進んで水の量が増加する。　(2) 375 g

解説 (1) 蒸気圧降下は溶液の質量モル濃度に比例する。溶質の量はビーカーA,Bとも等しく,溶媒の水の質量はAの方がBよりも大きいので,質量モル濃度はAよりもBの方が大きい。濃度の小さいAの方が,濃度の大きいBよりも蒸気圧降下度が小さく,飽和蒸気圧が大きいので,Aでは密閉容器内の蒸気圧がAの飽和蒸気圧に達するまで水の蒸発が進む。一方Bでは,Aの水の蒸発により密閉容器内の蒸気圧がBの飽和蒸気圧よりも大きくなるので,水の凝縮が進む。これをくり返し,A,B両方の水溶液の濃度が等しくなると,A,Bともに気液平衡に達し,水の量は変わらなくなる。

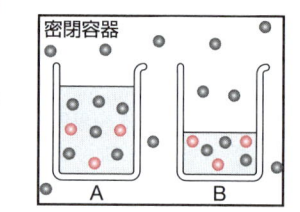

(2)「密閉容器中にある水蒸気の質量は無視できるものとする」とあるので,ビーカーA,Bで蒸発した水の量と凝縮した水の量は同じであると考えてよい。A,Bの溶質の量は等しいので,平衡に達して濃度が等しくなると溶媒の量も等しくなる。

平衡時は,はじめの溶媒の全量(500＋250) g を2つのビーカーで等量ずつ分けあっている状態なので

$(500 + 250) \text{g} \div 2 = 375 \text{g}$

キーワード
・蒸気圧

エクセル 溶液の蒸気圧降下度は,質量モル濃度に比例する。

12 溶液の性質 —— 123

270 解答　塩化カルシウムは水に溶けて電離し，水溶液の凝固点が水よりも大きく降下するため。(39字)

解説　塩化カルシウムは，潮解性，吸湿性が強いため，水を吸収し溶解する。溶解すると $CaCl_2 \longrightarrow Ca^{2+} + 2Cl^-$ のように完全電離するため，粒子数が3倍となり凝固点降下が大きくなる。また，塩化カルシウムは，水への溶解による発熱量が大きいため，雪上に散布すると，氷の一部が融解するため融雪剤としても使用される。

エクセル　凝固点降下度は，質量モル濃度に比例する。
$$\Delta t = K_f m \ (K_f : モル凝固点降下)$$

キーワード
・電離
・凝固点降下

271 解答　(ア) 1.013　(イ) a−c　(ウ) a−f
(エ) 2.00　(オ) 021　(カ) 3.6

解説　(1) 100℃において蒸気圧が最も高いものが純水と考えられるので，(A)の蒸気圧曲線が純水である。純水は100℃で沸騰するので p_1 は大気圧(1.013×10^5 Pa)となる。

(2) 同温で比べたとき，溶液中に溶解している溶質の物質量の和が大きいほど蒸気圧は低くなる。したがって，溶液Ⅰのグラフは(B)，溶液Ⅱのグラフは(C)となる。溶液Ⅱの蒸気圧降下は線分 a−c，沸点上昇は線分 a−f となる。

(3) $\dfrac{\dfrac{1.11\,g}{111\,g/mol}}{0.500\,kg} = 2.00 \times 10^{-2}\,mol/kg$

(4) グルコースの質量モル濃度を x [mol/kg] とすると，溶液Ⅱの質量モル濃度は $(x + 2.00 \times 10^{-2} \times 3)$ mol/kg となる。$\Delta t = K_b m$ より
$0.052\,K = 0.52\,K \cdot kg/mol \times (x + 2.00 \times 10^{-2} \times 3)\,mol/kg$
$x = 4.0 \times 10^{-2}\,mol/kg$

したがって，$\Delta t_1 : 0.052℃ = 4.0 \times 10^{-2}\,mol/kg : \dfrac{0.052}{0.52}\,mol/kg$

$\Delta t_1 = 0.0208℃ ≒ 0.021℃$

(5) グルコース y [g] は水 500 g に溶けているので
$4.0 \times 10^{-2}\,mol/kg = \left(\dfrac{y}{180} \times \dfrac{1000}{500}\right)mol/kg$　　$y = 3.6\,g$

エクセル　蒸気圧降下　溶液中の溶質の質量モル濃度に比例する

▶グルコースは非電解質。塩化カルシウムは電解質。
$CaCl_2 \longrightarrow Ca^{2+} + 2Cl^-$
水溶液Ⅱは水溶液Ⅰよりも粒子数が増加する。

272 解答　(1) 5.00 K·kg/mol
(2) 分子量　114　　会合度　0.945

解説　(1) ナフタレンのモル質量は 128 g/mol，ベンゼンのモル凝固点降下を K_f [K·kg/mol] とすると，$\Delta t = K_f m$ より
$(5.53 - 4.78)K = K_f [K \cdot kg/mol] \times \left(\dfrac{1.92}{128} \times \dfrac{1000}{100}\right)mol/kg$
$K_f = 5.00\,K \cdot kg/mol$

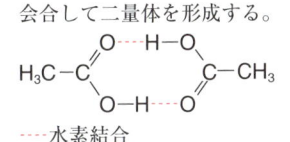

▶酢酸はベンゼン溶液中で，会合して二量体を形成する。

```
        O····H−O
         ‖     ‖
H₃C−C         C−CH₃
         ‖     ‖
        O−H····O
```
····水素結合

解説 (2) ベンゼン中での酢酸の見かけの分子量を M とすると，$\Delta t = K_f m$ より

$$(5.53 - 4.95)\text{K} = 5.00\,\text{K·kg/mol} \times \left(\frac{0.660}{M} \times \frac{1000}{50}\right)\text{mol/kg}$$

$M = 113.7\cdots \fallingdotseq 114$

この値は，酢酸分子の分子量 60 の約 2 倍の値を示す。これは，ベンゼンのような無極性溶媒中では，酢酸 2 分子が極性の強いカルボキシ基の部分で会合して，おもに二量体として存在していることを示す。会合前の酢酸の質量モル濃度を m，会合度を x とすると，会合前後の量的関係は次のようになる。

	2CH₃COOH	⇌	(CH₃COOH)₂	（単位）
反応前	m		0	mol/kg
反応後	$m - mx$		$\dfrac{mx}{2}$	

会合後の全溶質の質量モル濃度は $(m - mx) + \dfrac{mx}{2} = m\left(1 - \dfrac{x}{2}\right)$ より

$$(5.53 - 4.95)\text{K} = 5.00\,\text{K·kg/mol} \times \left\{\frac{0.660}{60}\left(1 - \frac{x}{2}\right) \times \frac{1000}{50}\right\}\text{mol/kg}$$

$x = 0.9454\cdots \fallingdotseq 0.945$

エクセル 二量体　2 分子が会合した物質。2 個以上の分子が共有結合以外の分子相互作用により結合し，1 個の分子のようにふるまう現象を会合という。
凝固点降下度 Δt は，会合により減少した溶質粒子の総物質量に比例する。

273

解答 (1) 0.15 mol/L　(2) 7.9×10^5 Pa

●生理食塩水
ヒトの体液とほぼ同じ浸透圧を示すように調製された，塩化ナトリウム水溶液。

解説 (1) 0.90 % の NaCl 水溶液（密度 1.0 g/cm³）が 1 L（$= 10^3$ cm³）あるとすると

溶液の質量は $10^3\,\text{cm}^3 \times 1.0\,\text{g/cm}^3 = 1.0 \times 10^3$ g

溶質の質量は $1.0 \times 10^3\,\text{g} \times \dfrac{0.90}{100} = 9.0$ g

よって，溶質の物質量は $\dfrac{9.0\,\text{g}}{58.5\,\text{g/mol}} = 0.153\cdots\,\text{mol} \fallingdotseq 0.15$ mol だから，

この水溶液のモル濃度は 0.15 mol/L

(2) ファントホッフの法則 $\Pi V = nRT$ より

$$\Pi = \frac{nRT}{V} = CRT$$

1 mol の NaCl は電離して，Na⁺ と Cl⁻ 合わせて 2 mol のイオンになるから

$\Pi = (0.153\,\text{mol/L} \times 2) \times 8.3 \times 10^3\,\text{Pa·L/(K·mol)} \times (37 + 273)\,\text{K}$
　 $= 7.87\cdots \times 10^5\,\text{Pa} \fallingdotseq 7.9 \times 10^5$ Pa

エクセル ファントホッフの式　$\Pi V = nRT$

よって，$\Pi = \dfrac{nRT}{V} = CRT$

274

解答
(1) 半透膜　(2) (ア) A　(イ) A　(ウ) B
(3) 2.6×10^6 Pa
(4) 最初は B 側の水による圧力よりもピストンに加えた圧力の方が大きかったが，最終的にピストンに加えた圧力と B 側の水による圧力が等しくなったため。
(5) 1.1×10^5

キーワード
・加えた圧力
・水による圧力
・等しくなった

解説
(2) 図 1 の装置に純水と食塩水を入れて放置すると，水分子だけが半透膜を通って水溶液 (食塩水) 側に浸透し，A の液面が上昇する。しかし，食塩水側に浸透圧よりも大きな力を加えると，水分子は食塩水側から純水側に移動する。

(3) 食塩水のモル濃度は食塩水 1L あたりの食塩の物質量より

$$1000\,\text{cm}^3 \times 1.0\,\text{g/cm}^3 \times \frac{3.0}{100} \times \frac{1}{58.5\,\text{g/mol}} = \frac{30}{58.5}\,\text{mol} \longrightarrow \frac{30}{58.5}\,\text{mol/L}$$

塩化ナトリウムは電解質で，溶質粒子は 2 倍になるので

$$\Pi = \frac{30}{58.5}\,\text{mol/L} \times 2 \times 8.3 \times 10^3\,\text{Pa·L/(K·mol)} \times 300\,\text{K}$$
$$= 2.55\cdots \times 10^6\,\text{Pa} \fallingdotseq 2.6 \times 10^6\,\text{Pa}$$

(5) B から A に移動した水の体積は

$$\frac{2.0\,\text{cm}}{2} \times 2.0\,\text{cm}^2 = 2.0\,\text{cm}^3 \quad \text{よって，2.0 mL}$$

浸透後の A の溶液の浸透圧は，2.0 cm の水柱が示す圧力に等しい[❶]。タンパク質のモル質量を M [g/mol] とすると，ファントホッフの法則 $\Pi V = nRT$ より

$$\frac{2.0\,\text{cm}}{1.0\,\text{cm}} \times 9.8 \times 10\,\text{Pa} \times (50 + 2.0) \times 10^{-3}\,\text{L}$$
$$= \frac{500 \times 10^{-3}\,\text{g}}{M\,\text{[g/mol]}} \times 8.3 \times 10^3\,\text{Pa·L/(K·mol)} \times 277\,\text{K}$$

$M = 1.12\cdots \times 10^5\,\text{g/mol} \fallingdotseq 1.1 \times 10^5\,\text{g/mol}$

[❶] 純水と水溶液はいずれも密度 $1.0\,\text{g/cm}^3$ で等しいので，水溶液の液柱の示す圧力と水柱の示す圧力は高さが同じであれば同じ。

エクセル ファントホッフの法則　$\Pi V = nRT$　$\Pi = CRT$

275

解答 2.4×10^5 個

解説 はじめの 200 mL の溶液中の Au 原子の数は，

$$4.0 \times 10^{-2}\,\text{mol/L} \times \frac{200}{1000}\,\text{L} \times 6.0 \times 10^{23}\,\text{/mol} = 4.8 \times 10^{21}$$

希釈後のガラス容器中の Au 原子の数は，

$$4.8 \times 10^{21} \times \frac{1.0 \times 10^{-3}\,\text{mL}}{200\,\text{mL}} \times \frac{1.0 \times 10^{-3}\,\text{mL}}{1.0 \times 10^3\,\text{mL}} = 2.4 \times 10^{10}$$

よって，コロイド粒子 1 個に含まれる Au 原子の数は，

$$\frac{2.4 \times 10^{10}}{1.0 \times 10^5} = 2.4 \times 10^5$$

エクセル 金コロイド粒子 1 個は金原子の集合体

276

解答
(1) Ⅰ 固体　Ⅱ 液体　Ⅲ 気体
(2) (イ)　(3) (エ)　(4) (エ)
(5) i　$0.91\,\text{g/cm}^3$　ii　$1.9\times10^6\,\text{Pa}$

解説
(1) メタンの状態図より，大気圧下$(1.01\times10^5\,\text{Pa})$で加熱していくと，固体→液体→気体となることが読み取れる。

(2) メタンの状態図より，ⅡとⅢの境界が蒸気圧曲線を表している。これより，大気圧下でⅢ→Ⅱとなる温度をみると，$-162\,℃$であることがわかる。

(3) メタンの状態図より，三重点の圧力は$10.1\,\text{kPa}$である。三重点の圧力未満では液体にならない。三重点以上の圧力は$12\,\text{kPa}$である。

(4) メタンの状態図より，ⅡとⅢの領域が$-83\,℃$以下の温度しか接していない。この温度以下でないと，液体→気体，気体→液体にはならない。

(5) i) メタンハイドレートの結晶構造を見ると，この単位格子の中には$\left(\dfrac{1}{8}\times8+1\right)+\left(\dfrac{1}{2}\times2\times6\right)=8$個のケージが含まれ，また問題文より，46個の水分子も含まれている。

結晶格子の体積：$(1.2\times10^{-7}\,\text{cm})^3$ ❶

結晶格子の質量：$\dfrac{16\,\text{g/mol}}{6.0\times10^{23}/\text{mol}}\times8\times\dfrac{90}{100}+\dfrac{18\,\text{g/mol}}{6.0\times10^{23}/\text{mol}}\times46$

求める密度は　$\dfrac{\dfrac{16\times8\times0.9+18\times46}{6.0\times10^{23}}\,\text{g}}{(1.2\times10^{-7}\,\text{cm})^3}=0.909\cdots\text{g/cm}^3≒0.91\,\text{g/cm}^3$

❶ $1.0\,\text{nm}=1.0\times10^{-7}\,\text{cm}$

(5) ii) 単位格子1個あたりに含まれるメタン分子の数は $8\times0.90=7.2$，水分子の数は46個より，単位格子$1\,\text{mol}$あたりの質量は
$16\,\text{g/mol}\times7.2+18\,\text{g/mol}\times46=943.2\,\text{g/mol}≒943\,\text{g/mol}$
このメタンハイドレートから得られる液体状態となった水の体積は，水の密度を$1.0\,\text{g/cm}^3$とすれば，
$\left(\dfrac{33\times10^3\,\text{g}}{943\,\text{g/mol}}\times46\times18\,\text{g/mol}\right)\div1.0\,\text{g/cm}^3$
$=28.9\cdots\times10^3\,\text{cm}^3=28.9\cdots\text{L}$
よって，求める圧力を$p\,[\text{Pa}]$とすると，$pV=nRT$ より
$p\times(365-28.9)\,\text{L}=\dfrac{33\times10^3\,\text{g}}{943\,\text{g/mol}}\times7.2\times8.31\times10^3\,\text{Pa·L/(K·mol)}\times300\,\text{K}$
$p=1.86\cdots\times10^6\,\text{Pa}≒1.9\times10^6\,\text{Pa}$

エクセル メタンハイドレートはメタン分子のまわりを水分子がとり囲んだ構造をもつ。

277

解答
(1) $d_{AA}=\sqrt{2}\,l-2r_A$　$d_{BB}=l-2r_B$　d_{BB} の方が小さい。
(2) 原子AがTi，原子BがFeの場合，
$d_{BB}=0.30\,\text{nm}-0.12\,\text{nm}\times2=0.06\,\text{nm}$
原子AがFe，原子BがTiの場合，
$d_{BB}=0.30\,\text{nm}-0.14\,\text{nm}\times2=0.02\,\text{nm}$

前者の場合は d_{BB} が H 原子の直径と等しいが，後者の場合は H 原子の直径より小さいため，前者の場合のみ水素原子が安定に存在できる。　　(3) 3 倍

解説 (1) 図1と図2より，八面体を原子Bの方向から見たときの正方形の一辺の長さが単位格子の一辺の長さ l となる。図3より，求めたい d_{AA} は図 a の破線上にあるので，次のような式がなりたつ。

$\sqrt{2}l = 2r_A + d_{AA}$　これより，$d_{AA} = \sqrt{2}l - 2r_A$ となる。

同様に考えると，d_{BB} は図 b の破線上にある。図 b の破線はちょうど単位格子の高さに等しくなることがわかるので，次のような式がなりたつ。

$l = 2r_B + d_{BB}$　これより，$d_{BB} = l - 2r_B$ となる。

d_{AA} と d_{BB} を比較するには，これらの差をとる。

$d_{AA} - d_{BB} = (\sqrt{2}l - 2r_A) - (l - 2r_B)$
$= (\sqrt{2} - 1)l - 2(r_A - r_B)$　…①

また，単位格子の一辺と原子 A，原子 B の半径には図1より，次のような関係がある。

$2(r_A + r_B) = \sqrt{3}l$　これを変形すると $r_B = \dfrac{\sqrt{3}}{2}l - r_A$　…②

式②を式①に代入すると次の式が得られる。

$d_{AA} - d_{BB} = (\sqrt{2} + \sqrt{3} - 1)l - 4r_A$　…③

問題文より，$l > 2r_A$ が成立するので，式③にこの条件を当てはめると，

$d_{AA} - d_{BB} = (\sqrt{2} + \sqrt{3} - 1)l - 4r_A > (\sqrt{2} + \sqrt{3} - 1)l - 2l$
$= 0.14l > 0$

よって，d_{BB} の方が小さいことがわかる。

(3) 図1と図2より，単位格子の各辺の中心が八面体の中心となっている。したがって，水素原子の数は $\dfrac{1}{4} \times 12 = 3$ より 3 個である。一方，単位格子中の Ti 原子の数は中心の 1 個なので，吸蔵される水素原子の数はその 3 倍である。

エクセル 水素吸蔵合金は合金中に水素をとり込むことができる。

278 **解答** (1) (A) 6 　(B) 4 　(C) 8
(2) X (A)　Y (C)　Z (A)

解説 (2) M⁺X⁻ 型の結晶にはいくつか種類がある。その代表的なものの 3 つが，(A)塩化ナトリウム(NaCl)型，(B)閃亜鉛鉱(ZnS)型，(C)塩化セシウム(CsCl)型である。

それぞれのイオン結晶の限界半径比は，陽イオン半径を r_+，陰イオン半径を r_- として，次ページの図のように単位格子を切断して考えるとよい。隣接する陽イオンと陰イオン，および陰イオンどうしがすべて接しているときの，それぞれの比を考える。

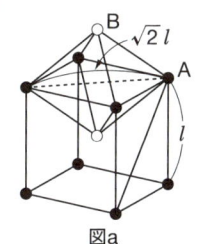

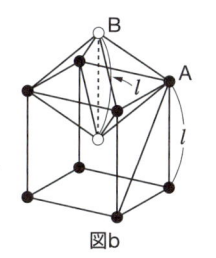

解説 (A)塩化ナトリウム(NaCl)型について
$(r_+ + r_-) : 2r_- = 1 : \sqrt{2}$
これをまとめると, $r_+/r_- = \sqrt{2} - 1 = 0.414$
よって, $r_+/r_- \geqq 0.414$ のとき安定であり, $r_+/r_- < 0.414$ のとき不安定である。

(B)閃亜鉛鉱(ZnS)型
$2(r_+ + r_-) : 2r_- = \sqrt{3} : \sqrt{2}$
これをまとめると, $r_+/r_- = \dfrac{\sqrt{6}-2}{2} \fallingdotseq 0.225$
よって, $r_+/r_- \geqq 0.225$ のとき安定であり, $r_+/r_- < 0.225$ のとき不安定である。

(C)塩化セシウム(CsCl)型について
$2(r_+ + r_-) : 2r_- = \sqrt{3} : 1$
これをまとめると, $r_+/r_- = \sqrt{3} - 1 = 0.732$
よって, $r_+/r_- \geqq 0.732$ のとき安定であり, $r_+/r_- < 0.732$ のとき不安定である。

化合物Xの半径比は $r_+/r_- = 0.44$ で, (A)の条件と合致。
化合物Yの半径比は $r_-/r_+ \fallingdotseq 0.926$ で, (C)の条件と合致。
化合物Zの半径比は $r_-/r_+ \fallingdotseq 0.658$ で, (A)の条件と合致。

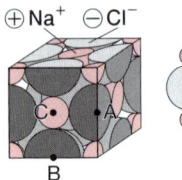

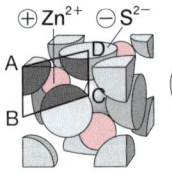

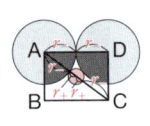

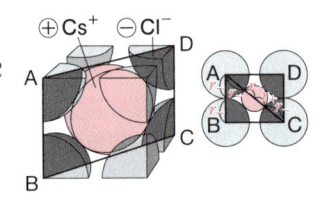

エクセル イオン結晶の限界半径比

名称	塩化セシウム型	塩化ナトリウム型	閃亜鉛鉱型
配位数	8	6	4
限界半径比	0.732	0.414	0.225

279 解答 (ア) 0.21 nm　(イ) 0.18 nm

解説 (ア) 単位格子のちょうど中心にあるので,
$\dfrac{0.42\,\mathrm{nm}}{2} = 0.21\,\mathrm{nm}$ となる。

(イ) 右図のような単位格子の1辺を半分にした小さな立方体を考える。求める距離はこの立方体の対角線の半分の長さになる。
よって, $0.21\,\mathrm{nm} \times \sqrt{3} \times \dfrac{1}{2} = 0.181\cdots\mathrm{nm} \fallingdotseq 0.18\,\mathrm{nm}$ となる。

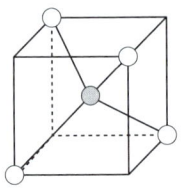

エクセル スピネル構造は面心立方格子を形成した原子がつくる, 正八面体空隙と正四面体空隙に別の原子が配置されている。

280 解答 (1) (a) 4　(b) ケイ素　(2) (ア) $\dfrac{64}{3\sqrt{3}}$　(イ) 8　(ウ) 18.0

(3) $0.92\,\mathrm{g/cm^3}$

(4) 氷ではすき間の多い立体構造をもつが, 液体の水になると結晶構造の規則的な配列が崩れ, すき間に水分子が入りこむため。

解説 (2),(3) 酸素原子間の距離を r とすると, 単位格子の一辺の長さ a は, 図より $r = \dfrac{\sqrt{3}}{4}a$❶, $a = \dfrac{4}{\sqrt{3}}r = \dfrac{4}{\sqrt{3}} \times 2.76 \times 10^{-8}\,\mathrm{cm}$
したがって, 単位格子の体積 a^3 は

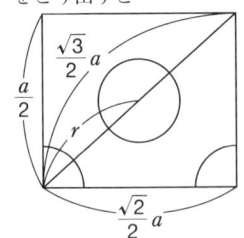

$$a^3 = \left(\frac{4}{\sqrt{3}} \times 2.76 \times 10^{-8} \text{cm}\right)^3 = \frac{64}{3\sqrt{3}} \times (2.76 \times 10^{-8})^3 \text{cm}^3$$

また,単位格子内に含まれる水分子の数は,図より,次のように求められる。

$$\frac{1}{8}\text{個} \times 8 + \frac{1}{2}\text{個} \times 6 + 4\text{個} = 8\text{個}$$

したがって,単位格子中の水分子の質量は

$$\frac{18.0\,\text{g/mol}}{6.02 \times 10^{23}/\text{mol}} \times 8 = \frac{18.0 \times 8}{6.02 \times 10^{23}}\,\text{g}$$

以上の結果から,密度を求めることができる。

$$\frac{\text{単位格子中の水分子の質量}}{\text{単位格子の体積}} = \frac{\frac{18.0 \times 8}{6.02 \times 10^{23}}\,\text{g}}{\frac{64}{3\sqrt{3}} \times (2.76 \times 10^{-8})^3\,\text{cm}^3}$$

$$= \frac{18.0 \times 8 \times 3\sqrt{3} \times 10^{24}}{6.02 \times 10^{23} \times 64 \times (2.76)^3}\,\text{g/cm}^3 = \frac{135\sqrt{3}}{127 \times 2}\,\text{g/cm}^3$$

$$= 0.919\cdots\,\text{g/cm}^3 \fallingdotseq 0.92\,\text{g/cm}^3$$

酸素原子間の距離 r は次のように求められる。

$$(2r)^2 = \left(\frac{a}{2}\right)^2 + \left(\frac{\sqrt{2}}{2}a\right)^2$$

$$(2r)^2 = \frac{3}{4}a^2$$

$$2r = \frac{\sqrt{3}}{2}a$$

$$r = \frac{\sqrt{3}}{4}a$$

(4) 氷は水素結合によりすき間の多い構造をとっている。氷が水になると,すき間に水分子が入ることで水の密度が大きくなる。

キーワード
・すき間
・規則的な配列

エクセル 氷が水になるとき,すき間に水分子が入ることで,水の密度が大きくなる。

281

解答
(1) 領域③ ウ　領域④ ク
　　曲線OY エ　点O キ
(2) 点D カ　点F イ
(3) オ　理由:液体と気体が共存した気液平衡の状態で示す気体の圧力が蒸気圧であり,図2の20℃の等温線のCE間が気液平衡の状態にあたるため。
(4) $1.0 \times 10\%$　(5) 29.3 g

キーワード
・気液平衡
・蒸気圧

解説
(1) 温度が低い領域の方から順に,固体のみの状態(領域①)→液体のみの状態(領域②)→気体のみの状態(領域③)があり,さらに気体と液体の区別がつかない超臨界状態(領域④)がある。曲線OXは昇華圧曲線,曲線OYは融解曲線,曲線OZは蒸気圧曲線を表し,点Oは三重点である。

(2), (3) 図2における20℃の等温線に着目する。AC間はボイルの法則に従い,C点で液化が始まる。CE間は気体と液体が共存し,圧力は蒸気圧となるため,CE間の圧力は一定になる。

(4) 図2における等温線の横軸に着目する。これは二酸化炭素1 mol あたりの体積を示し,点H(0.50 L)が点J(0.050 L)になった。よって,$\frac{0.050\,\text{L}}{0.50\,\text{L}} \times 100 = 10\%$ に圧縮された。

(5) 44.0 g の二酸化炭素は 1.00 mol である。点Iの圧力下における液体の二酸化炭素のモル体積は点Jより 0.050 L/mol,気体の二酸化炭素のモル体積は点Hより 0.50 L/mol。点Iで

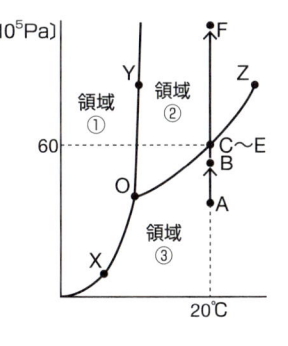

解説 液体として存在する二酸化炭素の物質量をx〔mol〕とおくと
液体の二酸化炭素の体積：$0.050\,\mathrm{L/mol} \times x$〔mol〕
気体の体積：$0.50\,\mathrm{L/mol} \times (1.00\,\mathrm{mol} - x)$
点Iでの1molの二酸化炭素の体積は，0.20Lであるので，次の式が成り立つ。

$$0.050\,\mathrm{L/mol} \times x\,[\mathrm{mol}] + 0.50\,\mathrm{L/mol} \times (1.00\,\mathrm{mol} - x) = 0.20\,\mathrm{L} \qquad x = \frac{2}{3}\,\mathrm{mol}$$

求める液体の二酸化炭素の質量は，

$$\frac{2}{3} \times 44.0\,\mathrm{g} = 29.33\cdots\mathrm{g} \fallingdotseq 29.3\,\mathrm{g}$$

エクセル 二酸化炭素の超臨界流体は，コーヒー豆のカフェイン抽出などに利用されている。

282

解答
(1) $Z = \dfrac{pV}{RT}$ より，$p = \dfrac{ZRT}{V}$ となる。これをファンデルワールスの状態方程式に代入すると，$\left(\dfrac{ZRT}{V} + \dfrac{a}{V^2}\right)(V-b) = RT$ となり，これをZについて整理すると，

$$Z = \frac{V}{V-b} - \frac{a}{VRT}\quad\text{が求められる。}$$

(2) HeはArより分子自身の体積が小さいので，Zの値が1に近くなる。

(3) 低圧条件下では，分子自身の体積を無視できるので，Zの値が1に近くなる。

(4) 無極性分子は分子自身の体積の影響が分子間力の影響より大きいので，Zが1より大きくなる。
極性分子は分子間力の影響が分子自身の体積の影響より大きいので，Zは1より小さくなる。

(5) 温度を下げると，分子間力の影響が大きくなるため，Zの1からのずれは大きくなる。

キーワード(2)
・分子自身の体積
キーワード(3)
・分子自身の体積
キーワード(4)
・無極性分子
・極性分子
・分子自身の体積
・分子間力
キーワード(5)
・分子間力

解説 圧縮率因子Zは値が1に近づくほど理想気体としてふるまう。実在気体を高温にすると，分子間力の影響が小さくなるため，Zは1に近づく。低圧にすると，分子自身の体積の影響が小さくなるため，Zは1に近づく。

エクセル 実在気体を高温・低圧にすると，理想気体としてふるまう。

283

解答
(1) (a) $\dfrac{1000 n_2}{n_1 M}$ (b) $\dfrac{Mm}{1000}$ (c) $\dfrac{mMp^*}{1000}$

(2) (ア) 0.080 (イ) 0.12 (ウ) 50

(3) (i) B (ii) A (iii) A (iv) B

解説 (1) $\Delta p = p^* - p = p^* - p^* x_1 = p^*(1-x_1)$

$$= p^*\left(1 - \frac{n_1}{n_1+n_2}\right) = p^* \times \frac{n_2}{n_1+n_2} = p^* x_2 \quad\cdots\text{②}$$

溶媒のモル質量がM〔g/mol〕である。これより，溶媒の質量はn_1M〔g〕と表せる。溶液の質量モル濃度を求めると

$$m\,[\mathrm{mol/kg}] = n_2\,[\mathrm{mol}] \times \frac{1000\,\mathrm{g/kg}}{n_1 M\,[\mathrm{g}]} = \frac{1000 n_2}{n_1 M}\,[\mathrm{mol/kg}] \quad\cdots\text{③}$$

いま，$x_2 = \dfrac{n_2}{n_1+n_2} \fallingdotseq \dfrac{n_2}{n_1}$ …④ と近似されるので，④を③へ代入する。

$$m = \dfrac{1000 n_2}{M \times n_1} \text{(mol/kg)} = \dfrac{1000 x_2}{M} \text{(mol/kg)}$$

よって，$x_2 = \dfrac{mM}{1000}$ …⑤

②式と⑤式より，$\Delta p = p^* x_2 = \dfrac{mMp^*}{1000}$

(2), (3) 250 g の水にスクロース($C_{12}H_{22}O_{11}$)を 6.84 g 溶かした溶液 A の質量モル濃度 m_A は，次のように計算できる。

$$m_A = \dfrac{\dfrac{6.84\,\text{g}}{342\,\text{g/mol}}}{\dfrac{250}{1000}\,\text{kg}} = 0.080\,\text{mol/kg}$$

250 g の水にグルコース($C_6H_{12}O_6$)を 5.40 g 溶かした溶液 B の質量モル濃度 m_B は，次のように計算できる。

$$m_B = \dfrac{\dfrac{5.40\,\text{g}}{180\,\text{g/mol}}}{\dfrac{250}{1000}\,\text{kg}} = 0.12\,\text{mol/kg}$$

$m_A < m_B$ より，溶液 A の方が蒸気圧が高いので，水は溶液 A から溶液 B に移動する。溶液 A と溶液 B の質量モル濃度が等しくなったときに，平衡状態になるので，移動した水の質量を x (g) とすると，

$$\dfrac{\dfrac{6.84\,\text{g}}{342\,\text{g/mol}}}{\dfrac{250-x}{1000}\,\text{(kg)}} = \dfrac{\dfrac{5.40\,\text{g}}{180\,\text{g/mol}}}{\dfrac{250+x}{1000}\,\text{(kg)}} \quad x = 50 \quad \text{よって，50 g}$$

エクセル ラウールの法則　不揮発性の溶質が溶けた希薄溶液の蒸気圧は，溶媒のモル分率に比例する。

284

解答

(1) (ア) 過冷却　(イ) 溶媒　(ウ) 質量モル濃度
(エ) $\dfrac{x_1}{r}$　(オ) t_1　(カ) t_0　(2) F
(3) 凝固が開始し，凝固熱が急激に放出されたから。　(4) c
(5) 溶液が飽和し，溶媒の凝固と溶質の析出が同時に起こっている。(29 字)

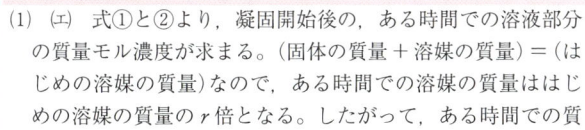

キーワード(3)
・凝固熱
キーワード(5)
・飽和
・溶質の析出
・溶媒の凝固

解説

(1) (エ) 式①と②より，凝固開始後の，ある時間での溶液部分の質量モル濃度が求まる。(固体の質量＋溶媒の質量)＝(はじめの溶媒の質量)なので，ある時間での溶媒の質量ははじめの溶媒の質量の r 倍となる。したがって，ある時間での質量モル濃度は $\dfrac{x_1}{r}$ となり，

$$\dfrac{x_1}{r} = A(t_0 - T) \quad \text{…③} \quad \text{と表せる。}$$

解説 (オ) 式③に $\dfrac{1}{r}=1$ を代入すると,$x_1 = A(t_0 - T)$ …④

式④に式①を代入すると,次のようになる。
$A(t_0 - t_1) = A(t_0 - T)$ よって,$T = t_1$ となる。

(カ) (オ)と同様にして,式③に $\dfrac{1}{r}=0$ を代入すると
$0 = A(t_0 - T)$ …⑤ となる。よって,$T = t_0$ となる。

(4) 溶液の冷却曲線の右下がりの直線部分を左に延長し,グラフと交わった点の温度が溶液の凝固点である。

(5) 溶液を冷却していくと,温度が一定になる部分ができる。このとき,溶媒の凝固と溶質の析出が同時に起きている。これを共晶とよぶ。共晶が終わり固体のみになると,温度は再び下がる。

エクセル 溶液を冷却すると,溶媒のみが凝固する。よって,まだ凝固していない溶液の質量モル濃度が大きくなり,凝固点降下度も大きくなる。

13 化学反応と熱エネルギー (p.212)

285
解答 (ア) 吸熱　(イ) 発熱　(ウ) aq

解説 反応物のもつ総エンタルピー H_1 と生成物のもつ総エンタルピー H_2 の差 (H_2-H_1) が反応エンタルピー ΔH となる。
化学反応式に物質の状態を記載する。

(例) $NH_4NO_3(固) \xrightarrow{H_2O} NH_4NO_3\,aq$　　$\Delta H = 26\,kJ$

エクセル 発熱反応　エンタルピー変化 $\Delta H < 0$
吸熱反応　エンタルピー変化 $\Delta H > 0$
物質のエンタルピーは，その状態によって異なるので，原則として化学式に物質の状態を(気)，(液)，(固)のように付記する。

● 吸熱反応

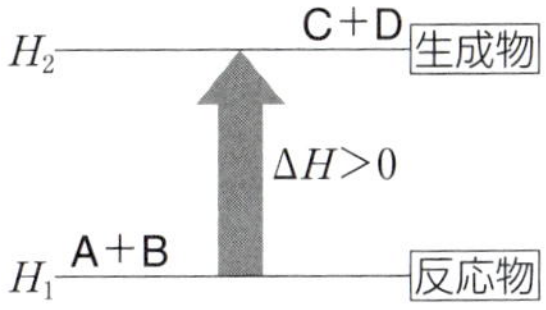

● 発熱反応

286
解答
(1) 溶解エンタルピー　(2) 中和エンタルピー
(3) 燃焼エンタルピー　(4) 蒸発エンタルピー
(5) 生成エンタルピー　(6) 昇華エンタルピー

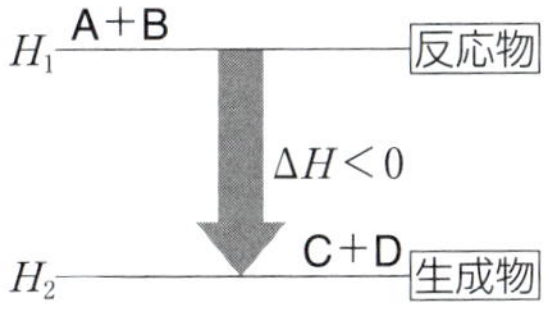

解説
(3) 1 mol のエタノール C_2H_5OH が完全に燃焼したときのエンタルピー変化 ΔH を表す。
(4) 1 mol の水が液体から気体に状態変化するときのエンタルピー変化 ΔH を表す。
(5) C_3H_8 の成分元素の単体から 1 mol の C_3H_8 が生じるときのエンタルピー変化 ΔH を表す。
(6) 1 mol のヨウ素が固体から気体に状態変化するときのエンタルピー変化 ΔH を表す。

エクセル
溶解エンタルピー：物質 1 mol を多量の溶媒に溶かしたときの ΔH
中和エンタルピー：酸と塩基が反応し水 1 mol が生成するときの ΔH
燃焼エンタルピー：物質 1 mol が完全に燃焼するときの ΔH
蒸発エンタルピー：1 mol の液体が蒸発して気体になるときの ΔH
生成エンタルピー：化合物 1 mol が成分元素の単体から生成するときの ΔH
昇華エンタルピー：1 mol の固体が昇華して気体になるときの ΔH
融解エンタルピー：1 mol の固体が融解して液体になるときの ΔH

▶ aq は多量の水を表す。HClaq は水溶液中の HCl 1 mol を表す。

287
解答 (1) 10.2℃ (2) $-45\,\mathrm{kJ/mol}$

解説 (1) NaOH が溶けきるまで溶解エンタルピーが生じるとともに、周囲に熱が逃げている。このため、真の最高温度は NaOH を水に入れた瞬間に溶解し熱が逃げなかったとして得られる温度であり、放熱を示すグラフが下降している部分を、t_1 まで延長して求めた縦軸との交点である 35.2℃ となる。よって上昇温度は

$35.2℃ - 25.0℃ = 10.2℃$　である。

(2) 溶解エンタルピーによる水溶液の上昇温度より、水溶液が受けとった熱量 Q を求める。

$Q = 4.2\,\mathrm{J/(g\cdot K)} \times (100\,\mathrm{g} + 4.0\,\mathrm{g}) \times (35.2 - 25.0)\,\mathrm{K}$
$= 4.45\cdots \times 10^3\,\mathrm{J} ≒ 4.45\,\mathrm{kJ}$

これを 1 mol あたりに換算して

$4.45\,\mathrm{kJ} \times \dfrac{40\,\mathrm{g/mol}}{4.0\,\mathrm{g}} = 44.5\,\mathrm{kJ/mol} ≒ 45\,\mathrm{kJ/mol}$

$\Delta H = -45\,\mathrm{kJ/mol}$

エクセル グラフを外挿して水溶液の上昇温度を求める。

288
解答 (1) $\dfrac{1}{2}\mathrm{N_2}(気) + \dfrac{3}{2}\mathrm{H_2}(気) \longrightarrow \mathrm{NH_3}(気)$　$\Delta H = -46.1\,\mathrm{kJ}$

(2) $\mathrm{C}(黒鉛) + \mathrm{O_2}(気) \longrightarrow \mathrm{CO_2}(気)$　$\Delta H = -394\,\mathrm{kJ}$

(3) $\mathrm{NaOH}(固) \xrightarrow{\mathrm{H_2O}} \mathrm{NaOHaq}$　$\Delta H = -44.6\,\mathrm{kJ}$
　　$(\mathrm{NaOH}(固) + \mathrm{aq} \longrightarrow \mathrm{NaOHaq}$　$\Delta H = -44.6\,\mathrm{kJ})$

(4) $\mathrm{H_2O}(固) \longrightarrow \mathrm{H_2O}(液)$　$\Delta H = 6.0\,\mathrm{kJ}$

(5) $\mathrm{C_2H_6}(気) + \dfrac{7}{2}\mathrm{O_2}(気) \longrightarrow 2\mathrm{CO_2}(気) + 3\mathrm{H_2O}(液)$

$\Delta H = -1560\,\mathrm{kJ}$

▶一般に反応エンタルピーは、25℃、$1.013 \times 10^5\,\mathrm{Pa}$ のときの値を使うので、このときの物質の状態が明確な $\mathrm{O_2}$(気) などの「(気)」を省略することがある。

解説 (1) $\mathrm{NH_3}$ の生成エンタルピーは、成分元素の単体から 1 mol の $\mathrm{NH_3}$ が生成するときの ΔH を表す。

(2) 物質として炭素は黒鉛であることを示すために C(黒鉛) とする。発熱反応であり、エンタルピー変化 ΔH は負になる。

(5) 1 mol の $\mathrm{C_2H_6}$ が完全燃焼する際は、$780\,\mathrm{kJ} \times \dfrac{1.0\,\mathrm{mol}}{0.5\,\mathrm{mol}} = 1560\,\mathrm{kJ}$ の発熱がある。発熱反応であるため、エンタルピー変化 ΔH は負になる。

▶熱が外部に放出される場合は、エンタルピーが減少する($\Delta H < 0$)。外部に放出された熱量 $= -\Delta H$ となる。

エクセル 炭化水素を完全燃焼させると、二酸化炭素 $\mathrm{CO_2}$ と水 $\mathrm{H_2O}$ が生成する。燃焼エンタルピーに関する化学反応式では、生成する $\mathrm{H_2O}$ は液体とする。

289
解答 (1) (イ)　(2) (ア)　(3) (イ)　(4) (ウ)

解説 それぞれの反応についてエンタルピー変化 ΔH、エントロピー変化 ΔS を調べ、自発的に反応が進行するかどうか判断する。

	$\Delta S > 0$	$\Delta S < 0$
$\Delta H < 0$	自発的に進む	条件による
$\Delta H > 0$	条件による	自発的には進まない

(1) 気体が液体に状態変化するため$\Delta S<0$,
エンタルピー変化は$\Delta H<0$
(2) 液体から気体が生成する変化は$\Delta S>0$,
また，気体の分子数が増加する変化は$\Delta S>0$,
エンタルピー変化は$\Delta H<0$
(3) 固体から気体が生成するため$\Delta S>0$,
エンタルピー変化は$\Delta H>0$
(4) 気体の分子数が減少するため$\Delta S<0$,
エンタルピー変化は$\Delta H>0$

エクセル 反応が自発的に進むために有利な条件：$\Delta H<0$, $\Delta S>0$

290 解答 (1) 1 kJ (2) −112 kJ (3) −111 kJ

解説
(1) ①式−②式よりエンタルピー変化を求める。

$C(黒鉛) + O_2 \longrightarrow CO_2 \qquad \Delta H = -394 \text{ kJ} \quad$ ①式
$CO_2 \longrightarrow C(ダイヤモンド) + O_2 \quad \Delta H = 395 \text{ kJ} \quad$ ②式×(−1)
―――――――――――――――――――――――――――
$C(黒鉛) \longrightarrow C(ダイヤモンド) \qquad \Delta H_1 = 1 \text{ kJ}$

(2) ②式−③式よりエンタルピー変化を求める。

$C(ダイヤモンド) + O_2 \longrightarrow CO_2 \qquad \Delta H = -395 \text{ kJ} \quad$ ②式
$CO_2 \longrightarrow CO + \frac{1}{2}O_2 \qquad \Delta H = 283 \text{ kJ} \quad$ ③式×(−1)
―――――――――――――――――――――――――――
$C(ダイヤモンド) + \frac{1}{2}O_2 \longrightarrow CO \qquad \Delta H_2 = -112 \text{ kJ}$

(3) エンタルピー変化は経路によらないため，①式−③式より黒鉛からCOが生成するときのエンタルピー変化を求める。

$C(黒鉛) + O_2 \longrightarrow CO_2 \qquad \Delta H = -394 \text{ kJ} \quad$ ①式
$CO_2 \longrightarrow CO + \frac{1}{2}O_2 \qquad \Delta H = 283 \text{ kJ} \quad$ ③式×(−1)
―――――――――――――――――――――――――――
$C(黒鉛) + \frac{1}{2}O_2 \longrightarrow CO \qquad \Delta H_3 = -111 \text{ kJ}$

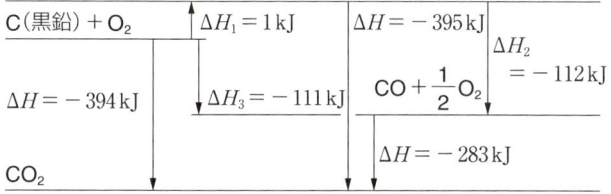

```
C(ダイヤモンド) + O₂
C(黒鉛) + O₂  ↓ΔH₁=1 kJ    │ΔH = −395 kJ
                            │            ΔH₂
                            │           = −112 kJ
ΔH = −394 kJ  ↓ΔH₃=−111 kJ  CO + ½O₂↓
                            │ΔH = −283 kJ
CO₂
```

エクセル ヘスの法則 物質の変化(状態変化も含む)にともなうエンタルピー変化ΔHの総和は，変化する前後の物質の種類と状態によって決まり，物質の変化の過程に関わらず一定である。

291

解答 $-106\,\text{kJ/mol}$

解説 各反応式より,プロパン C_3H_8 の生成エンタルピー $\Delta_f H$ を求めると

$$3C(黒鉛) + 3O_2(気) \longrightarrow 3CO_2(気) \quad \Delta H = -394\,\text{kJ} \times 3$$
$$4H_2(気) + 2O_2(気) \longrightarrow 4H_2O(液) \quad \Delta H = -286\,\text{kJ} \times 4$$
$$\underline{3CO_2(気) + 4H_2O(液) \longrightarrow C_3H_8(気) + 5O_2(気) \quad \Delta H = -2220\,\text{kJ} \times (-1)}$$
$$3C(黒鉛) + 4H_2(気) \longrightarrow C_3H_8(気) \quad \Delta_f H = -106\,\text{kJ}$$

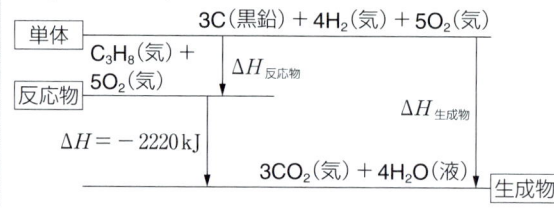

▶ 生成エンタルピー (enthalpy of formation) を $\Delta_f H$ と表すこともある。

別解 プロパンの生成エンタルピーを $\Delta_f H$ とし,プロパンの燃焼によるエンタルピー変化より $\Delta_f H$ を求める。

反応エンタルピー=(生成物の生成エンタルピーの総和 $\Delta H_{生成物}$)
　　　　　　　　－(反応物の生成エンタルピーの総和 $\Delta H_{反応物}$)

$-2220\,\text{kJ} = \{3 \times (-394\,\text{kJ}) + 4 \times (-286\,\text{kJ})\} - \Delta_f H$

$\Delta_f H = -106\,\text{kJ}$

```
単体                3C(黒鉛) + 4H₂(気) + 5O₂(気)
        C₃H₈(気) +
        5O₂(気)        │ΔH反応物
反応物  ───────────────┤
                       │                    │
                       │                    │ΔH生成物
        ΔH = -2220 kJ  │                    │
                       │    3CO₂(気) + 4H₂O(液)   生成物
                       └────────────────────┘
```

エクセル 反応エンタルピー ΔH
　＝(生成物の生成エンタルピーの総和)－(反応物の生成エンタルピーの総和)

292

解答 $-727\,\text{kJ/mol}$

解説 メタノールの燃焼エンタルピーを ΔH とし,反応物と生成物の生成エンタルピーを用いて ΔH を求める。

$$CH_3OH(液) + \frac{3}{2}O_2(気) \longrightarrow CO_2(気) + 2H_2O(液)$$

$\Delta H = $(生成物の生成エンタルピーの総和 $\Delta H_{生成物}$)
　　　－(反応物の生成エンタルピーの総和 $\Delta H_{反応物}$)

$\Delta H = \{-394\,\text{kJ} + 2 \times (-286\,\text{kJ})\} - (-239\,\text{kJ})$
　　$= -727\,\text{kJ}$

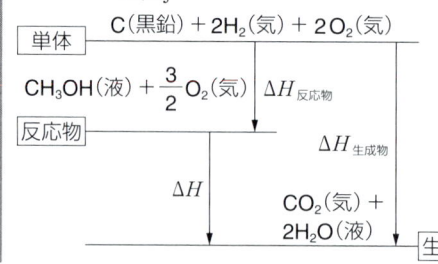

```
単体            C(黒鉛) + 2H₂(気) + 2O₂(気)
        CH₃OH(液) + 3/2 O₂(気)  │ΔH反応物
反応物  ─────────────────────┤
                              │                │
                              │                │ΔH生成物
        ΔH                    │   CO₂(気) +    │
                              │   2H₂O(液)      生成物
                              └────────────────┘
```

エクセル 反応エンタルピー ΔH
　＝(生成物の生成エンタルピーの総和)－(反応物の生成エンタルピーの総和)

293 解答 (1) (ア) 111
(イ) $C(黒鉛) + \frac{1}{2}O_2(気) \longrightarrow CO(気) \quad \Delta H_1 = -111\,\text{kJ}$
(2) ① (a)　② (c)　③ (b)
(3) $CO(気) + \frac{1}{2}O_2(気) \longrightarrow CO_2(気) \quad \Delta H_2 = -283\,\text{kJ}$

解説 (3) 図より ΔH_2 を求める。
$-111\,\text{kJ} + \Delta H_2 = -394\,\text{kJ} \quad \Delta H_2 = -283\,\text{kJ}$

エクセル 反応エンタルピー：反応物のエンタルピーと生成物のエンタルピーの差で，反応物のエンタルピーの方が大きければ，発熱反応となる。

●エネルギー図

反応物 ↓ $\Delta H < 0$ 生成物
（発熱反応）

生成物 ↑ $\Delta H > 0$ 反応物
（吸熱反応）

---

294 解答 (1)

解説 同じ質量で比較するために，フラーレンの燃焼を表す化学反応式を $\frac{1}{60}$ 倍する。

$\frac{1}{60}C_{60}(フラーレン) + O_2(気) \rightarrow CO_2(気)$

$\Delta H = -25930\,\text{kJ} \times \frac{1}{60} \fallingdotseq -432\,\text{kJ}$

各物質のエネルギー図を記すと，物質のもつエンタルピーが小さい順は黒鉛，ダイヤモンド，フラーレンと判断できる。

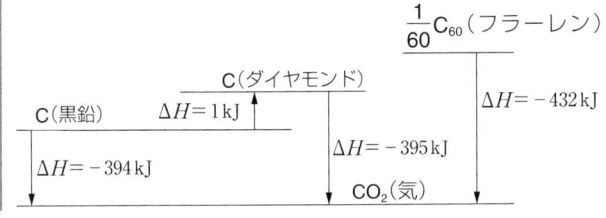

C(黒鉛) $\Delta H = -394\,\text{kJ}$
C(ダイヤモンド) $\Delta H = 1\,\text{kJ}$，$\Delta H = -395\,\text{kJ}$
$\frac{1}{60}C_{60}$(フラーレン) $\Delta H = -432\,\text{kJ}$
CO_2(気)

エクセル エンタルピーが低い物質ほど安定である。

---

295 解答 (1) $-548\,\text{kJ}$　(2) $-1.02 \times 10^3\,\text{kJ}$

解説 (1) C_2H_5OH（モル質量 $46\,\text{g/mol}$）$18.4\,\text{g}$ を燃焼させたときのエンタルピー変化を求める。

$-1370\,\text{kJ/mol} \times \dfrac{18.4\,\text{g}}{46\,\text{g/mol}} = -548\,\text{kJ}$

(2) CH_4（モル質量 $16\,\text{g/mol}$）$18.4\,\text{g}$ を燃焼させたときのエンタルピー変化を求める。

$-891\,\text{kJ/mol} \times \dfrac{18.4\,\text{g}}{16\,\text{g/mol}} \fallingdotseq -1.02 \times 10^3\,\text{kJ}$

エクセル 反応エンタルピー ΔH は，化学反応式の係数と等しい物質量の物質を反応させた場合のエンタルピー変化を表す。

296

解答 $14\,\text{kJ/mol}$

解説 尿素の水への溶解は吸熱反応であり，A～Bでは水溶液の温度は低下している。B～Cでは周囲から熱を吸収することで水溶液の温度は徐々に上昇している。このため，B～C間のグラフを外挿して，尿素を入れた時間の縦軸との交点の温度が溶解エンタルピーによる水溶液の温度変化となる。溶解エンタルピーによる水溶液の温度変化より，水溶液が受けとった熱量Qは

$Q = 4.2\,\text{J/(g·K)} \times (46.0\,\text{g} + 4.0\,\text{g}) \times (15.5 - 20.0)\,\text{K}$
$= -945\,\text{J}$ （吸熱なので負になる）

尿素の水への溶解は吸熱反応であるため，溶解エンタルピーΔHは正になる。

$\Delta H = 945\,\text{J} \times \dfrac{60\,\text{g/mol}}{4.0\,\text{g}} = 14175\,\text{J/mol} \fallingdotseq 14\,\text{kJ/mol}$

エクセル グラフを外挿して吸熱反応により吸収された熱量を求める。

297

解答 (1) $-241\,\text{kJ/mol}$　(2) $-92\,\text{kJ/mol}$　(3) $391\,\text{kJ/mol}$

解説
(1) 気体のH_2Oが生成する化学反応式を書き，生成エンタルピーΔHを求める。

$H_2(気) + \dfrac{1}{2}O_2(気) \longrightarrow H_2O(気)$

$\Delta H = \left(436\,\text{kJ} + \dfrac{1}{2} \times 498\,\text{kJ}\right) - (463\,\text{kJ} \times 2) = -241\,\text{kJ}$

よって，生成エンタルピーは$-241\,\text{kJ/mol}$

●エネルギー図

(2) HClが生成する化学反応式を書き，生成エンタルピーΔHを求める。

$\dfrac{1}{2}H_2(気) + \dfrac{1}{2}Cl_2(気) \longrightarrow HCl(気)$

$\Delta H = \left(\dfrac{1}{2} \times 436\,\text{kJ} + \dfrac{1}{2} \times 243\,\text{kJ}\right) - 431\,\text{kJ} = -91.5\,\text{kJ} \fallingdotseq -92\,\text{kJ}$

よって，生成エンタルピーは$-92\,\text{kJ/mol}$

(3) NH_3が生成する化学反応式を書き，ΔHよりN－Hの結合エネルギー$E_{\text{N-H}}$を求める。

$\dfrac{1}{2}N_2(気) + \dfrac{3}{2}H_2(気) \longrightarrow NH_3(気) \quad \Delta H = -47.5\,\text{kJ}$

$-47.5\,\text{kJ} = \left(\dfrac{1}{2} \times 943\,\text{kJ} + \dfrac{3}{2} \times 436\,\text{kJ}\right) - E_{\text{N-H}} \times 3$

$E_{\text{N-H}} = 391\,\text{kJ}$　よって，$391\,\text{kJ/mol}$

エクセル 反応エンタルピーΔH
　　　　　＝（反応物の結合エネルギーの総和）－（生成物の結合エネルギーの総和）

298

解答 (1) $-3272\,\text{kJ/mol}$　(2) $-619\,\text{kJ}$

解説
(1) ベンゼンC_6H_6の完全燃焼を化学反応式で書き，燃焼エンタルピーΔH_1を求める。

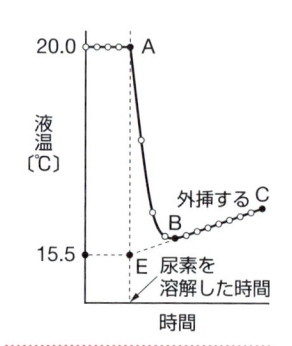

$C_6H_6(液) + \dfrac{15}{2}O_2(気) \longrightarrow 6CO_2(気) + 3H_2O(液)$

反応式①，②，④を用いて，C_6H_6 の燃焼エンタルピーを求める。

$3H_2(気) + \dfrac{3}{2}O_2(気) \longrightarrow 3H_2O(液)$　$\Delta H = -286\,\text{kJ} \times 3$　①×3

$C_6H_6(液) \longrightarrow 6C(黒鉛) + 3H_2(気)$　$\Delta H = 50\,\text{kJ} \times (-1)$　②×(−1)

$6C(黒鉛) + 6O_2(気) \longrightarrow 6CO_2(気)$　$\Delta H = -394\,\text{kJ} \times 6$　④×6

$C_6H_6(液) + \dfrac{15}{2}O_2(気) \longrightarrow 6CO_2(気) + 3H_2O(液)$　$\Delta H_1 = -3272\,\text{kJ}$　⑤

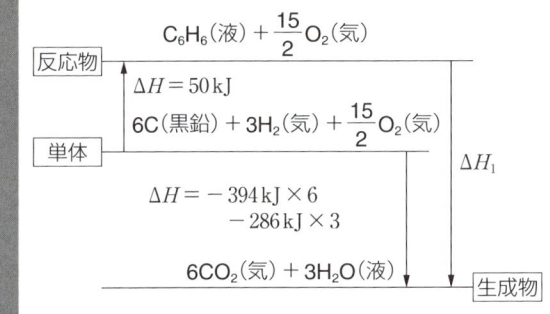

```
反応物 ──── C_6H_6(液) + (15/2)O_2(気) ─────────
            │ΔH=50 kJ
            │ 6C(黒鉛)+3H_2(気)+(15/2)O_2(気)
単体 ──────┤                            │ΔH_1
            │ ΔH=−394 kJ×6
            │    −286 kJ×3
            │
            ─── 6CO_2(気)+3H_2O(液) ────── 生成物
```

(2) ③と(1)で求めた式⑤を用いてエンタルピー変化 ΔH_2 を求める。

$3C_2H_2(気) \longrightarrow C_6H_6(液)$

$3C_2H_2(気) + \dfrac{15}{2}O_2(気) \longrightarrow 6CO_2(気) + 3H_2O(液)$　$\Delta H = -1297\,\text{kJ} \times 3$　③×3

$6CO_2(気) + 3H_2O(液) \longrightarrow C_6H_6(液) + \dfrac{15}{2}O_2(気)$　$\Delta H_3 = -3272\,\text{kJ} \times (-1)$　⑤×(−1)

$\Delta H_2 = \Delta H + \Delta H_3$
$3C_2H_2(気) \longrightarrow C_6H_6(液)$　$\Delta H_2 = -619\,\text{kJ}$

```
反応物 ─── 3C_2H_2(気)+(15/2)O_2(気) ──────
           │
           │ C_6H_6(液)+(15/2)O_2(気) │ΔH_2
           │                    ──── 生成物
ΔH=−1297 kJ×3                    │ΔH_1=−3272 kJ
           │                    │
           │ 6CO_2(気)+3H_2O(液)
           ────────────────── 燃焼生成物
```

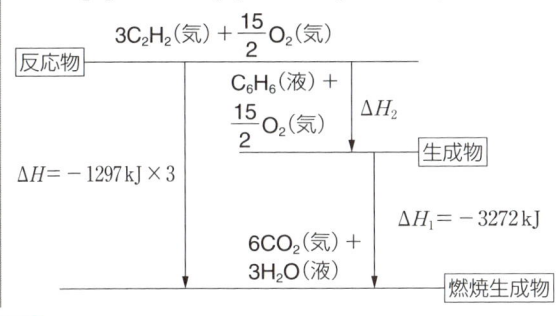

エクセル ヘスの法則は総熱量保存の法則ともいう。

299
解答
(1) 水素 1.5×10^{-1} mol，エタン 5.0×10^{-2} mol
発生する熱量 121 kJ
(2) エタンの物質量：プロパンの物質量＝1：2

解説 (1) 水素とエタン C_2H_6 の燃焼エンタルピーは，それぞれ，$-286\,\text{kJ/mol}$，$-1561\,\text{kJ/mol}$ なので，エンタルピー変化 ΔH を含む化学反応式は

▶発熱量＝$-\Delta H$
エンタルピーが減少した分，外部に熱が放出される。

解説

$$\begin{cases} H_2(気) + \dfrac{1}{2}O_2(気) \longrightarrow H_2O(液) \quad \Delta H = -286\,\text{kJ} \quad \cdots \text{I} \\ C_2H_6(気) + \dfrac{7}{2}O_2(気) \longrightarrow 2CO_2(気) + 3H_2O(液) \quad \Delta H = -1561\,\text{kJ} \quad \cdots \text{II} \end{cases}$$

反応前に水素が x〔mol〕,エタンが y〔mol〕あったとすると,水素とエタンの混合気体の体積が 0℃, 1.013×10^5 Pa で 4.48 L であるので

$$x + y = \dfrac{4.48\,\text{L}}{22.4\,\text{L/mol}} = 0.200\,\text{mol} \quad \cdots ①$$

I 式より,水素 1 mol から,水 (H_2O 18) が 1 mol 生成し,II 式より,エタン 1 mol から,水が 3 mol 生成することがわかる。よって,生じた水の物質量の関係より

$$x + 3y = \dfrac{5.40\,\text{g}}{18\,\text{g/mol}} = 0.300\,\text{mol} \quad \cdots ②$$

①, ②より $x = 0.150$ mol, $y = 0.050$ mol
混合気体の燃焼によるエンタルピー変化の和 ΔH は

$\Delta H = -286\,\text{kJ/mol} \times 0.150\,\text{mol} - 1561\,\text{kJ/mol} \times 0.050\,\text{mol}$
$= -120.95\,\text{kJ} ≒ -121\,\text{kJ}$

発生する熱量 $-\Delta H ≒ 121\,\text{kJ}$

(2) エタンが x〔mol〕,プロパンが y〔mol〕とすると
x〔mol〕 + y〔mol〕 = 1 mol $\cdots ①$
$-1560\,\text{kJ/mol} \times x$〔mol〕 + $(-2220\,\text{kJ/mol}) \times y$〔mol〕 = $-2000\,\text{kJ}$ $\cdots ②$

①, ②より, $x = \dfrac{1}{3}$ mol, $y = \dfrac{2}{3}$ mol

よって, $x : y = 1 : 2$

エクセル 水素とエタン C_2H_6 の燃焼エンタルピーが与えられているので,それぞれの化学反応式をつくる。完全燃焼では水素成分は H_2O,炭素成分は CO_2 になる。

300

解答
(1) $Zn(固) + Cl_2(気) \longrightarrow ZnCl_2(固) \quad \Delta H = -415.1\,\text{kJ}$
(2) $HCl(気) \xrightarrow{H_2O} HCl\,aq \quad \Delta H = -74.9\,\text{kJ}$
(3) $Zn(固) + 2HCl\,aq \longrightarrow ZnCl_2\,aq + H_2(気) \quad \Delta H = -153.8\,\text{kJ}$

▶ aq は多量の水を表す。具体的な量を表しているわけではない。

解説
(1) 塩化亜鉛 $ZnCl_2$ の生成エンタルピーは $-415.1\,\text{kJ/mol}$ より
$Zn(固) + Cl_2(気) \longrightarrow ZnCl_2(固) \quad \Delta H = -415.1\,\text{kJ}$

(2) 塩化水素 HCl の水への溶解エンタルピーは $-74.9\,\text{kJ/mol}$ より
$HCl(気) \xrightarrow{H_2O} HCl\,aq \quad \Delta H = -74.9\,\text{kJ}$

(3) $Zn(固) + Cl_2(気) \longrightarrow ZnCl_2(固) \quad \Delta H = -415.1\,\text{kJ} \quad \cdots ①$
$ZnCl_2(固) \xrightarrow{H_2O} ZnCl_2\,aq \quad \Delta H = -73.1\,\text{kJ} \quad \cdots ②$
$\dfrac{1}{2}H_2(気) + \dfrac{1}{2}Cl_2(気) \longrightarrow HCl(気) \quad \Delta H = -92.3\,\text{kJ} \quad \cdots ③$
$HCl(気) \xrightarrow{H_2O} HCl\,aq \quad \Delta H = -74.9\,\text{kJ} \quad \cdots ④$

亜鉛 1 mol を塩酸に溶かしたときの化学反応式を書くと
$Zn(固) + 2HCl\,aq \longrightarrow ZnCl_2\,aq + H_2(気)$

① + ② − ③ × 2 − ④ × 2 より
$Zn(固) + Cl_2(気) \longrightarrow ZnCl_2(固) \qquad \Delta H = -415.1\,\text{kJ}$
$ZnCl_2(固) \xrightarrow{H_2O} ZnCl_2\,aq \qquad \Delta H = -73.1\,\text{kJ}$

13 化学反応と熱エネルギー —— 141

2HCl(気) ⟶ H₂(気) + Cl₂(気)　$\Delta H = -92.3 \text{kJ} \times (-2)$
2HCl aq ⟶ 2HCl(気)　$\Delta H = -74.9 \text{kJ} \times (-2)$
Zn(固) + 2HCl aq ⟶ ZnCl₂ aq + H₂(気)
$\Delta H = -415.1 \text{kJ} - 73.1 \text{kJ} - 92.3 \text{kJ} \times (-2) - 74.9 \text{kJ} \times (-2) = -153.8 \text{kJ}$

エクセル 生成エンタルピー　化合物1molがその成分元素の単体から生成するときのΔH
　　　　 溶解エンタルピー　物質1molが多量の溶媒に溶解するときのΔH

301 解答 (1) 570kJ/mol　(2) -800kJ/mol　(3) 327kJ/mol

解説 (1) $\frac{1}{2}$H₂(気) + $\frac{1}{2}$F₂(気) ⟶ HF(気)　$\Delta H = -273 \text{kJ}$

　H−Fの結合エネルギーをx〔kJ〕とすると
$$-273 \text{kJ} = \left(\frac{1}{2} \times 436 \text{kJ} + \frac{1}{2} \times 158 \text{kJ}\right) - x$$
$$x = 570 \text{kJ}　よって 570 \text{kJ/mol}$$

(2) メタンの燃焼を化学反応式で書くと
CH₄(気) + 2O₂(気) ⟶ CO₂(気) + 2H₂O(気)
$\Delta H = (4 \times E_{C-H} + 2 \times E_{O=O}) - (2 \times E_{C=O} + 2 \times 2 \times E_{O-H})$
　　 $= (4 \times 416 \text{kJ} + 2 \times 498 \text{kJ}) - (2 \times 804 \text{kJ} + 2 \times 2 \times 463 \text{kJ})$
　　 $= -800 \text{kJ}$

(3) ΔHと結合エネルギーの関係より，C−Cの結合エネルギーE_{C-C}を求める。
$-309 \text{kJ} = (2 \times E_{C-H} + E_{C≡C} + 2 \times E_{H-H}) - (6 \times E_{C-H} + E_{C-C})$
$-309 \text{kJ} = (2 \times 416 \text{kJ} + 810 \text{kJ} + 2 \times 436 \text{kJ}) - (6 \times 416 \text{kJ} + E_{C-C})$
$E_{C-C} = 327 \text{kJ}$

エクセル 反応エンタルピー
　＝(反応物の結合エネルギーの総和) − (生成物の結合エネルギーの総和)

302 解答 803kJ/mol

解説 CO₂の生成エンタルピーを含めた化学反応式を書き，①式とする。
　C(黒鉛) + O₂(気) ⟶ CO₂(気)　$\Delta H = -394 \text{kJ}$　①
結合エネルギーを用いて計算をする場合は，すべての物質が気体状態である必要がある。
炭素の昇華についてエンタルピー変化を含む反応式で書き，②式とする。
　C(黒鉛) ⟶ C(気)　$\Delta H = 714 \text{kJ}$　②
①式と②式より，
　C(気) + O₂(気) ⟶ CO₂(気)
　$\Delta H = -394 \text{kJ} - 714 \text{kJ} = -1108 \text{kJ}$　①−②
反応エンタルピー＝(反応物の結合エネルギーの総和) − (生成物の結合エネルギーの総和)より，C＝Oの結合エネルギー$E_{C=O}$を求める。
　$-1108 \text{kJ} = 498 \text{kJ} - E_{C=O} \times 2$
　$E_{C=O} = 803 \text{kJ}$

▶エンタルピー変化から，結合エネルギーを求める。

142 —— 4章 物質の変化と平衡

> **エクセル** 結合エネルギーを用いてエンタルピー変化を考える場合には，化学反応式の物質がすべて気体状態である必要がある。

303

解答 (ア) 90　(イ) 4.50×10^2

解説
(ア) フラーレン C_{60} では1個のC原子は3個のC原子と結合しているため，C原子1個あたり1.5本の結合をつくっている。1分子の C_{60} に含まれる結合の数は 1.5本×60＝90本になる。

(イ) 黒鉛から C_{60}(気体)が生成する化学反応式を①式，黒鉛からC原子(気体)が生成する化学反応式を②式とする。

$60C$(黒鉛) $\longrightarrow C_{60}$(気)　$\Delta H = 2.64 \times 10^3$ kJ　①
C(黒鉛) $\longrightarrow C$(気)　$\Delta H = 7.19 \times 10^2$ kJ　②

①，②式より，C_{60}(気体)からC原子(気体)が生成するエンタルピー変化 ΔH を求める。

C_{60}(気) $\longrightarrow 60C$(気)　①×(−1)＋②×60
$\Delta H = -2.64 \times 10^3$ kJ $+ 7.19 \times 10^2$ kJ×60
　　$= 4.05 \times 10^4$ kJ

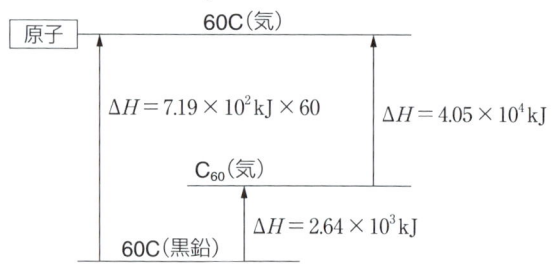

●フラーレンの結合

C原子1個あたり1.5本の結合を形成

1分子内の結合の本数より，平均の結合エネルギー E_{C-C} を求める。

$E_{C-C} = 4.05 \times 10^4$ kJ/mol $\times \dfrac{1}{90} = 4.50 \times 10^2$ kJ/mol

> **エクセル** 結合エネルギーを用いてエンタルピー変化を考える場合には，化学反応式の物質がすべて気体状態である必要がある。

304

解答 (1) −44 kJ　(2) −56 kJ　(3) −100 kJ　(4) 12℃

解説
(1) 2.0 g の NaOH(モル質量 40 g/mol)の物質量を求める。

$\dfrac{2.0 \text{ g}}{40 \text{ g/mol}} = 0.050$ mol

グラフの外挿より，実験①での上昇温度 $\Delta t = 10.0$ K である。
NaOH(固) 2.0 g を入れた際の発熱量を求めると

4.2 J/(g·K) × (50 mL × 1.0 g/mL + 2.0 g) × 10.0 K
　＝ 2.184 kJ

NaOH(固)の溶解エンタルピー ΔH_1 を求める。

$\Delta H_1 = -2.184$ kJ $\times \dfrac{1 \text{ mol}}{0.050 \text{ mol}}$
　　$= -43.68$ kJ $\fallingdotseq -44$ kJ

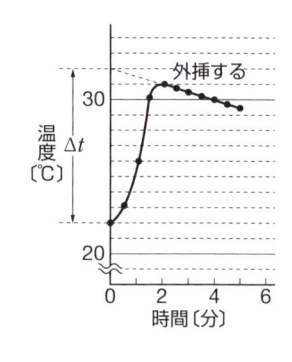

(2) 中和で消費した H^+ および OH^- の物質量を求めると
　　$0.60\,\mathrm{mol/L} \times 0.10\,\mathrm{L} = 0.060\,\mathrm{mol}$
　　実験②での水溶液の上昇温度 $\Delta t = 4.0\,\mathrm{K}$ より，中和による発熱量を求める。
　　$4.2\,\mathrm{J/(g \cdot K)} \times 200\,\mathrm{mL} \times 1.0\,\mathrm{g/mL} \times 4.0\,\mathrm{K} = 3.36\,\mathrm{kJ}$
　　発熱量より中和エンタルピー ΔH_2 を求める。
　　$\Delta H_2 = -3.36\,\mathrm{kJ} \times \dfrac{1\,\mathrm{mol}}{0.060\,\mathrm{mol}} \fallingdotseq -56\,\mathrm{kJ}$

(3) (1), (2) より，ΔH_3 を求めると
　　$\mathrm{NaOH(固)} \xrightarrow{H_2O} \mathrm{NaOH\,aq} \quad \Delta H_1 = -43.68\,\mathrm{kJ}$
　　$\mathrm{HCl\,aq} + \mathrm{NaOH\,aq} \longrightarrow \mathrm{NaCl\,aq} + \mathrm{H_2O}$
　　　　　　　　　　　　　　　　　$\Delta H_2 = -56\,\mathrm{kJ}$
　　$\mathrm{HCl\,aq} + \mathrm{NaOH(固)} \longrightarrow \mathrm{NaCl\,aq} + \mathrm{H_2O}$
　　　　　　　　　　　　　　　　　$\Delta H_3 = \Delta H_1 + \Delta H_2$
　　$\Delta H_3 = -43.68\,\mathrm{kJ} - 56\,\mathrm{kJ} \fallingdotseq -100\,\mathrm{kJ}$

(4) 温度上昇を $\Delta t\,[\mathrm{K}]$ とすると
　　$99.6\,\mathrm{kJ/mol} \times 0.050\,\mathrm{mol}$
　　$= 4.2\,\mathrm{J/(g \cdot K)} \times (100\,\mathrm{mL} \times 1.0\,\mathrm{g/mL} + 2.0\,\mathrm{g}) \times \Delta t$
　　$\Delta t = 11.6\cdots\,\mathrm{K} \fallingdotseq 12\,\mathrm{K}$

エクセル ヘスの法則
　物質の変化(状態変化も含む)にともなうエンタルピー変化 ΔH の総和は，変化する前後の物質の種類と状態によって決まり，物質の変化の過程にかかわらず一定である。

305

解答 溶解エンタルピー　$17\,\mathrm{kJ/mol}$
理由　$\mathrm{KCl(s)}$ の水への溶解においては，エンタルピーが増大してエネルギーが高い状態になるという不利な要因よりも，結晶が溶解して乱雑な状態になるという有利な要因の方が寄与が大きいため。

解説 エンタルピー変化を図に記す。

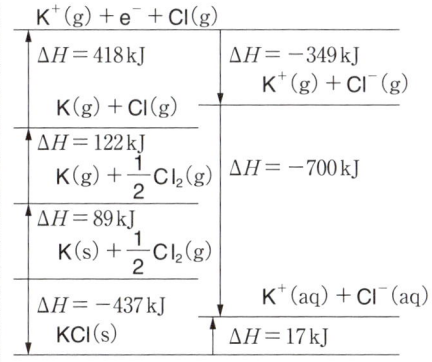

```
    K⁺(g) + e⁻ + Cl(g)
  ΔH = 418 kJ │ ΔH = −349 kJ
               │   K⁺(g) + Cl⁻(g)
    K(g) + Cl(g)
  ΔH = 122 kJ
    K(g) + ½Cl₂(g) │ ΔH = −700 kJ
  ΔH = 89 kJ
    K(s) + ½Cl₂(g)
  ΔH = −437 kJ        K⁺(aq) + Cl⁻(aq)
    KCl(s)           ΔH = 17 kJ
```

KCl の水への溶解は吸熱反応であり，エネルギーが高い状態に変化する。

エクセル 反応が自発的に進むために有利な条件：$\Delta H < 0$，$\Delta S > 0$

306 解答 (2), (3), (4)

解説

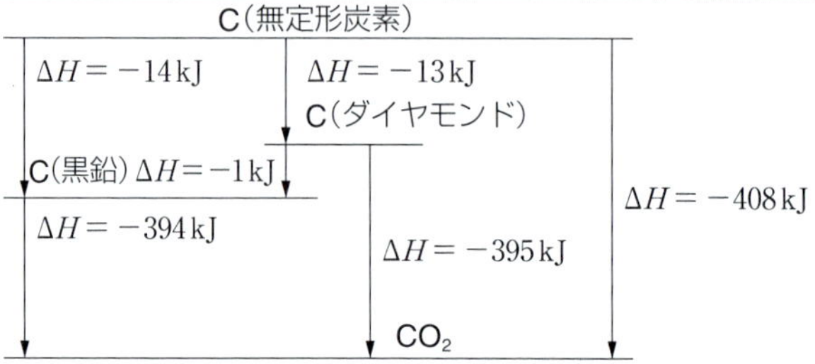

```
                C(無定形炭素)
        ΔH=−14kJ  │ ΔH=−13kJ
    ┌─────────────┤     C(ダイヤモンド)
    │             │
  C(黒鉛) ΔH=−1kJ  │                    │
    ├─────────────┤                    │
    │                                  │
  ΔH=−394kJ    ΔH=−395kJ         ΔH=−408kJ
    │             │                    │
    ↓             ↓                    ↓
                 CO₂
```

(1) ダイヤモンドは，黒鉛より 1kJ/mol エンタルピーが高く，不安定である。誤

(2) 無定形炭素から黒鉛に変化するときはΔH=−14kJ/mol であり，発熱反応である。正

(3) 無定形炭素からダイヤモンドに変化するときはΔH=−13kJ/mol であり，発熱反応である。正

(4) ダイヤモンドから黒鉛に変化するときはΔH=−1kJ/mol であり，発熱反応である。正

エクセル エンタルピーが低い物質ほど安定。

307 解答 (ア) 低 (イ) 低 (ウ) 高 (エ) 高 (オ) 低

解説

(ア) 発熱反応では，エンタルピー変化ΔHが負であり反応が自発的に進む効果に有利である。

(イ), (ウ) 乱雑さの度合い(エントロピーS)は，低い状態から高い状態に変化する傾向がある。

(エ) 下線部 b の反応では，気体 O_2 が生成するため，乱雑さの度合いが高くなる。

下線部 b の反応：4CuO(固) ⟶ 2Cu₂O(固) + O_2(気) (吸熱反応：ΔH>0)

(オ) 下線部 a の反応では，反応物の気体 O_2 が消費されるため乱雑さの度合いが低くなる。

下線部 a の反応：2Cu(固) + O_2(気) ⟶ 2CuO(固)　(発熱反応：ΔH<0)

エクセル 反応が自発的に進むかどうかは，エンタルピー変化ΔHとエントロピー変化ΔSの兼ね合いで決まる。

14 化学反応と光エネルギー (p.224)

308 解答 (ア) 長 (イ) 小さ (ウ) 振動数 (エ) 小さ

解説 光の波長が短いほど，光のエネルギーは大きい。光の波長と振動数は反比例の関係にあり，波長が長いほど，振動数が小さく，光のエネルギーは小さい。可視光線では，波長の違いが色として認識できる。

エクセル

紫	青	緑	黄	橙	赤
380	400	450	500	550	600	650	700	750

波長〔nm〕

可視光線の波長

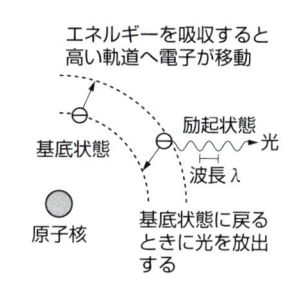

エネルギーを吸収すると高い軌道へ電子が移動

基底状態　励起状態→光　波長λ

原子核　基底状態に戻るときに光を放出する

309 解答 (3)

解説 (3) 光合成は太陽光を利用した吸熱反応である。
$6CO_2 + 6H_2O \longrightarrow C_6H_{12}O_6 + 6O_2 \quad \Delta H = 2807 \text{kJ}$

エクセル 水素と塩素の混合気体に紫外線を照射すると，爆発的に反応して塩化水素を生じる。
$H_2 + Cl_2 \longrightarrow 2HCl \quad \Delta H = -185 \text{kJ}$

310 解答 (1) 塩素ラジカル 17個　メチルラジカル 9個
(2) Cl—Cl　(3) H· + Cl· ⟶ HCl　$\Delta H = -431 \text{kJ}$
2H· ⟶ H₂　$\Delta H = -436 \text{kJ}$

解説 (1) 塩素ラジカル　メチルラジカル

:Cl·　　H:C:H (H上下)

17個　　9個

(2) ①，⑤，⑥の比較より，Cl—Cl 結合が最も切れやすい。
(3) H—H, H—Cl 結合は比較的強い結合なので，停止反応となる。
2H· ⟶ H₂　$\Delta H = -436 \text{kJ}$
H· + Cl· ⟶ HCl　$\Delta H = -431 \text{kJ}$

▶結合エネルギーが小さいと，結合による安定化が小さく，その結合は切れやすい。

エクセル 連鎖反応は反応性が高い遊離基（ラジカル）により起こる。

311 解答 (1) (ア) 6 (イ) 6 (ウ) 6
(2) (エ) 6 (オ) 24 (カ) 24 (キ) 6
(3) 33.3%

解説 (3) ①式より酸素 O_2 は 6 mol 生成しているので，化学エネルギーに変換されている割合は

$$\frac{2807 \text{kJ}}{\dfrac{6 \text{mol}}{1407 \text{kJ/mol}}} \times 100 = 33.25\cdots \fallingdotseq 33.3 \quad \text{よって } 33.3\%$$

エクセル 光合成
第一段階　$2H_2O \xrightarrow{光} O_2 + 4H^+ + 4e^-$（光が関与）
第二段階　$6CO_2 + 24H^+ + 24e^- \longrightarrow C_6H_{12}O_6 + 6H_2O$（光の関与がない）

312

解答 (1) ①式，③式　(2) (ア) O_2　(イ) ClO　(ウ) O_2

解説 (1) 紫外線を吸収することで，エネルギーが高い生成物が生じることより，吸熱反応だと考えられる。

(2) ⑥式の右辺はCl原子を含むことより，(イ)はCl原子を含むと考えられる。(イ)がCl原子を含むことより，(ア)はCl原子を含まず，O原子のみからなると考えられる。同様に(ウ)もO原子のみからなると考えられる。

フロンの一種であるCCl_2F_2(Freon-12)は，成層圏で太陽からの強い紫外線を吸収すると分解し，原子状のClを生じる。

$$CCl_2F_2 \xrightarrow{紫外線} CClF_2\cdot + Cl\cdot \quad \langle 1 \rangle$$

ここで生じた$CClF_2\cdot$, $Cl\cdot$は不対電子をもち非常に反応性が高く，ラジカルとよばれる。これらのラジカルが，成層圏中のオゾンを次のように破壊し，酸素に変える。

$$Cl\cdot + O_3 \longrightarrow ClO\cdot + O_2 \quad \langle 2 \rangle$$
$$ClO\cdot + O\cdot \longrightarrow Cl\cdot + O_2 \quad \langle 3 \rangle$$

このように，1個の$Cl\cdot$がO_3を分解し，〈3〉式のように$Cl\cdot$が生成する。このため，これらの反応が連鎖的に続いていく。このような反応を連鎖反応という。この反応は，次の反応により停止する。

$$Cl\cdot + Cl\cdot \longrightarrow Cl_2 \quad \langle 4 \rangle$$

●オゾンの分解
$O_3 \xrightarrow{紫外線} O\cdot + O_2$
$CCl_2F_2 \xrightarrow{紫外線} CClF_2\cdot + Cl\cdot$
$Cl\cdot + O_3 \longrightarrow ClO\cdot + O_2$
$ClO\cdot + O\cdot \longrightarrow Cl\cdot + O_2$

エクセル 塩素ラジカルの連鎖反応によりオゾンO_3が分解される。

313

解答 (1) (ア) 酸化　(イ) 還元
(2) A：$2H_2O \longrightarrow O_2 + 4H^+ + 4e^-$　B：$2H^+ + 2e^- \longrightarrow H_2$

解説 光エネルギーによって化学反応を促進させる物質を光触媒という。可視光より波長が短い紫外光(紫外線)を照射すると，TiO_2内の電子e^-はエネルギーが高い励起状態に移る。励起状態にある電子が電極付近のH^+に受け渡されることでH_2が生成する。一方，TiO_2で電子e^-が励起したことにより，電子を失った軌道が電極付近のH_2Oの酸化反応による電子を受け取りO_2が発生する。

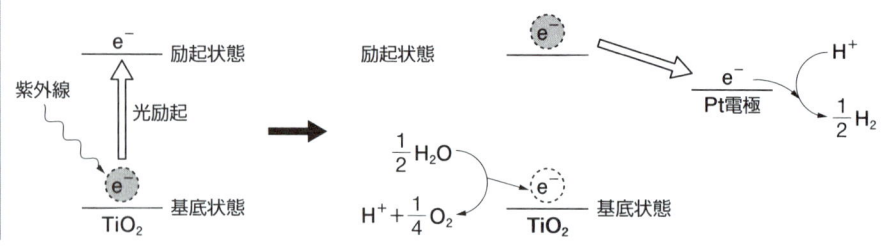

エクセル 光触媒：光が照射されることで触媒作用を示す物質。

14 化学反応と光エネルギー — 147

314 解答 (1) (ア) (a)　(イ) (d)　(ウ) (b)　(2) (b)

解説 (1) すべての色の光が混合した光は白色光になる。この白色光から特定の波長の光が吸収されると，補色の相関図（色相環）で反対側の補色である色が見える。たとえば錯塩 A は，青紫色の光を吸収することで黄色く見えている。

錯塩Bの色／錯塩Aの色／錯塩Cの色（補色の相関（色相環））

光のエネルギー　低←→高
赤　黄　(緑)　青　紫
(赤紫)　　　　　(青紫)
錯塩C　錯塩B　錯塩A
各錯塩が吸収している光

(2) 錯塩 A〜C を比較すると，錯塩 A〜C の順に Co^{3+} に配位している Cl^- の数が増加している。また，錯塩 A〜C の順に吸収している光のエネルギーが低下している。

エクセル すべての色の光を含む白色光から特定の色の光が吸収されると，その補色にあたる色が見える。

315 解答 (1) (ア)　(2) (エ)

解説 (1) 反応前後の各物質量について考える。反応式①より，2 mol の CO_2 は 1 mol の $C_2O_4^{2-}$ の分解により生成したと判断する。

$$2[Fe^{III}(C_2O_4)_3]^{3-} \xrightarrow{\text{光}} 2[Fe^{II}(C_2O_4)_2]^{2-} + C_2O_4^{2-} + C_2O_4^{2-}$$

反応量　　　　$-1.0\,\text{mol}$　　　　　$+1.0\,\text{mol}$　　　$+0.5\,\text{mol}$　$+0.5\,\text{mol}$

酸化 ↓ $2e^-$
$2CO_2$
$+1.0\,\text{mol}$

(2) 光を当てることにより，反応した $[Fe^{III}(C_2O_4)_3]^{3-}$ の割合を x とし，加えた試薬により遊離した $C_2O_4^{2-}$ の物質量と，沈殿した $CaC_2O_4 \cdot H_2O$ の物質量が等しいことより x を求める。

$$0.0109\,\text{mol} \times 3(1-x) + 0.0109\,\text{mol} \times 2x + 0.0109\,\text{mol} \times \frac{1}{2}x = \frac{4.38\,\text{g}}{146\,\text{g/mol}}$$

$x = 0.495\cdots ≒ 0.50$　　（約 50％）

エクセル 光が関わる反応：$H_2 + Cl_2 \longrightarrow 2HCl$　（紫外線による反応）
　　　　　　　　　　　$6CO_2 + 6H_2O \longrightarrow C_6H_{12}O_6 + 6O_2$　（光合成）
　　　　　　　　　　　$2AgCl(\text{白色}) \longrightarrow 2Ag(\text{黒色}) + Cl_2$

316

解答
(1) $C_8H_7N_3O_2$　(2) 酸化剤
(3) (ア) 生物発光　(イ) ルシフェリン　(ウ) ルシフェラーゼ

解説
(1) ベンゼン環は略記されることが多い❶。
(2) ルミノールと3-アミノフタル酸を比較すると，N原子2個とH原子2個が減少しているので，H_2O_2 により酸化されて N_2 が発生したと考えられる。
(3) ホタルや，オワンクラゲ，ホタルイカ，ヤコウタケなどの発光生物が可視光を発することを生物発光という。オワンクラゲの研究から緑色蛍光タンパク質(GFP)を発見した下村脩は，2008年にノーベル化学賞を受賞している。

エクセル 蛍光タンパク質
　紫外線など波長の短い光を照射すると，蛍光を発するタンパク質

❶ルミノールの構造式

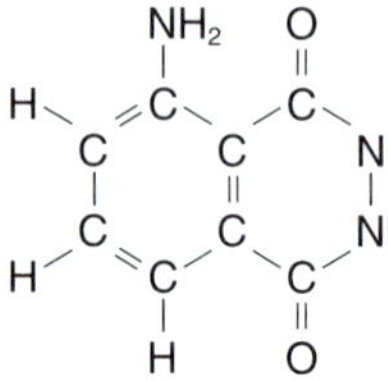

（構造式）

分子式　$C_8H_7N_3O_2$

317

解答 (ウ)
理由：室温と比べて高温なので反応速度が大きくなり，単位時間あたりに生成する中間体が増加し，励起状態の蛍光物質が増加するから。

解説 高温では反応速度が大きくなることから考える。

エクセル 酵素であるルシフェラーゼは，温度が高すぎると機能を失い，発光しなくなる。

キーワード
・反応速度
・中間体

15 反応の速さとしくみ (p.233)

318 解答 (1) (ウ) (2) (エ) (3) (ア) (4) (イ)

解説
(1) 酸化マンガン(Ⅳ)はそれ自身は化学反応することはないが触媒❶として反応速度を増すはたらきをする。
(2) 褐色びんは光をさえぎることによって濃硝酸の分解を防ぐはたらきがある❷。
(3) マッチは空気中でも酸素によって燃焼するが，酸素中の方が酸素の濃度が高いため激しく燃焼する。
(4) 加熱し温度を上昇させることで，反応速度が増している。

エクセル 反応の速さを変える条件：濃度，温度，触媒など

❶ 触媒は化学反応式に記入しない。
$2H_2O_2 \longrightarrow 2H_2O + O_2$

❷ 濃硝酸は光によって一部分解してNO_2を生じる。
$4HNO_3 \longrightarrow 4NO_2 + 2H_2O + O_2$

319 解答 (1) 3.2×10^{-4} mol/(L·s) (2) 9倍

解説
(1) 反応速度を求める式にあてはめる。
$$v = -\frac{(3.9 \times 10^{-4} - 1.0 \times 10^{-2}) \text{mol/L}}{60\text{s}} \times 2$$
$$= 3.20\cdots \times 10^{-4} \text{mol/(L·s)} \fallingdotseq 3.2 \times 10^{-4} \text{mol/(L·s)}❶$$
(2) 反応速度式は$v = k[H_2][I_2]$であるから，$[H_2]$を3倍にすると反応速度は3倍に，$[I_2]$を3倍にすると反応速度は3倍になる。したがって，それぞれを同時に3倍にすると反応速度は$3 \times 3 = 9$倍になる。

エクセル 反応速度と濃度の関係：$aA + bB \longrightarrow cC$ の反応
反応速度式 $v = k[A]^m[B]^n$
[ ]はモル濃度，m，nは，実験によって決定する。

❶ Δt〔s〕間に反応物の濃度がΔC〔mol/L〕変化したとき，平均の反応速度は
$$v = -\frac{\Delta C}{\Delta t} \text{〔mol/(L·s)〕}$$

▶ヨウ化水素の生成量(物質量)は水素およびヨウ素の減少量の2倍である。

320 解答 (1) $v_A = k[A][B]^2$ (2) $v_C = 3v_A$

解説
(1) 気体Aの減少速度は，濃度$[A]$に比例し，濃度$[B]$の2乗に比例する。
(2) 化学反応式の係数より，気体Cの生成速度は，気体Aの減少速度の3倍に等しい。

エクセル 化学反応式 $aA + bB \longrightarrow cC + dD$ について，A，Bの減少速度v_A，v_Bと，C，Dの生成速度v_C，v_Dには次の関係がある。$\dfrac{v_A}{a} = \dfrac{v_B}{b} = \dfrac{v_C}{c} = \dfrac{v_D}{d}$

321 解答 (1) E_1〔kJ〕 (2) $E_1 - E_2$〔kJ〕
(3) $E_3 - E_2$〔kJ〕

解説 触媒を使用すると，正反応の活性化エネルギー，逆反応の活性化エネルギーは小さくなるが，反応エンタルピーは変わらない。

エクセル 触媒を使用：正反応と逆反応の反応速度を増加する。
活性化エネルギーが減少する。
反応エンタルピーは変わらない。

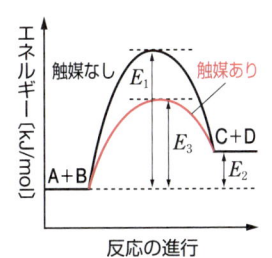

322

(1) 27倍　**(2)** $V = 2^{\frac{E-D}{10℃}} \times U$

解説 (1) 反応温度が30℃上昇しているため，生成速度が3^3倍になる。

```
         25℃      35℃      45℃      55℃
生成速度 V  ├──×3──┼──×3──┼──×3──┤
```

(2) (1)と同様に，$(E-D)$〔℃〕上昇したときの反応速度を求める。

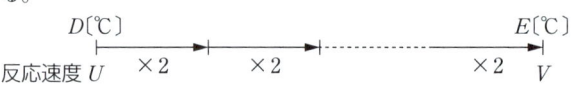

```
         D〔℃〕                            E〔℃〕
反応速度 U ├──×2──┼──×2──┼ ⋯ ┤──×2──┤ V
```

エクセル 反応速度は一般に温度が10℃上昇するごとに2～3倍程度増加する。

323

解答 (ア) 遷移　(イ) パラジウム　(ウ) 不均一　(エ) 均一

●白金族元素

	8族	9族	10族
第5周期	Ru	Rh	Pd
第6周期	Os	Ir	Pt

解説 自動車排気ガスの浄化装置は触媒として，白金 Pt, パラジウム Pd, ロジウム Rh が使用されており，Rh 触媒は NO_x を N_2 に，Pt や Pd 触媒は CO と炭化水素を CO_2 と H_2O に変える。3つの有害な成分を同時に無害にすることから，この触媒を三元触媒とよんでいる。白金族元素とはルテニウム Ru, ロジウム Rh, パラジウム Pd, オスミウム Os, イリジウム Ir, 白金 Pt の総称である。

反応物と均一に混じりあって作用する触媒を均一触媒，反応物と均一に混合しない状態で作用する触媒を不均一触媒という。液体や気体の反応において，触媒が固体状態であるというものは不均一触媒である。

エクセル 三元触媒：Pt, Pd, Rh が使用されている。

324

解答 (1) $v = k[X]^2[Y]$　(2) $2.5 \times 10^{-2} L^2/(mol^2 \cdot s)$

(3) $1.8 \times 10^{-3} mol/(L \cdot s)$

解説 (1) $v = k[X]^m[Y]^n$ とする。

実験①, ②より，[X]が一定で[Y]が2倍になると，vは2倍になる。よって，$n = 1$である。

実験①, ③より，[Y]が一定で[X]が2倍になると，vは4倍になる。よって，$m = 2$である。

したがって，$v = k[X]^2[Y]$

(2) 反応速度式に実験①のときの値を代入すると

$1.0 \times 10^{-4} mol/(L \cdot s) = k \times (0.20 mol/L)^2 \times 0.10 mol/L$

$k = \dfrac{1.0 \times 10^{-4} mol/(L \cdot s)}{4.0 \times 10^{-3} mol^3/L^3}$

$= 2.5 \times 10^{-2} L^2/(mol^2 \cdot s)$

(3) $v_4 = 2.5 \times 10^{-2} L^2/(mol^2 \cdot s) \times (0.60 mol/L)^2 \times 0.20 mol/L$

$= 1.8 \times 10^{-3} mol/(L \cdot s)$

エクセル 反応速度式

$v = k[X]^m[Y]^n$

（kは反応速度定数，m, nは実験により求まる）

325
解答 温度を上げると活性化エネルギー以上のエネルギーをもつ粒子の割合が増加するため。

解説 無機触媒は高温でもはたらくが，タンパク質などの有機触媒は高温では失活してしまう。反応エンタルピーは活性化エネルギーの大小には関係がない。

キーワード
・活性化エネルギー

326
解答 ダイヤモンドから黒鉛に変化する反応は，活性化エネルギーが大きく，きわめて起こりにくいため。

解説 活性化エネルギーとは化学反応が起こるために必要なエネルギーである。この値が小さいほど反応が起こりやすく，大きいほど反応が起こりにくい。

キーワード
・活性化エネルギー

327
解答 (ア)：発　(イ)：発
(a) E_2 または $E_3 - E_1$　(b) E_1 または $E_3 - E_2$
(c) E_3 または $E_1 + E_2$
(d) $E_1 + E_4 - E_5$ または $E_3 - E_2 + E_4 - E_5$　(e) E_5

解説 (ア), (イ) 図より，生成物のもつエネルギーの方が，反応物のもつエネルギーより小さく，発熱反応だとわかる。

(a)〜(e) 活性化エネルギーは，反応物が遷移状態になるのに必要なエネルギーなので，反応物と遷移状態のエネルギーの差に着目する。
活性化エネルギーが小さい反応ほど起こりやすく，反応速度が大きい。

化学反応の多くは，いくつかの素反応からなる多段階反応である。素反応の中で最も反応速度が遅い反応が，全体の反応速度を支配することになる。この最も遅い素反応を律速段階とよぶ。問題では，大きい活性化エネルギー E_5 をもつ素反応が律速段階になる。

エクセル 律速段階：最も遅い素反応

●多段階反応
・$k_1 > k_2$ の場合
$A \xrightarrow{k_1} B \xrightarrow{k_2} C$
（律速段階）

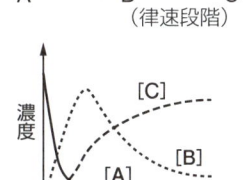

・$k_2 > k_1$ の場合
$A \xrightarrow{k_1} B \xrightarrow{k_2} C$
（律速段階）

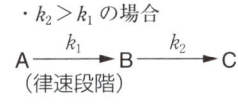

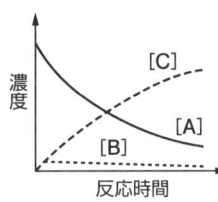

328
解答 (1)

解説 反応速度定数 k は，活性化エネルギーの大きさと反応温度に関係し，活性化エネルギーが大きい反応では k は小さく，反応温度が高い反応では k は大きくなる。

エクセル 反応速度定数 k は温度と活性化エネルギーに依存する。

329
解答 (1) (エ)　(2) (イ)　(3) (ア)　(4) (イ)

解説 (1) 触媒は化学反応の前後で変化することがなく，触媒の使用により活性化エネルギーの小さい反応経路がつくられることで反応速度が増加する。反応物と生成物のエネルギー差である反応エンタルピーは，触媒の使用により変化しない。

解説 (2) グラフより，2分〜5分の間における過酸化水素の平均分解速度 $\overline{v}$ を求める。

$$\overline{v} = -\frac{0.36\,\mathrm{mol/L} - 0.56\,\mathrm{mol/L}}{5\,\mathrm{min} - 2\,\mathrm{min}}$$
$$= 0.0666\cdots\,\mathrm{mol/(L\cdot min)} \fallingdotseq 0.067\,\mathrm{mol/(L\cdot min)}$$

(3) 下線部の反応式を書き，濃度変化より(2)で発生した O_2 の物質量 n を求める。

$$2H_2O_2 \longrightarrow 2H_2O + O_2$$

$$n = (0.56\,\mathrm{mol/L} - 0.36\,\mathrm{mol/L}) \times \frac{300}{1000}\,\mathrm{L} \times \frac{1}{2} = 0.030\,\mathrm{mol}$$

(4) グラフより，2分〜5分の間における過酸化水素の平均濃度 $\overline{C}$ を求める。

$$\overline{C} = \frac{0.56\,\mathrm{mol/L} + 0.36\,\mathrm{mol/L}}{2} = 0.46\,\mathrm{mol/L}$$

平均分解速度 $\overline{v}$ と平均濃度 $\overline{C}$ より，速度定数 k を求める。
$\overline{v} = k\overline{C}$ より
$0.0666\,\mathrm{mol/(L\cdot min)} = k \times 0.46\,\mathrm{mol/L}$　　$k = 0.144\cdots/\mathrm{min} \fallingdotseq 0.14/\mathrm{min}$

エクセル 反応物の濃度が Δt〔min〕の間に C_1〔mol/L〕から C_2〔mol/L〕に変化したとすると，平均の濃度 $\overline{C} = \dfrac{C_1 + C_2}{2}$〔mol/L〕　　平均の反応速度 $\overline{v} = -\dfrac{C_2 - C_1}{\Delta t}$〔mol/(L・min)〕

330 解答 (1) (ア) 4.9×10^{-4}　(イ) 1.68×10^{-2}　(2) (c)

解説 (1) 平均の反応速度 $\overline{v}$ を N_2O_5 の平均の濃度 $\overline{[N_2O_5]}$ で割った値は一定。よって，$\overline{v}$ は速度定数を k として次式で表される。
$\overline{v} = k\overline{[N_2O_5]}$
600秒〜1200秒，1200秒〜1800秒について，それぞれ平均の濃度 $\overline{[N_2O_5]}$，平均の反応速度 $\overline{v}$，速度定数 k を求める。

$$\overline{[N_2O_5]}_{600\sim1200\,\mathrm{s}} = \frac{12.5 \times 10^{-3}\,\mathrm{mol/L} + 9.3 \times 10^{-3}\,\mathrm{mol/L}}{2}$$
$$= 1.09 \times 10^{-2}\,\mathrm{mol/L}$$

$$\overline{v}_{600\sim1200\,\mathrm{s}} = -\frac{9.3 \times 10^{-3}\,\mathrm{mol/L} - 12.5 \times 10^{-3}\,\mathrm{mol/L}}{1200\,\mathrm{s} - 600\,\mathrm{s}}$$
$$= 5.33\cdots \times 10^{-6}\,\mathrm{mol/(L\cdot s)}$$

$5.33 \times 10^{-6}\,\mathrm{mol/(L\cdot s)} = k_{600\sim1200\,\mathrm{s}} \times 1.09 \times 10^{-2}\,\mathrm{mol/L}$
$k_{600\sim1200\,\mathrm{s}} = 4.88\cdots \times 10^{-4}/\mathrm{s}$

$$\overline{[N_2O_5]}_{1200\sim1800\,\mathrm{s}} = \frac{9.3 \times 10^{-3}\,\mathrm{mol/L} + 6.9 \times 10^{-3}\,\mathrm{mol/L}}{2}$$
$$= 8.10 \times 10^{-3}\,\mathrm{mol/L}$$

$$\overline{v}_{1200\sim1800\,\mathrm{s}} = -\frac{6.9 \times 10^{-3}\,\mathrm{mol/L} - 9.3 \times 10^{-3}\,\mathrm{mol/L}}{1800\,\mathrm{s} - 1200\,\mathrm{s}}$$
$$= 4.00 \times 10^{-6}\,\mathrm{mol/(L\cdot s)}$$

$4.00 \times 10^{-6}\,\mathrm{mol/(L\cdot s)} = k_{1200\sim1800\,\mathrm{s}} \times 8.10 \times 10^{-3}\,\mathrm{mol/L}$
$k_{1200\sim1800\,\mathrm{s}} = 4.93\cdots \times 10^{-4}/\mathrm{s}$

$$k = \frac{4.88 \times 10^{-4}/\mathrm{s} + 4.93 \times 10^{-4}/\mathrm{s}}{2} = 4.905 \times 10^{-4}/\mathrm{s} \fallingdotseq 4.9 \times 10^{-4}/\mathrm{s}$$

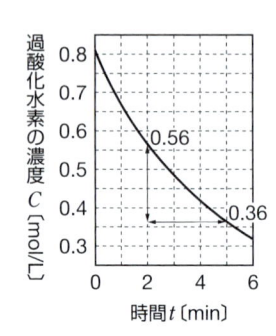

0秒における N_2O_5 の濃度を C_0〔mol/L〕として，$0 \sim 600$ 秒における平均の濃度 $\overline{[N_2O_5]}$，平均の反応速度 $\overline{v}$，速度定数 k の関係より，C_0 を求める。

$$\overline{[N_2O_5]}_{0 \sim 600\,\mathrm{s}} = \frac{C_0 + 12.5 \times 10^{-3}\,\mathrm{mol/L}}{2}$$

$$\overline{v}_{0 \sim 600\,\mathrm{s}} = -\frac{12.5 \times 10^{-3}\,\mathrm{mol/L} - C_0}{600\,\mathrm{s}}$$

$$-\frac{12.5 \times 10^{-3}\,\mathrm{mol/L} - C_0}{600\,\mathrm{s}} = 4.90 \times 10^{-4}\,\mathrm{/s} \times \frac{C_0 + 12.5 \times 10^{-3}\,\mathrm{mol/L}}{2}\; ❶$$

$C_0 \fallingdotseq 1.68 \times 10^{-2}\,\mathrm{mol/L}$

❶ $\overline{v} = k\overline{[N_2O_5]}$

(2) 平均の濃度 C と平均の反応速度 v は比例関係である。

エクセル 反応速度が濃度に比例する場合，平均の濃度 $\overline{C}$，平均の反応速度 $\overline{v}$，速度定数 k とすると，$\overline{v} = k\overline{C}$

331

解答 (2)

解説 初濃度の半分になる時間 $t_{1/2}$ を求める。

$[H_2O_2] = [H_2O_2]_0 e^{-kt}$ より $\dfrac{[H_2O_2]}{[H_2O_2]_0} = e^{-kt}$

$\log_e \dfrac{1}{2} = -kt_{1/2}$ より $-\log_e 2 = -kt_{1/2}$ ❶

$t_{1/2} = \dfrac{1}{k}\log_e 2$

❶ 両辺の自然対数をとる。
$\dfrac{1}{2} = 2^{-1}$

初濃度の半分になる時間は，初濃度と関係なく一定値となる。

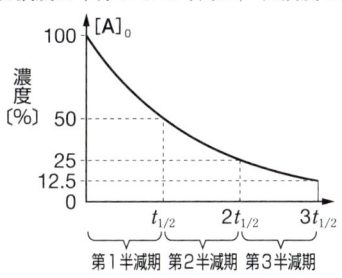

エクセル 半減期：反応物 A が減少する反応において，A の濃度が初期濃度の半分になるまでに要する時間を半減期という。反応速度 v が A の濃度に比例する反応 ($v = k[A]$) では，半減期が一定となる。

332

解答 (1) 解説参照 (2) (う) (3) 解説参照

解説 (1) 図Aより活性化エネルギーは 1.50×10^{-19} J であるので，活性化エネルギー以上のエネルギーをもっている分子の領域は，図Bの斜線部分である。

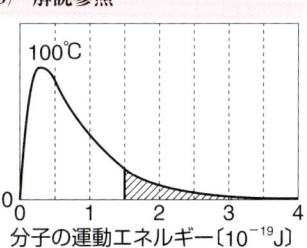

図 B

解説 (2) ある温度において，分子には運動エネルギーが0のものから高いエネルギーのものまでさまざまなエネルギーをもつものが存在する。温度が上昇すると，活性化エネルギー以上のエネルギーをもつ分子の割合が増える。また，分子の総数は変わらないので，曲線と横軸で囲まれる面積は一定である。
㋐は分子の運動エネルギーが0のものが存在しないので誤り。よって，最も適当なグラフは㋒である。
(3) 触媒を使用すると活性化エネルギーは小さくなるが，反応エンタルピーは変わらない。よって，グラフは右の図Dのようになる。

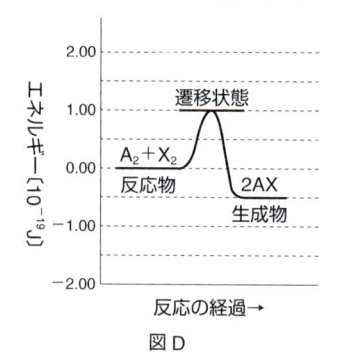

図 D

エクセル 活性化エネルギー以上のエネルギーをもつ分子が反応する。

333
解答 (1) $2N_2O \longrightarrow 2N_2 + O_2$ (2) O (3) N_2O

解説 実際にはいくつかの反応を含んでいる化学反応を多段階反応という。多段階反応の例として，一酸化二窒素 N_2O のほかにも，式（Ⅰ）に示す五酸化二窒素 N_2O_5 の分解反応があげられる。

$2N_2O_5 \longrightarrow 4NO_2 + O_2$ （Ⅰ）

式（Ⅰ）の反応速度式は，実験から

$v = k[N_2O_5]$　　k：反応速度定数　（Ⅱ）

となる。多段階反応の反応速度式は一般に，実験によって決められるもので，反応式の係数とは無関係である。

式（Ⅰ）の反応は，次のような①～④の反応が組み合わされた複雑なしくみで起こるとされている。このとき，①～④の反応を素反応という。

$N_2O_5 \longrightarrow NO_2 + NO_3$ 　　①
$NO_2 + NO_3 \longrightarrow N_2O_5$ 　　②
$NO_2 + NO_3 \longrightarrow NO_2 + O_2 + NO$ 　　③
$NO + NO_3 \longrightarrow 2NO_2$ 　　④

これらの素反応を用いると，式（Ⅰ）は，3×式①＋式②＋式③＋式④で表される。

多段階反応の全体の反応速度は，最も遅い素反応で決まり，そのような素反応を律速段階とよぶ。
N_2O_5 の分解反応では，最も遅い反応は素反応①である。素反応はその反応式の係数から反応速度式を導出でき，素反応①の反応速度式は，

$v = k[N_2O_5]$　　k：反応速度定数

となる。これは式（Ⅰ）の反応速度式である式（Ⅱ）と一致する。

エクセル 反応速度式 $v = k[X]^m[Y]^n$
（k は反応速度定数，m, n は実験により求まる）

16 化学平衡 (p.246)

334
解答 (1)

解説 反応を開始すると正・逆両方の反応が起こる。はじめは H_2 と I_2 の濃度が高いため正反応の速度が大きい。しかし，時間とともに逆反応も起こりはじめ正反応の速度は小さくなり，逆反応の速度は大きくなる。一定時間が経過すると平衡状態になり，正・逆の反応速度が等しくなり見かけ上反応が停止しているように見える。

エクセル 平衡状態
　正反応の反応速度と逆反応の反応速度が等しくなり，見かけ上反応が停止したように見える状態

● 化学平衡
　正反応の速度 v_1 ＝ 逆反応の速度 v_2

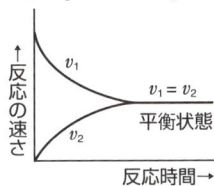

335
解答 (1) h　(2) h　(3) e

解説 (1), (2) 平衡状態は正反応の反応速度と逆反応の反応速度が等しい状態であり，正反応，逆反応の反応速度は 0 ではない。体積を半分にすると，各物質の濃度が増加するため，正反応の反応速度，逆反応の反応速度はともに増加する。
(3) 反応物と生成物の分子数は等しいため，体積を半分にしても平衡は移動しない。平衡状態では右向き，左向きの見かけの反応は停止したように見え，見かけの反応速度は「0」となる。

エクセル 発熱反応，吸熱反応に関わらず，濃度，温度を上げると反応速度は大きくなる。

336
解答 (3)

解説
(1) 平衡状態は正反応の反応速度と逆反応の反応速度が等しい状態であり，平衡状態では化学反応式の係数比と各物質の物質量比が等しいとは限らない。
(2) 平衡状態では反応が見かけ上停止したように見えるが，正反応と逆反応は等しい反応速度で起こっている。
(4) 水素 H_2 を加えると，平衡が移動してアンモニア NH_3 の生成量が増大する。

エクセル 平衡状態
　正反応の反応速度と逆反応の反応速度が等しくなり，見かけ上反応が停止したように見える状態

● N_2 と H_2 を同じ濃度で反応させた場合の例

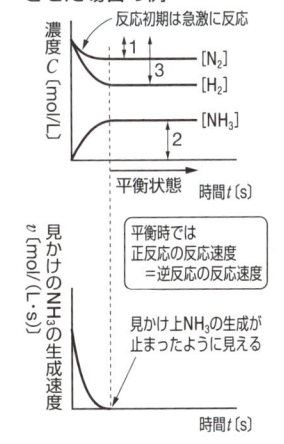

337
解答 (1) 4　(2) 0.87 mol

解説 (1) 平衡状態での各物質の物質量を求める。

	CH$_3$COOH	C$_2$H$_5$OH	⇌	CH$_3$COOC$_2$H$_5$	+	H$_2$O
反応前	1.6 mol	1.0 mol		0		0
変化量	−0.8 mol	−0.8 mol		+0.8 mol		+0.8 mol
平衡時	0.8 mol	0.2 mol		0.8 mol		0.8 mol

平衡時の各物質の物質量より，溶液の体積を V [L] として平衡定数 K を求めると

$$K = \frac{[\mathrm{CH_3COOC_2H_5}][\mathrm{H_2O}]}{[\mathrm{CH_3COOH}][\mathrm{C_2H_5OH}]} = \frac{\left(\dfrac{0.8}{V}\right)\left(\dfrac{0.8}{V}\right)}{\left(\dfrac{0.8}{V}\right)\left(\dfrac{0.2}{V}\right)} = \frac{0.8 \times 0.8}{0.8 \times 0.2} = 4$$

❶ この場合，平衡定数に単位はない。

H$_2$O は溶媒ではなく生成物であるため，平衡定数に関わる。

(2) 同じ温度では平衡定数 K の値は変化しない。平衡時の酢酸エチルの物質量を x [mol] とし，(1)の平衡定数 K の値から x を求める。モル濃度を求めるために，溶液の体積を V [L] とする。

	CH$_3$COOH	C$_2$H$_5$OH	⇌	CH$_3$COOC$_2$H$_5$	+	H$_2$O
反応前	2.0 mol	1.0 mol		0		0
変化量	−x [mol]	−x [mol]		+x [mol]		+x [mol]
平衡時	2.0 mol−x	1.0 mol−x		x [mol]		x [mol]

$$K = \frac{[\mathrm{CH_3COOC_2H_5}][\mathrm{H_2O}]}{[\mathrm{CH_3COOH}][\mathrm{C_2H_5OH}]} = \frac{\left(\dfrac{x}{V}\right)\left(\dfrac{x}{V}\right)}{\left(\dfrac{2.0-x}{V}\right)\left(\dfrac{1.0-x}{V}\right)} = 4$$

$$\frac{x^2}{(2.0-x)(1.0-x)} = 4$$

$$x = \frac{12 \pm \sqrt{12^2 - 4 \times 3 \times 8}}{2 \times 3} = \frac{6 \pm 2\sqrt{3}}{3} \text{ [mol]}$$

$\sqrt{3} = 1.7$ より，$x ≒ 3.1$ mol または $x ≒ 0.87$ mol

$x < 1.0$ より $x ≒ 0.87$ mol

エクセル 化学平衡の法則

$a\mathrm{A} + b\mathrm{B} \rightleftarrows c\mathrm{C} + d\mathrm{D}$

$K = \dfrac{[\mathrm{C}]^c[\mathrm{D}]^d}{[\mathrm{A}]^a[\mathrm{B}]^b}$

338

解答 (1) 4.3×10^4 Pa (2) 7.6×10^4 Pa

解説 (1) 40% の N$_2$O$_4$ が分解した平衡状態での各物質の物質量を求める。

	N$_2$O$_4$	⇌	2NO$_2$
反応前	n [mol]		0
変化量	−0.40n [mol]		+2×0.40n [mol]
平衡時	0.60n [mol]		0.80n [mol]

気体分子の合計の物質量を求めると
$0.60n + 0.80n = 1.40n$ [mol]
N_2O_4, NO_2 の分圧 $p_{N_2O_4}$, p_{NO_2} を求めると

$$p_{N_2O_4} = 1.0 \times 10^5 \text{Pa} \times \frac{0.60n}{1.40n} = 1.0 \times 10^5 \text{Pa} \times \frac{3}{7}$$
$$= 4.28\cdots \times 10^4 \text{Pa} ≒ 4.3 \times 10^4 \text{Pa}$$

$$p_{NO_2} = 1.0 \times 10^5 \text{Pa} \times \frac{0.80n}{1.40n} = 1.0 \times 10^5 \text{Pa} \times \frac{4}{7}$$

(2) 圧平衡定数 $K_p = \dfrac{p_{NO_2}{}^2}{p_{N_2O_4}} = \dfrac{\left(1.0 \times 10^5 \text{Pa} \times \dfrac{4}{7}\right)^2}{1.0 \times 10^5 \text{Pa} \times \dfrac{3}{7}}$

$$= 7.61\cdots \times 10^4 \text{Pa} ≒ 7.6 \times 10^4 \text{Pa}\ ❶$$

❶ 単位の計算
$$\frac{\text{Pa} \times \text{Pa}}{\text{Pa}} = \text{Pa}$$

エクセル 圧平衡定数
$aA \rightleftarrows bB$
$K_p = \dfrac{p_B{}^b}{p_A{}^a}$

339

解答 (1) $p_A = \dfrac{n_A RT}{V}$ (2) $K_c = K_p RT$

解説 (1) 気体の状態方程式より,
$$p_A V = n_A RT \quad p_A = \frac{n_A RT}{V} = [A]RT$$

(2) A〜Dの各分圧を濃度で表し, 圧平衡定数 K_p と濃度平衡定数 K_c の関係を求める。
$$K_p = \frac{p_C p_D{}^2}{p_A p_B{}^3} = \frac{[C]RT([D]RT)^2}{[A]RT([B]RT)^3}$$
$$= \frac{[C][D]^2}{[A][B]^3} \times \frac{1}{RT} = K_c \times \frac{1}{RT}$$

よって, $K_c = K_p RT$

エクセル 圧平衡定数 K_p と濃度平衡定数 K_c
$aA + bB \rightleftarrows cC + dD$
$K_p = K_c (RT)^{(c+d)-(a+b)}$

340

解答 (1) ア (2) ウ (3) イ (4) イ (5) イ (6) ウ (7) イ

解説 (1) 減圧をした場合には, 平衡は分子数が増加する方向へ移動する。固体はこの時分子数に数えない。
(2) 触媒を使用しても, 平衡は変わらない。
(3) 温度を低下させた場合には, 平衡は発熱反応側に移動する。
(4) 加圧をした場合には, 平衡は分子数が減少する方向へ移動する。
(5) $NH_4{}^+$ を加えると, 平衡は $NH_4{}^+$ が減少する方向へ移動する。
(6) 体積一定で貴ガスを加えても, 反応に関与する分子の濃度や圧力は変わらないため平衡は移動しない。

解説 (7) 圧力一定で貴ガスを加えると，混合気体の体積が増加する。体積が増加することにより，反応に関与する分子の濃度や圧力は減少する。このため平衡は，分子数が増加する方向へ移動する。

エクセル ルシャトリエの原理
温度・圧力・濃度などの条件を変化させると，その変化をやわらげる方向へ平衡は移動する。

341 解答 (3)

解説 気体を膨張させると，瞬間的には NO_2 の濃度が減少するために気体の色はうすくなる。その後，平衡は分子数が増加する方向である左側へ移動し，NO_2 の濃度が増加するため褐色が濃くなるがもとの濃さには戻らない。$2NO_2 \rightleftharpoons N_2O_4$

● 有色の気体
NO_2（褐色）
Cl_2（黄緑色）
O_3（淡青色）

エクセル ルシャトリエの原理
温度・圧力・濃度などの条件を変化させると，その変化をやわらげる方向へ平衡は移動する。

342 解答 (4)

解説 NH_3 の電離により生じる OH^- の濃度 $[OH^-]$ を求める。
$$NH_3 + H_2O \rightleftharpoons NH_4^+ + OH^-$$
$[OH^-] = 1.0 \times 10^{-1} \text{mol/L} \times 0.013 = 1.3 \times 10^{-3} \text{mol/L}$
水のイオン積 K_w より，アンモニア水中の水素イオン濃度 $[H^+]$ を求める。$K_w = [H^+][OH^-]$ より
$1.0 \times 10^{-14} (\text{mol/L})^2 = [H^+] \times 1.3 \times 10^{-3} \text{mol/L}$

$[H^+] = \dfrac{1}{1.3} \times 10^{-11} \text{mol/L}$

$\text{pH} = -\log_{10}\left(\dfrac{1}{1.3} \times 10^{-11}\right)$ ❶
$= -(-\log_{10}1.3 + \log_{10}10^{-11})$
$= -(-0.11 - 11) = 11.11$

❶ $\log_{10}\dfrac{1}{a} = -\log_{10}a$

エクセル 水のイオン積 $K_w = [H^+][OH^-]$　$[H^+] = x$ mol/L のとき，pH $= -\log_{10}x$

343 解答 (1) 2.0　(2) 12.4　(3) 11.7

解説 (1) 硝酸 HNO_3 は強酸である。水溶液中の水素イオン濃度 $[H^+]$ から pH を求める。
$HNO_3 \longrightarrow H^+ + NO_3^-$
$[H^+] = 1.0 \times 10^{-2} \text{mol/L} \times 1 = 1.0 \times 10^{-2} \text{mol/L}$
$\text{pH} = -\log_{10}(1.0 \times 10^{-2}) = 2.0$

(2) HCl 水溶液中の H^+ の物質量 $n(H^+)$，NaOH 水溶液中の OH^- の物質量 $n(OH^-)$ を求める。

$n(H^+) = 5.0 \times 10^{-2} \text{mol/L} \times \dfrac{200}{1000} \text{L} = 1.0 \times 10^{-2} \text{mol}$

$n(OH^-) = 1.0 \times 10^{-1} \text{mol/L} \times \dfrac{200}{1000} \text{L} = 2.0 \times 10^{-2} \text{mol}$

中和後に OH⁻ が残るため，中和後の OH⁻ の濃度[OH⁻]から[H⁺]を求める。

$H^+ + OH^- \longrightarrow H_2O$

$[OH^-] = (2.0 \times 10^{-2} \text{mol} - 1.0 \times 10^{-2} \text{mol}) \div \dfrac{200 + 200}{1000} L$

$= \dfrac{1.0}{40} \text{mol/L}$

$K_w = [H^+][OH^-]$ より

$1.0 \times 10^{-14} (\text{mol/L})^2 = [H^+] \times \dfrac{1.0}{40} \text{mol/L}$

$[H^+] = 4.0 \times 10^{-13} \text{mol/L}$

$\text{pH} = -\log_{10}(4.0 \times 10^{-13}) = -(\log_{10} 2^2 + \log_{10} 10^{-13})$

$= -(2 \times 0.3 - 13) = 12.4$

(3) NaOH 水溶液中の OH⁻，HCl 水溶液中の H⁺ の各物質量 $n(\text{OH}^-)$，$n(\text{H}^+)$ をそれぞれ求める。

$n(\text{OH}^-) = 5.0 \times 10^{-2} \text{mol/L} \times \dfrac{700}{1000} L = 3.5 \times 10^{-2} \text{mol}$

$n(\text{H}^+) = 1.0 \times 10^{-1} \text{mol/L} \times \dfrac{300}{1000} L = 3.0 \times 10^{-2} \text{mol}$

中和後に OH⁻ が残るため，中和後の OH⁻ の濃度[OH⁻]から[H⁺]を求める。

$H^+ + OH^- \longrightarrow H_2O$

$[OH^-] = (3.5 \times 10^{-2} \text{mol} - 3.0 \times 10^{-2} \text{mol}) \div \dfrac{700 + 300}{1000} L$

$= 5.0 \times 10^{-3} \text{mol/L}$

$K_w = [H^+][OH^-]$ より

$1.0 \times 10^{-14} (\text{mol/L})^2 = [H^+] \times 5.0 \times 10^{-3} \text{mol/L}$

$[H^+] = 2.0 \times 10^{-12} \text{mol/L}$

$\text{pH} = -\log_{10}(2.0 \times 10^{-12}) = -(\log_{10} 2 + \log_{10} 10^{-12})$

$= -(0.3 - 12) = 11.7$

エクセル $[OH^-] = y \text{mol/L}$　$\text{pOH} = -\log_{10} y$　$\text{pH} + \text{pOH} = 14 (25℃)$

344 解答
(ア) $\dfrac{[CH_3COO^-][H^+]}{[CH_3COOH]}$　(イ) $c\alpha^2$　(ウ) 1
(エ) 2.6×10^{-5}　(オ) 1.6×10^{-3}　(カ) 2.8

解説

	CH_3COOH	$\rightleftharpoons$	CH_3COO^-	+	H^+
反応前	c [mol/L]		0		0
変化量	$-c\alpha$ [mol/L]		$+c\alpha$ [mol/L]		$+c\alpha$ [mol/L]
平衡時	$c(1-\alpha)$ [mol/L]		$c\alpha$ [mol/L]		$c\alpha$ [mol/L]

$K_a = \dfrac{[CH_3COO^-][H^+]}{[CH_3COOH]} = \dfrac{(c\alpha)^2}{c(1-\alpha)} = \dfrac{c\alpha^2}{1-\alpha} \fallingdotseq c\alpha^2$

α は 1 よりも非常に小さいため $1 - \alpha \fallingdotseq 1$ という近似ができる。
ここで，$c = 0.10 \text{mol/L}$，$\alpha = 0.016$ を代入すると

$K_a = 0.10 \text{mol/L} \times 0.016^2 = 2.56 \times 10^{-5} \text{mol/L} \fallingdotseq 2.6 \times 10^{-5} \text{mol/L}$

● 電解度 α

$\alpha = \dfrac{\text{電離した電解質の物質量}}{\text{溶かした電解質の全物質量}}$

$\alpha \ll 1$ のとき

$\alpha = \sqrt{\dfrac{K_a}{c}}$

$[H^+] = c\alpha = \sqrt{cK_a}$

$\text{pH} = -\log_{10} c\alpha$

解説

$[H^+] = c\alpha = 0.10\,\text{mol/L} \times 0.016 = 1.6 \times 10^{-3}\,\text{mol/L}$

$pH = -\log_{10}(1.6 \times 10^{-3})$ ❶

$\quad = -(\log_{10} 1.6 + \log_{10} 10^{-3}) = 2.8$

❶ $\log_{10} AB = \log_{10} A + \log_{10} B$
$\log_{10} A^n = n\log_{10} A$

エクセル 弱酸の電離定数 $K_a = \dfrac{c\alpha^2}{1-\alpha} \fallingdotseq c\alpha^2$, $[H^+] = \sqrt{cK_a}$

345

解答 (ア) $\dfrac{C\alpha^2}{1-\alpha}$ (イ) $C\alpha^2$ (ウ) 4.2×10^{-2} (エ) 4.2×10^{-4}
(オ) 10.6

解説

	NH_3	$+$	H_2O	$\rightleftarrows$	NH_4^+	$+$	OH^-
反応前	C [mol/L]				0		0
変化量	$-C\alpha$ [mol/L]				$+C\alpha$ [mol/L]		$+C\alpha$ [mol/L]
平衡時	$C(1-\alpha)$ [mol/L]				$C\alpha$ [mol/L]		$C\alpha$ [mol/L]

$K_b = \dfrac{[NH_4^+][OH^-]}{[NH_3]} = \dfrac{C^2\alpha^2}{C(1-\alpha)} = \dfrac{C\alpha^2}{1-\alpha}$ ❶

α は非常に小さいので, $1-\alpha \fallingdotseq 1$ より

$K_b = C\alpha^2$

$\alpha = \sqrt{\dfrac{K_b}{C}}$

$C = 1.0 \times 10^{-2}\,\text{mol/L}$, $K_b = 1.8 \times 10^{-5}\,\text{mol/L}$ であるので

$\alpha = \sqrt{\dfrac{1.8 \times 10^{-5}}{1.0 \times 10^{-2}}} = \sqrt{\dfrac{18 \times 10^{-6}}{1.0 \times 10^{-2}}} = 3\sqrt{2} \times 10^{-2}$

$\quad = 3 \times 1.4 \times 10^{-2} = 4.2 \times 10^{-2}$

$[OH^-] = C\alpha = 1.0 \times 10^{-2}\,\text{mol/L} \times 4.2 \times 10^{-2} = 4.2 \times 10^{-4}\,\text{mol/L}$

また, $[OH^-]$ は次のようにも表される。

$[OH^-] = C\alpha = C\sqrt{\dfrac{K_b}{C}} = \sqrt{C^2 \cdot \dfrac{K_b}{C}} = \sqrt{CK_b}$

$K_w = [H^+][OH^-] = 1.0 \times 10^{-14}\,(\text{mol/L})^2$ より

$[H^+] = \dfrac{K_w}{[OH^-]} = \dfrac{K_w}{\sqrt{CK_b}} = \sqrt{\dfrac{K_w^2}{CK_b}} = \sqrt{\dfrac{(1.0 \times 10^{-14})^2}{(1.0 \times 10^{-2}) \times (1.8 \times 10^{-5})}}\,\text{mol/L}$

$pH = -\log_{10}\sqrt{\dfrac{(1.0 \times 10^{-14})^2}{(1.0 \times 10^{-2}) \times (1.8 \times 10^{-5})}}$

$\quad = -\dfrac{1}{2}\log_{10}\dfrac{10^{-28}}{18 \times 10^{-8}} = -\dfrac{1}{2}\log_{10}\dfrac{10^{-20}}{18}$

$\quad = -\dfrac{1}{2}\log_{10} 10^{-20} + \dfrac{1}{2}\log_{10}(2 \cdot 3^2)$

$\quad = 10 + \dfrac{1}{2}\log_{10} 2 + \log_{10} 3$

$\quad = 10 + \dfrac{1}{2} \times 0.30 + 0.48$

$\quad = 10.63 \fallingdotseq 10.6$

❶ $K = \dfrac{[NH_4^+][OH^-]}{[NH_3][H_2O]}$
$[H_2O]$ は一定とみなしてもよいため
$K[H_2O] = K_b = \dfrac{[NH_4^+][OH^-]}{[NH_3]}$

▶ pOH(水酸化物イオン指数)より, pH = 14 − pOH から求めることもできる。

エクセル 水酸化物イオンの濃度

$[OH^-] = \sqrt{CK_b}$

16 化学平衡 — 161

346
解答 (ア) 塩基　(イ) OH⁻　(ウ) H₂O　(エ) 加水分解

解説 弱酸である CH₃COOH と強塩基である NaOH から生じる正塩である酢酸ナトリウム CH₃COONa は，水溶液中で以下のようにほぼ完全に電離して CH₃COO⁻ と Na⁺ を生じる。

$$CH_3COONa \longrightarrow CH_3COO^- + Na^+$$

弱酸由来である CH₃COO⁻ が水から H⁺ を一部受けとることで，溶液中に OH⁻ が生じる。このため溶液は塩基性を示す。

$$CH_3COO^- + H_2O \rightleftharpoons CH_3COOH + OH^-$$

エクセル 強塩基(NaOH)と弱酸(CH₃COOH)からなる正塩(CH₃COONa)は，塩基性を示す。

●NH₄Cl 水溶液の加水分解
$NH_4Cl \longrightarrow NH_4^+ + Cl^-$
$NH_4^+ \rightleftharpoons NH_3 + H^+$
（溶液は酸性を示す）

347
解答 (ア) 緩衝液　(イ) CH₃COO⁻　(ウ) Na⁺　(エ) H⁺

(a) $CH_3COO^- + H^+ \longrightarrow CH_3COOH$

(b) $CH_3COOH + OH^- \longrightarrow CH_3COO^- + H_2O$

解説 CH₃COOH と CH₃COONa の混合溶液では，CH₃COONa は水溶液中でほぼ完全に電離し CH₃COO⁻ と Na⁺ を生じる。

$$CH_3COONa \longrightarrow CH_3COO^- + Na^+ \quad (1)$$

CH₃COOH はわずかに電離し CH₃COO⁻ と H⁺ を生じる。

$$CH_3COOH \rightleftharpoons CH_3COO^- + H^+ \quad (2)$$

このとき，(1)式で生じた多量の CH₃COO⁻ によって，(2)式の平衡は左に移動し，酢酸の電離はおさえられている。
この混合溶液に酸(H⁺)を加えると，H⁺ は溶液中に多量に存在する CH₃COO⁻ と反応するため，[H⁺]はほとんど増加しない。また，混合溶液に塩基(OH⁻)を加えると，OH⁻ は溶液中に多量に存在する CH₃COOH と反応するため，[OH⁻]はほとんど増加しない。このように，少量の酸や塩基を加えても pH がほぼ一定に保たれる水溶液を緩衝液という。

エクセル 緩衝液
CH₃COOH と CH₃COO⁻ が多量に存在しているとき
・酸(H⁺)の影響
$CH_3COO^- + H^+ \longrightarrow CH_3COOH$
・塩基(OH⁻)の影響
$CH_3COOH + OH^- \longrightarrow CH_3COO^- + H_2O$

●酢酸を水酸化ナトリウムで滴定した滴定曲線

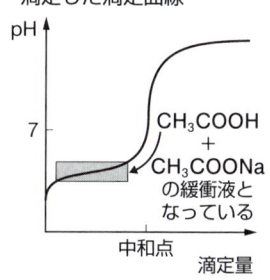

CH₃COOH + CH₃COONa の緩衝液となっている

中和点／滴定量

●アンモニアを塩酸で滴定した滴定曲線

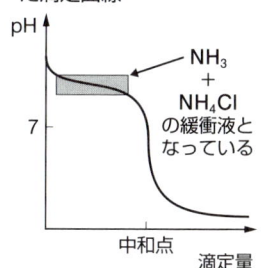

NH₃ + NH₄Cl の緩衝液となっている

中和点／滴定量

348
解答 (ア) 1.0×10^{-5}　(イ) 1.0×10^{-8}　(ウ) 共通イオン効果

解説 (ア) 飽和水溶液中の Ag⁺，Cl⁻のモル濃度[Ag⁺]，[Cl⁻]を C[mol/L]とし，溶解度積 K_{sp} の関係より，C を求める。

$K_{sp} = [Ag^+][Cl^-] = 1.0 \times 10^{-10} (mol/L)^2$
$C^2 = 1.0 \times 10^{-10} (mol/L)^2 \quad C = 1.0 \times 10^{-5} mol/L$

(イ) AgCl の飽和水溶液 1L に 0.010 mol の NaCl を溶かしたときに，溶解している AgCl のモル濃度を x[mol/L]とし，溶液中の各イオン濃度を求めると

$[Ag^+] = x$[mol/L]，$[Cl^-] = 0.010 mol/L + x$[mol/L]
$K_{sp} = [Ag^+][Cl^-] = 1.0 \times 10^{-10} (mol/L)^2$

●共通イオン効果
水溶液に含まれるイオンと同じイオン（共通イオン）を生じる物質を加えると，そのイオンを減少させる方向へ平衡が移動する現象。

162 —— 4章 物質の変化と平衡

解説　溶解度積 K_{sp} より x を求める。このとき，K_{sp} の値より，x は 0.010 mol/L に比べて非常に小さいため，0.010 mol/L + x ≒ 0.010 mol/L と近似できる。
　　　$x \times 0.010 \text{mol/L} = 1.0 \times 10^{-10} (\text{mol/L})^2$
　　　$x = 1.0 \times 10^{-8} \text{mol/L}$

(ウ) AgCl の溶解平衡（AgCl ⇌ Ag$^+$ + Cl$^-$）に関するイオンと共通しているという意味から，この反応では NaCl からの電離による Cl$^-$ を共通イオンとよぶ。共通イオンの添加により平衡が移動する効果を共通イオン効果という。

エクセル 水に溶けにくい物質の飽和水溶液（AgCl の場合）
　　⇒ [Ag$^+$][Cl$^-$] = 溶解度積 K_{sp}（温度が一定なら一定）

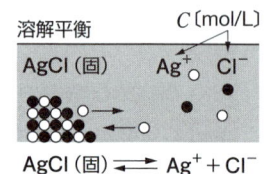

349
解答 低温にすると反応速度が減少するため，アンモニアの生成に長い時間がかかるから。

解説　発熱反応であるため，低温ほど平衡は生成物側へ移動してアンモニアの収率は上がる。しかし，低温では発熱反応，吸熱反応に関わらず反応速度は減少する。

エクセル 発熱反応，吸熱反応に関わらず，反応速度は高温ほど大きくなる。

キーワード
・低温
・反応速度

350
解答 (1) d　(2) c　(3) b　(4) e　(5) a

解説
(1) 高温にすると反応速度は増加し，平衡は反応物側に移動するため生成率が減少する。
(2) 低温にすると反応速度は減少し，平衡は生成物側に移動するため生成率が増加する。
(3) 高圧にすると反応速度は増加し，平衡は生成物側に移動するため生成率が増加する。
(4) 低圧にすると反応速度は減少し，平衡は反応物側に移動するため生成率が減少する。
(5) 触媒を用いると反応速度は増加し，平衡は移動しない。

エクセル 高温にすると
　　平衡：吸熱する方向である反応物側（左）に移動する。
　　反応速度：活性化エネルギー以上のエネルギーをもつ分子の割合が増えるため反応速度は増加する。
　高圧にすると
　　平衡：分子数が減少する方向である生成物側（右）に移動する。
　　反応速度：各物質の濃度が増加するため反応速度は増加する。

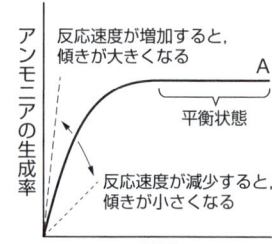

分子の数：減少
N$_2$ + 3H$_2$ ⇌ 2NH$_3$
分子の数：増加
$\Delta H = -92$ kJ

351
解答 (1) (イ)　(2) $\dfrac{2b^2}{(a-b)^3}$

16 化学平衡 — 163

解説 (1) 温度一定で体積を $\frac{1}{2}$ にすると，三酸化硫黄の分圧は2倍になる。さらに，ルシャトリエの原理により，体積を $\frac{1}{2}$ にすると平衡は右に移動するので，三酸化硫黄の分圧はもとの2倍より大きくなる❶。

(2)

	2SO₂	+	O₂	⇌	2SO₃
反応前	$2a$ mol		a mol		0
変化量	$-2b$ mol		$-b$ mol		$+2b$ mol
平衡時	$(2a-2b)$ mol		$(a-b)$ mol		$2b$ mol

平衡定数 K は

$$K=\frac{\left(\frac{2b}{2}\right)^2}{\left(\frac{2a-2b}{2}\right)^2\left(\frac{a-b}{2}\right)}=\frac{2b^2}{(a-b)^2(a-b)}=\frac{2b^2}{(a-b)^3}$$

❶ 分子数が変わらなければ，圧縮後の分圧は単純に2倍。平衡が右に移動するということは，圧縮前よりも三酸化硫黄分子の数が増えるということである。

エクセル 温度一定で体積を $\frac{1}{2}$ にすると，分圧は2倍になる。

352

解答 (ア) 低い　(イ) 高い　(ウ) 1.5×10^{-1}
(エ) 6.2×10^{-1}　(オ) 1.9　(カ) 7.6×10^{-1}

解説 (ア)，(イ) 高圧にすると，①式の平衡は右に移動し，NH₃の生成量が多くなる。このとき，反応速度は高圧にするため増加する。

N₂ + 3H₂ ⇌ 2NH₃　$\Delta H=-92.2$ kJ

【高圧条件】平衡：右に移動　　反応速度：増加

低温にすると平衡は右に移動し，NH₃の生成量が多くなる。このとき，反応速度は低温なため減少する。これを補うためハーバー・ボッシュ法ではFe₃O₄を主成分とする触媒を用い，反応速度を増加させる。

N₂ + 3H₂ ⇌ 2NH₃　$\Delta H=-92.2$ kJ

【低温条件】平衡：右に移動　　反応速度：減少
　　　　　　　⟶ 触媒使用により反応速度増加

(ウ) 平衡時における各物質の物質量をそれぞれ記すと

	N₂	+	3H₂	⇌	2NH₃
反応前	2.0 mol		6.0 mol		0 mol
変化量	-1.0 mol		-3.0 mol		$+2.0$ mol
平衡時	1.0 mol		3.0 mol		2.0 mol

平衡定数 K を求めると

$$K=\frac{[\mathrm{NH_3}]^2}{[\mathrm{N_2}][\mathrm{H_2}]^3}=\frac{\left(\frac{2.0\,\mathrm{mol}}{1.0\,\mathrm{L}}\right)^2}{\left(\frac{1.0\,\mathrm{mol}}{1.0\,\mathrm{L}}\right)\left(\frac{3.0\,\mathrm{mol}}{1.0\,\mathrm{L}}\right)^3}=\frac{4.0}{27}(\mathrm{mol/L})^{-2}$$

$$=0.148\cdots(\mathrm{mol/L})^{-2}\fallingdotseq 1.5\times10^{-1}(\mathrm{mol/L})^{-2}$$

164 ── 4章 物質の変化と平衡

解説 (エ)〜(カ) NH_3 を除去した後，容器内には N_2 1.0 mol, H_2 3.0 mol が残る。これが再び平衡に達したとき NH_3 が $2x$ [mol] 生成するとし，平衡時における各物質の物質量を下記に示す。

	N_2	$+$	$3H_2$	$\rightleftarrows$	$2NH_3$
反応前	1.0 mol		3.0 mol		0 mol（除去）
変化量	$-x$		$-3x$		$+2x$
平衡時	$1.0\,\text{mol} - x$		$3.0\,\text{mol} - 3x$		$2x$

平衡定数は，(ウ)と同一温度であるため(ウ)と等しい。これより x を求めると❶

$$K = \frac{[NH_3]^2}{[N_2][H_2]^3}$$

$$\frac{4}{27}(\text{mol/L})^{-2} = \frac{\left(\dfrac{2x}{1.0\,\text{L}}\right)^2}{\left(\dfrac{1.0\,\text{mol}-x}{1.0\,\text{L}}\right)\left(\dfrac{3.0\,\text{mol}-3x}{1.0\,\text{L}}\right)^3}$$

$$1/\text{mol}^2 = \frac{x^2}{(1.0\,\text{mol}-x)^4}$$

両辺の平方根をとると

$$1/\text{mol} = \frac{x}{(1.0\,\text{mol}-x)^2}$$

$$x^2 - 3\,\text{mol} \times x + 1\,\text{mol}^2 = 0$$

$$x = \frac{3-\sqrt{5}}{2}\,\text{mol} \quad (N_2\text{ の物質量は } 1.0\,\text{mol}-x \text{ より, } 1.0\,\text{mol} \geq x)$$

$$= 0.38\,\text{mol}$$

平衡時における各物質のモル濃度は

$$[N_2] = \frac{(1.0-0.38)\,\text{mol}}{1.0\,\text{L}} = 6.2 \times 10^{-1}\,\text{mol/L}$$

$$[H_2] = \frac{(3.0-3\times 0.38)\,\text{mol}}{1.0\,\text{L}} = 1.86\,\text{mol/L} \fallingdotseq 1.9\,\text{mol/L}$$

$$[NH_3] = \frac{2 \times 0.38\,\text{mol}}{1.0\,\text{L}} = 7.6 \times 10^{-1}\,\text{mol/L}$$

❶ 平衡定数を分数で表して計算すると便利な場合がある。

エクセル 温度が一定のとき，平衡定数は一定である。

353 解答 (1) 容積 V が一定でアルゴンを加えても，反応に関与する気体の分圧は変化しない。このため温度が一定であれば平衡は移動しない。

(2) 全圧一定でアルゴンを加えると，体積が増加するため反応に関与する気体の分圧が減少する。このため平衡は反応物側に移動する。

キーワード(1)
・平衡は移動しない

キーワード(2)
・分圧が減少

解説

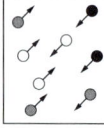

- N_2
- H_2
- NH_3
- Ar

平衡状態 → 体積一定，温度一定で貴ガスを注入 反応に関与する物質の圧力は変化しない → 平衡は移動しない

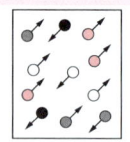

16 化学平衡 ― 165

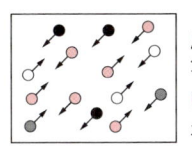

|圧力一定, 温度一定で貴ガスを注入 → 体積が増加する|反応に関与する気体の分圧が減少する $N_2 + 3H_2 \rightleftarrows 2NH_3$ 平衡が左に移動する|

エクセル 体積一定で貴ガスを加える──→反応に関与する物質の分圧は変化しない
圧力一定で貴ガスを加える──→反応に関与する物質の分圧が減少する

354
解答 (1) (ア), (カ) (2) (イ)

解説
(1) 平衡定数 K の値は, 温度が一定ならば一定であり, 濃度や圧力が変化しても変わらない。一般に, 温度が高くなると, 発熱反応では K の値は小さくなり, 逆に, 吸熱反応では K の値は大きくなる。
(2) 高温のとき, 平衡は吸熱方向(右)に移動する。高圧のとき, 平衡は分子数が減少する方向(左)に移動する。

エクセル 温度が一定のとき, 平衡定数は一定である。

355
解答 (ア) 2 (イ) 2.0 L/mol (ウ) 0.75 (エ) 1.13 (a) ② (b) ⑥ (c) ②

解説
(ア) 平衡状態までに物質 A の濃度が初濃度より 4.0 mol/L 減少し, 物質 B の濃度が 2.0 mol/L 増加しているため, 反応式における物質 A と物質 B の係数比は 2:1 と考えられる。

(イ) 平衡時の物質 A と物質 B のモル濃度より, 平衡定数 K を求める。

$$K = \frac{[B]}{[A]^2} = \frac{2.0\,\text{mol/L}}{(1.0\,\text{mol/L})^2} = 2.0\,\text{L/mol}$$

(ウ), (エ) 平衡時の物質 B の濃度を x [mol/L] とすると, 物質 A の濃度は $3.00\,\text{mol/L} - 2x$ となる。

	2A	$\rightleftarrows$	B
反応前	3.00 mol/L		0 mol/L
変化量	$-2x$		$+x$
平衡時	$3.00\,\text{mol/L} - 2x$		x

平衡時の各物質の濃度より, 平衡定数を使い x を求めると

$$K = \frac{[B]}{[A]^2} \quad 2.0\,\text{L/mol} = \frac{x}{(3.00\,\text{mol/L} - 2x)^2}$$

$8x^2 - 25\,\text{mol/L} \times x + 18\,(\text{mol/L})^2 = 0$

$(x - 2\,\text{mol/L})(8x - 9\,\text{mol/L}) = 0$

$x = 2\,\text{mol/L}$ または $\dfrac{9}{8}\,\text{mol/L}$

物質 A の濃度 $3.00\,\text{mol/L} - 2x > 0\,\text{mol/L}$ より, $x = \dfrac{9}{8}\,\text{mol/L}$

物質 A および物質 B の濃度を求めると

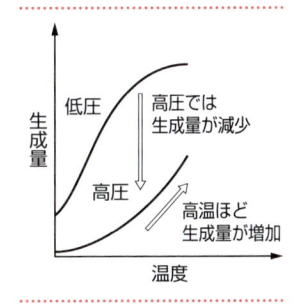

▶触媒を用いた場合

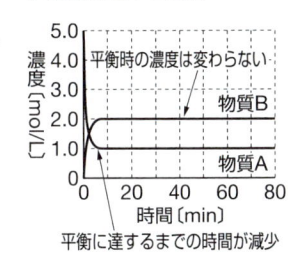

解説　物質 A：$3.00\,\mathrm{mol/L} - 2 \times \dfrac{9}{8}\,\mathrm{mol/L} = 0.75\,\mathrm{mol/L}$

物質 B：$\dfrac{9}{8}\,\mathrm{mol/L} = 1.125\,\mathrm{mol/L} \fallingdotseq 1.13\,\mathrm{mol/L}$

(a) 低温にすると平衡が左に移動する。ルシャトリエの原理より，$2\mathrm{A} \longrightarrow \mathrm{B}$ の反応は吸熱反応と考えられる。

(b) ルシャトリエの原理より，加圧すると平衡は気体全体の物質量が減少する方向(右)に移動する。　$2\mathrm{A} \rightleftarrows \mathrm{B}$

(c) 触媒を用いた場合，平衡：移動しない　反応速度：増加する

エクセル 触媒を用いると，反応速度は増加するが，平衡は移動しない。

356　9.3

塩化アンモニウムは水に溶けて完全に電離する。

$\mathrm{NH_4Cl} \longrightarrow \mathrm{NH_4^+} + \mathrm{Cl^-}$

	$\mathrm{NH_3}$	+ $\mathrm{H_2O}$	$\rightleftarrows$	$\mathrm{NH_4^+}$	+ $\mathrm{OH^-}$
反応前	0.010 mol			0.010 mol	0
変化量	$-x$〔mol〕			$+x$〔mol〕	$+x$〔mol〕
平衡時	$0.010-x$〔mol〕			$0.010+x$〔mol〕	x〔mol〕

アンモニアは弱塩基であり，$\mathrm{NH_4^+}$ を加えることで，$\mathrm{NH_3}$ の電離は抑えられている。x は非常に小さく $0.010 \gg x$

したがって，$\mathrm{NH_3}$，$\mathrm{NH_4^+}$ の物質量は次のように近似できる。

$n(\mathrm{NH_3}) = 0.010\,\mathrm{mol} - x \fallingdotseq 0.010\,\mathrm{mol}$

$n(\mathrm{NH_4^+}) = 0.010\,\mathrm{mol} + x \fallingdotseq 0.010\,\mathrm{mol}$

$[\mathrm{NH_3}] = 0.10\,\mathrm{mol/L}$

$[\mathrm{NH_4^+}] = 0.010\,\mathrm{mol} \times \dfrac{1000\,\mathrm{mL/L}}{100\,\mathrm{mL}} = 0.10\,\mathrm{mol/L}$

$K_\mathrm{b} = \dfrac{[\mathrm{NH_4^+}][\mathrm{OH^-}]}{[\mathrm{NH_3}]}$ より

$[\mathrm{OH^-}] = 2.0 \times 10^{-5}\,\mathrm{mol/L}$ なので

$[\mathrm{H^+}] = \dfrac{1.0 \times 10^{-14}}{2.0 \times 10^{-5}}\,\mathrm{mol/L} = \left(\dfrac{1}{2} \times 10^{-9}\right)\mathrm{mol/L}$

したがって，$\mathrm{pH} = -\log_{10}\left(\dfrac{1}{2} \times 10^{-9}\right) = 9 - \log 2^{-1} = 9.3$

▶水溶液の体積は $100\,\mathrm{mL} = 0.100\,\mathrm{L}$
平衡定数は，モル濃度〔mol/L〕の式である。

▶アンモニア水中のアンモニアの物質量は
$0.10\,\mathrm{mol/L} \times 0.100\,\mathrm{L} = 0.010\,\mathrm{mol}$

▶弱塩基の濃度：c_b
弱塩基の塩の濃度：c_s
とすると
$[\mathrm{OH^-}] = K_\mathrm{b} \cdot \dfrac{c_\mathrm{b}}{c_\mathrm{s}}$

エクセル 平衡状態を考えるときは，反応前・変化量・平衡時の物質収支を表でかくと考えやすい。

357　(1) 4.1　(2) 5.0　(3) 12.7

$\mathrm{CH_3COOH}$ は水溶液中ではわずかに電離し $\mathrm{CH_3COO^-}$ と $\mathrm{H^+}$ を生じている。$\mathrm{CH_3COOH} \rightleftarrows \mathrm{CH_3COO^-} + \mathrm{H^+}$

$\mathrm{CH_3COOH}$ 水溶液に $\mathrm{CH_3COONa}$ を入れると，$\mathrm{CH_3COONa}$ は水溶液中で完全に電離し $\mathrm{CH_3COO^-}$ を生じる。このため平衡が左にかたより $\mathrm{CH_3COOH}$ の電離がおさえられる。このとき溶液中の $\mathrm{CH_3COOH}$ 濃度は酢酸の初濃度に等しいとみなせる。また，$\mathrm{CH_3COO^-}$ の濃度は酢酸ナトリウムの濃度にほぼ等しい。

[CH₃COOH] = 0.10 mol/L
[CH₃COO⁻] = 0.05 mol/L

酢酸水溶液　　　　酢酸ナトリウム　　　　酢酸 + 酢酸ナトリウムの緩衝液

　　　　　　　　　　　　H⁺

CH₃COO⁻　　　　　　　　　　　　　　ごくわずか

(1) HCl より生じた H⁺ と CH₃COO⁻ から CH₃COOH が生じる。
混合水溶液中に含まれる各物質の濃度を求める。

　　CH₃COO⁻ + H⁺ ⟶ CH₃COOH
　　[CH₃COO⁻] = 0.05 mol/L − 0.02 mol/L = 0.03 mol/L
　　[CH₃COOH] = 0.10 mol/L + 0.02 mol/L = 0.12 mol/L
電離定数❶より，混合水溶液の[H⁺]および pH を求める。

1.8×10^{-5} mol/L $= \dfrac{0.03 \text{ mol/L} \times [\text{H}^+]}{0.12 \text{ mol/L}}$

　　[H⁺] = 7.2 × 10⁻⁵ mol/L
　　pH = − log₁₀(7.2 × 10⁻⁵) = − log₁₀(2³ × 3² × 10⁻⁶)
　　　　= − (3 × 0.30 + 2 × 0.48 − 6)❷ = 4.14 ≒ 4.1

❶ $K_a = \dfrac{[\text{CH}_3\text{COO}^-][\text{H}^+]}{[\text{CH}_3\text{COOH}]}$

❷ log₁₀2 = 0.30, log₁₀3 = 0.48

(2) NaOH より生じた OH⁻ と CH₃COOH から CH₃COO⁻ が
生じる。混合水溶液中に含まれる各物質の濃度を求める。

　　CH₃COOH + OH⁻ ⟶ CH₃COO⁻ + H₂O
　　[CH₃COO⁻] = 0.05 mol/L + 0.05 mol/L = 0.10 mol/L
　　[CH₃COOH] = 0.10 mol/L − 0.05 mol/L = 0.05 mol/L
電離定数❶より，混合水溶液の[H⁺]および pH を求める。

1.8×10^{-5} mol/L $= \dfrac{0.10 \text{ mol/L} \times [\text{H}^+]}{0.05 \text{ mol/L}}$

　　[H⁺] = 9.0 × 10⁻⁶ mol/L
　　pH = − log₁₀(9.0 × 10⁻⁶) = − log₁₀(3² × 10⁻⁶)
　　　　= − (2 × 0.48 − 6)❸ = 5.04 ≒ 5.0

❸ log₁₀3 = 0.48

(3) 過剰に加えた NaOH と CH₃COOH の中和反応後，余った
NaOH の濃度を求める。

	CH₃COOH +	NaOH ⟶	CH₃COONa +	H₂O
中和前	0.10 mol/L	0.15 mol/L	0.05 mol/L	
変化量	− 0.10 mol/L	− 0.10 mol/L	+ 0.10 mol/L	+ 0.10 mol/L
中和後	0 mol/L	0.05 mol/L	0.15 mol/L	

　　[OH⁻] = 0.05 mol/L
水のイオン積 K_w より，混合水溶液の[H⁺]および pH を求める。

　　[H⁺] × 0.05 mol/L = 1.0 × 10⁻¹⁴ (mol/L)²
　　[H⁺] = 2.0 × 10⁻¹³ mol/L
　　pH = − log₁₀(2.0 × 10⁻¹³) = − (0.30 − 13)❹ = 12.7

❹ log₁₀2 = 0.30

エクセル CH$_3$COONa と CH$_3$COOH を含む緩衝液
溶液中の酢酸イオンの濃度：[CH$_3$COO$^-$] = [CH$_3$COONa]
CH$_3$COONa を加えることで CH$_3$COOH の電離がおさえられている。

358

解答
(1) $-\log_{10} A$
(2) $K_w = (x+C)x$
(3) 6.9

解説
(1) 濃度 A mol/L の塩酸中の水素イオンの濃度[H$^+$]を求める。
HCl $\longrightarrow$ H$^+$ + Cl$^-$
[H$^+$] = A mol/L
pH = $-\log_{10} A$

(2) 溶液中の水素イオンの濃度[H$^+$]，水酸化物イオンの濃度[OH$^-$]をそれぞれ C と x で表し，水のイオン積 K_w を表す。
[OH$^-$] = x [mol/L]，[H$^+$] = $(x+C)$ [mol/L]❶ より
K_w = [H$^+$][OH$^-$] = $(x+C)x$

(3) $C = x$ のとき，[H$^+$] = $2x$ [mol/L]，$K_w = 2x \times x = 2x^2$ [(mol/L)^2]
$x = \sqrt{\dfrac{1.0 \times 10^{-14}}{2}}$ mol/L ❷
[H$^+$] = $2x = \sqrt{2.0 \times 10^{-14}}$ mol/L
pH = $-\log_{10} \sqrt{2.0 \times 10^{-14}}$
$= -\dfrac{1}{2}(0.30 - 14) = 6.85 \fallingdotseq 6.9$

（参考） $C \neq x$ のとき，
$x^2 + Cx - K_w = 0$ より
$x = \dfrac{-C \pm \sqrt{C^2 + 4K_w}}{2}$
$x > 0$ より $x = \dfrac{-C + \sqrt{C^2 + 4K_w}}{2}$ ❷
溶液中の水素イオンの濃度[H$^+$]を求める。
[H$^+$] = $x + C = \dfrac{-C + \sqrt{C^2 + 4K_w}}{2} + C$
$= \dfrac{C + \sqrt{C^2 + 4K_w}}{2}$

❶ 溶液中で起こる反応
HCl $\longrightarrow$ H$^+$ + Cl$^-$
H$_2$O $\rightleftarrows$ H$^+$ + OH$^-$

❷ $x > 0$

エクセル 希薄な酸 HA の水溶液では，水の電離による H$^+$ の濃度を考慮する必要がある。
HA $\longrightarrow$ H$^+$ + A$^-$　　H$_2$O $\rightleftarrows$ H$^+$ + OH$^-$

359

解答
(1) 温度を下げると，発熱反応の方向である左に平衡が移動する。このため，平衡時の H$^+$，OH$^-$ の濃度が減少し，水のイオン積 K_w が小さくなるから。
(2) 6.6　(3) 10.3

解説
(1) 温度を下げると，反応物側である左に平衡が移動する❶ため，水のイオン積 K_w (= [H$^+$][OH$^-$]) が小さくなる。
H$_2$O(液) $\rightleftarrows$ H$^+$ aq + OH$^-$ aq　$\Delta H = 56$ kJ
(2) 純水は中性であるから[H$^+$] = [OH$^-$]である。25℃では

キーワード
・発熱

❶ H$^+$ + OH$^-$ $\rightarrow$ H$_2$O の中和反応は常に発熱反応。このことからも，水の電離は吸熱反応であるとわかる。

$K_w = [\text{H}^+] \times [\text{OH}^-] = [\text{H}^+] \times [\text{H}^+] = 1.0 \times 10^{-14} (\text{mol/L})^2$
$[\text{H}^+] = 1.0 \times 10^{-7}$ mol/L より，pH = 7 になる。これは温度によって変化し，題意のように50℃では $K_w = 5.47 \times 10^{-14}$ $(\text{mol/L})^2$ なので，

$$[\text{H}^+] = \sqrt{5.47 \times 10^{-14}} \text{ mol/L}$$
$$\text{pH} = -\log_{10} \sqrt{5.47 \times 10^{-14}}$$
$$= -\frac{1}{2} \log_{10}(5.47 \times 10^{-14}) = \frac{1}{2}(14 - \log_{10} 5.47)❷ = 6.63 ≒ 6.6$$

(3) 弱塩基の電離については弱酸と同じ扱いができるため，$[\text{OH}^-] = \sqrt{cK_b}$ が成り立つ。
$$[\text{OH}^-] = \sqrt{0.200 \times 5.00 \times 10^{-6}} \text{ mol/L} = 1.00 \times 10^{-3} \text{mol/L}$$
よって，$[\text{H}^+] = \dfrac{K_w}{[\text{OH}^-]} = \dfrac{5.47 \times 10^{-14}}{1.00 \times 10^{-3}}$ mol/L $= 5.47 \times 10^{-11}$ mol/L
$$\text{pH} = -\log_{10}(5.47 \times 10^{-11}) = 11 - \log_{10} 5.47 ❷$$
$$= 10.26 ≒ 10.3$$

エクセル 塩基の水溶液での水素イオンの濃度 $[\text{H}^+] = \dfrac{K_w}{[\text{OH}^-]}$

各物質の物質量について
$$\text{H}_2\text{O} + \text{A} \rightleftarrows \text{AH}^+ + \text{OH}^-$$
	c		
	$-c\alpha$	$+c\alpha$	$+c\alpha$
	$c(1-\alpha)$	$c\alpha$	$c\alpha$

α が1に比べて非常に小さいとき，
$$K_b = \frac{[\text{AH}^+][\text{OH}^-]}{[\text{A}]}$$
$$= \frac{c^2\alpha^2}{c(1-\alpha)} ≒ c\alpha^2$$
$[\text{OH}^-] = c\alpha ≒ \sqrt{cK_b}$

❷ $\log_{10} 5.47 = 0.74$

360 解答

(ア) $\dfrac{K_w}{K_a}$　(イ) ch　(ウ) $c(1-h)$　(エ) ch

(オ) $\dfrac{ch^2}{1-h}$　(カ) $\sqrt{\dfrac{cK_w}{K_a}}$　(キ) $\sqrt{\dfrac{K_a K_w}{c}}$　(ク) 8.87

解説 (ア) 酢酸イオンの加水分解定数 K_h を，酢酸の電離定数 K_a と水のイオン積 K_w を用いて表す。
$$K_h = \frac{[\text{CH}_3\text{COOH}][\text{OH}^-]}{[\text{CH}_3\text{COO}^-]} = \frac{[\text{CH}_3\text{COOH}][\text{OH}^-][\text{H}^+]}{[\text{CH}_3\text{COO}^-][\text{H}^+]}$$
$$= \frac{[\text{CH}_3\text{COOH}]}{[\text{CH}_3\text{COO}^-][\text{H}^+]} \times [\text{H}^+][\text{OH}^-] = \frac{1}{K_a} \times K_w$$

(イ)〜(エ) 酢酸ナトリウム CH_3COONa は水溶液中でほぼ完全に電離し，酢酸イオン CH_3COO^- とナトリウムイオン Na^+ を生じる。

	CH_3COONa	$\longrightarrow$	CH_3COO^-	$+$	Na^+
反応前	c		0		0
反応後	0		c		c

酢酸イオン CH_3COO^- の加水分解前後の各物質の濃度を求めると

	CH_3COO^-	$+$	H_2O	$\rightleftarrows$	CH_3COOH	$+$	OH^-
加水分解前	c		多量		0		0
加水分解後	$c(1-h)$		多量		ch		ch

(オ) 加水分解後の各物質の濃度を，加水分解定数 K_h に用いる。
$$K_h = \frac{[\text{CH}_3\text{COOH}][\text{OH}^-]}{[\text{CH}_3\text{COO}^-]} = \frac{ch \cdot ch}{c(1-h)} = \frac{ch^2}{1-h}$$

(カ) $1 \gg h$ であることより，$1-h ≒ 1$ を式④に代入する。

▶ CH_3COONa は水溶液中でほぼ完全に電離して，そのときに生じた CH_3COO^- は水と反応し，次式のような平衡状態になる。
$$\text{CH}_3\text{COO}^- + \text{H}_2\text{O}$$
$$\rightleftarrows \text{CH}_3\text{COOH} + \text{OH}^-$$

解説

$$K_h = \frac{ch^2}{1-h} \fallingdotseq ch^2$$

上式を h について解き，加水分解後の水酸化物イオンの濃度 $[\text{OH}^-] = ch$ に代入すると

$$h = \sqrt{\frac{K_h}{c}}$$

$$[\text{OH}^-] = ch = c \times \sqrt{\frac{K_h}{c}} = \sqrt{cK_h} = \sqrt{\frac{cK_w}{K_a}} \text{ ❶}$$

(キ) 水素イオン濃度 $[\text{H}^+]$ を求める。

$$[\text{H}^+] = \frac{K_w}{[\text{OH}^-]} = K_w\sqrt{\frac{K_a}{cK_w}} = \sqrt{\frac{K_a K_w}{c}} \text{ ❷}$$

(ク) (キ)より，

$$[\text{H}^+] = \sqrt{\frac{(1.8 \times 10^{-5}) \times (1.0 \times 10^{-14})}{0.10}} \text{mol/L} \text{ ❸}$$

$$= \sqrt{1.8} \times 10^{-9} \text{mol/L} \quad \text{なので}$$

$$\text{pH} = -\log_{10}(\sqrt{1.8} \times 10^{-9})$$

$$= 9 - \frac{1}{2}\log_{10} 1.8$$

$$= 9 - \frac{1}{2} \times 0.26 \text{ ❹} = 8.87$$

❶ $K_h = \dfrac{K_w}{K_a}$

❷ $[\text{OH}^-] = \sqrt{\dfrac{cK_w}{K_a}}$

❸ $K_a = 1.8 \times 10^{-5} \text{mol/L}$
$K_w = 1.0 \times 10^{-14} (\text{mol/L})^2$
$c = 0.10 \text{mol/L}$

❹ $\log_{10} 1.8 = 0.26$

エクセル 加水分解定数 $K_h = \dfrac{K_w}{K_a}$

---

361 解答

(1) A：$0.10 \times (1-\alpha)$　B：$0.10 \times \alpha$
　　C：$0.10 \times \alpha$　D：$\sqrt{\dfrac{K_b}{0.10 \text{mol/L}}}$

(2) X：11.15　Y：9.30　Z：5.30　(3) E：緩衝

解説 Ⅰ点における各物質の濃度をそれぞれ表し，Ⅰ点について考察する。（アンモニア水）

　　　　　　　　NH₃　　　+ H₂O ⇌　　NH₄⁺　　+　　OH⁻
電離前　　0.10 mol/L　　　多量　　　0 mol/L　　　0 mol/L
平衡時　 $0.10 \times (1-\alpha)$ mol/L　　　$0.10 \times \alpha$ mol/L　$0.10 \times \alpha$ mol/L

電離定数 K_b の式に平衡時の各物質の濃度を代入し，$1-\alpha \fallingdotseq 1$ と近似する。

$$K_b = \frac{[\text{NH}_4^+][\text{OH}^-]}{[\text{NH}_3]}$$

$$= \frac{(0.10 \times \alpha \text{ mol/L}) \times (0.10 \times \alpha \text{ mol/L})}{0.10 \times (1-\alpha) \text{mol/L}}$$

$$= \frac{0.10 \times \alpha^2}{1-\alpha} \text{mol/L} \fallingdotseq 0.10 \times \alpha^2 \text{ mol/L}$$

上式を α について解き，pH を求める。

$$\alpha = \sqrt{\frac{K_b}{0.10 \text{mol/L}}}$$

$$[\text{OH}^-] = 0.10 \text{mol/L} \times \alpha = 0.10 \text{mol/L} \times \sqrt{\frac{K_b}{0.10 \text{mol/L}}}$$

$K_b = 2.0 \times 10^{-5}$ mol/L より

$$[\text{OH}^-] = \sqrt{0.10\,\text{mol/L} \times K_b} = \sqrt{0.10\,\text{mol/L} \times 2.0 \times 10^{-5}\,\text{mol/L}}$$
$$= \sqrt{2.0 \times 10^{-6}(\text{mol/L})^2} = \sqrt{2.0} \times 10^{-3}\,\text{mol/L}$$

$$[\text{H}^+] = \frac{K_w}{[\text{OH}^-]} = \frac{1.0 \times 10^{-14}(\text{mol/L})^2}{\sqrt{2.0} \times 10^{-3}\,\text{mol/L}}$$

$$\text{pH} = -\log_{10}\frac{1.0 \times 10^{-14}}{\sqrt{2.0} \times 10^{-3}} = -\{\log_{10}10^{-14} - \log_{10}(\sqrt{2.0} \times 10^{-3})\}$$
$$= -\left(-14 - \frac{1}{2}\log_{10}2.0 - \log_{10}10^{-3}\right) = 14 + \frac{1}{2} \times 0.30 - 3$$
$$= 11.15$$

Ⅱ点について考察する。(緩衝液)

0.10 mol/L アンモニア水 10 mL 中の NH_3 の物質量 $n(\text{NH}_3)$、Ⅱ点までに滴下した H^+ の物質量 $n(\text{H}^+)$ をそれぞれ求め、中和後の各物質の物質量〔mol〕を求める。

$$n(\text{NH}_3) = 0.10\,\text{mol/L} \times \frac{10}{1000}\,\text{L} = 1.0 \times 10^{-3}\,\text{mol}$$

$$n(\text{H}^+) = 0.10\,\text{mol/L} \times \frac{5.0}{1000}\,\text{L} = 5.0 \times 10^{-4}\,\text{mol}$$

	NH_3	+	H^+	$\longrightarrow$	NH_4^+
中和前	1.0×10^{-3} mol		5.0×10^{-4} mol		0 mol/L
中和後	5.0×10^{-4} mol		0 mol		5.0×10^{-4} mol

中和後の NH_3 と NH_4^+ の物質量および濃度が等しいため、$[\text{NH}_3] = [\text{NH}_4^+]$ より、電離定数 K_b❶から $[\text{H}^+]$ を求める。

❶ $K_b = 2.0 \times 10^{-5}$ mol/L

$$K_b = \frac{[\text{NH}_4^+][\text{OH}^-]}{[\text{NH}_3]} = [\text{OH}^-]$$

2.0×10^{-5} mol/L $= [\text{OH}^-]$

$$[\text{H}^+] = \frac{K_w}{[\text{OH}^-]} = \frac{1.0 \times 10^{-14}(\text{mol/L})^2}{2.0 \times 10^{-5}\,\text{mol/L}} = 2^{-1} \times 10^{-9}\,\text{mol/L}$$

$$\text{pH} = -\log_{10}(2^{-1} \times 10^{-9})$$
$$= -(-\log_{10}2 - 9) = -(-0.30 - 9)❷ = 9.30$$

❷ $\log_{10}2 = 0.30$

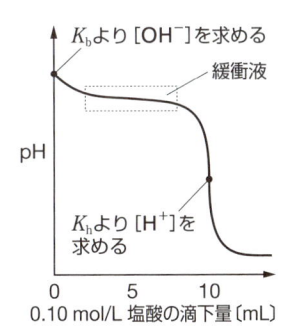

Ⅲ点について考察する。(中和点)

中和点での溶液の体積を 20 mL とする。中和点で生じた NH_4^+ の物質量 $n(\text{NH}_4^+)$、モル濃度 $[\text{NH}_4^+]$ を求める。

$$n(\text{NH}_4^+) = 0.10\,\text{mol/L} \times \frac{10}{1000}\,\text{L} = 1.0 \times 10^{-3}\,\text{mol}$$

$$[\text{NH}_4^+] = 1.0 \times 10^{-3}\,\text{mol} \div \frac{20}{1000}\,\text{L} = 5.0 \times 10^{-2}\,\text{mol/L}$$

NH_4Cl 水溶液の加水分解定数を K_h とし、K_w および K_b を用いて K_h を表す。

$\text{NH}_4^+ \rightleftarrows \text{NH}_3 + \text{H}^+$

$$K_h = \frac{[\text{NH}_3][\text{H}^+]}{[\text{NH}_4^+]} = \frac{[\text{NH}_3]}{[\text{NH}_4^+][\text{OH}^-]} \times [\text{H}^+][\text{OH}^-] = \frac{1}{K_b} \times K_w$$
$$= \frac{1.0 \times 10^{-14}(\text{mol/L})^2}{2.0 \times 10^{-5}\,\text{mol/L}} = 2.0^{-1} \times 10^{-9}\,\text{mol/L} \quad \cdots ①$$

解説

	NH$_4^+$	$\rightleftarrows$	NH$_3$	+	H$^+$
加水分解前	5.0×10^{-2} mol/L		0 mol/L		0 mol/L
平衡時	$5.0 \times 10^{-2} \times (1-h)$ mol/L		$5.0 \times 10^{-2} \times h$ mol/L		$5.0 \times 10^{-2} \times h$ mol/L

$$K_h = \frac{[\text{NH}_3][\text{H}^+]}{[\text{NH}_4^+]} = \frac{(5.0 \times 10^{-2} \times h \, \text{mol/L}) \times (5.0 \times 10^{-2} \times h \, \text{mol/L})}{(5.0 \times 10^{-2}) \times (1-h) \, \text{mol/L}}$$

$1 - h ≒ 1$ より

$K_h ≒ (5.0 \times 10^{-2}) h^2$ mol/L …②

①, ②より

$2.0^{-1} \times 10^{-9}$ mol/L $= (5.0 \times 10^{-2}) h^2$ mol/L

$h = \sqrt{\dfrac{2.0^{-1} \times 10^{-9}}{5.0 \times 10^{-2}}} = 1.0 \times 10^{-4}$

$[\text{H}^+] = 5.0 \times 10^{-2}$ mol/L $\times h = (5.0 \times 10^{-2}$ mol/L$) \times 1.0 \times 10^{-4}$

$= 5.0 \times 10^{-6}$ mol/L $= \dfrac{1}{2} \times 10^{-5}$ mol/L

$\text{pH} = -\log_{10}\left(\dfrac{1}{2} \times 10^{-5}\right) = 5 - \log_{10} 2^{-1} = 5 + \log_{10} 2$

$= 5 + 0.30$ ❸ $= 5.30$

❸ $\log_{10} 2 = 0.30$

エクセル 塩の加水分解にも電離定数の考え方が応用できる。

$$K_h = \frac{K_w}{K_b}$$

(K_w：水のイオン積，K_b：塩基の電離定数)

362

解答 (ア) 8.5　(イ) 10.5　(ウ) 9.5

解説 (ア), (イ) 問題文より，フェノールフタレインの電離平衡の式は

$\text{HA}^- \rightleftarrows \text{A}^{2-} + \text{H}^+$

電離定数は　$K_a = \dfrac{[\text{A}^{2-}][\text{H}^+]}{[\text{HA}^-]} = 3.2 \times 10^{-10}$ mol/L

$\dfrac{[\text{HA}^-]}{[\text{A}^{2-}]} = 0.1$ における $[\text{H}^+]$ を K_a より求める。

$\dfrac{1}{0.1} \times [\text{H}^+] = 3.2 \times 10^{-10}$ mol/L　$[\text{H}^+] = 3.2 \times 10^{-11}$ mol/L

$\dfrac{[\text{HA}^-]}{[\text{A}^{2-}]} = 10$ における $[\text{H}^+]$ を K_a より求める。

$\dfrac{1}{10} \times [\text{H}^+] = 3.2 \times 10^{-10}$ mol/L　$[\text{H}^+] = 3.2 \times 10^{-9}$ mol/L

$0.1 \leqq \dfrac{[\text{HA}^-]}{[\text{A}^{2-}]} \leqq 10$ の範囲における pH を求める。

$-\log_{10}(3.2 \times 10^{-9}) \leqq \text{pH} \leqq -\log_{10}(3.2 \times 10^{-11})$

$-\log_{10}(2^5 \times 10^{-10}) \leqq \text{pH} \leqq -\log_{10}(2^5 \times 10^{-12})$

$-(5 \times 0.30 - 10) \leqq \text{pH} \leqq -(5 \times 0.30 - 12)$

$8.5 \leqq \text{pH} \leqq 10.5$

(ウ) $[\text{HA}^-]$ と $[\text{A}^{2-}]$ が等しくなるときの $[\text{H}^+]$，および pH を求める。$K_a = \dfrac{[\text{A}^{2-}][\text{H}^+]}{[\text{HA}^-]}$，$[\text{HA}^-] = [\text{A}^{2-}]$ より

$[\text{H}^+] = 3.2 \times 10^{-10}$ mol/L

$$\text{pH} = -\log_{10}(3.2 \times 10^{-10}) = -\log_{10}(2^5 \times 10^{-11})$$
$$= -(5 \times 0.30 - 11) = 9.5$$

エクセル フェノールフタレインは塩基性で A^{2-} の構造であり，赤色を呈する。

363 解答 (ア) 3.2×10^{-2}　(イ) 6.8×10^{-2}　(ウ) 1.5×10^{-2}
(エ) 3.6×10^{-7}　(オ) 4.1×10^{-17}

解説 (ア)，(イ) H_3PO_4 の電離度 0.32 より，第1段階における各物質の電離後の濃度を求める。

(ア) $[H^+] = 0.10\,\text{mol/L} \times 0.32 = 3.2 \times 10^{-2}\,\text{mol/L}$

(イ) $[H_3PO_4] = 0.10\,\text{mol/L} \times (1 - 0.32)$
$\qquad = 6.8 \times 10^{-2}\,\text{mol/L}$

$\qquad\qquad\qquad H_3PO_4 \quad\rightleftharpoons\quad H^+ \quad+\quad H_2PO_4^-$
電離前　　　　0.10 mol/L　　　　　　　0 mol/L　　　　0 mol/L
平衡時　0.10 mol/L × (1−0.32)　0.10 mol/L × 0.32　0.10 mol/L × 0.32

(ウ) 平衡時の各物質の濃度より，第1段階での電離定数 K_1 を求める。

$$K_1 = \frac{[H^+][H_2PO_4^-]}{[H_3PO_4]} = \frac{(3.2 \times 10^{-2}\,\text{mol/L}) \times (3.2 \times 10^{-2}\,\text{mol/L})}{6.8 \times 10^{-2}\,\text{mol/L}}$$
$$= 1.50\cdots \times 10^{-2}\,\text{mol/L} \fallingdotseq 1.5 \times 10^{-2}\,\text{mol/L}$$

(エ) 問題文より，第2段階で生成する水素イオン H^+，減少する $H_2PO_4^-$ の濃度への影響は無視できるとし，電離定数 K_2 より，HPO_4^{2-} の濃度を求める。

$[H^+] = [H_2PO_4^-] = 3.2 \times 10^{-2}\,\text{mol/L}$

$$K_2 = \frac{[H^+][HPO_4^{2-}]}{[H_2PO_4^-]} = [HPO_4^{2-}] = 3.6 \times 10^{-7}\,\text{mol/L}\ ❶$$

❶ $K_2 = 3.6 \times 10^{-7}\,\text{mol/L}$

(オ) 問題文より，第3段階で生成する水素イオン H^+，減少する HPO_4^{2-} の濃度への影響は無視できるとし，電離定数 K_3 より PO_4^{3-} の濃度を求める。

$[H^+] = 3.2 \times 10^{-2}\,\text{mol/L}\quad [HPO_4^{2-}] = 3.6 \times 10^{-7}\,\text{mol/L}$

$$K_3 = \frac{[H^+][PO_4^{3-}]}{[HPO_4^{2-}]} = \frac{3.2 \times 10^{-2}\,\text{mol/L} \times [PO_4^{3-}]}{3.6 \times 10^{-7}\,\text{mol/L}}$$
$$= 3.6 \times 10^{-12}\,\text{mol/L}\ ❷$$

❷ $K_3 = 3.6 \times 10^{-12}\,\text{mol/L}$

$[PO_4^{3-}] = 4.05 \times 10^{-17}\,\text{mol/L} \fallingdotseq 4.1 \times 10^{-17}\,\text{mol/L}$

エクセル 多段階で電離する酸 H_3A の電離定数の関係　$K_1 > K_2 > K_3$

$H_3A \rightleftharpoons H^+ + H_2A^-\qquad K_1$
$H_2A^- \rightleftharpoons H^+ + HA^{2-}\qquad K_2$
$HA^{2-} \rightleftharpoons H^+ + A^{3-}\qquad K_3$

364 解答 (1) $K_1 = 4.0 \times 10^{-7}\,\text{mol/L}\qquad K_2 = 4.0 \times 10^{-11}\,\text{mol/L}$
(2) (i) $4.0 \times 10^{-11}\,\text{mol/L}$　(ii) $1.8 \times 10^{-5}\,\text{mol/L}$

解説 (1) グラフより，pH = 6.4 のとき，$[CO_2]$ と $[HCO_3^-]$ は等しい。

$$K_1 = \frac{[H^+][HCO_3^-]}{[CO_2]} = [H^+] = 10^{-6.4}\,\text{mol/L}\ ❶$$
$$= 10^{0.6} \times 10^{-7}\,\text{mol/L} = (10^{0.3})^2 \times 10^{-7}\,\text{mol/L}\ ❷ = (2.0)^2 \times 10^{-7}\,\text{mol/L}$$
$$= 4.0 \times 10^{-7}\,\text{mol/L}$$

❶ $[CO_2] = [HCO_3^-]$

❷ $\log_{10} 2.0 = 0.3$ より
$\quad 2.0 = 10^{0.3}$

解説　グラフより，pH = 10.4 のとき，$[\text{HCO}_3^-]$ と $[\text{CO}_3^{2-}]$ は等しい。

$$K_2 = \frac{[\text{H}^+][\text{CO}_3^{2-}]}{[\text{HCO}_3^-]} = [\text{H}^+]^{❸} = 10^{-10.4}\,\text{mol/L}$$

$$= 10^{0.6} \times 10^{-11}\,\text{mol/L} = (10^{0.3})^2 \times 10^{-11}\,\text{mol/L}^{❷}$$

$$= (2.0)^2 \times 10^{-11}\,\text{mol/L} = 4.0 \times 10^{-11}\,\text{mol/L}$$

❸ $[\text{HCO}_3^-] = [\text{CO}_3^{2-}]$

(2) (i) 陽イオンの電荷の合計と陰イオンの電荷の合計は等しいため

$$[\text{H}^+] = [\text{HCO}_3^-] + 2 \times [\text{CO}_3^{2-}]$$
$$[\text{HCO}_3^-] = 2.5 \times 10^{-6}\,\text{mol/L} - 2 \times [\text{CO}_3^{2-}]^{❹}$$

❹ $[\text{H}^+] = 2.5 \times 10^{-6}\,\text{mol/L}$

電離定数 K_2 の式に上式，および $[\text{H}^+] = 2.5 \times 10^{-6}\,\text{mol/L}$ と $K_2 = 4.0 \times 10^{-11}\,\text{mol/L}$ を代入する。

$$K_2 = \frac{[\text{H}^+][\text{CO}_3^{2-}]}{[\text{HCO}_3^-]}$$

$$4.0 \times 10^{-11}\,\text{mol/L} = \frac{(2.5 \times 10^{-6}\,\text{mol/L}) \times [\text{CO}_3^{2-}]}{2.5 \times 10^{-6}\,\text{mol/L} - 2 \times [\text{CO}_3^{2-}]}$$

$$(2.5 \times 10^{-6} + \underline{8.0 \times 10^{-11}})\,\text{mol/L} \times [\text{CO}_3^{2-}] = (4.0 \times 10^{-11}\,\text{mol/L}) \times (2.5 \times 10^{-6}\,\text{mol/L})$$

上記下線部は（　）内の第1項に比べて非常に小さいため無視して，$[\text{CO}_3^{2-}]$，$[\text{HCO}_3^-]$ を求める。

$$[\text{CO}_3^{2-}] = 4.0 \times 10^{-11}\,\text{mol/L}$$
$$[\text{HCO}_3^-] = 2.5 \times 10^{-6}\,\text{mol/L} - 2 \times [\text{CO}_3^{2-}]$$
$$= 2.5 \times 10^{-6}\,\text{mol/L} - \underline{2 \times 4.0 \times 10^{-11}\,\text{mol/L}}$$
$$\fallingdotseq 2.5 \times 10^{-6}\,\text{mol/L}^{❺}$$

❺ 下線部は第1項に比べて非常に小さいため無視

(ii) 電離定数 K_1，$[\text{HCO}_3^-]$，$[\text{H}^+]$ より，$[\text{CO}_2]$ の濃度を求める。

$$K_1 = \frac{[\text{H}^+][\text{HCO}_3^-]}{[\text{CO}_2]} = 4.0 \times 10^{-7}\,\text{mol/L}$$

$$\frac{(2.5 \times 10^{-6}\,\text{mol/L}) \times (2.5 \times 10^{-6}\,\text{mol/L})}{[\text{CO}_2]} = 4.0 \times 10^{-7}\,\text{mol/L}$$

$$[\text{CO}_2] = 1.56\cdots \times 10^{-5}\,\text{mol/L}$$

CO_2 由来の物質の濃度の総和を求める。

$$[\text{CO}_2] + [\text{HCO}_3^-] + [\text{CO}_3^{2-}]$$
$$= 1.56 \times 10^{-5}\,\text{mol/L} + 2.5 \times 10^{-6}\,\text{mol/L} + 4.0 \times 10^{-11}\,\text{mol/L}$$
$$\fallingdotseq 1.8 \times 10^{-5}\,\text{mol/L}$$

エクセル 陽イオンの電荷の総和＝陰イオンの電荷の総和

365 (ウ)

解説　Zn^{2+} および Fe^{2+} が沈殿を生じ始めるときの $[\text{S}^{2-}]$ を溶解度積 K_{sp} より求める。

$$(1.0 \times 10^{-4}\,\text{mol/L}) \times [\text{S}^{2-}]_{\text{ZnS}} = 2.0 \times 10^{-24}\,(\text{mol/L})^{2\,❶}$$
$$(2.0 \times 10^{-4}\,\text{mol/L}) \times [\text{S}^{2-}]_{\text{FeS}} = 4.0 \times 10^{-19}\,(\text{mol/L})^{2\,❷}$$

ZnS と FeS の最大の生成量の比は，Zn^{2+} と Fe^{2+} の始めの濃度比と等しいため，$1:2$ となる。

また，硫化物イオン S^{2-} を加えることによる体積変化を無視し，沈殿が生じ始めるときの $\log_{10}\{[\text{S}^{2-}]/(\text{mol}\cdot\text{L}^{-1})\}$ を求めると，

❶ $[\text{Zn}^{2+}][\text{S}^{2-}] = K_{\text{sp}}$ より
$[\text{S}^{2-}]_{\text{ZnS}} = 2.0 \times 10^{-20}\,\text{mol/L}$

❷ $[\text{Fe}^{2+}][\text{S}^{2-}] = K_{\text{sp}}$ より
$[\text{S}^{2-}]_{\text{FeS}} = 2.0 \times 10^{-15}\,\text{mol/L}$

16 化学平衡 —— 175

FeS の沈殿が生じ始めるときの $\log_{10}\{[S^{2-}]/(\mathrm{mol\cdot L^{-1}})\}$ の方が大きいことがわかる。

$[S^{2-}]_{ZnS} = 2.0 \times 10^{-20}\,\mathrm{mol/L}$

$\log_{10}\dfrac{[S^{2-}]_{ZnS}}{\mathrm{mol\cdot L^{-1}}} = -20 + \log_{10} 2.0$

$[S^{2-}]_{FeS} = 2.0 \times 10^{-15}\,\mathrm{mol/L}$

$\log_{10}\dfrac{[S^{2-}]_{FeS}}{\mathrm{mol\cdot L^{-1}}} = -15 + \log_{10} 2.0$

以上より,適切なグラフは(ウ)と求まる。

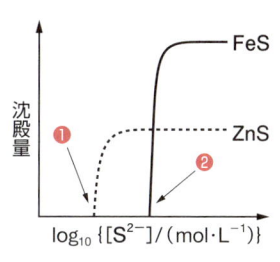

エクセル $K_{sp}(AB) < [A^+][B^-]$　沈殿 AB が生成する
　　　　$K_{sp}(AB) \geqq [A^+][B^-]$　沈殿 AB は生成しない

❸ $\log_{10}\{[S^{2-}]/(\mathrm{mol\cdot L^{-1}})\}$ の意味

$[S^{2-}]$ はモル濃度を表し,単位 $\mathrm{mol\cdot L^{-1}}$ を含む。対数の真数は数値なので,$[S^{2-}]/(\mathrm{mol\cdot L^{-1}})$ で数値にしている。

▶ $Ag_2CrO_4(固)$
　$\rightleftarrows 2Ag^+ + CrO_4^{2-}$
における平衡定数は
$K = \dfrac{[Ag^+]^2[CrO_4^{2-}]}{[Ag_2CrO_4(固)]}$

$[Ag_2CrO_4(固)]$ は一定とみなしてよいので
$K[Ag_2CrO_4(固)]$
$= [Ag^+]^2[CrO_4^{2-}] = K_{sp}$
とする。

366

解答
(1) $Cr_2O_7^{2-} + H_2O$　(2) イ：6.0×10^{-5}
ウ：3.0×10^{-6}　(3) $2.0 \times 10^{-2}\,\mathrm{mol/L}$

解説
(1) クロム酸イオン CrO_4^{2-} と二クロム酸イオン $Cr_2O_7^{2-}$ は以下に示す平衡状態にあり,酸性では平衡が右側に,塩基性では平衡が左側にかたよる。

$2CrO_4^{2-} + 2H^+ \rightleftarrows Cr_2O_7^{2-} + H_2O$

(2) (イ) クロム酸銀の溶解度積 $K_{sp}(Ag_2CrO_4)$ を表し,Ag_2CrO_4 の沈殿が生成しはじめたときの CrO_4^{2-} の濃度は $1.0 \times 10^{-3}\,\mathrm{mol/L}$ であることから,銀イオンの濃度 $[Ag^+]$ を求める。

$K_{sp}(Ag_2CrO_4) = [Ag^+]^2[CrO_4^{2-}] = 3.6 \times 10^{-12}\,(\mathrm{mol/L})^3$
$[Ag^+]^2 \times (1.0 \times 10^{-3}\,\mathrm{mol/L}) = 3.6 \times 10^{-12}\,(\mathrm{mol/L})^3$
$[Ag^+] = 6.0 \times 10^{-5}\,\mathrm{mol/L}$

(ウ) $[Ag^+] = 6.0 \times 10^{-5}\,\mathrm{mol/L}$ のときの塩化物イオンの濃度 $[Cl^-]$ を塩化銀の溶解度積 $K_{sp}(AgCl)$ より求める。

$K_{sp}(AgCl) = [Ag^+][Cl^-] = 1.8 \times 10^{-10}\,(\mathrm{mol/L})^2$
$(6.0 \times 10^{-5}\,\mathrm{mol/L}) \times [Cl^-] = 1.8 \times 10^{-10}\,(\mathrm{mol/L})^2$
$[Cl^-] = 3.0 \times 10^{-6}\,\mathrm{mol/L}$

(3) 滴定の終点において $[Ag^+] = [Cl^-]$ であることより,$K_{sp}(AgCl)$ を用いて各イオンの濃度を求める。

$K_{sp}(AgCl) = [Ag^+][Cl^-] = 1.8 \times 10^{-10}\,(\mathrm{mol/L})^2$
$[Ag^+] = [Cl^-] = \sqrt{1.8 \times 10^{-10}\,(\mathrm{mol/L})^2}$

滴定の終点において指示薬の沈殿が生じることより,$[CrO_4^{2-}]$ を $K_{sp}(Ag_2CrO_4)$ を用いて求める。

$K_{sp}(Ag_2CrO_4) = [Ag^+]^2[CrO_4^{2-}] = 3.6 \times 10^{-12}\,(\mathrm{mol/L})^3$
$(\sqrt{1.8 \times 10^{-10}\,(\mathrm{mol/L})^2})^2 \times [CrO_4^{2-}] = 3.6 \times 10^{-12}\,(\mathrm{mol/L})^3$
$[CrO_4^{2-}] = 2.0 \times 10^{-2}\,\mathrm{mol/L}$

エクセル モール法(塩化物イオン濃度の定量)
1 段階目　$Ag^+ + Cl^- \longrightarrow AgCl$(白色沈殿)
2 段階目　$2Ag^+ + CrO_4^{2-} \longrightarrow Ag_2CrO_4$(赤褐色沈殿)
Ag_2CrO_4 が生じた時点が滴定の終点である。

367

解答
(1) 45 kJ/mol (2) 24 kJ/mol (3) 1.9本
(4) 融解のときは一部の水素結合が切れるだけだが，蒸発のときはすべての水素結合が切れなくてはいけないから。

キーワード
・水素結合

解説
(1) 気体の水素 H_2 が燃焼して，気体の水(H_2O)が生じたとして，その反応エンタルピーを求める。

$$H_2(気) + \frac{1}{2}O_2(気) \longrightarrow H_2O(気) \quad \Delta H = ? \text{ kJ}$$

反応エンタルピー ΔH ＝（反応物の結合エネルギーの総和）－（生成物の結合エネルギーの総和）より

$$\Delta H = \left(436 \text{ kJ} + \frac{1}{2} \times 498 \text{ kJ}\right) - (463 \text{ kJ} \times 2)$$
$$= -241 \text{ kJ}$$

● **結合エネルギー**
気体分子の結合（共有結合）を切るのに必要なエネルギー

よって，$H_2(気) + \frac{1}{2}O_2(気) \longrightarrow H_2O(気) \quad \Delta H = -241 \text{ kJ} \quad \cdots ②$

②－①より
$H_2O(液) \longrightarrow H_2O(気) \quad \Delta H = 45 \text{ kJ}$
よって，蒸発エンタルピーは，45 kJ/mol

(2) 固体(氷)から気体(水蒸気)に状態変化(昇華)したときに，H_2O 分子間の水素結合はすべて切れる。
1つの水素結合は，2分子間で形成されているので，氷中の水分子1個あたりの水素結合の数は，$\frac{4}{2} = 2$ 本となる。昇華エンタルピーによって，すべての水素結合が切られていると考えられるので，水素結合の結合エネルギーは
$$\frac{47 \text{ kJ}}{2 \text{ mol}} = 23.5 \text{ kJ/mol} \fallingdotseq 24 \text{ kJ/mol}$$

(3) 水が蒸発したときに，液体中で残っている水素結合がすべて切れる。水の蒸発エンタルピーは(1)より，45 kJ/mol であるので，
$$\frac{45}{23.5} = 1.91\cdots \fallingdotseq 1.9 \text{ 本}$$

(4) (2)，(3)より，水1分子あたり固体中では2本，液体中では1.9本の水素結合が働いていると考えられ，気体中では水素結合は働いていない。
融解(固体→液体)では，ほんの一部の水素結合を切ればよいが，蒸発では，多くの水素結合を切る必要があるために，蒸発エンタルピーが大きくなっている。

エクセル 反応エンタルピー＝（反応物の結合エネルギーの総和）
－（生成物の結合エネルギーの総和）

368

解答
(1) -3420 kJ/mol (2) -3.28×10^3 kJ/mol
(3) 実際のベンゼンが 144 kJ/mol 安定である。

解説
(1) エネルギー図を記し，結合エネルギーおよび蒸発エンタルピーを用いて ΔH_1 を求める。

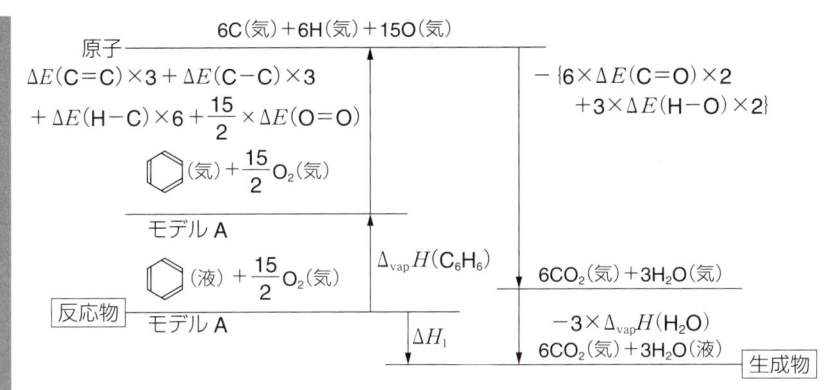

$$原子 \quad 6C(気)+6H(気)+15O(気)$$

左側: $\Delta E(C=C)\times 3 + \Delta E(C-C)\times 3 + \Delta E(H-C)\times 6 + \dfrac{15}{2}\times \Delta E(O=O)$

右側: $-\{6\times \Delta E(C=O)\times 2 + 3\times \Delta E(H-O)\times 2\}$

中段: ◯(気) $+\dfrac{15}{2}$ O$_2$(気) モデル A

◯(液) $+\dfrac{15}{2}$ O$_2$(気) モデル A ， $\Delta_{\text{vap}}H(C_6H_6)$

右: $6CO_2$(気) $+ 3H_2O$(気) ， $-3\times \Delta_{\text{vap}} H(H_2O)$ ， $6CO_2$(気) $+ 3H_2O$(液)

反応物 ， ΔH_1 ， 生成物

上図より

$\Delta H_1 = \Delta_{\text{vap}} H(C_6H_6)$
$\qquad + \Delta E(C=C)\times 3 + \Delta E(C-C)\times 3 + \Delta E(H-C)\times 6 + \dfrac{15}{2}\times \Delta E(O=O)$
$\qquad - \{6\times \Delta E(C=O)\times 2 + 3\times \Delta E(H-O)\times 2\} - 3\times \Delta_{\text{vap}} H(H_2O)$

表の値などをそれぞれあてはめると

$\Delta H_1 = 30\,\text{kJ}$
$\qquad + 610\,\text{kJ}\times 3 + 350\,\text{kJ}\times 3 + 410\,\text{kJ}\times 6 + \dfrac{15}{2}\times 500\,\text{kJ}$
$\qquad - (6\times 800\,\text{kJ}\times 2 + 3\times 470\,\text{kJ}\times 2) - 3\times 40\,\text{kJ}$
$\quad = -3420\,\text{kJ}$　　よって，$-3420\,\text{kJ/mol}$

(2) 実験による水温の上昇より，ベンゼン 1.00 g を燃焼したときに発生する熱量を求める。

$2000\,\text{g}\times 5.00\,\text{K}\times 4.20\,\text{J/(g·K)} = 42000\,\text{J} = 42.0\,\text{kJ}$

実際のベンゼン(78 g/mol) 1 mol の燃焼時に発生する熱量〔kJ/mol〕より

$\Delta H_2 = 42.0\,\text{kJ/g}\times 78\,\text{g/mol} = 3276\,\text{kJ/mol} \fallingdotseq 3.28\times 10^3\,\text{kJ/mol}$

(3) ベンゼンの燃焼エンタルピーより，モデル A と実際のベンゼンのエネルギー図を記すと，実際のベンゼンはモデル A より 144 kJ/mol だけエネルギー的に安定である。

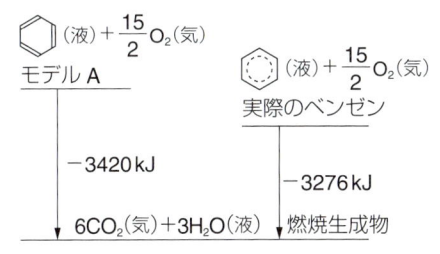

◯(液) $+\dfrac{15}{2}$ O$_2$(気) モデル A

◯(液) $+\dfrac{15}{2}$ O$_2$(気) 実際のベンゼン

$-3420\,\text{kJ}$ ， $-3276\,\text{kJ}$

$6CO_2$(気) $+ 3H_2O$(液) 燃焼生成物

エクセル ベンゼンを構成する炭素－炭素間の結合距離はすべて等しく，単結合と二重結合を区別することができない。

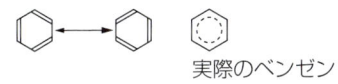

◯ ↔ ◯　　◯ 実際のベンゼン

369

解答
(1) NO(気) + O₃(気) ⟶ NO₂(気) + O₂(気)　$\Delta H = -200\,\text{kJ}$
(2) $6.00 \times 10^2\,\text{nm}$

解説
(1) オゾンと一酸化窒素が反応して，酸素と二酸化窒素が生成するので
NO(気) + O₃(気) ⟶ NO₂(気) + O₂(気)　$\Delta H = -200\,\text{kJ}$
(2) 反応物各1分子から1個の光子が放出されるので

$$\text{光の波長[m]} = \frac{0.120\,\text{J·m/mol}}{E[\text{J/mol}]} = \frac{0.120\,\text{J·m/mol}}{200 \times 10^3\,\text{J/mol}}$$
$$= 6.00 \times 10^{-7}\,\text{m}$$

$6.00 \times 10^{-7}\,\text{m} \times \dfrac{10^9\,\text{nm}}{1\,\text{m}} = 6.00 \times 10^2\,\text{nm}$ ❶

❶ $1\,\text{nm} = 10^{-9}\,\text{m}$

エクセル 光の波長が短いほど，エネルギーが大きい。

370

解答
(1) シス形
理由　トランス形は分子全体として極性を打ち消しあうが，シス形は打ち消さないため。
(2) 6通り

解説
(1) トランス-アゾベンゼン❶は結合の極性を分子全体として打ち消すことができるが，シス-アゾベンゼン❷は結合の極性を分子全体として打ち消すことができない。
(2) 反応の前後で2つの塩素原子間の距離が変わらないので，2つの塩素原子は同一のベンゼン環に存在する。

上記の6通りが考えられる。

キーワード
・極性

❶ トランス形
　　　　a
　　N＝N
　　　　　a

❷ シス形
　a　　　a
　　N＝N

エクセル 光異性化
分子が光エネルギーを吸収することにより二重結合が回転して構造が変わるなどの変化。

371

解答
(1) $3.9\,\text{g/cm}^3$　(2) HCHO + 4·OH ⟶ CO₂ + 3H₂O
(3) 紫外線を当てるのをやめると，ヒドロキシラジカルが生成しないのでホルムアルデヒドは分解されない。紫外線の代わりに可視光線を当ててもエネルギーが足りず，ヒドロキシラジカルが生成しないので，ホルムアルデヒドは分解されない。

キーワード
・紫外線
・可視光線
・ヒドロキシラジカル

解説
(1) 図(b), (c)よりチタン原子は頂点に8個，面上に4個，格子内に1個あるので❶

$$\frac{1}{8} \times 8 + \frac{1}{2} \times 4 + 1 = 4\,\text{個}$$

図(b), (c)より酸素原子は面上に8個，辺上に8個，格子内に

2個あるので❶

$$\frac{1}{2} \times 8 + \frac{1}{4} \times 8 + 2 = 8 \text{ 個}$$

単位格子の質量は

$$\frac{47.9\,\text{g/mol}}{6.0 \times 10^{23}/\text{mol}} \times 4 + \frac{16\,\text{g/mol}}{6.0 \times 10^{23}/\text{mol}} \times 8 = 5.32\cdots \times 10^{-22}\,\text{g}$$

単位格子の体積は

$$(0.38 \times 10^{-7}\,\text{cm})^2 \times 0.95 \times 10^{-7}\,\text{cm} = 1.37\cdots \times 10^{-22}\,\text{cm}^3$$

アナターゼ型酸化チタン(Ⅳ)の密度は

$$\frac{5.32 \times 10^{-22}\,\text{g}}{1.37 \times 10^{-22}\,\text{cm}^3} = 3.88\cdots\,\text{g/cm}^3 \fallingdotseq 3.9\,\text{g/cm}^3$$

(2) HCHO が酸化されて，H_2O と CO_2 になる。
HCHO の電子 e^- を含む反応式は
　　HCHO ＋ H_2O ⟶ CO_2 ＋ $4H^+$ ＋ $4e^-$　…①
水分子が存在するとき
　　H_2O ⟶ ・OH ＋ H^+ ＋ e^-　…②
の反応が起こるので，①式－②式×4 としてまとめると
　　HCHO ＋ 4・OH ⟶ CO_2 ＋ $3H_2O$

エクセル 光触媒
　①酸化作用
　②超親水性

❶ 頂点の原子はそれぞれ3つの面で切断されているので $\left(\frac{1}{2}\right)^3 = \frac{1}{8}$ 個，辺上の原子はそれぞれ2つの面で切断されているので $\left(\frac{1}{2}\right)^2 = \frac{1}{4}$ 個，面上の原子はそれぞれ1つの面で切断されているので $\frac{1}{2}$ 個の原子に相当する。

372

解答 (1) c　(2) 0.69　(3) 2.9×10^3 年

解説
(1) 半減期が 5730 年(約 6000 年)であることから，グラフ c と d が考えられる。式③より

$$-\frac{\Delta[^{14}C]}{\Delta t} = k[^{14}C]$$

$$\frac{d[^{14}C]}{dt} = -k[^{14}C]$$

$$\frac{1}{[^{14}C]}d[^{14}C] = -k\,dt\ ❶$$

両辺を積分すると

$$\log_e[^{14}C] = -kt + C \quad (C\ \text{は定数})$$

よって，$[^{14}C] = e^C \times e^{-kt} =$ 定数 $\times e^{-kt}$
^{14}C の含有量($[^{14}C]$)は t に対して指数関数的に減少するので，答えはcとなる。

(2) $t = 0$ のとき $[^{14}C] = [^{14}C]_0$ とすると
$t = t_{\frac{1}{2}}$ のとき $[^{14}C] = \frac{1}{2}[^{14}C]_0$ となる。
$\log_e[^{14}C] = -kt + C$ に $t = 0,\ t_{\frac{1}{2}}$ をそれぞれ代入すると
　　$\log_e[^{14}C]_0 = C$　…④
　　$\log_e\frac{1}{2}[^{14}C]_0 = -k \cdot t_{\frac{1}{2}} + C$　…⑤
よって，④－⑤より

❶ $\int \frac{1}{x}dx = \log_e x + C$

$\int a\,dx = ax + C$

($a,\ C$ は定数)

解説

$$\log_e \frac{[{}^{14}C]_0}{\frac{1}{2}[{}^{14}C]_0} = k \cdot t_{\frac{1}{2}}$$

$$k \cdot t_{\frac{1}{2}} = \log_e 2 = \log_e 10 \times \log_{10} 2 = 2.30 \times 0.30 = 0.69 \text{ ❷}$$

❷ $\log_e a$
$= \log_e b \times \log_b a$

(3) 現在から t 年前だとすると

$$\left(\frac{1}{2}\right)^{\frac{t}{5730}} = 0.70$$

底を 10 とする両辺の対数をとると

$$\frac{t}{5730} = \frac{\log_{10} 0.70}{\log_{10} \frac{1}{2}} = \frac{\log_{10} 7 - \log_{10} 10}{\log_{10} 1 - \log_{10} 2} = \frac{\log_{10} 7 - 1}{-\log_{10} 2} = \frac{0.85 - 1}{-0.30} = 0.50$$

$t = 2865 ≒ 2.9 \times 10^3$ 年

エクセル 半減期 放射性元素の原子の数が半分になる時間

373

解答 (1) (d) (2) (エ)

解説
(1) 一般に反応温度が上昇すれば，分子の運動エネルギーは大きくなる。しかし，実際はエネルギーの小さい分子も存在し，平均的に大きくなる。したがって，グラフの山の最高点は右に移動するが全体の分子数（グラフと横軸に囲まれた部分の面積）は変化しないため，グラフの山の高さは低くなる。

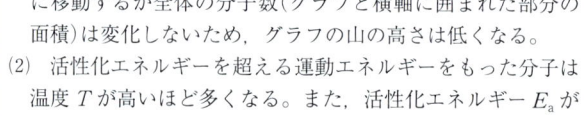

(2) 活性化エネルギーを超える運動エネルギーをもった分子は温度 T が高いほど多くなる。また，活性化エネルギー E_a が小さいほど反応する分子が多くなる。この二つの関係を満たす式❶を選べばよい。

❶ $\dfrac{1}{e^{C \times \frac{E_a}{T}}}$

エクセル 一般に反応速度は温度が上昇すると大きくなる。それは分子どうしの衝突回数の増加と活性化エネルギーを超える分子数の増加による。

374

解答 (1) 191℃ (2) (b) (3) ① (A) ② (A) ③ (B) ④ (C) ⑤ (A) ⑥ (C) ⑦ (B)

解説
(1) ギブズエネルギーの変化量が負の場合（$\Delta G < 0$）に，反応は右向きに進行する。逆に，ギブズエネルギーの変化量が正の場合（$\Delta G > 0$）に，反応は左向きに進行する。アンモニアの分解が始まるためにはギブズエネルギーの変化量が $\Delta G ≧ 0$ である必要があることより，①式を用いて T を求める。

$\Delta H - T \Delta S ≧ 0$ 　　　　　($\Delta G ≧ 0$)
$-46.1 \times 10^3 \text{ J} - T \times (-99.4 \text{ J/K}) ≧ 0$
$T ≧ 463.7\cdots \text{K} = (463.7\cdots - 273)℃ ≒ 191℃$

(2) ③式は固体が溶解して，イオンが生成するため，乱雑さが増加する。つまり，エントロピー変化は正となる（$\Delta S > 0$）。また，反応エンタルピー ΔH は正であるため，反応物よりも生成物のエンタルピーが高くなる。

(3) 平衡状態のときギブズエネルギーが極小値をとる。また，ルシャトリエの原理より①〜⑦の変化を加えたときの平衡状

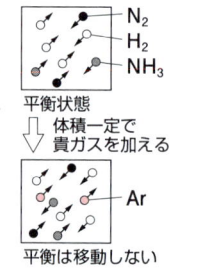

態について考える。
① 吸熱方向である反応物の方向へ平衡が移動する。
② 全圧が低下するため，分子数が増加する反応物の方向へ平衡が移動する。
③ N_2 が減少する生成物の方向へ平衡が移動する。
④ 体積一定でアルゴンを加えた場合，アルゴンは反応に関与しないため平衡は移動しない。
⑤ 全圧一定でアルゴンを加えた場合，気体の体積が増加する。この場合，反応に関与する気体の分圧が減少するため，分子数が増加する反応物の方向へ平衡が移動する。
⑥ 触媒は平衡に関与しない。
⑦ NH_3 を除くと，NH_3 が増加する生成物の方向へ平衡が移動する。

平衡状態

↓ 圧力一定で貴ガスを加える

体積が増加する
反応に関与する
気体の分圧が減少

エクセル 平衡状態になる条件は，エンタルピー変化 ΔH とエントロピー変化 ΔS が関係する。圧力・温度一定では，平衡状態でギブズエネルギーが極小になる。

375

(1)

（グラフ：横軸 C [×10^{-6} mol/L]，縦軸 A_{obs}。$d=1.8$ cm と $d=1.0$ cm の2本の直線）

(2) 図1において，純溶媒（$C=0.0\times 10^{-6}$ mol/L）の透過率 $\dfrac{I}{I_0}$ は d に対し変化していないので，溶媒の吸光は無視できる。このとき，常に $A_{obs}=0.05(>0)$ となっており，溶液とは別に一定量の光の減衰があることがわかる。したがって，溶液以外の部分，例えばセルの吸光や散乱，セル表面やセルと溶液の界面での反射などが原因と考えられる。

(3) $\varepsilon = 7.6\times 10^4$ L/(mol·cm)

(4) 6.7×10^{-6} g

キーワード
・溶液以外

解説

(3) (1)の解答のグラフの傾きは $\dfrac{A}{C}$ を表すことより，ε を求める。

$$\dfrac{A}{C}=\varepsilon d \quad (A=\varepsilon dC \text{ より})$$

$$\dfrac{0.60-0.05}{4.0\times 10^{-6} \text{mol/L}}=\varepsilon \times 1.8 \text{ cm}$$

$\varepsilon = 7.63\cdots \times 10^4$ L/(mol·cm) ≒ 7.6×10^4 L/(mol·cm)

(4) 図1のグラフより，$\dfrac{I}{I_0}=0.61$ のとき $A_{obs}=0.21$ となる。

182 — 4章 物質の変化と平衡

解説 ②式を用いて，C を求める。
$$0.21 - 0.05 = 7.63 \times 10^4 \, \text{L/(mol·cm)} \times 1.4 \, \text{cm} \times C$$
$$C = 1.49\cdots \times 10^{-6} \, \text{mol/L}$$
抽出したクロロフィル a の質量 m〔g〕を求めると
$$m = 1.49 \times 10^{-6} \, \text{mol/L} \times 5.0 \times 10^{-3} \, \text{L} \times 893 \, \text{g/mol}$$
$$= 6.65\cdots \times 10^{-6} \, \text{g} \fallingdotseq 6.7 \times 10^{-6} \, \text{g}$$

エクセル 透過率 $\dfrac{I}{I_0}$

吸光度 $A = \varepsilon dC$　　吸光度 A は，濃度 C と溶液中の光路の長さ d に比例する。

376

解答
(1) 第一段階　$E_2 - E_1$　　第二段階　$E_4 - E_3$
(2) (ア) 増加　(イ) 大きく　(ウ) 大きい　(エ) 小さく
　　(オ) 大きくなる　(カ) 大きくなる　(キ) 増大
(3) 8.6 kJ/mol　　(4) (e)

解説
(1) 活性化エネルギーは，遷移状態になるのに必要なエネルギーで，第一段階では $E_2 - E_1$，第二段階では $E_4 - E_3$ となる。

(2) 横軸 $\dfrac{1}{T}$，縦軸 $\log_e k$ として，③式をグラフ化すると，傾き $-\dfrac{E}{R}$ となる。よって，T が増加すると $\dfrac{1}{T}$ は減少するので，$\log_e k$ は増加する。また，活性化エネルギーが大きい反応ほど，傾きの絶対値は大きくなることから，速度定数の温度依存性が大きいとわかる。

反応中間体は正に帯電（電子が不足）しているため，置換基 X の電子供与性が強いほど安定化し，活性化エネルギーが小さくなる。活性化エネルギーが小さくなる（反応が進みやすい）と，反応速度は大きくなる。問題のエネルギー変化の図より，この反応では第一段階の活性化エネルギーが最も大きい。つまり，第一段階の反応速度が最も小さいことから，第一段階が全体の反応速度を決めている。

(3) メタ位は2つ存在するので，反応速度定数には次のような関係がある。　$k_{パラ} : 2k_{メタ} = 16 : 1$
パラ置換体，メタ置換体の生成反応の活性化エネルギーをそれぞれ $E_{パラ}$，$E_{メタ}$ とすると，③式より，

$$\log_e k_{パラ} = -\frac{E_{パラ}}{RT} + \log_e A \quad \cdots ④ \qquad \log_e k_{メタ} = -\frac{E_{メタ}}{RT} + \log_e A \quad \cdots ⑤$$

④−⑤より，　$\log_e \dfrac{k_{パラ}}{k_{メタ}} = -\dfrac{1}{RT}(E_{パラ} - E_{メタ})$

活性化エネルギーの差を $\Delta E_{パラ・メタ}$ とすると，

$$\Delta E_{パラ・メタ} = -RT \log_e \frac{k_{パラ}}{k_{メタ}}$$
$$= -8.3 \, \text{J/(K·mol)} \times 300 \, \text{K} \times 5 \times 0.69 \, ❶$$
$$= -8.59\cdots \times 10^3 \, \text{J/mol}$$
$$\fallingdotseq -8.6 \, \text{kJ/mol}$$

(4) グラフは傾きが $-\dfrac{E \log_{10} e}{R} \fallingdotseq -\dfrac{E}{2.3R}$，縦軸の切片が

▶何段階かで反応が進むとき，それぞれの反応を素反応とよぶ。

● **律速段階**
素反応の中で最も反応速度が小さい段階。この段階が全体の反応速度を決める。

❶ $\log_e 32 = \log_e 2^5$
　　$= 5\log_e 2 = 5 \times 0.69$

$\log_{10} A$ の直線。触媒を用いると，E が小さくなって傾きの絶対値が小さくなり，A が大きくなって縦軸の切片が大きくなる。

エクセル アレニウスの式 $k = Ae^{-\frac{E}{RT}}$

両辺の自然対数をとると，$\log_e k = -\dfrac{E}{RT} + \log_e A$

傾きより，活性化エネルギーを求めることができる。

377 解答 (1) $1.67 \times 10^{-1}\,\text{mol/L}$ (2) $50.0\,\%$
(3) $2.78 \times 10^{-2}\,\text{mol/L}$ (4) 4回

解説 (1) 1回目の操作で X が水溶液から有機溶媒 S に移動した割合を x_1 とし，K_X より x_1 を求める。

$$K_X = \dfrac{\dfrac{1.00 \times 10^{-1}\,\text{mol} \times x_1}{50.0 \times 10^{-3}\,\text{L}}}{\dfrac{1.00 \times 10^{-1}\,\text{mol} \times (1-x_1)}{100.0 \times 10^{-3}\,\text{L}}} = 10.0$$

$$x_1 = \dfrac{5}{6}$$

1回目の操作終了時の水溶液中の X の濃度 $[\text{X}]_{W1}$ を求める。

$$[\text{X}]_{W1} = \dfrac{1.00 \times 10^{-1}\,\text{mol} \times (1-x_1)}{100.0 \times 10^{-3}\,\text{L}} = \dfrac{1.00 \times 10^{-1}\,\text{mol} \times \left(1-\dfrac{5}{6}\right)}{100.0 \times 10^{-3}\,\text{L}}$$
$$\fallingdotseq 1.67 \times 10^{-1}\,\text{mol/L}$$

(2) 1回目の操作で Y が水溶液から有機溶媒 S に移動した割合を y_1 とし，K_Y より y_1 を求める。

$$K_Y = \dfrac{\dfrac{1.00 \times 10^{-1}\,\text{mol} \times y_1}{50.0 \times 10^{-3}\,\text{L}}}{\dfrac{1.00 \times 10^{-1}\,\text{mol} \times (1-y_1)}{100.0 \times 10^{-3}\,\text{L}}} = 2.00$$

$$y_1 = \dfrac{1}{2} = 0.500$$

(3) 1回目の操作終了時に水溶液に含まれていた X の物質量を $n_1\,[\text{mol}]$ とし，2回目の操作で X が水溶液から有機溶媒 S に移動した割合を x_2 とし，K_X より x_2 を求める。

$$K_X = \dfrac{\dfrac{n_1 \times x_2}{50.0 \times 10^{-3}\,\text{L}}}{\dfrac{n_1 \times (1-x_2)}{100.0 \times 10^{-3}\,\text{L}}} = 10.0 \qquad x_2 = \dfrac{5}{6}$$

水溶液中に含まれる X の物質量にかかわらず，1回の操作で水溶液から有機溶媒 S に移動する X の割合は $\dfrac{5}{6}$ となる。このため，1回の操作で水溶液中の X の物質量および濃度は $\left(1-\dfrac{5}{6}\right)$ 倍となる。これより，2回目の操作終了時の水溶液中の X の濃度 $[\text{X}]_{W2}$ を求める。

$$[\text{X}]_{W2} = 1.00\,\text{mol/L} \times \left(\dfrac{1}{6}\right)^2 \fallingdotseq 2.78 \times 10^{-2}\,\text{mol/L}$$

(4) (3)と同様に，水溶液中に含まれる Y の物質量にかかわらず，

解説

1回の操作で水溶液から有機溶媒Sに移動するYの割合は$\frac{1}{2}$となる。このため，1回の操作で水溶液中のYの物質量および濃度は$\left(1-\frac{1}{2}\right)$倍となる。これより，$n$回目の操作終了時の水溶液中のYの濃度$[Y]_{Wn}$を求める。

$$[Y]_{Wn} = 1.00 \, \text{mol/L} \times \left(\frac{1}{2}\right)^n$$

Xの濃度についても同様に考え，水溶液中のYとXの濃度比が50倍以上になるnを求める。

$$\frac{[Y]_{Wn}}{[X]_{Wn}} = \frac{1.00 \, \text{mol/L} \times \left(\frac{1}{2}\right)^n}{1.00 \, \text{mol/L} \times \left(\frac{1}{6}\right)^n} = 3^n \geq 50$$

$n=4$のとき濃度比が$3^4=81$となり，はじめて50倍以上となる。

エクセル 分配係数 $= \dfrac{\text{有機層の濃度}}{\text{水層の濃度}}$

378

解答
(1) 1.1×10^{-1} mol (2) 1.1×10^{-3} mol
(3) 8.9×10^{-2} mol/L

解説
(1) K, $[I_2]$, $[I^-]$より，$[I_3^-]$を求める。

$$K = \frac{[I_3^-]}{[I_2][I^-]} = 8.0 \times 10^2 \, (\text{mol/L})^{-1}$$

$$\frac{[I_3^-]}{1.3 \times 10^{-3} \, \text{mol/L} \times 0.10 \, \text{mol/L}} = 8.0 \times 10^2 \, (\text{mol/L})^{-1}$$

$$[I_3^-] = 1.04 \times 10^{-1} \, \text{mol/L}$$

$[I_3^-]$より，加えたヨウ素の物質量$n(I_2)$を求める。

	I_2	$+$	I^-	$\rightleftharpoons$	I_3^-
初濃度					0
変化量	-1.04×10^{-1} mol/L		-1.04×10^{-1} mol/L		$+1.04 \times 10^{-1}$ mol/L
平衡時	1.3×10^{-3} mol/L		0.10 mol/L		0.104 mol/L

$[I_2] = 1.04 \times 10^{-1}$ mol/L $+ 1.3 \times 10^{-3}$ mol/L
$\quad = 1.053 \times 10^{-1}$ mol/L
$n(I_2) = 1.053 \times 10^{-1}$ mol/L $\times 1.0$ L $\fallingdotseq 1.1 \times 10^{-1}$ mol

(2) CCl_4層から水層に移動したI_2の物質量をn (mol)とし，K_Dよりnを求める。

$$K_D = \frac{\dfrac{1.0 \times 10^{-2} \, \text{mol} - n}{100 \times 10^{-3} \, \text{L}}}{\dfrac{n}{1.1 \, \text{L}}} = 89$$

$n = 1.1 \times 10^{-3}$ mol

(3) 平衡に達するまでにCCl_4層より水層に移動したI_2に相当する濃度をx (mol/L)，①式の平衡より消費されたI_2に相当する濃度をy (mol/L)とすると，$[I_2]_{四塩化炭素層}$，$[I_2]_{水層}$，$[I_3^-]_{水層}$の各濃度は以下のように表される。

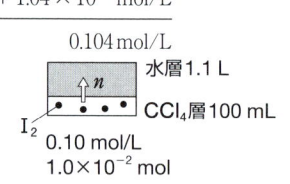

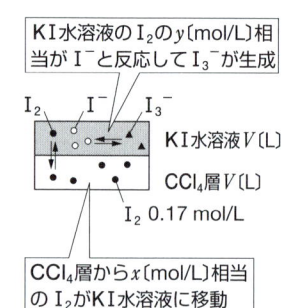

表　KI水溶液中のI_2とI^-の反応

$$I_2 + I^- \rightleftharpoons I_3^-$$

反応前	x	0.10 mol/L	0
平衡時	$x-y$	0.10 mol/L	y

$[I_2]_{四塩化炭素層} = 0.17\,\mathrm{mol/L} - x$

$[I_2]_{水層} = x - y$

$[I_3^-]_{水層} = y$

②式より，xとyの関係を求める。

$$K = \frac{[I_3^-]}{[I_2][I^-]} = 8.0 \times 10^2 \,(\mathrm{mol/L})^{-1}$$

$$\frac{y}{(x-y) \times 0.10\,\mathrm{mol/L}} = 8.0 \times 10^2\,(\mathrm{mol/L})^{-1} \qquad x = \frac{81}{80}y$$

④式より，xとyを求める。

$$K_D = \frac{[I_2]_{四塩化炭素層}}{[I_2]_{水層}} = 89$$

$$\frac{0.17\,\mathrm{mol/L} - x}{x - y} = 89$$

$$0.17\,\mathrm{mol/L} = 90x - 89y$$

$x = \dfrac{81}{80}y$ より

$$0.17\,\mathrm{mol/L} = 90 \times \frac{81}{80}y - 89y$$

$$y = 8.0 \times 10^{-2}\,\mathrm{mol/L} \qquad x = 8.1 \times 10^{-2}\,\mathrm{mol/L}$$

xより$[I_2]_{四塩化炭素層}$を求める。

$[I_2]_{四塩化炭素層} = 0.17\,\mathrm{mol/L} - x$
$\qquad\qquad\quad = 0.17\,\mathrm{mol/L} - 8.1 \times 10^{-2}\,\mathrm{mol/L}$
$\qquad\qquad\quad = 8.9 \times 10^{-2}\,\mathrm{mol/L}$

エクセル 有機溶媒と水層の密度（20℃）

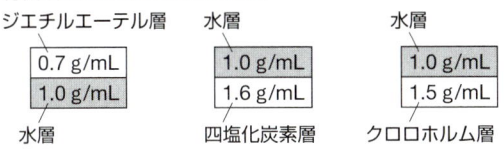

ジエチルエーテル層	水層	水層
0.7 g/mL	1.0 g/mL	1.0 g/mL
1.0 g/mL	1.6 g/mL	1.5 g/mL
水層	四塩化炭素層	クロロホルム層

17 非金属元素 (p.286)

379 解答 (3), (5), (6)

解説 単体の水素はすべての気体の中で最も密度が小さい気体であり，水素と酸素の混合気体に点火すると爆発的に反応する。水素は宇宙空間に最も多く存在する元素である。

エクセル 水素は水に溶けにくい無色・無臭の気体である。水素を入れた試験管に加熱した銅線（表面に黒色の酸化銅（Ⅱ）が付着）を入れると，酸化銅（Ⅱ）の還元反応が起きる。

●宇宙の元素の存在比
その他 2%
He 27%
H 71%

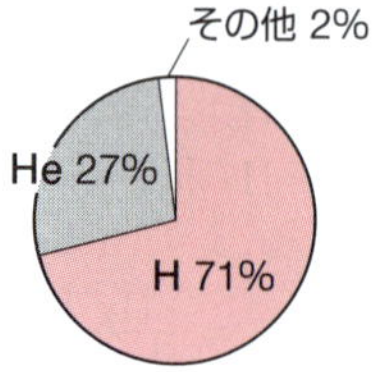

380 解答 (1)

解説 (1) 貴ガスの単体は単原子分子であるから，気体のおよその分子量はヘリウム He は 4，ネオン Ne は 20，アルゴン Ar は 40 である。
空気の平均分子量は 29 ❶ であるので，Ar は空気より重い。

エクセル 貴ガスの単体は単原子分子であり，いずれも電子配置は閉殻である。

❶ 空気の平均分子量は 28.8 でほぼ 29 となる。

381 解答 (1) ハロゲン (2) I_2，黒紫色
(3) HF，理由：分子間に水素結合を形成するから。

解説 分子間に水素結合を形成する物質の沸点は異常に高くなる。

エクセル HF，H_2O，NH_3 などは分子間に水素結合を形成する。

●HF 分子間の水素結合

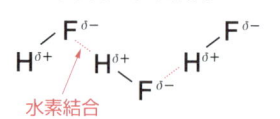

$H^{δ+}$—$F^{δ-}$ ⋯ $H^{δ+}$—$F^{δ-}$ ⋯ $H^{δ+}$—$F^{δ-}$
水素結合

382 解答 (1) $MnO_2 + 4HCl \longrightarrow MnCl_2 + Cl_2 + 2H_2O$
(2) 水：塩化水素を除去するため。
濃硫酸：水を除去するため。
(3) 塩素は空気より重い気体であるため，下方置換で捕集する。

解説 容器 C に水，容器 D に濃硫酸を入れる。これを逆にすると水蒸気で湿った塩素が取り出されてしまう。

エクセル 酸化マンガン（Ⅳ）と塩酸の酸化還元反応で塩素が生じる。

●正しい塩素の捕集方法

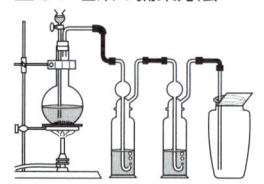

383 解答 (1) (ア) 7 (イ) 陰 (ウ) 次亜塩素酸
(エ) 強 (オ) 弱 (カ) ガラス（二酸化ケイ素）
(2) (a) $2F_2 + 2H_2O \longrightarrow 4HF + O_2$
(b) $SiO_2 + 6HF \longrightarrow H_2SiF_6 + 2H_2O$

解説 塩素は水と反応して塩酸と次亜塩素酸を生じる。
$H_2O + Cl_2 \rightleftarrows HCl + HClO$
ハロゲンの単体の反応性は，原子番号が大きくなるほど小さくなる。

エクセル おもなハロゲンの単体と水の反応
$2F_2 + 2H_2O \longrightarrow 4HF + O_2$ $Cl_2 + H_2O \longrightarrow HCl + HClO$

●ハロゲンの単体の反応性
$F_2 > Cl_2 > Br_2 > I_2$

●ハロゲン化水素の水溶液の性質
HF 弱酸性
HCl・HBr・HI 強酸性

384
解答
(1) (ア) フッ化物イオン　(イ) 塩化銀
　　(ウ) 臭化銀　(エ) ヨウ化銀
(2) $2AgBr \longrightarrow 2Ag + Br_2$

解説
(1) フッ化物イオン F^- 以外のハロゲン化物イオンは水溶液中で Ag^+ と反応して沈殿を生成する。
　AgF　　水溶性
　AgCl　　白色沈殿
　AgBr　　淡黄色沈殿
　AgI　　黄色沈殿
(2) ハロゲン化銀は光によって分解する。
　$2AgX \longrightarrow 2Ag + X_2$
写真のフィルム用として多くは AgBr が使われる。

エクセル ハロゲン化銀は光によって分解して銀を生成する。

▶フッ化銀 AgF は水に可溶。

▶写真フィルムでは AgBr がよく使われ，光によって次の反応を起こす。
$2AgBr \longrightarrow 2Ag + Br_2$
ここで生じた Ag によって像をつくる。

385
解答
(1) $2H_2O_2 \longrightarrow 2H_2O + O_2$
(2) $3O_2 \longrightarrow 2O_3$
　青色（青紫色）に変化する。

解説 湿ったヨウ化カリウムデンプン紙にオゾンを吹きかけるとヨウ素が生じ，ヨウ素デンプン反応が起きて青紫色に変化する。

エクセル オゾンは強い酸化作用を示す気体である。

●湿ったヨウ化カリウムデンプン紙とオゾンの反応
$2KI + O_3 + H_2O$
　$\longrightarrow I_2 + 2KOH + O_2$

386
解答 (5)

解説 金属元素の酸化物の多くは塩基性酸化物で，非金属元素の酸化物の多くは酸性酸化物である。また，両性金属の酸化物は両性酸化物である。

▶Al は両性金属で，Al_2O_3 は両性酸化物である。

エクセル 第3周期の元素の酸化物

族	1	2	13	14	15	16	17
元素	Na	Mg	Al	Si	P	S	Cl
酸化物	Na_2O	MgO	Al_2O_3	SiO_2	P_4O_{10}	SO_3	Cl_2O_7
分類	塩基性	塩基性	両性	酸性	酸性	酸性	酸性

387
解答
(1) (a) $Cu + 2H_2SO_4 \longrightarrow CuSO_4 + 2H_2O + SO_2$
　　(b) $NaHSO_3 + H_2SO_4 \longrightarrow NaHSO_4 + H_2O + SO_2$
(2) $2H_2S + SO_2 \longrightarrow 2H_2O + 3S$
(3) $SO_2 + 2H_2O + I_2 \longrightarrow H_2SO_4 + 2HI$

解説 二酸化硫黄は酸化剤にも還元剤にもなる。

エクセル 火山の噴気孔では $2H_2S + SO_2 \longrightarrow 2H_2O + 3S$ の反応により硫黄が析出する。

●二酸化硫黄の半反応式
還元剤：$SO_2 + 2H_2O$
　$\longrightarrow SO_4^{2-} + 4H^+ + 2e^-$
酸化剤：$SO_2 + 4H^+ + 4e^-$
　$\longrightarrow S + 2H_2O$

388
解答 有機化合物から水素と酸素を水としてうばう性質。

解説 有機化合物から濃硫酸が水を奪って穴があく。

エクセル 濃硫酸による脱水作用で炭化する。

●濃硫酸の性質
脱水作用，酸化作用，
吸湿性，不揮発性
キーワード
・水をうばう

188 —— 5章　無機物質

389 解答
(1) (ア) $Ca(OH)_2$ 　(イ) H_2O 　(ウ) 濃塩酸
　　(エ) 塩化水素(HCl) 　(オ) 塩化アンモニウム(NH_4Cl)
　　(a) 2 　(b) 2 　(c) 2
(2) $HCl + NH_3 \longrightarrow NH_4Cl$
(3) ① ○ 　② × 　③ × 　④ ○ 　⑤ ②

解説　アンモニアは空気よりも軽くて水に溶けやすいので上方置換で捕集する（塩基性の乾燥剤や，アンモニアと反応しない中性の乾燥剤を使用）。

エクセル　弱塩基の塩に強塩基を加えると弱塩基が遊離。

●アンモニアの乾燥に適さない乾燥剤
塩化カルシウムは中性の乾燥剤だが，アンモニアの乾燥には適さない。アンモニアの乾燥に用いると，アンモニアと反応して $CaCl_2 \cdot 8NH_3$ が生じるからである。

390 解答
(1) (ア) 一酸化窒素 　(イ) にくい 　(ウ) 赤褐
　　(エ) 二酸化窒素 　(オ) 光 　(カ) 不動態
(2) ① $3Cu + 8HNO_3 \longrightarrow 3Cu(NO_3)_2 + 4H_2O + 2NO$
　② $Cu + 4HNO_3 \longrightarrow Cu(NO_3)_2 + 2H_2O + 2NO_2$
(3) 褐色びんに入れて冷暗所で保存する。　(4) (e)

解説　濃硝酸と不動態を形成する金属は Al，Fe，Ni。

エクセル　濃硝酸：濃度60％以上の HNO_3 水溶液。

●硝酸の光分解反応
$4HNO_3 \longrightarrow 4NO_2 + 2H_2O + O_2$
キーワード
・褐色びん

391 解答
(1) (ア) 4 　(イ) 5 　(ウ) H_2O 　(エ) 3 　(オ) 2 　(カ) NO
(2) オストワルト法 　(3) $NH_3 + 2O_2 \longrightarrow HNO_3 + H_2O$

解説　(3) 与えられた式から中間生成物 NO，NO_2 を消去する。
$(① + ② \times 3 + ③ \times 2) \times \dfrac{1}{4}$

エクセル　硝酸の工業的製法（オストワルト法）
$NH_3 \xrightarrow{O_2, Pt} NO \xrightarrow{O_2} NO_2 \xrightarrow{H_2O} HNO_3$
NH_3 1 mol から HNO_3 1 mol が生成する。

▶オストワルト法をまとめた式
$NH_3 + 2O_2 \longrightarrow HNO_3 + H_2O$
は知っておくとよい。

392 解答
(3), (4), (5)

解説　黄リンと赤リンは互いに同素体である。黄リンは空気中で自然発火するので水中に保存する。

エクセル　リン酸は水に溶けて中程度の強さの酸性を示す。

●同素体：同じ元素からなる互いに性質の異なる単体。
●同位体：同じ元素の互いに質量数の異なる原子。

393 解答
(1) (ア) 黒鉛 　(イ) ダイヤモンド 　(ウ) フラーレン
(2) 黒鉛では炭素原子の価電子4個のうち1個が自由に動けるが，ダイヤモンドの炭素原子の価電子はすべて共有結合の形成に関わるから。

解説　ダイヤモンド，フラーレンは絶縁体である。

エクセル　炭素の同素体：黒鉛，ダイヤモンド，フラーレン，カーボンナノチューブ

キーワード
・価電子

▶原子番号6の炭素原子は4個の価電子をもつ。

394 解答
(1) (a) $CO_2 + Ca(OH)_2 \longrightarrow CaCO_3 + H_2O$
　　(b) $CaCO_3 + H_2O + CO_2 \longrightarrow Ca(HCO_3)_2$
　　(c) $Ca(HCO_3)_2 \longrightarrow CaCO_3 + H_2O + CO_2$
(2) ① C 　② B 　③ A 　④ B

●二酸化炭素と水の反応
$CO_2 + H_2O \rightleftharpoons H^+ + HCO_3^-$

395
解答 (2), (4)

解説
(1) ケイ素の単体は正四面体構造でダイヤモンドと同じ形である。
(3) ケイ酸ナトリウム Na_2SiO_3 に水を加えて加熱すると水ガラスができる。
(5) ケイ素原子1個と酸素原子4個からなる基本単位が三次元的にくり返される共有結合の結晶である。

エクセル $SiO_2 \xrightarrow[融解]{NaOH} Na_2SiO_3 \xrightarrow[加熱]{H_2O}$ 水ガラス
$\xrightarrow{HCl}$ ケイ酸 $\xrightarrow{乾燥}$ シリカゲル

●ソーダ石灰ガラス
ケイ砂, 炭酸ナトリウム, 石灰石
●ホウケイ酸ガラス
ホウ砂, ケイ砂
●石英ガラス
二酸化ケイ素
●鉛ガラス
ケイ砂, 酸化カリウム, 酸化鉛(Ⅱ)

396
解答
(1) O_3 (2) H_2 (3) HCl
(4) H_2S (5) CO_2 (6) NO_2 (7) NH_3

解説
O_3：淡青色・特異臭　HCl, NH_3：無色・刺激臭
H_2S：無色・腐卵臭　NO_2：赤褐色・刺激臭
H_2, CO_2：無色・無臭

エクセル 気体の色, におい, 反応性, 水への溶けやすさ, 水溶液の性質などは問題文の通りである。

●二酸化窒素の水溶液は酸性
$3NO_2 + H_2O$
　　$\longrightarrow 2HNO_3 + NO$
$HNO_3 \longrightarrow \underline{H^+} + NO_3^-$

●アンモニアの水溶液は塩基性
$NH_3 + H_2O$
　　$\rightleftharpoons NH_4^+ + \underline{OH^-}$

397
解答
(1) (ア) 高　(イ) 分子間力　(ウ) フッ素
(エ) 臭素　(オ) 赤褐　(カ) ヨウ素
(2) ポリエチレン製の容器に保存する。(ガラス製の容器には保存しない)
(3) ヨウ素とヨウ化物イオンから三ヨウ化物イオンが生じるから。
(4) ③ $CaF_2 + H_2SO_4 \longrightarrow CaSO_4 + 2HF$
④ $SiO_2 + 6HF \longrightarrow H_2SiF_6 + 2H_2O$ (5) (a), (b), (e)

解説 (2) フッ化水素酸はガラスを溶かす。

エクセル SiO_2とフッ化水素(気体)は次のように反応する。
$SiO_2 + 4HF \longrightarrow SiF_4 + 2H_2O$

●ハロゲンの単体の性質
　　　　　F_2　Cl_2　Br_2　I_2
分子量　　小 $\Longrightarrow$ 大
融点・沸点　低 $\Longrightarrow$ 高
酸化力　　強 $\Longleftarrow$ 弱
キーワード(2)
・ポリエチレン製(ガラス製)
キーワード(3)
・ヨウ素
・ヨウ化物イオン
・三ヨウ化物イオン

398
解答
(1) (A) 21　(ア) 酸性　(イ) 塩基　(ウ) オキソ酸
(2) 貴ガス
(3) 過塩素酸, 塩素酸, 亜塩素酸, 次亜塩素酸
(4) 酸素の電気陰性度が大きいため, 中心の塩素原子に結合する酸素原子が多いほど, 塩素原子の電子が少なくなり, HがH^+として電離しやすくなるため。

解説 酸化数　$H\underline{Cl}O_4$, $H\underline{Cl}O_3$, $H\underline{Cl}O_2$, $H\underline{Cl}O$
　　　　　　　　+7　　　+5　　　+3　　　+1

エクセル 過塩素酸, 塩素酸, 亜塩素酸, 次亜塩素酸では, 塩素原子と結合した(水素原子と結合していない)酸素原子が多いほど強い酸性を示す。

キーワード
・電気陰性度
・電子

●オキソ酸の性質[酸の強さ]
　　　弱
$HClO$
$HClO_2$
$HClO_3$
$HClO_4$
　　　強

399

解答
(1) (ア) 同素体　(イ) 紫外
　　(ウ) フロン(クロロフルオロカーボン)　(エ) 無声放電
　　(オ) 酸素原子　(カ) 酸化　(キ) 青
(2) (ウ)　(3) $2KI + O_3 + H_2O \longrightarrow 2KOH + I_2 + O_2$

解説 オゾンは，酸素中の無声放電や紫外線の照射により生成する。
$3O_2 \longrightarrow 2O_3$
オゾンは，紫外線により，酸素分子と酸素原子に分解する。
$O_3 + 紫外線 \longrightarrow O_2 + (O)$
オゾンを湿ったヨウ化カリウムデンプン紙に触れさせると，酸化反応により生成したヨウ素 I_2 により，青色に変化する。
オゾンは酸素原子間の反発があるため，90°より結合角が大きい，折れ線形の構造となる。

エクセル オゾンの検出
湿ったヨウ化カリウムデンプン紙を青変する。

▶大気の上層部にあるオゾン O_3 は太陽からの紫外線を吸収する。

▶オゾンの構造は，電子対反発則から考えることができる。

400

解答
(1) Pt　(2) (a) $4NH_3 + 5O_2 \longrightarrow 4NO + 6H_2O$
　　　　　　(b) $2NO + O_2 \longrightarrow 2NO_2$
　　　　　　(c) $3NO_2 + H_2O \longrightarrow 2HNO_3 + NO$
(3) $NH_3 + 2O_2 \longrightarrow H_2O + HNO_3$　(4) 2.0×10^3 mol

解説 (3) $((a)式 + (b)式 \times 3 + (c)式 \times 2) \times \dfrac{1}{4}$ で算出。

(4) $\left(100 \times 10^3 \text{g} \times \dfrac{63}{100} \times \dfrac{1}{63 \text{g/mol}}\right) \times 2 = 2.0 \times 10^3 \text{mol}$

エクセル 1 mol の HNO_3 をつくるには 2 mol の O_2 が必要。

● オストワルト法の特徴
最後に生じた NO は再利用する。

401

解答
(1) (ア) (b)　(イ) (a)　(ウ) (c)
　　(エ) (a)　(オ) (c)　(2) 王水

解説 濃硝酸：濃塩酸＝1：3の混合物を王水という。

エクセル 王水は白金や金を溶かすことができる。

● 揮発性の酸
塩酸，硝酸

● 不揮発性の酸
硫酸

402

解答
(1) (ア) 14　(イ) 4　(ウ) 固体　(エ) 共有
(2) $SiO_2 + 6HF \longrightarrow H_2SiF_6 + 2H_2O$
(3) **酸性酸化物**

解説 (1) 炭素とケイ素はいずれも14族の元素で，どちらの原子も価電子を4個もつ。炭素の単体には黒鉛，ダイヤモンド，フラーレン，カーボンナノチューブなどがあり，いずれも，常温・常圧では固体である。ケイ素の単体はダイヤモンドと同じ正四面体の構造をもつ共有結合の結晶であり，常温・常圧では固体である。

(3) 非金属元素の酸化物の多くは酸性酸化物であり，水に溶けて酸を生じたり，塩基と反応したりする。SO_2，CO_2，P_4O_{10} などがある。
また，金属元素の酸化物の多くは塩基性酸化物であり，水に溶けて塩基を生じたり，酸と反応したりする。

▶貴ガス以外の典型元素の価電子の数は族番号の1桁の数と一致。

▶ヘキサフルオロケイ酸の化学式は H_2SiF_6

エクセル ケイ素の単体はダイヤモンド型の共有結合の結晶
● C・Si の構造
ダイヤモンド・ケイ素（正四面体構造）　　黒鉛（グラファイト）（層状構造）

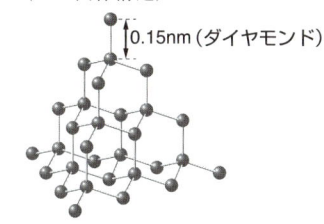

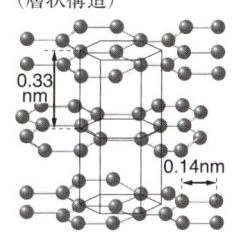

0.15nm（ダイヤモンド）
0.33 nm
0.14nm

403
解答 一酸化炭素が赤血球中のヘモグロビンと結合し，血液の酸素を運ぶ働きを妨げるため。

解説 血液は赤血球中のヘモグロビンに酸素が結合することにより，全身に酸素を運搬している。一酸化炭素は酸素よりヘモグロビンに結合しやすいため，酸素の運搬を妨げる（一酸化炭素中毒）。

キーワード
・ヘモグロビン
・酸素

404
解答
(1) (A) ② 酸化マンガン(IV)　(B) ① 濃硫酸
　　(C) ② 炭酸カルシウム
　　(D) ① 水酸化カルシウム　(E) ② 希硝酸
(2) (A) ③ (B) ③ (C) ③
　　(D) ① (E) ②
(3) 酸性の乾燥剤：②，④　中性の乾燥剤：①
　　塩基性の乾燥剤：③，⑤
　　アンモニアの乾燥剤に適しているもの：③，⑤

解説 アンモニアの乾燥には酸性の乾燥剤や塩化カルシウムを用いることはできないので，塩基性の乾燥剤（ソーダ石灰や生石灰）を用いる。

●(A)の化学反応式
$MnO_2 + 4HCl$
　$\longrightarrow MnCl_2 + 2H_2O + Cl_2$

●(B)の化学反応式
$NaCl + H_2SO_4$
　$\longrightarrow NaHSO_4 + HCl$

●(C)の化学反応式
$CaCO_3 + 2HCl$
　$\longrightarrow CaCl_2 + H_2O + CO_2$

●(D)の化学反応式
$2NH_4Cl + Ca(OH)_2$
　$\longrightarrow CaCl_2 + 2H_2O + 2NH_3$

●(E)の化学反応式
$3Cu + 8HNO_3 \longrightarrow$
　$3Cu(NO_3)_2 + 4H_2O + 2NO$

エクセル 気体の捕集方法

気体 ─┬─ 水に溶けにくい気体：水上置換
　　　└─ 水に溶けやすい気体 ─┬─ 空気よりも軽い気体：上方置換
　　　　　　　　　　　　　　　└─ 空気よりも重い気体：下方置換

405
解答
(1) 水素：(ウ)　硫化水素：(オ)　塩化水素：(ア)
　　二酸化硫黄：(キ)　塩素：(エ)
(2) ① FeS　② NaCl　③ Na₂SO₃　④ MnO₂
(3) ① $FeS + H_2SO_4 \longrightarrow FeSO_4 + H_2S$
　　④ $MnO_2 + 4HCl \longrightarrow MnCl_2 + 2H_2O + Cl_2$
(4) (b)

解説 (4) 塩素は水に溶けやすく空気よりも重い気体なので，下方置換で捕集する。

●水素発生の化学反応式
$Zn + H_2SO_4$
　$\longrightarrow ZnSO_4 + H_2$

●硫化水素発生の化学反応式
$FeS + H_2SO_4$
　$\longrightarrow FeSO_4 + H_2S$

●塩化水素発生の化学反応式
$NaCl + H_2SO_4$
　$\longrightarrow NaHSO_4 + HCl$

エクセル 気体の製法と性質，捕集方法はセットで覚えておく。

● 二酸化硫黄発生の化学反応式
$Na_2SO_3 + H_2SO_4 \longrightarrow Na_2SO_4 + H_2O + SO_2$

● 塩素発生の化学反応式
$MnO_2 + 4HCl \longrightarrow MnCl_2 + 2H_2O + Cl_2$

406
解答 (ア) リン　(イ) カリウム
$2NH_3 + CO_2 \longrightarrow NH_2CONH_2 + H_2O$

解説 窒素，リン，カリウムを肥料の三要素という。

エクセル 土壌が酸性に傾いた場合は，消石灰などの塩基性肥料を用いてpHの調整を行う。
土壌が塩基性に傾いた場合は，硫酸アンモニウムなどの酸性肥料を用いてpHの調整を行う。

● 肥料
植物の生育を促進し，生産性を高めるために使用される物質。

407
解答 化石燃料の燃焼などで生じる硫黄酸化物や窒素酸化物を起源とする酸性物質が雨水に溶け，これらが硫酸や硝酸に変化して酸性雨になる。

解説 酸性雨の原因物質はNO_xやSO_xである。

エクセル 化石燃料の燃焼により二酸化炭素が生じる。しかし，二酸化炭素が水に溶けても弱酸性なので，二酸化炭素は酸性雨の原因にはならない。

● 酸性雨のメカニズム
紫外線／化学反応／酸性化／排気ガス／酸性霧／酸性雨／NO_x　SO_x

キーワード
・硫黄酸化物
・窒素酸化物

●エクササイズ(p.296)

F
フッ化カルシウム（蛍石）と硫酸	△	$CaF_2 + H_2SO_4 \xrightarrow{\triangle} CaSO_4 + 2HF$
フッ化水素酸とガラス（二酸化ケイ素）		$SiO_2 + 6HF \longrightarrow H_2SiF_6 + 2H_2O$

Cl
濃塩酸と酸化マンガン(Ⅳ)	△	$4HCl + MnO_2 \xrightarrow{\triangle} MnCl_2 + 2H_2O + Cl_2$
高度さらし粉と塩酸		$Ca(ClO)_2 \cdot 2H_2O + 4HCl \longrightarrow CaCl_2 + 4H_2O + 2Cl_2$
塩素と水		$Cl_2 + H_2O \rightleftharpoons HCl + HClO$
塩素と水酸化カルシウム		$Cl_2 + Ca(OH)_2 \longrightarrow CaCl(ClO) \cdot H_2O$
塩素と水素		$Cl_2 + H_2 \xrightarrow{光} 2HCl$
塩化ナトリウムと濃硫酸	△	$NaCl + H_2SO_4 \xrightarrow{\triangle} NaHSO_4 + HCl$

Br
臭化カリウムと塩素　（ハロゲンの酸化力）	$2KBr + Cl_2 \longrightarrow 2KCl + Br_2$

I
ヨウ化カリウムと塩素 （ハロゲンの酸化力）	$2KI + Cl_2 \longrightarrow 2KCl + I_2$
ヨウ化カリウムと臭素 （ハロゲンの酸化力）	$2KI + Br_2 \longrightarrow 2KBr + I_2$

O
塩素酸カリウムの分解	△	$2KClO_3 \xrightarrow[\triangle]{MnO_2} 2KCl + 3O_2$
過酸化水素の分解		$2H_2O_2 \xrightarrow{MnO_2} 2H_2O + O_2$
ヨウ化カリウム水溶液とオゾン		$2KI + H_2O + O_3 \longrightarrow 2KOH + O_2 + I_2$

S
硫黄の燃焼		$S + O_2 \longrightarrow SO_2$
二酸化硫黄の酸化 （接触法）		$2SO_2 + O_2 \xrightarrow{V_2O_5} 2SO_3$
三酸化硫黄と水		$SO_3 + H_2O \longrightarrow H_2SO_4$
亜硫酸水素ナトリウムと硫酸		$NaHSO_3 + H_2SO_4 \longrightarrow NaHSO_4 + H_2O + SO_2$
銅と熱濃硫酸	△	$Cu + 2H_2SO_4 \xrightarrow{\triangle} CuSO_4 + 2H_2O + SO_2$
硫化鉄(Ⅱ)と硫酸		$FeS + H_2SO_4 \longrightarrow FeSO_4 + H_2S$

N
銅と濃硝酸		$Cu + 4HNO_3 \longrightarrow Cu(NO_3)_2 + 2H_2O + 2NO_2$
銅と希硝酸		$3Cu + 8HNO_3 \longrightarrow 3Cu(NO_3)_2 + 4H_2O + 2NO$
塩化アンモニウムと水酸化カルシウム	△	$2NH_4Cl + Ca(OH)_2 \xrightarrow{\triangle} CaCl_2 + 2H_2O + 2NH_3$
窒素と水素 （ハーバー・ボッシュ法）		$N_2 + 3H_2 \rightleftarrows 2NH_3$
アンモニアと塩化水素		$NH_3 + HCl \longrightarrow NH_4Cl$
アンモニアと水		$NH_3 + H_2O \rightleftarrows NH_4^+ + OH^-$
アンモニアの酸化 （オストワルト法）		$4NH_3 + 5O_2 \xrightarrow{Pt} 4NO + 6H_2O$
一酸化窒素の酸化		$2NO + O_2 \longrightarrow 2NO_2$
二酸化窒素と水		$3NO_2 + H_2O \longrightarrow 2HNO_3 + NO$
二酸化窒素と四酸化二窒素の平衡		$2NO_2 \rightleftarrows N_2O_4$

P
リンの燃焼	$4P + 5O_2 \longrightarrow P_4O_{10}$
十酸化四リンと水	$P_4O_{10} + 6H_2O \longrightarrow 4H_3PO_4$
過リン酸石灰の生成	$Ca_3(PO_4)_2 + 2H_2SO_4 \longrightarrow Ca(H_2PO_4)_2 + 2CaSO_4$

C
二酸化炭素と水 （光合成）		$6CO_2 + 6H_2O \longrightarrow C_6H_{12}O_6 + 6O_2$
ギ酸の分解	△	$HCOOH \xrightarrow[\triangle]{H_2SO_4} H_2O + CO$
コークスと水蒸気 （水性ガスの生成）		$C + H_2O \longrightarrow CO + H_2$

Si
二酸化ケイ素とコークス	$SiO_2 + 2C \longrightarrow Si + 2CO$
二酸化ケイ素とフッ化水素(気体)	$SiO_2 + 4HF \longrightarrow SiF_4 + 2H_2O$
二酸化ケイ素と水酸化ナトリウム	$SiO_2 + 2NaOH \longrightarrow Na_2SiO_3 + H_2O$
二酸化ケイ素と炭酸ナトリウム	$SiO_2 + Na_2CO_3 \longrightarrow Na_2SiO_3 + CO_2$
水ガラスと塩酸	$Na_2SiO_3 + 2HCl \longrightarrow 2NaCl + H_2SiO_3$

18 典型金属元素 (p.304)

408 解答 (1) (ア) アルカリ金属　(イ) 1　(ウ) 陽　(エ) 小さい
(2) K, Na, Li　(3) Li：赤, Na：黄, K：赤紫

解説　アルカリ金属の原子は1個の価電子をもち，1価の陽イオンになりやすい。原子番号が大きくなるほどイオン化エネルギーは小さくなる。アルカリ金属の原子やイオンは炎色反応を示す。

エクセル　アルカリ金属：銀白色の金属で密度が小さい。比較的やわらかく融点が低い。1価の陽イオンになりやすい。

409 解答 (4)

解説
(1) ①の反応は，ナトリウムを水に入れたときに起こる反応である。　$2Na + 2H_2O \longrightarrow 2NaOH + H_2$
(2) ②の反応は，塩化ナトリウムの溶融塩電解により，Na単体を取り出す反応である。　$2NaCl \longrightarrow 2Na + Cl_2$
(3) ③の反応は，ナトリウムに塩素を作用させると起こる反応である。　$2Na + Cl_2 \longrightarrow 2NaCl$
(4) 潮解[1]とは，固体が空気中の水分を吸収して溶けていく現象のことで，④とは無関係で誤り。
④は，NaOHとCO₂との中和反応として起こる反応である。
$2NaOH + CO_2 \longrightarrow Na_2CO_3 + H_2O$
(5) ⑤と⑥は，炭酸ナトリウムの工業的製法であるアンモニアソーダ法の反応過程である。

エクセル　Naの単体：銀白色でやわらかく，融点が低い。空気中の酸素や水分と反応するため，石油中に保存する。

410 解答 (4)

解説
(1) NaHCO₃は次のような反応で得られる。
$NaCl + NH_3 + H_2O + CO_2 \longrightarrow NaHCO_3 + NH_4Cl$
この反応はアンモニアソーダ法の反応過程の一部である。
(2) NaHCO₃は「ふくらし粉」・「ベーキングパウダー」ともよばれ，加熱すると分解してCO₂を発生するのでパン生地などをふくらませるために利用される。
$2NaHCO_3 \longrightarrow Na_2CO_3 + H_2O + CO_2$
(3) Na₂CO₃もCaCl₂も電解質のため水に溶けてイオンを生じる。生じたイオンのうちCa²⁺とCO₃²⁻が結合して白色沈殿をつくる。
(4) 炭酸イオンは水と反応して水酸化物イオンを生じるので，水溶液は塩基性になる。
$CO_3^{2-} + H_2O \rightleftarrows HCO_3^- + OH^-$
また，炭酸水素イオンも水と反応して水酸化物イオンを生じるので，水溶液は塩基性になる。したがって，誤り。
$HCO_3^- + H_2O \rightleftarrows OH^- + H_2CO_3$

● イオン化エネルギー
原子から1個の電子を取り去って1価の陽イオンにするときに必要なエネルギー。

● 炎色反応
Li：赤, Na：黄, K：赤紫

● ナトリウムの単体
空気中ですみやかに酸化され，水とは激しく反応するため，石油中に保存する。

[1] 潮解
結晶が空気中の水分を吸収して溶けてしまう現象。きわめて水に溶けやすい結晶で起こりやすく，NaOHの他にKOH, MgCl₂, CaCl₂, FeCl₃などで起こる。

● Na₂CO₃ と NaHCO₃

	Na₂CO₃	NaHCO₃
水溶性	可溶	微溶
液性	塩基性	弱塩基性
加熱	分解しない	分解する

● 水に溶けにくい炭酸塩
2族のCa, Sr, Baの炭酸塩であるCaCO₃, SrCO₃, BaCO₃はともに白色沈殿となるため，Ca²⁺, Sr²⁺, Ba²⁺の検出に利用される。

(5) 弱酸の塩である Na_2CO_3 や $NaHCO_3$ は，強酸である HCl と反応すると弱酸を遊離する。

$NaHCO_3 + HCl \longrightarrow NaCl + H_2O + CO_2$

$Na_2CO_3 + 2HCl \longrightarrow 2NaCl + H_2O + CO_2$

エクセル $NaHCO_3$：水に溶けにくい，水溶液は弱塩基性，固体は熱分解する。
Na_2CO_3：水に溶けやすい，水溶液は塩基性，固体は熱分解しない。

411

解答
(1) **石油中で保存する。**
(2) **塩化ナトリウム水溶液の電気分解では，塩素と水素が発生するから。**
(3) (ア) $NaHCO_3$ (イ) $NaCl$ (ウ) CO_2

▶キーワード
・電気分解

解説
(1) ナトリウムは水や空気中の酸素と反応するため，石油中で保存する。
(2) 塩化ナトリウム水溶液を電気分解すると

陽極　$2Cl^- \longrightarrow Cl_2 + 2e^-$
陰極　$2H_2O + 2e^- \longrightarrow H_2 + 2OH^-$

のような反応が進行し，ナトリウムは得られない。

(3) 炭酸ナトリウムに塩酸を反応させると，まず一段階目の反応が起きる。

$Na_2CO_3 + HCl \longrightarrow NaHCO_3 + NaCl$

すべて炭酸水素ナトリウムに変化した後，二段階目の反応が進行する。

$NaHCO_3 + HCl \longrightarrow NaCl + H_2O + CO_2$

▶中和滴定の場合，一段階目の指示薬にはフェノールフタレインを，二段階目の指示薬にはメチルオレンジを使用する。

エクセル アルカリ金属は石油中に保存する。

412

解答
(1) (ア) 価電子　(イ) 陽　(ウ)・(エ)・(オ) $Ca \cdot Sr \cdot Ba$
(2) ②

解説
(1) 2族の元素は，アルカリ土類金属とよばれ，2個の価電子をもち，2価の陽イオンになりやすい。そのなかで Ca，Sr，Ba，Ra は性質がとくに似ているため，これらをアルカリ土類金属という場合がある。Be，Mg を除く場合もある。
(2) ① Be や Mg は常温の水とは反応しない。
② 硫酸カルシウム二水和物はセッコウといい，硫酸バリウムは X 線の造影剤として利用され，水には溶けない。
③ 水酸化カルシウムの水溶液を石灰水とよぶ。
④ Be，Mg は炎色反応を示さない。

●アルカリ土類金属の炎色反応
Ca　橙赤色
Sr　深赤(紅)色
Ba　黄緑色

●Ca，Sr，Ba の特徴
・単体は常温で水と反応し H_2 を発生
・炭酸塩は水に難溶 (塩酸には可溶)
・硫酸塩は水に難溶 (酸にもほとんど不溶)

エクセル Mg と $Ca \cdot Ba$ との違い

単体	$Mg \longrightarrow$ 熱水と反応する	$Ca \cdot Ba \longrightarrow$ 常温の水と反応する	
化合物の水溶性	$Mg(OH)_2 \longrightarrow$ 溶けない	$Ca(OH)_2 \longrightarrow$ 少し溶ける $Ba(OH)_2 \longrightarrow$ 溶ける	強塩基
	$MgSO_4 \longrightarrow$ 溶ける	$CaSO_4$ $BaSO_4$ $\longrightarrow$ 溶けない(白沈)	
炎色反応	示さない	Ca：橙赤　Ba：黄緑	

413

解答
(1) (オ)　(2) (ア)　(3) (カ)　(4) (ウ)
(5) (エ)　(6) (イ)

解説
(1) CaO は吸湿性があり，乾燥剤として利用され，水を加えると発熱することからインスタント食品などの熱源として使われたりしている。生石灰ともよばれる。
(2) $CaCl_2$ は吸湿性があり，乾燥剤として利用されている。また潮解性があり，空気中の水分を吸って溶けてべたべたになる。
(3) $CaCO_3$ は石灰石や大理石の主成分で，弱酸の塩のため，強酸の塩酸をかけると弱酸の二酸化炭素と水を生成する。
(4) 石灰水を白く濁らせたあとに，さらに二酸化炭素を吹き込み続けると $Ca(HCO_3)_2$ が生成する。
(5) $Ca(OH)_2$ は消石灰ともよばれ，強塩基で水溶液は石灰水とよばれる。
(6) $CaSO_4 \cdot \frac{1}{2} H_2O$ は焼きセッコウとよばれ，医療用のギプスなどに利用される。

エクセル Ca の化合物の通称
CaO…生石灰，$Ca(OH)_2$…消石灰，水溶液は石灰水
$CaSO_4 \cdot 2H_2O$…セッコウ，$CaSO_4 \cdot \frac{1}{2} H_2O$…焼きセッコウ
$CaCO_3$…石灰石，$CaCl(ClO) \cdot H_2O$…さらし粉

●乾燥剤と Ca 化合物
・CaO，ソーダ石灰
塩基性の乾燥剤のため，酸性の気体の乾燥には不適当。
・$CaCl_2$
中性の乾燥剤のため，ほとんどの気体の乾燥に利用できるが，NH_3 には反応するため使えない。

414

解答
水酸化カルシウムは強塩基であるため，酸性の土壌を中和することができるから。

解説
アルカリ金属および Ca, Sr, Ba の水酸化物は強塩基である。

キーワード
・中和
・強塩基
・酸性

415

解答
(ア) $CaCO_3$　(イ) $Ca(HCO_3)_2$　(ウ) CaO　(エ) $CaCl_2$
① $Ca(OH)_2 + CO_2 \longrightarrow CaCO_3 + H_2O$
② $CaCO_3 + CO_2 + H_2O \longrightarrow Ca(HCO_3)_2$
③ $CaCO_3 \longrightarrow CaO + CO_2$

解説
水酸化カルシウム $Ca(OH)_2$ の水溶液に二酸化炭素を通じると，炭酸カルシウム $CaCO_3$ が生じて水溶液が白濁する(ア)。白濁した水溶液にさらに二酸化炭素を通じると，炭酸水素カルシウム $Ca(HCO_3)_2$ に変化して白濁が消える(イ)。
炭酸カルシウム $CaCO_3$ を強熱すると，酸化カルシウム CaO が生じる(ウ)。
弱酸の塩である炭酸カルシウム $CaCO_3$ に塩酸を加えると，弱酸である炭酸($H_2O + CO_2$)が遊離して，塩化カルシウム $CaCl_2$ を生じる(エ)。

▶いずれの場合も Ca の酸化数は +2 である。陰イオンの組み合わせが変わっている。

エクセル カルシウムを含む化合物の反応
$CaCO_3 \longrightarrow CaO \longrightarrow Ca(OH)_2 \longrightarrow CaCO_3 \longrightarrow Ca(HCO_3)_2$

416

解答
(1) Na　(2) Mg　(3) Mg　(4) Ca　(5) Na
(6) Mg

18 典型金属元素——197

解説 (1) Na の単体は空気中の酸素や水と反応するため石油中に保存する。
(2) アルカリ金属や Ca，Sr，Ba の単体は常温の水や冷水とも反応するが，Mg の単体は熱水でないと反応しない。
(3) アルカリ金属や Ca，Sr，Ba 以外の水酸化物は沈殿する。
(4) Ca，Ba の硫酸塩は沈殿する。
(5) アルカリ金属以外の炭酸塩は沈殿する。
(6) Mg は炎色反応を示さない。

	Mg	Ca，Ba
単体	熱水と反応	冷水と反応
炎色反応	×	Ca 橙赤 Ba 黄緑
水酸化物	水に難溶	水に可溶
硫酸塩	水に可溶	水に難溶

エクセル アルカリ土類金属の Mg と Ca・Sr・Ba との違い
⇒ 単体の水に対する反応性，炎色反応，水酸化物や硫酸塩の水溶性

417 解答 (1) (A) 両性　(B) ミョウバン
(a) 6　(b) 2　(c) 3　(d) 2　(e) 2　(f) 3
(2) (ア) $AlCl_3$，無色　(イ) $Na[Al(OH)_4]$，無色

解説 アルミニウムは両性金属で，酸や強塩基と反応する。

エクセル ミョウバンを水に溶かすと次のように電離する。
$AlK(SO_4)_2 \cdot 12H_2O \longrightarrow Al^{3+} + K^+ + 2SO_4^{2-} + 12H_2O$

● ミョウバン
1価の陽イオンの硫酸塩と3価の陽イオンの硫酸塩の複塩をミョウバンという。
例：$AlK(SO_4)_2 \cdot 12H_2O$
　　$CrK(SO_4)_2 \cdot 12H_2O$
　　$FeK(SO_4)_2 \cdot 12H_2O$

418 解答 (1) (ア) ボーキサイト　(イ) 氷晶石　(ウ) 炭素
(エ) 電気分解（溶融塩電解）　(オ) 陰　(カ) 還元
(2) 陽極：$C + O^{2-} \longrightarrow CO + 2e^-$
　　　　$C + 2O^{2-} \longrightarrow CO_2 + 4e^-$
陰極：$Al^{3+} + 3e^- \longrightarrow Al$

解説 電気分解では，陽極で酸化反応，陰極で還元反応が起こる。

エクセル アルミニウムの溶融塩電解の陽極では，電極として用いた炭素の酸化反応が起こる。

● 氷晶石の役割
アルミニウムの溶融塩電解では，アルミナの融点を下げるために氷晶石を加える。

419 解答 (1)，(2)，(3)，(5)
解説 (3) 濃硝酸とは不動態を形成する。
(4) 水酸化アルミニウムはアンモニア水には溶けない。
(5) 水酸化アルミニウムは水酸化ナトリウム水溶液に溶ける。

エクセル 水酸化アルミニウムと水酸化ナトリウムの反応で生じる $Na[Al(OH)_4]$ は水に溶ける塩である。

● アルミニウムと塩酸の反応
$2Al + 6HCl \longrightarrow 2AlCl_3 + 3H_2$

● 水酸化アルミニウムと水酸化ナトリウム水溶液の反応
$Al(OH)_3 + NaOH \longrightarrow Na[Al(OH)_4]$

420 解答 (5)
解説 (1) スズ❶は水素よりイオン化傾向が大きいため，塩酸と反応する。　$Sn + 2HCl \longrightarrow SnCl_2 + H_2$
(2) スズは Sn^{2+} より Sn^{4+} の方が安定なため，還元作用がある。
$Sn^{2+} \longrightarrow Sn^{4+} + 2e^-$
(3) 鉛蓄電池で放電時に析出する $PbSO_4$ は，希硫酸に溶けにくい。
(4) $PbCl_2$ は熱水には溶けるが常温の水には溶けにくい。
(5) 鉛❷は，Pb^{4+} より Pb^{2+} の方が安定なため，鉛蓄電池でも正極では次のように反応させて酸化剤として使われている。

❶スズ
・Sn^{2+} と Sn^{4+} があるが，Sn^{4+} が安定。
・青銅，はんだのような合金やブリキに利用されている。

解説　$PbO_2 + SO_4^{2-} + 4H^+ + 2e^- \longrightarrow PbSO_4 + 2H_2O$

エクセル　鉛：酸化数は＋4までの化合物があるが，Pb^{2+} が安定。塩のほとんどが水に溶けにくい。
スズ：Sn^{2+} と Sn^{4+} があるが Sn^{4+} が安定。両性金属で酸や塩基の水溶液に溶ける。

❷鉛の化合物の性質
水に可溶　$Pb(NO_3)_2$
　　　　　$(CH_3COO)_2Pb$
水に溶けにくい
$Pb(OH)_2$（白色）
$PbCl_2$（白色）　$PbSO_4$（白色）
$PbCrO_4$（黄色）　PbS（黒色）

421

解答
(1) ① $CaCO_3 \longrightarrow CaO + CO_2$
② $NaCl + H_2O + NH_3 + CO_2 \longrightarrow NaHCO_3 + NH_4Cl$
③ $2NaHCO_3 \longrightarrow Na_2CO_3 + H_2O + CO_2$
④ $CaO + H_2O \longrightarrow Ca(OH)_2$
⑤ $Ca(OH)_2 + 2NH_4Cl \longrightarrow CaCl_2 + 2H_2O + 2NH_3$
(2) $2NaCl + CaCO_3 \longrightarrow Na_2CO_3 + CaCl_2$
(3) 50 %
(4) 炭酸ナトリウム：530 kg　二酸化炭素：220 kg

●アンモニアソーダ法の反応式のまとめ方
①式＋②式×2＋③式＋④式＋⑤式
$2NaCl + CaCO_3$
$\longrightarrow Na_2CO_3 + CaCl_2$

解説
(3) ②式で 1 mol の CO_2 から 1 mol の $NaHCO_3$ が生じ，③式で 1 mol の $NaHCO_3$ から 0.5 mol の CO_2 が生じるから，①式で 0.5 mol の CO_2 を得る必要がある。

(4) $NaHCO_3$ 840 kg は，$\dfrac{840 \times 10^3 \text{ g}}{84 \text{ g/mol}} = 10 \times 10^3 \text{ mol}$

③式で生じる Na_2CO_3 は，

$10 \times 10^3 \text{ mol} \times \dfrac{1}{2} \times 106 \text{ g/mol} = 530 \times 10^3 \text{ g} = 530 \text{ kg}$

CO_2 は，

$10 \times 10^3 \text{ mol} \times \dfrac{1}{2} \times 44 \text{ g/mol} = 220 \times 10^3 \text{ g} = 220 \text{ kg}$

エクセル　アンモニアソーダ法：炭酸ナトリウムの工業的製法

422

解答
二酸化炭素が溶けて酸性になった雨水が石灰岩の土地に降ると，石灰岩の主成分である炭酸カルシウムを溶かして地下へしみ込む（①式）。この結果，地層中に形成された空洞を鍾乳洞という。そして，炭酸水素カルシウムを含んだ水溶液から水が蒸発すると，①式の逆反応（②式）が起こり，鍾乳洞内に炭酸カルシウムが析出する。これが鍾乳石や石筍である。

$CaCO_3 + CO_2 + H_2O \rightleftarrows Ca(HCO_3)_2$ …①
$Ca(HCO_3)_2 \longrightarrow CaCO_3 + H_2O + CO_2$ …②

キーワード
・二酸化炭素
・水
・炭酸カルシウム
・炭酸水素カルシウム

解説　鍾乳石・鍾乳洞は次のように形成される。

石灰石が溶ける　→　地下水が流れる　→　空洞が発達して鍾乳石や石筍ができ鍾乳洞が形成される

423

解答
(1) $Al_2(SO_4)_3 + K_2SO_4 + 24H_2O \longrightarrow 2AlK(SO_4)_2 \cdot 12H_2O$
(2) $AlK(SO_4)_2 \cdot 3H_2O$

解説 (2) $AlK(SO_4)_2$ の式量は 258 で，$AlK(SO_4)_2 \cdot 12H_2O$ の式量は 474 である。64.5℃で $AlK(SO_4)_2 \cdot nH_2O$ が生じると次の関係がなりたつ。

$$\frac{258 + 18.0n}{474} = 0.658$$

$$n = 2.994\cdots \fallingdotseq 3$$

▶ 200℃の時点ではすべて無水物になっていたと考えられる。

$$\frac{258}{474} \times 100 \fallingdotseq 54.4\%$$

エクセル $AlK(SO_4)_2 \cdot 12H_2O$ を加熱すると水和水が失われていく。

●エクササイズ(p.309)

Na

ナトリウム（金属）と水	$2Na + 2H_2O \longrightarrow 2NaOH + H_2$
酸化ナトリウムと水	$Na_2O + H_2O \longrightarrow 2NaOH$
水酸化ナトリウムと二酸化炭素	$2NaOH + CO_2 \longrightarrow Na_2CO_3 + H_2O$
炭酸水素ナトリウムの熱分解　△	$2NaHCO_3 \xrightarrow{\triangle} Na_2CO_3 + H_2O + CO_2$
炭酸ナトリウムと塩酸	$Na_2CO_3 + 2HCl \longrightarrow 2NaCl + H_2O + CO_2$
炭酸水素ナトリウムと塩酸	$NaHCO_3 + HCl \longrightarrow NaCl + H_2O + CO_2$
飽和食塩水とアンモニアと二酸化炭素（アンモニアソーダ法）	$NaCl + NH_3 + CO_2 + H_2O \longrightarrow NaHCO_3 + NH_4Cl$

Ca

カルシウムと水	$Ca + 2H_2O \longrightarrow Ca(OH)_2 + H_2$
酸化カルシウムと水	$CaO + H_2O \longrightarrow Ca(OH)_2$
水酸化カルシウム（石灰水）と二酸化炭素	$Ca(OH)_2 + CO_2 \longrightarrow CaCO_3 + H_2O$
炭酸カルシウムと水と二酸化炭素	$CaCO_3 + H_2O + CO_2 \rightleftharpoons Ca(HCO_3)_2$
炭酸カルシウムの熱分解　△	$CaCO_3 \xrightarrow{\triangle} CaO + CO_2$
炭酸カルシウムと塩酸	$CaCO_3 + 2HCl \longrightarrow CaCl_2 + H_2O + CO_2$
炭化カルシウムと水	$CaC_2 + 2H_2O \longrightarrow Ca(OH)_2 + C_2H_2$

Al

アルミニウムと塩酸	$2Al + 6HCl \longrightarrow 2AlCl_3 + 3H_2$
アルミニウムと水酸化ナトリウム水溶液	$2Al + 2NaOH + 6H_2O \longrightarrow 2Na[Al(OH)_4] + 3H_2$
酸化アルミニウムと塩酸	$Al_2O_3 + 6HCl \longrightarrow 2AlCl_3 + 3H_2O$
酸化アルミニウムと水酸化ナトリウム水溶液	$Al_2O_3 + 2NaOH + 3H_2O \longrightarrow 2Na[Al(OH)_4]$
水酸化アルミニウムと塩酸	$Al(OH)_3 + 3HCl \longrightarrow AlCl_3 + 3H_2O$
水酸化アルミニウムと水酸化ナトリウム水溶液	$Al(OH)_3 + NaOH \longrightarrow Na[Al(OH)_4]$

19 遷移元素 (p.316)

424 解答 (ア) 性質　(イ) 最外殻電子　(ウ) 1　(エ) 内
(オ) 金属　(カ) 高　(キ) 陽イオン(イオン)

解説 典型元素の同族元素は互いによく似た性質をもつ。
遷移元素では，同一周期の隣りあう元素どうしがよく似た性質をもつ。

エクセル 典型元素：1族，2族，13族〜18族の元素。
遷移元素：3族〜12族の元素。

▶遷移元素の最外殻電子は1個〜2個。

425 解答 (ア) コークス　(イ) 酸化鉄(Ⅲ)
(ウ) 銑鉄　(エ) 酸素

解説 鉄は溶鉱炉に Fe_2O_3 を主成分とする赤鉄鉱などの鉄鉱石，コークス，石灰石を入れて，コークスから生成する CO で Fe_2O_3 などを還元して得る。こうして得られた鉄は銑鉄[1]といい，約4％の炭素や不純物を含んでいる。銑鉄を転炉に移し，融解しながら酸素を吹き込むと，炭素の含有量の少ない鋼になる。

エクセル 鉄鉱石 → 銑鉄 → 鋼　　$Fe_2O_3 + 3CO \longrightarrow 2Fe + 3CO_2$

●銑鉄
鉄に炭素が約4％含まれているため，かたいがもろい。また融点も低いため鋳物などに利用されている。

426 解答 (a) 8　(b) アルミニウム　(c) 緑白
(d) 赤褐　(e) 濃青　(f) 褐(暗褐)　(g) 血赤
(ア)・(イ) $Fe_2O_3 \cdot Fe_3O_4$　(ウ) Fe^{2+}
(エ) $K_4[Fe(CN)_6]$　(オ) $K_3[Fe(CN)_6]$　(カ) Fe^{3+}

解説 鉄は8族に属する元素で，地殻中ではアルミニウムに次いで多い金属元素である。酸化物には FeO，Fe_2O_3，Fe_3O_4 が存在する。鉄の単体は酸と反応して Fe^{2+} になりながら H_2 を発生して溶けるが，濃硝酸には不動態となって溶けない。Fe^{2+} は酸化されて Fe^{3+} になりやすく，$K_3[Fe(CN)_6]$ には Fe^{2+} が，$K_4[Fe(CN)_6]$ には Fe^{3+} が反応して濃青色沈殿を生じる。また Fe^{3+} は KSCN と反応して血赤色溶液になる。

エクセル FeO：黒色，Fe_2O_3：赤褐色，Fe_3O_4：黒色

●クラーク数
地殻から10マイル(16km)下までの岩石圏に含まれる元素の存在比率で多い順にO，Si，Al，Fe，Ca，Na

427 解答 (ア) CuO　(イ) Cu_2O　(ウ) イオン化傾向
(エ) 酸化　(オ) $Cu(OH)_2$　(カ) $[Cu(NH_3)_4]^{2+}$
(キ) 錯　(ク) 配位子

解説 銅イオンは酸化数が +1 と +2 のものがあるため，酸化物には黒色の CuO と赤色の Cu_2O がある。またイオン化傾向が水素より小さいので一般的な酸とは反応しないが，酸化力のある酸とは反応する。水溶液中の Cu^{2+} は OH^- と反応して青白色の水酸化銅(Ⅱ)$Cu(OH)_2$ の沈殿を生じるが，塩基としてアンモニア水を使うと，はじめ $Cu(OH)_2$ を生じ，過剰に入れると深青色の $[Cu(NH_3)_4]^{2+}$ になって溶解する。$[Cu(NH_3)_4]^{2+}$ のように金属イオンに分子やイオンが配位結合してできたイオンを錯イオンという。

●銅(Ⅱ)イオンの反応
水溶液は青色(アクア錯イオンになっている。)

$Cu^{2+} \xrightarrow{OH^-} Cu(OH)_2$ (青白色沈殿)

$Cu^{2+} \xrightarrow[少量]{NH_3} Cu(OH)_2$ (青白色沈殿)

$Cu^{2+} \xrightarrow[多量]{NH_3} [Cu(NH_3)_4]^{2+}$ (深青色溶液)

$Cu^{2+} \xrightarrow{H_2S} CuS$ (黒色沈殿)

エクセル Cu^{2+} 青色水溶液 $\xrightarrow{OH^-}$ $Cu(OH)_2$ 青白色沈殿 $\xrightarrow{過剰 NH_3 aq}$ $[Cu(NH_3)_4]^{2+}$ 深青色水溶液

428
解答 (ア) 陽　(イ) 陰　(ウ) 大き　(エ) 小さ　(オ) 陽極泥

解説 電気分解によって，不純物を含む金属から純粋な金属を精製する方法を電解精錬という。ここでは，陽極の粗銅が銅(Ⅱ)イオンに変化し，陰極で純銅として析出する。銅よりもイオン化傾向が大きい金属(鉄，亜鉛など)はイオンとなって溶出するが，銅よりもイオン化傾向が小さい金属(金，白金など)は陽極泥になる。

エクセル 粗銅(純度約99%)の電解精錬によって，純度の高い純銅(純度約99.99%)が得られる。

●銅の電解精錬
陽極：Cu(粗銅)
　　　$\longrightarrow Cu^{2+} + 2e^-$
陰極：$Cu^{2+} + 2e^-$
　　　$\longrightarrow Cu$(純銅)

429
解答 (1) (ア) AgF(フッ化銀)　(イ) AgI(ヨウ化銀)　(ウ) 感光性　(エ) Ag(銀)　(2) $AgCl + 2NH_3 \longrightarrow [Ag(NH_3)_2]^+ + Cl^-$

解説 ハロゲン化銀は光によって分解する。この反応では，反応後に銀が析出する。この性質を感光性という。ハロゲン化銀はフィルム写真の感光剤に用いられている。

●ハロゲン化銀の感光
$2AgX \xrightarrow{光} 2Ag + X_2$

エクセル ●ハロゲン化銀の性質

	色	NH_3水への溶解性	$Na_2S_2O_3$水溶液への溶解性
$AgCl$	白色	○	○
$AgBr$	淡黄色	△	○
AgI	黄色	×	○

430
解答 (ア) NH_3　(イ) $Zn(OH)_2$　(ウ) $[Zn(OH)_4]^{2-}$

解説 亜鉛イオンを含む水溶液に少量のアンモニア水もしくは少量の水酸化ナトリウム水溶液を加えると，水酸化亜鉛が生じる。また，亜鉛イオンを含む水溶液に過剰量のアンモニア水を加えるとテトラアンミン亜鉛(Ⅱ)イオンが生じ，過剰量の水酸化ナトリウム水溶液を加えるとテトラヒドロキシド亜鉛(Ⅱ)酸イオンが生じる。

エクセル $Zn(OH)_2$：白色　　$[Zn(NH_3)_4]^{2+}$：無色
$[Zn(OH)_4]^{2-}$：無色

●Zn^{2+}とNH_3, $NaOH$の反応
・少量のNH_3水または少量の$NaOH$水溶液
$Zn^{2+} + 2OH^-$
　　$\longrightarrow Zn(OH)_2$
・過剰量のNH_3水
$Zn^{2+} + 4NH_3$
　　$\longrightarrow [Zn(NH_3)_4]^{2+}$
・過剰量の$NaOH$水溶液
$Zn^{2+} + 4OH^-$
　　$\longrightarrow [Zn(OH)_4]^{2-}$

431
解答 溶けるもの：(1), (2), (6)
不動態を形成するもの：(3)　　溶けないもの：(4), (5)

解説 一般に，水素よりイオン化傾向が大きい金属は酸化力のない酸に溶けるが，水素よりイオン化傾向が小さい金属は酸化力のある酸にしか溶けない。アルミニウムは水素よりもイオン化傾向が大きく，銅は水素よりもイオン化傾向が小さいので，アルミニウムのみ塩酸や希硫酸に溶ける。また，銅は熱濃硫酸，濃硝酸などの酸化力のある酸に溶けるが，アルミニウムは濃硝酸と不動態を形成する。

●酸化力のある酸
例：熱濃硫酸，硝酸

●酸化力のない酸
例：塩酸，希硫酸

202 — 5章 無機物質

エクセル Al, Fe, Ni は濃硝酸と不動態を形成する。

432

解答
(1) K_2CrO_4 水溶液：黄色　　$K_2Cr_2O_7$ 水溶液：赤橙色
(2) $PbCrO_4$：黄色　　Ag_2CrO_4：赤褐色

解説 黄色のクロム酸イオンの水溶液を酸性にすると赤橙色の二クロム酸イオンが生じ，赤橙色の二クロム酸イオンの水溶液を塩基性にすると黄色のクロム酸イオンが生じる。

エクセル
$2CrO_4^{2-} + 2H^+ \longrightarrow Cr_2O_7^{2-} + H_2O$
$Cr_2O_7^{2-} + 2OH^- \longrightarrow 2CrO_4^{2-} + H_2O$

●鉛(Ⅱ)イオンとクロム酸イオンの反応
$Pb^{2+} + CrO_4^{2-} \longrightarrow PbCrO_4$
　　　　　　　　　　黄色
●銀イオンとクロム酸イオンの反応
$2Ag^+ + CrO_4^{2-} \longrightarrow Ag_2CrO_4$
　　　　　　　　　　赤褐色

433

解答 (2), (3), (4)

解説 (1) マンガン乾電池の負極活物質は Zn，正極活物質は MnO_2 である。

エクセル 過マンガン酸カリウムは黒紫色の柱状結晶だが，水によく溶けて赤紫色の過マンガン酸イオンになる。

●酸化マンガン(Ⅳ)を触媒として用いた，過酸化水素の分解反応
$2H_2O_2 \xrightarrow{MnO_2} 2H_2O + O_2$

434

解答
(1) [A] Cu^{2+}　　[B] Al^{3+}
(2) $Cu(OH)_2 \longrightarrow CuO + H_2O$ より，青白色の水酸化銅(Ⅱ)が黒色の酸化銅(Ⅱ)に変化する。

解説 (1) 銅(Ⅱ)イオンを含む水溶液にアンモニア水を加えると，水酸化銅(Ⅱ)$Cu(OH)_2$ の青白色沈殿を生じ，さらにアンモニア水を加えるとテトラアンミン銅(Ⅱ)イオン $[Cu(NH_3)_4]^{2+}$ の深青色溶液になる。一方，アルミニウムイオンを含む水溶液にアンモニア水を加えると，水酸化アルミニウム $Al(OH)_3$ の白色沈殿を生じるが，さらにアンモニア水を加えても沈殿は変化しない。

エクセル
$Cu(OH)_2$：青白色　　$[Cu(NH_3)_4]^{2+}$：深青色
$Al(OH)_3$：白色　　$[Al(OH)_4]^-$：無色

●下線部(ア)の反応
$Cu^{2+} + 2OH^- \longrightarrow Cu(OH)_2$
青色　　　　　　　　　青白色
キーワード
・水酸化銅(Ⅱ)
・酸化銅(Ⅱ)

435

解答
(1) (ア) 不動態　　(イ) トタン　　(ウ) ブリキ
(2) 36 t
(3) 5.41×10^2 g
(4) 鉄に比べて亜鉛の方が，イオン化傾向が大きい。そのため，亜鉛が優先的に酸化されるので，鉄は腐食されにくくなる。

解説 (2) ③の反応より Fe_2O_3 を還元するための CO の量を求める。
Fe_2O_3（式量 = 160）は $\dfrac{200 \times 10^6 \times 0.80}{160}$ mol。反応式より必要な CO の物質量は 3 倍。①と②の反応より CO を 2 mol つくるために C は 2 mol 必要になる。したがって，必要な C の物質量は $\dfrac{200 \times 10^6 \times 0.80}{160}$ mol × 3 となり，その質量は
$\dfrac{200 \times 10^6 \times 0.80}{160}$ mol × 3 × 12 g/mol = 36×10^6 g = 36 t になる。

(3) 下線部(a)の反応は次のようになる。
$4FeS_2 + 11O_2 \longrightarrow 2Fe_2O_3 + 8SO_2$

▶溶鉱炉の反応をまとめて考えると，
(①+②)×3+③×2 より
$2Fe_2O_3 + 6C + 3O_2$
　$\longrightarrow 4Fe + 6CO_2$
この反応式より Fe_2O_3 : C = 1 : 3。いくつかの反応を段階的に使う場合は，反応式をまとめ，考えやすくする方法もある。

キーワード(4)
・イオン化傾向
・酸化

$2SO_2 + O_2 \longrightarrow 2SO_3$

$SO_3 + H_2O \longrightarrow H_2SO_4$

係数比を見ると，H_2SO_4 を $1\,\mathrm{mol}$ つくるために $\dfrac{1}{2}\,\mathrm{mol}$ の FeS_2 が必要になる。$96.0\,\%$ の濃硫酸 $0.500\,\mathrm{L}\,(500\,\mathrm{cm}^3)$ 中の H_2SO_4（式量 98）の質量は

$$500\,\mathrm{cm}^3 \times 1.84\,\mathrm{g/cm}^3 \times \dfrac{96.0}{100} = 883.2\,\mathrm{g}\ \text{である。}$$

したがって，物質量は $\dfrac{883.2}{98} = 9.012\cdots\,\mathrm{mol}$ になる。FeS_2（式量 120）の質量は

$$9.012\,\mathrm{mol} \times \dfrac{1}{2} \times 120\,\mathrm{g/mol} = 540.72\,\mathrm{g} \fallingdotseq 5.41 \times 10^2\,\mathrm{g}$$

エクセル 鉄に亜鉛めっき $\longrightarrow$ トタン
鉄にスズめっき $\longrightarrow$ ブリキ

436 解答
(1) $CoCl_3 \cdot 6NH_3 \longrightarrow [Co(NH_3)_6]^{3+} + 3Cl^-$
(2) $[CoCl(NH_3)_5]^{2+}$ (3) $[CoCl_2(NH_3)_4]^+$
(4)

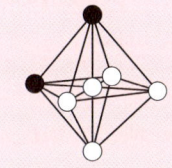

cis-$[CoCl_2(NH_3)_4]^+$ trans-$[CoCl_2(NH_3)_4]^+$

解説 各錯塩 $1\,\mathrm{mol}$ に対して生成する $AgCl$ の物質量から，錯イオンについて考える。
(2)の錯塩に含まれる錯イオンは，以下のように考えられる。
　$CoCl_3 \cdot 5NH_3 \longrightarrow [CoCl(NH_3)_5]^{2+} + 2Cl^-$
(3)の錯塩に含まれる錯イオンは，以下のように考えられる。
　$CoCl_3 \cdot 4NH_3 \longrightarrow [CoCl_2(NH_3)_4]^+ + Cl^-$
(4) $[CoCl_2(NH_3)_4]^+$ の幾何異性体にはシス形とトランス形がある。●どうしが隣りあうものがシス形，中心の金属イオンを介して反対側にあるものがトランス形である。

エクセル $[Co(NH_3)_6]^{3+}$，$[CoCl(NH_3)_5]^{2+}$，$[CoCl_2(NH_3)_4]^+$ は 6 配位・正八面体形

●ウェルナー錯体
中心金属イオンに非共有電子対をもつ分子またはイオンが配位してできた錯体。

●エクササイズ（p.321）

Fe

鉄と希硫酸	$Fe + H_2SO_4 \longrightarrow FeSO_4 + H_2$
鉄と塩酸	$Fe + 2HCl \longrightarrow FeCl_2 + H_2$
酸化鉄(Ⅲ)と一酸化炭素	$Fe_2O_3 + 3CO \longrightarrow 2Fe + 3CO_2$
鉄(Ⅱ)イオンと水酸化物イオン	$Fe^{2+} + 2OH^- \longrightarrow Fe(OH)_2$
酸化鉄(Ⅲ)とアルミニウム(テルミット反応)△	$Fe_2O_3 + 2Al \longrightarrow Al_2O_3 + 2Fe$

Cu
銅と希硝酸 $3Cu + 8HNO_3 \longrightarrow 3Cu(NO_3)_2 + 4H_2O + 2NO$
銅と濃硝酸 $Cu + 4HNO_3 \longrightarrow Cu(NO_3)_2 + 2H_2O + 2NO_2$
銅と熱濃硫酸 △ $Cu + 2H_2SO_4 \longrightarrow CuSO_4 + 2H_2O + SO_2$
銅(Ⅱ)イオンと水酸化物イオン $Cu^{2+} + 2OH^- \longrightarrow Cu(OH)_2$
水酸化銅(Ⅱ)とアンモニア水 $Cu(OH)_2 + 4NH_3 \longrightarrow [Cu(NH_3)_4]^{2+} + 2OH^-$

Ag
銀と濃硝酸 $Ag + 2HNO_3 \longrightarrow AgNO_3 + H_2O + NO_2$
酸化銀の熱分解 △ $2Ag_2O \longrightarrow 4Ag + O_2$
銀イオンと水酸化物イオン $2Ag^+ + 2OH^- \longrightarrow Ag_2O + H_2O$
酸化銀とアンモニア水 $Ag_2O + 4NH_3 + H_2O \longrightarrow 2[Ag(NH_3)_2]^+ + 2OH^-$

Cr
クロム酸イオンと水素イオン $2CrO_4^{2-} + 2H^+ \longrightarrow Cr_2O_7^{2-} + H_2O$
二クロム酸イオンと水酸化物イオン $Cr_2O_7^{2-} + 2OH^- \longrightarrow 2CrO_4^{2-} + H_2O$
クロム酸イオンと鉛(Ⅱ)イオン $CrO_4^{2-} + Pb^{2+} \longrightarrow PbCrO_4$

Zn
亜鉛と硫酸 $Zn + H_2SO_4 \longrightarrow ZnSO_4 + H_2$
亜鉛と水酸化ナトリウム水溶液 $Zn + 2NaOH + 2H_2O \longrightarrow Na_2[Zn(OH)_4] + H_2$
酸化亜鉛と塩酸 $ZnO + 2HCl \longrightarrow ZnCl_2 + H_2O$
酸化亜鉛と水酸化ナトリウム水溶液 $ZnO + 2NaOH + H_2O \longrightarrow Na_2[Zn(OH)_4]$
水酸化亜鉛と塩酸 $Zn(OH)_2 + 2HCl \longrightarrow ZnCl_2 + 2H_2O$
水酸化亜鉛と水酸化ナトリウム水溶液 $Zn(OH)_2 + 2NaOH \longrightarrow Na_2[Zn(OH)_4]$

20 金属イオンの分離と推定 (p.326)

437
(1) Pb^{2+} (2) Ba^{2+} (3) Cu^{2+} (4) Al^{3+}
(5) Cu^{2+}

解説
(1) Cl^- を加えて沈殿する金属イオンは Ag^+, Pb^{2+}。AgCl は白色沈殿でアンモニアなどと錯イオンをつくり溶ける。$PbCl_2$ も白色沈殿で熱湯に溶ける。
(2) SO_4^{2-} で沈殿する金属イオンは Ba^{2+}, Pb^{2+}。いずれも白色沈殿。また、Ca^{2+} は多量の SO_4^{2-} では沈殿を生じる。
(3),(4) OH^- との反応では、アルカリ金属のイオン、Ca^{2+}, Sr^{2+}, Ba^{2+}, および NH_4^+ 以外との反応で、沈殿が生じる。ただし、アンモニア水の場合、アンモニアが過剰なときは錯イオンを形成する Cu^{2+}, Zn^{2+}, Ag^+ は沈殿が溶ける。また、NaOH を過剰にした場合、両性水酸化物は溶けるため、Al^{3+}, Zn^{2+}, Sn^{2+}, Pb^{2+} は沈殿が溶ける。
(5) 硫化水素を吹き込むと、その水溶液の pH によって硫化物が生成したりしなかったりする。イオン化傾向の大きい金属は沈殿を生じない。Zn^{2+}, Fe^{2+}, Ni^{2+} などのイオン化傾向が比較的大きくないイオンは、硫化水素から生じる S^{2-} が少ない酸性条件下では沈殿を生じないが、中性または塩基性になり水溶液中の S^{2-} の量が多くなると沈殿を生じる。また、イオン化傾向が小さな金属では、pH にかかわらず沈殿を生じる。硫化物の沈殿は、ほとんどが黒色で、他の色は ZnS(白色)、MnS(淡赤色)、SnS(褐色)、CdS(黄色)などがある。

エクセル
Cl^- で沈殿……Ag^+, Pb^{2+}
SO_4^{2-} で沈殿……Ba^{2+}, Pb^{2+}, Ca^{2+}
NaOH 過剰で溶解……両性金属 Al^{3+}, Zn^{2+}, Sn^{2+}, Pb^{2+}
NH_3 過剰で溶解……Ag^+, Cu^{2+}, Zn^{2+}

●硫化物の沈殿
H_2S を吹き込む(Na_2S 水溶液を加える)。
↓
中・塩基性で白色沈殿：ZnS
酸性(pHによらない)で黄色沈殿：CdS
中・塩基性で黒色沈殿：FeS
酸性(pHによらない)で黒色沈殿：PbS, CuS, Ag_2S, HgS

438
① AgCl ② $Cu(OH)_2$
③ 水酸化鉄(Ⅲ) ④ $CaCO_3$
(ア) 白 (イ) 青白 (ウ) 赤褐 (エ) 白

解説 順番に操作することで一つ一つの金属イオンを分けていくことができ、これを系統分離とよぶ。
① $Ag^+ + Cl^- \longrightarrow AgCl$
② $Cu^{2+} + 2OH^- \longrightarrow Cu(OH)_2$
③ $Fe^{3+} + 3OH^- \longrightarrow$ 水酸化鉄(Ⅲ)＊
④ $Ca^{2+} + CO_3^{2-} \longrightarrow CaCO_3$

エクセル
イオン化傾向 $K^+ \sim Na^+$ $Mg^{2+} \sim Cu^{2+}$ Ag^+
OH^- での変化   沈殿しない   水酸化物が沈殿   酸化物が沈殿

＊水酸化鉄(Ⅲ)と示した沈殿には、水酸化酸化鉄などの鉄の酸化物が含まれている。

439 (5)

塩化ナトリウム水溶液の中に含まれているイオンはNa^+とCl^-であり、白色沈殿はNa^+かCl^-の塩ということになる。この場合に考えられる塩は$AgCl$であり、Aは$AgNO_3$と考えられる。次に加える水溶液によって$AgCl$が溶解したので、アンモニア水を入れて$[Ag(NH_3)_2]^+$になって溶けたと考えればよい。

エクセル Ag^+, Pb^{2+}はCl^-を加えると$AgCl$, $PbCl_2$の白色沈殿を生じる。

● Cl^-で白色沈殿
$AgCl$：アンモニア水には溶ける。
$AgCl + 2NH_3$
　　$\longrightarrow [Ag(NH_3)_2]^+ + Cl^-$
$PbCl_2$：熱湯には溶ける。

440 (4)

アルカリ土類金属のうち、バリウム、カルシウム、ストロンチウムの金属イオンの性質は似ている。そのため、この問題では陰イオンの違いに注目する。

硫酸バリウムは強酸の塩で、炭酸カルシウムは弱酸の塩である。弱酸の塩に強酸を加えると弱酸が遊離してくるため、強酸を加えることで炭酸カルシウムのみを溶解させることができる。

エクセル 炭酸塩は酸を加えると、CO_2を発生して溶ける。
$CaCO_3 + 2HCl \longrightarrow CaCl_2 + H_2O + CO_2$
$CaCO_3 + 2HNO_3 \longrightarrow Ca(NO_3)_2 + H_2O + CO_2$

▶ SO_4^{2-}で沈殿するイオン
　　$\longrightarrow Ba^{2+}$, Ca^{2+}, Pb^{2+}
▶ CO_3^{2-}で沈殿しないイオン
　　$\longrightarrow Na^+$, K^+, NH_4^+

441 (3)

(1) CuもAgもうすい酸には溶けないが、熱濃硫酸H_2SO_4のような酸化力のある酸には、酸化還元反応して溶ける。
(2) Al, Feはうすい酸には溶けるが、濃硝酸HNO_3には不動態をつくって溶けない。
(3) Znは希硫酸にも希塩酸にも水素を発生しながら溶けるが、Pbは難溶性の$PbSO_4$や$PbCl_2$になって溶けない。
(4) Pt, Auは王水には溶ける。
(5) NaやCaは常温の水と反応してH_2を発生する。

エクセル 金属のイオン化列と金属の反応性

イオン化列	K	Ca	Na	Mg	Al	Zn	Fe	Ni	Sn	Pb	Cu	Hg	Ag	Pt	Au
空気中の反応	ただちに酸化			徐々に酸化		湿った空気中で徐々に酸化				変化しない				
水との反応	常温で反応			*1	高温の水蒸気と反応	変化しない								
酸との反応	一般の酸と反応								*2	酸化作用のある酸と反応			王水と反応	
濃硝酸で不動態となる					○		○	○							
NaOH水溶液と反応					○	○				○	○					

*1 熱水と反応。
*2 塩酸・硫酸と不溶性の塩をつくるため、溶けにくい。他の酸とは反応する。

● 不動態
Al, Fe, Niは濃硝酸や濃硫酸と反応しない（他の酸とは反応する）。これらの金属の表面に、ち密な酸化被膜ができて反応しない。

442
解答 (1), (2), (3), (5)

解説
(1) 操作 a では，過剰量のアンモニア水を用いる。
(2) 操作 b は中性〜塩基性条件下で行う。
(3) 沈殿アの $Fe(OH)_2$ を塩酸に溶かすと Fe^{2+} が生じる。これに $K_4[Fe(CN)_6]$ 水溶液を加えると青白色の沈殿が生じる。
(5) Ba^{2+} の炎色反応は黄緑色である。

エクセル Fe^{2+} 水溶液に $K_4[Fe(CN)_6]$ 水溶液を加えると青白色の沈殿が生じる。Fe^{3+} 水溶液に $K_4[Fe(CN)_6]$ 水溶液を加えると濃青色沈殿が生じる。

▶操作 a の反応
$Fe^{2+} + 2OH^- \longrightarrow Fe(OH)_2$
　　　　　　　　　　　沈殿ア

▶操作 b の反応
$Zn^{2+} + S^{2-} \longrightarrow ZnS$
　　　　　　　沈殿イ

443
解答 (1) (エ)　(2) (ウ)　(3) (イ)　(4) (ア)　(5) (エ)

解説
(1) $2Ag^+ + CrO_4^{2-} \longrightarrow Ag_2CrO_4$
(2) $Cd^{2+} + S^{2-} \longrightarrow CdS$
(3) $Fe^{2+} + 2OH^- \longrightarrow Fe(OH)_2$
(4) $Mn^{2+} + S^{2-} \longrightarrow MnS$
(5) $Ca^{2+} + CO_3^{2-} \longrightarrow CaCO_3$

エクセル Ag_2CrO_4：赤褐色，CdS：黄色，$Fe(OH)_2$：緑白色
MnS：淡赤色，$CaCO_3$：白色

●硫化物の沈殿反応
・中性・塩基性条件下で沈殿
　MnS，ZnS，FeS
・酸性，中性，塩基性条件下で沈殿
　CdS，PbS，CuS，Ag_2S

444
解答 (1) (ウ)　(2) (イ)

解説
(1) 同じ白金線を使って複数の試料を調べる場合，白金線を蒸留水で洗って濃塩酸で洗う。濃塩酸を使うのは，塩化物イオンにすることで揮発性の高い化合物として燃焼させるためである。
(2) Li^+ 赤色，Na^+ 黄色，K^+ 赤紫色，Sr^{2+} 深赤(紅)色

エクセル 炎色反応
Li 赤　Na 黄　K 赤紫　Ca 橙赤　Sr 深赤(紅)　Ba 黄緑　Cu 青緑

445
解答 (2)

解説
混合水溶液に塩酸を加えると，AgCl が沈殿し(沈殿ア)，Al^{3+} と Cu^{2+} がろ液に残る。そこに NH_3 で水溶液を塩基性にすると，$Al(OH)_3$ の沈殿が生じ(沈殿ウ)，ろ液には $[Cu(NH_3)_4]^{2+}$ が残る。
(1) ろ液イ・エにはともに Cu^{2+} が溶けているため，水溶液は青色になる。誤
(2) 沈殿アである AgCl は，NH_3 により $[Ag(NH_3)_2]^+$ になって溶ける。正
(3) H_2S を加えると，Ag_2S と CuS が沈殿として分離される。酸性溶液であるため，Al^{3+} は沈殿を生じない。誤
(4) NaOH を入れると，$Cu(OH)_2$ が沈殿し，ろ液には $[Al(OH)_4]^-$ が残る。誤

エクセル アンモニア水　$NH_3 + H_2O \longrightarrow NH_4^+ + OH^-$

$Cu^{2+} \xrightarrow{OH^-} Cu(OH)_2$　　青白色沈殿
青色溶液 $\xrightarrow{NH_3} [Cu(NH_3)_4]^{2+}$　深青色溶液

446 解答 塩酸を用いると，共通イオン効果により $PbCl_2$ の溶解度を下げることができるから。

解説 $PbCl_2$ を洗浄する際に塩酸を用いると，塩化水素の電離で生じた Cl^- の共通イオン効果により $PbCl_2$ の溶解度を下げることができる。

$$PbCl_2 \rightleftarrows Pb^{2+} + \boxed{2Cl^-} \quad \cdots ①$$
$$HCl \longrightarrow H^+ + \boxed{Cl^-} \quad \cdots ②$$

②式で生じた Cl^- が①式の平衡を左に傾ける。

エクセル 共通イオン効果には，ルシャトリエの原理が関係している。

キーワード
・共通イオン効果
・溶解度

▶ $PbCl_2$ は難溶性の塩だが水にはわずかに溶解する。

447 解答 Fe^{3+} は硫化水素で Fe^{2+} に還元される。それを希硝酸で酸化して Fe^{3+} に戻すため。

解説 CuS は酸性，中性，塩基性のいずれの条件下でも生じるが，ZnS は中性，塩基性条件下でしか生じない。硫化水素を通じた後の CuS を除いたろ液には Zn^{2+}，Fe^{2+} が含まれている。硫化水素を追い出してから，希硝酸(酸化剤)を加えた後のろ液には Zn^{2+}，Fe^{3+} が含まれている。そこに，過剰のアンモニア水を加えると水酸化鉄(Ⅲ)❶の沈殿が生じる。

エクセル 硫化水素：還元剤，希硝酸：酸化剤

キーワード
・硫化水素で還元
・希硝酸で酸化

❶水酸化鉄(Ⅲ)と示した沈殿には，水酸化酸化鉄(Ⅲ)などの鉄の酸化物が含まれている。

448 解答
(ア) 塩化亜鉛　(イ) 硫酸銅(Ⅱ)　(ウ) 塩化鉄(Ⅱ)
(エ) 硝酸銀　(オ) 酢酸鉛(Ⅱ)　(カ) $[Ag(NH_3)_2]^+$
(キ) $[Zn(OH)_4]^{2-}$

解説 実験1　HCl で沈殿が生じるのは，Ag^+，Pb^{2+} を含む水溶液である。

実験2　K_2CrO_4 水溶液で Ag^+ は Ag_2CrO_4 の赤褐色沈殿，Pb^{2+} は $PbCrO_4$ の黄色沈殿を生じる。▶ D：硝酸銀，E：酢酸鉛(Ⅱ)

実験3　OH^- で沈殿を生じるのは，Al^{3+}，Zn^{2+}，Ag^+(D)，Cu^{2+}，Fe^{2+}，Pb^{2+}(E)があげられるが，アンモニアで錯イオンを形成するのは Zn^{2+}，Ag^+(D)，Cu^{2+} になる。残ったイオンで緑白色の沈殿は $Fe(OH)_2$ になる。▶ C：塩化鉄(Ⅱ)

実験4　酸性で H_2S を吹き込んで沈殿を生じるのは Pb^{2+}(E)，Cu^{2+}，Ag^+(D)であり，いずれも黒色沈殿である。▶ B：硫酸銅(Ⅱ)

実験5　水酸化物に過剰の NaOH を加えると溶解するのは，Al^{3+} と Zn^{2+} になる。▶ 実験3より A：塩化亜鉛

エクセル
NaOH
アンモニア水 を加えて { 緑白色沈殿：Fe^{2+}
　　　　　　　　　　褐色沈殿：Ag^+
　　　　　　　　　　青白色沈殿：Cu^{2+}

NaOH
アンモニア水 } を加えてはじめ沈殿して過剰で溶解：Zn^{2+}

NaOH を加えるとはじめ沈殿して過剰で溶解：Al^{3+}，Pb^{2+}

449

解答
(A) SO_4^{2-} (B) CO_3^{2-} (C) I^- (D) CrO_4^{2-}
(E) S^{2-} (F) MnO_4^- (G) SCN^- (H) NO_3^-

解説
実験1 Ba^{2+}, Pb^{2+}と白色沈殿を生じるのはCO_3^{2-}とSO_4^{2-}が考えられる。

実験2 Ba^{2+}, Pb^{2+}, Ca^{2+}と白色沈殿をつくり, Ca^{2+}との白色沈殿にCO_2を吹き込むと沈殿が溶解するということはCO_3^{2-}である。
　▶実験1・2よりA：SO_4^{2-}, 実験2よりB：CO_3^{2-}

実験3 Ag^+との沈殿が黄色で, 光で分解することからI^-である。▶C：I^-

実験4 Ba^{2+}, Pb^{2+}との沈殿が黄色でAg^+との沈殿が赤褐色であることからCrO_4^{2-}である。▶D：CrO_4^{2-}

実験5 硫化水素水の中に含まれる陰イオンはS^{2-}であり, PbS, Ag_2Sは黒色沈殿である。▶E：S^{2-}

実験6 硫酸酸性で赤紫色でFe^{2+}と反応して色が消えるところから水溶液に含まれていた陰イオンはMnO_4^-で, Fe^{2+}と酸化還元反応したため色が消えた。▶F：MnO_4^-

実験7 Fe^{3+}と反応して血赤色溶液になるのはSCN^-である。▶G：SCN^-

実験8 沈殿をつくらないのはNO_3^-である。▶H：NO_3^-

エクセル あとに続く問題文に, 前の問題を解く手がかりがある場合も多いため, 整理しながら読み進もう。

▶ SO_4^{2-}との沈殿
$BaSO_4$（白色沈殿）
$PbSO_4$（白色沈殿）

▶ $CaCO_3$とCO_2の反応
$CaCO_3 + CO_2 + H_2O$
　　　$\longrightarrow Ca(HCO_3)_2$
　　　　（水溶液）

▶沈殿を生じないイオン
NO_3^-, NH_4^+

●エクササイズ(p.333)

塩化物イオンとの反応
銀イオンと塩化物イオンの反応 　　　　　　　　$Ag^+ + Cl^- \longrightarrow AgCl\downarrow$（白色）
鉛(Ⅱ)イオンと塩化物イオンの反応 　　　　　　$Pb^{2+} + 2Cl^- \longrightarrow PbCl_2\downarrow$（白色）

硫化物イオンとの反応〈酸性・中性・塩基性条件下〉
銅(Ⅱ)イオンと硫化物イオンの反応 　　　　　　$Cu^{2+} + S^{2-} \longrightarrow CuS\downarrow$（黒色）
銀イオンと硫化物イオンの反応 　　　　　　　　$2Ag^+ + S^{2-} \longrightarrow Ag_2S\downarrow$（黒色）
鉛(Ⅱ)イオンと硫化物イオンの反応 　　　　　　$Pb^{2+} + S^{2-} \longrightarrow PbS\downarrow$（黒色）

硫化物イオンとの反応〈中性・塩基性条件下〉
マンガン(Ⅱ)イオンと硫化物イオンの反応 　　　$Mn^{2+} + S^{2-} \longrightarrow MnS\downarrow$（淡赤色）
亜鉛イオンと硫化物イオンの反応 　　　　　　　$Zn^{2+} + S^{2-} \longrightarrow ZnS\downarrow$（白色）
鉄(Ⅱ)イオンと硫化物イオンの反応 　　　　　　$Fe^{2+} + S^{2-} \longrightarrow FeS\downarrow$（黒色）

水酸化物イオンとの反応
鉄(Ⅱ)イオンと水酸化物イオンの反応 　　　　　$Fe^{2+} + 2OH^- \longrightarrow Fe(OH)_2\downarrow$（緑白色）
銅(Ⅱ)イオンと水酸化物イオンの反応 　　　　　$Cu^{2+} + 2OH^- \longrightarrow Cu(OH)_2\downarrow$（青白色）
銀イオンと水酸化物イオンの反応 　　　　　　　$2Ag^+ + 2OH^- \longrightarrow Ag_2O\downarrow$（褐色）$+ H_2O$

過剰の水酸化ナトリウム水溶液との反応
水酸化アルミニウムと過剰の水酸化ナトリウム水溶液の反応　$Al(OH)_3 + NaOH \longrightarrow Na[Al(OH)_4]$
水酸化亜鉛と過剰の水酸化ナトリウム水溶液の反応　　　　　$Zn(OH)_2 + 2NaOH \longrightarrow Na_2[Zn(OH)_4]$

過剰のアンモニア水との反応
水酸化亜鉛と過剰のアンモニア水の反応 　　　　$Zn(OH)_2 + 4NH_3 \longrightarrow [Zn(NH_3)_4]^{2+} + 2OH^-$
水酸化銅(Ⅱ)と過剰のアンモニア水の反応 　　　$Cu(OH)_2 + 4NH_3 \longrightarrow [Cu(NH_3)_4]^{2+} + 2OH^-$
酸化銀と過剰のアンモニア水の反応 　　　　　　$Ag_2O + 4NH_3 + H_2O \longrightarrow 2[Ag(NH_3)_2]^+ + 2OH^-$

炭酸イオンとの反応
カルシウムイオンと炭酸イオンの反応 　　　　　$Ca^{2+} + CO_3^{2-} \longrightarrow CaCO_3\downarrow$（白色）
バリウムイオンと炭酸イオンの反応 　　　　　　$Ba^{2+} + CO_3^{2-} \longrightarrow BaCO_3\downarrow$（白色）

硫酸イオンとの反応
カルシウムイオンと硫酸イオンとの反応 　　　　$Ca^{2+} + SO_4^{2-} \longrightarrow CaSO_4\downarrow$（白色）
バリウムイオンと硫酸イオンとの反応 　　　　　$Ba^{2+} + SO_4^{2-} \longrightarrow BaSO_4\downarrow$（白色）
鉛(Ⅱ)イオンと硫酸イオンとの反応 　　　　　　$Pb^{2+} + SO_4^{2-} \longrightarrow PbSO_4\downarrow$（白色）

21 無機物質と人間生活 (p.336)

450
解答
(1) ファインセラミックス (2) ソーダ石灰ガラス
(3) ホウケイ酸ガラス (4) 陶磁器 (5) 複合材料

解説
セラミックスとは粘土やケイ砂などを焼いてつくるものである。粘土，ケイ砂，長石などを焼いてつくったのが陶磁器，ケイ砂に炭酸ナトリウム，ホウ砂，酸化鉛(Ⅱ)などを混ぜて焼いてつくったのがガラスであり，混合成分によりその性質は異なる。ファインセラミックスは炭化ケイ素，窒化ケイ素などを原料として，制御された条件で焼結した材料で，高度の寸法精度をもつ。複合材料はいくつかの異なる材料を組み合わせて，特徴ある機能と性能をもたせた材料である。

▶セラミックスは原料を焼いてつくる。
陶磁器：粘土，ケイ砂，長石など。
ガラス：ケイ砂を主成分，用途により，炭酸ナトリウム，ホウ砂，酸化鉛(Ⅱ)など。

▶ファインセラミックスや複合材料は特殊な機能や新しい機能をもたせた材料。

エクセル

陶磁器	土器 (粘土)	陶器 (粘土とケイ砂)	磁器 (粘土，ケイ砂，長石)

ガラス	ソーダ石灰ガラス （ケイ砂，Na_2CO_3，$CaCO_3$）
	ホウケイ酸ガラス （ケイ砂，$Na_2B_4O_7 \cdot 10H_2O$）
	鉛ガラス （ケイ砂，K_2CO_3，PbO）

（　）は主な原料

451
解答 (1) 正 (2) 正 (3) 誤 (4) 正

解説
(1) 700℃で焼いて水分を除くのが素焼きで，その後にうわ薬をかけて1300℃で焼くことを本焼きという。正しい。
(2) 光ファイバーは高純度の石英ガラスからできており，光通信に利用される。正しい。
(3) セメントに砂を混ぜたものをモルタルという。誤り。
(4) 鉛ガラスはクリスタルガラスともよばれ，屈折率が大きいため光学機器のレンズなどに利用されている。正しい。

エクセル セラミックス：陶磁器やガラスなどの無機固体材料

●光ファイバー
高純度の石英ガラスでつくる。

●セメント
石灰石，粘土，セッコウなどを高温で加熱してつくられ，砂を混ぜたものをモルタル，砂と砂利を混ぜたものをコンクリートとよぶ。

452
解答 両方に磁石を近づけると，スチール缶だけに磁石がつき，区別できる。

エクセル アルミニウム缶の材料：アルミニウムまたはアルミニウムの合金
スチール缶の素材：鉄の合金

キーワード
・磁石

453
解答
(1) (ア) 土器 (イ) 陶器 (ウ) 磁器
(エ) 石英(ケイ砂) (オ) 優れている (カ) 大きい
(2) さびない，かたい，燃えない
(3) 金属以外の無機物質を高温に熱してつくられた固体材料をセラミックスといい，高純度の材料から精密につくられたセラミックスをファインセラミックスという。
(4) 粘土に含まれる成分が部分的に融けて，粘土の粒子どうしを接着させるから。

解説 (3) ガラス，陶磁器，セメントはセラミックスであり，酸化ジ

キーワード(3)
・セラミックス
・ファインセラミックス

キーワード(4)
・粒子

212 — 5章　無機物質

解説　ルコニウム製の包丁，ヒドロキシアパタイト製の人工骨などはファインセラミックスである。

エクセル　陶磁器の種類：土器，陶器，磁器

●陶磁器
粘土を焼成させて器状に成形したもの。

454 解答　農地の土壌に肥料としてまいたリンは作物や土壌中の微生物に吸収される。作物はヒトや家畜に食べられるので，作物に含まれるリンの一部はヒトや家畜の体内に移行する。そして，家畜の体内に取り入れられたリンの一部はミルクや食肉からヒトの体内に移る。作物やヒトの体内にとり込まれたリンは，生活排水やし尿として下水に排出される。下水中のリンは河川や海に流れ，それが河川や海の微生物に利用されると考えられる。(195字)

キーワード
・微生物
・作物
・生活排水

●生活排水の流れ

解説　下水は河川から海に流れ込む。その過程で，雨や雪などが降るのでリンの濃度が低下していく事実に着目する。

エクセル　環境中のリンの濃度：下水中＞河川水中＞海水中

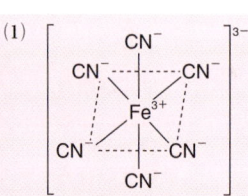

455 解答　(1) $[Fe(CN)_6]^{3-}$ の構造式

(2) 鉄が酸化されて Fe^{2+} となり，液滴中の $[Fe(CN)_6]^{3-}$ と反応して濃青色沈殿を生じる。

(3) 鉄が放出した電子を水溶液中の酸素が受け取り，水酸化物イオンを生じるため。
$O_2 + 2H_2O + 4e^- \longrightarrow 4OH^-$

(4) 鉄よりイオン化傾向の大きい亜鉛が先に反応して Zn^{2+} となる。このとき，電子を受け取るのは鉄側になるので，鉄板側では水酸化物イオンが生成し，ピンク色になる。

キーワード(2)
・濃青色沈殿

キーワード(3)
・水酸化物イオン

キーワード(4)
・イオン化傾向
・水酸化物イオン

解説　空気中で鉄を放置すると，水蒸気や酸素によってさびる。本問は，さびができるしくみについて注目したものである。

(2) 鉄は酸化されると 2 価の Fe^{2+} を経て 3 価の Fe^{3+} へと変化する。まず，鉄が酸化されて Fe^{2+} となり，液滴中の $[Fe(CN)_6]^{3-}$ と反応して濃青色沈殿を生じる。

(3) 水酸化物イオンが生じたことを，フェノールフタレインがピンク色になることで確認している。

(4) イオン化傾向の大きい亜鉛が先に反応する。この場合，ヘキサシアニド鉄(Ⅲ)酸イオンによる青変は見られない。

▶鉄と塩酸の反応は
$Fe + 2HCl \longrightarrow FeCl_2 + H_2$
一般に，鉄は 2 価のイオンとして表現する。

エクセル　鉄の酸化に伴う酸素の還元　$O_2 + 2H_2O + 4e^- \longrightarrow 4OH^-$

456 解答　(1) (b)　(2) $TiO_2 + C + 2Cl_2 \longrightarrow TiCl_4 + CO_2$
(3) $TiCl_4 + 2Mg \longrightarrow Ti + 2MgCl_2$　(4) 50 t

5章 発展問題 level 2 ―― 213

解説 (4) (2), (3)の化学反応式から, 1 mol の TiO_2 から 1 mol の Ti が生成することがわかる。鉱石中の TiO_2 の質量を x (t) とすると, $\dfrac{15}{47.9} = \dfrac{x}{79.9}$ より $x = 25.02\cdots$ t ≒ 25.0 t

求める鉱石の質量は, $25.0\,\text{t} \times \dfrac{100}{50} = 50\,\text{t}$ となる。

エクセル 自然界では Ti は酸化物として存在する。

457

解答
(1) 非共有電子対
(2) $Ag_2O + 4NH_3 + H_2O \longrightarrow 2[Ag(NH_3)_2]^+ + 2OH^-$
(3) [図：八面体錯体の2種類の異性体構造]
(4) Co^{3+} に3個のエチレンジアミン分子それぞれの NH_2 基の非共有電子対を使って配位結合すると，安定な五員環構造を形成できるから。

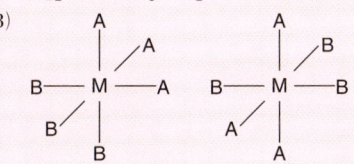

解説 (3) 金属イオン M と 2 種類の配位子 A, B から成る八面体構造の錯体には，A—M—A, B—M—B, A—M—B の 3 種類の結合が存在する。これらが中心金属イオン M を中心に $[MA_3B_3]$ を形成する。
(4) キレートを形成するときは，金属イオンを含む 5〜6 個の原子の環状構造（五員環や六員環）をつくるときが安定である。エチレンジアミンの N—C—C—N 骨格の両端にある非共有電子対が Co^{3+} に配位結合すると，安定な五員環構造となる。

エクセル $[MA_3B_3]$ の幾何異性体は2種類。

458

解答 $6.80 \times 10^{-2}\,\text{mol/L}$

解説 銅(Ⅱ)イオンと EDTA は 1 : 1 で反応することから，銅(Ⅱ)イオンの濃度を求めることができる。
水溶液の濃度を x (mol/L) とすると
x (mol/L) $\times \dfrac{30.0}{1000}$ L $= 4.00 \times 10^{-2}$ mol/L $\times \dfrac{51.0}{1000}$ L
$x = 6.80 \times 10^{-2}$ mol/L

キレートとは，1分子の配位子が金属イオンを取り囲むように配位結合した構造のことを指す。このようにしてできた錯体をキレート錯体とよぶ。キレートとは，ギリシア語で「蟹のハサミ」を指すことばである。

エクセル 2価の金属イオンと EDTA は 1 : 1 で反応することから，金属イオンの濃度を求めることができる。

● $[MA_3B_3]$ の幾何異性体
facial（フェイシャルと読む），*meridional*（マリディアナルと読む）の2種類。

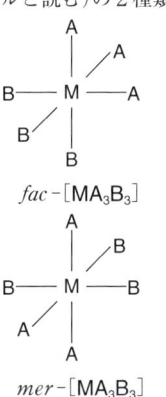

[図：fac-$[MA_3B_3]$]

$fac\text{-}[MA_3B_3]$

[図：mer-$[MA_3B_3]$]

$mer\text{-}[MA_3B_3]$

▶ EDTA は，「エデト酸塩」としてシャンプーなどの生活用品に加えられている。これは，水中のカルシウムイオンやマグネシウムイオンをキレート化して，泡立ちをよくするためである。

22 有機化合物の特徴と分類 (p.348)

459 (1), (4), (5)

(1) 有機化合物は原子どうしが共有結合によって次々に結合し分子をつくっている。
(2) 有機化合物は，C, H, O, N, S, ハロゲンなど構成する元素の種類は少ない。
(3) 有機化合物の多くは水よりも有機溶媒に溶けやすい。
(4) 有機化合物には分子式が同じで構造が異なる構造異性体などが存在する。
(5) 有機化合物の多くは可燃性で，完全燃焼すると二酸化炭素と水を生じる。

エクセル 無機化合物と比較して特徴を確認しておこう。
有機化合物は炭素 C を骨格とした化合物である。

460 (1) 性質 (2) ① (ア) ② (ウ) ③ (オ) ④ (エ)
(3) (a) (オ) (b) (ア) (c) (ウ)

有機化合物の性質を決める原子や原子団を官能基といい，官能基の種類により化合物を分類することができる。

官能基の種類	化合物の一般名
ヒドロキシ基：−O−H −OH	アルコール
ホルミル基：−C(=O)H −CHO	アルデヒド
カルボキシ基：−C(=O)O−H −COOH	カルボン酸
カルボニル基：−C(=O)− −CO−	ケトン R−CO−R'

エクセル 一般的な有機化合物

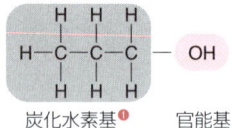

炭化水素基❶　官能基

❶ 炭化水素基（アルキル基）
飽和炭化水素の水素原子が1つ少ない原子団。
（例）−CH$_3$　メチル基
　　　−C$_2$H$_5$　エチル基

官能基
有機化合物の性質を決める原子団。代表的な官能基の構造と特徴を整理しておこう。

461 (1), (3), (4)

(1) 両者とも，炭素原子を中心とした四面体構造をとる❶。したがって，重ね合わせることができる。
(2) 2つの塩素原子が同じ炭素原子に結合しているか，異なる炭素原子に結合しているかの違いがあるため，互いに異なる化合物である。

❶ 回転させると重なる。

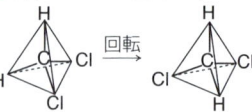

22 有機化合物の特徴と分類 —— 215

(3) 両者とも，主鎖の炭素原子数が4のブタン C_4H_{10} である。

$\overset{1}{C}H_3-\overset{2}{C}H_2-\overset{3}{C}H_2-\overset{4}{C}H_3$　　$\overset{1}{C}H_2-\overset{2}{C}H_2$
　　　　同じ化合物　　　$\quad\quad\underset{3}{|}\quad\underset{4}{|}$
　　　　　　　　　　　　　　$\overset{3}{C}H_3\ \overset{4}{C}H_3$

(4) 両者とも，主鎖の炭素原子数が4であり，メチル基—CH_3
が同じ位置の炭素原子に結合しているので同じ化合物である。

$\overset{1}{C}H_3-\overset{2}{C}H-\overset{3}{C}H_2-\overset{4}{C}H_3$　　$\overset{1}{C}H_3-\overset{2}{C}H-\overset{3}{C}H_3$
　　　　$|$　　　　　　　　　　　　　$|$
　　　CH_3　　同じ化合物　　　CH_2
　　　　　　　　　　　　　　　　　$\underset{4}{|}$
　　　　　　　　　　　　　　　　　CH_3

エクセル 4つの価電子のすべてで単結合を形成する炭素原子は四面体の中心となる。
単結合は自由回転することができる。

462 解答 **4種類**

解説 H原子は末端の CH_3-，中心の $-CH_2-$ 部分にあるので，この1つを塩素原子で置き換える❶。

$CH_3-CH_2-CH_2-Cl$　　$CH_3-CH-CH_3$
　　　　　　　　　　　　　　　　　$|$
　　　　　　　　　　　　　　　　　Cl

H原子をもう1つ塩素原子で置き換える。

　　　　　　　　　　　　　　Cl
　　　　　　　　　　　　　　$|$
$CH_3-CH_2-CH-Cl$　　CH_3-C-CH_3
　　　　　　　$|$　　　　　　　　　$|$
　　　　　　　Cl　　　　　　　　Cl

$CH_3-CH-CH_2-Cl$　　$Cl-CH_2-CH_2-CH_2-Cl$
　　　$|$
　　　Cl

❶この2種類は同じ化合物
$CH_3-CH_2-CH_2-Cl$
$Cl-CH_2-CH_2-CH_3$　同じ！

エクセル 主鎖と側鎖
構造異性体を書くときは，H原子を省略し，C原子だけの骨格をまず考える。

$C-C-C-C-C$，　$C-C-C-C$
　　　　　　　　　　　　$|$
　　　　　　　　　　　　C

463 解答 (ア)○　(イ)×　(ウ)○

解説
(ア) このとき生じる白煙は塩化アンモニウム NH_4Cl ❶である。
(イ) 硫黄はナトリウムの小片とともに加熱・融解し，硫化ナトリウムを生成させ，その後，酸性にして酢酸鉛(Ⅱ)を加えると，硫化鉛(Ⅱ)の黒色沈殿を生じることで検出できる。
(ウ) この検出方法のことをバイルシュタイン試験という。

❶窒素の検出
$NH_3 + HCl \longrightarrow NH_4Cl$

エクセル 各元素の検出方法を確認しよう。

464 解答
(1) (ア) 水　　　　　　(イ) 二酸化炭素
　　(ウ) 塩化カルシウム　(エ) ソーダ石灰
(2) 試料を完全燃焼させるための酸化剤。
(3) ソーダ石灰が二酸化炭素と水の両方を吸収し，それぞれの質量を測定することができなくなるため。

キーワード(2)
・完全燃焼

キーワード(3)
・水
・二酸化炭素

216 — 6章 有機化合物

解説 (1) 有機化合物を完全燃焼させると,構成元素の炭素は二酸化炭素として,水素は水となって生じる。塩化カルシウム管では水が,ソーダ石灰管では二酸化炭素が吸収されるため,それぞれの増加した質量から試料中の炭素と水素の質量を計算することができる。
(2) 酸化銅(Ⅱ)CuO は試料を完全燃焼させるための酸化剤として用いる。

エクセル 炭素,水素,酸素からなる有機化合物を完全燃焼させると水と二酸化炭素が生成する。このことを利用して,試料中の炭素の質量を二酸化炭素から,水素の質量を水から求める。
① 水の吸収……塩化カルシウム管
② 二酸化炭素の吸収……ソーダ石灰管
ソーダ石灰は水も二酸化炭素も吸収するのであとにする。

465

解答 $C_6H_{12}O_2$

解説 組成式を $C_xH_yO_z$ とすると

$$x : y : z = \frac{62.1}{12} : \frac{10.3}{1.0} : \frac{100 - 62.1 - 10.3}{16} = 5.17 : 10.3 : 1.72$$
$$≒ 3 : 6 : 1$$

組成式は C_3H_6O(式量 58)である。
この化合物の分子量が 116 なので
$(C_3H_6O)_n = 58n = 116$ より,$n = 2$
よって,分子式は $C_6H_{12}O_2$

エクセル 原子数比 $C : H : O = \dfrac{Cの\%}{12} : \dfrac{Hの\%}{1.0} : \dfrac{Oの\%}{16}$

●組成式の求め方
①組成式を $C_xH_yO_z$ とする。
②燃焼で生じた二酸化炭素と水の質量から,ある質量の化合物中の C, H, O の質量を求める。
③C, H, O の質量を物質量に変換し比をとる。

466

解答 $C_6H_{12}O_2$

解説 カルボン酸 5.80 mg 中の C, H, O の質量を求める。

炭素:$13.2 \times \dfrac{12}{44} = 3.60$ mg ❶

水素:$5.40 \times \dfrac{2.0}{18} = 0.60$ mg ❷

酸素:$5.80 - (3.60 + 0.60) = 1.60$ mg
組成式を $C_xH_yO_z$ とすると

$$x : y : z = \frac{3.6}{12} : \frac{0.6}{1.0} : \frac{1.6}{16} = 3 : 6 : 1$$

組成式は C_3H_6O である。
1 価カルボン酸は,O 原子を 2 つもつので,分子式は
$(C_3H_6O)_2 = C_6H_{12}O_2$

エクセル 分子式 = (組成式)$_n$
分子量から n を決定せよ。問題文の記述から官能基を推測し,n を求めることもある。

❶ CO_2 1 mol 中の C の質量は $\dfrac{12}{44}$

❷ H_2O 1 mol 中の H の質量は $\dfrac{2.0}{18}$

467

解答 $C_4H_8O_2$

解説 化合物 A の組成式を $C_xH_yO_z$ とすると，

$$x : y : z = \frac{54.5}{12} : \frac{9.1}{1.0} : \frac{100-54.5-9.1}{16}$$
$$= 4.54 : 9.1 : 2.275$$
$$\fallingdotseq 2 : 4 : 1$$

組成式は C_2H_4O（式量 44）と求まる。
化合物 A のモル質量を M〔g/mol〕とし，理想気体の状態方程式より M を求める。$pV = nRT$ より，

$$1.0 \times 10^5 \text{Pa} \times 34.8 \times 10^{-3} \text{L}$$
$$= \frac{100 \times 10^{-3} \text{g}}{M} \times 8.3 \times 10^3 \text{Pa·L}/(\text{K·mol}) \times (100 + 273)\text{K}$$

$M = 88.9\cdots \text{g/mol}$

モル質量が式量の約 2 倍であることより，分子式は組成式の 2 倍と考えられる。

$(C_2H_4O)_2 = C_4H_8O_2$

別解
モル質量（分子量）が求まっている場合は，モル質量に質量百分率を掛けることで，1 分子中に含まれる原子の個数を求めることができる。

化合物 A 中の C 原子の数：$88.9 \text{g/mol} \times 0.545 \times \dfrac{1}{12 \text{g/mol}} \fallingdotseq 4$

H 原子の数：$88.9 \text{g/mol} \times 0.091 \times \dfrac{1}{1.0 \text{g/mol}} \fallingdotseq 8$

O 原子の数：$88.9 \text{g/mol} \times (1 - 0.545 - 0.091) \times \dfrac{1}{16 \text{g/mol}} \fallingdotseq 2$

エクセル 分子量が求まる方法：気体の状態方程式 $pV = nRT$
沸点上昇：$\Delta t = K \cdot m$　　凝固点降下：$\Delta t = K \cdot m$
ファントホッフの法則：$\Pi V = nRT$

468

解答 (ア)

解説
(ア) C 原子を含む化合物を有機化合物という。ただし，CO_2，炭酸塩やシアン化物など簡単な構造をもつものは無機化合物に分類される。また，O 原子の有無は有機化合物の定義には関係しない。誤
(イ) 完全燃焼により生じた CO_2，H_2O の質量から，有機化合物に含まれている C，H 元素の質量を求めることができる。正
(ウ) 正
(エ) 官能基の種類と数がわかれば，示性式を導くことができる。正

▶ウェーラーにより発見された無機化合物から有機化合物が生じる反応
$NH_4OCN \longrightarrow (NH_2)_2CO$
シアン酸アンモニウム　　尿素

218 — 6章 有機化合物

解説
例）$C_3H_6O_3$（分子式）
ヒドロキシ基1個，カルボキシ基1個を含む示性式：
$$CH_3CH(OH)COOH（示性式）$$
(オ) 正
(カ) 分子式 C_2H_6O の有機化合物の構造異性体には以下の2種類が存在する。　正

CH_3-CH_2-OH　　　CH_3-O-CH_3
官能基　ヒドロキシ基　　　エーテル結合

エクセル C原子を含む化合物 ⟶ 有機化合物
CO_2，炭酸塩，シアン化物などは無機化合物に分類される。

469

解答 (1) 5種類

$CH_2=CH-CH_2-CH_2-Cl$
$CH_2=CH-CHCl-CH_3$
$CH_2=CCl-CH_2-CH_3$

H   H   H   CH_2-CH_3
 \\C=C/   \\C=C/
Cl   CH_2-CH_3   Cl   H

(2) $CH_3-CH_2-C≡C-H$　　$CH_3-C≡C-CH_3$

(3) $CH_3-CH_2-CH_2-C≡C-H$
$CH_3-CH_2-C≡C-CH_3$
$CH_3-CH-C≡C-H$
　　　 |
　　　 CH_3

解説 炭素原子の並び方，二重結合・三重結合の位置に注意する。炭素数6以下のアルカン，炭素数4以下のアルケン・アルキンの異性体は書けるようになっておくこと。

炭化水素の構造異性体の書き方
分子内の最も長い炭素原子の並びを主鎖，主鎖から枝分かれした炭素原子を側鎖という。構造式を書くときは，つねにこのことを意識する。

主鎖（直鎖）
C－C－C－C…
　　|
　　C ← 側鎖（枝分かれ）

① アルカンの場合　炭素骨格のみ記す❶。

C_4H_{10}　主鎖炭素数4　　　主鎖炭素数3
　　　　C－C－C－C　　　　C－C－C
　　　　　ブタン　　　　　　　|
　　　　　　　　　　　　　　　C
　　　　　　　　　　　2-メチルプロパン

C_5H_{12}　主鎖炭素数5　　主鎖炭素数4　　主鎖炭素数3
　　　　　　　　　　　　　　　　　　　　　　C
　　　　　　　　　　　　　　　　　　　　　　|
　　C－C－C－C－C　C－C－C－C　　C－C－C
　　　　ペンタン　　　　|　　　　　　　|
　　　　　　　　　　　　C　　　　　　　C
　　　　　　　　　2-メチルブタン　2,2-ジメチルプロパン

❶ これらは，考えやすくするためH原子を省略している。問題の解答として書く場合には，省略しないように注意する。

▶主鎖（直鎖）が長いものから順に短くしていくと，重複や数え忘れを防げる。また，化合物の名称を一緒に書いていくと，重複に気づくことがある。

C₆H₁₄　主鎖炭素数6

```
C-C-C-C-C-C
   ヘキサン
```

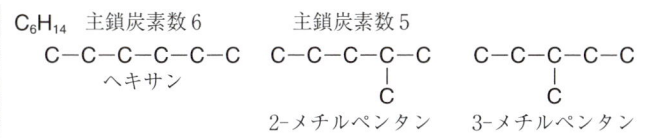

主鎖炭素数5

```
C-C-C-C-C        C-C-C-C-C
    |                |
    C                C
 2-メチルペンタン    3-メチルペンタン
```

主鎖炭素数4

```
    C                 C
    |                 |
C-C-C-C           C-C-C-C
    |                 |
    C                 C
 2,2-ジメチルブタン   2,3-ジメチルブタン
```

ヘプタン C₇H₁₆ には9個の，オクタン C₈H₁₈ には18個の構造異性体がある。

② アルケンの場合

炭素原子の並び方，二重結合の位置に注意する。
シス−トランス異性体を考慮する必要がある❷ので，二重結合につながっている H 原子は略さずに記した。

❷ シス−トランス異性体は，とくに指示のない限り異なる化合物として扱う。

C₄H₈

```
  H    H           C    C         C    H        H    C
   C=C              C=C             C=C           C=C
  H    C-C         H    H          H    C         H    C
  1-ブテン       シス-2-ブテン    トランス-2-ブテン   2-メチルプロペン
```

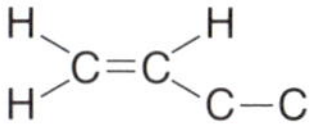

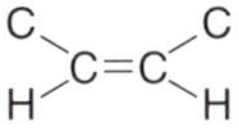

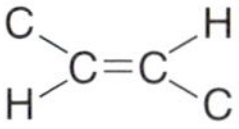

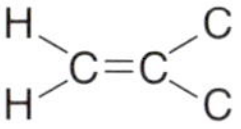

C₅H₁₀

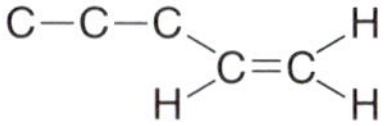

```
        H              C-C-C    H           C-C    H
C-C-C    C=C            C=C                   C=C
        H   H            H   H                H    C
 1-ペンテン         シス-2-ペンテン        トランス-2-ペンテン
```

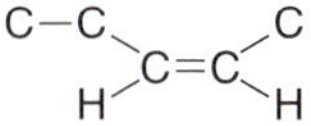

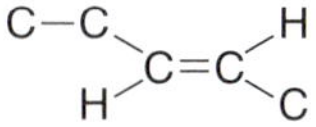

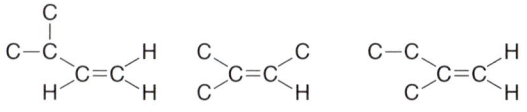

```
   C                  C     C           C-C     H
   |                                         C=C
C-C   C=C   H      C   C=C   H          C        H
   H       H
 3-メチル-1-ブテン   2-メチル-2-ブテン     2-メチル-1-ブテン
```

③ アルキンの場合

炭素原子の並び方，三重結合の位置を考慮する。

C₄H₆

```
C-C-C≡C        C-C≡C-C
 1-ブチン        2-ブチン
```

C₅H₈

```
C-C-C-C≡C      C-C-C≡C-C      C-C-C≡C
 1-ペンチン       2-ペンチン         |
                                    C
                              3-メチル-1-ブチン
```

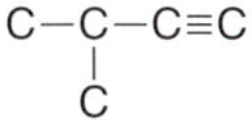

エクセル 有機化合物の命名法を把握しておくと，構造決定の問題の際などに心強い。

470

解答

CH₃-CH₂-CH₂-CH=CH₂   CH₃-CH₂-C=CH-H / H   CH₃-CH₂-C=CH / H   CH₃

CH₃-CH₂-C=CH₂ / CH₃   CH₃-CH=CH-CH / CH₃   CH₂=CH-CH-CH₃ / CH₃

(環状構造：五員環, 四員環の分岐体, 三員環の分岐体)

解説 炭素数5のアルカン C_nH_{2n+2} に含まれる H 原子の数を求める。

$2×5^① + 2 = 12$

C_5H_{10} は，炭素数5のアルカン C_5H_{12} よりも H 原子が2つ少ない。H 原子が2つ少ない（不飽和度1）場合の分子式では，アルケンとシクロアルカンが考えられる。

アルケン

主鎖5　C-C-C-C=C　　C-C-C=C-C
　　　　　　　　　　　（シス-トランス異性体が存在）

主鎖4　C-C-C=C / C　　C-C-C=C / C　　C=C-C-C / C

シクロアルカン

（五員環, 四員環, 三員環の構造）

① $n=5$ より

▶主鎖3の C_5H_{10} は存在しない

（C原子が5本結合している構造図）

C原子が5本結合している

エクセル 不飽和度：アルカンより不足している水素原子の数÷2
不飽和度1の場合：アルケン，シクロアルカン

471

解答

(1) CH₃-CH₂-C(=O)-CH₃

(2) CH₃-CH(CH₃)-C(=O)-H

(3) CH₃-O-CH=CH-CH₃ / H

解説 (1), (2)　主鎖炭素数4　　主鎖炭素数3

C-C-C-C　　C-C-C / C
　↑ ↑　　　　　↑
　① ②　　　　　③

①に O が結合するとき，ケトンになる。

C-C-C-C / ‖O

③に O が結合するとき，枝分かれ構造を含むアルデヒドになる。

C-C-C-H / C / ‖O

(3) シス-トランス異性体が存在するので，C=C が存在する。

$$C-C=C-C$$
↑
④

④に O が結合するとエーテルとなり，トランス形であるので，次のような構造式になる。

```
  C       H
   \     /
    C = C
   /     \
  H       O-C
```

エクセル 炭素鎖を決めてから，官能基ができる位置を考える。

472
解答 $CH_3-CH_2-CH_2-CH_2-CH_2-OH$
理由　化合物中にヒドロキシ基があると水素結合を形成するため沸点が高くなる。また，炭素鎖に枝分かれが少ないほど分子間力が大きくなるため沸点が高くなる。

キーワード
・沸点
・水素結合
・分子間力

解説 分子式 $C_5H_{12}O$ は一般式 $C_nH_{2n+2}O$ にあてはまるので，アルコールかエーテルである。アルコールはヒドロキシ基をもち，水素結合を形成するため沸点が高い。また，枝分かれが少ないほど分子間力が大きくなるので沸点は高くなる。

エクセル 枝分かれが少ないほど分子間力が大きくなり，沸点は高くなる。

473
解答 (ア) 正　(イ) 正　(ウ) 誤

解説 カルボン酸の骨格は次のようになる。

$$C-C-COOH$$
↑ ↑
① ②

①，②のそれぞれにヒドロキシ基が結合できるので，2種類のヒドロキシ酸が生成する。

①の場合　　　　②の場合
$HO-C-C-COOH$　　　$\begin{array}{c}OH\\|\\C-C^*-COOH\end{array}$
　　　　　　　　　　乳酸

乳酸は不斉炭素原子をもつが，炭素原子間の二重結合が存在しないのでシス-トランス異性体は存在しない。

エクセル ヒドロキシ基をもつカルボン酸をヒドロキシ酸とよぶ。

474
解答 (1) 54.0　(2) C_4H_6
(3) $CH_2=C=CH-CH_3$　　$CH\equiv C-CH_2-CH_3$
$CH_2=CH-CH=CH_2$　　$CH_3-C\equiv C-CH_3$

解説 (1) 標準状態での化合物Aのモル質量[g/mol]は
$2.41 \times 22.4 = 53.98 \fallingdotseq 54.0$ g/mol
よって，Aの分子量は 54.0 である。

(2) 化合物Aは炭化水素であり，分子式を C_xH_y と表すと，完全燃焼の化学反応式は次のようになる。

$$C_xH_y + \left(x+\frac{y}{4}\right)O_2 \longrightarrow xCO_2 + \frac{y}{2}H_2O$$

解説

これより，A と O_2 の物質量の比は $1:\left(x+\dfrac{y}{4}\right)$ であり，A の分子量は $12x+y$ となることから，

$$\dfrac{32.0\times 10^{-3}}{12x+y}:\dfrac{73.0\times 10^{-3}}{22.4}=1:\left(x+\dfrac{y}{4}\right)$$

これを解いて，$x:y\fallingdotseq 2:3$ となり，組成式は C_2H_3（式量27）である。(1)より A の分子量が 54.0 であるから，分子式は C_4H_6 となる。

(3) (2)より A の分子式は C_4H_6 であり，飽和炭化水素ならば C_4H_{10} となる。C 原子間に不飽和結合が 1 つ生じるごとに H 原子は 2 個減少するので，A の分子内には，二重結合が 2 つまたは三重結合が 1 つ含まれる。

(i) 二重結合が 2 つ含まれるとき❶

　　C=C-C=C　　C=C=C-C
　　↑　↑　　　　↑　↑

(ii) 三重結合が 1 つ含まれるとき❷

　　C≡C-C-C　　C-C≡C-C
　　↑　　　　　　　↑

（↑は二重結合または三重結合の場所を示している。）

エクセル 炭化水素は C_xH_y と表すことができ，炭素 C は燃焼によってすべて二酸化炭素に，水素 H はすべて水に変化する。このことから，完全燃焼の化学反応式を x，y を用いて立てる。

❶ C-C-C-C と
　　↑　↑
　　C-C-C-C は
　　　↑　↑
表と裏を反転させれば同一の構造となる。

❷ C-C-C-C と
　↑
　C-C-C-C は
　　　↑
表と裏を反転させれば同一の構造となる。

23 脂肪族炭化水素 (p.356)

475

(1) H−C≡C−H

(2) H₂C=CH₂ （エチレン構造式）

(3) H−C−C−C−H （プロパン、Hを含む）

(4) H−C−C=C−H （プロペン構造式）

(5) 2-ブチン　(6) 2-メチルプロペン

(7) （シクロヘキセン構造式）

(8) シクロプロパン

▶炭素数の少ない有機化合物の名称と構造式は覚えよう。

● 炭化水素の一般式
アルカン　C_nH_{2n+2}
アルケン　C_nH_{2n}
アルキン　C_nH_{2n-2}

エクセル 炭素数の少ない有機化合物の名称と構造式は覚えよう。
アルカン　すべての原子は単結合で結ばれている。
アルケン　分子中に二重結合を1つ含む。
アルキン　分子中に三重結合を1つ含む。

476

(1) $CH_3COONa + NaOH \longrightarrow CH_4 + Na_2CO_3$
(2) 2.8 L

解説
(1) この反応によって生じるメタンは最も簡単なアルカンで、安定に存在する。このため、メタンを臭素水に加えても、反応しない。
(2) メタンの完全燃焼の化学反応式は次のようになる。

$$CH_4 + 2O_2 \longrightarrow CO_2 + 2H_2O$$

$\dfrac{1.0\,\text{g}}{16\,\text{g/mol}}$　$\dfrac{1.0\,\text{g}}{16\,\text{g/mol}} \times 2$

必要な酸素の量は

$$\dfrac{1.0\,\text{g}}{16\,\text{g/mol}} \times 2 \times 22.4\,\text{L/mol} = 2.8\,\text{L}$$

エクセル メタンは最も簡単なアルカンで、無色・無臭の気体である。空気より軽く、水に溶けにくいので、水上置換で捕集❶する。

❶ メタンの実験室的製法
酢酸ナトリウム＋水酸化ナトリウム
メタン

477

(1) 3種類　(2) 4種類　(3) 1種類

解説 H原子の1つを塩素原子で置換する。下図には、置換することが可能なH原子に矢印→をつけてある。

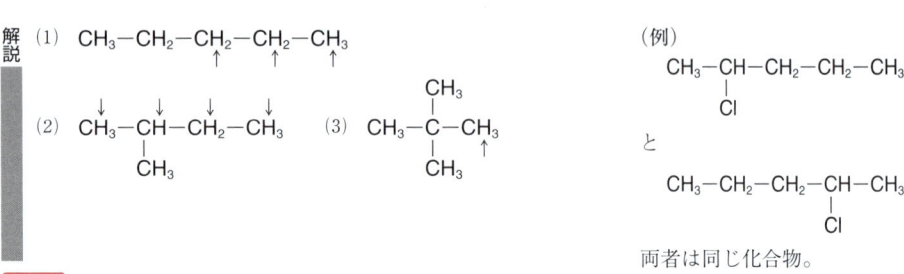

解説 (1)(2)(3)
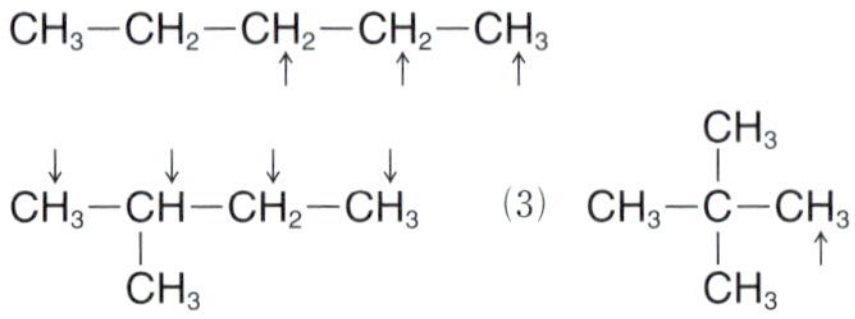

(例)
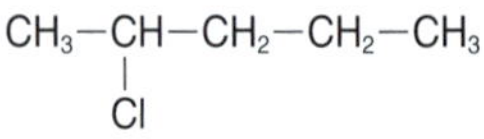
と
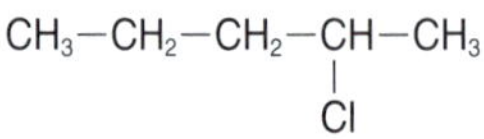
両者は同じ化合物。

エクセル アルカンの塩素置換……紫外線照射下で反応が進行する。

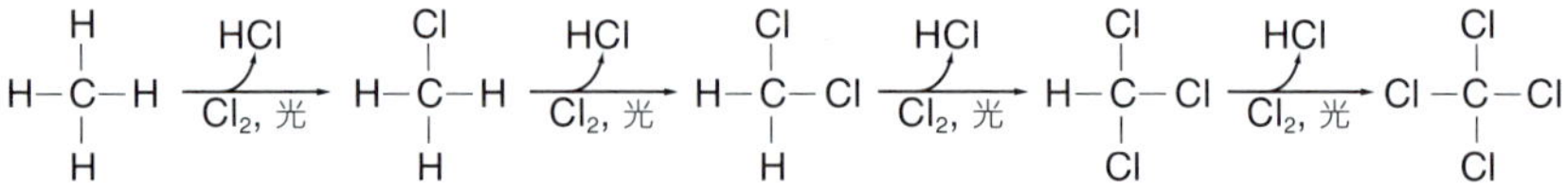

クロロメタン　ジクロロメタン　トリクロロメタン　テトラクロロメタン

478 解答

(1) (ア) アルケン　(イ) C_nH_{2n}　(ウ) 無　(エ) 付加
(2) $C_2H_5OH \longrightarrow C_2H_4 + H_2O$

解説 (1) Br_2 との反応のように色の変化がある場合，付加反応から不飽和結合をもつ化合物であることが確認できる。

エクセル エチレンは水に溶けにくいため，水上置換で捕集される。

479 解答

(1) (ア)　(2) (イ)

解説 (1) C=C 二重結合の C 原子と，それと直接結合する 4 個の原子は，同一平面上に存在する[1]。

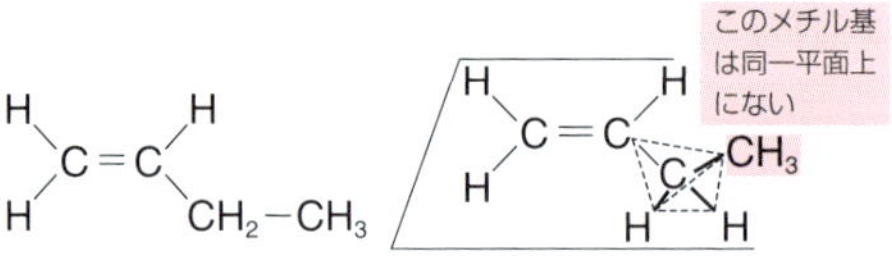

(2) 各化合物について，付加させた化合物の構造式を書いて判断する。(C*は不斉炭素原子)

(ア) 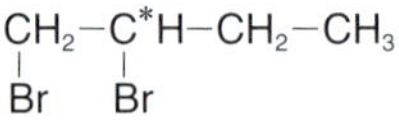　(イ) 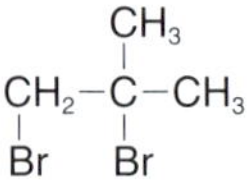

(ウ) 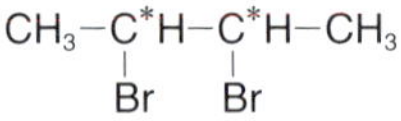　(エ) 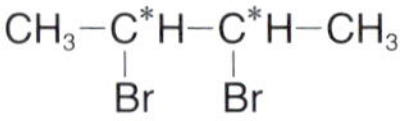

エクセル 二重結合に直接結合している原子は同一平面上にある。
Ⓒ と ⓌⓍⓎⓏ は同一平面上にある。

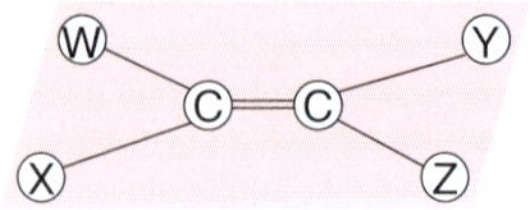

[1] プロペンの場合
同一平面上には，つねに 6 個の原子が存在し，最大で 7 個の原子が存在できる。

23 脂肪族炭化水素──225

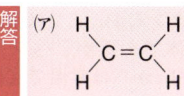

480 解答

(ア) H₂C=CH₂ の構造式
(イ) H-CH₂-CHCl-CHCl-H 型（1,2-ジクロロエタン）
(ウ) H₂C=CHCl
(エ) CH₃-CH₂-CH₂- 型（エタン）
(オ) H-CH₂-CHO（アセトアルデヒド構造）
(カ) CH₃-CH₂-OH（エタノール構造）
(キ) H₂C=CH-O-C(=O)-CH₃
(ク) H₂C=CH-C≡N

●付加反応
二重結合・三重結合の両側に原子(団)が付加する。

解説 アルケン，アルキンの反応は付加反応である。

エクセル アセチレンへの水の付加
不安定なビニルアルコールを経てアセトアルデヒドになる。

$$H-C\equiv C-H \xrightarrow{H_2O} \left[\begin{array}{c} H \\ C=C \\ H \end{array} \begin{array}{c} H \\ OH \end{array} \right] \longrightarrow H-\underset{H}{\overset{H}{C}}-\underset{O}{\overset{}{C}}-H$$

ビニルアルコール(不安定)　アセトアルデヒド

481 解答 (1) 1.3 g　(2) 1.1 L　(3) (イ), (オ)

解説
(1) 反応した CaC_2 の物質量は $\dfrac{3.2\,g}{64\,g/mol} = 0.050\,mol$

化学反応式より，アセチレンも 0.050 mol 発生する。
その質量は，26 g/mol × 0.050 mol = 1.3 g

(2) アセチレン1分子に水素1分子が付加してエチレンになる。
アセチレン 0.050 mol は，その標準状態での体積が，
22.4 L/mol × 0.050 mol = 1.12 L ≒ 1.1 L であるから，水素も 1.1 L となる。

(3) (イ) アセチレンは無色・無臭の気体である。
(オ) 二重結合と三重結合では，二重結合の方が結合の距離は長い。

エクセル アセチレンの実験室的製法(右図)
炭化カルシウムはカーバイドともよばれる。
$CaC_2 + 2H_2O \longrightarrow Ca(OH)_2 + C_2H_2$

●CaC₂：炭化カルシウム
カーバイドともいい，アセチレンを得るために用いられる。

アセチレン／アルミニウム箔で包んだ炭化カルシウム

482 解答
(1) ○　(2) ×　(3) ○　(4) ×　(5) ×
(6) ×　(7) ○　(8) ×

解説
(1) ○ 二重結合・三重結合をもたないことを飽和という。
(2) × 炭素数4のブタンから，構造異性体が存在する。
(3) ○ これらを総称してアルケンという。

解説
(4) ✕ 分子量が大きくなるので沸点は高くなる❶。
(5) ✕ 二重結合,三重結合は回転できない。
(6) ✕ シス-トランス異性体はアルケンに存在する。
(7) ○ 構造異性体は分子式が同じで構造式が違うもの。
(8) ✕ アルカンはメタンの正四面体を基本に次々と連結した構造をしている。

❶ ブタン C_4H_{10} までは常温で気体であるが,ペンタン C_5H_{12} からは常温で液体である。

エクセル 直鎖アルカンは分子量が多くなるほど分子間力が強くなり,沸点が高くなる。

483

解答 (2)

解説 発生した二酸化炭素と水の質量から,分子式を求める。

炭素:$88 \times \dfrac{12}{44} = 24\,\text{mg}$

水素:$27 \times \dfrac{2.0}{18} = 3.0\,\text{mg}$

この鎖式不飽和炭化水素の組成式を C_xH_y とすると

$x:y = \dfrac{24}{12} : \dfrac{3.0}{1.0} = 2:3$

組成式は C_2H_3 である。炭素原子を4つもつので,分子式は C_4H_6 である❶。

鎖式不飽和炭化水素に,水素が十分に付加するとアルカンになる。今回の化合物ではブタン C_4H_{10} に相当する。

$C_4H_6 + 2H_2 \longrightarrow C_4H_{10}$

鎖式不飽和炭化水素(分子量54)の 8.1 g は $\dfrac{8.1}{54} = 0.15\,\text{mol}$ なので,反応した水素分子は 0.30 mol である。

❶ C_4H_6 の分子式をもつ鎖式不飽和炭化水素は,次の2つの可能性がある。
・三重結合を1つもつアルキン
・二重結合を2つもつアルカジエン

エクセル 炭化水素 C_mH_n の 1 mol が完全燃焼すると

二酸化炭素 CO_2 は m [mol]

水 H_2O は $\dfrac{n}{2}$ [mol] 生成する。

484

解答 $n = 5$

解説 もとのアルケンの分子量は $12n + 2n = 14n$ である。臭素を付加させた後の分子量は $14n + 160$❶ で,これがもとのアルケンの 3.3 倍の分子量をもつことから

$14n : (14n + 160) = 1 : 3.3$

$n ≒ 5$

❶
$$\diagdown C=C \diagup$$
↓ Br_2(分子量 160)
$-\underset{Br}{C}-\underset{Br}{C}-$ 分子量 160 増える

エクセル 付加反応の流れ

$-C≡C- \xrightarrow{X_2} -\underset{|}{\overset{X}{C}}=\underset{|}{\overset{X}{C}}- \xrightarrow{Y_2} -\underset{Y}{\overset{X}{C}}-\underset{Y}{\overset{X}{C}}-$

幾何異性体が生じる場合もある

485

解答 (1) (イ), (エ), (オ)　(2) (ウ), (オ)

解説 (1) すべて三重結合をもつ物質であるため，水素が1分子付加すると二重結合になる。シス-トランス異性体が生じるためには C≡C の少なくとも一方に H 原子が結合しているものは該当しない❶。そのため，(イ), (エ), (オ)

(2) 水素2分子が付加するため，三重結合をしている C 原子は不斉炭素原子にはならない。枝分かれ部分の炭素原子が不斉炭素原子(C*)になるか考えればよい。(ア), (イ), (エ)は同じ原子または原子団がそれぞれ2つ以上結合しているため，不斉炭素原子は存在しない。

(ウ)
$$CH_3-CH_2-CH_2-\overset{\overset{CH_3}{|}}{\underset{\underset{H}{|}}{C^*}}-CH_2-CH_3$$

(オ)
$$CH_3-CH_2-\overset{\overset{CH_3}{|}}{\underset{\underset{H}{|}}{C^*}}-CH_2-CH_2-\overset{\overset{CH_3}{|}}{\underset{\underset{H}{|}}{C}}-CH_3$$

エクセル 不斉炭素原子が存在すると鏡像異性体が存在する。

❶
$$\overset{X}{\underset{Y}{\diagdown}}C=C\overset{\diagup H}{\diagdown H}$$

の構造をもつ化合物には，シス-トランス異性体は存在しない。

486

解答 (4)

解説 二酸化炭素，水の質量より，不飽和炭化水素中の炭素と水素の質量を求めると

炭素：$308 \times \dfrac{12}{44} = 84\,\mathrm{mg}$

水素：$108 \times \dfrac{2.0}{18} = 12\,\mathrm{mg}$

組成式を C_xH_y とすると

$x : y = \dfrac{84}{12} : \dfrac{12}{1.0} = 7 : 12$

組成式は C_7H_{12} である。
炭素数が7の不飽和炭化水素なので，分子式も C_7H_{12} (分子量96)となる。これにあてはまるのは(1)と(4)である。
次に，この炭化水素に Br_2 を付加させた化合物の分子式を $C_7H_{12}Br_n$ (分子量 $96+80n$)とすると，生成物の質量中の Br の質量の割合が 77% であることより，

$\dfrac{n \times 80}{96 + 80n} \times 100 = 77$ 　$n \fallingdotseq 4$ となる。

Br 原子を4つもつことから，Br_2 は2分子付加したことになる❶ので，二重結合を2つもち，答えが(4)になる。

エクセル 二重結合1つにつき，Br_2 は1分子付加する。

❶ 付加反応
$C_7H_{12} + 2Br_2 \longrightarrow C_7H_{12}Br_4$

487

解答

A: H₂C=C(Cl)–... 構造式
 H   H
  \\ /
   C=C
  / \\
 Cl CH₃

B:
 H   CH₃
  \\ /
   C=C
  / \\
 Cl H

C:
 Cl–CH₂   H
       \\   /
        C=C
       /   \\
      H   H

D:
 CH₃   H
    \\ /
     C=C
    / \\
   Cl   H

E:
    Cl H
     \\ /
      C
     / \\
    H–C—C–H
       |
       H

解説

Cl を H に置換すると，C_nH_{2n} の形になるので不飽和度が 1 となり，C_3H_5Cl は二重結合を 1 つ，あるいは環を 1 つもつ。
炭素骨格は次の 2 通りが考えられる。

```
              C
             / \
C–C=C       C — C
↑ ↑ ↑          ↑
① ② ③          ④
```

Cl が結合する位置は上の①～④であり，③に結合したときにシス-トランス異性体ができる。

エクセル ハロゲン原子は水素原子に置換して不飽和度を考える。

488

解答

A:
 H   H
  \\ //
   C=C
  // \\
 H   H
エチレン

B:
   H H
   | |
 H–C–C–H
   | |
   Cl Cl
1,2-ジクロロエタン

C:
 H   H
  \\ //
   C=C
  // \\
 H   Cl
塩化ビニル

解説 炭化水素を C_xH_y とすると

$$C_xH_y + \frac{4x+y}{4} O_2 \longrightarrow xCO_2 + \frac{y}{2} H_2O$$

燃焼後の混合気体から水と二酸化炭素を除いた気体 6.16 L は余った酸素なので，
完全燃焼で生じた CO_2 は，$9.52 - 6.16 = 3.36$ L
消費した O_2 は，$11.2 - 6.16 = 5.04$ L
炭化水素：酸素：二酸化炭素
$= 1.68 : 5.04 : 3.36 = 1 : 3 : 2$ より，$x = 2$
$\frac{4x+y}{4} = 3$ に $x = 2$ を代入すると，$y = 4$
よって，化合物 A はエチレン C_2H_4
エチレンに塩素を付加させると，1,2-ジクロロエタンを生じる[❶]。

❶
$$H_2C=CH_2 + Cl_2 \xrightarrow{\text{付加}} CH_2-CH_2$$
                                            | |
                                            Cl   Cl

❷
$$\underset{\underset{Cl}{|}}{CH_2}-\underset{\underset{Cl}{|}}{CH_2} \xrightarrow{\text{加熱分解}} \underset{H}{\overset{H}{\diagdown}}C=C\underset{Cl}{\overset{H}{\diagup}} + HCl$$

加熱分解によって，HCl が脱離する。

1,2-ジクロロエタンを加熱分解すると塩化ビニルが生じる[❷]。

エクセル エチレンの反応経路図を確認しておこう。

489 解答

A CH₂=C−CH₂−CH₃
        |
        CH₃

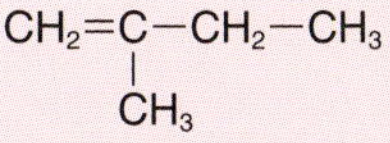

B CH₃−CH=C−CH₃
              |
              CH₃

C CH₃−CH−CH=CH₂
        |
        CH₃

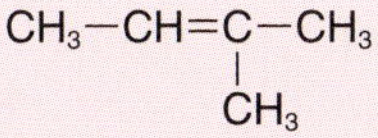

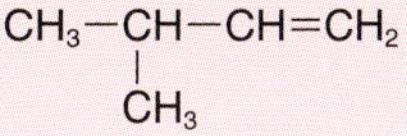

解説 アルケン C_5H_{10} の構造異性体は，以下の5種類である。

a H₂C=CH−CH₂−CH₂−CH₃

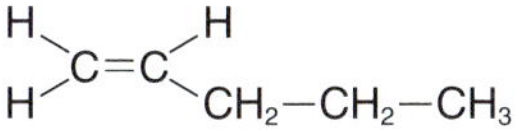

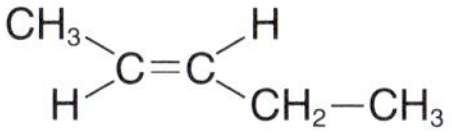

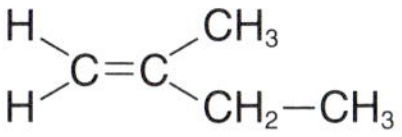

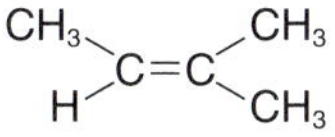

b CH₃−CH=CH−CH₂−CH₃

c H₂C=C(CH₃)−CH₂−CH₃

d CH₃−C(CH₃)=CH−CH₃ (CH₃)₂C=CH−CH₃

e (CH₃)₂CH−CH=CH₂

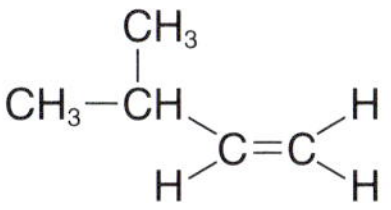

bには，シス形とトランス形がある。

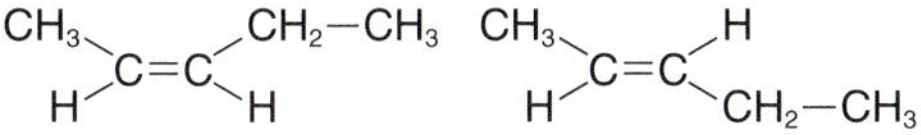

（シス形）　　　（トランス形）
シス-トランス異性体

実験①から，アルケンA，B，Cに H_2 を付加させたところ，同じアルカンが得られたことから，A，B，Cのアルケンの炭素骨格がそれぞれ同じであったことがわかる。

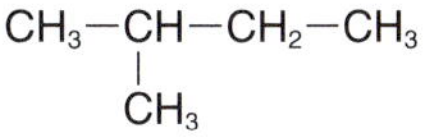

CH₃−CH−CH₂−CH₃　　　CH₃−CH₂−CH₂−CH₂−CH₃
      |
      CH₃　　　　　　　　　　a, bから生じるアルカン

c, d, eから生じるアルカン

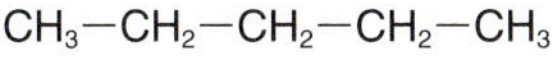

したがって，A，B，Cは上記のc，d，eのどれかである。
c，d，eの化合物をオゾン分解すると，それぞれ以下の化合物が得られる[❶]。

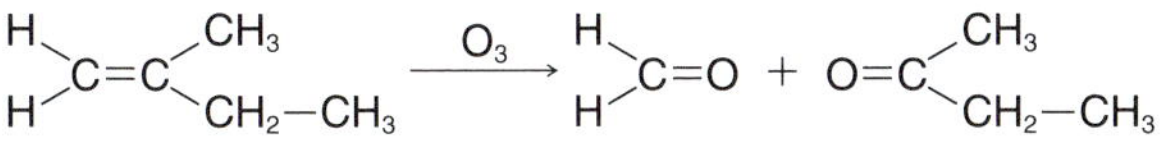

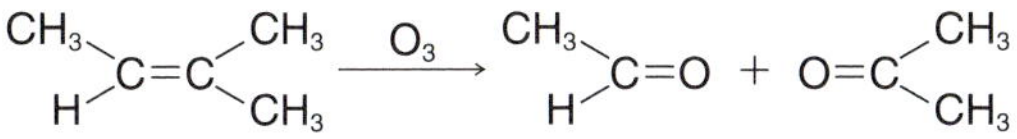

c H₂C=C(CH₃)−CH₂−CH₃ —O₃→ H₂C=O + O=C(CH₃)−CH₂−CH₃

d CH₃−C(CH₃)=CH−CH₃ —O₃→ CH₃−CH=O + O=C(CH₃)₂

[❷] アルケンへの H_2 付加やオゾン分解によって，炭素骨格が変化することがないのは，重要なポイントである。たとえば，アルケンへの H_2 付加では，直鎖状のアルケンからは直鎖状のアルカンが，枝分かれ状のアルケンからは枝分かれ状のアルカンが生成する。

解説

e

$$\begin{array}{c}\text{CH}_3\\\text{CH}_3-\text{CH}\\\quad\diagdown\\\quad\text{C}=\text{C}\diagdown\text{H}\\\quad\diagup\quad\diagup\\\quad\text{H}\quad\text{H}\end{array}\xrightarrow{O_3}\begin{array}{c}\text{CH}_3\\\text{CH}_3-\text{CH}\\\quad\diagdown\\\quad\text{C}=\text{O}\end{array}+\text{O}=\text{C}\diagdown\begin{array}{c}\text{H}\\\text{H}\end{array}$$

実験④から，Cをオゾン分解し得られるD，Hはともに銀鏡反応を示すことから，ホルミル基をもつ。したがって，上記のeが該当し，Cは次のようになる。

$$\begin{array}{c}\text{CH}_3\\\text{CH}_3-\text{CH}\\\quad\diagdown\\\quad\text{C}=\text{C}\diagdown\text{H}\\\quad\diagup\quad\diagup\\\quad\text{H}\quad\text{H}\end{array}$$

実験②と④から，Aをオゾン分解して得られる2つの化合物の一方はCのオゾン分解で得られる化合物と同じ❷なので，Aはcが該当する。

❷化合物D
$$\text{O}=\text{C}\diagdown\begin{array}{c}\text{H}\\\text{H}\end{array}$$

$$\begin{array}{c}\text{H}\diagdown\quad\diagup\text{CH}_3\\\text{C}=\text{C}\\\text{H}\diagup\quad\diagdown\text{CH}_2-\text{CH}_3\end{array}$$

したがって，Bは残りのdとなる。

$$\begin{array}{c}\text{CH}_3\diagdown\quad\diagup\text{CH}_3\\\text{C}=\text{C}\\\text{H}\diagup\quad\diagdown\text{CH}_3\end{array}$$

実験③からも，塩化パラジウム(Ⅱ)，塩化銅(Ⅱ)を触媒として，エチレンを酸化すると，アセトアルデヒド(CH_3-CHO)ができることから，Bがdとなることが確認できる。

エクセル オゾン分解

$$\begin{array}{c}R^1\diagdown\quad\diagup R^3\\\text{C}=\text{C}\\R^2\diagup\quad\diagdown R^4\end{array}\longrightarrow\begin{array}{c}R^1\\R^2\end{array}\diagup\text{C}=\text{O}+\text{O}=\text{C}\diagdown\begin{array}{c}R^3\\R^4\end{array}$$

オゾン分解によって生じたケトンまたはアルデヒドの構造から，もとのアルケンの構造を推定する。炭素数を参考にするとよい。

490

[解答]

(1) C_2H_2　アセチレン（エチン）
　　C_3H_4　メチルアセチレン（プロピン）

(2) (i) A　$CH_3-C\equiv C-CH_3$　　B　$H-C\equiv C-CH_2-CH_3$

(ii) E　$CH_3-\underset{\underset{O}{\|}}{C}-CH_2-CH_3$　　F　$H-\underset{\underset{O}{\|}}{C}-CH_2-CH_2-CH_3$

[解説]

(2) (i) 分子式 C_4H_6 をもつアルキンには 1-ブチンと 2-ブチンの 2 種類が考えられる。実験 1 より，A は 2-ブチン，B は 1-ブチンであることがわかる。

$$CH_3-C\equiv C-CH_3 \xrightarrow{+H_2} \underset{A}{} \quad \underset{C}{\overset{H_3C}{\underset{H}{>}}C=C\overset{H}{\underset{CH_3}{<}} \quad \overset{H}{\underset{H_3C}{>}}C=C\overset{H}{\underset{CH_3}{<}}}$$

$$H-C\equiv C-CH_2-CH_3 \xrightarrow{+H_2} H_2C=CH-CH_2-CH_3$$
$$\quad\quad B \quad\quad\quad\quad\quad\quad\quad\quad D$$

(ii) エノール形は不安定なため，安定なケト形に変異する。左右対称な A からは 1 種類，左右非対称な B からは 2 種類の生成物ができる。

$$CH_3-C\equiv C-CH_3 \xrightarrow{+H_2O} \left[CH_3-\underset{\underset{OH}{|}}{C}=CH-CH_3 \right] \rightarrow CH_3-\underset{\underset{O}{\|}}{C}-CH_2-CH_3$$
$$\quad A \quad\quad\quad\quad\quad\quad\quad\quad\quad\quad\quad\quad\quad\quad\quad\quad\quad\quad\quad\quad E$$

$$H-C\equiv C-CH_2-CH_3 \xrightarrow{+H_2O} \left[\begin{array}{c} H-\underset{\underset{H}{|}}{C}=\underset{\underset{OH}{|}}{C}-CH_2-CH_3 \\ H-\underset{\underset{HO}{|}}{C}=\underset{\underset{H}{|}}{C}-CH_2-CH_3 \end{array} \right] \begin{array}{c} \rightarrow CH_3-\underset{\underset{O}{\|}}{C}-CH_2-CH_3 \\ \quad\quad\quad\quad\quad E \\ \rightarrow H-\underset{\underset{O}{\|}}{C}-CH_2-CH_2-CH_3 \\ \quad\quad\quad\quad\quad\quad F \end{array}$$

[エクセル] ケト-エノール互変異性

$$R^1-\underset{\underset{R^2}{|}}{C}=\underset{\underset{R^3}{|}}{\overset{\overset{OH}{|}}{C}} \rightleftharpoons R^1-\underset{\underset{R^2}{|}}{\overset{\overset{H}{|}}{C}}-\underset{\underset{R^3}{|}}{\overset{\overset{O}{\|}}{C}}$$

エノール形　　ケト形
（不安定）　　（安定）

24 酸素を含む脂肪族化合物 (p.371)

491
解答 (1) (ウ)　(2) (オ)　(3) (ア), (オ)

解説 アルコールを分類する。

第一級アルコール	第二級アルコール	第三級アルコール
(ア), (イ), (エ)	(オ)	(ウ)

(1) 第三級アルコールは，酸化されにくい。
(2) 第二級アルコールを酸化するとケトンになる。
(3) ヨードホルム反応を示す骨格❶をさがす。

エクセル アルコールの分類

第一級アルコール　　　第二級アルコール　　　第三級アルコール

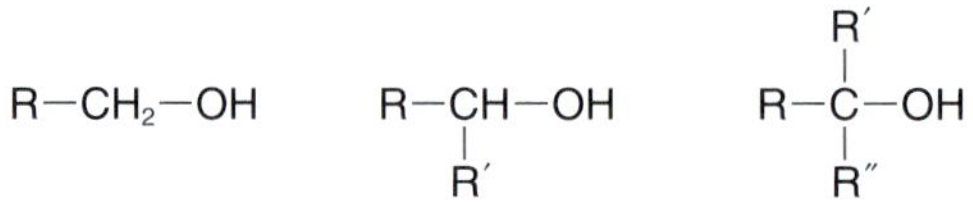

$R-CH_2-OH$　　　　$R-CH(R')-OH$　　　　$R-C(R')(R'')-OH$

❶ ヨードホルム反応

$CH_3-C(=O)-$　　$CH_3-CH(OH)-$

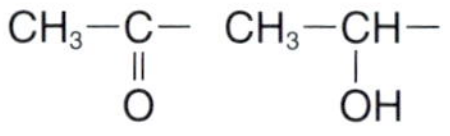

の構造をもつ化合物に，塩基性でヨウ素を作用させると，ヨードホルム（CHI_3）の黄色沈殿が生じる。

492
解答
C　CH_3CH_2CHO　　D　CH_3CH_2COOH
E　CH_3COCH_3　　F　CHI_3　　G　$CH_2=CHCH_3$
(ア) 銀鏡　(イ) 青　(ウ) 赤　(エ) 水素
(オ) ヨードホルム　(カ) 脱水

解説 第一級，第二級アルコールの酸化と，生成物の検出反応を確認する。

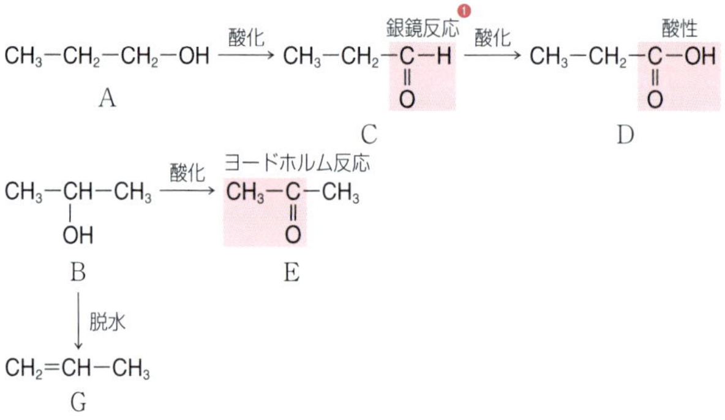

$CH_3-CH_2-CH_2-OH \xrightarrow{酸化} CH_3-CH_2-CHO \xrightarrow{銀鏡反応❶・酸化} CH_3-CH_2-COOH$
　　　A　　　　　　　　　　　C　　　　　　　　　　　　D (酸性)

$CH_3-CH(OH)-CH_3 \xrightarrow{酸化} CH_3-CO-CH_3$　→ ヨードホルム反応
　　　B　　　　　　　　　　　E

↓ 脱水
$CH_2=CH-CH_3$
　　G

❶ アルデヒド R-CHO の検出反応
・銀鏡反応
　銀 Ag の析出
・フェーリング液の還元
　酸化銅（Ⅰ）Cu_2O 赤色沈殿の生成

エクセル アルコールの酸化

① 第一級アルコール
$R-CH_2-OH \longrightarrow R-CHO \longrightarrow RCOOH$
　　　　　　　　アルデヒド　　カルボン酸

② 第二級アルコール 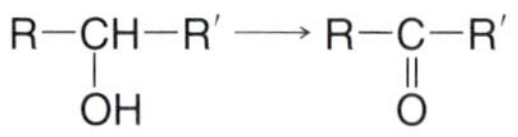
$R-CH(OH)-R' \longrightarrow R-CO-R'$
　　　　　　　　　　　　ケトン

③ 第三級アルコール
酸化されにくい

アルコールの脱水反応

① $2R-OH \xrightarrow[分子間脱水]{130〜140℃} R-O-R + H_2O$

② $R'-CH_2-CH_2-OH \xrightarrow[分子内脱水]{160〜170℃} R'-CH=CH_2 + H_2O$

493

解答 (1) A (2) C (3) A (4) A (5) B

解説
(1) 第一級アルコール→アルデヒド→カルボン酸
(2) ヨードホルム反応…CH_3-CO-，$CH_3-CH(OH)-$
(3) フェーリング液の還元……アルデヒド
(4) 還元性（＝酸化されやすい）……アルデヒド
(5) 第二級アルコール→ケトン

エクセル ヨードホルム反応

左図の CH_3-C- (=O) と CH_3-CH- (OH) の構造をもつ化合物に，塩基性でヨウ素を作用させると，ヨードホルム（CHI_3）の黄色沈殿が生じる。

●検出反応
① カルボン酸 $R-COOH$
・酸性を示す
　$NaOH$ と中和反応する。
・$NaHCO_3$ を加えると CO_2 発生。
② アルコール $R-OH$
　金属 Na と反応して水素発生
③ アルデヒド $R-CHO$
・銀鏡反応を示す。
　（アンモニア性硝酸銀水溶液の銀イオンを還元して銀が析出）
・フェーリング液を還元して Cu_2O の赤色沈殿を生じる。
④ ケトン $R-CO-R'$
　CH_3-CO- の構造をもつものは，ヨードホルム反応を示す。

494

解答 (1) A (2) B (3) A (4) B (5) A

解説
(1) 水酸化ナトリウムと中和反応……カルボン酸
(2) 酸化される……アルコール
(3) 炭酸水素ナトリウムで二酸化炭素を発生……カルボン酸
(4) ヨードホルム反応…CH_3-CO-，$CH_3CH(OH)-$
　　　　　　　　　　　　　　　　　　　　　→エタノール
(5) 酸性を示す……カルボン酸
　なお，アルコールのヒドロキシ基の水素原子は水素イオンとして電離せず，中性を示す。

▶酢酸は CH_3-CO- の構造をもつが，ヨードホルム反応は示さない。

エクセル 酢酸の性質

① エタノールの酸化で得られる。
　$CH_3-CH_2-OH \xrightarrow{酸化} CH_3-CHO \xrightarrow{酸化} CH_3COOH$

② 塩基と中和反応する。
　$CH_3COOH + NaOH \longrightarrow CH_3COONa + H_2O$

③ 炭酸水素ナトリウム水溶液に加えると発泡する（弱酸の遊離）。
　$CH_3COOH + NaHCO_3 \longrightarrow CH_3COONa + H_2O + CO_2\uparrow$

495

解答 (ア) カルボキシ (イ) ヒドロキシ (ウ) ホルミル
(エ) 還元性 (オ) 氷酢酸 (カ) 弱い (キ) 強い

解説 分子中にカルボキシ基をもつ化合物をカルボン酸という。

```
H-C-OH      CH₃-C-OH      CH₃-*CH-C-OH
  ‖             ‖               |  ‖
  O             O              OH  O
 ギ酸          酢酸              乳酸
```

ギ酸は最も簡単なカルボン酸である。カルボキシ基とともにホルミル基ももち，還元性を示す。

酢酸は私たちの生活に最も身近な酸である。凝固点が約17℃で，純粋な酢酸は冬季に凍結する。このため，純粋な酢酸を氷酢酸ともいう。酢酸は弱酸で，水酸化ナトリウム水溶液と以下のように反応する。

$CH_3COOH + NaOH \longrightarrow CH_3COONa + H_2O$

酢酸ナトリウムは弱酸の塩であり，強酸である塩酸と以下のように反応する。

$CH_3COONa + HCl \longrightarrow CH_3COOH + NaCl$

しかし，酢酸よりも弱い酸である二酸化炭素の水溶液とは反応しない[1]。

乳酸はカルボキシ基とともにヒドロキシ基ももち，ヒドロキシ酸とよばれる。乳酸には不斉炭素原子があり[2]，鏡像異性体が存在する。

エクセル カルボン酸は，酸無水物やエステルなどをつくる重要な化合物である。炭素数が3までの1価のカルボン酸(ギ酸・酢酸・プロピオン酸)は構造と名称を頭に入れておこう。

❶酸の強さと反応性
酸の強さ
$HCl > R-COOH > CO_2 > \bigcirc\!-\!OH$
弱酸の塩 + 強酸
　　→弱酸 + 強酸の塩

❷乳酸
$CH_3-*CH-COOH$
　　　　|
　　　OH

496

解答 (ア) マレイン酸　(イ) フマル酸　(ウ) 無水マレイン酸
(エ) シス-トランス　(オ) シス　(カ) トランス

```
    H   H              H   H
     \ /                \ /
      C=C          →     C=C           + H₂O
     / \                / \
  HOOC  COOH         O=C   C=O
                        \ /
                         O
```

解説 マレイン酸やフタル酸は，カルボキシ基が分子内で隣接しており，加熱すると脱水して酸無水物[1]になるが，フマル酸は脱水しない。酢酸などの1価のカルボン酸は，隣接する分子どうしで脱水して酸無水物になる。

エクセル マレイン酸とフマル酸

```
    H     H                  H      COOH
     \   /                    \    /
      C=C                      C=C
     /   \                    /    \
  HOOC    COOH             HOOC     H
  マレイン酸(シス形)          フマル酸(トランス形)
```

❶酸無水物
・無水酢酸
酢酸2分子の縮合で生じる。
$CH_3-C\diagdown^O$
$CH_3-C\diagup^O$　 O

・無水マレイン酸
マレイン酸の脱水で生じる。

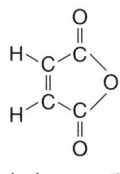

・無水フタル酸
フタル酸の脱水で生じる。

497

解答
A　HCOOCH₃　　　　B　CH₃COOCH₃
C　HCOOCH₂CH₃　　D　CH₃COOCH₂CH₃
E　HCOO(CH₂)₂CH₃　F　CH₃COO(CH₂)₂CH₃
G　HCOOCH(CH₃)₂　 H　CH₃COOCH(CH₃)₂

24 酸素を含む脂肪族化合物―― 235

解説 エステルの合成ではアルコールとカルボン酸を脱水縮合させる。
示性式の書き方に注意。

エクセル エステル合成反応……触媒として濃硫酸を用いる。
R―COOH + R′―OH ⟶ R―COO―R′ + H₂O

498

解答 $m = 2$, $n = 4$

解説 この反応は次の式で表される。
$C_mH_{2m+1}COOC_nH_{2n+1} + H_2O$
$\quad\quad\longrightarrow C_mH_{2m+1}COOH + C_nH_{2n+1}OH$

エステル 1.0 mol から「それぞれ 74 g」生成したことから，生じた酸とアルコールの分子量は等しく 74 である。
$12m + 2m + 1 + 45 = 74$
$12n + 2n + 1 + 17 = 74$
上式より，$m = 2$, $n = 4$ である。

エクセル エステルを加水分解すると，
カルボン酸とアルコールが生成する。

499

解答
(1) 酢酸エチル
(2) 試験管の中の内容物が気化した場合，空気で冷やして再び液体に戻すため。
(3) CH₃―C―OH + CH₃―CH₂―OH
     ‖
     O
   ⟶ CH₃―C―O―CH₂―CH₃ + H₂O
           ‖
           O
(4) 濃硫酸には脱水作用があり，触媒として用いるため。
(5) 未反応の酢酸を水溶性の塩にして，生成物から取り除くため。

キーワード(2)
・気化

キーワード(4)
・脱水作用
・触媒

キーワード(5)
・水溶性の塩

解説 カルボン酸とアルコールの縮合で生じた化合物をエステルという。反応後水を加えると，エステルは水より軽いので，上に浮く❶。

エクセル エステル合成実験のポイント
反応後の水層には未反応の酢酸，エタノール，硫酸を含む。
エステルは水に溶けにくく，水より軽いので上層に浮く。
エステルの層を取り出し，炭酸水素ナトリウム水溶液で混入した酸を除く。

❶酢酸エチル
密度 0.91 g/cm³(15℃)
沸点 77℃

500

解答 (1)

解説 (1)～(6)はすべてエステル結合をもつので，NaOH によりけん化して生じる化合物はカルボン酸のナトリウム塩とアルコールである。(そこに希硫酸を加えると，カルボン酸が遊離する。)
また，生成した 2 種類の化合物が銀鏡反応とヨードホルム反応を示したことから，一方が還元性をもつホルミル基(―CHO)，またもう一方が CH₃―CH― や CH₃―C― の構造をもつこと
                    | ‖
                    OH   O

❶ギ酸の構造

H―C―OH
   ‖
   O

ホルミル基 カルボキシ基

236 ── 6章 有機化合物

解説 がわかる。生成したアルコールに還元性をもつものはないので，ホルミル基をもつギ酸❶のエステルである(1)か(2)のいずれかである。ヨードホルム反応を示すのは(1)から生じる2-プロパノールとなるので，(1)が正解となる。

エクセル $CH_3-\underset{OH}{\underset{|}{CH}}-$ や $CH_3-\underset{O}{\underset{||}{C}}-$ の構造をもつ化合物はヨードホルム反応を示す。

501 解答 (1)—(イ)—(b)　(2)—(オ)—(d)　(3)—(エ)—(a)　(4)—(ア)—(c)
(5)—(ウ)—(e)

解説 官能基の名称，基本的な物質の名称はしっかり把握しておこう。

エクセル アセトンの合成
① 2-プロパノールの酸化

$$CH_3-\underset{OH}{\underset{|}{CH}}-CH_3 \xrightarrow{酸化} CH_3-\underset{O}{\underset{||}{C}}-CH_3$$

② 酢酸カルシウムの乾留（空気を断って加熱すること）

$$(CH_3COO)_2Ca \longrightarrow CH_3-\underset{O}{\underset{||}{C}}-CH_3 + CaCO_3$$

502 解答 (ア) CH_3-CHO　(イ) CH_3-COOH
(ウ) $CH_3-COO-CH_2-CH_3$　(エ) $CH_2=CH_2$
(オ) $CH_3-CH_2-O-CH_2-CH_3$　(カ) $(CH_3COO)_2Ca$
(キ) $CH_3-CO-CH_3$

解説 有機化学の分野では，反応経路図は化合物を整理するうえで重要である。くり返し解いて覚えること。
(カ→キ) 酢酸カルシウムを熱分解するとアセトンが生じる。

$$(CH_3COO)_2Ca \longrightarrow CaCO_3 + CH_3COCH_3$$

エクセル エタノールの脱水
130～140℃（2分子間で脱水）
$$2CH_3-CH_2-OH \longrightarrow CH_3-CH_2-O-CH_2-CH_3 + H_2O$$
160～170℃（分子内で脱水）
$$CH_3-CH_2-OH \longrightarrow CH_2=CH_2 + H_2O$$

503 解答 (ア) グリセリン　(イ) エステル　(ウ) 飽和　(エ) 脂肪
(オ) 不飽和　(カ) 脂肪油　(キ) 付加　(ク) 硬化油

解説 油脂の分子を構成する各脂肪酸の炭素数は12～26の偶数で，自然界には16と18のものが最も多い。
飽和脂肪酸をおもな構成成分とする油脂は，室温で固体のものが多く，不飽和脂肪酸をおもな構成成分とする油脂は，室温で液体のものが多い。室温で固体の油脂を脂肪といい，液体の油脂を脂肪油という。
また，脂肪油にニッケル触媒を用いて水素を付加させると，不飽和結合が失われ，固体の油脂になる。マーガリンの製造に利用されている。

24 酸素を含む脂肪族化合物—— 237

エクセル 油脂の合成

$$R^1COOH \quad CH_2-OH \qquad\qquad R^1COO-CH_2$$
$$R^2COOH + CH-OH \xrightarrow{エステル化} R^2COO-CH + 3H_2O$$
$$R^3COOH \quad CH_2-OH \qquad\qquad R^3COO-CH_2$$

高級脂肪酸　　グリセリン　　　　　　　　油脂

実際には動植物から抽出したものを精製して用いることが多い。

504

解答 (ア) グリセリン　(イ) けん化　(ウ) 疎水　(エ) 親水
(オ) 内　(カ) 外　(キ) ミセル　(ク) 乳化作用
(ケ) 空気　(コ) 水　(サ) 表面張力

解説 油脂に水酸化ナトリウムを加えて加熱すると，以下のように反応し，脂肪酸のナトリウム塩が生成する。これをセッケンとよび，この反応をけん化という。

$$\begin{array}{l}CH_2-OCO-R \\ CH-OCO-R \\ CH_2-OCO-R\end{array} + 3NaOH \xrightarrow{けん化} \begin{array}{l}CH_2-OH \\ CH-OH \\ CH_2-OH\end{array} + 3R-COONa$$

油脂　　　　　　　　　　　　　　　　　　　　　脂肪酸の
　　　　　　　　　　　　　　　　　　　　　　　ナトリウム塩
　　　　　　　　　　　　　　　　　　　　　　　（セッケン）

構造式		示性式
$-\overset{\overset{\displaystyle \|}{O}}{\underset{\|}{C}}-O-$	→	$-COO-$
$-O-\overset{\overset{\displaystyle \|}{}}{\underset{\underset{\displaystyle O}{\|}}{C}}-$	→	$-OCO-$

セッケンは，疎水性の炭化水素基と親水性のイオンの部分からなり，水に溶かすと，疎水性の部分を内側，親水性の部分を外側に向けて集合体(ミセル)をつくる。

セッケンの構造　　　　　　　　　ミセル

$$CH_3-CH_2-----CH_2-COO^-\ Na^+$$

疎水性　　　親水性

●**表面張力**
水は表面積をできるだけ小さくしようとする性質がある。このときに働く力を表面張力という。セッケンは水の表面張力を小さくする働きがある。

セッケンは，油脂に対しては以下のようにとり囲み，水中に分散する。これをセッケンの乳化作用という。

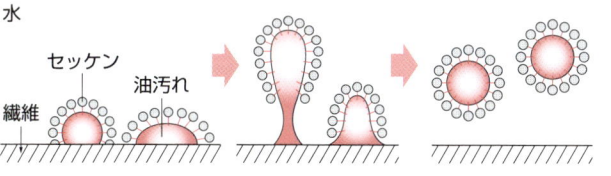

水

セッケン
油汚れ
繊維

エクセル セッケンの構造や合成法，性質は，用語を中心に反応式などもおさえておこう。

505

解答 (ア) 黒　(イ) ホルムアルデヒド　(ウ)・(エ) Cu・HCHO
(オ) アンモニア　(カ) 銀鏡

解説 銅線を空気中で加熱すると，表面が黒色の酸化銅(Ⅱ)に変化する。これをメタノール蒸気に触れさせると，メタノールが酸化

$$Cu \xrightarrow[\text{酸化}]{+O_2} CuO$$
赤褐色　　　黒色

解説　されてホルムアルデヒドが生じる。ホルムアルデヒドは刺激臭があり、銀鏡反応などで確認できる。

$$2H^+ + 2e^- + CuO \xrightarrow{還元} Cu + H_2O$$

$$CH_3OH \xrightarrow{酸化} HCHO + 2H^+ + 2e^-$$

エクセル メタノールの反応
① 酸化　$CH_3-OH \longrightarrow HCHO \longrightarrow HCOOH$
② カルボン酸とエステルをつくる。
③ 金属ナトリウムと反応して水素を発生する。
④ 完全燃焼して二酸化炭素と水になる。

エタノールの酸化によりアセトアルデヒドを得る実験も頻出である。

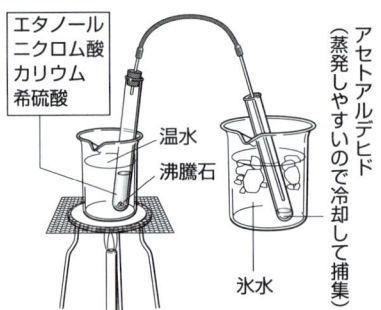

（図：エタノール、ニクロム酸カリウム、希硫酸、温水、沸騰石、氷水、アセトアルデヒド（蒸発しやすいので冷却して捕集））

506

解答
A　$CH_2=CH_2$　　B　水素　　C　CH_3CH_2ONa
D　CH_3CHO　　E　CH_3COOH　　F　酸化銅(Ⅰ)
G　$CH_3CH_2OCH_2CH_3$　　H　CH_2BrCH_2Br

解説　エタノールと金属ナトリウムが反応すると、次の反応式に従って反応が起こり、水素が発生する。

$2C_2H_5OH + 2Na \longrightarrow 2C_2H_5ONa + H_2$

この反応はアルコールの異性体であるエーテルでは起こらず、アルコールとエーテルの区別に用いられる。

エクセル エタノールの製法
① エチレンへの水の付加
② 糖類のアルコール発酵　$C_6H_{12}O_6 \longrightarrow 2C_2H_5OH + 2CO_2$

507

解答
(1)　A　$CH_3-CH_2-\underset{OH}{CH}-CH_3$

　　　B　$CH_3-CH_2-CH_2-CH_2-OH$

　　　C　$CH_3-\underset{CH_3}{CH}-CH_2-OH$　　D　$CH_3-\overset{CH_3}{\underset{OH}{C}}-CH_3$

(2) アルコールはヒドロキシ基をもち、分子間に水素結合が生じるから。

(3) B

解説　分子式 $C_4H_{10}O$ のアルコールは、以下の4種類がある。これらを脱水して、生成物を見てみる。

キーワード
・水素結合
・分子間

24 酸素を含む脂肪族化合物 ── 239

CH₃-CH₂-CH₂-CH₂-OH　　CH₃-CH₂-CH(OH)-CH₃
　　　　↓ Ⓑ　　　　　　　　　↓ Ⓐ

CH₃-CH₂   H　　　　　CH₃　　CH₃
　　　C=C　　　　　　　C=C　　　　Ⓕ あるいは Ⓖ
　　H　　H Ⓔ　　　　H　　H
　　　　　　　　　　および
　　　　　　　　　　CH₃　　H
　　　　　　　　　　　C=C
　　　　　　　　　　H　　CH₃ Ⓖ

CH₃-CH(CH₃)-CH₂-OH Ⓒ　　　CH₃-C(CH₃)(OH)-CH₃ Ⓓ
　　　　　　↓　　　　　　　　　↙

　　　CH₃　　H
　　　　C=C
　　CH₃　　H Ⓗ

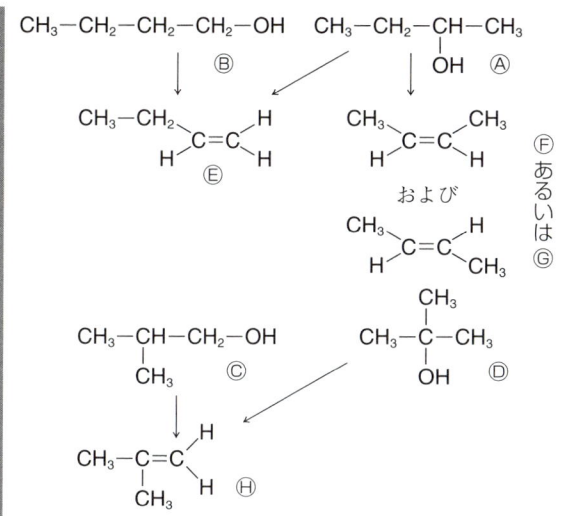

Aを脱水するとアルケンE〜Gが得られることから，Aは2-ブタノールとわかる。(F，Gはシス-トランス異性体である[1]。)
Eが1-ブテンとわかったので，Bは1-ブタノールとなる。
最後にC，Dを決定する。Dは酸化されにくいアルコールとあるので，第三級アルコール2-メチル-2-プロパノールである。
したがって，残ったCは2-メチル-1-プロパノール，Hは2-メチルプロペンと決まる。

(3) 同じ分子式の場合，炭化水素基に枝分かれがない方が，分子どうしが密になり沸点が高くなる[2]。

エクセル 有機化合物の沸点
・一般に，①分子量が大きく，②−OH基をもち水素結合しやすい化合物ほど沸点が高くなる。

[1] シス-トランス異性体どうしは融点が異なる。したがって，異なる化合物として扱う。

[2]

構造式	沸点
CH₃-CH₂-CH₂-CH₂-OH	117℃
CH₃-CH₂-CH(OH)-CH₃	99℃
CH₃-C(CH₃)(OH)-CH₃	83℃

508 解答

(1)　A　CH₃-CH₂-CH₂-CH₂-CH₂-OH
　　B　CH₃-CH₂-CH₂-*CH(OH)-CH₃
　　C　CH₃-CH₂-CH(OH)-CH₂-CH₃
　　D　CH₃-CH₂-*CH(CH₃)-CH₂-OH
　　E　CH₃-C(CH₃)(OH)-CH₂-CH₃
　　F　CH₃-CH(CH₃)-*CH(OH)-CH₃

(2)　0.15 L

解答
(3) 銀鏡反応, ホルミル基
(4)
$$CH_3-CH_2 \underset{H}{\overset{}{\underset{}{C}}}=\underset{H}{\overset{CH_3}{C}}$$

$$CH_3-CH_2 \underset{H}{\overset{}{\underset{}{C}}}=\underset{CH_3}{\overset{H}{C}}$$

$$CH_3-CH_2-CH_2 \underset{H}{\overset{}{\underset{}{C}}}=\underset{H}{\overset{H}{C}}$$

(5)
$$\underset{Cl}{CH_2}-\overset{CH_3}{\underset{OH}{\overset{*}{C}}}-CH_2-CH_3 \qquad CH_3-\overset{CH_3}{\underset{OH}{\overset{}{C}}}-\overset{*}{\underset{Cl}{CH}}-CH_3$$

解説
① A〜F：$C_5H_{12}O$，Naと反応してH_2発生
　→いずれもアルコールで，不飽和結合をもたない
② B，D，F：不斉炭素原子あり
　A，C，E：不斉炭素原子なし
③ A，B，C：直鎖状構造
　→ $CH_3-CH_2-CH_2-CH_2-CH_2$　$CH_3-CH_2-CH_2-CH-CH_3$
　　　　　　　　　　　　　　　|　　　　　　　　　　　　　　|
　　　　　（第一級）　　　　OH　　（第二級）　　　　OH

　$CH_3-CH_2-CH-CH_2-CH_3$
　　　　　　　　|
　　（第二級）OH

　D，E，F：分枝状構造
④ B，F：ヨードホルム反応陽性（ヨードホルムCHI_3生成）
　→ $-CH-CH_3$の構造をもつ第二級アルコール
　　　|
　　OH
⑤ A，B，C，D，F：酸化された→第一級アルコールまたは第二級アルコール
　E：酸化されにくかった→第三級アルコール
⑥ A，D：酸化生成物が銀鏡反応陽性（銀 Ag 析出）
　→ A，Dは1級アルコールで，酸化生成物はアルデヒド

A：③，⑤，⑥より　$CH_3-CH_2-CH_2-CH_2-CH_2-OH$
　これは②も満たす

B：③，④より　$CH_3-CH_2-CH_2-\overset{*}{C}H-CH_3$
　　　　　　　　　　　　　　　　　　　|
　　　　　　　　　　　　　　　　　OH

　これは②，⑤も満たす

C：③より残りがCであり，$CH_3-CH_2-CH-CH_2-CH_3$
　　　　　　　　　　　　　　　　　　|
　　　　　　　　　　　　　　　　OH

　これは②，④も満たす

D：②，③，⑤，⑥より　$CH_3-CH_2-\overset{*}{C}H-CH_2-OH$
　　　　　　　　　　　　　　　　　　　|
　　　　　　　　　　　　　　　　　CH_3

E：③，⑤より
　$CH_3-\overset{CH_3}{\underset{OH}{\overset{}{C}}}-CH_2-CH_3$

24 酸素を含む脂肪族化合物 —— 241

これは②も満たす

F：③，④より　CH$_3$-CH-*CH-CH$_3$
　　　　　　　　　　｜　　｜
　　　　　　　　　　CH$_3$　OH

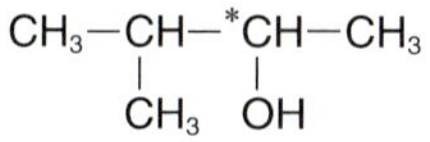

これは②，⑤も満たす

(2) 2C$_5$H$_{11}$OH + 2Na ⟶ 2C$_5$H$_{11}$ONa + H$_2$

A（分子量 88）は $\dfrac{10}{88} ≒ 0.11\,\mathrm{mol}$

Na（原子量 23）は $\dfrac{0.30}{23} ≒ 0.013\,\mathrm{mol}$

これより，反応は Na がすべて使われて停止する。

よって，発生する H$_2$ は標準状態で

$\dfrac{0.30}{23} × \dfrac{1}{2} × 22.4 = 0.146 ≒ 0.15\,\mathrm{L}$

(4) CH$_3$-CH$_2$-CH$_2$-CH-CH$_3$ $\xrightarrow[脱水]{濃 H_2SO_4}$ CH$_3$-CH$_2$-CH=CH-CH$_3$
　　　　　　　　　　　OH　　　　　　　（シス-トランス異性体あり）
　　　　　　　　　　　　　　　　　　　CH$_3$-CH$_2$-CH$_2$-CH=CH$_2$

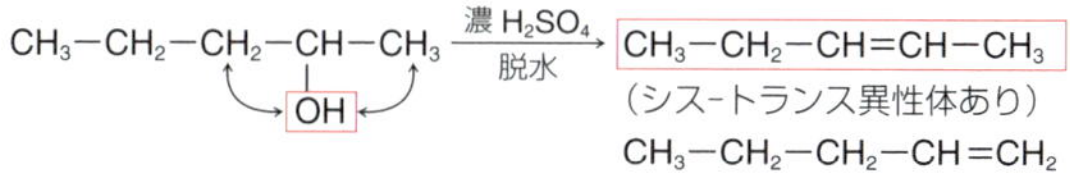

このようにBの脱水反応が進み，得られる生成物にはシス-トランス異性体を含めて3種類の異性体が存在する。

＊このとき，ザイツェフ則により，□で囲まれた構造の化合物が多く生成されることが知られている。

(5) E　　CH$_3$　　　　　↑のC原子がもつH原子1つをCl
　　　　｜　　　　　　　原子に置換すると不斉炭素原子が生
　　CH$_3$-C-CH$_2$-CH$_3$　じる。
　　↑　｜
　　　　OH

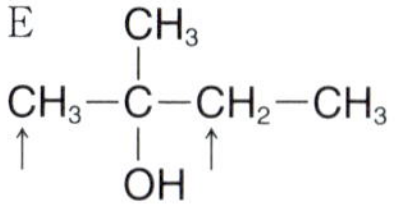

エクセル Na との反応

アルコールは反応して H$_2$ が発生するが，エーテルは反応しない。

ヨードホルム反応

CH$_3$-C- または CH$_3$-CH- の構造式をもつ化合物は
　　　‖　　　　　　　｜
　　　O　　　　　　　OH

反応して，ヨードホルム CHI$_3$ が生じる。

銀鏡反応

アルデヒドは反応して，Ag が析出する。

(1) CH$_3$-CH$_2$-CH$_2$-CH$_2$-CHO

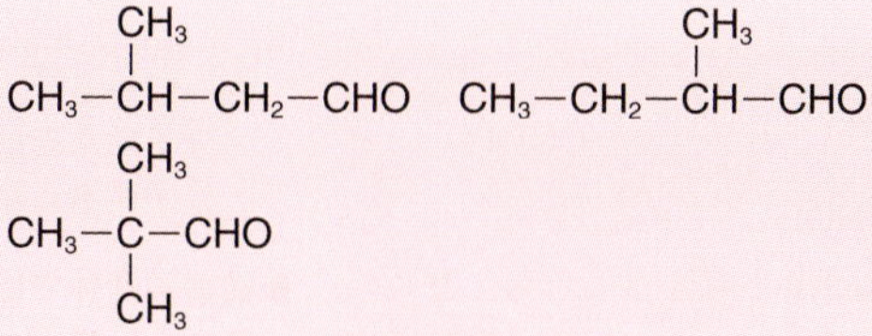

　　　　CH$_3$　　　　　　　　　CH$_3$
　　　　｜　　　　　　　　　　　｜
　　CH$_3$-CH-CH$_2$-CHO　　CH$_3$-CH$_2$-CH-CHO

　　　　CH$_3$
　　　　｜
　　CH$_3$-C-CHO
　　　　｜
　　　　CH$_3$

(2) CH₃—CH₂—CH₂—CO—CH₃

　　　　　CH₃
　　　　　|
　　CH₃—CH—CO—CH₃

(3) CH₃—CH₂—CH₂—CO—CH₃

　　　　　CH₃
　　　　　|
　　CH₃—CH—CO—CH₃

解説 (1) ホルミル基—CHO をもつものをあげる。ホルミル基の中に炭素原子が1個含まれているので，炭化水素基として炭素原子4個の並べ方，およびホルミル基がつく位置を書き上げる。

(2) ヨードホルム反応を示す構造は

　　CH₃—C—　　　　CH₃—CH—
　　　　‖　　　　　　　　|
　　　　O　　　　　　　　OH

である。分子式よりアルコールとはならないので，CH₃CO—の構造をもつものを考える。残りの炭素原子の数は3個であるため，構造異性体は2種類となる。

(3) 還元するとアルコールになる。アルデヒドを還元すると第一級アルコールになるので，不斉炭素原子は生じない❶。したがって，ケトンを考える❷。

エクセル
第一級アルコール —酸化→ アルデヒド（銀鏡反応を示す）
第二級アルコール —酸化→ ケトン（ヨードホルム反応を示すものもある）
第三級アルコールは酸化されにくい。

❶　R—C—H
　　　　‖
　　　　O
　　還元
　　⟶　新たに生じる構造
　　　　R—CH₂—OH

アルデヒドを還元して第一級アルコールになっても，新たに生じる構造内に不斉炭素原子は存在しない。

❷ケトンであっても，左右に同じ炭化水素基をもつケトンは，還元しても不斉炭素原子は生じない。

CH₃—CH₂—C—CH₂—CH₃
　　　　　‖
　　　　　O
　　還元
　　⟶　CH₃—CH₂—CH—CH₂—CH₃
　　　　　　　　　　|
　　　　　　　　　　OH

510

解答 122

解説 カルボン酸は弱酸であるので，塩基である水酸化ナトリウムと中和反応する。
1価のカルボン酸の分子量を M とすると，1価のカルボン酸のモル質量は M〔g/mol〕となる。

$$0.100\,\text{mol/L} \times \frac{15.0}{1000}\,\text{L} = \frac{0.183\,\text{g}}{M\,\text{〔g/mol〕}} \qquad M = 122$$

エクセル 1価のカルボン酸と水酸化ナトリウム水溶液との化学反応式
RCOOH + NaOH ⟶ RCOONa + H₂O

▶化学反応式の係数比より，カルボン酸と水酸化ナトリウムは物質量比1：1で反応する。

511

解答 (1)　マレイン酸　　　　　　フマル酸

　　H　　　　　H　　　　　　　　　　　　COOH
　　　\\C=C/　　　　　　　　　\\C=C/
　　HOOC　　　COOH　　　HOOC　　　H

(2) マレイン酸もフマル酸もカルボキシ基を2つもち，どちらもカルボキシ基どうしで水素結合している。マレイン酸は分子内水素結合をしているが，フマル酸は分子間水素結合しているため，より分子間の結びつきが強い。

キーワード
・分子内水素結合
・分子間水素結合

▶構造異性体ではあるが，同じように融点が異なる組み合わせとして，フタル酸とテレフタル酸がある。

24 酸素を含む脂肪族化合物 ─── 243

解説 分子性物質の融点は，分子量がほぼ同程度なら，分子間の結びつきの強さを表している。
マレイン酸，フマル酸は2つのカルボキシ基をもち，それらは以下のように水素結合を形成している。

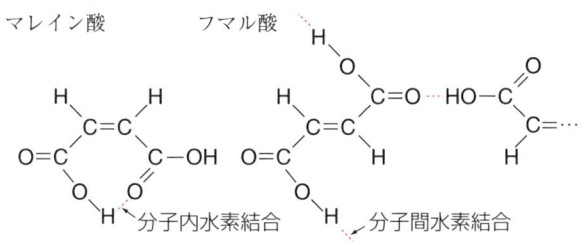

マレイン酸　　　フマル酸
　　　　　　　　　　　　分子内水素結合　　分子間水素結合

フタル酸
(融点 234℃)

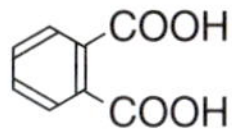

テレフタル酸
(300℃ で昇華)

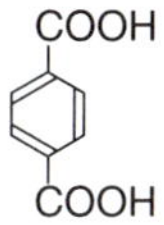

エクセル 主要な酸無水物……カルボン酸を高温で加熱すると脱水し，酸無水物になるものがある。
①無水酢酸
　酢酸2分子の縮合で生じる。 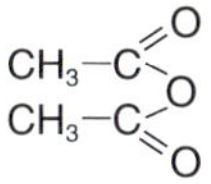
②無水マレイン酸
　マレイン酸の脱水で生じる。 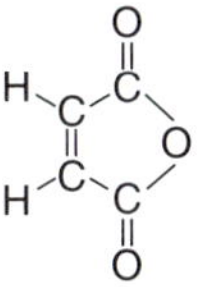
③無水フタル酸
　フタル酸の脱水で生じる。

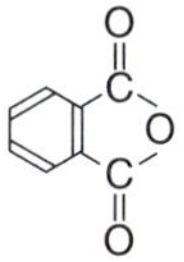

512 【解答】
A　H-C-O-CH(CH₃)₂
　　　‖
　　　O
B　H-C-O-CH₂-CH₂-CH₃
　　　‖
　　　O
C　CH₃-CH₂-C-O-CH₃
　　　　　　‖
　　　　　　O

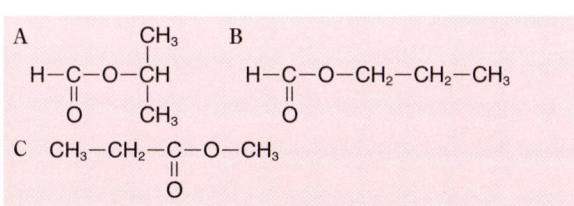

解説 A～Cは水に溶けにくく，水酸化ナトリウムでけん化されることから，いずれもエステルである。問題文より，D，Gはカルボン酸で，E，F，Hはアルコールである。

エステル		カルボン酸		アルコール
A	→	D	+	E
B	→	D	+	F
C	→	G	+	H

Dは銀鏡反応を示したからギ酸である。ここで，A～Cは炭素数4のエステルで，Dは炭素数1のギ酸であるから，アルコールE，Fは炭素数3のアルコールとわかる。Eはヨードホルム反応を示した❶ので，2-プロパノールと決まり，ここからFが1-プロパノールとなる。
次にG，Hを決める。まず，アルコールHだが，上の説明よりプロパノールではない。Hが炭素数2のエタノールだとすると，ヨードホルム反応を示す❷ため，問題文の条件と矛盾する。よって，Hは炭素数1のメタノールで，Gはプロピオン酸となる。以上から構造式を書く。

D　H-COOH　　E　CH₃-CH(OH)-CH₃

●エステルの構造決定
①エステルを加水分解してみる。生じるのはカルボン酸，アルコールである。
②カルボン酸，アルコールを文字でおく。
③各化合物について，検出反応，炭素数から，構造式を決定する。

●エステルの加水分解
①酸を用いた場合
　CH₃COOCH₃ + H₂O
　　→ CH₃COOH + CH₃OH
②塩基を用いた場合は，けん化とよばれる。
　CH₃COOCH₃ + NaOH
　　→ CH₃COONa + CH₃OH
　　　　カルボン酸の
　　　　ナトリウム塩

❶ヨードホルム反応 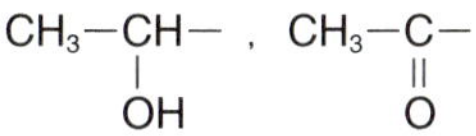
　CH₃-CH-　　CH₃-C-
　　　｜　　　　　‖
　　　OH　　　　　O
上の構造をもつと反応する。

F　CH₃−CH₂−CH₂−OH　　G　CH₃−CH₂−COOH
H　CH₃−OH

エクセル 分子式 C₄H₈O₂ のカルボン酸，エステルの構造異性体は書けるようになっておこう。

カルボン酸
CH₃−CH₂−CH₂−COOH　　CH₃−CH−COOH
　　　　　　　　　　　　　　　｜
　　　　　　　　　　　　　　　CH₃

エステル
CH₃−CH₂−C−O−CH₃　　CH₃−C−O−CH₂−CH₃
　　　　　‖　　　　　　　　‖
　　　　　O　　　　　　　　O

H−C−O−CH₂−CH₂−CH₃　　H−C−O−CH−CH₃
　‖　　　　　　　　　　　‖　　｜
　O　　　　　　　　　　　O　　CH₃

❷エタノールはヨードホルム反応を示す。
CH₃−CH−H
　　　｜
　　　OH

513

解答 (1) (エ)　(2) (イ)

解説 (1) エステル B 3.48 mg 中に含まれる炭素，水素，酸素の質量をそれぞれ求める。

炭素：$7.92 \text{ mg} \times \dfrac{12 \text{ g/mol (C)}}{44 \text{ g/mol (CO}_2\text{)}} = 2.16 \text{ mg}$

水素：$3.24 \text{ mg} \times \dfrac{2.0 \text{ g/mol (2H)}}{18 \text{ g/mol (H}_2\text{O)}} = 0.36 \text{ mg}$

酸素：$3.48 \text{ mg} - 2.16 \text{ mg} - 0.36 \text{ mg} = 0.96 \text{ mg}$

エステル B に含まれる各元素の質量より，組成式を求める。

C：H：O $= \dfrac{2.16}{12} : \dfrac{0.36}{1.0} : \dfrac{0.96}{16} = 3 : 6 : 1$

組成式：C_3H_6O (58 g/mol)

エステル B の分子量が 110 〜 118 であることより，分子式が $C_6H_{12}O_2$ と求まる。

$(C_3H_6O)_2 = C_6H_{12}O_2$

(2) 酢酸と化合物 A がエステル化することで，H_2O とエステル B が生じる。化合物 A の分子式は，化合物 B よりアセチル基 $CH_3CO−$ の部分を引き，H 原子を足したものとなる。

CH₃COOH ＋ R−OH ⟶ CH₃COO−R ＋ H₂O
　酢酸　　　化合物 A　　　エステル B
　　　　　　　　　　　　　　C₆H₁₂O₂

エクセル R−COOH ＋ HO−R' ⟶ R−COO−R' ＋ H₂O
　　　　　カルボン酸　アルコール　　エステル　　水

514

解答 A　マレイン酸　B　2-プロパノール　C　無水マレイン酸

解説 エステルを加水分解するとアルコールとカルボン酸が生じるため，化合物 A, B はアルコールかカルボン酸である。文章の最後の記述より，B を酸化するとケトンであるアセトンを生じることから，アセトンを還元したものが B となり，2-プロパノー

ルとわかる。また、2-プロパノールは $\underset{OH}{CH_3-CH-}$ の構造をもつため、ヨードホルム反応を示す。

$C_{10}H_{16}O_4$ で表されるエステル1molからアルコールであるB (C_3H_8O) が2mol得られることから、Aは2価のカルボン酸と考えられる。エステル結合が2か所あるので、加水分解したとき次のような関係がなりたつ。

$$C_{10}H_{16}O_4 + 2H_2O \longrightarrow A + 2C_3H_8O$$

Aの分子式は $C_4H_4O_4$

$C_4H_4O_4$ で表され、カルボキシ基を2つもち、シス-トランス異性体が存在するのはマレイン酸❶であるので、Aはマレイン酸となる。また、マレイン酸を加熱すると脱水されて無水マレイン酸 $C_4H_2O_3$ を生じる。

エクセル エステルの加水分解

$$\underset{\underset{O}{\|}}{R-C}-O-R' + H_2O \longrightarrow RCOOH + R'OH$$

エステル　　　　　　　カルボン酸　アルコール

❶マレイン酸とフマル酸 $C_4H_4O_4$

$$\underset{H}{\overset{HOOC}{\diagdown}}C=C\underset{H}{\overset{COOH}{\diagup}}$$

マレイン酸（シス形）
酸無水物をつくる。

$$\underset{H}{\overset{HOOC}{\diagdown}}C=C\underset{COOH}{\overset{H}{\diagup}}$$

フマル酸（トランス形）
酸無水物をつくらない。

515

解答 (1) 4種類　(2) 3種類

解説 (1) 構成脂肪酸はリノール酸とリノレン酸であり、その数の組み合わせとして

リノール酸：リノレン酸＝(1：2)または(2：1)

の2通りが考えられる。

リノール酸：リノレン酸＝(1：2)の油脂には、立体異性体を考慮しないで以下の2種類が考えられる❶。

$C_{17}H_{29}-OCO-CH_2$　　　$C_{17}H_{29}-OCO-CH_2$
$C_{17}H_{31}-OCO-CH$　　　$C_{17}H_{29}-OCO-CH$
$C_{17}H_{29}-OCO-CH_2$,　$C_{17}H_{31}-OCO-CH_2$

したがって、2×2＝4種類存在する。

(2) $R^1-OCO-CH_2$
$R^2-OCO-CH$　の $R^1 \sim R^3$ に、$C_{17}H_{35}-$, $C_{17}H_{33}-$, $C_{17}H_{31}-$
$R^3-OCO-CH_2$

を並べればよい。その組み合わせは、立体異性体を考慮しないで、

$(R^1, R^2, R^3) = (C_{17}H_{35}-, C_{17}H_{33}-, C_{17}H_{31}-)$
　　　　　　　$(C_{17}H_{35}-, C_{17}H_{31}-, C_{17}H_{33}-)$
　　　　　　　$(C_{17}H_{33}-, C_{17}H_{35}-, C_{17}H_{31}-)$

の3種類のみである。

❶たとえば、左の構造をもつ油脂には不斉炭素原子はないが、右の構造をもつ油脂には不斉炭素原子がある。このため、鏡像異性体が存在する。

エクセル 油脂には、脂肪酸の炭化水素基が3つ結合していて、その位置によって構造異性体や立体異性体が生じる。

246 —— 6章 有機化合物

516 解答 (1) 19 g (2) 4個

解説 (1) リノレン酸 $C_{17}H_{29}$-COOH（分子量 278）のみからなる油脂の分子量は，グリセリンの分子量が 92 であることから
$$92 + 278 \times 3 - 18 \times 3 = 872$$
油脂 1 mol のけん化には KOH（式量 56）が 3 mol 必要であるから
$$\frac{100\,\text{g}}{872\,\text{g/mol}} \times 3 \times 56\,\text{g/mol} = 19.2\cdots\,\text{g} \fallingdotseq 19\,\text{g}$$

(2) 脂肪酸 X 中に含まれる二重結合の数を x 個とする。油脂 1 mol は脂肪酸 X 3 mol から構成される。I_2 の分子量 254 より
$$\frac{100\,\text{g}}{950\,\text{g/mol}} \times 3 \times x = \frac{320\,\text{g}}{254\,\text{g/mol}}$$
$$x = 3.98\cdots \fallingdotseq 4\,\text{個}$$

エクセル けん化価は油脂の分子量，ヨウ素価は油脂に含まれる二重結合の数の目安になる。油脂 1 分子には 3 つのエステル結合が含まれるため，けん化には油脂 1 mol に対して 3 mol の強塩基が必要である。

●油脂の評価
① けん化価
油脂 1 g をけん化するのに必要な KOH の質量〔mg〕の数値。
② ヨウ素価
油脂 100 g に付加することのできるヨウ素 I_2 の質量〔g〕の数値。
不飽和結合の割合が多いほど，ヨウ素価も大きい。
最近は，ヨウ素のかわりに，付加する水素の体積で求める問題が多い。

517 解答 (1) 870 (2) 9

解説 (1) 油脂のモル質量を M〔g/mol〕として，けん化価より M を求める。

R^1-COO-CH_2
R^2-COO-CH   + 3KOH →(けん化) R^1-COOH   HO-CH_2
R^3-COO-CH_2 R^2-COOH + HO-CH
                                                  R^3-COOH   HO-CH_2

モル質量　M〔g/mol〕　56 g/mol
質量　　　1 g　　　　　193 mg

$$\frac{1\,\text{g}}{M} \times 3 = \frac{193 \times 10^{-3}\,\text{g}}{56\,\text{g/mol}} \qquad M = 870.4\cdots\,\text{g/mol} \fallingdotseq 870\,\text{g/mol}$$

(2) 油脂 1 分子中に含まれる二重結合 C=C の数を x とし，物質量の関係より x を求める。

R^1-COO-CH_2
R^2-COO-CH   + $x\,I_2$ →(付加反応) ヨウ素が付加した油脂
R^3-COO-CH_2

モル質量　872 g/mol　254 g/mol
質量　　　100 g　　　262 g

$$\frac{100\,\text{g}}{872\,\text{g/mol}} \times x = \frac{262\,\text{g}}{254\,\text{g/mol}} \qquad x = 8.99\cdots \fallingdotseq 9$$

エクセル 二重結合 C=C の数と同じ数のヨウ素分子 I_2 が付加する。

$$\cdots\text{C}=\text{C}\cdots \times n\ +\ n\,I_2 \xrightarrow{\text{付加}} \cdots\underset{I}{\text{C}}-\underset{I}{\text{C}}\cdots \times n$$

518

解答
(1) $C_{15}H_{31}-COOH$　(2) $C_{18}H_{32}O_2$　(3) 119
(4) 2個　(5) $C_{55}H_{98}O_6$　(6)
$$\begin{array}{l} CH_2-OCO-C_{15}H_{31} \\ {}^*CH-OCO-C_{17}H_{35} \\ CH_2-OCO-C_{17}H_{35} \end{array}$$

解説 (1) Cは(エ)より飽和脂肪酸であるから，$C_nH_{2n+1}-COOH$と表される。この分子量は
$$12 \times n + 1.0 \times (2n+1) + 12 + 16 \times 2 + 1.0 = 14n + 46$$
と表され，(オ)より256となる。
$$14n + 46 = 256 \quad n = 15$$
よって，$C_{15}H_{31}-COOH$

(2) Dは(カ)の元素分析より求める。

C　$39.6 \times \dfrac{12}{44} = 10.8\,g$

H　$14.4 \times \dfrac{2.0}{18} = 1.6\,g$

O　$14.0 - (10.8 + 1.6) = 1.6\,g$

$$\begin{aligned} C:H:O &= \dfrac{10.8}{12} : \dfrac{1.6}{1.0} : \dfrac{1.6}{16} \\ &= 0.90 : 1.6 : 0.10 \\ &= 9 : 16 : 1 \end{aligned}$$

これより，Dの組成式は$C_9H_{16}O$となり，脂肪酸にはO原子が2個含まれるから，Dの分子式は$C_{18}H_{32}O_2$となる。

(3) A 100gに付加するI_2の物質量は，(イ)のH_2の物質量に等しい。
$$\dfrac{10.5\,L}{22.4\,L/mol} \times (127\,g/mol \times 2) = 119.0\,g ≒ 119\,g$$

(4) (2)よりDは$C_{17}H_{31}-COOH$で表されるリノール酸である。炭化水素基に二重結合が含まれていなければ$C_{17}H_{35}-COOH$（ステアリン酸）であり，二重結合が2個あったことになる。

(5) (エ)より，Aは飽和脂肪酸C 1分子と不飽和脂肪酸D 2分子からなる。
$$\underset{\text{グリセリン}}{C_3H_8O_3} + \underset{C((1)より)}{C_{16}H_{32}O_2} + 2 \times \underset{D((2)より)}{C_{18}H_{32}O_2} - 3 \times H_2O = C_{55}H_{98}O_6$$

(6) Aは不斉炭素原子を1個もち，(エ)より構造は次のようになる。

$$\begin{array}{l} CH_2-OCO-C_{15}H_{31} \\ {}^*CH-OCO-\underline{C_{17}H_{31}} \\ CH_2-OCO-\underline{C_{17}H_{31}} \end{array}$$ (4)より二重結合を2個ずつもつ

よって，Bの構造は次のようになる。

$$\begin{array}{l} CH_2-OCO-C_{15}H_{31} \\ {}^*CH-OCO-C_{17}H_{35} \\ CH_2-OCO-C_{17}H_{35} \end{array}$$

248 — 6章 有機化合物

エクセル 油脂の構造決定では，元素分析，けん化価，ヨウ素価，不斉炭素原子の有無などが利用される。

519
解答 (1) (イ)　(2) (エ)

解説 (1) 油脂に水酸化ナトリウムを加えて加熱すると，けん化されてセッケンができる。
(2) 廃液には水酸化ナトリウムが残っていると考えられるので，酸で中和する。

エクセル セッケンは，弱酸と強塩基の塩なので，水溶液中で加水分解して弱塩基性を示す。

520
解答 (ア) (5)　(イ) (3)

解説 界面活性剤は次のように分類される。
① 陰イオン界面活性剤
　親水部分が陰イオン　▭—O—SO₃⁻Na⁺
② 陽イオン界面活性剤
　親水部分が陽イオン　▭—N⁺(CH₃)₃Cl⁻
③ 両性界面活性剤
　塩基性のときは陰イオン，酸性のときは陽イオンとして働く。
　▭—N⁺(CH₃)₂CH₂—COO⁻

エクセル 界面活性剤の構造と性質を理解する。

521
解答 (1) (ア) 弱　(イ) 強　(ウ) 加水分解　(エ) 疎水　(オ) ミセル
(カ) 乳化　(キ) ナトリウムイオン　(ク) 強　(ケ) 強
(コ) 中
(2) A $C_3H_5(OCOR)_3$　B $R-COONa$
　　C $C_3H_5(OH)_3$　あ 3
(3) $R-COONa + H_2O \rightleftarrows R-COOH + NaOH$
(4) 硬水
(5) D $C_{12}H_{25}-OSO_3Na$

解説 (1) 油脂に水酸化ナトリウムを加えて得られた，高級脂肪酸のナトリウム塩がセッケンであるから，セッケンは弱酸と強塩基からなる塩である。セッケンの水溶液は次のように加水分解し，弱塩基性を示す。
　$R-COONa + H_2O \rightleftarrows R-COOH + NaOH$
セッケンは疎水基を内側，親水基を外側に向けて球状の集合体(ミセル)をつくる。油脂が加えられると，油脂がセッケンのミセルに包まれ，水中へ分散する。セッケンのこの作用を乳化作用という。
一方，合成洗剤は強酸と強塩基からなる塩で，その水溶液は中性を示す。
(2) 油脂1molをけん化するのに，NaOHは3mol必要である。その結果，セッケン3molが得られる。

(4) セッケンは硬水中では，水に不溶の塩をつくり，洗浄作用が低下する。

$$2R-COONa + Ca^{2+} \longrightarrow (R-COO)_2Ca + 2Na^+$$

しかし，合成洗剤は硬水中で使用しても，水に不溶の塩をつくらないため，洗浄作用は低下しない。

(5) それぞれの合成洗剤の合成は次の通りである。

$$C_{12}H_{25}-OH \xrightarrow[\text{エステル化}]{H_2SO_4} C_{12}H_{25}-OSO_3H$$
1-ドデカノール　　　　　　　硫酸水素ドデシル

$$\xrightarrow[\text{中和}]{NaOH} C_{12}H_{25}-OSO_3Na$$
　　　　　硫酸ドデシルナトリウム

エクセル セッケンと合成洗剤の性質および反応性の違いを頭に入れておこう。また，代表的な合成洗剤の合成経路を理解しておこう。

522 解答 ③

解説 セッケン分子の疎水性部分を油滴側に，親水性部分を水側へ向けて会合コロイド（ミセル）を形成する。

エクセル セッケン分子は分子中に疎水性部分と親水性部分をもつ

セッケンの構造

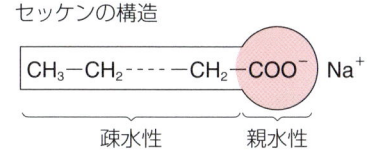

$$CH_3-CH_2-----CH_2-COO^- \quad Na^+$$

疎水性　　　　　　親水性

ミセル

● 界面活性剤
分子内に親水性部分と疎水性部分を含み，2つの物質の間の界面に集まりやすい性質をもち，その界面の性質を著しく変える物質。

25 芳香族化合物 (p.393)

523 解答 (6)

解説
(1) ベンゼンは水にほとんど溶けず，無色の液体である（融点 6℃）。密度が $0.88\,\mathrm{g/cm^3}$ で，水より軽く，水に浮く。
(2) ベンゼンは揮発性があり，引火しやすい。
(3) ベンゼンは分子中の炭素の割合が大きいので，多量のすすを出して燃える。
(4) ベンゼン分子を構成する炭素原子と水素原子は，すべて同一平面上に存在する。
(5) ベンゼン分子中の炭素原子間の結合距離は $0.140\,\mathrm{nm}$ で，すべて同じである。それゆえ，炭素原子は正六角形を形づくっている。
(6) エタン分子の炭素原子間の結合距離は $0.154\,\mathrm{nm}$，エチレン分子は $0.134\,\mathrm{nm}$，アセチレン分子は $0.120\,\mathrm{nm}$ である。単結合から三重結合に向かって短くなっていく。ベンゼン分子はエタン分子とエチレン分子の間の距離となっている。

● 炭素原子間の距離
単結合＞二重結合＞三重結合

エクセル ベンゼン環は特殊な構造をしており，ベンゼンはきわめて安定な化合物である。構造や反応の特徴がよく出題される。

524 解答
(ア) 付加　(イ) 置換　(ウ) ブロモベンゼン
(エ) ベンゼンスルホン酸　(a) C_6H_5Br　(b) HBr
(c) $C_6H_5SO_3H$　(d) H_2O
((a)と(b)，(c)と(d)は順不同)

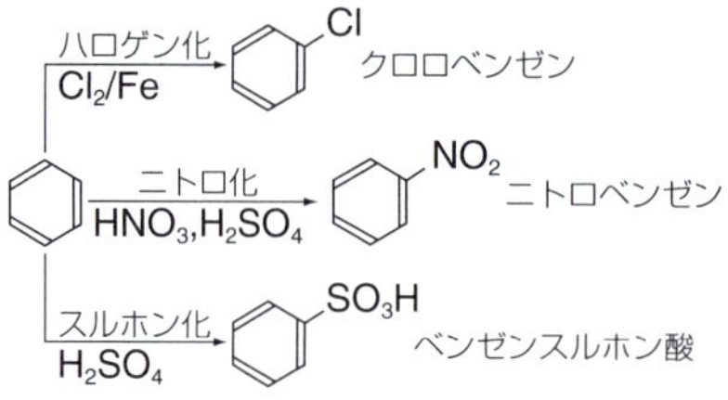

▶ アルケン・アルキン
→付加反応

▶ 芳香族化合物
→置換反応

エクセル ベンゼンの置換反応

ハロゲン化　Cl_2/Fe → クロロベンゼン
ニトロ化　HNO_3, H_2SO_4 → ニトロベンゼン
スルホン化　H_2SO_4 → ベンゼンスルホン酸

525 解答
(1) ②
(2) ①(イ)　③(ウ)

解説
① 濃硝酸／濃硫酸　ニトロ化 → ニトロベンゼン
② $3Cl_2$／光　付加反応 → 1, 2, 3, 4, 5, 6-ヘキサクロロシクロヘキサン（ベンゼンヘキサクロリド）

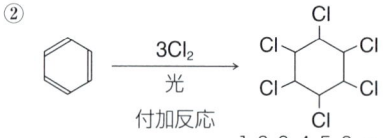

③ ベンゼン + 濃硫酸 →(熱) ベンゼンスルホン酸（-SO₃H）
スルホン化

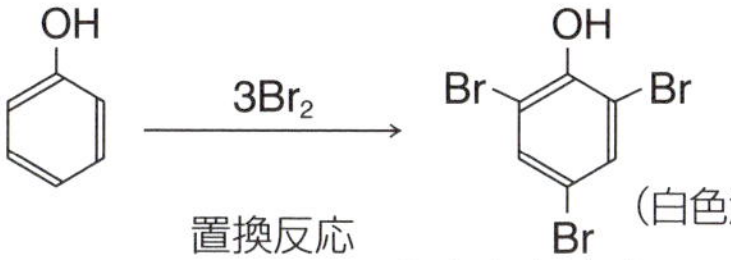

④ フェノール(OH) + 3Br₂ → 2,4,6-トリブロモフェノール（白色沈殿）
置換反応

エクセル ベンゼン環への付加反応

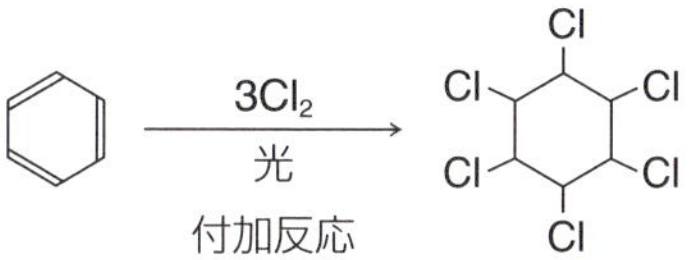

ベンゼン + 3Cl₂ →(光) 1,2,3,4,5,6-ヘキサクロロシクロヘキサン 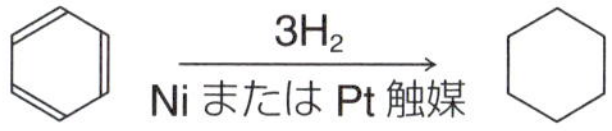
付加反応

ベンゼン + 3H₂ →(Ni または Pt 触媒) シクロヘキサン
付加反応

526

解答
(1) (ア) ヒドロキシ (イ) 酸 (ウ) ナトリウムフェノキシド
(エ) 弱 (オ) 塩化鉄(Ⅲ)

(2) 2,4,6-トリニトロフェノール（ピクリン酸）
（OHに対してo,o,p位に NO₂、他に O₂N）

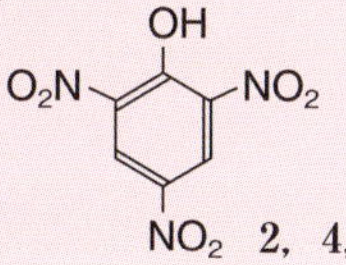

▶フェノール性ヒドロキシ基は FeCl₃ 水溶液で青紫〜赤紫色に呈色する

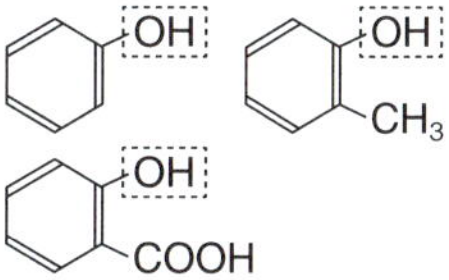

(OH), (OH, CH₃), (OH, COOH)

解説 酸としての反応

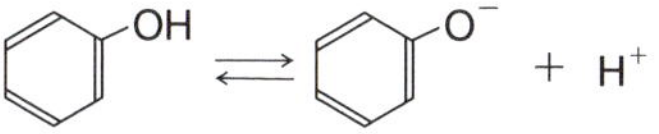

C₆H₅OH ⇌ C₆H₅O⁻ + H⁺
弱酸

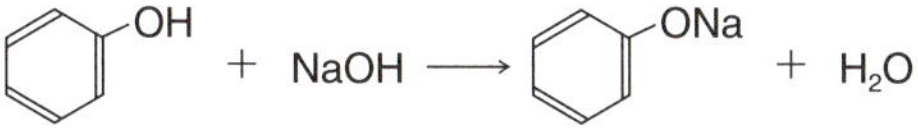

C₆H₅OH + NaOH → C₆H₅ONa + H₂O
ナトリウムフェノキシド

C₆H₅ONa + H₂O + CO₂ → C₆H₅OH + NaHCO₃

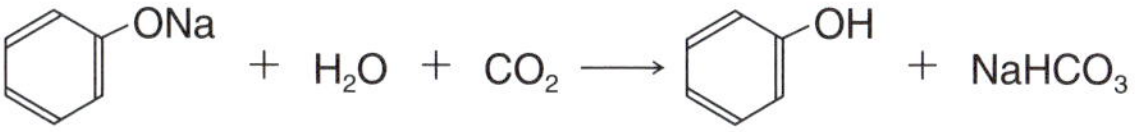

フェノールのニトロ化

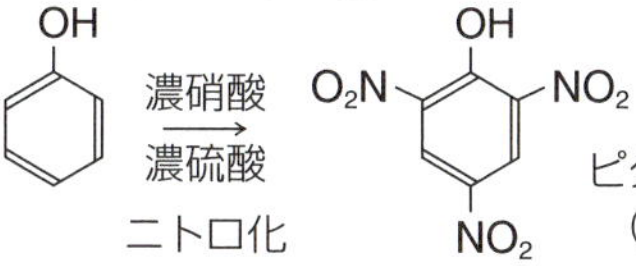

フェノール →(濃硝酸/濃硫酸, ニトロ化) ピクリン酸（黄色）

エクセル 酸の強さ

－SO₃H ≫ －COOH ＞ H₂CO₃ ＞ －OH
　　　　　　　　　　　　　フェノール性ヒドロキシ基

527

解答 (1) A (2) B (3) C (4) C (5) B (6) B

解説 以下の表を参考に考える。

	エタノール	フェノール
水への溶解性	よく溶ける	少ししか溶けない
液性	中性	弱酸性
塩化鉄(Ⅲ)で呈色	しない	する
NaOHと中和反応	しない	する
エステルを	つくる	つくる
金属Naと反応	する	する

(3), (4) 両方ともヒドロキシ基をもつので，カルボン酸との間にエステルをつくる。また，金属ナトリウムを加えると水素を発生する。

エクセル 2種類のヒドロキシ基

　　CH₂−OH (アルコール性ヒドロキシ基)　ベンジルアルコール

　　OH (フェノール性ヒドロキシ基)　フェノール

金属ナトリウムと反応し，カルボン酸などと反応してエステルをつくるという点では類似している。一方で，塩化鉄(Ⅲ)水溶液による呈色やNaOH水溶液との中和反応は，フェノールでしか起こらない。

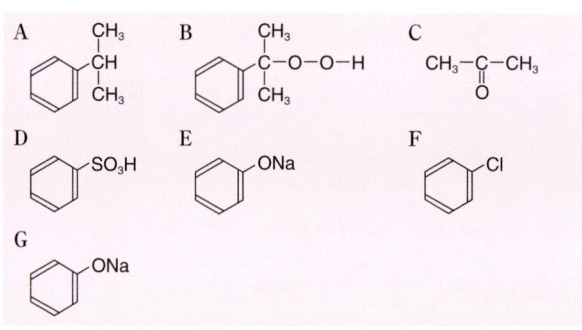

528

解答
A: C₆H₅−CH(CH₃)₂ (クメン)
B: C₆H₅−C(CH₃)₂−O−O−H
C: CH₃−CO−CH₃
D: C₆H₅−SO₃H
E: C₆H₅−ONa
F: C₆H₅−Cl
G: C₆H₅−ONa

解説 ベンゼンから直接1段階でフェノールを合成することはできない。そのため，ベンゼンの水素原子を置換し，導入した官能基に対して反応を行うことで，フェノールを得ている。

エクセル フェノールの合成
① クメン法
② ベンゼンスルホン酸のアルカリ融解
③ クロロベンゼンの置換

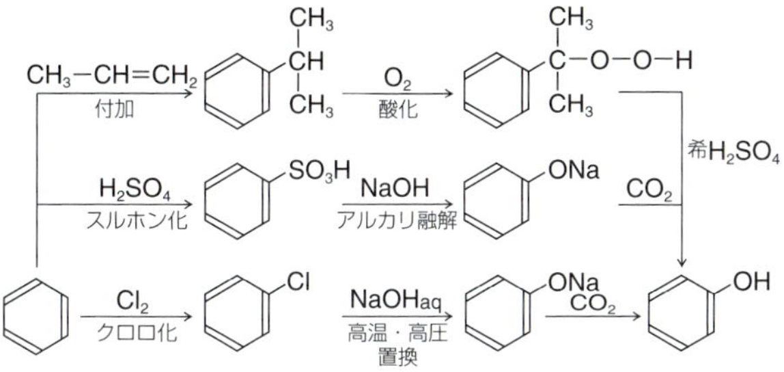

529

解答 ベンゼンスルホン酸ナトリウムやクロロベンゼンから高温・高圧条件でフェノールを合成する方法は、コストがかかる。また、クメン法の副生成物として生じるアセトンは、優れた溶媒として価値がある。このため、現在はフェノールの合成法はクメン法で行うことが一般的である。

キーワード
・コスト

解説 クメン法

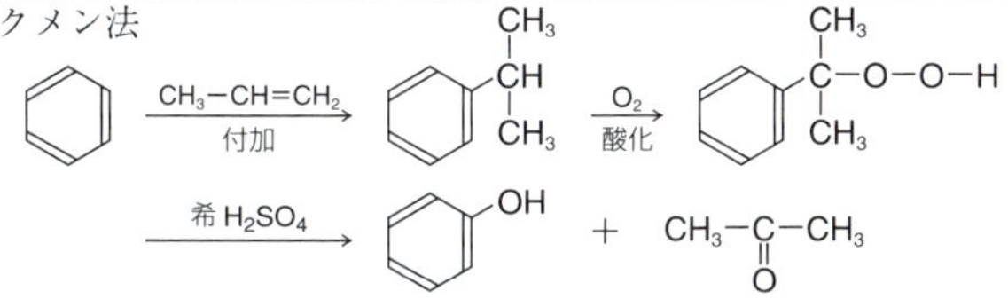

エクセル フェノールは工業的にはクメン法で合成される。

530

解答
(1) (ア) 酸　(イ) ナトリウムフェノキシド
　　(ウ) 二酸化炭素
(2) A サリチル酸メチル　B アセチルサリチル酸

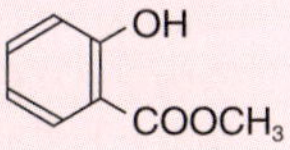

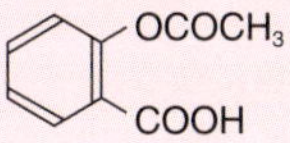

(3) 化合物 A, サリチル酸

解説 サリチル酸にはカルボキシ基とフェノール性ヒドロキシ基の2つがある。したがって、2通りのエステルが生じる[1]。Aのサリチル酸メチルは消炎鎮痛剤、Bのアセチルサリチル酸は解熱鎮痛剤として利用されている。

❶サリチル酸
2種類のエステルが生じる。

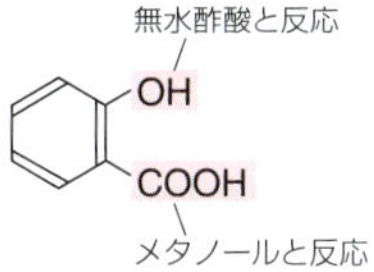

無水酢酸と反応
メタノールと反応

エクセル サリチル酸のエステル

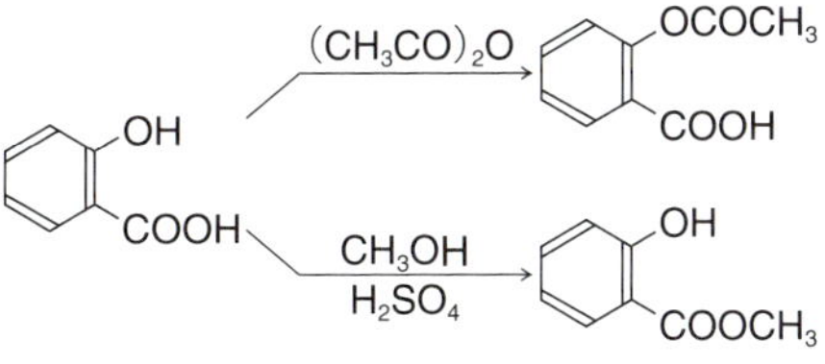

アセチルサリチル酸…解熱鎮痛剤
　カルボン酸としての性質を有し、炭酸水素ナトリウム水溶液に加えると CO_2 発生

サリチル酸メチル…消炎鎮痛剤
　フェノール類としての性質を有し、塩化鉄(III)水溶液で青紫～赤紫色に呈色

531

解答 (1) (ア), (イ)　(2) (イ), (ウ)

解説 (1) ベンゼン環に結合した炭化水素基を過マンガン酸カリウムで酸化すると，炭化水素基が酸化されてカルボキシ基になる[❶]。

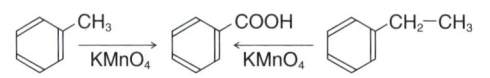

$$\underset{KMnO_4}{C_6H_5-CH_3 \longrightarrow} C_6H_5-COOH \underset{KMnO_4}{\longleftarrow} C_6H_5-CH_2-CH_3$$

(2) ベンゼン環に結合したヒドロキシ基をフェノール性ヒドロキシ基といい，塩化鉄(Ⅲ)水溶液で青紫～赤紫色に呈色する。

❶ベンゼン環の側鎖の酸化

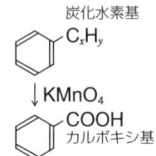

炭化水素基 $C_6H_5-C_xH_y$
↓ $KMnO_4$
C_6H_5-COOH カルボキシ基

エクセル 安息香酸の合成

① トルエンの過マンガン酸カリウムによる酸化（エチルベンゼンなどからも得られる）

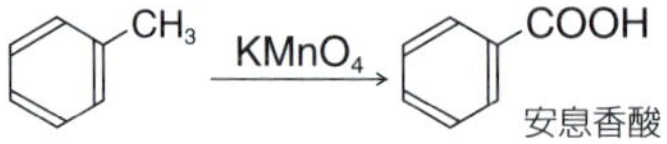

$$C_6H_5-CH_3 \xrightarrow{KMnO_4} C_6H_5-COOH \text{（安息香酸）}$$

② ベンジルアルコールの酸化

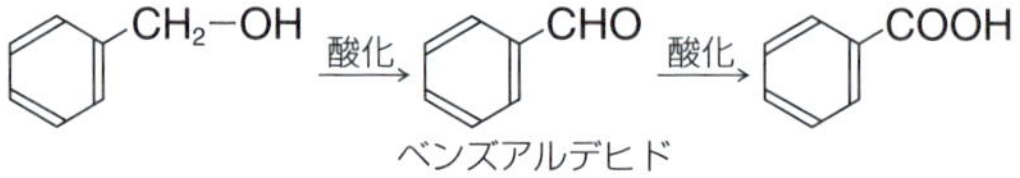

$$C_6H_5-CH_2-OH \xrightarrow{酸化} C_6H_5-CHO \xrightarrow{酸化} C_6H_5-COOH$$
（ベンズアルデヒド）

532

解答 (1) (ア) ニトロ　(イ) 還元　(ウ) $C_6H_5NH_2$
　　　(エ) 塩基　(オ) アニリン塩酸塩
(2) (ア) アセトアニリド　(イ) 塩化ベンゼンジアゾニウム

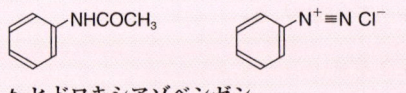

$C_6H_5-NHCOCH_3$　　$C_6H_5-N^+\equiv N\ Cl^-$

(ウ) p-ヒドロキシアゾベンゼン

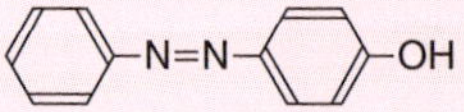

$C_6H_5-N=N-C_6H_4-OH$

(3) さらし粉の水溶液を加えると赤紫色になる。

解説 アニリンは示性式 $C_6H_5NH_2$ で，ベンゼン環にアミノ基がついた構造をしている[❶]。ベンゼンからのアニリンの合成法，アニリンの反応，アゾ化合物[❷]の合成についてまとめる。

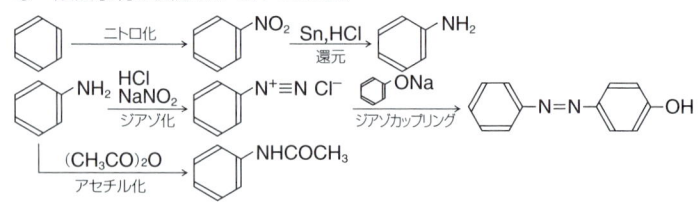

❶アニリン
ベンゼン環にアミノ基がついた構造をしており，水に溶かすと塩基性を示す。また，酸無水物と反応するとアミド結合をもつ化合物が生じる。

❷アゾ染料
$-N=N-$ の結合をもつ化合物をアゾ化合物という。染料として用いられるものが多く，アゾ染料ともいう。一般に，芳香族アミンを酸性下でジアゾ化し，フェノール類の塩と反応させて得る（カップリング）。

エクセル アニリンの反応
① 酸と反応して水溶性の塩となる。
② アゾ染料の原料となる。
③ 酸無水物と反応しアミドとなる。

$$C_6H_6 \xrightarrow{\text{ニトロ化}} C_6H_5-NO_2 \xrightarrow[\text{還元}]{Sn,HCl} C_6H_5-NH_2$$

$$C_6H_5-NH_2 \xrightarrow[\text{ジアゾ化}]{HCl,NaNO_2} C_6H_5-N^+\equiv N\ Cl^- \xrightarrow[\text{ジアゾカップリング}]{C_6H_5-ONa} C_6H_5-N=N-C_6H_4-OH$$

$$C_6H_5-NH_2 \xrightarrow[\text{アセチル化}]{(CH_3CO)_2O} C_6H_5-NHCOCH_3$$

533

解答 生成物のアニリンは弱塩基の塩として水に溶けているので，NaOHで遊離させてエーテル層へ移す。

キーワード
・強塩基による弱塩基の遊離

解説 ニトロベンゼンに濃塩酸と金属スズを加えて加熱するとアニリンは塩酸塩 $C_6H_5NH_3^+Cl^-$ となり水溶液中に溶けている。アニリン $C_6H_5NH_2$ は弱塩基であるので，アニリン塩酸塩に強塩基の NaOH を加えれば，アニリンが遊離し，エーテル層に移動する。

534

解答
(1) トルエン (ウ)　(2) 安息香酸 (カ)
(3) フェノール (ア)　(4) ニトロベンゼン (オ)
(5) アニリン (イ)　(6) ベンゼンスルホン酸 (キ)
(7) スチレン (エ)

解説 芳香族化合物は，化合物の名称から官能基がイメージしにくいので，くり返し解くこと。名称から構造式を書く練習もするとよい。

(ア) $2\,C_6H_5OH + 2Na \longrightarrow 2\,C_6H_5ONa + H_2$

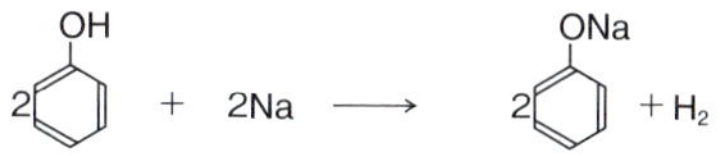

(イ) $C_6H_5NH_2 + HCl \longrightarrow C_6H_5NH_3Cl$

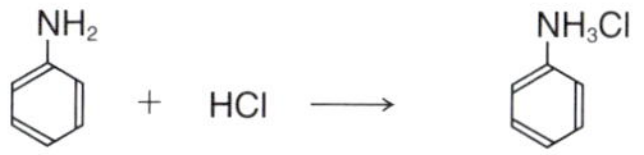

(ウ) $C_6H_5CH_3 + 3HNO_3 \longrightarrow C_6H_2(NO_2)_3CH_3 + 3H_2O$

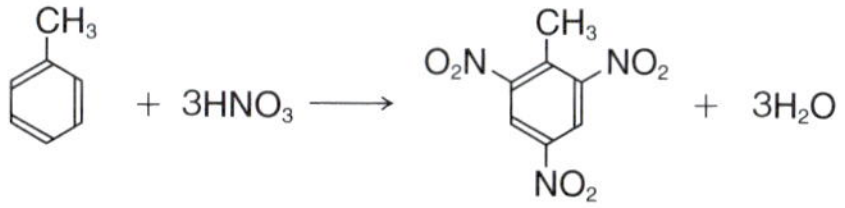

2,4,6-トリニトロトルエン (TNT)

(エ) スチレンは発泡スチロールなどのプラスチック製品の原料となる。

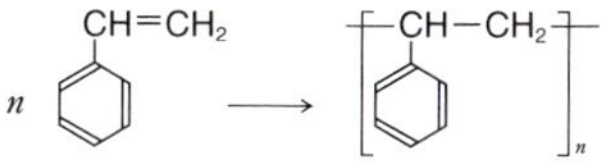

$n\,C_6H_5CH=CH_2 \longrightarrow {-}[CH(C_6H_5)-CH_2]_n{-}$

(オ) ニトロベンゼンの密度は $1.2\,\mathrm{g/cm^3}$ で，水よりも重く，水に沈む。

(カ) $C_6H_5COOH + NaHCO_3 \longrightarrow C_6H_5COONa + H_2O + CO_2$

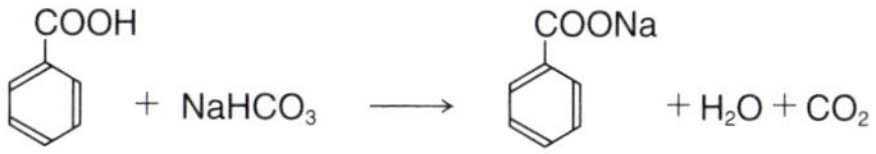

エクセル 官能基の名称と性質，主要な化合物は把握しておこう。

535

解答 (1) (イ), (オ)　(2) (エ), (キ)　(3) (ウ), (カ)　(4) (ア), (ク)

解説 カルボン酸は炭酸水素ナトリウム水溶液に溶ける。また，フェノール性ヒドロキシ基をもつ化合物は，塩化鉄(Ⅲ)水溶液を加えると青紫〜赤紫色になる。この点から，化合物を分類する。

▶問題文のように化合物を分類すると
・カルボキシ基をもつ
(イ), (エ), (オ), (キ)

解説

	カルボキシ基	フェノール性ヒドロキシ基
(1)	もつ	もつ
(2)	もつ	もたない
(3)	もたない	もつ
(4)	もたない	もたない

・フェノール性ヒドロキシ基をもつ
　(イ), (ウ), (オ), (カ)
・ともにもたない
　(ア), (ク)

エクセル 有機化合物と酸・塩基との反応

酸に溶ける	アミン(−NH$_2$)…塩基性の化合物
水酸化ナトリウム水溶液に溶ける	スルホン酸(−SO$_3$H), カルボン酸(−COOH) フェノール類(◯−OH)…酸性の化合物 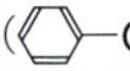
炭酸水素ナトリウム水溶液に溶けて二酸化炭素を発生	スルホン酸(−SO$_3$H), カルボン酸(−COOH) …炭酸より強い酸

536

解答

(1) 3種類

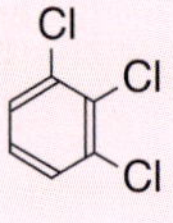

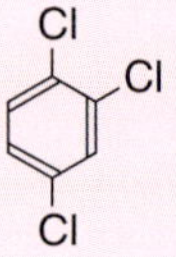

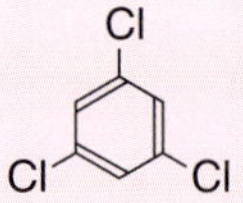

[構造式：1,2,3-トリクロロベンゼン, 1,2,4-トリクロロベンゼン, 1,3,5-トリクロロベンゼン]

(2) 8種類

[構造式：プロピルベンゼン, イソプロピルベンゼン, o-, m-, p-エチルトルエン, 1,2,3-, 1,2,4-, 1,3,5-トリメチルベンゼン]

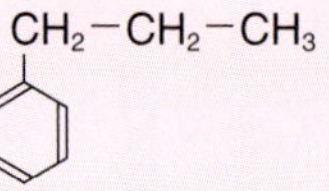

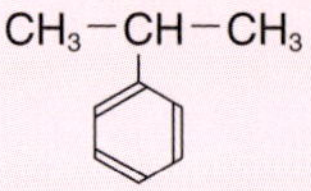

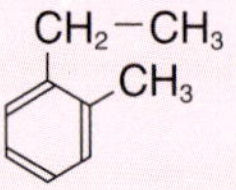

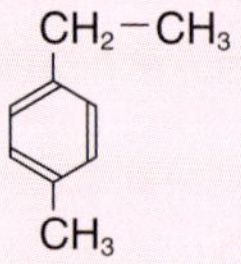

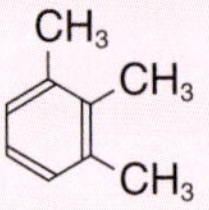

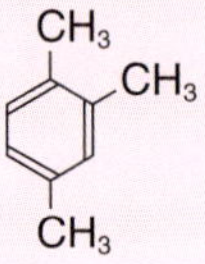

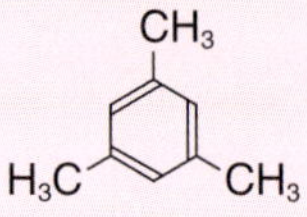

解説

(1) ベンゼンの同一置換基による三置換体には3つの異性体がある。ベンゼン環の水素原子のうち3つが塩素原子に置換されたと考える。

(2) 一置換体 　X
　　　　　[C$_6$H$_5$環] （C$_6$H$_5$−X）

C$_9$H$_{12}$ − C$_6$H$_5$ = C$_3$H$_7$

−Xは, −CH$_2$−CH$_2$−CH$_3$ と −CH(CH$_3$)−CH$_3$

▶一置換体　C$_6$H$_5$−X
　二置換体　C$_6$H$_4$−XY
　三置換体　C$_6$H$_3$−XYZ

二置換体

$\underset{\text{（}C_6H_4-XY\text{）}}{\text{[オルト、メタ、パラ二置換ベンゼン図]}}$

$C_9H_{12} - C_6H_4 = C_3H_8$

$-X$ と $-Y$ は，$-CH_2-CH_3$ と $-CH_3$

三置換体

$\underset{\text{（}C_6H_3-XYZ\text{）}}{\text{[三置換ベンゼン図]}}$

$C_9H_{12} - C_6H_3 = C_3H_9$

$-X$，$-Y$，$-Z$ はすべて $-CH_3$

エクセル 芳香族の異性体は，一置換体，二置換体，三置換体に分けて，側鎖の官能基を考える。

537

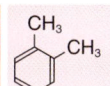

解答 [o-キシレン構造式 CH₃, CH₃]

解説 C_8 のアルカン C_nH_{2n+2} の水素原子数 $2n+2$ を考え，C_8H_{10} の不飽和度を求める。

$2n+2 = 18$　＊$n=8$ より　不飽和度：$\dfrac{18-10}{2} = 4$

化合物 A はベンゼン環（不飽和度＝4）と，C 原子 2 個（不飽和度＝0）を含む化合物だと考えられる。C_8H_{10} の芳香族化合物として考えられる構造をすべて記す。

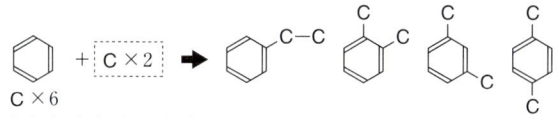

[ベンゼン環 C×6（不飽和度4）＋ C×2（不飽和度0）→ エチルベンゼン, o-, m-, p-キシレン]

　　　　　　　　　　　　　　　C_8H_{10} の構造異性体

C_8H_{10} の H 原子 1 つを Cl 原子に置き換えた構造をすべて考え，化合物 A を求める。

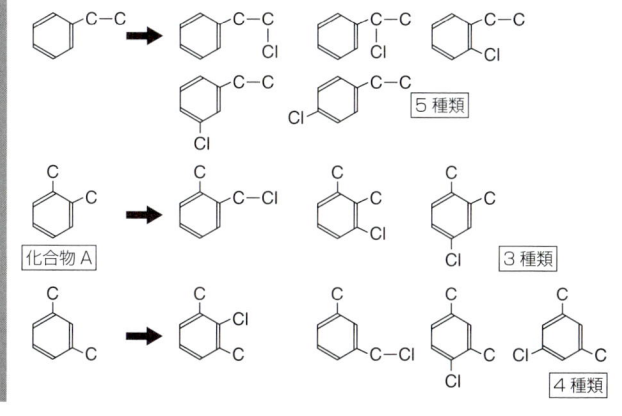

[エチルベンゼンの Cl 置換体 5 種類]

[化合物 A（o-キシレン）の Cl 置換体 3 種類]

[m-キシレンの Cl 置換体 4 種類]

●結合と不飽和度

・二重結合
$-C=C-$
不飽和度：1

・三重結合
$-C\equiv C-$
不飽和度：2

・環状構造
[シクロプロパン, シクロブタン図]
不飽和度：1

・ベンゼン環
[ベンゼン図]
不飽和度：4
環状構造×1
二重結合×3

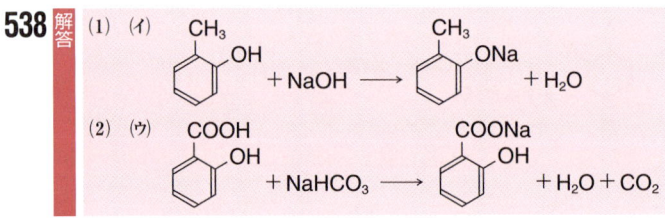

解説

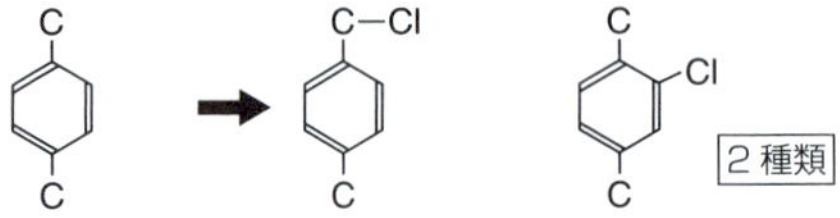
C
C
C−Cl
C
C
Cl
C

2種類

エクセル　化合物 C_nH_m の不飽和度　$\dfrac{(2n+2)-m}{2}$

538 解答

(1)　(イ)

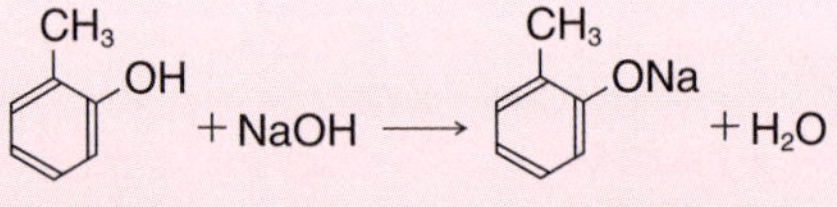
CH₃
OH
+NaOH
CH₃
ONa
+H₂O

(2)　(ウ)

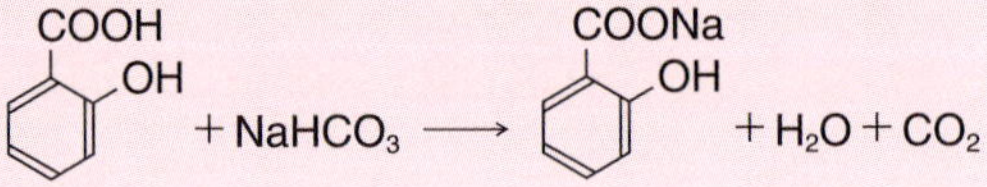
COOH
OH
+NaHCO₃
COONa
OH
+H₂O+CO₂

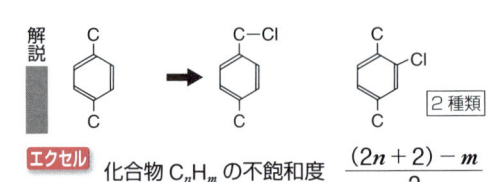

解説

(1)　*o*-クレゾールは酸性を示すフェノール性ヒドロキシ基をもっているため，水酸化ナトリウム水溶液と反応して水溶性の塩になる。

(2)　サリチル酸，サリチル酸メチルともにフェノール性ヒドロキシ基をもっているが，カルボキシ基をもっているのはサリチル酸のみである。よって，サリチル酸が炭酸水素ナトリウム水溶液に反応して，水溶性の塩になる。

▶2つの化合物を比べて，異なる官能基に注目し，それを塩にするための試薬を選ぶ。
塩酸…アミノ基と反応して塩酸塩となる。
水酸化ナトリウム水溶液…酸性を示す官能基と反応して，塩をつくる。
炭酸水素ナトリウム水溶液…炭酸よりも強い酸であるカルボン酸のカルボキシ基などと反応して，塩をつくる。

エクセル　酸・塩基との反応

酸に溶ける	アミン(−NH_2)…塩基性の化合物
水酸化ナトリウム水溶液に溶ける	スルホン酸(−SO_3H)，カルボン酸(−COOH) フェノール類(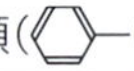−OH)…酸性の化合物
炭酸水素ナトリウム水溶液に溶けて二酸化炭素を発生	スルホン酸(−SO_3H)，カルボン酸(−COOH) …炭酸より強い酸

539 解答

(1)　(イ)− **サリチル酸** −(b)　　(2)　(ア)− **ベンズアルデヒド** −(c)
(3)　(エ)− **アニリン** −(b)　　(4)　(ウ)− **フタル酸** −(e)

解説

(1)　サリチル酸はフェノール性ヒドロキシ基が存在するが，アセチルサリチル酸はフェノール性ヒドロキシ基が存在しない。

(2)　ベンズアルデヒドはホルミル基(−CHO)を有するため，銀鏡反応に陽性である。

(3)　アニリンはさらし粉水溶液を加えると赤紫色に呈色する。また，アニリンに二クロム酸カリウム水溶液を加え酸化すると，黒色のアニリンブラックとよばれる物質を生じる。

(4)　フタル酸を加熱すると水蒸気を発生して，無水フタル酸を生成する。

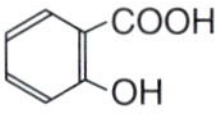
COOH
OH

サリチル酸
$FeCl_3$ aq で
赤紫色に呈色

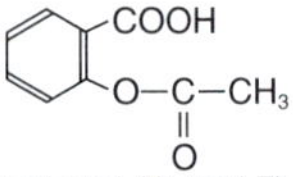
COOH
O−C−CH₃
O

アセチルサリチル酸

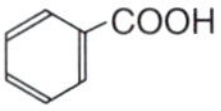
COOH

安息香酸

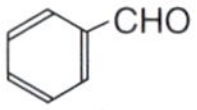
CHO

ベンズアルデヒド
銀鏡反応に陽性

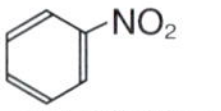
NO₂

ニトロベンゼン

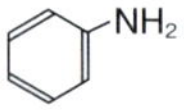
NH₂

アニリン
さらし粉 aq で赤紫色に呈色 $K_2Cr_2O_7$ aq で黒色沈殿

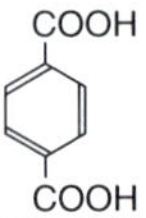
COOH
COOH

テレフタル酸

エクセル　官能基による呈色反応をしっかりと確認することが大切。
2つカルボキシ基をもつ，フタル酸やマレイン酸は，加熱により無水物を生じる。

COOH
COOH
加熱
CO
O
CO

フタル酸　　無水フタル酸

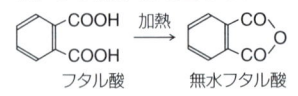

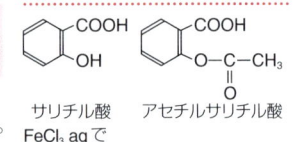

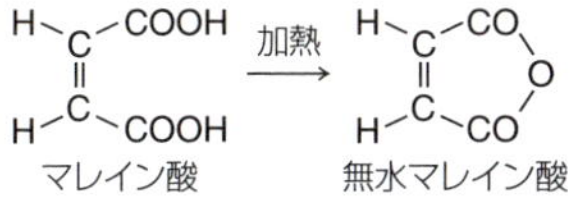

マレイン酸 → (加熱) 無水マレイン酸

540

(1) A ベンゼンスルホン酸　B ナトリウムフェノキシド
C プロペン(プロピレン)　D クメン　E アセトン

(2) F ニトロベンゼン　G アニリン　H 塩化ベンゼンジアゾニウム　I p-ヒドロキシアゾベンゼン

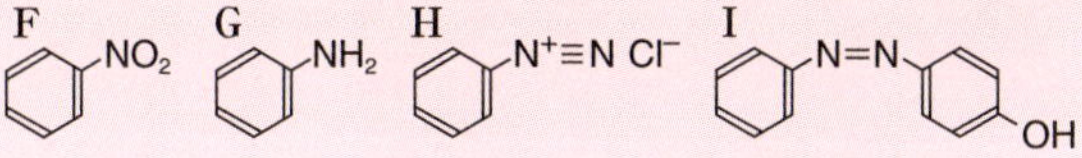

▶(ウ)の反応で得られた塩化ベンゼンジアゾニウム(H)は不安定で分解しやすく，室温では次のような反応によってフェノールと窒素に変化する。それゆえに氷冷する必要がある。

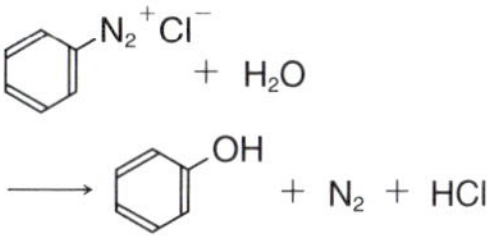

$$C_6H_5N_2^+Cl^- + H_2O \longrightarrow C_6H_5OH + N_2 + HCl$$

解説

本問題を経路図で表すと，次のようになる。文章中の試薬，生成物の名称などをキーワードに，できるところから解いていく。

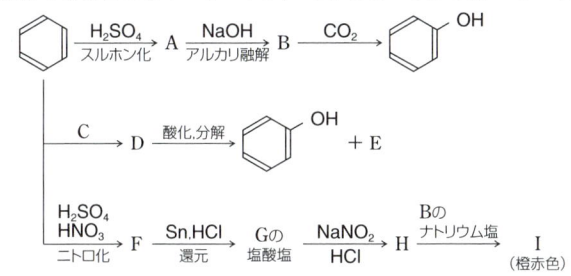

ベンゼン →(H₂SO₄, スルホン化) A →(NaOH, アルカリ融解) B →(CO₂) フェノール

→ C → D →(酸化,分解) フェノール + E

→(H₂SO₄, HNO₃, ニトロ化) F →(Sn, HCl, 還元) G →(NaNO₂, HCl, 塩酸塩) H →(Bのナトリウム塩) I (橙赤色)

エクセル アセトンの合成
① 2-プロパノールの酸化(実験室的)
② 酢酸カルシウムの乾留(実験室的)
③ クメン法

541

ニトロフェノール　2種類　　ジニトロフェノール　2種類

解説
フェノールを段階的にニトロ化させた場合に，生成する可能性がある物質を記す。

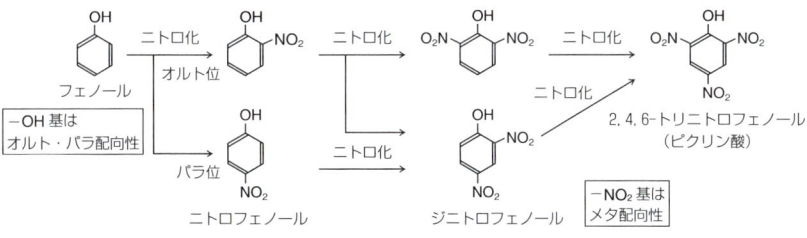

フェノール →(ニトロ化, オルト位/パラ位) ニトロフェノール →(ニトロ化) ジニトロフェノール →(ニトロ化) 2,4,6-トリニトロフェノール(ピクリン酸)

−OH基はオルト・パラ配向性
−NO₂基はメタ配向性

エクセル
フェノール →(ニトロ化) o-ニトロフェノール，p-ニトロフェノール　おもな生成物
−OH基があると，次の官能基はオルト・パラ位に入りやすい

ニトロベンゼン →(ニトロ化) m-ジニトロベンゼン　おもな生成物
−NO₂基があると，次の官能基はメタ位に入りやすい

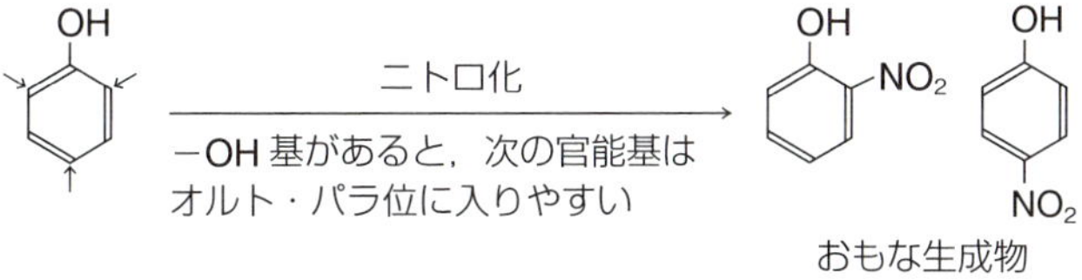

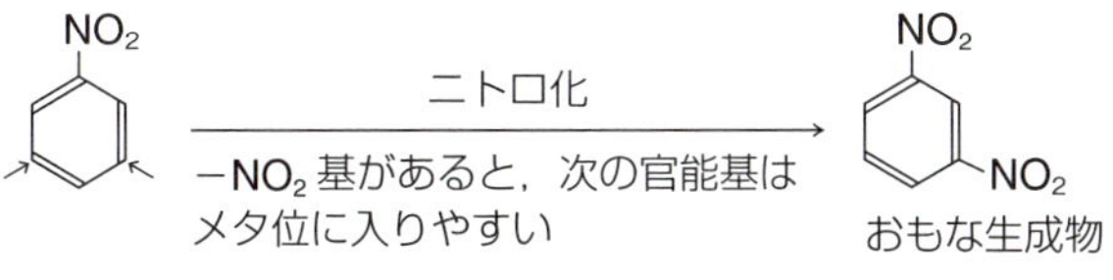

542 解答

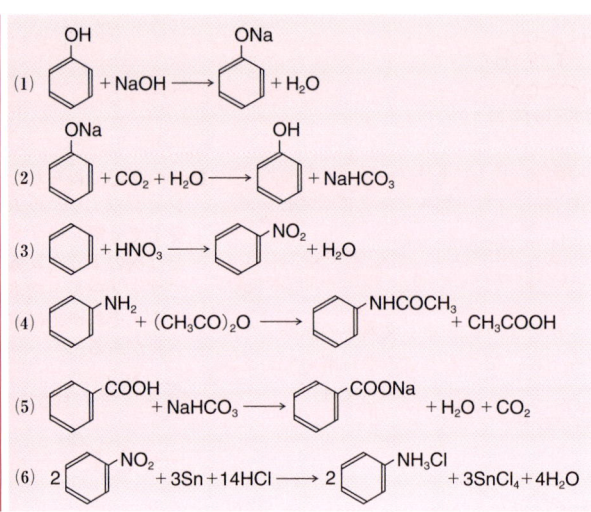

(1) C₆H₅OH + NaOH ⟶ C₆H₅ONa + H₂O

(2) C₆H₅ONa + CO₂ + H₂O ⟶ C₆H₅OH + NaHCO₃

(3) C₆H₆ + HNO₃ ⟶ C₆H₅NO₂ + H₂O

(4) C₆H₅NH₂ + (CH₃CO)₂O ⟶ C₆H₅NHCOCH₃ + CH₃COOH

(5) C₆H₅COOH + NaHCO₃ ⟶ C₆H₅COONa + H₂O + CO₂

(6) 2 C₆H₅NO₂ + 3Sn + 14HCl ⟶ 2 C₆H₅NH₃Cl + 3SnCl₄ + 4H₂O

▶(4)の反応はアセチル化とよばれる。無水酢酸を反応させることでアセチル基が導入されるとともに、アミド結合がつくられる。

解説 まず、問題文より、芳香族化合物について、原料と生成物の構造式を書く。次に、両辺が等しくなるように残りの化合物の化学式を推定して記すとよい。

エクセル 酸の強さと反応性
① 酸の強さ　HCl > R—COOH > CO₂ > C₆H₅—OH
② 弱酸の塩 + 強酸 ⟶ 弱酸 + 強酸の塩

543 解答

(1) サリチル酸 + CH₃OH ⟶ サリチル酸メチル(COOCH₃, OH) + H₂O

(2) (イ)

(3) 得られたサリチル酸メチルが加水分解(けん化)されて、失われてしまうから。

解説 未反応のサリチル酸と、触媒として加えた濃硫酸を中和するために、炭酸水素ナトリウム水溶液中に注ぐ。このとき、水酸化ナトリウム水溶液を使うと、生成したサリチル酸メチルがけん化されて水に溶けてしまう。

サリチル酸メチル + 2NaOH ⟶ (COONa けん化された, ONa 中和された) + CH₃OH + H₂O

▶サリチル酸は2つの官能基をもち、それぞれに特徴的な反応を示す。

COOH 芳香族カルボン酸としての反応
OH フェノール類としての反応

メタノールとはカルボキシ基が反応し、エステル結合がつくられる。

キーワード
・加水分解

エクセル
ガラス管／サリチル酸+メタノール+濃硫酸／炭酸水素ナトリウム水溶液／油状物質(サリチル酸メチル)

25 芳香族化合物——261

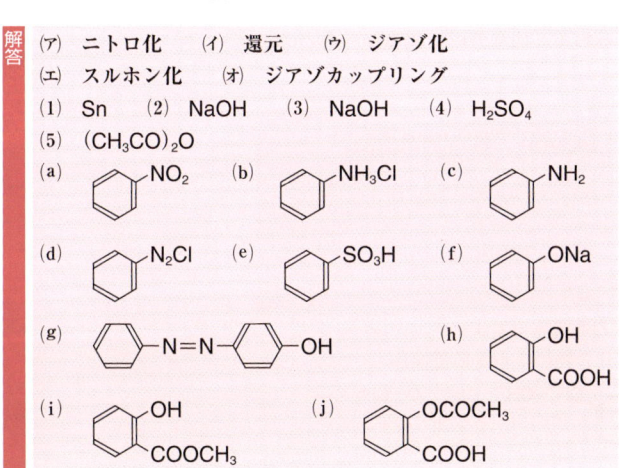

544
解答
(1) 淡黄　(2) 沈んできた
(3) (a) 生成したニトロベンゼンにわずかに含まれる未反応の硝酸と硫酸を中和するため。
　　(b) 生成したニトロベンゼンにわずかに含まれる水分を吸収し乾燥させるため。

解説
ニトロベンゼンは淡黄色の油状物質で，水に溶けず水より重いため底に沈む。合成実験において，水に注いだあと，炭酸水素ナトリウム水溶液で中和，塩化カルシウムで乾燥させて，純粋なニトロベンゼンを得る。

エクセル ニトロベンゼンの性質
・ベンゼンのニトロ化で得られる。
・特有のにおいをもつ淡黄色の液体で，水に溶けにくい。
・水より密度が大きい($1.2\,g/cm^3$)。
・アニリンの原料となる。

●反応後の処理
・酸性の試薬を用いた場合は，炭酸水素ナトリウム水溶液で未反応の酸を中和する。
・水分を除くために，無水塩化カルシウムあるいは無水硫酸ナトリウムを加えると，水分を吸収し，水和物となる。

キーワード
・中和
・乾燥

545
解答
(ア) ニトロ化　(イ) 還元　(ウ) ジアゾ化
(エ) スルホン化　(オ) ジアゾカップリング
(1) Sn　(2) NaOH　(3) NaOH　(4) H_2SO_4
(5) $(CH_3CO)_2O$

(a) ベンゼン-NO_2
(b) ベンゼン-NH_3Cl
(c) ベンゼン-NH_2
(d) ベンゼン-N_2Cl
(e) ベンゼン-SO_3H
(f) ベンゼン-ONa
(g) ベンゼン-$N=N$-ベンゼン-OH
(h) ベンゼン(OH, $COOH$)
(i) ベンゼン(OH, $COOCH_3$)
(j) ベンゼン($OCOCH_3$, $COOH$)

解説
主要な化合物をベンゼンから合成するルートをつねに意識しておこう。

エクセル カルボキシ基のおもな反応
●中和反応　●エステル化　●アミド化

●ニトロベンゼンの合成
（混酸：濃硫酸・濃硝酸，ベンゼン）

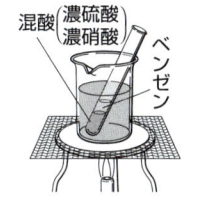

546
解答
A　ベンゼン-COO-CH_2CH_3
B　ベンゼン-CH_2-$OCOCH_3$
C　ベンゼン-CH_2-$COOCH_3$

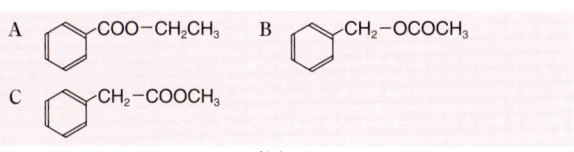

解説
A～Cのそれぞれについて考える。
(ア) Aを加水分解すると，Dとエタノールになる。

A　　　＋　水　⟶　D　　　＋　エタノール
$C_9H_{10}O_2$　H_2O　カルボン酸　C_2H_5OH

Dの分子式は，$C_9H_{10}O_2 + H_2O - C_2H_6O = C_7H_6O_2$
該当するカルボン酸は安息香酸である。

▶加水分解生成物から，もとのエステルを決定していく。

●エステルの加水分解
エステル＋水 ⟶
　カルボン酸＋アルコール

解説
(イ) Bを加水分解すると，EとFになる。

$$B + 水 \longrightarrow E + F$$
$$C_9H_{10}O_2 \quad H_2O \quad\quad 酢酸 \quad\quad アルコール$$
$$\quad\quad\quad\quad\quad\quad\quad (C_2H_4O_2) \quad (C_7H_8O)$$

問題文より，Eはエタノールの酸化で得られる酢酸である。したがって，Fは炭素原子を7個もつアルコールである。Fを酸化すると安息香酸になることから，Fはベンジルアルコール（$C_6H_5-CH_2-OH$）である。

(ウ) Cを加水分解すると，Gとメタノールになる。

$$C + 水 \longrightarrow G + メタノール$$
$$C_9H_{10}O_2 \quad H_2O \quad カルボン酸 \quad CH_3OH$$

Gの分子式は，$C_9H_{10}O_2 + H_2O - CH_4O = C_8H_8O_2$

Gはベンゼンの一置換体で，カルボン酸なので，解答のように決まる。

エクセル エステルの加水分解でカルボン酸とアルコール（またはフェノール類）が得られる。加水分解生成物からもとのエステルを推測する。

● **安息香酸の合成**

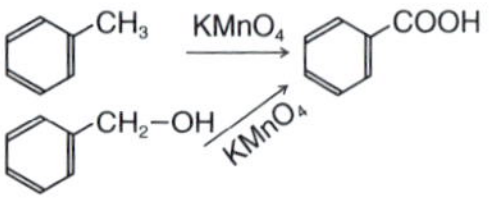

いずれも $KMnO_4$ によってベンゼン環の側鎖が酸化され，安息香酸が得られる。

547 解答

(A) o-OH, CH₂-CH₃
(B) o-CH₂-OH, CH₃
(C) o-O-CH₃, CH₃
(D) CH₂-CH₂-OH
(E) CH-CH₃, OH

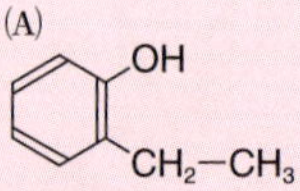

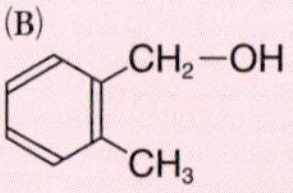

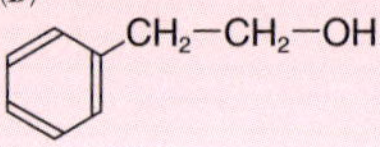

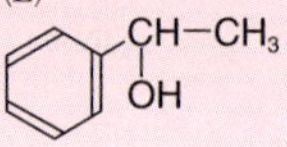

解説 条件を満たすものをかきだしてみるとよい。

分子式 $C_8H_{10}O$ の芳香族化合物のオルト二置換体

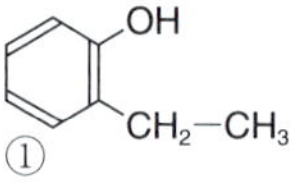

① o-OH, CH₂-CH₃
② o-CH₂-OH, CH₃
③ o-O-CH₃, CH₃

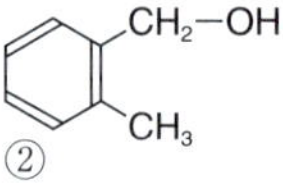

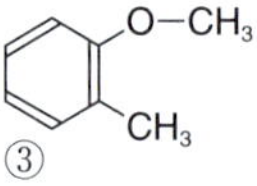

分子式 $C_8H_{10}O$ の芳香族化合物の一置換体

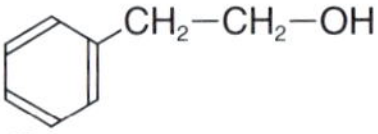

④ CH₂-CH₂-OH
⑤ CH-CH₃, OH
⑥ O-CH₂-CH₃
⑦ CH₂-O-CH₃

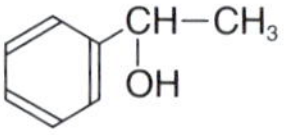

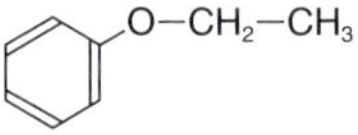

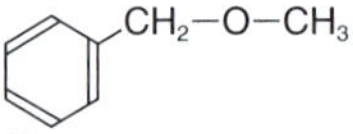

ここで，A，Bは金属ナトリウムと反応するのでヒドロキシ基をもつ。Aを酸化するとサリチル酸になるのでAは①である。Bを酸化するとフタル酸になるのでBは②である。未反応のCはエーテル結合をもつ③となる。
Dを酸化するとアルデヒドFが得られる❶ので，Dは第一級アルコールの④である。

❶ 還元性を示す。
＝ホルミル基

$$\underset{D}{\underset{}{C_6H_5-CH_2-CH_2-OH}} \xrightarrow{酸化} \underset{F}{\underset{}{C_6H_5-CH_2-CHO}}$$

E は不斉炭素原子をもつので⑤であり，酸化すると G になる。

$$\underset{E}{\underset{}{C_6H_5-CH(OH)-CH_3}} \xrightarrow{酸化} \underset{G}{\underset{}{C_6H_5-CO-CH_3}}$$

エクセル 下の化合物を過マンガン酸カリウムで酸化すると，いずれもフタル酸になる。

（o-CH₂OH, CH₃ 二置換体等の構造式）

548 解答

(1) フェノール　呈色反応：FeCl₃ 水溶液で青〜紫色に呈色する。
　　　　　　　　Br₂ を加えると，白色沈殿が生じる。

(2) 操作 1

$$C_6H_5-NH_2 + NaNO_2 + 2HCl \longrightarrow C_6H_5-N_2^+Cl^- + NaCl + 2H_2O$$

操作 3

$$C_6H_5-N_2^+Cl^- + C_6H_5-ONa \longrightarrow C_6H_5-N=N-C_6H_4-OH + NaCl$$

(3) 5.11 g，p-ヒドロキシアゾベンゼン

解説 操作 1　アニリン，HCl および亜硝酸ナトリウム NaNO₂ の物質量 n_1，n_2，および n_3 を求める。

$$n_1 = \frac{2.40\,\text{g}}{93\,\text{g/mol}} \fallingdotseq 2.580 \times 10^{-2}\,\text{mol}$$

$$n_2 = 2.00\,\text{mol/L} \times \frac{50.0}{1000}\,\text{L} = 0.100\,\text{mol}$$

$$n_3 = 18.0\,\text{mL} \times 1.00\,\text{g/mL} \times \frac{10.0}{100} \times \frac{1}{69\,\text{g/mol}}$$

$$\fallingdotseq 2.608 \times 10^{-2}\,\text{mol}$$

$$C_6H_5-NH_2 + NaNO_2 + 2HCl$$
$$2.580 \times 10^{-2}\,\text{mol}\quad 2.608 \times 10^{-2}\,\text{mol}\quad 0.100\,\text{mol}$$

$$\xrightarrow{ジアゾ化} C_6H_5-N_2^+Cl^- + NaCl + 2H_2O$$

（$2.580 \times 10^{-2}\,\text{mol}$ 生成）

操作 2　フェノールおよび NaOH の物質量 n_4，n_5 を求める。

$$n_4 = \frac{2.80\,\text{g}}{94\,\text{g/mol}} \fallingdotseq 2.978 \times 10^{-2}\,\text{mol}$$

●芳香族化合物の分子量

ベンゼン C_6H_6
分子量 78

安息香酸 (C_6H_5-COOH，COO-H 部分が 44)
分子量 $78+44=122$

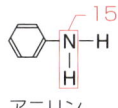

アニリン (C_6H_5-NH-H，N-H 部分が 15)
分子量 $78+15=93$

264 —— 6章 有機化合物

解説

$n_5 = 2.00\,\text{mol/L} \times \dfrac{15.0}{1000}\,\text{L} = 3.00 \times 10^{-2}\,\text{mol}$

C$_6$H$_5$OH + NaOH ⟶ C$_6$H$_5$ONa + H$_2$O

$2.978 \times 10^{-2}\,\text{mol}$　$3.00 \times 10^{-2}\,\text{mol}$　　$(2.978 \times 10^{-2}\,\text{mol}\ 生成)$

操作3　カップリングにより得られる p-ヒドロキシアゾベンゼンの物質量 n_6 および質量 m を求めると

C$_6$H$_5$N$_2^+$Cl$^-$ + C$_6$H$_5$ONa

$2.580 \times 10^{-2}\,\text{mol}$　　$2.978 \times 10^{-2}\,\text{mol}$

ジアゾカップリング ⟶ C$_6$H$_5$-N=N-C$_6$H$_4$-OH + NaCl

p-ヒドロキシアゾベンゼン
$(2.580 \times 10^{-2}\,\text{mol}\ 生成)$

$m = 2.580 \times 10^{-2}\,\text{mol} \times 198\,\text{g/mol} = 5.108\cdots\text{g} ≒ 5.11\,\text{g}$

エクセル ニトロベンゼンから p-ヒドロキシアゾベンゼンの生成までの反応を確認することが大切

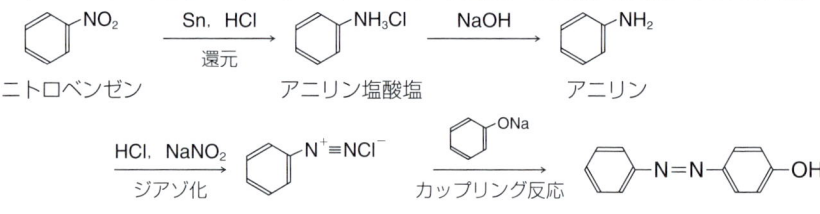

C$_6$H$_5$NO$_2$ $\xrightarrow[\text{還元}]{\text{Sn, HCl}}$ C$_6$H$_5$NH$_3$Cl $\xrightarrow{\text{NaOH}}$ C$_6$H$_5$NH$_2$

ニトロベンゼン　　　　　　　アニリン塩酸塩　　　　　　アニリン

$\xrightarrow[\text{ジアゾ化}]{\text{HCl, NaNO}_2}$ C$_6$H$_5$N$^+$≡NCl$^-$ $\xrightarrow[\text{カップリング反応}]{\text{C}_6\text{H}_5\text{ONa}}$ C$_6$H$_5$-N=N-C$_6$H$_4$-OH

塩化ベンゼンジアゾニウム　　　　　　　　p-ヒドロキシアゾベンゼン

549

解答 (ア) ニトロ　(イ) スズ　(ウ) 濃硫酸　(エ) HO-C$_6$H$_4$-N=N-C$_6$H$_4$-SO$_3$Na

解説

(1) ベンゼンに濃硝酸と濃硫酸の混合物を反応させると、ニトロベンゼン（化合物 A）が得られる。さらに、スズあるいは鉄を塩酸中で反応させるとアニリン塩酸塩になり、これを水酸化ナトリウムで処理するとアニリン（化合物 B）が得られる。

C$_6$H$_6$ + HNO$_3$ $\xrightarrow{\text{H}_2\text{SO}_4}$ C$_6$H$_5$NO$_2$ (A) + H$_2$O

2 C$_6$H$_5$NO$_2$ + 3Sn + 14HCl ⟶ 2 C$_6$H$_5$NH$_3$Cl + 3SnCl$_4$ + 4H$_2$O

C$_6$H$_5$NH$_3$Cl + NaOH ⟶ C$_6$H$_5$NH$_2$ (B) + NaCl + H$_2$O

(2) アニリンを濃硫酸とともに加熱すると、スルファニル酸が生じる❶。スルファニル酸を炭酸ナトリウム水溶液により、水溶性のナトリウム塩としたのち、塩酸と亜硝酸ナトリウム

❶スルファニル酸の構造は特別覚えておく必要はないが、反応経路や反応試薬から推定することが大事である。

を加えると，ジアゾ化してジアゾニウム塩（化合物C）が得られる。

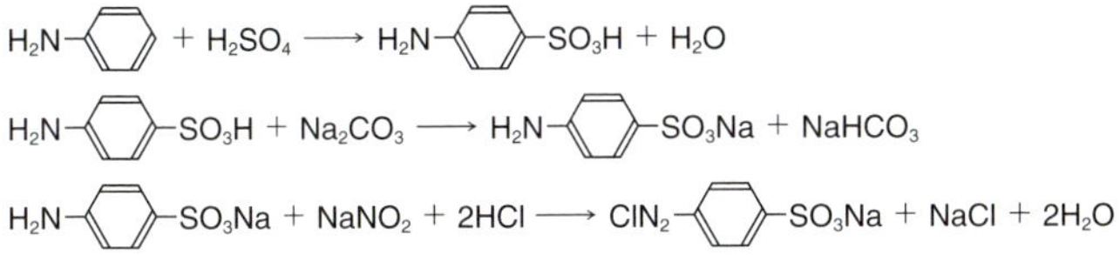

H₂N-〇-+ H₂SO₄ ⟶ H₂N-〇-SO₃H + H₂O

H₂N-〇-SO₃H + Na₂CO₃ ⟶ H₂N-〇-SO₃Na + NaHCO₃

H₂N-〇-SO₃Na + NaNO₂ + 2HCl ⟶ ClN₂-〇-SO₃Na + NaCl + 2H₂O

(3) ジアゾニウム塩に2-ナフトール（化合物D）と水酸化ナトリウムの水溶液を加えるとジアゾカップリングして，オレンジⅡが得られる❷。2-ナフトール❸をフェノールに変えると，次の反応が起こる。

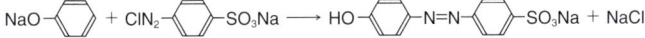

NaO-〇- + ClN₂-〇-SO₃Na ⟶ HO-〇-N=N-〇-SO₃Na + NaCl

エクセル ジアゾカップリング

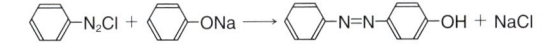

〇-N₂Cl + 〇-ONa ⟶ 〇-N=N-〇-OH + NaCl

❷ オレンジⅡの構造が与えられているので，p-ヒドロキシアゾベンゼンの反応経路と同じように考えていく。

❸
2-ナフトール

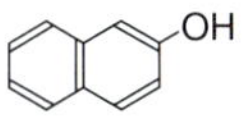

550 **解答** 塩化ベンゼンジアゾニウムは温度が上がると分解するから。

解説 ジアゾニウム塩は不安定で，熱分解を起こしたり，水と反応したりする。フェノール類と反応させて，アゾ染料などをつくる際には，低温にして分解や水などとの反応をおさえつつ，素早く反応させる。

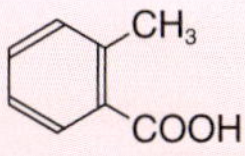

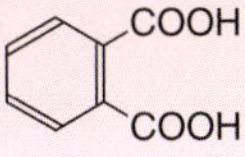

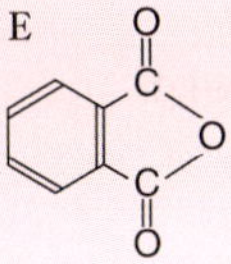

キーワード
・温度
・分解

551 **解答**

A: o-メチル-CONH-フェニル
B: o-メチル-COOH
C: アニリン NH₂
D: COOH, COOH（フタル酸）
E: 無水フタル酸
F: NHCOCH₃（アセトアニリド）

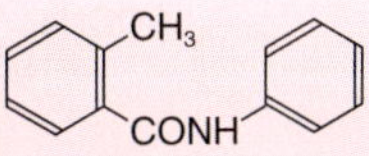

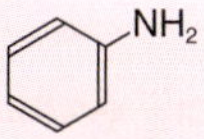

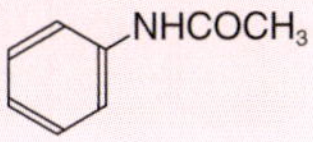

解説 Aを加水分解するとBとCが得られる。B，Cから得られる化合物について決定した後，Aを推定する。

Cをアセチル化すると，アミドF（分子式C₈H₉NO）が得られた。

C + (CH₃CO)₂O ⟶ F + CH₃COOH
                     C₈H₉NO

Fについて考えると，Fの示性式はX－NHCOCH₃とおけるので，Xの部分は，C₈H₉NO－C₂H₄NO＝C₆H₅
Fはアセトアニリドとわかる。したがって，Cはアニリンである。

ここで，Bの分子式を求める。

A + 水 ⟶ B + C
C₁₄H₁₃NO H₂O   C₆H₇N

Bの分子式は，C₁₄H₁₃NO＋H₂O－C₆H₇N＝C₈H₈O₂ で，ベンゼン環の外に2個の炭素原子がある。Bを酸化して得られたD

266 — 6章 有機化合物

解説 は，加熱すると酸無水物 E になる。したがって，D のカルボキシ基 2 つはオルト位にあり，E は無水フタル酸である。
ここから，B は次のような構造とわかる。

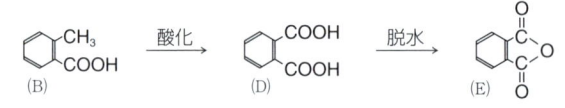

$$\underset{(B)}{\text{o-CH}_3\text{-C}_6\text{H}_4\text{-COOH}} \xrightarrow{\text{酸化}} \underset{(D)}{\text{o-C}_6\text{H}_4(\text{COOH})_2} \xrightarrow{\text{脱水}} \underset{(E)}{\text{無水フタル酸}}$$

エクセル アミドの酸による加水分解

$$\text{C}_6\text{H}_5\text{-NH-CO-C}_6\text{H}_5 + \text{HCl} + \text{H}_2\text{O} \longrightarrow \text{C}_6\text{H}_5\text{NH}_3\text{Cl} + \text{C}_6\text{H}_5\text{COOH}$$

エーテルを加えると，カルボン酸がエーテル層に移動する。

552

解答
(1) 油層
(2) 水層 A：アニリン塩酸塩
　　水層 C：安息香酸ナトリウム
　　油層 D：トルエン，ニトロベンゼン

解説 まず，希塩酸を加えたとき，アニリンが塩酸塩となって水層 A に移動する❶。次に，油層 B に水酸化ナトリウム水溶液を加えると，安息香酸が反応して水層 C に移動する❶。したがって，トルエンとニトロベンゼンが油層 D に残る。ジエチルエーテルは水よりも密度が小さいため，上の層が油層，下の層が水層になる。

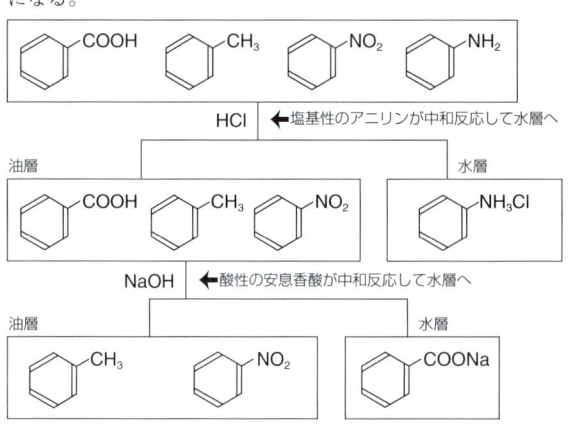

❶塩は水に溶ける。

$$\text{C}_6\text{H}_5\text{NH}_2 + \text{HCl} \longrightarrow \text{C}_6\text{H}_5\text{NH}_3\text{Cl}$$

$$\text{C}_6\text{H}_5\text{COOH} + \text{NaOH} \longrightarrow \text{C}_6\text{H}_5\text{COONa} + \text{H}_2\text{O}$$

[系統分離の図：COOH, CH₃, NO₂, NH₂ の混合物に HCl を加えると，塩基性のアニリンが中和反応して水層へ移動し NH₃Cl となる。残った油層 (COOH, CH₃, NO₂) に NaOH を加えると，酸性の安息香酸が中和反応して水層へ移動し COONa となる。油層には CH₃ と NO₂ が残る。]

エクセル 有機化合物の系統分離……2 通りのパターン

①中和反応により，塩は水に溶ける。

$$\text{C}_6\text{H}_5\text{COOH} + \text{NaOH} \longrightarrow \text{C}_6\text{H}_5\text{COONa} + \text{H}_2\text{O}$$

②塩の水溶液に強い酸を加えると弱酸が，強い塩基を加えると弱塩基が遊離する。

$$\text{C}_6\text{H}_5\text{ONa} + \text{HCl} \longrightarrow \text{C}_6\text{H}_5\text{OH} + \text{NaCl}$$

$$\text{C}_6\text{H}_5\text{NH}_3\text{Cl} + \text{NaOH} \longrightarrow \text{C}_6\text{H}_5\text{NH}_2 + \text{NaCl} + \text{H}_2\text{O}$$

553 解答

- A: ニトロベンゼン (—NO₂)
- B: フェノール (—OH)
- C: サリチル酸ナトリウム (—COONa, —OH)
- D: アニリン塩酸塩 (—NH₃Cl)
- E: ニトロベンゼン (—NO₂)
- F: アニリン塩酸塩 (—NH₃Cl)
- G: フェノール (—OH)
- H: サリチル酸ナトリウム (—COONa, —OH)

解説

それぞれの分離操作について考えてみよう。試薬を加えて反応しない物質がエーテル層に残り，塩になると水層に移動する。

● 芳香族化合物の分離
一般に芳香族化合物は水に溶けにくいが，中和反応により塩になると，水に溶けやすくなる。この点を利用している。

[分離フロー図]

混合物：サリチル酸，フェノール，アニリン，ニトロベンゼン

→ HCl を加える ← 塩基性のアニリンが中和反応して水層へ
- エーテル層：サリチル酸，フェノール，ニトロベンゼン
- 水層 D：アニリン塩酸塩 (—NH₃Cl)

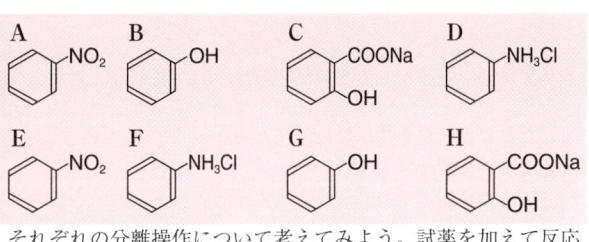

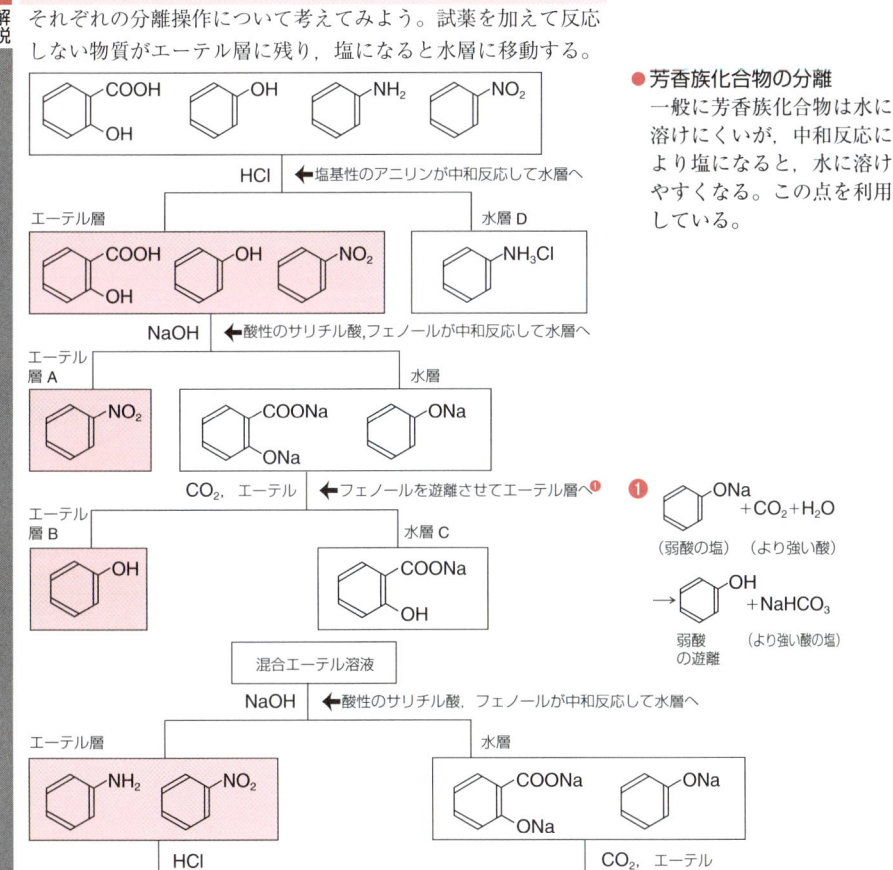

→ NaOH を加える ← 酸性のサリチル酸，フェノールが中和反応して水層へ
- エーテル層 A：ニトロベンゼン (—NO₂)
- 水層：サリチル酸ナトリウム (—COONa, —ONa)，ナトリウムフェノキシド (—ONa)

→ CO₂，エーテル ← フェノールを遊離させてエーテル層へ ❶
- エーテル層 B：フェノール (—OH)
- 水層 C：サリチル酸ナトリウム (—COONa, —OH)

❶
—ONa + CO₂ + H₂O
（弱酸の塩） （より強い酸）
→ —OH + NaHCO₃
弱酸の遊離 （より強い酸の塩）

混合エーテル溶液

→ NaOH ← 酸性のサリチル酸，フェノールが中和反応して水層へ
- エーテル層：アニリン (—NH₂)，ニトロベンゼン (—NO₂)
- 水層：サリチル酸ナトリウム (—COONa, —ONa)，ナトリウムフェノキシド (—ONa)

→ HCl
- エーテル層 E：ニトロベンゼン (—NO₂)
- 水層 F：アニリン塩酸塩 (—NH₃Cl)

→ CO₂，エーテル
- エーテル層 G：フェノール (—OH)
- 水層 H：サリチル酸ナトリウム (—COONa, —OH)

エクセル 有機化合物の系統分離によく用いられる水溶液と反応する官能基

酸に溶ける	アミン（—NH₂）…塩基性の化合物
水酸化ナトリウム水溶液に溶ける	スルホン酸（—SO₃H），カルボン酸（—COOH） フェノール類（⟨○⟩—OH）…酸性の化合物
炭酸水素ナトリウム水溶液に溶けて二酸化炭素を発生	スルホン酸（—SO₃H），カルボン酸（—COOH） …炭酸より強い酸

554

解答 オ,カ

解説
ア エーテルの密度は水より小さいので,エーテル層は上層,水層は下層となる。正
イ 空気孔と溝の位置が同じだとガラス栓が抜けて危険である。振り混ぜるときは,空気孔と溝の位置をずらす。正
ウ 下から空気が入り層が乱れるのを防ぐため,液を流し出すときは,空気孔と溝を合わせて上栓を開放しておく。正
エ 発生した気体で内圧が上昇すると,ガラス栓が抜けて危険である。活栓を開き,圧抜きすることが重要である。正
オ 溶液の下層は脚部から,上層は上部から流し出す。誤
カ 実験についての報告書には,その操作手順や使用した試薬なども書く必要がある。誤

エクセル 分液ろうとの操作方法と注意点をしっかりとおさえておく。

555

解答 (1) 3.0×10^{-3} mol (2) C_4H_8 (3) 5 種類

解説
(1) 生成した CO_2 は NaOH と反応し,Na_2CO_3 を生じる。

$$CO_2 + 2NaOH \longrightarrow Na_2CO_3 + H_2O$$

20.0 mL の溶液 X を HCl で滴定したとき,フェノールフタレインが変色する第1中和点までの反応,および第1中和点からメチルオレンジが変色する第2中和点までの反応を記す。

第1中和点 $NaOH + HCl \longrightarrow NaCl + H_2O$
$Na_2CO_3 + HCl \longrightarrow NaHCO_3 + NaCl$

第2中和点 $NaHCO_3 + HCl \longrightarrow NaCl + H_2O + CO_2$

第1中和点から第2中和点までの滴定量が 6.0 mL であることより,溶液 X 中の Na_2CO_3 の濃度 $C(Na_2CO_3)$ を求める。

$$C(Na_2CO_3) \times \frac{20.0}{1000}L = 0.100\,mol/L \times \frac{6.0}{1000}L$$

$$C(Na_2CO_3) = 3.00 \times 10^{-2}\,mol/L$$

溶液 X 100.0 mL に吸収された CO_2 の物質量を求めると

$$3.00 \times 10^{-2}\,mol/L \times \frac{100.0}{1000}L = 3.0 \times 10^{-3}\,mol$$

(2) 炭化水素 A の分子式を C_nH_m とし,完全燃焼の反応式を記す。

$$C_nH_m + \left(n + \frac{m}{4}\right)O_2 \longrightarrow nCO_2 + \frac{m}{2}H_2O$$

物質量 $\dfrac{3.0 \times 10^{-3}\,mol}{n}$ 　　　　　　　3.0×10^{-3} mol

質量 4.20×10^{-2} g

分子量と物質量の関係より,n を求める。

$$\frac{4.20 \times 10^{-2}\,g}{56\,g/mol} = \frac{3.0 \times 10^{-3}\,mol}{n} \quad n = 4$$

炭化水素 A の分子量より,炭化水素 A の分子式を求める。

$12\,g/mol \times 4 + 1.0\,g/mol \times m = 56\,g/mol$

$m = 8$ 　分子式:C_4H_8 ❶

❶ C_4H_m

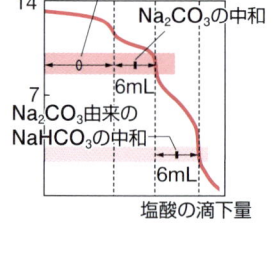

NaOHの中和
Na_2CO_3の中和
6mL
Na_2CO_3由来の
$NaHCO_3$の中和
6mL
塩酸の滴下量

(3) C₄H₈(不飽和度1)の構造異性体を考えると

アルケン

主鎖4
C−C−C=C   C−C=C−C

主鎖3
C−C=C
　|
　C

シクロアルカン

四員環
C−C
|　|
C−C

三員環
　C
　/\
C−C

エクセル 炭化水素 C$_n$H$_m$ の完全燃焼の化学反応式

$$C_nH_m + \left(n+\frac{m}{4}\right)O_2 \longrightarrow nCO_2 + \frac{m}{2}H_2O$$

556

解答 (1) **B**　(2) **A**

解説 A～Cを時計まわりに回転させて，環構造の右側が手前にくるように書いてみると，次のようになる。

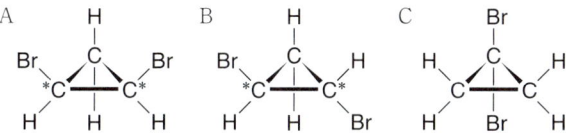

環構造をつくる炭素原子が不斉炭素原子かどうかは，環を時計まわりと反時計まわりに回転させ，同じ順番で原子団があらわれるかどうかで判断する。たとえば，上図Aの左側のC原子は，時計まわりに−CH₂−CHBr−，反時計まわりに−CHBr−CH₂−があらわれ，順番が異なる。かつ，H原子とBr原子も1個ずつもつため，不斉炭素原子となる。これより，A～Cの不斉炭素原子に*をつけると，上図のとおり，AとBに2個ずつあり，Cにはない。

(1) Aは不斉炭素原子をもつが，対称面❶が存在し，鏡像異性体は存在しない。したがって，鏡像異性体が存在するのはBのみである。

(2) (1)よりAとなる。

❶対称面の存在は，鏡像異性体の有無を左右する。

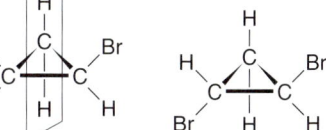

エクセル 環構造をつくる炭素原子が不斉炭素原子かどうかは，次のように考える。

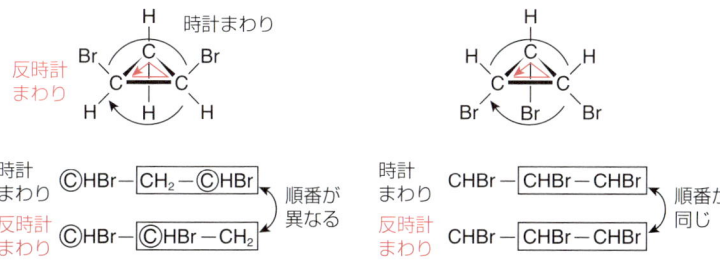

時計まわり：○HBr−CH₂−○HBr
反時計まわり：○HBr−○HBr−CH₂
順番が異なる
○が不斉炭素原子になる。

時計まわり：CHBr−CHBr−CHBr
反時計まわり：CHBr−CHBr−CHBr
順番が同じ
不斉炭素原子は存在しない。

557

解答 舟形配座はいす形配座よりも，炭素原子や水素原子どうしの距離が近く不安定である。

キーワード
・原子の距離

解説 シクロヘキサンは6個の炭素原子が不安定な「舟形配座」を経由して2つの「いす形配座」をとることで安定な構造を保っている。シクロヘキサンの平衡は次の通りである。

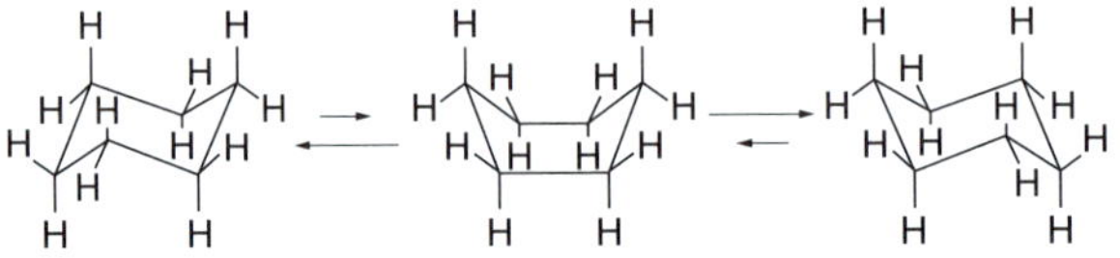

いす形配座　　舟形配座　　いす形配座

558

解答
(1) H$_ア$ なし　　H$_イ$ 2　　H$_ウ$ 2
(2) H$_ア$, H$_カ$, H$_キ$

解説
(1) 環構造をもつそれぞれの化合物の不斉炭素原子を判断していく。

H$_ア$のとき　　　　H$_イ$のとき　　　　H$_ウ$のとき

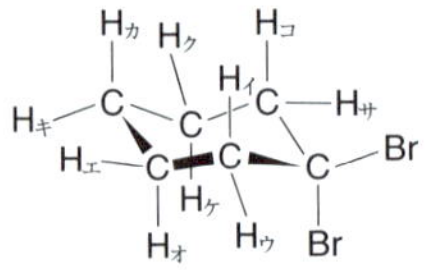

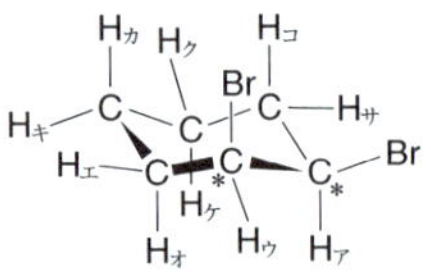

不斉炭素原子なし　　不斉炭素原子2個　　不斉炭素原子2個

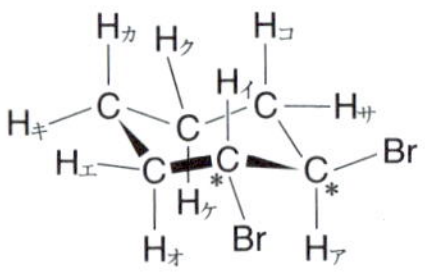

(2) (1)からわかるとおり，Br原子が結合しているC原子にCl原子も結合すれば，時計まわりでも反時計まわりでも同じ原子団があらわれ，不斉炭素原子をもたなくなる。また，シクロヘキサンは六員環であるため，Br原子が結合しているC原子の対角線上にあるC原子にCl原子が結合すれば，同様に同じ原子団があらわれ，不斉炭素原子をもたなくなる。

エクセル たとえば，H$_ア$が結合しているC原子を起点とする。

H$_ア$がBr原子となると，

時計まわり　　CBr$_2$—CH$_2$—CH$_2$—CH$_2$—CH$_2$—CH$_2$
反時計まわり　CBr$_2$—CH$_2$—CH$_2$—CH$_2$—CH$_2$—CH$_2$
　　　　　　　　　　　　　　　　　　　　　　　　　　}順番が同じ
不斉炭素原子は存在しない。

H$_イ$がBr原子となると，

時計まわり　　ⒸHBr—ⒸHBr—CH$_2$—CH$_2$—CH$_2$—CH$_2$
反時計まわり　ⒸHBr—CH$_2$—CH$_2$—CH$_2$—CH$_2$—ⒸHBr
　　　　　　　　　　　　　　　　　　　　　　　　　　}順番が異なる
○が不斉炭素原子になる。

559

解答 (1) 4

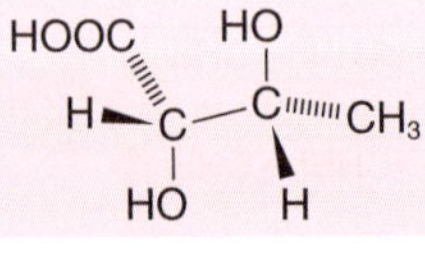

(2) 8 HOOC―C(H)(HO)―C(OH)(H)―COOH

9 HOOC―C(OH)(H)―C(H)(OH)―COOH   10 HOOC―C(H)(HO)―C(HO)(H)―COOH

(3) 9, 10

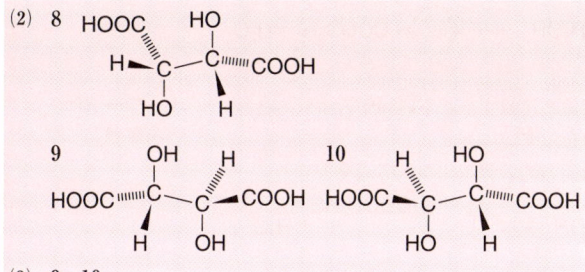

解説
(1) 5を鏡に映したものが6であることを参考にして，3を見ながら4を書けばよい。鏡に映すと手前と裏側の関係は変わらないが，左右が反転する。
(2) 8　(1)と同様に7を鏡に映したものを書く。
　　9　図2の3と5の関係のように，右側の炭素原子につく―Hと―COOHを入れ替えたものを書く。
　　10　9を鏡に映したものを書く。
(3) 9を上下方向に裏返すと10になる。これは不斉炭素原子どうしの間に対称面❶が存在するために起こる。
7と8は互いに鏡像関係にあり，鏡像異性体(エナンチオマー)である。9と10は互いに重ね合わせることができるので，同一化合物である。これをメソ化合物という。一方，7と9，7と10，8と9，8と10は互いに鏡像関係にはない立体異性体で，これをジアステレオマーという。

エクセル 鏡像異性体を書くときは，ある化合物の1つの構造式の左または右に鏡を置いたと考え，その鏡に映した構造式を書けばよい。その際，手前と裏側の関係は変わらないが，左右が反転する。

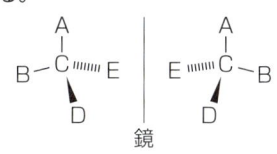

A―C(B)(E)―D | A―C(E)(B)―D
　　　　　　　鏡

上図のように，紙面の手前にある結合を表すときはくさび形 ◀ で書く。紙面の裏側にある結合を表すときは破線 ‖‖‖ またはくさび形の破線で書く。

❶ 図2と図3の構造式でそれぞれ表される化合物の違いは，対称面が存在するかどうかである。図3はそれぞれの不斉炭素原子がもつ原子(原子団)が同一なので，対称面が存在する。このとき，メソ化合物が存在する。図2は対称面が存在しないので，不斉炭素原子が2個あり，2×2＝4種類の鏡像異性体が存在する。

図3の化合物

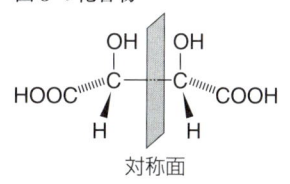

HOOC―C(OH)(H)―C(OH)(H)―COOH
対称面

560 解答
(1) 突沸を防ぎ，穏やかに沸騰させるため。
(2) 反応速度を大きくするための触媒として加える。
(3) エタノールと，触媒として加えた濃硫酸を水層に分離して除くため。
(4) ⌬―COOH + NaHCO₃ ⟶ ⌬―COONa + H₂O + CO₂
(5) ⌬―COONa + HCl ⟶ ⌬―COOH + NaCl
(6) 液体を乾燥するため。　(7) ⌬

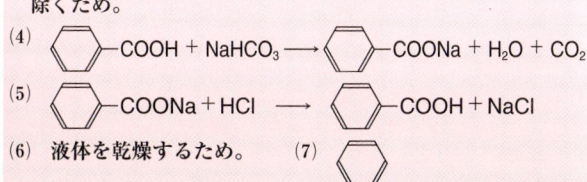

キーワード(1)
・突沸
キーワード(2)
・反応速度
キーワード(3)
・濃硫酸
・除く
キーワード(6)
・乾燥

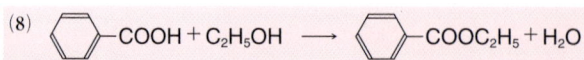

(8) C₆H₅-COOH + C₂H₅OH ⟶ C₆H₅-COOC₂H₅ + H₂O

(9) 46.7%

(10) 沸点を測定して文献値と比較する。不純物が含まれるときは，文献値より低い値を示す。

キーワード(10)
・文献値

解説 (3), (8) 丸底フラスコ内でのエステル化の反応式を書くと

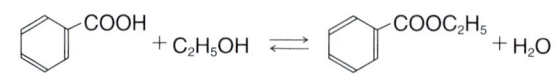

C₆H₅-COOH + C₂H₅OH ⇌ C₆H₅-COOC₂H₅ + H₂O

反応液を分液ろうとに移し，水とベンゼンを加えることで，生成物の安息香酸エチルおよび未反応の安息香酸はベンゼン層に，未反応のエタノールと濃硫酸は水層に移る。

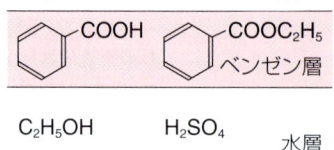

| C₆H₅-COOH   C₆H₅-COOC₂H₅   ベンゼン層 |

C₂H₅OH   H₂SO₄   水層

(4) 未反応の安息香酸と NaHCO₃ を反応させ，水溶性の安息香酸ナトリウムにした後，水層をビーカーに集めている。

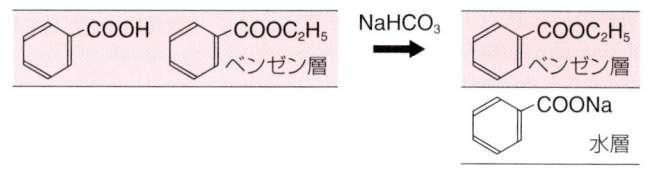

C₆H₅-COOH C₆H₅-COOC₂H₅ ベンゼン層 —NaHCO₃→ C₆H₅-COOC₂H₅ ベンゼン層
C₆H₅-COONa 水層

(5) 塩酸はカルボン酸よりも強い酸であり，安息香酸ナトリウムに加えると水に溶けにくい安息香酸が生じる。

C₆H₅-COONa + HCl ⟶ C₆H₅-COOH + NaCl
                          水に溶けにくい白色固体

(6) 有機溶媒中に含まれる少量の H₂O は，無水 Na₂SO₄ などの固体脱水剤を加えることで除くことができる。

(7) ベンゼンと安息香酸エチルの混合液を水浴中で蒸留すると，沸点が低いベンゼンを分離することができる。

ベンゼン　　　　　安息香酸エチル
沸点　(低) 80℃　　(高) 213℃

6章 発展問題 level 1 ── 273

(9) 外圧を低くすると，液体の沸点は低くなる。この現象を利用し，高沸点の安息香酸エチルを低温で蒸留し，純度の高い安息香酸エチルを得ることができる。

実験で使用した安息香酸の物質量 n_1，および得られた安息香酸エチルの物質量 n_2 を求め，さらに安息香酸の収率を求める。

COOH → COOC₂H₅

質量 10.0 g 回収 3.9 g   質量 3.5 g
モル質量 122 g/mol   モル質量 150 g/mol

$n_1 = \dfrac{10.0\,\text{g} - 3.9\,\text{g}}{122\,\text{g/mol}}$ $n_2 = \dfrac{3.5\,\text{g}}{150\,\text{g/mol}}$

$\dfrac{n_2}{n_1} \times 100 = 46.66\cdots \fallingdotseq 46.7$ よって，46.7％

エクセル 乾燥剤　反応物や生成物と反応せず，試料中の少量の水分を取り除くことができる試薬
無水硫酸ナトリウム Na_2SO_4，無水硫酸マグネシウム $MgSO_4$，無水塩化カルシウム $CaCl_2$ など

561

解答
(1) C_3H_5O　(2) $C_6H_{10}O_2$
(3) CH₃COO⧹C(H)(CH₃)−CH=CH₂ 　 CH₃COO⧹C(H)(CH₃)−CH=CH₂（立体異性体）
(4) CH₃COO−CH₂−C(H)=C(H)−CH₃
(5) $CH_3COO-CH=C(CH_3)_2$
(6) $CH_3COO-C(=CH_2)-CH_2CH_3$　(7) $CH_3COO-CH-CH_2$ (環状，−CH₂−CH−)

解説
(1) 元素分析値から

$C : H : O = \dfrac{63.1}{12} : \dfrac{8.8}{1.0} : \dfrac{100 - 63.1 - 8.8}{16} = 3 : 5 : 1$

組成式 C_3H_5O　式量：$12 \times 3 + 1.0 \times 5 + 16 \times 1 = 57$

(2) 1 mol の化合物 A〜K は，1 mol の $^2H_2$ と反応することより，化合物 A〜K は二重結合を含み重水素と付加反応すると考えられる。化合物 A〜K のモル質量を M〔g/mol〕とし，付加反応による質量増加率より M を求める。

有機化合物 A　　＋ $^2H_2$ ─→　　付加生成物
モル質量：M〔g/mol〕　　　　モル質量：$M + 4.0$〔g/mol〕

$M \times \dfrac{3.5}{100} = 4.0\,\text{g/mol}$　　$M = 114.2\cdots\,\text{g/mol} \fallingdotseq 114\,\text{g/mol}$

C_3H_5O の式量 $\times 2 = 57 \times 2 = 114$ より，分子式は $C_6H_{10}O_2$（不飽和度2）と求めることができる。

(ア)，(イ)よりわかることを記載する。

CH₃┊COO┊C₄　　　　　A〜K　$^2H_2$ 付加より
不飽和度1　不飽和度1　　　　　　C=C を1つ含む
$C_6H_{10}O_2$（不飽和度2）　　L　　環状構造を1つ含む

(3),(4) 分子式 $C_6H_{10}O_2$ で表される酢酸エステルのうち，加水分解するとアルコールが生成するものをすべて記す。このうち，不斉炭素原子をもつ構造がB，シス-トランス異性体が存在する構造がC，Dと決まる。また，EのH_2付加生成物とHのH_2付加生成物は同じことより，Eの構造が決まる。

$CH_3-COO-C-C-C=C$ $\xrightarrow[加水分解]{+H_2O}$ CH_3-COOH + $HO-C-C-C=C$
[A]

$CH_3-COO-C\!\!\dotplus\!\!C=C\!\!\dotplus\!\!C$ $\xrightarrow[加水分解]{+H_2O}$ CH_3-COOH + $HO-C-C=C-C$
[C, D] シス-トランス異性体

$CH_3-COO-C-C=C$ $\xrightarrow[加水分解]{+H_2O}$ CH_3-COOH + $HO-C-C=C$
[E] 　　　　　　|　　　　　　　　　　　　　　　　　　　　　　　　|
　　　　　　C　　　　　　　　　　　　　　　　　　　　　　　C

$CH_3-COO-\overset{*}{C}-C=C$ $\xrightarrow[加水分解]{+H_2O}$ CH_3-COOH + $HO-\overset{*}{C}-C=C$
[B] 　　　　　　|　　　　　　　　　　　　　　　　　　　　　　　　|
　　　　　　C　　　　　　　　　　　　　　　　　　　　　　　C

(5) 分子式 $C_6H_{10}O_2$ で表される酢酸エステルのうち，加水分解するとアルデヒドが生成するものをすべて記す。このうち，シス-トランス異性体が存在する構造がF，Gと決まる。

$CH_3-COO\!\!\dotplus\!\!C=C\!\!\dotplus\!\!C-C$ $\xrightarrow[加水分解]{+H_2O}$ CH_3-COOH + $HO-C=C-C-C$
[F, G] シス-トランス異性体　　　　　　　　　　　　　　　　　　↓異性化
　　　　　　　　　　　　　　　　　　　　　　　　　　　　　　$O=C-C-C-C$
　　　　　　　　　　　　　　　　　　　　　　　　　　　　　　|
　　　　　　　　　　　　　　　　　　　　　　　　　　　　　　H

$CH_3-COO-C=C-C$ $\xrightarrow[加水分解]{+H_2O}$ CH_3-COOH + $HO-C=C-C$
[H] 　　　　　　　　|　　　　　　　　　　　　　　　　　　　　　　|
　　　　　　　　C　　　　　　　　　　　　　　　　　　　　　C
　　　　　　　　　　　　　　　　　　　　　　　　　　　　　　↓異性化
　　　　　　　　　　　　　　　　　　　　　　　　　　　　　$O=C-C-C$
　　　　　　　　　　　　　　　　　　　　　　　　　　　　　|　|
　　　　　　　　　　　　　　　　　　　　　　　　　　　　　H　C

(6) 分子式 $C_6H_{10}O_2$ で表される酢酸エステルのうち，加水分解するとケトンが生成するものをすべて記す。このうち，シス-トランス異性体が存在する構造がJ，Kと決まる。

$CH_3-COO\!\!\dotplus\!\!C=C\!\!\dotplus\!\!C$ $\xrightarrow[加水分解]{+H_2O}$ CH_3-COOH + $HO-C=C-C$
　　　　　　　　|　　　　　　　　　　　　　　　　　　　　　　　|
　　　　　　　　C　　　　　　　　　　　　　　　　　　　　　C
[J, K] シス-トランス異性体　　　　　　　　　　　　　　　　　↓異性化
　　　　　　　　　　　　　　　　　　　　　　　　　　　　　$O=C-C-C$
　　　　　　　　　　　　　　　　　　　　　　　　　　　　　　　|
　　　　　　　　　　　　　　　　　　　　　　　　　　　　　　　C

$CH_3-COO-C-C-C$ $\xrightarrow[加水分解]{+H_2O}$ CH_3-COOH + $HO-C-C-C$
[I] 　　　　　　　|　　　　　　　　　　　　　　　　　　　　　　||
　　　　　　　C　　　　　　　　　　　　　　　　　　　　　　C
　　　　　　　　　　　　　　　　　　　　　　　　　　　　　　↓異性化
　　　　　　　　　　　　　　　　　　　　　　　　　　　　　$O=C-C-C$
　　　　　　　　　　　　　　　　　　　　　　　　　　　　　　　|
　　　　　　　　　　　　　　　　　　　　　　　　　　　　　　　C

(7) 分子式 $C_6H_{10}O_2$ で表される酢酸エステルのうち，環状構造をもつものをすべて記す。このうち，不斉炭素原子が存在せず，加水分解して得られるアルコールを酸化するとケトンが生成するものを選ぶ。

$$CH_3-COO-\underset{\boxed{L}}{\overset{C-C}{\underset{C-C}{|}}} \xrightarrow[\text{加水分解}]{+H_2O} CH_3-COOH + HO-\underset{\underset{C-C}{|}}{\overset{C-C}{|}}$$

$$\downarrow 酸化$$

$$\underset{ケトン}{O=C-C\atop\underset{C-C}{|}}$$

$$CH_3-COO-\overset{*}{C}-\overset{*}{C}-C \xrightarrow[\text{加水分解}]{+H_2O} CH_3-COOH + HO-\overset{*}{C}-\overset{*}{C}-C$$
（三員環含む）

$$CH_3-COO-\overset{C}{\underset{C}{C}}-C \xrightarrow[\text{加水分解}]{+H_2O} CH_3-COOH + HO-\overset{C}{\underset{C}{C}}-C \quad 酸化されない$$

$$CH_3-COO-C-C-C \xrightarrow[\text{加水分解}]{+H_2O} CH_3-COOH + HO-C-C-C$$

$$\downarrow 酸化$$

$$\underset{アルデヒド}{O=C-C\atop\underset{H}{|}}-C$$

エクセル エステル結合は C=O 結合を含むため，エステル結合－COO－は不飽和度 1 となる。

562 解答

(1) （構造式：ペンテノール系）

(2) $C_4H_4O_4$

(3)

HO-C(=O)-CH=CH-C(=O)-OH と 無水物（環状）

(4) o-クレゾール（OH, CH₃）

(5) サリチル酸（OH, COOH）

(6) （エステル構造式）

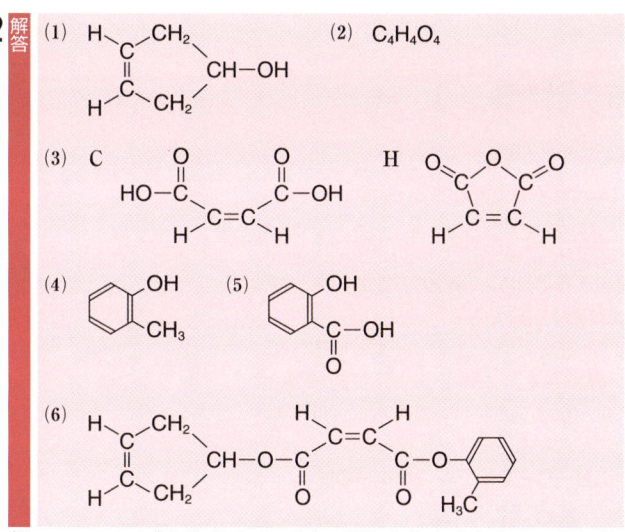

解説 エステル A（分子式 $C_{16}H_{16}O_4$）の構造を決めるために，それぞれの実験を順に見ていく。

6章 有機化合物

解説

実験1 A($C_{16}H_{16}O_4$) $\xrightarrow{\text{加水分解}}$ B(C_5H_8O) + C(分子量 116.0) + D
　　　　　エステル　　　　1価環状アルコール

Bの分子式より C=C を1つもつことがわかる。

また、環は5個以上の原子から構成されることから、Bでは炭素5個が環をつくっている(酸素はアルコールの－OHのため、環をつくれない)。

加えて、Aに不斉炭素原子がないため、Bにも存在しない。以上より、Bの構造は1つに決定される。

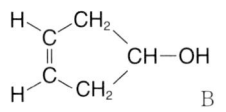

（Bの構造式）

実験2 Bには C=C が含まれる。これは実験1の記述と矛盾しない。

実験3 Bに H_2 を付加させたところ、分子量が 2.0 増加したことから、Bに含まれる C=C は1つである。これは実験1の記述と矛盾しない。

また、Bを加熱したところ、分子量が 18.0 減少したことから、Bの分子内から H_2O が1分子抜けたことがわかる。

以上よりEとFの構造が決定される。

（E と F の構造式）

実験4 Cの元素分析

C　$66.0\,\text{mg} \times \dfrac{12}{44} = 18.0\,\text{mg}$

H　$13.5\,\text{mg} \times \dfrac{2.0}{18} = 1.50\,\text{mg}$

O　$43.5\,\text{mg} - (18.0\,\text{mg} + 1.50\,\text{mg}) = 24.0\,\text{mg}$

C : H : O $= \dfrac{18.0}{12} : \dfrac{1.50}{1.0} : \dfrac{24.0}{16} = 1.5 : 1.5 : 1.5 = 1 : 1 : 1$

これよりCの組成式は CHO (式量29)となり、分子量 116.0 より分子式は $C_4H_4O_4$ である。

実験5 この反応はエステル化であり、メタノールと反応させたCはカルボン酸である。このとき、分子量が 28.0 増加したことから、Cはジカルボン酸であり、以下のように反応したことになる。

HO－C－CH＝CH－C－OH ＋ 2CH₃－OH
　　‖　　　　　　　‖
C　O　　　　　　　O

$\xrightarrow[\text{エステル化}]{\text{濃}H_2SO_4}$ CH₃－O－C－CH＝CH－C－O－CH₃
　　　　　　　　　　　　　‖　　　　　‖
　　　　　　　　G　　　O　　　　　O

この結果、～で示した部分が変化し、分子量は合わせて 28.0 増加している。

6章 発展問題 level 1 —— 277

実験6　実験5ではCの構造がシス形かトランス形か決まっていなかったが，分子内脱水が起こったことから，シス形と決まる。

$$HO-\underset{H}{\underset{|}{C}}=\underset{H}{\underset{|}{C}}-C-OH \xrightarrow[分子内脱水]{加熱} \text{無水マレイン酸}$$

C　マレイン酸　　　　　　　H　無水マレイン酸

このとき，分子量が H_2O 1分子に相当する 18.0 減少している。

実験7　これまでの実験より，まだ構造が決まっていないDには $-OH$ が含まれ，1価のアルコールまたはフェノール類である❶。

実験8

ナトリウムフェノキシド $\xrightarrow[高温・高圧]{CO_2}$ サリチル酸ナトリウム $\xrightarrow[弱酸の遊離]{希H_2SO_4}$ I　サリチル酸

これよりIが決まったので，Dの構造が決まる。

D $\xrightarrow{酸化}$ I

なお，Dに $-CH_3$ が含まれると決まるのは，実験1の反応式より，Dのもつ炭素数が7であるからである。

(6) エステルAは，化合物Cに，アルコールBと化合物Dが縮合してできたものである。

エクセル　構造決定の発展問題では，炭素原子の数の変化や不斉炭素原子の数，分子量の変化などが決め手となることが多い。

❶ $C_{16}H_{16}O_4 + 2H_2O$
エステルA
$\longrightarrow C_5H_8O$
アルコールB
　　　$+ C_4H_4O_4 + D$
　　　ジカルボン酸
Dの分子式は
C_7H_8O

563 **解答** (1)(i) $CH_3-(CH_2)_{14}-COOH$　(ii) $CH_2-OCO-(CH_2)_{14}-CH_3$
$\qquad\qquad\qquad\qquad\qquad\qquad\qquad\quad |$
$\qquad\qquad\qquad\qquad\qquad\qquad\quad CH-OH$
$\qquad\qquad\qquad\qquad\qquad\qquad\qquad\quad |$
$\qquad\qquad\qquad\qquad\qquad\qquad\quad CH_2-OCO-(CH_2)_{16}-CH_3$

(2) 　　　　　　　　　　　COONa
　　　　　　　　　　　　　|
$CH_3-(CH_2)_{16}-CO-NH-C-(CH_2)_2-COOH$
　　　　　　　　　　　　　|
　　　　　　　　　　　　　H　　　　　　　　または

　　　　　　　　　　　COOH
　　　　　　　　　　　　　|
$CH_3-(CH_2)_{16}-CO-NH-C-(CH_2)_2-COONa$
　　　　　　　　　　　　　|
　　　　　　　　　　　　　H

解説 (1) 物質Aはステアリン酸と脂肪酸Bがグリセリンとエステル結合をした構造である。また，物質Aを酸化するとケトンを生じることより，物質Aには第二級アルコールが含まれると考えられる。これらのことよりわかる物質Aの構造について記す。

解説

$$\underset{\text{物質A（第二級アルコールを含む）}}{\underset{\text{脂肪酸Bの側鎖}}{}\begin{array}{c}CH_3-(CH_2)_{16}-COO-CH_2\\|\\HO-CH\\|\\R+COO-CH_2\end{array}} \xrightarrow{\text{酸化}} \underset{\text{ケトン}}{\begin{array}{c}CH_3-(CH_2)_{16}-COO-CH_2\\|\\O=C\\|\\R-COO-CH_2\end{array}}$$

元素分析より，物質 A に含まれる C，H，O 元素の質量を求める。

C 元素の質量：$4.07\,\text{g} \times \dfrac{12\,\text{g/mol}}{44\,\text{g/mol}} = 1.11\,\text{g}$

H 元素の質量：$1.62\,\text{g} \times \dfrac{2.0\,\text{g/mol}}{18\,\text{g/mol}} = 0.18\,\text{g}$

O 元素の質量：$1.49\,\text{g} - 1.11\,\text{g} - 0.18\,\text{g} = 0.20\,\text{g}$

物質 A 中に含まれる各元素の質量より組成式を求める。

$$\dfrac{1.11\,\text{g}}{12\,\text{g/mol}} : \dfrac{0.18\,\text{g}}{1.0\,\text{g/mol}} : \dfrac{0.20\,\text{g}}{16\,\text{g/mol}}$$

このとき，1 分子の物質 A に含まれる O 原子の数は 5 であることより，1 分子の物質 A に含まれる C 原子，H 原子の数を求める。

C 原子の数：$\dfrac{1.11\,\text{g}}{12\,\text{g/mol}} \times \dfrac{16\,\text{g/mol}}{0.20\,\text{g}} \times 5 = 37$

H 原子の数：$\dfrac{0.18\,\text{g}}{1.0\,\text{g/mol}} \times \dfrac{16\,\text{g/mol}}{0.20\,\text{g}} \times 5 = 72$

物質 A の分子式は $C_{37}H_{72}O_5$ と求まる。このため，脂肪酸 B の側鎖部分は $C_{15}H_{31}-$ と決まる。脂肪酸 B は枝分かれをもたない構造であることより，構造式を記す。

$$\underset{\text{脂肪酸B}}{CH_3-(CH_2)_{14}-COOH}$$

(ii) 脂肪酸 B の構造が求まったことより，物質 A の構造式を記す。

$$\underset{\text{ステアリン酸}}{CH_3-(CH_2)_{16}-COOH} + \underset{\text{グリセリン}}{\begin{array}{c}HO-CH_2\\|\\HO-CH\\|\\HO-CH_2\end{array}}$$
$$\underset{\text{脂肪酸B}}{CH_3-(CH_2)_{14}-COOH}$$

$$\xrightarrow{\text{エステル化}} \underset{\text{物質A}}{\begin{array}{c}CH_3-(CH_2)_{16}-COO-CH_2\\|\\HO-CH\\|\\CH_3-(CH_2)_{14}-COO-CH_2\end{array}} + 2H_2O$$

(2) ステアリン酸のカルボキシ基－COOH とグルタミン酸のアミノ基－NH_2 が縮合し，アミド結合を形成すると考えられる。

$$\underset{\text{ステアリン酸}}{CH_3-(CH_2)_{16}-CO\,\vdots\,OH} + \underset{\text{グルタミン酸}}{\begin{array}{c}H\,\vdots\,N-CH-COOH\\||\\HCH_2-CH_2-COOH\end{array}}$$

$$\xrightarrow{\text{縮合}} \underbrace{CH_3-(CH_2)_{16}}_{\text{疎水性}}-\overset{O}{\underset{}{C}}-\overset{}{\underset{H}{N}}-CH-\overbrace{COOH}^{\text{親水性}} + H_2O$$
$$\underbrace{CH_2-CH_2-COOH}_{\text{親水性}}$$

問題文より，水中でミセルを形成しやすい構造は―COONaで，かつ弱酸性を示すためには―COOHの構造ももっている必要がある。よって，以下の2つの構造が考えられる。

$$CH_3-(CH_2)_{16}-\overset{O}{\underset{}{C}}-\overset{}{\underset{H}{N}}-CH-COOH$$
$$CH_2-CH_2-COOH$$

カルボキシ基の1つを
ナトリウム塩にする
$\longrightarrow$

$$CH_3-(CH_2)_{16}-\overset{O}{\underset{}{C}}-\overset{}{\underset{H}{N}}-CH-COONa$$
$$CH_2-CH_2-COOH$$

または

$$\longrightarrow CH_3-(CH_2)_{16}-\overset{O}{\underset{}{C}}-\overset{}{\underset{H}{N}}-CH-COOH$$
$$CH_2-CH_2-COONa$$

エクセル セッケンの構造　　ミセル

$$\underbrace{CH_3-CH_2-\text{-----}-CH_2}_{\text{疎水性}}-\underbrace{COO^-}_{\text{親水性}} Na^+$$

564

解答
(1) C: C₆H₅-NH₂ (アニリン)　D: C₆H₅-OH (フェノール)　E: C₆H₅-COOH (安息香酸)

(2) A 5.0×10^{-2} mol　B 1.0×10^{-1} mol　C 9.3 g

解説
(1) 操作1において，A，Bの両者を加水分解している。

C₆H₅-O-CO-C₆H₅ + 2NaOH ⟶ C₆H₅-ONa + C₆H₅-COONa + H₂O

C₆H₅-NH-CO-C₆H₅ + NaOH ⟶ C₆H₅-NH₂ (C) + C₆H₅-COONa

塩基性条件のため，フェノールと安息香酸は塩として水に溶けているが，アニリンはもともと塩基性であり，NaOHと反応せず水に溶けずに残る。よって，Cがアニリンである。
操作2で塩酸を加えていくと，まず酸性度の弱いフェノールDが遊離し，次に，酸性度の強い安息香酸Eが析出する❶。

C₆H₅-ONa + HCl ⟶ C₆H₅-OH (D) + NaCl

C₆H₅-COONa + HCl ⟶ C₆H₅-COOH (E) + NaCl

❶**弱酸の遊離**
弱酸の塩 + 強酸
　⟶ 弱酸 + 強酸の塩

(2) D(フェノール，分子量94)の物質量は $\dfrac{4.70\,g}{94\,g/mol} = 0.050\,mol$,

280 —— 6章　有機化合物

解説　また，E（安息香酸，分子量122）の物質量は $\dfrac{18.3\,\text{g}}{122\,\text{g/mol}} = 0.150\,\text{mol}$ である。

このことから，Aの物質量は0.050molであり，Aの原料となる安息香酸も0.050molである。

　　フェノール ＋ 安息香酸 ⟶ 　A　 ＋ 　水
　　0.050 mol　　0.050 mol　　0.050 mol

安息香酸の全量は0.150molなので，Bの原料となった安息香酸は0.100molで，アニリンとBの物質量もともに0.100molである。

　　アニリン ＋ 安息香酸 ⟶ 　B　 ＋ 　水
　　0.100 mol　　0.100 mol　　0.100 mol

C（アニリン，分子量93）の質量は $93\,\text{g/mol} \times 0.100\,\text{mol} = 9.3\,\text{g}$ である。

エクセル　化合物の特性……室温でどのような状態にあるか知っておくと役に立つ。

フェノール	無色の固体。温度によって透明な液体となることがある。
アニリン	無色の液体。特異臭がある。酸化されやすく，空気中で褐色〜赤褐色に変わる。
安息香酸	白色の固体。ほぼ無臭。
酢酸	無色の液体。純粋な酢酸の融点は17℃なので冬場は凍ることがある。純粋な酢酸のことを氷酢酸ということもある。
サリチル酸	白色の固体。

565　解答

A　$\text{H}_2\text{C}=\text{CH}-\text{CH}_2-\text{CH}_2-\text{CH}_3$

B，C　$\text{CH}_3\text{-CH}=\text{CH}-\text{CH}_2-\text{CH}_3$（シス，トランス両方）

（B，Cは一つには決まらない）

G　$\text{CH}_3-\overset{*}{\text{CH}}(\text{Cl})-\text{CH}_2-\text{CH}_2-\text{CH}_3$

H　$\text{CH}_2(\text{Cl})-\text{CH}_2-\text{CH}_2-\text{CH}_2-\text{CH}_3$

I　$\text{CH}_3-\text{CH}_2-\text{CH}(\text{Cl})-\text{CH}_2-\text{CH}_3$

J　$\text{CH}_3-\text{CH}(\text{CH}_3)-\overset{*}{\text{CH}}(\text{OH})-\text{CH}_3$

K　$\text{CH}_3-\text{C}(\text{CH}_3)(\text{OH})-\text{CH}_2-\text{CH}_3$

L　$\text{CH}_3-\text{CH}(\text{CH}_3)-\text{C}(=\text{O})-\text{CH}_3$

解説　アルケンA，B，Cは直鎖状構造をしており，BとCにHClを付加させると，どちらからもGとIが得られたことから，BとCは互いにシス-トランス異性体である。したがって，以下のようになる。

$\text{CH}_2=\text{CH}-\text{CH}_2-\text{CH}_2-\text{CH}_3$　$\xrightarrow{\text{HCl}}$　$\text{CH}_3-\text{CH}(\text{Cl})-\text{CH}_2-\text{CH}_2-\text{CH}_3$
　　A　　　　　　　　　　　　　　　　　G

　　　　　　　　　　　　　　　　　　　　$\text{CH}_2(\text{Cl})-\text{CH}_2-\text{CH}_2-\text{CH}_2-\text{CH}_3$
　　　　　　　　　　　　　　　　　H

$$CH_3-CH=CH-CH_2-CH_3 \xrightarrow{HCl} CH_3-CH_2-CH_2-CH_2-CH_3$$
B, C |
シス-トランス異性体   Cl
                                         G

$$CH_3-CH_2-CH-CH_2-CH_3$$
                |
                Cl
                I

したがって，いずれの反応からも生じる構造をもった化合物がGとなる。

次に，アルケンD, E, Fは分枝状構造となるので，以下の3つのいずれかである。

$$CH_2=C(CH_3)-CH_2-CH_3 \qquad CH_3-C(CH_3)=CH-CH_3 \qquad CH_3-CH(CH_3)-CH=CH_2$$

↓H₂O ↓H₂O ↓H₂O

$$CH_3-C(CH_3)(OH)-CH_2-CH_3 \qquad CH_3-C(CH_3)(OH)-CH_2-CH_3 \qquad CH_3-CH(CH_3)-CH(OH)-CH_3$$
K   K   J

HClの付加反応と同じようにH₂Oの付加反応を考えると，主生成物はそれぞれ上記のようになる。このうち左2つは同一の構造をもち，第三級アルコールである。右だけは第二級アルコールである。よって，$K_2Cr_2O_7$水溶液で酸化されるJは第二級アルコールと決まる。したがって，Lはケトンであり，問題文の条件を満たす。

J
$$CH_3-CH(CH_3)-CH(OH)-CH_3 \xrightarrow[酸化]{K_2Cr_2O_7} CH_3-CH(CH_3)-C(=O)-CH_3$$
                                                                              L
                                                                   ケトン（中性）

エクセル マルコフニコフ則

アルケンに対称な構造をもたないハロゲン化水素HXのような分子が付加する場合，置換基が少ない（水素原子が多い）炭素原子にHが付加した生成物が主生成物となる。

（例）

$$CH_2=CH-CH_3 \xrightarrow[付加]{HCl} CH_3-CH(Cl)-CH_3 \; , \; CH_2(Cl)-CH_2-CH_3$$
プロペン   2-クロロプロパン   1-クロロプロパン
                                      （主生成物）   （副生成物）

566 **解答** (ア) (8) (イ) (4) (ウ) (9) (エ) (6) (オ) (3) (カ) (7) (キ) (13) (ク) (2) (ケ) (11) (コ) (14)

解説 基底状態にある炭素原子Cは，2s軌道の電子1個を電子の入っていない2p軌道に移動させる。このとき，2p軌道は2s軌道より高いエネルギーをもつが，その差はそれほど大きくない。さらに，2s軌道と各2p軌道を混成することにより，同じエネルギーと形状をもつ4つの新しいsp^3混成軌道が生じる。こ

の sp³ 混成軌道のそれぞれの不対電子と各 H 原子の 1s 軌道の不対電子で共有結合を形成する。

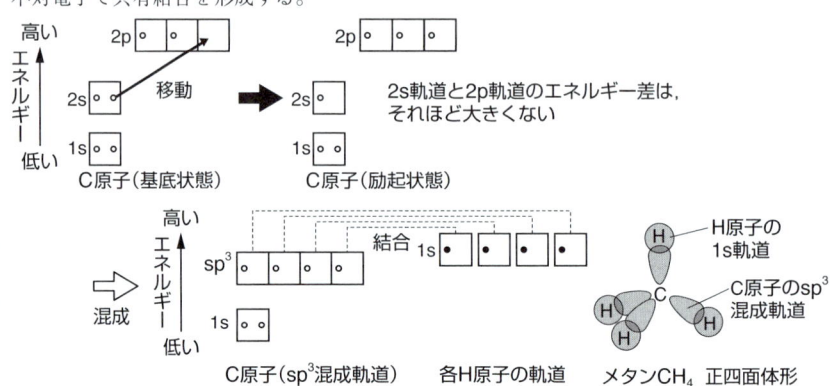

エチレン C_2H_4 では，2s 軌道と 2 個の 2p 軌道を混成することにより，同じエネルギーと形状をもつ 3 つの新しい sp² 混成軌道が生じる。この 3 つの sp² 混成軌道のうち 1 つは C 原子どうしで σ 結合を形成し，2 つはそれぞれの H 原子と σ 結合を形成する。また，それぞれの C 原子の 2p 軌道どうしで π 結合を形成する。

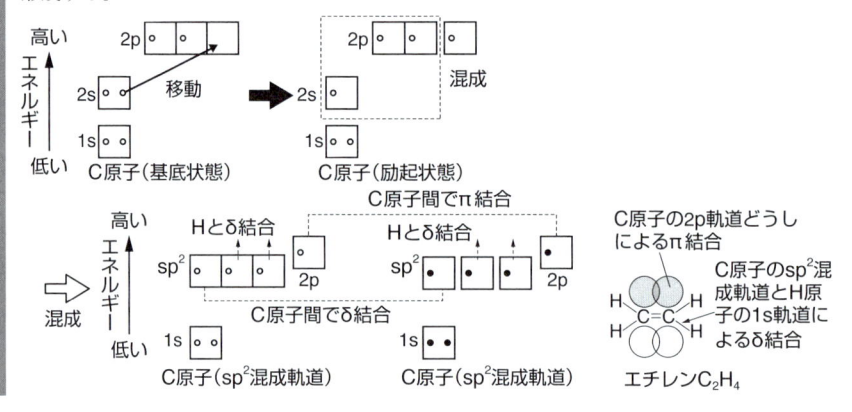

567

解答
(1) (ア) 2-ブテン　(イ) 1-ブテン
　　(ウ) シス-トランス
(2) 硫酸水素イオン HSO_4^- は，カルボカチオンより H^+ を受けとる塩基として作用している。

キーワード
・塩基
・カルボカチオン

解説
(1) アルコールの脱水によりアルケンが生じる場合，二重結合の置換基が多いものが主生成物となる（ザイツェフ則）。
(2) カルボカチオンから H^+ を受けとった硫酸水素イオン HSO_4^- は，再び硫酸 H_2SO_4 となり，H_2SO_4 は触媒として作用している。

エクセル ザイツェフ則：アルコールの脱水などによりアルケンが生成する場合，二重結合の置換基が多いものが主生成物となる。

568 解答 (3)

解説 ニトロ基$-NO_2$，カルボキシ基$-COOH$，スルホ基$-SO_3H$はベンゼン環から電子を受けとる傾向がありメタ配向性を示す。

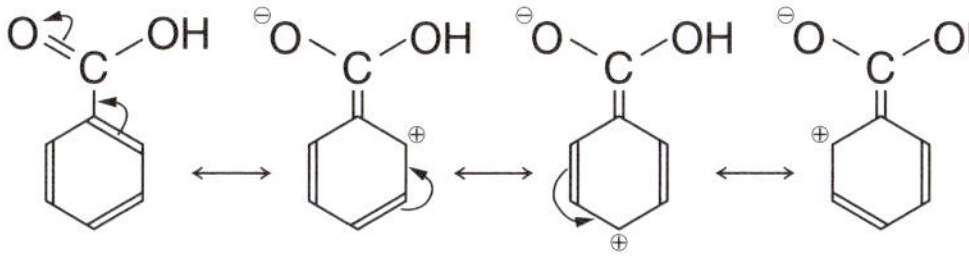

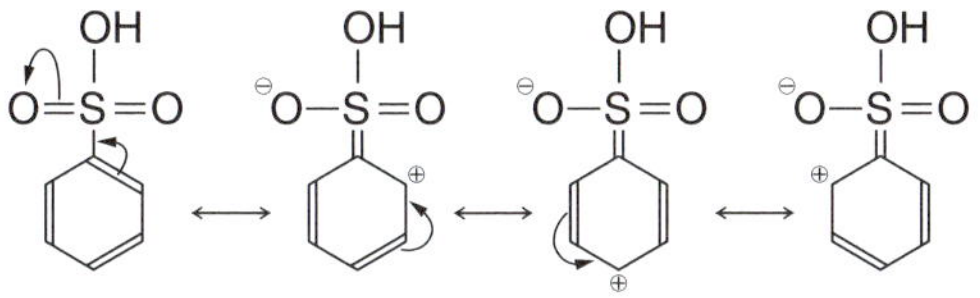

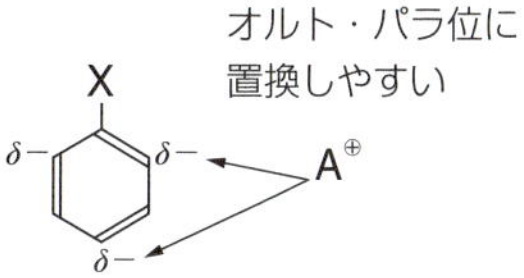

オルト・パラ配向性

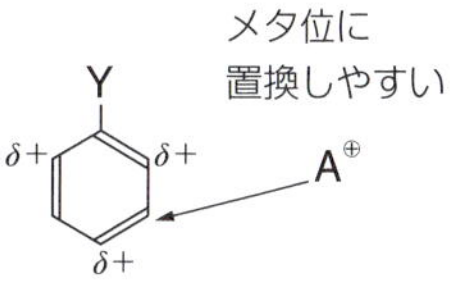

メタ配向性

ハロゲンの$-X$はベンゼン環に電子を供与する傾向があるためオルト・パラ配向性を示す。

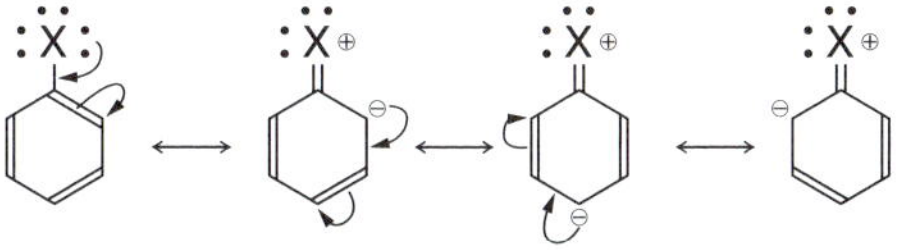

エクセル **オルト・パラ配向性置換基は非共有電子対を含むものが多く，ベンゼン環に電子を供与する傾向がある。**
メタ配向性置換基はベンゼン環に直接結合する原子YにO原子など電気陰性度が大きい原子が結合し，原子Yが電子不足のものが多く，ベンゼン環から電子を供与される傾向がある。

569 解答

A：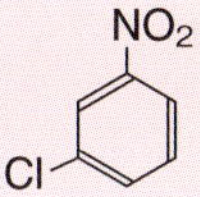　B：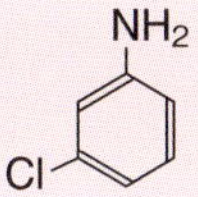

解説 ニトロ基$-NO_2$はメタ配向性置換基なので，次に入る置換基はメタ位に入りやすく，化合物Aは$-Cl$がメタ位に入ったものと考えられる。

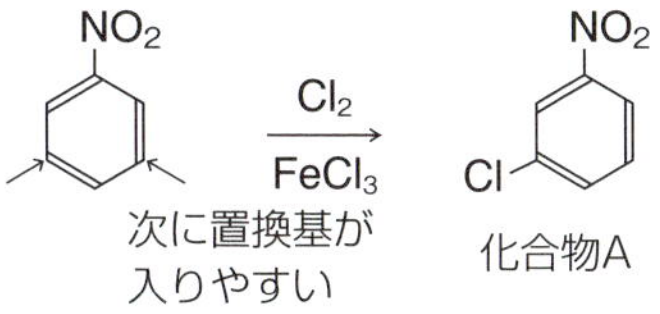

ニトロ基を還元するとオルト・パラ配向性置換基であるアミノ基$-NH_2$が生じる。$-Cl$もオルト・パラ配向性置換基であり，化合物Bのニトロ化により，5-クロロ-2-ニトロアニリンが生成すると考えられる。

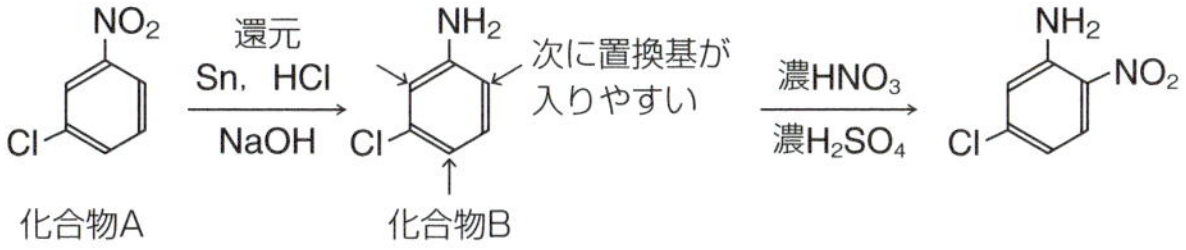

26 糖 (p.417)

570
(1) (ア) 銀鏡　(イ) フェーリング　(ウ) 酸化銅(I)
(エ) 1　(オ) 立体異性体

(2) α-グルコース　　β-グルコース

(3), (4) (カ) —CH₂—OH
(キ) —C—CH₂—OH
　　　　‖
　　　　O

解説
(1) グルコースなどの単糖類の鎖状構造にはホルミル基などの還元性を示す構造があるため，還元性を示す。
(2), (3) α-，β-グルコースの構造式はかけるようになっておこう。
(4) 環を構成する炭素の数と六員環の6位の炭素の位置に注目する。

エクセル グルコースのかき方
α-グルコース　β-グルコース
下上　下下　　下上　下上
C，H原子は省略，○は—OHを表す。

● おもな単糖類
グルコース(ブドウ糖)
フルクトース(果糖)
ガラクトース

571
(1) スクロース ③，A　マルトース ①，D
セロビオース ④，B　ラクトース ⑤，E
トレハロース ②，C

(2) マルトース，セロビオース，ラクトース

(3) $C_{12}H_{22}O_{11} + H_2O \longrightarrow 2C_6H_{12}O_6$

解説 二糖類では，スクロース❶(ショ糖)には還元性がないことに注意。

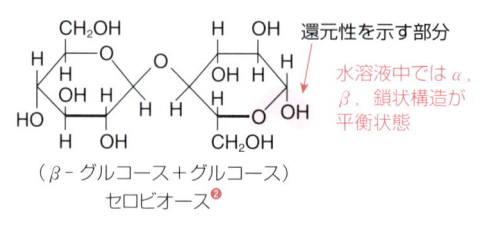

還元性を示す部分
水溶液中ではα，β，鎖状構造が平衡状態

(β-グルコース＋グルコース)
セロビオース❷

❶ スクロース
α-グルコース＋β-フルクトース
サトウキビ，テンサイなどに多く含まれる。還元性なし。

❷ セロビオース
β-グルコース＋グルコース

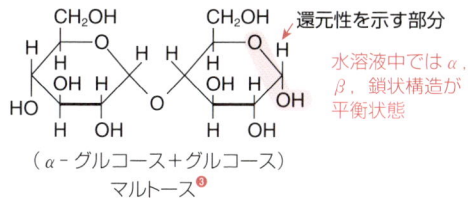

26 糖 — 285

(α-グルコース+グルコース)
マルトース❸

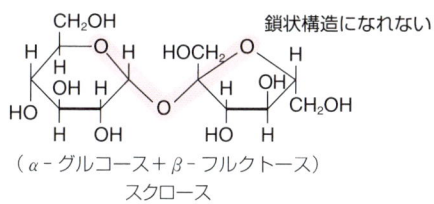

還元性を示す部分
水溶液中ではα，β，鎖状構造が平衡状態

鎖状構造になれない

(α-グルコース+β-フルクトース)
スクロース

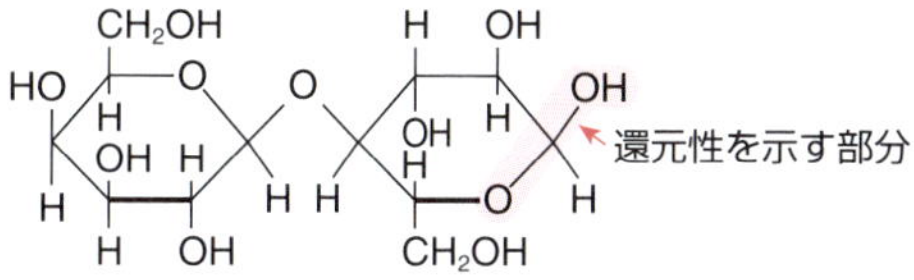

ラクトース❹

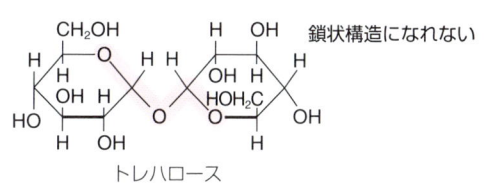

還元性を示す部分

鎖状構造になれない

トレハロース

❸ マルトース
　α-グルコース+グルコース

❹ ラクトース
　β-ガラクトース+グルコース

▶スクロースとトレハロースでは還元性を示す部分が結合に使われている。

エクセル 還元性を示す構造

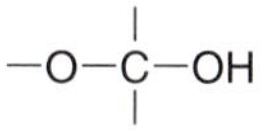

—O—C—OH　　ヘミアセタール構造という。

572 解答

(1) (ア) $(C_6H_{10}O_5)_n$ (イ) α (ウ) アミラーゼ
(エ) マルトース(麦芽糖) (オ) マルターゼ
(カ) グリコーゲン (キ) β (ク) 水素
(ケ) セルラーゼ (コ) セロビオース

(2) デキストリン

(3) (エ)

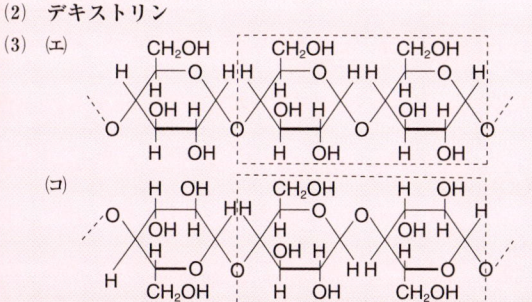

(コ)

●多糖類の加水分解
・デンプン
　α-グルコースからなる。米，小麦，いも類に多く含まれる。

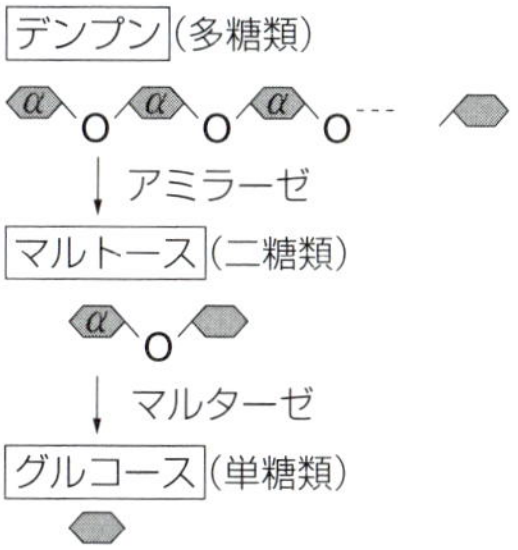

デンプン(多糖類)
↓アミラーゼ
マルトース(二糖類)
↓マルターゼ
グルコース(単糖類)

解説 多糖類には，デンプンとセルロースがある。
デンプンは，α-グルコースからなり，直鎖状のアミロースと枝分かれのあるアミロペクチンがある。
セルロースはβ-グルコースからなる。グルコースの六員環構造が上下に逆転して直鎖状につながっている。

エクセル アミロースとアミロペクチン…ともにα-グルコースが多数つながっている。

らせん構造　アミロース　アミロペクチン

・セルロース
　β-グルコースからなる。木綿，脱脂綿，ろ紙などの主成分。

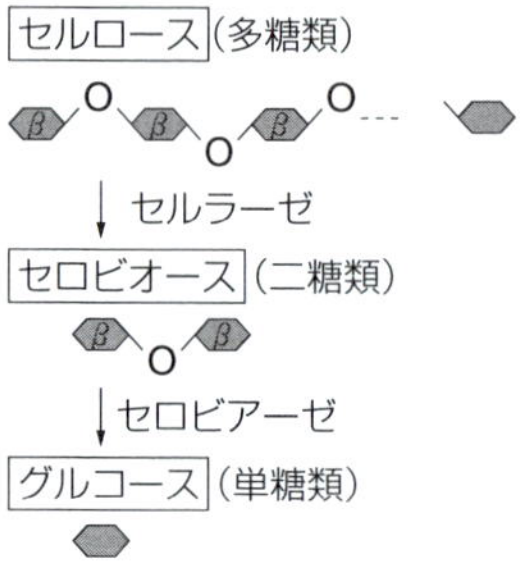

セルロース (多糖類)
↓ セルラーゼ
セロビオース (二糖類)
↓ セロビアーゼ
グルコース (単糖類)

573

(1) (ア) (g)　(イ) (h)　(ウ) (c)　(エ) (d)　(オ) (k)
　　(カ) (b)　(キ) (j)
(2) (ク) 濃硝酸　(ケ) ヒドロキシ　(コ) エステル化　(サ) 火薬
(3) トリアセチルセルロース：$[C_6H_7O_2(OCOCH_3)_3]_n$
　　トリニトロセルロース：$[C_6H_7O_2(ONO_2)_3]_n$

▶ ④の反応はニトロ化ではない。

解説 セルロースは分子間に多くの水素結合を形成し，丈夫な繊維となる。
セルロースのヒドロキシ基がアセチル化されたものがトリアセチルセルロース。

セルロース　　　　トリアセチルセルロース

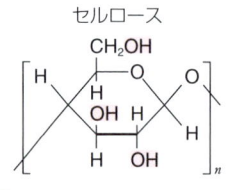

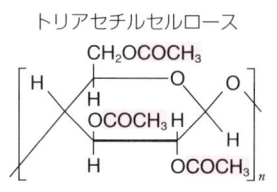

▶ 再生繊維
　・ビスコースレーヨン
　・銅アンモニアレーヨン

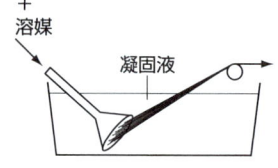

天然繊維
＋
溶媒　　凝固液

エクセル 多糖類の分子式
ヒドロキシ基に注目すると $[C_6H_7O_2(OH)_3]_n$ と表される。

574

(1) (ア) Cu_2O　(イ) 赤　(ウ) カルボキシ
　　(エ) ＋2　(オ) ＋1　(カ) 還元　**(2)** 2:2:3

解説 (1) アルデヒドが還元性を示すために，フェーリング液が還元される。

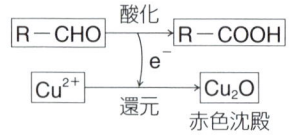

R-CHO —酸化→ R-COOH
Cu²⁺ —還元→ Cu₂O （赤色沈殿）
e⁻

(2) ある体積の水溶液中のスクロースを x [mol]，マルトースを $2x$ [mol]とすると

26 糖──287

実験A マルターゼで加水分解したあと，溶液中にはスクロース x[mol]，グルコース $4x$[mol] が存在する。還元性を示す糖 1mol あたり，1mol の赤色沈殿ができるので，$4x$[mol] 生成する。スクロースは還元性を示さない。

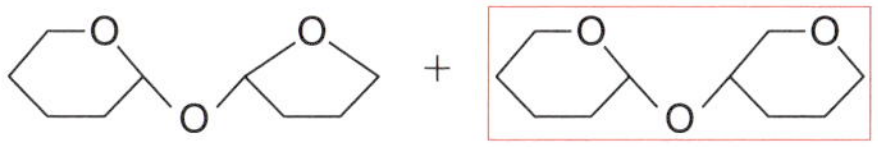

スクロース x[mol]　＋　マルトース $2x$[mol]

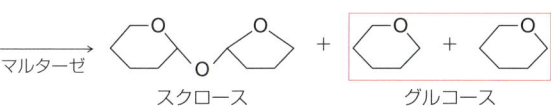

──マルターゼ→　スクロース x[mol] 還元性なし　＋　グルコース $4x$[mol] 還元性あり

実験B インベルターゼで加水分解したあと，溶液中にはグルコース x[mol]，フルクトース x[mol]，マルトース $2x$[mol] が存在する。したがって，赤色沈殿は $4x$[mol] 生成する。

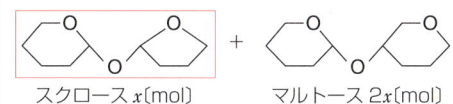

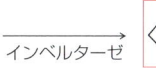

スクロース x[mol]　＋　マルトース $2x$[mol]

──インベルターゼ→　グルコース x[mol] 還元性あり　＋　フルクトース x[mol] 還元性あり　＋　マルトース $2x$[mol] 還元性あり

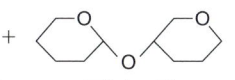

実験C 希硫酸で2つの糖を加水分解したあとの溶液中には，グルコース $5x$[mol]，フルクトース x[mol] が存在する。したがって，赤色沈殿は $6x$[mol] 生成する。

したがって，A：B：C＝4：4：6＝2：2：3

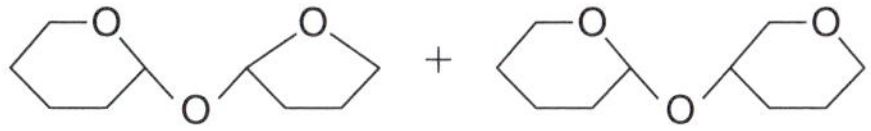

スクロース x[mol]　＋　マルトース $2x$[mol]

──希硫酸→　グルコース x[mol]　＋　フルクトース x[mol]　＋　グルコース $4x$[mol]

●糖類の還元性
グルコース　示す
フルクトース　示す
スクロース　示さない
マルトース　示す

エクセル 糖類の還元性……構造式をかいて確認しよう。
　　グルコース　示す　　スクロース　示さない
　　フルクトース　示す　マルトース　示す

575 解答 (1) グルコース　(2) 972　(3) 11.1 g

解説 (1) α-シクロデキストリンを希硫酸中で長時間加熱するとグルコースを生じる。

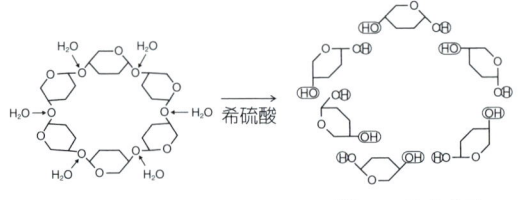

希硫酸

グルコース6分子

(2) グルコース $C_6H_{12}O_6$（分子量 180）6分子から H_2O 6分子が脱水すると α-シクロデキストリンが生じる。
$$180 \times 6 - 18 \times 6 = 972$$

(3) α-シクロデキストリン1分子を加水分解するとグルコース6分子が生じることにより，加水分解後のグルコースの質量を求める。
$$\frac{10.0\,\text{g}}{972\,\text{g/mol}} \times 6 \times 180\,\text{g/mol} \fallingdotseq 11.1\,\text{g}$$

エクセル
α-シクロデキストリン ⟶ グルコース6分子が縮合した環状化合物
β-シクロデキストリン ⟶ グルコース7分子が縮合した環状化合物
γ-シクロデキストリン ⟶ グルコース8分子が縮合した環状化合物

576

解答 (1) 酵素A：アミラーゼ　酵素B：マルターゼ
(2) 106 g　(3) 88.3 g　(4) スクロース
還元性を示さない理由：スクロースは開環できず，鎖状構造をとることができない。このため，還元性を示す構造が生じず，スクロースは還元性を示さない。

キーワード
・開環できない
・還元性を示す構造

解説 (2) デンプン分子の両末端の OH 基と H 原子を無視すると，繰り返し単位は $C_6H_{10}O_5$ になる。デンプンをアミラーゼで加水分解したときに生じるマルトースの物質量は，繰り返し単位の物質量の $\frac{1}{2}$ 倍になる。

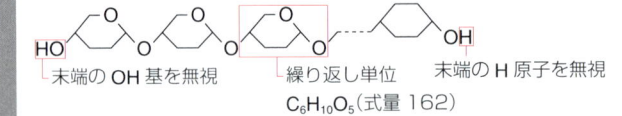

末端の OH 基を無視　繰り返し単位　末端の H 原子を無視
$C_6H_{10}O_5$（式量 162）

デンプン 100 g　→アミラーゼ→　マルトース $C_{12}H_{22}O_{11}$（分子量 342）

マルトースの物質量 　$\dfrac{100\,\text{g}}{162\,\text{g/mol}} \times \dfrac{1}{2}$

マルトースの質量 　$\dfrac{100\,\text{g}}{162\,\text{g/mol}} \times \dfrac{1}{2} \times 342\,\text{g/mol} \fallingdotseq 106\,\text{g}$

(3) デンプンを加水分解したときに，繰り返しの単位の数だけグルコースを生じる。

グルコース 1 mol から Cu_2O（式量 143）1 mol が生じることにより，生じた Cu_2O の質量を求める。

$\dfrac{100\,\text{g}}{162\,\text{g/mol}} \times 1 \times 143\,\text{g/mol} \fallingdotseq 88.3\,\text{g}$

エクセル フェーリング液の還元では，アルデヒド 1 mol より，1 mol の Cu_2O を生成する。

577

解答
(ア) β 　(イ) 3
(1) トリニトロセルロース，33 g
(2) 32 g

解説
(1) 化学反応式は次の通りである。

$[C_6H_7O_2(OH)_3]_n + 3n\,HNO_3 \longrightarrow [C_6H_7O_2(ONO_2)_3]_n + 3n\,H_2O$
分子量　　162n　　　　　　　　　　　　297n

ここから，反応前後の質量比より
162 : 297 = 18 g : x 　　$x = 33$ g

(2) 化学反応式は次の通りである。

$[C_6H_7O_2(OH)_3]_n + 3n(CH_3CO)_2O \longrightarrow [C_6H_7O_2(OCOCH_3)_3]_n + 3n\,CH_3COOH$
分子量　　162n　　　　　　　　　　　　　　　　288n

ここから，反応前後の質量比より
162 : 288 = 18 g : y 　　$y = 32$ g

● **多糖類の分子式**
ヒドロキシ基に注目して $[C_6H_7O_2(OH)_3]_n$ と表せる。

エクセル セルロースとその誘導体

セルロース❶ 　　　　　トリニトロセルロース 　　　　ジアセチルセルロース

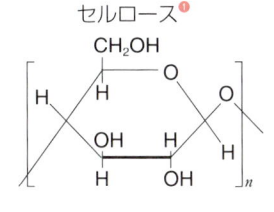

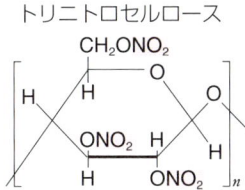

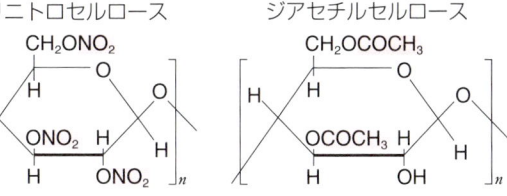

用途　綿，紙 　　　　　用途　火薬 　　　　　　用途　半合成繊維（アセテート）

❶ セルロースの構造　--------- 水素結合

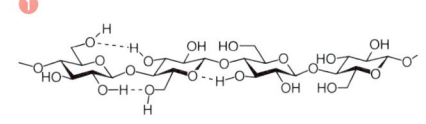

27 アミノ酸とタンパク質・核酸 (p.426)

578 解答 (1) (ア) グリシン (イ) L (ウ) 必須

(2)
```
      COOH
      |
H₃C—C—H
      |
      NH₂
```

解説 グリシン[1]以外のアミノ酸は不斉炭素原子をもち，L体とD体の鏡像異性体が存在する。

```
       COOH          鏡    COOH
       |                   |
   H—C⋯CH₃           H₃C⋯C—H
       |                   |
       NH₂                 NH₂
    D体のアラニン       L体のアラニン
```

天然に存在するアミノ酸はほとんどL体であるが，近年D体の存在や役割が少しずつ報告されている。

エクセル アミノ酸のD体とL体では，密度や融点など物理的性質は同じであるが，生体への作用が異なる。

●グリシン
```
H—CH—COOH
    |
    NH₂
```
不斉炭素原子がない

●α-アミノ酸の構造
```
R—CH—COOH
    |
    NH₂
```
Rはアミノ酸側鎖とよばれる。グリシン以外のアミノ酸は赤字のC原子が不斉炭素原子になる。

---

579 解答 (1)
```
H—CH—COOH        (2) (キ) CH₃—CH—COOH
    |                          |
    NH₂                        NH₂
```

(3) (エ) (4) (オ) (5) (ウ), (ク) (6) (イ), (ケ)

解説 (1) (ア)〜(ケ)のα-アミノ酸について，構造式をかく。

(ア)
```
H—CH—COOH
    |
    NH₂
  グリシン
```
(イ)
```
HS—CH₂—CH—COOH
           |
           NH₂
       システイン
```
(ウ)
```
HO—⟨⟩—CH₂—CH—COOH
                |
                NH₂
          チロシン
```

(エ)
```
CH₂—CH₂—CH—COOH
|            |
COOH         NH₂
   グルタミン酸
```
(オ)
```
H₂N—(CH₂)₄—CH—COOH
              |
              NH₂
          リシン
```
(カ)
```
HO—CH₂—CH—COOH
           |
           NH₂
        セリン
```

(キ)
```
CH₃—CH—COOH
     |
     NH₂
   アラニン
```
(ク)
```
⟨⟩—CH₂—CH—COOH
          |
          NH₂
    フェニルアラニン
```
(ケ)
```
CH₃—S—CH₂—CH₂—CH—COOH
                   |
                   NH₂
             メチオニン
```

(2) α-アミノ酸に共通な構造の式量が74になる。

```
┌H—CH—COOH┐         ┌CH₃—CH—COOH┐
│    |    │         │     |     │
│    NH₂  │         │     NH₂   │
└─────────┘         └───────────┘
     └── 74
 グリシン(分子量75)    アラニン(分子量89)
```

(3) アミノ酸の側鎖に酸性を示すカルボキシ基(—COOH)を含むα-アミノ酸を酸性アミノ酸とよぶ。

```
CH₂—CH₂—CH—COOH        CH₂——CH—COOH
|            |         |     |
COOH         NH₂       COOH  NH₂
   グルタミン酸            アスパラギン酸
```

(4) アミノ酸側鎖に塩基性を示すアミノ基(—NH₂)を含むα-アミノ酸を塩基性アミノ酸とよぶ。

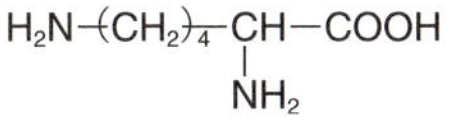

27 アミノ酸とタンパク質・核酸──291

$H_2N-(CH_2)_4-CH-COOH$
         |
         NH_2
リシン

(5) ベンゼン環を含む α-アミノ酸は，キサントプロテイン反応❶に陽性である。

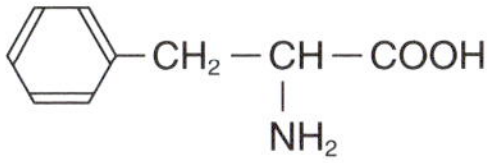

$\bigcirc\!\!-\!CH_2-CH-COOH$
                 |
                 NH_2
フェニルアラニン

(6) S元素を含む有機物を分解後に Pb^{2+} を加えると黒色沈殿（PbS）を生じる❷。

エクセル キサントプロテイン反応のキサントとはギリシア語で「黄色」の意味，プロテインは「タンパク質」のことを表す。

❶ **キサントプロテイン反応**
ベンゼン環を含むタンパク質またはアミノ酸 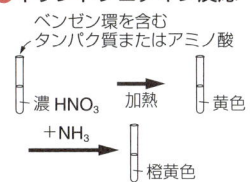
濃HNO_3 → 加熱 → 黄色
$+NH_3$ → 橙黄色

❷ **S元素の定性分析**
S元素を含む有機物 → 分解後 → Pb^{2+} → PbS 黒色沈殿

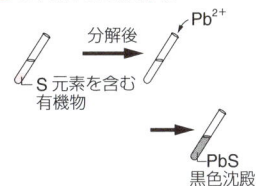

580

解答 (1) (ア) 双性　(イ) 等電点　(ウ) 陽　(エ) 陰

(A) $H-CH-COO^-$ (B) $H-CH-COOH$ (C) $H-CH-COO^-$
          | | |
         NH_3^+ NH_3^+ NH_2

解説 アミノ酸は結晶状態では，正電荷と負電荷をともにもつ双性イオン❶として存在している。アミノ酸を水に溶かすと陽イオン，双性イオン，陰イオンの平衡状態として存在している。pHがある値になるとアミノ酸の電荷の総和が0になる。このときのpHを等電点という（グリシンの等電点は pH = 6.0）。

グリシンの電離平衡

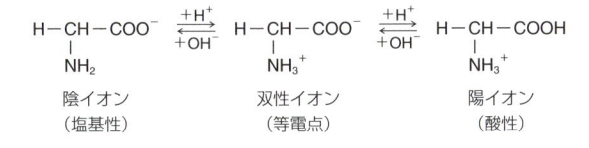

$H-CH-COO^-$ ⇌(+H⁺/+OH⁻) $H-CH-COO^-$ ⇌(+H⁺/+OH⁻) $H-CH-COOH$
      | | |
     NH_2 NH_3^+ NH_3^+
陰イオン   双性イオン   陽イオン
（塩基性）   （等電点）   （酸性）

❶ アミノ酸は同程度の分子量をもつ物質より融点が高い。

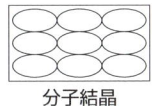

分子結晶

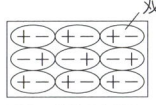

アミノ酸の結晶
クーロン力でより強く引きあっている。

❷ リシンの等電点 pH = 9.7
$H_2N-CH-COO^-$
       |
      $(CH_2)_4$
       |
      NH_3^+

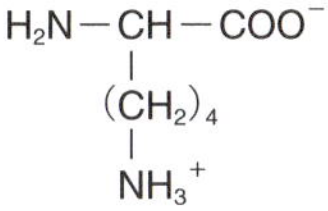

エクセル 酸性アミノ酸の等電点は小さく，塩基性アミノ酸の等電点❷は大きくなる。

グルタミン酸の電離平衡

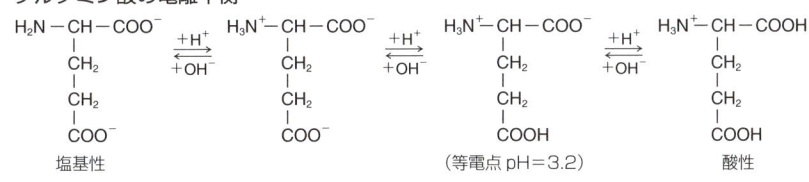

$H_2N-CH-COO^-$ ⇌(+H⁺/+OH⁻) $H_3N^+-CH-COO^-$ ⇌(+H⁺/+OH⁻) $H_3N^+-CH-COO^-$ ⇌(+H⁺/+OH⁻) $H_3N^+-CH-COOH$
       | | | |
      CH_2 CH_2 CH_2 CH_2
       | | | |
      CH_2 CH_2 CH_2 CH_2
       | | | |
      COO^- COO^- $COOH$ $COOH$
塩基性   （等電点 pH = 3.2）   酸性

581

解答 (1) $C_7H_{13}N_3O_4$　(2) $(M-18)X+18$

解説 (1) グリシンの分子式は $C_2H_5NO_2$，アラニンの分子式は $C_3H_7NO_2$ である。アミノ酸3分子が縮合すると，水分子が2分子抜けるので，分子式は
$2C_2H_5NO_2 + C_3H_7NO_2 - 2H_2O = C_7H_{13}N_3O_4$

解説

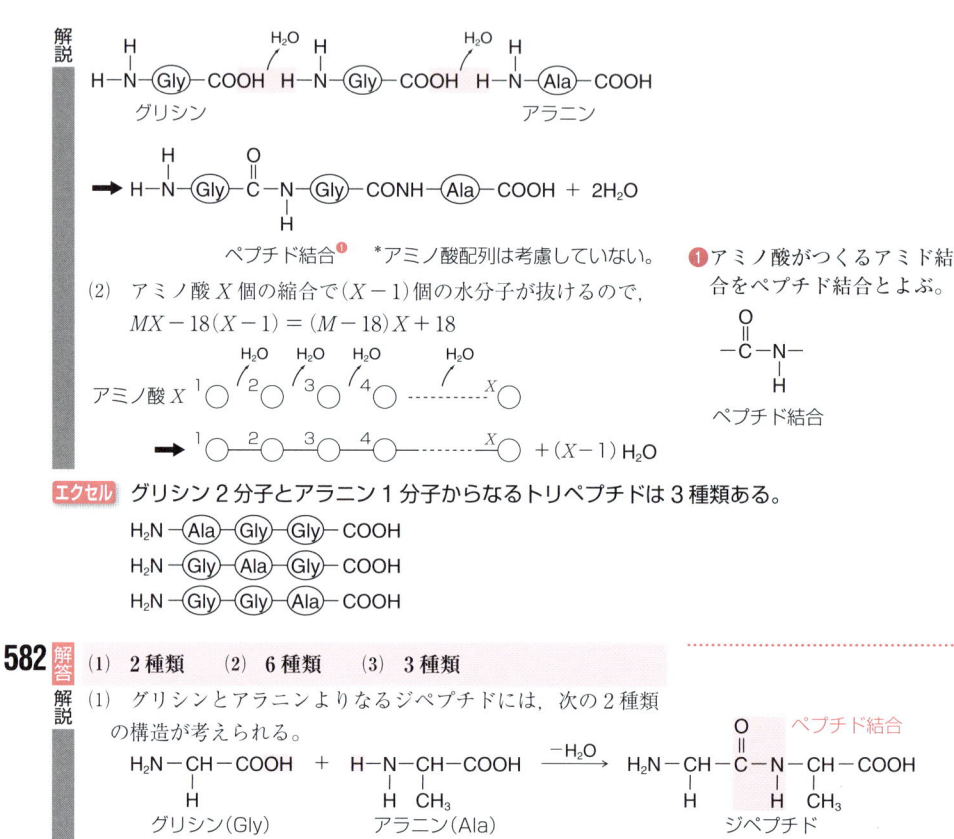

H-N(Gly)-COOH + H-N(Gly)-COOH + H-N(Ala)-COOH
グリシン   アラニン

→ H-N(Gly)-C(=O)-N(Gly)-CONH-(Ala)-COOH + 2H₂O

ペプチド結合 *アミノ酸配列は考慮していない。

❶ アミノ酸がつくるアミド結合をペプチド結合とよぶ。

  O
 ‖
−C−N−
   |
   H
ペプチド結合

(2) アミノ酸 X 個の縮合で $(X-1)$ 個の水分子が抜けるので，
$MX - 18(X-1) = (M-18)X + 18$

アミノ酸 X　1○ 2○ 3○ 4○ ……… X○

→ 1○−2○−3○−4○−………−X○ + $(X-1)$H₂O

エクセル グリシン2分子とアラニン1分子からなるトリペプチドは3種類ある。

H₂N-(Ala)-(Gly)-(Gly)-COOH
H₂N-(Gly)-(Ala)-(Gly)-COOH
H₂N-(Gly)-(Gly)-(Ala)-COOH

582

解答 (1) 2種類　(2) 6種類　(3) 3種類

解説
(1) グリシンとアラニンよりなるジペプチドには，次の2種類の構造が考えられる。

H₂N-CH-COOH + H-N-CH-COOH —(-H₂O)→ H₂N-CH-C(=O)-N-CH-COOH
      | | | | | |
      H   H CH₃   H   H CH₃
  グリシン(Gly)   アラニン(Ala)   ジペプチド　←ペプチド結合

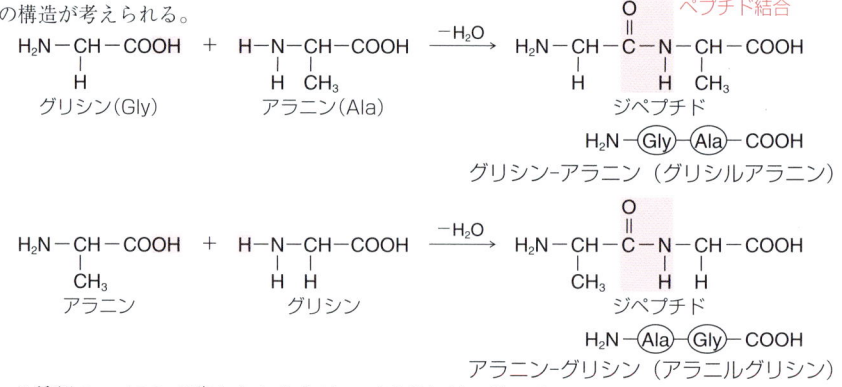

H₂N-(Gly)-(Ala)-COOH
グリシン-アラニン（グリシルアラニン）

H₂N-CH-COOH + H-N-CH-COOH —(-H₂O)→ H₂N-CH-C(=O)-N-CH-COOH
      | | | | | |
     CH₃   H   H   CH₃   H   H
  アラニン   グリシン   ジペプチド

H₂N-(Ala)-(Gly)-COOH
アラニン-グリシン（アラニルグリシン）

(2) 3種類の α-アミノ酸からなるトリペプチドには，次の6種類の構造が考えられる。

H₂N-(Gly)-(Ala)-(Phe)-COOH 　H₂N-(Gly)-(Phe)-(Ala)-COOH
H₂N-(Ala)-(Gly)-(Phe)-COOH 　H₂N-(Ala)-(Phe)-(Gly)-COOH
H₂N-(Phe)-(Gly)-(Ala)-COOH 　H₂N-(Phe)-(Ala)-(Gly)-COOH

（Phe：フェニルアラニン）

$3! = 3 \times 2 \times 1 = 6$ 種類

(3) グリシンとグルタミン酸からなるジペプチドには，次の3種類の構造が考えられる。

$$H_2N-CH_2-COOH + H-N-CH-COOH \xrightarrow{-H_2O} H_2N-CH_2-CONH-CH-COOH$$

グリシン(Gly)　グルタミン酸(Glu)

$H_2N-\text{(Gly)}-\text{(Glu)}-COOH$

$$H-N-CH-COOH + H-N-CH_2-COOH \xrightarrow{-H_2O} H-N-CH-CONH-CH_2-COOH$$

Glu　Gly

$H_2N-\text{(Glu)}^\alpha-\text{(Gly)}-COOH$

$$H-N-CH-COOH + H-N-CH_2-COOH$$

Glu　Gly

$$\xrightarrow{-H_2O} H-N-CH-COOH$$
（γ位のCH_2-CONH-CH_2-COOH側鎖を介した結合）

$H_2N-\text{(Glu)}^\gamma-\text{(Gly)}-COOH$

エクセル タンパク質やペプチドの鎖において，アミノ基($-NH_2$)が残っている側をN末端，カルボキシ基が残っている側をC末端とよぶ。

N末端　$H_2N-○-○-○-\cdots\cdots-○-COOH$　C末端

α-アミノ酸　方向性がある

583

解答 (ア) ペプチド　(イ) 水素　(ウ) α-ヘリックス　(エ) β-シート
(オ) ジスルフィド

解説 多数のα-アミノ酸がペプチド結合により結合した鎖をポリペプチドという。このポリペプチド鎖が水素結合やジスルフィド結合により一定の構造をもつものをタンパク質という。タンパク質はアミノ酸の並び順によって構造が決定され，アミノ酸配列のことをタンパク質の一次構造[1]という。
ペプチド鎖は水素結合より，α-ヘリックス構造やβ-シート構造がつくられ，これらの構造

タンパク質中のα-ヘリックス構造

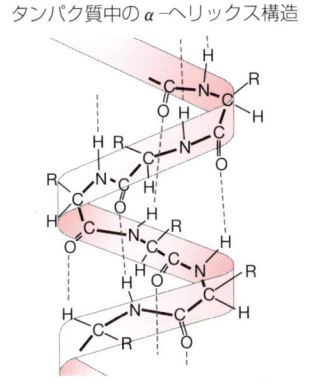

❶ タンパク質の一次構造
Gly Ile Val Glu Gln Cys Ala ……
ペプチド鎖のアミノ酸配列
（アミノ酸の並び順）

❷ タンパク質の二次構造
α-ヘリックス
β-シート

❸ タンパク質の三次構造
タンパク質鎖1本の空間的構造

解説 を二次構造❷という。タンパク質鎖1本がとる構造を三次構造❸，数本の鎖が集まり特定の形をとったものを四次構造❹とよぶ。
　タンパク質は直鎖状の高分子であるが，分子内の水素結合（NH…O=C）によって，らせん形などの立体構造をつくる。らせん形は，タンパク質分子に最も多く見られる立体構造である。

エクセル　タンパク質は，熱，強酸，強塩基，重金属イオン，アルコールなどにより水素結合が切れて，立体構造が保てなくなり，凝固や沈殿する。この現象を変性❺という。

❹タンパク質の四次構造 
数本の鎖が集まり機能ある形をとる構造

❺生卵を加熱するとタンパク質が変性する。

584
解答　(ア) 単純　(イ) 複合　(ウ) ヘモグロビン　(エ) 球　(オ) 繊維
(カ) フィブロイン

解説　(ア) 単純タンパク質はα-アミノ酸のみからなる。
(イ) 複合タンパク質はα-アミノ酸以外に，糖，脂質，金属イオン，リン酸などを含む。
(ウ) ヘモグロビンは鉄イオンを含む複合タンパク質。
(エ) 球状に近い形のタンパク質を球状タンパク質とよぶ。球状タンパク質は，親水基を外側に向けて水などに分散しやすい。
(オ) ポリペプチド鎖が束になり，繊維状になったものを繊維状タンパク質とよび，水などに分散しにくい。
(カ) 絹糸やクモの糸にはフィブロインとよばれるタンパク質が含まれている。

エクセル　単純タンパク質
　├球状タンパク質
　│　アルブミン：卵白などに含まれる。
　└繊維状タンパク質
　　　ケラチン：毛髪，爪などに含まれる。
　　　コラーゲン：軟骨や皮膚などに含まれる。
　　　フィブロイン：絹糸などに含まれる。

585
解答　(ア) 変性　(イ) ニンヒドリン　(ウ) アンモニア
(エ) ニトロ　(オ) リトマス　(カ) S^{2-}　(キ) Pb^{2+}
② ニンヒドリン反応　③ ビウレット反応
④ キサントプロテイン反応

解説　① タンパク質の立体構造を保っている水素結合やジスルフィド結合は，加熱や化学薬品に弱いため，それらを作用させると立体構造が変化して凝固したり，沈殿したりする（タンパク質の変性）。
② ニンヒドリン❶がアミノ基と反応することで呈色する（アミノ基の検出反応）。したがって，アミノ酸やタンパク質のアミノ基の検出に用いられる。
③ トリペプチド以上のポリペプチド（2つ以上のペプチド結合をもつポリペプチド）が，Cu^{2+}と錯イオンを作るため赤紫色に呈色する❷。

❶ニンヒドリン

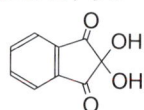

❷ビウレット反応
NaOH
$CuSO_4$
トリペプチド以上のペプチド
ビウレット反応
赤紫色
アミノ酸

④ キサントプロテイン反応③によりベンゼン環が検出される。
⑤ NH₃の確認は濃塩酸を近づけて白煙を生じさせる方法もある④。
⑥ 硫化鉛(Ⅱ)PbSは水に不溶の黒色沈殿である⑤。

❸キサントプロテイン反応

❹N元素の定性分析

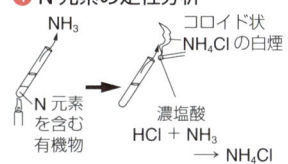

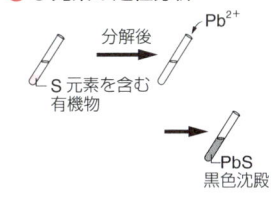

❺S元素の定性分析

エクセル タンパク質の呈色反応で得られる情報
・ニンヒドリン反応…アミノ基の存在
・ビウレット反応…トリペプチド以上であること(2つ以上のペプチド結合をもつこと)
・キサントプロテイン反応…ベンゼン環をもつアミノ酸の存在

586
解答 (ア) 基質 (イ) 水素 (ウ) ジスルフィド
(エ) 最適 (オ) 変性

解説 生体内の化学反応の触媒として作用しているのが酵素である。酵素を含め触媒は、化学反応における活性化エネルギーを小さくするように作用して、反応速度を速める。化学薬品の触媒と違い、酵素は特定の物質(基質)のみに作用する。これを基質特異性という。これは「カギと穴」の関係で説明されている。タンパク質からできている酵素は特有の立体構造をもっており、この中に基質を受け入れる部分があり、立体的形状から基質以外は受け入れにくくなっている。
酵素ははたらきが活発になる条件があり、最も高い触媒作用を示す温度を最適温度❶、pHを最適pH❷という。

エクセル 酵素の触媒作用
特定の基質のみに作用(基質特異性)
最も作用が活発になる温度(最適温度)とpH(最適pH)がある。

❶ 活性化エネルギー以上の分子が増加／失活 酵素が変性し触媒作用が低下（反応速度 vs 温度、最適温度）

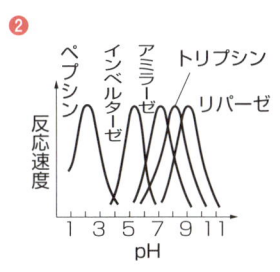

❷ ペプシン、インベルターゼ、アミラーゼ、トリプシン、リパーゼ（反応速度 vs pH）

587
解答 (ア) リン酸 (イ) ヌクレオチド (ウ) エステル
(エ) アデニン(A) (オ) チミン(T) (カ) ウラシル(U)
(キ) デオキシリボース (ク) リボース (ケ) 二重らせん

解説 DNAの主な役割は生命の遺伝情報を保持し、次世代に伝えることである。DNAの塩基配列は通常変化しないので、その配列に基づいてタンパク質が合成される。

・ヌクレオチド
＝糖＋塩基＋リン酸

リン酸 — 五炭糖 — 塩基
ヌクレオチド

・ヌクレオシド
＝糖＋塩基

296 ―― 7章 高分子化合物

解説 DNA(deoxyribonucleic acid)とRNA(ribonucleic acid)は，構成する糖と塩基の種類が異なる。
核酸は，DNAもしくはRNAを繰り返しの基本単位(ヌクレオチド)とした高分子化合物である。いずれもリン酸，糖，塩基で構成されている。

エクセル デオキシリボ核酸(DNA)…リン酸，デオキシリボース❶，塩基(アデニン，グアニン，シトシン，チミン)で構成される。リボ核酸(RNA)…リン酸，リボース，塩基(アデニン，グアニン，シトシン，ウラシル)で構成される。

❶ DNAとRNAを構成する糖。

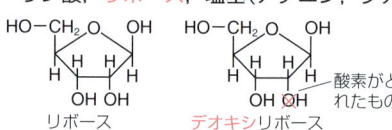

リボース　デオキシリボース　酸素がとれたもの

588

解答
(1) A：グルタミン酸　B：アラニン　C：リシン
(2) 6.0　(3) 1.0×10^4

解説
(1) 等電点より酸性側では陽イオン，塩基性側では陰イオンとしておもに存在している。

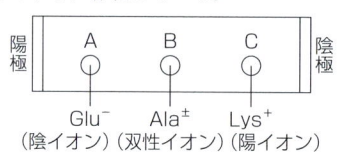

陽極　A　B　C　陰極
Glu⁻　Ala±　Lys⁺
(陰イオン)(双性イオン)(陽イオン)

アラニン：酸性 陽イオン｜陰イオン 塩基性　等電点(中性付近)
グルタミン酸：酸性 陽イオン｜陰イオン 塩基性　等電点 pH=7(酸性側)
リシン：酸性 陽イオン｜陰イオン 塩基性　pH=7 等電点(塩基性側)

(2) 等電点では，陽イオンの濃度[X]と陰イオンの濃度[Z]は等しい。

$$K_1 \times K_2 = \frac{[Y][H^+]}{[X]} \times \frac{[Z][H^+]}{[Y]}$$

$5.0 \times 10^{-3}\,\text{mol/L} \times 2.0 \times 10^{-10}\,\text{mol/L} = \dfrac{[Z][H^+]^2}{[X]}$ …①式

[Z]＝[X] より
$[H^+]^2 = 1.0 \times 10^{-12}\,\text{mol}^2/\text{L}^2$　$pH = -\log[H^+] = 6.0$

(3) ①式より $[H^+] = 10^{-4.0}\,\text{mol/L}$ を代入すると

$$1.0 \times 10^{-12}\,\text{mol}^2/\text{L}^2 = \frac{[Z](10^{-4.0}\,\text{mol/L})^2}{[X]}$$

$\dfrac{[Z]}{[X]} = 1.0 \times 10^{-4}$　$\dfrac{[X]}{[Z]} = 10^4$

エクセル 等電点よりpHが小さい ⟶ おもに陽イオンとして存在
　　　　　　pHが大きい ⟶ おもに陰イオンとして存在

589

解答
A　$H_3N^+-CH_2-COOH$　　C　$H_3N^+-CH_2-COO^-$
E　$H_2N-CH_2-COO^-$

解説 領域点Bでは，イオンAとCの混合物に，領域点Dでは，イオンCとEの混合物になっている。
アミノ酸はアミノ基とカルボキシ基をともにもつため，酸とも塩基とも反応する。

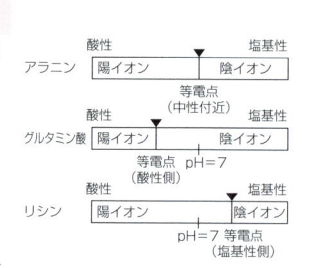

エクセル 双性イオン

塩基性を示すアミノ基と酸性を示すカルボキシ基がともに存在するので，結晶中や等電点付近の溶液中ではおもに双性イオンとして存在する。また，溶液のpHによって構造が変化する。

$$R-CH_2-COO^- \underset{OH^-}{\overset{H^+}{\rightleftharpoons}} R-CH-COO^- \underset{OH^-}{\overset{H^+}{\rightleftharpoons}} R-CH-COOH$$
$$\ \ \ NH_2 NH_3^+ NH_3^+$$
（塩基性溶液中）　　双性イオン　　（酸性溶液中）

590

解答 (1) 295　(2) 3種類

解説 (1) 不斉炭素原子をもたないグリシン（分子量75）2分子とチロシン（分子量181）1分子から構成されているので，トリペプチドAの分子量は，
$75 \times 2 + 181 - 18 \times 2 = 295$

(2) （グリシン-グリシン-チロシン），（チロシン-グリシン-グリシン），（グリシン-チロシン-グリシン）の3種類である。

エクセル ペプチドの分子量

（アミノ酸の分子量の和）−（アミノ酸の数−1）×（水の分子量）
　　　　　　　　　　　　　　ペプチド結合の数

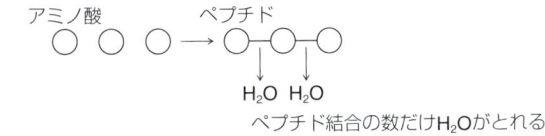

ペプチド結合の数だけH₂Oがとれる

591

解答 (1) 293

(2) アミノ酸B　　　アミノ酸C

（フェニルアラニンとアラニンの構造式）

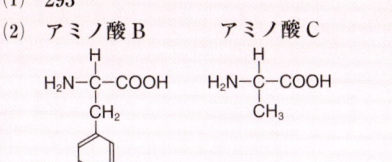

解説 (1) トリペプチドX[1]は末端にカルボキシ基をもつため，1価の酸として考える。トリペプチドXの分子量を M_x とすると，中和滴定の量的関係より

$$1 \times \frac{0.0586\,\text{g}}{M_x\,[\text{g/mol}]} = 1 \times 0.100\,\text{mol/L} \times \frac{2.00}{1000}\,\text{L}$$

$M_x = 293$

(2) 不斉炭素原子をもたないアミノ酸Aはグリシンで分子量は75である。アミノ酸Bの側鎖部分の式量は，$165-45-16-12-1=91$ である。フェニル基は77であるので，残りの式量は14である。アミノ酸Bは，ベンゼン環を含み分子量165であることよりフェニルアラニンと考えられる。
アミノ酸Cの分子量 M_c は
$75 + 165 + M_c - 18 \times 2 = 293$

[1] トリペプチドX

$H_2N-○-○-○-COOH$
末端にカルボキシ基をもつ

▶フェニルアラニン（分子量165）

解説　$M_c = 89$
アミノ酸の側鎖部分の式量は $89 - 74 = 15$ であり，メチル基が結合したアラニンと決まる。

▶チロシン（分子量 181）

囲み部分の式量 74

エクセル　アミノ酸の側鎖部分の式量＝アミノ酸の分子量－74

592

解答
(1) (ア) 脂質　(イ) 二重らせん　(ウ) リボソーム
(2) (i) ⑤　(ii) ③
　　(iii) アデニン(A)とチミン(T)，グアニン(G)とシトシン(C)
(3) リボース　　　　　　　RNA の塩基
　　　　　　　　　　　　　アデニン(A)，グアニン(G)，
　　　　　　　　　　　　　シトシン(C)，ウラシル(U)

解説
(2) ヌクレオチド❶は，リン酸，糖，塩基で構成されている。DNA では，糖はデオキシリボース，塩基はアデニン，グアニン，シトシンおよびチミンである。リン酸はデオキシリボースの⑤炭素に結合するヒドロキシ基と結合する。また，ヌクレオチド鎖が高分子になるとき，③炭素に結合するヒドロキシ基と脱水縮合して重合する。

DNA : deoxyribonucleic acid

❶ ヌクレオチド（リン酸，五炭素糖，塩基）

❷ リボース／デオキシリボース（酸素がとれたもの）

(3) RNA では，糖はリボース，塩基はアデニン，グアニン，シトシン，ウラシルである。

RNA : ribonucleic acid

エクセル　デオキシリボ核酸(DNA)…リン酸，デオキシリボース❷，塩基(アデニン，グアニン，シトシン，チミン)で構成される。リボ核酸(RNA)…リン酸，リボース，塩基(アデニン，グアニン，シトシン，ウラシル)で構成される。

28 合成高分子化合物 (p.437)

593
解答
(ア) (g)　(イ) (l)　(ウ) (b)　(エ) (f)　(オ) (a)　(カ) (d)

解説
二重結合をもつ単量体が，二重結合を開きながら次々と重合することを付加重合という。一方，2つの分子から水などの簡単な分子がとれて縮合しながら重合することを縮合重合という。

付加重合：
$$\text{C=C} \quad \text{C=C} \quad \text{C=C} \longrightarrow -\text{C}-\text{C}-\text{C}-\text{C}-\text{C}-\text{C}-$$

縮合重合：
$$\cdots\text{HO}-\text{A}-\text{OH} + \text{H}-\text{B}-\text{H} + \text{HO}-\text{A}-\text{OH}\cdots \xrightarrow{-\text{H}_2\text{O}} \cdots-\text{A}-\text{B}-\text{A}-\cdots$$

エクセル 高分子化合物（ポリマー）とは，単量体（モノマー）が多数重合してできたものである。繰り返しの数を重合度という。

594
解答
(1) (ア) 縮合　(イ) アミド　(ウ) 開環

(2)
$$\text{HO}-\underset{\text{O}}{\text{C}}-(\text{CH}_2)_4-\underset{\text{O}}{\text{C}}-\text{OH} \qquad \text{H}-\underset{\text{H}}{\text{N}}-(\text{CH}_2)_6-\underset{\text{H}}{\text{N}}-\text{H}$$
アジピン酸　　　　　ヘキサメチレンジアミン

(3)
$$\left[-\underset{\text{O}}{\text{C}}-(\text{CH}_2)_4-\underset{\text{O}}{\text{C}}-\underset{\text{H}}{\text{N}}-(\text{CH}_2)_6-\underset{\text{H}}{\text{N}}-\right]_n$$

(4)
$$\text{H}_2\text{C}\underset{\text{CH}_2-\text{CH}_2-\text{N}-\text{H}}{\overset{\text{CH}_2-\text{CH}_2-\text{C}=\text{O}}{\diagup}}$$

(5) ナイロンの分子にはアミド結合が多く存在し，アミド結合の部分で分子間に水素結合を形成するため。

(6) 2.0×10^2 個

キーワード
・アミド結合
・水素結合

解説
(2), (3) ヘキサメチレンジアミンとアジピン酸の縮合重合により，ナイロン66[❶]ができる。

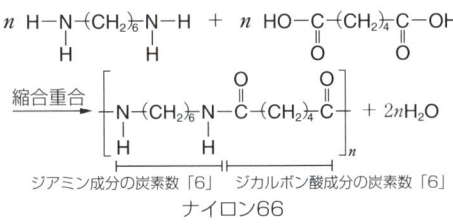

$$n\,\text{H}-\underset{\text{H}}{\text{N}}-(\text{CH}_2)_6-\underset{\text{H}}{\text{N}}-\text{H} + n\,\text{HO}-\underset{\text{O}}{\text{C}}-(\text{CH}_2)_4-\underset{\text{O}}{\text{C}}-\text{OH}$$

$$\xrightarrow{\text{縮合重合}} \left[-\underset{\text{H}}{\text{N}}-(\text{CH}_2)_6-\underset{\text{H}}{\text{N}}-\underset{\text{O}}{\text{C}}-(\text{CH}_2)_4-\underset{\text{O}}{\text{C}}-\right]_n + 2n\text{H}_2\text{O}$$

ジアミン成分の炭素数「6」　ジカルボン酸成分の炭素数「6」
ナイロン66

$$\left[-\underset{\text{H}}{\text{N}}-(\text{CH}_2)_6-\underset{\text{H}}{\text{N}}-\underset{\text{O}}{\text{C}}-(\text{CH}_2)_8-\underset{\text{O}}{\text{C}}-\right]_n$$

ジアミン成分の炭素数「6」　ジカルボン酸成分の炭素数「10」
ナイロン610

[❶] **ナイロン66**
デュポン社のカロザースにより合成された。スポーツウェアやストッキングなどに使用されている。

解説

(5) アミド結合のなかの N−H 結合の H 原子と，別のアミド結合中の C=O 結合の O 原子の間で水素結合を形成する。

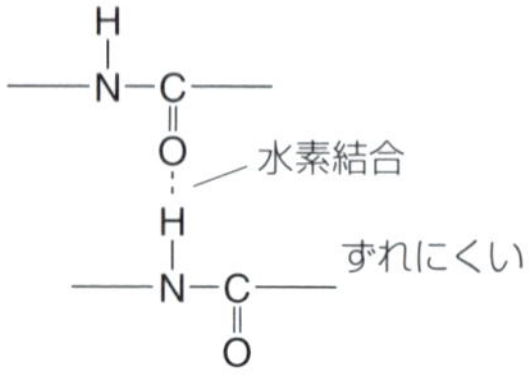

(6) ε-カプロラクタムが開環重合してナイロン 6 が生成するときの化学反応式は次の通りである。

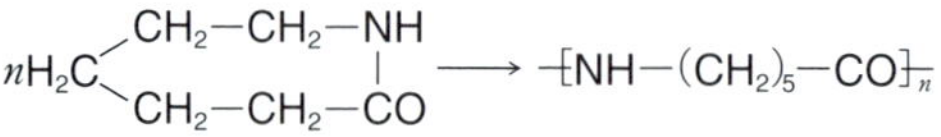

$$n\text{H}_2\text{C}\begin{array}{c}\text{CH}_2-\text{CH}_2-\text{NH}\\|\\\text{CH}_2-\text{CH}_2-\text{CO}\end{array} \longrightarrow [\text{NH}-(\text{CH}_2)_5-\text{CO}]_n$$

単量体（ε-カプロラクタム）の分子量は 113 なので，平均分子量 2.26×10^4 のナイロン 6 に含まれる単量体の数は

$$\frac{2.26\times10^4}{113} = 200$$

（単量体の数−1）が 1 分子中に含まれるアミド結合の数になる。したがって，求める結合の数は

$200 - 1 = 199 ≒ 2.0\times10^2$ 個

単量体 6 個 → アミド結合 5 個 ❶
単量体 n 個 → アミド結合 $(n-1)$ 個 ❷

エクセル 重合度 n のナイロン 6 には，$(n-1)$ 個のアミド結合が存在する。

595

解答
(1) (ア) 縮合　(イ) エステル結合
(2) A：テレフタル酸　B：エチレングリコール
(3) A：HOOC−⟨ ⟩−COOH　B：HO−CH₂−CH₂−OH
(4) $[\text{C}(\text{O})-⟨\;\;⟩-\text{C}(\text{O})-\text{O}-\text{CH}_2-\text{CH}_2-\text{O}]_n$

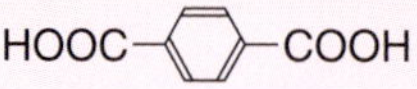

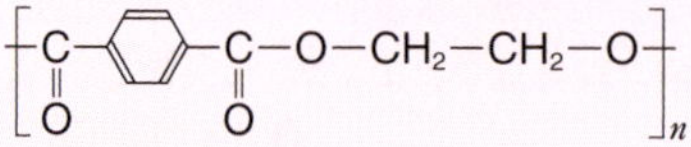

解説 PET ボトルや衣料などに幅広く使われているポリエチレンテレフタラートはテレフタル酸とエチレングリコールの縮合重合（重縮合）により合成される。

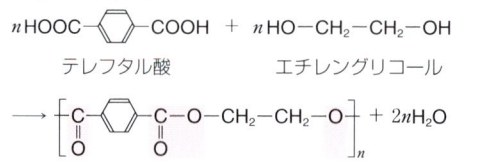

$$n\text{HOOC}-⟨\;\;⟩-\text{COOH} + n\text{HO}-\text{CH}_2-\text{CH}_2-\text{OH}$$
　　　テレフタル酸　　　　　エチレングリコール
$$\longrightarrow [\text{C}(\text{O})-⟨\;\;⟩-\text{C}(\text{O})-\text{O}-\text{CH}_2-\text{CH}_2-\text{O}]_n + 2n\text{H}_2\text{O}$$
　　　　　　　　ポリエチレンテレフタラート

エクセル 重合度 n のポリエチレンテレフタラートには $(2n-1)$ 個のエステル結合が存在する。

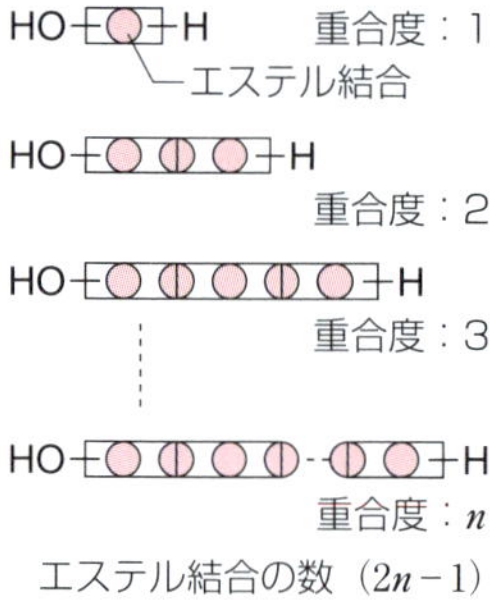

596

解答
(1) (ア) 付加　(イ) アセトアルデヒド
(2) アセタール化
(3) $[\text{CH}_2-\text{CH}(\text{OCOCH}_3)]_n + n\text{NaOH} \longrightarrow [\text{CH}_2-\text{CH}(\text{OH})]_n + n\text{CH}_3\text{COONa}$

●アミド結合
$\begin{array}{c}\text{H}\\|\\-\text{N}-\text{C}-\\\;\;\;\;\;\|\\\;\;\;\;\;\text{O}\end{array}$

水素結合を形成する。

●ナイロン 6
歯ブラシの毛などに使われている。

●開環重合
単量体が環式の化合物が，その環を開きながら重合すること。

❶ ○−○−○−○−○−○
　　アミド結合

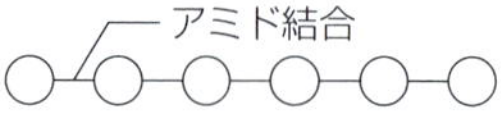

❷ ○−○−○⋯○−○−○

●ポリエチレンテレフタラートの重合度とエステル結合の数

HO−[○]−H　重合度：1
　　エステル結合

HO−[○○○]−H　重合度：2

HO−[○○○○○]−H　重合度：3

HO−[○○○⋯○○○]−H　重合度：n

エステル結合の数 $(2n-1)$

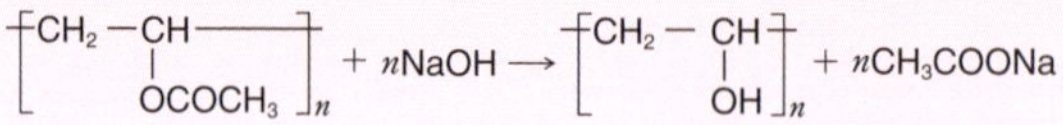

(4) ポリビニルアルコール❶はヒドロキシ基を多く含むため、水溶性である。このため、ホルムアルデヒドを用いてアセタール化❷することで、ヒドロキシ基の数を適度に減らし、水に溶けない繊維にする必要があるため。

キーワード
・水溶性
・ヒドロキシ基

解説 ビニルアルコールは不安定であり、アセトアルデヒドに変化する。

$$\begin{pmatrix} H \\ H \end{pmatrix} C=C \begin{pmatrix} OH \\ H \end{pmatrix} \longrightarrow H-\underset{H}{\overset{H}{C}}-C\begin{matrix} \\ \diagup \\ H \end{matrix}^{O}$$

ビニルアルコール(不安定)   アセトアルデヒド
エノール形   ケト形

このため、ビニルアルコールを直接付加重合することによりポリビニルアルコールを得ることができない。
そこで酢酸ビニルを付加重合したのちに、塩基でけん化することによりポリビニルアルコールを得る。

酢酸ビニル → (付加重合) → エステル結合

→ (けん化 +NaOH) → [CH₂-CH(OH)]ₙ

さらにポリビニルアルコールをホルムアルデヒドでアセタール化することでビニロンを得る。

……-CH₂-CH-CH₂-CH-CH₂-CH-……
       | | |
       OH   OH   OH

→ (アセタール化 HCHO) →

……-CH₂-CH-CH₂-CH-CH₂-CH-……
       | | |
       OH   O――CH₂――O

ビニロン
―OHを残すことで適度な
吸湿性をもつ

❶ 洗濯のりの成分や偏光フィルムの材料として使われている。

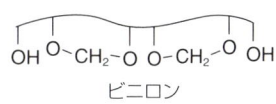

水溶性 ポリビニルアルコール

ビニロン

❷
$R^1-O-\underset{R^4}{\overset{R^3}{\underset{|}{\overset{|}{C}}}}-O-R^2$

アセタール構造

$R^1-O-\underset{R^4}{\overset{R^3}{\underset{|}{\overset{|}{C}}}}-O-H$

ヘミアセタール構造

R^1, R^2 は炭化水素
R^3, R^4 は水素原子または炭化水素

エクセル ポリビニルアルコールは、ポリ酢酸ビニルをけん化してつくる。

597

解答 6.5×10^2

解説 求める平均重合度を n とすると、単量体の化合物 A から高分子化合物 B が生成するときの化学反応式は次の通りである。

$n\text{CH}_2=\text{CH}-\text{X} \longrightarrow \text{-[CH}_2-\text{CHX]}_n\text{-}$

また、生成した高分子化合物の物質量は、$\dfrac{5.46}{2.73 \times 10^4}$ mol である。
化学反応式の係数比❶から、反応物と生成物の物質量[mol]に関して次の関係が成り立つ。

❶ 化学反応式の係数は、反応物と生成物の量的関係を表す。

598

解説 $n : 1 = 0.130\,\text{mol} : \dfrac{5.46}{2.73 \times 10^4}\,\text{mol}$

よって, $n = 650 = 6.5 \times 10^2$

エクセル 化学反応式を書き, 反応物と生成物の係数を比較する。
化学反応式の係数の比は, 次のことを表す。
・分子数の比　・物質量の比　・体積の比(気体)

598

解答 (ア) (b)　(イ) (f)　(ウ) (d)　(エ) (a)
(オ) (e)　(カ) (c)

解説 文章(ア)～(カ)の化合物の名称と製法は次の通りである。
(ア) ポリエチレンテレフタラート
エチレングリコールとテレフタル酸の縮合重合で得られる。
(イ) ポリアクリロニトリル
アクリロニトリル❶の付加重合で得られる。
(ウ) ポリエチレン
エチレンの付加重合で得られる。
(エ) ビニロン
ポリビニルアルコールのアセタール化で得られる。
(オ) ナイロン66
ヘキサメチレンジアミンとアジピン酸の縮合重合で得られる。
(カ) ポリ酢酸ビニル
酢酸ビニル❷の付加重合で得られる。

エクセル 付加重合：二重結合が開いて次々に付加する。
縮合重合：2つの分子から水などの簡単な分子が取れて次々に縮合する。

❶アクリロニトリル

❷酢酸ビニル

599

解答
(1) (ア) ラテックス　(イ) 付加　(ウ) 共　(エ) 酸素
(2) イソプレン $CH_2=C-CH=CH_2$　(3) SO_2　(4) $CH_2=C-CH=CH_2$
　　　　　　　　　　　|　　　　　　　　　　　　　　　　　　|
　　　　　　　　　　CH_3　　　　　　　　　　　　　　　　Cl
(5) $n\,CH_2=CH-CH=CH_2 + n\,CH_2=CH\underset{CN}{|} \longrightarrow \{CH_2-CH=CH-CH_2-CH_2-CH\underset{CN}{|}\}_n$

解説 ゴムの木の樹液(ラテックス)に酸を加えて得られる生ゴムを乾留するとイソプレンが得られる。これと類似の構造をもつ単量体を付加重合させると合成ゴムができる。このとき, 異なる単量体を付加重合させることを共重合とよぶ。
ゴムの弾性は加硫❶により調節をしている。したがって, タイヤなどを燃焼させると硫黄酸化物である二酸化硫黄が生成する。

エクセル 単量体をA, Bとすると
　　付加重合　　　　共重合
　　－A－A－A－A－　　－A－B－A－B－A－B－

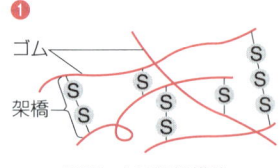

❶

加硫による架橋構造

600

解答 14

解説 この高分子化合物の構造式は

$$\{HN-(CH_2)_m-NH-CO-(CH_2)_n-CO\}_x$$

であり，くり返し単位の式量は $14(m+n)+86$ である。
このくり返し単位の中に，窒素原子は2個あるので，窒素原子の含有率は

$$\frac{14 \times 2}{14(m+n)+86} \times 100 = 10.0$$

これを解いて，$(m+n) = 13.8 \fallingdotseq 14$

エクセル ポリアミド系繊維　・ナイロン66　・ナイロン6
ポリエステル系繊維　・ポリエチレンテレフタラート

▶構造式をかき，分子量を求める。

601

解答 (1) 2.8 g　(2) 31%

解説 (1) ポリ酢酸ビニルの構造式は

$$\{CH_2-CH(OCOCH_3)\}_n$$

で，くり返し単位の式量は86である。

したがって，6.0 g のポリ酢酸ビニルでは，くり返し単位の物質量は $\frac{6.0}{86}$ mol である。

これをけん化する NaOH（式量40）の質量は

$$\frac{6.0}{86} \text{mol} \times 40 \text{g/mol} = 2.79\cdots \text{g} \fallingdotseq 2.8 \text{g}$$

(2) (1)より，重合度 n のポリ酢酸ビニルの分子量は $86n$ であり，ポリビニルアルコールの分子量は $44n$ となる。
分子内の x 個のヒドロキシ基が反応して次のようなビニロンが得られたとする。

$$\{CH_2-CH(OH)\}_{n-x}\{CH_2-CH-CH_2-CH(O-CH_2-O)\}_{\frac{x}{2}}$$

このとき，ビニロンの分子量は

$$44(n-x) + 100 \times \frac{x}{2} = 44n + 6x \quad となる。$$

ポリ酢酸ビニル 1 mol からビニロン 1 mol が合成されるので，

$$\frac{6.0}{86n} = \frac{3.2}{44n+6x}$$

$$\frac{x}{n} \times 100 = 31.1\cdots \fallingdotseq 31 \quad よって，31 \%$$

エクセル ビニロンの合成

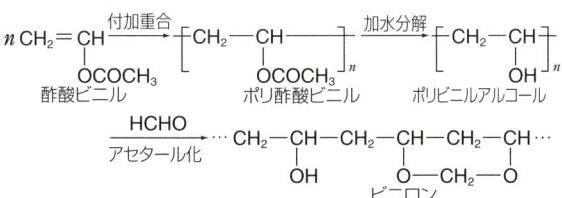

$$n\,CH_2=CH(OCOCH_3) \xrightarrow{付加重合} \{CH_2-CH(OCOCH_3)\}_n \xrightarrow{加水分解} \{CH_2-CH(OH)\}_n$$

酢酸ビニル　　ポリ酢酸ビニル　　ポリビニルアルコール

$$\xrightarrow{HCHO}_{アセタール化} \cdots CH_2-CH-CH_2-CH(OH\quad O-CH_2-O)\cdots$$

ビニロン

●けん化
R―COO―R′ + NaOH
⟶ R―COONa + R′―OH
1 mol のエステル結合をけん化するのに 1 mol の NaOH が必要。

●ポリビニルアルコール
$$\{CH_2-CH(OH)\}_n$$

●アセタール化

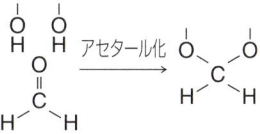

―OH 基2個に対して，HCHO 1分子反応

●アセタール化後の質量の増加

炭素の分だけ質量が増える

602 解答 (4)

解説
(1) ナイロン66は1935年にカロザースによって開発された。桜田一郎は，日本初の合成繊維のビニロンを開発した。誤
(2) 微生物により分解されるのは，生分解性高分子である。誤
(3) ポリエチレンテレフタラートはエステル結合—COO—をくり返しもつため，ポリエステル系合成繊維である。誤
(4) アラミド繊維はアミド結合のほかにベンゼン環をもつため，ベンゼン環どうしの分子間力によって高い強度を示す。正
(5) ノボラックは酸触媒を用いた場合に生成し，塩基触媒を用いた場合はレゾールが生成する。誤

エクセル 合成高分子に関する用語をおさえておこう。

603 解答 (1) 40 % (2) 48個 (3) 1 : 4

解説
(1) くり返し単位の式量から考えると
$\pm CH_2-CH=C(Cl)-CH_2 \pm$ 式量 88.5

塩素の割合 = $\dfrac{35.5}{88.5} \times 100 = 40.1 ≒ 40\%$

(2) 共重合体を $\left[\begin{array}{c}CH_2-CH \\ | \\ Cl\end{array}\right]_x \left[\begin{array}{c}CH_2-CH \\ | \\ CN\end{array}\right]_y$ とすると

分子量より，$62.5x + 53y = 8700$ ……①
塩素の質量パーセントより
$\dfrac{35.5x}{8700} \times 100 = \dfrac{35.5}{88.5} \times 100$ ……②

①，②より $x = 98.3,\ y = 48.2$

(3) スチレン–ブタジエンゴム(SBR)は，スチレンとブタジエンの比が 1 : x とすると，構造式は以下の通りである。

$\left[CH-CH_2-(CH_2-CH=CH-CH_2)_x\right]_n$
(ベンゼン環付き)

ここで，SBRにおいて，ブタジエン由来の部分に二重結合が残っている。問題より，SBRの8.0gに水素0.10molが付加したので，このSBRの8.0gをつくるのにブタジエン0.10molが必要なことがわかる。
ブタジエン(分子量54)の質量は 54g/mol × 0.10mol = 5.4g
であるから，スチレン(分子量104)の質量は 8.0g − 5.4g = 2.6g。その物質量は $\dfrac{2.6}{104} = 0.025$ mol である。
したがって，スチレンとブタジエンの物質量の比は
0.025 : 0.10 = 1 : 4

▶共重合体の構造式を仮定する。

▶②の右辺を 40.1 とすると計算が煩雑になる。(1)の計算前の式をおき，両辺の35.5を消す。

▶ゴムに加える硫黄の割合を増やすと硬くなり，40%程度加えたものをエボナイトという。

▶付加重合では反応前後の質量は変わらない。

エクセル 共重合体への水素の付加：付加した水素分子の数と二重結合の数が等しい。
共重合…スチレン–ブタジエンゴムの場合

$xnCH_2=CH-CH=CH_2 + ynCH_2=CH-\bigcirc \longrightarrow \left[(CH_2-CH=CH-CH_2)_x-(CH_2-CH(\bigcirc))_y\right]_n$

スチレン–ブタジエンゴム(SBR)

604

解答 $1.0 \times 10^{-1}\,\mathrm{mol/L}$

解説 x〔mol/L〕のCaCl$_2$水溶液を陽イオン交換樹脂に通すと，$2x$〔mol/L〕のHCl水溶液が出てくる。

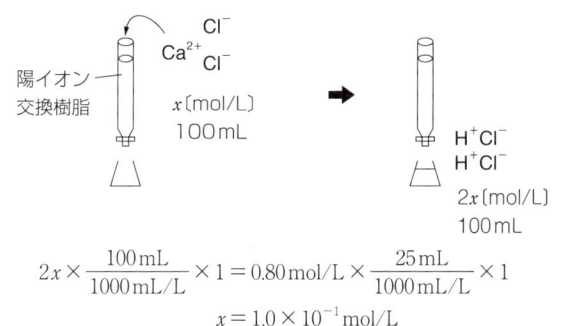

$$2x \times \frac{100\,\mathrm{mL}}{1000\,\mathrm{mL/L}} \times 1 = 0.80\,\mathrm{mol/L} \times \frac{25\,\mathrm{mL}}{1000\,\mathrm{mL/L}} \times 1$$

$$x = 1.0 \times 10^{-1}\,\mathrm{mol/L}$$

エクセル n価の陽イオンを陽イオン交換樹脂に通すと，n倍のH$^+$が生じる。

605

解答 (1) (ア) 天然 (イ) 再生 (ウ) 低密度 (エ) 高密度 (オ) 結晶

(2) 60% (3) 96.0 g

解説 (1) 直鎖状高分子は糸状になるため，繊維として利用できる。
天然繊維：綿(セルロース)，絹(タンパク質)
再生繊維：レーヨン
半合成繊維：アセテート
合成繊維：ナイロン，ビニロン

(2) セルロースのヒドロキシ基のx〔%〕がエステル化されたとして，物質量の関係よりxを求める。

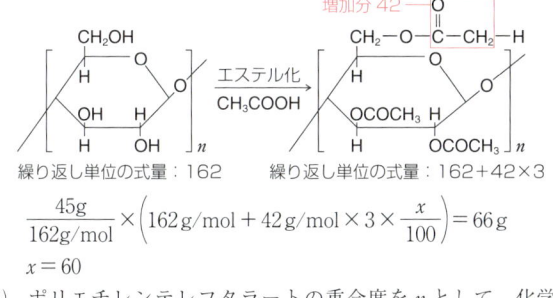

繰り返し単位の式量：162　　繰り返し単位の式量：162+42×3

$$\frac{45\,\mathrm{g}}{162\,\mathrm{g/mol}} \times \left(162\,\mathrm{g/mol} + 42\,\mathrm{g/mol} \times 3 \times \frac{x}{100}\right) = 66\,\mathrm{g}$$

$x = 60$

(3) ポリエチレンテレフタラートの重合度をnとして，化学反応式を書き，物質量の関係より生成物の質量を求める。

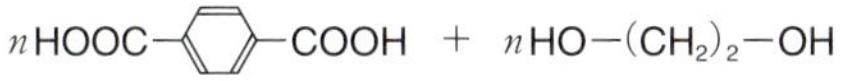

$n\,\mathrm{HOOC-C_6H_4-COOH} + n\,\mathrm{HO-(CH_2)_2-OH}$
分子量166　　　　　　　　分子量62
83.0 g (0.500 mol)　　31.0 g (0.500 mol)

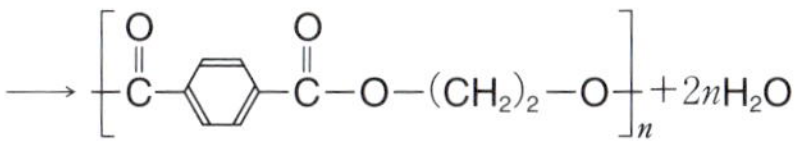

$\longrightarrow \mathrm{[-OC-C_6H_4-CO-O-(CH_2)_2-O-]}_n + 2n\,\mathrm{H_2O}$
分子量 $192n$

● **芳香族化合物の分子量**

ベンゼン C$_6$H$_6$
分子量 78

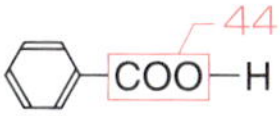

安息香酸（C$_6$H$_5$-COO-H，44）
分子量 78+44=122

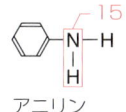

アニリン（C$_6$H$_5$-NH-H，15）
分子量 78+15=93

テレフタル酸（H-OOC-C$_6$H$_4$-COO-H）
分子量 78+44+44=166

606

解答

(1) (ア) 付加 (イ) 硫黄 (ウ) 架橋 (エ) 加硫
    (オ) 付加

(2) CH₂=CH−C=CH₂
           |
           CH₃

(3) (B) ┌CH₂   CH₂┐
        │   \\ /   │
        │   C=C   │
        │   /   \\   │
        └   H   H ┘ₙ

    (C) ┌CH₂   H ┐
        │   \\ /   │
        │   C=C   │
        │   /   \\   │
        └   H   CH₂ ┘ₙ

(4) 90 L

解説

(1) 生ゴム[1]（天然ゴム）に数%の硫黄を加えると，生ゴム分子間に硫黄原子が架橋してゴム弾性が大きくなる。このような操作を加硫という。

(2) 生ゴムの主成分はイソプレンが付加重合した形であるポリイソプレンである。

nCH₂=CH−C=CH₂ →(付加重合)→ ┌CH₂−CH=C−CH₂┐
         | | │
         CH₃   CH₃   ┘ₙ

イソプレン C₅H₈   ポリイソプレン

(4) ブタジエン1molを生成するためには，アセチレンが2mol必要である。量的関係より，ブタジエンゴム108gをつくるために必要なアセチレンの体積を求める。

H−C≡C−H   H−C=C−H   +H₂
           →(付加)→   →   CH₂=CH−CH=CH₂
H−C≡C−H   H C≡C−H

アセチレン   ビニルアセチレン   ブタジエン
                                          分子量 54

$$\frac{108\,\mathrm{g}}{54\,\mathrm{g/mol}} \times 2 \times 22.4\,\mathrm{L/mol} = 89.6\,\mathrm{L} ≒ 90\,\mathrm{L}$$

[1] シス形構造
： ゴム弾性を示す。
トランス形構造
： ゴム弾性にとぼしい。

付加重合するとブタジエンゴムが得られる。

エクセル 優れた性質をもたせるために，2種類以上の単量体の配分を調整して共重合させる。

29 有機化合物と人間生活 (p.448)

607
解答
(3) 溶けるものが多い
(4) イオン結合や水素結合，ファンデルワールス力などで
(5) 用いられる

解説
(1) 染料の構造には，ヒトの目で見ることができる可視光線の波長を吸収する構造をもつ。正
(2) 天然染料には，藍の葉から得られるインジゴや，カイガラムシから得られるコチニールなどがある。合成染料にはアゾ基—N=N—をもつアゾ染料などがある。正
(3) 染料は，水や有機溶媒に溶かして用い，繊維を着色する。誤
(4) 分子間力や水素結合を利用できるよう，繊維の主成分や化学的性質を考慮した染め方で染色される。誤
(5) 染料の一部は食用色素とよばれ，さまざまな食品に用いられている。誤

エクセル アゾ染料は見慣れた問題かもしれないが，染料と顔料，染料の種類をおさえておこう。

▶色素は染料と顔料に分けられる。

▶アゾ染料
—N=N—の結合をもつ化合物をアゾ化合物という。染料として用いられるものが多く，アゾ染料ともいう。一般に，芳香族アミンを酸性下でジアゾ化し，フェノール類の塩と反応させて(カップリング)得る。

608
解答 (A) ⑦　(B) ⑧　(C) ②　(D) ④　(E) ⑥

解説
(A) 麻は植物から採取される繊維である。
(B) 絹は，カイコガの繭からとった動物繊維である。
(C) レーヨンはセルロースを原料として紡糸した再生繊維である。
(D) アセテートは，セルロースに化学的な処理を施して紡糸した半合成繊維である。
(E) ナイロンは，カロザースによって初めて合成された合成繊維である。

エクセル 化学繊維にはほかに，無機繊維もあり，ガラス繊維，炭素繊維などが含まれる。

▶天然繊維には，主にセルロースからなる植物繊維と，主にタンパク質からなる動物繊維がある。

▶化学繊維には，天然繊維を溶かし再び繊維にした再生繊維と，天然繊維を化学的に処理した半合成繊維，石油などから合成される合成繊維がある。

609
解答 (1) (d)　(2) (a)　(3) (e)

解説
感光性高分子：紫外線や可視光の照射により，重合や分解などの化学反応が進行して，立体網目構造となり，化学的，物理的性質が変化する。
光透過性高分子：結晶化しにくく，光の透過性に優れている。
吸水性高分子：立体網目構造をもち，高分子の質量の数百～数千倍の水を吸収，保持できる。
導電性高分子：ポリアセチレンにヨウ素をしみ込ませるなどして得られ，電気伝導性を示す。
生分解性高分子：環境中の微生物や，生体内の酵素の作用で，最終的に水や二酸化炭素に分解される。

エクセル 新たな置換基の導入などによって特殊な機能を示すようになった高分子化合物を機能性高分子化合物といい，イオン交換樹脂や吸水性高分子，生分解性高分子などがある。

▶その他の機能性高分子
形状記憶高分子：成形後に変形させても，加熱することで元の形状にもどる。
温度応答性高分子：温度によって性質が変化する。
半透膜：特定の物質のみを通し，その他は通さない。

308 ── 7章 高分子化合物

610 解答 (ア) (3)　(イ), (ウ) (1), (4)　(エ) (5)　(オ) (2)

解説 医薬品の開発は，通常，次の流れで行われる。
① 薬理成分をもつと思われる物質を選定する。
② 人体に毒性や副作用がないかを確認する。
③ 製造許可を得る。
④ 医薬品の販売。
⑤ 市販された医薬品について，再度，有効性・安全性を確認する。

エクセル 医薬品の合成経路　薬理成分の発見→毒性のチェック→医薬品の合成

611 解答 (1) (ア) (お)　(イ) (あ)　(ウ) (い)
(2) -3.6×10^6 kJ

解説 (1) (ア), (イ) サーマルリサイクル：廃プラスチックの焼却時に発生する熱エネルギーを利用する。
マテリアルリサイクル：廃プラスチックを，洗浄，粉砕，分別などし，融解，再成形して再利用する。
ケミカルリサイクル：プラスチックを化学的に分解し，燃料や化学工業の原料として再利用する。
(ウ) 生分解性高分子は，環境中の微生物や，生体内の酵素の働きで，水や二酸化炭素に分解される。
(2) シクロヘキサンを完全に燃焼させると次のように反応する。
$C_6H_{12} + 9O_2 \longrightarrow 6CO_2 + 6H_2O$
この反応式について，反応エンタルピー＝（反応物の結合エネルギーの総和）－（生成物の結合エネルギーの総和）より，シクロヘキサンの燃焼エンタルピーを x〔kJ/mol〕とすると，
$x = (12 \times 410 + 6 \times 350 + 9 \times 500) - (6 \times 2 \times 800 + 6 \times 2 \times 460)$
$= -3.6 \times 10^3$
よって，1000 mol のとき　-3.6×10^6 kJ

▶シクロヘキサンには C—H の結合が 12 個，C—C の結合が 6 個存在する。

エクセル 金属やプラスチックの再利用には，さまざまな方法がある。

612 解答 (1) (ア) 付加重合　(イ) 炭素
(2) CH₂=CH
　　　　｜
　　　　C≡N
(3) 共重合体

解説 (1) アクリル繊維❶を高温で加工すると，軽くて強度や弾性，耐熱性にも優れた炭素繊維が得られる。
(3) 2種類以上の単量体を混合して行う重合を共重合といい，得られた高分子化合物を共重合体という。

エクセル 単量体を A, B とすると
　付加重合　　　　共重合
　—A—A—A—A—　—A—B—A—B—A—B—

❶アクリル繊維
ポリアクリロニトリルを主成分とした繊維。毛織物の風合いがある。
アクリロニトリルの含有量が 35％以上 85％未満の共重合体でつくられた繊維はモダクリル繊維という。

613 解答 (1) (ア) (a)　(イ) (e)　(ウ) (g)
(2) (a)　(3) (エ) アミド　(オ) 水素結合
(4) (e), (i)

29 有機化合物と人間生活 — 309

解説
(1) 合成ゴムにはクロロプレンゴム，ブタジエンゴムなどがあり，クロロプレンゴムは初めて合成された高分子化合物である。ナイロン66は，絹のような肌触りを持つ合成繊維である。
(2) シス形の合成ゴムは，天然ゴムに似た弾性がある。
(4) 様々な合成繊維が開発され，繊維の生産割合の半分以上を化学繊維が占めている。選択肢のうち，アミド結合をもつのは，タンパク質であるケラチンとヘモグロビン，合成高分子化合物であるアラミドで，このうち，天然高分子はケラチンとヘモグロビンである。ビニロン，および，糖類であるアミロース，アミロペクチン，グリコーゲン，セルロース，デンプンはアミド結合をもたない。

▶クロロプレンを付加重合するとクロロプレンゴムが得られる。
$n\ CH_2=CCl-CH=CH_2$
$\longrightarrow -[CH_2-CCl=CH-CH_2]_n-$

●アミド結合

$$\begin{matrix} H & \\ | & \\ -N-C- \\ \| \\ O \end{matrix}$$

水素結合を形成する。

エクセル ナイロンの分子中にはアミド結合が含まれる。また，天然高分子化合物のタンパク質にもアミド結合が含まれる

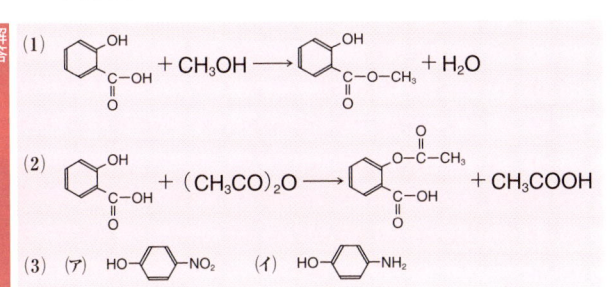

614
解答
(1) サリチル酸 + CH_3OH → サリチル酸メチル + H_2O
(2) サリチル酸 + $(CH_3CO)_2O$ → アセチルサリチル酸 + CH_3COOH
(3) (ア) $HO-C_6H_4-NO_2$ (イ) $HO-C_6H_4-NH_2$

▶サリチル酸は2つの官能基をもち，それぞれに特徴的な反応を示す。

解説
(1) サリチル酸メチルは，消炎鎮痛剤として用いられる。
(2) アセチルサリチル酸は，解熱鎮痛剤として用いられる。
(3) フェノールと硝酸を反応させてニトロ基—NO_2を導入し，それを還元することでアミノ基—NH_2にする。さらに，このアミノ基—NH_2を無水酢酸でアセチル化して—$NHCO-CH_3$とすることでアセトアミノフェンを合成する。

エクセル 代表的な医薬品について，その構造や作用を覚えておこう。また，複雑な構造の化合物については，簡単な化合物からどのように合成すればよいか考えてみよう。

615
解答
(1) A 4種類 B 2種類 (2) 4
（2,4-ジニトロフェノール構造）

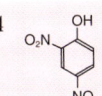

解説
(1) 置換基と水素原子の位置関係が異なるものを数えればよい。
A: サリチル酸（OH, COOH）の芳香環上の水素位置 1, 2, 3, 4
B: $HO-C_6H_4-NHCOCH_3$ 位置 1, 2

(2) ジニトロフェノールには6種類の異性体が存在する。このうち，3種類の水素原子が観測されるものは以下の4つである。

（2,3-／2,4-／2,6-／3,5-ジニトロフェノールの構造式）

さらに，—OH基はオルト・パラ配向性❶の置換基なので，

❶オルト・パラ配向性
ベンゼンの一置換体にさらに置換反応を行わせるとき，o-位，p-位で置換反応が起こりやすい性質。

解説 このうち，収率が高いのは，o-位，p-位にニトロ基が置換されているものである。
一方で，以下の２つでは，２種類の水素原子が観測される。

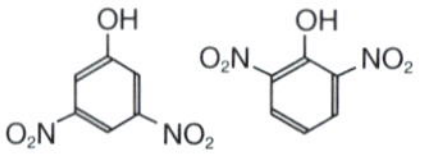

(構造式：3,5-ジニトロフェノール と 2,6-ジニトロフェノール)

エクセル 核磁気共鳴(NMR) ^{1}H や ^{13}C の原子核はごく小さな磁石としての性質をもち，非常に強い磁場の中に置かれると，特定の波長の電磁波を吸収し，核磁気共鳴と呼ばれる現象がおこる。これを信号として検出することで，分子の情報を得ることができる。

616

解答
(1) (ア) α
　　(イ) グリコシド
　　(ウ) アミロース
　　(エ) アミロペクチン
　　(オ) マルターゼ
　　(カ) 2，3，6
　　(キ) 1　(ク) 3
(2) 5.4 g
(3) 右図

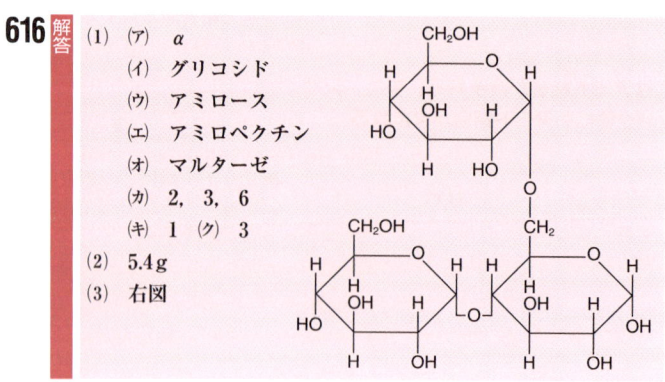

▶デンプンを加水分解して得たので，α-グルコースで考える。

解説 (1) デキストリンとは，デンプンの加水分解が部分的に進行して得られる物質である。

$$(C_6H_{10}O_5)_n \longrightarrow (C_6H_{10}O_5)_m \longrightarrow C_{12}H_{22}O_{11} \longrightarrow C_6H_{12}O_6$$
デンプン　　$n>m$ デキストリン　　マルトース　　グルコース

(カ，キ)
実際に反応式をかいて考える。加水分解すると，1位の $-OCH_3$ 基は $-OH$ に戻る点に注意しよう。

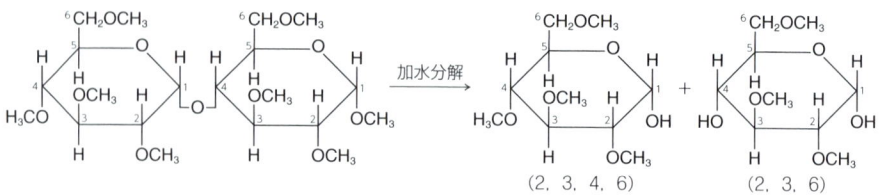

(構造式：メチル化されたグルコース単位の加水分解)
(2，3，4，6)　　(2，3，6)

したがって，2，3，4，6位がメチル化されたものと2，3，6位がメチル化されたものが1：1の割合で生成する。

(ク) Aが，グルコース m 個からなるとすると，その分子式および分子量は

▶Aの分子式を仮定し，質量比から決定する。

$$mC_6H_{12}O_6 - (m-1)H_2O = C_{6m}H_{10m+2}O_{5m+1}$$
グルコース m 分子　　　　　　　化合物 A
$180 \times m$　　　　　　　　　$162m + 18$

いま，100.0 g の A からグルコース 107.1 g が得られたことから
$(162m + 18) : 180m = 100.0 : 107.1$
$m = 2.96 \fallingdotseq 3$

(2) まず，マルトース 10.0 g からグルコースがどれだけ得られるか考える。

$$C_{12}H_{22}O_{11} + H_2O \longrightarrow 2C_6H_{12}O_6$$
$$342 \quad\quad 18 \quad\quad 180\times 2$$

得られるグルコースは $\left(10.0 \times \dfrac{180\times 2}{342}\right)\mathrm{g}$ …①

次に，グルコースをアルコール発酵する。

$$C_6H_{12}O_6 \longrightarrow 2CO_2 + 2C_2H_5OH$$
$$180 \quad\quad\quad\quad 46\times 2$$

①のグルコースから得られるエタノールは

$$10.0\,\mathrm{g} \times \dfrac{180\times 2}{342} \times \dfrac{46\times 2}{180} = 5.38\cdots\mathrm{g} \fallingdotseq 5.4\,\mathrm{g}$$

(3) A はグルコース 3 分子からなる。

2, 3 位のヒドロキシ基がメチル化されたグルコースに注目すると，このグルコースの 4 位および 6 位は，グルコースとつながっていたことになる。

したがって，2, 3, 4, 6 位がメチル化されたグルコースは 2 分子あり，このグルコースはそれぞれ 1 位の −OH 基がグリコシド結合に関与していたと推測される。

したがって，A の構造は

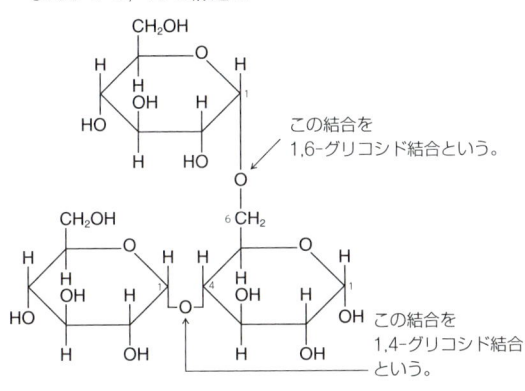

▶ A の構造は

◯−O−◯−O−◯

型になる。
真ん中のグルコースに注目し，メチル化のようすから，グリコシド結合している −OH 基を推測する。

この結合を
1,6-グリコシド結合という。

この結合を
1,4-グリコシド結合
という。

エクセル デンプンとセルロース

デンプン…α-グルコースが多数結合してできる。ヨウ素デンプン反応を示す。

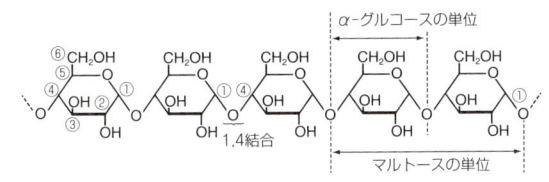

セルロース…β-グルコースが多数結合してできる。

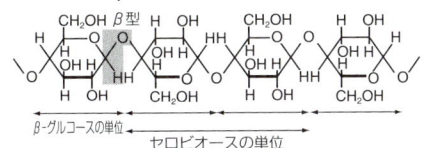

617 解答 pH＝2.95　計算過程は解説参照

解説 アスパラギン酸[1]の等電点は酸性側にあり，(3)式によるH^+の放出は抑えられる。
また，$pK_3 = 9.90$ であることより，(3)式による$[A^{2-}]$の濃度は無視できる程小さいと近似する。

$$HA^- \rightleftarrows H^+ + A^{2-}$$

($K_3 = 10^{-9.90}$ mol/L であり，K_3の値はK_1，K_2と比べて小さい）近似することで，溶液中におもに存在するイオンは以下の4種類と考えられる。

$[H^+]$，$[H_3A^+]$，$[H_2A]$，$[HA^-]$

(a)式，(b)式より

$$K_1 \times K_2 = \frac{[H^+]^2[HA^-]}{[H_3A^+]}$$

溶液は等電点であることより，$[H_3A^+] = [HA^-]$と考えられる。

$$K_1 \times K_2 = [H^+]^2$$

両辺に常用対数$-\log_{10}$をとり，pHを求めると

$$-(\log_{10} K_1 \times K_2) = -\log[H^+]^2$$
$$-\log_{10} K_1 + (-\log_{10} K_2) = 2 \times (-\log[H^+])$$
$$pK_1 + pK_2 = 2 \times pH$$
$$pH = \frac{1}{2} \times (2.00 + 3.90)$$
$$= 2.95$$

*(c)式に$[H^+] = 10^{-2.95}$を代入し，$[HA^-]$と$[A^{2-}]$の割合について考えると

$$10^{-9.90} \text{mol/L} = \frac{10^{-2.95} \text{mol/L} \times [A^{2-}]}{[HA^-]}$$

$$\frac{[A^{2-}]}{[HA^-]} = 10^{-6.95}$$

$[HA^-]$と比べて$[A^{2-}]$は極めて小さく近似が妥当であることがわかる。

エクセル 多段階の電離を考えるときは，近似の利用を考える。

[1] **アスパラギン酸**
$$\begin{array}{c} CH_2—CH—COOH \\ | \quad\quad | \\ COOH \quad NH_2 \end{array}$$

618

解答
(1) グリシン
(2) $CH_3-CH-CH_2-CH-COO^-$
      $\quad\quad\; |\quad\quad\quad\quad\quad |$
      $\quad\quad CH_3 \quad\quad\quad NH_3^+$
(3) E (4) ロイシン─チロシン─メチオニン─グリシン

解説
(1) 不斉炭素原子を持たないグリシンは，旋光性を持たない。
(2) ロイシンの構造

$$CH_3-CH-CH_2-\overset{\overset{\displaystyle H}{|}}{\underset{\underset{\displaystyle NH_2}{|}}{C}}-COOH$$
$\quad\quad\;\; |$
$\quad\quad CH_3$

「水素原子が結合した不斉炭素原子を1つもつ」とあるが，これはα-アミノ酸のα位の炭素原子のことである。したがって，側鎖には（水素原子が結合した）不斉炭素原子は存在しな

● **グリシン**
$$\begin{array}{c} H-CH-COOH \\ | \\ NH_2 \end{array}$$
不斉炭素原子がない

い。さらに，「枝分かれ状(分枝状)構造をもつ α-アミノ酸」であることから，構造は次の2つに絞られる。

$$CH_3-CH-CH_2-CH-COOH \qquad CH_3-\underset{CH_3}{\overset{CH_3}{\underset{|}{C}}}-CH-COOH$$
$$\underset{CH_3}{|}\underset{NH_2}{|} \qquad , \qquad \underset{NH_2}{|}$$

一部の α-アミノ酸を除き，α 炭素には直接官能基が結合しているのではなく，メチレン基 —CH_2— を1つ以上挟んで結合しているものが多い。したがって，前者がロイシンの構造であると考えられる。

等電点での構造なので，双性イオン(両性イオン) $H_3N^+-CHR-COO^-$ の構造式を記す。

(3) ニンヒドリン反応では，ニンヒドリンがアミノ基と反応することで呈色する(アミノ基の検出反応)。したがって，アミノ基をもたないペプチドでは呈色しない。アミノ基を持たないものは，アセチル化されたEのみ。

(4) Xをメチルエステル化したYのペプチド結合を加水分解すると，グリシンのメチルエステルが得られたことより，XのC末端はグリシンだとわかる。また，Xのペプチド結合1か所を不規則に加水分解したところ，グリシンとロイシンが得られたことから，N末端はロイシンだとわかる。

Xの構造(N末端を左側，C末端を右側に書く)と，ペプチド結合を1か所切断した構造は以下のようになる。

X：ロイシン－(1)－(2)－グリシン
ロイシン－(1)－(2)	＋	グリシン
ロイシン	＋	(1)－(2)－グリシン
ロイシン－(1)	＋	(2)－グリシン

①ビウレット反応の結果より，AとBはトリペプチド以上であることがわかる。②硫黄原子の検出反応より，Cには選択肢のうち硫黄原子を含むアミノ酸であるメチオニンが含まれることがわかる。③キサントプロテイン反応の結果より，Dには選択肢のうちベンゼン環を含むアミノ酸であるフェニルアラニンかチロシンが含まれることがわかる。④Dではアセチル化により，アセチル基が2つ導入されたことから，アミノ基かヒドロキシ基を2つもつことがわかる。⑤Cをメチルエステル化して加水分解すると，aが得られたことより，Cはグリシンを含むことがわかる。

②，⑤より，Cの構造はメチオニン－グリシンである。
Cの構造と，③，④より，Dの構造はロイシン－チロシンである。

よって，Xの構造は　ロイシン－チロシン－メチオニン－グリシンである。

●ビウレット反応 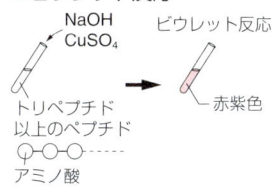
●キサントプロテイン反応 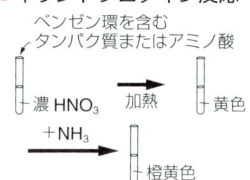
●S元素の定性分析

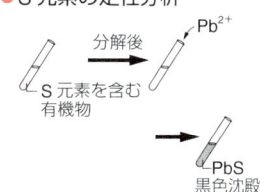

314 — 7章 高分子化合物

エクセル アミノ酸やペプチド，タンパク質の反応から得られる条件を整理して構造決定する。

619

解答

(1) 律速　(2) (イ) $K = \dfrac{[ES]}{[E][S]}$　(ウ) $[ES] = \dfrac{[E]_0[S]}{K_M + [S]}$

(エ) $v = \dfrac{k[E]_0[S]}{K_M + [S]}$

(3) $[S] \ll K_M$ のとき，(エ)の分母は $K_M + [S] \fallingdotseq K_M$ と近似できる。このとき $v = \dfrac{k[E]_0}{K_M}[S]$ となり，生成速度 v は $[S]$ に比例する。一方，$[S] \gg K_M$ のとき，(エ)の分母は $K_M + [S] \fallingdotseq [S]$ と近似できる。このとき $v = k[E]_0$ となり，生成速度 v は一定である。

(4) (d)

理由　温度の上昇とともに反応速度は大きくなるが，温度を上げすぎると酵素が変性して触媒作用を示さなくなるため。

キーワード(3)
・$v = \dfrac{k[E]_0}{K_M}[S]$
・$v = k[E]_0$

キーワード(4)
・変性

解説

(1) 多段階反応の全体の速さは，最も遅い素反応の段階（律速段階）で決まる。

(2) (イ) 1つ目の素反応の平衡定数は，反応式より，$K = \dfrac{[ES]}{[E][S]}$

(ウ) $K_M = \dfrac{1}{K} = \dfrac{[E][S]}{[ES]}$ ……①

$[E]_0 = [E] + [ES]$ より，$[E] = [E]_0 - [ES]$ ……②

②式を①式に代入すると，

$K_M = \dfrac{([E]_0 - [ES])[S]}{[ES]}$

$K_M[ES] + [S][ES] = [E]_0[S]$

$[ES] = \dfrac{[E]_0[S]}{K_M + [S]}$

(エ) $v = k[ES]$ より，$v = \dfrac{k[E]_0[S]}{K_M + [S]}$

これを，ミカエリス・メンテンの式という。

(3) 反応速度と基質濃度の関係をグラフで表すと右上の図のようになる。

(4) 酵素は熱や酸によって変性して活性部位の立体構造が変化すると，触媒作用を示さなくなる。これを酵素の失活という。酵素が最も高い触媒作用を示す温度を最適温度という。

●基質濃度[S]と反応速度 v との関係を表すグラフ

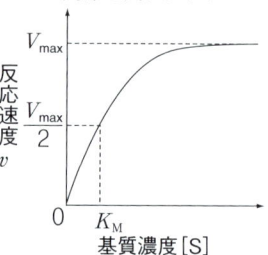

（グラフ：縦軸 反応速度 v，横軸 基質濃度 [S]，V_{max} と $\dfrac{V_{max}}{2}$，K_M を示す）

$V_{max} = k[E]_0$ より

$[S] = K_M$ のとき

生成速度 $v = \dfrac{k[E]_0[S]}{K_M + [S]}$

$= \dfrac{V_{max} K_M}{K_M + K_M}$

$= \dfrac{V_{max}}{2}$

エクセル 酵素反応

$E + S \underset{k_3}{\overset{k_1}{\rightleftharpoons}} ES \xrightarrow{k_2} E + P$

$v_1 = k_1[E][S]$
$v_2 = k_2[ES]$
$v_3 = k_3[ES]$

(E：酵素　S：基質　P：生成物
ES：酵素-基質複合体)

620

解答 12.7 g

解説 PET のくり返し単位 1 つから、BHET が 1 分子得られる。BHET の分子式は、構造式より $C_{12}H_{14}O_6$ である。よって、分子量は 254 である。PET のくり返し単位の式量は 192 より、

$$\frac{9.60 \text{ g}}{192 \text{ g/mol}} \times 254 \text{ g/mol} = 12.7 \text{ g}$$

回収された使用済み PET ボトルを選別、粉砕、洗浄して異物を取り除いた後に、解重合を行うことにより PET の原料または中間原料まで分解、精製したものを重合して新たな PET とする。この設問にあるように、解重合には 1,2-エタンジオール(エチレングリコール)を加え、PET 製造時の中間原料である BHET にまで戻し、これを精製した後、PET に再重合する方法がある。

エクセル プラスチックを熱分解または触媒、溶媒を用いて化学的に分解し、燃料や化学工業の原料として再利用することをケミカルリサイクルという。

621

解答 (1) B
$CH_2=C\overset{H}{\underset{\underset{O}{\|}}{-}}C-OH$

D
$CH_2=C\overset{H}{\underset{\underset{O}{\|}}{-}}C-O-CH_3$

理由 B は分子間で水素結合するが、D はできないため。

(2) (イ)

(3)

$H_3C-CH\overset{\overset{O}{\|}}{\underset{\underset{\|}{O}}{\overset{C-O}{\underset{O-C}{}}}}CH-CH_3$

(4) (ウ)

キーワード
・水素結合

解説 (1) 化合物 A はプロピレン $CH_2=CHCH_3$ である。したがって、化合物 X はポリプロピレンである。

A を酸化して得られる B は二重結合を有するカルボン酸で、分子量 72 であることから、B の示性式は $CH_2=CHCOOH$(アクリル酸[1])と求まる。

これをメタノールと反応させて得られる D の示性式は $CH_2=CHCOOCH_3$ である。

B と D の沸点の違いは、カルボキシ基による水素結合の有無による。

(2) ポリマー Y の示性式は $+CH_2-CHCOONa+_n$ で、ポリアクリル酸ナトリウムとよばれる。この化合物は吸水性高分子として知られており、カルボン酸の陰イオン、ナトリウムイオンが水和されることにより、自重の 10 倍以上の水を樹脂内部に蓄えることができ、紙おむつ、乾燥地への植樹などに利用されている。

(3)(4) 化合物 E は乳酸である。E を縮合すると、直鎖状の高分子化合物が直接得られるわけではなく、いったん、二分子

[1] $\underset{H}{\overset{H}{>}}C=C\underset{COOH}{\overset{H}{<}}$
アクリル酸

316 ── 7章　高分子化合物

解説 が縮合した環状化合物 F になる。これが開環重合してポリ乳酸となる。ポリプロピレンと異なり，ポリ乳酸はエステル結合を有するため，加水分解されやすく，乳酸も微生物によって分解されるため，環境への負荷が少ない。

$$\text{H}_3\text{C-CH} \underset{\underset{\text{O}}{\overset{\text{C}}{|}}}{\overset{\overset{\text{O}}{\overset{\|}{\text{C}}}{-\text{O}}}{|}} \text{CH-CH}_3 \longrightarrow \text{+OCH(CH}_3\text{)CO+}_n$$

エクセル 乳酸　・不斉炭素原子を有する。　　・グルコースの発酵（乳酸菌）で得られる。
　　　　　　・カルボン酸である。　　　　　・ポリ乳酸（生分解性高分子）の原料である。

622 **解答** アルギニン，アラニン，グルタミン酸
理由：塩基性アミノ酸であるアルギニンの等電点は塩基性側，アラニンの等電点は中性付近，酸性アミノ酸であるグルタミン酸の等電点は酸性側になる。等電点より酸性の溶液中では，アミノ酸はおもに陽イオンとして存在する。このため等電点より酸性の溶液中では，アミノ酸は陰イオン交換樹脂に吸着しない。溶液の pH を小さくしていくことにより，等電点を塩基性側にもつアミノ酸から順にカラム出口から溶出される。

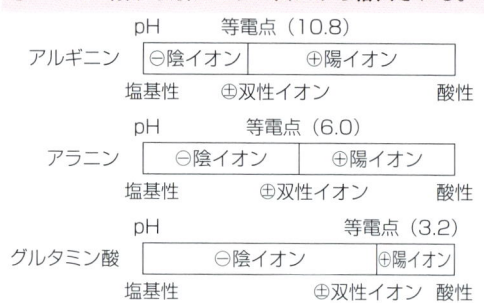

キーワード
・等電点

解説

　　　　　　　pH　　　　　　等電点（10.8）
アルギニン　｜⊖陰イオン　｜　⊕陽イオン　｜
　　　　塩基性　⊕双性イオン　　　　酸性

　　　　　　　pH　　　　等電点（6.0）
アラニン　　｜⊖陰イオン　｜　⊕陽イオン　｜
　　　　塩基性　⊕双性イオン　　　　酸性

　　　　　　　　pH　　　　　　　　　等電点（3.2）
グルタミン酸　｜⊖陰イオン　　　　　　　｜⊕陽イオン｜
　　　　　塩基性　　　　⊕双性イオン　酸性

エクセル アミノ酸は　等電点より酸性の溶液 ── 陽イオン
　　　　　　　　　　　等電点より塩基性の溶液 ── 陰イオン

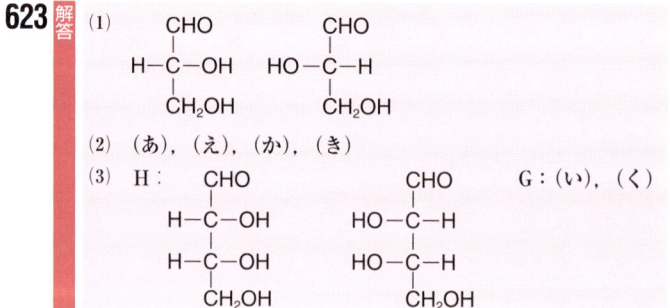

623 **解答**
(1)
$$\begin{array}{cc} \text{CHO} & \text{CHO} \\ | & | \\ \text{H-C-OH} & \text{HO-C-H} \\ | & | \\ \text{CH}_2\text{OH} & \text{CH}_2\text{OH} \end{array}$$

(2) （あ），（え），（か），（き）

(3) H：
$$\begin{array}{cc} \text{CHO} & \text{CHO} \\ | & | \\ \text{H-C-OH} & \text{HO-C-H} \\ | & | \\ \text{H-C-OH} & \text{HO-C-H} \\ | & | \\ \text{CH}_2\text{OH} & \text{CH}_2\text{OH} \end{array}$$
　　G：（い），（く）

7章 発展問題 level 2 — 317

解説

(1) 反応 2 が起こると，図 1 の点線内の構造が −CHO になる（点線内の H−C−OH の部分が抜き取られた構造になる）。炭素数が 4 のアルドースの 4 つの立体異性体に対して反応 2 を行うとそれぞれ次のようになり，2 種類の生成物が得られる。

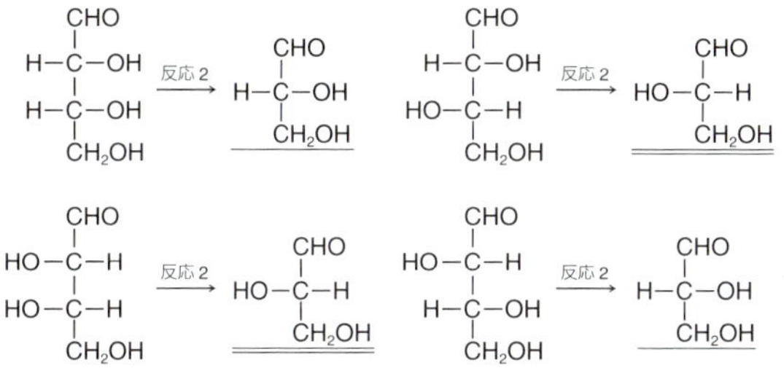

```
CHO              CHO           CHO              CHO
H-C-OH   反応2   H-C-OH       H-C-OH   反応2   HO-C-H
H-C-OH   ───→   CH₂OH         H-C-OH   ───→   CH₂OH
CH₂OH                          CH₂OH

CHO              CHO           CHO              CHO
HO-C-H   反応2   HO-C-H        HO-C-H   反応2   H-C-OH
H-C-OH   ───→   CH₂OH         HO-C-H   ───→   CH₂OH
CH₂OH                          CH₂OH
```

(2) 例えば，(あ)に対して反応 1 を行って得られた生成物とその鏡像は図のような関係にある。

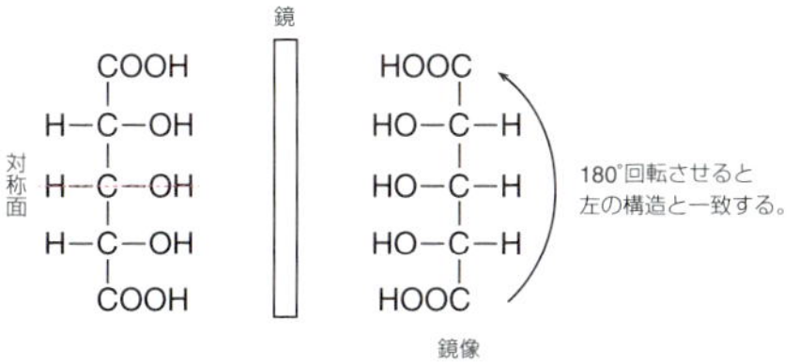

```
            鏡
        COOH │ HOOC
対   H-C-OH │ HO-C-H
称   H-C-OH │ HO-C-H  180°回転させると
面   H-C-OH │ HO-C-H  左の構造と一致する。
        COOH │ HOOC
            鏡像
```

右側の鏡像を 180°回転させると，左側の構造と一致する。このように，不斉炭素原子をもつ化合物であっても，分子内に対称面があると鏡像異性体が存在しなくなる。このような化合物をメソ化合物という。この場合，反応 1 により，分子内に対称面ができるものを考えればよい。

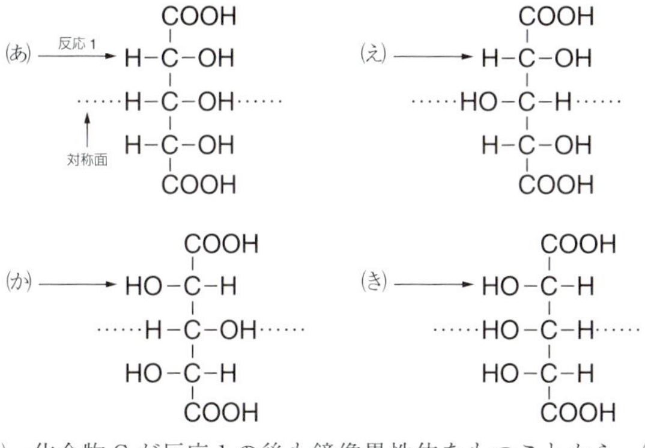

```
        COOH                      COOH
(あ) 反応1 H-C-OH         (え)     H-C-OH
     ↑    H-C-OH ……            ……HO-C-H ……
     対称面 H-C-OH                   H-C-OH
          COOH                      COOH

          COOH                      COOH
(か) ──→ HO-C-H         (き) ──→  HO-C-H
       ……H-C-OH ……              ……HO-C-H ……
         HO-C-H                    HO-C-H
          COOH                      COOH
```

(3) 化合物 G が反応 1 の後も鏡像異性体をもつことから，(2)で選んだもの以外，つまり，(い)(う)(お)(く)について考える。これらの化合物に，反応 2，反応 1 を順に行うと次のようになる。

● フィッシャーの投影式
有機化合物の炭素原子の周りの置換基の立体配置を 2 次元で表示する方法。
縦線と横線の交点に存在する中心炭素に対して，横線で左右に書かれた置換基は紙面より手前，縦線で上下に書かれた置換基は紙面の向こう側にある。

● メソ化合物
不斉炭素原子がありながら，分子内に対称面があるために，鏡像を重ね合わせることができる化合物。

318 —— 7章 高分子化合物

(い) $\xrightarrow{\text{反応2}}$
```
   CHO
H-C-OH
H-C-OH
  CH₂OH
H
```
$\xrightarrow{\text{反応1}}$
```
┌──────────┐
│   COOH   │
│ H-C-OH   │
│ H-C-OH   │
│   COOH   │
└──────────┘
   E(F)
```

(う) ⟶
```
   CHO
HO-C-H
H-C-OH
  CH₂OH
```
⟶
```
   COOH
HO-C-H
H-C-OH
   COOH
```

(お) ⟶
```
   CHO
H-C-OH
HO-C-H
  CH₂OH
```
⟶
```
   COOH
H-C-OH
HO-C-H
   COOH
```

(く) ⟶
```
   CHO
HO-C-H
HO-C-H
  CH₂OH
H
```
⟶
```
┌──────────┐
│   COOH   │
│ HO-C-H   │
│ HO-C-H   │
│   COOH   │
└──────────┘
   E(F)
```

したがって，反応2，反応1の順に反応を行ったとき，最終的にEあるいはFが生成するような化合物Gとして考えられるものは，(い)(く)である。また，(い)(く)に対して反応2のみを行ったときに得られる化合物がHである。

エクセル メソ化合物→不斉炭素原子の数から予想されるよりも鏡像異性体の数が1つ減る

624

解答 (1) 65%　(2) ⑨

解説
(1) 水溶液中の平衡状態での α-グルコースの割合を $1-r$，β-グルコースの割合を r とする。グルコースの平衡混合物の比旋光度が $+52°$ であり，鎖状構造のグルコースの割合は非常に小さく無視できることから次の式が成り立つ。

$$+112(1-r) + 19r = +52$$
$$r = 0.645\cdots ≒ 0.65 \quad \text{よって，} 65\%$$

(2) スクロース❶を完全に加水分解して得られた転化糖❷とは，グルコースとフルクトースの等量混合物のことである。(1)より，スクロースの加水分解で生じたグルコースは水溶液中で平衡状態になり，$+52°$ の比旋光度を示している。この水溶液中にグルコースと等量含まれているフルクトースの比旋光度を $x°$ とすると，転化糖の比旋光度が $-20°$ であったことから，

$$+52 \times \frac{1}{2} + x \times \frac{1}{2} = -20 \quad x = -92$$

❶スクロース
α-グルコースと β-フルクトースが脱水縮合した二糖

❷転化糖
スクロースを酸や酵素で加水分解すると得られるグルコースとフルクトースの等量混合物

エクセル 観測された比旋光度から，混合物中の立体異性体の存在割合がわかる。